# THE OXFORD-DUDEN PICTORIAL HUNGARIAN-ENGLISH DICTIONARY

# THE OXFORD-DUDEN PICTORIAL HUNGARIAN-ENGLISH DICTIONARY

CLARENDON PRESS · OXFORD

1994

*Oxford University Press, Walton Street, Oxford OX2 6DP*

*Oxford New York Toronto*
*Delhi Bombay Calcutta Madras Karachi*
*Petaling Jaya Singapore Hong Kong Tokyo*
*Nairobi Dar es Salaam Cape Town*
*Melbourne Auckland*

*and associated companies in*
*Berlin Ibadan*

*Oxford is a trade mark of Oxford University Press*

*Published by Oxford University Press*



*First published 1994*



*British Library Cataloguing in Publication Data*

ISBN 0 19 864511 2

*Data available*

*Library of Congress Cataloging in Publication Data*

*Data available*

*Hungarian text edited by László Ányos, with the assistance of the staff members at Akadémiai Kiadó, Budapest*

*English text edited by John Pheby, Oxford, with the assistance of Roland Breitsprecher, Michael Clark, Judith Cunningham, Derek Jordan, and Werner Scholze-Stubenrecht*

*Illustrations by Jochen Schmidt, Mannheim*

*Printed in Hungary*

# Foreword

This Hungarian-English pictorial dictionary is based on the third, completely revised edition of the German *Bildwörterbuch*, published as Volume 3 of the ten-volume *Duden* series of monolingual German dictionaries. The Hungarian text was produced by staff members at the Akadémiai Kiadó, Budapest, with the assistance of various technical experts and numerous technicians and craftsmen in Hungary. The English text was produced by the Oxford University Press Dictionary Department, with the assistance of numerous British companies, institutions, and technical experts.

There are certain kinds of information which can be conveyed more readily and clearly by pictures than by descriptions and explanations, and an illustration will support the simple translation by helping the reader to visualize the object denoted by a given word. This applies both to technical vocabulary sought by the layman and to everyday objects foreign to the general user.

Each double page contains a plate illustrating the vocablulary of a whole subject, together with the exact Hungarian names and their correct English equivalents. The arrangement of the text and the presence of alphabetical indexes in Hungarian and English allow the dictionary to be used either way: as a Hungarian-English or an English-Hungarian dictionary. This, together with the wide range of vocabulary, which includes a large proportion of specialized words and technical terms, makes the Oxford-Duden Pictorial Dictionary an indispensable supplement to any Hungarian-English or English-Hungarian dictionary.

# Előszó

Ez a szótár a német „Tízkötetes Duden” szótársorozat 3.köteteként megjelent Bildwörterbuch (képes szótár) harmadik, teljesen átdolgozott kiadása alapján készült az Akadémiai Kiadó (Budapest) szótárszerkesztőségében. A magyar szöveg elkészítésében a szerkesztőség tagjain kívül számos tudós, műszaki és más szakember, különféle tudományok és szakmák elismert képviselői is részt vettek. Az angol szöveg az Oxford University Press szótári részlegében készült számos brit vállalat, intézmény és szakember támogatásával.

Szótárunk alapgondolata az a felismerés, hogy bizonyos információk képeken pontosabban és világosabban közölhetők, mint magyarázattal és körülírással. Az ábrázolás gyakran egyértelműbb felvilágosítást ad a szó jelentéséről, mint a legpontosabb meghatározás.

Mindegy, hogy jobban vagy kevésbé tudjuk, mindegy, hogy tanítjuk vagy tanuljuk az idegen nyelvet, a szavak jelentésének képi ábrázolása mindig hasznos segítség lesz számunkra. Kötetünk képei az élet legkülönfélébb területeinek tárgyait ábrázolják tematikus elrendezésben. A szótár két egymással szemben levő oldalán láthatjuk az adott terület legfontosabb fogalmainak képi ábrázolását, mellettük pedig az ennek megfelelő szókincset, számjelzéssel ellátott magyar szavak és a hozzájuk tartozó angol ekvivalensek formájában. Ezen túlmenően a magyar és a angol szavak, számjelzésükkel együtt, a kötet második felében külön-külön betűrendes mutatóban is megtalálhatók.

Felépítésének rendszere és a különféle szakterületek műszaki és egyéb szakszavait és szakkifejezéseit nagy számban felölelő szókincse minden magyar—angol és angol—magyar szótár nélkülözhetetlen kiegészítőjévé teszi képes szótárunkat.

# Bevezetés

Szótárunk felépítése és jelölései a magyar nyelv engedte mértékben követik az Oxford—Duden képes szótárak rendszerét.

Így az angol szöveghez hasonlóan *(kerek zárójelben)* adjuk a rokon értelmű szavakat és kifejezéseket, *[szögletes zárójelben]* a magyarázatokat és kiegészítéseket, *<csúcsos zárójelben>* pedig az adott fogalom jobb megértését elősegítő kifejezéseket, amelyeket az angol szöveg határozatlan névelővel közöl, legtöbbször vesszővel elválasztva a szócikk megelőző, fő részétől. E helyen vagy az általánosabb jelentésű, magasabb szintű fogalmakat, vagy a szó jelentését részletező, alacsonyabb szintű fogalmakat találhatjuk.

Mivel a rokonértelmű kifejezés, a magyarázat és a különféle szintű fogalmak körébe való besorolás sokszor csak önkényes lehet, a felhasználó időnként bizonyára nem fog egyetérteni megoldásunkkal, de a körülírások, a különféle zárójelekben található tájékoztatások így is elő fogják segíteni az egyes fogalmaknak, a szavak adott jelentésének pontosabb megértését.

## A magyar szövegben használt rövidítések

| | |
|---|---|
| *biz.* | bizalmas nyelvhasználat, üzemi zsargon |
| *gyűjt.* | gyűjtőfogalom |
| *rég.* | régies kifejezés |
| *rok.* | rokon fogalom, rokon faj(ta) |
| *v.* | vagy |

## Abbreviations used in the English text

| | |
|---|---|
| Am. | *American usage* |
| c. | *castrated (animal)* |
| coll. | *colloquial* |
| f. | *female (animal)* |
| form. | *formerly* |
| joc. | *jocular* |
| m. | *male (animal)* |
| poet. | *poetic* |
| sg. | *singular* |
| sim. | *similar* |
| y. | *young (animal)* |

# Tartalom

*Az arab számok a táblaszámot jelölik.*



# Contents

*The arabic numerals are the numbers of the pictures.*

| Tartalom | *Contents* |
|---|---|
| Kerti virágok 60 | Garden Flowers 60 |
| Gyomnövények 61 | Weeds 61 |
| Parasztgazdaság 62 | Farm Buildings (*Am.* Farmstead) 62 |
| Földművelés 63 | Agriculture (Farming) 63 |
| Mezőgazdasági gépek I. 64 | Agricultural Machinery I 64 |
| Mezőgazdasági gépek II. 65 | Agricultural Machinery II 65 |
| Mezőgazdasági szerszámok 66 | Agricultural Implements 66 |
| Esőszerű öntözés (esőztető öntözés) 67 | Overhead Irrigation 67 |
| Szántóföldi növények 68 | Arable Crops 68 |
| Takarmánynövények 69 | Fodder Plants (Forage Plants) 69 |
| Kutyafajták 70 | Breeds of Dog 70 |
| Ló I. 71 | Horse I 71 |
| Ló II. 72 | Horse II 72 |
| Háziállatok 73 | Domestic Animals 73 |
| Baromfitenyésztés (baromfitartás), tojástermelés 74 | Poultry Farming (Poultry Keeping), Egg Production 74 |
| Állattenyésztés (állattartás) 75 | Rearing (*Am.* Raising) of Livestock 75 |
| Tejüzem 76 | Dairy 76 |
| Méhek és méhészet 77 | Bees and Beekeeping (Apiculture) 77 |
| Szőlészet és borászat (szőlőtermesztés és bortermelés) 78 | Wine Growing (Viniculture, Viticulture) 78 |
| Borospince 79 | Wine Cellar 79 |
| Kertészeti és szántóföldi károsítók 80 | Garden and Field Pests 80 |
| Lakóhelyek rovarai, raktári kártevők és élősködők 81 | House Insects, Food Pests, and Parasites 81 |
| Erdészeti kártevők 82 | Forest Pests 82 |
| Károsítók elleni védekezés 83 | Pest Control 83 |
| Erdőgazdaság I. 84 | Forestry I 84 |
| Erdőgazdaság II. 85 | Forestry II 85 |
| Vadászat 86 | Hunting 86 |
| Vadászfegyverek, vadászeszközök 87 | Hunting Weapons, Hunting Equipment 87 |
| Vad 88 | Game 88 |
| Haltenyésztés és sporthorgászat 89 | Fish Farming (Fish Culture, Pisciculture) and Angling 89 |
| Tengeri halászat 90 | Sea Fishing 90 |
| **Kézmű- és gyáripar** | **Trades, Crafts, and Industry** |
| Malmok 91 | Mills 91 |
| Malátagyár és sörgyár I. 92 | Malting and Brewing I 92 |
| Sörgyár II. 93 | Brewing II 93 |
| Vágóhíd 94 | Slaughterhouse (Abattoir) 94 |
| Vágóállatrészek 95 | Meat Joints 95 |
| Hentesüzlet, mészárszék 96 | Butcher's Shop 96 |
| Pékség 97 | Bakery 97 |
| Élelmiszerbolt 98 | Grocer's Shop (*Am.* Grocery Store) 98 |
| Szupermarket (ABC-áruház) 99 | Supermarket 99 |
| Cipész, cipőkészítő 100 | Shoemaker (Bootmaker) 100 |
| Cipők 101 | Shoes (Footwear) 101 |
| Kézimunkák 102 | Needlework 102 |
| Női szabó 103 | Dressmaker 103 |
| Férfiszabó 104 | Tailor 104 |
| Női fodrász 105 | Ladies' Hairdresser 105 |
| Férfifodrász (borbély) 106 | Men's Hairdresser (Barber) 106 |
| Dohányáruk és dohányzási kellékek 107 | Tobacco and Smoking Requisites 107 |
| Ötvös, arany- és ezüstműves 108 | Goldsmith, Silversmith 108 |
| Órás 109 | Watchmaker, Clockmaker 109 |
| Órák 110 | Clocks and Watches 110 |
| Látszerész (optikus) 111 | Optician 111 |
| Optikai műszerek I. 112 | Optical Instruments I 112 |
| Optikai műszerek II. 113 | Optical Instruments II 113 |
| Fényképezés I. 114 | Photography I 114 |
| Fényképezés II. 115 | Photography II 115 |
| Fényképezés III. 116 | Photography III 116 |
| Keskenyfilm 117 | Cine Film 117 |
| Építéshely I. 118 | Building Site (Construction Site) I 118 |
| Építéshely II. 119 | Building Site (Construction Site) II 119 |
| Ács (ácsmunkák) 120 | Carpenter 120 |
| Tető, fakötések 121 | Roof, Timber Joints 121 |
| Tető és tetőfedő 122 | Roof and Roofer 122 |
| Padló, födém, lépcső 123 | Floor, Ceiling, Staircase Construction 123 |
| Üveges 124 | Glazier 124 |
| Bádogos 125 | Plumber 125 |
| Víz-, gáz- és központifűtés-szerelő 126 | Plumber, Gas Fitter, Heating Engineer 126 |
| Villanyszerelő 127 | Electrician 127 |

# Tartalom



# *Contents*

# Tartalom

# *Contents*

## Tartalom



## *Contents*

**1–8 atommodellek**
– ***atom models***
**1** a H-atom (hidrogénatom) modellje
– *model of the hydrogen (H) atom*
**2** atommag <proton>
– *atomic nucleus, a proton*
**3** elektron
– *electron*
**4** az elektron spinje
– *electron spin*
**5** a He-atom (héliumatom) modellje
– *model of the helium (He) atom*
**6** elektronhéj
– *electron shell*
**7** Pauli-elv (tilalmi elv)
– *Pauli exclusion principle (exclusion principle, Pauli principle)*
**8** a Na-atom (nátriumatom) zárt elektronhéja (betöltött elektronhéja)
– *complete electron shell of the Na atom (sodium atom)*
**9–14 molekulaszerkezetek** (rácsszerkezetek, kristályrácsok)
– ***molecular structures*** *(lattice structures)*
**9** a nátrium-klorid (kősó) kristálya
– *crystal of sodium chloride (of common salt)*
**10** klórion
– *chlorine ion*
**11** nátriumion
– *sodium ion*
**12** krisztobalitkristály
– *crystal of cristobalite*
**13** oxigénatom
– *oxygen atom*
**14** szilíciumatom
– *silicon atom*
**15** a hidrogénatom **energiaszintjei** (megengedett kvantumátmenetei)
– ***energy levels*** *(possible quantum jumps) of the hydrogen atom*
**16** atommag (proton)
– *atomic nucleus (proton)*
**17** elektron
– *electron*
**18** alapállapot
– *ground state level*
**19** gerjesztett állapot
– *excited state*
**20–25 kvantumátmenetek** (kvantumugrások)
– ***quantum jumps*** *(quantum transitions)*
**20** Lyman-sorozat
– *Lyman series*
**21** Balmer-sorozat
– *Balmer series*
**22** Paschen-sorozat
– *Paschen series*
**23** Brackett-sorozat
– *Brackett series*
**24** Pfund-sorozat
– *Pfund series*
**25** szabad elektron
– *free electron*
**26** a H-atom Bohr–Sommerfeld-féle atommodellje
– *Bohr-Sommerfeld model of the H atom*
**27** az elektron energiaszintjei
– *energy levels of the electron*
**28** radioaktív anyag spontán bomlása
– ***spontaneous decay*** *of radioactive material*
**29** atommag
– *atomic nucleus*
**30–31** alfa-részecske (α-részecske, alfa-sugárzás, He-atommag)
– *alpha particle (α, alpha radiation, helium nucleus)*
**30** neutron
– *neutron*
**31** proton
– *proton*
**32** béta-részecske (β-részecske, béta-sugárzás, elektron)
– *beta particle (β, beta radiation, electron)*
**33** gamma-sugárzás (γ-sugárzás) <kemény röntgensugárzás>
– *gamma radiation (γ, a hard X-radiation)*
**34 maghasadás** (atommaghasadás)
– ***nuclear fission***
**35** nehéz atommag
– *heavy atomic nucleus*
**36** neutronbombázás
– *neutron bombardment*
**37–38** hasadási termékek (hasadványok)
– *fission fragments*
**39** kilépő neutron (szabaddá vált neutron)
– *released neutron*
**40** gamma-sugárzás
– *gamma radiation (γ)*
**41 láncreakció**
– ***chain reaction***
**42** beeső neutron (maghasadást okozó neutron)
– *incident neutron*
**43** az atommag a hasadás előtt
– *nucleus prior to fission*
**44** hasadási termék
– *fission fragment*
**45** kilépő neutron
– *released neutron*
**46** újabb maghasadás
– *repeated fission*
**47** hasadási termék
– *fission fragment*
**48 szabályozott láncreakció atomreaktorban**
– ***controlled chain reaction in a nuclear reactor***
**49** hasadóanyag atommagja
– *atomic nucleus of a fissionable element*
**50** neutronbombázás
– *neutron bombardment*
**51** hasadási termék (új atommag)
– *fission fragment (new atomic nucleus)*
**52** kilépő neutron (hasadási neutron)
– *released neutron*
**53** elnyelt neutronok
– *absorbed neutrons*
**54** moderátor (lassítóközeg) <grafitból készült lassítóréteg>
– *moderator, a retarding layer of graphite*
**55** hőelvezetés (energiatermelés)
– *extraction of heat (production of energy)*
**56** röntgensugárzás
– *X-radiation*
**57** beton-ólom védőfal
– *concrete and lead shield*
**58 buborékkamra** nagy energiájú ionizáló részecskék pályájának láthatóvá tételére
– ***bubble chamber*** *for showing the tracks of high-energy ionizing particles*
**59** fényforrás
– *light source*
**60** fényképezőgép
– *camera*
**61** tágulási cső
– *expansion line*
**62** a fénysugarak útja
– *path of light rays*
**63** elektromágnes
– *magnet*
**64** a sugárzás belépése
– *beam entry point*
**65** tükör
– *reflector*
**66** kamra
– *chamber*

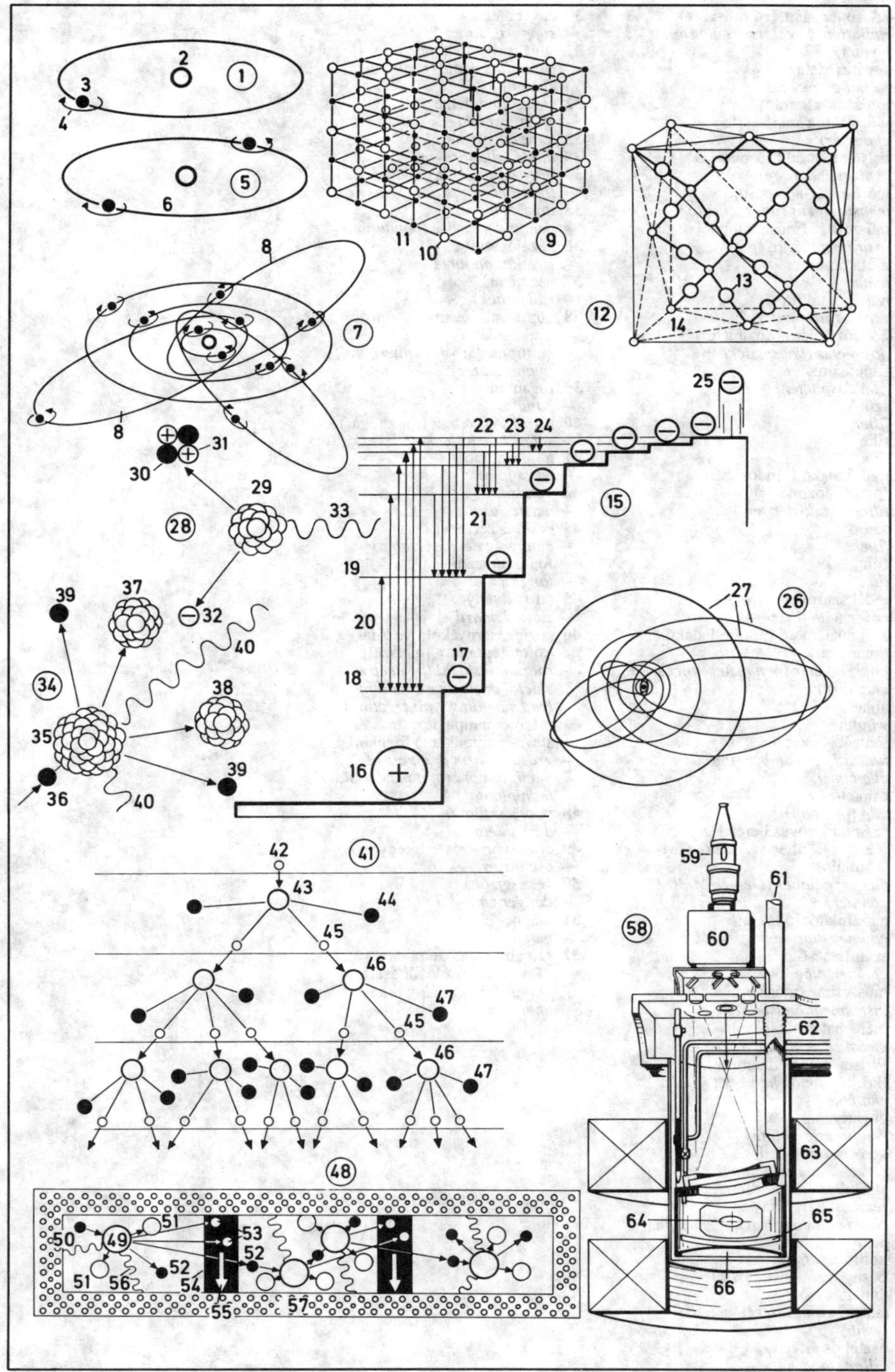
1
2
3
4
5
6
7
8
9
10
11
12
13
14
15
16
17
18
19
20
21
22
23
24
25
26
27
28
29
30
31
32
33
34
35
36
37
38
39
40
41
42
43
44
45
46
47
48
49
50
51
52
53
54
55
56
57
58
59
60
61
62
63
64
65
66

**1–23 sugárzásmérő műszerek**
– ***radiation detectors*** *(radiation meters)*
**1** sugárzásdetektor
– *radiation monitor*
**2** ionizációs kamra
– *ionization chamber (ion chamber)*
**3** belső elektród (központi szál)
– *central electrode*
**4** méréshatár-átkapcsoló
– *measurement range selector*
**5** műszerház (műszerdoboz)
– *instrument housing*
**6** mutatóműszer
– *meter*
**7** nullapontállító
– *zero adjustment*
**8–23** dózismérő (doziméter)
– *dosimeter (dosemeter)*
**8** filmdoziméter
– *film dosimeter*
**9** szűrő
– *filter*
**10** film
– *film*
**11** gyűrű alakú filmdoziméter (gyűrű-doziméter)
– *film-ring dosimeter*
**12** szűrő
– *filter*
**13** film
– *film*
**14** fedél szűrővel
– *cover with filter*
**15** zsebdózismérő (töltőtoll alakú doziméter)
– *pocket meter (pen meter, pocket chamber)*
**16** ablak
– *window*
**17** ionizációs kamra
– *ionization chamber (ion chamber)*
**18** csíptető
– *clip (pen clip)*
**19** számlálócsöves berendezés (Geiger–Müller-számláló, GM-számláló)
– *Geiger counter (Geiger-Müller counter)*
**20** a számlálócső tokja
– *counter tube casing*
**21** számlálócső
– *counter tube*
**22** műszerház (műszerdoboz)
– *instrument housing*
**23** méréshatár-átkapcsoló
– *measurement range selector*
**24** Wilson-féle ködkamra
– *Wilson cloud chamber (Wilson chamber)*
**25** dugattyúlap
– *compression plate*
**26** ködkamrafelvétel
– *cloud chamber photograph*
**27** alfa-részecske ködfonala (α-részecske nyoma)
– *cloud chamber track of an alpha particle*
**28 kobaltizotópos besugárzóberendezés** (*biz.:* kobaltágyú)
– ***telecobalt unit*** (coll. *cobalt bomb*)
**29** oszlopos állvány
– *pillar stand*
**30** tartókötél
– *support cables*
**31** sugárzásvédő lemez
– *radiation shield (radiation shielding)*
**32** csúszó fedőlemez
– *sliding shield*
**33** lemezes blende
– *bladed diaphragm*
**34** fénysugaras irányzókészülék
– *light-beam positioning device*
**35** ingaszerkezet
– *pendulum device (pendulum)*
**36** kezelőasztal
– *irradiation table*
**37** vezetősín
– *rail (track)*
**38 gömbcsuklós manipulátor** (manipulátor)
– ***manipulator with sphere unit*** *(manipulator)*
**39** fogantyú
– *handle*
**40** biztonsági retesz (rögzítőkar)
– *safety catch (locking lever)*
**41** gömbcsukló
– *wrist joint*
**42** vezetőrúd
– *master arm*
**43** befogószerkezet
– *clamping device (clamp)*
**44** fogószerszám
– *tongs*
**45** tartóállvány
– *slotted board*
**46** sugárzásárnyékoló védőfal <ólomtégla fal> [metszet]
– *radiation shield (protective shield, protective shielding), a lead shielding wall [section]*
**47** másolómanipulátor (master-slave-manipulátor) fogókarja
– *grasping arm of a pair of manipulators (of a master/slave manipulator)*
**48** porvédő tömlő
– *dust shield*
**49 ciklotron** <részecskegyorsító>
– ***cyclotron***
**50** veszélyzóna
– *danger zone*
**51** mágnes
– *magnet*
**52** szivattyú a vákuumkamra vákuumjának előállítására
– *pumps for emptying the vacuum chamber*

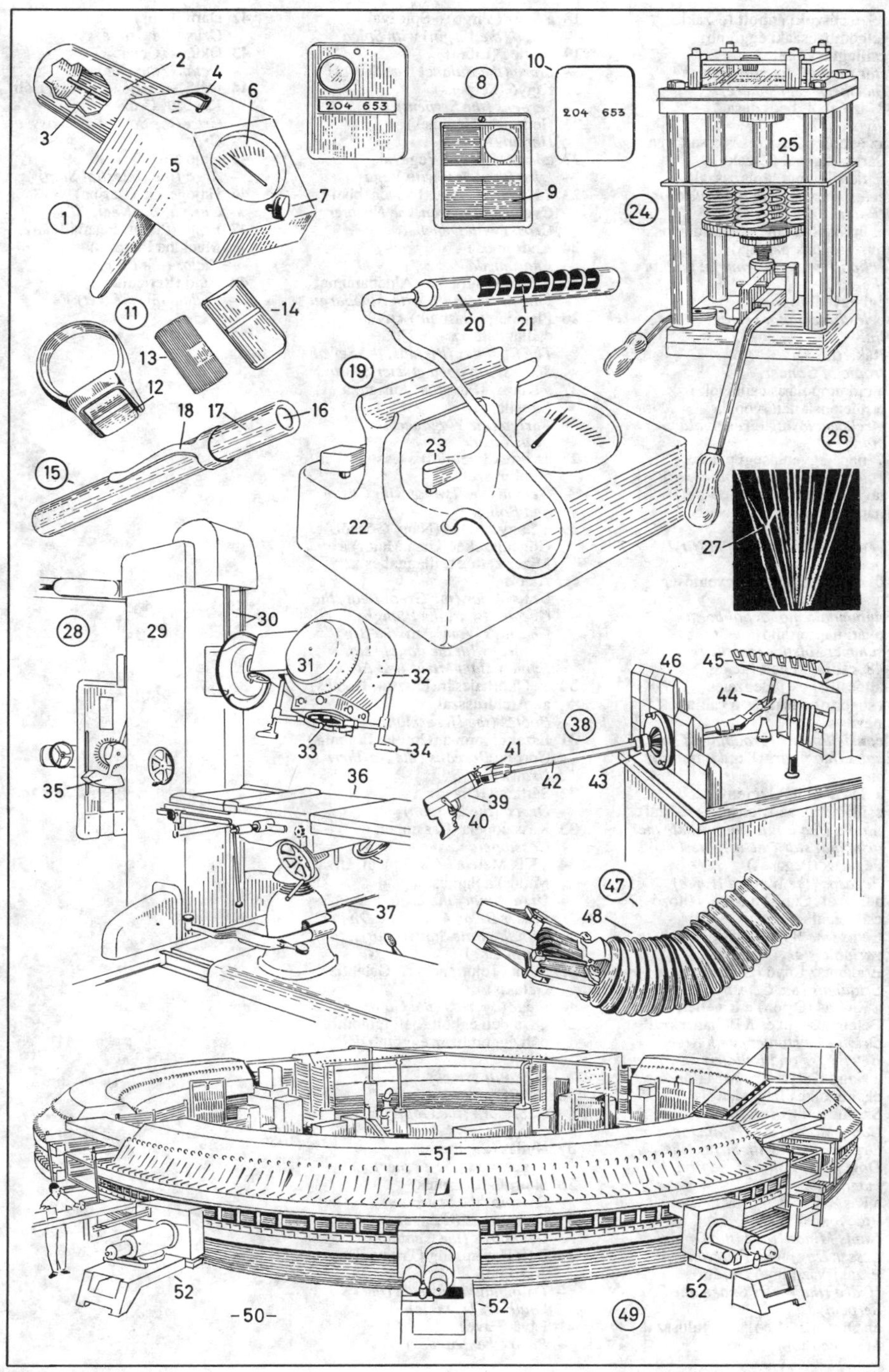
204 653
204 653
1 2 3 4 5 6 7 8 9 10 11 12 13 14 15 16 17 18 19 20 21 22 23 24 25 26 27 28 29 30 31 32 33 34 35 36 37 38 39 40 41 42 43 44 45 46 47 48 49 50 51 52

**1–35 az északi égbolt** (északi félgömb, északi éggömb) **csillagtérképe**
– ***star map of the northern sky*** *(northern hemisphere)*
**1–8** az égbolt beosztása
– *divisions of the sky*
**1** az égbolt pólusa (északi sarka) a Sarkcsillaggal (Északi Sarkcsillaggal, Polarisszal)
– *celestial pole with the Pole Star (Polaris, the North Star)*
**2** ekliptika (a Nap évi látszólagos mozgásának pályája)
– *ecliptic (apparent annual path of the sun)*
**3** égi egyenlítő
– *celestial equator (equinoctial line)*
**4** Ráktérítő
– *tropic of Cancer*
**5** a cirkumpoláris csillagok területének határvonala
– *circle enclosing circumpolar stars*
**6–7** napéjegyenlőségi pontok
– *equinoctial points (equinoxes)*
**6** tavaszpont (tavaszi napéjegyenlőség, a tavasz kezdete)
– *vernal equinoctial point (first point of Aries)*
**7** őszpont (őszi napéjegyenlőség, az ősz kezdete)
– *autumnal equinoctial point*
**8** nyári napforduló
– *summer solstice (solstice)*
**9–48 csillagképek** (az állócsillagok jellegzetes csoportosulásai) **és a csillagok neve**
– ***constellations*** *(grouping of fixed stars into figures)* ***and names of stars***
**9** a Sas (Aquila) legfényesebb csillagával, az Atairral (Altairral)
– *Aquila (the Eagle) with Altair the principal star (the brightest star)*
**10** Pegazus (Pegasus)
– *Pegasus (the Winged Horse)*
**11** a Cethal (Cetus) a Mira változó csillaggal
– *Cetus (the Whale) with Mira, a variable star*
**12** Eridánusz folyó (Eridanus)
– *Eridamus (the Celestial River)*
**13** a Kaszás (Orion) a Rigellel, a Betelgeusével és a Bellatrixszal
– *Orion (the Hunter) with Rigel, Betelgeuse and Bellatrix*
**14** a Nagy Kutya (Canis Maior) egy elsőrendű csillaggal, a Sziriusszal (Siriusszal)
– *Canis Major (the Great Dog, the Greater Dog) with Sirius (the Dog Star), a star of the first magnitude*
**15** a Kis Kutya (Canis Minor) a Procyonnal
– *Canis Minor (the Little Dog, the Lesser Dog) with Procyon*
**16** Északi Vízikígyó (Hydra)
– *Hydra (the Water Snake, the Sea Serpent)*
**17** az Oroszlán (Leo) a Regulusszal
– *Leo (the Lion)*
**18** a Szűz (Virgo) a Spicával
– *Virgo (the Virgin) with Spica*
**19** Mérleg (Libra)
– *Libra (the Balance, the Scales)*
**20** Kígyó (Serpens)
– *Serpens (the Serpent)*
**21** Herkules (Hercules)
– *Hercules*
**22** a Lant (Lyra) a Vegával
– *Lyra (the Lyre) with Vega*
**23** a Hattyú (Cygnus) a Denebbel
– *Cygnus (the Swan, the Northern Cross) with Deneb*
**24** Andromeda
– *Andromeda*
**25** a Bika (Taurus) az Aldebarannal
– *Taurus (the Bull) with Aldebaran*
**26** Plejádok (Fiastyúk) <nyílt csillaghalmaz>
– *The Pleiades (Pleiads, the Seven Sisters), an open cluster of stars*
**27** a Kocsis (Fuvaros, Auriga) a Capellával
– *Auriga (the Wagoner, the Charioteer)*
**28** az Ikrek (Gemini) a Castorral és a Polluxszal
– *Gemini (the Twins) with Castor and Pollux*
**29** a Nagy Medve (Nagy Göncöl, Göncölszekér, Ursa Maior) a Mizar kettős csillaggal és az Alcorral
– *Ursa Major (the Great Bear, the Greater Bear, the Plough, Charles's Wain,* Am. *the Big Dipper) with the double star (binary star) Mizar and Alcor*
**30** az Ökörhajcsár (Pásztor, Bootes) az Arcturusszal
– *Boötes (the Herdsman)*
**31** Északi Korona (Corona Borealis)
– *Corona Borealis (the Northern Crown)*
**32** Sárkány (Draco)
– *Draco (the Dragon)*
**33** Kassziopeia (Cassiopeia)
– *Cassiopeia*
**34** a Kis Medve (Kis Göncöl, Ursa Minor) a Sarkcsillaggal
– *Ursa Minor (the Little Bear, Lesser Bear,* Am. *Little Dipper) with the Pole Star (Polaris, the North Star)*
**35** Tejút (Tejútrendszer, Galaktika, Galaxis)
– *the Milky Way (the Galaxy)*
**36–48** a déli égbolt (déli félgömb, déli éggömb, az éggömb déli fele)
– ***the southern sky***
**36** Bak (Capricornus)
– *Capricorn (the Goat, the Sea Goat)*
**37** Nyilas (Sagittarius)
– *Sagittarius (the Archer)*
**38** Skorpió (Scorpius)
– *Scorpio (the Scorpion)*
**39** Kentaurosz (Centaurus)
– *Centaurus (the Centaur)*
**40** Déli Háromszög (Triangulum Australe)
– *Triangulum Australe (the Southern Triangle)*
**41** Páva (Pavo)
– *Pavo (the Peacock)*
**42** Daru (Grus)
– *Grus (the Crane)*
**43** Oktáns (Octans)
– *Octans (the Octant)*
**44** Dél Keresztje (Kereszt, Déli Kereszt, Crux)
– *Crux (the Southern Cross, the Cross)*
**45** Hajó (Argo)
– *Argo (the Celestial Ship)*
**46** Hajógerinc (Carina)
– *Carina (the Keel)*
**47** Festő (Pictor, Festőállvány, Machina Pictoris)
– *Pictor (the Painter)*
**48** Háló (Reticulum)
– *Reticulum (the Net)*

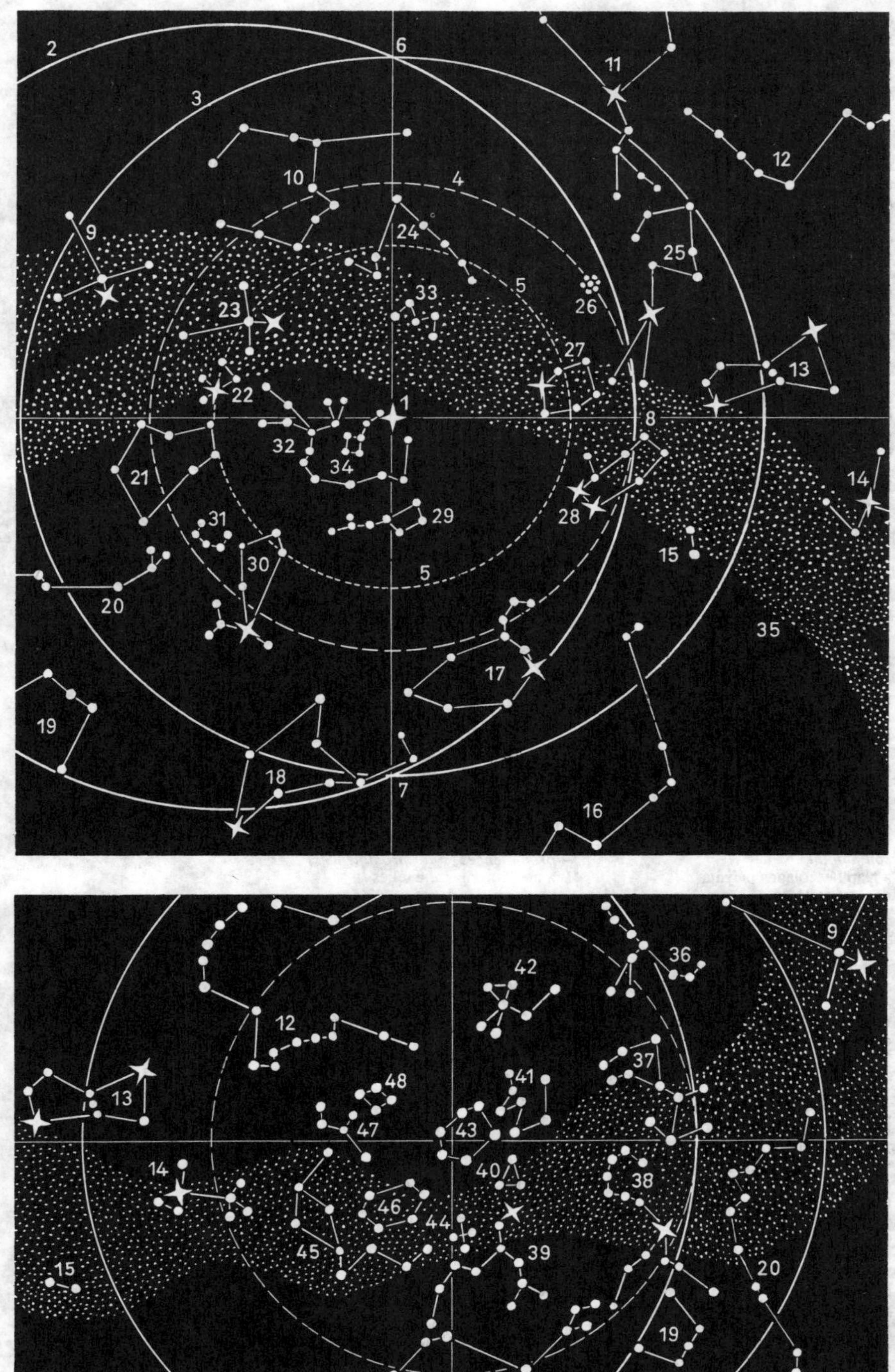
2
6
3
11
12
10
4
9
24
25
5
33
23
26
27
13
22
1
8
32
34
21
14
28
31
29
15
30
5
20
35
17
19
18
7
16
36
42
9
12
37
48
41
13
47
43
14
40
38
46
44
45
39
20
15
19

**1–9** a Hold
– *the moon*
**1** holdpálya (a Hold keringése a Föld körül)
– *moon's path (moon's orbit round the earth)*
**2–7** holdfázisok
– *lunar phases (moon's phases, lunation)*
**2** újhold
– *new moon*
**3** holdsarló (növekvő Hold)
– *crescent (crescent moon, waxing moon)*
**4** félhold (első negyed)
– *half-moon (first quarter)*
**5** telihold (holdtölte)
– *full moon*
**6** félhold (utolsó negyed)
– *half-moon (last quarter, third quarter)*
**7** holdsarló (fogyó Hold)
– *crescent (crescent moon, waning moon)*
**8** a Föld (földgolyó)
– *the earth (terrestrial globe)*
**9** a napsugarak iránya
– *direction of the sun's rays*
**10–21** a Nap látszólagos pályája az évszakok kezdetén
– *apparent path of the sun at the beginning of the seasons*
**10** világtengely
– *celestial axis*
**11** zenit
– *zenith*
**12** horizont
– *horizontal plane*
**13** nadír
– *nadir*
**14** keletpont
– *east point*
**15** nyugatpont
– *west point*
**16** északpont
– *north point*
**17** délpont
– *south point*
**18** a Nap látszólagos pályája december 21-én
– *apparent path of the sun on 21 December*
**19** a Nap látszólagos pályája március 21-én és szeptember 23-án
– *apparent path of the sun on 21 March and 23 September*
**20** a Nap látszólagos pályája június 21-én
– *apparent path of the sun on 21 June*
**21** a szürkületi zóna határa
– *border of the twilight area*
**22–28** a földtengely irányának vándorlása (forgómozgása)
– *rotary motions of the earth's axis*
**22** az ekliptika tengelye
– *axis of the ecliptic*
**23** éggömb
– *celestial sphere*
**24** az égi pólus pályája (precesszió és nutáció)
– *path of the celestial pole (precession and nutation)*
**25** pillanatnyi forgástengely
– *instantaneous axis of rotation*
**26** az égi pólus
– *celestial pole*
**27** közepes forgástengely
– *mean axis of rotation*
**28** polhodia
– *polhode*
**29–35** nap- és holdfogyatkozás [nem méretarányos]
– *solar and lunar eclipse [not to scale]*
**29** Nap
– *the sun*
**30** Föld
– *the earth*
**31** Hold
– *the moon*
**32** napfogyatkozás
– *solar eclipse*
**33** teljes fogyatkozás (a teljes fogyatkozás övezete)
– *area of the earth in which the eclipse appears total*
**34–35** holdfogyatkozás
– *lunar eclipse*
**34** félárnyék
– *penumbra (partial shadow)*
**35** teljes árnyék
– *umbra (total shadow)*
**36–41** a Nap
– *the sun*
**36** napkorong
– *solar disc (disk) (solar globe, solar sphere)*
**37** napfoltok
– *sunspots*
**38** örvénylés a napfoltok környezetében
– *cyclones in the area of sunspots*
**39** napkorona (a naplégkörnek csak teljes napfogyatkozáskor vagy különleges műszerekkel megfigyelhető legkülső rétege)
– *corona (solar corona), observable during total solar eclipse or by means of special instruments*
**40** protuberanciák
– *prominences (solar prominences)*
**41** a holdkorong széle teljes napfogyatkozáskor
– *moon's limb during a total solar eclipse*
**42–52** a bolygók (bolygórendszer, naprendszer) [nem méretarányos] és a bolygók jegyei
– *planets (planetary system, solar system) [not to scale] and planet symbols*
**42** Nap
– *the sun*
**43** Merkúr
– *Mercury*
**44** Vénusz (Venus)
– *Venus*
**45** a Föld a Holddal <mellékbolygóval (holddal)>
– *Earth, with the moon, a satellite*
**46** a Mars két holdjával
– *Mars, with two moons (satellites)*
**47** kisbolygók (aszteroidák, planetoidák)
– *asteroids (minor planets)*
**48** a Jupiter 14 holdjával
– *Jupiter, with 14 moons (satellites)*
**49** a Szaturnusz (Saturnus) 10 holdjával
– *Saturn, with 10 moons (satellites)*
**50** az Uránusz (Uranus) 5 holdjával
– *Uranus, with five moons (satellites)*
**51** a Neptunusz (Neptunus) 2 holdjával
– *Neptune, with two moons (satellites)*
**52** Plutó (Pluto)
– *Pluto*
**53–64** állatövi jegyek
– *signs of the zodiac (zodiacal signs)*
**53** Kos (Aries)
– *Aries (the Ram)*
**54** Bika (Taurus)
– *Taurus (the Bull)*
**55** Ikrek (Gemini)
– *Gemini (the Twins)*
**56** Rák (Cancer)
– *Cancer (the Crab)*
**57** Oroszlán (Leo)
– *Leo (the Lion)*
**58** Szűz (Virgo)
– *Virgo (the Virgin)*
**59** Mérleg (Libra)
– *Libra (the Balance, the Scales)*
**60** Skorpió (Scorpius)
– *Scorpio (the Scorpion)*
**61** Nyilas (Sagittarius)
– *Sagittarius (the Archer)*
**62** Bak (Capricornus)
– *Capricorn (the Goat, the Sea Goat)*
**63** Vízöntő (Aquarius)
– *Aquarius (the Water Carrier, the Water Bearer)*
**64** Halak (Pisces)
– *Pisces (the Fish)*

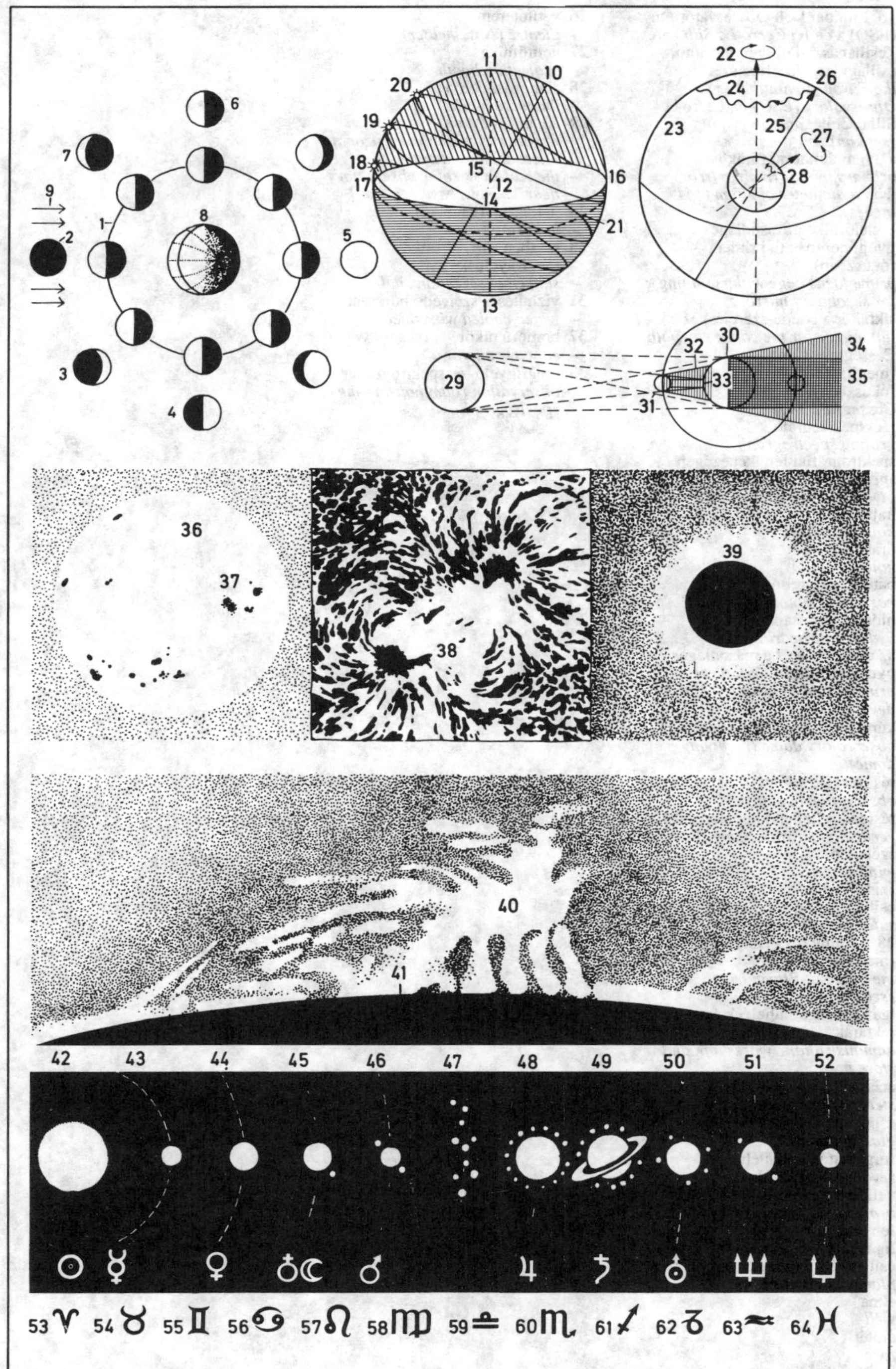
1
2
3
4
5
6
7
8
9
10
11
12
13
14
15
16
17
18
19
20
21
22
23
24
25
26
27
28
29
30
31
32
33
34
35
36
37
38
39
40
41
42
43
44
45
46
47
48
49
50
51
52
53
54
55
56
57
58
59
60
61
62
63
64

**1–16** Európai Déli Obszervatórium (ESO) a *chilei Cerro La Sillá*ban <csillagászati obszervatórium, csillagvizsgáló> [metszet]
– *the European Southern Observatory (ESO) on* Cerro la Silla, Chile, *an observatory [section]*
**1** a 3,6 m átmérőjű főtükör
– *primary mirror (main mirror) with a diameter of 3.6 m (144 inches)*
**2** észlelőfülke az elsődleges gyújtópontban (a primer fókuszban)
– *prime focus cage with mounting for secondary mirrors*
**3** síktükör a coudé-szereléshez
– *flat mirror for the coudé ray path*
**4** Cassegrain-fülke (megfigyelőfülke a Cassegrain-fókuszban)
– *Cassegrain cage*
**5** rácsspektrográf
– *grating spectrograph*
**6** spektrográfiai fényképezőgép
– *spectrographic camera*
**7** óraműmeghajtás (óratengely-hajtómű)
– *hour axis drive*
**8** óratengely
– *hour axis*
**9** patkó alakú tartó
– *horseshoe mounting*
**10** hidraulikus csapágyazás
– *hydrostatic bearing*
**11** az elsődleges és a másodlagos gyújtópont beállítószerkezete
– *primary and secondary focusing devices*
**12** kupolatető (forgatható kupola)
– *observatory dome (revolving dome)*
**13** rés (megfigyelőrés)
– *observation opening*
**14** résfedő (eltolható kupoladarab)
– *vertically movable dome shutter*
**15** szélvédő
– *wind screen*
**16** sziderosztát [tükrös csillagmegfigyelő készülék]
– *siderostat*
**17–28** a Stuttgarti Planetárium [metszet]
– *the* Stuttgart *Planetarium [section]*
**17** igazgatóság, műhelyek és raktárak
– *administration, workshop, and store area*
**18** acélváz
– *steel scaffold*
**19** csonkagúla alakú üvegtető
– *glass pyramid*
**20** forgatható kupolalétra
– *revolving arched ladder*
**21** vetítőkupola
– *projection dome*
**22** fényelzáró
– *light stop*
**23** csillagvetítő (planetáriumműszer)
– *planetarium projector*
**24** akna
– *well*
**25** előtér
– *foyer*
**26** vetítőterem
– *theatre (*Am. *theater)*
**27** vetítőfülke
– *projection booth*
**28** alapozási cölöp
– *foundation pile*
**29–33** a *Kitt Peak* napobszervatórium az *arizonai Tucson*ban [metszet]
– *the* Kitt Peak *solar observatory near* Tucson, Ariz. *[section]*
**29** heliosztát (naptükör)
– *heliostat*
**30** részben süllyesztett megfigyelőakna
– *sunken observation shaft*
**31** vízhűtéses szélvédő burkolat
– *water-cooled windshield*
**32** homorú tükör
– *concave mirror*
**33** megfigyelő- és spektrográftér
– *observation room housing the spectrograph*

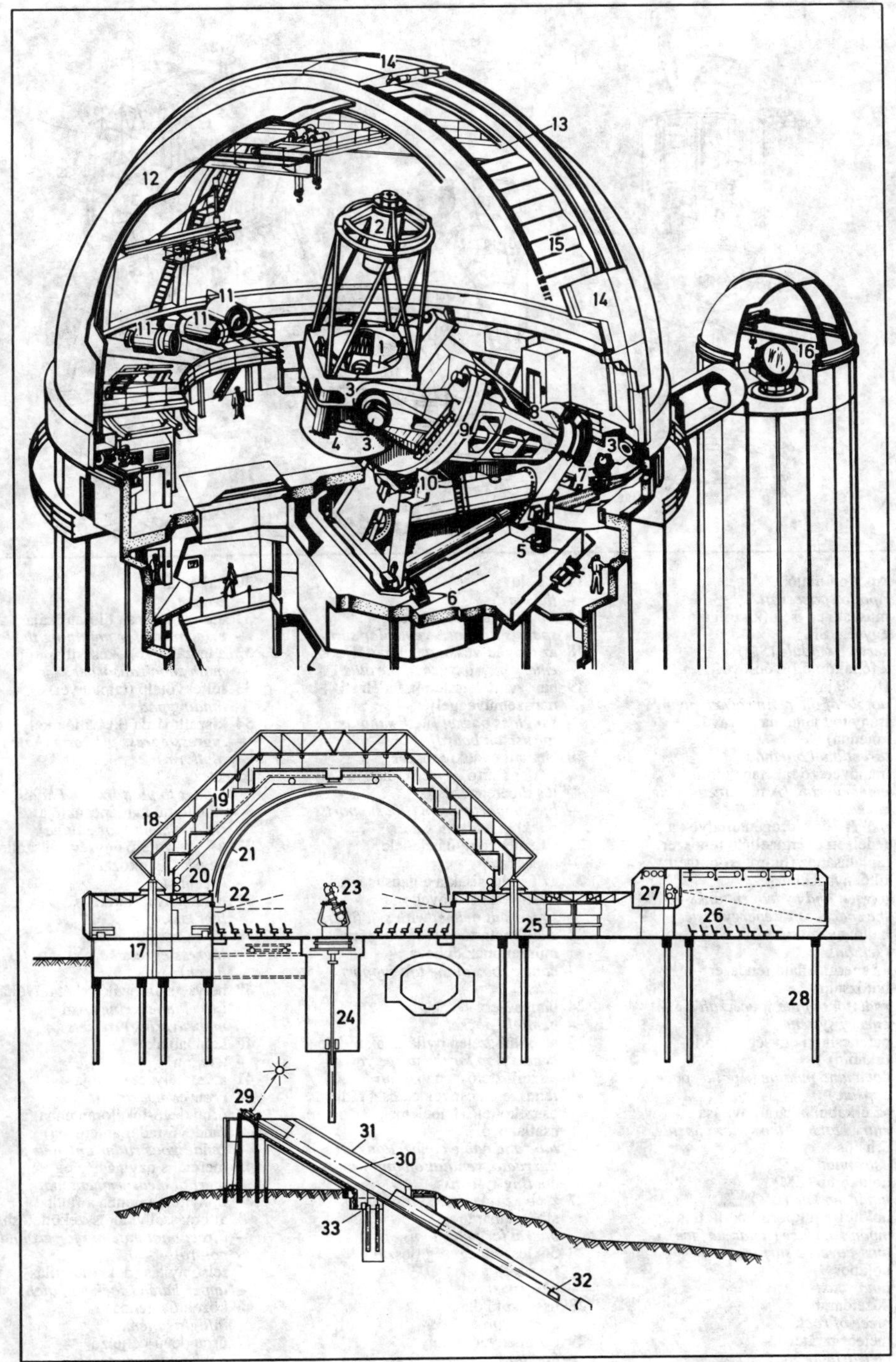
14
13
12
2
15
14
11
11
11
16
1
3
8
9
4
3
3
7
10
5
6
18
19
21
20
22
23
27
26
25
17
24
28
29
31
30
33
32

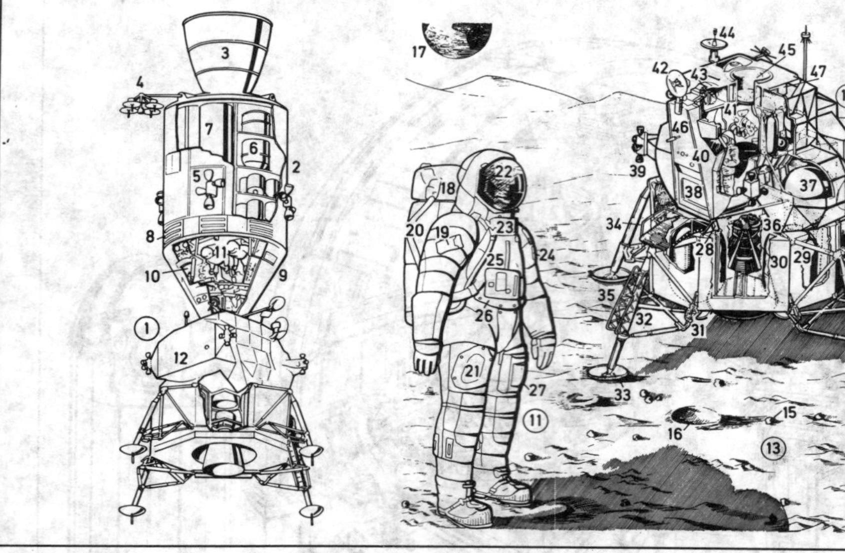

**1** Apollo űrhajó
– *Apollo spacecraft*
**2** műszaki egység (kiszolgáló-egység, SM)
– *service module (SM)*
**3** a főhajtómű fúvócsöve (fúvókája)
– *nozzle of the main rocket engine*
**4** irányított antenna (S-sávú antenna)
– *directional antenna*
**5** manőverező rakétahajtómű
– *manoeuvring (*Am. *maneuvering) rockets*
**6** oxigén- és hidrogéntartályok a fedélzeti energiaellátó rendszer táplálásához (hidrogén-oxigén fűtőanyagcellák)
– *oxygen and hydrogen tanks for the spacecraft's energy system*
**7** hajtóanyagtartály
– *fuel tank*
**8** az energiaellátó rendszer hűtőzsalui
– *radiators of the spacecraft's energy system*
**9** parancsnoki egység (Apollo-űrkabin)
– *command module (Apollo space capsule)*
**10** az űrkabin bejárati nyílása
– *entry hatch of the space capsule*
**11** űrhajós
– *astronaut*
**12** holdkomp (LM)
– *lunar module (LM)*
**13** holdfelszín <porral borított talaj>
– *moon's surface (lunar surface), a dust-covered surface*
**14** holdpor
– *lunar dust*
**15** kőzetdarab
– *piece of rock*
**16** meteoritkráter
– *meteorite crater*
**17** a Föld
– *the earth*
**18–27** űrruha (szkafander)
– *space suit (extra-vehicular suit)*
**18** az oxigén-vésztartalék tartálya
– *emergency oxygen apparatus*
**19** napszemüvegzseb [a fedélzeti napszemüveggel]
– *sunglass pocket [with sunglasses for use on board]*
**20** élettani ellátó rendszer (létfenntartó egység) <háti légzőberendezés>
– *life support system (life support pack), a backpack unit*
**21** a bemeneti nyílás fedele
– *access flap*
**22** az űrruha sisakja a napsugárzás ellen védő szűrővel
– *space suit helmet with sun filters*
**23** a létfenntartó egység ellenőrző műszereinek doboza
– *control box of the life support pack*
**24** lámpazseb
– *penlight pocket*
**25** az öblítőszelep nyílásának fedele
– *access flap for the purge valve*
**26** a szellőztető és a vízhűtő rendszerek csöveinek és a rádió-összeköttetés kábeleinek csatlakozói
– *tube and cable connections for the radio, ventilation and water-cooling systems*
**27** zseb az írószerek, szerszámok stb. számára
– *pocket for pens, tools, etc.*
**28–36** leszállóegység (leszálló fokozat)
– *descent stage*
**28** összekötő darab
– *connector*
**29** tüzelőanyag-tartály
– *fuel tank*
**30** hajtómű
– *engine*
**31** a leszállólábak hidraulikája
– *mechanism for unfolding the legs*
**32** a leszállóláb lökéscsillapítója
– *main shock absorber*
**33** felfekvőtalp (talptányér)
– *landing pad*
**34** kiszállójárda (kiszállóerkély)
– *ingress/egress platform (hatch platform)*
**35** létra
– *ladder to platform and hatch*
**36** a hajtómű kardáncsuklója
– *cardan mount for engine*
**37–47** visszatérő egység (felszálló egység *v.* fokozat)
– *ascent stage*
**37** tüzelőanyag-tartály
– *fuel tank*
**38** ki- és beszállónyílás
– *ingress/egress hatch (entry/exit hatch)*
**39** helyzetstabilizáló rakétafúvókák
– *LM manoeuvring (*Am. *maneuvering) rockets*
**40** kabinablak
– *window*
**41** a személyzet kabinja
– *crew compartment*
**42** űrrandevú-lokátorantenna (a randevú-radar antennája)
– *rendezvous radar antenna*
**43** inerciális navigációs egység
– *inertial measurement unit*
**44** irányított antenna a földi állomással való összeköttetéshez
– *directional antenna for ground control*
**45** felső nyílás (dokkolónyílás)
– *upper hatch (docking hatch)*
**46** közelítőantenna
– *inflight antenna*
**47** űrrandevú-céljelző
– *docking target recess*

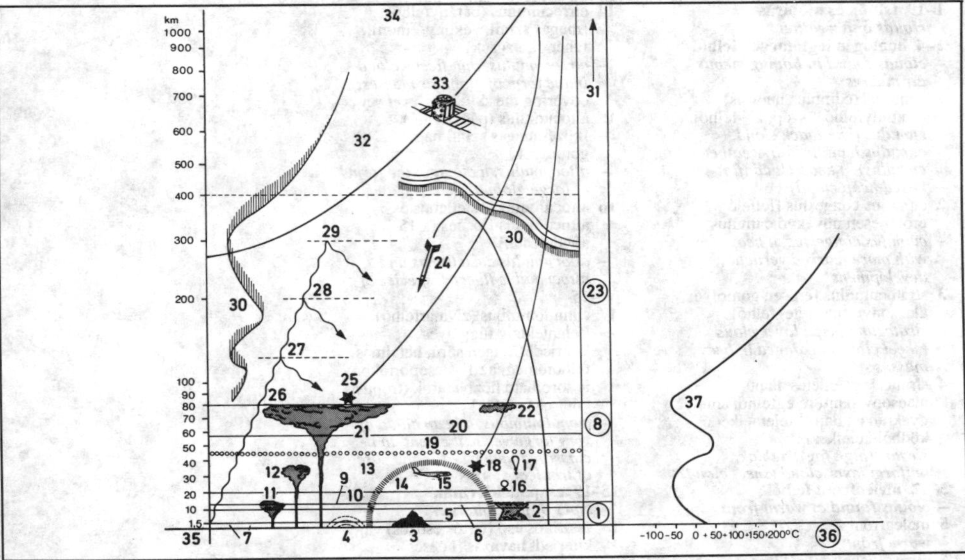


**1 troposzféra**
*– the troposphere*
2 zivatarfelhők
*– thunderclouds*
3 a Föld legmagasabb hegye, a *Mount Everest* [8882 m]
– *the highest mountain,* Mount Everest *[8,882 m]*
4 szivárvány
*– rainbow*
5 a jet stream (sugáráramlás, futóáramlás) szintje
*– jet stream level*
6 inverziós réteg [ahol a vertikális légmozgások visszafordulnak]
*– zero level [inversion of vertical air movement]*
7 alapréteg (planetáris határréteg, súrlódási réteg)
*– ground layer (surface boundary layer)*
**8 sztratoszféra**
*– the stratosphere*
9 tropopauza
*– tropopause*
10 elválasztó zóna (a gyengébb légmozgások rétege)
*– separating layer (layer of weaker air movement)*
11 atombomba-robbanás
*– atomic explosion*
12 hidrogénbomba-robbanás
*– hydrogen bomb explosion*
13 ózonréteg
*– ozone layer*
14 hanghullámterjedés
*– range of sound wave propagation*
15 sztratoszféra-repülőgép
*– stratosphere aircraft*
16 embert szállító léggömb
*– manned balloon*
17 szondázó léggömb (szondázó ballon)
*– sounding balloon*
18 meteor
*– meteor*
19 az ózonréteg felső határa
*– upper limit of ozone layer*
20 inverziós réteg
*– zero level*
21 a Krakatoa kitörése
*– eruption of Krakatoa*
22 éjszakai világító felhők
*– luminous clouds (noctilucent clouds)*
**23 ionoszféra**
*– the ionosphere*
24 a kutatórakéták tartománya
*– range of research rockets*
25 hullócsillag
*– shooting star*
26 rövidhullám (nagyfrekvencia)
*– short wave (high frequency)*
27 E-réteg (Heaviside-Kennelly réteg)
*– E-layer (Heaviside-Kennelly Layer)*
28 $F_1$-réteg
– $F_1$*-layer*
29 $F_2$-réteg
– $F_2$*-layer*
30 sarki fény (poláris fény, aurora polaris) [az északi féltekén északi fénynek (aurora borealisnak) is nevezik]
*– aurora (polar light)*
**31 exoszféra**
*– the exosphere*
32 atomréteg
*– atom layer*
33 a kutató műholdak tartománya
*– range of satellite sounding*
34 átmenet a világűrbe
*– fringe region*
35 magassági skála
*– altitude scale*
36 hőmérsékleti skála
*– temperature scale (thermometric scale)*
37 vertikális hőmérsékleti profil
*– temperature graph*

**1–19 felhők és időjárás**
**– *clouds and weather***
**1–4 homogén légtömegek felhői**
**– *clouds found in homogeneous air masses***
1 cumulus (cumulus humilis) [gomolyfelhő, „szépidő" felhő]
– *cumulus (woolpack cloud, cumulus humilis, fair-weather cumulus), a heap cloud (flat-based heap cloud)*
2 cumulus congestus [felfelé erőteljesen növekvő cumulus]
– *cumulus congestus, a heap cloud with more marked vertical development*
3 stratocumulus [erősen gomolyos, alacsony szinti rétegfelhő]
– *stratocumulus, a layer cloud (sheet cloud) arranged in heavy masses*
4 stratus [egyenletes alapú, alacsony szinti rétegfelhő, amely gyakran a talajról felemelkedő ködből keletkezik]
– *stratus (high fog), a thick, uniform layer cloud (sheet cloud)*
**5–12 melegfront felhői**
**– *clouds found at warm fronts***
5 melegfront
– *warm front*
6 cirrus (pehelyfelhő) [magas vagy nagyon magas szinti, szálas vagy pamacsos szerkezetű jégkristályfelhő]
– *cirrus, a high to very high ice-crystal cloud, thin and assuming a wide variety of forms*
7 cirrostratus (fátyolfelhő) [magas szinti, áttetsző, fehér, fonalas vagy lepelszerű jégkristályfelhő]
– *cirrostratus, an ice-crystal cloud veil*
8 altostratus (lepelfelhő) [középmagas szinti rétegfelhő]
– *altostratus, a layer cloud (sheet cloud) of medium height*
9 altostratus praecipitans [rétegfelhő, belőle csapadék hull]
– *altostratus praecipitans, a layer cloud (sheet cloud) with precipitation in its upper parts*
10 nimbostratus [hatalmas, függélyes kiterjedésű, réteges esőfelhő, belőle eső vagy hó esik]
– *nimbostratus, a rain cloud, a layer cloud (sheet cloud) of very large vertical extent which produces precipitation (rain or snow)*
11 fractostratus (stratus fractus) [felhőfoszlány a nimbostratus alatt]
– *fractostratus, a ragged cloud occurring beneath nimbostratus*
12 fractocumulus (cumulus fractus) [mint 11, de gomolyos formákkal]
– *fractocumulus, a ragged cloud like 11 but with billowing shapes*
**13–17 hidegfront felhői**
**– *clouds at cold fronts***
13 hidegfront
– *cold front*
14 cirrocumulus (bárányfelhő) [magas szinti, vékony, finom, fehér pamacsok]
– *cirrocumulus, thin fleecy cloud in the form of globular masses;* covering the sky: *mackerel sky*
15 altocumulus (párnafelhő) [középmagas szinti nagy gomolyok]
– *altocumulus, a cloud in the form of large globular masses*
16 altocumulus castellanus és altocumulus floccus [a 15 alváltozatai]
– *altocumulus castellanus and altocumulus floccus, species of 15*
17 cumulonimbus (zivatarfelhő) [jelentékeny függélyes kiterjedésű, igen sűrű, hatalmas felhőtömeg; az 1–4 csoportokba is sorolható hőzivatarok (trópusi viharok) esetén]
– *cumulonimbus, a heap cloud of very large vertical extent, to be classified under 1–4 in the case of tropical storms*
**18–19 csapadékformák**
**– *types of precipitation***
18 országos eső (tartós esőzés) vagy kiterjedt havazás (hóesés) [egyenletes, nagy területre kiterjedő, csaknem egyforma intenzitású csapadék]
– *steady rain or snow covering a large area, precipitation of uniform intensity*
19 záporszerű csapadék [záporszerű, változó intenzitású, szórványosan előforduló csapadék]
– *shower, scattered precipitation*

fekete nyíl = hideg levegő
*black arrow = cold air*
fehér nyíl = meleg levegő
*white arrow = warm air*

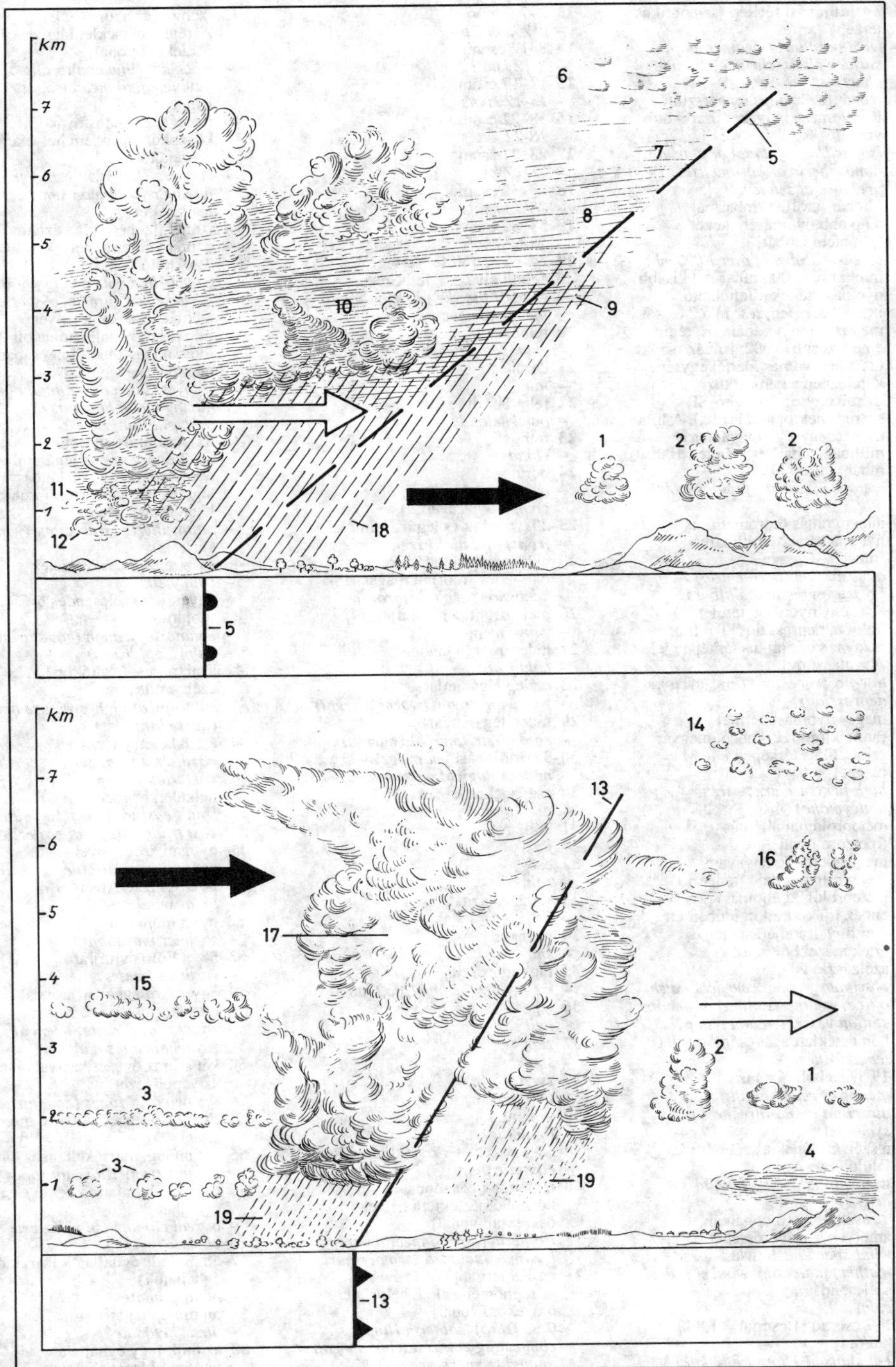
km
7
6
5
4
3
2
1
6
7
5
8
9
10
11
12
18
1
2
2
5
km
7
6
5
4
3
2
1
14
13
16
17
15
3
3
2
1
4
19
19
13

**1–39 időjárási térkép** (szinoptikus térkép)
– ***weather chart*** *(weather map, surface chart, surface synoptic chart)*
**1** izobár [az azonos tengerszinti légnyomású helyeket összekötő vonal]
– *isobar [line of equal or constant atmospheric or barometric pressure at sea level]*
**2** pliobár [az 1000 mbar-nál nagyobb nyomásértékeket feltüntető izobár]
– *pleiobar [isobar of over 1,000 mb]*
**3** miobár [az 1000 mbar-nál kisebb nyomásértékeket feltüntető izobár] *Megjegyzés:* a) a 2 és a 3 ma már nem használatos, régies elnevezés; b) 1982. január 1-e óta a légnyomás mértékegysége kötelezően a nemzetközi mértékegységrendszer (SI) szerinti hektopascal (hPa). A hPa nyomásegység ekvivalens a millibar (mbar) egységgel, 1000 mbar = 1000 hPa.
– *meiobar [isobar of under 1,000 mb]*
**4** a légnyomás (barometrikus nyomás) értéke millibarban (mbar) kifejezve
– *atmospheric (barometric) pressure given in millibars*
**5** alacsony nyomású terület (ciklon, depresszió) [T = tief; magyar szinoptikus térképen jele A = alacsony]
– *low-pressure area (low, cyclone, depression)*
**6** magas nyomású terület (anticiklon) [H = hoch, magyar szinoptikus térképen jele M = magas]
– *high-pressure area (high, anticyclone)*
**7** meteorológiai állomás (meteorológiai megfigyelőállomás) vagy meteorológiai hajó (tengeri meteorológiai állomás) [kis kör, ehhez írják az adott időben ott megfigyelt időjárási elemek értékét, s ebből indul ki a szélzászló is]
– *observatory (meteorological watch office, weather station) or ocean station vessel (weather ship)*
**8** hőmérsékleti adat (hőmérséklet)
– *temperature*
**9–19 a szél ábrázolása**
– ***means of representing wind direction*** *(wind-direction symbols)*
**9** a szélzászlónak a szél irányát jelölő szára
– *wind-direction shaft (wind arrow)*
**10** a zászlót alkotó vonalkák, amelyek a szél erősségét jelölik
– *wind-speed barb (wind-speed feather) indicating wind speed*
**11** szélcsend
– *calm*
**12** 1–2 csomó [1 csomó = 1,852 km/óra]
– *1-2 knots [1 knot=1.852 kph]*
**13** 3–7 csomó
– *3-7 knots*
**14** 8–12 csomó
– *8-12 knots*
**15** 13–17 csomó
– *13-17 knots*
**16** 18–22 csomó
– *18-22 knots*
**17** 23–27 csomó
– *23-27 knots*
**18** 28–32 csomó
– *28-32 knots*
**19** 58–62 csomó
– *58-62 knots*
**20–24 az égbolt fedettsége** (az égbolt állapota, felhőzet)
– ***state of the sky*** *(distribution of the cloud cover)*
**20** felhőtlen
– *clear (cloudless)*
**21** derült
– *fair*
**22** félig borult
– *partly cloudy*
**23** felhős
– *cloudy*
**24** borult
– *overcast (sky mostly or completely covered)*
**25–29 frontok és légáramlatok**
– ***fronts and air currents***
**25** okklúzió (okkludált front, okklúziós front) [a magasban]
– *occlusion (occluded front)*
**26** melegfront [a talajon]
– *warm front*
**27** hidegfront [a talajon]
– *cold front*
**28** meleg légáramlat
– *warm airstream (warm current)*
**29** hideg légáramlat
– *cold airstream (cold current)*
**30–39 időjárási jelenségek**
– ***meteorological phenomena***
**30** csapadékos terület
– *precipitation area*
**31** köd
– *fog*
**32** eső
– *rain*
**33** szitálás (szitáló eső)
– *drizzle*
**34** havazás
– *snow*
**35** fagyott eső (jégdara)
– *ice pellets (graupel, soft hail)*
**36** jégeső
– *hail*
**37** zápor
– *shower*
**38** zivatar
– *thunderstorm*
**39** villámlás
– *lightning*
**40–58 éghajlati térkép (klímatérkép)**
– ***climatic map***
**40** izoterma [az azonos középhőmérsékletű helyeket összekötő vonal]
– *isotherm [line connecting points having equal mean temperature]*
**41** nullizoterma [a 0 °C évi középhőmérsékletű helyeket összekötő vonal]
– *0 °C (zero) isotherm [line connecting points having a mean annual temperature of 0 °C]*
**42** izohim [az azonos téli középhőmérsékletű helyeket összekötő vonal]
– *isocheim [line connecting points having equal mean winter temperature]*
**43** izoter [az azonos nyári középhőmérsékletű helyeket összekötő vonal]
– *isothere [line connecting points having equal mean summer temperature]*
**44** izohel (izohélia) [az azonos napfénytartamú helyeket összekötő vonal]
– *isohel [line connecting points having equal duration of sunshine]*
**45** izohiéta [azokat a helyeket összekötő vonal, ahol adott időszakban a lehullott csapadék mennyisége azonos]
– *isohyet [line connecting points having equal amounts of precipitation]*
**46–52 általános cirkuláció** (szélrendszerek, a légáramlások övezetes rendje, általános légkörzés, planetáris cirkuláció, légköri cirkuláció)
– ***atmospheric circulation*** *(wind systems)*
**46–47** szélcsendes övezetek
– *calm belts*
**46** egyenlítői szélcsendes öv (doldrum)
– *equatorial trough (equatorial calms, doldrums)*
**47** szubtrópusi (térítőköri) szélcsendes öv
– *subtropical high-pressure belts (horse latitudes)*
**48** északkeleti passzát
– *north-east trade winds (north-east trades, tropical easterlies)*
**49** délkeleti passzát
– *south-east trade winds (south-east trades, tropical easterlies)*
**50** nyugati szelek övei
– *zones of the variable westerlies*
**51** poláris szelek övei
– *polar wind zones*
**52** nyári monszun
– *summer monsoon*
**53–58 a Föld éghajlata**
– ***earth's climates***
**53** egyenlítői éghajlat: trópusi övezet, trópusi esőövezet
– *equatorial climate: tropical zone (tropical rain zone)*
**54** két száraz övezet: a sivatagi és a sztyeppövezet
– *the two arid zones (equatorial dry zones): desert and steppe zones*
**55** két meleg, mérsékelt, esős övezet
– *the two temperate rain zones*
**56** boreális éghajlat (az erdő és a hó éghajlata)
– *boreal climate (snow forest climate)*
**57–58** poláris éghajlatok (sarkvidéki éghajlatok)
– *polar climates*
**57** tundra-éghajlat
– *tundra climate*
**58** az örök fagy éghajlata
– *perpetual frost climate*

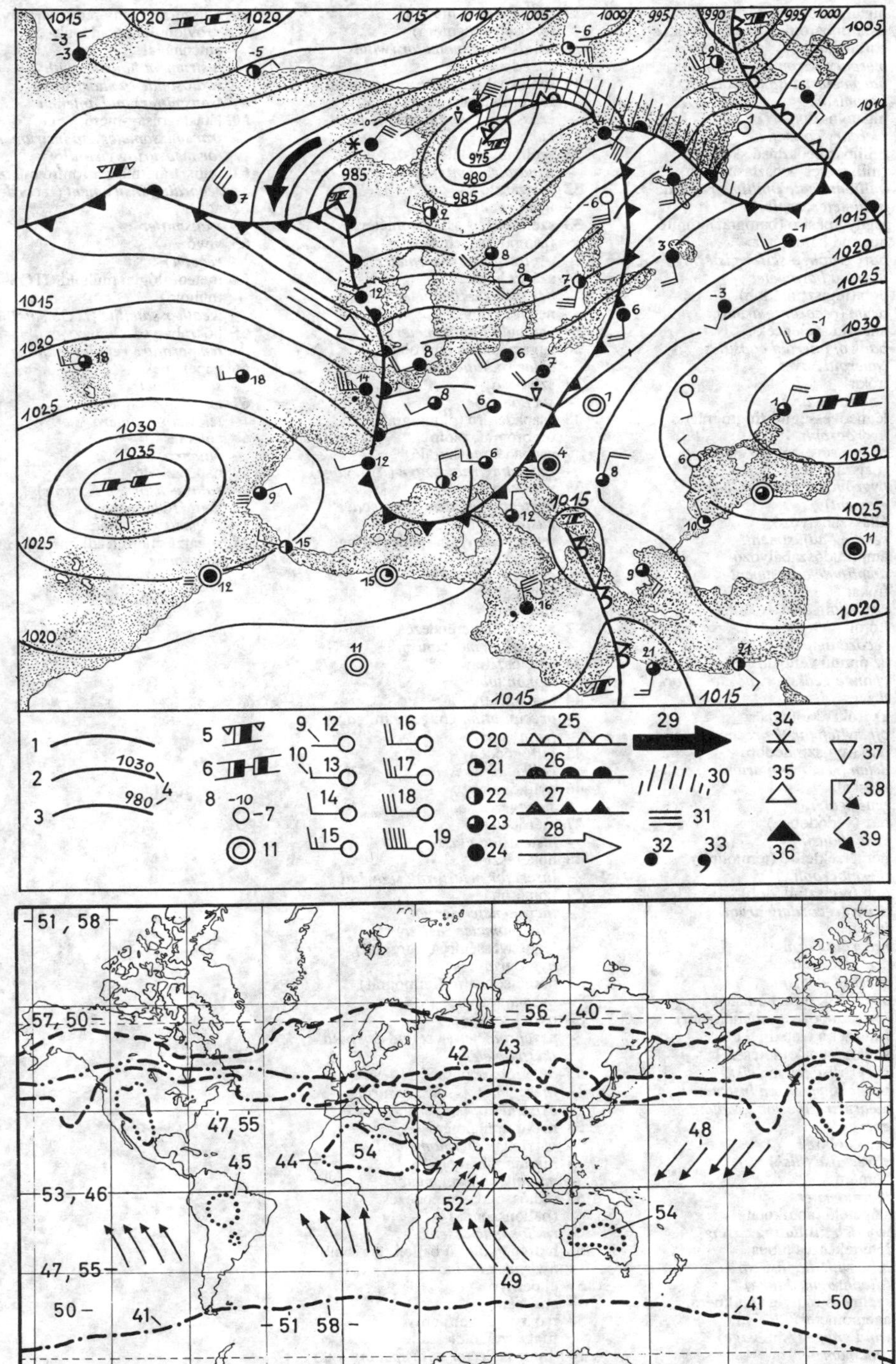

**1** higanyos barométer <szifonbarométer> <folyadékos barométer>
– *mercury barometer, a siphon barometer, a liquid-column barometer*
**2** higanyoszlop
– *mercury column*
**3** millibar-beosztású skála (milliméter-beosztású skála)
– *millibar scale (millimetre,* Am. *millimeter, scale)*
**4** légnyomásíró (barográf) <öníró aneroid barométer>
– *barograph, a self-registering aneroid barometer*
**5** dob (regisztrálódob)
– *drum (recording drum)*
**6** aneroid szelencék
– *bank of aneroid capsules (aneroid boxes)*
**7** írókar
– *recording arm*
**8** légnedvességíró (higrográf)
– *hygrograph*
**9** nedvességérzékelő elem (hajszálköteg)
– *hygrometer element (hair element)*
**10** állásszabályozó
– *reading adjustment*
**11** amplitúdószabályozó
– *amplitude adjustment*
**12** írókar
– *recording arm*
**13** írótoll
– *recording pen*
**14** az óramű váltókerekei
– *change gears for the clockwork drive*
**15** az írókar kioldója
– *off switch for the recording arm*
**16** dob (regisztrálódob)
– *drum (recording drum)*
**17** időskála
– *time scale*
**18** ház (védődoboz)
– *case (housing)*
**19** hőmérsékletíró (termográf)
– *thermograph*
**20** dob (regisztrálódob)
– *drum (recording drum)*
**21** írókar
– *recording arm*
**22** érzékelőelem
– *sensing element*
**23** silverdisk pirheliométer (ezüstdobozos pirheliométer) [műszer a Nap direkt sugárzásának mérésére]
– *silver-disc (silver-disk) pyrheliometer, an instrument for measuring the sun's radiant energy*
**24** ezüstdoboz
– *silver disc (disk)*
**25** hőmérő
– *thermometer*
**26** szigetelő faburkolat
– *wooden insulating casing*
**27** fényrekeszes tubus
– *tube with diaphragm (diaphragmed tube)*
**28** szélmérő műszer (szélmérő, anemométer)
– *wind gauge (*Am. *gage) (anemometer)*
**29** szélsebesség-mutató (szélsebességmérő)
– *wind-speed indicator (wind-speed meter)*
**30** szélkanál [keresztezett karokon félgömbhéjak]
– *cross arms with hemispherical cups*
**31** széliránymutató műszer
– *wind-direction indicator*
**32** szélzászló
– *wind vane*
**33** szellőztetett pszichrométer (aspirált pszichrométer)
– *aspiration psychrometer*
**34** száraz hőmérő
– *dry bulb thermometer*
**35** nedves hőmérő
– *wet bulb thermometer*
**36** sugárzásvédő burkolat
– *solar radiation shielding*
**37** szívócső
– *suction tube*
**38** csapadékíró (pluviográf, ombrográf, esőíró, csapadékregisztráló)
– *recording rain gauge (*Am. *gage)*
**39** védőköpeny
– *protective housing (protective casing)*
**40** felfogóedény (csapadékfelfogó edény)
– *collecting vessel*
**41** védőgallér
– *rain cover*
**42** regisztrálóberendezés
– *recording mechanism*
**43** emelőszifon
– *siphon tube*
**44** csapadékmérő
– *precipitation gauge (*Am. *gage) (rain gauge)*
**45** felfogóedény
– *collecting vessel*
**46** gyűjtőtartály
– *storage vessel*
**47** mérőpohár
– *measuring glass*
**48** hókereszt
– *insert for measuring snowfall*
**49** hőmérőház
– *thermometer screen (thermometer shelter)*
**50** légnedvességíró (higrográf)
– *hygrograph*
**51** hőmérsékletíró (termográf)
– *thermograph*
**52** pszichrométer
– *psychrometer (wet and dry bulb thermometer)*
**53–54** szélsőséghőmérők
– *thermometers for measuring extremes of temperature*
**53** maximumhőmérő
– *maximum thermometer*
**54** minimumhőmérő
– *minimum thermometer*
**55** rádiószonda-berendezés (ballonszonda)
– *radiosonde assembly*
**56** hidrogéntöltésű ballon (léggömb)
– *hydrogen balloon*
**57** ejtőernyő
– *parachute*
**58** radarvisszaverő ernyő függesztőkötelekkel
– *radar reflector with spacing lines*
**59** műszerszekrény rádiószondával <rövidhullámú adóval> és antennával
– *instrument housing with radiosonde (a short-wave transmitter) and antenna*
**60** látástávolság-mérő
– *transmissometer, an instrument for measuring visibility*
**61** regisztrálóműszer (öníró műszer)
– *recording instrument (recorder)*
**62** adó
– *transmitter*
**63** vevő
– *receiver*
**64** meteorológiai műhold (ITOS-műhold)
– *weather satellite (ITOS satellite)*
**65** hőszabályozó lemez
– *temperature regulation flaps*
**66** napelemek
– *solar panel*
**67** televíziós kamera
– *television camera*
**68** antenna
– *antenna*
**69** napérzékelő
– *solar sensor (sun sensor)*
**70** távmérő antenna
– *telemetry antenna*
**71** sugárzásmérő (radiométer)
– *radiometer*

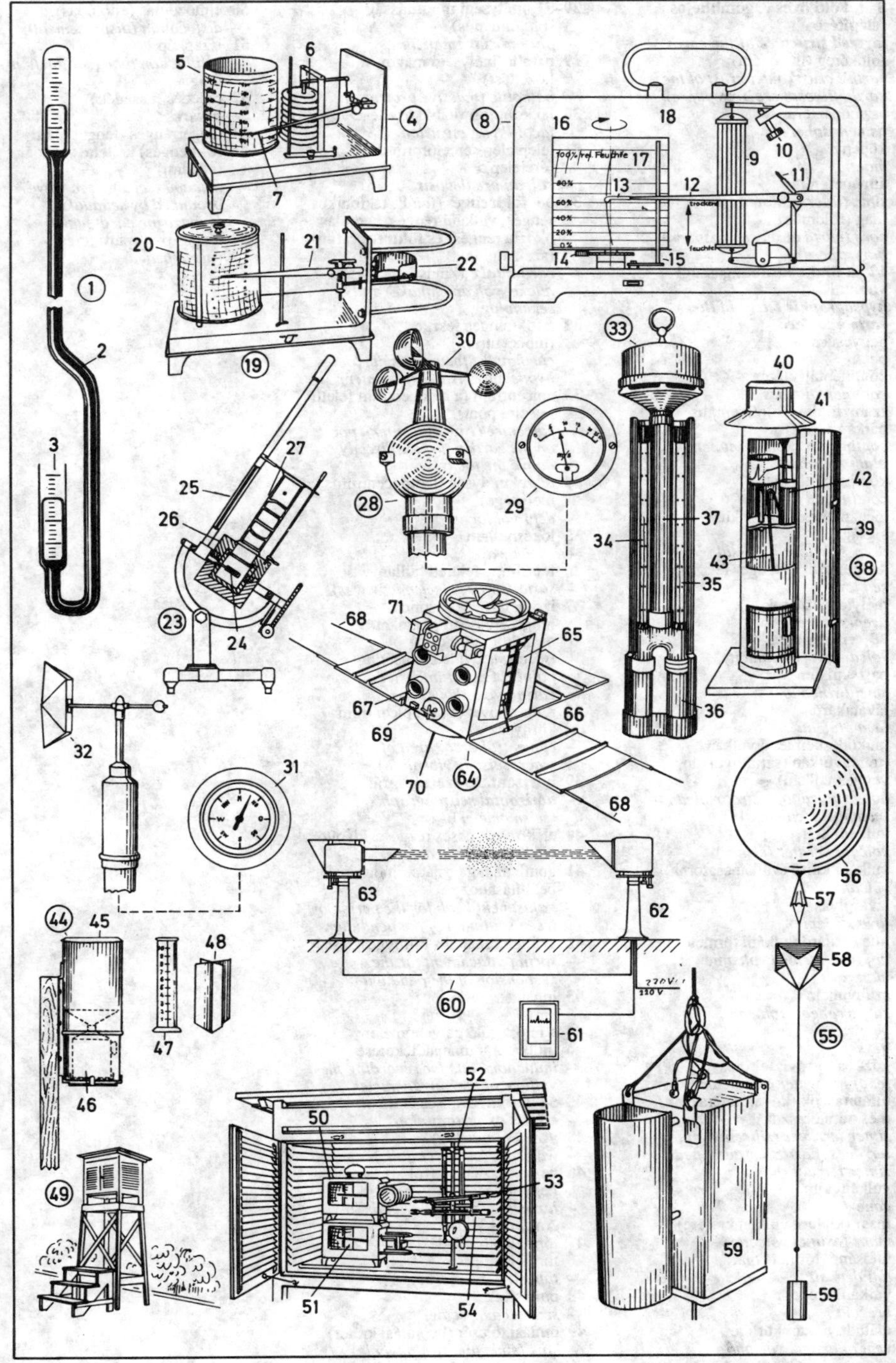

1
2
3
4
5
6
7
8
9
10
11
12
13
14
15
16
17
18
100% rel. Feuchte
80%
60%
40%
20%
0%
trocken
feucht
19
20
21
22
23
24
25
26
27
28
29
m/s
30
31
32
33
34
35
36
37
38
39
40
41
42
43
44
45
46
47
48
49
50
51
52
53
54
55
56
57
58
59
60
61
62
63
64
65
66
67
68
69
70
71
220 V

**1–5 a Föld öves *v.* gömbhéjas felépítése**
– ***layered structure of the earth***
1 földkéreg (litoszféra)
– *earth's crust (outer crust of the earth, lithosphere, oxysphere)*
2 asztenoszféra
– *asthenosphere*
3 köpeny
– *mantle*
4 átmeneti réteg
– *sima (intermediate layer)*
5 mag (földmag)
– *core (earth core, centrosphere, barysphere)*
**6–12 a földfelszín magassági vonalai**
– ***hypsographic curve of the earth's surface***
6 hegycsúcs
– *peak*
7 kontinentális tábla
– *continental mass*
8 szárazföldi *v.* kontinentális párkány (self)
– *continental shelf (continental platform, shelf)*
9 kontinentális lejtő
– *continental slope*
10 óceánfenék (abisszikus síkság)
– *deep-sea floor (abyssal plane)*
11 tengerszint (a tenger felszíne)
– *sea level*
12 mélytengeri árok
– *deep-sea trench*
**13–28 vulkánosság**
– ***volcanism*** *(vulcanicity)*
13 pajzsvulkán
– *shield volcano*
14 lávatakaró
– *lava plateau*
15 működésben lévő vulkán <rétegvulkán (sztratovulkán, vegyes vulkán)>
– *active volcano, a stratovolcano (composite volcano)*
16 vulkáni kráter (kráter)
– *volcanic crater (crater)*
17 vulkáni kürtő (vulkáncsatorna)
– *volcanic vent*
18 lávafolyás
– *lava stream*
19 tufa (szilárd vulkáni törmelék)
– *tuff (fragmented volcanic material)*
20 szubvulkán
– *subterranean volcano*
21 gejzír
– *geyser*
22 gőz- és forróvízfeltörés
– *jet of hot water and steam*
23 tufateraszok (kovatufateraszok, mésztufateraszok)
– *sinter terraces (siliceous sinter terraces, fiorite terraces, pearl sinter terraces)*
24 vulkáni kúp
– *cone*
25 maar (kialudt vulkán krátere)
– *maar (extinct volcano)*
26 tufasánc (törmelékgát)
– *tuff deposit*
27 vulkáni breccsa
– *breccia*
28 kialudt vulkán kürtője
– *vent of extinct volcano*
**29–31 mélységi magmásság** (plutonizmus)
– ***plutonic magmatism***
29 batolit (mélységi magmás kőzettest)
– *batholite (massive protrusion)*
30 lakkolit <intruzív kőzettest>
– *lacolith, an intrusion*
31 teleptelér <ércelőfordulás (érctelep)>
– *sill, an ore deposit*
**32–38 földrengés** (*fajtái:* tektonikus rengés, vulkáni rengés, beomlás okozta rengés) **és földrengéstan** (szeizmológia)
– ***earthquake*** (kinds: *tectonic quake, volcanic quake)* ***and seismology***
32 a földrengés fészke (hipocentrum)
– *earthquake focus (seismic focus, hypocentre,* Am. *hypocenter)*
33 epicentrum (a hipocentrum feletti felszíni pont)
– *epicentre (*Am. *epicenter), point on the earth's surface directly above the focus*
34 fészekmélység (a hipocentrum mélysége)
– *depth of focus*
35 lökéshullám
– *shock wave*
36 felszíni *v.* felületi hullám
– *surface waves (seismic waves)*
37 izoszeiszta (az azonos rengéserősségű pontokat összekötő görbe)
– *isoseismal (line connecting points of equal intensity of earthquake shock)*
38 rengési övezet (az epicentrum környezete)
– *epicentral area (area of macroseismic vibration)*
**39 horizontális szeizmográf**
– ***horizontal seismograph*** *(seismometer)*
40 elektromágneses rezgéscsillapító
– *electromagnetic damper*
41 gomb az inga sajátperiódusának beállításához
– *adjustment knob for the period of free oscillation of the pendulum*
42 az inga rugalmas felfüggesztése
– *spring attachment for the suspension of the pendulum*
43 ingatest
– *mass*
44 a regisztráló galvanométer indikátoráramának tekercse
– *induction coils for recording the voltage of the galvanometer*
**45–54 a földrengések hatása**
– ***effects of earthquakes***
45 vízesés (zuhatag)
– *waterfall (cataract, falls)*
46 hegycsuszamlás (földcsuszamlás, hegyomlás)
– *landslide (rockslide, landslip,* Am. *rock slip)*
47 törmelék (omladék, törmelékmező)
– *talus (rubble, scree)*
48 omlásfülke
– *scar (scaur, scaw)*
49 omlási tölcsér (beomlási kráter)
– *sink (sinkhole, swallowhole)*
50 elmozdulás (eltolódás)
– *dislocation (displacement)*
51 iszapkúp
– *solifluction lobe (solifluction tongue)*
52 repedés (hasadék)
– *fissure*
53 tengerrengés (tenger alatti földrengés) keltette szökőár (cunami)
– *tsunami (seismic sea wave) produced by seaquake (submarine earthquake)*
54 magas part (parti terasz)
– *raised beach*

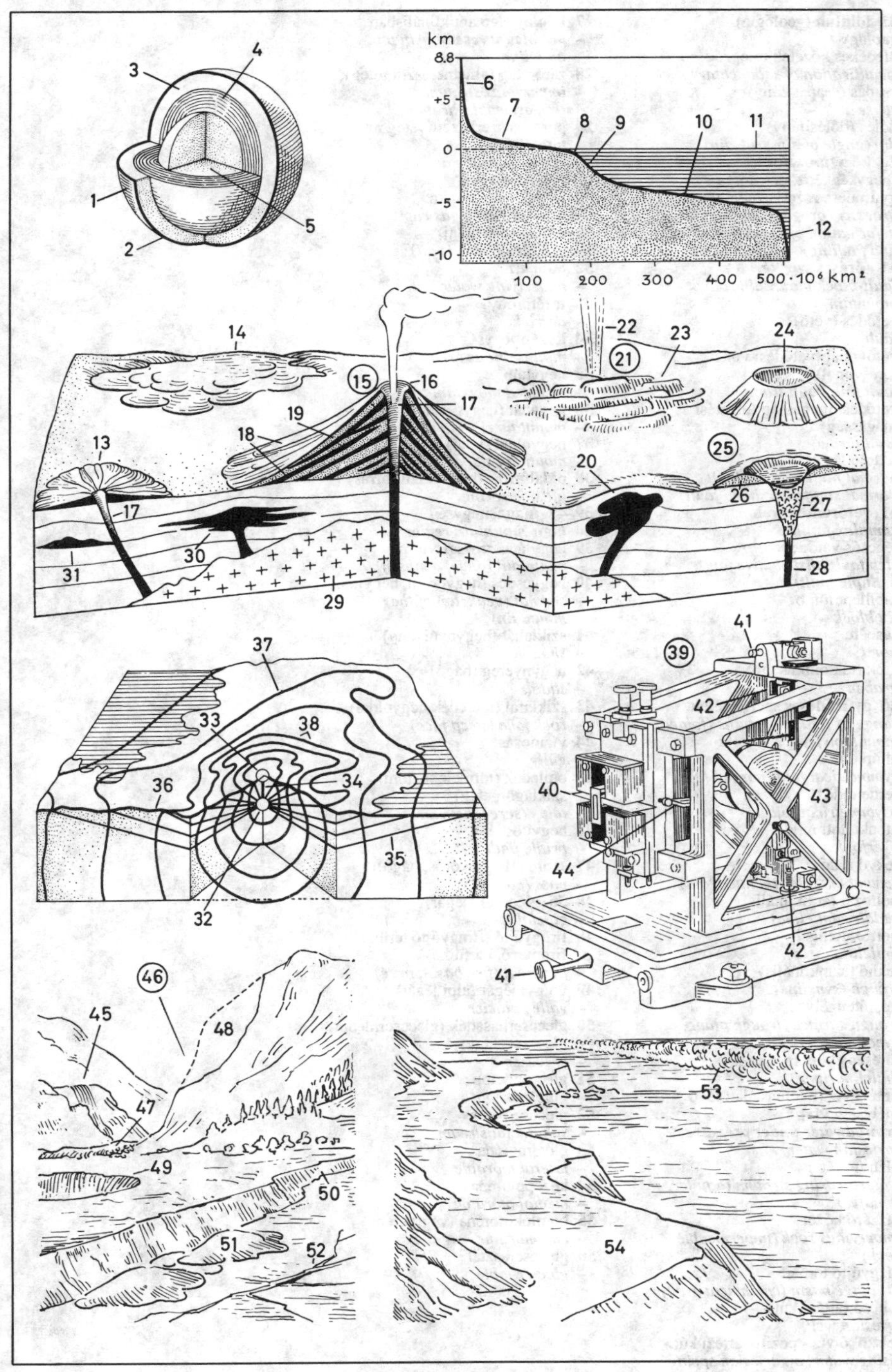

km
8.8
+5
0
-5
-10
100
200
300
400
500 · 10⁶ km²
1
2
3
4
5
6
7
8
9
10
11
12
13
14
15
16
17
18
19
20
21
22
23
24
25
26
27
28
29
30
31
32
33
34
35
36
37
38
39
40
41
42
43
44
45
46
47
48
49
50
51
52
53
54

**1–33 földtan** (geológia)
– ***geology***
**1** üledékes kőzetek rétegződése
– *stratification of sedimentary rock*
**2** csapás (csapásirány)
– *strike*
**3** dőlés (dőlésirány)
– *dip (angle of dip, true dip)*
**4–20 kőzetmozgások** (hegységképződés, töréses és gyűrődéses szerkezetváltozások)
– ***orogeny*** *(orogenis, tectogenis, deformation of rocks by folding and faulting)*
**4–11 töréses szerkezetek**
– ***fault-block mountain*** *(block mountain)*
**4** vetődés (vető)
– *fault*
**5** vetővonal (vetődési vonal, törésvonal)
– *fault line (fault trace)*
**6** vetődési magasság (elvetési magasság)
– *fault throw*
**7** feltolódás
– *normal fault (gravity fault, normal slip fault, slump fault)*
**8–11 vetőrendszerek**
– ***complex faults***
**8** lépcsős vetődés
– *step fault (distributive fault, multiple fault)*
**9** kibillent tömb
– *tilt block*
**10** sasbérc
– *horst*
**11** árok (tektonikus árok)
– *graben*
**12–20 gyűrődéses szerkezetek**
– ***range of fold mountains*** *(folded mountains)*
**12** állóredő
– *symmetrical fold (normal fold)*
**13** ferde redő
– *asymmetrical fold*
**14** átbuktatott redő
– *overfold*
**15** fekvő redő
– *recumbent fold (reclined fold)*
**16** boltozat (antiklinális)
– *saddle (anticline)*
**17** boltozattengely
– *anticlinal axis*
**18** teknő (szinklinális)
– *trough (syncline)*
**19** teknőtengely
– *trough surface (trough plane, synclinal axis)*
**20** töréses gyűrt szerkezet
– *anticlinorium*
**21 artézi víz** (nyomás alatt lévő mélységi víz)
– ***groundwater under pressure*** *(artesian water)*
**22** víztartó réteg
– *water-bearing stratum (aquifer, aquafer)*
**23** vízzáró kőzet
– *impervious rock (impermeable rock)*
**24** vízgyűjtő terület
– *drainage basin (catchment area)*
**25** kútcső (artézi kút)
– *artesian well*
**26** felszökő víz <pozitív artézi kút>
– *rising water, an artesian spring*
**27 kőolajtelep** antiklinálisban
– ***petroleum reservoir*** *in an anticline*
**28** záróréteg (átnemeresztő réteg)
– *impervious stratum (impermeable stratum)*
**29** pórusos szerkezetű réteg mint tárolókőzet
– *porous stratum acting as reservoir rock*
**30** földgáz <gázsapka>
– *natural gas, a gas cap*
**31** kőolaj (nyersolaj)
– *petroleum (crude oil)*
**32** talpi víz
– *underlying water*
**33** fúrótorony
– *derrick*
**34 középhegység**
– ***mountainous area***
**35** hegykúp
– *rounded mountain top*
**36** hegyhát (hegygerinc)
– *mountain ridge (ridge)*
**37** hegyoldal (lejtő)
– *mountain slope*
**38** oldalforrás (hegyoldali forrás)
– *hillside spring*
**39–47 magashegység**
– ***high-mountain region***
**39** hegylánc <masszívum>
– *mountain range, a massif*
**40** hegycsúcs (hegyorom, hegytető)
– *summit (peak, top of the mountain)*
**41** sziklahát (hegynyúlvány)
– *shoulder*
**42** hegynyereg (hágó)
– *saddle*
**43** sziklafal (meredek hegyoldal)
– *rock face (steep face)*
**44** vízmosás
– *gully*
**45** omladék (törmelékhalom, sziklagörgeteg)
– *talus (scree, detritus)*
**46** hegyi ösvény
– *bridle path*
**47** szoros (hegyszoros, hágó)
– *pass (col)*
**48–56 gleccser** (jégár)
– ***glacial ice***
**48** firngyűjtő (firngyűjtő terület, firnmező, kárfülke)
– *firn field (firn basin, nevé)*
**49** völgyi jégár (alpi jégár)
– *valley glacier*
**50** gleccserhasadék (gleccsermeder, gleccservölgy)
– *crevasse*
**51** gleccserkapu
– *glacier snout*
**52** gleccserpatak
– *subglacial stream*
**53** oldalmoréna
– *lateral moraine*
**54** középmoréna
– *medial moraine*
**55** homlokmoréna (végmoréna)
– *end moraine*
**56** gleccserasztal
– *glacier table*

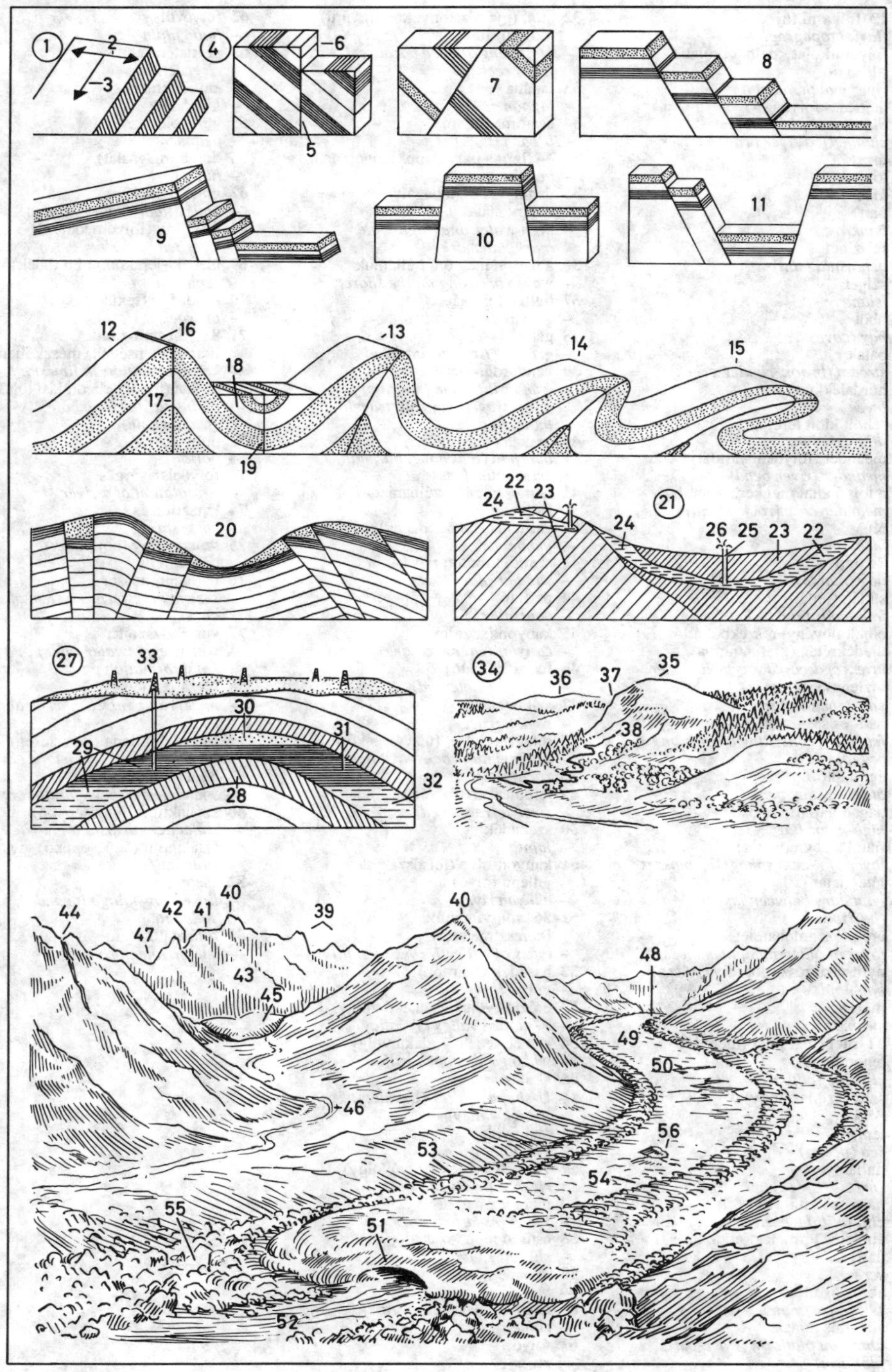
1
2
3
4
5
6
7
8
9
10
11
12
13
14
15
16
17
18
19
20
21
22
23
24
25
26
27
28
29
30
31
32
33
34
35
36
37
38
39
40
41
42
43
44
45
46
47
48
49
50
51
52
53
54
55
56

**1–13 folyami táj**
– ***fluvial topography***
**1** folyótorkolat <deltatorkolat (delta)>
– *river mouth, a delta*
**2** deltaág <folyóág>
– *distributary (distributary channel), a river branch (river arm)*
**3** tó
– *lake*
**4** part
– *bank*
**5** félsziget
– *peninsula (spit)*
**6** sziget
– *island*
**7** öböl
– *bay (cove)*
**8** patak
– *stream (brook, rivulet, creek)*
**9** hordalékkúp
– *levee*
**10** feltöltődött terület
– *alluvial plain*
**11** meander (folyókanyarulat)
– *meander (river bend)*
**12** a folyó által megkerült domb
– *meander core (rock island)*
**13** rét
– *meadow*
**14–24 láp**
– ***bog** (marsh)*
**14** síkláp (rétláp)
– *low-moor bog*
**15** elhalt növényi részekből álló üledékréteg (gyttja, jüttya)
– *layers of decayed vegetable matter*
**16** vízlencse (rétegvíz)
– *entrapped water*
**17** nád- és sástőzeg
– *fen peat [consisting of rush and sedge]*
**18** égerláptőzeg
– *alder-swamp peat*
**19** dagadóláp (dombosláp)
– *high-moor bog*
**20** fiatal tőzegmoharéteg
– *layer of recent sphagnum mosses*
**21** réteghatár
– *boundary between layers (horizons)*
**22** öreg tőzegmoharéteg
– *layer of older sphagnum mosses*
**23** nyílt vizű rész (pocsolya, tócsa)
– *bog pool*
**24** mocsár
– *swamp*
**25–31 meredek part** (meredek tengerpart)
– ***cliffline** (cliffs)*
**25** szirt (sziklazátony)
– *rock*
**26** tenger
– *sea (ocean)*
**27** hullámverés
– *surf*
**28** parti sziklafal (szirtfal)
– *cliff (cliff face, steep rock face)*
**29** abráziós törmelék (abráziós *v.* parti kavics)
– *scree*
**30** abráziós fülke
– *[wave-cut] notch*
**31** abráziós terasz
– *abrasion platform (wave-cut platform)*
**32** atoll (gyűrűzátony, korallgyűrű) <korallzátony>
– *atoll (ring-shaped coral reef), a coral reef*
**33** lagúna
– *lagoon*
**34** csatorna (átjáró)
– *breach (hole)*
**35–44 lapos part** (lapos tengerpart)
– ***beach***
**35** dagályvonal (a dagály határvonala)
– *high-water line (high-water mark, tidemark)*
**36** a parton megtörő hullámok
– *waves breaking on the shore*
**37** hullámtörő gát
– *groyne* (Am. *groin)*
**38** gátfej
– *groyne (*Am. *groin) head*
**39** vándordűne <dűne>
– *wandering dune (migratory dune, travelling,* Am. *traveling dune), a dune*
**40** barkán (sarlós dűne)
– *barchan (barchane, barkhan, crescentic dune)*
**41** homokturzás (szélbarázda)
– *ripple marks*
**42** garmada (homokbucka)
– *hummock*
**43** széltől torzított növésű fa
– *wind cripple*
**44** parti tó
– *coastal lake*
**45** kanyon (szurdok)
– ***canyon** (cañon, coulee)*
**46** fennsík (plató)
– *plateau (tableland)*
**47** sziklaterasz
– *rock terrace*
**48** rétegzett kőzet (üledékes kőzet)
– *sedimentary rock (stratified rock)*
**49** tereplépcső (folyóterasz)
– *river terrace (bed)*
**50** szakadék
– *joint*
**51** kanyonfolyó (felsőszakasz jellegű folyó)
– *canyon river*
**52–56 völgyformák** [keresztmetszet]
– ***types of valley** [cross section]*
**52** hasadék (szurdok)
– *gorge (ravine)*
**53** eróziós völgy (V alakú völgy)
– *V-shaped valley (V-valley)*
**54** kiszélesedett V alakú völgy
– *widened V-shaped valley*
**55** U alakú völgy
– *U-shaped valley (U-valley, trough valley)*
**56** teknővölgy
– *synclinal valley*
**57–70 völgyvidék** (folyóvölgy)
– ***river valley** (valleyside)*
**57** meredek part
– *scarp (escarpment)*
**58** csúszó lejtő (szakadópart)
– *slip-off slope*
**59** táblahegy
– *mesa*
**60** hegyvonulat (hegygerinc)
– *ridge*
**61** folyó
– *river*
**62** folyóvölgy
– *flood plain*
**63** sziklaterasz
– *river terrace*
**64** kavicsterasz
– *terracette*
**65** völgyoldal
– *pediment*
**66** domb (magaslat)
– *hill*
**67** völgyfenék
– *valley floor (valley bottom)*
**68** folyóágy (folyómeder)
– *riverbed*
**69** üledék (lerakódott hordalék)
– *sediment*
**70** sziklaágy (fekükőzet)
– *bedrock*
**71–83 karsztformák** (karsztjelenségek) mészkőben
– ***karst formation** in limestone*
**71** dolina (töbör) <beomlási tölcsér>
– *dolina, a sink (sinkhole, swallowhole)*
**72** polje
– *polje*
**73** folyóelszivárgás
– *percolation of a river*
**74** karsztforrás
– *karst spring*
**75** szárazvölgy (holtvölgy)
– *dry valley*
**76** barlangrendszer
– *system of caverns (system of caves)*
**77** karsztvízszint
– *water level (water table) in a karst formation*
**78** vízzáró réteg
– *impervious rock (impermeable rock)*
**79** cseppkőbarlang (karsztüreg)
– *limestone cave (dripstone cave)*
**80–81** cseppkövek
– *speleothems (cave formations)*
**80** sztalaktit (függőcseppkő)
– *stalactice (dripstone)*
**81** sztalagmit (állócseppkő)
– *stalagmite*
**82** cseppkőoszlop
– *linked-up stalagmite and stalactite*
**83** föld alatti vízfolyás
– *subterranean river*

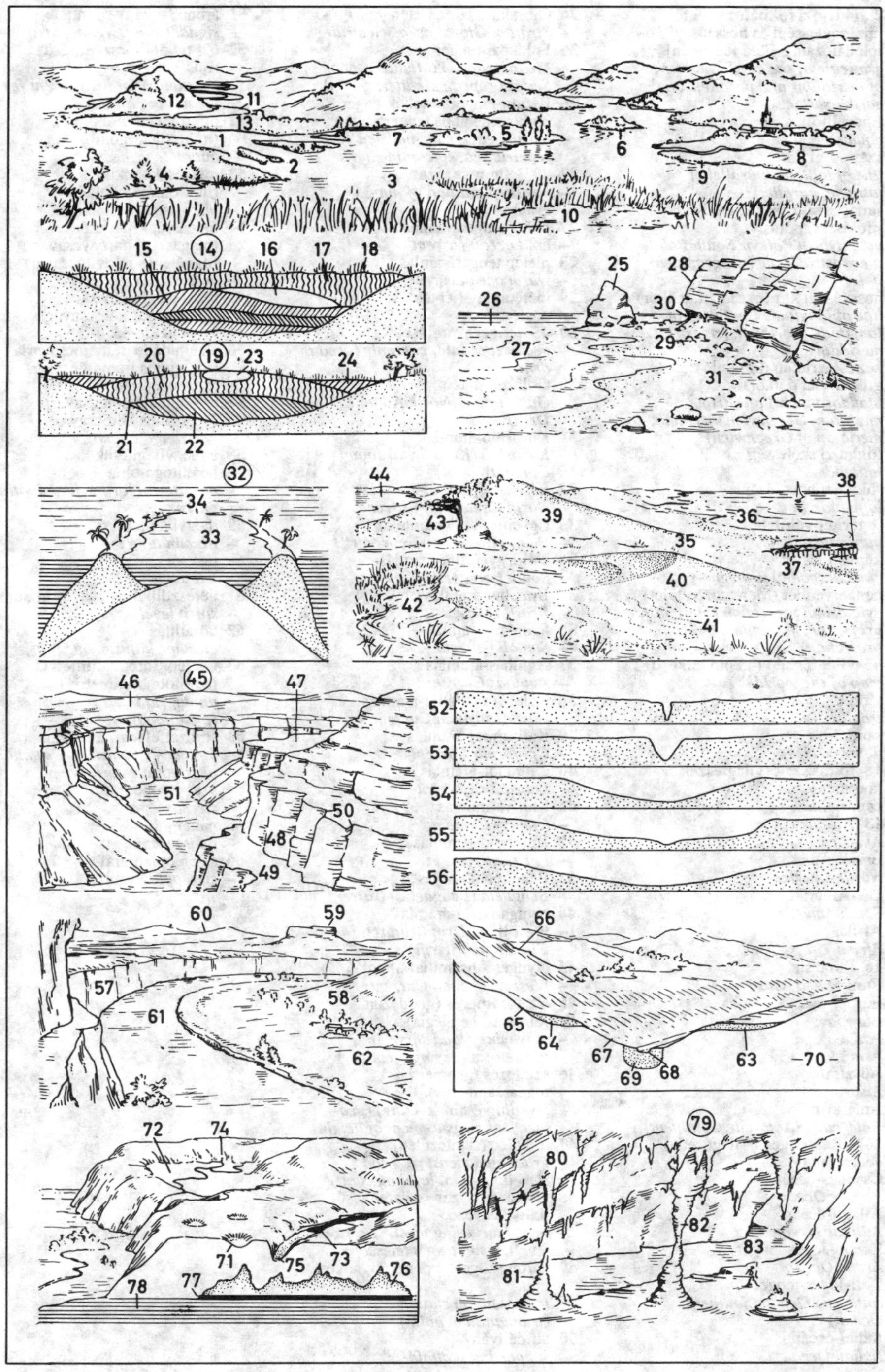
12
11
13
1
7
5
6
8
2
3
9
4
10
15
14
16
17
18
25
28
26
30
29
27
31
20
19
23
24
21
22
32
44
38
34
39
36
43
33
35
37
40
42
41
46
45
47
52
53
51
54
50
55
48
49
56
60
59
66
57
58
61
65
64
67
63
70
62
69
68
79
72
74
80
82
83
71
73
75
76
81
78
77

**1–7 földrajzi fokhálózat** [a földrajzi szélességi és hosszúsági körök hálózata a Föld felszínén]
– ***graticule of the earth*** *(network of meridians and parallels on the earth's surface)*
1 Egyenlítő
– *equator*
2 szélességi kör
– *line of latitude (parallel of latitude, parallel)*
3 sark (Északi-sark *v.* Déli-sark) <földsark, pólus>
– *pole (North Pole or South Pole), a terrestrial pole (geographical pole)*
4 hosszúsági kör (meridián, délkör)
– *line of longitude (meridian of longitude, meridian, terrestrial meridian)*
5 kezdőmeridián (kiinduló délkör, greenwichi délkör)
– *Standard meridian (Prime meridian, Greenwich meridian, meridian of Greenwich)*
6 földrajzi szélesség
– *latitude*
7 földrajzi hosszúság
– *longitude*
**8–9 térképvetületek**
– ***map projections***
8 kúpvetület
– *conical (conic) projection*
9 hengervetület (Mercator-vetület)
– *cylindrical projection (Mercator projection, Mercator's projection)*
**10–45 világtérkép** (a Föld térképe)
– ***map of the world***
10 térítők
– *tropics*
11 sarkkörök
– *polar circles*
**12–18 földrészek** (világrészek, kontinensek)
– ***continents***
12–13 Amerika
– *America*
12 Észak-Amerika
– *North America*
13 Dél-Amerika
– *South America*
14 Afrika
– *Africa*
15–16 Eurázsia
– *Europe and Asia*
15 Európa
– *Europa*
16 Ázsia
– *Asia*
17 Ausztrália
– *Australia*
18 Antarktisz
– *Antarctica (Antarctic Continent)*
**19–26 Világtenger** (Világóceán)
– ***ocean*** *(sea)*
19 Csendes-óceán
– *Pacific Ocean*
20 Atlanti-óceán
– *Atlantic Ocean*
21 Északi-Jeges-tenger
– *Arctic Ocean*
22 Déli-Jeges-tenger
– *Antarctic Ocean (Southern Ocean)*
23 Indiai-óceán
– *Indian Ocean*
24 Gibraltári-szoros <tengerszoros>
– *Strait of Gibraltar, a sea strait*
25 Földközi-tenger
– *Mediterranean (Mediterranean Sea, European Mediterranean)*
26 Északi-tenger <melléktenger, epikontinentális tenger>
– *North Sea, a marginal sea (epeiric sea, epicontinental sea)*
**27–29 jelmagyarázat**
– ***key (explanation of map symbols)***
27 hideg tengeráramlás
– *cold ocean current*
28 meleg tengeráramlás
– *warm ocean current*
29 méretarány (lépték)
– *scale*
**30–45 tengeráramlások**
– ***ocean (oceanic) currents*** *(ocean drifts)*
30 Golf-áramlás
– *Gulf Stream (North Atlantic Drift)*
31 Kuroshio-áramlás
– *Kuroshio (Kuro Siwo, Japan Current)*
32 Észak-Egyenlítői-áramlás
– *North Equatorial Current*
33 Egyenlítői-ellenáramlás
– *Equatorial Countercurrent*
34 Dél-Egyenlítői-áramlás
– *South Equatorial Current*
35 Braziliai-áramlás
– *Brazil Current*
36 Szomáli-áramlás
– *Somali Current*
37 Agulhas-áramlás
– *Agulhas Current*
38 Kelet-Ausztráliai-áramlás
– *East Australian Current*
39 Kaliforniai-áramlás
– *California Current*
40 Labrador-áramlás
– *Labrador Current*
41 Kanári-áramlás
– *Canary Current*
42 Humboldt-áramlás
– *Peru Current*
43 Benguela-áramlás
– *Benguela (Benguella) Current*
44 Nyugati-szél-áramlás
– *West Wind Drift (Antarctic Circumpolar Drift)*
45 Nyugat-Ausztráliai-áramlás
– *West Australian Current*
**46–62 földmérés** (geodéziai felmérés, geodézia)
– ***surveying*** *(land surveying, geodetic surveying, geodesy)*
46 szintezés (geometriai magasságmérés)
– *levelling* (Am. *leveling) (geometrical measurement of height)*
47 mérőléc (szintezőléc)
– *graduated measuring rod (levelling,* Am. *leveling, staff)*
48 szintezőműszer <célzótávcső, irányzótávcső>
– *level (surveying level, surveyor's level), a surveyor's telescope*
49 háromszögelési pont (állványos gúla)
– *triangulation station (triangulation point)*
50 tartóállvány
– *supporting scaffold*
51 árboc (jelrúd) <pontjel>
– *signal tower (signal mast)*
**52–62 teodolit <szögmérő műszer>**
– ***theodolite, an instrument for measuring angles***
52 mikrométerkerék (mikrométergomb)
– *micrometer head*
53 mikroszkópokulár (mikrométerokulár)
– *micrometer eyepiece*
54 magassági irányítócsavar (magassági paránycsavar, függőleges irányítócsavar)
– *vertical tangent screw*
55 magassági kötőcsavar (függőleges kötőcsavar)
– *vertical clamp*
56 az alhidáde irányítócsavarja (vízszintes irányítócsavar)
– *tangent screw*
57 az alhidáde kötőcsavarja (vízszintes kötőcsavar)
– *horizontal clamp*
58 a megvilágítótükör beállítógombja
– *adjustment for the illuminating mirror*
59 megvilágítótükör
– *illuminating mirror*
60 távcső
– *telescope*
61 keresztlibella <csöves libella>
– *spirit level*
62 körállítás
– *circular adjustment*
**63–66 légi fotogrammetria** (aerofotogrammetria)
– ***photogrammetry*** *(phototopography)*
63 sorozatfelvevő mérőkamara
– *air survey camera for producing overlapping series of pictures*
64 sztereotopográf
– *stereoscope*
65 pantográf
– *pantograph*
66 sztereoplanigráf
– *stereoplanigraph*

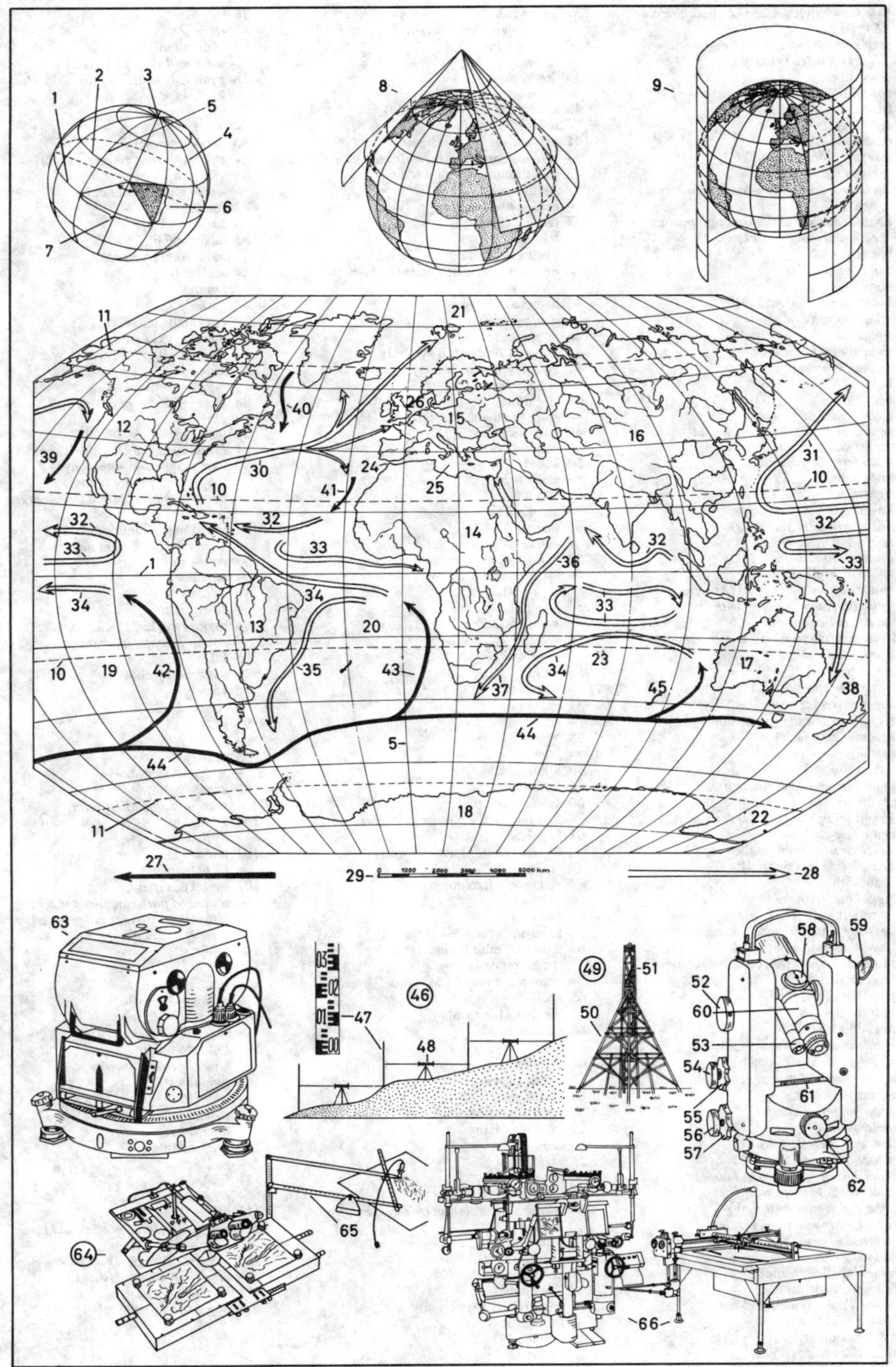

1
2
3
4
5
6
7
8
9
10
11
12
13
14
15
16
17
18
19
20
21
22
23
24
25
26
27
28
29
0 1000 2000 3000 4000 5000 km
30
31
32
33
34
35
36
37
38
39
40
41
42
43
44
45
46
47
48
49
50
51
52
53
54
55
56
57
58
59
60
61
62
63
64
65
66

**1–114 térképjelek** 1:25 000 méretarányú térképen
– ***map signs*** *(map symbols, conventional signs) on a 1:25 000 map*
1 tűlevelű erdő
– *coniferous wood (coniferous trees)*
2 tisztás
– *clearing*
3 erdészház
– *forestry office* [no symbol]
4 lombos erdő
– *deciduous wood (non-coniferous trees)*
5 hanga
– *heath (rough grassland, rough pasture, heath and moor, bracken)*
6 homok
– *sand (sand hills)*
7 homoknád
– *beach grass* [no symbol]
8 világítótorony
– *lighthouse*
9 az apály határvonala
– *mean low water*
10 bója
– *beacon*
11 izobát (mélységvonal)
– *submarine contours* [no symbol]
12 vasúti komp (komphajó)
– *train ferry* [no symbol]
13 világítóhajó
– *lightship*
14 kevert erdő
– *mixed wood (mixed trees)*
15 bozót
– *brushwood*
16 autópálya felhajtóval
– *motorway with slip road* (Am. *freeway with on-ramp, freeway with acceleration lane*
17 országos főútvonal (fő közlekedési út)
– *trunk road*
18 rét, legelő
– *grassland* [no symbol]
19 ingoványos rét
– *marshy grassland* [no symbol]
20 mocsár (ingovány)
– *marsh*
21 vasúti fővonal
– *main line railway* (Am. *trunk line)* [no symbol]
22 közúti felüljáró (pálya-alulvezetés)
– *road over railway*
23 vasúti szárnyvonal (mellékvonal)
– *branch line* [no symbol]
24 vasúti őrház
– *signal box* (Am. *switch tower)* [no symbol]
25 keskenyvágányú vasút (kisvasút)
– *local line* [no symbol]
26 szintbeli kereszteződés (szintbeli útátjáró)
– *level crossing*
27 megállóhely
– *halt* [no symbol]
28 nyaralótelep
– *residential area* [no symbol]
29 vízmérce (vízmérő cölöp)
– *water gauge* (Am. *gage)* [no symbol]
30 harmadrendű út
– *good, metalled road*
31 szélmalom
– *windmill* [labelled: Mill]
32 sófőző (sóbepárló üzem)
– *thorn house (graduation house, salina, salt-works* [no symbol]
33 adótorony (antennatorony)
– *broadcasting station (wireless or television mast)* [no symbol]
34 bánya
– *mine* [labelled: Mine]
35 felhagyott bánya
– *disused mine* [labelled: Mine (Disused)]
36 másodrendű út
– *secondary road (B road)*
37 gyár (üzem)
– *works* [labelled: Works]
38 gyárkémény
– *chimney*
39 drótkerítés
– *wire fence* [no symbol]
40 közúti felüljáró (közúti híd)
– *bridge over railway*
41 pályaudvar
– *railway station* (Am. *railroad station)*
42 vasúti felüljáró *v.* híd (pálya-felülvezetés)
– *bridge under railway*
43 ösvény (gyalogösvény)
– *footpath*
44 gyalogos-aluljáró
– *bridge for footpath under railway* [no symbol]
45 hajózható folyó
– *navigable river* [no symbol]
46 pontonhíd
– *pontoon bridge* [no symbol]
47 kocsikomp (autókomp)
– *vehicle ferry*
48 kőgát (móló)
– *mole* [no symbol]
49 jelzőlámpa
– *beacon*
50 kőhíd
– *stone bridge*
51 város
– *town (city)*
52 piactér
– *market place (market square)*
53 kéttornyú nagy templom
– *large church with two towers* [no symbol]
54 középület
– *public building*
55 közúti híd
– *road bridge*
56 vashíd
– *iron bridge*
57 csatorna
– *canal*
58 hajózsilip
– *lock*
59 kikötőhíd
– *jetty*
60 személykomp
– *foot ferry (foot passenger ferry)*
61 kápolna
– *chapel (church) without tower or spire*
62 szintvonal (izohipsza)
– *contours*
63 kolostor
– *monastery (convent)* [named]
64 templom mint feltűnő tereptárgy (iránypont)
– *church landmark* [no symbol]
65 szőlő
– *vineyard* [no symbol]
66 duzzasztómű
– *weir*
67 drótkötélpálya
– *aerial ropeway*
68 kilátó
– *view point* [tower]
69 duzzasztózsilip
– *dam*
70 alagút
– *tunnel*
71 háromszögelési pont
– *triangulation station (triangulation point)*
72 rom
– *remains of a building*
73 szélkerék
– *wind pump*
74 vár, erődítmény
– *fortress* [castle]
75 holtág
– *ox-bow lake*
76 folyó
– *river*
77 vízimalom
– *watermill* [labelled: Mill]
78 gyaloghíd (bürü, palló)
– *footbridge*
79 tó
– *pond*
80 patak (csermely)
– *stream (brook, rivulet, creek)*
81 víztorony
– *water tower* [labelled]
82 forrás
– *spring*
83 elsőrendű út
– *main road (A road)*
84 mélyút (útbevágás)
– *cutting*
85 barlang
– *cave* [labelled: Cave]
86 mészégető kemence
– *lime kiln* [labelled: Lime Works]
87 kőfejtő
– *quarry*
88 agyaggödör (agyagbánya)
– *clay pit*
89 téglagyár
– *brickworks* [labelled: Brickworks]
90 gazdasági vasút <keskeny nyomtávolságú vasút>
– *narrow-gauge* (Am. *narrow-gage) railway*
91 rakodóhely (rakodórámpa)
– *goods depot (freight depot)*
92 emlékmű
– *monument*
93 csatatér
– *site of battle*
94 major (gazdaság) <földbirtok>
– *country estate, a demesne*
95 fal
– *wall* [no symbol]
96 kastély
– *stately home*
97 park
– *park*
98 sövény
– *hedge* [no symbol]
99 karbantartott út
– *poor or unmetalled road*
100 gémeskút
– *well*
101 tanya
– *farm* [named]
102 mezei és erdei út
– *unfenced path (unfenced track)*
103 járáshatár [közigazgatási határ]
– *district boundary*
104 töltés
– *embankment*
105 falu (község)
– *village*
106 temető
– *cemetery* [labelled: Cemy]
107 falusi templom
– *church (chapel) with spire*
108 gyümölcsös
– *orchard*
109 mérföldkő
– *milestone*
110 útjelző tábla
– *guide post*
111 faiskola
– *tree nursery* [no symbol]
112 nyiladék
– *ride (aisle, lane, section line)* [no symbol]
113 nagyfeszültségű távvezeték
– *electricity transmission line*
114 komlóföld
– *hop garden* [no symbol]

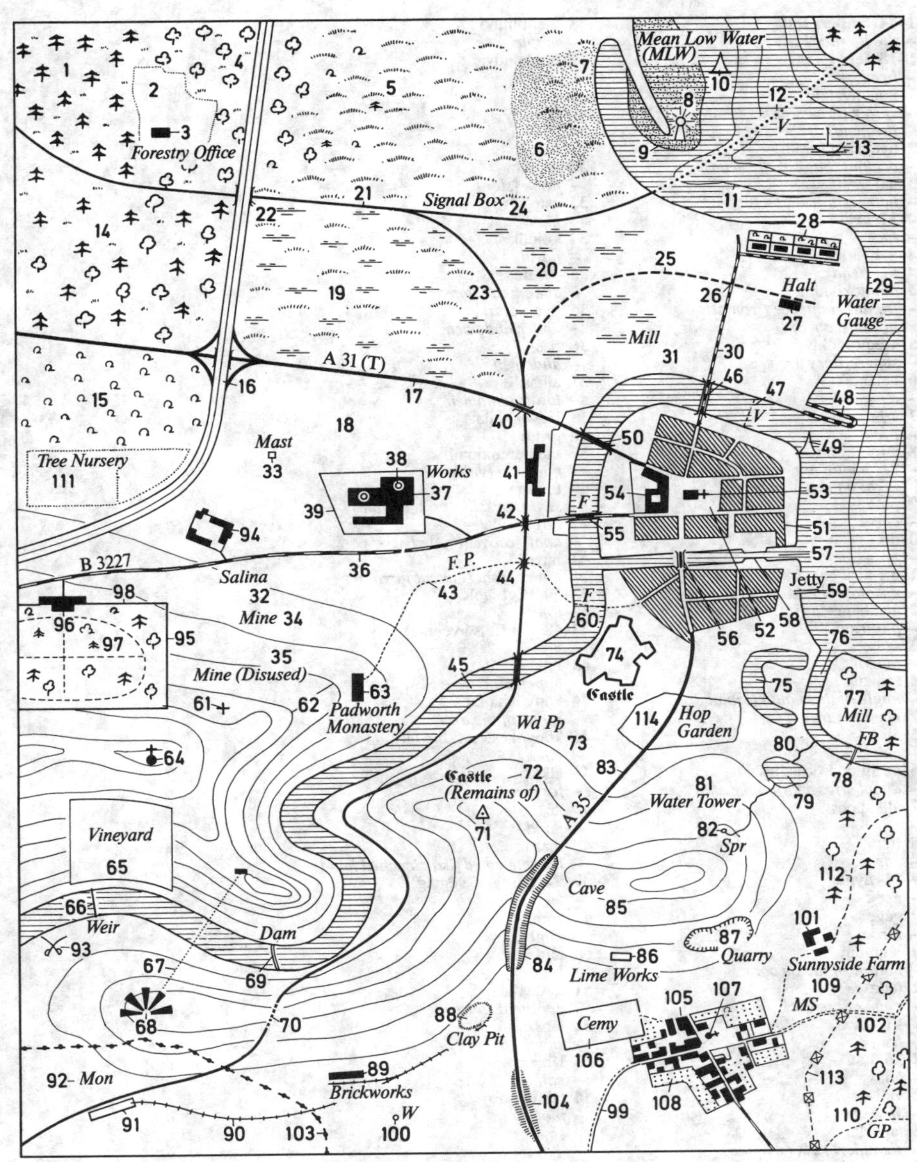
Mean Low Water
(MLW)
Forestry Office
Signal Box
A 31 (T)
Mast
Works
Tree Nursery
Halt
Water
Gauge
Mill
B 3227
Salina
Mine
Mine (Disused)
F. P.
Jetty
Castle
Padworth
Monastery
Wd Pp
Hop
Garden
Mill
FB
Castle
(Remains of)
A 35
Water Tower
Spr
Vineyard
Weir
Dam
Cave
Quarry
Sunnyside Farm
Lime Works
MS
Cemy
Clay Pit
Mon
Brickworks
W
GP

**1–54 emberi test**
– ***the human body***
**1–18 fej**
– ***head***
**1** koponyatető
– *vertex (crown of the head, top of the head)*
**2** nyakszirt (tarkó)
– *occiput (back of the head)*
**3** haj
– *hair*
**4–17 arc**
– ***face***
**4–5** homlok
– *forehead*
**4** homlokdudor
– *frontal eminence (frontal protuberance)*
**5** szemöldökív
– *superciliary arch*
**6** halánték
– *temple*
**7** szem
– *eye*
**8** járomcsont
– *zygomatic bone (malar bone, jugal bone, cheekbone)*
**9** pofa
– *cheek*
**10** orr
– *nose*
**11** orr-ajak barázda
– *nasolabial fold*
**12** ajakbarázda (filtrum)
– *philtrum*
**13** száj
– *mouth*
**14** szájzug
– *angle of the mouth (labial commissure)*
**15** áll
– *chin*
**16** az áll gödröcskéje
– *dimple (fossette) in the chin*
**17** állkapocs
– *jaw*
**18** fül
– *ear*
**19–21 nyak**
– ***neck***
**19** gége
– *throat*
**20** jugulum
– *hollow of the throat*
**21** tarkó
– *nape of the neck*
**22–41 törzs**
– ***trunk***
**22–25 hát**
– ***back***
**22** váll
– *shoulder*
**23** lapocka
– *shoulderblade (scapula)*
**24** ágyék [anatómiai szakkifejezés]
– *loins*
**25** ágyéki háromszög
– *small of the back*
**26** váll (*a jobb oldali ábrán:* hónalj)
– *armpit*
**27** hónaljszőrzet
– *armpit hair*
**28–30 mellkas**
– ***thorax** (chest)*
**28–29** emlő
– *breasts (breast, mamma)*
**28** mellbimbó
– *nipple*
**29** bimbóudvar
– *areola*
**30** kebel
– *bosom*
**31** derék
– *waist*
**32** lágyék
– *flank (side)*
**33** csípő
– *hip*
**34** köldök
– *navel*
**35–37 has**
– ***abdomen** (stomach)*
**35** gyomorszáj
– *upper abdomen*
**36** has
– *abdomen*
**37** alhas
– *lower abdomen*
**38** lágyékhajlat
– *groin*
**39** szeméremdomb
– *pudenda (vulva)*
**40** farpofa
– *seat (backside,* coll. *bottom)*
**41** farbarázda
– *anal groove (anal cleft)*
**42** farredő
– *gluteal fold (gluteal furrow)*
**43–54 végtagok**
– ***limbs***
**43–48** kar (felső végtag)
– *arm*
**43** felkar
– *upper arm*
**44** könyökhajlat
– *crook of the arm*
**45** könyökcsúcs (könyök)
– *elbow*
**46** alkar
– *forearm*
**47** kéz
– *hand*
**48** marok
– *fist (clenched fist, clenched hand)*
**49–54 láb** (alsó végtag)
– ***leg***
**49** comb
– *thigh*
**50** térd
– *knee*
**51** térdhajlat
– *popliteal space*
**52** lábszár
– *shank*
**53** lábikra
– *calf*
**54** lábfej (láb)
– *foot*

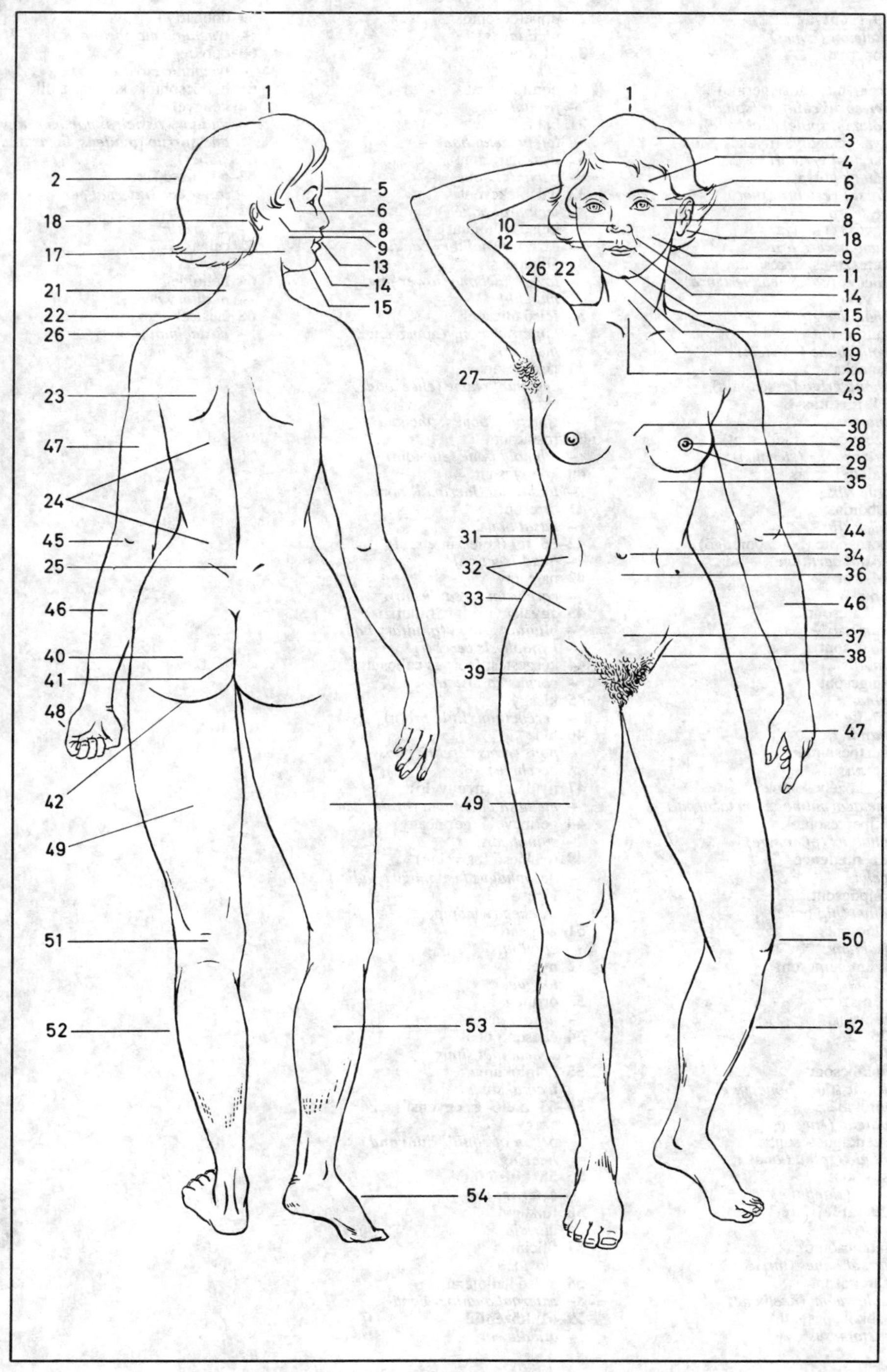
1
2
18
17
21
22
26
23
47
24
45
25
46
40
41
48
42
49
51
52
5
6
8
9
13
14
15
1
3
4
6
7
8
10
12
18
9
11
26 22
14
15
16
19
20
43
27
30
28
29
35
31
44
34
32
36
33
46
37
38
39
47
49
50
53
52
54

**1–29 csontváz**
– ***skeleton*** *(bones)*
**1** koponya
– *skull*
**2–5 gerincoszlop** (gerinc)
– ***vertebral column*** *(spinal column, spine, backbone)*
**2** nyaki csigolya (nyakcsigolya)
– *cervical vertebra*
**3** háti csigolya
– *dorsal vertebra (thoracic vertebra)*
**4** ágyéki csigolya
– *lumbar vertebra*
**5** kereszt- és farkcsont
– *coccyx (coccygeal vertebra)*
**6–7** vállöv
– *shoulder girdle*
**6** kulcscsont
– *collarbone (clavicle)*
**7** lapocka
– *shoulderblade (scapula)*
**8–11 mellkas**
– ***thorax*** *(chest)*
**8** szegycsont (mellcsont)
– *breastbone (sternum)*
**9** valódi bordák
– *true ribs*
**10** álbordák
– *false ribs*
**11** bordaporc (bordaporcogó)
– *costal cartilage*
**12–14 kar**
– ***arm***
**12** felkarcsont
– *humerus*
**13** orsócsont
– *radius*
**14** singcsont
– *ulna*
**15–17 kéz**
– ***hand***
**15** kéztőcsontok
– *carpus*
**16** kézközépcsontok
– *metacarpal bone (metacarpal)*
**17** ujjperccsontok
– *phalanx (phalange)*
**18–21 medence**
– ***pelvis***
**18** csípőcsont
– *ilium (hip bone)*
**19** ülőcsont
– *ischium*
**20** szeméremcsont
– *pubis*
**21** keresztcsont
– *sacrum*
**22–25 láb**
– ***leg***
**22** combcsont
– *femur (thigh bone, thigh)*
**23** térdkalács
– *patella (kneecap)*
**24** szárkapocscsont
– *fibula (splint bone)*
**25** sípcsont
– *tibia (shinbone)*
**26–29 lábfej**
– ***foot***
**26** lábtőcsontok
– *tarsal bones (tarsus)*
**27** sarokcsont
– *calcaneum (heelbone)*
**28** lábközépcsontok
– *metatarsus*
**29** ujjperccsontok
– *phalanges*
**30–41 koponya**
– ***skull***
**30** homlokcsont
– *frontal bone*
**31** bal falcsont
– *left parietal bone*
**32** nyakszirtcsont
– *occipital bone*
**33** halántékcsont
– *temporal bone*
**34** külső hallójárat
– *external auditory canal*
**35** állkapocs
– *lower jawbone (lower jaw, mandible)*
**36** felső állcsont
– *upper jawbone (upper jaw, maxilla)*
**37** járomcsont
– *zygomatic bone (cheekbone)*
**38** ékcsont
– *sphenoid bone (sphenoid)*
**39** rostacsont
– *ethmoid bone (ethmoid)*
**40** könnycsont
– *lachrimal (lacrimal) bone*
**41** orrcsont
– *nasal bone*
**42–55 fej** (keresztmetszet)
– ***head*** *[section]*
**42** nagyagy
– *cerebrum (great brain)*
**43** agyalapi mirigy (hipofízis)
– *pituitary gland (pituitary body, hypophysis cerebri)*
**44** kérgestest (corpus callosum)
– *corpus callosum*
**45** kisagy
– *cerebellum (little brain)*
**46** híd
– *pons (pons cerebri, pons cerebelli)*
**47** nyúltagy (nyúltvelő)
– *medulla oblongata (brain-stem)*
**48** gerincvelő (gerincagy)
– *spinal cord*
**49** nyelőcső (bárzsing)
– *oesophagus (esophagus, gullet)*
**50** légcső
– *trachea (windpipe)*
**51** gégefedő
– *epiglottis*
**52** nyelv
– *tongue*
**53** orrüreg
– *nasal cavity*
**54** ékcsonti öböl
– *sphenoidal sinus*
**55** homloküreg
– *frontal sinus*
**56–65 halló- és egyensúlyozó szerv**
– ***organ of equilibrium and hearing***
**56–58 külső fül**
– ***external ear***
**56** fülkagyló
– *auricle*
**57** fülcimpa
– *ear lobe*
**58** külső hallójárat
– *external auditory canal*
**59–61 középfül**
– ***middle ear***
**59** dobhártya
– *tympanic membrane*
**60** dobüreg
– *tympanic cavity*
**61** hallócsontok: kalapács, üllő, kengyel
– *auditory ossicles: hammer, anvil and stirrup (malleus, incus and stapes)*
**62–64 belső fül**
– ***inner ear*** *(internal ear)*
**62** labirintus
– *labyrinth*
**63** csiga
– *cochlea*
**64** hallóideg
– *auditory nerve*
**65** Eustach-kürt
– *eustachian tube*

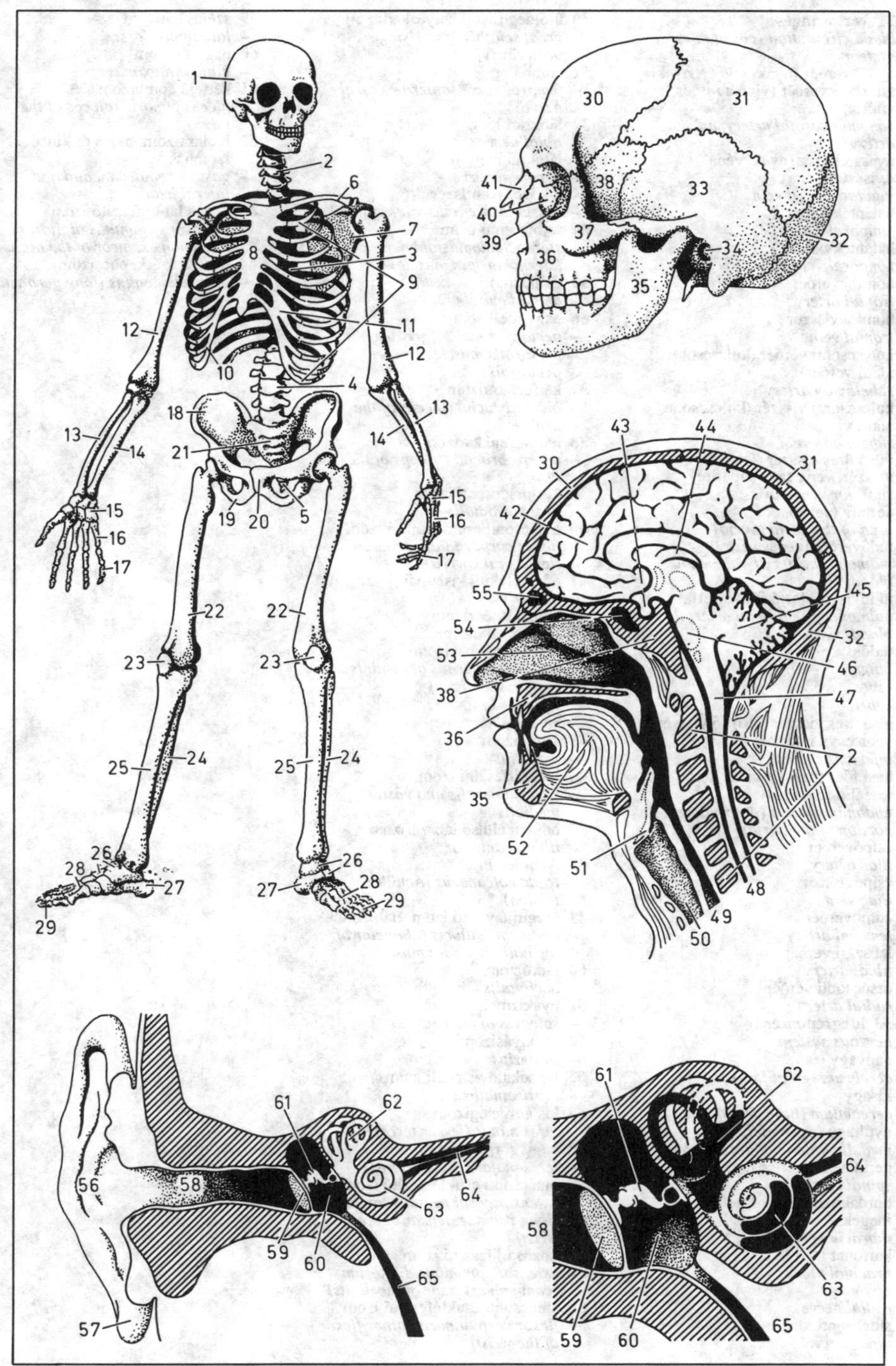
1
2
3
4
5
6
7
8
9
10
11
12
13
14
15
16
17
18
19
20
21
22
23
24
25
26
27
28
29
30
31
32
33
34
35
36
37
38
39
40
41
42
43
44
45
46
47
48
49
50
51
52
53
54
55
56
57
58
59
60
61
62
63
64
65

**1–21 vérkeringés**
– ***blood circulation*** *(circulatory system)*
1 nyaki verőér (nyaki vivőér, nyaki artéria) <verőér (vivőér, ütőér, artéria)>
– *common carotid artery, an artery*
2 nyaki visszér (nyaki véna) <visszér (véna)>
– *jugular vein, a vein*
3 halántékverőér
– *temporal artery*
4 halántékvisszér
– *temporal vein*
5 homlokverőér
– *frontal artery*
6 homlokvisszér
– *frontal vein*
7 kulcscsonti verőér (kulcscsont alatti verőér)
– *subclavian artery*
8 kulcscsonti visszér (kulcscsont alatti visszér)
– *subclavian vein*
9 felső üres visszér (felső fő visszér, vena cava superior)
– *superior vena cava*
10 aortaív (aorta)
– *arch of the aorta (aorta)*
11 tüdőverőér [vénás vérrel]
– *pulmonary artery [with venous blood]*
12 tüdővisszér [artériás vérrel]
– *pulmonary vein [with arterial blood]*
13 tüdők
– *lungs*
14 szív
– *heart*
15 alsó üres visszér (alsó fő visszér, vena cava inferior)
– *inferior vena cava*
16 hasi főér (hasi aorta, az aorta leszálló szakasza)
– *abdominal aorta (descending portion of the aorta)*
17 csípőverőér
– *iliac artery*
18 csípővisszér
– *iliac vein*
19 combverőér
– *femoral artery*
20 lábszári verőér
– *tibial artery*
21 orsócsonti verőér
– *radial artery*
**22–33 idegrendszer**
– ***nervous system***
22 nagyagy
– *cerebrum (great brain)*
23 kisagy
– *cerebellum (little brain)*
24 nyúltagy (nyúltvelő)
– *medulla oblongata (brain-stem)*
25 gerincvelő (gerincagy)
– *spinal cord*
26 bordaközti idegek (mellkasi idegek)
– *thoracic nerves*
27 karfonat
– *brachial plexus*
28 orsóideg
– *radial nerve*
29 singcsonti ideg
– *ulnar nerve*
30 ülőideg [hátul helyezkedik el]
– *great sciatic nerve [lying posteriorly]*
31 combideg
– *femoral nerve (anterior crural nerve)*
32 lábszári ideg
– *tibial nerve*
33 lábikrai ideg
– *peroneal nerve*
**34–64 izomrendszer**
– ***musculature*** *(muscular system)*
34 fejbiccentő izom
– *sternocleidomastoid muscle (sternomastoid muscle)*
35 deltaizom
– *deltoid muscle*
36 nagy mellizom
– *pectoralis major (greater pectoralis muscle, greater pectoralis)*
37 kétfejű karizom
– *biceps brachii (biceps of the arm)*
38 háromfejű karizom
– *triceps brachii (triceps of the arm)*
39 kar-orsócsonti izom
– *brachioradialis*
40 orsócsonti csuklóhajlító izom
– *flexor carpi radialis (radial flexor of the wrist)*
41 a hüvelykujj kisizmai
– *thenar muscle*
42 elülső fűrészizom
– *serratus anterior*
43 külső ferde hasizom
– *obliquus externus abdominis (external oblique)*
44 egyenes hasizom
– *rectus abdominis*
45 szabóizom
– *sartorius*
46 lábszárfeszítő izom
– *vastus lateralis and vastus medialis*
47 hosszú elülső lábszárizom
– *tibialis anterior*
48 Achilles-ín
– *tendo calcanaeus (Achilles' tendon)*
49 öregujjtávolító izom <lábizom>
– *abductor hallucis (abductor of the hallux), a foot muscle*
50 tarkóizom
– *occipitalis*
51 nyakizmok
– *splenius of the neck*
52 csuklyásizom
– *trapezius*
53 lapockatövis alatti izom
– *infraspinatus*
54 kis görgetegizom
– *teres minor (lesser teres)*
55 nagy görgetegizom
– *teres major (greater teres)*
56 orsócsonti csuklófeszítő izom
– *extensor carpi radialis longus (long radial extensor of the wrist)*
57 közös ujjfeszítő izom
– *extensor communis digitorum (common extensor of the digits)*
58 singcsonti csuklófeszítő izom
– *flexor carpi ulnaris (ulnar flexor of the wrist)*
59 széles hátizom
– *latissimus dorsi*
60 nagy farizom
– *gluteus maximus*
61 kétfejű combizom
– *biceps femoris (biceps of the thigh)*
62 lábikraizom, belső és külső izomhas
– *gastrocnemius, medial and lateral heads*
63 közös lábujjfeszítő izom
– *extensor communis digitorum (common extensor of the digits)*
64 hosszú szárkapocsizom
– *peroneus longus (long peroneus)*

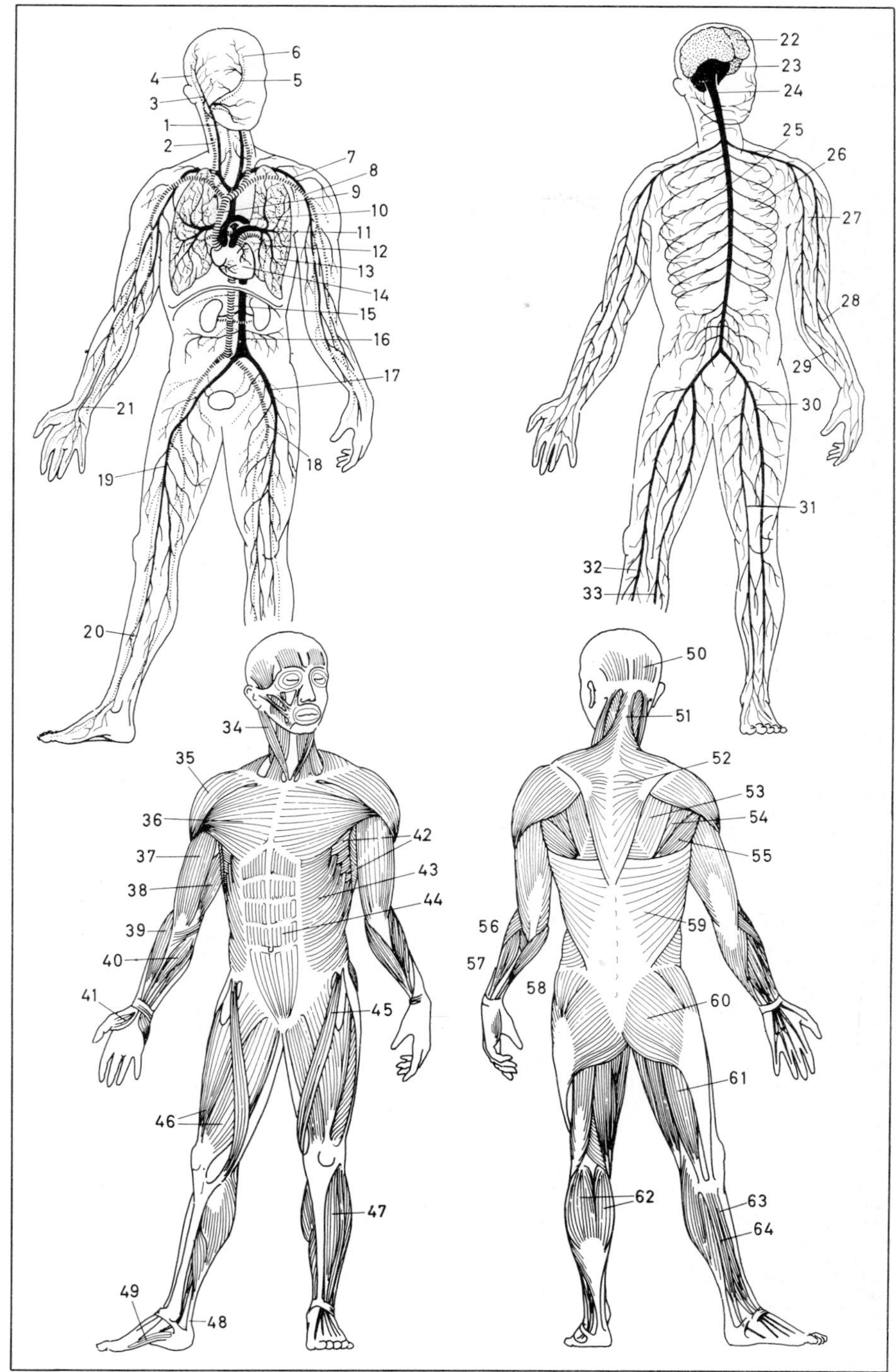
1
2
3
4
5
6
7
8
9
10
11
12
13
14
15
16
17
18
19
20
21
22
23
24
25
26
27
28
29
30
31
32
33
34
35
36
37
38
39
40
41
42
43
44
45
46
47
48
49
50
51
52
53
54
55
56
57
58
59
60
61
62
63
64

**1–13 fej és nyak**
– ***head and neck***
**1** fejbiccentő izom
– *sternocleidomastoid muscle (sternomastoid muscle)*
**2** tarkóizom
– *occipitalis*
**3** halántékizomzat
– *temporalis (temporal, temporal muscle)*
**4** homlok- és tarkóizom
– *occipitofrontalis (frontalis)*
**5** körkörös szemizom
– *orbicularis oculi*
**6** mimikai izomzat
– *muscles of facial expression*
**7** nagy rágóizom
– *masseter*
**8** körkörös szájizom
– *orbicularis oris*
**9** fültőmirigy
– *parotid gland*
**10** nyirokcsomó (*hibásan:* nyirokmirigy)
– *lymph node (submandibular lymph gland)*
**11** állkapocs alatti nyálmirigy
– *submandibular gland (submaxillary gland)*
**12** nyakizmok
– *muscles of the neck*
**13** ádámcsutka [csak férfiakon]
– *Adam's apple (laryngeal prominence) [in men only]*
**14–37 száj és garat**
– ***mouth and throat***
**14** felső ajak
– *upper lip*
**15** íny (fogíny, foghús)
– *gum*
**16–18 fogsor**
– ***teeth*** *(set of teeth)*
**16** metszőfogak
– *incisors*
**17** szemfog (kutyafog)
– *canine tooth (canine)*
**18** zápfogak (kis- és nagyőrlők, elő- és utózápfogak)
– *premolar (bicuspid) and molar teeth (premolars and molars)*
**19** szájzug
– *angle of the mouth (labial commissure)*
**20** kemény szájpad
– *hard palate*
**21** lágy szájpad
– *soft palate (velum palati, velum)*
**22** nyelvcsap
– *uvula*
**23** szájpadmandula (mandula)
– *palatine tonsil (tonsil)*
**24** garatüreg (garat)
– *pharyngeal opening (pharynx, throat)*
**25** nyelv
– *tongue*
**26** alsó ajak
– *lower lip*
**27** felső állcsont
– *upper jaw (maxilla)*
**28–37 fog**
– ***tooth***
**28** foghártya (gyökérhártya)
– *periodontal membrane (periodontium, pericementum)*
**29** fogcement
– *cement (dental cementum, crusta petrosa)*
**30** fogzománc
– *enamel*
**31** dentinállomány
– *dentine (dentin)*
**32** fogbél (pulpa)
– *dental pulp (tooth pulp, pulp)*
**33** idegek és vérerek
– *nerves and blood vessels*
**34** metszőfog
– *incisor*
**35** utózápfog (nagyőrlő)
– *molar tooth (molar)*
**36** gyökér
– *root (fang)*
**37** korona
– *crown*
**38–51 szem**
– ***eye***
**38** szemöldök
– *eyebrow (supercilium)*
**39** felső szemhéj
– *upper eyelid (upper palpebra)*
**40** alsó szemhéj
– *lower eyelid (lower palpebra)*
**41** szempilla
– *eyelash (cilium)*
**42** szivárványhártya
– *iris*
**43** szembogár (pupilla)
– *pupil*
**44** szemmozgató izmok
– *eye muscles (ocular muscles)*
**45** szemgolyó
– *eyeball*
**46** üvegtest
– *vitreous body*
**47** szaruhártya
– *cornea*
**48** lencse
– *lens*
**49** ideghártya (recehártya, retina)
– *retina*
**50** vakfolt (látóidegfő)
– *blind spot*
**51** látóideg
– *optic nerve*
**52–63 láb**
– ***foot***
**52** öregujj (nagy lábujj)
– *big toe (great toe, first toe, hallux, digitus I)*
**53** második lábujj
– *second toe (digitus II)*
**54** harmadik lábujj
– *third toe (digitus III)*
**55** negyedik lábujj
– *fourth toe (digitus IV)*
**56** kisujj (ötödik lábujj)
– *little toe (digitus minimus, digitus V)*
**57** lábujjköröm
– *toenail*
**58** bütyök
– *ball of the foot*
**59** külbokacsúcs (külbokanyúlvány)
– *lateral malleolus (external malleolus, outer malleolus, malleolus fibulae)*
**60** belbokacsúcs (belbokanyúlvány)
– *medial malleolus (internal malleolus, inner malleolus, malleolus tibulae, malleolus medialis)*
**61** lábhát
– *instep (medial longitudinal arch, dorsum of the foot, dorsum pedis)*
**62** hosszanti lábboltozat (talp)
– *sole of the foot*
**63** sarok
– *heel*
**64–83 kéz**
– ***hand***
**64** hüvelykujj
– *thumb (pollex, digitus I)*
**65** mutatóujj (második ujj)
– *index finger (forefinger, second finger, digitus II)*
**66** középső ujj (harmadik ujj)
– *middle finger (third finger, digitus medius, digitus III)*
**67** gyűrűsujj (negyedik ujj)
– *ring finger (fourth finger, digitus anularis, digitus IV)*
**68** kisujj (ötödik ujj)
– *little finger (fifth finger, digitus minimus, digitus V)*
**69** a kéz külső éle
– *radial side of the hand*
**70** a kéz belső éle
– *ulnar side of the hand*
**71** tenyér
– *palm of the hand (palma manus)*
**72–74 tenyérvonalak**
– ***lines of the hand***
**72** linea vitalis (életvonal)
– *life line (line of life)*
**73** linea cephalica (fejvonal)
– *head line (line of the head)*
**74** linea mensalis (szívvonal)
– *heart line (line of the heart)*
**75** hüvelykpárna
– *ball of the thumb (thenar eminence)*
**76** csukló (kéztő)
– *wrist (carpus)*
**77** ujjperc
– *phalanx (phalange)*
**78** ujjbegy
– *finger pad*
**79** ujjcsúcs
– *fingertip*
**80** köröm
– *fingernail (nail)*
**81** holdacska
– *lunule (lunula) of the nail*
**82** ujjízület
– *knuckle*
**83** kézhát
– *back of the hand (dorsum of the hand, dorsum manus)*

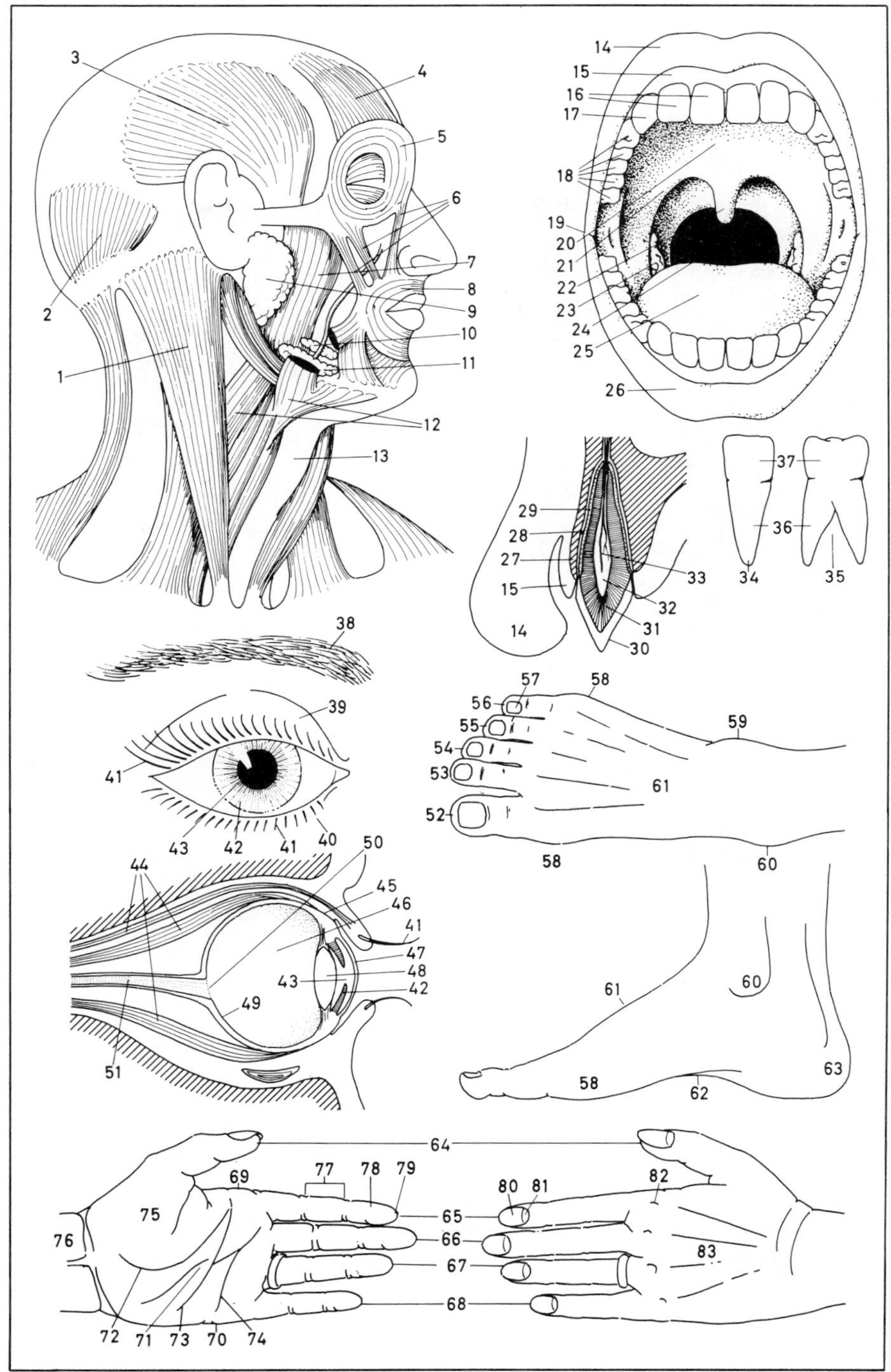
1
2
3
4
5
6
7
8
9
10
11
12
13
14
15
16
17
18
19
20
21
22
23
24
25
26
27
28
29
30
31
32
33
34
35
36
37
38
39
40
41
42
43
44
45
46
47
48
49
50
51
52
53
54
55
56
57
58
59
60
61
62
63
64
65
66
67
68
69
70
71
72
73
74
75
76
77
78
79
80
81
82
83

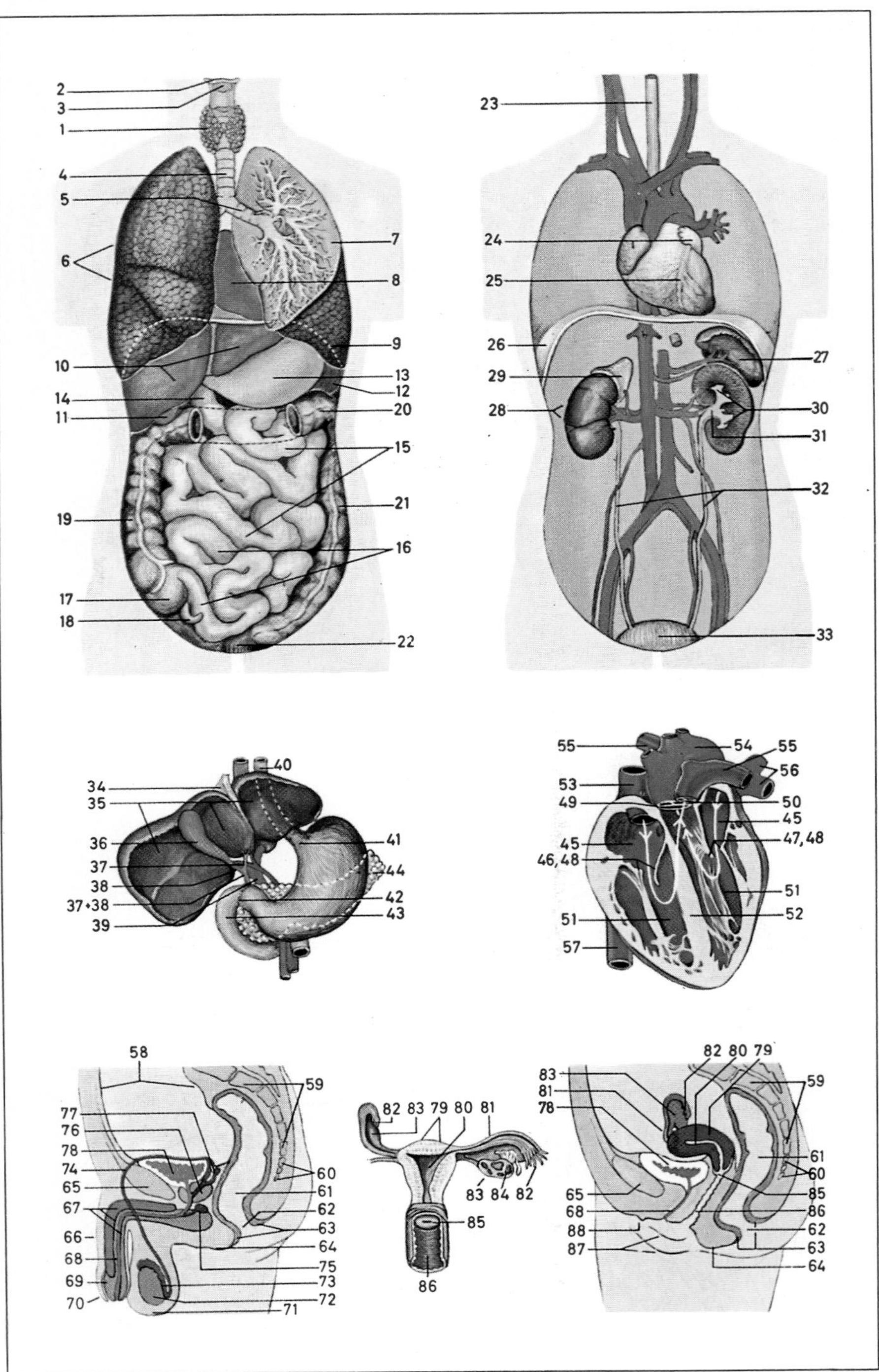
1
2
3
4
5
6
7
8
9
10
11
12
13
14
15
16
17
18
19
20
21
22
23
24
25
26
27
28
29
30
31
32
33
34
35
36
37
38
37+38
39
40
41
42
43
44
45
46,48
47,48
49
50
51
52
53
54
55
56
57
58
59
60
61
62
63
64
65
66
67
68
69
70
71
72
73
74
75
76
77
78
79
80
81
82
83
84
85
86
87
88

**1–57 belső szervek** (zsigerek)
– ***internal organs*** *[front view]*
**1** pajzsmirigy
– *thyroid gland*
**2–3** gégefő
– *larynx*
**2** nyelvcsont
– *hyoid bone (hyoid)*
**3** pajzsporc
– *thyroid cartilage*
**4** légcső
– *trachea (windpipe)*
**5** hörgő
– *bronchus*
**6–7** tüdő
– *lung*
**6** jobb tüdő
– *right lung*
**7** felső tüdőlebeny [keresztmetszet]
– *upper pulmonary lobe (upper lobe of the lung) [section]*
**8** szív
– *heart*
**9** rekesz (rekeszizom)
– *diaphragm*
**10** máj
– *liver*
**11** epehólyag
– *gall bladder*
**12** lép
– *spleen*
**13** gyomor
– *stomach*
**14–22 belek**
– ***intestines*** *(bowel)*
**14–16 vékonybél**
– ***small intestine*** *(intestinum tenue)*
**14** nyombél (patkóbél, epésbél, tizenkétujjnyi bél, duodenum)
– *duodenum*
**15** éhbél
– *jejunum*
**16** csípőbél
– *ileum*
**17–22 vastagbél**
– ***large intestine*** *(intestinum crassum)*
**17** vakbél
– *caecum (cecum)*
**18** féregnyúlvány
– *appendix (vermiform appendix)*
**19** felszálló vastagbél
– *ascending colon*
**20** a vastagbél harántirányban haladó része
– *transverse colon*
**21** leszálló vastagbél
– *descending colon*
**22** végbél
– *rectum*
**23** nyelőcső (bárzsing)
– *oesophagus (esophagus, gullet)*
**24–25** szív
– *heart*
**24** fülcse
– *auricle*
**25** sulcus interventricularis anterior (kamrák közötti elülső barázda, sulcus longitudinalis anterior)
– *anterior longitudinal cardiac sulcus*
**26** rekesz (rekeszizom)
– *diaphragm*
**27** lép
– *spleen*
**28** jobb vese
– *right kidney*
**29** mellékvese
– *suprarenal gland*
**30–31** bal vese [hosszmetszet]
– *left kidney [longitudinal section]*
**30** vesekehely
– *calyx (renal calyx)*
**31** vesemedence
– *renal pelvis*
**32** húgyvezeték
– *ureter*
**33** húgyhólyag
– *bladder*
**34–35** máj [hátulról]
– *liver [from behind]*
**34** a máj sarló alakú szalagja
– *falciform ligament of the liver*
**35** májlebeny
– *lobe of the liver*
**36** epehólyag
– *gall bladder*
**37–38** közös epevezeték
– *common bile duct*
**37** májvezeték (májbeli epeút)
– *hepatic duct (common hepatic duct)*
**38** az epehólyag epevezetéke
– *cystic duct*
**39** májkapu-gyűjtőér
– *portal vein (hepatic portal vein)*
**40** nyelőcső (bárzsing)
– *oesophagus (esophagus, gullet)*
**41–42** gyomor
– *stomach*
**41** gyomorszáj
– *cardiac orifice*
**42** gyomorkapu (gyomorzár)
– *pylorus*
**43** nyombél
– *duodenum*
**44** hasnyálmirigy
– *pancreas*
**45–57 szív** [hosszmetszet]
– ***heart*** *[longitudinal section]*
**45** pitvar
– *atrium*
**46–47** szívbillentyűk
– *valves of the heart*
**46** háromhegyű szívbillentyű [a jobb pitvar és kamra között]
– *tricuspid valve (right atrioventricular valve)*
**47** kéthegyű szívbillentyű [a bal pitvar és kamra között]
– *bicuspid valve (mitral valve, left atrioventricular valve)*
**48** vitorla <egy billentyű>
– *cusp*
**49** aortabillentyű [a bal kamra és a főér között]
– *aortic valve*
**50** tüdőverőér-billentyű [a jobb kamra és a tüdőverőér között]
– *pulmonary valve*
**51** szívkamra
– *ventricle*
**52** kamrák közti sövény
– *ventricular septum (interventricular septum)*
**53** felső üres visszér
– *superior vena cava*
**54** főér (aorta)
– *aorta*
**55** tüdőverőér
– *pulmonary artery*
**56** tüdővisszér
– *pulmonary vein*
**57** alsó üres visszér
– *inferior vena cava*
**58** hashártya
– *peritoneum*
**59** keresztcsont
– *sacrum*
**60** farkcsont (farkcsigolya)
– *coccyx (coccygeal vertebra)*
**61** végbél
– *rectum*
**62** végbélnyílás
– *anus*
**63** végbélzáró izom
– *anal sphincter*
**64** gát
– *perineum*
**65** a szeméremcsontok félízülete
– *pubic symphisis (symphisis pubis)*
**66–77 férfi nemi szervek** [hosszmetszet]
– ***male sex organs*** *[longitudinal section]*
**66** hímvessző
– *penis*
**67** barlangos test
– *corpus cavernosum and spongiosum of the penis (erectile tissue of the penis)*
**68** húgycső
– *urethra*
**69** makk
– *glans penis*
**70** fityma
– *prepuce (foreskin)*
**71** herezacskó
– *scrotum*
**72** jobb here
– *right testicle (testis)*
**73** mellékhere
– *epididymis*
**74** ondóvezeték (ondóelvezető)
– *spermatic duct (vas deferens)*
**75** Cowper-mirigy
– *Cowper's gland (bulbourethral gland)*
**76** dűlmirigy
– *prostate (prostate gland)*
**77** ondóhólyag
– *seminal vesicle*
**78** húgyhólyag
– *bladder*
**79–88 női nemi szervek** [hosszmetszet]
– ***female sex organs*** *[longitudinal section]*
**79** méh
– *uterus (matrix, womb)*
**80** méhüreg
– *cavity of the uterus*
**81** petevezeték (méhkürt)
– *fallopian tube (uterine tube, oviduct)*
**82** rojtocskák
– *fimbria (fimbriated extremity)*
**83** petefészek
– *ovary*
**84** peteüsző, benne a petesejttel
– *follicle with ovum (egg)*
**85** külső méhszáj
– *os uteri externum*
**86** hüvely
– *vagina*
**87** szeméremajak
– *lip of the pudendum (lip of the vulva)*
**88** csikló
– *clitoris*

**1–13 szükségkötések** (ideiglenes kötések)
– ***emergency bandages***
**1** felső végtag rögzítése
– *arm bandage*
**2** háromszögletű kendő a kar felkötéséhez
– *triangular cloth used as a sling (an arm sling)*
**3** a fej bekötése
– *head bandage (capeline)*
**4** elsősegélynyújtó csomag (kötszercsomag)
– *first aid kit*
**5** gyorstapasz
– *first aid dressing*
**6** steril mull-lap (csíramentes gézlap)
– *sterile gauze dressing*
**7** ragtapasz
– *adhesive plaster (sticking plaster)*
**8** seb (sebzés)
– *wound*
**9** mullpólya (gézpólya, géz)
– *bandage*
**10** törött végtag szükségrögzítése
– *emergency splint for a broken limb (fractured limb)*
**11** törött láb
– *fractured leg (broken leg)*
**12** sín
– *splint*
**13** párna
– *headrest*
**14–17 vérzéscsillapítás** (vérédények elkötése)
– ***measures for stanching the blood flow*** *(tying up of, ligature of, a blood vessel)*
**14** artériák nyomási pontjai
– *pressure points of the arteries*
**15** a comb elszorítása
– *emergency tourniquet on the thigh*
**16** sétabot alkalmazása pecekként
– *walking stick used as a screw*
**17** nyomókötés
– *compression bandage*
**18–23 sérült mentése és szállítása**
– ***rescue and transport of an injured person***
**18** Rautek-féle műfogás (fogás) [gépjárműbaleset sérültjének mentésére]
– *Rautek grip (for rescue of victim of a car accident)*
**19** segélynyújtó
– *helper*
**20** sérült
– *injured person (casualty)*
**21** keresztfogás
– *chair grip*
**22** szállítófogás
– *carrying grip*
**23** szükséghordágy botokból és zakóból
– *emergency stretcher of sticks and a jacket*
**24–27 eszméletlen sérült fektetése és mesterséges lélegeztetés** (újraélesztés, reanimálás)
– ***positioning of an unconscious person and artificial respiration*** *(resuscitation)*
**24** stabil oldalfekvés (NATO-fektetés)
– *coma position*
**25** eszméletlen sérült
– *unconscious person*
**26** szájtól szájba történő mesterséges lélegeztetés (*változat:* szájtól orrba való lélegeztetés)
– *mouth-to-mouth resuscitation* (variation: *mouth-to-nose resuscitation)*
**27** újraélesztő készülék <lélegeztetőkészülék>
– *resuscitator (respiratory apparatus, resuscitation apparatus), a respirator (artificial breathing device)*
**28–33 a jég alá esett mentése** (lékből való mentés)
– ***methods of rescue in ice accidents***
**28** a jég alá esett (lékbe esett) személy
– *person who has fallen through the ice*
**29** mentő (életmentő)
– *rescuer*
**30** kötél
– *rope*
**31** asztal (vagy egyéb segédeszköz)
– *table (or similar device)*
**32** létra
– *ladder*
**33** önmentés
– *self-rescue*
**34–38 fuldokló mentése**
– ***rescue of a drowning person***
**34** szabaduló fogás [megakadályozza, hogy a fuldokló az életmentőt is magával rántsa]
– *method of release (release grip, release) to free rescuer from the clutch of a drowning person*
**35** a fuldokló
– *drowning person*
**36** életmentő (vízből mentő)
– *lifesaver*
**37** mellkasi fogás <szállítófogás>
– *chest grip, a towing grip*
**38** csípőfogás
– *tired swimmer grip (hip grip)*

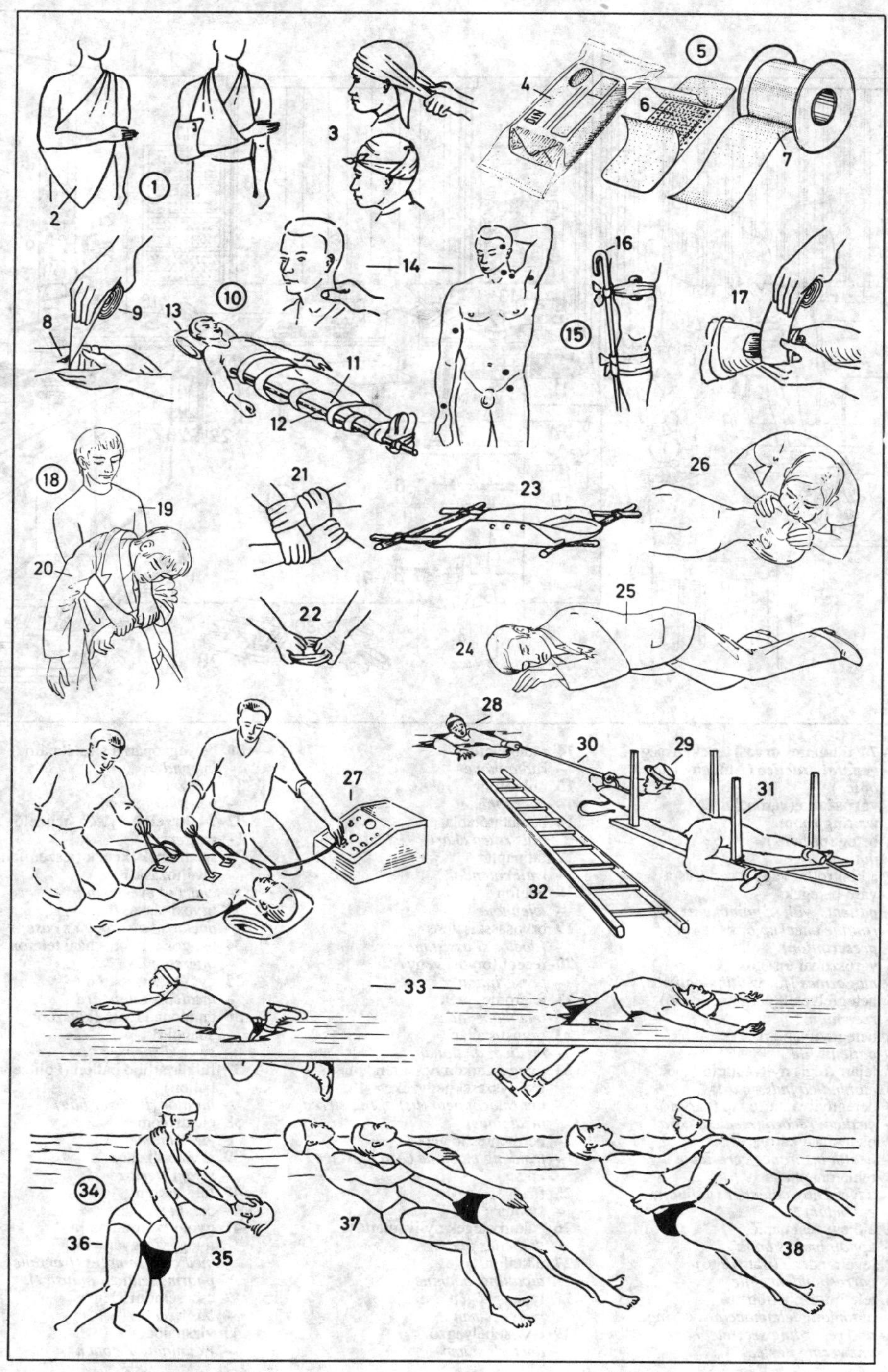
1
2
3
4
5
6
7
8
9
10
11
12
13
14
15
16
17
18
19
20
21
22
23
24
25
26
27
28
29
30
31
32
33
34
35
36
37
38

**1–74 általános orvosi tevékenység**
– ***general practice*** (Am. *physician's office)*
**1 várószoba** (váróhelyiség)
– ***waiting room***
**2** beteg (páciens)
– *patient*
**3** a kontrollra vagy receptírásra váró betegek
– *patients with appointments (for a routine checkup or renewal of prescription)*
**4** várószobai újságok
– *magazines [for waiting patients]*
**5** betegfelvétel (adminisztráció)
– *reception*
**6** betegnyilvántartás
– *patients file*
**7** lejárt (régi) nyilvántartó lapok
– *eliminated index cards*
**8** betegnyilvántartó lap (karton)
– *medical record (medical card)*
**9** biztosítási kártya
– *health insurance certificate*
**10** reklámnaptár
– *advertising calendar (publicity calendar)*
**11** előjegyzési napló
– *appointments book*
**12** levélrendező (iratgyűjtő)
– *correspondence file*
**13** telefon-üzenetrögzítő
– *automatic telephone answering and recording set (telephone answering device)*
**14** rádiótelefon
– *radiophone*
**15** mikrofon
– *microphone*
**16** bemutatótábla
– *illustrated chart*
**17** falinaptár
– *wall calendar*
**18** telefon
– *telephone*
**19** orvosasszisztens
– *[doctor's] assistant*
**20** recept (orvosi vény)
– *prescription*
**21** telefonjegyzék
– *telephone index*
**22** orvosi szótár
– *medical dictionary*
**23** gyógyszerkönyv <a rendelhető gyógyszerek jegyzéke>
– *pharmacopoeia (list of registered medicines)*
**24** bérmentesítő gép
– *franking machine* (Am. *postage meter)*
**25** fűzőgép
– *stapler*
**26** cukorbetegek nyilvántartása
– *diabetics file*
**27** diktafon
– *dictating machine*
**28** lyukasztógép
– *paper punch*
**29** orvosi bélyegző
– *doctor's stamp*
**30** bélyegzőpárna (festékpárna)
– *ink pad*
**31** ceruzatartó
– *pencil holder*
**32–74 kezelőhelyiség** (rendelő)
– ***surgery***
**32** szemfenéki képek (a szemfenék elváltozásai)
– *chart of eyegrounds*
**33** orvosi táska
– *doctor's bag (doctor's case)*
**34** hangos telefon <házi telefon>
– *intercom*
**35** gyógyszerszekrény
– *medicine cupboard*
**36** tamponadagoló (kötszeradagoló)
– *swab dispenser*
**37** fülkürtátfújó ballon (Politzer-ballon)
– *inflator (Politzer bag)*
**38** elektrotom
– *electrotome*
**39** gőzsterilizátor
– *steam sterilizer*
**40** faliszekrény
– *cabinet*
**41** gyógyszerminták [a gyógyszergyáraktól]
– *medicine samples (from the pharmaceutical industry)*
**42** csecsemőmérleg
– *baby scales*
**43** vizsgálóágy
– *examination couch*

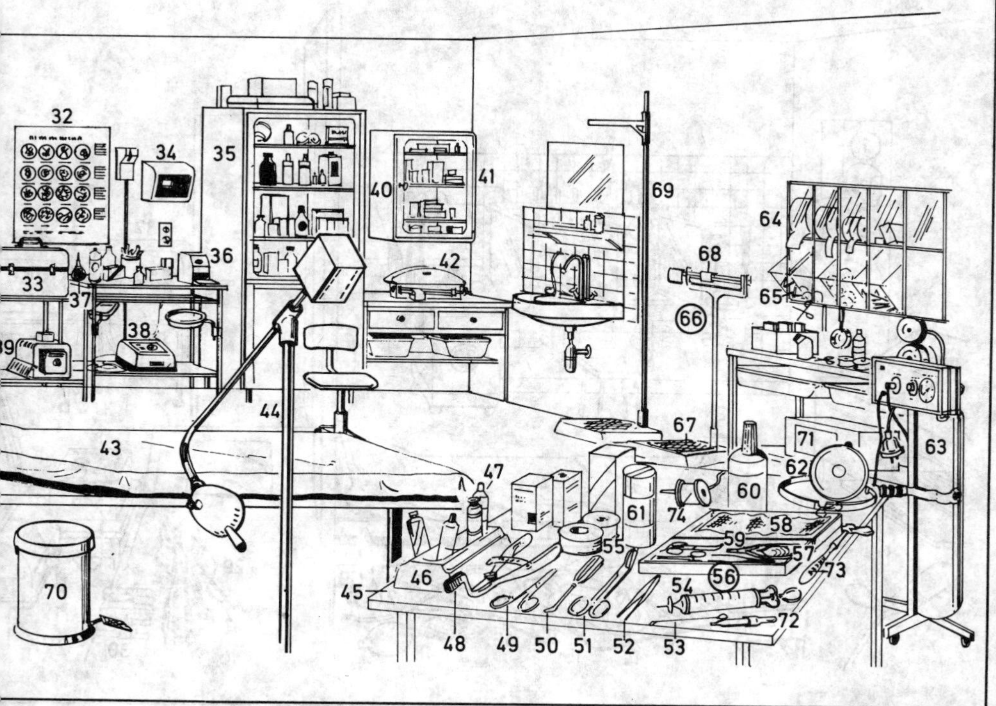


**44** reflektor
– *directional lamp*
**45** műszerasztal
– *instrument table*
**46** tubustartó
– *tube holder*
**47** kenőcsös tubus
– *tube of ointment*
**48–50 kissebészeti eszközök** (műszerek)
– ***instruments for minor surgery***
**48** szájterpesz
– *mouth gag*
**49** Kocher-fogó [vérzéscsillapító eszköz]
– *Kocher's forceps*
**50** Volkmann-kanál (éles kanál)
– *scoop (curette)*
**51** kötszervágó olló
– *angled scissors*
**52** csipesz
– *forceps*
**53** olivaszonda
– *olive-pointed (bulb-headed) probe*
**54** fül- vagy ormosó fecskendő
– *syringe for irrigations of the ear or bladder*
**55** ragtapasz
– *adhesive plaster (sticking plaster)*
**56** sebészi varróeszközök
– *surgical suture material*
**57** ívelt sebészi varrótű
– *curved surgical needle*
**58** steril géz (csíramentes mullpólya)
– *sterile gauze*
**59** tűfogó
– *needle holder*
**60** bőrfertőtlenítő spray (bőrfertőtlenítő permetező)
– *spray for desinfecting the skin*
**61** fonáltartó
– *thread container*
**62** szemtükör
– *ophthalmoscope*
**63** fagyasztókészülék
– *freezer for cryosurgery*
**64** ragtapasz- és kötszertartó
– *dispenser for plasters and small pieces of equipment*
**65** egyszer használatos injekciós tűk és fecskendők
– *disposable hypodermic needles and syringes*
**66** személymérleg <csúszósúlyos mérleg>
– *scales, sliding-weight scales*
**67** mérleglap
– *weighing platform*
**68** csúszósúly
– *sliding weight (jockey)*
**69** magasságmérő
– *height gauge (*Am. *gage)*
**70** szemétgyűjtő (szemétvödör)
– *waste bin (*Am. *trash bin)*
**71** hőlégsterilizátor
– *hot-air sterilizer*
**72** pipetta
– *pipette*
**73** reflexkalapács
– *percussor*
**74** fültükör
– *aural speculum (auriscope, aural syringe)*

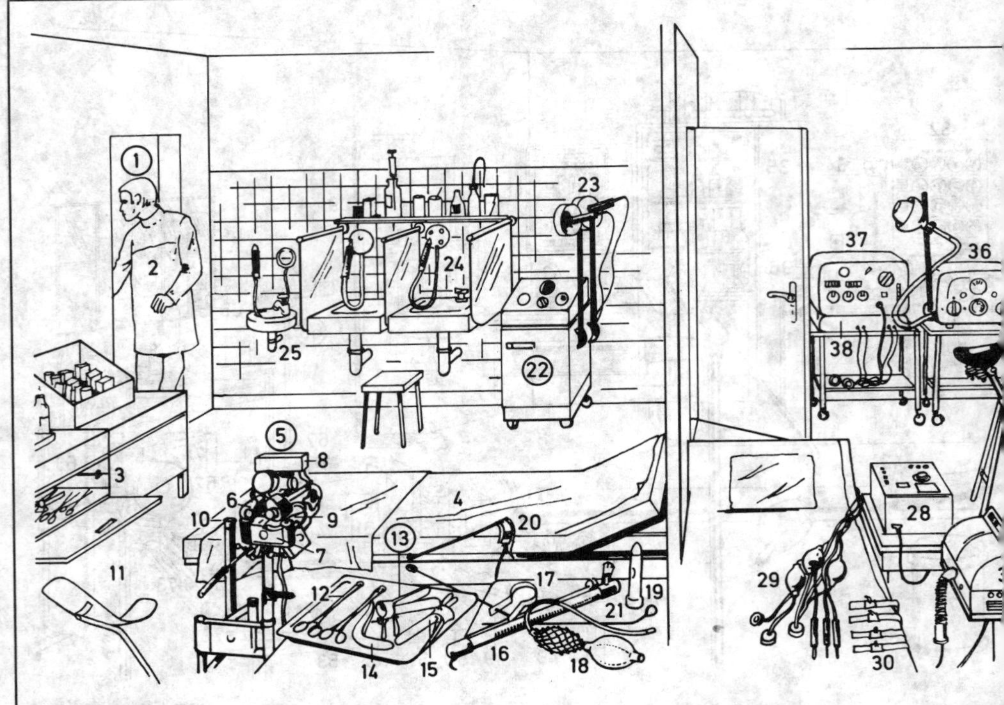


**1** konzultációs helyiség
– *consulting room*
**2** általános orvos
– *general practitioner*
**3–21 nőgyógyászati és végbélvizsgáló eszközök**
– ***instruments for gyneocological and proctological examinations***
**3** termosztát a vizsgáló eszközök testhőmérsékletre való melegítéséhez
– *warming the instruments up to body temperature*
**4** vizsgálóágy
– *examination couch*
**5** méhszájvizsgáló készülék (kolposzkóp)
– *colposcope*
**6** binokuláris mikroszkóp (kétszemes mikroszkóp)
– *binocular eyepiece*
**7** kisfilmes fényképezőgép
– *miniature camera*
**8** hidegfényes megvilágítás
– *cold light source*
**9** kábelcsatlakozó
– *cable release*
**10** a lábtartó fogantyúja
– *bracket for the leg support*
**11** lábtartó
– *leg support (leg holder)*
**12** magfogó (tamponfogó)
– *holding forceps (sponge holder)*
**13** hüvelytükör [hüvelyfeltáró eszköz]
– *vaginal speculum*
**14** hüvelytükör alsó lapoca
– *lower blade of the vaginal speculum*
**15** platinakacs [váladékvevő eszköz]
– *platinum loop (for smears)*
**16** végbéltükör (rektoszkóp)
– *rectoscope*
**17** biopsziás fogó a végbéltükörhöz [szövettani vizsgálatra anyagot vevő fogó]
– *biopsy forceps used with the rectoscope (proctoscope)*
**18** végbéltükör levegőbefúvó pumpája
– *insufflator for proctoscopy (rectoscopy)*
**19** végbélnyílást vizsgáló eszköz
– *proctoscope (rectal speculum)*
**20** húgycsővizsgáló eszköz
– *urethroscope*
**21** végbélnyílást vizsgáló eszköz bevezetője
– *guide for inserting the proctoscope*
**22** rövidhullámú besugárzókészülék
– *diathermy unit (short-wave therapy apparatus)*
**23** besugárzófejek
– *radiator*
**24** inhalációs készülék
– *inhaling apparatus (inhalator)*
**25** köpőcsésze
– *basin (for sputum)*
**26–31 ergometria**
– ***ergometry***
**26** kerékpárergométer
– *bicycle ergometer*
**27** monitor [az EKG-t, a pulzusszámot és a légzésszámot mutatja a terhelés alatt]
– *monitor (visual display of the ECG and of pulse and respiratory rates when performing work)*
**28** EKG-készülék (elektrokardiográf)
– *ECG (electrocardiograph)*
**29** tapadóelektródák [az EKG-készülék vákuummal rögzíthető mellkasi elektródái]
– *suction electrodes*
**30** felcsatolható elektródák [az EKG-készülék gumiszalaggal rögzíthető végtagi elektródái]
– *strap-on electrodes for the limbs*
**31** légzésvizsgáló készülék (spirométer)
– *spirometer (for measuring respiratory functions)*
**32** vérnyomásmérés
– *measuring the blood pressure*
**33** vérnyomásmérő
– *sphygmomanometer*
**34** felfújható mandzsetta
– *inflatable cuff*
**35** hallgatócső (fonendoszkóp)
– *stethoscope*
**36** mikrohullámú besugárzókészülék
– *microwave treatment unit*

**37** farádkészülék [kisfrekvenciájú, változtatható impulzusformájú ingerlőkészülék]
– *faradization unit (application of low-frequency currents with different pulse shapes)*
**38** önműködő hangolókészülék
– *automatic tuner*
**39** rövidhullámú besugárzókészülék
– *short-wave therapy apparatus*
**40** időzítőóra [rövid időtartamok mérésére]
– *timer*
**41–59 laboratórium**
– ***laboratory***
**41** laboratóriumi asszisztens
– *medical laboratory technician*
**42** kapilláriscső-állvány vérsejtsüllyedés méréséhez
– *capillary tube stand for blood sedimentation*
**43** mérőhenger
– *measuring cylinder*
**44** automatikus pipetta
– *automatic pipette*
**45** vesetál
– *kidney dish*
**46** hordozható EKG-készülék elsősegélynyújtáshoz
– *portable ECG machine for emergency use*
**47** automatikus pipettakészülék
– *automatic pipetting device*
**48** állandó hőmérsékletű vízfürdő (termosztát)
– *constant temperature water bath*
**49** vízvezetéki csatlakozás vízsugárszivattyúval
– *tap with water jet pump*
**50** festőcsésze [vérkenetek, üledékek és egyéb kenetek festéséhez]
– *staining dish (for staining blood smears, sediments and other smears)*
**51** kétszemes vizsgálómikroszkóp
– *binocular research microscope*
**52** pipettatartó fotometriás vizsgálathoz
– *pipette stand for photometry*
**53** számítógép és elemzőkészülék fotometriás vizsgálathoz
– *computer and analyser for photometry*
**54** fotométer
– *photometer*
**55** kiírókészülék (regisztrálóberendezés)
– *potentiometric recorder*
**56** átalakítóegység
– *transforming section*
**57** laboratóriumi felszerelés
– *laboratory apparatus (laboratory equipment)*
**58** vizeletüledék-értékek táblája
– *urine sediment chart*
**59** centrifuga
– *centrifuge*

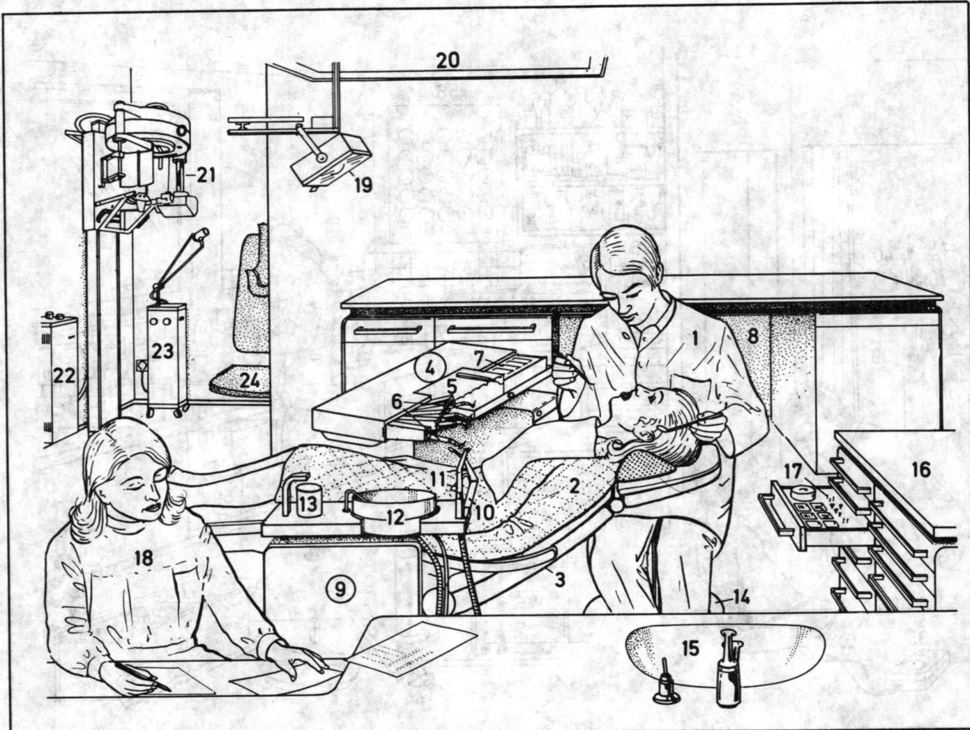


1 fogorvos
– *dentist (dental surgeon)*
2 beteg (páciens)
– *patient*
3 kezelőszék (fogászati szék, operációs szék, *biz.:* fogorvosi szék)
– *dentist's chair*
4 fogászati egységkészülék (fogászati kezelőegység)
– *dental instruments*
5 műszertálca
– *instrument tray*
6 fúrókészülék különböző kézidarabokkal
– *drills with different handpieces*
7 gyógyszerrekesz
– *medicine case*
8 a fogászati egységkészülék tárolója
– *storage unit (for dental instruments)*
9 kisegítő egység
– *assistant's unit*
10 többcélú fecskendő (puszter) [hideg vagy meleg víz, permet vagy levegő kibocsátására]
– *multi-purpose syringe (for cold and warm water, spray or air)*
11 nyálszívó készülék
– *suction apparatus*
12 köpőcsésze
– *basin*
13 automatikusan töltődő vizespohár
– *water glass, filled automatically*
14 orvosi műtőszék
– *stool*
15 mosdó (mosdókagyló)
– *washbasin*
16 műszerszekrény
– *instrument cabinet*
17 fúrókészletfiók
– *drawer for drills*
18 fogászati asszisztens (asszisztensnő)
– *dentist's assistant*
19 fogorvosi lámpa (kezelőlámpa)
– *dentist's lamp*
20 mennyezetvilágítás
– *ceiling light*
21 panoráma-röntgenkészülék
– *X-ray apparatus for panoramic pictures*
22 röntgentranszformátor
– *X-ray generator*
23 mikrohullámú készülék <besugárzókészülék>
– *microwave treatment unit, a radiation unit*
24 ülőhely
– *seat*
25 kivehető teljes fogmű (*biz.:* műfogsor, protézis)
– *denture (set of false teeth)*
26 híd
– *bridge (dental bridge)*
27 lecsiszolt fogcsonk (pillér)
– *prepared stump of the tooth*
28 korona (*fajták:* aranykorona, jacket-korona, köpenykorona, porcelán borítókorona)
– *crown (*kinds: *gold crown, jacket crown)*
29 porcelánfog
– *porcelain tooth (porcelain pontic)*
30 tömés (*rég.:* plomba)
– *filling*
31 csapos műcsonk (csapos műfog)
– *post crown*
32 fazetta (porcelán félkorona, koronahomlokzat)
– *facing*
33 műcsonk
– *diaphragm*
34 csap
– *post*
35 karborundum korong
– *carborundum disc (disk)*
36 csiszolókorong (*biz.:* malomkő)
– *grinding wheel*
37 fúrók (üregfúrók)
– *burs*
38 csepp alakú fúró
– *flame-shaped finishing bur*
39 fisszúrafúró
– *fissure burs*
40 gyémántköszörű
– *diamond point*
41 fogtükör (szájtükör)
– *mouth mirror*
42 szájlámpa
– *mouth lamp*

**43** kauter (termokauter, égető)
– *cautery*
**44** platina-iridium elektród
– *platinium-iridium electrode*
**45** fogkő-eltávolító eszközök (depurálóeszközök, depurátorok)
– *tooth scalers*
**46** szonda
– *probe*
**47** foghúzó fogó
– *extraction forceps*
**48** foggyökéremelő
– *tooth-root elevator*
**49** fogászati véső (csontvéső)
– *bone chisel*
**50** spatula (nyelvlapoc)
– *spatula*
**51** tömőanyag-keverő készülék (amalgámkeverő készülék)
– *mixer for filling material*
**52** időzítőkapcsoló
– *synchronous timer*
**53** injekciós fecskendő helyi érzéstelenítéshez
– *hypodermic syringe for injection of local anaesthetic*
**54** injekciós tű
– *hypodermic needle*
**55** matricatartó
– *matrix holder*
**56** lenyomatvevő kanál
– *impression tray*
**57** borszeszlámpa
– *spirit lamp*

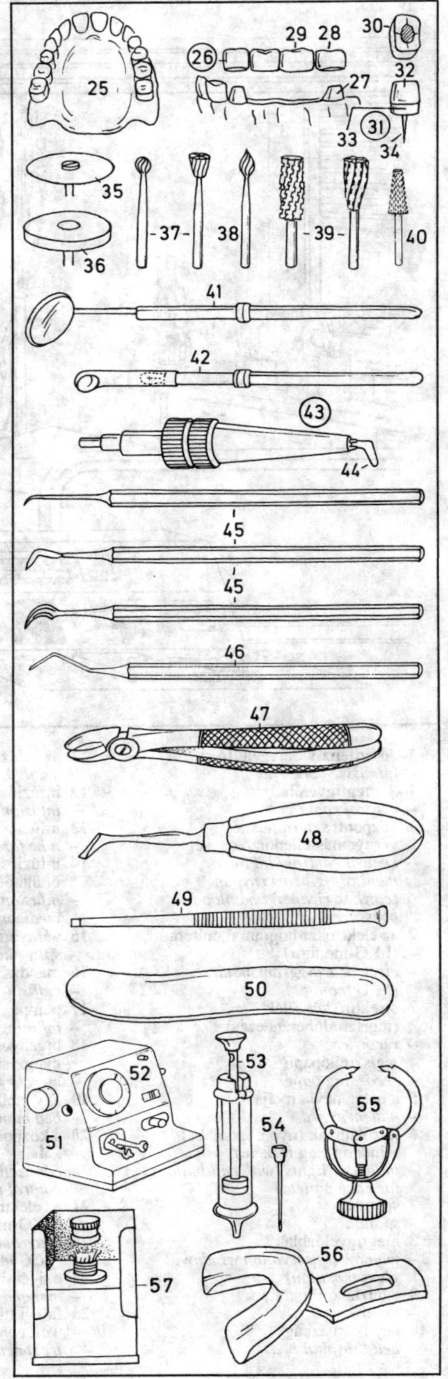

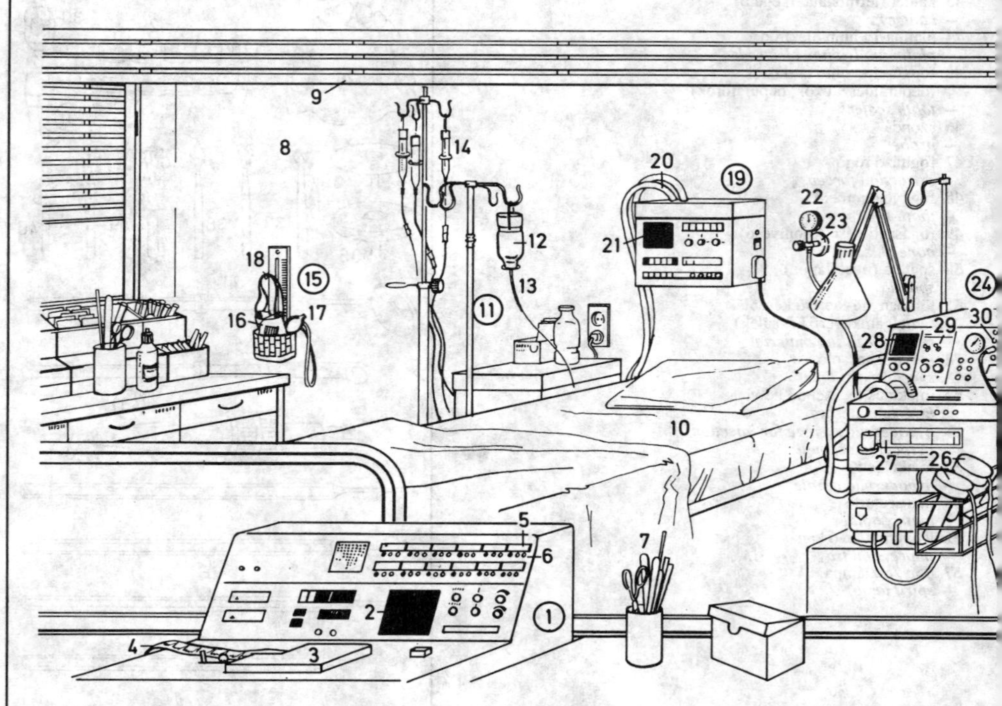


**1–30 intenzív betegellátó osztály**
– ***intensive care unit***
**1–9 megfigyelőhelyiség**
– ***control room***

**1** központi szívritmus- és vérnyomás-ellenőrző egység
– *central control unit for monitoring heart rhythm (cardiac rhythm) and blood pressure*

**2** az elektrokardiogram monitora (EKG-monitor)
– *electrocardiogram monitor (ECG monitor)*

**3** direktíró készülék (regisztrálóberendezés)
– *recorder*

**4** regisztrálópapír
– *recording paper*

**5** a beteg névkártyája
– *patient's card*

**6** jelzőlámpák (nyomógombbal minden beteg részére)
– *indicator lights (with call buttons for each patient)*

**7** spatula
– *spatula*

**8** megfigyelőablak
– *window (observation window, glass partition)*

**9** lehúzható függöny
– *blind*

**10** ágy (kórházi ágy)
– *bed (hospital bed)*

**11** az infúziós készülék állványa
– *stand for infusion apparatus*

**12** infúziós palack
– *infusion bottle*

**13** infúziós cső cseppinfúzióhoz
– *tube for intravenous drips*

**14** infúziós felszerelés vízben oldható gyógyszerek beadására
– *infusion device for water-soluble medicaments*

**15** vérnyomásmérő
– *sphygmomanometer*

**16** mandzsetta
– *cuff*

**17** pumpa
– *inflating bulb*

**18** higanyos nyomásmérő (higanyos manométer)
– *mercury manometer*

**19** ágy melleti monitor
– *bed monitor*

**20** a központi készülékhez vezető kábel
– *connecting lead to the central control unit*

**21** az elektrokardiogram monitora (EKG-monitor)
– *electrocardiogram monitor (ECG monitor)*

**22** oxigén-nyomásmérő
– *manometer for the oxygen supply*

**23** fali csatlakozó oxigénkezeléshez
– *wall connection for oxygen treatment*

**24** mozgatható betegellenőrző készülék
– *mobile monitoring unit*

**25** a rövidtartamú pacemaker-kezelés elektródavezetéke
– *electrode lead to the short-term pacemaker*

**26** az elektrosokk-kezelés elektródája
– *electrodes for shock treatment*

**27** EKG-készülék
– *ECG recording unit*

**28** az elektrokardiogram monitora (EKG-monitor)
– *electrocardiogram monitor (ECG monitor)*

**29** a monitor beállítógombjai
– *control switches and knobs (controls) for adjusting the monitor*

**30** a pacemaker kezelőgombjai
– *control buttons for the pacemaker unit*

**31 szívritmus-szabályozó** (pacemaker)
– ***pacemaker*** *(cardiac pacemaker)*

**32** higanycella
– *mercury battery*

**33** programozható impulzusgenerátor
– *programmed impulse generator*

**34** elektródacsatlakozási hely
– *electrode exit point*

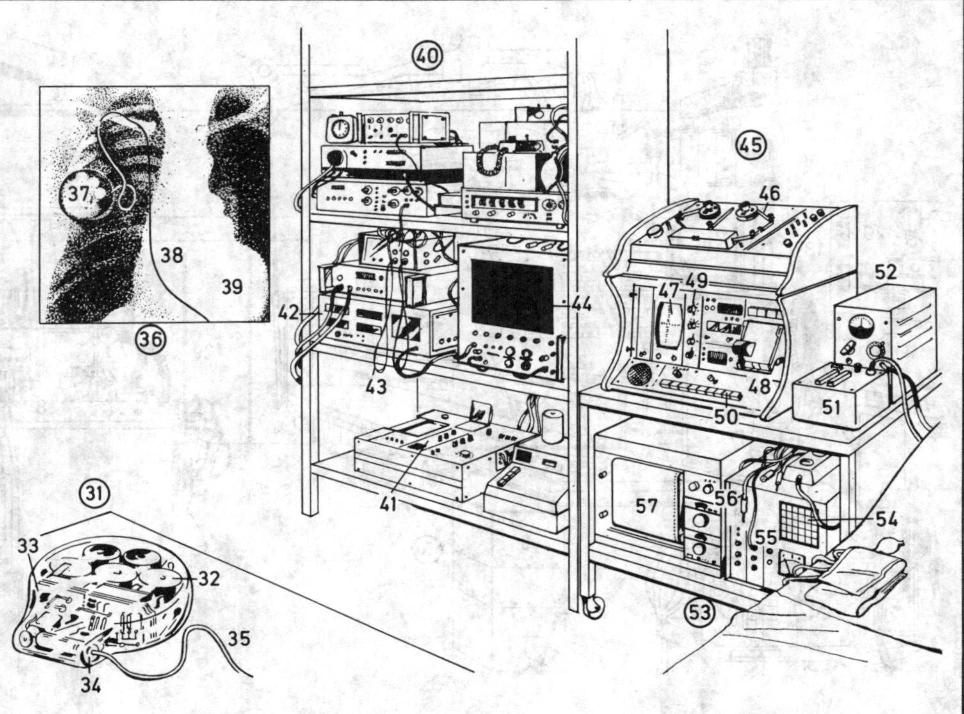


**35** elektróda
– *electrode*
**36** a pacemaker beültetése
– *implantation of the pacemaker*
**37** a mellkasba ültetett pacemaker (belső pacemaker)
– *internal cardiac pacemaker (internal pacemaker, pacemaker)*
**38** vénán át a szívbe vezetett elektród
– *electrode inserted through the vein*
**39** a szív árnyéka a röntgenfelvételen
– *cardiac silhouette on the X-ray*
**40 pacemaker-ellenőrző berendezés**
– ***pacemaker control unit***
**41** EKG-készülék (EKG-regisztráló készülék)
– *electrocardiograph (ECG recorder)*
**42** automatikus impulzusszámláló
– *automatic impulse meter*
**43** a beteghez vezető EKG-kábel
– *ECG lead to the patient*
**44** monitor az impulzusok vizuális ellenőrzésére
– *monitor unit for visual monitoring of the pacemaker impulses*
**45** készülék a tartós EKG-felvétel elemzésére
– *long-term ECG analyser*
**46** mágnesszalag az EKG-impulzusok rögzítésére a felvétel ideje alatt
– *magnetic tape for recording the ECG impulses during analysis*
**47** az elektrokardiogram monitora (EKG-monitor)
– *ECG monitor*
**48** automatikus szívritmuselemzés papíron
– *automatic analysis on paper of the ECG rhythm*
**49** az EKG-hullám magasságának szabályozója
– *control knob for the ECG amplitude*
**50** az EKG-elemzés programválasztója
– *program selector switches for the ECG analysis*
**51** a pacemaker-áramforrások töltőkészüléke
– *charger for the pacemaker batteries*
**52** az áramforrás feszültségellenőrzője (cellavizsgáló, akkumulátortesztelő)
– *battery tester*
**53** nyomásmérő készülék a jobb szívfélbe vezetett katéterhez
– *pressure gauge (Am. gage) for the right cardiac catheter*
**54** a nyomásmérő monitora
– *trace monitor*
**55** nyomásmérő fej
– *pressure indicator*
**56** összekötő kábel a regisztrálókészülékhez
– *connecting lead to the paper recorder*
**57** a nyomásgörbét regisztráló papírszalagos készülék
– *paper recorder for pressure traces*

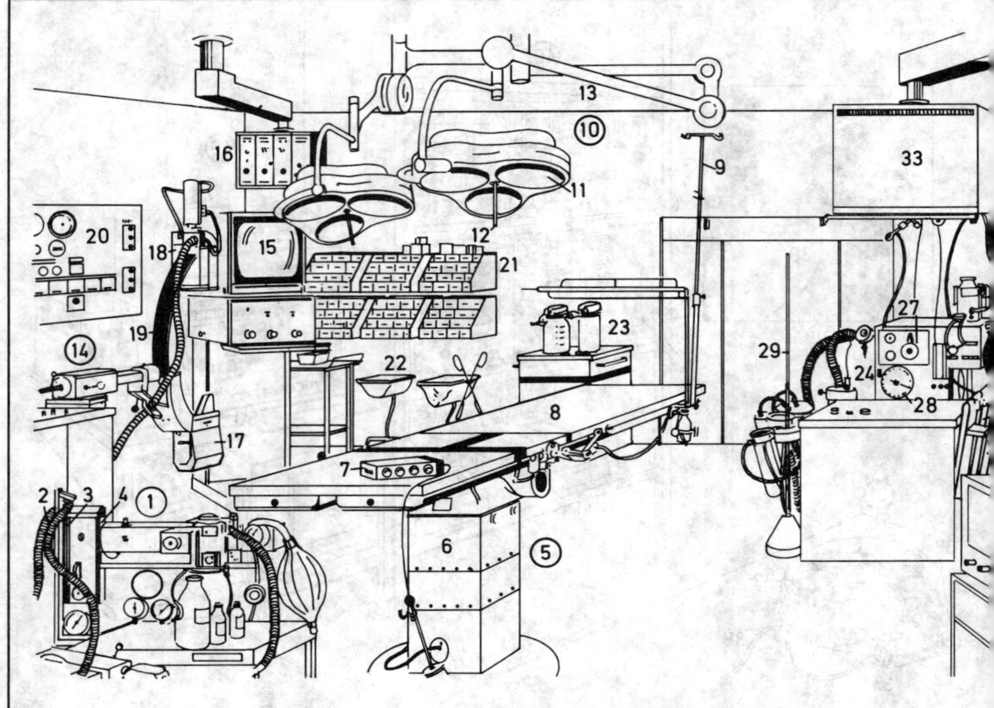


**1–54 sebészeti osztály** (sebészeti klinika)
– ***surgical unit***
**1–33 műtő**
– ***operating theatre*** (Am. *theater)*
**1** altató- és lélegeztetőkészülék
– *anaesthesia and breathing apparatus (respiratory machine)*
**2** bordás tömlők
– *inhalers (inhaling tubes)*
**3** az altatógáz (kéjgáz, dinitrogén-oxid) fogyasztásmérője
– *flowmeter for nitrous oxide*
**4** oxigén-fogyasztásmérő
– *oxygen flowmeter*
**5** tönkasztal (oszlopos műtőasztal)
– *pedestal operating table*
**6** a műtőasztal oszlopa (tönkje)
– *table pedestal*
**7** szabályozóegység
– *control device (control unit)*
**8** a műtőasztal állítható lapja
– *adjustable top of the operating table*
**9** infúziós állvány
– *stand for intravenous drips*
**10** állítható árnyékmentes műtőlámpa
– *swivel-mounted shadow-free operating lamp*
**11** világítótest
– *individual lamp*
**12** fogantyú
– *handle*
**13** állítható tartókar
– *swivel arm*
**14** mozgatható röntgenátvilágító készülék
– *mobile fluoroscope*
**15** a képátalakító monitora
– *monitor of the image converter*
**16** monitor [hátoldal]
– *monitor [back]*
**17** röntgencső
– *tube*
**18** képátalakító egység
– *image converter*
**19** C alakú tartó
– *C-shaped frame*
**20** a légkondicionáló kapcsolótáblája
– *control panel for the air-conditioning*
**21** sebészi varróanyagok
– *surgical suture material*
**22** mozgatható hulladékledobó (hulladéktartály)
– *mobile waste tray*
**23** nem steril textíliák [nem steril nagy és kis lepedők]
– *containers for unsterile (unsterilized) pads*
**24** altató- és lélegeztetőkészülék
– *anaesthesia and respiratory apparatus*
**25** lélegeztetőkészülék
– *respirator*
**26** Fluothan-tartály (Halothan-tartály)
– *fluothane container (halothane container)*
**27** a lélegeztetőkészülék szabályozógombjai
– *ventilation control knob*
**28** a légzési térfogat mutatós jelzőműszere
– *indicator with pointer for respiratory volume*
**29** állvány a lélegeztetőkészülék csöveivel és a nyomásmérővel
– *stand with inhalers (inhaling tubes) and pressure gauges (*Am. *gages)*
**30** katétertartó
– *catheter holder*
**31** katéter steril csomagolásban
– *catheter in sterile packing*
**32** pulzusszámláló (szfigmográf)
– *sphygmograph*
**33** monitor
– *monitor*

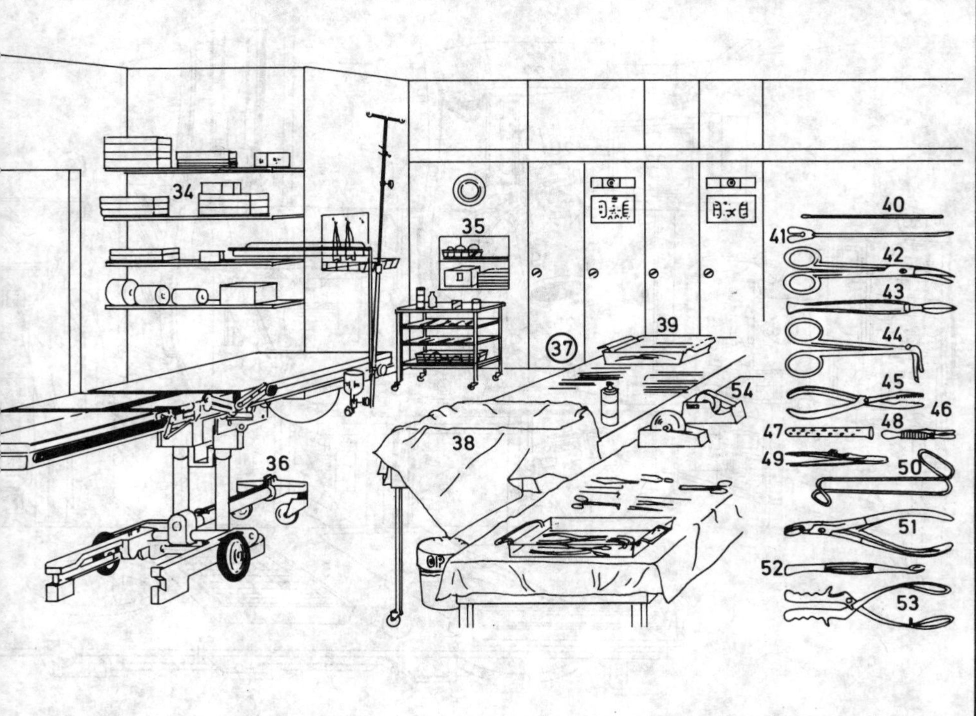


**34–54 előkészítő és sterilizálóhelyiség**
– ***preparation and sterilization room***
**34** kötszerek
– *dressing material*
**35** kissterilizátor
– *small sterilizer*
**36** a műtőasztal lapjának szállítóeszköze
– *carriage of the operating table*
**37** mozgatható műszerelőasztal
– *mobile instrument table*
**38** steril textíliák [csíramentes nagy és kis lepedők]
– *sterile cloth*
**39** műszerelőtálca
– *instrument tray*
**40–53 sebészi eszközök**
– ***surgical instruments***
**40** gombos szonda
– *olive-pointed (bulb-headed) probe*
**41** vájt szonda
– *hollow probe*
**42** ívelt olló
– *curved scissors*
**43** szike (sebészi kés)
– *scalpel (surgical knife)*
**44** érlekötésnél használatos csipesz
– *ligature-holding forceps*
**45** sequesterfogó [elhalt csontdarabot kiemelő fogó]
– *sequestrum forceps*
**46** a fogó pofája
– *jaw*
**47** dréncső (szádlócső)
– *drainage tube*
**48** Ader-féle fogó
– *surgeon's tourniquet (torcular)*
**49** artériacsipesz [csipesz verőér megfogására]
– *artery forceps*
**50** kampó a sebszélek széthúzására
– *blunt hook*
**51** csontcsípő
– *bone nippers (bone-cutting forceps)*
**52** éles kanál üregek kikaparására
– *scoop (curette) for erasion (curettage)*
**53** szülészeti fogó
– *obstetrical forceps*
**54** ragtapasztartó henger
– *roll of plaster*

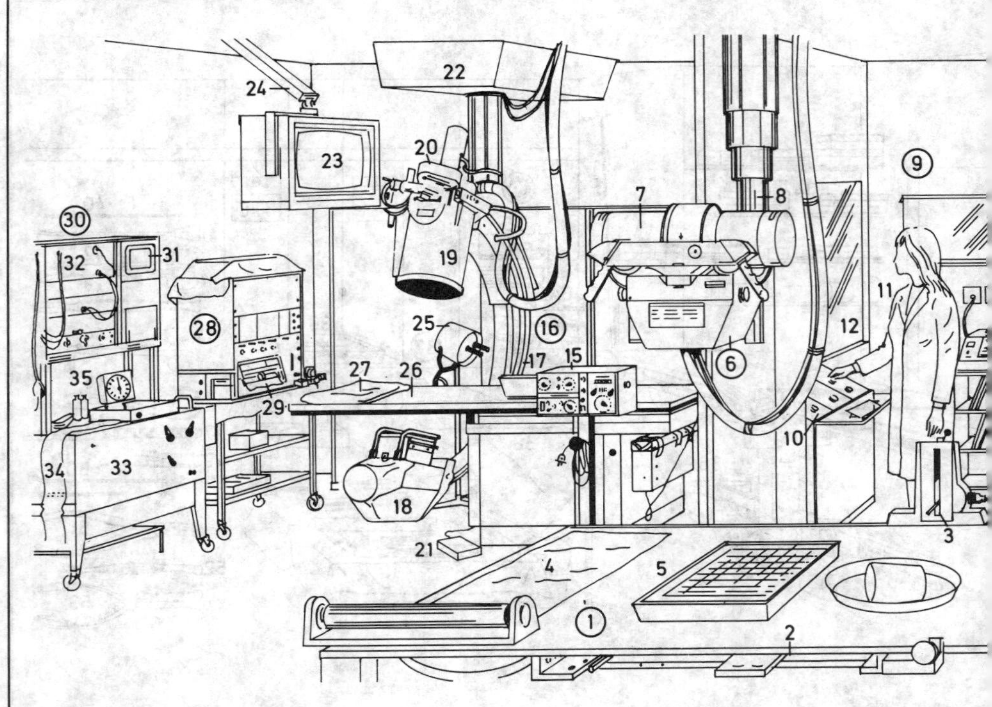


**1–35 röntgenállomás**
– ***X-ray unit***
**1** röntgen-vizsgálóasztal (röntgenfelvételi asztal)
– *X-ray examination table*
**2** röntgenkazetta-tartó
– *support for X-ray cassettes*
**3** a középsugár magasságának beállítója oldalirányú felvételek készítéséhez
– *height adjustment of the central beam for lateral views*
**4** leszorító vesemedence- és húgyhólyagfelvételekhez
– *compress for pyelography and cholecystography*
**5** műszerelőtálca
– *instrument basin*
**6** röntgenkészülék kontrasztanyagos vesemedence-vizsgálatokhoz (pielográfiás röntgenkészülék)
– *X-ray apparatus for pyelograms*
**7** röntgencső
– *X-ray tube*
**8** kihúzható (teleszkópos) röntgencsőtartó
– *telescopic X-ray support*
**9** a röntgenállomás központi része (vezérlőhelyisége)
– *central X-ray control unit*
**10** kapcsolópult
– *control panel (control desk)*
**11** röntgenasszisztensnő
– *radiographer (X-ray technician)*
**12** áttekintő ablak az angiographiás helyiségbe
– *window to the angiography room*
**13** oxymeter
– *oxymeter*
**14** vesefelvételi kazetták (pielogramkazetták)
– *pyelogram cassettes*
**15** kontrasztanyagot befecskendező készülék
– *contrast medium injector*
**16** röntgen-képerősítő
– *X-ray image intensifier*
**17** C alakú tartó
– *C-shaped frame*
**18** röntgencső tubussal
– *X-ray head with X-ray tube*
**19** képátalakító egység az átalakítócsővel
– *image converter with converter tube*
**20** filmfelvevő
– *film camera*
**21** lábkapcsoló
– *foot switch*
**22** mozgatható tartó
– *mobile mounting*
**23** monitor
– *monitor*
**24** forgatható monitortartó
– *swivel-mounted monitor support*
**25** műtőlámpa
– *operating lamp*
**26** angiográfiás felvételiasztal [érfestésnél használt vizsgálóasztal]
– *angiographic examination table*
**27** fejpárna
– *pillow*
**28** nyolccsatornás írókészülék [8 különböző adat egyidejű rögzítésére]
– *eight-channel recorder*
**29** regisztrálópapír
– *recording paper*
**30** szívkatéterezésnél használt mérőberendezés
– *catheter gauge (*Am.* gage) unit for catheterization of the heart*
**31** hatcsatornás monitor nyomás- és EKG-görbék megjelenítésére
– *six-channel monitor for pressure graphs and ECG*
**32** kihúzható nyomásátalakító egység
– *slide-in units of the pressure transducer*
**33** papírszalagos regisztrálóegység előhívóval a fotoregisztráláshoz
– *paper recorder unit with developer for photographic recording*
**34** regisztrálópapír
– *recording paper*
**35** időzítőóra [rövid időtartamok mérésére]
– *timer*

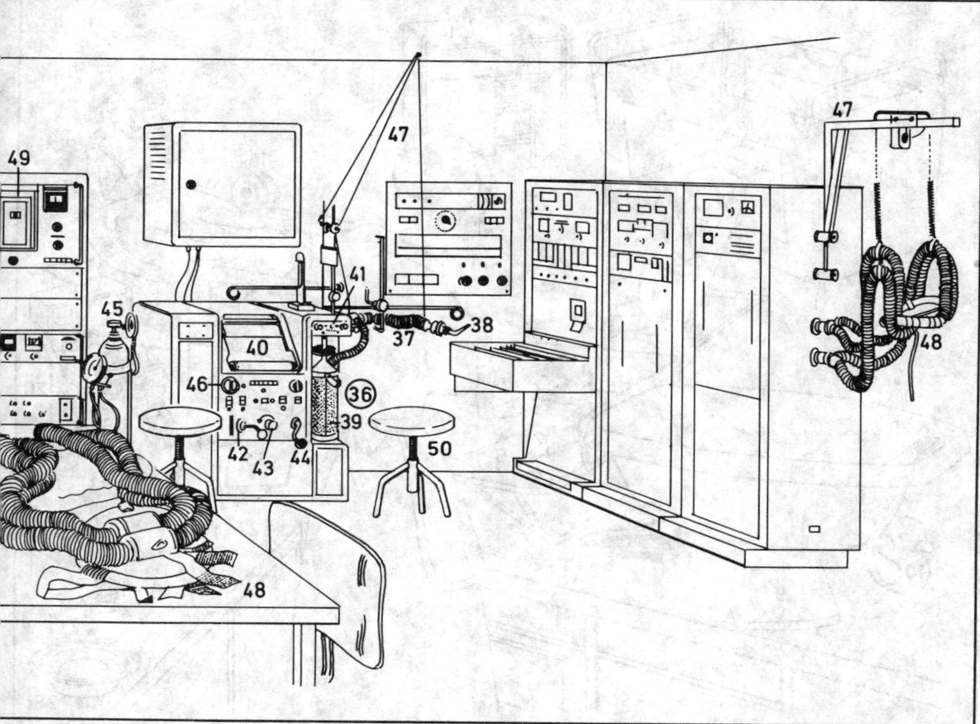


**36–50 a légzésfunkció vizsgálata** (spirometria)
– ***spirometry***
**36** spirográf a légzésfunkció vizsgálatára
– *spirograph for pulmonary function tests*
**37** légzőcső
– *breathing tube*
**38** szájba vehető csatlakozó
– *mouthpiece*
**39** nátronmész tartamú elnyelőszóda [a kilégzett szén-dioxidot köti meg]
– *soda-lime absorber*
**40** regisztrálópapír
– *recording paper*
**41** gázáramlás-szabályozó gombok
– *control knobs for gas supply*
**42** oxigénstabilizátor
– *$O_2$-stabilizer*
**43** fojtószelep
– *throttle valve*
**44** az elnyelőszóda tárolójának csatlakoztatója
– *absorber attachment*
**45** oxigénpalack
– *oxygen cylinder*
**46** vízellátás
– *water supply*
**47** a légzőcső tartója
– *tube support*
**48** maszk
– *mask*
**49** a szén-dioxid-felhasználást mérő egység
– *$CO_2$-consumption meter*
**50** szék a beteg részére
– *stool for the patient*

**1** összecsukható gyerekágy
– *collapsible cot*
**2** csecsemőülőke
– *bouncing cradle*
**3** csecsemőfürdető kád (gyerekkád, babakád)
– *baby bath*
**4** pelenkázó (pólyázó, pakolóasztal)
– *changing top*
**5** csecsemő (pólyásbaba, pólyás)
– *baby (new-born baby)*
**6** anya
– *mother*
**7** hajkefe
– *hairbrush*
**8** fésű
– *comb*
**9** törülköző
– *hand towel*
**10** játék kacsa
– *toy duck*
**11** pólyázószekrény
– *changing unit*
**12** ínyerősítő gumikarika
– *teething ring*
**13** kenőcsös doboz
– *cream jar*
**14** hintőporos doboz
– *box of baby powder*
**15** cucli (cumi, dudli)
– *dummy*
**16** labda
– *ball*
**17** hálózsák
– *sleeping bag*
**18** csecsemőápolási doboz
– *layette box*
**19** cumisüveg (cuclisüveg)
– *feeding bottle*
**20** cumi (cucli)
– *teat*
**21** melegítőtáska (melegen tartó táska, cumisüveg-melegítő)
– *bottle warmer*
**22** guminadrág (eldobható pelenkákhoz)
– *rubber baby pants for disposable nappies* (Am. *diapers*)
**23** csecsemőing
– *vest*
**24** rugdalózó
– *leggings*
**25** rékli
– *baby's jacket*
**26** főkötő
– *hood*
**27** kisbögre
– *baby's cup*
**28** csecsemőtányér <melegen tartó tányér>
– *baby's plate, a stay-warm plate*
**29** fürdőhőmérő
– *thermometer*

**30** kerekes bölcső <vesszőfonatos *v.* kosaras bölcső>
– *bassinet, a wicker pram*
**31** takarógarnitúra
– *set of bassinet covers*
**32** baldachin (bölcsősátor)
– *canopy*
**33** etetőszék <összecsukható szék>
– *baby's high chair, a folding chair*
**34** ablakos gyermekkocsi (mélykocsi ablakokkal)
– *pram (baby-carriage) [with windows]*
**35** visszahajtható védőtető
– *folding hood*
**36** ablak
– *window*
**37** sportkocsi
– *pushchair* (Am. *stroller*)
**38** lábzsák
– *foot-muff* (Am. *foot-bag*)
**39** járóka (hempergő)
– *play pen*
**40** a járóka feneke *v.* padlója
– *floor of the play pen*
**41** építőkockák
– *building blocks (building bricks)*
**42** kisgyermek
– *small child*
**43** előke (*biz.:* partedli)
– *bib*
**44** csörgő
– *rattle (baby's rattle)*
**45** házicipő (papucs, bébicipő)
– *bootees*
**46** játék mackó
– *teddy bear*
**47** bili
– *potty (baby's pot)*
**48** csecsemőhordozó táska (mózeskosár)
– *carrycot*
**49** ablak
– *window*
**50** a táska füle
– *handles*

**1–12 csecsemőruhák**
– ***baby clothes***
**1** kocsigarnitúra
– *pram suit*
**2** főkötő
– *hood*
**3** kocsikabát
– *pram jacket (matinée coat)*
**4** pompon (bojt)
– *pompon (bobble)*
**5** kötött cipő (bébicipő)
– *bootees*
**6** atlétatrikó
– *sleeveless vest*
**7** bebújós ing
– *envelope-neck vest*
**8** hátulkötős csecsemőing
– *wrapover vest*
**9** bébikabát
– *baby's jacket*
**10** guminadrág
– *rubber baby pants*
**11** rugdalózó
– *playsuit*
**12** kétrészes rövid játszóruha
– *two-piece suit*
**13–30 kisgyermekruhák**
– ***infants wear***
**13** nyári ruha <kötényruha>
– *child's sundress, a pinafore dress*
**14** fodros vállpánt
– *frilled shoulder strap*
**15** darázsvarrással díszített felsőrész
– *shirred top*
**16** nyári kalap
– *sun hat*
**17** dzsörzé kezeslábas
– *one-piece jersey suit*
**18** húzózár (*biz.*: cipzár)
– *front zip*
**19** ujjatlan játszóruha (játszónadrág, kertésznadrág)
– *catsuit (playsuit)*
**20** rátét (hímzés)
– *motif (appliqué)*
**21** játszónadrág (napozó)
– *romper*
**22** játszóruha (rövid szárú és rövid ujjú kezeslábas)
– *playsuit (romper suit)*
**23** hálóruha és rugdalózó
– *coverall (sleeper and strampler)*
**24** köntös (fürdőköpeny)
– *dressing gown (bath robe)*
**25** gyermeksort (rövidnadrág)
– *children's shorts*
**26** nadrágtartó
– *braces (*Am. *suspenders)*
**27** rövid ujjú trikóing
– *children's T-shirt*
**28** dzsörzéruha (kötött ruha)
– *jersey dress (knitted dress)*
**29** hímzés
– *embroidery*
**30** gyermek bokazokni
– *children's ankle socks*
**31–47 az iskolásgyermekek ruhái**
– ***school children's wear***
**31** esőkabát (lódenkabát)
– *raincoat (loden coat)*
**32** tiroli nadrág (bőrnadrág)
– *leather shorts (lederhosen)*
**33** szarvasagancs gomb
– *staghorn button*
**34** nadrágtartó
– *braces (*Am. *suspenders)*
**35** lehajtható rész
– *flap*
**36** leánykadirndli
– *girl's dirndl*
**37** díszítő zsinórozás
– *cross lacing*
**38** téli kezeslábas (tűzött *v.* steppelt ruha, vattaruha)
– *snow suit (quilted suit)*
**39** steppelés (tűzdelés)
– *quilt stitching (quilting)*
**40** mellesnadrág (kertésznadrág, suszternadrág)
– *dungarees (bib and brace)*
**41** mellesszoknya (kertészszoknya)
– *bib skirt (bib top pinafore)*
**42** harisnyanadrág
– *tights (pantie-hose)*
**43** frottírpulóver
– *sweater (jumper)*
**44** teddykabátka
– *pile jacket*
**45** talpallós nadrág
– *leggings*
**46** leánykaszoknya
– *girl's skirt*
**47** gyermekpulóver
– *child's jumper*
**48–68 a tizenévesek ruhái** (tinédzserruhák)
– ***teenagers' clothes***
**48** halászblúz (kívül hordott leánykablúz)
– *girl's overblouse (overtop)*
**49** leánykanadrág
– *slacks*
**50** leánykakosztüm
– *girl's skirt suit*
**51** kosztümkabát
– *jacket*
**52** kosztümszoknya
– *skirt*
**53** térdzokni
– *knee-length socks*
**54** leánykakabát
– *girl's coat*
**55** kabátöv (megkötős öv)
– *tie belt*
**56** leánykatáska (válltáska)
– *girl's bag*
**57** gyapjúsapka
– *woollen (*Am. *woolen) hat*
**58** leánykablúz
– *girl's blouse*
**59** nadrágszoknya
– *culottes*
**60** fiúnadrág
– *boy's trousers*
**61** fiúing
– *boy's shirt*
**62** anorák
– *anorak*
**63** bevágott zsebek
– *inset pockets*
**64** csuklyakötő
– *hood drawstring (drawstring)*
**65** kötött derékpánt
– *knitted welt*
**66** viharkabát
– *parka coat (parka)*
**67** behúzott öv
– *drawstring (draw cord)*
**68** rávarrott *v.* rátűzött zsebek
– *patch pockets*

1
2
3
4
5
6
7
8
9
10
11
12
13
14
15
16
17
18
19
20
21
22
23
24
25
26
27
28
29
30
31
32
33
34
35
36
37
38
39
40
41
42
43
44
45
46
47
48
49
50
51
52
53
54
55
56
57
58
59
60
61
62
63
64
65
66
67
68

**1** rövid nerckabát
– *mink jacket*
**2** kámzsagalléros pulóver
– *cowl neck jumper*
**3** kámzsagallér
– *cowl collar*
**4** galléros kötött pulóver
– *knitted overtop*
**5** kihajtós gallér
– *turndown collar*
**6** felhajtott ujj (felhajtott kézelő)
– *turn-up (turnover) sleeve*
**7** garbó (magas nyakú, vékony pulóver)
– *polo neck jumper*
**8** kötényruha
– *pinafore dress*
**9** hajtókás blúz
– *skirt (with revers collar)*
**10** ingruha <végig gombos ruha>
– *shirt-waister dress, a button-through dress*
**11** öv
– *belt*
**12** téli ruha
– *winter dress*
**13** paszpól (díszszegély)
– *piping*
**14** kézelő
– *cuff*
**15** hosszú ujj
– *long sleeve*
**16** steppelt mellény (tűzött vattamellény)
– *quilted waistcoat*
**17** steppelés (tűzdelés)
– *quilt stitching (quilting)*
**18** bőrszegély
– *leather trimming*
**19** téli hosszúnadrág
– *winter slacks*
**20** csíkos pulóver
– *striped polo jumper*
**21** mellesnadrág (kertésznadrág)
– *boiler suit (dungarees, bib and brace)*
**22** rávarrott *v.* rátűzött zseb
– *patch pocket*
**23** mellzseb
– *front pocket*
**24** mellrész
– *bib*
**25** átlapolt ruha
– *wrapover dress (wrap-around dress)*
**26** kihajtott gallérú ingblúz
– *shirt*
**27** népi motívumokkal díszített ruha
– *peasant-style dress*
**28** virágos bordűr (virágmintás szegély)
– *floral braid*
**29** tunika
– *tunic (tunic top, tunic dress)*
**30** kézelő (mandzsetta)
– *ribbed cuff*
**31** tűzött minta
– *quilted design*
**32** pliszészoknya
– *pleated skirt*
**33** kétrészes kötött ruha
– *two-piece knitted dress*
**34** csónaknyak (csónakkivágás) <nyakkivágás>
– *boat neck, a neckline*
**35** ujjavisszahajtás (ujjhajtóka)
– *turn-up*
**36** egybeszabott ujj
– *kimono sleeve*
**37** kötött minta
– *knitted design*
**38** lemberdzsek
– *lumber-jacket*
**39** fonott minta
– *cable pattern*
**40** ingblúz
– *shirt-blouse*
**41** párizsi kapcsos gombolás
– *loop fastening*
**42** hímzés
– *embroidery*
**43** állógallér
– *stand-up collar*
**44** csizmanadrág
– *cossack trousers*
**45** kétrészes összeállítás (hosszú szoknya és háromnegyedes ingblúz)
– *two-piece combination (shirt top and long skirt)*
**46** szalagcsokor (övszalagcsokor)
– *tie (bow)*
**47** szegély (hajtóka)
– *decorative facing*
**48** ujjahasíték
– *cuff slit*
**49** oldalhasíték
– *side slit*
**50** rövid talár (ujjatlan köntös)
– *tabard*
**51** oldalt hasított szoknya
– *inverted pleat skirt*
**52** lépésbőség (ereszték, betoldás, *biz.*: cvikli)
– *godet*
**53** estélyi ruha
– *evening gown*
**54** pliszírozott trombitaujj
– *pleated bell sleeve*
**55** alkalmi blúz
– *party blouse*
**56** alkalmi szoknya
– *party skirt*
**57** nadrágkosztüm
– *trouser suit (slack suit)*
**58** irhakabát (rövid irhabunda)
– *suede jacket*
**59** szőrmeszegély
– *fur trimming*
**60** szőrmebunda (bunda) (*fajtái:* perzsa, breitschwanz, nerc, coboly)
– *fur coat* (kinds: *Persian lamb, broadtail, mink, sable)*
**61** télikabát (szövetkabát)
– *winter coat (cloth coat)*
**62** szőrme díszítésű kézelő
– *fur cuff (fur-trimmed cuff)*
**63** szőrmegallér
– *fur collar (fur-trimmed collar)*
**64** lódenkabát
– *loden coat*
**65** körgallér (pelerin)
– *cape*
**66** szivargombos *v.* huszárgombos gombolás
– *toggle fastenings*
**67** lódenszoknya
– *loden skirt*
**68** poncsószerű körgallér
– *poncho-style coat*
**69** csuklya (kapucni)
– *hood*

1
2
3
4
5
6
7
8
9
10
11
12
13
14
15
16
17
18
19
20
21
22
23
24
25
26
27
28
29
30
31
32
33
34
35
36
37
38
39
40
41
42
43
44
45
46
47
48
49
50
51
52
53
54
55
56
57
58
59
60
61
62
63
64
65
66
67
68
69

**1** kosztüm
– *skirt suit*
**2** kosztümkabát
– *jacket*
**3** kosztümszoknya
– *skirt*
**4** bevágott zseb
– *inset pocket*
**5** díszítővarrás
– *decorative stitching*
**6** komplé (ruha kiskabáttal)
– *dress and jacket combination*
**7** paszpól (díszszegély)
– *piping*
**8** vállpántos ruha
– *pinafore dress*
**9** nyári ruha
– *summer dress*
**10** öv
– *belt*
**11** kétrészes ruha
– *two-piece dress*
**12** övcsat
– *belt buckle*
**13** lapszoknya (áthajtós szoknya)
– *wrapover (wrap-around)*
**14** tubusvonal
– *pencil silhouette*
**15** vállgombok
– *shoulder buttons*
**16** denevérujj
– *batwing sleeve*
**17** huzatruha
– *overdress*
**18** kimonópassze
– *kimono yoke*
**19** megkötős öv
– *tie belt*
**20** nyári kabát
– *summer coat*
**21** levehető csuklya
– *detachable hood*
**22** nyári blúz
– *summer blouse*
**23** kihajtós gallér
– *lapel*
**24** szoknya
– *skirt*
**25** középső hajtás a ruha elején
– *front pleat*
**26** dirndli (dirndliruha)
– *dirndl (dirndl dress)*
**27** buggyos ujj
– *puffed sleeve*
**28** dirndliékszer (dirndlinyakék)
– *dirndl necklace*
**29** dirndliblúz (ingváll)
– *dirndl blouse*
**30** vállfűző (mellény, pruszlik)
– *bodice*
**31** dirndlikötény
– *dirndl apron*
**32** csipkeszegély <pamutcsipke>
– *lace trimming (lace), cotton lace*
**33** fodros kötény
– *frilled apron*
**34** fodor
– *frill*
**35** háromnegyedes női blúz (kazak)
– *smock overall*
**36** otthonka (háziruha)
– *house frock (house dress)*
**37** ingkabát
– *poplin jacket*
**38** trikó
– *T-shirt*
**39** női sort (rövid női nadrág)
– *ladies' shorts*
**40** nadrágfelhajtó
– *trouser turn-up*
**41** derékpánt (övrész)
– *waistband*
**42** dzseki
– *bomber jacket*
**43** rugalmas betét
– *stretch welt*
**44** bermudanadrág (bermuda)
– *Bermuda shorts*
**45** tűzővarrás
– *saddle stitching*
**46** fodros gallér
– *frill collar*
**47** csomó
– *knot*
**48** nadrágszoknya
– *culotte*
**49** szet (kétrészes kötött együttes) [összetartozó pulóver és kardigán]
– *twin set*
**50** kardigán (kötött kabát)
– *cardigan*
**51** pulóver
– *sweater*
**52** nyári nadrág (könnyű, bő szabású nadrág)
– *summer (lightweight) slacks*
**53** overall
– *jumpsuit*
**54** kézelő
– *turn-up*
**55** húzózár (cipzár)
– *zip*
**56** rátűzött zseb
– *patch pocket*
**57** díszkendő
– *scarf (neckerchief)*
**58** farmeröltöny
– *denim suit*
**59** farmerkabát (farmerdzseki)
– *denim waistcoat*
**60** farmernadrág (farmer)
– *jeans (denims)*
**61** kívül hordott, bebújós blúz
– *overblouse*
**62** felgombolható ujj
– *turned-up sleeve*
**63** rugalmas öv
– *stretch belt*
**64** mélyen kivágott hátú, nyakpántos trikó
– *halter top*
**65** kötött felsőrész
– *knitted overtop*
**66** behúzott öv
– *drawstring waist*
**67** nyári pulóver (rövid ujjú pulóver)
– *short-sleeved jumper*
**68** V alakú nyakkivágás
– *V-neck (vee-neck)*
**69** kihajtós gallér
– *turndown collar*
**70** kötött övpánt
– *knitted welt*
**71** vállkendő (háromszögletű kendő)
– *shawl*

1
2
3
4
5
6
7
8
9
10
11
12
13
14
15
16
17
18
19
20
21
22
23
24
25
26
27
28
29
30
31
32
33
34
35
36
37
38
39
40
41
42
43
44
45
46
47
48
49
50
51
52
53
54
55
56
57
58
59
60
61
62
63
64
65
66
67
68
69
70
71

**1–15 női fehérnemű** (női alsónemű, női alsóruhák)
– ***ladies' underwear*** *(ladies' underclothes, lingerie)*
**1** melltartó
– *brassière (bra)*
**2** csípőszorító
– *pantie-girdle*
**3** fűzős kombidressz
– *pantie-corselette*
**4** gyomorszorítós melltartó
– *longline brassière (longline bra)*
**5** harisnyatartós csípőszorító
– *stretch girdle*
**6** harisnyatartó
– *suspender*
**7** alsóing (ing, női ing)
– *vest*
**8** bugyi (női alsónadrág)
– *pantie briefs*
**9** női térdharisnya
– *ladies' knee-high stocking*
**10** combszorítós bugyi
– *long-legged (long leg) panties*
**11** hosszú női alsónadrág
– *long pants*
**12** harisnyanadrág
– *tights (pantie-hose)*
**13** kombiné
– *slip*
**14** alsószoknya
– *waist slip*
**15** szlip (bikininadrág, csípőbugyi)
– *bikini briefs*
**16–21 női hálóruhák**
– ***ladies' nightwear***
**16** hálóing
– *nightdress (nightgown, nightie)*
**17** kétrészes hálóruha (pizsama)
– *pyjamas* (Am. *pajamas)*
**18** felsőrész (pizsamafelső)
– *pyjama top*
**19** nadrág (pizsamanadrág)
– *pyjama trousers*
**20** köntös (pongyola)
– *housecoat*
**21** háló- és szabadidőruha (nadrág és ujjatlan trikóing)
– *vest and shorts set [for leisure wear and as nightwear]*
**22–29 férfifehérnemű** (férfialsóruhák)
– ***men's underwear*** *(men's underclothes)*
**22** necctrikó
– *string vest*
**23** necc alsónadrág
– *string briefs*
**24** sliccfedő
– *front panel*
**25** atlétatrikó
– *sleeveless vest*
**26** férfialsónadrág (szár nélküli alsónadrág)
– *briefs*
**27** száras férfi alsó
– *trunks*
**28** rövid ujjú trikó
– *short-sleeved vest*
**29** hosszú alsónadrág
– *long johns*
**30** nadrágtartó
– *braces* (Am. *suspenders)*
**31** nadrágtartócsat
– *braces clip*
**32–34 férfizoknik**
– ***men's socks***
**32** térdzokni
– *knee-length sock*
**33** zoknipatent (gumizás)
– *elasticated top*
**34** hosszú zokni
– *long sock*
**35–37 férfi-hálóöltözékek**
– ***men's nightwear***
**35** köntös (házikabát)
– *dressing gown*
**36** pizsama
– *pyjamas* (Am. *pajamas)*
**37** hálóköntös (férfihálóing)
– *nightshirt*
**38–47 férfiingek**
– ***men's shirts***
**38** sportos ing
– *casual shirt*
**39** öv
– *belt*
**40** sál
– *cravat*
**41** nyakkendő
– *tie*
**42** csomó (a nyakkendő csomója)
– *knot*
**43** szmokinging
– *dress shirt*
**44** pliszírozott ingmell
– *frill (frill front)*
**45** kézelő
– *cuff*
**46** kézelőgomb
– *cuff link*
**47** csokornyakkendő
– *bow-tie*

1
2
3
4
5
6
7
8
9
10
11
12
13
14
15
16
17
18
19
20
21
22
23
24
25
26
27
28
29
30
31
32
33
34
35
36
37
38
39
40
41
42
43
44
45
46
47

**1–67 férfidivat**
– ***men's fashion***
**1** egysoros öltöny <férfiöltöny>
– *single-breasted suit, a men's suit*
**2** zakó (kiskabát, kabát)
– *jacket (coat)*
**3** nadrág (öltönynadrág)
– *suit trousers*
**4** mellény
– *waistcoat (vest)*
**5** hajtóka (kihajtó, fazon)
– *lapel*
**6** vasalt élű nadrágszár
– *trouser leg with crease*
**7** szmoking <estélyi öltöny>
– *dinner dress, an evening suit*
**8** selyemmel borított hajtóka
– *silk lapel*
**9** szivarzseb
– *breast pocket*
**10** díszzsebkendő
– *dress handkerchief*
**11** csokornyakkendő
– *bow-tie*
**12** oldalzseb
– *side pocket*
**13** frakk <társasági ruha>
– *tailcoat (tails), evening dress*
**14** a frakk szárnya
– *coat-tail*
**15** fehér mellény (fehér frakkmellény)
– *white waistcoat (vest)*
**16** fehér csokornyakkendő
– *white bow-tie*
**17** sportos ruha
– *casual suit*
**18** zsebfedő (zsebfedél, zsebfül, zsebhajtóka)
– *pocket flap*
**19** frontpasszé
– *front yoke*
**20** farmeröltöny
– *denim suit*
**21** farmerkabát
– *denim jacket*
**22** farmernadrág
– *jeans (denims)*
**23** öv (nadrágszíj)
– *waistband*
**24** strandruha (strandöltözet)
– *beach suit*
**25** sort (rövidnadrág)
– *shorts*
**26** rövid ujjú kabát
– *short-sleeved jacket*
**27** tréningruha (szabadidőruha)
– *tracksuit*
**28** cipzáras tréningfelső
– *tracksuit top with zip*
**29** tréningnadrág
– *tracksuit bottoms*
**30** kardigán (kötött kabát)
– *cardigan*
**31** kötött gallér
– *knitted collar*
**32** nyári pulóver (rövid ujjú pulóver)
– *men's short-sleeved pullover (men's short-sleeved sweater)*
**33** rövid ujjú ing
– *short-sleeved shirt*
**34** inggomb
– *shirt button*
**35** ujjavisszahajtó
– *turn-up*
**36** pólóing (póló) [kihajtott gallérú, kötszövött ing]
– *knitted shirt*
**37** sporting
– *casual shirt*
**38** rátűzött ingzseb
– *patch pocket*
**39** sportkabát (kirándulódzseki)
– *casual jacket*
**40** térdnadrág
– *knee-breeches*
**41** térdpánt
– *knee strap*
**42** térdharisnya
– *knee-length sock*
**43** bőrdzseki
– *leather jacket*
**44** mellesnadrág
– *bib and brace overalls*
**45** állítható vállpánt
– *adjustable braces (*Am. *suspenders)*
**46** mellzseb
– *front pocket*
**47** nadrágzseb
– *trouser pocket*
**48** slicc
– *fly*
**49** szerszámzseb
– *rule pocket*
**50** kockás ing
– *check shirt*
**51** férfipulóver
– *men's pullover*
**52** sípulóver (vastag pulóver)
– *heavy pullover*
**53** kötött mellény
– *knitted waistcoat (vest)*
**54** blézer
– *blazer*
**55** kabátgomb
– *jacket button*
**56** munkaköpeny
– *overall*
**57** trencskó (hosszú viharkabát) <vízhatlan felöltő>
– *trenchcoat*
**58** kabátgallér
– *coat collar*
**59** kabátöv
– *coat belt*
**60** ballonkabát (átmeneti kabát)
– *poplin coat*
**61** kabátzseb
– *coat pocket*
**62** rejtett gombolás
– *fly front*
**63** autóskabát
– *car coat*
**64** kabátgomb
– *coat button*
**65** sál
– *scarf*
**66** szövetkabát
– *cloth coat*
**67** kesztyű
– *glove*

1
2
3
4
5
6
7
8
9
10
11
12
13
14
15
16
17
18
19
20
21
22
23
24
25
26
27
28
29
30
31
32
33
34
35
36
37
38
39
40
41
42
43
44
45
46
47
48
49
50
51
52
53
54
55
56
57
58
59
60
61
62
63
64
65
66
67

**1–25 férfi szakáll- és hajviseletek**
– ***men's beards and hairstyles*** *(haircuts)*
**1** hosszú, szabadon viselt haj
– *long hair worn loose*
**2** allonge-paróka (hosszú, göndörített fürtű paróka) <paróka, vendéghaj>; *rövidebb és simább:* rövid paróka, kisparóka (toupet)
– *allonge periwig (full-bottomed wig), a wig;* shorter and smoother: *bob wig, toupet*
**3** fürtök
– *curls*
**4** rokokó paróka Mozart-copffal
– *bag wig (purse wig)*
**5** copfos paróka
– *pigtail wig*
**6** copf (hajfonat)
– *queue (pigtail)*
**7** szalag
– *bow (ribbon)*
**8** nagy, felkunkorodó bajusz
– *handlebars (handlebar moustache,* Am. *mustache)*
**9** középválaszték
– *centre (*Am. *center) parting*
**10** kecskeszakáll
– *goatee (goatee beard), chintuft*
**11** kefehaj (sündisznó frizura, sörtehaj)
– *closely-cropped head of hair (crew cut)*
**12** pofaszakáll (oldalszakáll)
– *whiskers*
**13** IV. Henrik-szakáll <kecskeszakáll hegyes, pödrött bajusszal>
– *Vandyke beard (stiletto beard, bodkin beard), with waxed moustache (*Am. *mustache)*
**14** oldalválaszték
– *side parting*
**15** kerek szakáll
– *full beard (circular beard, round beard)*
**16** vágott szakáll
– *tile beard*
**17** spanyolbajusz és légy (legyecske)
– *shadow*
**18** fürtös haj (göndör haj)
– *head of curly hair*
**19** angol bajusz (kefebajusz)
– *military moustache (*Am. *mustache) (English-style moustache)*
**20** tonzúrás fej
– *partly bald head*
**21** tonzúra
– *bald patch*
**22** kopasz fej
– *bald head*
**23** borostás áll (háromnapos szakáll)
– *stubble beard (stubble, short beard bristles)*
**24** oldalszakáll (barkó)
– *side-whiskers (sideboards, sideburns)*
**25** borotvált arc
– *clean shave*
**26** afrofrizura (férfi és női hajviselet)
– *Afro look (for men and women)*

**27–38 női hajviseletek** (női és leánykafrizurák)
– ***ladies' hairstyles*** *(coiffures, women's and girls' hairstyles)*
**27** lófarok
– *ponytail*
**28** chignon (hátrafésült haj és feltűzött, laza konty)
– *swept-back hair (swept-up hair, pinned-up hair)*
**29** konty
– *bun (chignon)*
**30** kétcopfos hajviselet (hosszú copfok)
– *plaits (bunches)*
**31** gretchenfrizura (koszorúba font haj)
– *chaplet hairstyle (Gretchen style)*
**32** hajkoszorú (koszorúba tekert hajfonatok)
– *chaplet (coiled plaits)*
**33** hullámos frizura (fürtös v. loknis haj)
– *curled hair*
**34** bubifrizura
– *shingle (shingled hair, bobbed hair)*
**35** apródfrizura
– *pageboy style*
**36** frufru
– *fringe (*Am. *bangs)*
**37** diabolófrizura (csigafrizura)
– *earphones*
**38** diaboló
– *earphone (coiled plait)*

1
2
3
4
5
6
7
8
9
10
11
12
13
14
15
16
17
18
19
20
21
22
23
24
25
26
27
28
29
30
31
32
33
34
35
36
37
38

**1–21 női kalapok és sapkák**
– ***ladies' hats and caps***
**1** kalaposnő kalapkészítés közben
– *milliner making a hat*
**2** kalaptomp
– *hood*
**3** kalapmodellező forma
– *block*
**4** díszítő kellékek
– *decorative pieces*
**5** sombrero
– *sombrero*
**6** tollal díszített moherkalap
– *mohair hat with feathers*
**7** kitűzővel díszített divatkalap
– *model hat with fancy appliqué*
**8** vászonsapka (zsokésapka)
– *linen cap (jockey cap)*
**9** vastag gyapjúfonalból kötött sapka
– *hat made of thick candlewick yarn*
**10** kötött sapka (gyapjúsapka)
– *woollen (*Am.* woolen) hat (knitted hat)*
**11** mohersapka
– *mohair hat*
**12** harangkalap tollal díszítve
– *cloche with feathers*
**13** férfi típusú, nagy karimájú szizálkalap ripszszalaggal
– *large men's hat made of sisal with corded ribbon*
**14** férfi típusú kalap díszítőszalaggal
– *trilby-style hat with fancy ribbon*
**15** puha nemezkalap
– *soft felt hat*
**16** panamakalap sálkendővel
– *Panama hat with scarf*
**17** golfsapka fazonú nercsapka (ellenzős nercsapka)
– *peaked mink cap*
**18** nerckalap
– *mink hat*
**19** rókaprém sapka bőr felsőrésszel (tatárka)
– *fox hat with leather top*
**20** nercsapka
– *mink cap*
**21** florentinkalap
– *slouch hat trimmed with flowers*

**22-40 férfikalapok és -sapkák**
– ***men's hats and caps***
**22** városi puhakalap (angol kalap, filckalap)
– *trilby hat (trilby)*
**23** lódenkalap (alpesi kalap)
– *loden hat (Alpine hat)*
**24** zsinóros kalap durva filcből (tiroli kalap)
– *felt hat with tassels (Tyrolean hat, Tyrolese hat)*
**25** kordbársony sapka (golfsapka)
– *corduroy cap*
**26** gyapjúsapka
– *woollen* (Am. *woolen) hat*
**27** baszk sapka (svájci sapka)
– *beret*
**28** német tengerészsapka
– *German sailor's cap ('Prinz Heinrich' cap)*
**29** ellenzős sapka (vitorlássapka)
– *peaked cap (yachting cap)*
**30** viharkalap
– *sou'wester (southwester)*
**31** füles rókaprém sapka (usánka)
– *fox cap with earflaps*
**32** bőrsapka szőrmedíszítéssel
– *leather cap with fur flaps*
**33** orosz pézsmasapka (Zsivago-sapka)
– *musquash cap*
**34** valódi v. műasztrakán kucsma
– *astrakhan cap, a real or imitation astrakhan cap*
**35** szalmakalap (zsirardikalap)
– *boater*
**36** szürke *v.* fekete cilinder (cilinderkalap, kürtőkalap) selyemtafotából; *összecsukható:* klakk
– *(grey,* Am. *gray, or black) top hat made of silk taffeta;* collapsible: *crush hat (opera hat, claque)*
**37** könnyű, nyári kalap zsebbel díszítve
– *sun hat (lightweight hat) made of cloth with small patch pocket*
**38** széles karimájú kalap (karbonári kalap, kalábriai kalap, művészkalap)
– *wide-brimmed hat*
**39** bojtos sapka (sísapka)
– *toboggan cap (skiing cap, ski cap)*
**40** munkássapka (ellenzős sapka)
– *workman's cap (for farmers, foresters, craftsmen)*

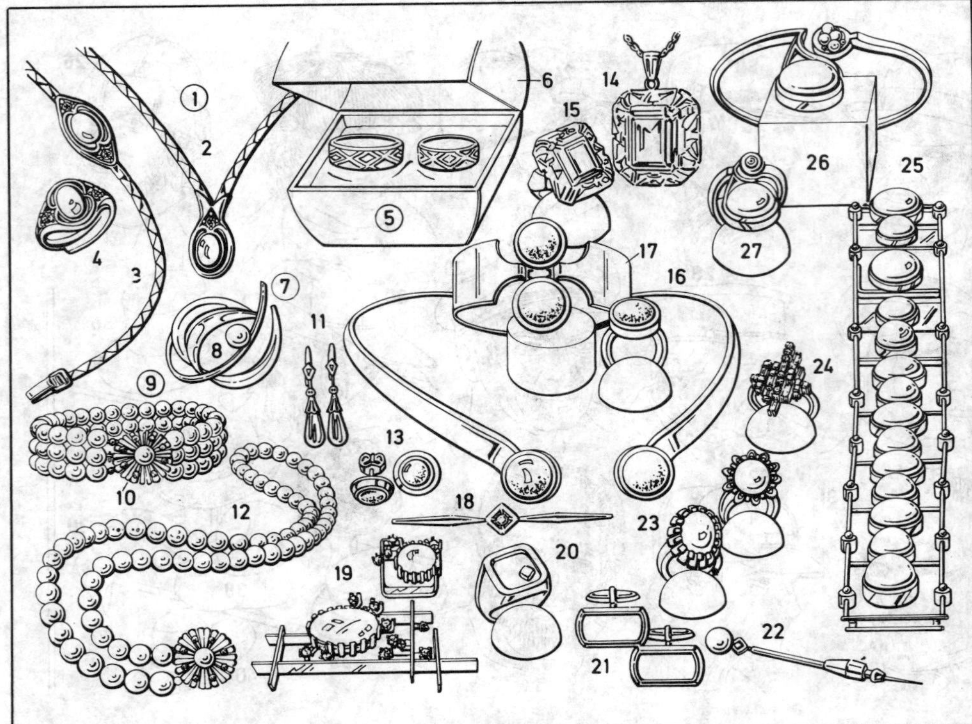


**1** ékszergarnitúra
– *set of jewellery* (Am. *jewelry*)
**2** nyakék (nyaklánc)
– *necklace*
**3** karkötő
– *bracelet*
**4** gyűrű
– *ring*
**5** jegygyűrűk
– *wedding rings*
**6** jegygyűrűtartó doboz
– *wedding ring box*
**7** melltű (bross, brosstű) <gyönggyel díszített melltű>
– *brooch, a pearl brooch*
**8** gyöngy
– *pearl*
**9** tenyésztett gyöngy karkötő
– *cultured pearl bracelet*
**10** kapocs <fehérarany kapocs>
– *clasp, a white gold clasp*
**11** fülbevaló (függő, fülönfüggő)
– *pendant earrings (drop earrings)*
**12** tenyésztett gyöngy nyakék (gyöngysor)
– *cultured pearl necklace*
**13** fülbevaló
– *earrings*
**14** drágaköves függő
– *gemstone pendant*
**15** drágaköves gyűrű (ékköves gyűrű)
– *gemstone ring*
**16** nyakpánt (nyakék)
– *choker (collar, neckband)*
**17** karperec (karkötő)
– *bangle*
**18** briliánstű (rudacska alakú, gyémántos melltű)
– *diamond pin*
**19** modern melltűk (kitűzők)
– *modern-style brooches*
**20** férfigyűrű
– *man's ring*
**21** kézelőgomb (mandzsettagomb)
– *cuff links*
**22** nyakkendőtű
– *tiepin*
**23** gyöngyökkel díszített briliánsgyűrű
– *diamond ring with pearl*
**24** modern briliánsgyűrű
– *modern-style diamond ring*
**25** drágaköves karkötő
– *gemstone bracelet*
**26** aszimmetrikus karperec
– *asymmetrical bangle*
**27** aszimmetrikus gyűrű
– *asymmetrical ring*
**28** elefántcsont füzér (elefántcsont nyaklánc)
– *ivory necklace*
**29** elefántcsont rózsa
– *ivory rose*
**30** elefántcsont kitűző
– *ivory brooch*
**31** ékszertartó doboz (ékszerdoboz)
– *jewel box (jewel case)*
**32** gyöngysor
– *pearl necklace*
**33** ékszeróra
– *bracelet watch*
**34** korallfüzér (korall nyaklánc)
– *coral necklace*
**35** függelék (fityegő, mütyürke, zsuzsu)
– *charms*
**36** karlánc érmével
– *coin bracelet*
**37** aranyérme
– *gold coin*
**38** foglalat
– *coin setting*
**39** láncszem
– *link*
**40** pecsétgyűrű
– *signet ring*
**41** véset (monogram)
– *engraving (monogram)*
**42–86** a drágakövek csiszolási módjai és formái
– *cuts and forms*
**42–71** fazettált drágakövek
– *faceted stones*
**42–43** normális fazettálású kerek csiszolás
– *standard round cut*
**44** briliánscsiszolás
– *brilliant cut*
**45** rózsacsiszolás (rozettás csiszolás)
– *rose cut*
**46** lapos tábla
– *flat table*

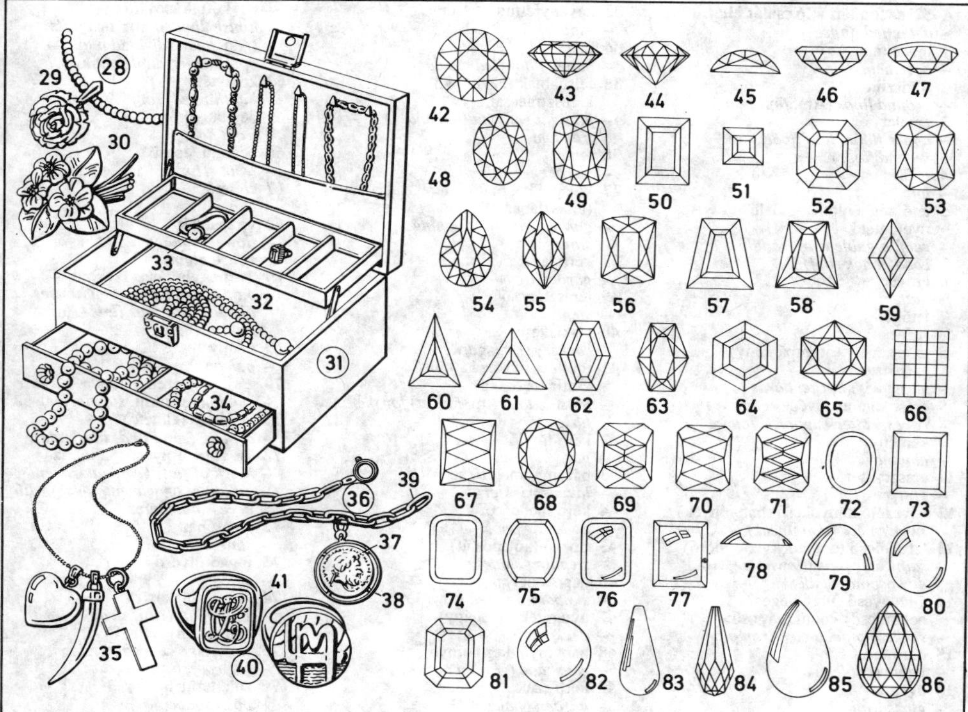


**47** domború tábla (cabochon)
– *table en cabochon*
**48** normális fazettálású normális csiszolás
– *standard cut*
**49** normális fazettálású antik csiszolás
– *standard antique cut*
**50** szögletes *v.* tégla alakú lépcsőzetes csiszolás
– *rectangular step-cut*
**51** négyzetes alakú lépcsőzetes csiszolás
– *square step-cut*
**52** nyolcszögű lépcsőzetes csiszolás
– *octagonal step-cut*
**53** nyolcszögű ollós csiszolás
– *octagonal cross-cut*
**54** normális fazettálású körte alak
– *standard pear-shape (pendeloque)*
**55** navett (markíz)
– *marquise (navette)*
**56** normális fazettálású hordó alak
– *standard barrel-shape*
**57** trapéz alakú lépcsőzetes csiszolás
– *trapezium step-cut*
**58** trapéz alakú ollós csiszolás
– *trapezium cross-cut*
**59** rombusz (rombusz alakú lépcsőzetes csiszolás)
– *rhombus step-cut*
**60–61** háromszög (háromszög alakú lépcsőzetes csiszolás)
– *triangular step-cut*
**62** lépcsőzetes csiszolású hatszög
– *hexagonal step-cut*
**63** ollós csiszolású hosszúkás hatszög
– *oval hexagonal cross-cut*
**64** lépcsőzetes csiszolású kerek hatszög
– *round hexagonal step-cut*
**65** ollós csiszolású kerek hatszög
– *round hexagonal cross-cut*
**66** sakktáblacsiszolás
– *chequer-board cut*
**67** háromszögcsiszolás
– *triangle cut*
**68–71** fantáziacsiszolások
– *fancy cuts*
**72–77** pecsétgyűrűbe való formák
– *ring gemstones*
**72** ovális, lapos tábla
– *oval flat table*
**73** négyszögletes *v.* tégla alakú, lapos tábla
– *rectangular flat table*
**74** nyolcszögletes (kerekített sarkú négyszögletes), lapos tábla
– *octagonal flat table*
**75** hordó alak
– *barrel-shape*
**76** antik, domború tábla
– *antique table en cabochon*
**77** négyszögletes *v.* tégla alakú, domború tábla
– *rectangular table en cabochon*
**78–81** domború csiszolások (cabochon csiszolási módok)
– *cabochons*
**78** kerek cabochon (egyszerű cabochon)
– *round cabochon (simple cabochon)*
**79** magas cabochon
– *high dome (high cabochon)*
**80** ovális cabochon
– *oval cabochon*
**81** nyolcszögletes cabochon
– *octagonal cabochon*
**82–86** golyó és pampel alakok
– *spheres and pear-shapes*
**82** egyszerű *v.* sima golyó
– *plain sphere*
**83** egyszerű *v.* sima pampel
– *plain pear-shape*
**84** fazettált pampel
– *faceted pear-shape*
**85** egyszerű *v.* sima csepp
– *plain drop*
**86** fazettált briolett
– *faceted briolette*

**1–52 szabadon álló családi ház**
– ***detached house***
**1** pince (alagsor)
– *basement*
**2** földszint
– *ground floor* (Am. *first floor*)
**3** emelet
– *upper floor (first floor,* Am. *second floor)*
**4** padlás
– *loft*
**5** tető <egyenlőtlen oldalú nyeregtető>
– *roof, a gable roof (saddle roof, saddleback roof)*
**6** eresz
– *gutter*
**7** tetőgerinc
– *ridge*
**8** tetőszegély (orompárkány) széldeszkával
– *verge with bargeboards*
**9** eresz <gerendavéges eresz>
– *eaves, rafter-supported eaves*
**10** kémény
– *chimney*
**11** ereszcsatorna
– *gutter*
**12** bevezető könyökcső (hattyúnyak)
– *swan's neck (swan-neck)*
**13** lefolyócső (csapadékvíz-ejtőcső)
– *rainwater pipe (downpipe,* Am. *downspout, leader)*
**14** állványcső (függőleges bekötőcső) <öntöttvas cső>
– *vertical pipe, a cast-iron pipe*
**15** oromfal
– *gable (gable end)*
**16** üvegfal
– *glass wall*
**17** lábazat
– *base course (plinth)*
**18** lodzsa
– *balcony*
**19** mellvéd (korlát)
– *parapet*
**20** virágtartó
– *flower box*
**21** kétszárnyú erkélyajtó
– *French window (French windows) opening on to the balcony*
**22** kétszárnyú ablak
– *double casement window*
**23** egyszárnyú ablak
– *single casement window*
**24** ablakparapet (ablakmellvédfal) könyöklővel (ablakpárkánnyal)
– *window breast with window sill*
**25** ablakáthidaló (ablakszemöldök)
– *lintel (window head)*
**26** ablakbélés (ablakkáva)
– *reveal*
**27** pinceablak
– *cellar window (basement window)*
**28** redőny
– *rolling shutter*
**29** redőnykitámasztó
– *rolling shutter frame*
**30** ablaktábla (zsalugáter, spaletta)
– *window shutter (folding shutter)*
**31** kitámasztó
– *shutter catch*
**32** garázs szerszámkamrával
– *garage with tool shed*
**33** növényfelfuttató lécrács
– *espalier*
**34** faajtó
– *batten door (ledged door)*
**35** felsőablak (bevilágító) keresztráccsal
– *fanlight with mullion and transom*
**36** terasz
– *terrace*
**37** kőlapokkal burkolt teraszfal (teraszlábazat)
– *garden wall with coping stones*
**38** kerti lámpa
– *garden light*
**39** teraszlépcső
– *steps*
**40** sziklakert
– *rockery (rock garden)*
**41** tömlőcsatlakozás (külső csatlakozócsap)
– *outside tap* (Am. *faucet*) *for the hose*
**42** kerti tömlő
– *garden hose*
**43** pázsitpermetező szórófej
– *lawn sprinkler*
**44** kerti medence
– *paddling pool*
**45** tipegő (kőlapos út)
– *stepping stones*
**46** napozóhely
– *sunbathing area (lawn)*
**47** nyugszék (nyugágy)
– *deck-chair*
**48** napernyő (kerti ernyő)
– *sunshade (garden parasol)*
**49** kerti szék
– *garden chair*
**50** kerti asztal
– *garden table*
**51** szőnyegporoló
– *frame for beating carpets*
**52** kocsibehajtó
– *garage driveway*
**53** kerítés <fakerítés>
– *fence, a wooden fence*
**54–57 település** (kertváros)
– ***housing estate*** *(housing development)*
**54** kertes ház
– *house on a housing estate (on a housing development)*
**55** félnyeregtető
– *pent roof (penthouse roof)*
**56** tetőablak
– *dormer (dormer window)*
**57** ház körüli kert
– *garden*
**58–63 sorház** (lépcsőzetesen eltolt sorház)
– ***terraced house*** *[one of a row of terraced houses],* ***stepped***
**58** előkert
– *front garden*
**59** sövénykerítés
– *hedge*
**60** járda
– *pavement* (Am. *sidewalk, walkway*)
**61** utca
– *street (road)*
**62** utcai lámpa
– *street lamp (street light)*
**63** hulladékgyűjtő (szemétkosár)
– *litter bin* (Am. *litter basket*)
**64–68 kétlakásos ház**
– ***house divided into two flats*** (Am. *house divided into two apartments, duplex house*)
**64** kontytető
– *hip (hipped) roof*
**65** bejárati ajtó
– *front door*
**66** bejárati lépcső
– *front steps*
**67** előtető
– *canopy*
**68** virágablak
– *flower window (window for house plants)*
**69–71 négylakásos ikerház**
– ***pair of semi-detached houses divided into four flats*** (Am. *apartments*)
**69** erkély
– *balcony*
**70** zárt, üvegezett veranda
– *sun lounge* (Am. *sun parlor*)
**71** védőtető (előtető)
– *awning (sun blind, sunshade)*
**72–76 függőfolyosós lakóház**
– ***block of flats*** (Am. *apartment building, apartment house*) *with access balconies*
**72** lépcsőház
– *staircase*
**73** függőfolyosó
– *balcony*
**74** műteremlakás
– *studio flat* (Am. *studio apartment*)
**75** tetőterasz <napozóterasz>
– *sun roof, a sun terrace*
**76** zöld terület
– *open space*
**77–81 fogatolt többlakásos lakóház**
– ***multi-storey block of flats*** (Am. *multistory apartment building, multistory apartment house*)
**77** lapostető
– *flat roof*
**78** félnyeregtető
– *pent roof (shed roof, lean-to roof)*
**79** garázs
– *garage*
**80** pergola
– *pergola*
**81** lépcsőházi ablaksor
– *staircase window*
**82** magasház (toronyház)
– *high-rise block of flats* (Am. *high-rise apartment building, high-rise apartment house)*
**83** tetőfelépítmény (tetőteraszlakás)
– *penthouse*
**84–86 hétvégi ház** (víkendház) <faház>
– ***weekend house,*** *a timber house*
**84** vízszintes deszkaborítás
– *horizontal boarding*
**85** terméskő lábazat
– *natural stone base course (natural stone plinth)*
**86** ablaksor
– *strip windows (ribbon windows)*

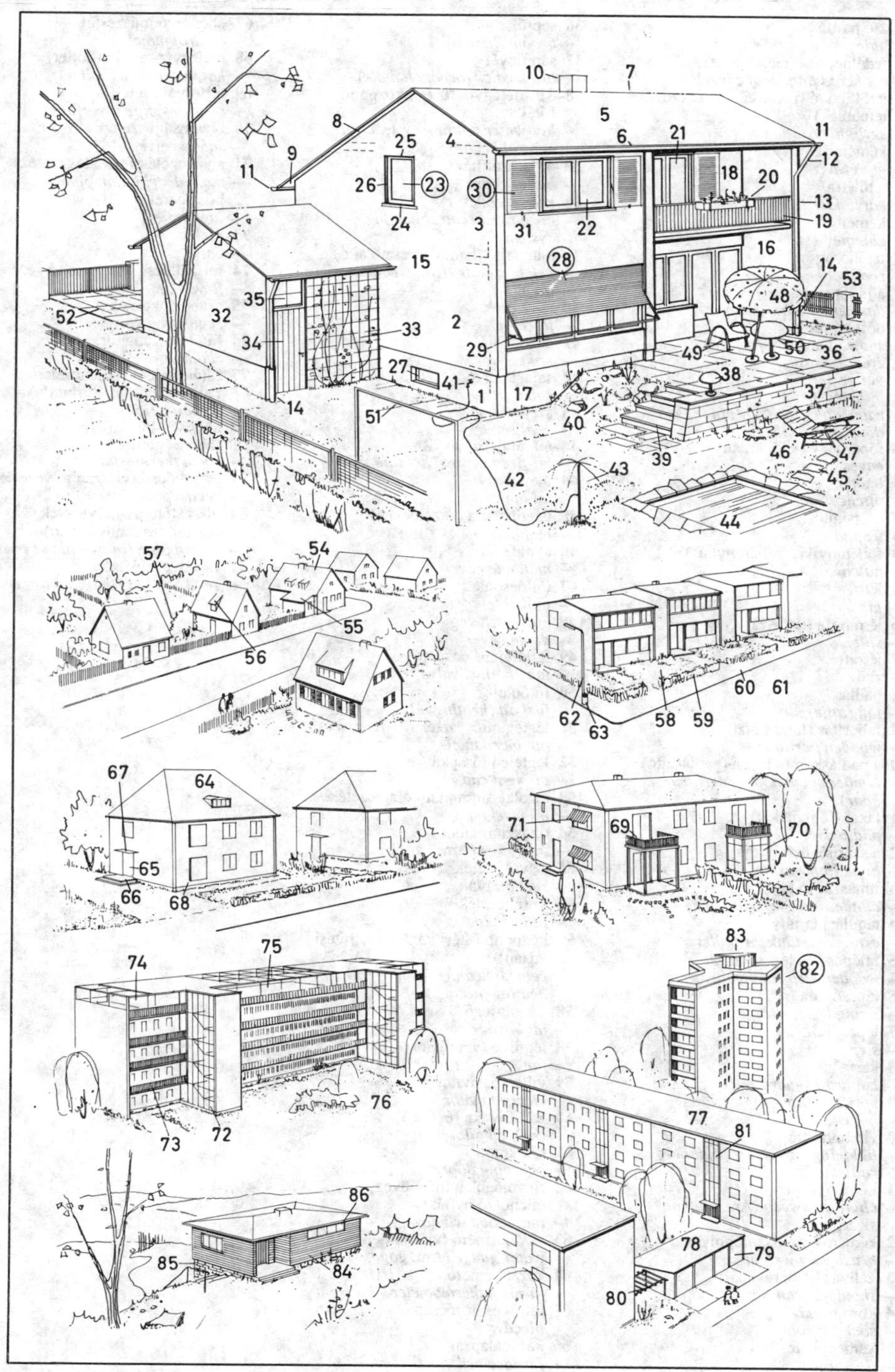
1
2
3
4
5
6
7
8
9
10
11
12
13
14
15
16
17
18
19
20
21
22
23
24
25
26
27
28
29
30
31
32
33
34
35
36
37
38
39
40
41
42
43
44
45
46
47
48
49
50
51
52
53
54
55
56
57
58
59
60
61
62
63
64
65
66
67
68
69
70
71
72
73
74
75
76
77
78
79
80
81
82
83
84
85
86

**1–29 padlás**
– ***attic***
1 fedélhéjazat (tetőhéjazat)
– *roof cladding (roof covering)*
2 tetőkibúvó (padlásablak, fekvő tetőablak)
– *skylight*
3 kéményseprőjárda
– *gangway*
4 tetőlétra
– *cat ladder (roof ladder)*
5 kémény
– *chimney*
6 tetőhorog
– *roof hook*
7 álló tetőablak
– *dormer window (dormer)*
8 hófogó rács
– *snow guard (roof guard)*
9 ereszcsatorna
– *gutter*
10 lefolyócső
– *rainwater pipe (downpipe,* Am. *downspout, leader)*
11 főpárkány (tetőpárkány)
– *eaves*
12 tetőtér
– *pitched roof*
13 csapóajtó
– *trapdoor*
14 födémnyílás (feljárónyílás)
– *hatch*
15 létra
– *ladder*
16 létrapofa (létraszár)
– *stile*
17 létrafok
– *rung*
18 padlás
– *loft (attic)*
19 faborítás (faburkolat)
– *wooden partition*
20 a padláskamra ajtaja (padlásajtó)
– *lumber room door (boxroom door)*
21 lakat (függőlakat)
– *padlock*
22 a szárítókötél horga
– *hook [for washing line]*
23 ruhaszárító kötél
– *clothes line (washing line)*
24 tágulási tartály
– *expansion tank for boiler*
25 falépcső és lépcsőkorlát
– *wooden steps and balustrade*
26 lépcsőpofa (pofafa)
– *string* (Am. *stringer)*
27 lépcsőfok
– *step*
28 karfa
– *handrail (guard rail)*
29 korlátoszlop
– *baluster*
30 villámhárító
– *lightning conductor (lightning rod)*
31 **kéményseprő**
– ***chimney sweep*** (Am. *chimney sweeper)*
32 kéménykefe tisztítógolyóval
– *brush with weight*
33 vállvas (kaparókanál)
– *shoulder iron*
34 koromzsák
– *sack for soot*
35 kéménykefe
– *flue brush*
36 seprű
– *broom (besom)*
37 seprűnyél
– *broomstick (broom handle)*
**38–81 melegvíz-fűtés** <központi fűtés>
– ***hot-water heating system,*** *full central heating*
**38–43 kazánház**
– ***boiler room***
38 koksztüzelés
– *coke-fired central heating system*
39 hamuajtó (hamuleeresztő ajtó)
– *ash box door* (Am. *cleanout door)*
40 rókatorok
– *flueblock*
41 piszkavas
– *poker*
42 salakkaparó
– *rake*
43 szeneslapát
– *coal shovel*
**44–60 olajtüzelés**
– ***oil-fired central heating system***
44 olajtartály
– *oil tank*
45 tisztítóakna (kezelőakna)
– *manhole*
46 aknafedél
– *manhole cover*
47 töltőcsonk
– *tank inlet*
48 gőzdómsüveg
– *dome cover*
49 tartályfenékszelep
– *tank bottom valve*
50 fűtőolaj
– *fuel oil (heating oil)*
51 légtelenítővezeték
– *air-bleed duct*
52 légtelenítősapka
– *air vent cap*
53 az olajszintmutató olajvezetéke
– *oil level pipe*
54 olajszintmutató
– *oil gauge* (Am. *gage)*
55 szívóvezeték
– *suction pipe*
56 ürítővezeték
– *return pipe*
57 központi fűtési kazán (olajfűtési kazán)
– *central heating furnace (oil heating furnace)*
**58–60 olajégő**
– ***oil burner***
58 légfúvó (ventilátor)
– *fan*
59 villamos motor
– *electric motor*
60 zárt fúvóka (égőfej)
– *covered pilot light*
61 töltőajtó
– *charging door*
62 figyelőablak (nézőüveg, ellenőrző nyílás)
– *inspection window*
63 vízállásmérő (vízszintjelző)
– *water gauge* (Am. *gage)*
64 kazánhőmérő
– *furnace thermometer*
65 töltő- és ürítőcsap
– *bleeder*
66 kazánalapzat
– *furnace bed*
67 ellenőrző műszerfal
– *control panel*
68 melegvíz-tartály (bojler)
– *hot water tank (boiler)*
69 túlfolyóvezeték
– *overflow pipe (overflow)*
70 biztonsági szelep
– *safety valve*
71 alapvezeték (elosztóvezeték)
– *main distribution pipe*
72 hőszigetelés
– *lagging*
73 szelep
– *valve*
74 felszállócső (előremenő vezeték)
– *flow pipe*
75 szabályozószelep
– *regulating valve*
76 fűtőtest (radiátor)
– *radiator*
77 fűtőtestelem (radiátorelem, radiátortag, radiátorborda)
– *radiator rib*
78 helyiség-hőszabályozó (helyiségtermosztát)
– *room thermostat*
79 leszállócső (visszatérő vezeték)
– *return pipe (return)*
80 visszatérő gyűjtővezeték (kétcsöves rendszerben)
– *return pipe [in two-pipe system]*
81 füstelvezető cső
– *smoke outlet (smoke extract)*

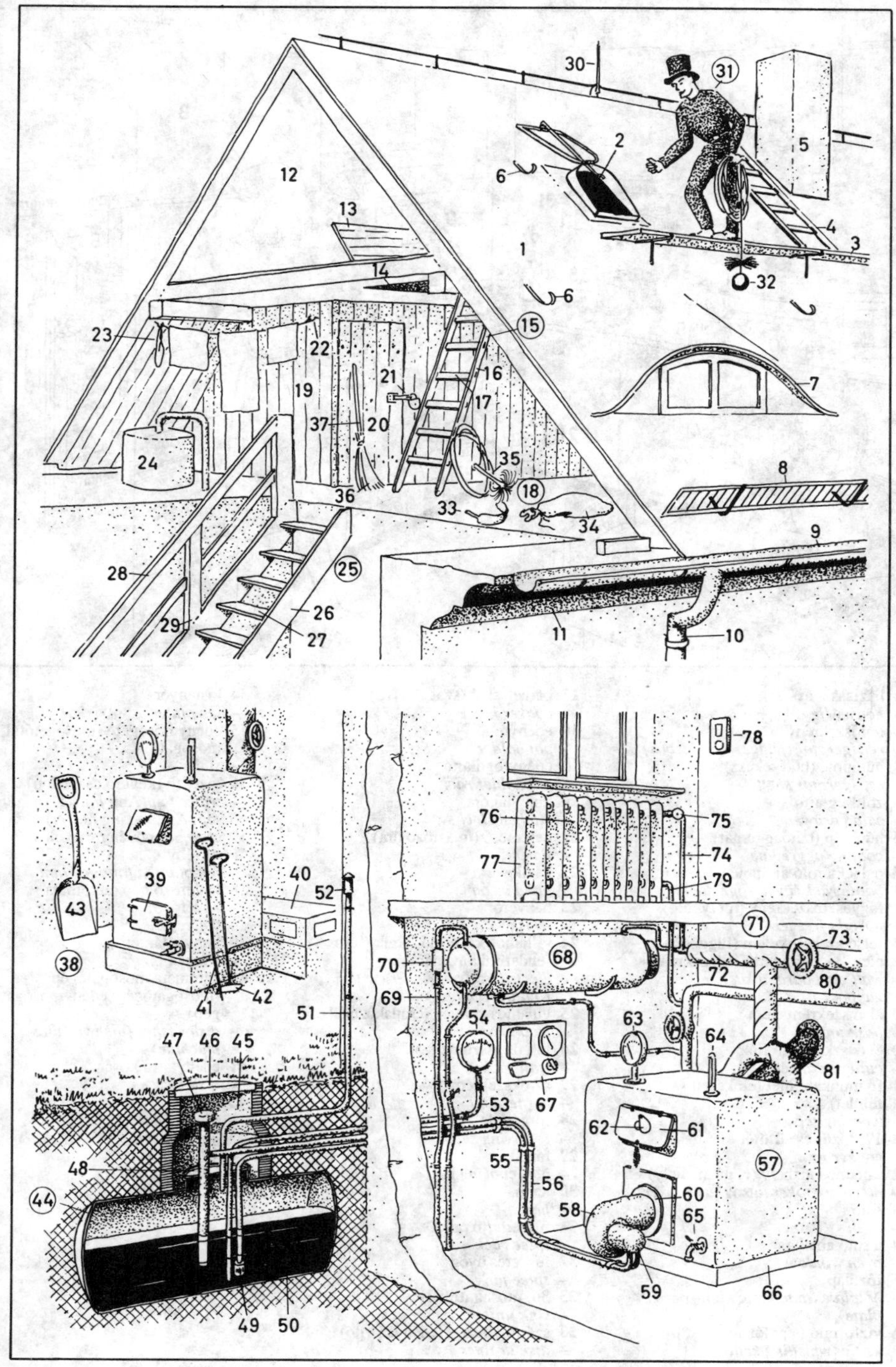
1
2
3
4
5
6
7
8
9
10
11
12
13
14
15
16
17
18
19
20
21
22
23
24
25
26
27
28
29
30
31
32
33
34
35
36
37
38
39
40
41
42
43
44
45
46
47
48
49
50
51
52
53
54
55
56
57
58
59
60
61
62
63
64
65
66
67
68
69
70
71
72
73
74
75
76
77
78
79
80
81

**1** háziasszony
– *housewife*
**2** hűtőszekrény
– *refrigerator (fridge,* Am. *icebox)*
**3** hűtőpolc (hűtőrekesz)
– *refrigerator shelf*
**4** zöldségtartó
– *salad drawer*
**5** hűtőgép (hűtőaggregát)
– *cooling aggregate*
**6** palacktároló ajtópolc
– *bottle rack (in storage door)*
**7** fagyasztószekrény (mélyhűtő)
– *upright freezer*
**8** felső szekrényelem (függesztett elem), <edénytartó faliszekrény>
– *wall cupboard, a kitchen cupboard*
**9** alsó szekrényelem
– *base unit*
**10** evőeszköztartó fiók
– *cutlery drawer*
**11** fő munkafelület (előkészítő felület)
– *working top*
**12–17 főző- és sütőtér**
– ***cooker unit***
**12** villamos tűzhely (*v.* gáztűzhely)
– *electric cooker (*also: *gas cooker)*
**13** sütő
– *oven*
**14** a sütő ablaka
– *oven window*
**15** főzőlap
– *hotplate (automatic high-speed plate)*
**16** vízforraló (sípolókanna)
– *kettle (whistling kettle)*
**17** páraelszívó (szagelszívó)
– *cooker hood*
**18** edényfogó
– *pot holder*
**19** edényfogótartó
– *pot holder rack*
**20** konyhai óra
– *kitchen clock*
**21** percmérő (tojásfőző óra)
– *timer*
**22** kézikeverő
– *hand mixer*
**23** habverő
– *whisk*
**24** villamos kávéőrlő <kalapácsos rendszerű kávédaráló>
– *electric coffee grinder (with rotating blades)*
**25** villamos vezeték (csatlakozókábel)
– *lead*
**26** fali dugaszolóaljzat
– *wall socket*
**27** sarokszekrény
– *corner unit*
**28** forgópolc
– *revolving shelf*
**29** fazék
– *pot (cooking pot)*
**30** kanna
– *jug*
**31** fűszertartó polc
– *spice rack*
**32** fűszeres üveg
– *spice jar*
**33–36 mosogatóhely**
– ***sink unit***
**33** szárítóállvány (edényszárító)
– *dish drainer*
**34** kistányér
– *tea plate*
**35** edénymosogató (mosogatótál, mosogató)
– *sink*
**36** vízcsap (keverő csaptelep)
– *water tap (*Am. *faucet) (mixer tap,* Am. *mixing faucet)*
**37** cserepes növény <leveles növény>
– *pot plant, a foliage plant*
**38** kávéfőző gép (automata kávéfőző)
– *coffee maker*
**39** konyhalámpa
– *kitchen lamp*
**40** automata mosogatógép (mosogatógép, edénymosogató gép)
– *dishwasher (dishwashing machine)*
**41** edénytartó kosár
– *dish rack*
**42** tányér
– *dinner plate*
**43** konyhaszék
– *kitchen chair*
**44** konyhaasztal
– *kitchen table*

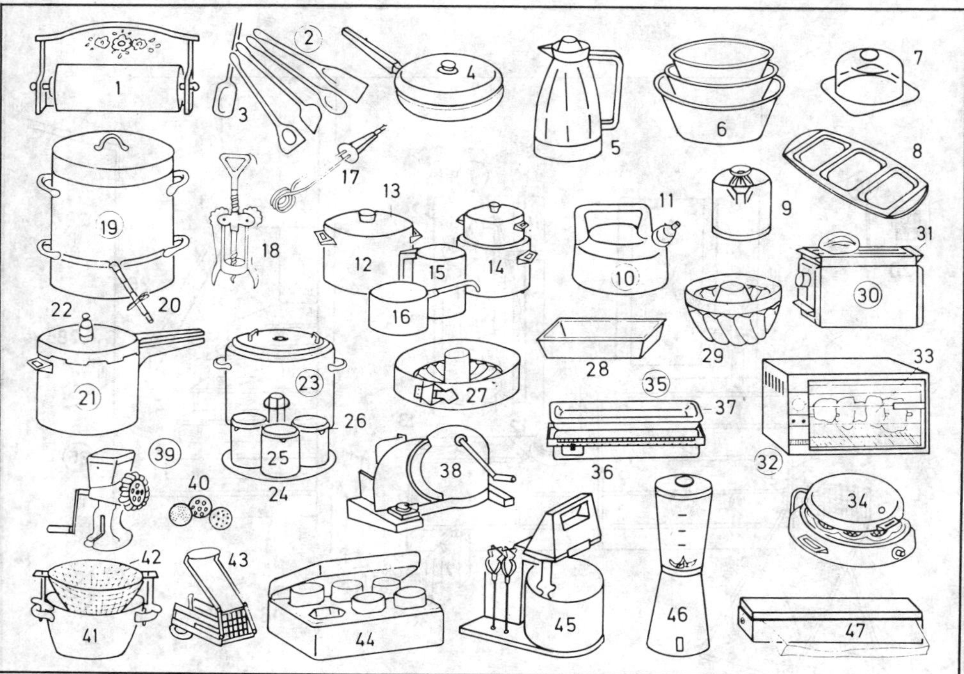

**1** háztartási tekercstároló feltekercselt konyhai törlővel (papírtörlővel)
– *general-purpose roll holder with kitchen roll (paper towels)*
**2** főzőkanálkészlet (fakanalak)
– *set of wooden spoons*
**3** keverőkanál (habarókanál)
– *mixing spoon*
**4** serpenyő
– *frying pan*
**5** hőtartó kancsó
– *Thermos jug*
**6** konyhai keverőtálak
– *set of bowls*
**7** sajtbura
– *cheese dish with glass cover*
**8** háromrészes tál
– *three-compartment dish*
**9** citromnyomó (léfacsaró)
– *lemon squeezer*
**10** sípolókanna
– *whistling kettle*
**11** síp
– *whistle*
**12–16 konyhaedények**
***– pan set***
**12** fazék
– *pot (cooking pot)*
**13** fedő
– *lid*
**14** lábas
– *casserole dish*
**15** tejforraló fazék
– *milk pot*
**16** nyeles lábas
– *saucepan*
**17** merülőforraló
– *immersion heater*
**18** emelős dugóhúzó
– *corkscrew [with levers]*
**19** gyümölcsprés (gyümölcscentrifuga)
– *juice extractor*
**20** csőszorító
– *tube clamp (tube clip)*
**21** gyorsfőző fazék (kuktafazék)
– *pressure cooker*
**22** túlnyomásszelep
– *pressure valve*
**23** befőzőfazék (dunsztolófazék)
– *fruit preserver*
**24** fenékgyűrű (fenékbetét)
– *removable rack*
**25** dunsztolandó üvegek
– *preserving jar*
**26** fedélzáró gyűrű (gumigyűrű)
– *rubber ring*
**27** nyitható tortaforma
– *spring form*
**28** tepsi
– *cake tin*
**29** kuglófsütő
– *cake tin*
**30** kenyérpirító
– *toaster*
**31** zsemlemelegítő rács
– *rack for rolls*
**32** grillező (grillsütő)
– *rotisserie*
**33** nyárs
– *spit*
**34** ostyasütő
– *electric waffle iron*
**35** tolósúlyos mérleg
– *sliding-weight scales*
**36** tolósúly
– *sliding weight*
**37** mérlegtányér
– *scale pan*
**38** szeletelőgép
– *food slicer*
**39** húsdaráló
– *mincer (*Am. *meat chopper)*
**40** vágótárcsák
– *blades*
**41** burgonyasütő
– *chip pan*
**42** drótkosár
– *basket*
**43** burgonyaszeletelő
– *potato chipper*
**44** joghurtkészítő
– *yoghurt maker*
**45** háztartási robotgép
– *mixer*
**46** mixer (turmixgép)
– *blender*
**47** fóliahegesztő
– *bag sealer*

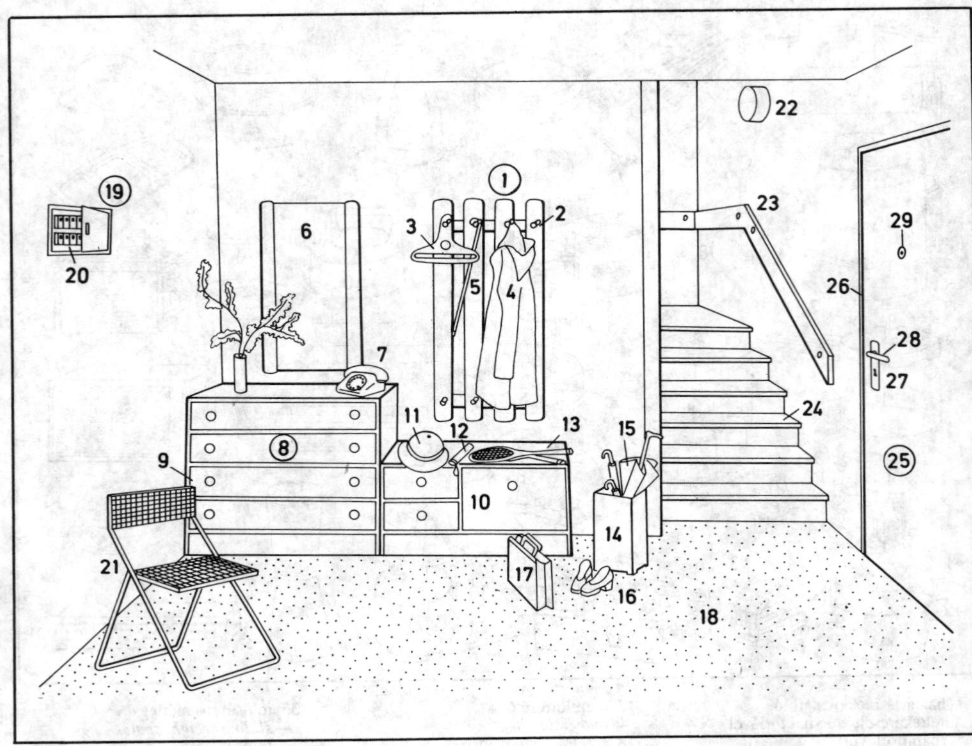


**1–29 előszoba (előtér)**
– ***hall*** *(entrance hall)*
**1** előszobafal (fogasfal)
– *coat rack*
**2** ruhafogas
– *coat hook*
**3** vállfa (ruhaakasztó)
– *coat hanger*
**4** esőköpeny
– *rain cap*
**5** sétabot (sétapálca)
– *walking stick*
**6** előszobatükör
– *hall mirror*
**7** telefon
– *telephone*
**8** cipősszekrény (szekrény cipők és egyéb holmik tárolására)
– *chest of drawers for shoes, etc.*
**9** fiók
– *drawer*
**10** ülőke (ülőpad)
– *seat*
**11** női kalap
– *ladies' hat*
**12** táskaesernyő (összecsukható esernyő)
– *telescopic umbrella*
**13** teniszütő
– *tennis rackets (tennis racquets)*
**14** esernyőtartó
– *umbrella stand*
**15** esernyő
– *umbrella*
**16** cipő
– *shoes*
**17** aktatáska (irattáska)
– *briefcase*
**18** szőnyegpadló
– *fitted carpet*
**19** villamos biztosítószekrény
– *fuse box*
**20** kismegszakító
– *miniature circuit breaker*
**21** acélcső-vázas szék
– *tubular steel chair*
**22** lépcsővilágító (lépcsőlámpa)
– *stair light*
**23** korlát (karfa)
– *handrail*
**24** lépcsőfok
– *step*
**25** bejárati ajtó (előszobaajtó)
– *front door*
**26** ajtókeret (ajtótok)
– *door frame*
**27** ajtózár
– *door lock*
**28** kilincs
– *door handle*
**29** figyelőnyílás (kémlelőnyílás)
– *spyhole*

**1** szekrénysor (elemes szekrénysor)
– *wall units*
**2** oldalfal (válaszfal)
– *side wall*
**3** könyvespolc
– *bookshelf*
**4** könyvsor
– *row of books*
**5** beépített vitrin (üveges szekrényelem)
– *display cabinet unit*
**6** alsó szekrény
– *cupboard base unit*
**7** szekrényelem
– *cupboard unit*
**8** televízió
– *television set (TV set)*
**9** sztereokészülék (hifiberendezés)
– *stereo system (stereo equipment)*
**10** hangszóró
– *speaker (loudspeaker)*
**11** pipaállvány (pipatartó, pipatórium)
– *pipe rack*
**12** pipa
– *pipe*
**13** földgömb
– *globe*
**14** sárgaréz kanna
– *brass kettle*
**15** távcső
– *telescope*
**16** díszóra
– *mantle clock*
**17** mellszobor
– *bust*
**18** többkötetes lexikon
– *encyclopaedia [in several volumes]*
**19** térelválasztó elem (térosztó polcrendszer)
– *room divider*
**20** italszekrény (bárszekrény)
– *drinks cupboard*
**21–26 kárpitozott garnitúra**
– ***upholstered suite*** *(seating group)*
**21** fotel
– *armchair*
**22** kartámasz
– *arm*
**23** ülőpárna
– *seat cushion (cushion)*
**24** pamlag (kanapé, szófa)
– *settee*
**25** háttámasztó párna (háttámla)
– *back cushion*
**26** sarokülőke
– *[round] corner section*
**27** díszpárna (pamlagpárna)
– *scatter cushion*
**28** dohányzóasztal
– *coffee table*
**29** hamutartó
– *ashtray*
**30** tálca
– *tray*
**31** whiskysüveg
– *whisky (whiskey) bottle*
**32** szódavizes palack
– *soda water bottle (soda bottle)*
**33–34 étkezősarok**
– ***dining set***
**33** étkezőasztal
– *dining table*
**34** szék
– *chair*
**35** függöny
– *net curtain*
**36** szobanövények
– *indoor plants (houseplants)*

**1** ruhásszekrény
– *wardrobe (*Am. *clothes closet)*
**2** fehérneműs polc
– *linen shelf*
**3** fonott karosszék
– *cane chair*
**4–13 kettős ágy (franciaágy)**
– ***double bed*** (sim.: *double divan*)
**4–6 ágyváz**
– ***bedstead***
**4** lábrész (lábvég, lábtámasz)
– *foot of the bed*
**5** ágykeret
– *bed frame*
**6** fejrész (fejvég, fejtámasz)
– *headboard*
**7** ágyterítő (díszes ágytakaró)
– *bedspread*
**8** takaró <tűzött paplan>
– *duvet, a quilted duvet*
**9** lepedő <vászonlepedő>
– *sheet, a linen sheet*
**10** matrac (habszivacs ágybetét huzattal)
– *mattress, a foam mattress with drill tick*
**11** ékpárna
– *[wedge-shaped] bolster*
**12–13** fejpárna
– *pillow*
**12** párnahuzat
– *pillowcase (pillowslip)*
**13** angin *[a párnatok anyaga]*
– *tick*
**14** könyvtartó
– *bookshelf [attached to the headboard]*
**15** olvasólámpa
– *reading lamp*
**16** villamos ébresztőóra
– *electric alarm clock*
**17** ágykonzol
– *bedside cabinet*
**18** fiók
– *drawer*
**19** hálószobalámpa (falikar)
– *bedroom lamp*
**20** kép (festmény)
– *picture*
**21** képkeret
– *picture frame*
**22** ágyelő
– *bedside rug*
**23** szőnyegpadló
– *fitted carpet*
**24** fésülködőszék (toalettszék)
– *dressing stool*
**25** öltözőasztal (fésülködőasztal, toalettasztal)
– *dressing table*
**26** parfümszóró
– *perfume spray*
**27** parfümösüveg (illatszeres üveg)
– *perfume bottle*
**28** púderdoboz
– *powder box*
**29** fésülködőtükör (az öltözőasztal tükre)
– *dressing-table mirror (mirror)*

**1–11 étkezőgarnitúra**
– ***dining set***
**1** étkezőasztal
– *dining table*
**2** asztalláb
– *table leg*
**3** asztallap
– *table top*
**4** étkezőszet *(egyszemélyes terítő vagy tálalátét és a hozzá tartozó szalvéta)*
– *place mat*
**5** teríték
– *place (place setting, cover)*
**6** mélytányér (levesestányér)
– *soup plate (deep plate)*
**7** lapostányér
– *dinner plate*
**8** levesestál
– *soup tureen*
**9** borospohár
– *wineglass*
**10** étkezői szék
– *dining chair*
**11** széklap (ülőfelület)
– *seat*
**12** függőlámpa
– *lamp (pendant lamp)*
**13** takarófüggöny (sötétítőfüggöny)
– *curtains*
**14** függöny
– *net curtain*
**15** függönytartó (karnis)
– *curtain rail*
**16** szőnyeg
– *carpet*
**17** faliszekrény
– *wall unit*
**18** üvegajtó
– *glass door*
**19** polc
– *shelf*
**20** tálaló (tálalószekrény)
– *sideboard*
**21** evőeszköztartó fiók
– *cutlery drawer*
**22** asztalneműtartó fiók
– *linen drawer*
**23** lábazat
– *base*
**24** kerek tálca
– *round tray*
**25** cserepes növény
– *pot plant*
**26** edénytartó szekrény (vitrin)
– *china cabinet (display cabinet)*
**27** kávéskészlet
– *coffee set (coffee service)*
**28** kávéskanna
– *coffee pot*
**29** kávéscsésze
– *coffee cup*
**30** csészealj
– *saucer*
**31** tejeskanna
– *milk jug*
**32** cukortartó
– *sugar bowl*
**33** étkészlet
– *dinner set (dinner service)*

**1** ebédlőasztal (étkezőasztal)
– *dining table*
**2** abrosz <damasztabrosz>
– *tablecloth, a damask cloth*
**3–12 teríték**
– ***place*** *(place setting, cover)*
**3** alsó tányér
– *bottom plate*
**4** lapostányér
– *dinner plate*
**5** mélytányér (levesestányér)
– *deep plate (soup plate)*
**6** kistányér (desszertestányér)
– *dessert plate (dessert bowl)*
**7** evőeszköz [villa és kés]
– *knife and fork*
**8** halkészlet [halkés és -villa]
– *fish knife and fork*
**9** szalvéta (asztalkendő)
– *serviette (napkin, table napkin)*
**10** szalvétagyűrű
– *serviette ring (napkin ring)*
**11** késtámasz
– *knife rest*
**12** borospoharak
– *wineglasses*
**13** asztali névkártya (helykártya)
– *place card*
**14** merőkanál (levesmerő kanál)
– *soup ladle*
**15** levesestál
– *soup tureen (tureen)*
**16** asztali gyertyatartó
– *candelabra*
**17** mártásoscsésze (szószoscsésze)
– *sauceboat (gravy boat)*
**18** mártásmerő kanál (szószoskanál)
– *sauce ladle (gravy ladle)*
**19** asztaldísz
– *table decoration*
**20** kenyereskosár
– *bread basket*
**21** zsemle (péksütemény)
– *roll*
**22** kenyérszelet
– *slice of bread*
**23** salátástál
– *salad bowl*
**24** salátaszedő [salátáskanál és -villa]
– *salad servers*
**25** főzelékestál
– *vegetable dish*
**26** húsostál (sültestál)
– *meat plate* (Am. *meat platter)*
**27** sülthús (sült)
– *roast meat (roast)*
**28** kompótostál (befőttestál)
– *fruit dish*
**29** kompótostányér (befőttestányér)
– *fruit bowl*
**30** kompót (befőtt)
– *fruit (stewed fruit)*
**31** burgonyástál
– *potato dish*
**32** kerekes tálalóasztal (zsúrkocsi)
– *serving trolley*
**33** zöldségestál
– *vegetable plate* (Am. *vegetable platter)*
**34** pirított kenyér
– *toast*
**35** sajtostál
– *cheeseboard*
**36** vajtartó
– *butter dish*
**37** nyitott szendvics (szendvics) [kenyérszelet feltéttel]
– *open sandwich*
**38** feltét
– *filling*
**39** zárt szendvics [feltét két kenyérszelet között]
– *sandwich*
**40** gyümölcsöstál (gyümölcsöskosár)
– *fruit bowl*
**41** mandula (*v.* burgonyaszirom, földimogyoró)
– *almonds* (also: *potato crisps, peanuts*)
**42** ecetes- és olajosüveg
– *oil and vinegar bottle*
**43** kecsap (ketchup)
– *ketchup (catchup, catsup)*
**44** tálaló
– *sideboard*
**45** villamos tányérmelegítő
– *electric hotplate*
**46** dugóhúzó
– *corkscrew*
**47** koronazárnyitó (sörnyitó) <üvegnyitó>
– *crown cork bottle-opener (crown cork opener), a bottle-opener*

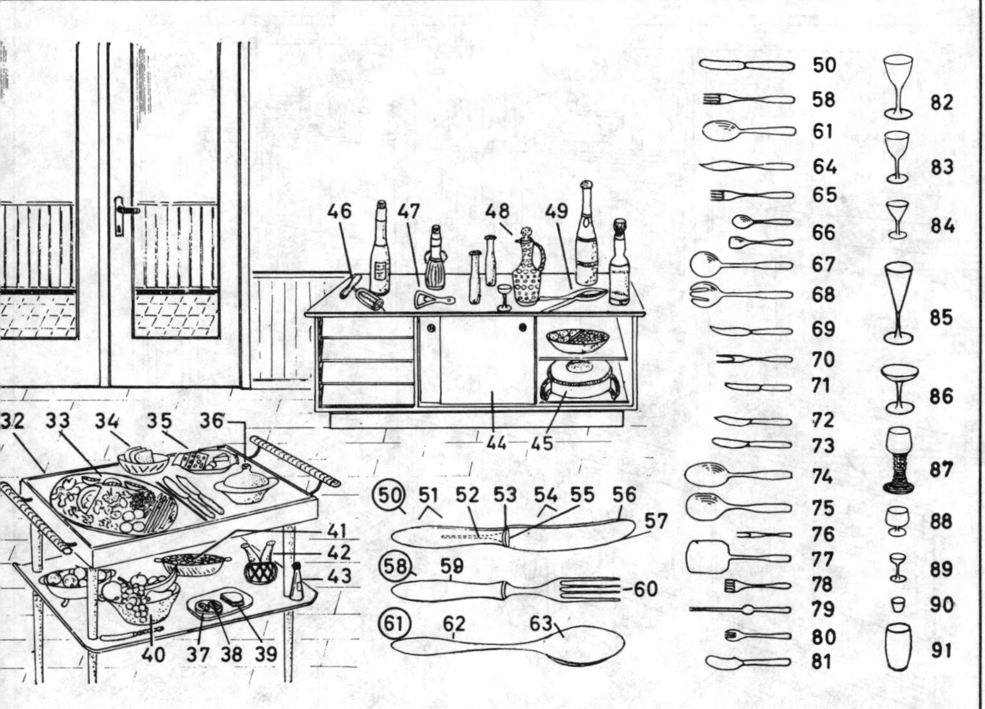


**48** likőrösüveg (csiszolt dugós likőröspalack)
– *liqueur decanter*
**49** diótörő
– *nutcrackers (nutcracker)*
**50** kés
– *knife*
**51** nyél (markolat)
– *handle*
**52** pengecsap (pengeszár)
– *tang (tongue)*
**53** gyűrű
– *ferrule*
**54** penge
– *blade*
**55** korona (késkorona)
– *bolster*
**56** a kés foka
– *back*
**57** él (pengeél, késél)
– *edge (cutting edge)*
**58** villa
– *fork*
**59** nyél (markolat)
– *handle*
**60** fog (fogazás)
– *prong (tang, tine)*
**61** kanál (leveseskanál)
– *spoon (dessert spoon, soup spoon)*
**62** nyél (markolat)
– *handle*
**63** kanálfej
– *bowl*
**64** halkés
– *fish knife*
**65** halvilla
– *fish fork*
**66** desszertkanál (kompótoskanál)
– *dessert spoon (fruit spoon)*
**67** salátáskanál (salátaszedő kanál)
– *salad spoon*
**68** salátásvilla (salátaszedő villa)
– *salad fork*
**69–70** szeletelőkészlet (tálalókészlet)
– *carving set (serving cutlery)*
**69** szeletelőkés
– *carving knife*
**70** tálalóvilla
– *serving fork*
**71** gyümölcshámozó kés
– *fruit knife*
**72** sajtvágó kés (sajtkés)
– *cheese knife*
**73** vajkés
– *butter knife*
**74** zöldségszedő kanál <tálalókanál>
– *vegetable spoon, a serving spoon*
**75** burgonyaszedő kanál
– *potato server (serving spoon for potatoes)*
**76** szendvicsvilla
– *cocktail fork*
**77** spárgaszedő
– *asparagus server (asparagus slice)*
**78** szardíniaszedő
– *sardine server*
**79** rákvilla
– *lobster fork*
**80** osztrigavilla
– *oyster fork*
**81** kaviárkés
– *caviare knife*
**82** fehérboros kehely
– *white wine glass*
**83** vörösboros kehely
– *red wine glass*
**84** csemegeboros kehely
– *sherry glass (madeira glass)*
**85–86** pezsgőspoharak
– *champagne glasses*
**85** hosszú pezsgőspohár
– *tapered glass*
**86** pezsgőskehely <kristálypohár>
– *champagne glass, a crystal glass*
**87** rőmer-kehely (nagy borospohár)
– *rummer*
**88** konyakospohár
– *brandy glass*
**89** likőröspohár
– *liqueur glass*
**90** pálinkáspohár (snapszospohár)
– *spirit glass*
**91** söröspohár
– *beer glass*

**1** beépített szekrénysor
– *wall units (shelf units)*
**2** a szekrény eleje (szekrényajtó)
– *wardrobe door (*Am. *clothes closet door)*
**3** a szekrény oldala (válaszfal)
– *body*
**4** oldalfal (záróoldal)
– *side wall*
**5** homlokléc (szegély)
– *trim*
**6** kétajtós szekrényelem
– *two-door cupboard unit*
**7** könyvespolc
– *bookshelf unit (bookcase unit) [with glass door]*
**8** könyvek
– *books*
**9** üvegajtós szekrényelem (vitrin)
– *display cabinet*
**10** kartotéktároló (kartotékdoboz)
– *card index boxes*
**11** fiók
– *drawer*
**12** cukorkásdoboz (bonbonos *v.* desszertesdoboz)
– *decorative biscuit tin*
**13** textilállatka (textil állatfigura)
– *soft toy animal*
**14** televíziókészülék (televízió, tévé)
– *television set (TV set)*
**15** hanglemezek
– *records (discs)*
**16** ágyneműtartós kerevet
– *bed unit*
**17** díványpárna
– *scatter cushion*
**18** kerevetfiók
– *bed unit drawer*
**19** kerevetpolc
– *bed unit shelf*
**20** újságok
– *magazines*
**21** íróasztalelem
– *desk unit (writing unit)*
**22** íróasztal
– *desk*
**23** írólap (írómappa)
– *desk mat (blotter)*
**24** asztali lámpa
– *table lamp*
**25** papírkosár
– *wastepaper basket*
**26** íróasztalfiók
– *desk drawer*
**27** íróasztali szék
– *desk chair*
**28** karfa (székkarfa)
– *arm*
**29** főzőfülke (konyhafülke)
– *kitchen unit*
**30** felső szekrény (faliszekrény)
– *wall cupboard*
**31** páraelszívó (szagelszívó)
– *cooker hood*
**32** villamos tűzhely
– *electric cooker*
**33** hűtőszekrény
– *refrigerator (fridge,* Am. *icebox)*
**34** étkezőasztal
– *dining table*
**35** asztalfutó [díszes, hosszú, keskeny asztalterítő]
– *table runner*
**36** keleti szőnyeg
– *oriental carpet*
**37** állólámpa
– *standard lamp*

**1** gyerekágy <emeletes ágy>
– *children's bed, a bunk-bed*
**2** ágyneműtartó
– *storage box*
**3** matrac (ágybetét)
– *mattress*
**4** fejpárna
– *pillow*
**5** létra
– *ladder*
**6** textilelefánt <alvós állat, ágyi játék> [a gyerek magával viszi az ágyba, és ezzel alszik el]
– *soft toy elephant, a cuddly toy animal*
**7** textilkutya
– *soft toy dog*
**8** ülőpárna
– *cushion*
**9** öltöztethető baba
– *fashion doll*
**10** babakocsi
– *doll's pram*
**11** alvóbaba
– *sleeping doll*
**12** kocsisátor (baldachin)
– *canopy*
**13** írótábla
– *blackboard*
**14** számológolyók
– *counting beads*
**15** kerekes plüss hintaló
– *toy horse for rocking and pulling*
**16** hintatalp (hintakeret)
– *rockers*
**17** gyermekkönyv (meséskönyv)
– *children's book*
**18** játékdoboz társasjátékokkal
– *compendium of games*
**19** „Ne nevess korán" társasjáték
– *ludo*
**20** sakktábla
– *chessboard*
**21** gyerekszobai szekrény
– *children's cupboard*
**22** fehérneműs fiók
– *linen drawer*
**23** írópult (lehajtható asztallap)
– *drop-flap writing surface*
**24** füzet (irka)
– *notebook (exercise book)*
**25** iskolai könyvek (tankönyvek)
– *school books*
**26** ceruza (*rok.:* színes ceruza, filctoll, golyóstoll)
– *pencil* (also: *crayon, felt tip pen, ballpoint pen*)
**27** játék bolt (boltosjáték)
– *toy shop*
**28** eladópult
– *counter*
**29** fűszertartó
– *spice rack*
**30** kirakat
– *display*
**31** cukorkatartók (cukorkásüvegek, cukorkaválaszték)
– *assortment of sweets* (Am. *candies*)
**32** cukorkászacskó
– *bag of sweets* (Am. *candies*)
**33** mérleg
– *scales*
**34** pénztárgép
– *cash register*
**35** gyerektelefon (játék telefon)
– *toy telephone*
**36** árupolc (bolti polc *v.* állvány)
– *shop shelves (goods shelves)*
**37** favonat (fából készült játék vonat)
– *wooden train set*
**38** billenős teherautó <játék autó>
– *dump truck, a toy lorry (toy truck)*
**39** építési daru (toronydaru)
– *tower crane*
**40** betonkeverő
– *concrete mixer*
**41** nagy plüsskutya
– *large soft toy dog*
**42** kockadobó pohár (kockavető pohár)
– *dice cup*

**1–20 óvodai nevelés** (iskola-előkészítő nevelés)
– ***pre-school education*** *(nursery education)*
**1** óvónő
– *nursery teacher*
**2** óvodás (nagycsoportos óvodás)
– *nursery child*
**3** kézimunka
– *handicraft*
**4** ragasztó (tubusos ragasztó)
– *glue*
**5** vízfestmény (vízfestékkel festett kép)
– *watercolour* (Am. *watercolor) painting*
**6** festéktartó
– *paintbox*
**7** festőecset (ecset)
– *paintbrush*
**8** vizespohár
– *glass of water*
**9** kirakójáték (összerakó játék, puzzle)
– *jigsaw puzzle (puzzle)*
**10** a kirakójáték eleme (darabja)
– *jigsaw puzzle piece*
**11** színes ceruzák (zsírkréták)
– *coloured* (Am. *colored) pencils (wax crayons)*
**12** gyurma
– *modelling* (Am. *modeling) clay (plasticine)*
**13** gyurmafigura
– *clay figures (plasticine figures)*
**14** gyurmázólap
– *modelling* (Am. *modeling) board*
**15** kréta (iskolakréta)
– *chalk (blackboard chalk)*
**16** tábla (iskolatábla)
– *blackboard*
**17** számológolyók
– *counting blocks*
**18** filctoll
– *felt pen (felt tip pen)*
**19** alakfelismerő játék
– *shapes game*
**20** játszó csoport
– *group of players*
**21–32 játékok**
– ***toys***
**21** játék kocka
– *building and filling cubes*
**22** mechanikai építőszekrény
– *construction set*
**23** gyermekkönyvek
– *children's books*
**24** babakocsi (kosaras babakocsi)
– *doll's pram, a wicker pram*
**25** játék baba
– *baby doll*
**26** kocsisátor (baldachin)
– *canopy*
**27** építőkocka
– *building bricks (building blocks)*
**28** faelemes építőjáték
– *wooden model building*
**29** favonat
– *wooden train set*
**30** hintamackó
– *rocking teddy bear*
**31** babasportkocsi
– *doll's pushchair*
**32** öltöztethető baba
– *fashion doll*
**33** óvodás gyerek (kiscsoportos óvodás)
– *child of nursery school age*
**34** ruhatár (öltöző)
– *cloakroom*

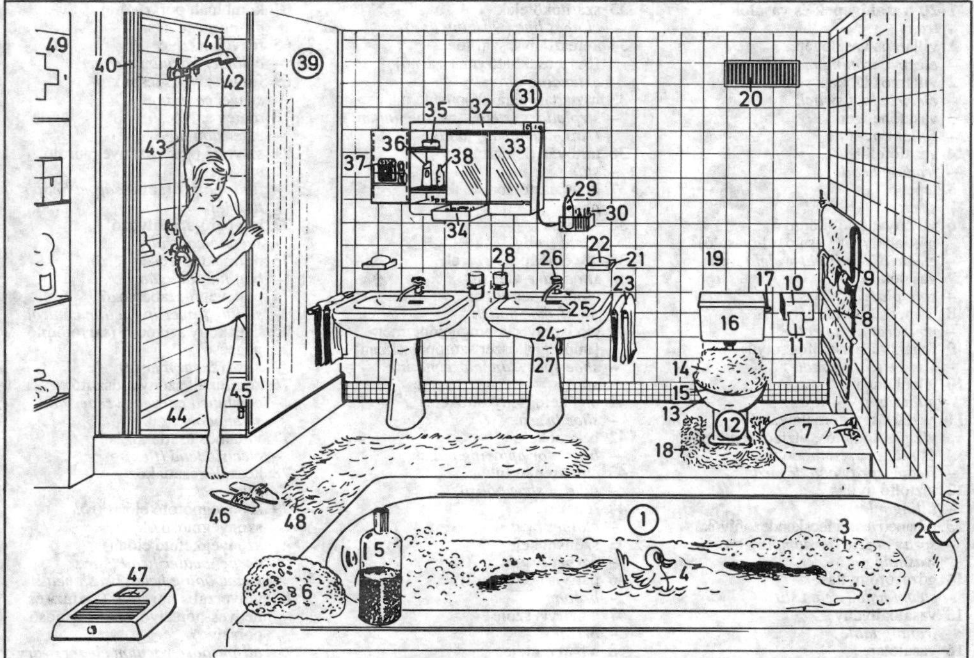


**1** fürdőkád
– *bath*
**2** hideg-meleg vizes keverő csaptelep
– *mixer tap (*Am. *mixing faucet) for hot and cold water*
**3** habfürdő
– *foam bath (bubble bath)*
**4** játék kacsa
– *toy duck*
**5** fürdőadalék [habfürdő, fürdősó]
– *bath additive*
**6** fürdőszivacs (szivacs)
– *bath sponge (sponge)*
**7** bidé
– *bidet*
**8** törülközőtartó
– *towel rail*
**9** frottírtörülköző
– *terry towel*
**10** toalettpapír-tartó (vécépapírtartó, papírtartó)
– *toilet roll holder (*Am. *bathroom tissue holder)*
**11** toalettpapír (vécépapír, *biz.:* klozetpapír) <egy tekercs kreppapír>
– *toilet paper (*coll. *loo paper,* Am. *bathroom tissue), a roll of crepe paper*
**12** vécé (WC, *biz.:* klozet, angolklozet)
– *toilet (lavatory, W.C.,* coll. *loo)*
**13** vécécsésze (vécékagyló)
– *toilet pan (toilet bowl)*
**14** frottírhuzatú vécéfedél
– *toilet lid with terry cover*
**15** ülőke (vécéülőke)
– *toilet seat*
**16** víztartály (öblítőtartály)
– *cistern*
**17** öblítőkar
– *flushing lever*
**18** vécészőnyeg
– *pedestal mat*
**19** falicsempe
– *tile*
**20** szellőzőnyílás
– *ventilator (extraction vent)*
**21** szappantartó
– *soap dish*
**22** szappan
– *soap*
**23** törülköző (kéztörlő)
– *hand towel*
**24** mosdó (mosdókagyló)
– *washbasin*
**25** túlfolyó
– *overflow*
**26** meleg- és hidegvíz-csap
– *hot and cold water tap*
**27** mosdólábazat szifonnal
– *washbasin pedestal with trap (anti-syphon trap)*
**28** fogmosó pohár
– *tooth glass (tooth mug)*
**29** villamos fogkefe
– *electric toothbrush*
**30** fogkefebetétek
– *detachable brush heads*
**31** tükrös faliszekrény
– *mirrored bathroom cabinet*
**32** fénycső
– *fluorescent lamp*
**33** tükör
– *mirror*
**34** fiók
– *drawer*
**35** púderesdoboz
– *powder box*
**36** szájvíz
– *mouthwash*
**37** villanyborotva
– *electric shaver*
**38** borotválkozás utáni arcvíz (borotvavíz, borotvaszesz)
– *aftershave lotion*
**39** zuhanyozófülke
– *shower cubicle*
**40** zuhanyozófüggöny
– *shower curtain*
**41** állítható kézizuhanyzó
– *adjustable shower head*
**42** zuhanyrózsa
– *shower nozzle*
**43** állítórudazat
– *shower adjustment rail*
**44** zuhanyozótál
– *shower base*
**45** vízleeresztő (vízlefolyó)
– *waste pipe (overflow)*
**46** fürdőpapucs
– *bathroom mule*
**47** személymérleg
– *bathroom scales*
**48** fürdőszobaszőnyeg
– *bath mat*
**49** házipatika
– *medicine cabinet*

**1–20 vasalógépek és vasalók**
– ***irons***
**1** villamos vasalógép
– *electric ironing machine*
**2** villamos lábkapcsoló
– *electric foot switch*
**3** vasalóhenger
– *roller covering*
**4** vasalófelület
– *ironing head*
**5** lepedő
– *sheet*
**6** villanyvasaló (könnyű hőszabályzós vasaló, úti vasaló)
– *electric iron (light-weight iron)*
**7** vasalótalp
– *sole-plate*
**8** hőmérséklet-szabályozó
– *temperature selector*
**9** fogantyú (vasalófogantyú)
– *handle (iron handle)*
**10** jelzőlámpa
– *pilot light*
**11** háztartási automata vasaló, vízgőzölögtetős, vízfecskendezős és száraz üzemmódokra
– *steam, spray and dry iron*
**12** víztöltő nyílás
– *filling inlet*
**13** ruhanedvesítő fecskendezőfúvóka
– *spray nozzle for damping the washing*
**14** gőzszóró nyílások
– *steam hole (steam slit)*
**15** vasalóállvány
– *ironing table*
**16** vasalólap
– *ironing board (ironing surface)*
**17** vasalólaphuzat
– *ironing-board cover*
**18** vasalótartó rács
– *iron well*
**19** alumíniumállvány
– *aluminium (*Am. *aluminum) frame*
**20** ujjavasaló párna
– *sleeve board*
**21** szennyestartó (szennyesláda)
– *linen bin*
**22** szennyes ruha
– *dirty linen*
**23–34 mosó- és szárítógépek**
– ***washing machines and driers***
**23** mosógép (automata mosógép)
– *washing machine (automatic washing machine)*
**24** mosódob (forgódob)
– *washing drum*
**25** biztonsági ajtózár
– *safety latch (safety catch)*
**26** programkapcsoló
– *program selector control*
**27** mosószerrekeszek
– *front soap dispenser [with several compartments]*
**28** ruhaszárító (szárítóautomata) <forgódobos ruhaszárító>
– *tumble drier*
**29** szárítódob
– *drum*
**30** homlokajtó szellőzőrésekkel
– *front door with ventilation slits*
**31** munkafelület
– *work top*
**32** szárítóállvány (fehérnemű-szárító, ruhaszárító)
– *airer*
**33** szárítókötelek
– *clothes line (washing line)*
**34** keresztlábas szárító (összecsukható ruhaszárító)
– *extending airer*
**35** háztartási létra <könnyűfém létra>
– *stepladder (steps), an aluminium (*Am. *aluminum) ladder*
**36** tartóváz (létraszár)
– *stile*
**37** kitámasztólábazat
– *prop*
**38** létrafok
– *tread (rung)*
**39–43 cipőápoló szerek**
– ***shoe care utensils***
**39** cipőkrémes doboz
– *tin of shoe polish*
**40** cipőspray <impregnálópermet> [impregnálószer szórópalackban]
– *shoe spray, an impregnating spray*
**41** cipőkefe (fényesítőkefe)
– *shoe brush*
**42** bekenőkefe
– *brush for applying polish*
**43** cipőkrémes tubus
– *tube of shoe polish*
**44** ruhakefe
– *clothes brush*
**45** szőnyegkefe
– *carpet brush*
**46** partvis (kefeseprű)
– *broom*
**47** a partvis szőre
– *bristles*
**48** a partvis feje
– *broom head*
**49** partvisnyél
– *broomstick (broom handle)*
**50** csavarmenet
– *screw thread*
**51** mosogatókefe
– *washing-up brush*
**52–86 padlóápolás** (padló- és szőnyegtisztítás)
– ***floor and carpet cleaning***
**52** kézilapát (szemétlapát)
– *pan (dust pan)*
**53** kéziseprű
– *brush*
**54** felmosóvödör
– *bucket (pail)*
**55** felmosóruha (felmosórongy)
– *floor cloth (cleaning rag)*
**56** súrolókefe
– *scrubbing brush*
**57** szőnyegseprő készülék
– *carpet sweeper*
**58** kézi porszívó
– *upright vacuum cleaner*
**59** átkapcsoló
– *changeover switch*
**60** csuklós fej
– *swivel head*
**61** porzsáktelítettség-jelző
– *bag-full indicator*
**62** porzsáktartó
– *dust bag container*
**63** fogantyú
– *handle*
**64** cső
– *tubular handle*
**65** kábeltartó
– *flex hook*
**66** feltekercselt kábel
– *wound-up flex*
**67** kombinált porszívófej
– *all-purpose nozzle*
**68** fekvőporszívó
– *cylinder vacuum cleaner*
**69** forgó szívócsőcsonk
– *swivel coupling*
**70** merev szívócső
– *extension tube*
**71** szívófej (*rok.*: szőnyegporoló szívófej)
– *floor nozzle* (sim.: *carpet beater nozzle)*
**72** szívóerő-szabályozó
– *suction control*
**73** porzsáktelítettség-jelző
– *bag-full indicator*
**74** pótlevegő-szabályozó
– *sliding fingertip suction control*
**75** hajlékony szívócső (szívótömlő, gégecső)
– *hose (suction hose)*
**76** kombinált szőnyegtisztító
– *combined carpet sweeper and shampooer*
**77** villamos csatlakozás
– *electric lead (flex)*
**78** készülékcsatlakozó
– *plug socket*
**79** szőnyegporoló előtét (*rok.*: szőnyegmosó előtét, szőnyegkefélő előtét)
– *carpet beater head (*sim.: *shampooing head, brush head)*
**80** univerzális porszívó (száraz- és nedves-porszívó, szőnyegmosó porszívó)
– *all-purpose vacuum cleaner (dry and wet operation)*
**81** önbeálló görgő
– *castor*
**82** motor
– *motor unit*
**83** fedélzár
– *lid clip*
**84** szívótömlő darabos szemét felszívásához
– *coarse dirt hose*
**85** speciális tartozék darabos szemét felszívásához [merev szívócső és szívófej]
– *special accessory (special attachment) for coarse dirt*
**86** porgyűjtő (porkamra)
– *dust container*
**87** bevásárlókocsi
– *shopper (shopping trolley)*

1
2
3
4
5
6
7
8
9
10
11
12
13
14
15
16
17
18
19
20
21
22
23
24
25
26
27
28
29
30
31
32
33
34
35
36
37
38
39
40
41
42
43
44
45
46
47
48
49
50
51
52
53
54
55
56
57
58
59
60
61
62
63
64
65
66
67
68
69
70
71
72
73
74
75
76
77
78
79
80
81
82
83
84
85
86
87

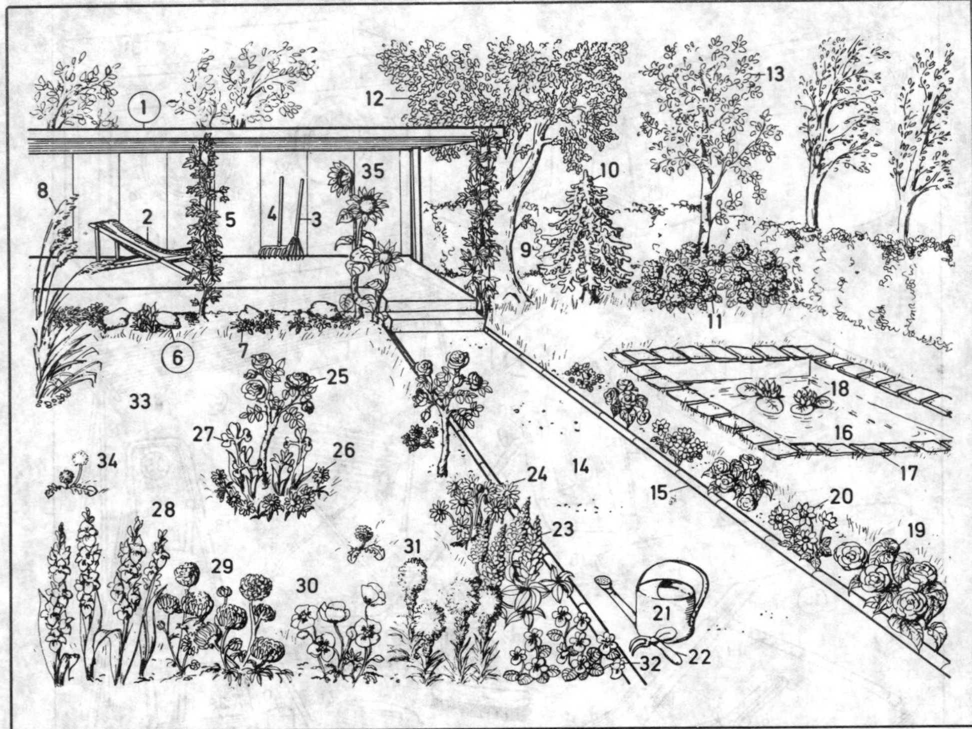


**1–35 díszkert** (virágoskert)
– ***flower garden***
**1** pergola
– *pergola*
**2** nyugágy
– *deck-chair*
**3** pázsitseprű (fűseprű, lombseprű)
– *lawn rake (wire-tooth rake)*
**4** gereblye
– *garden rake*
**5** vadszőlő (borostyánszőlő) <kúszónövény>
– *Virginia creeper (American ivy, woodbine), a climbing plant (climber, creeper)*
**6** sziklakert
– *rockery (rock garden)*
**7** sziklakerti növények; *fajok:* borsos varjúháj, kövirózsa, magcsákó, száratlan bábakalács
– *rock plants;* varieties: *stonecrop (wall pepper), houseleek, dryas, aubretia*
**8** pampafű (pampaszfű)
– *pampas grass*
**9** sövény
– *garden hedge*
**10** ezüstfenyő
– *blue spruce*
**11** hortenziák
– *hydrangeas*
**12** tölgyfa
– *oak (oak tree)*
**13** nyírfa
– *birch (birch tree)*
**14** kerti út
– *garden path*
**15** útszegély
– *edging*
**16** mesterséges tavacska
– *garden pond*
**17** kőlap
– *flagstone (stone slab)*
**18** tavirózsa (tündérrózsa)
– *water lily*
**19** gumós begóniák
– *tuberous begonias*
**20** dáliák
– *dahlias*
**21** öntözőkanna (locsolókanna)
– *watering can* (Am. *sprinkling can)*
**22** irtókapa
– *weeding hoe*
**23** csillagfürt
– *lupin*
**24** margaréták
– *marguerites (oxeye daisies, white oxeye daisies)*
**25** magas törzsű rózsa (rózsafa)
– *standard rose*
**26** gerbera (transzváliszázszorszép)
– *gerbera*
**27** nőszirom (írisz)
– *iris*
**28** kardvirágok (gladióluszok)
– *gladioli*
**29** krizantémok
– *chrysanthemums*
**30** pipacs
– *poppy*
**31** díszzsoltina
– *blazing star*
**32** kerti oroszlánszáj (tátika)
– *snapdragon (antirrhinum)*
**33** pázsit (gyep)
– *lawn*
**34** pitypang (gyermekláncfű)
– *dandelion*
**35** napraforgó (dísznapraforgó, tányérrózsa)
– *sunflower*

# 52 Konyhakert (haszonkert) — *Fruit and Vegetable Garden* 52

**1–32 kiskert** (hétvégi telek, veteményes- és gyümölcsöskert)
– ***allotment*** *(fruit and vegetable garden)*

**1, 2, 16, 17, 29** törpe gyümölcsfák (alakfák, spalírok)
– *dwarf fruit trees (espaliers, espalier fruit trees)*

**1** Verrière-pányvafa <kerítés formájú alakfa (redélyfa)>
– *quadruple cordon, a wall espalier*

**2** függőleges szegélyfa (kordon)
– *vertical cordon*

**3** szerszámoskamra
– *tool shed (garden shed)*

**4** esővizes hordó
– *water butt (water barrel)*

**5** kúszónövény
– *climbing plant (climber, creeper, rambler)*

**6** komposztdomb
– *compost heap*

**7** napraforgó (tányérvirág)
– *sunflower*

**8** kerti létra
– *garden ladder (ladder)*

**9** évelő növény (évelő virágos növény)
– *perennial (flowering perennial)*

**10** kerítés (léckerítés)
– *garden fence (paling fence, paling)*

**11** magas törzsű bogyótermésű fa
– *standard berry tree*

**12** futórózsa íves lécrácsállványon
– *climbing rose (rambling rose) on the trellis arch*

**13** rózsabokor (rózsatő)
– *bush rose (standard rose tree)*

**14** nyári lak (víkendház, hétvégi ház)
– *summerhouse (garden house)*

**15** lampion
– *Chinese lantern (paper lantern)*

**16** gúlafa <szabadon álló alakfa>
– *pyramid tree (pyramidal tree, pyramid), a free-standing espalier*

**17** kétágú, vízszintes szegélyfa (kordon)
– *double horizontal cordon*

**18** virágágy <szegélyező virágágy>
– *flower bed, a border*

**19** bogyós cserje (egresbokor, ribiszkebokor)
– *berry bush (gooseberry bush, currant bush)*

**20** betonszegély
– *concrete edging*

**21** magas törzsű rózsa (rózsatő, rózsafa)
– *standard rose (standard rose tree)*

**22** évelő növények ágyása
– *border with perennials*

**23** kerti út
– *garden path*

**24** kiskerttulajdonos (amatőr kertész)
– *allotment holder*

**25** spárgaágy
– *asparagus patch (asparagus bed)*

**26** zöldségágy
– *vegetable patch (vegetable plot)*

**27** madárijesztő
– *scarecrow*

**28** futóbab <karóhoz (babkaróhoz) kötözött hüvelyes növény>
– *runner bean (*Am. *scarlet runner), a bean plant on poles (bean poles)*

**29** egyágú, vízszintes szegélyfa (kordon)
– *horizontal cordon*

**30** magas törzsű gyümölcsfa
– *standard fruit tree*

**31** karó
– *tree stake*

**32** sövény
– *hedge*

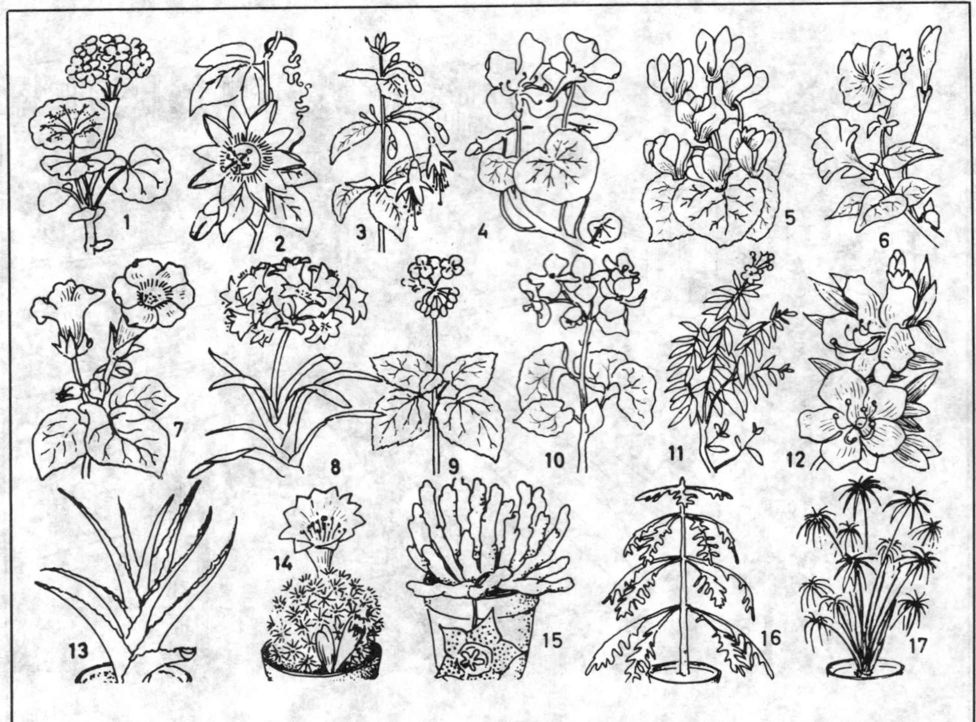


**1** muskátli <gólyaorrféle>
– *pelargonium (crane's bill), a geranium*
**2** golgotavirág (passióvirág) <kúszónövény>
– *passion flower (Passiflora), a climbing plant (climber, creeper)*
**3** fukszia (csüngőke) <ligetszépeféle>
– *fuchsia, an onagraceous plant*
**4** sarkantyúka (kapucinusvirág, sarkantyúvirág)
– *nasturtium (Indian cress, tropaeolum)*
**5** erdei ciklámen (kanrépa) <kankalinféle>
– *cyclamen, a primulaceous herb*
**6** petúnia (tölcsérke) <csucsorféle>
– *petunia, a solanaceous herb*
**7** csuporka (gloxínia) <csuporkaféle>
– *gloxinia (Sinningia), a gesneriaceous plant*
**8** klívia (narancsliliom) <amarilliszféle>
– *Clivia miniata, an amaryllis (narcissus)*
**9** szobahárs <hársfaféle>
– *African hemp (Sparmannia), a tiliaceous plant, a linden plant*
**10** begónia (hűségvirág, jégvirág)
– *begonia*
**11** mirtusz
– *myrtle (common myrtle, Myrtus)*
**12** azálea (havasszépe, hangarózsa, rododendron) <hangaféle>
– *azalea, an ericaceous plant*
**13** aloé <liliomféle>
– *aloe, a liliaceous plant*
**14** gömbkaktusz
– *globe thistle (Echinops)*
**15** dögvirág (dögfű, *helytelenül:* dögkaktusz) <selyemkóróféle>
– *stapelia (carrion flower), an asclepiadaceous plant*
**16** szobafenyő (araukária, norfolkfenyő) <araukáriaféle>
– *Norfolk Island pine (an araucaria, grown as an ornamental)*
**17** szobapalka (*helytelenül:* vízipálma) <palkaféle: tágabb értelemben vett sásféle>
– *galingale, a cyperacious plant of the sedge family*

# 54 Növényszaporítás — *Propagation of Plants* 54

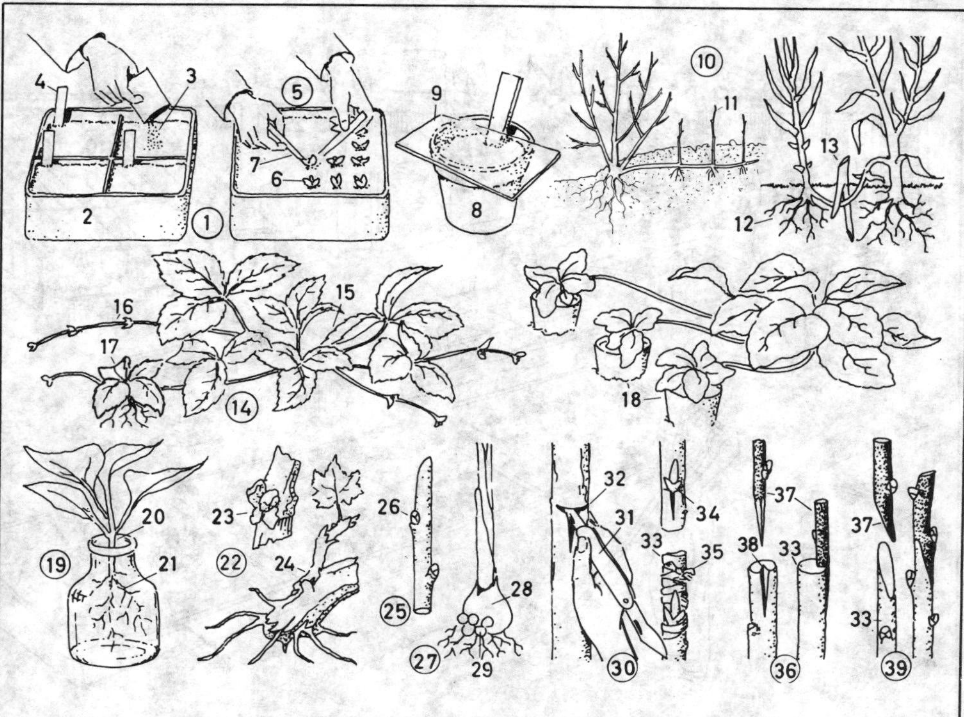


**1** vetés
– *seed sowing (sowing)*
**2** vetőtál
– *seed pan*
**3** mag (vetőmag)
– *seed*
**4** címke
– *label*
**5** átültetés
– *pricking out (pricking off, transplanting)*
**6** magonc
– *seedling (seedling plant)*
**7** ültetőfa
– *dibber (dibble)*
**8** virágcserép (cserép)
– *flower pot (pot)*
**9** üveglap
– *sheet of glass*
**10** szaporítás bujtóággal (bujtás, közönséges bujtás, gödörbe bujtás)
– *propagation by layering*
**11** bujtvány
– *layer*
**12** gyökeres bujtvány
– *layer with roots*
**13** rögzítő villaág
– *forked stick used for fastening*
**14** szaporítás indával
– *propagation by runners*
**15** anyanövény
– *parent (parent plant)*
**16** inda
– *runner*
**17** gyökeres hajtás
– *small rooted leaf cluster*
**18** cserépbujtás [virágcserépen át való bujtás]
– *setting in pots*
**19** vízidugványozás
– *cutting in water*
**20** dugvány
– *cutting (slip, set)*
**21** gyökér
– *root*
**22** szemdugványozás szőlőtőkén
– *bud cutting on vine tendril*
**23** nemes szem <rügy>
– *scion bud, a bud*
**24** kihajtott dugvány
– *sprouting (shooting) cutting*
**25** oltóvessző
– *stem cutting (hardwood cutting)*
**26** rügy
– *bud*
**27** szaporítás sarjhagymával
– *propagation by bulbils (brood bud bulblets)*
**28** öreg hagyma
– *old bulb*
**29** sarjhagyma
– *bulbil (brood bud bulblet)*
**30–39** **nemesítés** (nemesítő oltás)
– ***grafting*** *(graftage)*
**30** szemzés (oltás szempajzzsal)
– *budding (shield budding)*
**31** szemzőkés
– *budding knife*
**32** T vágás
– *T-cut*
**33** alany
– *support (stock, rootstock)*
**34** beültetett nemes szem
– *inserted scion bud*
**35** háncskötés
– *raffia layer (bast layer)*
**36** oltás (ojtás) [hasítékba oltás]
– *side grafting*
**37** nemes oltóág (oltóvessző)
– *scion (shoot)*
**38** ék alakú vágás
– *wedge-shaped notch*
**39** párosítás (párosító oltás)
– *splice graft (splice grafting)*

# 55 Kertészet

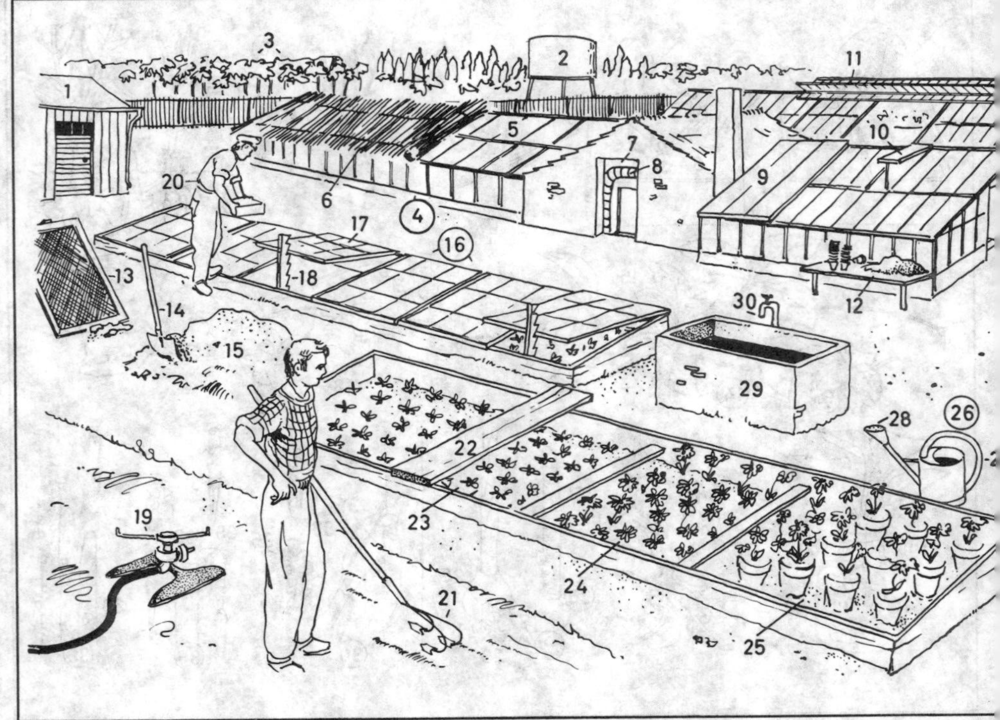


**1–51** **kertészet** (kertészeti üzem)
– ***market garden*** (Am. *truck garden, truck farm)*
**1** szerszámoskamra
– *tool shed*
**2** víztorony (víztartály)
– *water tower (water tank)*
**3** faiskola (csemetekert)
– *market garden (*Am. *truck garden, truck farm), a tree nursery*
**4** hajtatóház (melegház)
– *hothouse (forcing house, warm house)*
**5** üvegtető
– *glass roof*
**6** nádszőnyeg (gyékényszőnyeg, nádfonat)
– *[roll of] matting (straw matting, reed matting, shading)*
**7** fűtőtér (kazánház)
– *boiler room (boiler house)*
**8** fűtőcső (nyomóvezeték)
– *heating pipe (pressure pipe)*
**9** fedődeszka
– *shading panel (shutter)*
**10–11** szellőzés
– *ventilators (vents)*
**10** szellőzőablak
– *ventilation window (window vent, hinged ventilator)*
**11** gerincszellőzés
– *ridge vent*
**12** ültetőasztal
– *potting table (potting bench)*
**13** rosta (földrosta, dobórosta)
– *riddle (sieve, garden sieve, upright sieve)*
**14** lapát
– *garden shovel (shovel)*
**15** földkupac (komposztált föld, kerti föld)
– *heap of earth (composted earth, prepared earth, garden mould,* Am. *mold)*
**16** melegágy (hajtatóágy)
– *hotbed (forcing bed, heated frame)*
**17** melegágyablak (melegágyi üvegezett fedélkeret)
– *hotbed vent (frame vent)*
**18** szellőzőtám
– *vent prop*
**19** esőztetőberendezés (öntözőberendezés)
– *sprinkler (sprinkling device)*
**20** kertész
– *gardener (nursery gardener, grower, commercial grower)*
**21** kézi kultivátor
– *cultivator (hand cultivator, grubber)*
**22** járódeszka
– *plank*
**23** kiültetett (elültetett) palánták
– *pricked-out seedlings (pricked-off seedlings)*
**24** hajtatott virágok [hajtatás]
– *forced flowers [forcing]*
**25** cserepes növények
– *potted plants (plants in pots, pot plants)*
**26** öntözőkanna (locsolókanna)
– *watering can (*Am. *sprinkling can)*
**27** fül (kannafül)
– *handle*
**28** öntözőrózsa (kannarózsa)
– *rose*
**29** víztároló (víztartó)
– *water tank*
**30** vízvezetékcső
– *water pipe*

**31** tőzegbála
– *bale of peat*
**32** melegház (fűtött növényház)
– *warm house (heated greenhouse)*
**33** hidegház (fűtetlen növényház)
– *cold house (unheated greenhouse)*
**34** szélgép
– *wind generator*
**35** szélkerék
– *wind wheel*
**36** szélzászló
– *wind vane*
**37** évelőágyás <virágágy>
– *shrub bed, a flower bed*
**38** gyűrűs szegély
– *hoop edging*
**39** zöldségágy
– *vegetable plot*
**40** fóliasátor
– *plastic tunnel (polythene greenhouse)*
**41** szellőzőnyílás
– *ventilation flap*
**42** középfolyosó
– *central path*
**43** zöldségesrekesz
– *vegetable crate*
**44** paradicsomtő (paradicsombokor)
– *tomato plant*
**45** segédkertész
– *nursery hand*
**46** női segédkertész
– *nursery hand*
**47** csöbrös növény
– *tub plant*
**48** csöbör
– *tub*
**49** narancsfácska
– *orange tree*
**50** drótkosár
– *wire basket*
**51** palántaláda
– *seedling box*

1 ültetőfa
– *dibber (dibble)*
2 ásó
– *spade*
3 pázsitseprű
– *lawn rake (wire-tooth rake)*
4 gereblye
– *rake*
5 töltögetőkapa
– *ridging hoe*
6 palántaásó lapátka (ültetőkanál)
– *trowel*
7 villás kapa
– *combined hoe and fork*
8 sarló
– *sickle*
9 kertészkés (kacor)
– *gardener's knife (pruning knife, billhook)*
10 spárgakés
– *asparagus cutter (asparagus knife)*
11 ágolló (fanyíró olló)
– *tree pruner (long-handled pruner)*
12 félautomata ásó
– *semi-automatic spade*
13 háromfogú kultivátor (háromfogú talajlazító)
– *three-pronged cultivator*
14 fakéregkaparó
– *tree scraper (bark scraper)*
15 gyeplevegőztető
– *lawn aerator (aerator)*
16 gallyfűrész (gallyazófűrész)
– *pruning saw (saw for cutting branches)*
17 elemes sövénynyíró
– *battery-operated hedge trimmer*
18 motoros kultivátor
– *motor cultivator*
19 villamos kézi fúrógép
– *electric drill*
20 hajtómű
– *gear*
21 kultivátorszerszám
– *cultivator attachment*
22 gyümölcsszedő
– *fruit picker*
23 kéregkefe
– *tree brush (bark brush)*
24 kerti permetezőgép
– *sprayer for pest control*
25 permetezőcső
– *lance*
26 tömlőkocsi
– *hose reel (reel and carrying cart)*
27 kerti tömlő (locsolótömlő, öntözőtömlő, öntözőcső)
– *garden hose*
28 motoros fűnyíró gép (benzinmotoros fűnyíró gép)
– *motor lawn mower (motor mower)*
29 fűgyűjtő kosár
– *grassbox*
30 kétütemű motor
– *two-stroke motor*
31 villamos fűnyíró gép
– *electric lawn mower (electric mower)*
32 villamos vezeték (tápkábel)
– *electric lead (electric cable)*
33 vágószerkezet
– *cutting unit*
34 kézi fűnyíró gép
– *hand mower*
35 késhenger
– *cutting cylinder*
36 kés
– *blade*
37 fűnyíró traktor (önjáró fűnyíró gép)
– *riding mower*
38 fékrögzítő
– *brake lock*
39 villamos indítómotor
– *electric starter*
40 fékpedál
– *brake pedal*
41 vágószerkezet
– *cutting unit*
42 billenő pótkocsi
– *tip-up trailer*
43 körforgó esőztető <gyepöntöző>
– *revolving sprinkler, a lawn sprinkler*
44 forgó öntözőfej (szórófej)
– *revolving nozzle*
45 tömlőcsatlakozás
– *hose connector*
46 négysarkú esőztető
– *oscillating sprinkler*
47 kerti talicska
– *wheelbarrow*
48 fűnyíró olló
– *grass shears*
49 sövényolló
– *hedge shears*
50 metszőolló (rózsaolló)
– *secateurs (pruning shears)*

1
2
3
4
5
6
7
8
9
10
11
12
13
14
15
16
17
18
19
20
21
22
23
24
25
26
27
28
29
30
31
32
33
34
35
36
37
38
39
40
41
42
43
44
45
46
47
48
49
50

**1–11 hüvelyesek**
– ***leguminous plants*** *(Leguminosae)*
**1** borsó <pillangósvirágú>
– *pea, a plant with a papilionaceous corolla*
**2** borsóvirág
– *pea flower*
**3** szárnyas levél
– *pinnate leaf*
**4** borsókacs <levélkacs>
– *pea tendril, a leaf tendril*
**5** pálha
– *stipule*
**6** hüvely <terméshéj>
– *legume (pod), a seed vessel (pericarp, legume)*
**7** borsó [mag, borsószem]
– *pea [seed]*
**8** bab <kúszónövény>; *fajtái:* veteménybab (paszuly), karóbab (futóbab), török bab (díszbab, tűzbab); *kisebb:* bokorbab (gyalogbab)
– *bean plant (bean), a climbing plant (climber, creeper);* varieties: *broad bean (runner bean,* Am. *scarlet runner), climbing bean (climber, pole bean), scarlet runner bean;* smaller: *dwarf French bean (bush bean)*
**9** babvirág
– *bean flower*
**10** kapaszkodó babszár
– *twining beanstalk*
**11** bab [hüvely a magokkal]
– *bean [pod with seeds]*
**12** paradicsom
– *tomato*
**13** uborka (ugorka)
– *cucumber*
**14** spárga (nyúlárnyék)
– *asparagus*
**15** hónapos retek
– *radish*
**16** kerti retek
– *white radish*
**17** sárgarépa (murokrépa)
– *carrot*
**18** karotta
– *stump-rooted carrot*
**19** petrezselyem
– *parsley*
**20** torma
– *horse-radish*
**21** póréhagyma
– *leeks*
**22** metélőhagyma (snittling, snidling)
– *chives*
**23** sütőtök; *rok.:* sárgadinnye
– *pumpkin* (Am. *squash); sim.: melon*
**24** vöröshagyma (hagyma)
– *onion*
**25** hagymahéj
– *onion skin*
**26** karalábé (kalarábé)
– *kohlrabi*
**27** zeller (celler)
– *celeriac*
**28–34 káposztafélék és levélzöldségek**
– ***brassicas*** *(leaf vegetables)*
**28** mángold
– *chard (Swiss chard, seakale beet)*
**29** paraj (spenót)
– *spinach*
**30** bimbóskel [termése a kelbimbó]
– *Brussels spruts (sprouts)*
**31** karfiol (kelvirág, virágkel)
– *cauliflower*
**32** káposzta (fejes káposzta); *termesztett fajtái:* fejes káposzta, vörös káposzta
– *cabbage (round cabbage, head of cabbage), a brassica;* cultivated races (cultivars)*: green cabbage, red cabbage*
**33** kelkáposzta
– *savoy (savoy cabbage)*
**34** leveles káposzta (marhakáposzta, takarmánykáposzta)
– *kale (curly kale, kail), a winter green*
**35** spanyol pozdor (feketegyökér, télispárga)
– *scorzonera (black salsify)*
**36–40 salátanövények**
– ***salad plants***
**36** fejes saláta
– *lettuce (cabbage lettuce, head of lettuce)*
**37** salátalevél
– *lettuce leaf*
**38** galambbegy (madársaláta, mezei saláta)
– *corn salad (lamb's lettuce)*
**39** endívia (salátakatáng)
– *endive (endive leaves)*
**40** cikória
– *chicory (succory, salad chicory)*
**41** articsóka
– *globe artichoke*
**42** paprika
– *sweet pepper (Spanish paprika)*

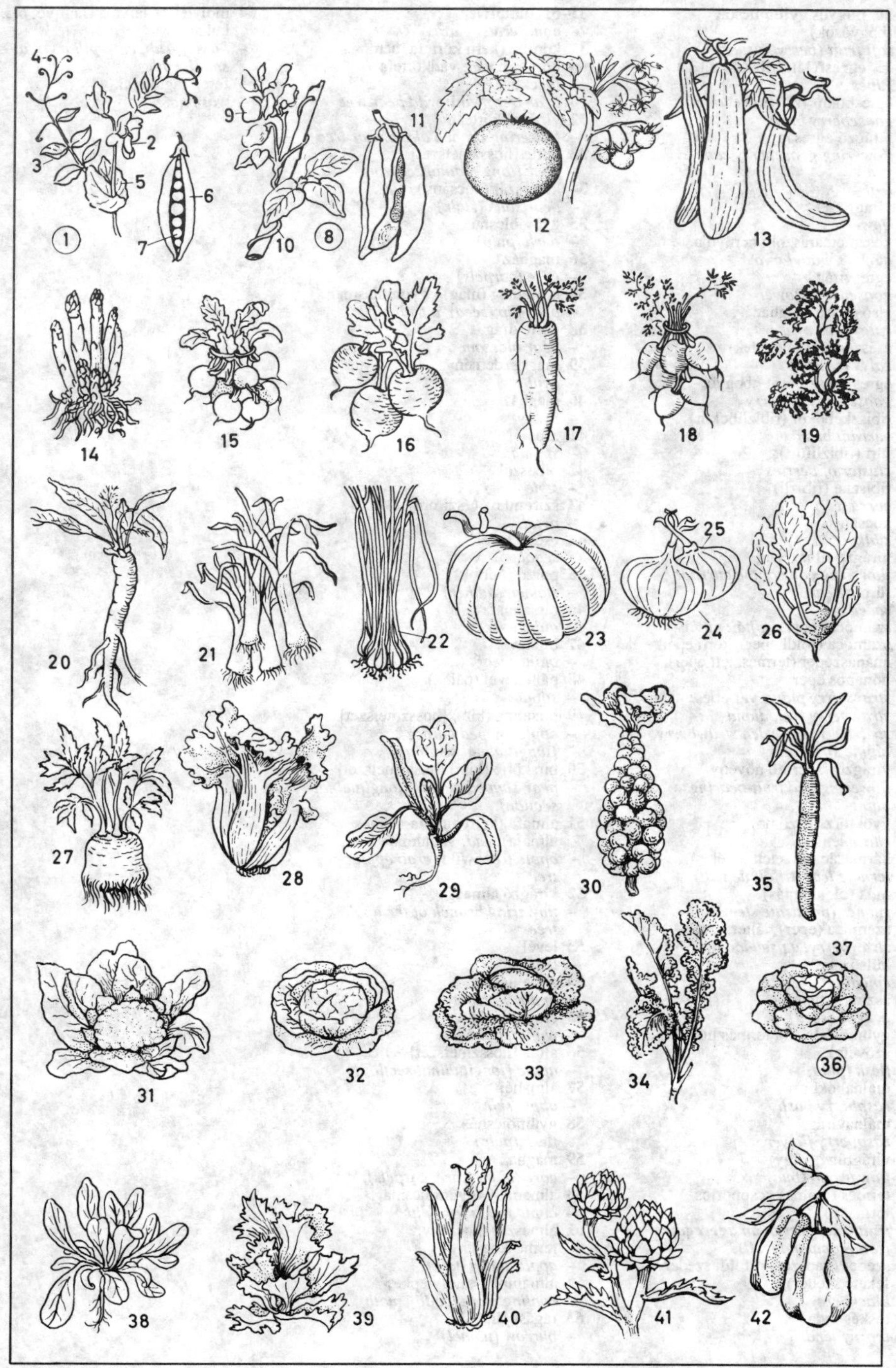
1
2
3
4
5
6
7
8
9
10
11
12
13
14
15
16
17
18
19
20
21
22
23
24
25
26
27
28
29
30
31
32
33
34
35
36
37
38
39
40
41
42

**1–30 bogyós gyümölcsök** (bogyósok)
– ***soft fruit*** *(berry bushes)*
**1–15 egresfélék** (ribiszkefélék)
– ***Ribes***
**1** egresbokor (köszmétebokor)
– *gooseberry bush*
**2** virágzó egreság
– *flowering gooseberry cane*
**3** levél
– *leaf*
**4** virág
– *flower*
**5** köszmétearaszoló hernyója
– *magpie moth larva*
**6** egresvirág
– *gooseberry flower*
**7** alsó állású magház
– *epigynous ovary*
**8** csésze (csészelevelek)
– *calyx (sepals)*
**9** egres (köszméte) <bogyó>
– *gooseberry, a berry*
**10** ribiszkebokor (ribizlibokor)
– *currant bush*
**11** fürt (ribizlifürt)
– *cluster of berries*
**12** ribiszke (ribizli)
– *currant*
**13** kocsány
– *stalk*
**14** virágzó ribiszkeág
– *flowering cane of the currant*
**15** fürtvirágzat
– *raceme*
**16** szamóca (eper); *fajtái:* erdei szamóca (földi eper), kerti eper, ananászeper (termesztett eper), hónapos eper
– *strawberry plant;* varieties*: wild strawberry (woodland strawberry), garden strawberry, alpine strawberry*
**17** virágzó és termő növény
– *flowering and fruit-bearing plant*
**18** gyöktörzs (rizóma)
– *rhizome*
**19** hármasan összetett levél
– *ternate leaf (trifoliate leaf)*
**20** inda (oldalhajtás)
– *runner (prostrate stem)*
**21** szamóca (eper) <áltermés>
– *strawberry, a pseudocarp*
**22** külső csésze
– *epicalyx*
**23** aszmag (mag)
– *achene (seed)*
**24** gyümölcshús (a termés húsos szövete)
– *flesh (pulp)*
**25** málnabokor
– *raspberry bush*
**26** málnavirág
– *raspberry flower*
**27** virágrügy (rügy)
– *flower bud (bud)*
**28** termés (málna) <csoportos termés>
– *fruit (raspberry), an aggregate fruit (compound fruit)*
**29** szeder (vadszeder, földi szeder, fekete szeder)
– *blackberry*
**30** tüskés inda
– *thorny tendril*

**31–61 almafélék**
– ***pomiferous plants***
**31** körtefa (kerti körtefa, nemes körtefa); *vad:* vadkörtefa (vackor)
– *pear tree;* wild*: wild pear tree*
**32** virágzó körteág
– *flowering branch of the pear tree*
**33** körte [hosszmetszet]
– *pear [longitudinal section]*
**34** körteszár (kocsány)
– *pear stalk (stalk)*
**35** gyümölcshús
– *flesh (pulp)*
**36** magház
– *core (carpels)*
**37** körtemag (mag) <gyümölcsmag>
– *pear pip (seed), a fruit pip*
**38** körtevirág
– *pear blossom*
**39** magkezdemény
– *ovules*
**40** magház
– *ovary*
**41** bibe
– *stigma*
**42** bibeszál
– *style*
**43** sziromlevél (szirom)
– *petal*
**44** csészelevél
– *sepal*
**45** porzó (portok)
– *stamen (anther)*
**46** birsalmafa
– *quince tree*
**47** birslevél
– *quince leaf*
**48** pálhalevél (pálha)
– *stipule*
**49** birsalma (birs) [hosszmetszet]
– *apple-shaped quince [longitudinal section]*
**50** birskörte (birs) [hosszmetszet]
– *pear-shaped quince [longitudinal section]*
**51** almafa (kerti almafa, nemes almafa); *vad:* vadalmafa
– *apple tree;* wild*: crab apple tree*
**52** virágzó almaág
– *flowering branch of the apple tree*
**53** levél
– *leaf*
**54** almavirág
– *apple blossom*
**55** elnyílt virág
– *withered flower*
**56** alma [hosszmetszet]
– *apple [longitudinal section]*
**57** almahéj
– *apple skin*
**58** gyümölcshús
– *flesh (pulp)*
**59** magház
– *core (apple core, carpels)*
**60** almamag <gyümölcsmag>
– *apple pip, a fruit pip*
**61** almaszár (kocsány, terméskocsány)
– *apple stalk (stalk)*
**62** almamoly <molylepke>
– *codling moth (codlin moth)*
**63** rágási járat
– *burrow (tunnel)*
**64** molylepke lárvája (hernyó, *biz.:* kukac)
– *larva (grub, caterpillar) of a small moth*
**65** féreg rágta lyuk
– *wormhole*

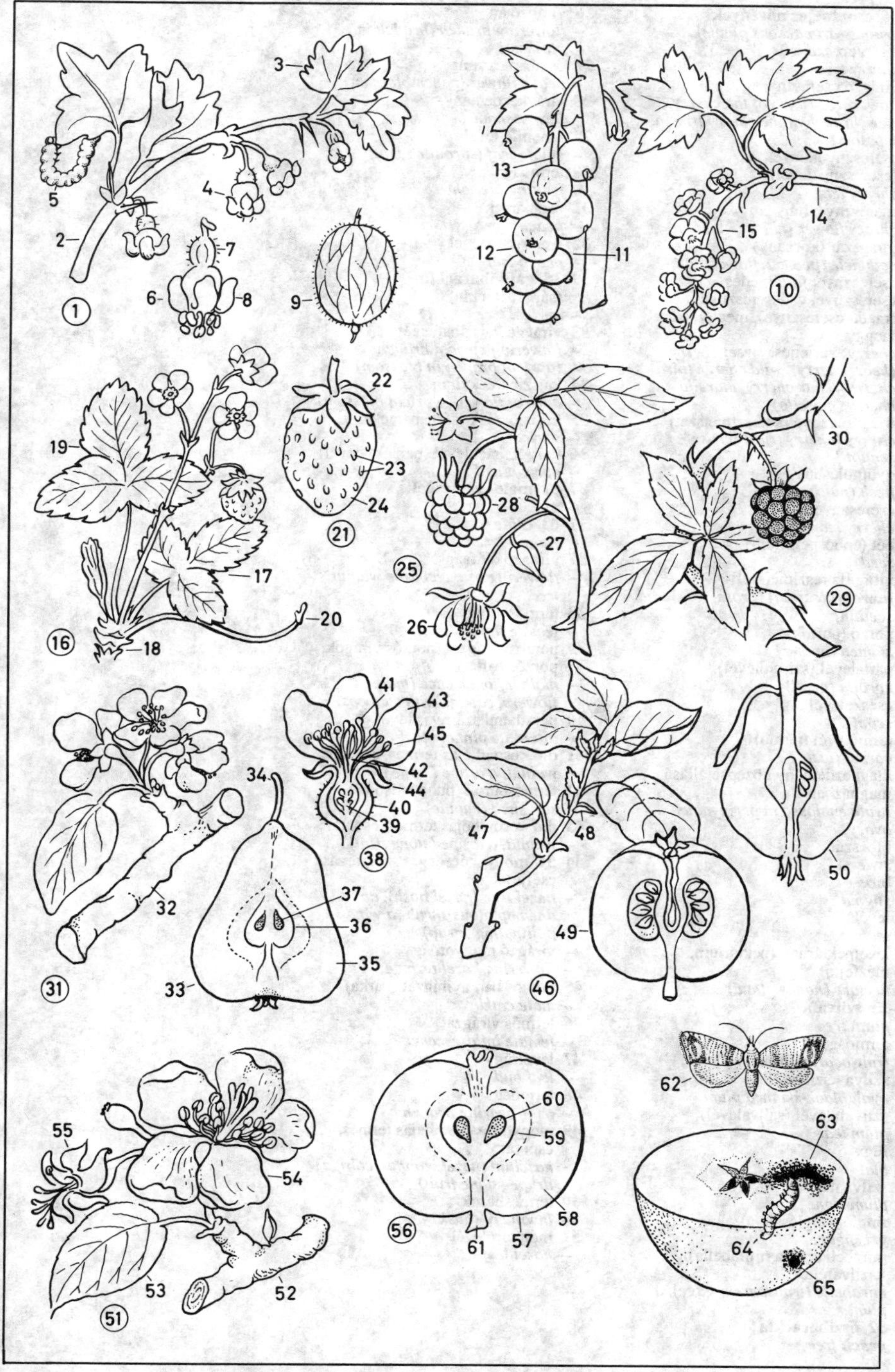
1
2
3
4
5
6
7
8
9
10
11
12
13
14
15
16
17
18
19
20
21
22
23
24
25
26
27
28
29
30
31
32
33
34
35
36
37
38
39
40
41
42
43
44
45
46
47
48
49
50
51
52
53
54
55
56
57
58
59
60
61
62
63
64
65

**1–36 csonthéjas növények**
– *drupes (drupaceous plants)*
**1–18 cseresznyefa**
– ***cherry tree***
1 virágzó cseresznyeág
– *flowering branch of the cherry tree (branch of the cherry tree in blossom)*
2 cseresznyefalevél (cseresznyelevél)
– *cherry leaf*
3 cseresznyevirág
– *cherry flower (cherry blossom)*
4 virágszár (kocsány)
– *peduncle (pedicel, flower stalk)*
5 cseresznye; *fajtái:* édes cseresznye, vadcseresznye (madárcseresznye), meggy, édes meggy
– *cherry;* varieties*: sweet cherry (heart cherry), wild cherry (bird cherry), sour cherry, morello cherry (morello)*
**6–8 cseresznye** [keresztmetszet]
– ***cherry*** *(cherry fruit) [cross section]*
6 gyümölcshús
– *flesh (pulp)*
7 cseresznyemag
– *cherry stone*
8 bél (endospermium)
– *seed*
9 virág [keresztmetszet]
– *flower (blossom) [cross section]*
10 porzó (portok)
– *stamen (anther)*
11 pártalevél (sziromlevél)
– *corolla (petal)*
12 csészelevél
– *sepal*
13 termőlevél (termő)
– *carpel (pistil)*
14 magkezdemény középső állású magházban
– *ovule enclosed in perigynous ovary*
15 bibeszál
– *style*
16 bibe
– *stigma*
17 levél
– *leaf*
18 levélnektárium (nektárium, mézfejtő)
– *nectary (honey gland)*
**19–23 szilvafa**
– ***plum tree***
19 termőág
– *fruit-bearing branch*
20 szilva <szilvaféle>
– *oval, black-skinned plum*
21 szilvafalevél (szilvalevél)
– *plum leaf*
22 rügy
– *bud*
23 szilvamag
– *plum stone*
24 ringló (ringlószilva)
– *greengage*
25 mirabellaszilva (mirabella) <szilvaféle>
– *mirabelle (transparent gage), a plum*
**26–32 őszibarackfa**
– ***peach tree***
26 virágzó ág
– *flowering branch (branch in blossom)*
27 őszibarackvirág
– *peach flower (peach blossom)*
28 virágkezdemény
– *flower shoot*
29 kibomló levél
– *young leaf (sprouting leaf)*
30 termőág
– *fruiting branch*
31 őszibarack
– *peach*
32 őszibaracklevél
– *peach leaf*
**33–36 kajszibarackfa** (sárgabarackfa)
– ***apricot tree***
33 virágzó kajszibarackág
– *flowering apricot branch (apricot branch in blossom)*
34 kajszibarackvirág
– *apricot flower ( apricot blossom)*
35 kajszibarack (sárgabarack)
– *apricot*
36 kajszibaracklevél (barackfalevél)
– *apricot leaf*
**37–51 makktermésűek**
– ***nuts***
**37–43 diófa**
– ***walnut tree***
37 virágzó diófaág
– *flowering branch of the walnut tree*
38 termős virág
– *female flower*
39 porzós virágzat (porzós virágok, porzós barka)
– *male inflorescence (male flowers, catkins with stamens)*
40 páratlanul szárnyas levél
– *alternate pinnate leaf*
41 dió <csonthéjas termés, csontár>
– *walnut, a drupe (stone fruit)*
42 termésburok (puha külső héj)
– *soft shell (cupule)*
43 dió <csonthéjas termés, csontár>
– *walnut, a drupe (stone fruit)*
**44–51 mogyorócserje** <szélporzású cserje>
– ***hazel tree*** *(hazel bush), an anemophilous shrub (a wind-pollinating shrub)*
44 virágzó mogyoróág
– *flowering hazel branch*
45 porzós barkavirágzat (barka)
– *male catkin*
46 termős virágzat
– *female inflorescence*
47 levélrügy
– *leaf bud*
48 termőág
– *fruit-bearing branch*
49 mogyoró <csonthéjas termés, csontár>
– *hazelnut (hazel, cobnut, cob), a drupe (stone fruit)*
50 termésburok
– *involucre (husk)*
51 mogyorólevél
– *hazel leaf*

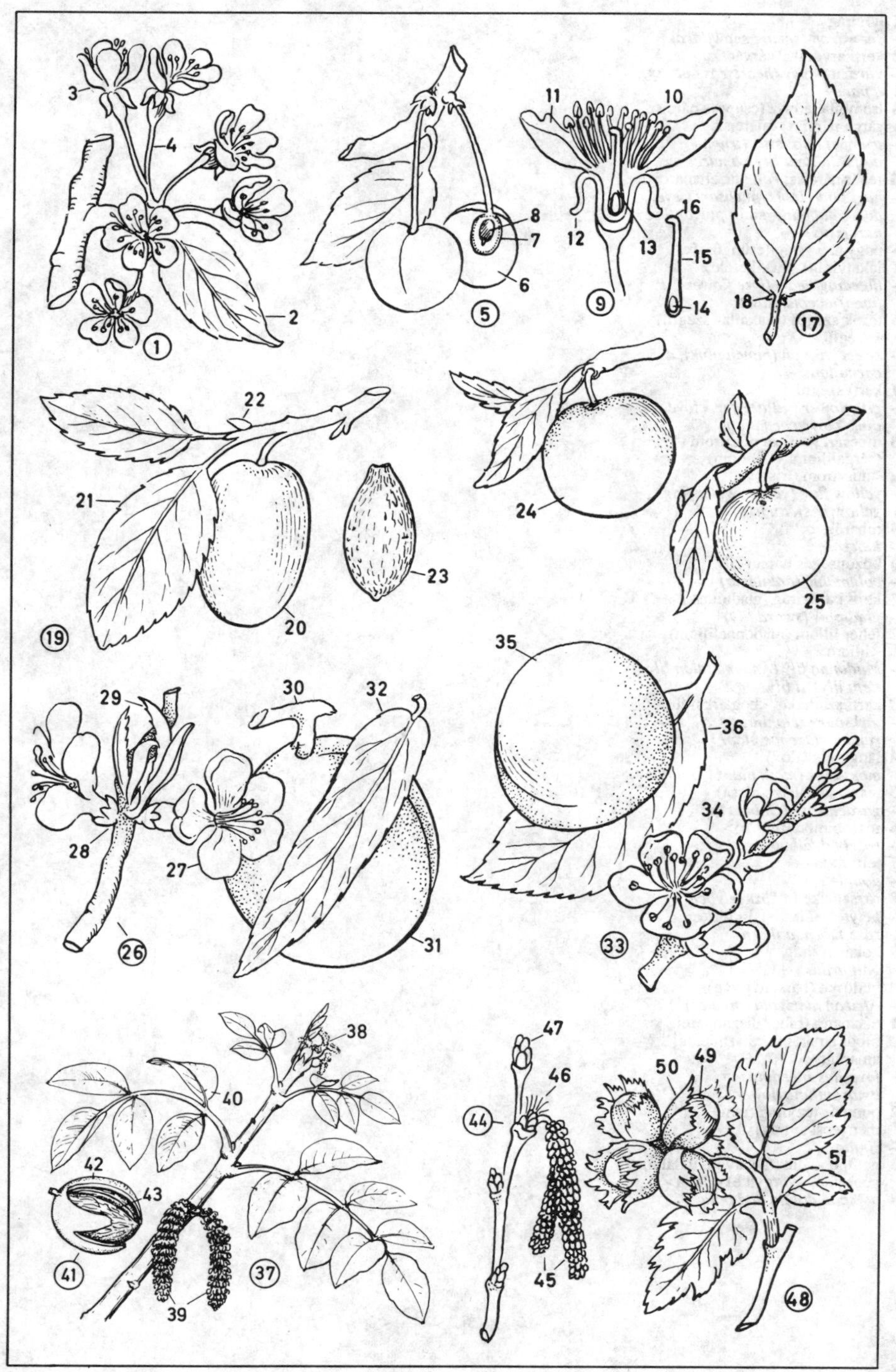
1
2
3
4
5
6
7
8
9
10
11
12
13
14
15
16
17
18
19
20
21
22
23
24
25
26
27
28
29
30
31
32
33
34
35
36
37
38
39
40
41
42
43
44
45
46
47
48
49
50
51

1 hóvirág
– *snowdrop (spring snowflake)*
2 kerti árvácska <árvácska>
– *garden pansy (heartsease pansy), a pansy*
3 trombitanárcisz (csupros nárcisz, sárga nárcisz) <nárcisz>
– *trumpet narcissus (trumpet daffodil, Lent lily), a narcissus*
4 fehér nárcisz; *rok.*: tazettanárcisz
– *poet's narcissus (pheasant's eye, poet's daffodil);* sim.: *polyanthus narcissus*
5 nagy szívvirág (csüngőszív, lakatvirág) <füstikeféle>
– *bleeding heart (lyre flower), a fumariaceous flower*
6 török szegfű (szakállas szegfű) <szegfű>
– *sweet william (bunch pink), a carnation*
7 kerti szegfű
– *gillyflower (gilliflower, clove pink, clove carnation)*
8 mocsári *v.* sárga nőszirom (sárgaliliom, vízililiom) <nőszirom (írisz)>
– *yellow flag (yellow water flag, yellow iris), an iris*
9 tubarózsa
– *tuberose*
10 közönséges harangláb
– *columbine (aquilegia)*
11 kerti kardvirág (gladiólusz)
– *gladiolus (sword lily)*
12 fehér liliom (madonnaliliom) <liliom>
– *Madonna lily (Annunciation lily, Lent lily), a lily*
13 kerti szarkaláb <boglárkaféle>
– *larkspur (delphinium), a ranunculaceous plant*
14 lángvirág (flox)
– *moss pink (moss phlox), a phlox*
15 tearózsa (illatos rózsa)
– *garden rose (China rose)*
16 rózsabimbó <bimbó>
– *rosebud, a bud*
17 telt rózsa
– *double rose*
18 rózsatüske [*a köznyelvben helytelenül:* tövis] <tüske>
– *rose thorn, a thorn*
19 kokárdavirág
– *gaillardia*
20 büdöske (bársonyvirág)
– *African marigold (tagetes)*
21 díszparéj (bíbor disznóparéj, bíbor amaránt) <disznóparéj, amaránt>
– *love-lies-bleeding, an amaranthine flower*
22 pompás rézvirág (cínia, menyecskevirág)
– *zinnia*
23 pompondália (labdavirágú dália, georgina, györgyike) <dália>
– *pompon dahlia, a dahlia*

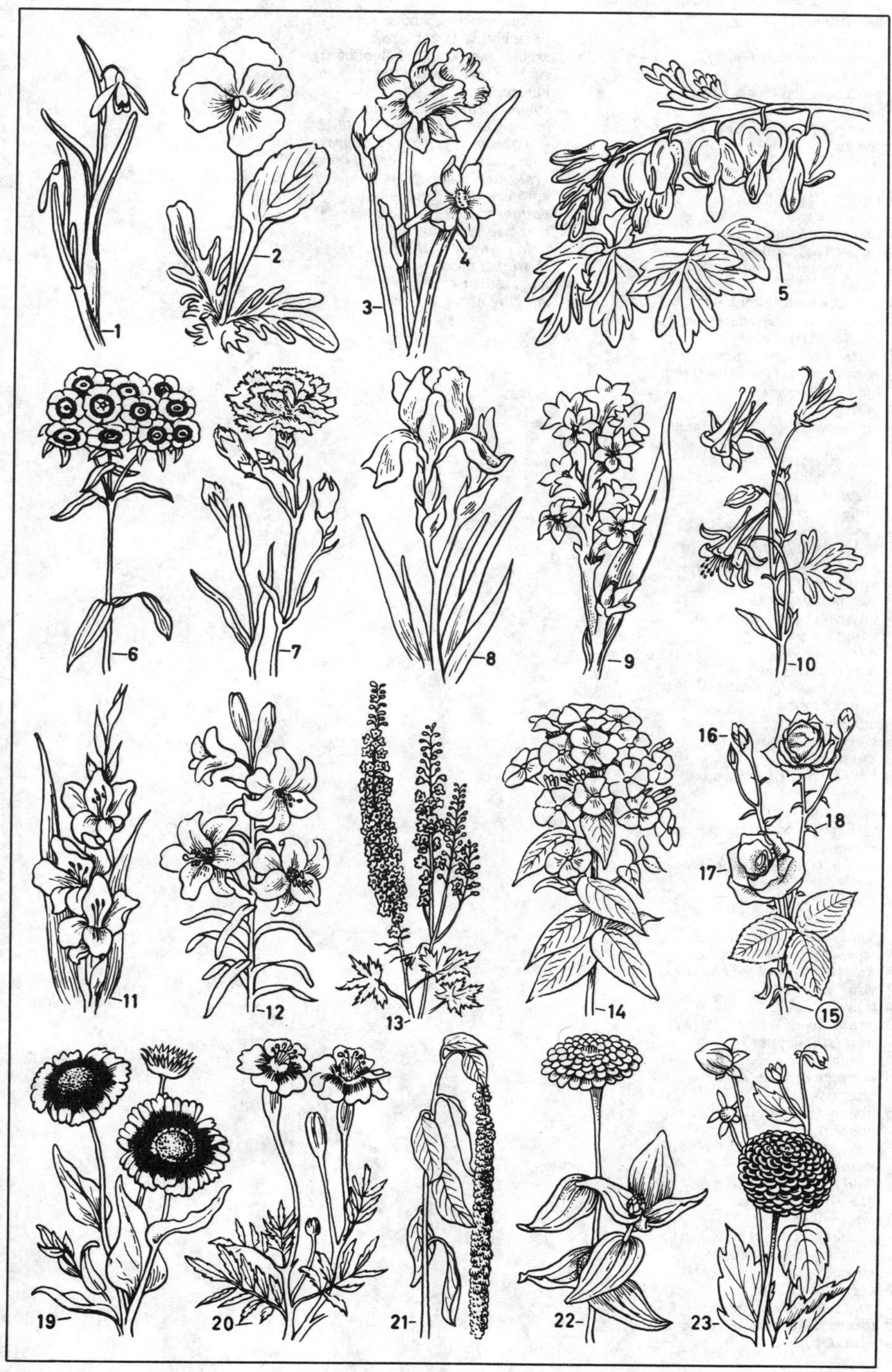
1
2
3
4
5
6
7
8
9
10
11
12
13
14
15
16
17
18
19
20
21
22
23

1 kék *v.* vetési búzavirág <búzavirág>
– *corn flower (bluebottle), a centaury*
2 pipacs (vetési pipacs) <mákféle>
– *corn poppy (field poppy), a poppy*
3 bimbó
– *bud*
4 pipacsvirág
– *poppy flower*
5 toktermés (gubó) pipacsmagokkal
– *seed capsule containing poppy seeds*
6 konkoly (vetési konkoly)
– *corn cockle (corn campion, crown-of-the-field)*
7 vetési aranyvirág <aranyvirág>
– *corn marigold (field marigold), a chrysanthemum*
8 parlagi pipitér
– *corn camomile (field camomile, camomile, chamomile)*
9 közönséges pásztortáska (pásztortáska)
– *shepherd's purse*
10 virág
– *flower*
11 táska alakú termés (becőke)
– *fruit (pouch-shaped pod)*
12 közönséges aggófű
– *common groundsel*
13 pitypang (gyermekláncfű, pongyola pitypang)
– *dandelion*
14 fejecskevirágzat
– *flower head (capitulum)*
15 terméscsoport
– *infructescence*
16 szapora zsombor (orvosi zsombor)
– *hedge mustard, a mustard*
17 ternye
– *stonecrop*
18 vadrepce (vetési repce, mezei mustár)
– *wild mustard (charlock, runch)*
19 virág
– *flower*
20 termés <becő>
– *fruit, a siliqua (pod)*
21 repcsényretek (repcsénretek)
– *wild radish (jointed charlock)*
22 virág
– *flower*
23 termés (becő)
– *fruit (siliqua, pod)*
24 laboda
– *common orache (common orach)*
25 libatop (libaparéj)
– *goosefoot*
26 apró *v.* mezei szulák (folyófű) <szulák>
– *field bindweed (wild morning glory), a bindweed*
27 mezei tikszem
– *scarlet pimpernel (shepherd's weatherglass, poor man's weatherglass, eye-bright)*
28 egérárpa (békaárpa)
– *wild barley (wall barley)*
29 fekete zab (hélazab, szőrös zab)
– *wild oat*
30 közönséges tarackbúza (tarackbúza, tarack); *rok.:* szálkás tarackbúza (bolondbúza), szittyós tarackbúza (Agropyron junceum)
– *common couch grass (couch, quack grass, quick grass, quitch grass, scutch grass, twitch grass, witchgrass);* sim.: *bearded couch grass, sea couch grass*
31 apró *v.* kicsiny gombvirág
– *gallant soldier*
32 mezei aszat <aszat>
– *field eryngo (Watling Street thistle), a thistle*
33 nagy csalán <csalán>
– *stinging nettle, a nettle*

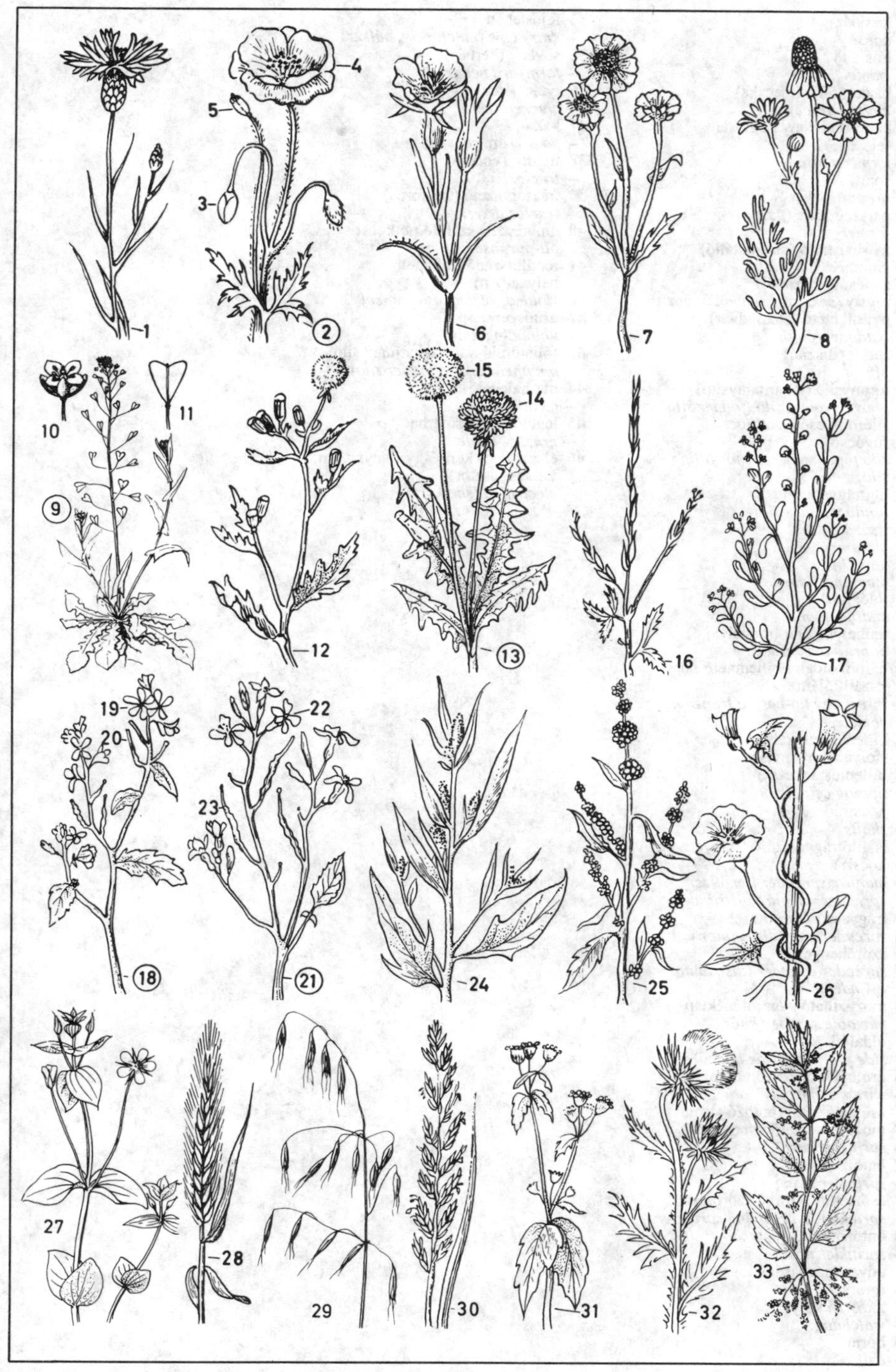
1
2
3
4
5
6
7
8
9
10
11
12
13
14
15
16
17
18
19
20
21
22
23
24
25
26
27
28
29
30
31
32
33

1 lakóház
– *house*
2 lóistálló
– *stable*
3 házimacska (macska)
– *house cat (cat)*
4 parasztasszony (a gazda felesége)
– *farmer's wife*
5 söprű
– *broom*
6 parasztgazda (gazda)
– *farmer*
7 marhaistálló (tehénistálló)
– *cowshed*
8 sertésól (disznóól)
– *pigsty (sty,* Am. *pigpen, hogpen)*
9 nyitott etető (etetőudvar)
– *outdoor trough*
10 sertés (disznó)
– *pig*
11 toronysiló (takarmánysiló)
– *above-ground silo (fodder silo)*
12 silótöltő cső (szállítócső, fúvócső)
– *silo pipe (standpipe for filling the silo)*
13 hígtrágyatartály
– *liquid manure silo*
14 melléképület
– *outhouse*
15 gépszín
– *machinery shed*
16 tolóajtó
– *sliding door*
17 műhelybejárat (műhelyajtó)
– *door to the workshop*
18 három oldalra billenthető kocsi <szállítójármű>
– *three-way tip-cart, a transport vehicle*
19 billentő munkahenger (folyadéknyomásos billentőszerkezet)
– *tipping cylinder*
20 kocsirúd
– *shafts*
21 istállótrágya-szóró (trágyaszóró kocsi)
– *manure spreader (fertilizer spreader, manure distributor)*
22 trágyaszóró szerkezet
– *spreader unit (distributor unit)*
23 szóróhenger
– *spreader cylinder (distributor cylinder)*
24 mozgatható kaparófenéklap
– *movable scraper floor*
25 oldalfal
– *side planking (side board)*
26 dróthálóból készült homlokfal
– *wire mesh front*
27 esőztetőkocsi (öntöző jármű, mozgó esőztetőberendezés)
– *sprinkler cart*
28 öntözőállvány
– *sprinkler stand*
29 esőztetőfej (forgó szórófej)
– *sprinkler, a revolving sprinkler*
30 öntözőtömlő
– *sprinkler hoses*
31 udvar (gazdasági udvar)
– *farmyard*
32 házőrző kutya
– *watchdog*
33 borjú
– *calf*
34 fejőstehén
– *dairy cow (milch-cow, milker)*
35 sövény (kerítés)
– *farmyard hedge*
36 tyúk (jérce)
– *chicken (hen)*
37 kakas
– *cock (*Am. *rooster)*
38 traktor (vontató)
– *tractor*
39 traktorvezető (traktoros)
– *tractor driver*
40 univerzális szállító pótkocsi
– *all-purpose trailer*
41 rendfelszedő (felemelt helyzetben)
– *[folded] pickup attachment*
42 ürítőszerkezet
– *unloading unit*
43 fóliatömlő-siló <takarmánysiló>
– *polythene silo, a fodder silo*
44 marhalegelő
– *meadow*
45 legelő szarvasmarha
– *grazing cattle*
46 elektromos kerítés (villanykarám, villanypásztor)
– *electrified fence*

1
2
3
4
5
6
7
8
9
10
11
12
13
14
15
16
17
18
19
20
21
22
23
24
25
26
27
28
29
30
31
32
33
34
35
36
37
38
39
40
41
42
43
44
45
46

**1–41 mezei munkák**
– ***work in the fields***
**1** ugar (parlagföld)
– *fallow (fallow field, fallow ground)*
**2** határkő
– *boundary stone*
**3** mezsgye (határmezsgye) <határjelölő földcsík>
– *boundary ridge, a balk (baulk)*
**4** szántóföld
– *field*
**5** mezei munkás (mezőgazdasági munkás, földmunkás)
– *farmworker (agricultural worker, farmhand, farm labourer,* Am. *laborer)*
**6** eke
– *plough* (Am. *plow)*
**7** rög
– *clod*
**8** barázda
– *furrow*
**9** talált kő [amelyet mezei munka közben a szántóföldön találtak és a mezsgyére kidobtak]
– *stone*
**10–12** vetés
– *sowing*
**10** vető munkás (kézivető, magvető)
– *sower*
**11** vetőzsák (vetőkendő, vetőtarisznya)
– *seedlip*
**12** vetőmag
– *seed corn (seed)*
**13** mezőőr
– *field guard*
**14** műtrágya (*fajtái:* káliumműtrágya, foszforműtrágya, mésztrágya, nitrogénműtrágya)
– *chemical fertilizer (artificial fertilizer);* kinds*: potash fertilizer, phosphoric acid fertilizer, lime fertilizer, nitrogen fertilizer*
**15** egy szekér istállótrágya
– *cartload of manure (farmyard manure, dung)*
**16** ökörfogat
– *oxteam (team of oxen,* Am. *span of oxen)*
**17** mező
– *fields (farmland)*
**18** mezei út (dűlőút)
– *farm track (farm road)*
**19–30 szénagyűjtés** (szénabetakarítás)
– ***hay harvest*** *(haymaking)*
**19** rendrakó forgókéses fűkasza (rendrekaszáló gép)
– *rotary mower with swather (swath reaper)*
**20** vontatórúd (vontatógerenda)
– *connecting shaft (connecting rod)*
**21** teljesítményleadó tengely
– *power take-off (power take-off shaft)*
**22** rét
– *meadow*
**23** lekaszált rend
– *swath (swathe)*
**24** szénaforgató gép
– *tedder (rotary tedder)*
**25** megforgatott széna
– *tedded hay*
**26** rendforgató gép
– *rotary swather*
**27** szállító pótkocsi rendfelszedő szerkezettel
– *trailer with pickup attachment*
**28** svéd állvány <szénaszárító állvány>
– *fence rack (rickstand), a drying rack for hay*
**29** ágas (finn nyárs) <szénaszárító állvány>
– *rickstand, a drying rack for hay*
**30** háromlábú szénaszárító bak
– *hay tripod*
**31–41** gabonabetakarítás és magágy-előkészítés
– *grain harvest and seedbed preparation*
**31** arató-cséplő gép (gabonakombájn)
– *combine harvester*
**32** gabonaföld
– *cornfield*
**33** tarló
– *stubble field*
**34** szalmabála (préselt szalmabála)
– *bale of straw*
**35** bálázógép (szalmabálázó) <nagynyomású présgép>
– *straw baler (straw press), a high-pressure baler*
**36** rendre vágott szalma
– *swath (swathe) of straw (windrow of straw)*
**37** hidraulikus bálarakodó
– *hydraulic bale loader*
**38** szállítókocsi
– *trailer*
**39** istállótrágya-szóró (trágyaszóró kocsi)
– *manure spreader*
**40** négykéses barázdahúzó eke
– *four-furrow plough* (Am. *plow)*
**41** magágykészítő és vető gépkombináció
– *combination seed-harrow*

1
2
3
4
5
6
7
8
9
10
11
12
13
14
15
16
17
18
19
20
21
22
23
24
25
26
27
28
29
30
31
32
33
34
35
36
37
38
39
40
41

**1–33 arató-cséplő gép** (gabonakombájn)
– ***combine harvester** (combine)*
1 rendválasztó (szárelválasztó)
– *divider*
2 kalászemelő (száremelő)
– *grain lifter*
3 kaszasín
– *cutter bar*
4 felszedőmotolla <rugósfogas motolla>
– *pickup reel, a spring-tine reel*
5 motollahajtómű
– *reel gearing*
6 terelőcsiga
– *auger*
7 ferde láncos felhordó
– *chain and slat elevator*
8 hidraulikus munkahenger a vágószerkezet magasságának állítására
– *hydraulic cylinder for adjusting the cutting unit*
9 kőfogó vályú
– *stone catcher (stone trap)*
10 toklászoló (előverő)
– *awner*
11 dobkosár
– *concave*
12 cséplődob
– *threshing drum (drum)*
13 szalmaterelő dob (utóverő)
– *revolving beater [for freeing straw from the drum and preparing it for the shakers]*
14 szalmarázó
– *straw shaker (strawwalker)*
15 szelelő
– *fan for compressed-air winnowing*
16 törekasztal
– *preparation level*
17 lemezes rosta (törekrosta)
– *louvred-type sieve*
18 rosta meghosszabbítása
– *sieve extension*
19 lengőrosta (pelyvarosta)
– *shoe sieve (reciprocating sieve)*
20 magszállító csiga (magcsiga)
– *grain auger*
21 pelyvaszállító csiga
– *tailings auger*
22 pelyvaürítő
– *tailings outlet*
23 magtartály
– *grain tank*
24 magtartálytöltő csiga
– *grain tank auger*
25 magtartályürítő szállítócsigái
– *augers feeding to the grain tank unloader*
26 magtartályürítő cső
– *grain unloader spout*
27 ablak a magtartály töltésének ellenőrzéséhez
– *observation ports for checking tank contents*
28 hathengeres dízelmotor
– *six-cylinder diesel engine*
29 hidraulikaszivattyú olajtartállyal
– *hydraulic pump with oil reservoir*
30 hajtótengely fogaskerék-hajtóműve
– *driving axle gearing*
31 hajtókerék-gumiabroncs
– *driving wheel tyre* (Am. *tire)*
32 kormányzókerék-gumiabroncs
– *rubber-tyred* (Am. *rubber-tired) wheel on the steering axle*
33 vezetőállás
– *driver position*
**34–39 önjáró járvaszecskázó** (silókombájn)
– ***self-propelled forage harvester** (self–propelled field chopper)*
34 vágódob (szecskázódob)
– *cutting drum (chopper drum)*
35 kukoricavágó szerkezet
– *corn head*
36 vezetőfülke
– *cab (driver's cab)*
37 elfordítható dobócső (átrakócső)
– *swivel-mounted spout (discharge pipe)*
38 kipufogó
– *exhaust*
39 hátsókerék-kormányzás
– *rear-wheel steering system*
**40–45 forgóvillás rendsodró**
– ***rotary swather***
40 kardántengely
– *cardan shaft*
41 futókerék
– *running wheel*
42 kettősrugós fogak
– *double spring tine*
43 kéziforgattyú (indítókar)
– *crank*
44 rendrakó gereblye
– *swath rake*
45 hárompontos felfüggesztés
– *three-point linkage*
**46–58 forgó szénaforgató gép**
– ***rotary tedder***
46 traktor
– *tractor*
47 vonórúd
– *draw bar*
48 kardántengely
– *cardan shaft*
49 hajtó tengelycsonk
– *power take-off (power take-off shaft)*
50 hajtómű
– *gearing (gears)*
51 tartócső (vázkeretcső)
– *frame bar*
52 forgófej
– *rotating head*
53 fogtartó cső
– *tine bar*
54 kettősrugós fogak
– *double spring tine*
55 védőkengyel
– *guard rail*
56 futókerék
– *running wheel*
57 kéziforgattyú a magasság beállításához
– *height adjustment crank*
58 futókerék-beállítás
– *wheel adjustment*
**59–84 burgonyabetakarító gép** (burgonyakombájn)
– ***potato harvester***
59 kezelőfogantyúk a kiszedők és a tartály emeléséhez, valamint a vonórúd beállításához
– *control levers for the lifters of the digger and the hopper and for adjusting the shaft*
60 állítható magasságú vonószem (vonófül)
– *adjustable hitch*
61 vonórúd
– *drawbar*
62 vonórúdtámasz
– *drawbar support*
63 kardántengely-csatlakozás
– *cardan shaft connection*
64 nyomóhenger
– *press roller*
65 hidraulikarendszer hajtóműve
– *gearing (gears) for the hydraulic system*
66 tárcsás csoroszlya
– *disc (disk) coulter* (Am. *colter) (rolling coulter)*
67 hármas ekevas
– *three-bladed share*
68 csoroszlyahajtómű
– *disc (disk) coulter* (Am. *colter) drive*
69 láncrostély
– *open-web elevator*
70 rázómű
– *agitator*
71 többfokozatú hajtómű
– *multi-step reduction gearing*
72 berakórostély
– *feeder*
73 burgonyaszár- és gyomeltávolító (forgószárnyas henger)
– *haulm stripper (flail rotor)*
74 emelődob (forgó szitadob)
– *rotary elevating drum*
75 támolygócellás leválasztóhenger
– *mechanical tumbling separator*
76 burgonyaszár-kihordó szalag rugós kaparókkal
– *haulm conveyor with flexible haulm strippers*
77 burgonyaszár-kihordó szalag rázóműve
– *haulm conveyor agitator*
78 burgonyaszár-kihordó szalag ékszíjhajtása
– *haulm conveyor drive with V-belt*
79 szeges gumiszalag a burgonyaszár, rögök és kövek eltávolítására
– *studded rubber belt for sorting vines, clods and stones*
80 szennyeződéskihordó szalag
– *trash conveyor*
81 osztályozószalag
– *sorting table*
82 gumitárcsás előosztályozó hengerek
– *rubber-disc (rubber-disk) rollers for presorting*
83 kihordószalag
– *discharge conveyor*
84 görgős fenekű tartály
– *endless-floor hopper*
**85–96 répabetakarító gép** (répakombájn)
– ***beet harvester***
85 répafejező
– *topper*
86 érzékelőkerék (tapintókerék)
– *feeler*
87 fejezőkés
– *topping knife*
88 érzékelő beállítható mélységű támasztókereke
– *feeler support wheel with depth adjustment*
89 répatisztító
– *beet cleaner*
90 levélgyűjtő elevátor
– *haulm elevator*
91 hidraulikaszivattyú
– *hydraulic pump*
92 sűrítettlevegő-tartály
– *compressed-air reservoir*
93 olajtartály
– *oil tank (oil reservoir)*
94 répagyűjtő elevátor feszítőszerkezete
– *tensioning device for the beet elevator*
95 répagyűjtő elevátor szállítószalagja
– *beet elevator belt*
96 répatároló tartály
– *beet hopper*

28
29
27
24
33
25
23
26
14
22
13
18
37
12
11
36
16
15
4
7
9
10
38
17
19
20
32
8
5
21
1
3
6
2
30
31
34
39
35
43
44
41
42
45
58
57
48
46
50
49
78
40
75
47
80
81
82
83
84
58
55
77
79
51
76
52
56
53
54
59
73
74
72
71
70
69
68
66
65
64
63
60
61
62
67
94
95
94
96
90
90
93
92
91
89
85
89
85
86
88
87

1 **taligás eke** <egyvasú eke>
– ***wheel plough*** (Am. *plow*), *a single-bottom plough* [form.]
2 fogantyú
– *handle*
3 ekeszarv
– *plough* (Am. *plow*) *stilt (plough handle)*
4–8 **eketest**
– ***plough*** (Am. ***plow***) ***bottom***
4 kormánylemez
– *mouldboard* (Am. *moldboard*)
5 ekenád
– *landside*
6 eketalp (csúszótalp)
– *sole (slade)*
7 ekevas (szántóvas)
– *ploughshare (share,* Am. *plowshare)*
8 ekefej (eketörzs)
– *frog (frame)*
9 gerendely
– *beam (plough beam,* Am. *plowbeam)*
10 késes csoroszlya <csoroszlya>
– *knife coulter* (Am. *colter*), *a coulter*
11 előhántó
– *skim coulter* (Am. *colter*)
12 önvezetéklánc keresztrúdja
– *guide-chain crossbar*
13 önvezetéklánc
– *guide chain*
14–19 **eketaliga** (taliga)
– ***forecarriage***
14 állítókengyel (híd, járom)
– *adjustable yoke (yoke)*
15 tarlókerék
– *land wheel*
16 barázdakerék
– *furrow wheel*
17 vonóhoroglánc (felfüggesztőlánc)
– *hake chain*
18 vonórúd
– *draught beam (drawbar)*
19 vonóhorog
– *hake*
20 **vontató** (mezőgazdasági traktor, szántótraktor, traktor)
– ***tractor*** *(general-purpose tractor)*
21 vezetőfülke-keret (borulókeret)
– *cab frame (roll bar)*
22 ülés (vezetőülés, nyereg)
– *seat*
23 kihajtó tengelycsonk sebességváltója
– *power take-off gear-change (gearshift)*
24–29 **emelőhidraulika**
– ***power lift***
24 hidraulikus dugattyú
– *ram piston*
25 emelőtámasz-állítás (emelőrúdállítás)
– *lifting rod adjustment*
26 csatlakozókeret
– *drawbar frame*
27 felső vezetőrúd
– *top link*
28 alsó vezetőrúd
– *lower link*
29 emelőtámasz (emelőrúd)
– *lifting rod*
30 vonórúd-csatlakozó
– *drawbar coupling*
31 terhelés alatt átkapcsolható erőleadó tengelycsonk
– *live power take-off, live power take-off shaft*
32 differenciálmű
– *differential gear (differential)*
33 lengőtengely
– *floating axle*
34 nyomatékváltó kapcsolókarja
– *torque converter lever*
35 sebességváltó kar
– *gear-change (gearshift)*
36 sokfokozatú sebességváltó
– *multi-speed transmission*
37 hidraulikus tengelykapcsoló
– *fluid clutch (fluid drive)*
38 tengelycsonkhajtómű
– *power take-off gear*
39 fő tengelykapcsoló (vontatási tengelykapcsoló)
– *main clutch*
40 tengelycsonk-sebességváltó tengelykapcsolóval
– *power take-off gear-change (gearshift) with power take-off clutch*
41 hidraulikus szervokormány irányváltó hajtóművel
– *hydraulic power steering and reversing gears*
42 üzemanyagtartály
– *fuel tank*
43 úszókar
– *float lever*
44 négyhengeres dízelmotor
– *four-cylinder diesel engine*
45 olajteknő szivattyúval a nyomóolajozáshoz
– *oil sump and pump for the pressure-feed lubrication system*
46 frissolaj-tartály
– *fresh oil tank*
47 nyomtávrúd
– *track rod* (Am. *tie rod*)
48 első tengely lengőcsapja
– *front axle pivot pin*
49 első tengely rugós felfüggesztése
– *front axle suspension*
50 elülső vontatócsatlakozó
– *front coupling (front hitch)*
51 hűtő
– *radiator*
52 ventilátor
– *fan*
53 akkumulátor
– *battery*
54 olajfürdős levegőszűrő
– *oil bath air cleaner (oil bath air filter)*
55 **kultivátor**
– ***cultivator*** *(grubber)*
56 idomacél keret
– *sectional frame*
57 rugósfog
– *spring tine*
58 kapa <deltoid alakú kultivátorfog (*rok.*: véső alakú kultivátorfog)>
– *share, a diamond-shaped share* (sim.: *chisel-shaped share*)
59 mankókerék
– *depth wheel*
60 mélységállító
– *depth adjustment*
61 függesztőberendezés
– *coupling (hitch)*
62 **váltva forgató eke** <függesztett eke>
– ***reversible plough*** (Am. *plow*), *a mounted plough*
63 mankókerék
– *depth wheel*
64–67 **eketest** <univerzális eketest>
– ***plough*** (Am. ***plow***) ***bottom,*** *a general-purpose plough bottom*
64 kormánylemez
– *mouldboard* (Am. *moldboard*)
65 ekevas <hegyes ekevas>
– *ploughshare (share,* Am. *plowshare), a pointed share*
66 eketalp (csúszótalp)
– *sole (slade)*
67 ekenád
– *landside*
68 előhántó
– *skim coulter* (Am. *colter*)
69 tárcsás csoroszlya
– *disc (disk) coulter* (Am. *colter*) *(rolling coulter)*
70 keretszerkezet
– *plough* (Am. *plow*) *frame*
71 gerendely
– *beam (plough beam,* Am. *plowbeam)*
72 hárompont-felfüggesztésű csatlakozó
– *three-point linkage*
73 helyzetbeállító (dőlésbeállító)
– *swivel mechanism*
74 **sorvető gép**
– ***drill***
75 vetőmagláda (magláda, vetőmagtartály)
– *seed hopper*
76 vetőcsoroszlya
– *drill coulter* (Am. *colter*)
77 magvezető cső <teleszkópos cső>
– *delivery tube, a telescopic tube*
78 magadagoló
– *feed mechanism*
79 hajtóműház
– *gearbox*
80 hajtókerék
– *drive wheel*
81 nyommutató kar (nyomjelző)
– *track indicator*
82 **tárcsás borona** <félig függesztett munkagép>
– ***disc (disk) harrow,*** *a semimounted implement*
83 X alakú tárcsaelrendezés
– *discs (disks) in X-configuration*
84 sima tárcsa
– *plain disc (disk)*
85 fogazott tárcsa
– *serrated-edge disc (disk)*
86 gyorskapcsoló
– *quick hitch*
87 **vetőmagágy-készítő kombináció**
– ***combination seed-harrow***
88 háromnyomásos borona
– *three-section spike-tooth harrow*
89 háromnyomásos, kéthengeres forgóborona
– *three-section rotary harrow*
90 hordozókeret
– *frame*

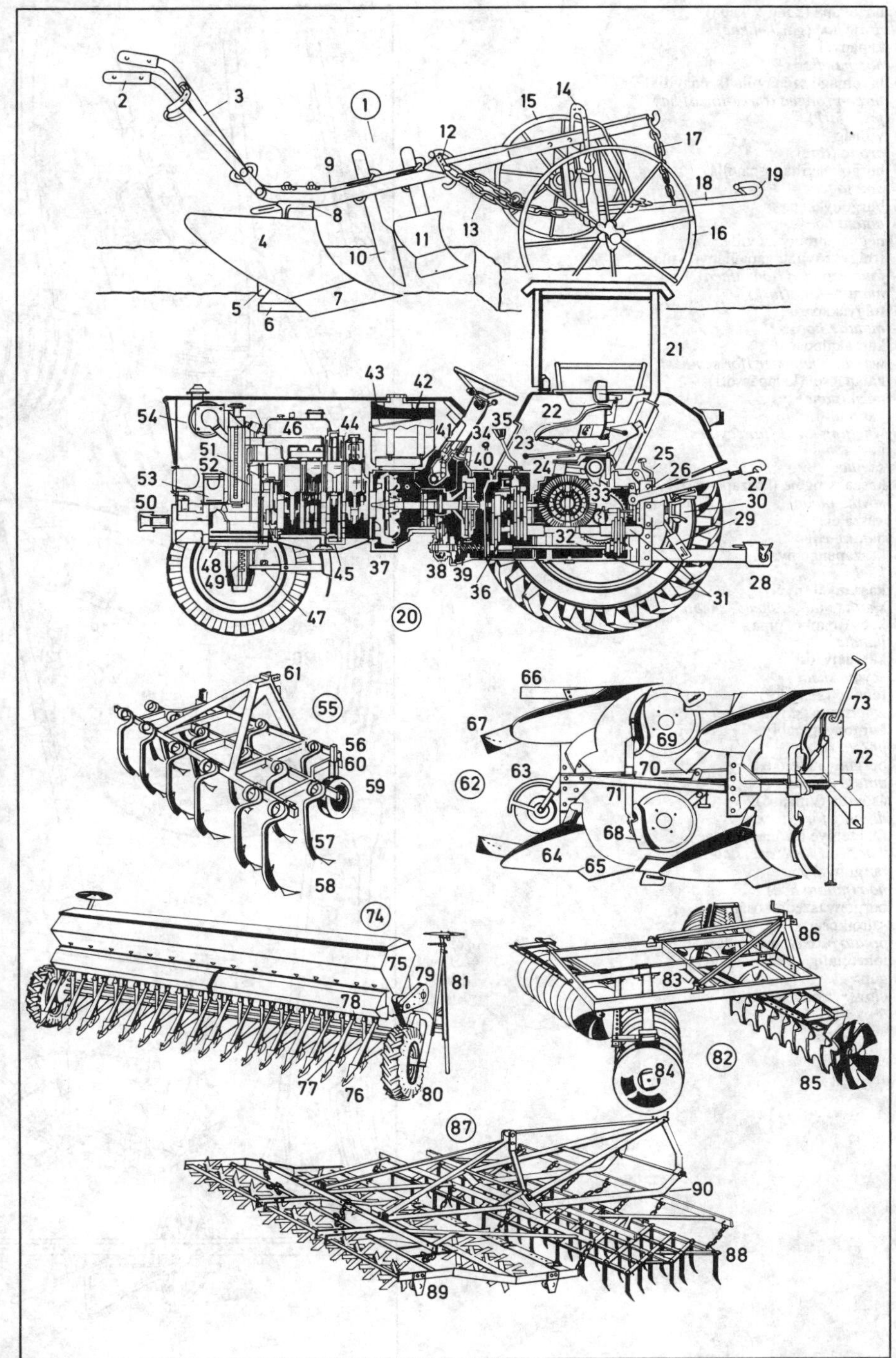
1
2
3
4
5
6
7
8
9
10
11
12
13
14
15
16
17
18
19
20
21
22
23
24
25
26
27
28
29
30
31
32
33
34
35
36
37
38
39
40
41
42
43
44
45
46
47
48
49
50
51
52
53
54
55
56
57
58
59
60
61
62
63
64
65
66
67
68
69
70
71
72
73
74
75
76
77
78
79
80
81
82
83
84
85
86
87
88
89
90

**1** húzókapa (kengyelkapa)
– *draw hoe (garden hoe)*
**2** kapanyél
– *hoe handle*
**3** háromágú szénavilla (szénavilla)
– *three-pronged (three-tined) hay fork (fork)*
**4** villaág
– *prong (tine)*
**5** burgonyavilla (répavilla)
– *potato fork*
**6** burgonyakapa
– *potato hook*
**7** négyágú trágyázóvilla (trágyázóvilla, ganajhányó villa)
– *four-pronged (four-tined) manure fork (fork)*
**8** trágyakaparó
– *manure hoe*
**9** kaszakalapács
– *whetting hammer [for scythes]*
**10** kalapácsél (kalapácsorr)
– *peen (pane)*
**11** kaszaüllő
– *whetting anvil [for scythes]*
**12** kasza
– *scythe*
**13** kasza pengéje (kaszapenge)
– *scythe blade*
**14** kasza éle
– *cutting edge*
**15** kaszapenge nyaka
– *heel*
**16** kaszanyél (nyél)
– *snath (snathe, snead, sneath)*
**17** kacs (mankó, pipa)
– *handle*
**18** kaszaélvédő
– *scythe sheath*
**19** fenőkő (kaszakő)
– *whetstone (scythestone)*
**20** burgonyagereblye
– *potato rake*
**21** burgonyaültető edény
– *potato planter*
**22** ásóvilla (villaásó)
– *digging fork (fork)*
**23** fagereblye (szénagereblye)
– *wooden rake (rake, hayrake)*
**24** burgonyakapa
– *hoe (potato hoe)*
**25** burgonyaszedő kosár <drótkosár>
– *potato basket, a wire basket*
**26** lóheretaliga <lóheremagvető gép>
– *clover broadcaster*

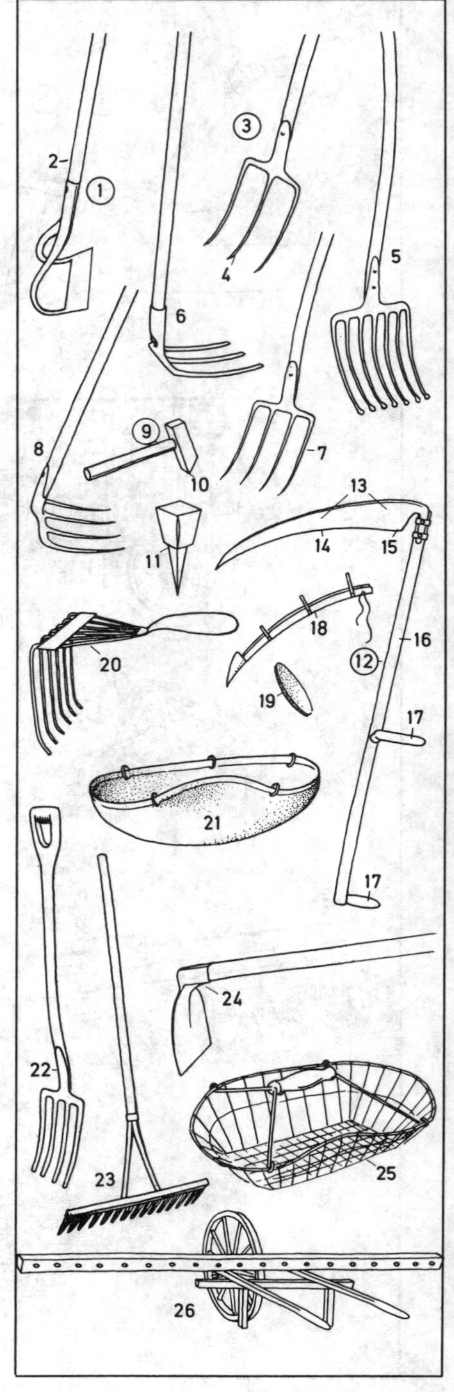

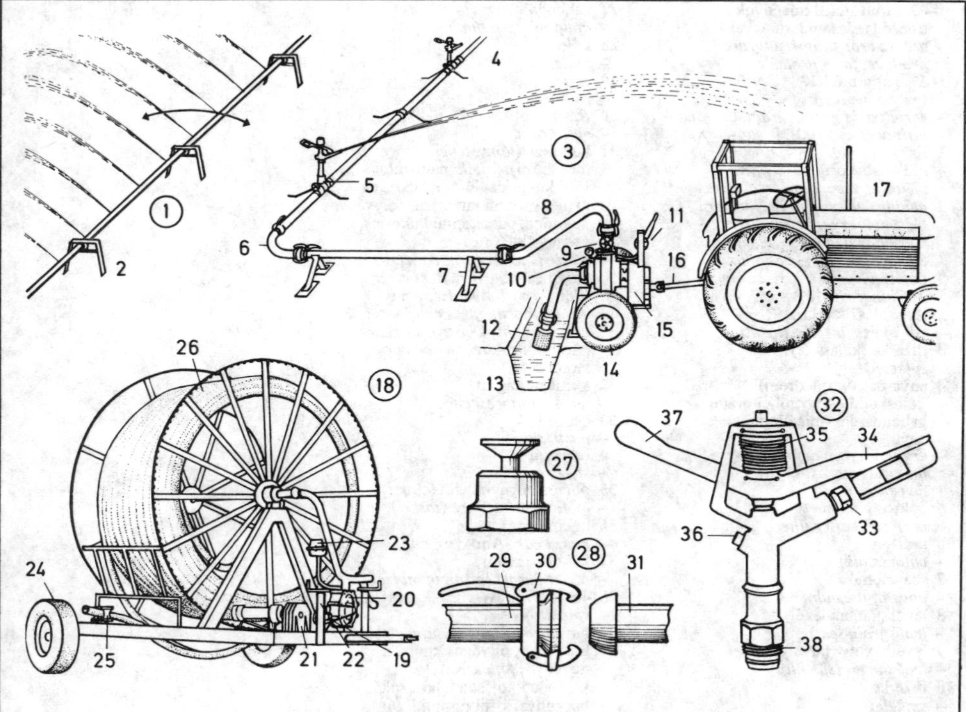


**1** lengő esőztetőcső
– *oscillating spray line*
**2** esőztetőcső lába
– *stand (steel chair)*
**3** mozgatható esőztetőberendezés
– *portable irrigation system*
**4** forgó szórófej
– *revolving sprinkler*
**5** állócső-csatlakozás
– *standpipe coupler*
**6** kardánkötéses könyökcső
– *elbow with cardan joint (cardan coupling)*
**7** csőláb
– *pipe support (trestle)*
**8** szivattyúcsatlakoztató könyökcső
– *pump connection*
**9** nyomócső-csatlakozás (nyomócsonk)
– *delivery valve*
**10** nyomásmérő (manométer)
– *pressure gauge (*Am. gage*) (manometer)*
**11** légtelenítőszivattyú
– *centrifugal evacuating pump*
**12** szívókosár
– *basket strainer*
**13** árok (öntözőcsatorna)
– *channel*
**14** vontatható szivattyú futóműve
– *chassis of the p.t.o.-driven pump (power take-off-driven pump)*
**15** vontatható öntözőszivattyú (traktorvontatású szivattyú)
– *p.t.o.-driven (power take-off-driven) pump*
**16** kardántengely
– *cardan shaft*
**17** vontató (traktor)
– *tractor*
**18** nagy területek öntözésére alkalmas automatikus esőztetőberendezés
– *long-range irrigation unit*
**19** hajtó tengelycsonk
– *drive connection*
**20** turbina
– *turbine*
**21** hajtómű
– *gearing (gears)*
**22** állítható kocsitámasz
– *adjustable support*
**23** légtelenítőszivattyú
– *centrifugal evacuating pump*
**24** futókerék
– *wheel*
**25** csőtámasz
– *pipe support*
**26** poliészter öntözőcső (tömlő)
– *polyester pipe*
**27** esőztetőfúvóka
– *sprinkler nozzle*
**28** gyorskapcsolású cső kardáncsuklós csőcsatlakozással
– *quick-fitting pipe connection with cardan joint*
**29** kardáncsatlakozás külső kúpos része
– *M-cardan*
**30** csatlakozóköröm
– *clamp*
**31** kardáncsatlakozás belső kúpos része
– *V-cardan*
**32** forgó szórófej
– *revolving sprinkler, a field sprinkler*
**33** fúvóka
– *nozzle*
**34** lengőkar
– *breaker*
**35** lengőkarrugó
– *breaker spring*
**36** záródugó
– *stopper*
**37** ellensúly
– *counterweight*
**38** csavarmenet
– *thread*

**1–47 szántóföldi növények** (mezőgazdasági termények)
– ***arable crops*** *(agricultural produce, farm produce)*
**1–37 gabonafélék** (gabonaneműek)
– ***varieties of grain*** *(grain, cereals, farinaceous plants, bread-corn)*
**1** rozs
– *rye (*also: *corn, 'corn' often meaning the main cereal of a country or region; in Northern Germany: rye; in Southern Germany and Italy: wheat; in Sweden: barley; in Scotland: oats; in North America: maize; in China: rice)*
**2** rozskalász <kalász>
– *ear of rye, a spike (head)*
**3** füzérke (kalászka)
– *spikelet*
**4** anyarozs (varjúköröm) <élősködő gombától eltorzult gabonaszem (micéliummal együtt)>
– *ergot, a grain deformed by fungus (a parasite) (with mycelium)*
**5** bokros gabonaszár
– *corn stem after tillering*
**6** szár
– *culm (stalk)*
**7** szárcsomó
– *node of the culm*
**8** levél (gabonalevél)
– *leaf (grain leaf)*
**9** levélhüvely (hüvely)
– *leaf sheath (sheath)*
**10** füzérke
– *spikelet*
**11** toklász
– *glume*
**12** szálka (bajusz)
– *awn (beard, arista)*
**13** szemtermés (gabonaszem, szem, mag)
– *seed (grain, kernel, farinaceous grain)*
**14** csíranövény
– *embryo plant*
**15** mag
– *seed*
**16** csíra
– *embryo*
**17** gyökér
– *root*
**18** gyökérszőr
– *root hair*
**19** gabonalevél
– *grain leaf*
**20** levéllemez
– *leaf blade (blade, lamina)*
**21** levélhüvely
– *leaf sheath*
**22** nyelvecske
– *ligule (ligula)*
**23** búza
– *wheat*
**24** tönköly (tönkölybúza)
– *spelt*
**25** szemtermés; *éretlenül:* aszalt tönköly <levesbetét>
– *seed;* unripe: *green spelt, a soup vegetable*
**26** árpa
– *barley*
**27** zabbuga <buga>
– *oat panicle, a panicle*
**28** köles
– *millet*
**29** rizs
– *rice*
**30** rizsszem
– *rice grain*
**31** kukorica (*tájnyelvben:* tengeri, törökbúza); *fajták:* pattogatni való kukorica, lófogú kukorica, keményszemű kukorica, pelyvás kukorica, puhaszemű kukorica, csemegekukorica
– *maize (Indian corn,* Am. *corn);* varieties: *popcorn, dent corn, flint corn (flint maize,* Am. *Yankee corn), pod corn (*Am. *cow corn, husk corn), soft corn (*Am. *flour corn, squaw corn), sweet corn*
**32** termős virágzat
– *female inflorescence*
**33** csuhé
– *husk (shuck)*
**34** bibeszál
– *style*
**35** porzós bugavirágzat (címer)
– *male inflorescence (tassel)*
**36** kukoricacső
– *maize cob (*Am. *corn cob)*
**37** kukoricaszem
– *maize kernel (grain of maize)*
**38–45 kapásnövények** (kapások)
– ***root crops***
**38** burgonya (krumpli; *tájnyelvben:* kolompér, pityóka) <gumós növény>; *fajták:* kerek, kerekded, tojásdad, hosszúkás burgonya, kiflikrumpli; *szín szerint:* fehér, sárga, vörös, kék burgonya
– *potato plant (potato), a tuberous plant;* varieties: *round, round-oval (pear-shaped), flat-oval, long, kidney-shaped potato;* according to colour: *white (*Am. *Irish), yellow, red, purple potato*
**39** vetőburgonya (vetőgumó)
– *seed potato (seed tuber)*
**40** burgonyagumó (burgonya, gumó)
– *potato tuber (potato, tuber)*
**41** burgonyaszár (a növény föld feletti része)
– *potato top (potato haulm)*
**42** virág
– *flower*
**43** mérgező bogyótermés
– *poisonous potato berry (potato apple)*
**44** cukorrépa <takarmányrépa, répa>
– *sugar beet, a beet*
**45** gyökér (répatest)
– *root (beet)*
**46** répafej
– *beet top*
**47** répalevél
– *beet leaf*

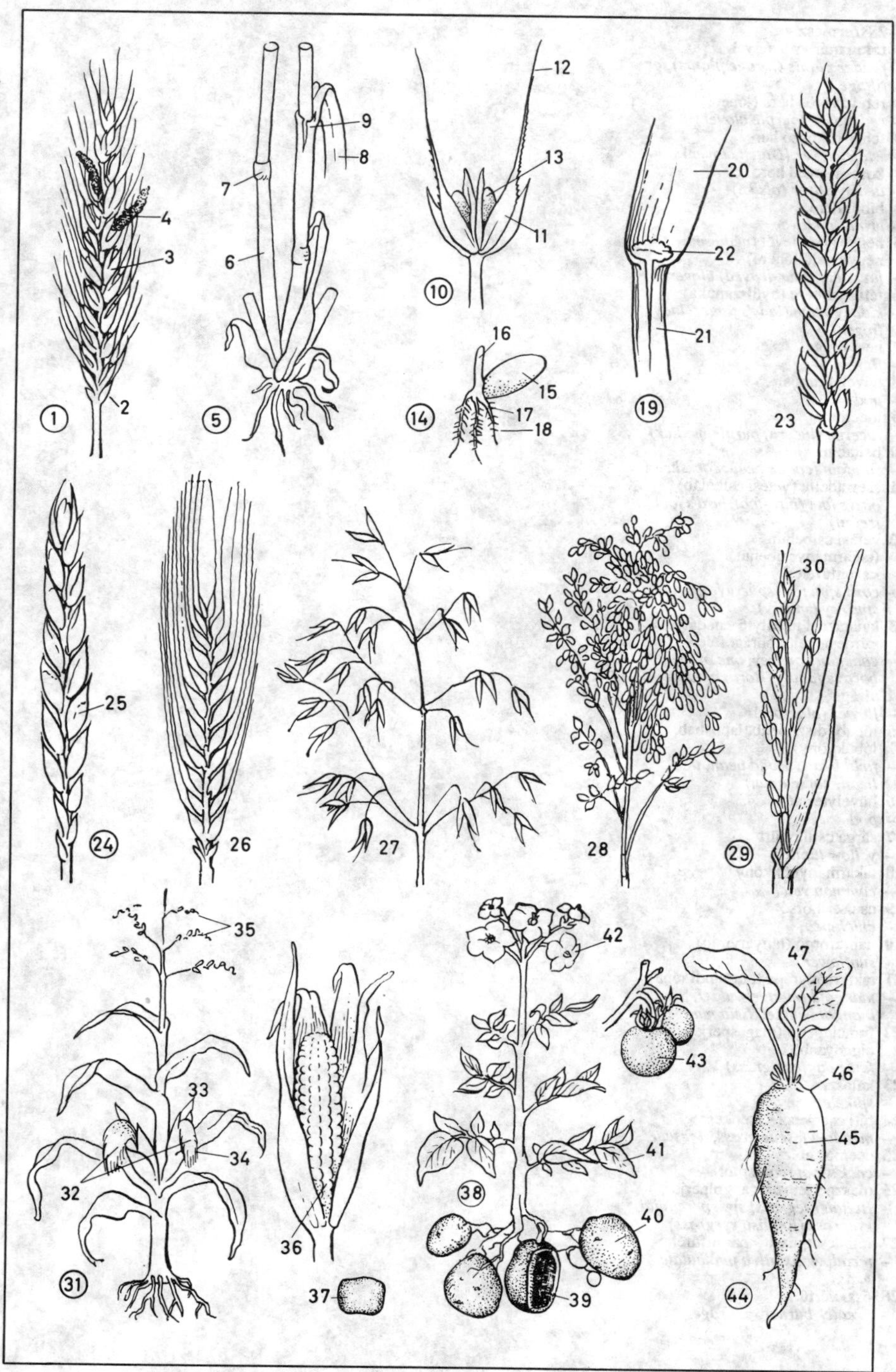
1
2
3
4
5
6
7
8
9
10
11
12
13
14
15
16
17
18
19
20
21
22
23
24
25
26
27
28
29
30
31
32
33
34
35
36
37
38
39
40
41
42
43
44
45
46
47

**1–28 termesztett takarmánynövények**
– *fodder plants (forage plants) for tillage*
**1** réti *v.* vörös here (lóhere)
– *red clover (purple clover)*
**2** fehér *v.* kúszó here
– *white clover (Dutch clover)*
**3** korcs *v.* svéd here
– *alsike clover (alsike)*
**4** bíbor here
– *crimson clover*
**5** négyes herelevél (*népiesen:* négylevelű lóhere)
– *four-leaf (four-leaved) clover*
**6** réti nyúlhere (nyúlszapuka)
– *kidney vetch (lady's finger, lady-finger)*
**7** herevirág
– *flower*
**8** hüvelytermés
– *pod*
**9** lucerna
– *lucerne (lucern, purple medick)*
**10** baltacím
– *sainfoin (cock's head, cockshead)*
**11** szerradella (vetési csibeláb)
– *bird's foot (bird-foot, bird's foot trefoil)*
**12** vetési csibehúr (takarmánycsibehúr) <szegfűféle>
– *corn spurrey (spurrey, spurry), a spurrey (spurry)*
**13** kaukázusi nadálytő <nadálytő>, <érdeslevelű, borágóféle>
– *common comfrey, one of the borage family (Boraginaceae)*
**14** virág
– *flower (blossom)*
**15** lóbab (disznóbab, laposbab, lóbükköny)
– *field bean (broad bean, tick bean, horse bean)*
**16** hüvelytermés
– *pod*
**17** sárga csillagfürt
– *yellow lupin*
**18** takarmánybükköny
– *common vetch*
**19** csicseriborsó
– *chick-pea*
**20** napraforgó (tányérvirág)
– *sunflower*
**21** takarmányrépa (burgundi répa)
– *mangold (mangelwurzel, mangoldwurzel, field mangel)*
**22** franciaperje (magasperje, cigányzab)
– *false oat (oat-grass)*
**23** kalászka
– *spikelet*
**24** réti csenkesz <csenkesz>
– *meadow fescue grass, a fescue*
**25** csomós ebír
– *cock's foot (cocksfoot)*
**26** olaszperje; *rok.:* angolperje
– *Italian ryegrass;* sim. *perennial ryegrass (English ryegrass)*
**27** réti ecsetpázsit <pázsitfűféle>
– *meadow foxtail, a paniculate grass*
**28** őszi vérfű
– *greater burnet saxifrage*

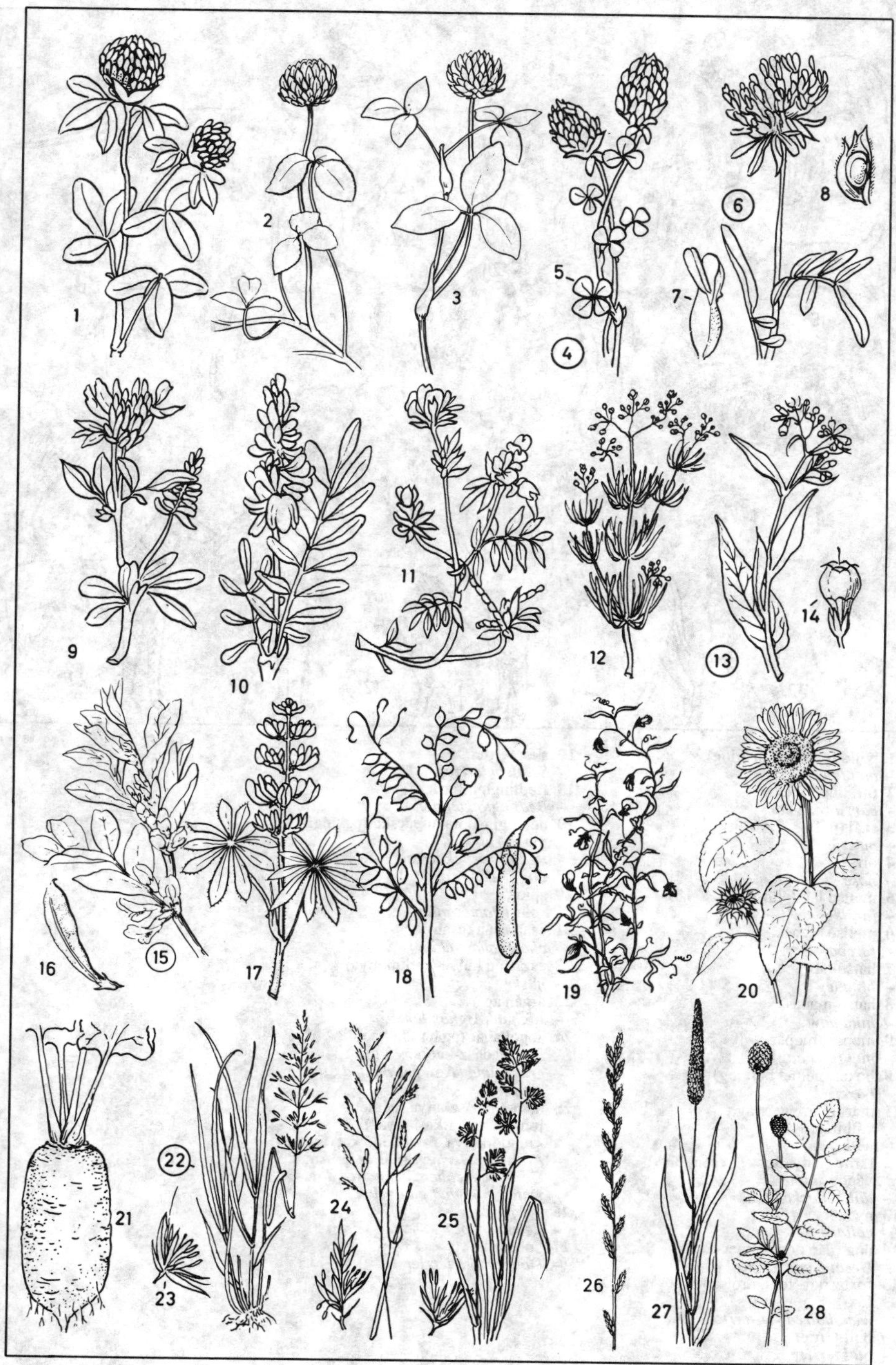
1
2
3
4
5
6
7
8
9
10
11
12
13
14
15
16
17
18
19
20
21
22
23
24
25
26
27
28

**1** bulldog (angol bulldog)
– *bulldog*
**2** fül <lógó fül>
– *ear, a rose-ear*
**3** száj (pofa)
– *muzzle*
**4** orr
– *nose*
**5** mellső láb (elülső *v.* első láb)
– *foreleg*
**6** mellső mancs
– *forepaw*
**7** hátsó láb
– *hind leg*
**8** hátsó mancs
– *hind paw*
**9** mopsz (mopszli)
– *pug (pug dog)*
**10** boxer (német bulldog)
– *boxer*
**11** mar (marmagasság, vállmagasság)
– *withers*
**12** farok (kutyafarok) <csonkolt *v.* vágott farok>
– *tail, a docked tail*
**13** nyakörv
– *collar*
**14** dog (dán dog, német dog)
– *Great Dane*
**15** foxterrier (foxi, drótszőrű foxi)
– *wire-haired fox terrier*
**16** bull-terrier
– *bull terrier*
**17** skót terrier
– *Scottish terrier*
**18** Bedlington-terrier
– *Bedlington terrier*
**19** pekingi palotakutyácska (pekingi pincsi)
– *Pekinese (Pekingese, Pekinese dog, Pekingese dog)*
**20** spicc
– *spitz (Pomeranian)*
**21** csau-csau (csau)
– *chow (chow-chow)*
**22** eszkimó kutya (sarki kutya)
– *husky*
**23** afgán agár
– *Afghan (Afghan hound)*
**24** angol agár (agár) <falkaeb, falkavadász-kutya>
– *greyhound* (Am. *grayhound*)*, a courser*
**25** német juhászkutya (német juhászeb, „farkaskutya") <rendőrkutya, őrző-védő kutya>
– *Alsatian (German sheepdog,* Am. *German shepherd), a police dog, watch dog, and guide dog*
**26** ajak
– *flews (chaps)*
**27** doberman
– *Dobermann terrier*

**28–31 kutyatartási felszerelés**
– ***dog's outfit***
**28** kutyakefe
– *dog brush*
**29** kutyafésű
– *dog comb*
**30** póráz (kutyapóráz, szíj)
– *lead (dog lead, leash);* for hunting: *leash*
**31** szájkosár
– *muzzle*
**32** etetőedény (kutyaedény, kutyatál)
– *feeding bowl (dog bowl)*
**33** csont
– *bone*
**34** újfundlandi
– *Newfoundland dog*
**35** schnauzer
– *schnauzer*
**36** uszkár [legkisebb változata a törpe uszkár]
– *poodle;* sim. and smaller: *pygmy (pigmy) poodle*
**37** bernáthegyi
– *St. Bernard (St. Bernard dog)*
**38** cocker-spaniel
– *cocker spaniel*
**39** rövid szőrű tacskó (dakszli, borzeb) <kotorékeb>
– *dachshund, a terrier*
**40** német vizsla
– *German pointer*
**41** szetter (angol vizsla)
– *English setter*
**42** véreb <nyomkövető kutya>
– *trackhound*
**43** pointer <vizsla> <nyomkövető kutya>
– *pointer, a trackhound*

**1–6 iskolalovaglás** (idomítólovaglás, magasiskola)
– ***equitation*** *(high school riding, haute école)*
**1** helyben ügetés (veréblépés)
– *piaffe*
**2** iskolalépés (összeszedett lépés)
– *walk*
**3** spanyol lépés
– *passage*
**4** levád (levade)
– *levade (pesade)*
**5** szarvasugrás
– *capriole*
**6** szökellés két hátsó lábon
– *courbette (curvet)*
**7–25 lószerszám** (lószerszámzat, kocsiszerszám, fogatosszerszám, hámszerszám, hámiga)
– ***harness***
**7–13** kantár (*egyes vidékeken:* fék; *katonaságnál:* kötőfék)
– *bridle*
**7–11 kantárfej** (fejrész)
– ***headstall*** *(headpiece, halter)*
**7** orrszíj (orradzó)
– *noseband*
**8** pofaszíj
– *cheek piece (cheek strap)*
**9** homlokszíj
– *browband (front band)*
**10** tarkószíj
– *crownpiece*
**11** állszíj (álladzó, torokszíj)
– *throatlatch (throatlash)*
**12** álladzólánc (feszítőlánc)
– *curb chain*
**13** feszítőzabla
– *curb bit*
**14** húzókamó
– *hasp (hook) of the hame (*Am. *drag hook)*
**15** csúcsos hámiga <hámiga, kumet>
– *pointed collar, a collar*
**16** sallangok
– *trappings (side trappings)*
**17** szerszámkápa
– *saddle-pad*
**18** hasló (hasszíj)
– *girth*
**19** hátszíj (futóistrángöv)
– *backband*
**20** tartólánc (*magyar fogatoknál:* tartószíj)
– *shaft chain (pole chain)*
**21** kocsirúd
– *pole*
**22** istráng (húzókötél, húzószíj)
– *trace*
**23** vendéghasló *[magyar négyesfogatoknál csak a két első lónál használatos]*
– *second girth (emergency girth)*
**24** istráng (az istráng folytatása)
– *trace*
**25** gyeplő (szár, hajtószár)
– *reins (*Am. *lines)*
**26–36 szügyelős hám** (szügyhám)
– ***breast harness***
**26** szemző (szemellenző)
– *blinker (*Am. *blinder, winker)*
**27** szügykarika (tarkókarika, visszatartó karika)
– *breast collar ring*
**28** szügylap (vonó)
– *breast collar (Dutch collar)*
**29** a marszíj elágazó része
– *fork*
**30** marszíj
– *neck strap*
**31** kápa [*alatta:* kápaizzasztó]
– *saddle-pad*
**32** hátszíj
– *loin strap*
**33** gyeplő
– *reins (rein,* Am. *line)*
**34** farmatring
– *crupper (crupper-strap)*
**35** istráng
– *trace*
**36** hasló (hasszíj)
– *girth (belly-band)*
**37–49 nyereg** (lovaglónyereg)
– ***saddles***
**37–44 bokknyereg** (cowboynyereg, western nyereg)
– ***stock saddle*** *(*Am. *western saddle)*
**37** nyeregülés
– *saddle seat*
**38** elülső kápa
– *pommel horn (horn)*
**39** hátsó kápa
– *cantle*
**40** nyeregszárny
– *flap (*Am. *fender)*
**41** nyeregtalp
– *bar*
**42** kengyelszíj
– *stirrup leather*
**43** kengyel
– *stirrup (stirrup iron)*
**44** nyeregtakaró (nyeregizzasztó)
– *blanket*
**45–59 sportnyereg** (angol nyereg, priccsnyereg)
– ***English saddle*** *(cavalry saddle)*
**45** ülésbőr
– *seat*
**46** elülső kápa
– *cantle*
**47** nyeregszárny (oldallap)
– *flap*
**48** térdpárna
– *roll (knee roll)*
**49** nyeregpárna
– *pad*
**50–51 sarkantyúk**
– ***spurs***
**50** cipősarkantyú (szalonsarkantyú)
– *box spur (screwed jack spur)*
**51** felcsatolható sarkantyú
– *strapped jack spur*
**52** feszítőzabla
– *curb bit*
**53** szájterpesz [fogreszeléshez]
– *gag bit (gag)*
**54** lóvakaró
– *currycomb*
**55** lókefe
– *horse brush (body brush, dandy brush)*

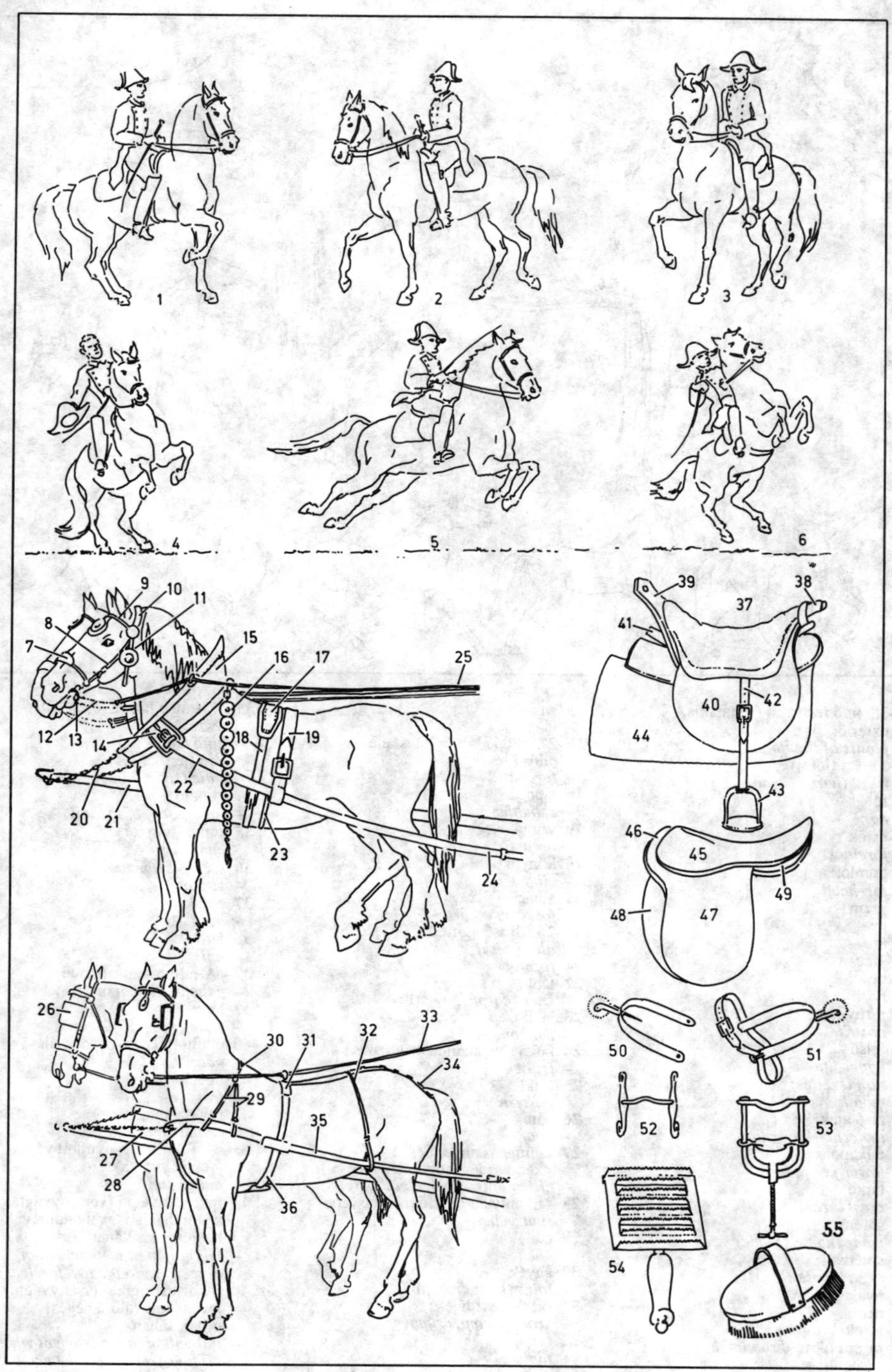
1
2
3
4
5
6
7
8
9
10
11
12
13
14
15
16
17
18
19
20
21
22
23
24
25
26
27
28
29
30
31
32
33
34
35
36
37
38
39
40
41
42
43
44
45
46
47
48
49
50
51
52
53
54
55

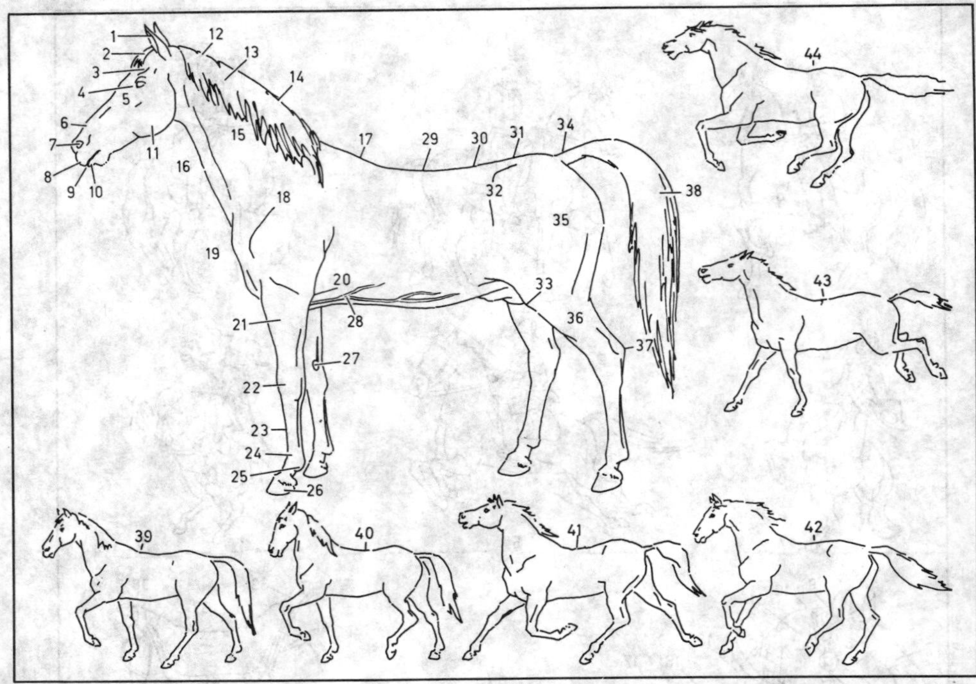


**1–38 a ló testtájai** (testalakja, exteriőrje)
– ***points of the horse***
**1–11 fej** (lófej)
– ***head*** *(horse's head)*
**1** fül
– *ear*
**2** üstök
– *forelock*
**3** homlok
– *forehead*
**4** szem
– *eye*
**5** arc
– *face*
**6** orr
– *nose*
**7** orrnyílás
– *nostril*
**8** felső ajak
– *upper lip*
**9** száj (szájrés)
– *mouth*
**10** alsó ajak
– *underlip (lower lip)*
**11** állkapocs
– *lower jaw*
**12** tarkó
– *crest (neck)*
**13** sörény
– *mane (horse's mane)*
**14** sörényél
– *crest (horse's crest)*
**15** nyak
– *neck*
**16** torokél (torok)
– *throat* (Am. *throatlatch, throatlash)*
**17** mar
– *withers*
**18–27 elülső láb** (a lótest eleje *v.* elülső része)
– ***forehand***
**18** lapocka
– *shoulder*
**19** szügy
– *breast*
**20** könyök
– *elbow*
**21** alkar
– *forearm*
**22–26 elülső** *v.* **mellső láb** *[lábtő alatti rész]*
– ***forefoot***
**22** lábtő
– *knee (carpus, wrist)*
**23** lábközép
– *cannon*
**24** boka (bokaízület, csüdízület)
– *fetlock*
**25** csüd
– *pastern*
**26** pata
– *hoof*
**27** szarugesztenye (béka) <kérgesedés, bőrkeményedés>
– *chestnut (castor), a callosity*
**28** sarkantyúér (külső mellkasvéna)
– *spur vein*
**29** hát
– *back*
**30** ágyék
– *loins (lumbar region)*
**31** far (kereszttájék)
– *croup (rump, crupper)*
**32** csípő
– *hip*
**33–37 hátsó láb** (a lótest hátsó része)
– ***hind leg***
**33** térd (térdkalács)
– *stifle (stifle joint)*
**34** faroktő
– *root (dock) of the tail*
**35** comb (tompor)
– *haunch*
**36** szár (alsó lábszár)
– *gaskin*
**37** csánk
– *hock*
**38** farok
– *tail*
**39–44 a ló mozgásnemei**
– ***gaits*** *of the horse*
**39** lépés
– *walk*
**40** nyújtott lépés (poroszkálás)
– *pace*
**41** ügetés
– *trot*
**42** rövid vágta
– *canter (hand gallop)*
**43–44** fokozott *v.* nyújtott vágta (versenyvágta)
– *full gallop*
**43** fokozott vágta (versenyvágta) a két elülső lábnak a talajra való helyezése pillanatában
– *full gallop at the moment of descent on to the two forefeet*
**44** fokozott vágta (versenyvágta) a levegőben való lebegés pillanatában
– *full gallop at the moment when all four feet are off the ground*

Rövidítések:
*h.* = hím; *her.* = herélt;
*n.* = nőstény; *f.* = fiatal)
*Abbreviations:*
m. = *male;* c. = *castrated;*
f. = *female;* y. = *young*

**1–2** lábasjószág (nagy jószág)
– *cattle*
**1** szarvasmarha (házimarha) <szarvasmarhaféle>, <kérődző>; *h.* bika; *n.* tehén; *her.* ökör; *f.* borjú
– *cow, a bovine animal, a horned animal, a ruminant;* m. *bull;* c. *ox;* f. *cow;* y. *calf*
**2** ló (háziló); *h.* mén; *n.* kanca; *her.* herélt; *f.* csikó
– *horse;* m. *stallion;* c. *gelding;* f. *mare;* y. *foal*
**3** szamár
– *donkey*
**4** málhanyereg
– *pack saddle (carrying saddle)*
**5** málha (teher)
– *pack (load)*
**6** rojtos farok
– *tufted tail*
**7** rojt (bojt)
– *tuft*
**8** öszvér
– *mule, a cross between a male donkey and a mare*
**9** sertés (házisertés, házidisznó, disznó) <párosujjú patás>; *h.* kan; *n.* koca; *f.* malac
– *pig, a cloven-hoofed animal;* m. *boar;* f. *sow;* y. *piglet*
**10** orr (ormány, disznóorr)
– *pig's snout (snout)*
**11** fül (disznófül)
– *pig's ear*
**12** farok
– *curly tail*
**13** házijuh (juh, birka); *h.* kos; *n.* anya (anyajuh); *her.* ürü; *f.* bárány
– *sheep;* m. *ram;* c. *wether;* f. *ewe;* y. *lamb*
**14** házikecske (kecske)
– *goat*
**15** szakáll
– *goat's beard*
**16** kutya (házikutya, eb) <leonbergi>; *h.* kan; *n.* szuka; *f.* kölyök
– *dog, a Leonberger;* m. *dog;* f. *bitch;* y. *pup (puppy, whelp)*
**17** macska (házimacska) <angóramacska>; *h.* kandúr (kan macska); *n.* nőstény; *f.* macskakölyök (*biz.:* kiscica)
– *cat, an Angora cat (Persian cat);* m. *tom (tom cat)*
**18–36** **kisállatok** (aprójószág)
– ***small domestic animals***
**18** nyúl; *h.* kan (bak); *n.* nőstény
– *rabbit;* m. *buck;* f. *doe*
**19–36** **baromfi** (szárnyasok)
– ***poultry** (domestic fowl)*
**19–26** **házityúk**
– ***chicken***
**19** tyúk
– *hen*
**20** begy
– *crop (craw)*
**21** kakas (*her.* kappan)
– *cock (*Am. *rooster);* c. *capon*
**22** kakastaraj (taraj)
– *cockscomb (comb, crest)*
**23** fülcimpa
– *lap*
**24** lebernyeg
– *wattle (gill, dewlap)*
**25** kakastoll (farktoll)
– *falcate (falcated) tail*
**26** sarkantyú
– *spur*
**27** gyöngytyúk
– *guinea fowl*
**28** pulyka; *h.* kakas; *n.* tojó
– *turkey;* m. *turkey cock (gobbler);* f. *turkey hen*
**29** farktoll
– *fan tail*
**30** páva
– *peacock*
**31** pávatoll (díszes farktoll)
– *peacock's feather*
**32** pávaszem
– *eye (ocellus)*
**33** galamb; *h.* hím; *n.* tojó
– *pigeon;* m. *cock pigeon*
**34** liba (lúd); *h.* gúnár; *n.* tojó; *f.* kisliba
– *goose;* m. *gander;* y. *gosling*
**35** kacsa (réce); *h.* gácsér; *n.* tojó; *f.* kiskacsa
– *duck;* m. *drake;* y. *duckling*
**36** úszóhártya (úszóhártyás láb)
– *web (palmations) of webbed foot (palmate foot)*

# 74 Baromfitenyésztés (baromfitartás), tojástermelés

**1–27 baromfitenyésztés** (intenzív v. belterjes baromfigazdaság)
– ***poultry farming (intensive poultry management)***
**1–17 almozásos rendszer**
– ***straw yard (strawed yard) system***
**1** csibenevelő istálló
– *fold unit for growing stock (chick unit)*
**2** csibe
– *chick*
**3** hősugárzó műanya
– *brooder (hover)*
**4** állítható etetővályú
– *adjustable feeding trough*
**5** jérceistálló [jérce: 6 hetesnél idősebb, de 8 hónaposnál fiatalabb tyúk]
– *pullet fold unit*
**6** itatóvályú
– *drinking trough*
**7** vízvezeték
– *water pipe*
**8** alom
– *litter*
**9** jérce
– *pullet*
**10** szellőzőszerkezet
– *ventilator*
**11–17 pecsenyecsirke-nevelés**
– ***broiler rearing** (rearing of broiler chickens)*
**11** csirkenevelő tér (húscsibeistálló)
– *chicken run (*Am. *fowl run)*
**12** pecsenyecsirke (brojlercsirke)
– *broiler chicken (broiler)*
**13** automata etető (önetető, tápadagoló)
– *mechanical feeder (self-feeder)*
**14** függesztőlánc
– *chain*
**15** takarmányvezeték
– *feed supply pipe*
**16** automata itatóedény (önitató)
– *mechanical drinking bowl (mechanical drinker)*
**17** szellőztetőberendezés
– *ventilator*
**18** battériás v. ketrecsorozatos húscsibenevelő
– *battery system (cage system)*
**19** tojóketrec
– *battery (laying battery)*
**20** emeletes ketrec (lépcsőzetes ketrec)
– *tiered cage (battery cage, stepped cage)*
**21** etetővályú
– *feeding trough*
**22** szállítószalagos tojásgyűjtő
– *egg collection by conveyor*
**23–27 automatikus etető és trágyaelhordó rendszer**
– ***mechanical feeding and dunging** (manure removal, droppings removal)*
**23** ketrecsorozatok gyorsetető rendszere (automata etető)
– *rapid feeding system for battery feeding (mechanical feeder)*
**24** adagológarat (etetőtölcsér)
– *feed hopper*
**25** végtelenített feladószalag (szalagos etető)
– *endless-chain feed conveyor (chain feeder)*
**26** vízvezeték
– *water pipe (liquid feed pipe)*
**27** trágyaelszállító futószalag
– *dunging chain (dunging conveyor)*
**28** szekrényes elő- és utókeltető gép
– *[cabinet type] setting and hatching machine*
**29** levegőáramoltató dob [az előkeltető részhez]
– *ventilation drum [for the setting compartment]*
**30** utókeltető
– *hatching compartment (hatcher)*
**31** kocsi az utókeltető tálcák mozgatásához
– *metal trolley for hatching trays*
**32** utókeltető tálca
– *hatching tray*
**33** levegőáramoltató dob motorja
– *ventilation drum motor*
**34–53 tojástermelés**
– ***egg production***
**34** tojásbegyűjtő rendszer (tojásbegyűjtő)
– *egg collection system (egg collection)*
**35** többszintes szállítás
– *multi-tier transport*
**36** terelőpálcás begyűjtő
– *collection by pivoted fingers*
**37** hajtómotor
– *drive motor*
**38** osztályozógép
– *sorting machine*
**39** görgős továbbító
– *conveyor trolley*
**40** lámpázóberendezés
– *fluorescent screen*
**41** tojástovábbító szívókamra
– *suction apparatus (suction box) for transporting eggs*
**42** polc az üres és teli tojástálcák számára
– *shelf for empty and full egg boxes*
**43** tojásmérleg
– *egg weighers*
**44** besoroló (osztályozó)
– *grading*
**45** tojástálca
– *egg box*
**46** teljesen automatizált tojáscsomagoló gép
– *fully automatic egg-packing machine*
**47** átvilágítódoboz (rekesz)
– *radioscope box*
**48** átvilágítóasztal
– *radioscope table*
**49–51** adagoló
– *feeder*
**49** szívószállító (vákuumos szállító)
– *suction transporter*
**50** vákuumvezeték (vákuumtömlő)
– *vacuum line*
**51** ellátóasztal
– *supply table*
**52** automata számláló és osztályozó
– *automatic counting and grading*
**53** dobozadagoló automata
– *packing box dispenser*
**54** lábgyűrű
– *leg ring*
**55** szárnyjelző
– *wing tally (identification tally)*
**56** bantam tyúk (japáni törpetyúk)
– *bantam*
**57** tojóstyúk (tojó)
– *laying hen*
**58** tyúktojás (tojás)
– *hen's egg (egg)*
**59** mészhéj (tojáshéj)
– *eggshell, an egg integument*
**60** héjhártya
– *shell membrane*
**61** légkamra
– *air space*
**62** tojásfehérje (fehérje, albumen)
– *white [of the egg] (albumen)*
**63** jégzsinór (chalaza)
– *chalaza (*Am. *treadle)*
**64** tojássárga hártyája (szikhártya)
– *vitelline membrane (yolk sac)*
**65** csírakorong (discus germinativus)
– *blastodisc (germinal disc, cock's tread, cock's treadle)*
**66** csírahólyagocska
– *germinal vesicle*
**67** fehér szik (latebra)
– *white*
**68** tojássárgája (tojássárga, sárgája, sárga szik)
– *yolk*

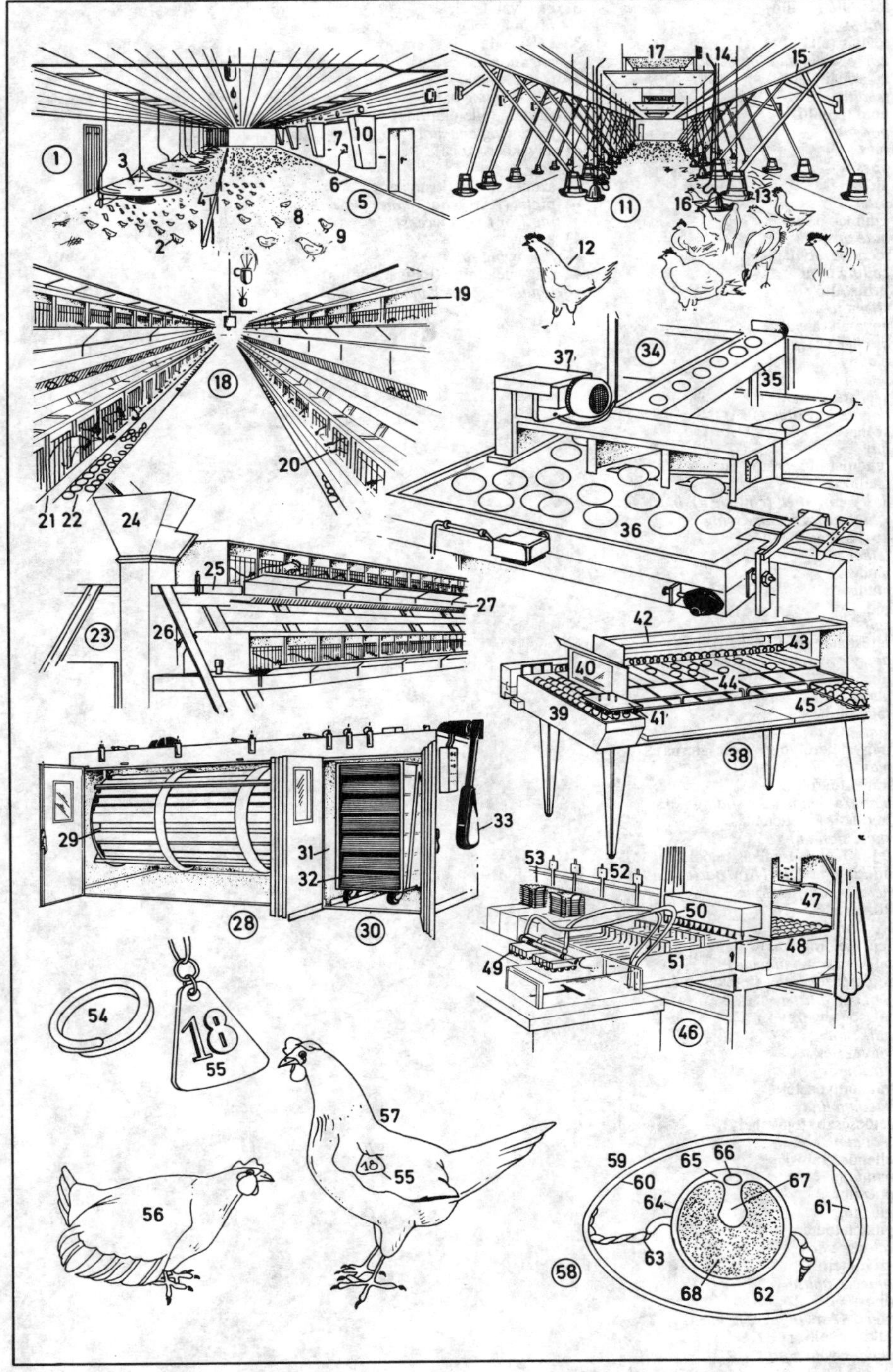
1
2
3
4
5
6
7
8
9
10
11
12
13
14
15
16
17
18
19
20
21
22
23
24
25
26
27
28
29
30
31
32
33
34
35
36
37
38
39
40
41
42
43
44
45
46
47
48
49
50
51
52
53
54
55
18
56
57
58
59
60
61
62
63
64
65
66
67
68

1 **lóistálló** (istálló)
– ***stable***
2 lóállás (állás, boksz)
– *horse stall (stall, horse box, box)*
3 takarmányjáró
– *feeding passage*
4 póni (póniló)
– *pony*
5 rács
– *bars*
6 alom
– *litter*
7 szalmabála
– *bale of straw*
8 mennyezetvilágítás
– *ceiling light*
9 **juhistálló**
– ***sheep pen***
10 anyajuh (anya)
– *mother sheep (ewe)*
11 bárány
– *lamb*
12 szénarács
– *double hay rack*
13 széna
– *hay*
14 **tehénistálló** <kötött tartású istálló>
– ***dairy cow shed*** *(cow shed), in which cows require tying*
15–16 karikás rögzítés
– *tether*
15 lánc
– *chain*
16 rúd
– *rail*
17 fejőstehén (tejelő tehén)
– *dairy cow (milch-cow, milker)*
18 tőgy
– *udder*
19 tőgybimbó
– *teat*
20 trágyalélefolyó (trágyacsatorna)
– *manure gutter*
21 trágyafogó lap
– *manure removal by sliding bars*
22 rövidállás <tehénállás>
– *short standing*
23 **fejőállás** <halszálkás fejőállás>
– ***milking parlour*** (Am. *parlor*), *a herringbone parlour*
24 közlekedő
– *working passage*
25 fejő (fejőmunkás)
– *milker* (Am. *milkman)*
26 fejőcsészekészlet (fejőkészülék)
– *teat cup cluster*
27 tejcső (tejvezeték)
– *milk pipe*
28 légvezeték
– *air line*
29 vákuumvezeték
– *vacuum line*
30 fejőcsésze (fejőkehely)
– *teat cup*
31 ellenőrző ablak
– *window*
32 pulzátor
– *pulsator*
33 pihentetőütem
– *release phase*
34 szívóütem
– *squeeze phase*
35 **disznóól**
– ***pigsty*** (Am. *pigpen, hogpen)*
36 süldőnevelő
– *pen for young pigs*
37 etetővályú
– *feeding trough*
38 válaszfal
– *partition*
39 sertés <süldő>
– *pig, a young pig*
40 fiaztató (elletőkutrica)
– *farrowing and store pen*
41 anyakoca (koca)
– *sow*
42 szopós malac (kismalac)
– *piglet* (Am. *shoat, shote) (sow pig [for first 8 weeks])*
43 korlát
– *farrowing rails*
44 trágyalélefolyó (trágyacsatorna)
– *liquid manure channel*

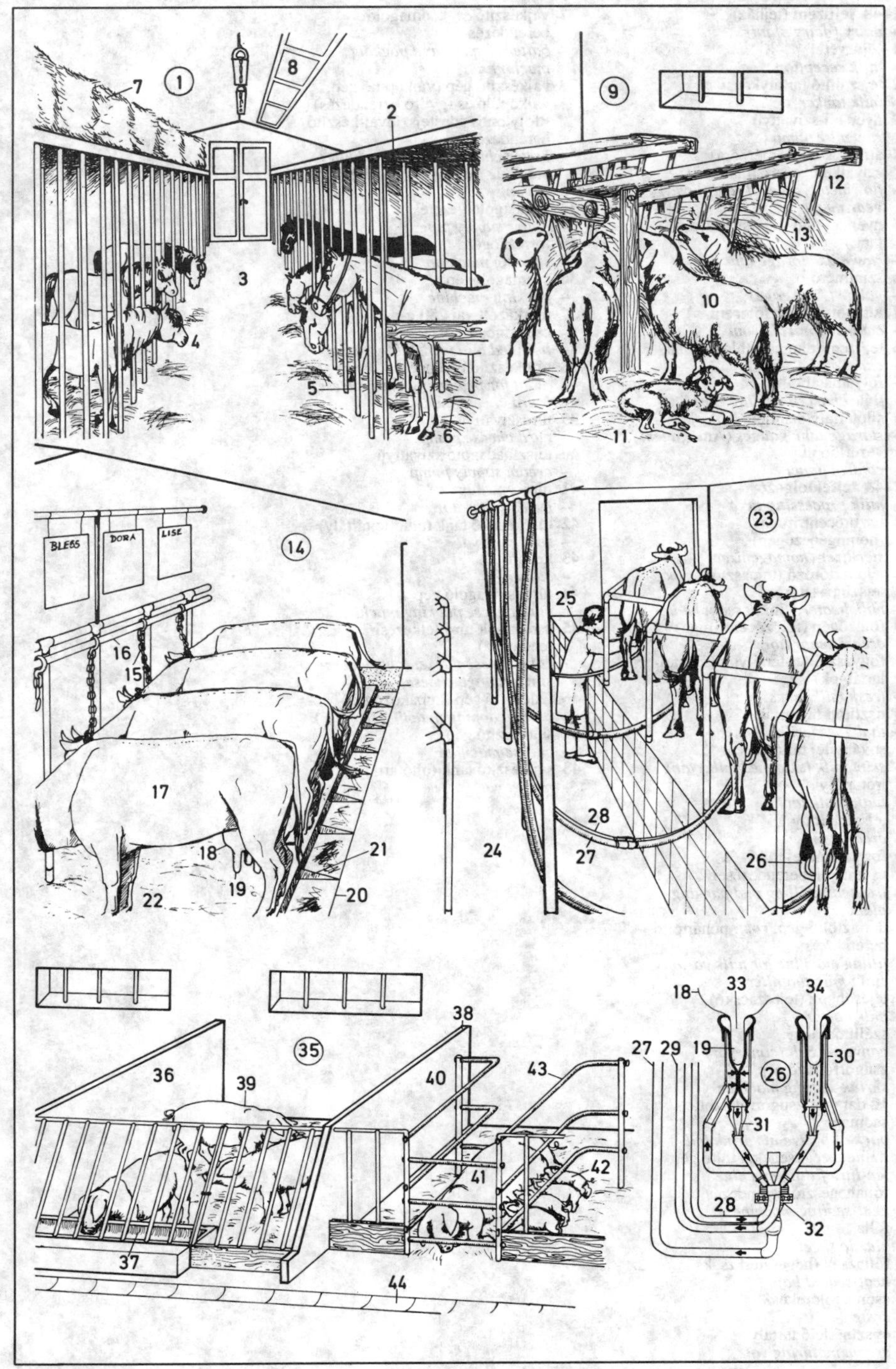
1
2
3
4
5
6
7
8
9
10
11
12
13
14
BLESS
DORA
LISE
15
16
17
18
19
20
21
22
23
24
25
26
27
28
29
30
31
32
33
34
35
36
37
38
39
40
41
42
43
44

**1–48 tejüzem** (tejház)
– ***dairy*** *(dairy plant)*
**1 tejátvétel**
– ***milk reception***
**2** tejszállító tartálykocsi
– *milk tanker*
**3** nyerstej-szivattyú
– *raw milk pump*
**4** átfolyásmérő (mérőóra) <oválkerekes számláló>
– *flowmeter, an oval (elliptical) gear meter*
**5** nyerstej-siló (nyerstej-tároló tank)
– *raw milk storage tank*
**6** szintmérő
– *gauge (*Am. *gage)*
**7 központi vezérlőterem**
– ***central control room***
**8** tejüzemi diagram (blokkséma)
– *chart of the dairy*
**9** folyamatábra
– *flow chart (flow diagram)*
**10** silótartály-szintjelzők
– *storage tank gauges* (Am. *gages)*
**11** vezérlőpult
– *control panel*
**12–48 tejfeldolgozó**
– ***milk processing area***
**12** tisztítócentrifuga (homogénezőgép)
– *sterilizer (homogenizer)*
**13** tejpasztőröző (tejpasztőr); *rok.:* tejszínpasztőröző
– *milk heater;* sim.: *cream heater*
**14** fölözőgép (fölözőcentrifuga)
– *cream separator*
**15** fogyasztóitej-tartályok (frisstej-tartályok)
– *fresh milk tanks*
**16** tisztított tej tartálya
– *tank for sterilized milk*
**17** sovány tej tartálya
– *skim milk (skimmed milk) tank*
**18** írótartály
– *buttermilk tank*
**19** tejszíntartály
– *cream tank*
**20** fogyasztói tej töltő- és csomagolóberendezései
– *fresh milk filling and packing plant*
**21** doboztöltő gép; *rok.:* pohártöltő berendezés
– *filling machine for milk cartons;* sim.: *milk tub filler*
**22** tejesdoboz (tejeszacskó)
– *milk carton*
**23** szállítószalag
– *conveyor belt (conveyor)*
**24** zsugorfóliázó gép
– *shrink-sealing machine*
**25** 12 darabos zsugorfóliázott csomag
– *pack of twelve in shrink foil*
**26** tízliteres egységeket töltő gép
– *ten-litre filling machine*
**27** fóliahegesztő berendezés
– *heat-sealing machine*
**28** fólia
– *plastic sheets*
**29** fóliazsák (hegesztett zsák)
– *heat-sealed bag*
**30** csomagolórekesz
– *crate*
**31** tejszínérlelő tartály
– *cream maturing vat*
**32** vajkészítő és -csomagoló berendezés
– *butter shaping and packing machine*
**33** vajkészítő gép (vajköpülő gép, vajköpülő és -gyúró berendezés) <folytonos édestejszínvaj-készítő berendezés>
– *butter churn, a creamery butter machine for continuous butter making*
**34** vajadagoló vezeték
– *butter supply pipe*
**35** formázógép
– *shaping machine*
**36** csomagológép
– *packing machine*
**37** márkázott vaj 250 g-os csomagban
– *branded butter in 250 g packets*
**38** túrókészítő berendezés
– *plant for producing curd cheese (curd cheese machine)*
**39** túrószivattyú
– *curd cheese pump*
**40** tejszínadagoló szivattyú
– *cream supply pump*
**41** túrócentrifuga
– *curds separator*
**42** túrókészítő tank (aludttejtartály)
– *sour milk vat*
**43** keverő
– *stirrer*
**44** túrócsomagoló gép
– *curd cheese packing machine*
**45** csomagolt túró (étkezési tehéntúró)
– *curd cheese packet (curd cheese;* sim.: *cottage cheese)*
**46** fedélzáró gép (kupakozógép)
– *bottle-capping machine (capper)*
**47** sajtkészítő gép
– *cheese machine*
**48** sajtkészítő tank (oltótartály)
– *rennet vat*

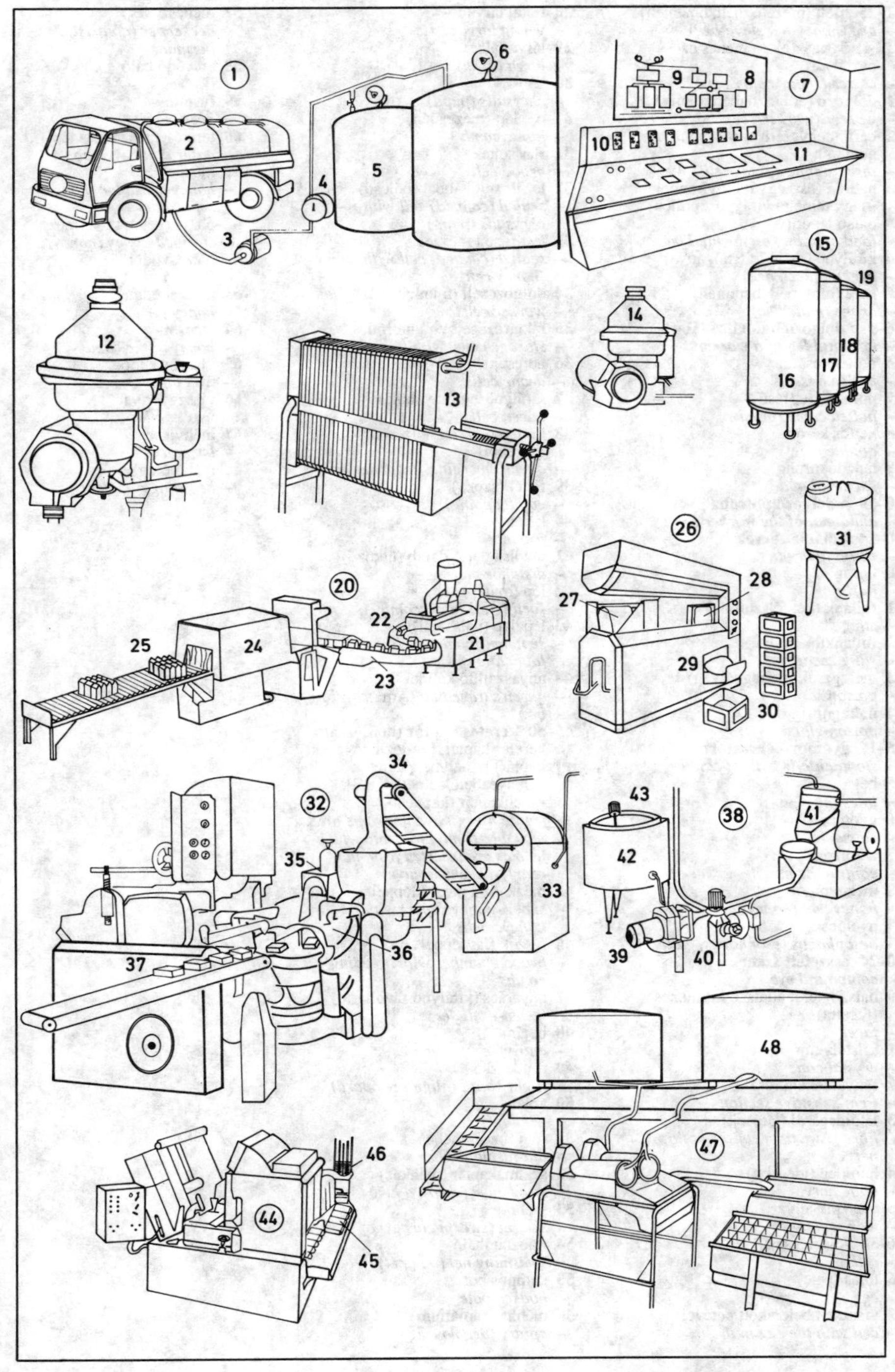
1
2
3
4
5
6
7
8
9
10
11
12
13
14
15
16
17
18
19
20
21
22
23
24
25
26
27
28
29
30
31
32
33
34
35
36
37
38
39
40
41
42
43
44
45
46
47
48

**1–25 méh** (mézelő méh, háziméh)
– ***bee** (honey-bee, hive-bee)*
**1, 4, 5 kasztok** (a méhcsalád osztályai)
– ***castes** (socials classes) of bees*
**1** dolgozó (dolgozó méh, munkás)
– *worker (worker bee)*
**2** három egyszerű szem (pontszem, ocellus)
– *three simple eyes (ocelli)*
**3** nadrág (összegyűjtött virágpor) [nagy tömegű virágpor (pollen) a hátsó lábon]
– *load of pollen on the hind leg*
**4** királynő (méhkirálynő, anya)
– *queen (queen bee)*
**5** here (hím méh, heréméh)
– *drone (male bee)*
**6–9 a dolgozó bal hátsó lába**
– ***left hind leg of a worker***
**6** pollenkosárka
– *pollen basket*
**7** pollenkefe (fésű)
– *pollen comb (brush)*
**8** kettős karom
– *double claw*
**9** tapadókorong
– *suctorial pad*
**10–19 a dolgozó potroha**
– ***abdomen of the worker***
**10–14 fullánkszervek**
– ***stinging organs***
**10** horog
– *barb*
**11** fullánk (két félszurony)
– *sting*
**12** fullánktok (vályú)
– *sting sheath*
**13** méregzsák (méreghólyag)
– *poison sac*
**14** méregmirigy
– *poison gland*
**15–17 gyomor-bél csatorna**
– ***stomachic-intestinal canal***
**15** bél
– *intestine*
**16** gyomor
– *stomach*
**17** záróizom
– *contractile muscle*
**18** mézgyomor
– *honey bag (honey sac)*
**19** nyelőcső
– *oesophagus (esophagus, gullet)*
**20–24 összetett szem**
– ***compound eye***
**20** hatszögletű, átlátszó kitinlencse (facetta)
– *facet*
**21** kristálykúp
– *crystal cone*
**22** fényérzékelő rész
– *light-sensitive section*
**23** látóidegszál (látósejt)
– *fibre* (Am. *fiber) of the optic nerve*
**24** látóideg (idegsejt)
– *optic nerve*
**25** viaszpikkely
– *wax scale*
**26–30 sejt** (lépsejt)
– ***cell***
**26** tojás (pete)
– *egg*
**27** viaszsejt belerakott petével
– *cell with the egg in it*
**28** fiatal lárva
– *young larva*
**29** lárva (álca)
– *larva (grub)*
**30** báb
– *chrysalis (pupa)*
**31–43 lép** (mézes lép)
– ***honeycomb***
**31** fias sejtek
– *brood cell*
**32** lezárt sejt bábbal (bölcső)
– *sealed (capped) cell with chrysalis (pupa)*
**33** lezárt sejt mézzel
– *sealed (capped) cell with honey (honey cell)*
**34** dolgozósejt (munkássejt)
– *worker cells*
**35** raktározósejt virágporral
– *storage cells, with pollen*
**36** heresejt
– *drone cells*
**37** királynősejt (anyabölcső)
– *queen cell*
**38** királynő kikelése [a saját sejtjéből]
– *queen emerging [from her cell]*
**39** fedél (sapka)
– *cap (capping)*
**40** keret
– *frame*
**41** távolságtartó darab (ütköző)
– *distance piece*
**42** lép (műlép)
– *[artificial] honeycomb*
**43** lépalap (válaszfal)
– *septum (foundation, comb foundation)*
**44** anyaszállító kalitka
– *queen's travelling* (Am. *traveling) box*
**45–50 keretes kaptár** (hordozható keretes kaptár, hordozható lépes kaptár) [amelybe a keretek behelyezhetők a nevelőből], <méhkaptár (kaptár)>
– ***frame hive** (movable-frame hive, movable-comb hive [into which frames are inserted from the rear], a beehive (hive)*
**45** mézkamra mézes léppel
– *super (honey super) with honeycombs*
**46** fészek fias léppel
– *brood chamber with breeding combs*
**47** anyarács (királynő-távoltartó)
– *queen-excluder*
**48** bejárat
– *entrance*
**49** röpdeszka
– *flight board (alighting board)*
**50** ablak
– *window*
**51** régi típusú méhes
– *old-fashioned bee shed*
**52** szalmakaptár (méhkas)
– *straw hive (skep), a hive*
**53** méhraj
– *swarm (swarm cluster) of bees*
**54** rajoztatóháló
– *swarming net (bag net)*
**55** kampós bot
– *hooked pole*
**56** méhház (apiárium)
– *apiary (bee house)*
**57** méhész
– *beekeeper (apiarist,* Am. *beeman)*
**58** arcvédő háló
– *bee veil*
**59** füstölő
– *bee smoker*
**60** természetes mézes lép
– *natural honeycomb*
**61** mézpergető
– *honey extractor (honey separator)*
**62–63** pergetett méz (méz)
– *strained honey (honey)*
**62** mézesvödör
– *honey pail*
**63** mézesbödön
– *honey jar*
**64** lépes méz
– *honey in the comb*
**65** viaszos kanóc
– *wax taper*
**66** viaszgyertya
– *wax candle*
**67** méhviasz
– *beeswax*
**68** méhméregkenőcs
– *bee sting ointment*

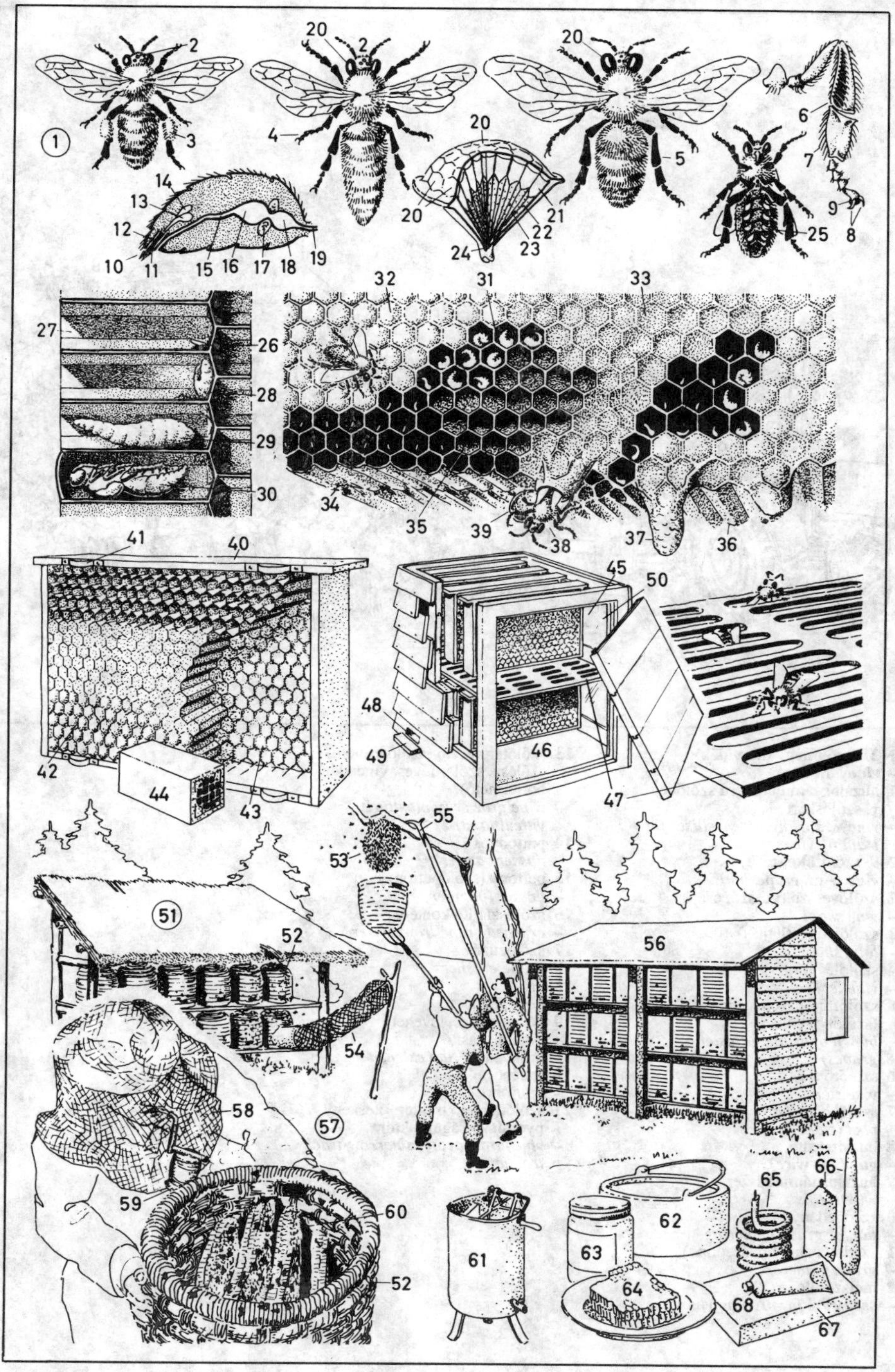
1
2
3
4
5
6
7
8
9
10
11
12
13
14
15
16
17
18
19
20
21
22
23
24
25
26
27
28
29
30
31
32
33
34
35
36
37
38
39
40
41
42
43
44
45
46
47
48
49
50
51
52
53
54
55
56
57
58
59
60
61
62
63
64
65
66
67
68

**1–21 szőlőhegy** (borvidék)
– ***vineyard area***
**1** huzalos támrendszerű szőlőhegy *v.* szőlőskert
– *vineyard using wire trellises for training vines*
**2–9 szőlőtőke** (tőke)
– ***vine*** *(Am. grapevine)*
**2** szőlővessző (vessző, csap)
– *vine shoot*
**3** szőlőhajtás (hajtás)
– *long shoot*
**4** szőlőlevél
– *vine leaf*
**5** szőlőfürt a szőlőszemekkel (szőlőbogyókkal)
– *bunch of grapes (cluster of grapes)*
**6** szőlőtő (tő)
– *vine stem*
**7** szőlőkaró (karó)
– *post (stake)*
**8** huzalfeszítő
– *guy (guy wire)*
**9** huzalos támrendszer
– *wire trellis*
**10** szedőedény
– *tub for grape gathering*
**11** szedő (szüretelő, szedőnő)
– *grape gatherer*
**12** metszőolló
– *secateurs for pruning vines*
**13** szőlőtermesztő (szőlőtermelő, szőlész, szőlőműves, vincellér, bortermelő)
– *wine grower (viniculturist, viticulturist)*
**14** puttonyos
– *dosser carrier*
**15** puttony (szőlőputtony)
– *dosser (pannier)*
**16** szőlőszállító konténer
– *crushed grape transporter*
**17** szőlőzúzó
– *grape crusher*
**18** garat
– *hopper*
**19** háromrészes, levehető oldalmagasító
– *three-sided flap extension*
**20** fellépő
– *platform*
**21** szőlőművelő traktor <keskeny nyomtávolságú traktor>
– *vineyard tractor, a narrow-track tractor*

**1–22 borospince** (pincészet; bolthajtásos pince)
– ***wine cellar*** *(wine vault)*
**1** boltozat (bolthajtás)
– *vault*
**2** tárolóhordó (ászokhordó)
– *wine cask*
**3** bortartály <betontartály>
– *wine vat, a concrete vat*
**4** rozsdamentes acéltank (acéltartály) *v.* műanyag tartály
– *stainless steel vat* (also: *vat made of synthetic material*)
**5** propelleres kézi gyorskeverő
– *propeller-type high-speed mixer*
**6** keverőpropeller
– *propeller mixer*
**7** centrifugálszivattyú
– *centrifugal pump*
**8** lapszűrő
– *stainless steel sediment filter*
**9** félautomata palackozóberendezés
– *semi-automatic circular bottling machine*
**10** félautomata dugaszológép
– *semi-automatic corking machine*
**11** palackállvány
– *bottle rack*
**12** pincemunkás
– *cellarer's assistant*
**13** palackkosár
– *bottle basket*
**14** borospalack (borosüveg)
– *wine bottle*
**15** boroskancsó
– *wine jug*
**16** borkóstoló
– *wine tasting*
**17** pincemester
– *head cellarman*
**18** borász
– *cellarman*
**19** borospohár
– *wineglass*
**20** bormintázó készülék
– *inspection apparatus [for spot-checking samples]*
**21** fekvő szőlőprés
– *horizontal wine press*
**22** légnedvesítő készülék
– *humidifier*

# 80 Kertészeti és szántóföldi károsítók

# *Garden and Field Pests* 80

**1–19 gyümölcskártevők**
– *fruit pests*
1 gyapjaslepke [♀nőstény, ♂ hím]
– *gipsy (gypsy) moth*
2 petecsomó (tapló)
– *batch (cluster) of eggs*
3 hernyó
– *caterpillar*
4 báb
– *chrysalis (pupa)*
5 pókhálós almamoly <pókhálós moly>
– *small ermine moth, an ermine moth*
6 hernyó
– *larva (grub)*
7 szövedék
– *tent*
8 a lombozaton tarrágást okozó hernyó
– *caterpillar skeletonizing a leaf*
9 almasodrómoly (almailonca)
– *fruit surface eating tortrix moth (summer fruit tortrix moth)*
10 almabimbó-likasztó bogár (bimbólikasztó) <ormányosbogár>
– *appleblossom weevil, a weevil*
11 a szúrásszerű rágásától elszáradt bimbó
– *punctured, withered flower (blossom)*
12 peterakási üreg
– *hole for laying eggs*
13 gyűrűsszövő (gyűrűs szövőlepke)
– *lackey moth*
14 hernyó
– *caterpillar*
15 petecsomó
– *eggs*
16 kis téliaraszoló [♀ szárnyatlan nőstény, ♂ hím]
– *winter moth, a geometrid*
17 hernyó
– *caterpillar, an inchworm, measuring worm, looper*
18 cseresznyelégy <gyümölcslégy>
– *cherry fruit fly, a borer*
19 lárva (nyű)
– *larva (grub, maggot)*
**20–27 szőlőkárosítók** <peronoszpóraféle>, <levélhullást előidéző gombabetegség>
– ***vine pests***
20 szőlőperonoszpóra
– *downy mildew, a mildew, a disease causing leaf drop*
21 peronoszpórás szőlőfürt
– *grape affected with downy mildew*
22 nyerges szőlőmoly
– *grape-berry moth*
23 szénaféreg (első nemzedéki hernyó)
– *first-generation larva of the grape-berry moth (*Am. *grape worm)*
24 savanyúféreg (második nemzedéki hernyó)
– *second generation larva of the grape-berry moth (*Am. *grape worm)*
25 báb
– *chrysalis (pupa)*
26 szőlőgyökértetű (szőlőlevéltetű, filoxéra) <törpe levéltetű>
– *root louse, a grape phylloxera*
27 gyökérgubacs (nodozitás, tuberozitás)
– *root gall (knotty swelling of the root, nodosity, tuberosity)*
28 aranyfarú szövő (aranyfarú lepke, sárgafarú gyapjaslepke)
– *brown-tail moth*
29 hernyó
– *caterpillar*
30 petecsomó
– *batch (cluster) of eggs*
31 a hernyók áttelelésére szőtt levélfészek
– *hibernation cocoon*
32 vértetű (almafavértetű) <levéltetű>
– *woolly apple aphid (American blight), an aphid*
33 vértetű okozta rákos duzzanat <sejtburjánzás>
– *gall caused by the woolly apple aphid*
34 vértetű telepe
– *woolly apple aphid colony*
35 kaliforniai pajzstetű <pajzstetű>
– *San-José scale, a scale insect (scale louse)*
36 lárvák [*hím:* pajzsa hosszúkás, *nőstény:* pajzsa kerek]
– *larvae (grubs) [*male: *elongated,* female: *round]*
**37–55 szántóföldi kártevők**
– ***field pests***
37 vetési pattanóbogár <pattanóbogár>
– *click beetle, a snapping beetle (*Am. *snapping bug)*
38 drótféreg, a vetési pattanóbogár lárvája
– *wireworm, larva of the click beetle*
39 földibolha (bolhabogár)
– *flea beetle*
40 hesszeni légy (hesszeni gubacsszúnyog) <gubacsszúnyog, gubacslégy>
– *Hessian fly, a gall midge (gall gnat)*
41 lárva (nyű)
– *larva (grub)*
42 vetési bagolylepke (vetési bagolypille) <bagolylepkeféle>
– *turnip moth, an earth moth*
43 báb
– *chrysalis (pupa)*
44 mocskospajor <hernyó>
– *cutworm, a caterpillar*
45 barna dögbogár (aranyszőrű répabogár)
– *beet carrion beetle*
46 lárva
– *larva (grub)*
47 káposztalepke (nagy káposztalepke)
– *larva cabbage white butterfly*
48 a répalepke (kis káposztalepke) hernyója
– *caterpillar of the small cabbage white butterfly*
49 lisztes répabarkó <ormányosbogár>
– *brown leaf-eating weevil, a weevil*
50 a kártétel helye
– *feeding site*
51 répaféreg (cukorrépa-fonálféreg) <fonálféreg>
– *sugar beet eelworm, a nematode (a threadworm, hairworm)*
52 burgonyabogár (kolorádóbogár)
– *Colorado beetle (potato beetle)*
53 kifejlett lárva
– *mature larva (grub)*
54 fiatal lárva
– *young larva (grub)*
55 petecsomó
– *eggs*

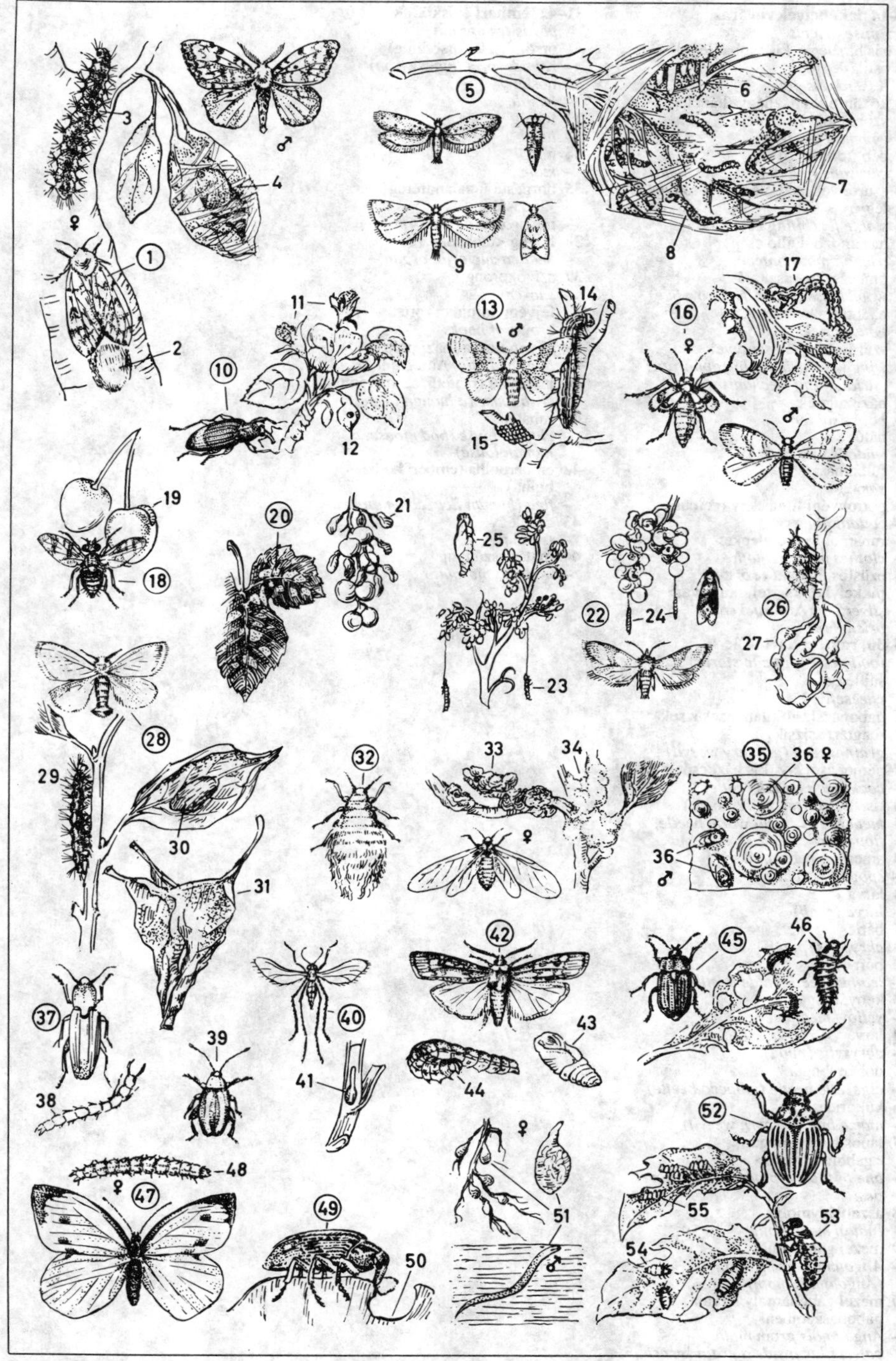
1
2
3
4
5
6
7
8
9
10
11
12
13
14
15
16
17
18
19
20
21
22
23
24
25
26
27
28
29
30
31
32
33
34
35
36
37
38
39
40
41
42
43
44
45
46
47
48
49
50
51
52
53
54
55

# 81 Lakóhelyek rovarai, raktári kártevők és élősködők

**1–14 lakóhelyek rovarai**
– ***house insects***
**1** kis házilégy (kis szobai légy, csillárlégy)
– *lesser housefly*
**2** közönséges házilégy (házi légy, szobai légy)
– *common housefly*
**3** báb (tonnabáb)
– *chrysalis (pupa, coarctate pupa)*
**4** szuronyos istállólégy (szuronyos légy)
– *stable fly (biting housefly)*
**5** három ízből álló csáp
– *trichotomous antenna*
**6** pinceászka <ászkarák>
– *wood louse (slater,* Am. *sow bug)*
**7** házi tücsök <tücsök>
– *house cricket*
**8** szárny a cirpelőszervvel
– *wing with stridulating apparatus (stridulating mechanism)*
**9** házi zugpók
– *house spider*
**10** háló
– *spider's web*
**11** fülbemászó
– *earwig*
**12** potrohvégi fogószerv (cercus)
– *caudal pincers*
**13** ruhamoly <molylepke>
– *clothes moth, a moth*
**14** ezüstös ősrovar (ezüstös pikkelyke) <sertefarkú rovar>
– *silverfish (*Am. *slicker), a bristletail*

**15–30 raktári kártevők**
– ***food pests*** *(pests to stores)*
**15** sajtlégy
– *cheesefly*
**16** gabonazsizsik (gabonazsuzsok, magtári zsizsik)
– *grain weevil (granary weevil)*
**17** német csótány (kis házi csótány)
– *cockroach (black beetle)*
**18** lisztbogár (nagy lisztbogár)
– *meal beetle (meal worm beetle, flour beetle)*
**19** amerikai babzsizsik
– *spotted bruchus*
**20** lárva
– *larva (grub)*
**21** báb
– *chrysalis (pupa)*
**22** bőrporva
– *leather beetle (hide beetle)*
**23** kenyérbogár
– *yellow meal beetle*
**24** lárva
– *chrysalis (pupa)*
**25** dohánybogár
– *cigarette beetle (tobacco beetle)*
**26** kukoricazsizsik
– *maize billbug (corn weevil)*
**27** lapos gabonabogár <gabonakártevő>
– *one of the Cryptolestes, a grain pest*
**28** aszalványmoly
– *Indian meal moth*
**29** mezei gabonamoly
– *Angoumois grain moth (Angoumois moth)*
**30** mezei gabonamoly lárvája gabonaszemben
– *Angoumois grain moth caterpillar inside a grain kernel*

**31–42 emberi élősködők**
– ***parasites of man***
**31** orsógiliszta (orsóféreg)
– *round worm (maw worm)*
**32** nőstény
– *female*
**33** fejvég
– *head*
**34** hím
– *male*
**35** horgasfejű galandféreg <laposféreg>
– *tapeworm, a flatworm*
**36** fejvég <tapadószerv>
– *head, a suctorial organ*
**37** szívókorong
– *sucker*
**38** fejvégi horogkoszorú
– *crown of hooks*
**39** ágyi poloska (házi poloska)
– *bug (bed bug,* Am. *chinch)*
**40** lapostetű (fantetű, szeméremtetű)
– *crab louse (a human louse)*
**41** ruhatetű
– *clothes louse (body louse, a human louse)*
**42** emberbolha (emberi bolha, bolha)
– *flea (human flea, common flea)*
**43** cecelégy
– *tsetse fly*
**44** maláriaszúnyog
– *malaria mosquito*

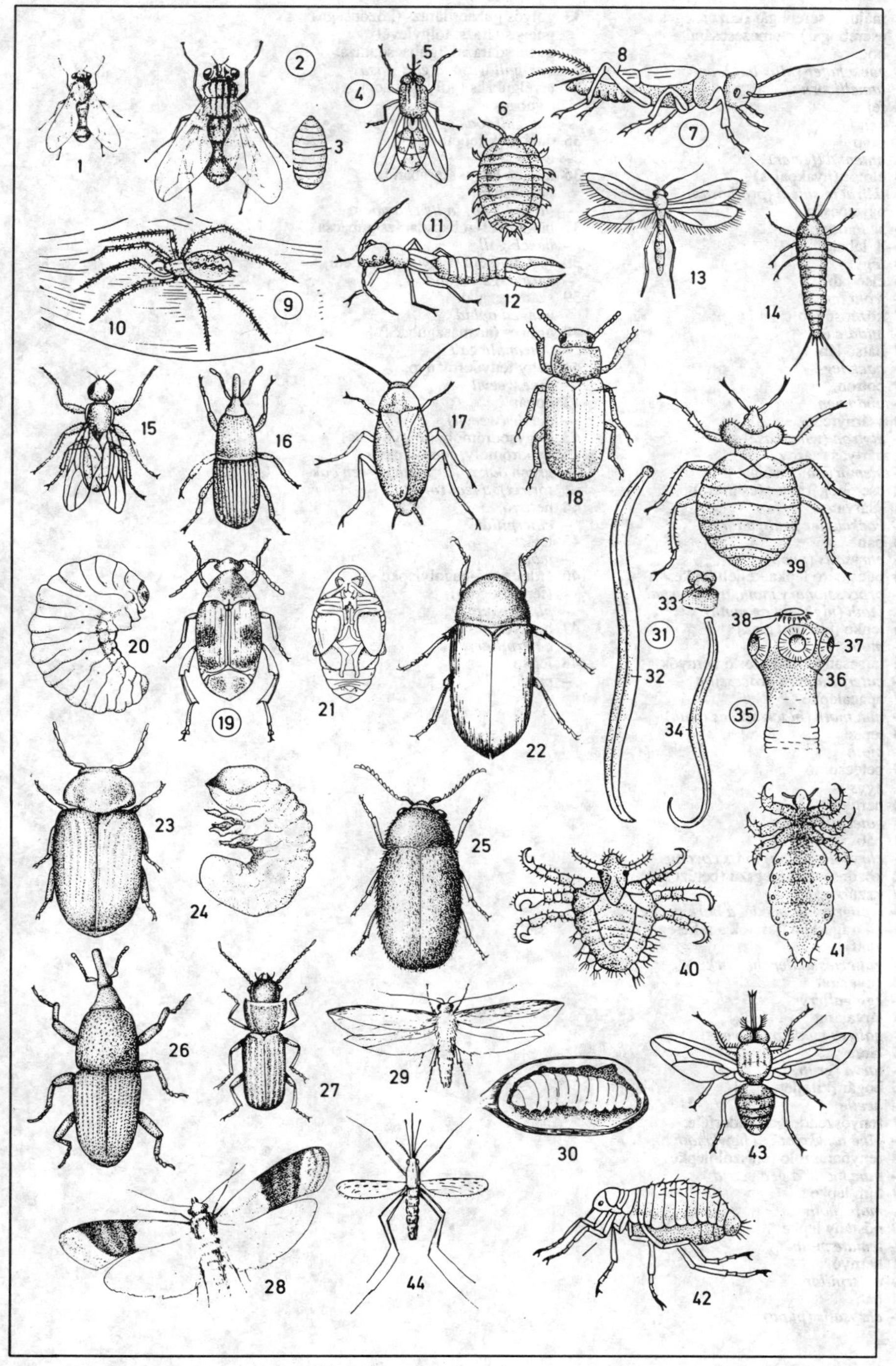
1
2
3
4
5
6
7
8
9
10
11
12
13
14
15
16
17
18
19
20
21
22
23
24
25
26
27
28
29
30
31
32
33
34
35
36
37
38
39
40
41
42
43
44

**1** májusi cserebogár (közönséges cserebogár) <lemezescsápú bogár>
– *cockchafer (May bug), a lamellicorn*
**2** fej
– *head*
**3** csáp
– *antenna (feeler)*
**4** előtor (nyakpajzs)
– *thoracic shield (prothorax)*
**5** pajzsocska
– *scutellum*
**6–8** lábak
– *legs*
**6** első láb
– *front leg*
**7** középső láb
– *middle leg*
**8** hátsó láb
– *back leg*
**9** potroh
– *abdomen*
**10** szárnyfedő
– *elytron (wing case)*
**11** hártyás szárny
– *membranous wing*
**12** cserebogárpajor (csimasz) <lárva>
– *cockchafer grub, a larva*
**13** báb
– *chrysalis (pupa)*
**14** búcsújáró lepke <éjjeli lepke>
– *processionary moth, a nocturnal moth (night-flying moth)*
**15** lepke [kifejlett alak]
– *moth*
**16** társasan élő, vándorló hernyók
– *caterpillars in procession*
**17** apácalepke
– *nun moth (black arches moth)*
**18** lepke
– *moth*
**19** petecsomó
– *eggs*
**20** hernyó
– *caterpillar*
**21** báb
– *chrysalis (pupa) in its cocoon*
**22** közönséges kéregszú (betűzőszú) <szúbogár>
– *typographer beetle, a bark beetle*
**23–24** rágáskép (járatok a fakéreg alatt)
– *galleries under the bark*
**23** anyajárat
– *egg gallery*
**24** lárvajárat
– *gallery made by larva*
**25** lárva
– *larva (grub)*
**26** bogár [kifejlett alak]
– *beetle*
**27** fenyőszender <szenderféle>
– *pine hawkmoth, a hawkmoth*
**28** fenyőaraszoló (araszolólepke)
– *pine moth, a geometrid*
**29** hím lepke
– *male moth*
**30** nőstény lepke
– *female moth*
**31** hernyó
– *caterpillar*
**32** báb
– *chrysalis (pupa)*
**33** golyós gubacsdarázs (közönséges gubacsdarázs, tölgylevél-gubacsdarázs) <gubacsdarázs>
– *oak-gall wasp, a gall wasp*
**34** levélgubacs (golyógubacs) <gubacs>
– *oak gall (oak apple), a gall*
**35** darázs [kifejlett alak]
– *wasp*
**36** lárva a lárvakamrában [a gubacsban]
– *larva (grub) in its chamber*
**37** bükklevél-gubacsdarázs gubacsa
– *beech gall*
**38** lucfenyőtetű (fenyő-gubacstetű)
– *spruce-gall aphid*
**39** szárnyas alak
– *winged aphid*
**40** gubacs (ananászgubacs)
– *pineapple gall*
**41** nagy fenyőormányos
– *pine weevil*
**42** bogár
– *beetle (weevil)*
**43** tölgysodrómoly (tölgyilonca) <sodrómoly, sodrólepke>
– *green oak roller moth (green oak tortrix), a leaf roller*
**44** hernyó
– *caterpillar*
**45** lepke
– *moth*
**46** erdeifenyő-bagolylepke (fenyőbagoly)
– *pine beauty*
**47** hernyó
– *caterpillar*
**48** lepke
– *moth*

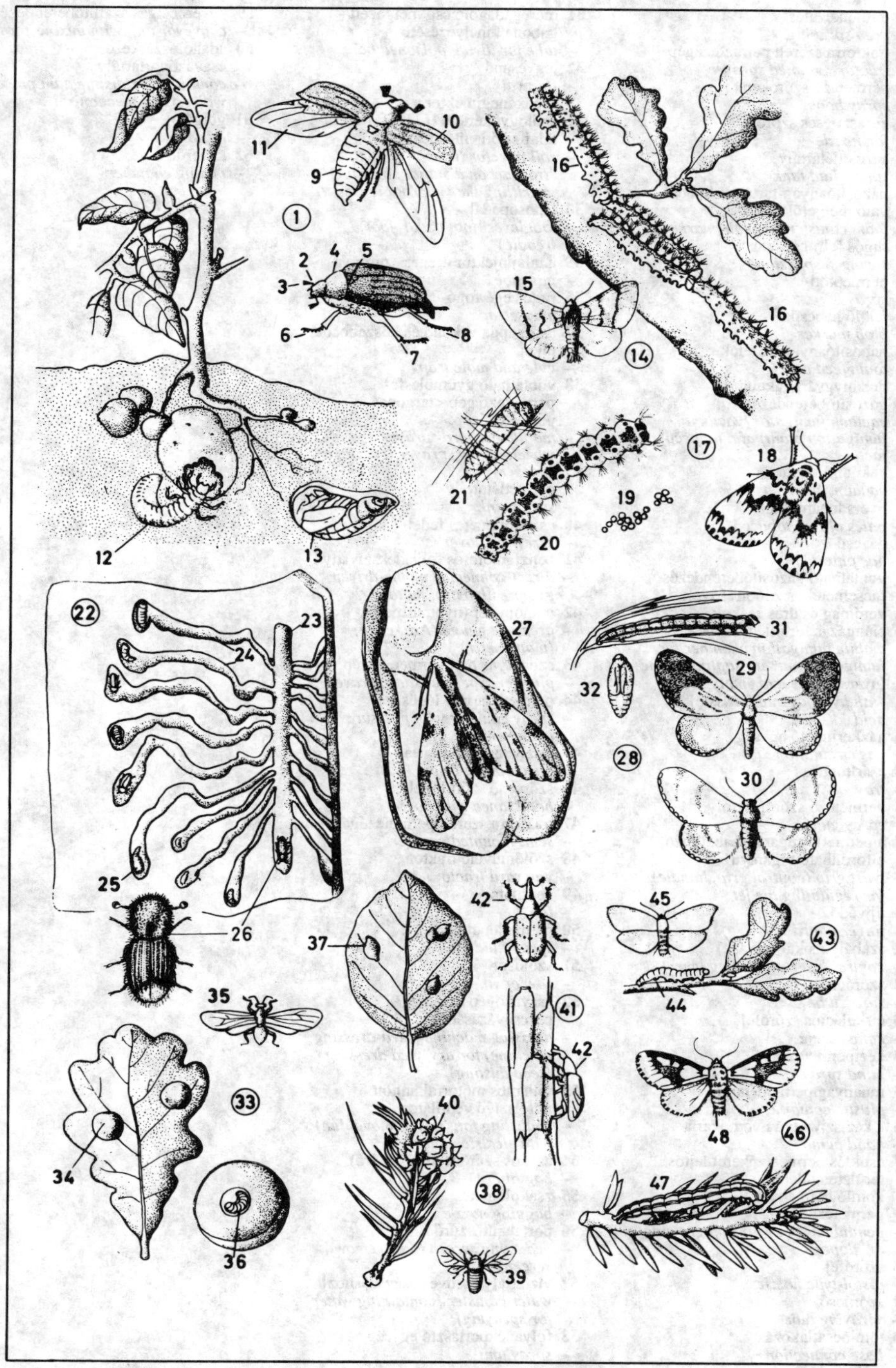

1
2
3
4
5
6
7
8
9
10
11
12
13
14
15
16
16
17
18
19
20
21
22
23
24
25
26
26
27
28
29
30
31
32
33
34
35
36
37
38
39
40
41
42
42
43
44
45
46
47
48

1 területkezelés
– *area spraying*
2 traktorra szerelt permetezőgép
– *tractor-mounted sprayer*
3 permetező szórókeret
– *spray boom*
4 keresztréses szórófej
– *fan nozzle*
5 permetlétartály
– *spray fluid tank*
6 habosítóanyag-tartály a habbal való megjelöléshez
– *foam canister for blob marking*
7 rugós felfüggesztés
– *spring suspension*
8 permetköd
– *spray*
9 jelölő habcsík
– *blob marker*
10 habosítóanyag-vezeték
– *foam feed pipe*
11 dohánygyári vákuumos gázosítóberendezés
– *vacuum fumigator (vacuum fumigation plant) of a tobacco factory*
12 vákuumkamra
– *vacuum chamber*
13 nyersdohány-bálák
– *bales of raw tobacco*
14 gázcső
– *gas pipe*
15 vontatható gázosítóberendezés facsemeték, szőlőoltványok, vetőmag és üres zsákok ciángázas fertőtlenítéséhez
– *mobile fumigation chamber for fumigating nursery saplings, vine layers, seeds and empty sacks with hydrocyanic (prussic) acid*
16 gázkeringető egység
– *gas circulation unit*
17 szárítótálca
– *tray*
18 permetező szórópisztoly
– *spray gun*
19 a permetlé sugarát szabályozó, elfordítható fogantyú
– *twist grip (control grip, handle) for regulating the jet*
20 ujjvédő
– *finger guard*
21 szabályozókar (ravasz)
– *control lever (operating lever)*
22 szórócső
– *spray tube*
23 cirkulációs szórófej
– *cone nozzle*
24 kézipermetező
– *hand spray*
25 műanyag permetlétartály
– *plastic container*
26 a kéziszivattyú nyomókarja
– *hand pump*
27 csuklós permetezőkeret lejtős területen telepített komlóültetvények permetezéséhez
– *pendulum spray for hop growing on slopes*
28 szórófej
– *pistol-type nozzle*
29 szórócső
– *spraying tube*
30 tömlőcsatlakozás
– *hose connection*
31 méregadagoló cső mérgezett gabona kihelyezésére
– *tube for laying poisoned bait*
32 légycsapó
– *fly swat*
33 szénkéneginjektor a szőlőgyökértetű (filoxéra) elleni talajfertőtlenítéshez
– *soil injector (carbon disulphide,* Am. *carbon disulfide, injector) for killing the vine root louse*
34 taposópedál
– *foot lever (foot pedal, foot treadle)*
35 a talajinjektor üreges szuronya
– *gas tube*
36 rugós egérfogó
– *mousetrap*
37 csőcsapda vakond és kószapocok ellen
– *vole and mole trap*
38 vontatható gyümölcsfa-permetező gép <targoncás permetezőgép>
– *mobile orchard sprayer a wheelbarrow sprayer (carriage sprayer)*
39 permetlétartály
– *spray tank*
40 csavarmenetes fedél
– *screw-on cover*
41 benzinmotoros folyadékszivattyú
– *direct-connected motor-driven pump with petrol motor*
42 manométer (nyomásmérő)
– *pressure gauge (*Am. *gage) (manometer)*
43 szivattyús háti permetezőgép
– *plunger-type knapsack sprayer*
44 permetlétartály légüsttel
– *spray canister with pressure chamber*
45 a szivattyú kézikarja
– *piston pump lever*
46 szórócső szórófejjel
– *hand lance with nozzle*
47 traktorra szerelt permetezőgép
– *semi-mounted sprayer*
48 szőlőművelő traktor
– *vineyard tractor*
49 ventilátor
– *fan*
50 permetlétartály
– *spray fluid tank*
51 szőlősor
– *row of vines*
52 csávázógép vetőmag porcsávázásához
– *dressing machine (seed-dressing machine) for dry-seed dressing (seed dusting)*
53 villamos motorral hajtott porelszívó ventilátor
– *dedusting fan (dust removal fan) with electric motor*
54 zsákos szűrő (tömlős szűrő)
– *bag filter*
55 zsákológarat
– *bagging nozzle*
56 portalanítószűrő
– *dedusting screen (dust removal screen)*
57 víztartály [nedves csávázáshoz]
– *water canister [containing water for spraying]*
58 folyadékporlasztó egység
– *spray unit*
59 keverőcsigás szállítóberendezés
– *conveyor unit with mixing screw*
60 adagolószerkezetes csávázóportartály
– *container for disinfectant powder with dosing mechanism*
61 görgő
– *castor*
62 keverőtér
– *mixing chamber*

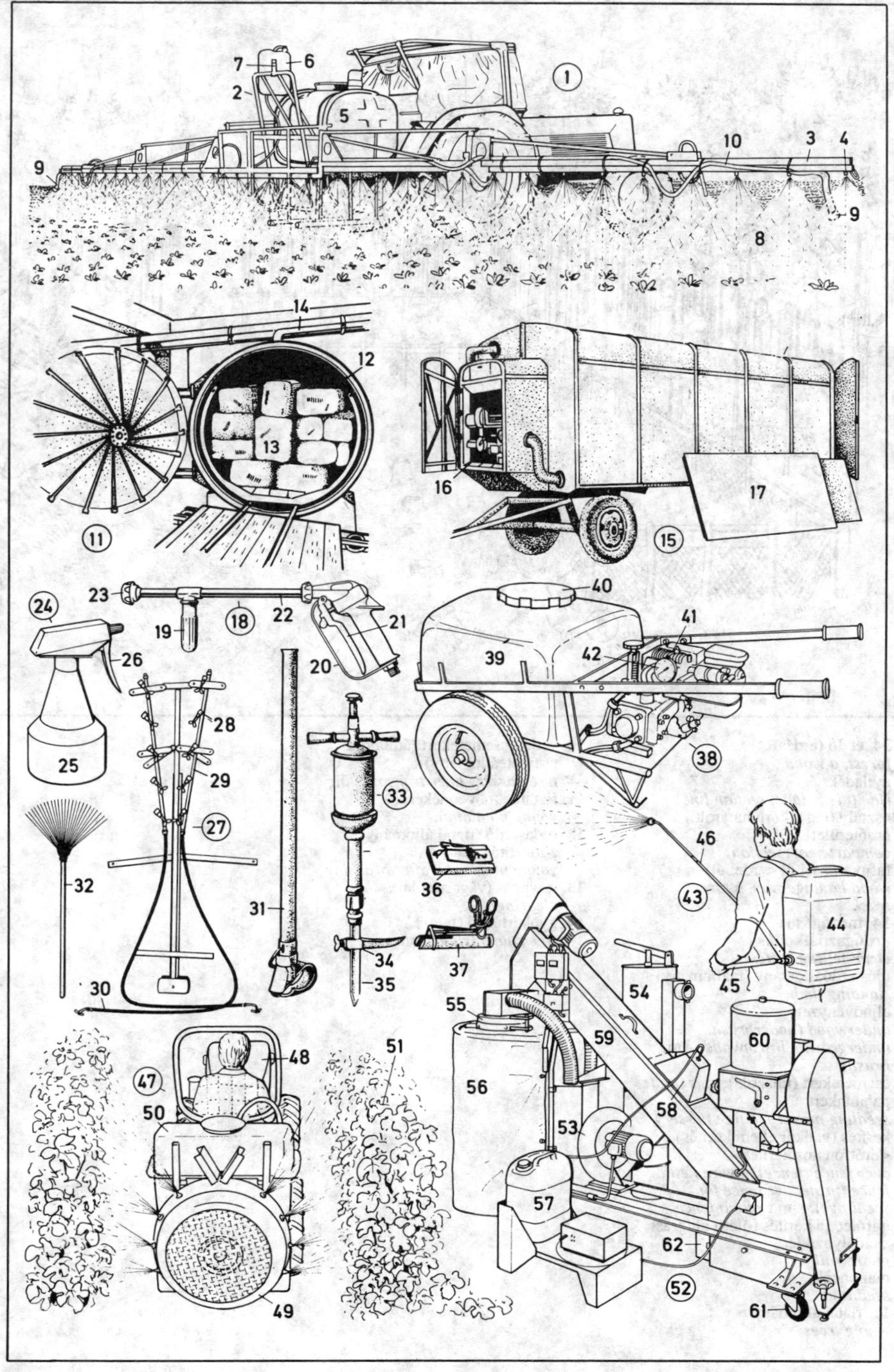
1
2
3
4
5
6
7
8
9
10
11
12
13
14
15
16
17
18
19
20
21
22
23
24
25
26
27
28
29
30
31
32
33
34
35
36
37
38
39
40
41
42
43
44
45
46
47
48
49
50
51
52
53
54
55
56
57
58
59
60
61
62

**1–34 erdő** (erdészet)
– ***forest,** a wood*

**1** nyiladék
– *ride (aisle, lane, section line)*

**2** osztály (tag) [körülhatárolt erdőterület]
– *compartment (section)*

**3** fafuvarozási út <erdei út>
– *wood haulage way, a forest track*

**4–14 tarvágásos erdőgazdálkodás**
– ***clear-felling system***

**4** idős erdőállomány (faállomány)
– *standing timber*

**5** aljnövényzet
– *underwood (underbrush, undergrowth, brushwood,* Am. *brush)*

**6** csemetekert (faiskola); *más fajta:* palántakert
– *seedling nursery, a tree nursery*

**7** kerítés (vadkár elleni kerítés) <drótfonatos kerítés>
– *deer fence (fence), a wire netting fence (protective fence for seedlings);* sim.: *rabbit fence*

**8** ugróléc [a kerítés fölötti átugrást akadályozó léc]
– *guard rail*

**9** magoncok
– *seedlings*

**10–11** fiatal állomány
– *young trees*

**10** védett csemetekert (átültetett csemeteállomány)
– *tree nursery after transplanting*

**11** fiatalos (növendékerdő)
– *young plantation*

**12** rudaserdő (fiatal állomány ágtisztítás után)
– *young plantation after brashing*

**13** tarvágás (vágásterület)
– *clearing*

**14** gyökértuskó (fatönk)
– *tree stump (stump, stub)*

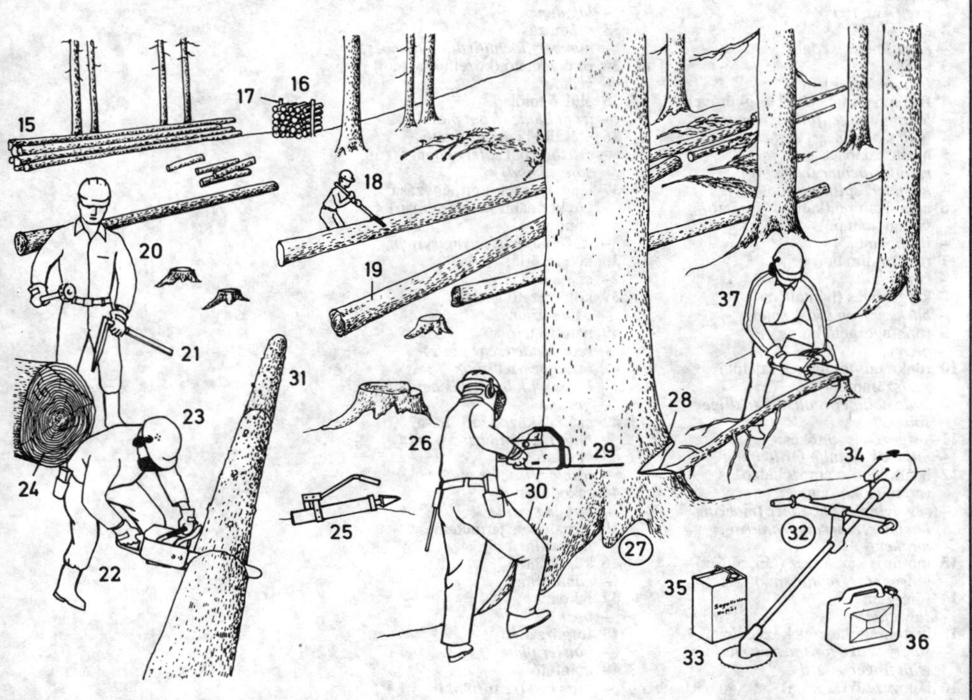


**15–37 fakitermelés**
– ***wood cutting*** *(timber cutting, tree felling,* Am. *lumbering)*
**15** halomba rakott szálfa
– *timber skidded to the stack (stacked timber,* Am. *yarded timber)*
**16** máglyába rakott rönkfa, egy köbméter fa (farakás)
– *stack of logs, one cubic metre* (Am. *meter) of wood*
**17** cölöp
– *post (stake)*
**18** farönköt átfordító erdei munkás
– *forest labourer (woodsman,* Am. *logger, lumberer, lumberjack, lumberman, timberjack) turning* (Am. *canting) timber*
**19** farönk (rönk, szálfa, hosszfa)
– *bole (tree trunk, trunk, stem)*
**20** rönköt megszámozó fakitermelési művezető
– *feller numbering the logs*
**21** acél fatörzsmérő
– *steel tree calliper (caliper)*
**22** motoros kézifűrész (fatörzs elvágása közben)
– *power saw (motor saw) cutting a bole*
**23** védősisak védőszemüveggel és fülvédőkkel
– *safety helmet with visor and ear pieces*
**24** évgyűrűk
– *annual rings*
**25** hidraulikus fadöntő ék
– *hydraulic felling wedge*
**26** védőruha (narancssárga zubbony, zöld nadrág)
– *protective clothing [orange top, green trousers]*
**27** fadöntés motoros kézifűrésszel
– *felling with a power saw (motor saw)*
**28** fadöntő bevágás
– *undercut (notch, throat, gullet, mouth, sink, kerf, birdsmouth)*
**29** fadöntő fűrészelés
– *back cut*
**30** fadöntő ékeket tartalmazó táska
– *sheath holding felling wedge*
**31** levágott rönk
– *log*
**32** gyom- és aljnövényzetirtó készülék
– *free-cutting saw for removing underwood and weeds*
**33** cserélhető körfűrészlap (körkés)
– *circular saw (or activated blade) attachment*
**34** erőgép (motor)
– *power unit (motor)*
**35** láncfűrész olajozásához szükséges olaj tartálya
– *canister of viscous oil for the saw chain*
**36** benzineskanna
– *petrol canister* (Am. *gasoline canister)*
**37** vékony fa kivágása
– *felling of small timber (of small-sized thinnings) (thinning)*

**1** fejsze
– *axe (*Am. *ax)*
**2** él
– *edge (cutting edge)*
**3** nyél
– *handle (helve)*
**4** fadöntő ék fabetéttel és gyűrűvel
– *felling wedge (falling wedge) with wood insert and ring*
**5** hasítókalapács
– *riving hammer (cleaving hammer, splitting hammer)*
**6** emelőkampó (kampós forgató, vontatókampó)
– *lifting hook*
**7** rönkfordító horog
– *cant hook*
**8** kérgezővas (hántolóvas)
– *barking iron (bark spud)*
**9** rönkfagörgető horog
– *peavy*
**10** rönkmérő tolómérce fajelölő szerszámmal
– *slide calliper (caliper) (calliper square)*
**11** kérgezőkés <ütőkés>
– *billhook, a knife for lopping*
**12** beállítható számozókalapács (számozókorong)
– *revolving die hammer (marking hammer, marking iron,* Am. *marker)*
**13** motoros kézifűrész (láncfűrész)
– *power saw (motor saw)*
**14** fűrészlánc
– *saw chain*
**15** biztonsági láncfék kézvédővel
– *safety brake for the saw chain, with finger guard*
**16** láncvezető (láncsín)
– *saw guide*
**17** a gázfogantyú záróbillentyűje
– *accelerator lock*
**18** ágvágó gép
– *snedding machine (trimming machine,* Am. *knotting machine, limbing machine)*
**19** előtolóhengerek
– *feed rolls*
**20** hajlékony penge (csuklós kés)
– *flexible blade*
**21** hidraulikus kar
– *hydraulic arm*
**22** csúcslevágó penge
– *trimming blade*
**23** rönkfakérgezés (fatörzs lekérgelése)
– *debarking (barking, bark stripping) of boles*
**24** előtolóhenger
– *feed roller*
**25** késes forgórész
– *cylinder trimmer*
**26** forgókés
– *rotary cutter*
**27** erdei vontató (vékony fa erdőn belüli szállítására)
– *short-haul skidder*
**28** rakodódaru
– *loading crane*
**29** rönkmarkoló
– *log grips*
**30** rakonca
– *post*
**31** tengelycsonk-kormányzású (Ackermann-kormányzású) vonórúd
– *Ackermann steering system*
**32** rönkfarakás
– *log dump*
**33** számozás
– *number (identification number)*
**34** rönkvontató (közelítővontató)
– *skidder*
**35** elülső tolólap
– *front blade (front plate)*
**36** ütésálló biztonsági tető
– *crush-proof safety bonnet (*Am. *safety hood)*
**37** tengelycsonk-kormányzású (Ackermann-kormányzású) vonórúd
– *Ackermann steering system*
**38** kötélcsörlő
– *cable winch*
**39** kötélvezető görgő
– *cable drum*
**40** hátulsó tolólap
– *rear blade (rear plate)*
**41** felfüggesztett rönk
– *boles with butt ends held off the ground*
**42** szálfák közúti szállítása
– *haulage of timber by road*
**43** vontató
– *tractor (tractor unit)*
**44** rakodódaru
– *loading crane*
**45** hidraulikus járműtámasz
– *hydraulic jack*
**46** kötélcsörlő
– *cable winch*
**47** rakonca
– *post*
**48** forgózsámoly
– *bolster plate*
**49** utánfutó
– *rear bed (rear bunk)*

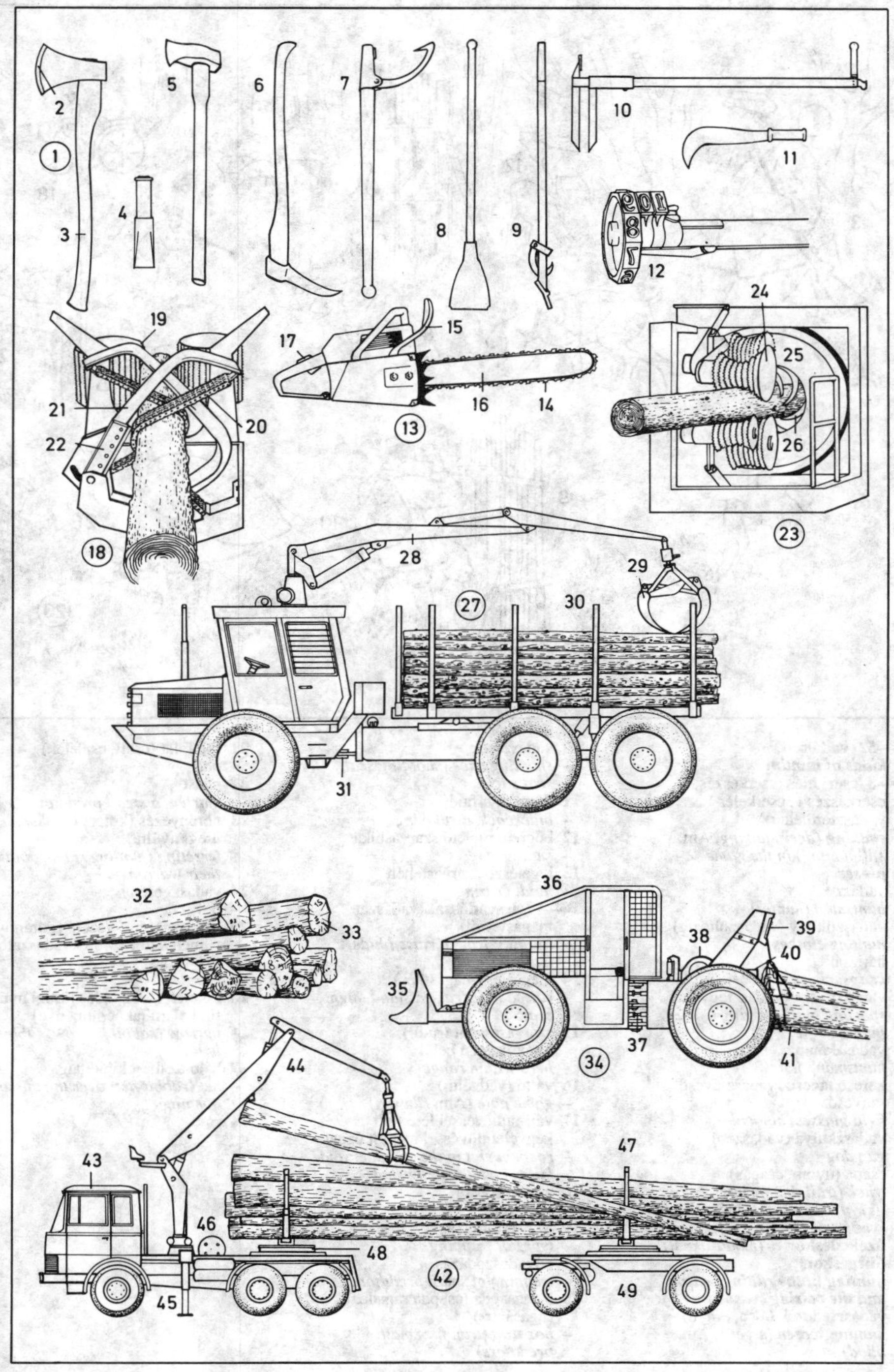
1
2
3
4
5
6
7
8
9
10
11
12
13
14
15
16
17
18
19
20
21
22
23
24
25
26
27
28
29
30
31
32
33
34
35
36
37
38
39
40
41
42
43
44
45
46
47
48
49

**1—52 vadászat**
– ***kinds of hunting***
**1—8 cserkelés** (cserkészés, cserkészés *v.* cserkelés vadászterületen)
– ***stalking*** *(deer stalking,* Am. *stillhunting) in the game preserve*
**1** vadász
– *huntsman (hunter)*
**2** vadászöltöny (vadászöltözet)
– *hunting clothes*
**3** hátizsák
– *knapsack*
**4** vadászpuska (vadászfegyver)
– *sporting gun (sporting rifle, hunting rifle)*
**5** vadászkalap
– *huntsman's hat*
**6** kereső távcső (vadásztávcső) <távcső>
– *field glasses, binoculars*
**7** vadászkutya (vadászeb)
– *gun dog*
**8** csapa (nyom, csapás)
– *track (trail, hoofprints)*
**9—12 vadászat nászidőszakban [vadászat** *(emlősöknél:)* **üzekedéskor és** *(madaraknál:)* **dürgéskor]**
– ***hunting in the rutting season and the pairing season***
**9** vadászfedezék (álca, ernyő)
– *hunting screen (screen,* Am. *blind)*
**10** vadászszék
– *shooting stick (shooting seat, seat stick)*
**11** dürgő nyírfajd
– *blackcock, displaying*
**12** bőgő *v.* rigyető szarvasbika
– *rutting stag*
**13** legelésző szarvastehén
– *hind, grazing*
**14—17 lesvadászat** (vadászat magaslesről)
– ***hunting from a raised hide*** *(raised stand)*
**14** magasles (magasülés)
– *raised hide (raised stand, high seat)*
**15** szarvascsapat (rudli) lőtávolságon belül
– *herd within range*
**16** váltó (vadváltó)
– *game path* (Am. *runway)*
**17** váll-laplövéssel leterített és kegyelemlövéssel megölt őzbak
– *roebuck, hit in the shoulder and killed by a finishing shot*
**18** vadászkocsi
– *phaeton*
**19—27 csapdázás**
– ***types of trapping***
**19** dúvadcsapdázás
– *trapping of small predators*
**20** ládacsapda (csapda ragadozók fogásához)
– *box trap (trap for small predators)*
**21** csalfalat (csali, csalétek)
– *bait*
**22** nyest
– *marten, a small predator*
**23** görényezés (kotorékvadászat üregi nyúlra)
– *ferreting (hunting rabbits out of their warrens)*
**24** vadászgörény
– *ferret*
**25** vadászgörény-vezető [görénnyel *v.* menyéttel kotorékvadászatot űző vadász]
– *ferreter*
**26** kotorék (üreg, odú) [üregi nyúl föld alatti lakóépítménye]
– *burrow (rabbit burrow, rabbit hole)*
**27** háló az üreg kijáratán
– *net (rabbit net) over the burrow opening*

**28** vadetető (téli etető)
– *feeding place for game (winter feeding place)*
**29** vadorzó (orvvadász)
– *poacher*
**30** karabély (kurtály, stucni) <rövid puska>
– *carbine, a short rifle*
**31** vaddisznó-vadászat (disznózás)
– *boar hunt*
**32** vaddisznó (disznó, sertevad)
– *wild sow (sow, wild boar)*
**33** disznóskutya (hajtókutya); *(több együtt:)* kutyafalka
– *boarhound (hound, hunting dog;* collectively: *pack, pack of hounds)*
**34—39 hajtóvadászat** (nyúlvadászat, nyúlhajtás, körvadászat)
– ***beating** (driving, hare hunting)*
**34** célratartás (lőhelyzet)
– *aiming position*
**35** nyúl (nyuszi, tapsifüles) <szőrmés vad>
– *hare, furred game (ground game)*
**36** elhozás (behozás, apportírozás)
– *retrieving*
**37** hajtó
– *beater*
**38** zsákmány (teríték)
– *bag (kill)*
**39** vadszállító kocsi
– *cart for carrying game*
**40** vízi vadászat (kacsavadászat)
– *waterfowling (wildfowling, duck shooting,* Am. *duck hunting)*
**41** vadkacsahúzás <szárnyas vad>
– *flight of wild ducks, winged game*
**42—46 solymászat**
– ***falconry** (hawking)*
**42** solymász
– *falconer*
**43** jutalomfalat <húsdarab>
– *reward, a piece of meat*
**44** csuklya (süveg, sapka)
– *falcon's hood*
**45** békó (béklyó, bilincs)
– *jess*
**46** sólyom <vadászatra idomított madár>
– *falcon, a hawk*
**47—52 uhuzás** (kunyhóvadászat, vadászat uhuval *v.* bagollyal leskunyhóból)
– ***shooting from a butt***
**47** beszállófa
– *tree to which birds are lured*
**48** uhu (buhu), <csalimadár (csalogatómadár)>
– *eagle owl, a decoy bird (decoy)*
**49** ülőfa (mankó)
– *perch*
**50** odacsalt madár <varjú>
– *decoyed bird, a crow*
**51** uhukunyhó <kunyhó (leskunyhó)>
– *butt for shooting crows or eagle owls*
**52** lőrés
– *gun slit*

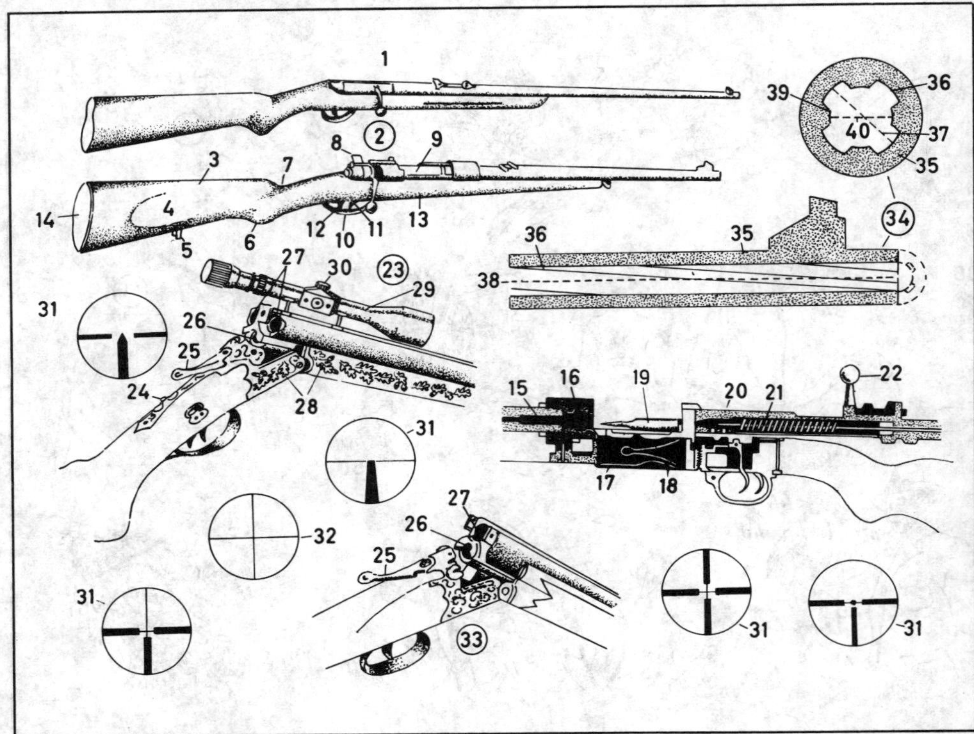


**1–40 sportfegyverek** (vadászfegyverek)
– ***sporting guns*** *(sporting rifles, hunting rifles)*
**1** egylövetű puska
– *single-loader (single-loading rifle)*
**2** ismétlőfegyver <kézi lőfegyver>, <többlövetű puska>
– *repeating rifle, a small-arm (firearm), a repeater (magazine rifle, magazine repeater)*
**3, 4, 6, 13 agyazás** (ágyazás)
– *stock*
**3** agy (puskaagy, puskatus)
– *butt*
**4** pofadék [a bal oldalon]
– *cheek [on the left side]*
**5** szíjkengyel
– *sling ring*
**6** pisztolyfogás (pisztolymarkolat)
– *pistol grip*
**7** tusanyak
– *small of the butt*
**8** biztosítószárny (retesz)
– *safety catch*
**9** závárzat (zárszerkezet, zár)
– *lock*
**10** sátorvas (billentyűkengyel)
– *trigger guard*
**11** elsütőbillentyű (ravasz) [a lövést az elhúzás második szakaszában kiváltó billentyű]
– *second set trigger (firing trigger)*
**12** gyorsító (rögtönző)
– *hair trigger (set trigger)*
**13** előagy (mellső ágy)
– *foregrip*
**14** gumi tusaborító (hátralökés-csökkentő)
– *butt plate*
**15** töltényűr
– *cartridge chamber*
**16** tok
– *receiver*
**17** tölténytár
– *magazine*
**18** adogatórugó
– *magazine spring*
**19** lőszer (töltény)
– *ammunition (cartridge)*
**20** zárdugattyú
– *chamber*
**21** ütőszeg
– *firing pin (striker)*
**22** zárfogantyú (zárfül)
– *bolt handle (bolt lever)*
**23** drilling (háromcsövű vadászfegyver) <vegyes *v.* kombinált csövű fegyver> <önfelhúzó fegyver>
– *triple-barrelled (triple-barreled) rifle, a self-cocking gun*
**24** váltóretesz [*egyes fegyvereken:* biztosító]
– *reversing catch (*in various guns: *safety catch)*
**25** kulcs (tolóretesz, tolóbiztosító)
– *sliding safety catch*
**26** golyós cső (huzagolt *v.* vont cső)
– *rifle barrel (rifled barrel)*
**27** sörétes cső (sima cső)
– *smooth-bore barrel*
**28** vadászvéset
– *chasing*
**29** céltávcső
– *telescopic sight (riflescope, telescope sight)*
**30** az irányzójel állítócsavarja
– *graticule adjuster screws*
**31–32** irányzójel (céltávcső-irányzójel)
– *graticule (sight graticule)*
**31** különféle irányzójelek
– *various graticule systems*
**32** szálkereszt (hajszálkereszt)
– *cross wires (*Am. *cross hairs)*
**33** bockpuska [sörétes puska két egymás alatti csővel]
– *over-and-under shotgun*
**34** huzagolt fegyvercső
– *rifled gun barrel*
**35** csőfal
– *barrel casing*
**36** barázda (huzag)
– *rifling*
**37** huzagkaliber (öbnagyság)
– *rifling calibre (*Am. *caliber)*
**38** csőtengely
– *bore axis*
**39** ormózat
– *land*
**40** űrméret (kaliber, furatkaliber)
– *calibre (bore diameter,* Am. *caliber)*

**41** **vadászeszközök**
– ***hunting equipment***
**41** szarvasgyilok
– *double-edged hunting knife*
**42** tarkókés (vadászkés)
– *[single-edged] hunting knife*
**43–47** **hívók hívóvadászathoz**
– ***calls for luring game** (for calling game)*
**43** őzsíp (őzhívó)
– *roe call*
**44** nyúlsíp
– *hare call*
**45** fürjhívó
– *quail call*
**46** bőgő kürt [gímszarvas hívásához]
– *stag call*
**47** fogolyhívó
– *partridge call*
**48** íjcsapda <csapóvas>
– *bow trap (bow gin), a jaw trap*
**49** sörétes lőszer
– *small-shot cartridge*
**50** papírhüvely
– *cardboard case*
**51** söréttöltet
– *small-shot charge*
**52** nemezfojtás
– *felt wad*
**53** füst nélküli lőpor (*másik fajta:* fekete v. füstös lőpor)
– *smokeless powder* (different kind: *black powder)*
**54** lőszer (töltény, patron)
– *cartridge*
**55** egyesített lőszer
– *full-jacketed cartridge*
**56** lágymag (ólomlövedék)
– *soft-lead core*
**57** lőportöltet
– *powder charge*
**58** töltényfenék (hüvelyfenék)
– *detonator cap*
**59** csappantyú (gyutacs)
– *percussion cap*
**60** vadászkürt
– *hunting horn*
**61–64** puskatisztító szerelék (fegyvertisztító készség)
– *rifle cleaning kit*
**61** tisztítóvessző
– *cleaning rod*
**62** csőtisztító kefe
– *cleaning brush*
**63** tisztítókóc
– *cleaning tow*
**64** tisztítózsinór
– *pull-through* (Am. *pull-thru)*
**65** irányzék
– *sights*
**66** nézőke (irányzórés)
– *notch (sighting notch)*
**67** nézőkecsappantyú (csapóirányzék)
– *back sight leaf*
**68** nézőkeállító jel
– *sight scale division*
**69** irányzékállító (a nézőke csúszóállítója)
– *back sight slide*
**70** horony [rugófészek]
– *notch [to hold the spring]*
**71** célgömb (légy)
– *front sight (foresight)*
**72** célgömbperem [a célgömb felső pereme v. csúcsa]
– *bead*
**73** **lőelmélet** (ballisztika)
– ***ballistics***
**74** csőtorkolatszint
– *azimuth*
**75** indulószög
– *angle of departure*
**76** emelkedési szög (a magassági irányzás szöge
– *angle of elevation*
**77** tetőpont (csúcspont)
– *apex (zenith)*
**78** becsapódószög
– *angle of descent*
**79** röppálya (ballisztikus görbe)
– *ballistic curve*

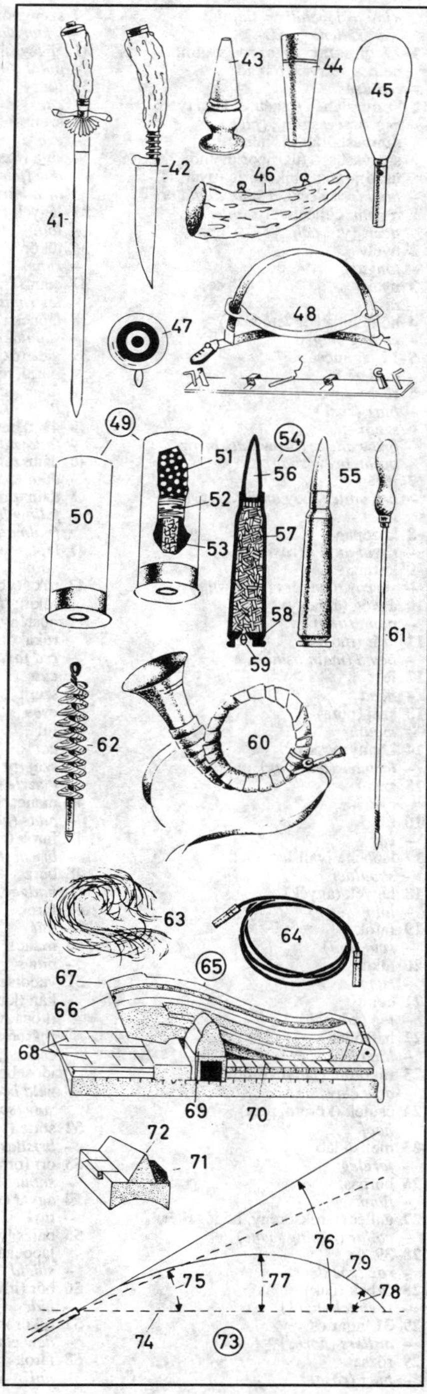

*(juv. = juvenilis = fiatal, ivaréretlen egyed)*
**1–27 gímszarvas** (szarvas, gím, nemes szarvas, rőtvad)
– ***red deer***
**1** szarvastehén (tehén, suta, tarvad; *rég.* szarvasgím); *(juv.:)* szarvasborjú; *(nőstény:)* szarvasüsző (üszőborjú, ünő, üsző); *(hím:)* bikaborjú (nyársas)
– *hind (red deer), a young hind or a dam;* collectively: *anterless deer,* (y.)*: calf*
**2** nyelv
– *tongue*
**3** nyak
– *neck*
**4** bőgő bika (rigyető bika)
– *rutting stag*
**5–11 agancs**
– ***antlers***
**5** rózsa
– *burr (rose)*
**6** szemág
– *brow antler (brow tine, brow point, brow snag)*
**7** jégág
– *bez antler (bay antler, bay, bez tine)*
**8** középág
– *royal antler (royal, tray)*
**9** korona
– *surroyal antlers (surroyals)*
**10** ágvég (ághegy)
– *point (tine)*
**11** szár (rúd)
– *beam (main trunk)*
**12** fej
– *head*
**13** száj (pofa)
– *mouth*
**14** könnyzacskó
– *larmier (tear bag)*
**15** szem
– *eye*
**16** fül
– *ear*
**17** lapocka (váll-lap, blatt)
– *shoulder*
**18** lágyék (ágyék)
– *loin*
**19** farok
– *scut (tail)*
**20** tükör
– *rump*
**21** comb
– *leg (haunch)*
**22** hátsó láb
– *hind leg*
**23** fűköröm (fattyúköröm)
– *dew claw*
**24** csülök (köröm, pata)
– *hoof*
**25** mellső láb
– *foreleg*
**26** horpasz
– *flank*
**27** gallér (toroksörény, bőgőgallér)
– *collar (rutting mane)*
**28–39 őz**
– ***roe*** *(roe deer)*
**28** őzbak (bak)
– *roebuck (buck)*
**29–31 agancs**
– ***antlers*** *(horns)*
**29** rózsa
– *burr (rose)*
**30** szár gyöngyözéssel
– *beam with pearls*
**31** ágvég (ágcsúcs, ághegy)
– *point (tine)*
**32** fül
– *ear*
**33** szem
– *eye*
**34** suta (őzsuta) <nőstény őz>
– *doe (female roe), a female fawn or a barren doe*
**35** lágyék (ágyék)
– *loin*
**36** tükör
– *rump*
**37** comb
– *leg (haunch)*
**38** lapocka (váll-lap)
– *shoulder*
**39** gida (őzgida); *(hím:)* bakgida (bakborjú, nyársas); *(nőstény:)* üsző
– *fawn,* (m.) *young buck,* (f.) *young doe*
**40–41** dámvad (dámszarvas)
– *fallow deer*
**40** dámszarvas (dámbika, dámlapátos); *(nőstény:)* dámszarvastehén (dámsuta)
– *fallow buck, a buck with palmate (palmated) antlers,* (f.) *doe*
**41** lapát
– *palm*
**42** róka (vörös róka, közönséges róka); *(hím:)* kan róka; *(nőstény:)* nőstény róka, szuka; *(juv.:)* rókakölyök, kölyökróka
– *red fox,* (m.) dog, (f.) *vixen,* (y.) *cub*
**43** szem
– *eyes*
**44** fül
– *ear*
**45** száj (pofa)
– *muzzle (mouth)*
**46** mancsok
– *pads (paws)*
**47** farok (zászló)
– *brush (tail)*
**48** borz
– *badger,* (f.) *sow*
**49** farok
– *tail*
**50** mancs
– *paws*
**51** vaddisznó (sertevad), *(hím:)* vadkan (kan); *(nőstény:)* vadkoca (koca, vademse); *(juv.:)* malac [háromhónapos koráig, amíg csíkos], süldő [három hónaposnál idősebb]
– *wild boar,* (m.) *boar,* (f.) *wild sow (sow),* (y.) *young boar*
**52** sörte (serte)
– *bristles*
**53** orr (ormány)
– *snout*
**54** agyar (kampó, sarló)
– *tusk*
**55** pajzs [nagyon vastag bőr a lapockán]
– *shield*
**56** bőr (irha)
– *hide*
**57** fűköröm (fattyúcsülök)
– *dew claw*
**58** farok
– *tail*
**59** nyúl (mezei nyúl, vadnyúl); *(hím:)* baknyúl (bak, kan nyúl); *(nőstény:)* nőstény nyúl (emse, anyanyúl)
– *hare,* (m.) *buck,* (f.) *doe*
**60** szem
– *eye*
**61** fül (kanál)
– *ear*
**62** farok
– *scut (tail)*
**63** hátsó láb (ugróláb)
– *hind leg*
**64** mellső láb
– *foreleg*
**65** üregi nyúl (kinigli)
– *rabbit*
**66** nyírfajd (kiskakas)
– *blackcock*
**67** farok (lant)
– *tail*
**68** sarlótoll
– *falcate (falcated) feathers*
**69** császármadár (császárfajd, mogyoróstyúk)
– *hazel grouse (hazel hen)*
**70** fogoly
– *partridge*
**71** patkó
– *horseshoe (horseshoe marking)*
**72** siketfajd (nagykakas)
– *wood grouse (capercaillie)*
**73** szakáll
– *beard*
**74** tükör
– *axillary marking*
**75** farok (legyező)
– *tail (fan)*
**76** szárny
– *wing (pinion)*
**77** fácán (vadászfácán, csehfácán); <fácánféle>; *(hím:)* fácánkakas; *(nőstény:)* fácántyúk; *(juv.:)* fácáncsibe
– *common pheasant, a pheasant,* (m.) *cock pheasant (pheasant cock),* (f.) *hen pheasant (pheasant hen)*
**78** szarv (tollszarv, tollfül)
– *plumicorn (feathered ear, ear tuft, ear, horn)*
**79** tükör
– *wing*
**80** farok
– *tail*
**81** csüd (láb, stangli)
– *leg*
**82** sarkantyú
– *spur*
**83** szalonka (erdei szalonka, sneff)
– *snipe*
**84** csőr
– *bill (beak)*

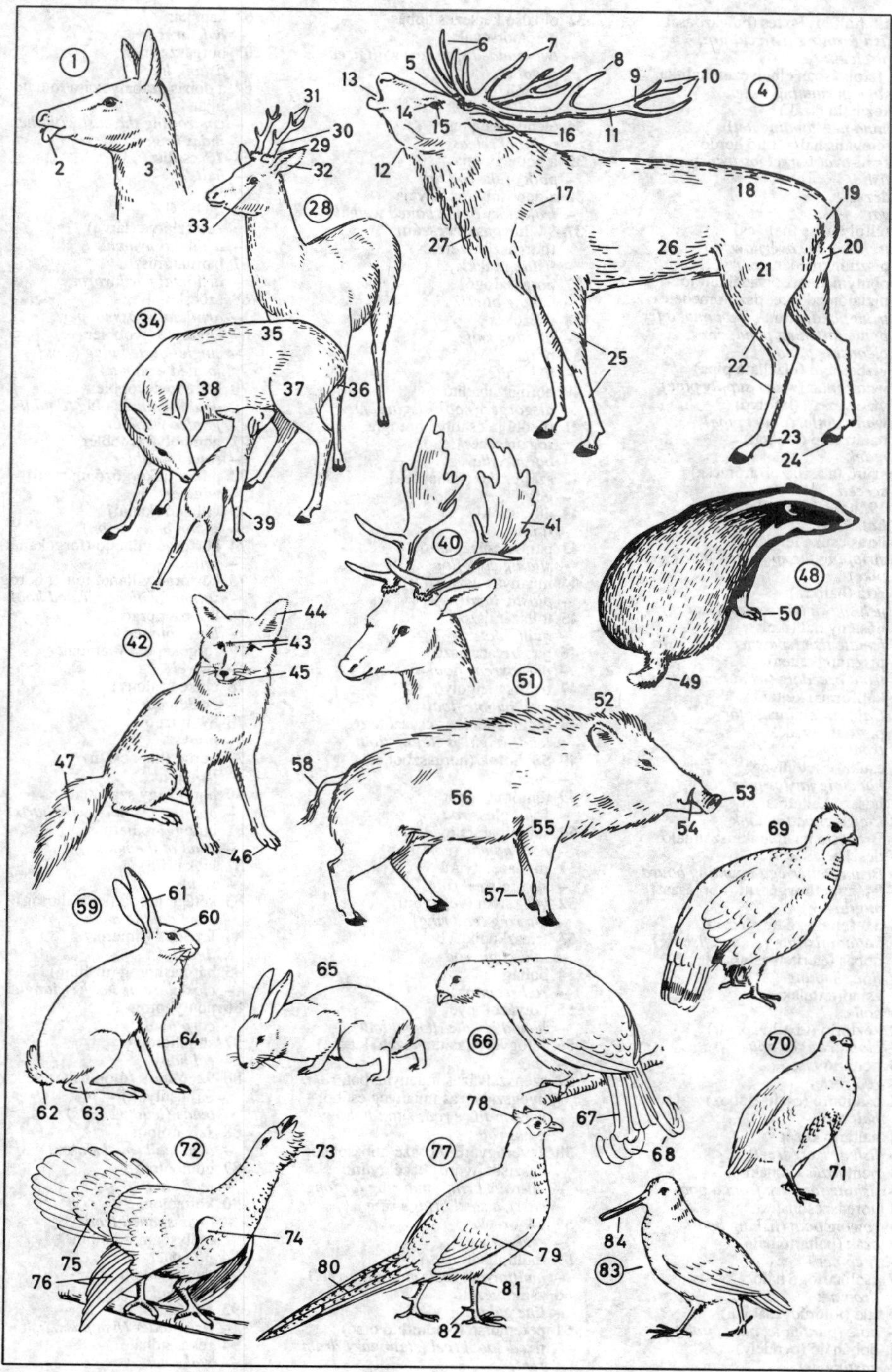
1
2
3
4
5
6
7
8
9
10
11
12
13
14
15
16
17
18
19
20
21
22
23
24
25
26
27
28
29
30
31
32
33
34
35
36
37
38
39
40
41
42
43
44
45
46
47
48
49
50
51
52
53
54
55
56
57
58
59
60
61
62
63
64
65
66
67
68
69
70
71
72
73
74
75
76
77
78
79
80
81
82
83
84

# 89 Haltenyésztés és sporthorgászat

**1–19 haltenyésztés** (halgazdaság)
– ***fish farming*** *(fish culture, pisciculture)*
**1** vízfolyásban elhelyezett kalitka
– *cage in running water*
**2** kézihálό (szák)
– *hand net (landing net)*
**3** félovális halszállító hordó
– *semi-oval barrel for transporting fish*
**4** dézsa
– *vat*
**5** túlfolyórács (halrács)
– *trellis in the overflow*
**6** pisztrángmedence; *(rok.:)* pontymedence; ivadéktároló; hizlalómedence; tisztítómedence
– *trout pond;* sim.: *carp pond, a fry pond, fattening pond, or cleansing pond*
**7** vízbefolyó (vízellátó pipa)
– *water inlet (water supply pipe)*
**8** vízelvezető (kifolyó)
– *water outlet (outlet pipe)*
**9** barátzsilip (tóbarát)
– *monk*
**10** szűrő (a zsilip elzárórácsa)
– *screen*
**11–19 halkeltető állomás**
– ***hatchery***
**11** ikrás csuka lefejése
– *stripping the spawning pike (seed pike)*
**12** ikra (halikra)
– *fish spawn (spawn, roe, fish eggs)*
**13** nőstény hal (ikrás)
– *female fish (spawner, seed fish)*
**14** pisztrángkeltető
– *trout breeding (trout rearing)*
**15** kaliforniai keltető
– *Californian incubator*
**16** pisztrángivadék
– *trout fry*
**17** csukakeltető üveg
– *hatching jar for pike*
**18** hosszú keltetőtartály
– *long incubation tank*
**19** Brandstetter-féle ikraszámláló deszka
– *Brandstetter egg-counting board*
**20–94 sporthorgászat** (horgászat)
– ***angling***
**20–31 fenekező horgászat**
– ***bottom fishing*** *(coarse fishing)*
**20** dobás leterített zsinórral
– *line shooting*
**21** zsinórtartalék
– *coils*
**22** kéztörlő (textil *v.* papír)
– *cloth (rag) or paper*
**23** bottartó
– *rod rest*
**24** csalitartó (csalis doboz)
– *bait tin*
**25** haltartó kosár
– *fish basket (creel)*
**26** pontyozás csónakból
– *fishing for carp from a boat*
**27** horgászcsónak
– *rowing boat (fishing boat)*
**28** szák (haltartó háló)
– *keep net*
**29** csalihalfogó háló
– *drop net*
**30** rúd (tolórúd, csáklya)
– *pole (punt pole, quant pole)*
**31** dobóháló (pendely)
– *casting net*
**32** oldalsó kétkezes dobás peremorsóval
– *two-handed side cast with fixed-spool reel*
**33** indítóhelyzet
– *initial position*
**34** elengedési pont
– *point of release*
**35** a bothegy útja
– *path of the rod tip*
**36** a dobósúly röppályája
– *trajectory of the baited weight*
**37–94 horgászszerszám** (horgászfelszerelés)
– ***fishing tackle***
**37** horgászfogó
– *fishing pliers*
**38** filézőkés
– *filleting knife*
**39** horgászkés
– *fish knife*
**40** horogszabadító
– *disgorger (hook disgorger)*
**41** fűzőtű [a csalihal horogra rögzítéséhez]
– *bait needle*
**42** szájfeszítő (szájpecek)
– *gag*
**43–48 úszók**
– ***floats***
**43** parafa csúszóúszó
– *sliding cork float*
**44** műanyag úszó
– *plastic float*
**45** tollszár úszó
– *quill float*
**46** habszivacs úszó
– *polystyrene float*
**47** ovális vízigolyó
– *oval bubble float*
**48** ólomnehezékes csúszóúszó
– *lead-weighted sliding float*
**49–58 botok** (horgászbotok)
– ***rods***
**49** tömör üvegbot
– *solid glass rod*
**50** sajtoltparafa nyél
– *cork handle (cork butt)*
**51** rugóacél gyűrű
– *spring-steel ring*
**52** végkarika (véggyűrű)
– *top ring (end ring)*
**53** teleszkopikus bot
– *telescopic rod*
**54** bottag
– *rod section*
**55** pólyázott nyél
– *bound handle (bound butt)*
**56** futógyűrű (zsinórvezető karika)
– *ring*
**57** szénszálvázas műanyag bot; *rok.:* üvegszálvázas műanyag csőbot
– *carbon-fibre rod;* sim.: *hollow glass rod*
**58** keverőgyűrű (hosszú dobásokhoz használt gyűrű) <acélgyűrű>
– *all-round ring (butt ring for long cast), a steel bridge ring*
**59–64 orsók**
– ***reels***
**59** multiplikátororsó
– *multiplying reel (multiplier reel)*
**60** zsinórvezető
– *line guide*
**61** peremorsó (peremfutó orsó)
– *fixed-spool reel (stationary-drum reel)*
**62** kapókar
– *bale arm*
**63** horgászzsinór
– *fishing line*
**64** a dobás szabályozása mutatóujjal
– *controlling the cast with the index finger*
**65–76 csalik**
– ***baits***
**65** légy
– *fly*
**66** kérészlárva (lárva)
– *artificial nymph*
**67** harmatgiliszta
– *artificial earthworm*
**68** szöcske
– *artificial grasshopper*
**69** egyrészes wobbler
– *single-jointed plug (single-jointed wobbler)*
**70** kétrészes wobbler
– *double-jointed plug (double-jointed wobbler)*
**71** gömbölyű wobbler
– *round wobbler*
**72** pilker [tekergőző műcsali]
– *wiggler*
**73** villantó (kanál)
– *spoon bait (spoon)*
**74** körforgó villantó (forgókanál)
– *spinner*
**75** körforgó villantó rejtett horoggal
– *spinner with concealed hook*
**76** hosszú pörgő
– *long spinner*
**77** forgókapocs (karabiner)
– *swivel*
**78** előke (patony)
– *cast (leader)*
**78–87 horgok**
– ***hooks***
**79** horog (kapocs, tű)
– *fish hook*
**80** horoghegy szakállal
– *point of the hook with barb*
**81** horoggörbület
– *bend of the hook*
**82** lapka (fül)
– *spade (eye)*
**83** kétágú horog (kettőshorog)
– *open double hook*
**84** limerick (limerik)
– *limerick*
**85** hármashorog (drilling)
– *closed treble hook (triangle)*
**86** pontyhorog
– *carp hook*
**87** süllőhorog
– *eel hook*
**88–92 ólmok** (ólomnehezékek, ólomsúlyok)
– ***leads*** *(lead weights)*
**88** szivarólom
– *oval lead (oval sinker)*
**89** gömbólom
– *lead shot*
**90** körteólom
– *pear-shaped lead*
**91** mélységmérő ólom
– *plummet*
**92** tengeri ólom
– *sea lead*
**93** hallépcső
– *fish ladder (fish pass, fish way)*
**94** rekesztőháló
– *stake net*

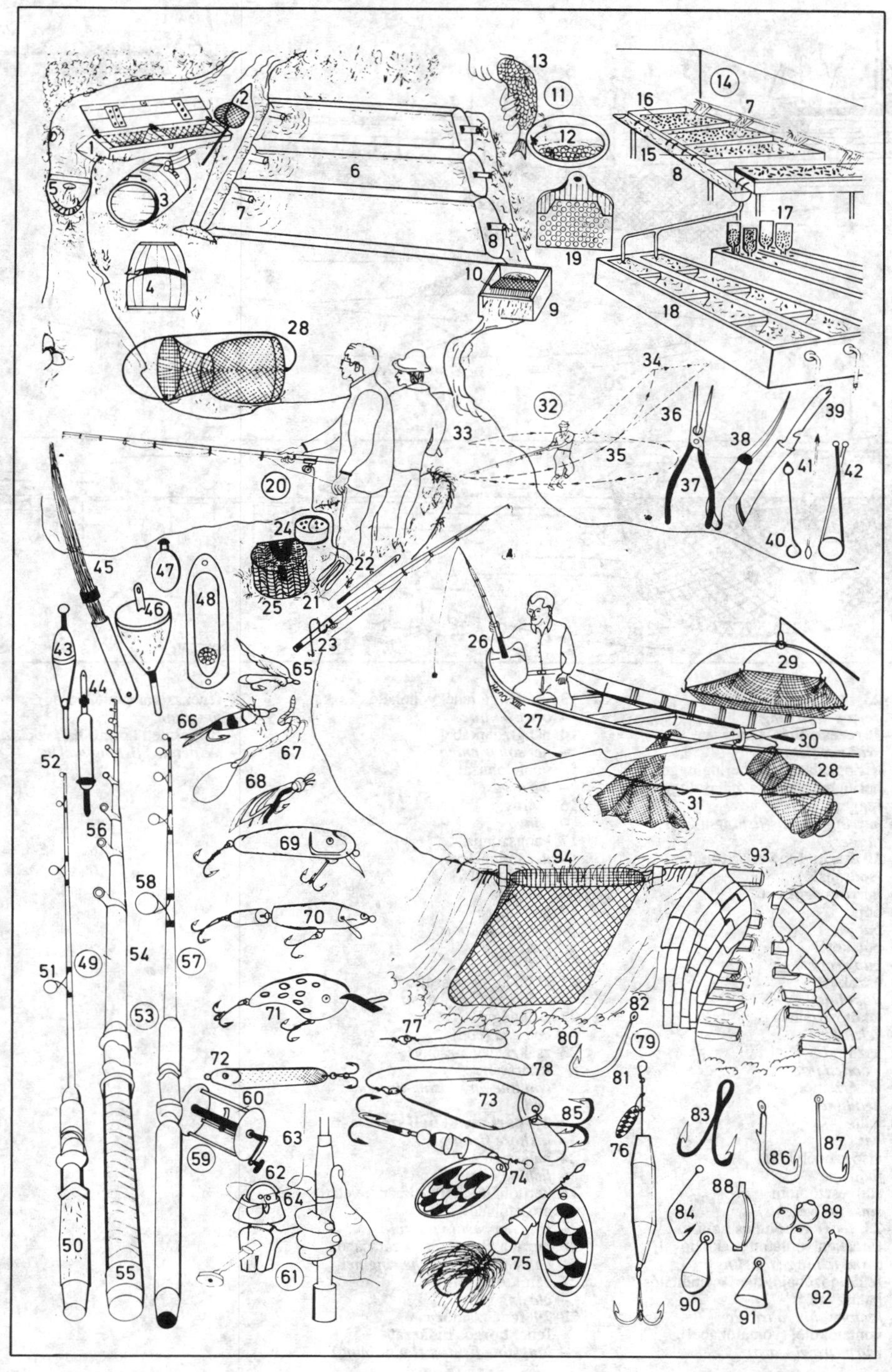
1
2
3
4
5
6
7
7
8
8
9
10
11
12
13
14
15
16
17
18
19
20
21
22
23
24
25
26
27
28
28
29
30
31
32
33
34
35
36
37
38
39
40
41
42
43
44
45
46
47
48
49
50
51
52
53
54
55
56
57
58
59
60
61
62
63
64
65
66
67
68
69
70
71
72
73
74
75
76
77
78
79
80
81
82
83
84
85
86
87
88
89
90
91
92
93
94

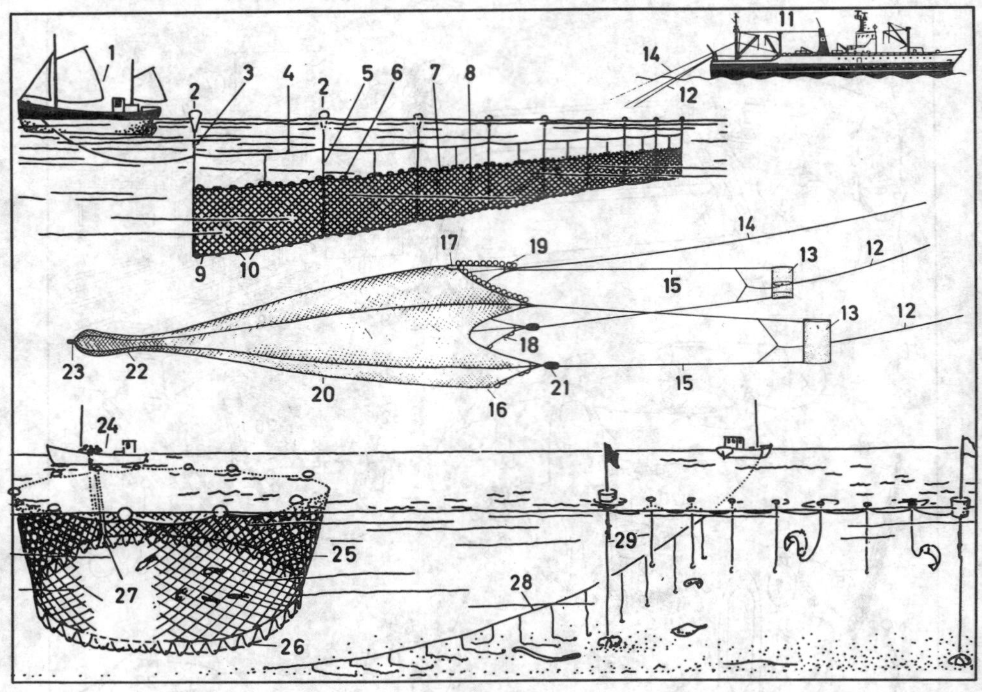


**1–23 mélytengeri halászat**
– ***deep-sea fishing***
**1–10 eresztőhálós halászat**
– ***drift net fishing***
**1** heringhalászhajó (heringlugger, heringhalászbárka, halászlugger, lugger)
– *herring lugger (fishing lugger, lugger)*
**2–10 heringfogó eresztőháló** (sodróháló)
– ***herring drift net***
**2** bója
– *buoy*
**3** bójakötél
– *buoy rope*
**4** úszókötél
– *float line*
**5** lekötözőzsineg
– *seizing*
**6** úszó
– *wooden float*
**7** vezérzsinór
– *headline*
**8** háló
– *net*
**9** alsó szegélykötél
– *footrope*
**10** süllyesztőólom
– *sinkers (weights)*
**11–23 fenékvonóhálós halászat** [fenéken vontatott zsákhálóval]
– ***trawl fishing*** *(trawling)*
**11** feldolgozóhajó <fenékvonóhálós halászhajó>
– *factory ship, a trawler*
**12** vontatókötél (vontatókábel)
– *warp (trawl warp)*
**13** vidrafogó fenékvonóháló-deszka
– *otter boards*
**14** hangradarkábel
– *net sonar cable*
**15** vontatóhuzal
– *wire warp*
**16** szárny
– *wing*
**17** hangszonda
– *net sonar device*
**18** fenékkötél
– *footrope*
**19** gömbúszó
– *spherical floats*
**20** has
– *belly*
**21** 1800 kg-os vassúly
– *1.800 kg iron weight*
**22** zsákvég
– *cod end (cod)*
**23** zsákzsineg a zsákvég lezárásához
– *cod line for closing the cod end*
**24–27 part menti halászat**
– ***inshore fishing***
**24** halászhajó
– *fishing boat*
**25** kerítőháló <kör alakban kivetett eresztőháló>
– *ring net cast in a circle*
**26** huzal a kerítőháló bezárásához
– *cable for closing the ring net*
**27** zárószerkezet
– *closing gear*
**28–29 fenékzsinóros** *v.* **fenékhorgos halászat**
– ***long-line fishing*** *(long-lining)*
**28** fenékzsinór (fenékhorog)
– *long line*
**29** függesztett horgos halászkészség
– *suspended fishing tackle*

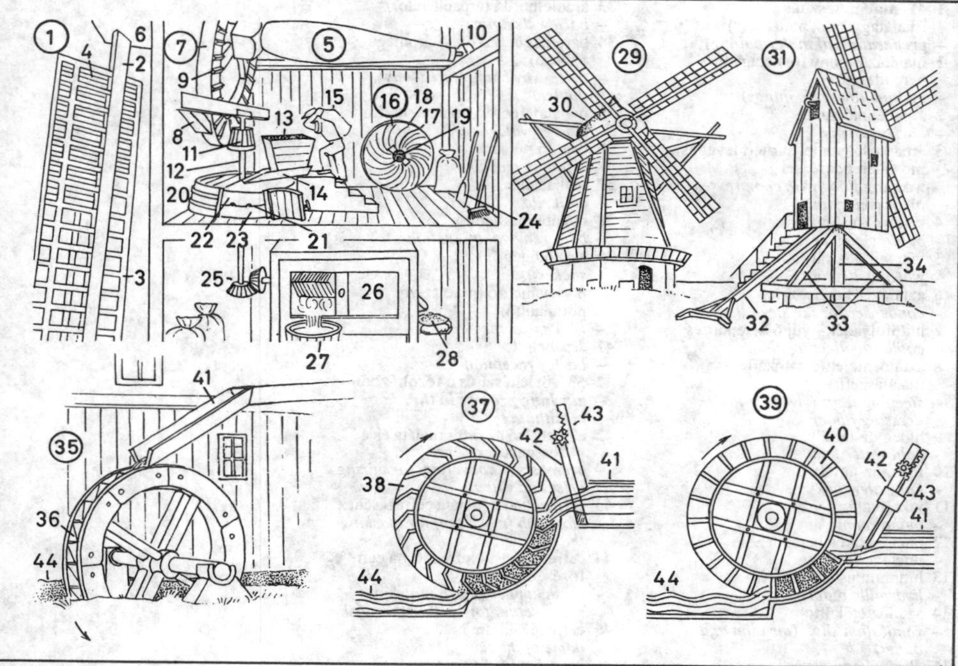


**1–34 szélmalom**
– ***windmill***
**1** vitorlaszárny
– *windmill vane (windmill sail, windmill arm)*
**2** vitorlasugár (vitorlaszár)
– *stock (middling, back, radius)*
**3** szegélydeszka (keret)
– *frame*
**4** szélajtó (zsalu)
– *shutter*
**5** vitorlatengely (keréktengely)
– *wind shaft (sail axle)*
**6** vitorlaagy
– *sail top*
**7** csapos kerék
– *brake wheel*
**8** kerékfék
– *brake*
**9** fa kerékfog
– *wooden cog*
**10** támcsapágy
– *pivot bearing (step bearing)*
**11** szélmalomhajtás (hajtó fogaskerék)
– *wallower*
**12** kőtengely (malomorsó)
– *mill spindle*
**13** garat
– *hopper*
**14** rázósaru (szemeresztő)
– *shoe (trough, spout)*
**15** molnár
– *miller*
**16** malomkő (őrlőkő)
– *millstone*
**17** rémis (levegőbarázda)
– *furrow (flute)*
**18** őrlőfelület (őrlőbarázda)
– *master furrow*
**19** malomkő szeme (furata)
– *eye [of the millstone]*
**20** malomkőház
– *hurst (millstone casing)*
**21** őrlőjárat (kőjárat)
– *set of stones (millstones)*
**22** futókő (felső kő)
– *runner (upper millstone)*
**23** állókő (alsó kő)
– *bed stone (lower stone, bedder)*
**24** falapát
– *wooden shovel*
**25** kúpkerékáttétel
– *bevel gear (bevel gearing)*
**26** szita (kerek szita)
– *bolter (sifter)*
**27** fatartály (fakád)
– *wooden tub (wooden tun)*
**28** liszt
– *flour*
**29** holland szélmalom (tornyos szélmalom)
– *smock windmill (Dutch windmill)*
**30** elfordítható malomsisak
– *rotating (revolving) windmill cap*
**31** német szélmalom (bakállványos szélmalom)
– *post windmill (German windmill)*
**32** hátsó támaszték
– *tailpole (pole)*
**33** bakállvány
– *base*
**34** királyfa (árboc)
– *post*
**35–44 vízimalom**
– ***watermill***
**35** felülcsapó cellás *v.* rekeszes kerék <malomkerék (vízikerék)>
– *overshot mill wheel (high-breast mill wheel), a mill wheel (waterwheel)*
**36** lapátkamra (rekesz)
– *bucket (cavity)*
**37** középen csapó vízikerék
– *middleshot mill wheel (breast mill wheel)*
**38** hajlított lapát
– *curved vane*
**39** alulcsapó vízikerék
– *undershot mill wheel*
**40** egyenes lapát
– *flat vane*
**41** felvízcsatorna
– *headrace (discharge flume)*
**42** malomgát
– *mill weir*
**43** vízátfolyó (vízkibocsátó)
– *overfall (water overfall)*
**44** malompatak (malomárok)
– *millstream (millrace, Am. raceway)*

**1–41 malátakészítés** (malátagyártás, malátázás)
– ***preparation of malt*** *(malting)*
**1** malátázótorony (malátagyártó berendezés)
– *malting tower (maltings)*
**2** árpabeöntő garat
– *barley hopper*
**3** árpamosó emelet sűrített levegős mosóberendezéssel
– *washing floor with compressed-air washing unit*
**4** kifolyókondenzátor
– *outflow condenser*
**5** vízgyűjtő tartály
– *water-collecting tank*
**6** áztatóvíz-kondenzátor
– *condenser for the steep liquor*
**7** hűtőfolyadék-gyűjtő berendezés
– *coolant-collecting plant*
**8** áztatóemelet (áztatókád, malátaszérű)
– *steeping floor (steeping tank, dressing floor)*
**9** hidegvíz-tartály
– *cold water tank*
**10** forróvíz-tartály
– *hot water tank*
**11** vízszivattyú
– *pump room*
**12** pneumatikus berendezés
– *pneumatic plant*
**13** hidraulikus berendezés
– *hydraulic plant*
**14** szellőztetőkürtő
– *ventilation shaft (air inlet and outlet)*
**15** elszívóberendezés
– *exhaust fan*
**16–18 malátaaszaló**
– ***kilning floors***
**16** előszárító kamra
– *drying floor*
**17** forrólevegős ventilátor
– *burner ventilator*
**18** utószárító kamra
– *curing floor*
**19** szárítólevegő-kivezető
– *outlet duct from the kiln*
**20** aszaltmaláta-gyűjtő
– *finished malt collecting hopper*
**21** transzformátorház
– *transformer station*
**22** hűtőkompresszorok
– *cooling compressors*
**23** zöldmaláta (kicsírázott árpa)
– *green malt (germinated barley)*
**24** forgatható cserény (szárítórács)
– *turner (plough)*
**25** központi ellenőrző terem folyamatábrával
– *central control room with flow diagram*
**26** csigás konvejor (szállítócsiga)
– *screw conveyor*
**27** mosóemelet
– *washing floor*
**28** áztatóemelet
– *steeping floor*
**29** előszárító
– *drying kiln*
**30** utószárító
– *curing kiln*
**31** árpasiló
– *barley silo*
**32** mázsáló (mérleg)
– *weighing apparatus*
**33** árpafelhordó (árpaelevátor)
– *barley elevator*
**34** háromágú csúszda (háromágú ejtőcső)
– *three-way chute (three-way tippler)*
**35** malátafelhordó (malátaelevátor)
– *malt elevator*
**36** tisztítómű
– *cleaning machine*
**37** malátasiló
– *malt silo*
**38** malátacsírátlanító
– *corn removal by suction*
**39** zsákológép
– *sacker*
**40** porleválasztó (porelszívó, portalanító)
– *dust extractor*
**41** árpabetöltés
– *barley reception*
**42–53 sörlékészítés a főzőházban**
– ***mashing process in the mashhouse***
**42** előcefréző az őrölt maláta és a víz összekeveréséhez
– *premasher (converter) for mixing grist and water*
**43** cefrézőkád a maláta cefrézéséhez
– *mash tub (mash tun) for mashing the malt*
**44** cefrefőző üst (cefrézőüst a cefre főzéséhez)
– *mash copper (mash tun,* Am. *mash kettle) for boiling the mash*
**45** cefrézőüst burája
– *dome of the tun*
**46** keverőmű (sörcefrekeverő)
– *propeller (paddle)*
**47** tolóajtó
– *sliding door*
**48** vízbevezető cső
– *water (liquor) supply pipe*
**49** főzőmester
– *brewer (master brewer, masher)*
**50** szűrőkád a sörtörköly (seprő) leülepítéséhez és a sörlé leszűréséhez
– *lauter tun for settling the draff (grains) and filtering off the wort*
**51** szűrőcsaptelep a színsörlé elválasztásához és minőségének ellenőrzéséhez
– *lauter battery for testing the wort for quality*
**52** komlóforraló üst (sörléfőző üst) a sörlé forralásához
– *hop boiler (wort boiler) for boiling the wort*
**53** merítő hőmérő (merítőkanalas hőmérő)
– *ladle-type thermometer (scoop thermometer)*

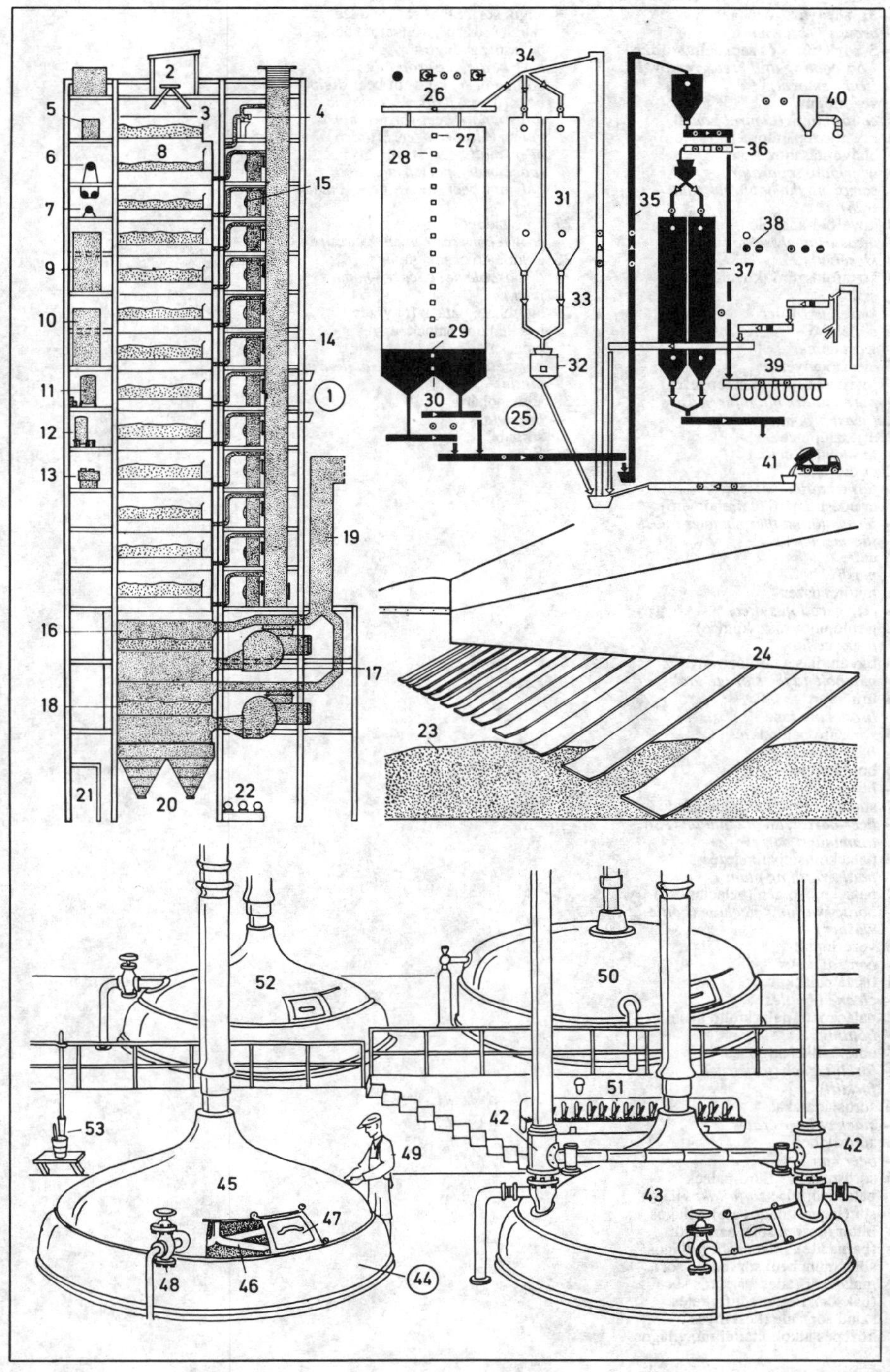
1
2
3
4
5
6
7
8
9
10
11
12
13
14
15
16
17
18
19
20
21
22
23
24
25
26
27
28
29
30
31
32
33
34
35
36
37
38
39
40
41
42
43
44
45
46
47
48
49
50
51
52
53

**1–31 sörgyár** (főzőház)
– *brewery (brewhouse)*
**1–5 sörléhűtés és seprőeltávolítás**
– ***wort cooling and break removal*** *(trub removal)*
**1** vezérlőpult
– *control desk (control panel)*
**2** örvényszeparátor a forróseprő eltávolításához
– *whirlpool separator for removing the hot break (hot trub)*
**3** kovaföld-adagoló
– *measuring vessel for the kieselguhr*
**4** kovaföldszűrő (kovaföldes szűrő)
– *kieselguhr filter*
**5** sörléhűtő
– *wort cooler*
**6** élesztőtenyészet (élesztőszaporító berendezés)
– *pure culture plant for yeast (yeast propagation plant)*
**7** erjesztőpince
– *fermenting cellar*
**8** erjesztőkád
– *fermentation vessel (fermenter)*
**9** erjedéshőmérő (cefrehőmérő)
– *fermentation thermometer (mash thermometer)*
**10** cefre
– *mash*
**11** hűtőrendszer
– *refrigeration system*
**12** tárolópince (ászokpince)
– *lager cellar*
**13** búvónyílás a tárolótartályhoz
– *manhole to the storage tank*
**14** ürítőcsap
– *broaching tap*
**15** sörszűrő berendezés
– *beer filter*
**16** hordótároló
– *barrel store*
**17** söröshordó <alumíniumhordó>
– *beer barrel, an aluminium (*Am. *aluminum) barrel*
**18** palackmosó berendezés
– *bottle-washing plant*
**19** palackmosó gép (palackmosó)
– *bottle-washing machine (bottle washer)*
**20** vezérlőpult
– *control panel*
**21** tiszta palackok
– *cleaned bottles*
**22** palackozó (palacktöltő üzem)
– *bottling*
**23** emelővillás targonca
– *forklift truck (fork truck, forklift)*
**24** sörösládarakat
– *stack of beer crates*
**25** sörösdoboz
– *beer can*
**26** söröspalack <Euro-palack palacksörrel>; *sörfajták:* világos sör (lager, világos ale), világos bitter (keserű sör), barna sör (barna ale), pilzeni sör (világos sör), müncheni sör (barna sör), malátasör (édessör), erős sör (baksör), Porter sör (feketés színű sör), ale (kesernyés, közepes alkoholtartalmú, világos angol sör), Stout sör (feketés színű, erős sör), Salvator sör, búzasör, gyönge sör
– *beer bottle, a Eurobottle with bottled beer;* kinds of beer: *light beer (lager, light ale, pale ale or bitter), dark beer (brown ale, mild), Pilsener beer, Munich beer, malt beer, strong beer (bock beer), porter, ale, stout, Salvator beer, wheat beer, small beer*
**27** koronadugó
– *crown cork (crown cork closure)*
**28** eldobható csomagolás
– *disposable pack (carry-home pack)*
**29** eldobható palack (egyszer használatos palack, egyutas palack)
– *non-returnable bottle (single-trip bottle)*
**30** söröspohár
– *beer glass*
**31** sörhab
– *head*

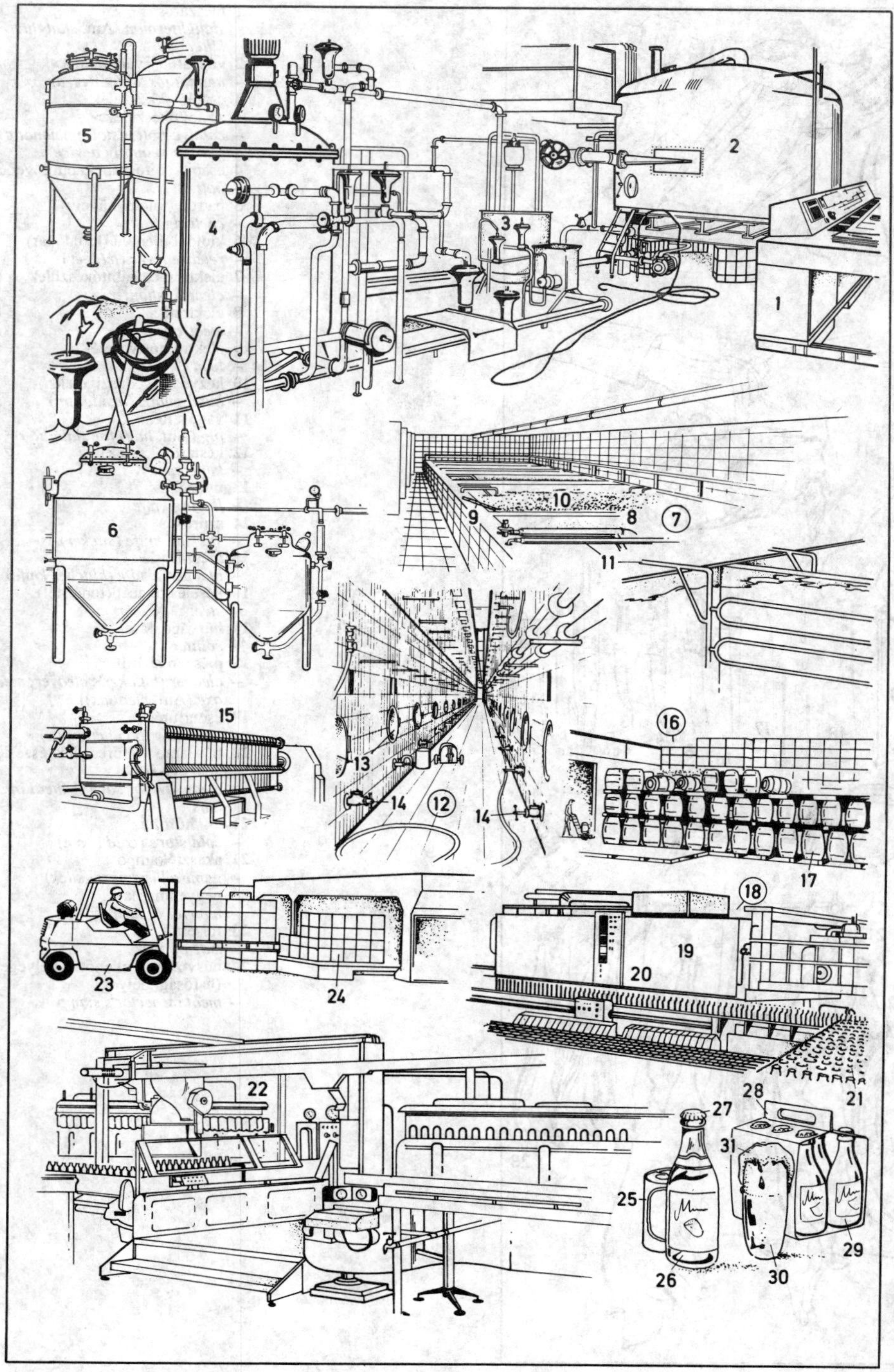
5
2
4
3
1
10
9
8
7
6
11
15
13
14
12
14
16
17
18
19
20
23
24
22
21
28
27
31
25
29
26
30

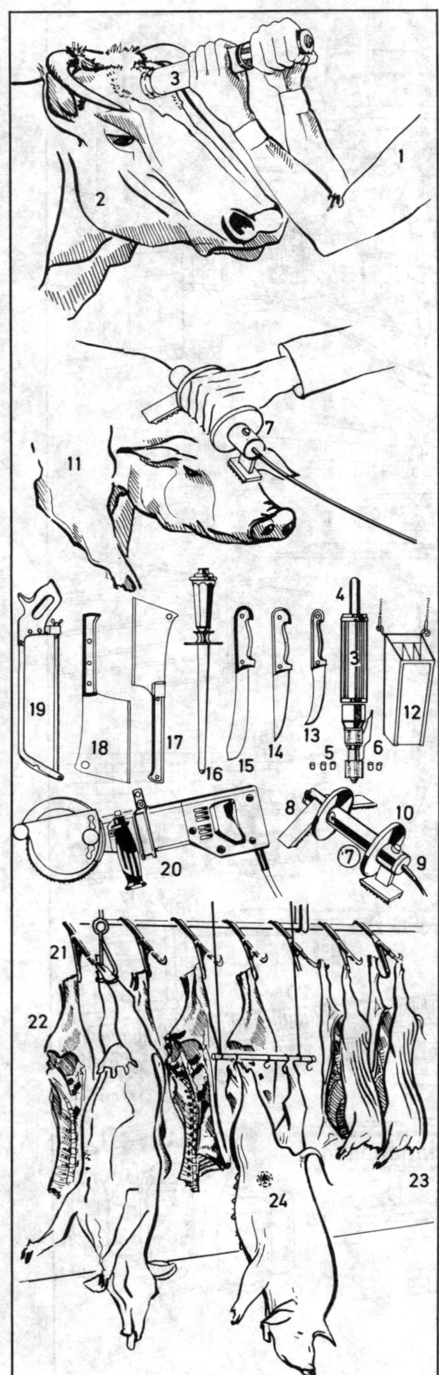


**1** mészáros
– *slaughterman* (Am. *slaughterer, killer)*
**2** vágóállat <vágómarha>
– *animal for slaughter, an ox*
**3** csaplövő készülék <kábítókészülék>
– *captive-bolt pistol (pneumatic gun), a stunning device*
**4** csap (kábítócsap, kábítólövedék)
– *bolt*
**5** patron (töltényhüvely)
– *cartridges*
**6** kioldóbillentyű (kioldókar)
– *release lever (trigger)*
**7** elektromos kábítókészülék
– *electric stunner*
**8** elektród
– *electrode*
**9** elektromos vezeték
– *lead*
**10** kézvédő (védőszigetelés)
– *hand guard (insulation)*
**11** vágósertés
– *pig* (Am. *hog) for slaughter*
**12** késtartó (késtok)
– *knife case*
**13** nyúzókés
– *flaying knife*
**14** szúrókés
– *sticking knife (sticker)*
**15** mészároskés
– *butcher's knife (butcher knife)*
**16** késélesítő acél (fenőacél)
– *steel*
**17** húsvágó bárd
– *splitter*
**18** mészárosbárd
– *cleaver (butcher's cleaver, meat axe* (Am. *meat ax))*
**19** csontfűrész
– *bone saw (butcher's saw)*
**20** húsdaraboló fűrész húsrészek adagolására
– *meat saw for sawing meat into cuts*
**21–24 hűtőház**
– ***cold store** (cold room)*
**21** akasztókampó
– *gambrel (gambrel stick)*
**22** negyedmarha
– *quarter of beef*
**23** félsertés
– *side of pork*
**24** húsvizsgáló ellenőrző bélyege (hatósági bélyeg)
– *meat inspector's stamp*

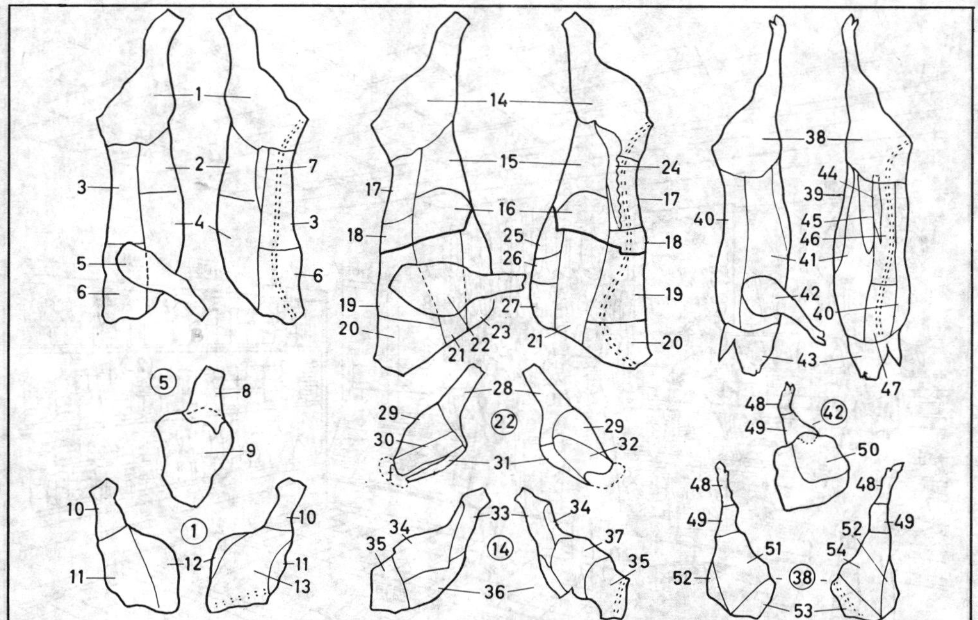

bal oldal: húsoldal
*left: meat side;*
jobb oldal: csontoldal
*right: bone side*

**1–13 borjú** (borjúhús)
– animal: ***calf;*** meat: ***veal***
**1** comb hátsó lábszárral
– *leg with hind knuckle*
**2** hasszél (lágyék)
– *flank*
**3** karaj
– *loin and rib*
**4** mell (borjúmell)
– *breast (breast of veal)*
**5** lapocka első lábszárral
– *shoulder with fore knuckle*
**6** nyak
– *neck with scrag (scrag end)*
**7** borjúfilé (borjúvesés)
– *best end of loin (of loin of veal)*
**8** első lábszár
– *fore knuckle*
**9** lapocka
– *shoulder*
**10** hátsó lábszár
– *hind knuckle*
**11** dió (kerekpecsenye)
– *roasting round (oyster round)*
**12** borjúremek (borjúfrikandó)
– *cutlet for frying or braising*
**13** felsál (borjúcombszelet)
– *undercut (fillet)*
**14–37 marha** (marhahús)
– animal: ***ox;*** meat: ***beef***
**14** comb hátsó lábszárral
– *round with rump and shank*
**15–16** hasi részek húsa
– *flank*
**15** vékony hátszín
– *thick flank*
**16** csontos oldalas
– *thin flank*
**17** hátszín
– *sirloin*
**18** rostélyos
– *prime rib (fore ribs, prime fore rib)*
**19** tarja
– *middle rib and chuck*
**20** nyak
– *neck*
**21** vastag oldalas
– *flat rib*
**22** lapocka első lábszárral
– *leg of mutton piece (bladebone) with shin*
**23** szegy
– *brisket (brisket of beef)*
**24** bélszín (vesepecsenye)
– *fillet (fillet of beef)*
**25** dagadószegy
– *hind brisket*
**26** vékonyszegy
– *middle brisket*
**27** szegyfej
– *breastbone*
**28** első lábszár
– *shin*
**29** vastag lapocka
– *leg of mutton piece*
**30** tarja
– *part of bladebone*
**31** lapocka
– *part of top rib*
**32** lapockavég
– *part of bladebone*
**33** hátsó lábszár
– *shank*
**34** fehérpecsenye
– *silverside*
**35** fartő
– *rump*
**36** felsál
– *thick flank*
**37** keresztfartő
– *top side*
**38–54 sertés** (sertéshús)
– animal: ***pig;*** meat: ***pork***
**38** sonka lábszárral és csülökkel
– *leg with knuckle and trotter*
**39** hasalja (dagadó)
– *ventral part of the belly*
**40** hátszalonna
– *back fat*
**41** oldalas
– *belly*
**42** első comb lábszárral és csülökkel
– *bladebone with knuckle and trotter*
**43** fej
– *head (pig's head)*
**44** szűzpecsenye
– *fillet (fillet of pork)*
**45** háj
– *leaf fat (pork flare)*
**46** karaj
– *loin (pork loin)*
**47** tarja
– *spare rib*
**48** láb
– *trotter*
**49** csülök
– *knuckle*
**50** lapocka
– *butt*
**51** sonka
– *fore end (ham)*
**52** dió
– *round end for boiling*
**53** sonkaszalonna
– *fat end*
**54** felsál
– *gammon steak*

**1–30 hentesüzlet**
– ***butcher's shop***
**1–4 húsáruk**
– ***meat***
**1** sonka [csontos]
– *ham on the bone*
**2** oldalszalonna
– *flitch of bacon*
**3** füstölt hús
– *smoked meat*
**4** bélszín (vesepecsenye)
– *piece of loin (piece of sirloin)*
**5** sertészsír
– *lard*
**6–11 töltelékáruk** (kolbászáruk)
– ***sausages***
**6** ártábla
– *price label*
**7** mortadella
– *mortadella*
**8** főzőkolbász; *fajtái:* bécsi, frankfurti
– *scalded sausage;* kinds: *Vienna sausage (Wiener), Frankfurter sausage (Frankfurter)*
**9** disznósajt (fejsajt)
– *collared pork* (Am. *headcheese)*
**10** lyoni kolbász
– *ring of [Lyoner] sausage*
**11** sütni való kolbász
– *bratwurst (sausage for frying or grilling)*
**12** hűtőpult
– *cold shelves*
**13** hússaláta
– *meat salad (diced meat salad)*
**14** szeletelt hentesáru (felvágott)
– *cold meats* (Am. *cold cuts)*
**15** húspástétom
– *pâté*
**16** darált hús
– *mince (mincemeat, minced meat)*
**17** sertéscsülök [főtt]
– *knuckle of pork*
**18** leértékelt áruk kosara
– *basket for special offers*
**19** engedményes (csökkentett) árak
– *price list for special offers*
**20** leértékelés
– *special offer*
**21** mélyhűtő láda (fagyasztóláda)
– *freezer*
**22** előre csomagolt sülthús
– *pre-packed joints*
**23** mélyhűtött készétel (mirelit)
– *deep-frozen (deepfreeze) ready-to-eat meal*
**24** csirke
– *chicken*
**25** konzervek (*korlátozott ideig tárolható:* féltartós konzervek)
– *canned food*
**26** konzervdoboz
– *can*
**27** főzelékkonzerv
– *canned vegetables*
**28** halkonzerv
– *canned fish*
**29** salátaöntet
– *salad cream*
**30** üdítőitalok
– *soft drinks*

**31–59 töltelékáru- (kolbászáru-) előkészítő helyiség**
– ***kitchen for making sausages***
**31–37 henteskések**
– ***butcher's knives***
**31** szeletelőkés
– *slicer*
**32** késpenge
– *knife blade*
**33** fűrészfogazás
– *saw teeth*
**34** kés nyele
– *knife handle*
**35** húsvágó kés
– *carver (carving knife)*
**36** csontozókés
– *boning knife*
**37** henteskés
– *butcher's knife (butcher knife)*
**38** hentesmester (hentes, mészáros)
– *butcher (master butcher)*
**39** henteskötény
– *butcher's apron*
**40** húskeverő teknő
– *meat-mixing trough*
**41** töltelék (kolbásztöltelék)
– *sausage meat*
**42** kaparó (leszedőkés)
– *scraper*
**43** habozó (hableszedő) kanál
– *skimmer*
**44** kolbászvilla
– *sausage fork*
**45** forrázószita
– *scalding colander*
**46** hulladékvödör
– *waste bin* (Am. *trash bin)*
**47** gőzzel vagy forró levegővel működő főzőszekrény sütőberendezéssel
– *cooker, for cooking with steam or hot air*
**48** füstölő
– *smoke house*
**49** kézi (asztali) kolbásztöltő
– *sausage filler (sausage stuffer)*
**50** töltőcső
– *feed pipe (supply pipe)*
**51** zöldség- és fűszertartó
– *containers for vegetables*
**52** húsvagdaló (húsaprító) gép
– *mincing machine for sausage meat*
**53** húsdaráló [gép]
– *mincing machine (meat mincer, mincer,* Am. *meat grinder)*
**54** húsdaráló tárcsái
– *plates (steel plates)*
**55** húskampó
– *meathook (butcher's hook)*
**56** csontfűrész
– *bone saw*
**57** vágótőke (vágószék)
– *chopping board*
**58** hentessegéd darabolás közben
– *butcher, cutting meat*
**59** húsdarab
– *piece of meat*

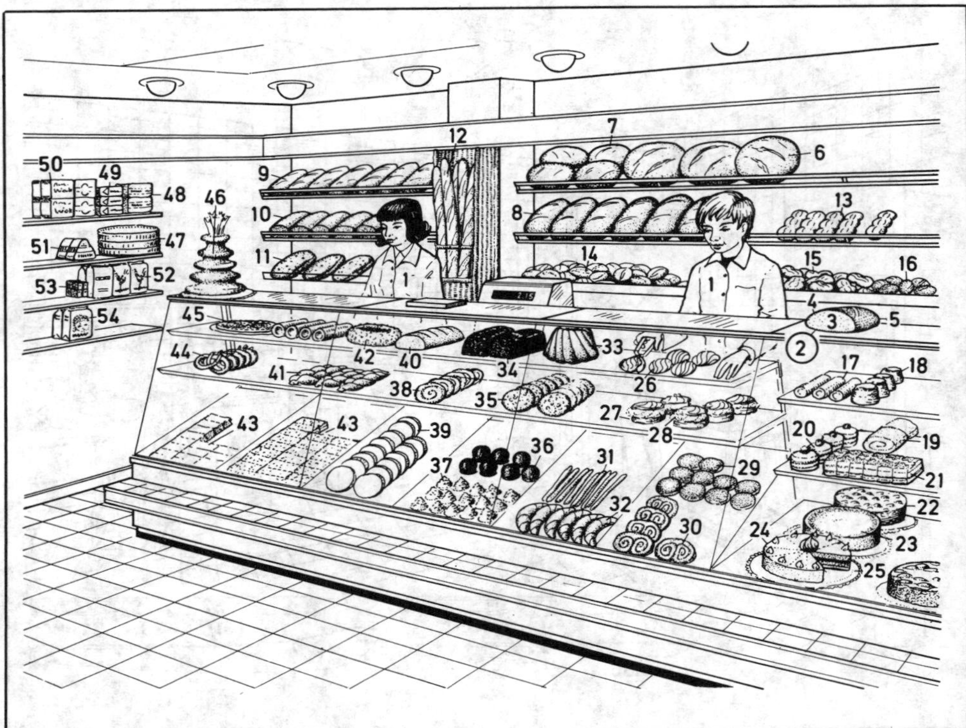

**1–54 péküzlet** (pékbolt, süteményesbolt)
– ***baker's shop***
**1** elárusítónő (eladónő)
– *shop assistant (*Am. *salesgirl, saleslady)*
**2** kenyér (cipó)
– *bread (loaf of bread, loaf)*
**3** kenyérbél
– *crumb*
**4** kenyérhéj
– *crust (bread crust)*
**5** kenyérvég
– *crust (*Am. *heel)*
**6–12 kenyérfélék**
– ***kinds of bread** (breads)*
**6** kerek kenyér (parasztkenyér) <búza- és rozslisztből készült kenyér>
– *round loaf, a wheat and rye bread*
**7** kerek cipó
– *small round loaf*
**8** hosszú kenyér <búza- és rozslisztből készült kenyér>
– *long loaf (bloomer), a wheat and rye bread*
**9** fehérkenyér
– *white loaf*
**10** négyszögletes kenyér (*rég.*: komiszkenyér) <korpáskenyér (teljes kiőrlésű rozskenyér)>
– *pan loaf, a wholemeal rye bread*
**11** püspökkenyér (karácsonyi kalács)
– *yeast bread (*Am. *stollen)*
**12** franciakenyér (baguette)
– *French loaf (baguette, French stick)*
**13–16 zsemlefélék** (péksütemények)
– ***rolls***
**13** zsemle
– *roll*
**14** búzazsemle (fehérzsemle, vizeszsemle; *rok.*: sószsemle, mákos zsemle, köménymagos zsemle)
– *[white] roll*
**15** kettős zsemle (dupla zsemle, nagyzsemle)
– *double roll*
**16** rozsos zsemle
– *rye-bread roll*
**17–47 sütemények** (cukrászáruk)
– ***cakes** (confectionery)*
**17** krémtekercs
– *cream roll*
**18** pástétommal töltött leveles, sült tészta <leveles vajastészta>
– *vol-au-vent, a puff pastry (*Am. *puff paste)*
**19** piskótatekercs (lekvárostekercs)
– *Swiss roll (*Am. *jelly roll)*
**20** kis gyümölcslepény
– *tartlet*
**21** krémes (krémes lepény, krémes szelet)
– *slice of cream cake*
**22–24 torták**
– ***flans** (*Am. ***pies) and gateaux (torten)***
**22** gyümölcstorta (*fajták:* epertorta, cseresznyetorta, egrestorta, őszibaracktorta, rebarbaratorta)
– *fruit flan (*kinds: *strawberry flan, cherry flan, gooseberry flan, peach flan, rhubarb flan)*
**23** sajttorta
– *cheesecake*
**24** krémtorták (tejszínhabos torták *is; fajták:* vajkrémtorta, feketeerdői cseresznyetorta)
– *cream cake (*Am. *cream pie) (*kinds: *butter-cream cake, Black Forest gateau)*
**25** tortatálca
– *cake plate*
**26** habos sütemény (habcsók)
– *meringue*
**27** krémes fánk (képviselőfánk)
– *cream puff*
**28** tejszínhab
– *whipped cream*
**29** berlini fánk
– *doughnut (*Am. *bismarck)*
**30** pálmalevél
– *Danish pastry*
**31** sósrúd (sósstangli; *rok.*: köménymagos rúd)
– *saltstick (saltzstange) (*also: *caraway roll, caraway stick)*
**32** kifli (vajaskifli)
– *croissant (crescent roll,* Am. *crescent)*
**33** kuglóf
– *ring cake (gugelhupf)*

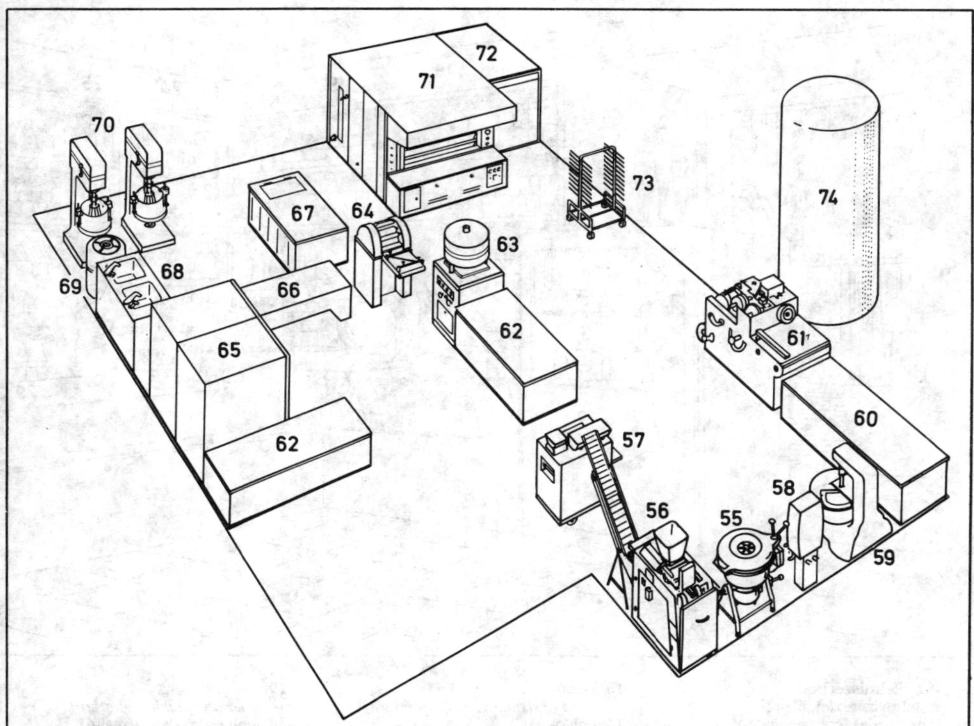


**34** csokoládémázas kalács
– *slab cake with chocolate icing*
**35** szórt sütemény
– *streusel cakes*
**36** indiáner
– *marshmallow*
**37** kókuszcsók
– *coconut macaroon*
**38** csiga [a magyarban mindig jelzővel, pl. diós csiga, kakaós csiga]
– *schnecke*
**39** ischler
– *[kind of] iced bun*
**40** tejeskenyér
– *sweet bread*
**41** fonott kalács
– *plaited bun (plait)*
**42** frankfurti koszorú
– *Frankfurter garland cake*
**43** lepény (*fajták:* szórt lepény, cukros lepény, szilvás lepény)
– *slices (*kinds: *streusel slices, sugared slices, plum slices)*
**44** perec
– *pretzel*
**45** ostyalap (vafli)
– *wafer (*Am. *waffle)*
**46** kürtőskalács
– *tree cake (baumkuchen)*
**47** tortalap
– *flan case*
**48–50 csomagolt kenyérfélék**
– ***wrapped bread***
**48** korpáskenyér (*rok.:* búzacsírás kenyér)
– *wholemeal bread (*also: *wheatgerm bread)*
**49** feketekenyér (korpás rozskenyér)
– *pumpernickel (wholemeal rye bread)*
**50** ropogós kenyér [durva őrleményből készült szárított kenyér]
– *crispbread*
**51** mézeskalács
– *gingerbread (*Am. *lebkuchen)*
**52** liszt (*fajták:* búzaliszt, rozsliszt)
– *flour (*kinds: *wheat flour, rye flour)*
**53** élesztő (sütőélesztő)
– *yeast (baker's yeast)*
**54** kétszersült
– *rusks (French toast)*
**55–74 sütőüzem** (sütöde)
– ***bakery** (bakehouse)*
**55** dagasztógép
– *kneading machine (dough mixer)*
**56–57 kenyérgyártó berendezés**
– ***bread unit***
**56** tésztaosztó gép
– *divider*
**57** formázó
– *moulder (*Am. *molder)*
**58** előkeverő
– *premixer*
**59** keverő
– *dough mixer*
**60** munkaasztal
– *workbench*
**61** zsemlekészítő berendezés
– *roll unit*
**62** munkaasztal
– *workbench*
**63** tésztaosztó és -gömbölyítő gép
– *divider and rounder (rounding machine)*
**64** kifliformázó gép
– *crescent-forming machine*
**65** fagyasztóberendezés
– *freezers*
**66** sütőberendezés [zsiradékban sütéshez]
– *oven [for baking with fat]*
**67–70 cukrászati egység**
– ***confectionery unit***
**67** hűtőasztal
– *cooling table*
**68** mosogató
– *sink*
**69** főzőüst
– *boiler*
**70** keverő- és habverő berendezés
– *whipping unit [with beater]*
**71** emeletes kemence (sütőkemence)
– *reel oven (oven)*
**72** kelesztőberendezés
– *fermentation room*
**73** kelesztőkocsi
– *[fermentation] trolley*
**74** lisztsiló
– *flour silo*

**1–87 élelmiszerbolt** (élelmiszerüzlet, élelmiszer-kereskedés, csemegeüzlet, csemegekereskedés, *rég.:* fűszerüzlet, fűszerkereskedés, fűszer- és csemegebolt)
– ***grocer's shop*** *(grocer's, delicatessen shop,* Am. *grocery store, delicatessen store), a retail shop (*Am. *retail store)*
**1** kirakat
– *window display*
**2** plakát (reklám)
– *poster (advertisement)*
**3** hűtővitrin (üvegajtós hűtőszekrény)
– *cold shelves*
**4** felvágottak
– *sausages*
**5** sajt
– *cheese*
**6** sütni való csirke (brojlercsirke, brojler)
– *roasting chicken (broiler)*
**7** hizlalt jérce *v.* tyúk (pulár)
– *poulard, a fattened hen*
**8–11 süteményadalékok** (ízesítők)
– ***baking ingredients***
**8** mazsola; *rok.:* szultanina (damaszkuszi mazsola)
– *raisins;* sim.: *sultanas*
**9** feketemazsola (korinthoszi mazsola)
– *currants*
**10** cukrozott citromhéj
– *candied lemon peel*
**11** cukrozott narancshéj
– *candied orange peel*
**12** mutatós mérleg <gyorsmérleg>
– *computing scale, a rapid scale*
**13** eladó
– *shop assistant* (Am. *salesclerk)*
**14** polcok
– *goods shelves (shelves)*
**15–20 konzervek**
– ***canned foot***
**15** tejkonzerv (dobozos tej)
– *canned milk*
**16** gyümölcskonzerv
– *canned fruit (cans of fruit)*
**17** zöldségkonzerv
– *canned vegetables*
**18** palackos gyümölcslé
– *fruit juice*
**19** olajos szardínia <halkonzerv>
– *sardines in oil, a can of fish*
**20** húskonzerv
– *canned meat (cans of meat)*
**21** margarin
– *margarine*
**22** vaj
– *butter*
**23** kókuszolaj (kókuszzsír) <növényi zsiradék>
– *coconut oil, a vegetable oil*
**24** olaj; *fajtái:* étolaj, salátaolaj, olívaolaj, napraforgóolaj, búzacsíraolaj, földimogyoró-olaj
– *oil;* kinds: *salad oil, olive oil, sunflower oil, wheatgerm oil, ground-nut oil*
**25** ecet (ételecet)
– *vinegar*
**26** leveskocka
– *stock cube*
**27** erőleveskocka
– *bouillon cube*
**28** mustár
– *mustard*
**29** ecetes uborka
– *gherkin (pickled gherkin)*
**30** ételízesítő (levesízesítő)
– *soup seasoning*
**31** eladónő
– *shop assistant (*Am. *salesgirl, saleslady)*
**32–34 száraztészta**
– ***pastas***
**32** spagetti
– *spaghetti*
**33** makaróni (csőtészta)
– *macaroni*
**34** metélt tészta (metélt)
– *noodles*
**35–39 malomipari termékek**
– ***cereal products***
**35** árpagyöngy
– *pearl barley*
**36** búzadara
– *semolina*
**37** zabpehely
– *rolled oats (porridge oats, oats)*
**38** rizs
– *rice*
**39** szágóliszt (szágó)
– *sago*
**40** só
– *salt*
**41** kereskedő (boltos) <kiskereskedő>
– *grocer (*Am. *groceryman), a shopkeeper, tradesman, retailer (*Am. *storekeeper)*
**42** kapribogyó
– *capers*
**43** vevő (női vásárló *v.* vevő)
– *customer*
**44** blokk (pénztárblokk)
– *receipt (sales check)*

**45** szatyor (bevásárlótáska)
– *shopping bag*
**46–49 csomagolóanyag**
– ***wrapping material***
**46** csomagolópapír
– *wrapping paper*
**47** ragasztószalag
– *adhesive tape*
**48** papírzacskó
– *paper bag*
**49** papírtölcsér (tölcsér alakú papírzacskó)
– *cone-shaped paper bag*
**50** pudingpor
– *blancmange powder*
**51** befőtt
– *whole-fruit jam (preserve)*
**52** gyümölcsíz (lekvár, dzsem)
– *jam*
**53–55 cukor**
– ***sugar***
**53** kockacukor
– *cube sugar*
**54** porcukor
– *icing sugar* (Am. *confectioner's sugar)*
**55** kristálycukor <cukorfinomítvány>
– *refined sugar in crystals*
**56–59 szeszes italok** (röviditalok)
– ***spirits***
**56** gabonapálinka <víztiszta pálinka (égetett szesz)>
– *schnapps distilled from grain [usually wheat]*
**57** rum
– *rum*
**58** likőr
– *liqueur*
**59** borpárlat (brandy, konyak)
– *brandy (cognac)*
**60–64 palackozott bor**
– ***wine in bottles*** *(bottled wine)*
**60** fehérbor
– *white wine*
**61** chianti [olasz vörösbor]
– *chianti*
**62** ürmös (vermut)
– *vermouth*
**63** pezsgő (habzóbor)
– *sparkling wine*
**64** vörösbor
– *red wine*
**65–68 élvezeti cikkek**
– ***tea, coffee, etc.***
**65** kávé (babkávé)
– *coffee (pure coffee)*
**66** kakaó
– *cocoa*
**67** kávékeverék
– *coffee*
**68** zacskós tea (filteres tea)
– *tea bag*
**69** villamos kávéőrlő (villamos kávédaráló)
– *electric coffee grinder*
**70** kávépörkölő gép
– *coffee roaster*
**71** pörkölődob
– *roasting drum*
**72** mintavevő lapát
– *sample scoop*
**73** árjegyzék
– *price list*
**74** mélyhűtő
– *freezer*
**75–86 édességek**
– ***confectionery*** (Am. *candies)*
**75** bonbon
– *sweet* (Am. *candy)*
**76** cukorka
– *drops*
**77** karamella (tejkaramella)
– *toffees*
**78** táblás csokoládé (csokoládétáblák)
– *bar of chocolate*
**79** bonbonos doboz (díszdoboz)
– *chocolate box*
**80** praliné <édesség>
– *chocolate, a sweet*
**81** nugát
– *nougat*
**82** marcipán
– *marzipan*
**83** likőrös csokoládébonbon
– *chocolate liqueur*
**84** macskanyelv
– *cat's tongue*
**85** grillázs
– *croquant*
**86** csokoládébomba
– *truffle*
**87** ásványvíz (kristályvíz, szénsavas víz)
– *soda water*

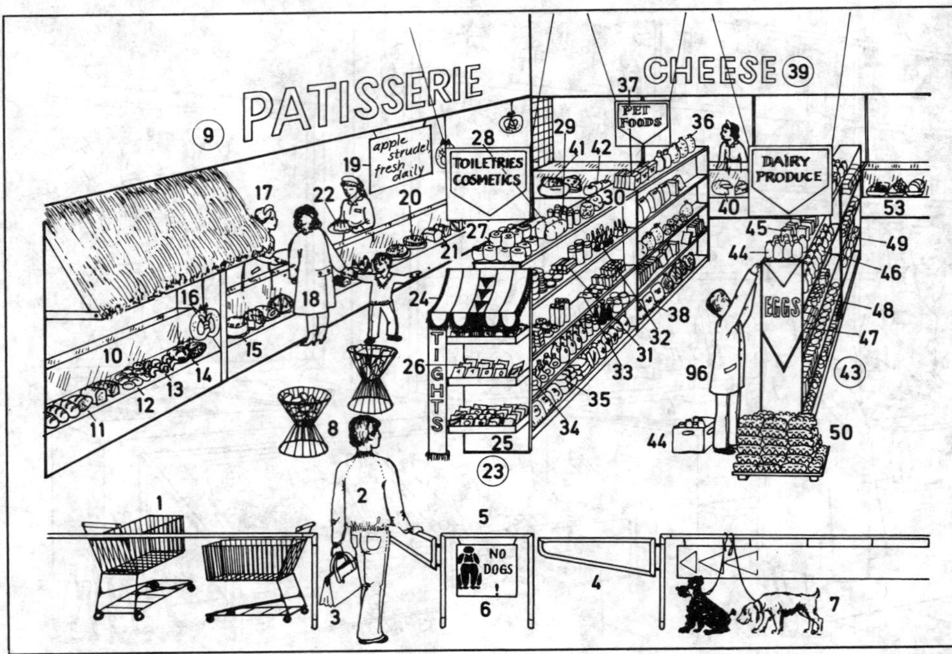


**1–96 szupermarket** (ABC-áruház) <önkiszolgáló élelmiszerüzlet>
– ***supermarket,*** *a self-service food store*
**1** bevásárlókocsi
– *shopping trolley*
**2** vevő (vásárló)
– *customer*
**3** bevásárlótáska (szatyor)
– *shopping bag*
**4** bejárat az eladótérbe
– *entrance to the sales area*
**5** korlát
– *barrier*
**6** „Kutyát bevinni tilos" tábla
– *sign (notice) banning dogs*
**7** megkötött kutyák
– *dogs tied by their leads*
**8** árubemutató kosár
– *basket*
**9 kenyér- és pékárurészleg** (kenyeresrészleg, süteményespult)
– ***bread and cake counter*** *(bread counter, cake counter)*
**10** kenyerespult
– *display counter for bread and cakes*
**11** kenyérfélék
– *kinds of bread (breads)*
**12** zsemlék, cipók
– *rolls*
**13** kiflik
– *croissants (crescents rolls,* Am. *crescents)*
**14** parasztkenyér (kerek kenyér)
– *round loaf (strong rye bread)*
**15** torta (édes sütemény)
– *gateau*
**16** óriásperec <kelt tésztából készült perec>
– *pretzel [made with yeast dough]*
**17** eladó (eladónő)
– *shop assistant* (Am. *salesgirl, saleslady)*
**18** vevő (női vásárló)
– *customer*
**19** ajánlótábla (napi áruajánlat)
– *sign listing goods*
**20** gyümölcstorta
– *fruit flan*
**21** négyszögletes kalács
– *slab cake*
**22** kuglóf
– *ring cake*
**23 illatszerárus gondola** <gondola (árusítóállvány)>
– ***cosmetics gondola,*** *a gondola (sales shelves)*
**24** vászontető
– *canopy*
**25** harisnyáspolc
– *hosiery shelf*
**26** tasakos harisnya
– *stockings pack (nylons pack)*
**27–35 testápolási és kozmetikai cikkek**
– ***toiletries*** *(cosmetics)*
**27** krémesdoboz (dobozos krém, krém; *fajták:* hidratáló krém, nappali krém, éjszakai krém, kézkrém)
– *cream jar (cream:* kinds: *moisturising cream, day cream, night-care cream, hand cream)*
**28** vattacsomag
– *cotton wool packet*
**29** púderesdoboz
– *powder tin*
**30** csomagolt vattapamacsok
– *packet of cotton wool balls*
**31** fogkrém
– *toothpaste box*
**32** körömlakk
– *nail varnish (nail polish)*
**33** krémes tubus
– *cream tube*
**34** fürdősó
– *bath salts*
**35** egészségügyi cikkek
– *sanitary articles*
**36–37** állateledel
– *pet foods*
**36** teljes értékű kutyatáp
– *complete dog food*
**37** csomagolt kutyakeksz
– *packet of dog biscuits*
**38** csomagolt macskaalom
– *bag of cat litter*
**39 sajtospult**
– ***cheese counter***
**40** kerek sajt
– *whole cheese*
**41** lyukacsos svájci sajt (ementáli)
– *Swiss cheese (Emmental cheese) with holes*
**42** edami sajt <kerek sajt>
– *Edam cheese, a round cheese*
**43** tej- és tejtermékgondola
– *gondola for dairy products*
**44** tartós tej (tartós, ultrapasztőrözött és homogénezett tej)
– *long-life milk (milk with good keeping properties, pasteurized and homogenized milk)*

**45** zacskós tej
– *plastic milk bag*
**46** habtejszín
– *cream*
**47** vaj
– *butter*
**48** margarin
– *margarine*
**49** dobozos sajt
– *cheese box*
**50** dobozolt tojás
– *egg box*
**51** **húsosztály** (húsáruészleg)
– ***fresh meat counter** (meat counter)*
**52** füstölt sonka (parasztsonka)
– *ham on the bone*
**53** húsáru (tőkehús)
– *meat (meat products)*
**54** felvágottak
– *sausages*
**55** kolbászáru
– *ring of [pork] sausage*
**56** hurkafélék
– *ring of blood sausage*
**57** mélyhűtő pult (mélyhűtő láda)
– *freezer*
**58–61** **mélyhűtött élelmiszerek**
– ***frozen food***
**58** hizlalt jérce *v.* tyúk (pulár)
– *poulard*
**59** pulykacomb
– *turkey leg (drumstick)*
**60** levestyúk
– *boiling fowl*
**61** fagyasztott zöldség
– *frozen vegetables*
**62** **malomipari termékek és süteményadalékok gondolája**
– ***gondola for baking ingredients and cereal products***
**63** búzaliszt (liszt)
– *wheat flour*
**64** süvegcukor
– *sugar loaf*
**65** levestészta
– *packet of noodles [for soup]*
**66** étolaj
– *salad oil*
**67** fűszercsomag
– *spice packet*
**68–70** **élvezeti cikkek**
– ***tea, coffee, etc.***
**68** kávé
– *coffee*
**69** zacskós tea (filteres tea)
– *tea packet*
**70** azonnal oldódó kávé (porkávé)
– *instant coffee*
**71** **italosgondola**
– ***drinks gondola***
**72** sörösrekesz (egy rekesz sör)
– *beer crate (crate of beer)*
**73** dobozos sör
– *beer can (canned beer)*
**74** palackos gyümölcslé
– *fruit juice bottle*
**75** dobozos gyümölcslé
– *fruit juice can*
**76** borospalack (palackozott bor)
– *bottle of wine*
**77** palackozott chianti
– *chianti bottle*
**78** pezsgőspalack
– *champagne bottle*
**79** vészkijárat
– *emergency exit*
**80** **zöldség- és gyümölcsrészleg**
– ***fruit and vegetable counter***
**81** zöldségesrekesz
– *vegetable basket*
**82** paradicsom
– *tomatoes*
**83** uborka
– *cucumbers*
**84** karfiol
– *cauliflower*
**85** ananász
– *pineapple*
**86** alma
– *apples*
**87** körte
– *pears*
**88** gyümölcsmérleg
– *scales for weighing fruit*
**89** szőlő
– *grapes (bunches of grapes)*
**90** banán
– *bananas*
**91** konzervesdoboz (konzerv, dobozos konzerv)
– *can*
**92** **pénztár**
– ***checkout***
**93** pénztárgép
– *cash register*
**94** pénztáros (pénztárosnő)
– *cashier*
**95** zárólánc
– *chain*
**96** helyettes osztályvezető (részlegvezető-helyettes)
– *assistant department manager*

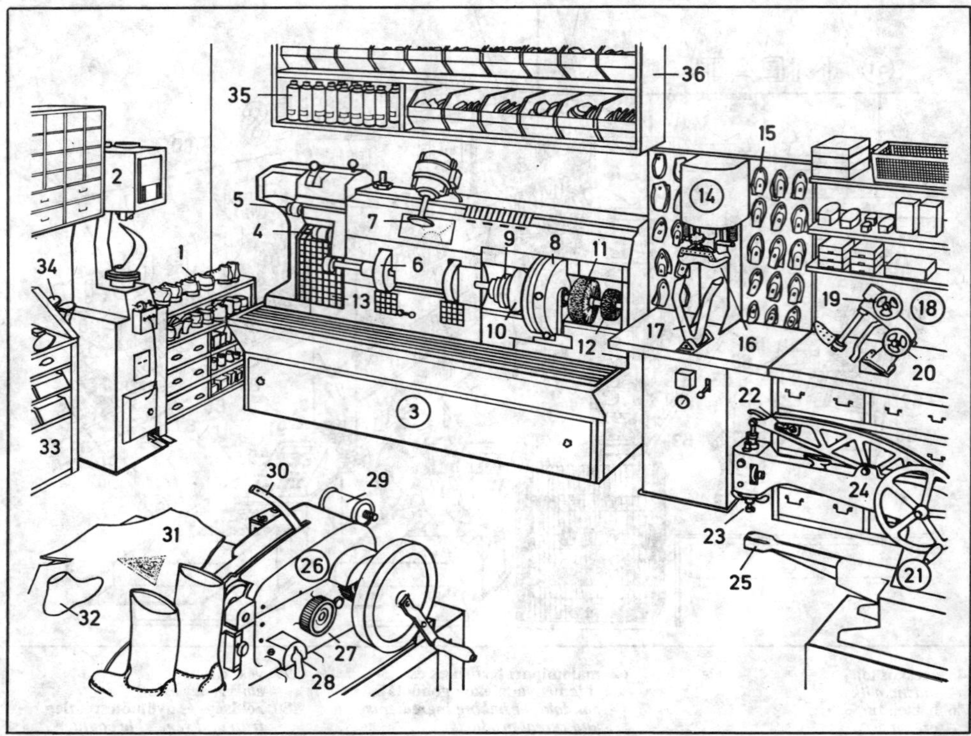


**1–68** cipészműhely (*biz.:* suszterműhely)
– *shoemaker's workshop (bootmaker's workshop)*
**1** kész (javított) cipők
– *finished (repaired) shoes*
**2** talpátvarró gép
– *auto-soling machine*
**3** kikészítőgép
– *finishing machine*
**4** sarokmaró
– *heel trimmer*
**5** talpmaró (talpvágó gép)
– *sole trimmer*
**6** csiszolókorong
– *scouring wheel*
**7** habkőcsiszoló
– *naum keag*
**8** hajtás
– *drive unit (drive wheel)*
**9** vágónyomó
– *iron*
**10** fényezőtárcsa (rongykorong)
– *buffing wheel*
**11** polírozókefe
– *polishing brush*
**12** lószőrkefe
– *horsehair brush*
**13** elszívó
– *extractor grid*
**14** automatikus talpprés
– *automatic sole press*
**15** nyomólemez
– *press attachment*
**16** nyomópárna
– *pad*
**17** nyomórúd (kengyel)
– *press bar*
**18** tágítókészülék
– *stretching machine*
**19** szélességbeállító
– *width adjustment*
**20** hosszbeállító
– *length adjustment*
**21** varrógép
– *stitching machine*
**22** erősségszabályozó
– *power regulator (power control)*
**23** talp
– *foot*
**24** lendítőkerék
– *handwheel*
**25** kar (hosszúkar)
– *arm*
**26** talpvarró gép
– *sole stitcher (sole-stitching machine)*
**27** talpemelő
– *foot bar lever*
**28** előtolás-beállítás
– *feed adjustment (feed setting)*
**29** varrófonálorsó
– *bobbin (cotton bobbin)*
**30** szálvezető
– *thread guide (yarn guide)*
**31** talpbőr
– *sole leather*
**32** kaptafa
– *[wooden] last*
**33** munkaasztal
– *workbench*
**34** kaptafák
– *last*
**35** festékszóró palack
– *dye spray*
**36** anyagtároló polc
– *shelves for materials*

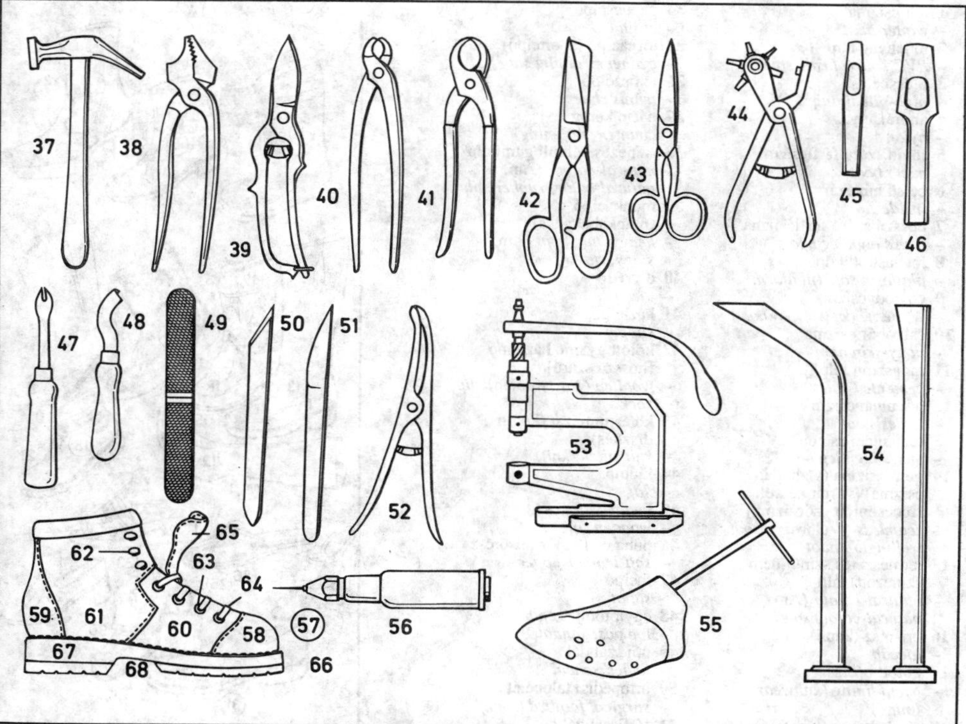


**37** cipészkalapács
– *shoemaker's hammer*
**38** korcolófogó
– *shoemaker's pliers (welt pincers)*
**39** talpbőrolló
– *sole-leather shears*
**40** kis harapófogó
– *small pincers (nippers)*
**41** nagy harapófogó
– *large pincers (nippers)*
**42** felsőbőrolló
– *upper-leather shears*
**43** varrófonálolló
– *scissors*
**44** forgó bőrlyukasztó fogó
– *revolving punch (rotary punch)*
**45** lyukasztóvas
– *punch*
**46** nyeles bőrlyukasztó
– *punch [with a handle]*
**47** szöghúzó
– *nail puller*
**48** szélvágó kés
– *welt cutter*
**49** cipészreszelő (ráspoly)
– *shoemaker's rasp*
**50** cipészkés (suszterkés, dikics)
– *cobbler's knife (shoemaker's knife)*
**51** hántolókés (serfelőkés)
– *skiving knife (skife knife, paring knife)*
**52** orremelő fogó
– *toecap remover*
**53** fűzőkarika-, cipőkapocs- és patentkapocs-beütő prés
– *eyelet, hook, and press-stud setter*
**54** munkaállvány (vasláb)
– *stand (with iron lasts)*
**55** szélességbeállító kaptafa
– *width-setting tree*
**56** ár
– *nail grip*
**57** bakancs
– *boot*
**58** ormerevítő (kapli)
– *toecap*
**59** hátsó kéreg
– *counter*
**60** fejrész
– *vamp*
**61** szárrész
– *quarter*
**62** cipőkapocs
– *hook*
**63** fűzőkarika
– *eyelet*
**64** fűző (cipőfűző)
– *lace (shoelace, bootlace)*
**65** nyelv
– *tongue*
**66** talp
– *sole*
**67** sarok
– *heel*
**68** cipőlágyék
– *shank (waist)*

1 téli csizma
– *winter boot*
2 műanyag talp
– *PVC sole (plastic sole)*
3 plüssbélés
– *high-pile lining*
4 anorákanyag
– *nylon*
5 rövid szárú férficsizma
– *men's boot*
6 belső húzózár
– *inside zip*
7 hosszú szárú férficsizma
– *men's high leg boot*
8 magasított talp
– *platform sole (platform)*
9 cowboycsizma
– *Western boot (cowboy boot)*
10 csikóbőr csizma
– *pony-skin boot*
11 ragasztott talp
– *cemented sole*
12 női utcai csizma
– *ladies' boot*
13 férfi utcai csizma
– *men's high leg boot*
14 gumicsizma (vízhatlan csizma) [varrat nélküli fröccsöntött esőcsizma]
– *seamless PVC waterproof wellington boot*
15 természetes színű (nem színezett) talp
– *natural-colour (*Am. *natural-color) sole*
16 orr-rész (kapli)
– *toecap*
17 kötött bélés
– *tricot lining (knitwear lining)*
18 túrabakancs (túracipő)
– *hiking boot*
19 terepjáró talp (hernyótalp)
– *grip sole*
20 párnázott bakancsszár
– *padded collar*
21 fűző
– *tie fastening (lace fastening)*
22 fürdőpapucs
– *open-toe mule*
23 frottír felsőrész
– *terry upper*
24 műanyag talp
– *polo outsole*
25 papucs
– *mule*
26 kordbársony felsőrész
– *corduroy upper*
27 pántos (spangnis) szandál
– *evening sandal (sandal court shoe)*
28 magas sarok
– *high heel (stiletto heel)*
29 körömcipő
– *court shoe (*Am. *pump)*
30 mokaszin
– *moccasin*
31 félcipő (fűzős cipő)
– *shoe, a tie shoe (laced shoe, Oxford shoe,* Am. *Oxford)*
32 nyelv
– *tongue*
33 magasított talpú félcipő
– *high-heeled shoe (shoe with raised heel)*
34 papucscipő
– *casual*
35 tornacipő (sportcipő)
– *trainer (training shoe)*
36 teniszcipő
– *tennis shoe*
37 hátsó kéreg
– *counter (stiffening)*
38 színezés nélküli gumitalp
– *natural-colour (*Am. *natural-color) rubber sole*
39 munkacipő (munkabakancs)
– *heavy-duty boot (*Am. *stogy, stogie)*
40 orrvédő
– *toecap*
41 házicipő
– *slipper*
42 kötött gyapjú házicipő [hosszú szárú]
– *woollen (*Am. *woolen) slip sock*
43 kötésmintázat (kötött díszítés)
– *knit stitch (knit)*
44 klumpa
– *clog*
45 fatalp
– *wooden sole*
46 puha marhabőr felsőrész
– *soft-leather upper*
47 facipő
– *sabot*
48 egyiptomi szandál
– *toe post sandal*
49 női szandál
– *ladies' sandal*
50 ortopédiai talpbetét
– *surgical footbed (sock)*
51 férfiszandál
– *sandal*
52 csat
– *shoe buckle (buckle)*
53 pántos szandál [női]
– *sling-back court shoe (*Am. *sling pump)*
54 vászoncipő
– *fabric court shoe*
55 teletalp
– *wedge heel*
56 kisgyerek első járócipője
– *baby's first walking boot*

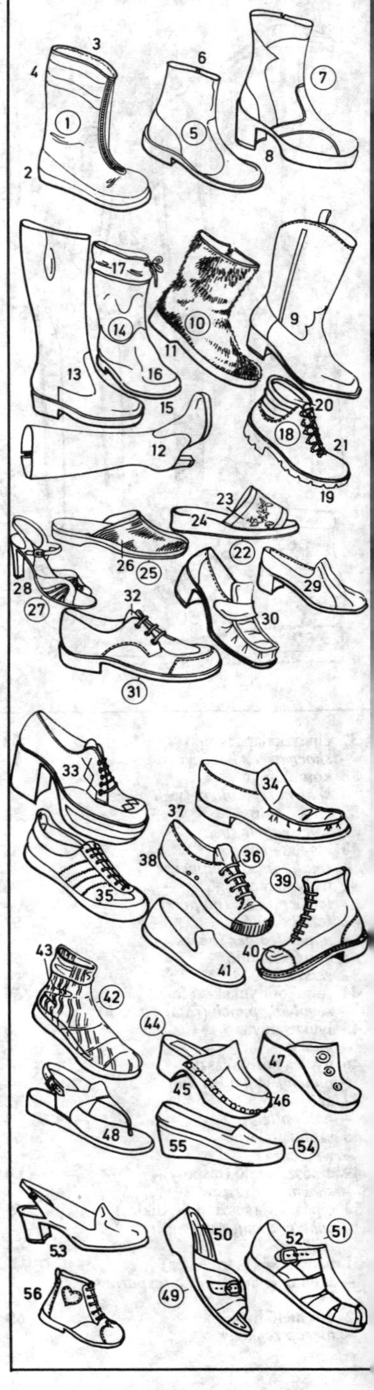

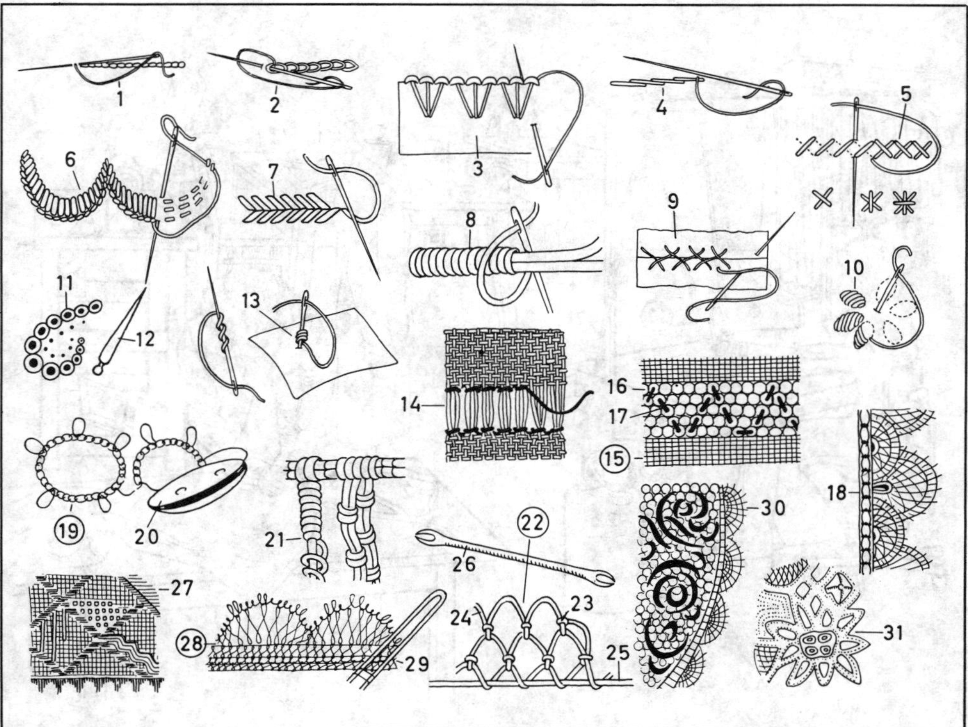


**1** tűzővarrás (gépöltés)
– *backstitch seam*
**2** láncöltés
– *chain stitch*
**3** díszítőöltés
– *ornamental stitch*
**4** száröltés (szálöltés)
– *stem stitch*
**5** keresztöltés
– *cross stitch*
**6** huroköltés (slingelés)
– *buttonhole stitch (button stitch)*
**7** halszálkás díszöltés
– *fishbone stitch*
**8** zsinóröltés
– *overcast stitch*
**9** nyolcasöltés (boszorkányöltés)
– *herringbone stitch (Russian stitch, Russian cross stitch)*
**10** laposöltés
– *satin stitch (flat stitch)*
**11** lyukhímzés (madeira)
– *eyelet embroidery (broderie anglaise)*
**12** madeiralyukasztó
– *stiletto*
**13** csomóöltés
– *French knot (French dot, knotted stitch, twisted knot stitch)*
**14** azsúr (szálkihúzásos fogazás)
– *hem stitch work*
**15** tüllhímzés
– *tulle work (tulle lace)*
**16** tüllalap
– *tulle background (net background)*
**17** behúzás (átöltés)
– *darning stitch*
**18** klöplicsipke *fajtái:* velencei csipke, brüsszeli csipke
– *pillow lace (bobbin lace, bone lace);* kinds: *Valenciennes, Brussels lace*
**19** frivolitás
– *tatting*
**20** hajócska
– *tatting shuttle (shuttle)*
**21** makramé
– *knotted work (macramé)*
**22** neccelés
– *filet (netting)*
**23** hurok (csomó)
– *netting loop*
**24** neccelőfonál
– *netting thread*
**25** neccelőbot
– *mesh pin (mesh gauge)*
**26** neccelőtű
– *netting needle*
**27** mesterke (subrika) [áttört munka]
– *open work*
**28** villás horgolás
– *gimping (hairpin work)*
**29** horgolóvilla
– *gimping needle (hairpin)*
**30** varrt csipke *fajtái:* rececsipke, velencei csipke, alençoni csipke <fémszállal: filigrán>
– *needlepoint lace (point lace, needlepoint);* kinds: *reticella lace, Venetian lace, Alençon lace;* sim. *with metal thread: filigree work*
**31** szalaghímzés
– *braid embroidery (braid work)*

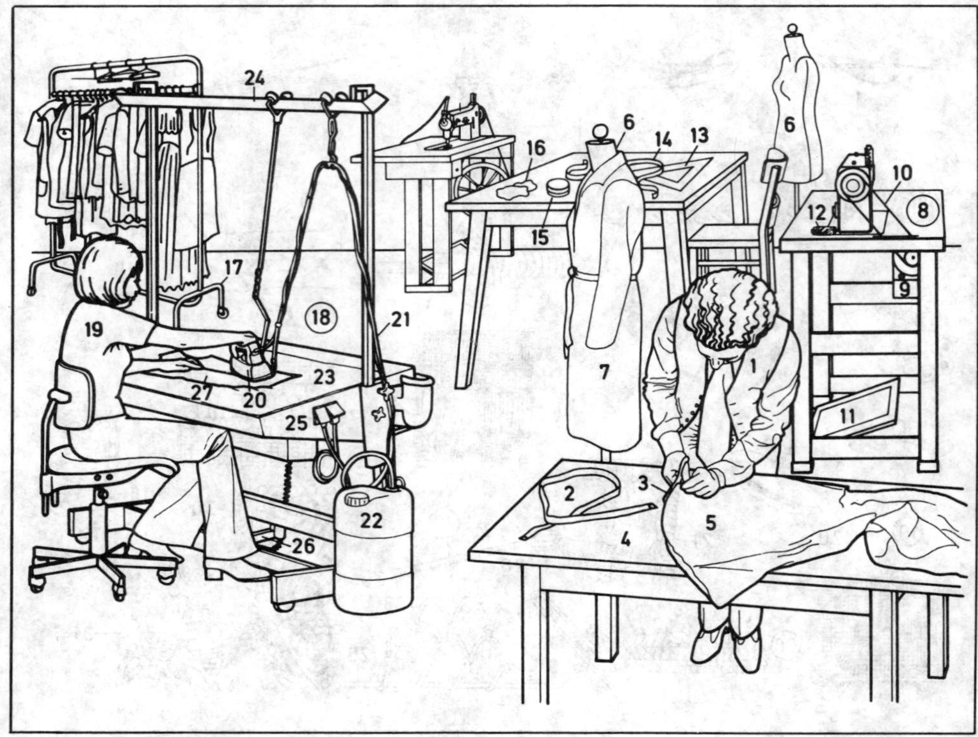


**1–27 varroda** (nőiszabó-műhely)
– ***dressmaker's workroom***
**1** női szabó
– *dressmaker*
**2** mérőszalag (centiméter)
– *tape measure (measuring tape), a metre (*Am.* meter) tape measure*
**3** szabóolló
– *cutting shears*
**4** szabóasztal
– *cutting table*
**5** ruhamodell
– *model dress*
**6** próbababa
– *dressmaker's model (dressmaker's dummy, dress form)*
**7** kabátmodell
– *model coat*
**8** varrógép
– *sewing machine*
**9** meghajtómotor
– *drive motor*
**10** hajtószíj
– *drive belt*
**11** lábhajtó (pedál)
– *treadle*
**12** gépselyem (spulni)
– *sewing machine cotton (sewing machine thread) (bobbin)*
**13** szabósablon
– *cutting template*
**14** szegőszalag
– *seam binding*
**15** gombosdoboz
– *button box*
**16** anyagmaradék
– *remnant*
**17** gurítható ruhaállvány
– *movable clothes rack*
**18** kézi vasaló-gőzölő asztal
– *hand-iron press*
**19** vasalónő
– *presser (ironer)*
**20** gőzvasaló
– *steam iron*
**21** vízvezető cső
– *water feed pipe*
**22** víztartály
– *water container*
**23** állítható vasalófelület
– *adjustable-tilt ironing surface*
**24** vasalóemelő készülék
– *lift device for the iron*
**25** gőzelszívó
– *steam extractor*
**26** gőzelszívó lábkapcsolója
– *foot switch controlling steam extraction*
**27** rávasalható közbélés
– *pressed non-woven woollen (*Am.* woolen) fabric*

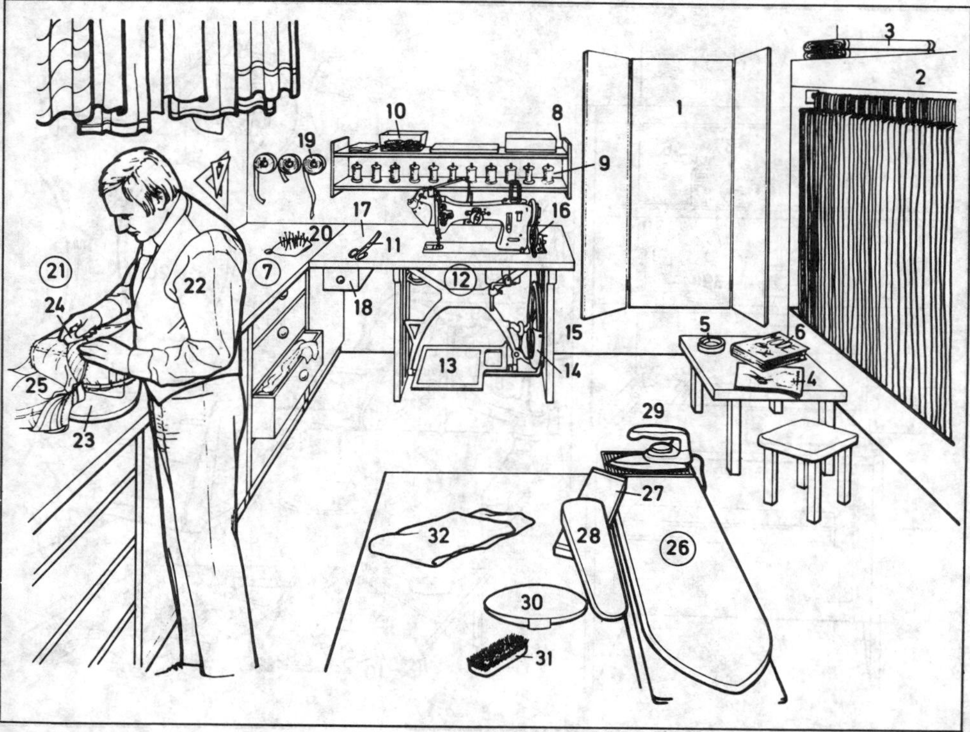


**1–32 szabóműhely**
**– *tailor's workroom***
**1** hármas tükör
– *triple mirror*
**2** szövetminták
– *lengths of material*
**3** öltönyszövet
– *suiting*
**4** divatlap
– *fashion journal (fashion magazine)*
**5** hamutartó
– *ashtray*
**6** divatkatalógus
– *fashion catalogue*
**7** munkaasztal
– *workbench*
**8** falipolc
– *wall shelves (wall shelf unit)*
**9** cérnaorsó
– *cotton reel*
**10** kis orsók gépselyemhez
– *small reels of sewing silk*
**11** kéziolló
– *hand shears*
**12** elektromos és lábhajtású kombinált varrógép
– *combined electric and treadle sewing machine*
**13** lábhajtó (pedál)
– *treadle*
**14** ruhavédő
– *dress guard*
**15** hajtókerék
– *band wheel*
**16** alsószál-orsózó (csévélő)
– *bobbin thread*
**17** varrógépasztal
– *sewing machine table*
**18** varrógépfiók
– *sewing machine drawer*
**19** szegőszalag
– *seam binding*
**20** tűpárna
– *pincushion*
**21** kijelölés (kirajzolás)
– *marking out*
**22** férfiszabó
– *tailor*
**23** szabópárna
– *shaping pad*
**24** szabókréta
– *tailor's chalk (French chalk)*
**25** munkadarab
– *workpiece*
**26** vasalódeszka
– *steam press (steam pressing unit)*
**27** forgókar
– *swivel arm*
**28** ujjafa
– *pressing cushion (pressing pad)*
**29** vasaló
– *iron*
**30** kézi vasalópárna
– *hand-ironing pad*
**31** ruhakefe
– *clothes brush*
**32** vasalóruha
– *pressing cloth*

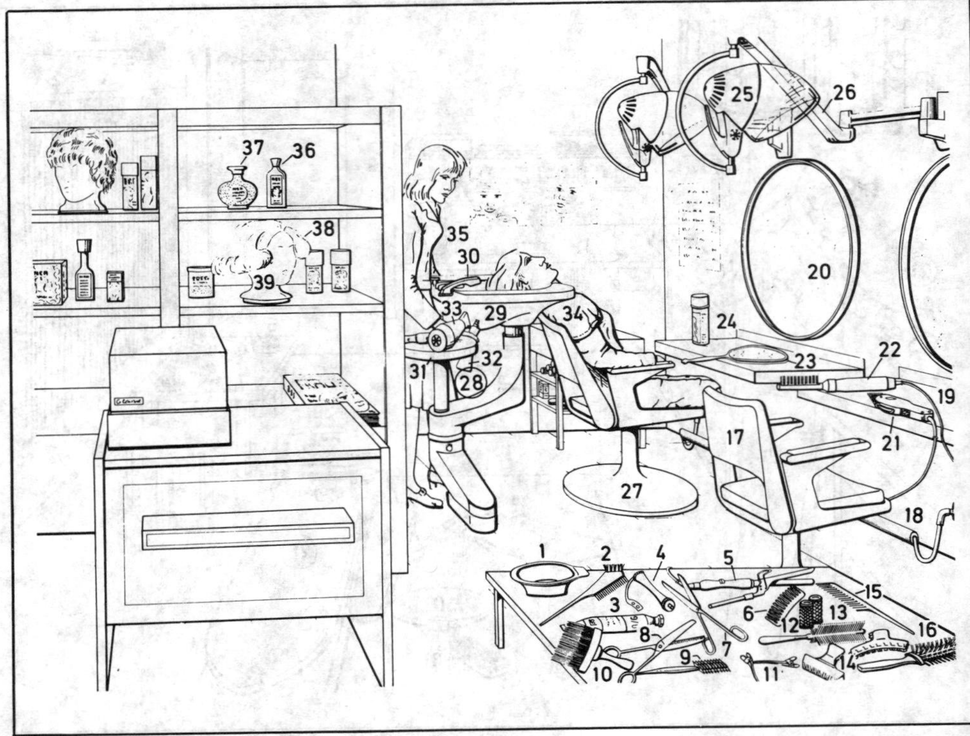


**1–39 női fodrászat és kozmetika** (női fodrász- és kozmetikaszalon)
– ***ladies' hairdressing salon and beauty salon*** (Am. *beauty parlor, beauty shop)*
**1–16 fodrászkellékek**
– ***hairdresser's tools***
**1** szőkítőszeres tálka
– *bowl containing bleach*
**2** hajfestő kefe
– *detangling brush*
**3** szőkítőfestékes tubus
– *bleach tube*
**4** dauercsavaró
– *curler [used in dyeing]*
**5** hajsütő vas
– *curling tongs (curling iron)*
**6** frizurafésű (hajrögzítő fésű)
– *comb (back comb, side comb)*
**7** hajvágó olló
– *haircutting scissors*
**8** ritkítóolló
– *thinning scissors* (Am. *thinning shears)*
**9** ritkítóborotva
– *thinning razor*
**10** sörtekefe
– *hairbrush*
**11** hajcsipesz
– *hair clip*
**12** hajcsavaró
– *roller*
**13** hullámkefe
– *curl brush*
**14** vízhullámcsipesz
– *curl clip*
**15** fodrászfésű (stílfésű)
– *dressing comb*
**16** tüskés kefe
– *stiff-bristle brush*
**17** állítható fodrászszék
– *adjustable hairdresser's chair*
**18** lábtartó
– *footrest*
**19** fodrászasztal
– *dressing table*
**20** fodrásztükör
– *salon mirror (mirror)*
**21** elektromos hajvágó (hajvágó gép)
– *electric clippers*
**22** főnözőfésű
– *warm-air comb*
**23** kézitükör
– *hand mirror (hand glass)*
**24** hajlakk (hajrögzítő spray)
– *hair spray (hair-fixing spray)*
**25** hajszárító bura <karos hajszárító>
– *drier, a swivel-mounted drier*
**26** hajszárító bura karja
– *swivel arm of the drier*
**27** forgótalp
– *round base*
**28** hajmosó berendezés
– *shampoo unit*
**29** hajmosó tál
– *shampoo basin*
**30** kézizuhany
– *hand spray (shampoo spray)*
**31** kiszolgálótálca
– *service tray*
**32** samponosüveg
– *shampoo bottle*
**33** hajszárító (kézi hajszárító)
– *hair drier (hand hair drier, hand-held hair drier)*
**34** vállkendő
– *cape (gown)*
**35** fodrásznő
– *hairdresser*
**36** parfümösüveg
– *perfume bottle*
**37** kölnisüveg
– *bottle of toilet water*
**38** paróka
– *wig*
**39** parókaállvány
– *wig block*

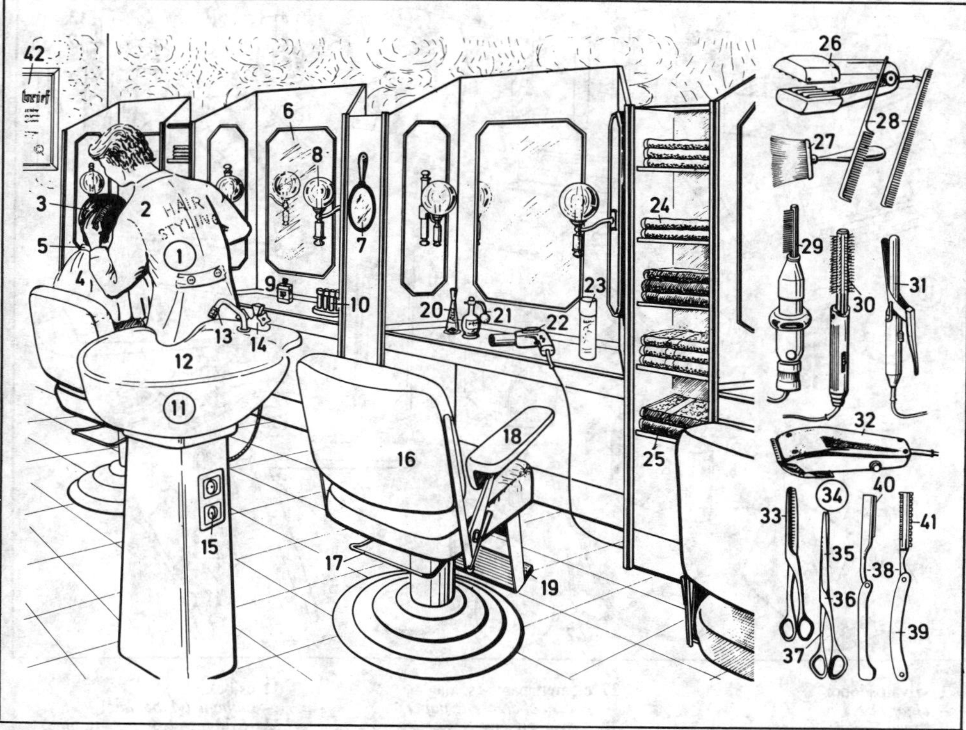


**1–42** férfifodrászat (borbély-üzlet)
– *men's salon (men's hairdressing salon, barber's shop,* Am. *barbershop)*
**1** férfifodrász (borbély)
– *hairdresser (barber)*
**2** fodrászköpeny
– *overalls (hairdresser's overalls)*
**3** frizura
– *hairstyle (haircut)*
**4** vállkendő
– *cape (gown)*
**5** papírtörülköző
– *paper towel*
**6** fodrásztükör
– *salon mirror (mirror)*
**7** kézitükör
– *hand mirror (hand glass)*
**8** lámpa
– *light*
**9** kölnivíz
– *toilet water*
**10** hajvíz (hajszesz)
– *hair tonic*
**11** hajmosó berendezés
– *shampoo unit*
**12** hajmosó tál
– *shampoo basin*
**13** kézizuhany
– *hand spray (shampoo spray)*
**14** keverőcsap
– *mixer tap (*Am. *mixing faucet)*
**15** konnektor [pl. hajszárítónak]
– *sockets, e.g. for hair drier*
**16** állítható fodrászszék
– *adjustable hairdresser's chair (barber's chair)*
**17** magasságszabályozó kar
– *height-adjuster bar (height adjuster)*
**18** karfa
– *armrest*
**19** lábtartó
– *footrest*
**20** sampon
– *shampoo*
**21** parfümszóró
– *perfume spray*
**22** hajszárító (főn)
– *hair drier (hand hair drier, hand-held hair drier)*
**23** hajrögzítő szórófejes üvegben
– *setting lotion in a spray can*
**24** kéztörlő hajszárításhoz
– *hand towels for drying hair*
**25** törülköző arctörölgetéshez
– *towels for face compresses*
**26** kreppelő (hullámosító vas)
– *crimping iron*
**27** nyakszirtkefe
– *neck brush*
**28** fodrászfésű (stílfésű, hajvágó fésű)
– *dressing comb*
**29** főnözőfésű
– *warm-air comb*
**30** főnözőkefe
– *warm-air brush*
**31** sütővas
– *curling tongs (hair curler, curling iron)*
**32** elektromos hajnyíró (hajvágó gép)
– *electric clippers*
**33** ritkítóolló
– *thinning scissors (*Am. *thinning shears)*
**34** hajvágó olló, *rok.*: formázóolló
– *haircutting scissors:* sim.: *styling scissors*
**35** penge
– *scissor-blade*
**36** összekötő csavar
– *pivot*
**37** szár
– *handle*
**38** borotva
– *open razor (straight razor)*
**39** borotva nyele
– *razor handle*
**40** él (vágóél, borotvaél)
– *edge (cutting edge, razor's edge, razor's cutting edge)*
**41** ritkítóborotva
– *thinning razor*
**42** mesterlevél (oklevél)
– *diploma*

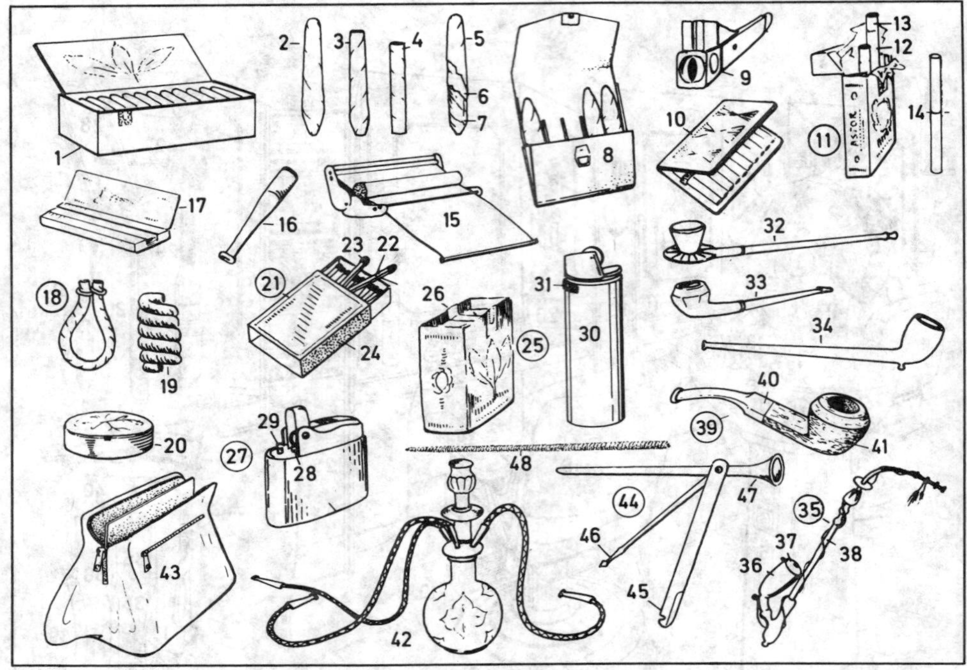

1 szivarosdoboz
– *cigar box*
2 szivar (*fajtái:* havanna, brazil, szumátra)
– *cigar;* kinds: *Havana cigar (Havana), Brazilian cigar, Sumatra cigar*
3 cigarilló
– *cigarillo*
4 manillaszivar (vágott végű szivar)
– *cheroot*
5 szivarburkoló dohánylevél
– *wrapper*
6 belső szivarburok
– *binder*
7 szivarbél
– *filler*
8 szivartárca
– *cigar case*
9 szivarvágó
– *cigar cutter*
10 cigarettatárca (dózni)
– *cigarette case*
11 cigarettásdoboz
– *cigarette packet* (Am. *pack)*
12 cigaretta <füstszűrős cigaretta>
– *cigarette, a filter-tipped cigarette*
13 szopóka (*fajtái:* parafás, aranyozott)
– *cigarette tip;* kinds: *cork tip, gold tip*
14 orosz cigaretta [hosszú szopókás cigaretta]
– *Russian cigarette*
15 cigarettasodró készülék
– *cigarette roller*
16 cigarettaszipka (szipka)
– *cigarette holder*
17 cigarettapapír-csomag
– *packet of cigarette papers*
18 sodrott dohány
– *pigtail (twist of tobacco)*
19 bagó
– *chewing tobacco;* a piece: *plug (quid, chew)*
20 tubákos szelence tubákkal (burnótszelence burnóttal)
– *snuff box, containing snuff*
21 gyufásdoboz
– *matchbox*
22 gyufaszál
– *match*
23 gyufafej
– *head (match head)*
24 dörzsfelület [a gyufásdoboz oldala]
– *striking surface*
25 dohánycsomag (*fajtái:* finomra vágott, vágott erős, préselt kocka)
– *packet of tobacco;* kinds: *fine cut, shag, navy plug*
26 zárjegy
– *revenue stamp*
27 benzines öngyújtó
– *petrol cigarette lighter (petrol lighter)*
28 tűzkő
– *flint*
29 kanóc
– *wick*
30 gázöngyújtó
– *gas cigarette lighter (gas lighter), a disposable lighter*
31 lángbeállító [kerék]
– *flame regulator*
32 csibuk
– *chibonk (chibonque)*
33 rövid pipa (rövid szárú pipa)
– *short pipe*
34 cseréppipa (holland pipa)
– *clay pipe (Dutch pipe)*
35 hosszú szárú pipa
– *long pipe*
36 pipafej
– *pipe bowl (bowl)*
37 pipakupak
– *bowl lid*
38 pipaszár
– *pipe stem (stem)*
39 hangafa pipa
– *briar pipe*
40 pipaszopóka
– *mouthpiece*
41 homokszórással érdesített vagy polírozott hangafa-erezettség
– *sand-blast finished or polished briar grain*
42 nargilé <vízipipa>
– *hookah (narghile, narghileh), a water pipe*
43 dohányzacskó
– *tobacco pouch*
44 pipázókészlet
– *smoker's companion*
45 pipakaparó
– *pipe scraper*
46 pipaszurkáló
– *pipe cleaner*
47 pipatömő
– *tobacco presser*
48 pipatisztító drót
– *pipe cleaner*

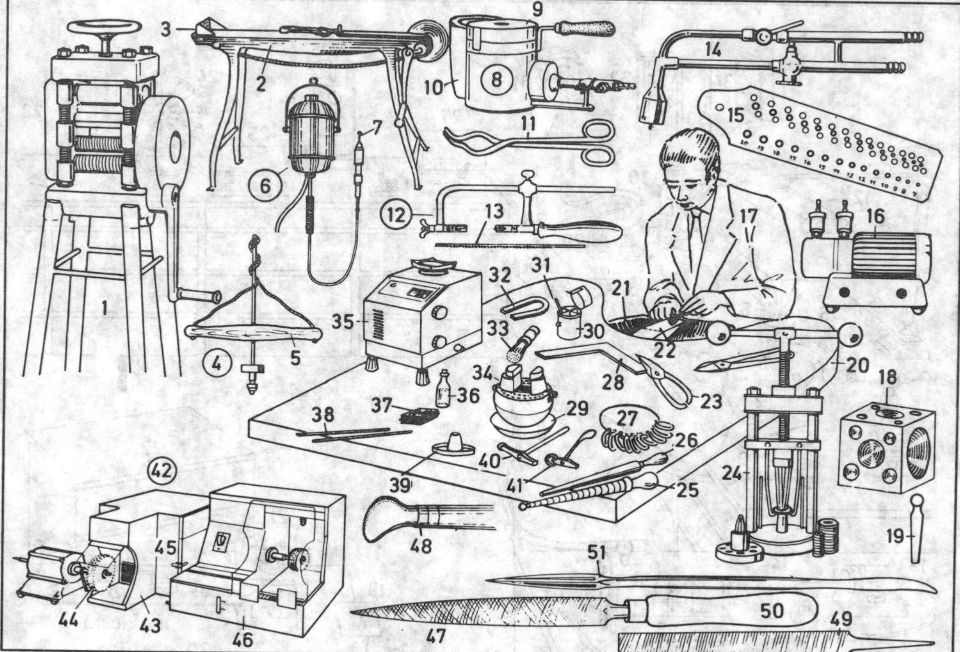

1 huzal- és lemezhengerlő gép
– *wire and sheet roller*
2 húzópad
– *drawbench (drawing bench)*
3 huzal (arany- v. ezüsthuzal)
– *wire (gold or silver wire)*
4 ívfúró (ötvösfurdancs)
– *archimedes drill (drill)*
5 keresztfa (keresztrúd)
– *crossbar*
6 felfüggesztett elektromos fúrógép
– *suspended (pendant) electric drilling machine*
7 gömbmaró fogantyúval
– *spherical cutter (cherry)*
8 olvasztókemence
– *melting pot*
9 samott kemencefedél
– *fireclay top*
10 grafittégely
– *graphite crucible*
11 tégelyfogó
– *crucible tongs*
12 lombfűrész (keretes fűrész)
– *piercing saw (jig saw)*
13 lombfűrészlap
– *piercing saw blade*
14 forrasztópisztoly
– *soldering gun*
15 menetmetsző lap
– *thread tapper*
16 dugattyús forrasztókompresszor
– *blast burner (blast lamp) for soldering*
17 ötvös (arany- és ezüstműves)
– *goldsmith*
18 mélyítőkölyű
– *swage block*
19 verőtüske (fémjel)
– *punch*
20 munkaasztal
– *workbench (bench)*
21 munkaasztalbőrzsák
– *bench apron*
22 reszelőtüske
– *needle file*
23 lemezolló
– *metal shears*
24 jegygyűrűtágító
– *wedding ring sizing machine*
25 gyűrűméretléc
– *ring gauge* (Am. *gage*)
26 gyűrűkerekítő (gyűrűegyengető)
– *ring-rounding tool*
27 gyűrűméretkészlet (mintavevő gyűrűk)
– *ring gauge* (Am. *gage*)
28 acél derékszög
– *steel set-square*
29 kerek bőrpárna
– *(circular) leather pad*
30 fémjeldoboz
– *box of punches*
31 verőtüske (fémjel)
– *punch*
32 mágnes (patkómágnes)
– *magnet*
33 asztaltisztító kefe (ecset)
– *bench brush*
34 gravírozó golyó
– *engraving ball (joint vice, clamp)*
35 arany-ezüst mérleg <precíziós mérleg>
– *gold and silver balance (assay balance), a precision balance*
36 forrasztószer (folyatószer)
– *soldering flux (flux)*
37 izzítólap faszénből (faszénblokk)
– *charcoal block*
38 forraszanyagrúd
– *stick of solder*
39 borax (forrasztóborax)
– *soldering borax*
40 fazonkalapács (alakító kalapács)
– *shaping hammer*
41 cizellálό kalapács
– *chasing (enchasing) hammer*
42 polírozógép
– *polishing and burnishing machine*
43 asztali porelszívó
– *dust exhauster (vacuum cleaner)*
44 polírozókefe
– *polishing wheel*
45 porgyűjtő tartály
– *dust collector (dust catcher)*
46 nedves kefélőkészülék
– *buffing machine*
47 gömbölyű reszelő
– *round file*
48 vörösvaskő (vérkő, hematit)
– *bloodstone (haematite, hematite)*
49 laposreszelő
– *flat file*
50 reszelőnyél
– *file handle*
51 simítószerszám
– *polishing iron (burnisher)*

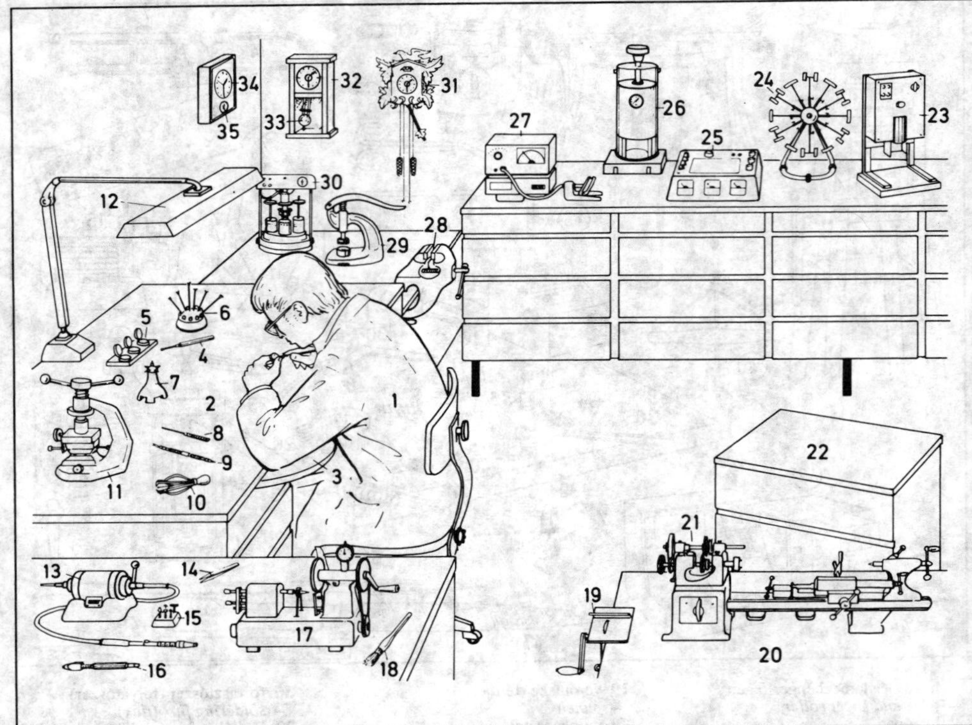


**1** órás
– *watchmaker;* also: *clockmaker*
**2** munkaasztal
– *workbench*
**3** könyöktámasz
– *armrest*
**4** olajozó
– *oiler*
**5** olajkészlet kis órákhoz
– *oil stand*
**6** csavarhúzókészlet
– *set of screwdrivers*
**7** órásülló
– *clockmaker's anvil*
**8** simítóár <dörzsár>
– *broach, a reamer*
**9** rugóbeakasztó szerszám
– *spring pin tool*
**10** karóramutatók lehúzószerszáma
– *hand-removing tool*
**11** óratokkulcs
– *watchglass-fitting tool [for armoured,* Am. *armored, glass]*
**12** munkaasztali lámpa <többcélú lámpa>
– *workbench lamp, a multi-purpose lamp*
**13** többcélú motor
– *multi-purpose motor*
**14** csipesz
– *tweezers*
**15** polírozófejek
– *polishing machine attachments*
**16** órássikattyú
– *pin vice (pin holder)*
**17** polírgörgőző gép tengelyek görgőzésére, polírozására és rövidítésére
– *burnisher, for burnishing, polishing and shortening of spindles*
**18** porecset
– *dust brush*
**19** fémóraszíj-vágó gép
– *cutter for metal watch straps*
**20** óráseszterga <precíziós eszterga>
– *precision bench lathe (watchmaker's lathe)*
**21** ékszíjhajtás
– *drive-belt gear*
**22** gurítható alkatrészszekrény
– *workshop trolley for spare parts*
**23** vibrációs tisztítógép
– *ultrasonic cleaner*
**24** forgó vizsgálókészülék automata órákhoz
– *rotating watch-testing machine for automatic watches*
**25** mérőpult elektronikus alkatrészek ellenőrzésére
– *watch-timing machine for electronic components*
**26** mérőkészülék vízmentes órák ellenőrzésére
– *testing device for waterproof watches*
**27** elektronikus időmérő
– *electronic timing machine*
**28** satu
– *vice* (Am. *vise*)
**29** óraüveg-behelyező szerszám
– *watchglass-fitting tool for armoured* (Am. *armored) glasses*
**30** tisztítóautomata hagyományos tisztításhoz
– *[automatic] cleaning machine for conventional cleaning*
**31** kakukkos óra
– *cuckoo clock (Black Forest clock)*
**32** falióra
– *wall clock (regulator)*
**33** kompenzációs inga
– *compensation pendulum*
**34** konyhai óra
– *kitchen clock*
**35** időzítőóra
– *timer*

1 elektronikus (digitális) karóra
– *electronic wristwatch*
2 digitális kijelző (számlap) <világítódiódás (LED) kijelző, folyékonykristály-kijelző *is*>
– *digital readout, a light-emitting diode (LED) readout;* also: *liquid crystal readout*
3 óra- és percbeállító gomb
– *hour and minute button*
4 dátum- és másodperc-beállító gomb
– *date and second button*
5 óraszíj (karóralánc)
– *strap (watch strap)*
6 hangvillás óra elve
– *tuning fork principle (principle of the tuning fork watch)*
7 energiaforrás <gombelem, gombakkumulátor>
– *power source (battery cell)*
8 elektronikus kapcsolás (integrált áramkör, IC)
– *transformer*
9 hangvilla (rezgőelem, rezgőkör)
– *tuning fork element (oscillating element)*
10 kilincskerék
– *wheel ratchet*
11 fogaskerék-áttétel
– *wheels*
12 nagymutató (percmutató)
– *minute hand*
13 kismutató (óramutató)
– *hour hand*
14 elektronikus kvarcóra elve
– *principle of the electronic quartz watch*
15 kvarckristály (rezgőkvarc)
– *quartz*
16 frekvenciaosztó áramkör (integrált áramkör, IC)
– *integrated circuit*
17 léptetőmotor
– *oscillation counter*
18 dekódoló áramkör (integrált áramkör, IC)
– *decoder*
19 ébresztőóra (vekker)
– *calendar clock (alarm clock)*
20 digitális kijelző esőlemezes számokkal
– *digital display with flip-over numerals*
21 másodpercmutató (kijelző)
– *second indicator*
22 leállítóbillentyű (elzárógomb)
– *stop button*
23 beállítókerék
– *forward and backward wind knob*
24 állóóra
– *grandfather clock*
25 számlap
– *face*
26 óraház
– *clock case*
27 inga
– *pendulum*
28 ütősúly
– *striking weight*
29 járatsúly
– *time weight*
30 napóra
– *sundial*
31 homokóra (tojásfőző óra)
– *hourglass (egg timer)*
**32–43 automata óra alkatrészei**
– ***components of an automatic watch*** *(automatic wristwatch)*
32 lengőtömeg (lengő forgórész)
– *weight (rotor)*
33 köves csapágy <szintetikus rubin>
– *stone (jewel, jewelled bearing), a synthetic ruby*
34 felhúzókilincs
– *click*
35 felhúzókerék
– *click wheel*
36 óraszerkezet
– *clockwork (clockwork mechanism)*
37 alaplemez
– *bottom train plate*
38 rugóház
– *spring barrel*
39 billegő
– *balance wheel*
40 anker
– *escape wheel*
41 felhúzókerék
– *crown wheel*
42 felhúzókorona
– *winding crown*
43 hajtómű (fogaskerékhajtás)
– *drive mechanism*

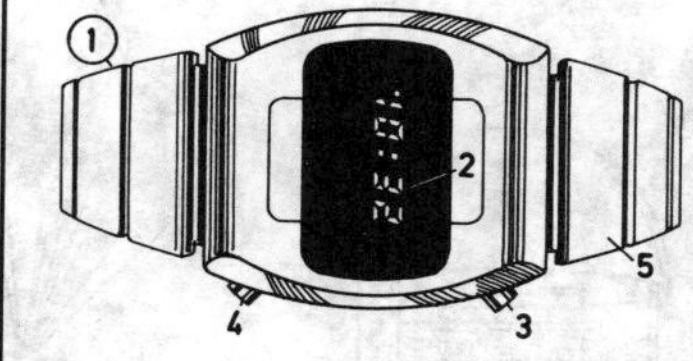


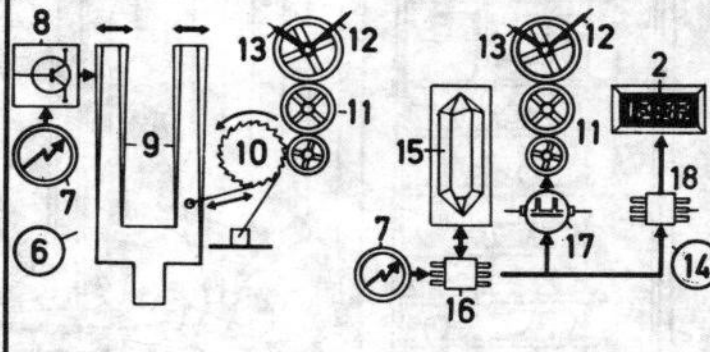


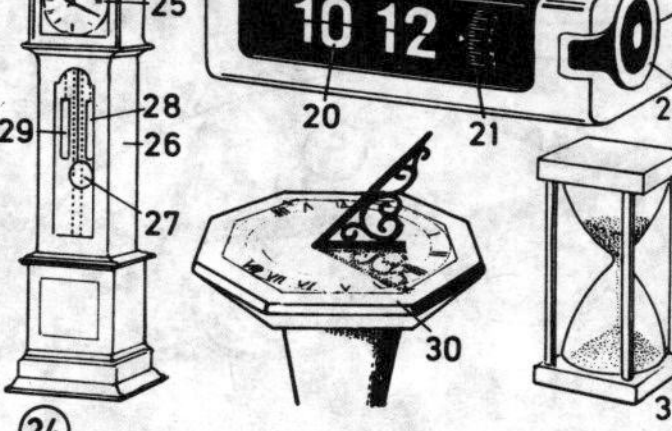


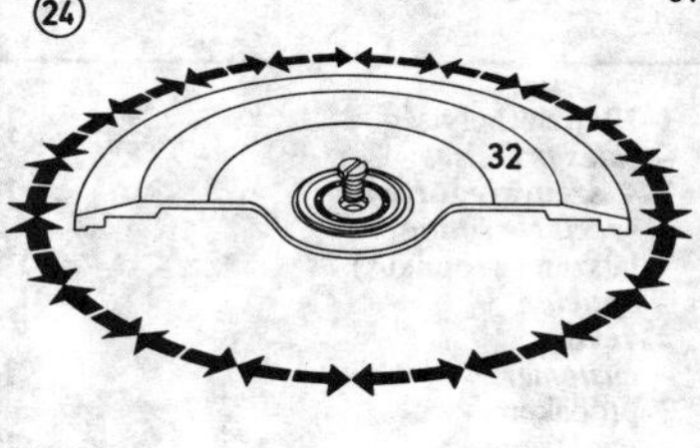


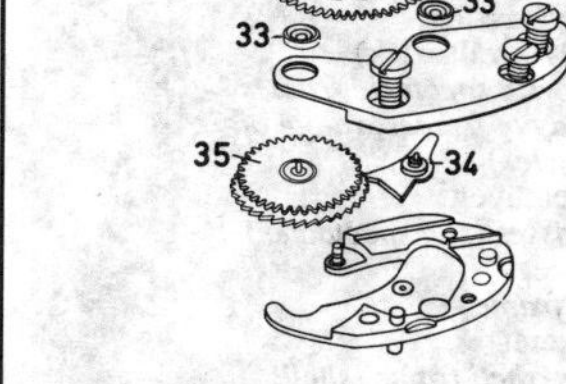


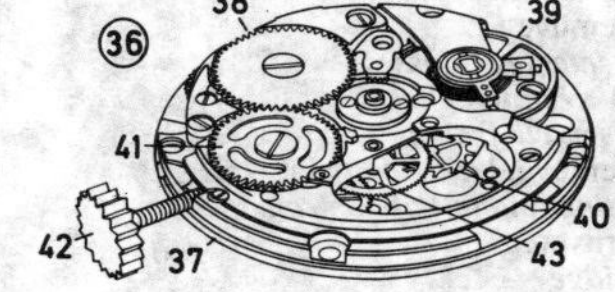

**1–19 üzlethelyiség**
**– *sales premises***
**1–4 szemüvegpróba**
**– *spectacle fitting***
**1** látszerész (optikus)
– *optician*
**2** vevő
– *customer*
**3** próbakeret
– *trial frame*
**4** tükör
– *mirror*
**5** szemüvegkeret-tartó állvány (keretválaszték, szemüvegválaszték)
– *stand with spectacle frames (display of frames, range of spectacles)*
**6** napszemüveg
– *sunglasses (sun spectacles)*
**7** fémkeret
– *metal frame*
**8** szarukeret
– *tortoiseshell frame (shell frame)*
**9** szemüveg
– *spectacles (glasses)*
**10–14 szemüvegkeret**
**– *spectacle frame***
**10** szemüveglencse-foglalat
– *fitting (mount) of the frame*
**11** orrnyereg
– *bridge*
**12** orrtámasz
– *pad bridge*
**13** szár
– *side*
**14** szársarokpánt
– *side joint*
**15** szemüveglencse <bifokális lencse>
– *spectacle lens, a bifocal lens*
**16** kézitükör
– *hand mirror (hand glass)*
**17** kétcsövű látcső (binokuláris látcső)
– *binoculars*
**18** egycsövű látcső (monokuláris látcső)
– *monocular telescope (tube)*
**19** mikroszkóp
– *microscope*

**20–47 látszerészműhely**
– *optician's workshop*
**20** munkapad
– *workbench*
**21** univerzális központosító berendezés
– *universal centring (centering) apparatus*
**22** leszívásos központosító befogó (centrírozó)
– *centring (centering) suction holder*
**23** leszívó
– *sucker*
**24** szemüveglencseszél-csiszoló automata
– *edging machine*
**25** formák a lencsecsiszoló géphez
– *formers for the lens edging machine*
**26** beillesztett forma
– *inserted former*
**27** együttforgó másolókorong
– *rotating printer*
**28** csiszolókorong-együttes
– *abrasive wheel combination*
**29** vezérlőberendezés
– *control unit*
**30** meghajtás
– *machine part*
**31** hűtővízcső
– *cooling water pipe*
**32** tisztítófolyadék
– *cleaning fluid*
**33** fénytörésmérő műszer
– *focimeter (vertex refractionometer)*
**34** centrírozó, szívónyomásos és fémkeretező berendezés
– *metal-blocking device*
**35** csiszolókorong-fajták és különböző szélcsiszolatformák
– *abrasive wheel combination and forms of edging*
**36** durvacsiszoló korong az előzetes megmunkáláshoz
– *roughing wheel for preliminary surfacing*
**37** finomcsiszoló korong a pozitív és negatív fazetta (lencseszél) kialakításához
– *fining lap for positive and negative lens surfaces*
**38** finomcsiszoló korong a különleges és sík fazettákhoz
– *fining lap for special and flat lenses*
**39** sík-homorú lencse sík fazettával
– *plano-concave lens with a flat surface*
**40** sík-homorú lencse speciális fazettával
– *plano-concave lens with a special surface*
**41** homorú-domború lencse speciális fazettával
– *concave and convex lens with a special surface*
**42** homorú-domború lencse negatív fazettával
– *convex and concave lens with a special surface*
**43** szemészeti vizsgáló
– *ophthalmic test stand*
**44** foropter ophthalmométerrel és szemtükröző berendezéssel
– *phoropter with ophthalmometer and optometer (refractometer)*
**45** próbalencsekészlet
– *trial lens case*
**46** kollimátor
– *collimator*
**47** látásélesség-vizsgáló berendezés
– *acuity projector*

1 Leitz-féle laboratóriumi és kutatómikroszkóp-rendszer [részben metszetben]
– *laboratory and research microscope*, Leitz system
2 állvány (statív)
– *stand*
3 talapzat
– *base*
4 durvaállítás
– *coarse adjustment*
5 finomállítás
– *fine adjustment*
6 megvilágítási fényút
– *illumination beam path (illumination path)*
7 megvilágítóoptika
– *illumination optics*
8 kondenzor (fénypárhuzamosító optika)
– *condenser*
9 mikroszkópasztal (tárgyasztal)
– *microscope (microscopic, object) stage*
10 négyszögletes keresztasztal
– *mechanical stage*
11 revolverfej
– *objective turret (revolving nosepiece)*
12 binokuláris tubus
– *binocular head*
13 fordítóprizma
– *beam-splitting prisms*
14 áteső fényű mikroszkóp fényképezőgéppel és polarizációs berendezéssel
– *transmitted-light microscope with camera and polarizer*, Zeiss system
15 alap
– *stage base*
16 fényrekeszrögzítő
– *aperture-stop slide*
17 univerzális forgatható asztal
– *universal stage*
18 objektívhíd
– *lens panel*
19 képváltó (polarizáló szűrő)
– *polarizing filter*
20 kamerarész
– *camera*
21 beállítóernyő
– *focusing screen*
22 párhuzamos megfigyelőtubus
– *discussion tube arrangement*
23 nagy látószögű fémmikroszkóp <felületi megvilágítású mikroszkóp>
– *wide-field metallurgical microscope, a reflected-light microscope (microscope for reflected light)*
24 homályos üveg
– *matt screen (ground glass screen, projection screen)*
25 nagyfilmméretű fényképezőgép
– *large-format camera*
26 kisfilmes fényképezőgép
– *miniature camera*
27 alaplap
– *base plate*
28 lámpaház
– *lamphouse*
29 forgatható tárgyasztal
– *mechanical stage*
30 revolverfej
– *objective turret (revolving nosepiece)*
31 operációs mikroszkóp
– *surgical microscope*
32 oszlopos tartó
– *pillar stand*
33 tárgyfelület-megvilágító
– *field illumination*
34 fotómikroszkóp
– *photomicroscope*
35 kisfilmkazetta
– *miniature film cassette*
36 csatlakozás nagyfilmméretű fényképezőgéphez *v.* televíziós kamerához
– *photomicrographic camera attachment for large-format or television camera*
37 felületvizsgáló mikroszkóp
– *surface-finish microscope*
38 fényszakaszt tartalmazó tubusrész
– *light section tube*
39 fogas magasságállítás
– *rack and pinion*
40 nagy látómezejű sztereomikroszkóp
– *zoom stereomicroscope*
41 zoomobjektív
– *zoom lens*
42 optikai pormennyiségmérő berendezés
– *dust counter*
43 mérőkamra
– *measurement chamber*
44 adatkimenet
– *data output*
45 analóg kimenet
– *analogue* (Am. *analog*) *output*
46 méréspontváltó
– *measurement range selector*
47 digitális adatkijelző
– *digital display (digital readout)*
48 bemerülő refraktométer élelmiszer-vizsgálathoz
– *dipping refractometer for examining food*
49 mikroszkópfénymérő
– *microscopic photometer*
50 fénymérő fényforrása
– *photometric light source*
51 mérőberendezés (fotosokszorozó)
– *measuring device (photomultiplier, multiplier phototube)*
52 fényforrás a vizsgálati megvilágításhoz
– *light source for survey illumination*
53 elektronikaszekrény
– *remote electronics*
54 univerzális nagy látómezejű mikroszkóp
– *universal wide-field microscope*
55 adapter felvevőkamerához *v.* vetítőberendezéshez
– *adapter for camera or projector attachment*
56 okulár távolságbeállító gombja
– *eyepiece focusing knob*
57 szűrőtartó
– *filter pick-up*
58 kéztámasz
– *handrest*
59 egység a felületi megvilágításhoz
– *lamphouse for incident (vertical) illumination*
60 lámpaház-csatlakozás a keresztfény-megvilágításhoz
– *lamphouse connector for transillumination*
61 nagy látómezejű sztereomikroszkóp
– *wide-field stereomicroscope*
62 cserélhető objektívek
– *interchangeable lenses (objectives)*
63 [merőleges] felületi megvilágítás
– *incident (vertical) illumination (incident top lighting)*
64 automata mikroszkópkamera <mikrofényképezési egység>
– *fully automatic microscope camera, a camera with photomicro mount adapter*
65 filmkazetta
– *film cassette*
66 univerzális kondenzor kutatómikroszkóphoz
– *universal condenser for research microscope 1*
67 univerzális geodéziai mérő-fényképezőgép (fototeodolit)
– *universal-type measuring machine for photogrammetry (phototheodolite)*
68 geodéziai mérő-fényképezőgép
– *photogrammetric camera*
69 motormeghajtású kompenzációs szintező
– *motor-driven level, a compensator level*
70 elektrooptikai távolságmérő berendezés
– *electro-optical distance-measuring instrument*
71 sztereomérő-fényképező berendezés
– *stereometric camera*
72 vízszintes alap
– *horizontal base*
73 szögmásodperc-teodolit
– *one-second theodolite*

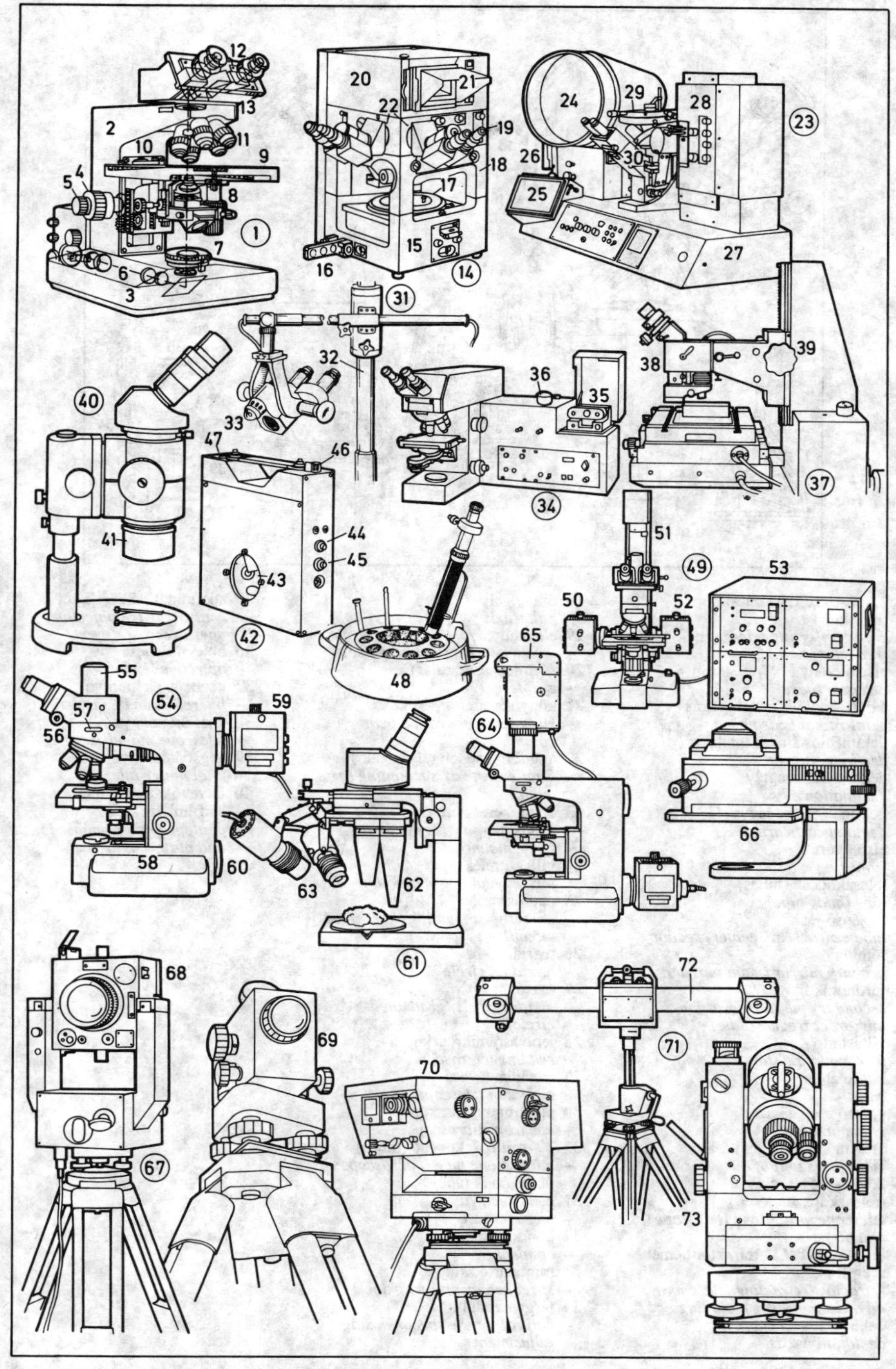
1
2
3
4
5
6
7
8
9
10
11
12
13
14
15
16
17
18
19
20
21
22
23
24
25
26
27
28
29
30
31
32
33
34
35
36
37
38
39
40
41
42
43
44
45
46
47
48
49
50
51
52
53
54
55
56
57
58
59
60
61
62
63
64
65
66
67
68
69
70
71
72
73

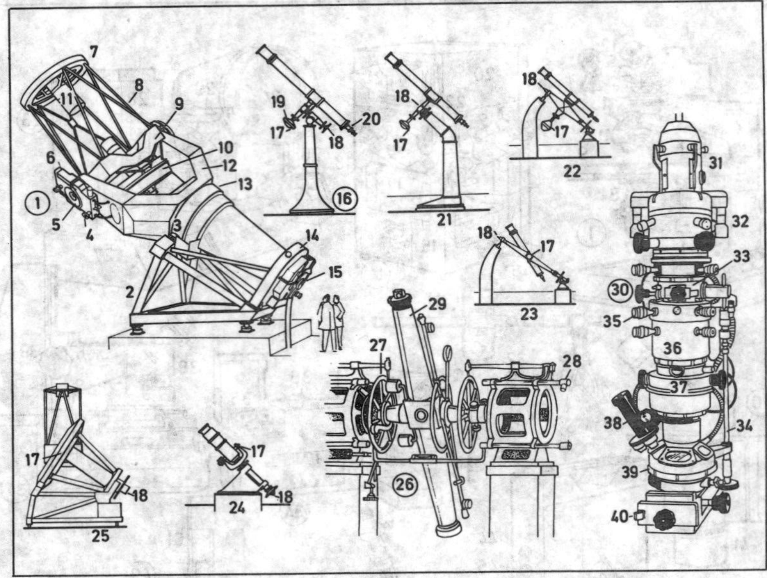


**1** **2,2 m-es tükrös teleszkóp** (reflektor)
– ***2.2 m reflecting telescope*** *(reflector)*
**2** alsó állvány
– *pedestal (base)*
**3** axiális-radiális csapágyazás
– *axial-radial bearing*
**4** deklinációs áttétel (hajtás)
– *declination gear*
**5** deklinációs tengely
– *declination axis*
**6** deklinációs csapágyazás
– *declination bearing*
**7** első gyűrű
– *front ring*
**8** teleszkópcső (tubus)
– *tube (body tube)*
**9** középső rész
– *tube centre* (Am. *center) section*
**10** főtükör
– *primary mirror (main mirror)*
**11** fordítótükör
– *secondary mirror (deviation mirror, corrector plate)*
**12** villástartó
– *fork mounting (fork)*
**13** burkolat
– *cover*
**14** vezető csapágyazat
– *guide bearing*
**15** óratengely főmeghajtása
– *main drive unit of the polar axis*
**16–25** **távcsőszerelések** (teleszkópszerelések)
– ***telescope mountings*** *(telescope mounts)*
**16** lencsés távcső *v.* refraktor német szereléssel
– *refractor (refracting telescope) on a German-type mounting*
**17** deklinációs tengely
– *declination axis*
**18** óratengely
– *polar axis*
**19** ellensúly
– *counterweight (counterpoise)*
**20** szemlencse (okulár)
– *eyepiece*
**21** könyökszerelés
– *knee mounting with a bent column*
**22** angol típusú tengelyszerelés
– *English-type axis mounting (axis mount)*
**23** angol keretszerelés
– *English-type yoke mounting (yoke mount)*
**24** villaszerelés
– *fork mounting (fork mount)*
**25** patkószerelés
– *horseshoe mounting (horseshoe mount)*
**26** meridiánkör
– *meridian circle*
**27** osztókör
– *divided circle (graduated circle)*
**28** leolvasó mikroszkóp
– *reading microscope*
**29** meridiántávcső
– *meridian telescope*
**30** elektronmikroszkóp
– *electron microscope*
**31–39** **mikroszkópcső** (tubus)
– *microscope tube (microscope body, body tube)*
**31** elektronágyú
– *electron gun*
**32** kondenzorlencsék
– *condensers*
**33** mintatartó zsilipje
– *specimen insertion air lock*
**34** tárgyasztalállítás
– *control for the specimen stage adjustment*
**35** apertúraállító szerkezet
– *control for the objective apertures*
**36** objektívlencse
– *objective lens*
**37** közbenső képernyő
– *intermediate image screen*
**38** teleszkópnagyító
– *telescope magnifier*
**39** végső képernyő
– *final image tube*
**40** felvevőkamra filmhez v. síkfilmkazettához
– *photographic chamber for film and plate magazines*

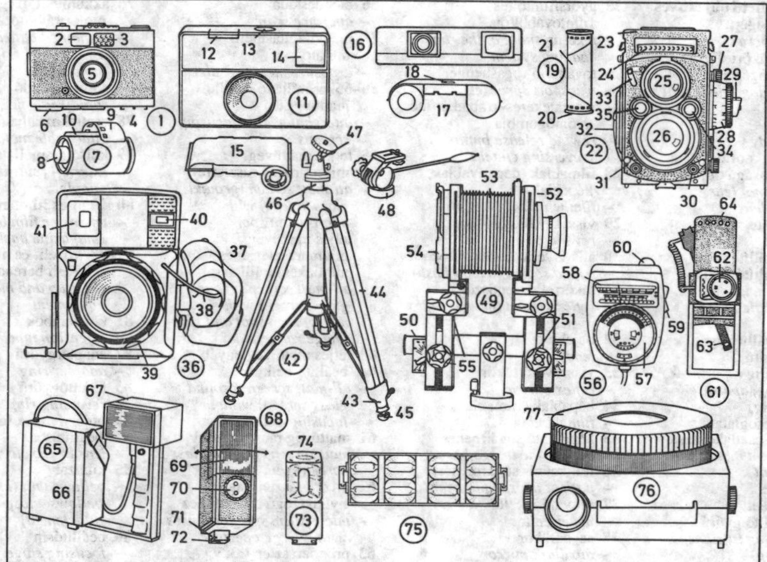

**1** kisfilmes fényképezőgép
– *miniature camera (35 mm camera)*
**2** kereső
– *viewfinder eyepiece*
**3** megvilágításmérő ablak
– *meter cell*
**4** rögzítőpapucs
– *accessory shoe*
**5** süllyeszthető objektív
– *flush lens*
**6** visszatekercselő kar
– *rewind handle (rewind, rewind crank)*
**7** kisfilmes kazetta
– *miniature film cassette (135 film cassette, 35 mm cassette)*
**8** filmorsó
– *film spool*
**9** film a befűzőszalaggal
– *film with leader*
**10** kazettarés
– *cassette slit (cassette exit slot)*
**11** kazettatöltésű fényképezőgép
– *cartridge-loading camera*
**12** zárkioldó gomb
– *shutter release (shutter release button)*
**13** villanókocka-csatlakozás
– *flash cube contact*
**14** négyszögletes kereső
– *rectangular viewfinder*
**15** 126-os filmkazetta
– *126 cartridge (instamatic cartridge)*
**16** miniatűr fényképezőgép
– *pocket camera (subminiature camera)*
**17** 110-es kisfilmes kazetta
– *110 cartridge (subminiature cartridge)*
**18** ellenőrző ablak
– *film window*
**19** 120-as tekercsfilm
– *120 rollfilm*
**20** tekercsfilmorsó
– *rollfilm spool*
**21** védőpapír
– *backing paper*
**22** kétlencsés tüköraknás fényképezőgép
– *twin-lens reflex camera*
**23** felnyitható keresőakna
– *folding viewfinder hood (focusing hood)*
**24** megvilágításmérő ablak
– *meter cell*
**25** keresőobjektív
– *viewing lens*
**26** felvevőobjektív
– *object lens*
**27** filmtovábbító gomb
– *spool knob*
**28** távolságbeállítás
– *distance setting (focus setting)*
**29** utánállító fénymérő
– *exposure meter using needle-matching system*
**30** vakucsatlakozás
– *flash contact*
**31** önkioldó
– *shutter release*
**32** filmtovábbító kar
– *film transport (film advance, film wind)*
**33** vakukapcsoló
– *flash switch*
**34** fényrekeszállító gyűrű (blendegyűrű)
– *aperture-setting control*
**35** expozíciósidő-beállító gyűrű
– *shutter speed control*
**36** nagyméretű kézi fényképezőgép
– *large-format hand camera (press camera)*
**37** kézfogantyú
– *grip (handgrip)*
**38** zárkioldó zsinór
– *cable release*
**39** távolságbeállító gyűrű
– *distance-setting ring (focusing ring)*
**40** távolságmérő ablak
– *rangefinder window*
**41** többképméretű kereső (univerzális kereső)
– *multiple-frame viewfinder*
**42** csöves állvány
– *tripod*
**43** állványláb
– *tripod leg*
**44** csöves állványláb
– *tubular leg*
**45** gumiláb
– *rubber foot*
**46** középső oszlop
– *central column*
**47** gömbcsuklós fej
– *ball and socket head*
**48** filmkameratartó, vízszintes és függőleges tengelyű á llítással
– *cine camera pan and tilt head*
**49** nagyméretű kihuzatos fényképezőgép
– *large-format folding camera*
**50** optikai pad
– *optical bench*
**51** normálbeállítás
– *standard adjustment*
**52** objektívtartó
– *lens standard*
**53** kihuzat
– *bellows*
**54** hátfal
– *camera back*
**55** hátfalállítás
– *back standard adjustment*
**56** kézi megvilágításmérő *v.* fénymérő
– *hand-held exposure meter (exposure meter)*
**57** számítógyűrű
– *calculator dial*
**58** mérőskála mutatóval
– *scales (indicator scales) with indicator needle (pointer)*
**59** mérésitartomány-váltó
– *range switch (high/low range selector)*
**60** diffúzor a ráeső fény méréséhez
– *diffuser for incident light measurement*
**61** megvilágításmérő kazetta nagyfilmes fényképezőgéphez
– *probe exposure meter for large-format cameras*
**62** mérőberendezés
– *meter*
**63** mérőszonda
– *probe*
**64** sötétítő szűrőlencsék
– *dark slide*
**65** kétrészes elektronikus villanóberendezés *v.* vaku
– *battery-portable electronic flash (battery-portable electronic flash unit)*
**66** generátorrész (akkumulátor és töltő)
– *powerpack unit (battery)*
**67** villanólámpafej
– *flash head*
**68** egybeépített elektronikus villanóberendezés *v.* vaku
– *single-unit electronic flash (flashgun)*
**69** dönthető reflektor
– *swivel-mounted reflector*
**70** fotodióda
– *photodiode*
**71** papucsos csatlakozó
– *foot*
**72** melegsaru
– *hot-shoe contact*
**73** villanókocka-egység
– *flash cube unit*
**74** villanókocka
– *flash cube*
**75** villanórúd (AGFA)
– *flash bar (AGFA)*
**76** diavetítő
– *slide projector*
**77** kör alakú diaadagoló (körtár)
– *rotary magazine*

**1–105 cserélhető objektíves fényképezőgép**
– ***system camera***
**1** egyaknás tükörreflexes fényképezőgép
– *miniature single-lens reflex camera*
**2** ház
– *camera body*
**3–8** objektív <normál gyújtótávolságú objektív>
– *lens, a normal lens (standard lens)*
**3** objektívtubus
– *lens barrel*
**4** távolságbeállító *v.* élességbeállító skála méterben és lábban
– *distance scale in metres and feet*
**5** fényrekeszállító gyűrű (blendegyűrű)
– *aperture ring (aperture-setting ring, aperture control ring)*
**6** frontlencsefoglalat fényszűrő-csatlakozással
– *front element mount with filter mount*
**7** frontlencse
– *front element*
**8** távolságállító gyűrű
– *focusing ring (distance-setting ring)*
**9** hordszíjtartó fülecs
– *ring for the carrying strap*
**10** teleptartó
– *battery chamber*
**11** zárócsavar
– *screw-in cover*
**12** filmvisszacsévélő kar
– *rewind handle (rewind, rewind crank)*
**13** telepfőkapcsoló
– *battery switch*
**14** villanólámpa-csatlakozás az F és X érintkezőkhöz
– *flash socket for F and X contact*
**15** önkioldó felhúzókarja
– *self-time lever (setting lever for the self-timer, setting lever for the delayed-action release)*
**16** gyors filmtovábbító kar
– *single-stroke film advance lever*
**17** számláló
– *exposure counter (frame counter)*
**18** kioldógomb (exponálógomb)
– *shutter release (shutter release button)*
**19** zársebesség-beállító gomb
– *shutter speed setting knob (shutter speed control)*
**20** villanólámpa-papucs központi csatlakozóval
– *accessory shoe*
**21** központi csatlakozás
– *hot-shoe flash contact*
**22** kereső szemlencséje korrekciós lencsével
– *viewfinder eyepiece with correcting lens*
**23** hátlap
– *camera back*
**24** filmleszorító lap
– *pressure plate*
**25** gyorsfilmtöltés filmtovábbítója
– *take-up spool of the rapid-loading system*
**26** továbbító fogashenger
– *transport sprocket*
**27** visszatekerés-szabadonfutó nyomógombja
– *rewind release button (reversing clutch)*
**28** filmablak (negatívablak, képablak)
– *film window*
**29** visszatekercselő csap
– *rewind cam*
**30** állványcsavar-csatlakozó
– *tripod socket (tripod bush)*
**31** tükörreflexrendszer
– *reflex system (mirror reflex system)*
**32** objektív
– *lens*
**33** visszaverő tükör
– *reflex mirror*
**34** képablak (filmablak)
– *film window*
**35** képalkotó sugármenet
– *path of the image beam*
**36** fénymérés sugármenete
– *path of the sample beam*
**37** fénymérő cella
– *meter cell*
**38** segédtükör
– *auxiliary mirror*
**39** képélesség-beállító mattüveg
– *focusing screen*
**40** képmezőlencse
– *field lens*
**41** pentaprizma
– *pentaprism*
**42** szemlencse (okulár)
– *eyepiece*
**43–105 fényképezőgép-tartozékok**
– ***system of accessories***
**43** cserélhető objektívek
– *interchangeable lenses*
**44** halszemobjektív
– *fisheye lens (fisheye)*
**45** nagy látószögű objektív (rövid fókusztávolságú lencse)
– *wide-angle lens (short focal length lens)*
**46** normálobjektív
– *normal lens (standard lens)*
**47** közepes gyújtótávolságú lencse
– *medium focal length lens*
**48** teleobjektív (nagy fókusztávolságú lencse)
– *telephoto lens (long focal length lens)*
**49** távobjektív
– *long-focus lens*
**50** tükörobjektív
– *mirror lens*
**51** keresőkép
– *viewfinder image*
**52** kézi beállítás jelzője
– *signal to switch to manual control*
**53** mattüveg gyűrű
– *matt collar (ground glass collar)*
**54** mikroprizma raszter
– *microprism collar*
**55** elmetszett képmezejű távolságbeállítás (mérőékes beállítás)
– *split-image range finder (focusing wedges)*
**56** blendeskála
– *aperture scale*
**57** megvilágításmérő mutató
– *exposure meter needle*
**58–66** cserélhető beállító mattüveg
– *interchangeable focusing screens*
**58** teljes mattüveg mikroprizma raszterrel
– *all-matt screen (ground glass screen) with microprism spot*
**59** teljes mattüveg prizmaraszterrel és mérőékes beállítással
– *all-matt screen (ground glass screen) with microprism spot and split-image rangefinder*
**60** teljes mattüveg egyéb beállító nélkül
– *all-matt screen (ground glass screen) without focusing aids*
**61** mattüveg rácsosztással
– *matt screen (ground glass screen) with reticule*
**62** prizmaraszter nagy nyílásszögű objektívhez
– *microprism spot for lenses with a large aperture*
**63** prizmaraszter 1:3,5 *v.* nagyobb fényerejű objektívekhez
– *microprism spot for lenses with an aperture of f=1:3.5 or larger*
**64** Fresnel-lencse mattüveggel és mérőékes beállítással
– *Fresnel lens with matt collar (ground glass collar) and split-image rangefinder*
**65** teljes mattüveg finoman mattírozott középrésszel és mérőskálával
– *all-matt screen (ground glass screen) with finely matted central spot and graduated markings*
**66** mattüveg átlátszó középrésszel és kettős szálkereszttel
– *matt screen (ground glass screen) with clear spot and double cross hairs*
**67** hátlap megvilágítási és felvételi adatokkal
– *data recording back for exposing data about shots*
**68** fényaknás kereső
– *viewfinder hood (focusing hood)*
**69** cserélhető prizmás kereső
– *interchangeable pentaprism viewfinder*
**70** pentaprizma
– *pentaprism*
**71** négyszögletes kereső
– *right-angle viewfinder*
**72** korrekciós lencse
– *correction lens*
**73** szemlencse-fényellenző
– *eyecup*
**74** beállító távcső
– *focusing telescope*
**75** akkumulátorcsatlakozó
– *battery unit*
**76** akkumulátorfogantyú és motorirányító
– *combined battery holder and control grip for the motor drive*
**77** sorozatkioldó
– *rapid-sequence camera*
**78** csatlakoztatható motor
– *attachable motor drive*
**79** külső áramellátás
– *external (outside) power supply*
**80** 10 m-es filmtároló
– *ten meter film back (magazine back)*
**81–98** közeli- és makrofelvételi berendezések
– *close-up and macro equipment*
**81** közdarabok
– *extension tube*
**82** adaptergyűrű
– *adapter ring*
**83** fordítógyűrű
– *reversing ring*
**84** objektív retrofókuszos beállításban
– *lens in retrofocus position*
**85** kihuzat
– *bellows unit (extension bellows, close-up bellows attachment)*
**86** beállítósín
– *focusing stage*
**87** diamásoló előtét
– *slide-copying attachment*
**88** diamásoló adapter
– *slide-copying adapter*
**89** mikrofényképező berendezés
– *micro attachment (photomicroscope adapter)*
**90** reprodukciós állvány
– *copying stand (copy stand, copypod)*
**91** állványlábak
– *spider legs*
**92** reprodukciós tartóállvány
– *copying stand (copy stand)*
**93** reproállványkar
– *arm of the copying stand (copy stand)*
**94** makroállvány (reprotartó, másolótartó)
– *macrophoto stand*
**95** asztalra helyezhető alaplap a makrofotóállványhoz
– *stage plates for the macrophoto stand*
**96** behelyezhető lemez
– *insertable disc (disk)*
**97** Lieberkühn-tükör
– *Lieberkühn reflector*
**98** mozgatható tárgyasztal
– *mechanical stage*
**99** asztali állvány
– *table tripod (table-top tripod)*
**100** vállállvány
– *rifle grip*
**101** fém kioldózsinór
– *cable release*
**102** kettős fém kioldózsinór
– *double cable release*
**103** fényképezőgép-táska
– *camera case (ever-ready case)*
**104** objektívtartó
– *lens case*
**105** puha bőrből készült objektívtartó táska
– *soft-leather lens pouch*

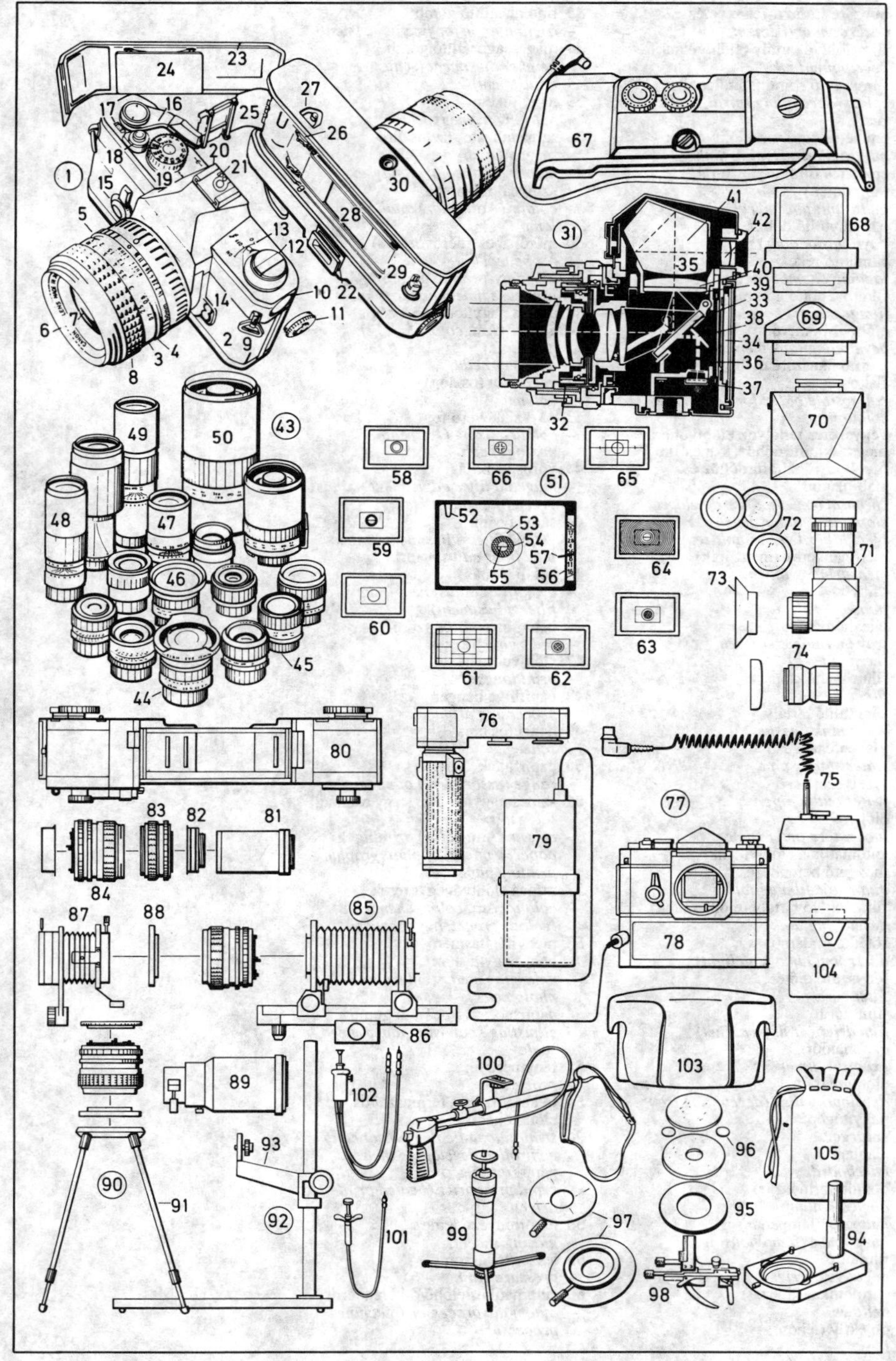
1
2
3
4
5
6
7
8
9
10
11
12
13
14
15
16
17
18
19
20
21
22
23
24
25
26
27
28
29
30
31
32
33
34
35
36
37
38
39
40
41
42
43
44
45
46
47
48
49
50
51
52
53
54
55
56
57
58
59
60
61
62
63
64
65
66
67
68
69
70
71
72
73
74
75
76
77
78
79
80
81
82
83
84
85
86
87
88
89
90
91
92
93
94
95
96
97
98
99
100
101
102
103
104
105

**1–60 sötétkamra-felszerelés**
– ***darkroom equipment***
**1** filmelőhívó tartály (előhívótank)
– *developing tank*
**2** filmvezető spirál (spirálorsó)
– *spiral (developing spiral, tank reel)*
**3** emeletes tartály *v.* előhívótank
– *multi-unit developing tank*
**4** emeletes filmvezető spirál (spirálorsó)
– *multi-unit tank spiral*
**5** napfénytöltő doboz
– *daylight-loading tank*
**6** filmtartó rekesz
– *loading chamber*
**7** filmtovábbító gomb
– *film transport handle*
**8** előhívó-hőmérő
– *developing tank thermometer*
**9** harmonikaszerű előhívótároló flakon
– *collapsible bottle for developing solution*
**10** vegyszeres tartályok előhívóhoz, megszakítófürdőhöz, színesfilmhívóhoz, rögzítőfürdőhöz és stabilizátorhoz
– *chemical bottles for first developer, stop bath, colour developer, bleach-hardener, stabilizer*
**11** mérőhengerek (menzúrák)
– *measuring cylinders*
**12** tölcsér
– *funnel*
**13** tálcahőmérő
– *tray thermometer (dish thermometer)*
**14** filmrögzítő csipesz
– *film clip*
**15** filmöblítő tartály
– *wash tank (washer)*
**16** vízbeeresztő cső
– *water supply pipe*
**17** vízelvezető cső
– *water outlet pipe*
**18** előhívóóra
– *laboratory timer (timer)*
**19** automatikus előhívótank-mozgató berendezés
– *automatic film agitator*
**20** filmelőhívó tartály (előhívótank)
– *developing tank*
**21** sötétkamralámpa
– *darkroom lamp (safelight)*
**22** fényszűrő előtét
– *filter screen*
**23** filmszárító
– *film drier (drying cabinet)*
**24** exponálóóra
– *exposure timer*
**25** előhívótál
– *developing dish (developing tray)*
**26** nagyítógép
– *enlarger*
**27** alaplap
– *baseboard*
**28** döntött tartóoszlop
– *angled column*
**29** lámpafej (lámpaház)
– *lamphouse (lamp housing)*
**30** filmtartó
– *negative carrier*
**31** harmonika (kihuzat)
– *bellows*
**32** objektív (lencse)
– *lens*
**33** finombeállító gomb
– *friction drive for fine adjustment*
**34** magasságbeállító gomb
– *height adjustment (scale adjustment)*
**35** nagyítókeret
– *masking frame (easel)*
**36** színanalizátor (színszűrő-meghatározó)
– *colour (*Am. *color) analyser*
**37** színbeállító lámpa
– *colour (*Am. *color) analyser lamp*
**38** mérőkábel (mérővezeték)
– *probe lead*
**39** időarány-beállító gomb
– *exposure time balancing knob*
**40** színes nagyítóberendezés
– *colour (*Am. *color) enlager*
**41** nagyítófej
– *enlarger head*
**42** vezetősín (oszlop)
– *column*
**43–45** színkeverő fej
– *colour-mixing (*Am. *color-mixing) knob*
**43** vörös beállítás
– *magenta filter adjustment (minus green filter adjustment)*
**44** sárga beállítás
– *yellow filter adjustment (minus blue filter adjustment)*
**45** kék beállítás
– *cyan filter adjustment (minus red filter adjustment)*
**46** behajtható vörös szűrő
– *red swing filter*
**47** előhívócsipesz
– *print tongs*
**48** papírhívó henger
– *processing drum*
**49** hengeres prés
– *squeegee*
**50** papírfajták
– *range (assortment) of papers*
**51** színes nagyítópapír <egy csomag fotópapír>
– *colour (*Am. *color) printing paper, a packet of photographic printing paper*
**52** színes előhívóvegyszerek
– *colour (*Am. *color) chemicals (colour processing chemicals)*
**53** megvilágításmérő papírnagyításhoz
– *enlarging meter (enlarging photometer)*
**54** papírsebesség-beállító gomb
– *adjusting knob with paper speed scale*
**55** fénymérő fej
– *probe*
**56** félautomatikus termosztátos előhívókád
– *semi-automatic thermostatically controlled developing dish*
**57** papírszárító gép
– *rapid print drier (heated print drier)*
**58** tükörfényező lemez
– *glazing sheet*
**59** leszorítóvászon
– *pressure cloth*
**60** automatikus előhívó-berendezés
– *automatic processor (machine processor)*

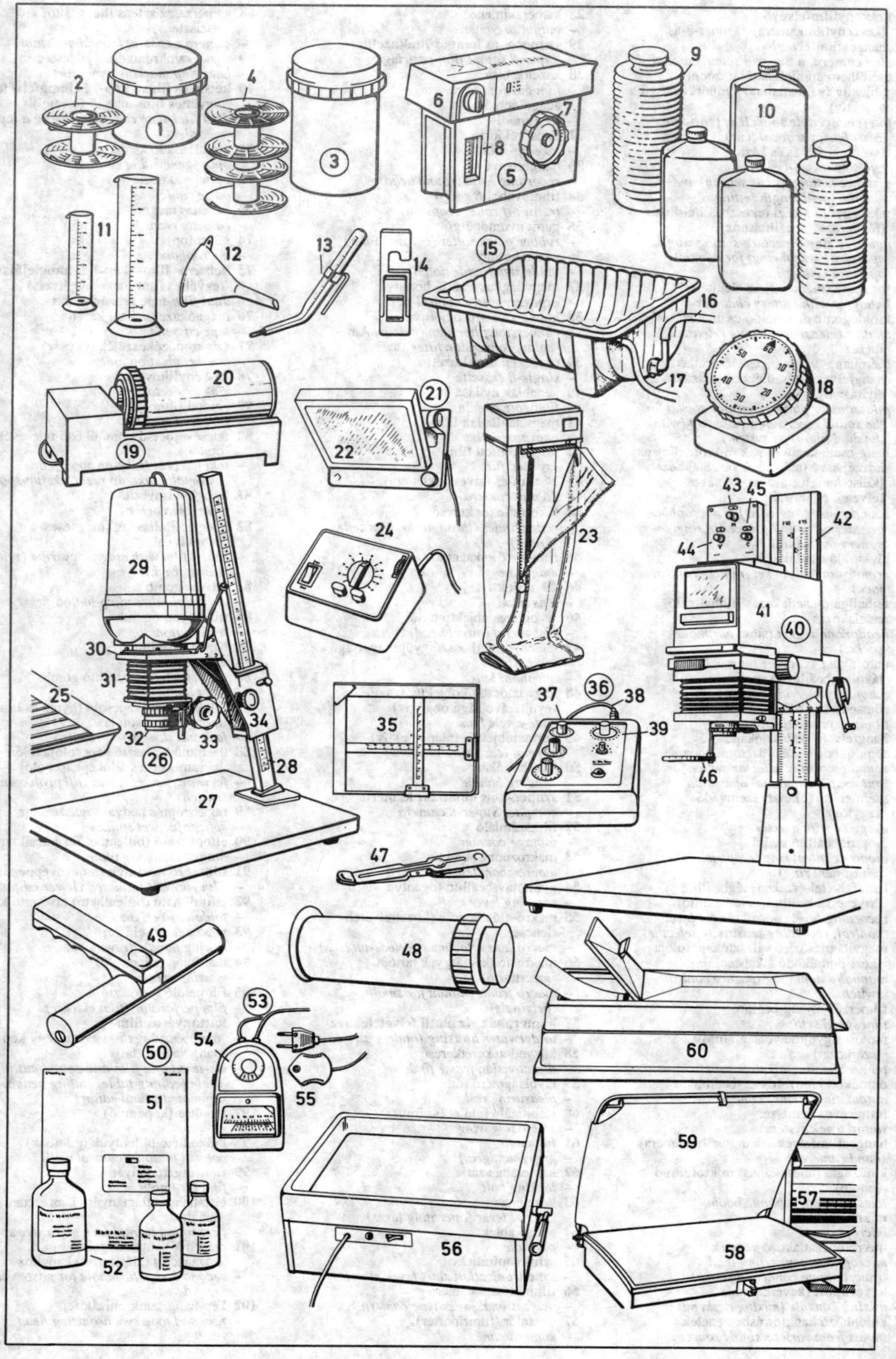
1
2
3
4
5
6
7
8
9
10
11
12
13
14
15
16
17
18
19
20
21
22
23
24
25
26
27
28
29
30
31
32
33
34
35
36
37
38
39
40
41
42
43
44
45
46
47
48
49
50
51
52
53
54
55
56
57
58
59
60

**1 keskenyfilmfelvevő** (keskenyfilmkamera) <szuper-8-as hangosfilmfelvevő>
– ***cine camera,*** *a Super-8 sound camera*
2 cserélhető gumiobjektív *v.* zoom-objektív (változtatható gyújtótávolságú objektív)
– *interchangeable zoom lens (variable focus lens, varifocal lens)*
3 távolságbeállítás és kézi gyújtótávolság-beállítás
– *distance setting (focus setting) and manual focal length setting*
4 rekeszgyűrű a kézi rekeszbeállításhoz (fényerősség-beállításhoz)
– *aperture ring (aperture-setting ring, aperture control ring) for manual aperture setting*
5 fogantyú (markolat) az elemtérrel
– *handgrip with battery chamber*
6 kioldógomb drótkioldó-csatlakozással
– *shutter release with cable release socket*
7 mérőhang- *v.* impulzusadó-csatlakozás hangfelvevő-készülékhez [kétsávos eljárásnál]
– *pilot tone or pulse generator socket for the sound recording equipment (with the dual film-tape system)*
8 hang-csatlakozóvezeték mikrofonhoz *v.* hozzájátszó (alájátszó) készülékhez [külső hangforráshoz; egysávos felvételi eljárásnál]
– *sound connecting cord for microphone or external sound source (in single-system recording)*
9 távkioldó-csatlakozás
– *remote control socket (remote control jack)*
10 fejhallgató-csatlakozás (fülhallgató-csatlakozás)
– *headphone socket* (sim.: *earphone socket)*
11 autofókusz-rendszer (önműködő távolságbeállító) kapcsolója
– *autofocus override switch*
12 filmsebesség választókapcsolója
– *filming speed selector*
13 hangfelvétel-választókapcsoló önműködő *v.* kézi üzemmódhoz
– *sound recording selector switch for automatic or manual operation*
14 szemlencse (okulár) szemvédő kagylóval
– *eyepiece with eyecup*
15 dioptriabeállító gyűrű
– *diopter control ring (dioptric adjustment ring)*
16 hangfelvétel-érzékenységbeállító (kivezérlésbeállító, szintbeállító)
– *recording level control (audio level control, recording sensitivity selector)*
17 megvilágításmérő választókapcsolója (kézi-önműködő átkapcsolója)
– *manual/automatic exposure control switch*
18 filmérzékenység-beállító
– *film speed setting*
19 motoros gyújtótávolság-állító [szerkezet]
– *power zooming arrangement*
20 önműködő fényerősség-beállító
– *automatic aperture control*
**21 hangsávos rendszer**
– ***sound track system***
22 hangosfilmfelvevő (hangosfilmkamera)
– *sound camera*
23 kihúzható (teleszkópos) mikrofonrúd (boom)
– *telescopic microphone boom*
24 mikrofon
– *microphone*
25 mikrofoncsatlakozó vezeték
– *microphone connecting lead (microphone connecting cord)*
26 **keverőpult** (keverőasztal)
– ***mixing console*** *(mixing desk, mixer)*
27 különböző hangforrásbemenetek
– *inputs from various sound sources*
28 kamerakimenet
– *output to camera*
**29 szuper-8-as hangosfilmkazetta**
– ***Super-8 sound film cartridge***
30 kazettaablak
– *film gate of the cartridge*
31 adagolóorsó
– *feed spool*
32 felcsévélőorsó
– *take-up-spool*
33 hangfelvevő fej
– *recording head (sound head)*
34 filmtovábbító görgő
– *transport roller (capstan)*
35 gumi nyomógörgő
– *rubber pinch roller (capstan idler)*
36 vezetőhorony
– *guide step (guide notch)*
37 megvilágításvezérlő horony
– *exposure meter control step*
38 konverziós szűrő hornya
– *conversion filter step (colour,* Am. *color, conversion filter step)*
**39 egyszerű 8-as kazetta**
– ***single-8 cassette***
40 képablak nyílása
– *film gate opening*
41 megvilágítatlan film
– *unexposed film*
42 megvilágított film
– *exposed film*
43 **16 mm-es felvevő** (kamera)
– ***16 mm camera***
44 tükörreflexes kereső
– *reflex finder (through-the-lens reflex finder)*
45 filmtár (filmkazetta)
– *magazine*
**46–49 objektívfej**
– ***lens head***
46 revolveres objektívtartó
– *lens turret (turret head)*
47 teleobjektív (hosszú gyújtótávolságú objektív)
– *telephoto lens*
48 nagy látószögű objektív (rövid gyújtótávolságú objektív)
– *wide-angle lens*
49 normálobjektív (alapobjektív)
– *normal lens (standard lens)*
50 kézi hajtókar
– *winding handle*
**51 szuper-8-as kompakt kamera**
– ***compact Super-8 camera***
52 filmszámláló
– *footage counter*
53 makrozoom-objektív
– *macro zoom lens*
54 gyújtótáv-beállító fogantyú
– *zooming lever*
55 makro-előtétlencse (közelfelvételi lencse)
– *macro lens attachment (close-up lens)*
56 makrosín (kis tárgyak tartója, inzerttartó)
– *macro frame (mount for small originals)*
**57 kameraház víz alatti felvételekhez**
– ***underwater housing*** *(underwater case)*
58 közvetlen keretkereső
– *direct-vision frame finder*
59 távolságmérő rúd
– *measuring rod*
60 stabilizáló felület (szárny)
– *stabilizing wing*
61 fogantyú
– *grip (handgrip)*
62 kameraház zárja
– *locking bolt*
63 kezelőkar
– *control lever (operating lever)*
64 elülső ablak
– *porthole*
**65 szinkronindítás**
– ***synchronization start*** *(sync start)*
66 filmtudósító-kamera
– *professional press-type camera*
67 operatőr (filmriporter)
– *cameraman*
68 kameraasszisztens (hangosító asszisztens)
– *camera assistant (sound assistant)*
69 taps a szinkronindítás jelzésére
– *handclap marking sync start*
**70 kétsávos film- (kép-) és hangfelvétel** (együttes film-magnó-felvétel)
– ***dual film-tape recording using a tape recorder***
71 impulzusadó kamera
– *pulse-generating camera*
72 impulzuskábel
– *pulse cable*
73 kazettás magnó
– *cassette recorder*
74 mikrofon
– *microphone*
**75 kétsávos film- (kép-) és hanglejátszás** (együttes film-magnó lejátszás)
– ***dual film-tape reproduction***
76 magnókazetta, hangkazetta
– *tape cassette*
77 szinkronozókészülék (egység)
– *synchronization unit*
78 keskenyfilmvetítő
– *cine projector*
79 eredeti filmorsó
– *film feed spool*
80 felcsévélőorsó <önműködő felcsévélő-orsó>
– *take-up reel (take-up spool), an automatic take-up reel (take-up spool)*
**81 hangosfilmvetítő**
– ***sound projector***
82 hangosfilm(szalag) mágneses hangsávval
– *sound film with magnetic stripe (sound track, track)*
83 felvevőgomb
– *automatic-threading button*
84 trükknyomógomb
– *trick button*
85 hangerő-beállító
– *volume control*
86 törlőgomb (visszaállító gomb)
– *reset button*
87 trükkprogramkapcsoló (gyors és lassú mozgás kapcsolója)
– *fast and slow motion switch*
88 üzemmódválasztó kapcsolója (előre-, hátramenet- és állóképkapcsoló)
– *forward, reverse, and still projection switch*
89 ragasztóprés nedves ragasztáshoz
– *splicer for wet splices*
90 elfordítható (billenthető) filmcsíktartó
– *hinged clamping plate*
91 **filmnéző készülék** (mozgóképnéző)
– ***film viewer*** *(animated viewer editor)*
92 elfordítható (billenthető) orsótartó kar
– *foldaway reel arm*
93 visszatekercselő kar
– *rewing handle (rewinder)*
94 mattüveg (képernyő)
– *viewing screen*
95 filmjelölő lyukasztó
– *film perforator (film marker)*
96 **hattányéros film- és magnószalagvágó asztal** (egy kép-két hang vágóasztal)
– ***six-turntable film and sound cutting table*** *(editing table, cutting bench, animated sound editor)*
97 monitor (képernyő)
– *monitor*
98 működtető billentyűk (gombok)
– *control buttons (control well)*
99 filmforgató tányér
– *film turntable*
100 első hangszalagtányér pl. az eredeti hanghoz
– *first sound turntable, e.g. for live sound*
101 második hangszalagtányér pl. a hozzáadott (alájátszott) hanghoz
– *second sound turntable for post-sync sound*
102 kép-hang szinkronizálófej
– *film and tape synchronizing head*

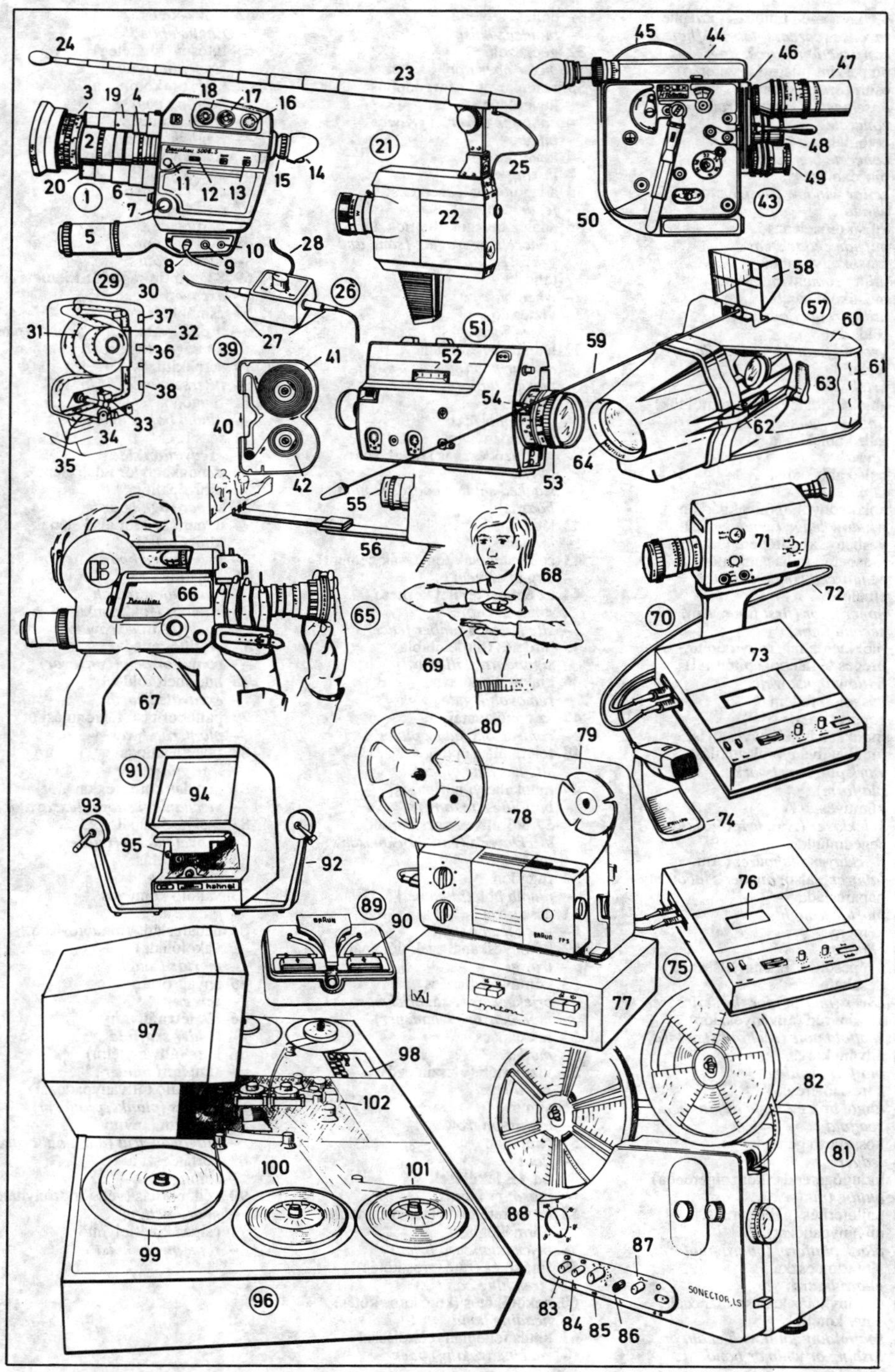
Beaulieu
BRAUN
hahnel
PHILIPS
SONECTOR LS

**1–49 szerkezeti munkák** [házépítés]
– ***carcase*** *(carcass, fabric) [house construction, carcassing]*
1 pinceszint (alagsor, szuterén) csömöszölt betonból
– *basement of tamped (rammed) concrete*
2 betonlábazat
– *concrete base course*
3 pinceablak
– *cellar window (basement window)*
4 külső pincelépcső
– *outside cellar steps*
5 mosókonyhaablak
– *utility room window*
6 mosókonyhaajtó
– *utility room door*
7 földszint
– *ground floor* (Am. *first floor)*
8 téglafal
– *brick wall*
9 ablakáthidaló (ablakszemöldök)
– *lintel (window head)*
10 külső ablakkáva
– *reveal*
11 belső ablakkáva
– *jamb*
12 ablakkönyöklő (ablakpárkány)
– *window ledge (window sill)*
13 vasbeton kiváltógerenda (vasbeton nyílásáthidaló)
– *reinforced concrete lintel*
14 emelet
– *upper floor (first floor,* Am. *second floor)*
15 blokktégla fal (nagyméretű, üreges téglákból épített fal)
– *hollow-block wall*
16 vasbeton födém
– *concrete floor*
17 munkaállás (kőművesállás, munkaállvány, falazóállás)
– *work platform (working platform)*
18 kőműves
– *bricklayer* (Am. *brickmason)*
19 segédmunkás
– *bricklayer's labourer* (Am. *laborer)*; also: *builder's labourer*
20 habarcsláda
– *mortar trough*
21 kémény
– *chimney*
22 a lépcsőház födémnyílásának deszkafedele
– *cover (boards) for the staircase*
23 állványrúd (állványoszlop)
– *scaffold pole (scaffold standard)*
24 állványkorlát
– *platform railing*
25 keresztmerevítő
– *angle brace (angle tie) in the scaffold*
26 hossztartó gerenda
– *ledger*
27 kidugógerenda (konzolgerenda)
– *putlog (putlock)*
28 pallóterítés (pallóborítás, állványpadozat)
– *plank platform (board platform)*
29 lábtartó deszka
– *guard board*
30 állványkötés kapcsolólánccal vagy kötéllel
– *scaffolding joint with chain or lashing or whip or bond*
31 építési felvonó
– *builder's hoist*
32 gépkezelő
– *mixer operator*
33 betonkeverő <forgódobos keverőgép>
– *concrete mixer, a gravity mixer*
34 keverődob
– *mixing drum*
35 adagoló (etetőszerkezet)
– *feeder skip*
36 adalékanyagok [homok, kavics]
– *concrete aggregate [sand and gravel]*
37 talicska
– *wheelbarrow*
38 víztömlő
– *hose (hosepipe)*
39 habarcskeverő láda
– *mortar pan (mortar trough, mortar tub)*
40 téglarakás
– *stack of bricks*
41 zsaluzóanyagok (zsaluzódeszkák) máglyába rakva
– *stacked shutter boards (lining boards)*
42 létra
– *ladder*
43 cementeszsák (egy zsák cement)
– *bag of cement*
44 az építési terület kerítése <deszkakerítés>
– *site fence, a timber fence*
45 hirdetés (hirdetőtábla)
– *signboard (billboard)*
46 kiakasztható kapu
– *removable gate*
47 az építő adatai
– *contractors' name plates*
48 felvonulási épület
– *site hut (site office)*
49 munkahelyi latrina
– *building site latrine*
**50–57 kőművesszerszámok**
– ***bricklayer's*** (Am. *brickmason's)* ***tools***
50 függőón
– *plumb bob (plummet)*
51 ácsceruza
– *thick lead pencil*
52 kőműveskanál (vakolókanál)
– *trowel*
53 kőműveskalapács
– *bricklayer's* (Am. *brickmason's) hammer (brick hammer)*
54 fakalapács
– *mallet*
55 vízmérték (vízszintező)
– *spirit level*
56 simító
– *laying-on trowel*
57 simítólap
– *float*
**58–68 téglakötések**
– ***masonry bonds***
58 kisméretű tégla (szabványtégla, normáltégla)
– *brick (standard brick)*
59 futókötés (futósoros kötés)
– *stretching bond*
60 bekötőkötés (kötősoros kötés)
– *heading bond*
61 kötés féltéglányi eltolással
– *racking (raking) back*
62 blokk-kötés
– *English bond*
63 futósor (futóréteg)
– *stretching course*
64 kötősor (kötőréteg)
– *heading course*
65 keresztkötés
– *English cross bond (Saint Andrew's cross bond)*
66 kéménykötés
– *chimney bond*
67 első sor
– *first course*
68 második sor
– *second course*
**69–82 a munkagödör kiemelése**
– ***excavation***
69 zsinórállás
– *profile* (Am. *batterboard) [fixed on edge at the corner]*
70 sarokkitűzés
– *intersection of strings*
71 függőón
– *plumb bob (plummet)*
72 rézsű
– *excavation side*
73 a munkagödör felső élének kitűzőpallója
– *upper edge board*
74 a munkagödör alsó élének kitűzőpallója
– *lower edge board*
75 alapárok
– *foundation trench*
76 kubikos (földmunkás)
– *navvy* (Am. *excavator)*
77 szállítószalag
– *conveyor belt (conveyor)*
78 kitermelt föld
– *excavated earth*
79 pallóborítású felvonulási út
– *plank roadway*
80 favédő kaloda
– *tree guard*
81 kanalas kotró (exkavátor)
– *mechanical shovel (excavator)*
82 mélyásó kanál
– *shovel bucket (bucket)*
**83–91 vakolás**
– ***plastering***
83 vakoló kőműves
– *plasterer*
84 habarcsláda (malterosláda, vakolóláda)
– *mortar trough*
85 anyagrosta
– *screen*
**86–89 létraállvány**
– ***ladder scaffold***
86 létra (állványlétra)
– *standard ladder*
87 járópalló (állványpadozat)
– *boards (planks, platform)*
88 keresztmerevítő
– *diagonal strut (diagonal brace)*
89 korlátdeszka
– *railing*
90 védőborítás (védő sodronyháló)
– *guard netting*
91 csigás kötélfelvonó
– *rope-pulley hoist*

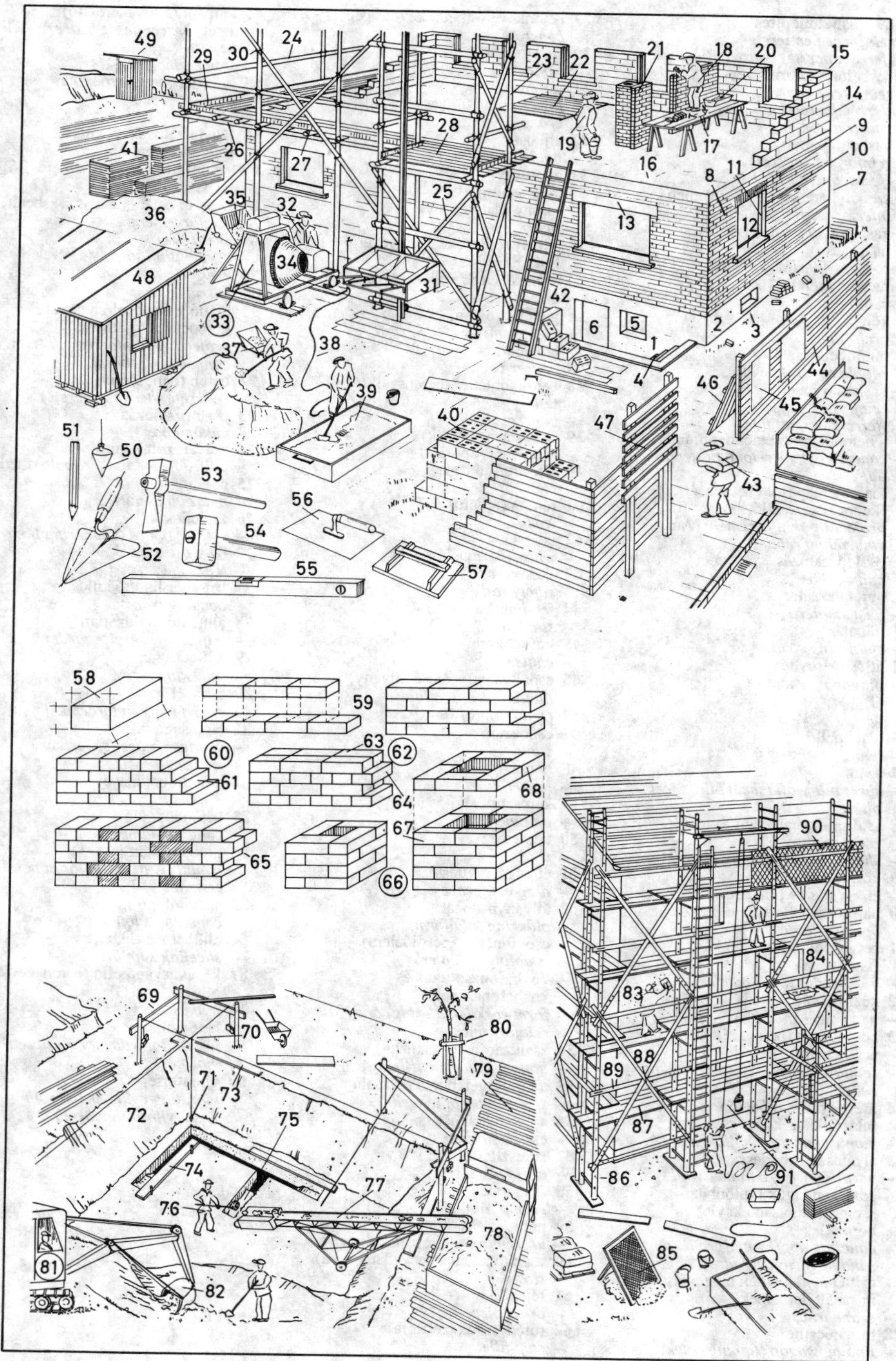
1
2
3
4
5
6
7
8
9
10
11
12
13
14
15
16
17
18
19
20
21
22
23
24
25
26
27
28
29
30
31
32
33
34
35
36
37
38
39
40
41
42
43
44
45
46
47
48
49
50
51
52
53
54
55
56
57
58
59
60
61
62
63
64
65
66
67
68
69
70
71
72
73
74
75
76
77
78
79
80
81
82
83
84
85
86
87
88
89
90
91

**1–89 vasbetonépítés**
– ***reinforced concrete (ferroconcrete) construction***
**1** vasbeton vázszerkezet
– *reinforced concrete (ferroconcrete) skeleton construction*
**2** vasbeton keret
– *reinforced concrete (ferroconcrete) frame*
**3** szegélygerenda (alsó szelemen)
– *inferior purlin*
**4** vasbeton szelemen (vasbeton hossztartó)
– *concrete purlin*
**5** mestergerenda
– *ceiling joist*
**6** könyök
– *arch (flank)*
**7** öntöttbeton fal
– *rubble concrete wall*
**8** vasbeton födém
– *reinforced concrete (ferroconcrete) floor*
**9** a betont simító betonozómunkás
– *concreter (concretor), flattening out*
**10** kiálló *v.* kapcsoló betonacél (kapocsvas, csatlóvas)
– *projecting reinforcement (*Am. *connection rebars)*
**11** oszlopzsaluzás
– *column box*
**12** gerendazsaluzás
– *joist shuttering*
**13** dúcolás
– *shuttering strut*
**14** átlós merevítés
– *diagonal bracing*
**15** ék
– *wedge*
**16** alátétpalló
– *board*
**17** szádfal
– *sheet pile wall (sheet pile, sheet piling)*
**18** zsaluzóanyag (zsalufa, zsaludeszka)
– *shutter boards (lining boards)*
**19** körfűrész
– *circular saw (buzz saw)*
**20** hajlítóasztal (vashajlító asztal)
– *bending table*
**21** betonacél-hajlító munkás (vashajlító)
– *bar bender (steel bender)*
**22** kézi vasvágó olló
– *hand steel shears*
**23** betonvasak (betonacélok, acélbetétek)
– *reinforcing steel (reinforcement rods)*
**24** üreges horzsakőbeton falazóblokkok
– *pumice concrete hollow block*
**25** elválasztófal <deszkafal>
– *partition wall, a timber wall*
**26** adalékanyagok [különböző szemcsenagyságú kavics és homok]
– *concrete aggregate [gravel and sand of various grades]*
**27** csillepálya [csillék mozgatására használt darusínek]
– *crane track*
**28** billenőcsille
– *tipping wagon (tipping truck)*
**29** betonkeverő (betonkeverő gép)
– *concrete mixer*
**30** cementsiló
– *cement silo*
**31** toronydaru
– *tower crane (tower slewing crane)*
**32** aljkocsi
– *bogie (*Am. *truck)*
**33** ellensúly
– *counterweight*
**34** torony (darutorony)
– *tower*
**35** daruvezető-fülke (daruvezérlő-fülke)
– *crane driver's cabin (crane driver's cage)*
**36** gém (darugém)
– *jib (boom)*
**37** emelőkötél
– *bearer cable*
**38** betonkonténer (betonszállító tartály)
– *concrete bucket*
**39** talpfarács (talpfák)
– *sleepers (*Am. *ties)*
**40** féksaru [ütköző]
– *chock*
**41** rámpa (feljáró)
– *ramp*
**42** talicska
– *wheelbarrow*
**43** védőkorlát
– *safety rail*
**44** felvonulási épület
– *site hut*
**45** büfé (kantin)
– *canteen*
**46** csőállvány (acélcső állvány)
– *tubular steel scaffold (scaffolding)*
**47** csőoszlop
– *standard*
**48** hossztartó cső
– *ledger tube*
**49** keresztmerevítő cső
– *tie tube*
**50** talplemez
– *shoe*
**51** átlós merevítés
– *diagonal brace*
**52** állványpadozat
– *planking (platform)*
**53** csőbilincs (kapcsolóelem)
– *coupling (coupler)*
**54–76 betonzsaluzás és vasbetonszerelés**
– ***formwork** (shuttering) and reinforcement*
**54** zsaluzat (fenékzsaluzat)
– *bottom shuttering (lining)*
**55** a mestergerenda oldalzsaluja
– *side shutter of a purlin*
**56** a gerenda fenékzsaluja
– *cut-in bottom*
**57** kereszttartó
– *cross beam*
**58** ácskapocs
– *cramp iron (cramp, dog)*
**59** dúc
– *upright member, a standard*
**60** rögzítőheveder (hevederdeszka)
– *strap*
**61** fejpalló
– *cross piece*
**62** futódeszka (szorítófa)
– *stop fillet*
**63** karpánt (átlós merevítő)
– *strut (brace, angle brace)*
**64** keretfa
– *frame timber (yoke)*
**65** heveder (hevederdeszka, deszkaheveder)
– *strap*
**66** lágyhuzalos összekötés
– *reinforcement binding*
**67** szétfeszítőléc (keresztmerevítő)
– *cross strut (strut)*
**68** köracél betét (vasalás, vasbetét)
– *reinforcement*
**69** elosztóvas
– *distribution steel*
**70** kengyel
– *stirrup*
**71** kiálló *v.* kapcsoló betonacél (kapocsvas, csatlóvas)
– *projecting reinforcement (*Am. *connection rebars)*
**72** beton (nehézbeton)
– *concrete (heavy concrete)*
**73** oszlopzsaluzás
– *column box*
**74** csavarozott keretfa
– *bolted frame timber (bolted yoke)*
**75** csavar
– *nut (thumb nut)*
**76** zsaludeszka
– *shutter board (shuttering board)*
**77–89 szerszámok**
– ***tools***
**77** betonvashajlító kulcs
– *bending iron*
**78** állítható zsaluzattartó
– *adjustable service girder*
**79** állítócsavar
– *adjusting screw*
**80** köracél
– *round bar reinforcement*
**81** távolságtartó
– *distance piece (separator, spacer)*
**82** csavart betonacél
– *Torsteel*
**83** betondöngölő
– *concrete tamper*
**84** próbakockaminta
– *mould (*Am. *mold) for concrete test cubes*
**85** szerelőfogó
– *concreter's tongs*
**86** állítható zsaluzattám
– *sheeting support*
**87** kézi vasvágó olló (betonacélvágó olló)
– *hand shears*
**88** betonvibrátor
– *immersion vibrator (concrete vibrator)*
**89** vibrátorfej
– *vibrating cylinder (vibrating head, vibrating poker)*

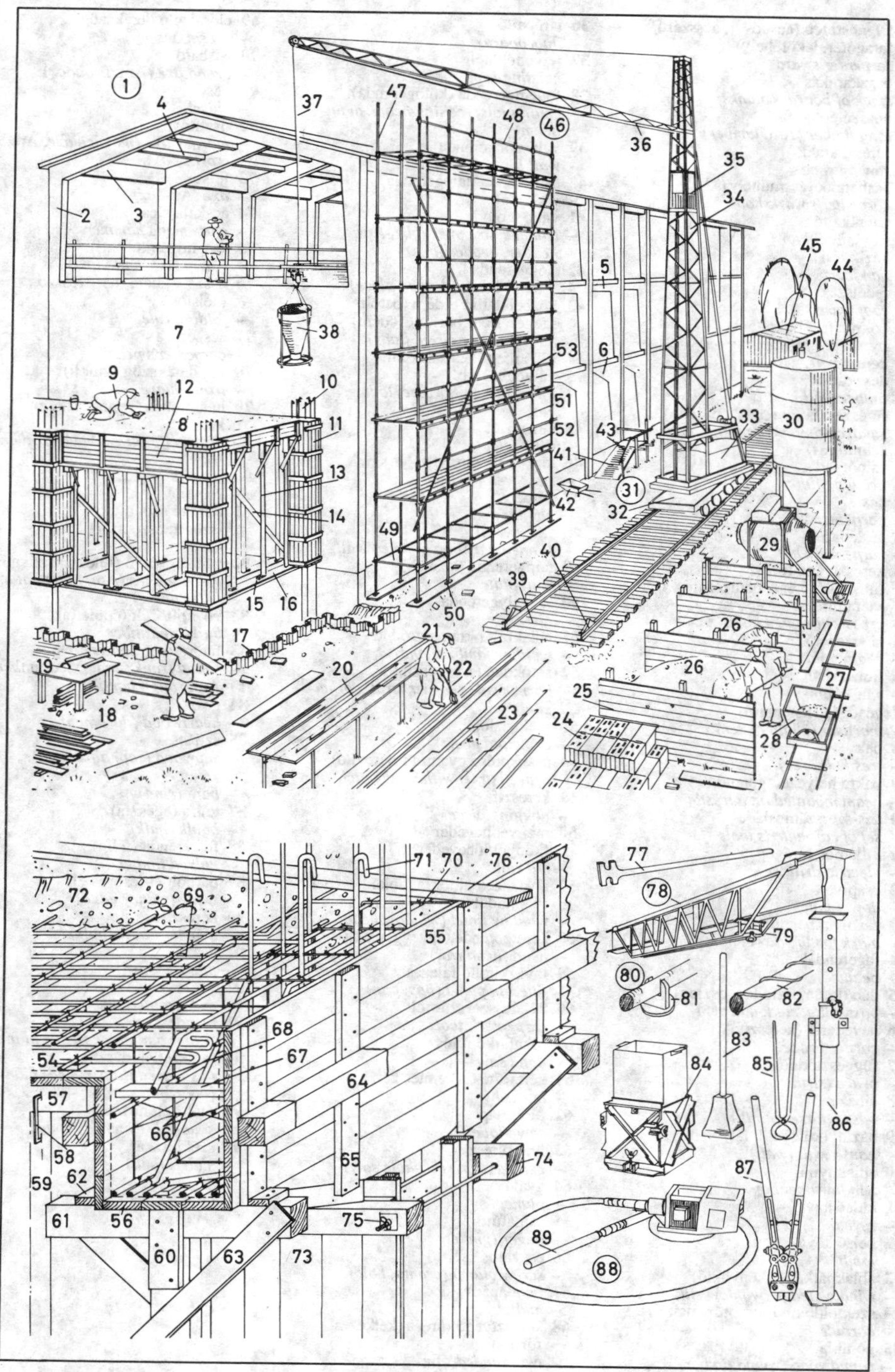
1
2
3
4
5
6
7
8
9
10
11
12
13
14
15
16
17
18
19
20
21
22
23
24
25
26
27
28
29
30
31
32
33
34
35
36
37
38
39
40
41
42
43
44
45
46
47
48
49
50
51
52
53
54
55
56
57
58
59
60
61
62
63
64
65
66
67
68
69
70
71
72
73
74
75
76
77
78
79
80
81
82
83
84
85
86
87
88
89

**1–59 ácstelep** (ácsudvar, ácsszérű, faragótér, lekötőhely)
– ***carpenter's yard***
**1** deszkarakás
– *stack of boards (planks)*
**2** hosszú épületfa
– *long timber (*Am. *lumber)*
**3** fűrészbarakk
– *sawing shed*
**4** ácsbarakk (ácsműhely)
– *carpenter's workshop*
**5** barakkajtó
– *workshop door*
**6** kézikocsi
– *handcart*
**7** fedélszék
– *roof truss*
**8** bokrétafa a bokrétával
– *tree [used for topping out ceremony], with wreath*
**9** deszkafal
– *timber wall*
**10** fűrészelt fa (gerenda, épületfa)
– *squared timber (building timber, scantlings)*
**11** zsinórpad
– *drawing floor*
**12** ács
– *carpenter*
**13** ácskalap
– *carpenter's hat*
**14** keresztvágó fűrész (hosztolófűrész, bütüzőfűrész) <láncfűrész>
– *cross-cut saw, a chain saw*
**15** láncvezető
– *chain guide*
**16** fűrészlánc
– *saw chain*
**17** vésőgép (láncmaró)
– *mortiser (chain cutter)*
**18** bak
– *trestle (horse)*
**19** bakra helyezett gerenda
– *beam mounted on a trestle*
**20** ács-szerszámosláda
– *set of carpenter's tools*
**21** villamos fúrógép
– *electric drill*
**22** csaplyuk
– *dowel hole*
**23** csaplyukbejelölés
– *mark for the dowel hole*
**24** fagerendák
– *beams*
**25** dúc (kitámasztódúc, oszlop)
– *post (stile, stud, quarter)*
**26** hevederfa (keresztfa)
– *corner brace*
**27** függesztődúc
– *brace (strut)*
**28** lábazat
– *base course (plinth)*
**29** házfal (külső fal, fal)
– *house wall (wall)*
**30** ablaknyílás
– *window opening*
**31** külső káva
– *reveal*
**32** belső káva
– *jamb*
**33** ablakpárkány (könyöklő)
– *window ledge (window sill)*
**34** szemöldökfa (koszorúpárkány)
– *cornice*
**35** gömbfa
– *roundwood (round timber)*
**36** járópalló
– *floorboards*
**37** felvonókötél
– *hoisting rope*
**38** födémgerenda (kötőgerenda)
– *ceiling joist (ceiling beam, main beam)*
**39** válaszfalgerenda
– *wall joist*
**40** sárgerenda (talpgerenda)
– *wall plate*
**41** váltógerenda
– *trimmer (trimmer joist,* Am. *header, header joist)*
**42** fiókgerenda
– *dragon beam (dragon piece)*
**43** közbeiktatott födém (betolt szegélyléces borított födém)
– *false floor (inserted floor)*
**44** födémfeltöltés salakból, vályogból stb.
– *floor filling of breeze, loam, etc.*
**45** támaszléc
– *fillet (cleat)*
**46** lépcső-födémnyílás
– *stair well (well)*
**47** kémény
– *chimney*
**48** favázas fal
– *framed partition (framed wall)*
**49** talpgerenda (küszöb)
– *wall plate*
**50** szegélygerenda
– *girt*
**51** ablakfélfa <támasztódúc>
– *window jamb, a jamb*
**52** sarokdúc (sarokoszlop)
– *corner stile (corner strut, corner stud)*
**53** székoszlop
– *principal post*
**54** csapkötésű gyámfa (merevítő)
– *brace (strut) with skew notch*
**55** keresztfa
– *nogging piece*
**56** mellvédheveder (könyöklőheveder)
– *sill rail*
**57** ablakszemöldökfa (ablakheveder, szemöldökfa)
– *window lintel (window head)*
**58** keretgerenda (süveggerenda)
– *head (head rail)*
**59** favázkitöltő falazás
– *filled-in panel (bay, pan)*
**60–82 ácsszerszámok**
– ***carpenter's tools***
**60** rókafarkú fűrész
– *hand saw*
**61** keretfűrész (keretes kézifűrész)
– *bucksaw*
**62** fűrészlap
– *saw blade*
**63** lyukfűrész
– *compass saw (keyhole saw)*
**64** gyalu
– *plane*
**65** csigafúró
– *auger (gimlet)*
**66** csavaros szorító
– *screw clamp (cramp, holdfast)*
**67** fakalapács
– *mallet*
**68** keresztvágó fűrész (kétkezes fűrész)
– *two-handed saw*
**69** előrajzoló derékszög
– *try square*
**70** ácsbárd
– *broad axe (*Am. *broadax)*
**71** véső
– *chisel*
**72** tisztítóvas
– *mortise axe (mortice axe,* Am. *mortise ax)*
**73** fejsze
– *axe (*Am. *ax)*
**74** ácskalapács
– *carpenter's hammer*
**75** szeghúzó (köröm)
– *claw head (nail claw)*
**76** összehajtható mérővessző (colstok)
– *folding rule*
**77** ácsceruza
– *carpenter's pencil*
**78** vas derékszög (vinkli)
– *iron square*
**79** hántolókés (vonókés, kétnyelű kés)
– *drawknife (drawshave, drawing knife)*
**80** forgács
– *shaving*
**81** felrakó szögmérő (szögtranszportőr)
– *bevel*
**82** gérszögjelölő (félderékszögmérő)
– *mitre square (*Am. *miter square, miter angle)*
**83–96 építőfák** (épületfák)
– ***building timber***
**83** fatörzs keresztmetszete
– *round trunk (undressed timber,* Am. *rough lumber)*
**84** geszt
– *heartwood (duramen)*
**85** szíjács
– *sapwood (sap, alburnum)*
**86** kéreg
– *bark (rind)*
**87** telifa (egészfa)
– *baulk (balk)*
**88** félgerenda (félfa)
– *halved timber*
**89** bárdolt él (csorba él)
– *wane (waney edge)*
**90** keresztfa
– *quarter baulk (balk)*
**91** deszka
– *plank (board)*
**92** végfa (bütü)
– *end-grained timber*
**93** magdeszka
– *heartwood plank (heart plank)*
**94** szélezetlen deszka
– *unsquared (untrimmed) plank (board)*
**95** szélezett deszka
– *squared (trimmed) board*
**96** széldeszka
– *slab (offcut)*

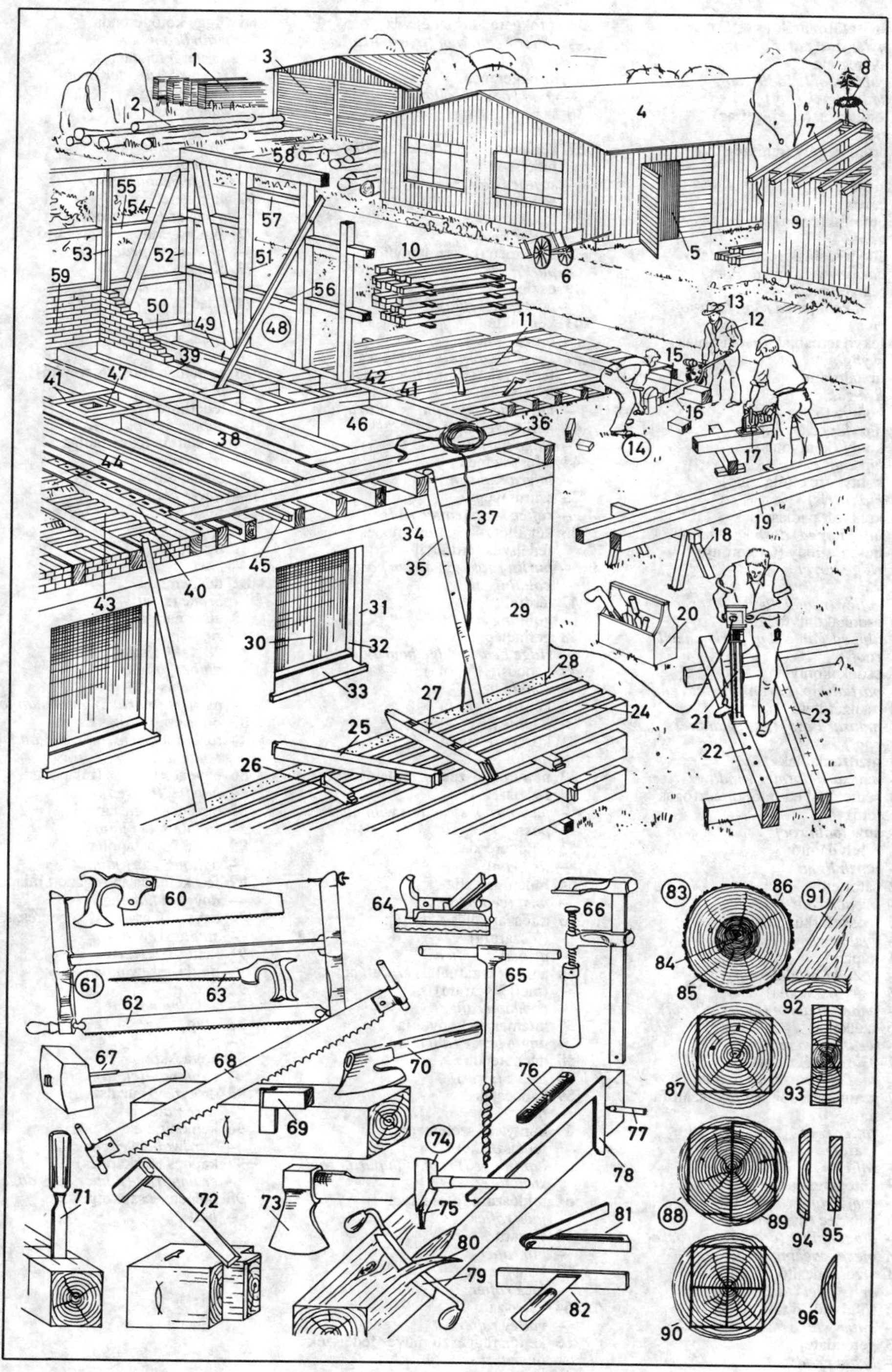
1
2
3
4
5
6
7
8
9
10
11
12
13
14
15
16
17
18
19
20
21
22
23
24
25
26
27
28
29
30
31
32
33
34
35
36
37
38
39
40
41
42
43
44
45
46
47
48
49
50
51
52
53
54
55
56
57
58
59
60
61
62
63
64
65
66
67
68
69
70
71
72
73
74
75
76
77
78
79
80
81
82
83
84
85
86
87
88
89
90
91
92
93
94
95
96

**1–26 tetőformák és tetőrészek**
**– *styles and parts of roofs***
1 nyeregtető
– *gable roof (saddle roof, saddleback roof)*
2 tetőgerinc (taréj, gerinc)
– *ridge*
3 oromszegély (tetőszegély)
– *verge*
4 eresz
– *eaves*
5 oromfal (orom)
– *gable*
6 álló tetőablak (padlásablak)
– *dormer window (dormer)*
7 félnyeregtető
– *pent roof (shed roof, lean-to roof)*
8 fekvő tetőablak (padlásablak)
– *skylight*
9 tűzfalorom
– *fire gable*
10 kontytető
– *hip (hipped) roof*
11 konty (kontyolás)
– *hip end*
12 kontygerinc (élgerinc)
– *hip (arris)*
13 kontyolt padlásablak
– *hip (hipped) dormer window*
14 huszártorony (tetőtorony)
– *ridge turret*
15 vápa
– *valley (roof valley)*
16 csonkakontyfedél
– *hipped-gable roof (jerkin head roof)*
17 csonkakonty
– *partial-hip (partial-hipped) end*
18 manzárdtető
– *mansard roof (*Am. *gambrel roof)*
19 manzárdablak
– *mansard dormer window*
20 sédtető (shed-tető, fűrészfogas tető)
– *saw tooth roof*
21 felülvilágító
– *north light*
22 sátortető
– *broach roof*
23 fecskefarkú tetőablak
– *eyebrow*
24 kúptető
– *conical broach roof*
25 hagymakupola
– *imperial dome (imperial roof)*
26 szélkakas
– *weather vane*
**27–83 fafedélszékek**
**– *roof structures of timber***
27 szaruállásos fedélszék (szarufa tető)
– *rafter roof*
28 szarufa
– *rafter*
29 kötőgerenda
– *roof beam*
30 viharléc (merevítő)
– *diagonal tie (cross tie, sprocket piece, cocking piece)*
31 vízcsendesítő
– *arris fillet (tilting fillet)*
32 főfal (külső fal)
– *outer wall*
33 gerendafej
– *beam head*
34 torokgerendás fedélszék
– *collar beam roof (trussed-rafter roof)*
35 torokgerenda
– *collar beam (collar)*
36 szarufa
– *rafter*
37 két állószékes, torokgerendás fedélszék
– *strutted collar beam roof structure*
38 torokgerenda
– *collar beams*
39 szelemen (hosszmerevítő)
– *purlin*
40 oszlop
– *post (stile, stud)*
41 könyökfa
– *brace*
42 egy állószékes, szelemenes fedélszék (gerincszelemenes fedélszék)
– *unstrutted (king pin) roof structure*
43 gerincszelemen
– *ridge purlin*
44 talpszelemen
– *inferior purlin*
45 szarufavég
– *rafter head (rafter end)*
46 két állószékes, szelemenes fedélszék térdfallal
– *purlin roof with queen post and pointing sill*
47 térdfal
– *pointing sill*
48 gerincléc
– *ridge beam (ridge board)*
49 kapocsfa (fogófa)
– *simple tie*
50 kettős kapocsfa
– *double tie*
51 középszelemen
– *purlin*
52 három állószékes, szelemenes fedélszék
– *purlin roof structure with queen post*
53 kötőgerenda
– *tie beam*
54 födémgerenda
– *joist (ceiling joist)*
55 a főszaruállás szarufája (főszarufa)
– *principal rafter*
56 a mellékszaruállás szarufája (mellékszarufa)
– *common rafter*
57 kitámasztó könyökfa
– *angle brace (angle tie)*
58 dúcgerenda
– *brace (strut)*
59 kapocsfák
– *ties*
60 kontytető szelemenes fedélszékkel
– *hip (hipped) roof with purlin roof structure*
61 toldószaru (csonkaszaru)
– *jack rafter*
62 élszaru
– *hip rafter*
63 kontyszaru
– *jack rafter*
64 vápaszaru
– *valley rafter*
65 kettős függesztőműves fedélszék
– *queen truss*
66 függő kötőgerenda
– *main beam*
67 mestergerenda
– *summer (summer beam)*
68 függőoszlop
– *queen post (struss post)*
69 dúcgerenda
– *brace (strut)*
70 feszítőgerenda
– *collar beam (collar)*
71 váltógerenda
– *trimmer (*Am. *header)*
72 tömör gerinclemezes tartó
– *solid-web girder*
73 alsó öv
– *lower chord*
74 felső öv
– *upper chord*
75 deszkaborítás
– *boarding*
76 szelemen (hosszmerevítő)
– *purlin*
77 teherhordó fal
– *supporting outer wall*
78 rácstartós főszaruállás
– *roof truss*
79 alsó öv
– *lower chord*
80 felső öv
– *upper chord*
81 oszlop
– *post*
82 dúcgerenda
– *brace (strut)*
83 alátámasztás
– *support*
**84–98 fakötések**
**– *timber joints***
84 csapolás
– *mortise (mortice) and tenon joint*
85 ollós csap (villás csap)
– *forked mortise (mortice) and tenon joint*
86 egyenes lapolás (rálapolás)
– *halving (halved) joint*
87 egyenes fogaslapolás
– *simple scarf joint*
88 ferde fogaslapolás
– *oblique scarf joint*
89 fecskefarkasan fogazott rálapolás
– *dovetail halving*
90 egyszerű csapolásos beeresztés
– *single skew notch*
91 kettős beeresztés
– *double skew notch*
92 faszeg
– *wooden nail*
93 csap
– *pin*
94 kovácsszeg
– *clout nail (clout)*
95 drótszeg (huzalszeg)
– *wire nail*
96 keményfa ék
– *hardwood wedges*
97 kapocs (ácskapocs)
– *cramp iron (timber dog, dog)*
98 menetes csapszeg
– *bolt*

1
2
3
4
5
6
7
8
9
10
11
12
13
14
15
16
17
18
19
20
21
21
22
23
24
25
26
27
28
29
30
31
32
33
34
35
36
37
38
39
40
41
42
43
44
45
46
47
48
49
50
51
52
53
54
55
56
57
58
59
60
61
62
62
63
64
65
66
67
68
69
70
71
72
73
74
75
76
77
78
79
80
81
82
83
84
85
86
86
87
88
89
90
91
92
93
94
95
96
97
98

**1** cseréptető
– *tiled roof*
**2** kettős hódfarkúcserép-fedés
– *plain-tile double-lap roofing*
**3** gerinccserép (kúpcserép)
– *ridge tile*
**4** gerincszegélyező cserép
– *ridge course tile*
**5** ereszfedő cserép (ereszcserép)
– *under-ridge tile*
**6** hódfarkú cserép
– *plain (plane) tile*
**7** szellőztetőcserép (nyílással ellátott tetőcserép)
– *ventilating tile*
**8** gerinccserép (élcserép)
– *ridge tile*
**9** taréjcsatlakozó (sarokkúpcserép)
– *hip tile*
**10** konty (kontyolás)
– *hipped end*
**11** vápa
– *valley (roof valley)*
**12** fekvő tetőablak (padlásablak)
– *skylight*
**13** kémény
– *chimney*
**14** horganylemez kéményszegély
– *chimney flashing, made of sheet zinc*
**15** létrahorog
– *ladder hook*
**16** a hófogó rács tartója
– *snow guard bracket*
**17** lécezés
– *battens (slating and tiling battens)*
**18** léccköz-meghatározó
– *batten gauge (*Am. *gage)*
**19** szarufa
– *rafter*
**20** tetőfedő-kalapács (cserepezőkalapács)
– *tile hammer*
**21** lécbárd
– *lath axe (*Am. *ax)*
**22** tetőfedősajtár
– *hod*
**23** sajtártartó horog
– *hod hook*
**24** tetőnyílás
– *opening (hatch)*
**25** oromfal
– *gable (gable end)*
**26** fogazott szegélyléc
– *toothed lath*
**27** széldeszka
– *soffit*
**28** ereszcsatorna
– *gutter*
**29** lefolyócső (vízlevezető cső)
– *rainwater pipe (downpipe)*
**30** bevezető könyökcső (hattyúnyak)
– *swan's neck (swan-neck)*
**31** csőbilincs
– *pipe clip*
**32** csatornatartó kampó
– *gutter bracket*
**33** tetőcserépvágó
– *tile cutter*
**34** munkaállvány
– *scaffold*
**35** védőfal
– *safety wall*
**36** tetőpárkány
– *eaves*
**37** külső fal
– *outer wall*
**38** külső vakolat
– *exterior rendering*
**39** eléfalazás
– *frost-resistant brickwork*
**40** talpszelemen
– *inferior purlin*
**41** szarufavég
– *rafter head (rafter end)*
**42** párkánydeszkázat
– *eaves fascia*
**43** kettős léc (vastag szegélyléc)
– *double lath (tilting lath)*
**44** szigetelőlemezek
– *insulating boards*
**45–60 tetőcserepek és cserépfedések**
– ***tiles and tile roofings***
**45** egyszeres cserépfedés
– *split-tiled roof*
**46** hódfarkú cserép
– *plain (plane) tile*
**47** gerincszegélyező cseréppsor (legfelső cseréppsor)
– *ridge course*
**48** alátétsáv
– *slip*
**49** ereszszegélyező cseréppsor
– *eaves course*
**50** koronafedés (lovagfedés)
– *plain-tiled roof*
**51** fül (cserépfül, horog)
– *nib*
**52** gerinccserép
– *ridge tile*
**53** hollandicserép-fedés
– *pantiled roof*
**54** kéthullámos cserép (hollandi tetőcserép)
– *pantile*
**55** kihézagolás
– *pointing*
**56** kolostorfedés (barát-apáca fedés, kúpcserépfedés)
– *Spanish-tiled roof (*Am. *mission-tiled roof)*
**57** apácacserép (alsó kúpcserép)
– *under tile*
**58** barátcserép (felső kúpcserép)
– *over tile*
**59** hornyolt *v.* hornyos cserép
– *interlocking tile*
**60** kettős oldalhoronnyal ellátott cserép
– *flat interlocking tile*
**61–89 palatető**
– ***slate roof***
**61** deszkázás (deszkaborítás)
– *roof boards (roof boarding, roof sheathing)*
**62** fedéllemez (szigetelőpapír)
– *roofing paper (sheathing paper);* also: *roofing felt (*Am. *rag felt)*
**63** tetőlétra
– *cat ladder (roof ladder)*
**64** hosszú szárú horog (létrakötő horog)
– *coupling hook*
**65** gerinchorog
– *ridge hook*
**66** palafedőbak
– *roof trestle*
**67** bakkikötő kötél (bakrögzítő kötél)
– *trestle rope*
**68** hurok (csomó)
– *knot*
**69** létrahorog
– *ladder hook*
**70** állványpalló
– *scaffold board*
**71** palafedő munkás
– *slater*
**72** szegtáska
– *nail bag*
**73** palafedő-kalapács (palakalapács)
– *slate hammer*
**74** palaszeg <horganyzott drótszeg>
– *slate nail, a galvanized wire nail*
**75** tetőfedőcipő <háncs- vagy kendertalpú bocskor>
– *slaters shoe, a blast or hemp shoe*
**76** ereszsor (palafedés kezdősora)
– *eaves course (eaves joint)*
**77** sarokpala (ereszsarkos pala)
– *corner bottom slate*
**78** felső palasor
– *roof course*
**79** gerincpalasor
– *ridge course (ridge joint)*
**80** szegélypala (szegélylemez)
– *gable slate*
**81** munkasor
– *tail line*
**82** vápa
– *valley (roof valley)*
**83** párkányon ülő ereszcsatorna
– *box gutter (trough gutter, parallel gutter)*
**84** palavágó
– *slater's iron*
**85** palalemez
– *slate*
**86** hátlap
– *back*
**87** fejrész
– *head*
**88** átfedett él
– *front edge*
**89** átfedési vonal
– *tail*
**90–103 bitumenes fedéllemez és azbesztcement hullámlemez fedések**
– ***asphalt-impregnated paper roofing and corrugated asbestos cement roofing***
**90** bitumenes lemezfedésű tető
– *asphalt-impregnated paper roof*
**91** az ereszvonallal párhuzamos fektetés
– *width [parallel to the gutter]*
**92** ereszcsatorna
– *gutter*
**93** gerinc
– *ridge*
**94** toldás (illesztés)
– *joint*
**95** az ereszvonalra merőleges fektetés
– *width [at right angles to the gutter]*
**96** lemezrögzítő szeg (zsindelyszeg)
– *felt nail (clout nail)*
**97** azbesztcement hullámlemez fedésű tető
– *corrugated asbestos cement roof*
**98** hullámlemez
– *corrugated sheet*
**99** gerincfedés
– *ridge capping piece*
**100** átfedés
– *lap*
**101** facsavar
– *wood screw*
**102** esővédő sapka
– *rust-proof zinc cup*
**103** ólomalátét
– *lead washer*

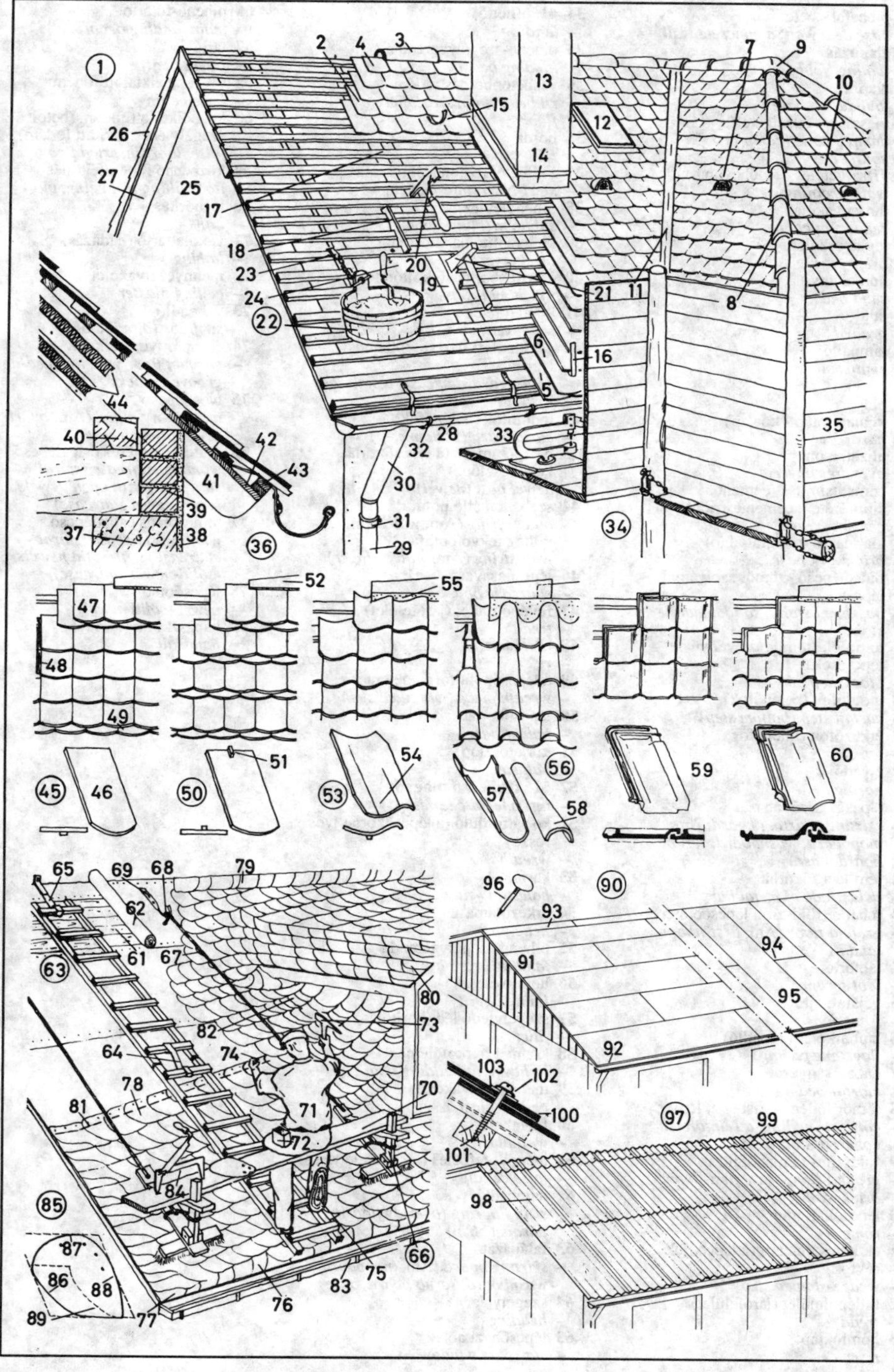
1
2
3
4
5
6
7
8
9
10
11
12
13
14
15
16
17
18
19
20
21
22
23
24
25
26
27
28
29
30
31
32
33
34
35
36
37
38
39
40
41
42
43
44
45
46
47
48
49
50
51
52
53
54
55
56
57
58
59
60
61
62
63
64
65
66
67
68
69
70
71
72
73
74
75
76
77
78
79
80
81
82
83
84
85
86
87
88
89
90
91
92
93
94
95
96
97
98
99
100
101
102
103

**1** pincefal <betonfal>
– *basement wall, a concrete wall*
**2** alapozás
– *footing (foundation)*
**3** alapfal
– *foundation base*
**4** vízszintes falszigetelés
– *damp course (damp-proof course)*
**5** vízszigetelés (védőbevonat)
– *waterproofing*
**6** durva vakolat
– *rendering coat*
**7** téglaburkolat
– *brick paving*
**8** homokágy
– *sand bed*
**9** talaj
– *ground*
**10** támpalló
– *shuttering*
**11** cövek
– *peg*
**12** kőalap (rakott kőalap)
– *hardcore*
**13** aljzatbeton
– *oversite concrete*
**14** cementsimítás (cement simítóréteg, cementestrich)
– *cement screed*
**15** aláfalazás (téglafal-alap)
– *brickwork base*
**16** pincelépcső <tömör szelvényű lépcső>
– *basement stairs, solid concrete stairs*
**17** tömbfok (tömör szelvényű lépcsőfok)
– *block step*
**18** indulófok (belépőfok)
– *curtail step (bottom step)*
**19** érkezőfok (kilépőfok)
– *top step*
**20** élvédő
– *nosing*
**21** lépcsőkísérő lábazat
– *skirting (skirting board,* Am. *mopboard, washboard, scrub board, base)*
**22** fém lépcsőkorlát
– *balustrade of metal bars*
**23** pihenő (földszinti lépcsőelőtér)
– *ground-floor (*Am. *first-floor) landing*
**24** lábtörlő
– *foot scraper*
**25** bejárati ajtó
– *front door*
**26** lapburkolat (kőpadló)
– *flagstone paving*
**27** habarcságyazat
– *mortar bed*
**28** tömör födém <vasbeton lemez>
– *concrete ceiling, a reinforced concrete slab*
**29** földszinti felmenőfal
– *ground-floor (*Am. *first-floor) brick wall*
**30** lépcsőkarlemez
– *ramp*
**31** ék keresztmetszetű lépcsőfok (ékfok)
– *wedge-shaped step*
**32** fellépőfelület (járófelület)
– *tread*
**33** homloklap
– *riser*
**34–41 pihenő**
– ***landing***
**34** pihenő-szegélygerenda
– *landing beam*
**35** vasbetonbordás födém
– *ribbed reinforced concrete floor*
**36** borda
– *rib*
**37** acélbetét (betonacél, vasalás)
– *steel-bar reinforcement*
**38** pihenőlemez
– *subfloor (blind floor)*
**39** kiegyenlítő habarcsréteg
– *level layer*
**40** esztrichborítás (simítóréteg)
– *finishing layer*
**41** koptatóréteg
– *top layer (screed)*
**42–44 emeleti lépcső** <pihenős lépcső>
– ***dog-legged staircase, a staircase without a well***
**42** indulófok (belépőfok)
– *curtail step (bottom step)*
**43** belépőtámasz (a lépcsőkorlát kezdőoszlopa)
– *newel post (newel)*
**44** szabadon álló pofafa
– *outer string (*Am. *wall stringer)*
**45** falhoz fekvő pofafa
– *wall string (*Am. *wall stringer)*
**46** lépcsőcsavar
– *staircase bolt*
**47** fellépőfelület (járófelület)
– *tread*
**48** homloklap
– *riser*
**49** a lépcsőpofa fordulóeleme
– *wreath piece (wreathed string)*
**50** lépcsőkorlát
– *balustrade*
**51** korlátoszlop
– *baluster*
**52–62 közbenső pihenő**
– ***intermediate landing***
**52** korlátforduló (a lépcsőkorlát íves része)
– *wreath*
**53** karfa
– *handrail (guard rail)*
**54** érkezőtámasz
– *head post*
**55** pihenő-szegélygerenda
– *landing beam*
**56** homlokdeszka
– *lining board*
**57** szegélyfedő léc (borítóléc)
– *fillet*
**58** könnyű burkolólemez
– *lightweight building board*
**59** mennyezetvakolat
– *ceiling plaster*
**60** falvakolat
– *wall plaster*
**61** mennyezetbélés (födémbetéttest)
– *false ceiling*
**62** hajópadló
– *strip flooring (overlay flooring, parquet strip)*
**63** falábazat
– *skirting board (*Am. *mopboard, washboard, scrub board, base)*
**64** szegélyléc
– *beading*
**65** lépcsőházi ablak
– *staircase window*
**66** pihenő-főtartó
– *main landing beam*
**67** tartóléc
– *fillet (cleat)*
**68–69** közbeiktatott födém
– *false ceiling*
**68** közbeiktatott födém (betolt szegélyléces borított födém)
– *false floor (inserted floor)*
**69** közbenső födémfeltöltés
– *floor filling (plugging, pug)*
**70** lécborítás
– *laths*
**71** vakolattartó (nádazás)
– *lathing*
**72** mennyezetvakolat
– *ceiling plaster*
**73** vakpadló
– *subfloor (blind floor)*
**74** csaphornyos parketta
– *parquet floor with tongued-and-grooved blocks*
**75** íves lépcső
– *quarter-newelled (*Am. *quarter-neweled) staircase*
**76** nyitott orsóteres csigalépcső
– *winding staircase (spiral staircase) with open newels (open-newel staircase)*
**77** tömörorsós csigalépcső
– *winding staircase (spiral staircase) with solid newels (solid-newel staircase)*
**78** lépcsőorsó
– *newel (solid newel)*
**79** kapaszkodó (karfa)
– *handrail*

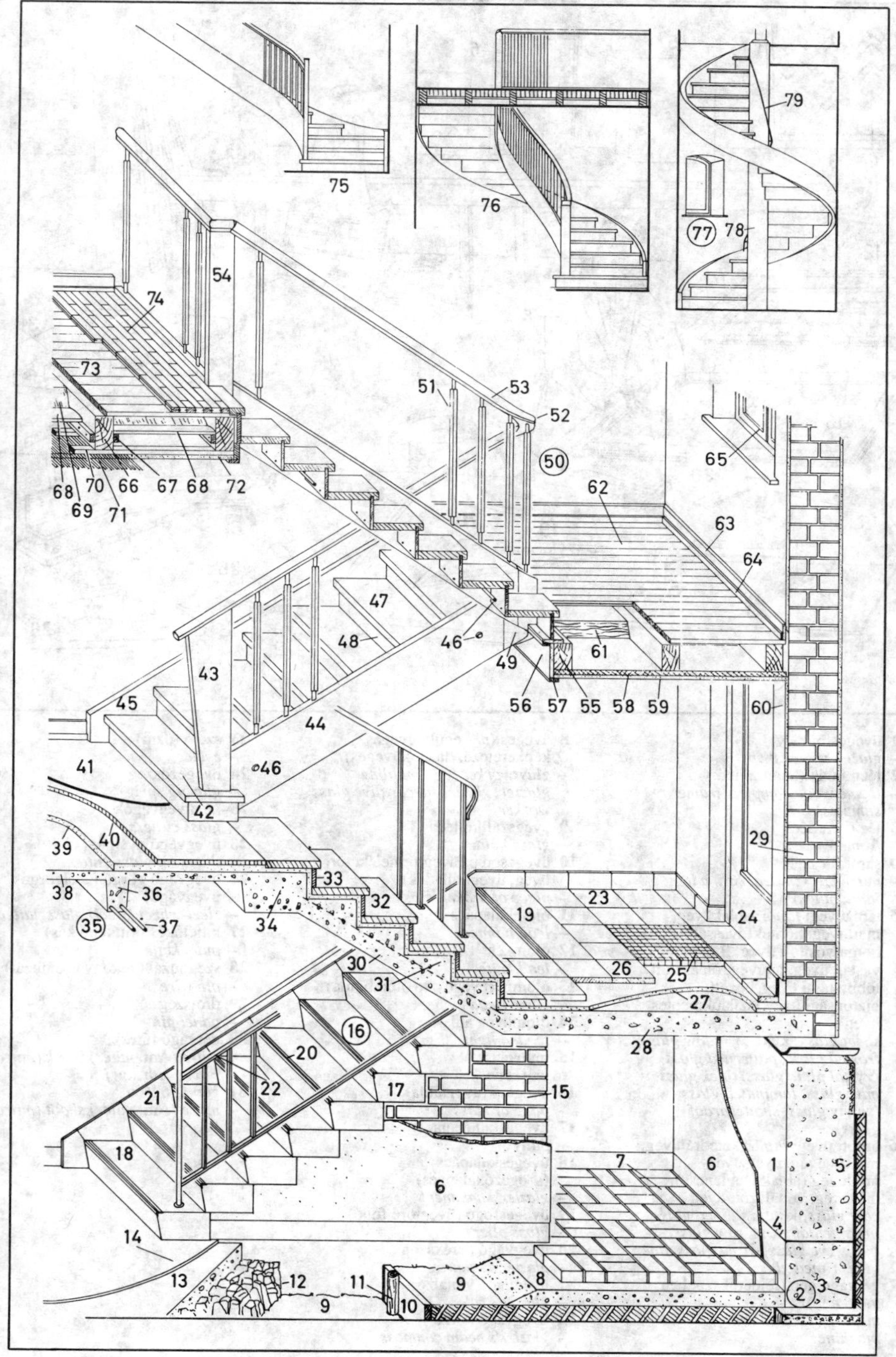
75
76
79
77
78
54
74
73
51
53
52
50
68
69
70
71
66
67
68
72
65
62
63
64
47
48
46
49
61
56
57
55
58
59
60
43
45
44
41
46
42
39
40
29
38
36
33
32
34
35
37
23
19
24
30
31
26
25
27
28
16
20
21
22
17
15
18
7
6
1
5
6
4
14
13
12
11
9
8
10
9
2
3

**1** üvegesműhely
– *glazier's workshop*
**2** lécminták (keretminták)
– *frame wood samples (frame samples)*
**3** léc (keretléc)
– *frame wood*
**4** sarokillesztés
– *mitre joint (mitre,* Am. *miter joint, miter)*
**5** táblaüveg; *fajtái:* ablaküveg, mattüveg, homokfúvással homályosított üveg, flintüveg, vastag üveg, tejüveg, ragasztott többrétegű üveg, edzett biztonsági üveg (szilánkmentes üveg)
– *sheet glass;* kinds: *window glass, frosted glass, patterned glass, crystal plate glass, thick glass, milk glass, laminated glass (safety glass, shatterproof glass)*
**6** öntött üveg; *fajtái:* katedrálüveg, mintás üveg, nyersüveg, holdüveg (ablaküveglencse), drótüveg, vonalazott üveg
– *cast glass;* kinds: *stained glass, ornamental glass, raw glass, bull's-eye glass, wired glass, line glass (lined glass)*
**7** gérvágó gép (félderékszögben vágó gép)
– *mitring (*Am. *mitering) machine*
**8** üveges (*pl.:* épületüveges, képkeretező, díszítő üveges)
– *glassworker (e.g. building glazier, glazier, decorative glass worker)*
**9** üvegszállító láda
– *glass holder*
**10** üvegcserép (üvegtörmelék, tört üveg, üveghulladék)
– *piece of broken glass*
**11** ólomkalapács
– *lead hammer*
**12** ólomkés
– *lead knife*
**13** ólomín (üvegosztó ólomborda)
– *came (lead came)*
**14** ólomüveg ablak
– *leaded light*
**15** munkaasztal
– *workbench*
**16** üveglap (üvegtábla)
– *pane of glass*
**17** üvegeskitt (ragacs)
– *putty*
**18** üvegeskalapács (szögezőkalapács)
– *glazier's hammer*
**19** üvegesfogó (üvegtörő fogó)
– *glass pliers*
**20** üvegvágó derékszög
– *glazier's square*
**21** üvegvágó vonalzó
– *glazier's rule*
**22** üvegvágó körző
– *glazier's beam compass*
**23** szem (őzni)
– *eyelet*
**24** üvegezőszeg
– *glazing sprig*
**25–26** üvegvágók
– *glass cutters*
**25** üvegvágó gyémánt
– *diamond glass cutter*
**26** üvegvágó görgő (acélgörgős üvegvágó)
– *steel-wheel (steel) glass cutter*
**27** kittelőkés (kittkenő kés)
– *putty knife*
**28** szeghuzal (vékony acélhuzal)
– *pin wire*
**29** drótszeg
– *panel pin*
**30** gérvágó fűrész
– *mitre (*Am. *miter) block (mitre box) [with saw]*
**31** gérvágó láda
– *mitre (*Am. *miter) shoot (mitre board)*

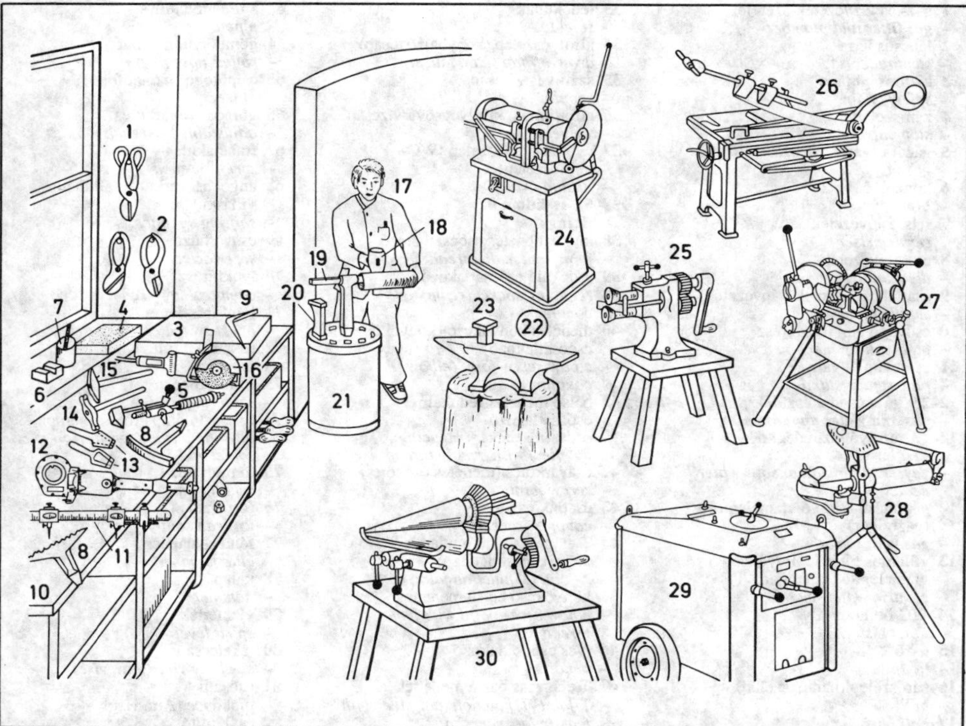


**1** lemezvágó olló (lemezolló)
– *metal shears (tinner's snips,* Am. *tinner's shears)*
**2** sarokolló
– *elbow snips (angle shears)*
**3** egyengetőlap
– *gib*
**4** tükrösítőlap
– *lapping plate*
**5–7** propángázos forrasztókészülék
– *propane soldering apparatus*
**5** propángáz-forrasztópáka <kalapács alakú forrasztópáka>
– *propane soldering iron, a hatchet iron*
**6** forrasztókő <szalmiáksótömb>
– *soldering stone, a sal-ammoniac block*
**7** forrasztóvíz (folyatószer)
– *soldering fluid (flux)*
**8** peremezőszerszám perem (borda) készítéséhez
– *beading iron for forming reinforcement beading*
**9** sarokdörzsár <dörzsár>
– *angled reamer*
**10** munkapad
– *workbench (bench)*
**11** rúdkörző
– *beam compass (trammel,* Am. *beam trammel)*
**12** villamos hajtású kézi menetvágó
– *electric hand die*
**13** lyukasztó
– *hollow punch*
**14** hornyolókalapács
– *chamfering hammer*
**15** peremezőkalapács
– *beading swage (beading hammer)*
**16** vágókorongos köszörű (sarokköszörű)
– *abrasive-wheel cutting-off machine*
**17** bádogos
– *plumber*
**18** fakalapács
– *mallet*
**19** tágítótüske
– *mandrel*
**20** kéziüllő
– *socket (tinner's socket)*
**21** tőke (tönk)
– *block*
**22** üllő
– *anvil*
**23** kisüllő
– *stake*
**24** körfűrész
– *circular saw (buzz saw)*
**25** bordanyomó, peremező- és drótbefoglaló gép
– *flanging, swaging, and wiring machine*
**26** lemezolló (táblaolló)
– *sheet shears (guillotine)*
**27** menetvágó gép
– *screw-cutting machine (thread-cutting machine, die stocks)*
**28** csőhajlító gép
– *pipe-bending machine (bending machine, pipe bender)*
**29** hegesztőtranszformátor
– *welding transformer*
**30** hajlítógép tölcsérhajlításhoz
– *bending machine (rounding machine) for shaping funnels*

**1** gáz- és vízvezeték-szerelő
– *gas fitter and plumber*
**2** lépcsős létra
– *stepladder*
**3** biztonsági lánc
– *safety chain*
**4** zárószelep
– *stop valve*
**5** gázóra (gázfogyasztásmérő)
– *gas meter*
**6** konzol
– *bracket*
**7** felszállóvezeték
– *service riser*
**8** elosztóvezeték
– *distributing pipe*
**9** csatlakozóvezeték (tápvezeték)
– *supply pipe*
**10** csővágó gép (csőfűrész)
– *pipe-cutting machine*
**11** csőjavító állvány
– *pipe repair stand*
**12–25 gáz- és vízkészülék**
– ***gas and water appliances***
**12–13** átfolyó vízmelegítő <bojler>
– *geyser, an instantaneous water heater*
**12** gázfűtésű átfolyó vízmelegítő (gázbojler)
– *gas water heater*
**13** villamos fűtésű átfolyó vízmelegítő (villanybojler)
– *electric water heater*
**14** WC-öblítőtartály
– *toilet cistern*
**15** úszó
– *float*
**16** zárószelep (harangszelep)
– *bell*
**17** öblítőcső
– *flush pipe*
**18** vízbevezetés
– *water inlet*
**19** öblítőkar
– *flushing lever (lever)*
**20** fűtőtest (központi fűtés radiátora)
– *radiator*
**21** radiátorborda
– *radiator rib*
**22** kétcsöves fűtési rendszer
– *two-pipe system*
**23** melegvíz-vezető cső
– *flow pipe*
**24** hidegvíz-visszavezető cső
– *return pipe*
**25** gázkályha
– *gas heater*
**26–37 szerelvények** (armatúrák)
– ***plumbing fixtures***
**26** szifon (bűzelzáró)
– *trap (anti-syphon trap)*
**27** egykifolyású keverőcsaptelep mosdókagylóhoz
– *mixer tap* (Am. *mixing faucet) for washbasins*
**28** melegvízcsap-forgatógomb
– *hot tap*
**29** hidegvízcsap-forgatógomb
– *cold tap*
**30** kihúzható kézizuhany
– *extendible shower attachment*
**31** vízcsap mosdókagylóhoz
– *water tap (pillar tap) for washbasins*
**32** csapforgó
– *spindle top*
**33** fedőkupak
– *shield*
**34** kifolyószelep (konyhai vízcsap)
– *draw-off tap* (Am. *faucet)*
**35** szárnyas vízcsap
– *supatap*
**36** elfordítható kifolyócsövű vízcsap
– *swivel tap*
**37** nyomó öblítőszelep (WC-öblítőszelep)
– *flushing valve*
**38–52 csőidomok**
– ***fittings***
**38** külső menetes csőcsatlakozó
– *joint with male thread*
**39** redukáló csőcsatlakozó
– *reducing socket (reducing coupler)*
**40** menetes könyökcső (könyökös csőcsatlakozó)
– *elbow screw joint (elbow coupling)*
**41** belső menetes redukáló csőcsatlakozó
– *reducing socket (reducing coupler) with female thread*
**42** csavarkötés (menetes csőkötés)
– *screw joint*
**43** csatlakozóhüvely
– *coupler (socket)*
**44** T elágazás (T idomdarab, T alakú csőcsatlakozó)
– *T-joint (T-junction joint, tee)*
**45** könyökcső belső menettel
– *elbow screw joint with female thread*
**46** íves csőcsatlakozó
– *bend*
**47** T elágazás belső menettel
– *T-joint (T-junction joint, tee) with female taper thread*
**48** mennyezeti könyökcső
– *ceiling joint*
**49** redukáló könyökcső
– *reducing elbow*
**50** négyágú csőelágazás (csőkeresztezés)
– *cross*
**51** külső menetes csőkönyök
– *elbow joint with male thread*
**52** csőkönyök
– *elbow joint*
**53–57 csőrögzítő szerelvények**
– ***pipe supports***
**53** csőnyereg
– *saddle clip*
**54** távtartó csőbilincs
– *spacing bracket*
**55** tipli (faliék)
– *plug*
**56** egyszerű csőszorító kengyelek
– *pipe clips*
**57** távtartó csőszorító kengyel
– *two-piece spacing clip*
**58–86 víz- és gázszerelő szerszámok**
– ***plumber's tools, gas fitter's tools***
**58** égőfogó
– *gas pliers*
**59** kézi csőfogó
– *footprints*
**60** kombinált fogó
– *combination cutting pliers*
**61** csuklós csőfogó (svéd csőfogó)
– *pipe wrench*
**62** laposfogó
– *flat-nose pliers*
**63** karmantyúkulcs
– *nipple key*
**64** gömbölyűorrú fogó
– *round-nose pliers*
**65** csípőfogó (harapófogó)
– *pincers*
**66** görgős csavarkulcs
– *adjustable S-wrench*
**67** franciakulcs
– *screw wrench*
**68** angol csavarkulcs (állítható villáskulcs)
– *shifting spanner*
**69** csavarhúzó
– *screwdriver*
**70** lyukfűrész
– *compass saw (keyhole saw)*
**71** fémfűrészkeret
– *hacksaw frame*
**72** rókafarkú fűrész
– *hand saw*
**73** forrasztópáka
– *soldering iron*
**74** forrasztólámpa (benzinlámpa)
– *blowlamp (blowtorch) [for soldering]*
**75** tömítőszalag
– *sealing tape*
**76** forrasztóón
– *tin-lead solder*
**77** félkézkalapács
– *club hammer*
**78** kalapács
– *hammer*
**79** vízmérték
– *spirit level*
**80** lakatossatu
– *steel-leg vice* (Am. *vise)*
**81** csősatu
– *pipe vice* (Am. *vise)*
**82** csőhajlító
– *pipe-bending machine*
**83** hajlítósablon
– *former (template)*
**84** csővágó
– *pipe cutter*
**85** menetmetsző hajtóvas
– *hand die*
**86** menetmetsző gép
– *screw-cutting machine (thread-cutting machine)*

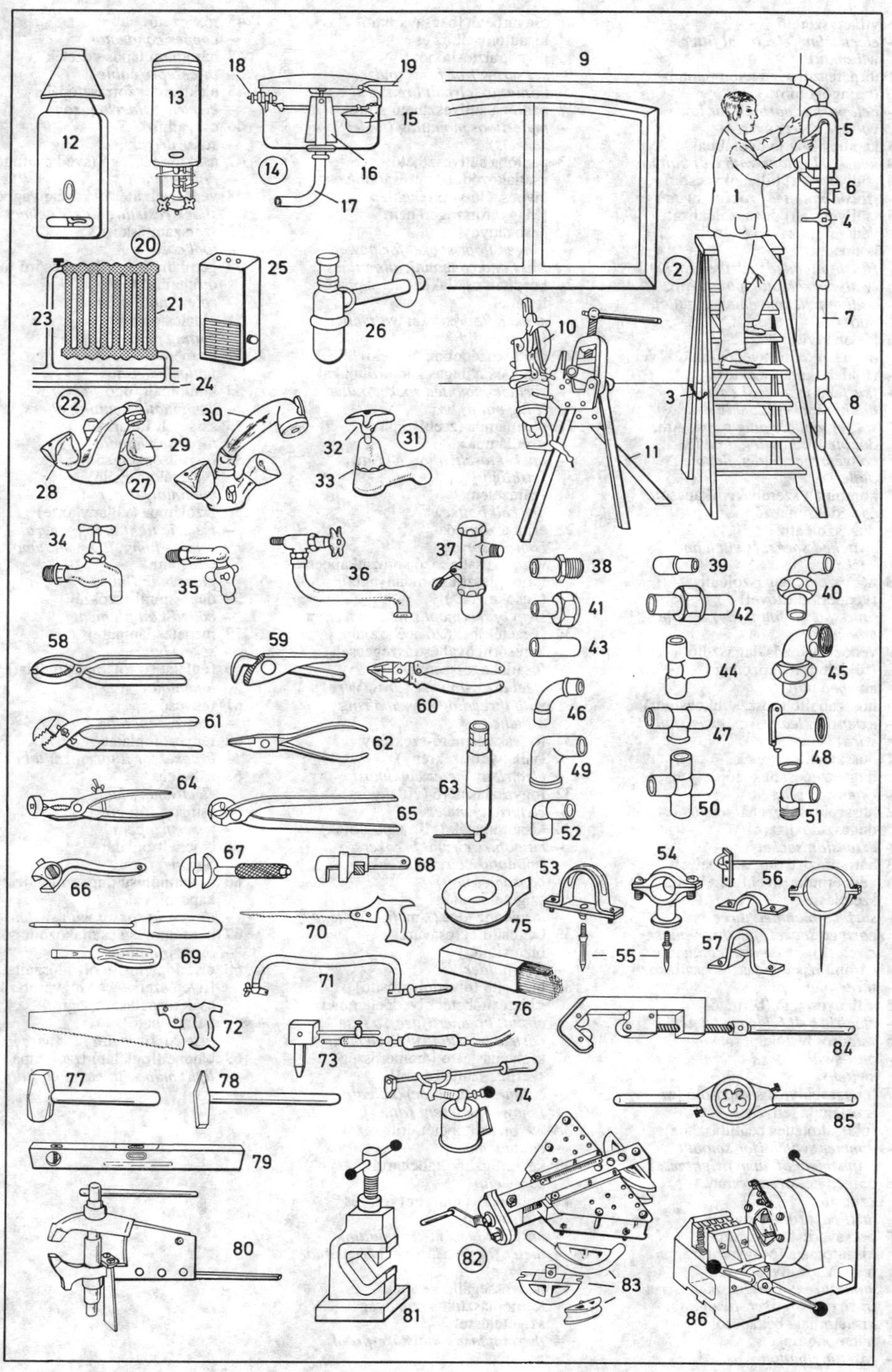
1
2
3
4
5
6
7
8
9
10
11
12
13
14
15
16
17
18
19
20
21
22
23
24
25
26
27
28
29
30
31
32
33
34
35
36
37
38
39
40
41
42
43
44
45
46
47
48
49
50
51
52
53
54
55
56
57
58
59
60
61
62
63
64
65
66
67
68
69
70
71
72
73
74
75
76
77
78
79
80
81
82
83
84
85
86

1 villanyszerelő
– *electrician (electrical fitter, wireman)*
2 törpefeszültségű nyomógomb (csengőgomb)
– *bell push (doorbell) for low-voltage safety current*
3 kaputelefon hívógombbal
– *house telephone with call button*
4 [süllyesztett] billenőkapcsoló
– *[flush-mounted] rocker switch*
5 [süllyesztett] dugaszolóaljzat védőérintkezővel (földelt konnektor)
– *[flush-mounted] earthed socket (wall socket, plug point,* Am. *wall outlet, convenience outlet, outlet)*
6 [falon kívüli] iker dugaszolóaljzat védőérintkezővel (földelt ikerkonnektor)
– *[surface-mounted] earthed double socket (double wall socket, double plug point,* Am. *double wall outlet, double convenience outlet, double outlet)*
7 kombinált szerelvény (kapcsoló és védőérintkezős dugaszolóaljzat)
– *switched socket (switch and socket)*
8 négyszeres dugaszolóaljzat (védőérintkezővel)
– *four-socket (four-way) adapter (socket)*
9 védőérintkezős dugaszoló (földelt csatlakozódugó)
– *earthed plug*
10 hosszabbító (hosszabbítózsinór)
– *extension lead (*Am. *extension cord)*
11 hosszabbítóvezeték dugaszolócsatlakozója
– *extension plug*
12 hosszabbítóvezeték lengő dugaszolóaljzata
– *extension socket*
13 háromfázisú dugaszolóaljzat védőérintkezővel falon kívüli szerelésre
– *surface-mounted three-pole earthed socket [for three-phase circuit] with neutral conductor*
14 háromfázisú dugaszolócsatlakozó
– *three-phase plug*
15 villanycsengő (berregő)
– *electric bell (electric buzzer)*
16 zsinóros húzókapcsoló
– *pull-switch (cord-operated wall switch)*
17 fényszabályozós kapcsoló [az izzólámpa fényének fokozatmentes beállításához]
– *dimmer switch [for smooth adjustment of lamp brightness]*
18 öntvénytokozású kamrás kapcsoló
– *drill-cast rotary switch*
19 becsavarható biztosító kisautomata [Magyarországon nem szabványos]
– *miniature circuit breaker (screw-in circuit breaker, fuse)*
20 kisautomata bekapcsoló nyomógombja
– *resetting button*
21 csavarbetét [becsavarható kisautomatához és olvadóbiztosítóhoz]
– *set screw [for fuses and miniature circuit breakers]*
22 padlóba süllyeszthető szerelés
– *underfloor mounting (underfloor sockets)*
23 padlóba süllyeszthető csatlakozódoboz erősáramú és távbeszélő-vezetékekhez [Magyarországon nem szabványos]
– *hinged floor socket for power lines and communication lines*
24 beépített csatlakozó lecsapható fedéllel
– *sunken floor socket with hinged lid (snap lid)*
25 csatlakozódoboz falon kívüli szerelésre dugaszolóaljzatokkal
– *surface-mounted socket outlet (plug point) box*
26 elemlámpa (zseblámpa) <rúdlámpa>
– *pocket torch, a torch (*Am. *flashlight)*
27 szárazelem
– *dry cell battery*
28 érintkezőrugó
– *contact spring*
29 vezetékcsatlakozó sorozatkapocs termoplasztikus műanyagból („csokoládé")
– *strip of thermoplastic connectors*
30 (vezeték)behúzó acélszalag keresőrugóval és rászegecselt (csatlakozó)szemmel
– *steel draw-in wire (draw wire) with threading key, and ring attached*
31 fogyasztásmérő-szekrény (villanyóraszekrény)
– *electricity meter cupboard*
32 fogyasztásmérő (villanyóra)
– *electricity meter*
33 kisautomaták (kismegszakítók)
– *miniature circuit breakers (miniature circuit breaker consumer unit)*
34 szigetelőszalag
– *insulating tape (*Am. *friction tape)*
35 biztosítófej (csavaros biztosítófej)
– *fuse holder*
36 biztosító (olvadóbiztosító) <biztosítóbetét olvadóelemmel>
– *circuit breaker (fuse), a fuse cartridge with fusible element*
37 kiolvadásjelző [áramerősség szerinti színjelzéssel]
– *colour (*Am. *color) indicator [showing current rating]*
38–39 biztosítóbetét-érintkezők
– *contact maker*
40 kábelrögzítő (kábeltartó)
– *cable clip*
41 univerzális műszer (volt- és ampermérő)
– *universal test meter (multiple meter for measuring current and voltage)*
42 nedvességálló vezeték termoplasztikus műanyag szigeteléssel
– *thermoplastic moisture-proof cable*
43 rézvezető
– *copper conductor*
44 háromerű lapos vezeték
– *three-core cable*
45 elektromos forrasztópáka
– *electric soldering iron*
46 csavarhúzó
– *screwdriver*
47 csuklós csőfogó (svéd csőfogó)
– *pipe wrench*
48 védősisak ütésálló műanyagból
– *shock-resisting safety helmet*
49 szerszámtáska
– *tool case*
50 gömbölyűfogó (kerekcsőrű fogó, dróthajlító fogó)
– *round-nose pliers*
51 oldalcsípőfogó
– *cutting pliers*
52 kisméretű fűrész
– *junior hacksaw*
53 kombinált fogó
– *combination cutting pliers*
54 szigetelt fogantyú
– *insulated handle*
55 feszültségkereső (vezetékvizsgáló)
– *continuity tester*
56 izzólámpa (villanykörte)
– *electric light bulb (general service lamp, filament lamp)*
57 üvegbura
– *glass bulb (bulb)*
58 duplaspirál-izzószál
– *coiled-coil filament*
59 menetes lámpafej
– *screw base*
60 foglalat (izzólámpa-foglalat)
– *lampholder*
61 fénycső
– *fluorescent tube*
62 fénycsőfoglalat
– *bracket for fluorescent tubes*
63 kábelkés
– *electrician's knife*
64 csupaszítófogó
– *wire strippers*
65 bajonettfoglalat
– *bayonet fitting*
66 hárompólusú dugaszolóaljzat kapcsolóval
– *three-pin socket with switch*
67 hárompólusú csatlakozódugó
– *three-pin plug*
68 olvadóbiztosító olvadószállal [ilyen szerkezet Magyarországon csak törpefeszültségre használható]
– *fuse carrier with fuse wire*
69 bajonettfoglalatú izzólámpa
– *light bulb with bayonett fitting*

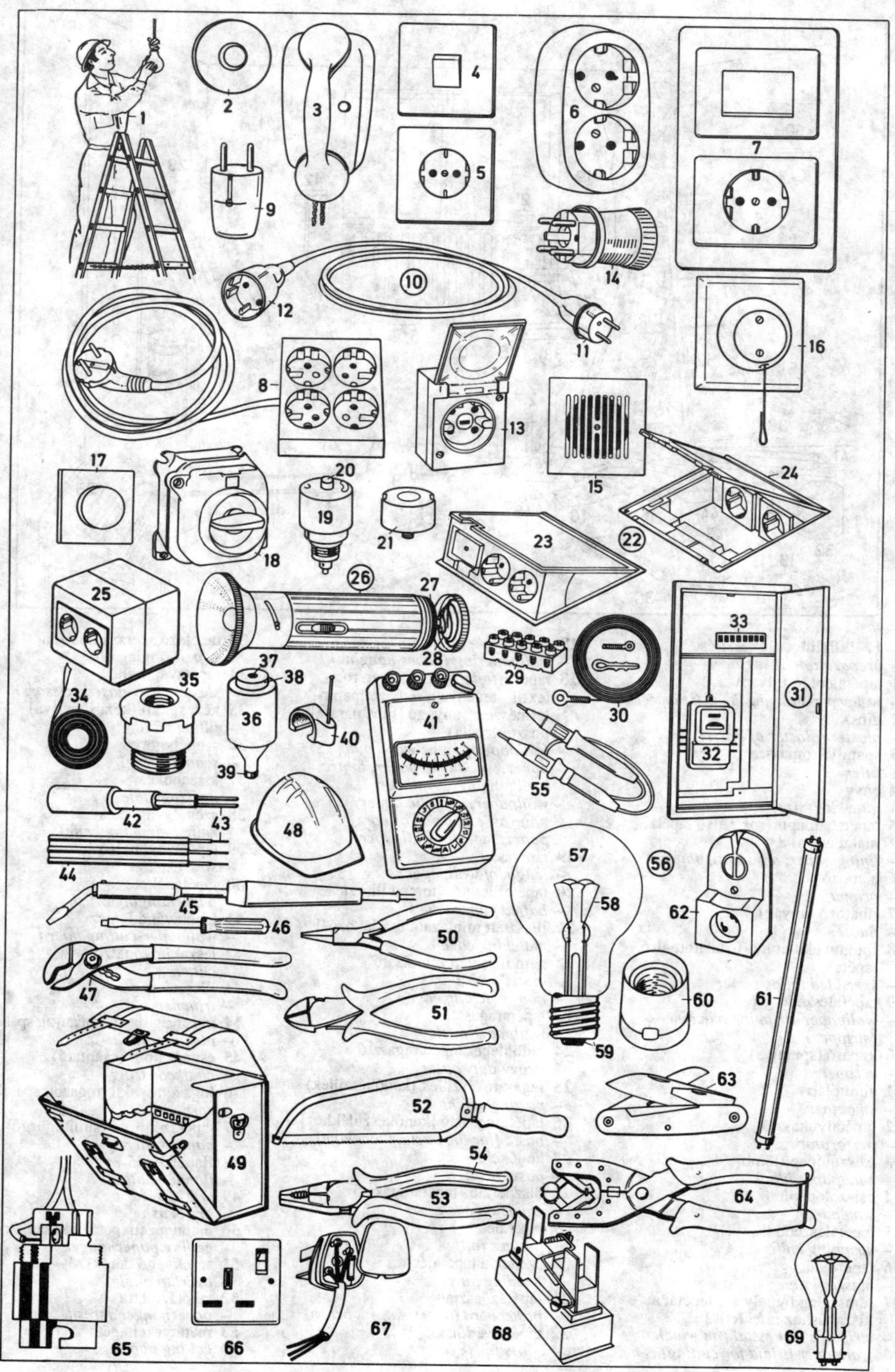
1
2
3
4
5
6
7
8
9
10
11
12
13
14
15
16
17
18
19
20
21
22
23
24
25
26
27
28
29
30
31
32
33
34
35
36
37
38
39
40
41
42
43
44
45
46
47
48
49
50
51
52
53
54
55
56
57
58
59
60
61
62
63
64
65
66
67
68
69

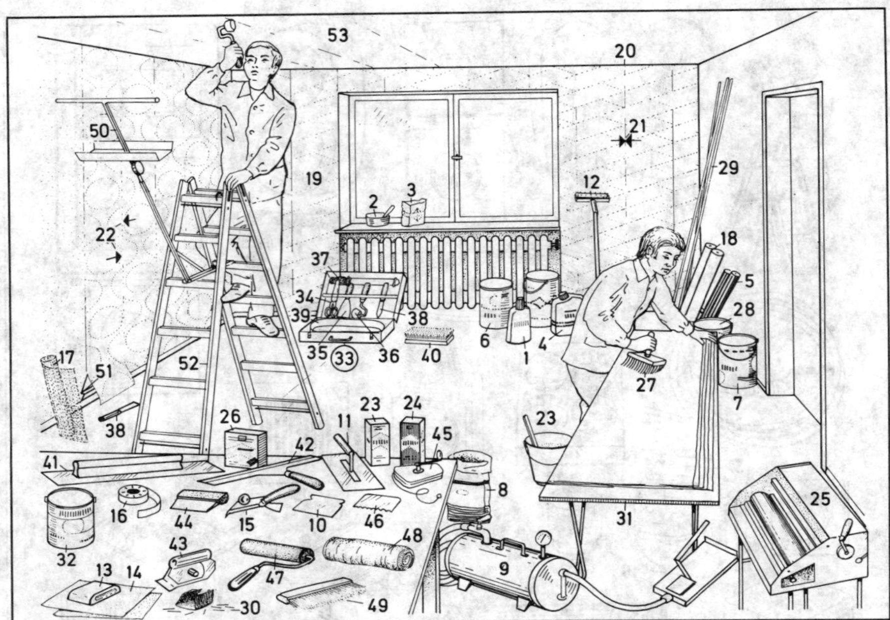


**1–17 falfelület előkészítése**
– ***preparation of surfaces***
**1** tapétaleoldó folyadék
– *wallpaper-stripping liquid (stripper)*
**2** gipsz
– *plaster (plaster of Paris)*
**3** spatulyázómassza
– *filler*
**4** enyv
– *glue size (size)*
**5** tapétahátpapír (*rok.*: alsó tapéta, makulatúra)
– *lining paper, a backing paper*
**6** alapozó
– *primer*
**7** fluátozó (anyag)
– *fluate*
**8** finommakulatúra (foszlatott alsó tapéta)
– *shredded lining paper*
**9** tapétaleszedő gép
– *wallpaper-stripping machine (stripper)*
**10** kaparó (spatulya)
– *scraper*
**11** simítólap
– *smoother*
**12** tapétalyukasztó
– *perforator*
**13** csiszolópapírtömb
– *sandpaper block*
**14** csiszolópapír
– *sandpaper*
**15** tapétaleszedő kés
– *stripping knife*
**16** tapétacsík
– *masking tape*
**17** fémszalag [amelyre a tapétát a kiszabáshoz ráfektetik]
– *strip of sheet metal [on which wallpaper is laid for cutting]*

**18–53 tapétázás**
– ***wallpapering** (paper hanging)*
**18** tapéta (*fajtái:* papír-, nyersrost-, textil-, műanyag, fémezettpapír-, természetes anyagú [fa *v.* parafa], posztertapéta)
– *wallpaper (*kinds: *wood pulp paper, wood chip paper, fabric wallhangings, synthetic wallpaper, metallic paper, natural (e.g. wood or cork) paper, tapestry wallpaper)*
**19** tapétasáv
– *length of wallpaper*
**20** tapétaillesztés, tompa illesztés
– *butted paper edges*
**21** illesztett mintázatú csatlakozóél
– *matching edge*
**22** nem illesztett mintázatú csatlakozóél
– *non-matching edge*
**23** tapétaragasztó
– *wallpaper paste*
**24** különleges tapétaragasztó
– *heavy-duty paste*
**25** ragasztókészülék (kenőkészülék)
– *pasting machine*
**26** tapétaragasztó [kenőkészülékhez]
– *paste [for the pasting machine]*
**27** kenőkefe
– *paste brush*
**28** diszperziós tapétaragasztó
– *emulsion paste*
**29** tapétaléc
– *picture rail*
**30** szegek a tapétaléchez
– *beading pins*
**31** tapétázóasztal
– *pasteboard (paperhangers bench)*
**32** tapéta-védőlakk
– *gloss finish*

**33** tapétázó szerszámosláda
– *paperhanging kit*
**34** tapétavágó olló
– *shears (bull-nosed scissors)*
**35** kézi spakli (kézi spatulya)
– *filling knife*
**36** szegélygörgő
– *seam roller*
**37** kiszabókés
– *hacking knife*
**38** szegélyvágó kés
– *knife (trimming knife)*
**39** tapétázóvonalzó
– *straightedge*
**40** tapétázókefe
– *paperhanging brush*
**41** tapétavágó lemez
– *wallpaper-cutting board*
**42** leszakítóvonalzó
– *cutter*
**43** illesztésvágó
– *trimmer*
**44** műanyag spakli (műanyag spatulya)
– *plastic spatula*
**45** csapózsinór (csaptató)
– *chalked string*
**46** fogazott spakli (fogazott spatulya)
– *spreader*
**47** tapétázógörgő (simítógörgő)
– *paper roller*
**48** flanelkendő
– *flannel cloth*
**49** szárítókefe
– *dry brush*
**50** mennyezettapétázó készülék
– *ceiling paperhanger*
**51** sarokvágó derékszög
– *overlap angle*
**52** tapétázólétra
– *paperhanger's trestles*
**53** mennyezettapéta
– *ceiling paper*

**1 festés** (falfestés)
– ***painting***
**2** festő (mázoló)
– *painter*
**3** festőecset
– *paintbrush*
**4** diszperziós (fal)festék
– *emulsion paint (emulsion)*
**5** festőlétra (kettős létra)
– *stepladder*
**6** festékesdoboz
– *can (tin) of paint*
**7–8** festékeskannák
– *cans (tins) of paint*
**7** fogantyús festékeskanna
– *can (tin) with fixed handle*
**8** hordozófüles festékeskanna
– *paint kettle*
**9** festéktartály
– *drum of paint*
**10** festékvödör
– *paint bucket*
**11** festőhenger
– *paint roller*
**12** festéklehúzó rács [a fölösleges festéknek a festőhengerről való eltávolítására]
– *grill [for removing excess paint from the roller]*
**13** mintázóhenger
– *stippling roller*
**14 mázolás**
– ***varnishing***
**15** mázolt lábazat
– *oil-painted dado*
**16** oldószeres kanna
– *canister for thinner*
**17** lapos mázolóecset nagyobb felületekhez
– *flat brush for larger surfaces (flat wall brush)*
**18** nyeles mázolóecset
– *stippler*
**19** sörteecset (sörtekefe)
– *fitch*
**20** marokecset
– *cutting-in brush*
**21** radiátormázoló ecset
– *radiator brush (flay brush)*
**22** festőspakli (festőspatulya)
– *paint scraper*
**23** japán spakli (japán spatulya); kaparó
– *scraper*
**24** kittelőkés
– *putty knife*
**25** csiszolópapír
– *sandpaper*
**26** csiszolópapírtömb
– *sandpaper block*
**27** padlólakkozó kefe
– *floor brush*
**28 csiszolás és fényezés** (lakkozás)
– ***sanding and spraying***
**29** csiszológép
– *grinder*
**30** vibrációs csiszoló
– *sander*
**31** sűrített levegős lakktartály
– *pressure pot*
**32** festékszóró pisztoly
– *spray gun*
**33** kompresszor (légsűrítő)
– *compressor (air compressor)*
**34** elárasztó festőkészülék fűtőtestek és egyéb szerkezetek festéséhez
– *flow coating machine for flow coating radiators, etc.*
**35** kézi festékszóró pisztoly
– *hand spray*
**36** berendezés sűrített levegő nélküli festékszóráshoz
– *airless spray unit*
**37** sűrített levegő nélkül működő festékszóró pisztoly
– *airless spray gun*
**38** viszkozitásmérő edény
– *efflux viscometer*
**39** másodpercmérő óra
– *seconds timer*
**40 feliratozás** (címfestés) és **aranyozás**
– ***lettering and gilding***
**41** címfestő ecset
– *lettering brush (signwriting brush, pencil)*
**42** nyomkövető kerék (átrajzolókerék)
– *tracing wheel*
**43** sablonkés
– *stencil knife*
**44** olajos aranyozókence
– *oil gold size*
**45** aranyfüst
– *gold leaf*
**46** kontúrozás
– *outline drawing*
**47** festőrúd
– *mahlstick*
**48** rajz felvitele (rajz átmásolása)
– *pouncing*
**49** másoló festékzacskó
– *pounce bag*
**50** aranyozópárna
– *gilder's cushion*
**51** aranyozókés
– *gilder's knife*
**52** aranyfüst felvitele
– *sizing gold leaf*
**53** betűk kitöltése pontozófestékkel
– *filling in the letters with stipple paint*
**54** aranyozóecset
– *gilder's mop*

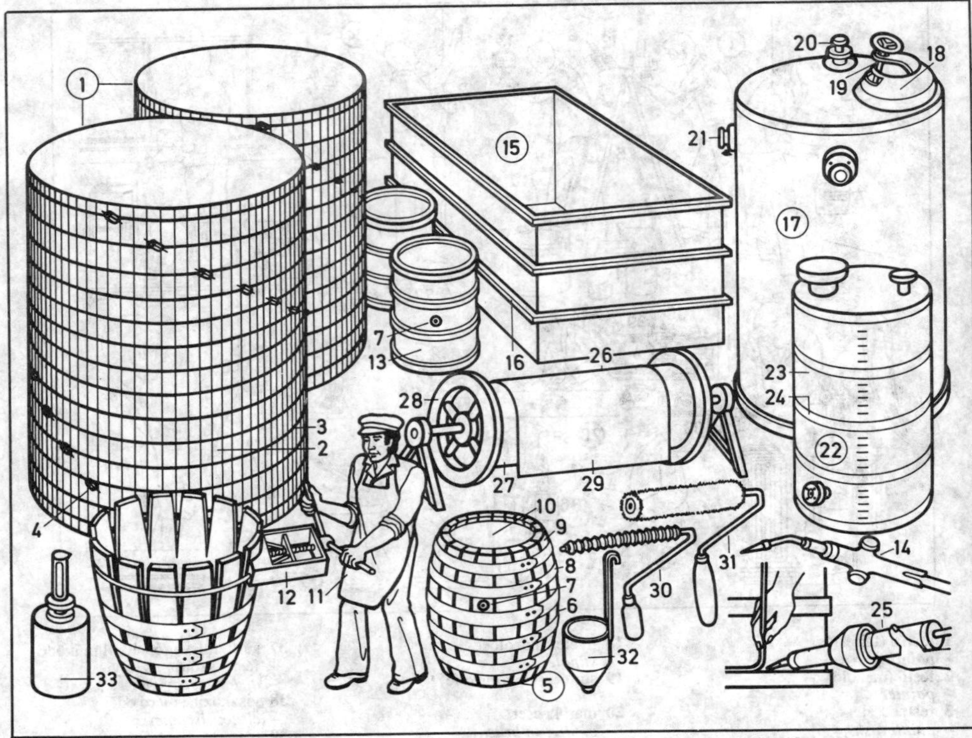


**1–33 kádárműhely és tartálykészítő műhely**
– ***cooper's and tank construction engineer's workshops***

**1** hengeres tartály
– *tank*

**2** tartályköpeny dongákból
– *circumference made of staves (staved circumference)*

**3** köracél abroncs
– *iron rod*

**4** feszítőcsavar
– *turnbuckle*

**5** hordó
– *barrel (cask)*

**6** hordótest
– *body of barrel (of cask)*

**7** töltőnyílás (szádlónyílás, hordónyílás, szád)
– *bunghole*

**8** abroncs
– *band (hoop) of barrel*

**9** hordódonga
– *barrel stave*

**10** hordófenék
– *barrelhead (heading)*

**11** kádár (hordókészítő)
– *cooper*

**12** hordódonga-feszítő (csigázó szerszám)
– *trusser*

**13** gurítógyűrűs acéllemez hordó
– *drum*

**14** autogén-hegesztőpisztoly
– *gas welding torch*

**15** termoplasztikus műanyag csávázókád
– *staining vat, made of thermoplastics*

**16** profilacél merevítőabroncs
– *iron reinforcing band*

**17** üvegszál-erősítésű poliészter tárolótartály
– *storage container, made of glass fibre (Am. glass fiber) reinforced polyester resin*

**18** búvónyílás
– *manhole*

**19** búvónyílásfedél kézikerekes zárószerkezettel
– *manhole cover with handwheel*

**20** csatlakozó csőperem
– *flange mount*

**21** elzárócsapperem
– *flange-type stopcock*

**22** mérőtartály
– *measuring tank*

**23** köpeny
– *shell (circumference)*

**24** zsugorítógyűrű
– *shrink ring*

**25** forrólevegős műanyaghegesztő pisztoly
– *hot-air gun*

**26** üvegszál-erősítésű műanyagból készült csődarab
– *roller made of glass fibre (Am. glass fiber) reinforced synthetic resin*

**27** cső
– *cylinder*

**28** csőperem (perem)
– *flange*

**29** üvegszövet
– *glass cloth*

**30** hornyolt henger
– *grooved roller*

**31** báránybőr henger
– *lambskin roller*

**32** viszkozitásmérő tölcsér
– *ladle for testing viscosity*

**33** hálósítóadagoló készülék
– *measuring vessel for hardener*

**1–25 szűcsműhely**
– ***furrier's workroom***
**1** szűcs
– *furrier*
**2** gőzfúvó pisztoly [a szőrme frissítésére]
– *steam spray gun*
**3** gőzvasaló
– *steam iron*
**4** porológép
– *beating machine*
**5** eresztőgép (szabógép a szőrme csíkokra vágásához)
– *cutting machine for letting out furskins*
**6** szőrme szabás előtt
– *uncut furskin*
**7** felvágott csíkok
– *let-out strips (let-out sections)*
**8** gépésznő (szőrmevarrónő)
– *fur worker*
**9** szűcsgép (szűcsvarrógép)
– *fur-sewing machine*
**10** szőrbefúvó [eresztett prémek varrásához]
– *blower for letting out*
**11–21** szőrmék
– *furskins*
**11** nercprém
– *mink skin*
**12** szőrmeoldal
– *fur side*
**13** bőroldal
– *leather side*
**14** kiszabott szőrme
– *cut furskin*
**15** hiúzbőr eresztés (felcsíkozás) előtt
– *lynx skin before letting out*
**16** eresztett hiúzprém
– *let-out lynx skin*
**17** szőrmeoldal
– *fur side*
**18** bőroldal
– *leather side*
**19** eresztett (felcsíkozott) nercprém
– *let-out mink skin*
**20** összedolgozott hiúzszőrme
– *lynx fur, sewn together (sewn)*
**21** perzsaprém; *rok.:* breitsvánc [a karakül juh hasi bárányának szőrmés bőre]
– *broadtail*
**22** szőrmejelző (szúrva pontozó)
– *fur marker*
**23** szabásznő (szőrmeszabónő)
– *fur worker*
**24** nercbunda
– *mink coat*
**25** ocelotbunda
– *ocelot coat*

**1–73 asztalosműhely**
**– *joiner's workshop***
**1–28 asztalosszerszámok**
**– *joiner's tools***
1 fareszelő (ráspoly)
– *wood rasp*
2 finom fareszelő
– *wood file*
3 lyukfűrész
– *compass saw (keyhole saw)*
4 rókafarok-fogantyú
– *saw handle*
5 négyszögfejű fakalapács (bunkó)
– *[square-headed] mallet*
6 asztalosderékszög (derékszög)
– *try square*
**7–11 vésők**
**– *chisels***
7 laposvéső
– *bevelled-edge chisel (chisel)*
8 lyukvéső (csapvéső)
– *mortise (mortice) chisel*
9 homorúvéső (holkelvéső)
– *gouge*
10 véső nyele
– *handle*
11 ácsvéső (alakítóvéső)
– *framing chisel (cant chisel)*
12 vízfürdős enyvfőző
– *glue pot in water bath*
13 enyvesfazék <betétedény az enyvnek>
– *glue pot (glue well), an insert for joiner's glue*
14 csavarszorító (asztalosszorító)
– *handscrew*
**15–28 gyalu** (kézigyalu)
**– *planes***
15 simítógyalu (eresztőgyalu)
– *smoothing plane*
16 nagyológyalu
– *jack plane*
17 fogasgyalu
– *toothing plane*
18 szarv (fogantyú)
– *handle (toat)*
19 ék
– *wedge*
20 gyaluvas
– *plane iron (cutter)*
21 forgácsnyílás
– *mouth*
22 talp
– *sole*
23 gyalu oldala
– *side*
24 gyalutok
– *stock (body)*
25 párkánygyalu (profilgyalu)
– *rebate (rabbet) plane*
26 alapgyalu
– *router plane (old woman's tooth)*
27 hántógyalu (hántológyalu)
– *spokeshave*
28 hajógyalu
– *compass plane*
**29–37 gyalupad**
**– *woodworker's bench***
29 láb
– *foot*
30 mellső satu (mellső kocsi)
– *front vice* (Am. *vise)*
31 satukézikar
– *vice* (Am. *vise) handle*
32 mellcsavar
– *vice* (Am. *vise) screw*
33 satudeszka
– *jaw*
34 gyalupadlap
– *bench top*
35 vályú (oldalszekrény)
– *well*
36 padvas (padhorog)
– *bench stop (bench holdfast)*
37 farsatu (hátsó kocsi)
– *tail vice* (Am. *vise)*
38 asztalos
– *cabinet maker (joiner)*
39 eresztőgyalu
– *trying plane*
40 gyaluforgács
– *shavings*
41 facsavar
– *wood screw*
42 fűrészfog-hajtogató acél
– *saw set*
43 gérláda
– *mitre* (Am. *miter) box*
44 gerinces rókafarokfűrész
– *tenon saw*
45 vastagsági gyalugép (vastagoló gyalugép)
– *thicknesser (thicknessing machine)*
46 gyalugépasztal görgőkkel (csavarorsóval mozgatható asztal)
– *thicknessing table with rollers*
47 visszacsapás elleni védelem
– *kick-back guard*
48 forgácskidobó nyílás
– *chip-extractor opening*
49 láncmarógép
– *chain mortising machine (chain mortiser)*
50 végtelenített marólánc
– *endless mortising chain*
51 munkadarab-befogó készülék
– *clamp (work clamp)*
52 csomófúró gép
– *knot hole moulding* (Am. *molding) machine*
53 fúrótengely
– *knot hole cutter*
54 gyorsbefogó tokmány
– *quick-action chuck*
55 kézikar
– *hand lever*
56 fúrótengelyváltó kar
– *change-gear handle*
57 méretrevágó és szélező körfűrész
– *sizing and edging machine*
58 főkapcsoló
– *main switch*
59 körfűrészlap
– *circular saw (buzz saw) blade*
60 magasságbeállító kézikerék
– *height (rise and fall) adjustment wheel*
61 prizmasín (vezetősín)
– *V-way*
62 keretes asztal
– *framing table*
63 kinyúló kar (konzol)
– *extension arm (arm)*
64 szélezőasztal
– *trimming table*
65 határolóvas
– *fence*
66 határolóvas kézikereke
– *fence adjustment handle*
67 rögzítőfogantyú
– *clamp lever*
68 lemezdaraboló körfűrész
– *board-sawing machine*
69 lengőmotor
– *swivel motor*
70 lemeztartó szerkezet
– *board support*
71 fűrészszán
– *saw carriage*
72 szállítógörgő-emelő pedál
– *pedal for raising the transport rollers*
73 asztaloslemez (bútorlap)
– *block board*

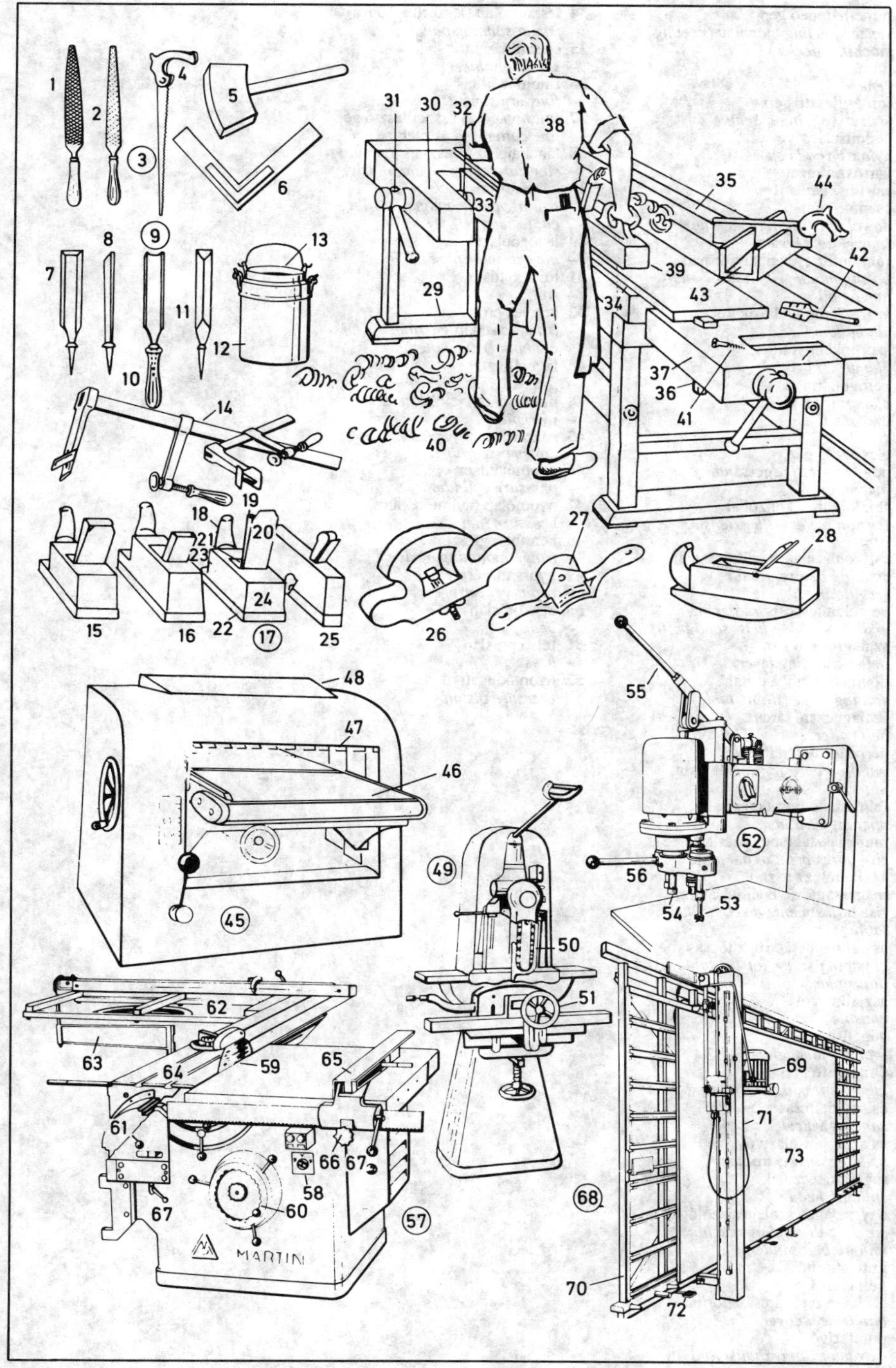
1
2
3
4
5
6
7
8
9
10
11
12
13
14
15
16
17
18
19
20
21
22
23
24
25
26
27
28
29
30
31
32
33
34
35
36
37
38
39
40
41
42
43
44
45
46
47
48
49
50
51
52
53
54
55
56
57
58
59
60
61
62
63
64
65
66
67
67
67
68
69
70
71
72
73
MARTIN

1 furnérhámozó gép
– *veneer-peeling machine (peeling machine, peeler)*
2 furnér
– *veneer*
3 furnérillesztő gép
– *veneer-splicing machine*
4 nejlonszálcséve
– *nylon-thread cop*
5 varrószerkezet
– *sewing mechanism*
6 csapfúró gép
– *dowel hole boring machine (dowel hole borer)*
7 fúrómotor csőtengelyfúróval
– *boring motor with hollow-shaft boring bit*
8 szorítókengyel kézikereke
– *clamp handle*
9 szorítókengyel
– *clamp*
10 befogótalp
– *clamping shoe*
11 ütközősín
– *stop bar*
12 élcsiszoló gép
– *edge sander (edge-sanding machine)*
13 feszítőgörgő konzollal
– *tension roller with extension arm*
14 csiszolószalag-beállító csavar
– *sanding belt regulator (regulating handle)*
15 végtelenített csiszolószalag
– *endless sanding belt (sand belt)*
16 szalagfeszítő kar
– *belt-tensioning lever*
17 dönthető munkaasztal
– *canting table (tilting table)*
18 szalagvezető tárcsa
– *belt roller*
19 gérbeállító vonalzó
– *angling fence for mitres (*Am. *miters)*
20 felnyitható porvédő sisak
– *opening dust hood*
21 munkaasztal emelőszerkezete
– *rise adjustment of the table*
22 kézikerék az asztal magasságának beállításához
– *rise adjustment wheel for the table*
23 asztalmagasság rögzítőcsavarja
– *clamping screw for the table rise adjustment*
24 asztalkonzol
– *console*
25 gépállvány
– *foot of the machine*
26 élragasztó gép
– *edge-veneering machine*
27 csiszolótárcsa
– *sanding wheel*
28 csiszolópor-elszívó
– *sanding dust extractor*
29 ragasztókészülék
– *splicing head*
30 egyszalagos szalagcsiszológép
– *single-belt sanding machine (single-belt sander)*
31 szalagborítás
– *belt guard*
32 szalagvezető tárcsák borítása
– *bandwheel cover*
33 porelszívó
– *extractor fan (exhaust fan)*
34 leszorítólap (leszorítópapucs)
– *frame-sanding pad*
35 csiszolóasztal
– *sanding table*
36 finombeállítás
– *fine adjustment*
37 finomvágó és összeillesztő gép
– *fine cutter and jointer*
38 lánchajtású fűrész- és gyaluszán
– *saw carriage with chain drive*
39 kábelfelfüggesztés
– *trailing cable hanger (trailing cable support)*
40 levegőelszívó nyílás
– *air extractor pipe*
41 továbbítósín
– *rail*
42 keretes prés
– *frame-cramping (frame-clamping) machine*
43 keretállvány
– *frame stand*
44 munkadarab <ablakkeret>
– *workpiece, a window frame*
45 sűrítettlevegő-vezeték
– *compressed-air line*
46 nyomóhenger
– *pressure cylinder*
47 nyomólap (nyomópapucs)
– *pressure foot*
48 keretbefogó szerkezet
– *frame-mounting device*
49 gyors furnérprés
– *rapid-veneer press*
50 alsó préslap
– *bed*
51 felső préslap
– *press*
52 nyomódugattyú
– *pressure piston*

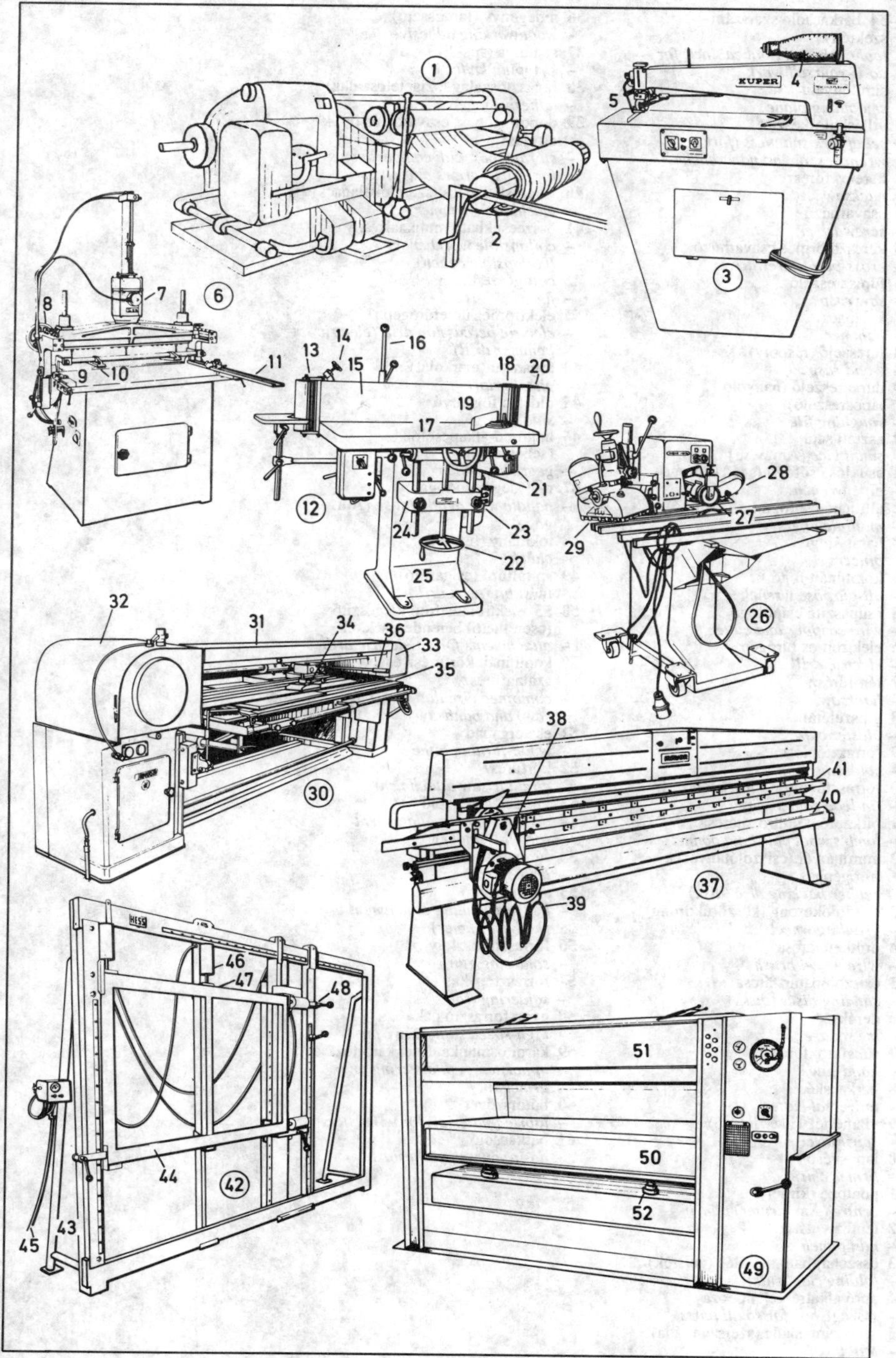
1
2
3
4
5
KUPER
6
7
8
9
10
11
12
13
14
15
16
17
18
19
20
21
22
23
24
25
26
27
28
29
30
31
32
33
34
35
36
37
38
39
40
41
42
HESS
43
44
45
46
47
48
49
50
51
52

**1–34** barkácsoló szerszámszekrény
– *tool cupboard (tool cabinet) for do-it-yourself work*
**1** simítógyalu
– *smoothing plane*
**2** villáskulcskészlet
– *set of fork spanners (fork wrenches, open-end wrenches)*
**3** keretes fűrész
– *hacksaw*
**4** csavarhúzó
– *screwdriver*
**5** keresztkörmös csavarhúzó
– *cross-point screwdriver*
**6** fűrészreszelő
– *saw rasp*
**7** kalapács
– *hammer*
**8** fareszelő (ráspoly)
– *wood rasp*
**9** durvareszelő (nagyoló laposreszelő)
– *roughing file*
**10** asztali satu
– *small vice* (Am. *vise)*
**11** csuklós csőfogó (svéd csőfogó)
– *pipe wrench*
**12** állítható csőfogó (villámfogó)
– *multiple pliers*
**13** harapófogó
– *pincers*
**14** kombinált fogó
– *all-purpose wrench*
**15** csupaszító csípőfogó
– *wire stripper and cutter*
**16** elektromos fúrógép
– *electric drill*
**17** fémfűrész
– *hacksaw*
**18** gipszelőtál
– *plaster cup*
**19** forrasztópáka
– *soldering iron*
**20** forrasztóón (ón forrasztóhuzal)
– *tin-lead solder wire*
**21** birkaprém polírozótárcsa
– *lamb's wool polishing bonnet*
**22** gumitányér (csiszolótányér) a fúrógéphez
– *rubber backing disc (disk)*
**23** csiszolókorong (köszörűkorong)
– *grinding wheel*
**24** drótkefetárcsa
– *wire wheel brush*
**25** csiszolópapír-tárcsa
– *sanding discs (disks)*
**26** derékszög
– *try square*
**27** rókafarokfűrész
– *hand saw*
**28** barkácskés
– *universal cutter*
**29** vízmérték (vízszintező)
– *spirit level*
**30** laposvéső
– *firmer chisel*
**31** pontozó (kirner)
– *centre* (Am. *center) punch*
**32** lemezlyukasztó
– *nail punch*
**33** összehajtható mérőléc (colstok)
– *folding rule (rule)*
**34** apró alkatrészek doboza
– *storage box for small parts*
**35** szerszámosláda (szerszámláda)
– *tool box*
**36** hidegenyv (faragasztó)
– *woodworking adhesive*
**37** spatulya (spakli)
– *stripping knife*
**38** ragasztószalag (szigetelőszalag)
– *adhesive tape*
**39** doboz szögek, csavarok és tiplik tárolására
– *storage box with compartments for nails, screws and plugs*
**40** lakatoskalapács (szerelőkalapács)
– *machinist's hammer*
**41** összecsukható munkaállvány
– *collapsible workbench (collapsible bench)*
**42** befogószerkezet
– *jig*
**43** elektromos ütvefúrógép
– *electric percussion drill (electric hammer drill)*
**44** fogantyú (markolat)
– *pistol grip*
**45** oldalsó fogantyú
– *side grip*
**46** hajtómű-átkapcsoló (sebességállító)
– *gearshift switch*
**47** mélységmérő fogantyú
– *handle with depth gauge* (Am. *gage)*
**48** tokmány (fúrófej)
– *chuck*
**49** spirálfúró (csigafúró)
– *twist bit (twist drill)*
**50–55** elektromos fúró kiegészítő (cserélhető) berendezésekkel
– *attachments for an electric drill*
**50** kombinált körfűrész és szalagfűrész
– *combined circular saw (buzz saw) and bandsaw*
**51** esztergapad
– *wood-turning lathe*
**52** körfűrész
– *circular saw attachment*
**53** vibrációs csiszoló
– *orbital sanding attachment (orbital sander)*
**54** fúrógépállvány
– *drill stand*
**55** sövénynyíró
– *hedge-trimming attachment (hedge trimmer)*
**56** forrasztópisztoly
– *soldering gun*
**57** forrasztópáka
– *soldering iron*
**58** gyorsforrasztó páka
– *high-speed soldering iron*
**59** kárpitosmunka, fotel kárpitozása
– *upholstery, upholstering an armchair*
**60** bútorszövet
– *fabric (material) for upholstery*
**61** barkácsoló
– *do-it-yourself enthusiast*

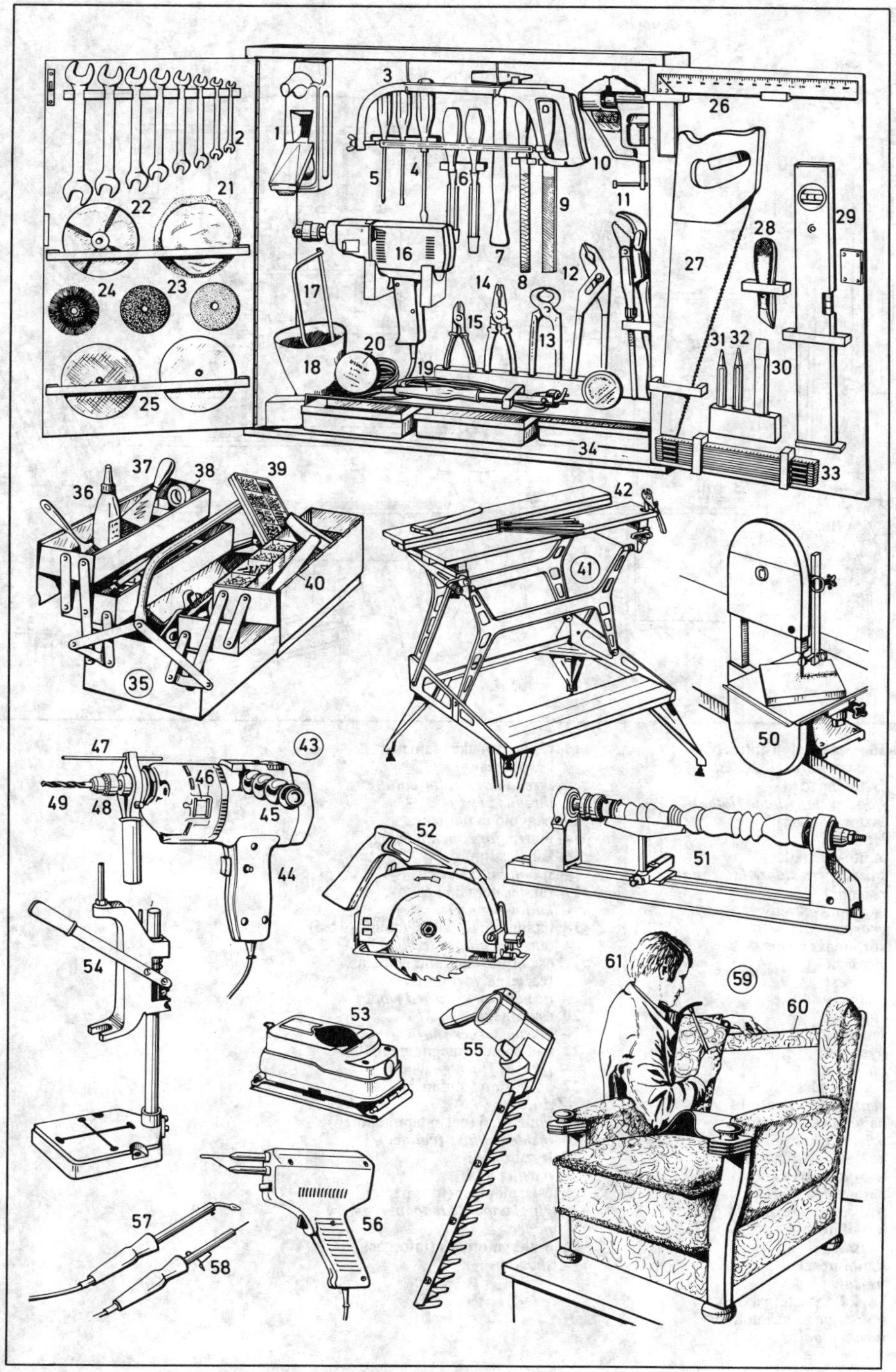
1
2
3
4
5
6
7
8
9
10
11
12
13
14
15
16
17
18
19
20
21
22
23
24
25
26
27
28
29
30
31
32
33
34
35
36
37
38
39
40
41
42
43
44
45
46
47
48
49
50
51
52
53
54
55
56
57
58
59
60
61

**1–26 esztergályosműhely**
– ***turnery*** *(turner's workshop)*
**1** esztergapad
– *wood-turning lathe (lathe)*
**2** esztergaágyazat
– *lathe bed*
**3** indító-ellenállás
– *starting resistance (starting resistor)*
**4** hajtóműszekrény
– *gearbox*
**5** kéztámasz (szerszámtámaszték)
– *tool rest*
**6** tokmány
– *chuck*
**7** szegnyereg (csúcsnyereg, nyeregszeg)
– *tailstock*
**8** befogócsúcs
– *centre* (Am. *center)*
**9** hajtókaros kötéltárcsa
– *driving plate with pin*
**10** kétpofás tokmány
– *two-jaw chuck*
**11** háromfogú forgócsúcs
– *live centre* (Am. *center)*
**12** lombfűrész
– *fretsaw*
**13** lombfűrészlap
– *fretsaw blade*
**14, 15, 24** faesztergakések (esztergaszerszámok)
– *turning tools*
**14** fésűs menetkés famenet készítéséhez
– *thread chaser, for cutting threads in wood*
**15** nagyoló esztergakés
– *gouge, for rough turning*
**16** kanalas fafúró
– *spoon bit (shell bit)*
**17** furatesztergáló kés
– *hollowing tool*
**18** tapintókörző (külső tapintókörző)
– *outside calliper (caliper)*
**19** esztergályozott munkadarab (esztergályozott fa)
– *turned work (turned wood)*
**20** esztergályos
– *master turner (turner)*
**21** nyersdarab (megmunkálatlan fa)
– *[piece of] rough wood*
**22** pörgőfúró (furdancs)
– *drill*
**23** lyukkörző (belső tapintókörző)
– *inside calliper (caliper)*
**24** leszúrókés
– *parting tool*
**25** csiszolópapír (üvegpapír)
– *glass paper (sandpaper, emery paper)*
**26** esztergaforgács (faforgács)
– *shavings*

**1–40 kosárfonás**
– ***basket making** (basketry, basketwork)*
**1–4 fonásmódok**
– ***weaves** (strokes)*
**1** forgóláncos fonás
– *randing*
**2** sávolyfonás (bordás fonás)
– *rib randing*
**3** ferde fonás (réteges fonás)
– *oblique randing*
**4** egyszerű fonat <síkfonat>
– *randing, a piece of wickerwork (screen work)*
**5** vetülék
– *weaver*
**6** léc (kosárfonó vessző)
– *stake*
**7** munkalap
– *workboard;* also: *lapboard*
**8** keresztléc (rögzítőléc)
– *screw block*
**9** rögzítőfurat
– *hole for holding the block*
**10** bak (állvány)
– *stand*
**11** háncskosár (szíjforgács kosár)
– *chip basket (spale basket)*
**12** szíjforgács (fahasíték)
– *chip (spale)*
**13** áztatódézsa (áztatómedence)
– *soaking tub*
**14** kosárfonó vesszők (fűzfavesszők)
– *willow stakes (osier stakes)*
**15** kosárfonó pálcák (fűzfapálcák)
– *willow rods (osier rods)*
**16** kosár <fonott termék>
– *basket, a piece of wickerwork (basketwork)*
**17** lezárás (szegély, perem)
– *border*
**18** fonott oldalfal
– *woven side*
**19** kosárfenék
– *round base*
**20** fenékfonás (fonott fenék)
– *woven base*
**21** fenékkereszt
– *slath*
**22–24 állványfonás**
– ***covering a frame***
**22** állvány
– *frame*
**23** vég
– *end*
**24** borda
– *rib*
**25** váz
– *upsett*
**26** fű; *fajtái:* eszpartófű, alfafű (halfafű)
– *grass;* kinds: *esparto grass, alfalfa grass*
**27** nád (gyékény, sás)
– *rush (bulrush, reed mace)*
**28** zsinór (háncsrost)
– *reed (China reed, string)*
**29** rafia (pálmaháncs)
– *raffia (bast)*
**30** szalma
– *straw*
**31** bambusz (bambusznád)
– *bamboo cane*
**32** spanyolnád (rotang)
– *rattan (ratan) chair cane*
**33** kosárfonó
– *basket maker*
**34** hajlítóvas
– *bending tool*
**35** hasító
– *cutting point (bodkin)*
**36** verővas (tömörítővas)
– *rapping iron*
**37** harapófogó
– *pincers*
**38** (tisztító)kés (lyukasztókés)
– *picking knife*
**39** síngyalu
– *shave*
**40** keretes fűrész
– *hacksaw*

**1—8 kovácstűzhely a tűzzel**
– ***hearth (forge) with blacksmith's fire***
**1** tűzhely
– *hearth (forge)*
**2** tűzigazító lapát
– *shovel (slice)*
**3** pamacsvas
– *swab*
**4** tűzkaparó
– *rake*
**5** salakkaparó
– *poker*
**6** légvezeték
– *blast pipe (tue iron)*
**7** füstfogó (füstgyűjtő)
– *chimney (cowl, hood)*
**8** oltótartály (oltóvályú, hűtővíztartály)
– *water trough (quenching trough, bosh)*
**9** légkalapács (kovácskalapács)
– *power hammer*
**10** medve
– *ram (tup)*
**11—16 üllő**
– ***anvil***
**11** üllő
– *anvil*
**12** négyszögletes szarv
– *flat beak (beck, bick)*
**13** gömbölyű szarv
– *round beak (beck, bick)*
**14** üllőlap
– *auxiliary table*
**15** rögzítőpofa
– *foot*
**16** zömítőtönk
– *upsetting block*
**17** lyukasztólap (lyukasztóasztal)
– *swage block*
**18** szerszámköszörű
– *tool-grinding machine (tool grinder)*
**19** köszörűkorong (köszörűkő)
– *grinding wheel*
**20** csigasor (emelő csigasor)
– *block and tackle*
**21** munkaasztal
– *workbench (bench)*
**22—39 kovácsolószerszámok**
– ***blacksmith's tools***
**22** nyújtókalapács (elütőkalapács)
– *sledge hammer*
**23** kézi kovácsolókalapács
– *blacksmith's hand hammer*
**24** laposfogó
– *flat tongs*
**25** gömbölyűfogó (kerekcsőrű fogó)
– *round tongs*
**26** kalapács részei
– *parts of the hammer*
**27** éles vég
– *peen (pane, pein)*
**28** lapos vég
– *face*
**29** szem (lyuk, csaplyuk)
– *eye*
**30** nyél
– *haft*
**31** ék
– *cotter punch*
**32** vágóvas (vágó üllőbetét)
– *hardy (hardie)*
**33** lazítókalapács (egyengetőkalapács)
– *set hammer*
**34** hornyolókalapács (sarokképző kalapács)
– *sett (set, sate)*
**35** simítókalapács
– *flat-face hammer (flatter)*
**36** lyukasztókalapács
– *round punch*
**37** sarokfogó
– *angle tongs*
**38** nyeles vágó
– *blacksmith's chisel (scaling hammer, chipping hammer)*
**39** hajlítóvas
– *moving iron (bending iron)*

# 138 Kovácsolás II. (mezőgazdasági járműtechnika)
## *Blacksmith (Smith) II (Farm Vehicle Engineering*

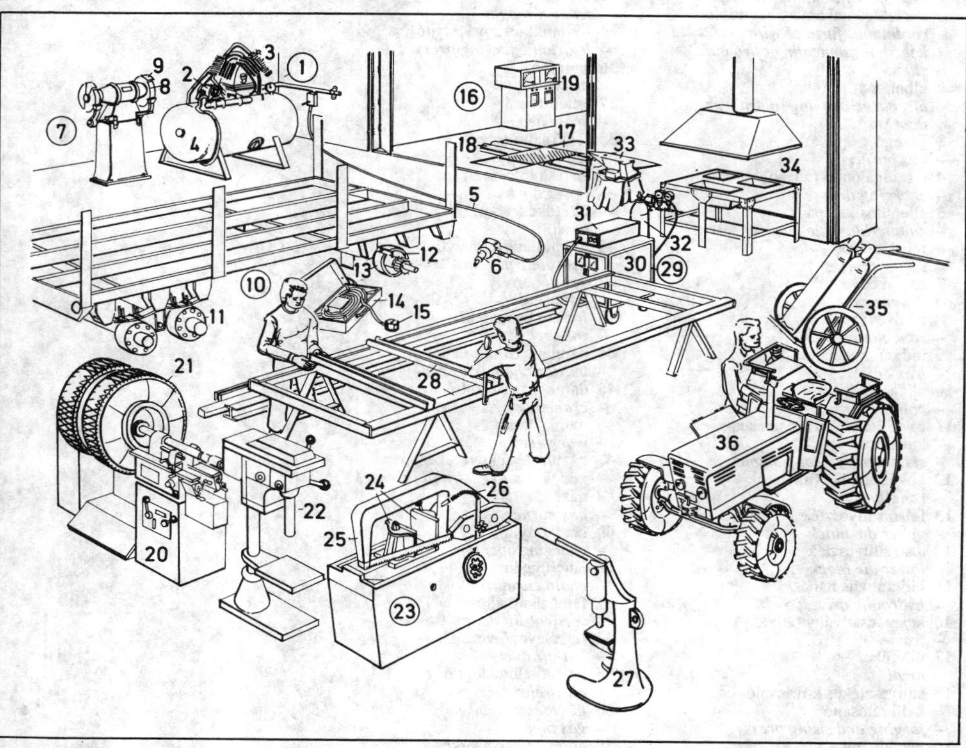


**1** légsűrítő berendezés
– *compressed-air system*
**2** villamos motor (villanymotor)
– *electric motor*
**3** légsűrítő (kompresszor)
– *compressor*
**4** nagynyomású légtartály (sűrítettlevegő-tartály)
– *compressed-air tank*
**5** nagynyomású légvezeték (sűrítettlevegő-vezeték)
– *compressed-air line*
**6** sűrített levegős csavarhúzó
– *percussion screwdriver*
**7** köszörűgép (üzemi köszörülőberendezés)
– *pedestal grinding machine (floor grinding machine)*
**8** köszörűkorong (köszörűkő)
– *grinding wheel*
**9** védőbura
– *guard*
**10** utánfutó (pótkocsi)
– *trailer*
**11** fékdob
– *brake drum*
**12** féktuskó
– *brake shoe*
**13** fékbetét
– *brake lining*
**14** próbaláda (ellenőrző doboz)
– *testing kit*
**15** légnyomásmérő
– *pressure gauge* (Am. *gage)*
**16** fékpad <görgős fékpad>
– *brake-testing equipment, a rolling road*
**17** fékpadi gödör
– *pit*
**18** fékpadi görgő
– *braking roller*
**19** regisztrálóműszer (ellenőrző műszer)
– *meter (recording meter)*
**20** fékdobszabályozó finomesztergapad
– *precision lathe for brake drums*
**21** teherautó-kerék
– *lorry wheel*
**22** fúrógép
– *boring mill*
**23** gyorsfűrész <kengyeles fűrész>
– *power saw, a hacksaw (power hacksaw)*
**24** satu
– *vice* (Am. *vise)*
**25** fűrészkeret
– *saw frame*
**26** hűtőfolyadék-vezeték
– *coolant supply pipe*
**27** szegecselőgép
– *riveting machine*
**28** pótkocsialváz készítése
– *trailer frame (chassis) under construction*
**29** védőgázas hegesztőberendezés
– *inert-gas welding equipment*
**30** egyenirányító
– *rectifier*
**31** vezérlőberendezés
– *control unit*
**32** szénsavpalack ($CO_2$-palack)
– *$CO_2$ cylinder*
**33** üllő
– *anvil*
**34** kovácstűzhely a tűzzel
– *hearth (forge) with blacksmith's fire*
**35** autogén-hegesztőkocsi (palackszállító kocsi)
– *trolley for gas cylinders*
**36** javításban levő jármű <traktor>
– *vehicle under repair, a tractor*

## 139 Szabadalakító és süllyesztékes kovácsolás (meleg tömbalakítás)

**1** csúszóbordás áttolókemence körszelvényű anyag hevítésére
– *continuous furnace with grid hearth for annealing of round stock*
**2** kibukónyílás (ajtó)
– *discharge opening (discharge door)*
**3** gázégő
– *gas burners*
**4** kiszolgálóajtó (adagolóajtó)
– *charging door*
**5** ellenütős kalapács
– *counterblow hammer*
**6** felső medve
– *upper ram*
**7** alsó medve
– *lower ram*
**8** medvevezető
– *ram guide*
**9** hidraulikus hajtás
– *hydraulic drive*
**10** állvány
– *column*
**11** rövid löketű süllyesztékes kalapács
– *short-stroke drop hammer*
**12** kovácsmedve (medve)
– *ram (tup)*
**13** felső süllyeszték
– *upper die block*
**14** alsó süllyeszték
– *lower die block*
**15** hidraulikus hajtás
– *hydraulic drive*
**16** kalapácsállvány (állvány)
– *frame*
**17** üllőtőke
– *anvil*
**18** süllyesztékes kovácsoló- és kalibrálósajtó
– *forging and sizing press*
**19** gépállvány
– *standard*
**20** asztallap
– *table*
**21** dörzstárcsás tengelykapcsoló
– *disc (disk) clutch*
**22** sűrítettlevegő-vezeték (préslevegő-vezeték)
– *compressed-air pipe*
**23** mágneses szelep
– *solenoid valve*
**24** légkalapács
– *air-lift gravity hammer (air-lift drop hammer)*
**25** hajtómotor
– *drive motor*
**26** medve
– *hammer (tup)*
**27** vezérlő lábpedál
– *foot control (foot pedal)*
**28** szabadon alakított munkadarab
– *preshaped (blocked) workpiece*
**29** medvevezető fej
– *hammer guide*
**30** munkahenger
– *hammer cylinder*
**31** üllőtőke (sabot)
– *anvil*
**32** kovácsmanipulátor (manipulátor) a munkadarab szabadalakítás közbeni mozgatására
– *mechanical manipulator to move the workpiece in hammer forging*
**33** fogó
– *dogs*
**34** ellensúly
– *counterweight*
**35** hidraulikus kovácssajtó
– *hydraulic forging press*
**36** sajtolófej
– *crown*
**37** kereszttartó
– *cross head*
**38** felső sajtolószerszám
– *upper die block*
**39** alsó sajtolószerszám
– *lower die block*
**40** üllőtőke (sabot)
– *anvil*
**41** hidraulikus dugattyú
– *hydraulic piston*
**42** vezetőpersely
– *pillar guide*
**43** fordító berendezés
– *rollover device*
**44** darulánc (fordítólánc)
– *burden chain (chain sling)*
**45** daruhorog (fordítóhorog)
– *crane hook*
**46** munkadarab
– *workpiece*
**47** gáztüzelésű kovácskemence
– *gas furnace (gas-fired furnace)*
**48** gázégő
– *gas burner*
**49** berakónyílás
– *charging opening*
**50** láncfüggöny
– *chain curtain*
**51** felhúzható ajtó
– *vertical-lift door*
**52** forrólevegő-vezeték
– *hot-air duct*
**53** levegő-előmelegítő
– *air preheater*
**54** gázvezeték
– *gas pipe*
**55** ajtómozgató szerkezet
– *electric door-lifting mechanism*
**56** légfüggöny
– *air blast*

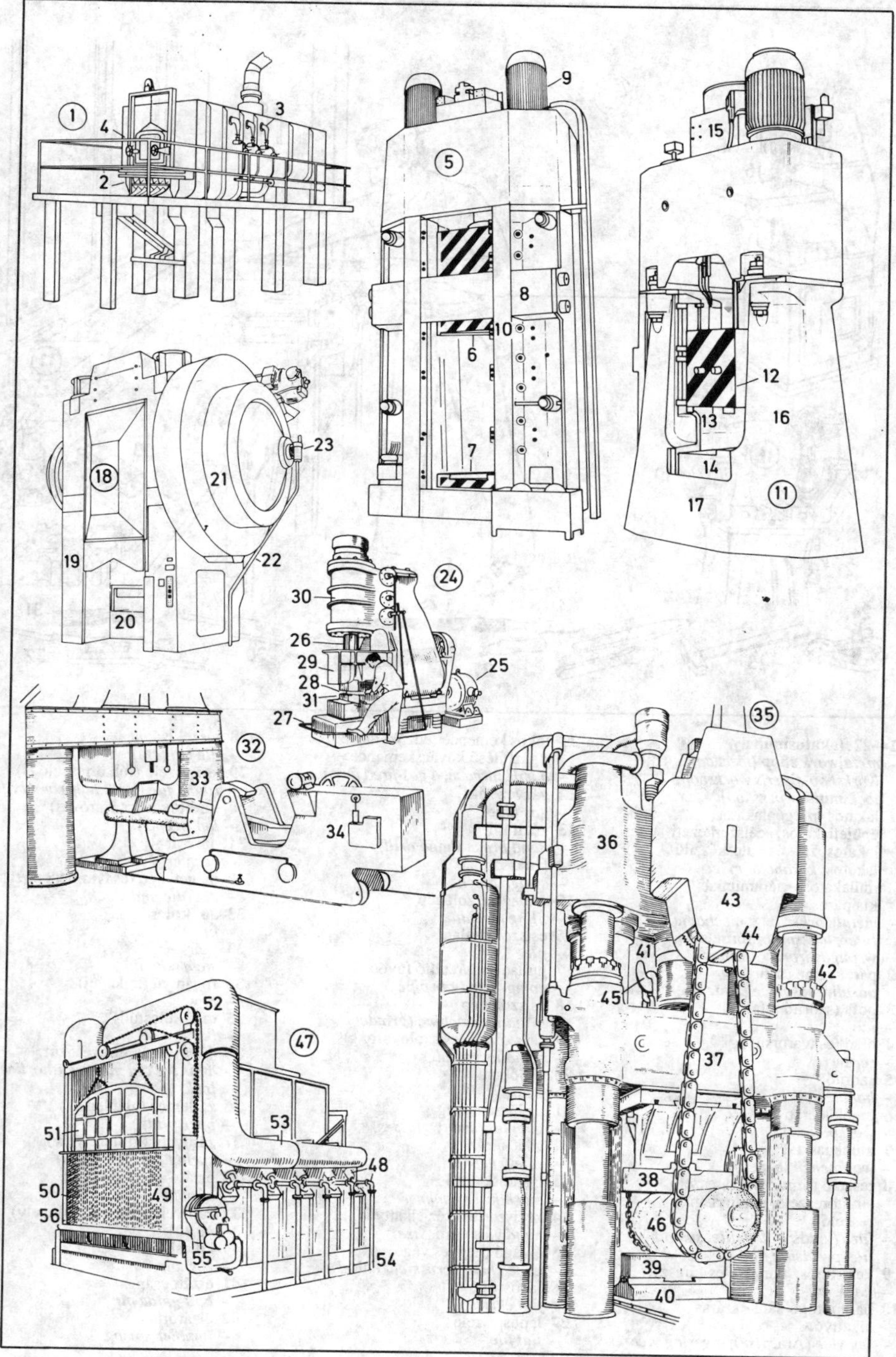
1
2
3
4
5
6
7
8
9
10
11
12
13
14
15
16
17
18
19
20
21
22
23
24
25
26
27
28
29
30
31
32
33
34
35
36
37
38
39
40
41
42
43
44
45
46
47
48
49
50
51
52
53
54
55
56

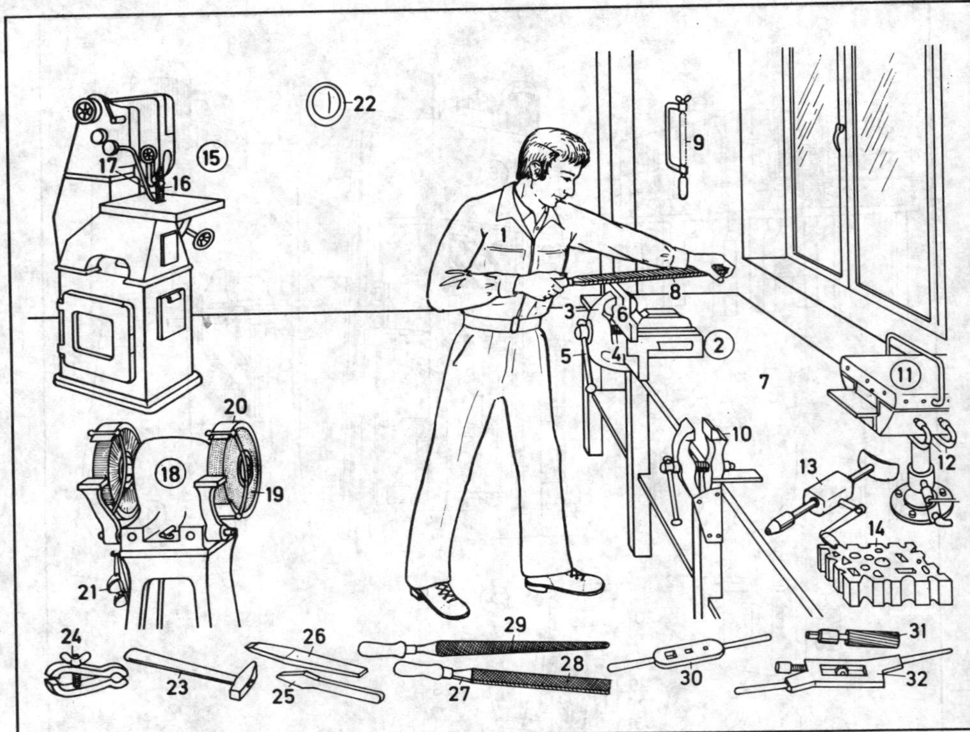


**1—22 lakatosműhely**
– ***metalwork shop*** *(mechanic's workshop, fitter's workshop, locksmith's workshop)*
**1** lakatos (*pl.* géplakatos, épületlakatos, acélszerkezeti lakatos, zár- és kulcskészítő lakatos; *korábban még:* műlakatos) <fémmunkás kisiparos>
– *metalworker (*e.g. *mechanic, fitter, locksmith;* form. also: *wrought-iron craftsman)*
**2** párhuzamos satu
– *parallel-jaw vice (*Am. *vise)*
**3** pofa (szorítópofa)
– *jaw*
**4** orsó (csavarorsó)
– *screw*
**5** szorító
– *handle*
**6** munkadarab
– *workpiece*
**7** munkaasztal
– *workbench (bench)*
**8** reszelő (*fajtái:* durvareszelő, simítóreszelő, pontossági reszelő)
– *files (*kinds: *rough file, smooth file, precision file)*
**9** keretfűrész (kengyeles fűrész)
– *hacksaw*
**10** harapófogó-satu <száras sikattyú>
– *leg vice (*Am. *vise), a spring vice*
**11** tokos kemence (edzőkemence) <gázfűtésű kovácskemence>
– *muffle furnace, a gas-fired furnace*
**12** gázvezeték
– *gas pipe*
**13** kézifúró
– *hand brace (hand drill)*
**14** lyukasztólap
– *swage block*
**15** szalagcsiszológép
– *filing machine*
**16** csiszolószalag
– *file*
**17** hulladékeltávolító fúvócső
– *compressed-air pipe*
**18** csiszológép
– *grinding machine (grinder)*
**19** csiszolókő (csiszolókorong)
– *grinding wheel*
**20** védőbura
– *guard*
**21** védőszemüveg
– *goggles (safety glasses)*
**22** védősisak
– *safety helmet*
**23** lakatoskalapács
– *machinist's hammer*
**24** kéziszorító (kézisikattyú)
– *hand vice (*Am. *vise)*
**25** élvágó (hegyes vágó)
– *cape chisel (cross-cut chisel)*
**26** laposvágó
– *flat chisel*
**27** laposreszelő
– *flat file*
**28** reszelővágat
– *file cut (cut)*
**29** körreszelő (félkörreszelő *is*)
– *round file (*also: *half-round file)*
**30** fordítóvas (csavaróvas)
– *tap wrench*
**31** dörzsár
– *reamer*
**32** menetvágó (csavarmenetmetsző)
– *die (die and stock)*
**33–35 kulcs**
– ***key***
**33** szár
– *stem (shank)*
**34** fogantyú (kulcsfül)
– *bow*
**35** toll (kulcstoll)
– *bit*
**36–43 ajtózár <bevésőzár>**
– ***door lock, a mortise (mortice) lock***
**36** zárlemez (alaplemez)
– *back plate*
**37** zárnyelv (kilincsnyelv)
– *spring bolt (latch bolt)*
**38** elzáró
– *tumbler*
**39** zárnyelv (retesz, zárónyelv)
– *bolt*
**40** kulcslyuk
– *keyhole*
**41** elzárócsap
– *bolt guide pin*
**42** elzárórugó
– *tumbler spring*

**43** kilincsdió
– *follower, with square hole*
**44** hengerzár (biztonsági zár)
– *cylinder lock (safety lock)*
**45** henger
– *cylinder (plug)*
**46** rugó (elzárórugó)
– *spring*
**47** csap
– *pin*
**48** biztonsági kulcs <laposkulcs>
– *safety key, a flat key*
**49** csuklós pánt (zsanérpánt)
– *lift-off hinge*
**50** sarokpánt
– *hook-and-ride band*
**51** hosszúpánt
– *strap hinge*
**52** tolómérce (tolómérő)
– *vernier calliper (caliper) gauge* (Am. *gage*)
**53** résmérő
– *feeler gauge* (Am. *gage*)
**54** mélységmérő
– *vernier depth gauge* (Am. *gage*)
**55** nóniusz
– *vernier*
**56** hajszálvonalzó (élvonalzó)
– *straightedge*
**57** szögvonalzó (derékszögmérő)
– *square*
**58** mellfúró (furdancs)
– *breast drill*
**59** spirálfúró
– *twist bit (twist drill)*
**60** menetfúró
– *screw tap (tap)*
**61** menetmetsző pofa
– *halves of a screw die*
**62** csavarhúzó
– *screwdriver*
**63** hántolókés (háromélű hántolókés *is)*
– *scraper* (also: *pointed triangle scraper)*
**64** pontozó (kirner)
– *centre* (Am. *center) punch*
**65** lyukasztó
– *round punch*
**66** laposfogó
– *flat-nose pliers*
**67** csípőfogó
– *detachable-jaw cut nippers*
**68** csőfogó
– *gas pliers*
**69** harapófogó (csípőfogó)
– *pincers*

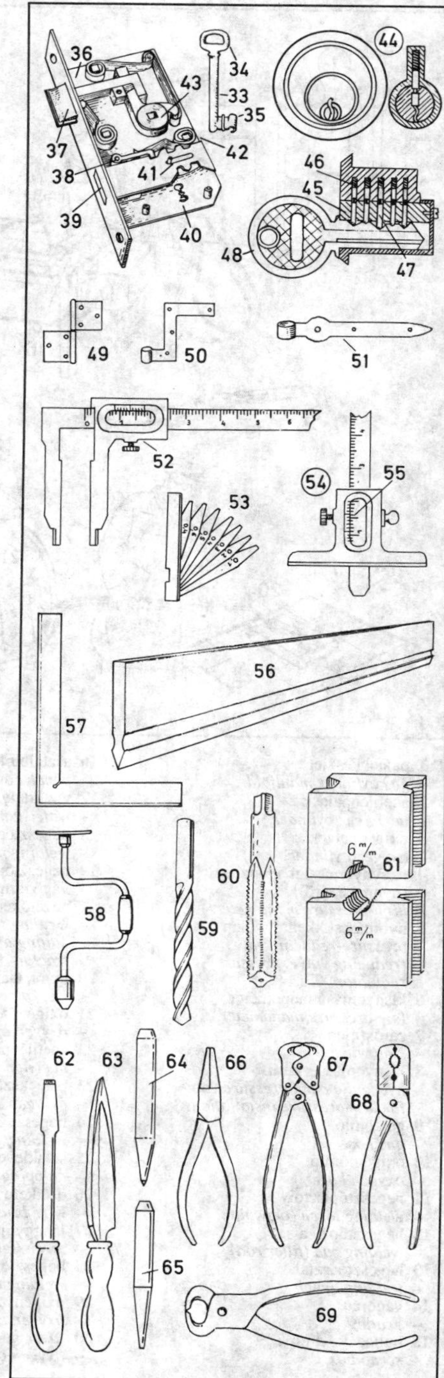

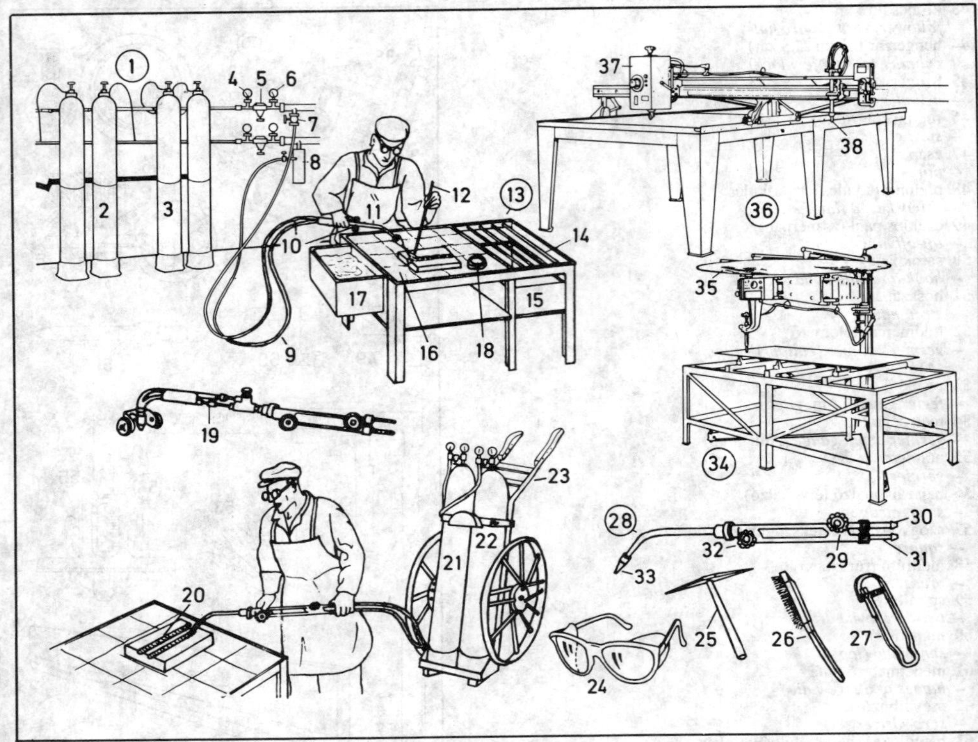


**1** palackkészlet
– *gas cylinder manifold*
**2** acetilénpalack
– *acetylene cylinder*
**3** oxigénpalack
– *oxygen cylinder*
**4** nagynyomású manométer (nyomásmérő)
– *high-pressure manometer*
**5** nyomáscsökkentő szelep
– *pressure-reducing valve (reducing valve, pressure regulator)*
**6** kisnyomású manométer
– *low-pressure manometer*
**7** zárószelep
– *stop valve*
**8** kisnyomású vízzár
– *hydraulic back-pressure valve for low-pressure installations*
**9** gáztömlő
– *gas hose*
**10** oxigéntömlő
– *oxygen hose*
**11** hegesztőpisztoly
– *welding torch (blowpipe)*
**12** hegesztőpálca
– *welding rod (filler rod)*
**13** hegesztőasztal
– *welding bench*
**14** vágórács
– *grating*
**15** hulladékgyűjtő
– *scrap box*
**16** asztalburkolat samottlapokból
– *bench covering of chamotte slabs*
**17** víztartály
– *water tank*
**18** hegesztőpaszta
– *welding paste (flux)*
**19** hegesztőpisztoly a vágógarnitúrával és a vezetőkerekekkel
– *welding torch (blowpipe) with cutting attachment and guide tractor*
**20** munkadarab
– *workpiece*
**21** oxigénpalack
– *oxygen cylinder*
**22** acetilénpalack
– *acetylene cylinder*
**23** palackszállító kocsi
– *cylinder trolley*
**24** hegesztőszemüveg
– *welding goggles*
**25** salakleverő kalapács
– *chipping hammer*
**26** drótkefe
– *wire brush*
**27** lánggyújtó (gázgyújtó)
– *torch lighter (blowpipe lighter)*
**28** hegesztőpisztoly
– *welding torch (blowpipe)*
**29** oxigénszelep
– *oxygen control*
**30** az oxigénvezeték csatlakozója
– *oxygen connection*
**31** a gázvezeték csatlakozója (az acetilénvezeték csatlakozója)
– *gas connection (acetylene connection)*
**32** gázszelep (acetilénszelep)
– *gas control (acetylene control)*
**33** a hegesztőpisztoly fúvókája
– *welding nozzle*
**34** lángvágógép
– *cutting machine*
**35** körvágó
– *circular template*
**36** univerzális lángvágógép
– *universal cutting machine*
**37** vezérlőfej
– *tracing head*
**38** a vágópisztoly fúvókája
– *cutting nozzle*

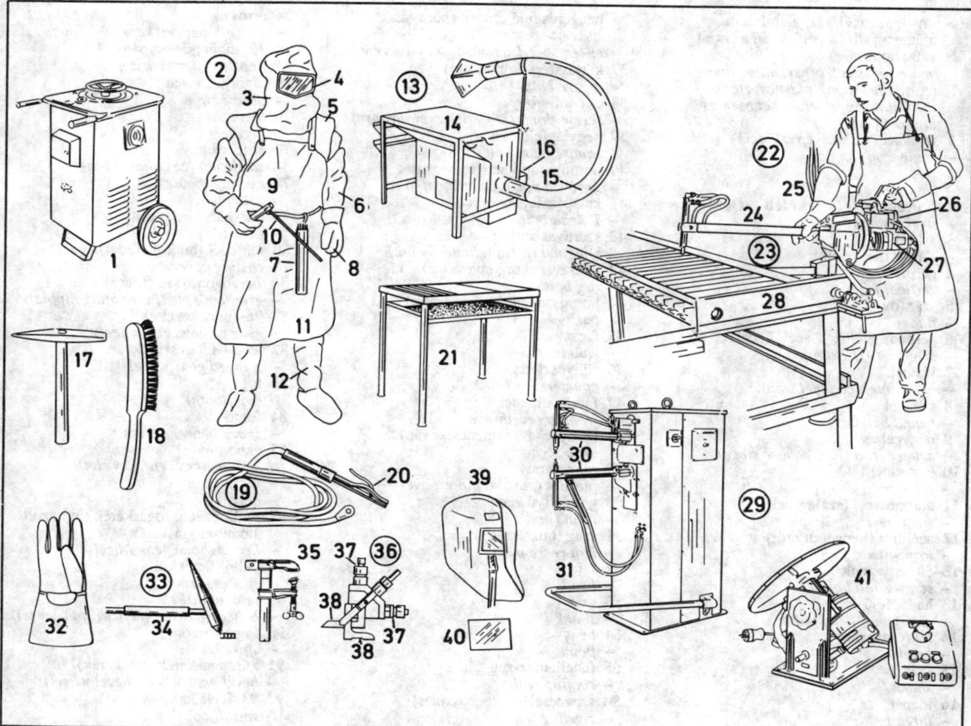


**1** hegesztőtranszformátor
– *welding transformer*
**2** villamos hegesztő
– *arc welder*
**3** védősisak
– *arc welding helmet*
**4** felhajtható védőüveg
– *flip-up window*
**5** vállvédő
– *shoulder guard*
**6** karvédő
– *protective sleeve*
**7** elektródtartó
– *electrode case*
**8** háromujjas hegesztőkesztyű
– *three-fingered welding glove*
**9** elektródfogó (elektródtartó)
– *electrode holder*
**10** hegesztőelektród
– *electrode*
**11** bőrkötény
– *leather apron*
**12** lábszárvédő
– *shin guard*
**13** hegesztőasztal füstgázelvezető berendezéssel
– *welding table with fume extraction equipment*
**14** elszívásos asztallap
– *table top*
**15** hajlítható elszívócső
– *movable extractor duct*
**16** elszívólevegő-csonk
– *extractor support*
**17** salakleverő kalapács
– *chipping hammer*
**18** drótkefe
– *wire brush*
**19** hegesztőkábel
– *welding lead*
**20** elektródfogó (elektródtartó)
– *electrode holder*
**21** hegesztőasztal
– *welding bench*
**22** ponthegesztés
– *spot welding*
**23** a ponthegesztő elektród fogója
– *spot welding electrode holder*
**24** elektródtartó kar
– *electrode arm*
**25** árambevezetés (csatlakozókábel)
– *power supply (lead)*
**26** elektródszorító henger
– *electrode-pressure cylinder*
**27** hegesztőtranszformátor
– *welding transformer*
**28** munkadarab
– *workpiece*
**29** pedálos ponthegesztő
– *foot-operated spot welder*
**30** hegesztőkarok
– *welder electrode arms*
**31** elektródnyomást szabályozó pedál
– *foot pedal for welding pressure adjustment*
**32** ötujjas hegesztőkesztyű
– *five-fingered welding glove*
**33** védőgázas hegesztőégő
– *inert-gas torch for inert-gas welding (gas-shielded arc welding)*
**34** védőgázvezeték
– *inert-gas (shielding-gas) supply*
**35** munkadarab-földelő kapocs
– *work clamp (earthing clamp)*
**36** sarokvarratkészítő idomszer
– *fillet gauge* (Am. *gage*) *(weld gauge) [for measuring throat thickness*
**37** finombeállító csavar
– *micrometer*
**38** mérőszár
– *measuring arm*
**39** védőpajzs
– *arc welding helmet*
**40** a védőpajzs üvege
– *filter lens*
**41** kis fordítóasztal
– *small turntable*

[anyaguk: acél, réz, alumínium, műanyag stb.; a példákban az acélt választottuk]
*[material: steel, brass, aluminium (Am. aluminum), plastics, etc; in the following, steel was chosen as an example]*
**1** sarokacél (L szelvény, L acél)
– *angle iron (angle)*
**2** szár
– *leg (flange)*
**3–7 acéltartók (szerkezeti tartók)**
– ***steel girders***
**3** T acél
– *T-iron (tee-iron)*
**4** gerinc
– *vertical leg*
**5** szár (öv)
– *flange*
**6** gerenda (kettős T acél, I acél)
– *H-girder (H-beam)*
**7** U acél
– *E-channel (channel iron)*
**8** köracél
– *round bar*
**9** négyzetacél
– *square iron (*Am. *square stock)*
**10** laposacél
– *flat bar*
**11** abroncsacél (szalagacél)
– *strip steel*
**12** acéldrót (hengerelt drót)
– *iron wire*
**13–50 csavarok**
– ***screws and bolts***
**13** hatlapfejű csavar
– *hexagonal-head bolt*
**14** fej (csavarfej)
– *head*
**15** szár
– *shank*
**16** menet
– *thread*
**17** alátét
– *washer*
**18** hatlapú anya (hatszögletű anya)
– *hexagonal nut*
**19** sasszeg
– *split pin*
**20** gömbölyű csavarvég
– *rounded end*
**21** laptáv
– *width of head (of flats)*
**22** ászokcsavar (tőcsavar)
– *stud*
**23** csavarvég
– *point (end)*
**24** koronás anya
– *castle nut (castellated nut)*
**25** sasszegfurat
– *hole for the split pin*
**26** keresztbornyú csavar <lemezcsavar>
– *cross-head screw, a sheet-metal screw (self-tapping screw)*
**27** belső kulcsnyílású hatlapú csavar
– *hexagonal socket head screw*
**28** süllyesztett fejű csavar
– *countersunk-head bolt*
**29** ütközőorr
– *catch*
**30** ellenanya (biztosítóanya)
– *locknut (locking nut)*
**31** csap (csavarvég)
– *bolt (pin)*
**32** peremes csavar
– *collar-head bolt*
**33** perem (csavarperem)
– *set collar (integral collar)*
**34** rugós alátét (rugós gyűrű)
– *spring washer (washer)*
**35** palástfuratú kerek anya <állítóanya>
– *round nut, an adjusting nut*
**36** hengeres fejű csavar <hornyos csavar>
– *cheese-head screw, a slotted screw*
**37** kúposszeg (kúposcsap)
– *tapered pin*
**38** csavarhorony
– *screw slot (screw slit, screw groove)*
**39** négylapfejű csavar
– *square-head bolt*
**40** horonycsap <hengeres csap>
– *grooved pin, a cylindrical pin*
**41** kalapácsfejű csavar
– *T-head bolt*
**42** szárnyas anya
– *wing nut (fly nut, butterfly nut)*
**43** kőcsavar (horgonycsavar)
– *rag bolt*
**44** horogszakáll (horgonyzófej)
– *barb*
**45** facsavar
– *wood screw*
**46** süllyesztett fej
– *countersunk head*
**47** facsavarmenet
– *wood screw thread*
**48** hernyócsavar (menetes csap)
– *grub screw*
**49** csaphorony
– *pin slot (pin slit, pin groove)*
**50** gömbölyű vég
– *round end*
**51** szeg (huzalszeg)
– *nail (wire nail)*
**52** fej
– *head*
**53** szár
– *shank*
**54** hegy
– *point*
**55** fedéllemezszeg
– *roofing nail*
**56** szegecselés (szegecskötés)
– *riveting (lap riveting)*
**57–60 szegecs**
– ***rivet***
**57** gyámfej (vert fej) <szegecsfej>
– *set head (swage head, die head), a rivet head*
**58** szegecsszár
– *rivet shank*
**59** zárófej
– *closing head*
**60** szegecsosztás
– *pitch of rivets*
**61** tengely
– *shaft*
**62** leélezés (leélezett tengelyvég)
– *chamfer (bevel)*
**63** tengelycsap
– *journal*
**64** nyak
– *neck*
**65** illesztési felület
– *seat*
**66** ékhorony
– *keyway*
**67** kúpos illesztő tengelyrész
– *conical seat (cone)*
**68** menet (csavarmenet)
– *thread*
**69** golyóscsapágy <gördülőcsapágy>
– *ball bearing, an antifriction bearing*
**70** acélgolyó (csapágygolyó)
– *steel ball (ball)*
**71** külső csapágygyűrű
– *outer race*
**72** belső csapágygyűrű
– *inner race*
**73–74 hornyos ékek** (fészkes ékek)
– ***keys***
**73** fészkes ék (hornyos ék)
– *sunk key (feather)*
**74** orros ék
– *gib (gib-headed key)*
**75–76 tűgörgős csapágy**
– ***needle roller bearing***
**75** tűgörgős kosár
– *needle cage*
**76** tűgörgő
– *needle*
**77** koronás anya
– *castle nut (castellated nut)*
**78** sasszeg (biztosítószeg)
– *split pin*
**79** tok (ház, burkolat)
– *casing*
**80** tokfedél (burkolatfedél)
– *casting cover*
**81** zsírzógomb (zsírzócsap)
– *grease nipple (lubricating nipple)*
**82–96 fogaskerekek**
– ***gear wheels, cog wheels***
**82** lépcsős fogaskerék
– *stepped gear wheel*
**83** fog
– *cog (tooth)*
**84** fogtő
– *space between teeth*
**85** ékhorony
– *keyway (key seat, key slot)*
**86** furat
– *bore*
**87** nyílfogazatú fogaskerék (nyilazott homlokfogaskerék)
– *herringbone gear wheel*
**88** küllő (kerékküllő)
– *spokes (arms)*
**89** ferdefogazás
– *helical gearing (helical spur wheel)*
**90** fogaskoszorú
– *sprocket*
**91** kúpfogaskerék (kúpkerék)
– *bevel gear wheel (bevel wheel)*
**92–93 ívelt fogazás**
– ***spiral toothing***
**92** kis fogaskerék (kiskerék, hajtókerék)
– *pinion*
**93** fogazott tányérkerék (koronakerék)
– *crown wheel*
**94** bolygóhajtás
– *epicyclic gear (planetary gear)*
**95** belső fogazás
– *internal toothing*
**96** külső fogazás
– *external toothing*
**97–107 fékdinamométer** (abszorpciós dinamométer)
– ***absorption dynamometer***
**97** pofásfék
– *shoe brake (check brake, block brake)*
**98** féktárcsa
– *brake pulley*
**99** féktengely
– *brake shaft (brake axle)*
**100** féktuskó (fékpofa)
– *brake block (brake shoe)*
**101** húzórúd (vonórúd)
– *pull rod*
**102** féklazító mágnes
– *brake magnet*
**103** féksúly
– *brake weight*
**104** szalagfék
– *band brake*
**105** fékszalag
– *brake band*
**106** fékbetét
– *brake lining*
**107** állítócsavar (légrésállító csavar)
– *adjusting screw, for even application of the brake*

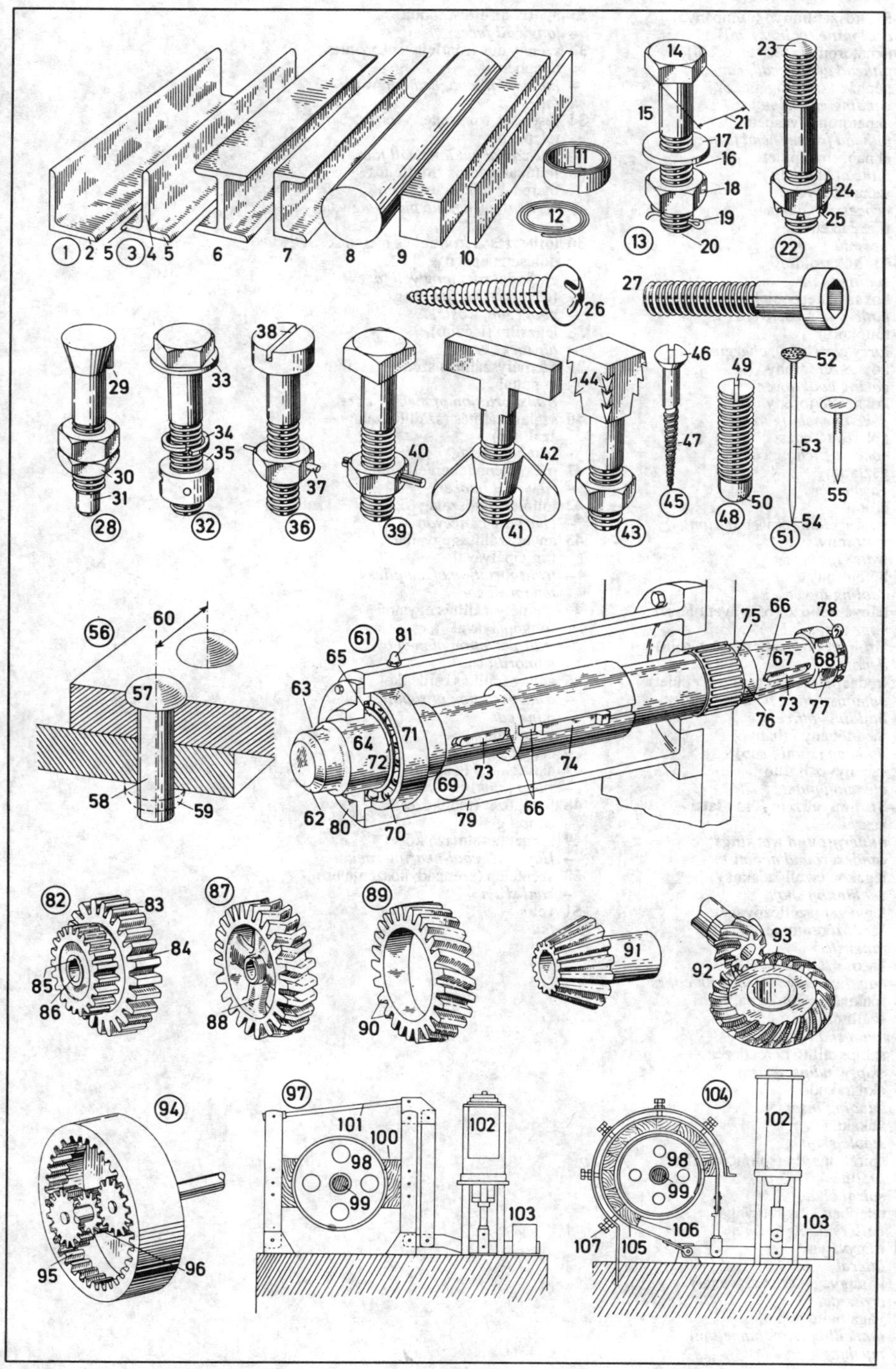

1 2 5 3 4 5 6 7 8 9 10 11 12 13 14 15 16 17 18 19 20 21 22 23 24 25 26 27 28 29 30 31 32 33 34 35 36 37 38 39 40 41 42 43 44 45 46 47 48 49 50 51 52 53 54 55 56 57 58 59 60 61 62 63 64 65 66 67 68 69 70 71 72 73 74 75 76 77 78 79 80 81 82 83 84 85 86 87 88 89 90 91 92 93 94 95 96 97 98 99 100 101 102 103 104 105 106 107

**1–51 kőszénbánya** (szénbánya)
– ***coal mine*** *(colliery, pit)*
1 aknatorony [acélszerkezetű]
– *pithead gear (headgear)*
2 gépház (szállítógépház)
– *winding engine house*
3 aknatorony [vasbeton]
– *pithead frame (head frame)*
4 aknaüzemi épület
– *pithead building*
5 szénosztályozó
– *processing plant*
6 fűrészüzem
– *sawmill*
**7–11 kokszolómű**
– ***coking plant***
7 kokszkemenceblokk
– *battery of coke ovens*
8 töltőkocsi
– *larry car (larry, charging car)*
9 kokszszéntorony
– *coking coal tower*
10 kokszoltó torony
– *coke-quenching tower*
11 kokszoltó kocsi
– *coke-quenching car*
12 gáztartály
– *gasometer*
13 erőmű
– *power plant (power station)*
14 víztorony
– *water tower*
15 hűtőtorony
– *cooling tower*
16 bányaszellőző (bányaventilátor)
– *mine fan*
17 tárolótér (szabadtéri széntároló)
– *depot*
18 irodaépület (igazgatósági épület)
– *administration building (office building, offices)*
19 meddőhányó (hányó)
– *tip heap (spoil heap)*
20 szennyvíztisztító
– *cleaning plant*
**21–51 bányaüzem föld alatti részei**
– ***underground workings*** *(underground mining)*
21 légakna (szellőzőakna)
– *ventilation shaft*
22 légvágat (szellőzővágat, szellőzőcsatorna)
– *fan drift*
23 kasos szállítás
– *cage-winding system with cages*
24 főakna (szállítóakna, fő szállítóakna)
– *main shaft*
25 szkipszállító berendezés
– *skip-winding system*
26 aknarakodó
– *winding inset*
27 vakakna
– *staple shaft*
28 spirálcsúszda (spirálcsúszdás szállítás)
– *spiral chute*
29 telepben kihajtott vágat
– *gallery along seam*
30 irányvágat
– *lateral*
31 harántvágat (keresztvágat)
– *cross-cut*
32 vágathajtó gép
– *tunnelling* (Am. *tunneling) machine*
**33–37 frontfejtésmódok**
– ***longwall faces***
33 széngyalus frontfejtés vízszintes telepben
– *horizontal ploughed longwall face*
34 réseléses frontfejtés vízszintes telepben
– *horizontal cut longwall face*
35 fejtőkalapácsos frontfejtés meredek dőlésű telepben
– *vertical pneumatic pick longwall face*
36 torlasztásos frontfejtés meredek dőlésű telepben
– *diagonal ram longwall face*
37 felhagyott bányatérség
– *goaf (gob, waste)*
38 légzsilip (légajtó)
– *air lock*
39 személyszállítás személyszállító vonattal
– *transportation of men by cars*
40 szalagszállítás (szállítószalagos szállítás)
– *belt conveying*
41 nyersszénbunker
– *raw coal bunker*
42 töltő-szállítószalag
– *charging conveyor*
43 anyagszállítás egysínű függőpályával
– *transportation of supplies by monorail car*
44 személyszállítás egysínű függőpályával
– *transportation of men by monorail car*
45 anyagszállítás csillékkel
– *transportation of supplies by mine car*
46 víztelenítés
– *drainage*
47 aknazsomp (zsomp)
– *sump (sink)*
48 fedőkőzet (fedükőzet)
– *capping*
49 szenet tartalmazó kőzet
– *[layer of] coal-bearing rock*
50 széntelep (szénpad, kőszéntelep)
– *coal seam*
51 vető
– *fault*

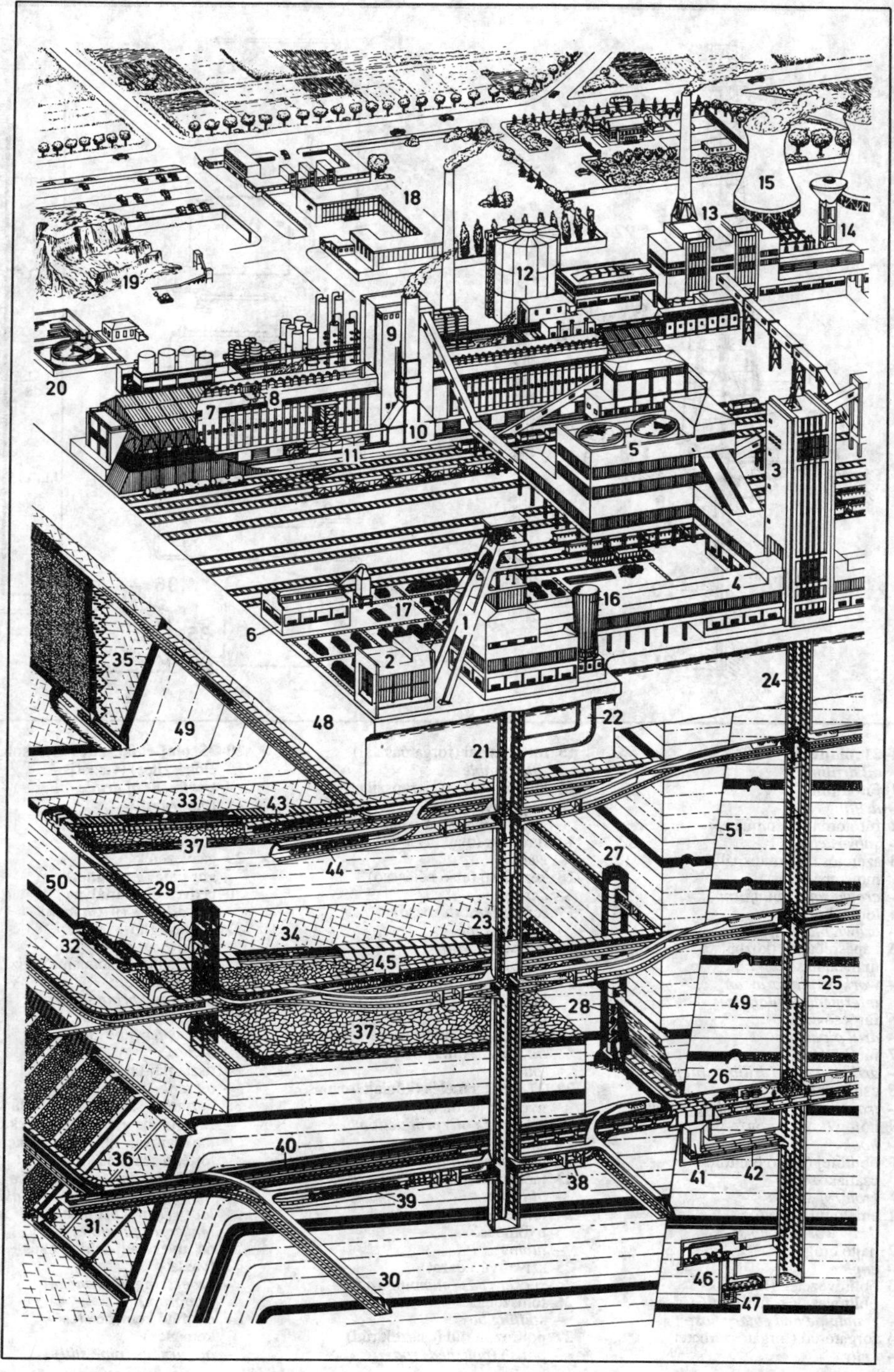
1
2
3
4
5
6
7
8
9
10
11
12
13
14
15
16
17
18
19
20
21
22
23
24
25
26
27
28
29
30
31
32
33
34
35
36
37
38
39
40
41
42
43
44
45
46
47
48
49
50
51

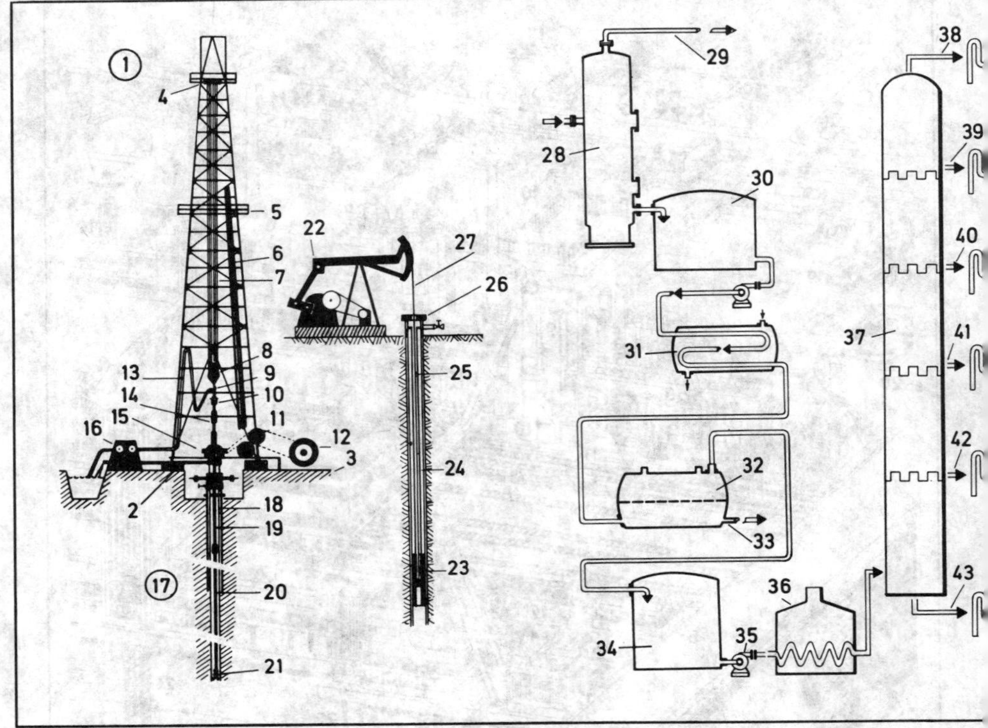


**1–21 olajfúrás**
– ***oil drilling***
**1** fúrótorony
– *drilling rig*
**2** fúrótorony-alépítmény
– *substructure*
**3** szerelőszint (munkaállás, munkapadozat)
– *crown safety platform*
**4** toronykorona
– *crown blocks*
**5** kapcsolóállás (közbülső munkaállás)
– *working platform, an intermediate platform*
**6** fúrócsövek
– *drill pipes*
**7** fúrókötél
– *drilling cable (drilling line)*
**8** csigasor
– *travelling (*Am. *traveling) block*
**9** horog (vonóhorog)
– *hook*
**10** öblítőfej (forgó öblítőfej-csatlakozó)
– *[rotary] swivel*
**11** emelőmű (csörlő)
– *draw works, a hoist*
**12** hajtó erőgép
– *engine*
**13** öblítővezeték (fúrólyuk-öblítővezeték, fúrótömlő)
– *standpipe and rotary hose*
**14** forgatórúd (forgatószárbetét)
– *kelly*
**15** rotari asztal (forgatóasztal)
– *rotary table*
**16** öblítőszivattyú (iszapszivattyú, zagyszivattyú)
– *slush pump (mud pump)*
**17** fúrólyuk (olajkút)
– *well*
**18** kezdőcső (első béléscső)
– *casing*
**19** fúrórudazat (fúrócső)
– *drilling pipe*
**20** béléscsövezés
– *tubing*
**21** fúróvéső (fúrófej); *fajtái:* halfarkú fúró, görgős fúró (sziklafúró), magfúró
– *drilling bit;* kinds: *fishtail (blade) bit, rock (*Am. *roller) bit, core bit*

**22–27 olajtermelés** (kőolajtermelés, nyersolajtermelés)
– ***oil (crude oil) production***
**22** szivattyúegység
– *pumping unit (pump)*
**23** mélyszivattyú
– *plunger*
**24** termelőcső (felszállócső, nyomócső)
– *tubing*
**25** szivattyúrudazat
– *sucker rods (pumping rods)*
**26** tömszelence
– *stuffing box*
**27** polírozott rúd (csiszolt rúd)
– *polish (polished) rod*

**28–35 olaj-előkészítés** (nyersolaj-előkészítés) [vázlat]
– ***treatment of crude oil*** *[diagram]*
**28** gázleválasztó
– *gas separator*
**29** gázvezeték
– *gas pipe (gas outlet)*
**30** nedves olaj tartálya
– *wet oil tank (wash tank)*
**31** előmelegítő
– *water heater*
**32** víztelenítő és sótalanító (víz- és sóleválasztó)
– *water and brine separator*
**33** sósvíz-vezeték
– *salt water pipe (salt water outlet)*
**34** tisztaolaj-tartály
– *oil tank*
**35** tisztaolaj-szállító vezeték [a finomítóba *v.* tartálykocsikkal, tankhajóval, ill. csővezetéken történő szállításhoz]
– *trunk pipeline for oil [to the refinery or transport by tanker loory (*Am. *tank truck), oil tanker, or pipeline]*

**36–64 nyersolaj-feldolgozás** [vázlat]
– ***processing of crude oil*** *[diagram]*
**36** olajfűtő kemence (csőkemence)
– *oil furnace (pipe still)*

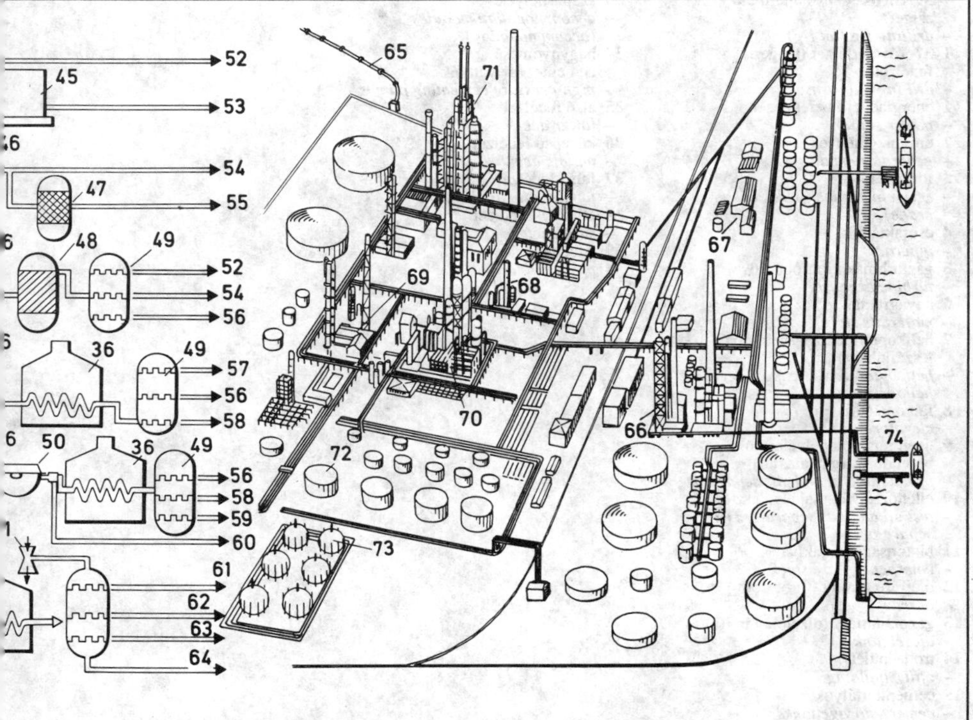


**37** desztillációs torony (desztillációs oszlop, frakcionálóoszlop) tányérokkal
– *fractionating column (distillation column) with trays*
**38** csúcsgázok
– *top gases (tops)*
**39** könnyűbenzin-frakció (könnyű lepárlási termékek)
– *light distillation products*
**40** nehézbenzin-frakció (nehéz lepárlási termékek)
– *heavy distillation products*
**41** petróleum
– *petroleum*
**42** gázolajfrakció
– *gas oil component*
**43** maradék (lepárlási maradék)
– *residue*
**44** hűtő (kondenzátor)
– *condenser (cooler)*
**45** kompresszor (sűrítő)
– *compressor*
**46** kéntelenítő berendezés
– *desulphurizing (desulphurization,* Am. *desulfurizing, desulfurization) plant*
**47** reformálóberendezés
– *reformer (hydroformer, platformer)*
**48** katalitikus krakküzem (krakkoló)
– *catalytic cracker (cat cracker)*
**49** desztillációs torony (frakcionálóoszlop)
– *distillation column*
**50** paraffinleválasztó (paraffinmentesítő)
– *de-waxing (wax separation)*
**51** vákuumberendezés csatlakozása
– *vacuum equipment*
**52–64 olajtermékek**
– ***oil products***
**52** fűtőgáz
– *fuel gas*
**53** cseppfolyós gáz
– *liquefied petroleum gas (liquid gas)*
**54** normálbenzin (autóbenzin, motorbenzin)
– *regular grade petrol (*Am. *gasoline)*
**55** szuperbenzin
– *super grade petrol (*Am. *gasoline)*
**56** gázolaj (dízelolaj)
– *diesel oil*
**57** repülőgép-üzemanyag (kerozin)
– *aviation fuel*
**58** könnyű fűtőolaj
– *light fuel oil*
**59** nehéz fűtőolaj
– *heavy fuel oil*
**60** paraffin (paraffinolaj)
– *paraffin (paraffin oil, kerosene)*
**61** orsóolaj
– *spindle oil*
**62** kenőolaj
– *lubricating oil*
**63** hengerolaj
– *cylinder oil*
**64** bitumen
– *bitumen*
**65–74 olajfinomító** (kőolaj-finomító)
– ***oil refinery***
**65** csővezeték (olajvezeték, kőolajvezeték)
– *pipeline (oil pipeline)*
**66** desztillációs berendezések
– *distillation plants*
**67** kenőolaj-finomító
– *lubricating oil refinery*
**68** kéntelenítő berendezés
– *desulphurizing (desulphurization,* Am. *desulfurizing, desulfurization) plant*
**69** gázleválasztó (gáztalanító)
– *gas-separating plant*
**70** katalitikus krakküzem
– *catalytic cracking plant*
**71** katalitikus reformálóberendezés
– *catalytic reformer*
**72** olajtartály (tárolótartály)
– *storage tank*
**73** folyékonygáz-tartály (PB-gáztartály)
– *spherical tank*
**74** olajkikötő (tankhajókikötő)
– *tanker terminal*

**1–39 fúrósziget** (olajtermelő sziget)
– ***drilling rig** (oil rig)*
**1–37 fúrófedélzet** (tengeri fedélzet)
– ***drilling platform***
**1** energiaellátó berendezés
– *power station*
**2** erőműkémények
– *generator exhausts*
**3** forgódaru
– *revolving crane (pedestal crane)*
**4** csőraktár
– *piperack*
**5** gázturbinák kipufogócsövei
– *turbine exhausts*
**6** anyagraktár
– *materials store*
**7** helikopterfedélzet (helikopter-leszállóhely)
– *helicopter deck (heliport deck, heliport)*
**8** felvonó (lift)
– *elevator*
**9** üzemi gáz-olaj elválasztó berendezés (gáztalanító)
– *production oil and gas separator*
**10** ellenőrző gáz-olaj elválasztó
– *test oil and gas separators (test separators)*
**11** biztonsági gázfáklya
– *emergency flare stack*
**12** olajfúró torony (fúrótorony)
– *derrick*
**13** gázolajtartály (dízelolajtartály)
– *diesel tank*
**14** irodaépület
– *office building*
**15** cementtartályok
– *cement storage tanks*
**16** ivóvíztartály
– *drinking water tank*
**17** sósvíz-tartály
– *salt water tank*
**18** helikopter-üzemanyagtartály
– *jet fuel tanks*
**19** mentőcsónakok
– *lifeboats*
**20** liftakna
– *elevator shaft*
**21** sűrítettlevegő-tartály
– *compressed-air reservoir*
**22** szivattyútelep
– *pumping station*
**23** levegőkompresszor
– *air compressor*
**24** klímaberendezés
– *air lock*
**25** tengervíz-sótalanító berendezés
– *seawater desalination plant*
**26** dízelolajszűrő berendezés
– *inlet filters for diesel fuel*
**27** gázhűtő
– *gas cooler*
**28** gáz-olaj elválasztó vezérlőpultja
– *control panel for the separators*
**29** toalettek
– *toilets (lavatories)*
**30** műhely
– *workshop*
**31** csőgörényzsilip [a csőgörény a fő olajvezeték tisztítására való]
– *pig trap [the 'pig' is used to clean the oil pipeline]*
**32** vezérlőterem
– *control room*
**33** szálláshelyek
– *accommodation modules (accommodation)*
**34** nagynyomású cementezőszivattyúk
– *high-pressure cementing pumps*
**35** alsó fedélzet
– *lower deck*
**36** középső fedélzet
– *middle deck*
**37** felső fedélzet
– *top deck (main deck)*
**38** állványszerkezet
– *substructure*
**39** a tenger színe
– *mean sea level*

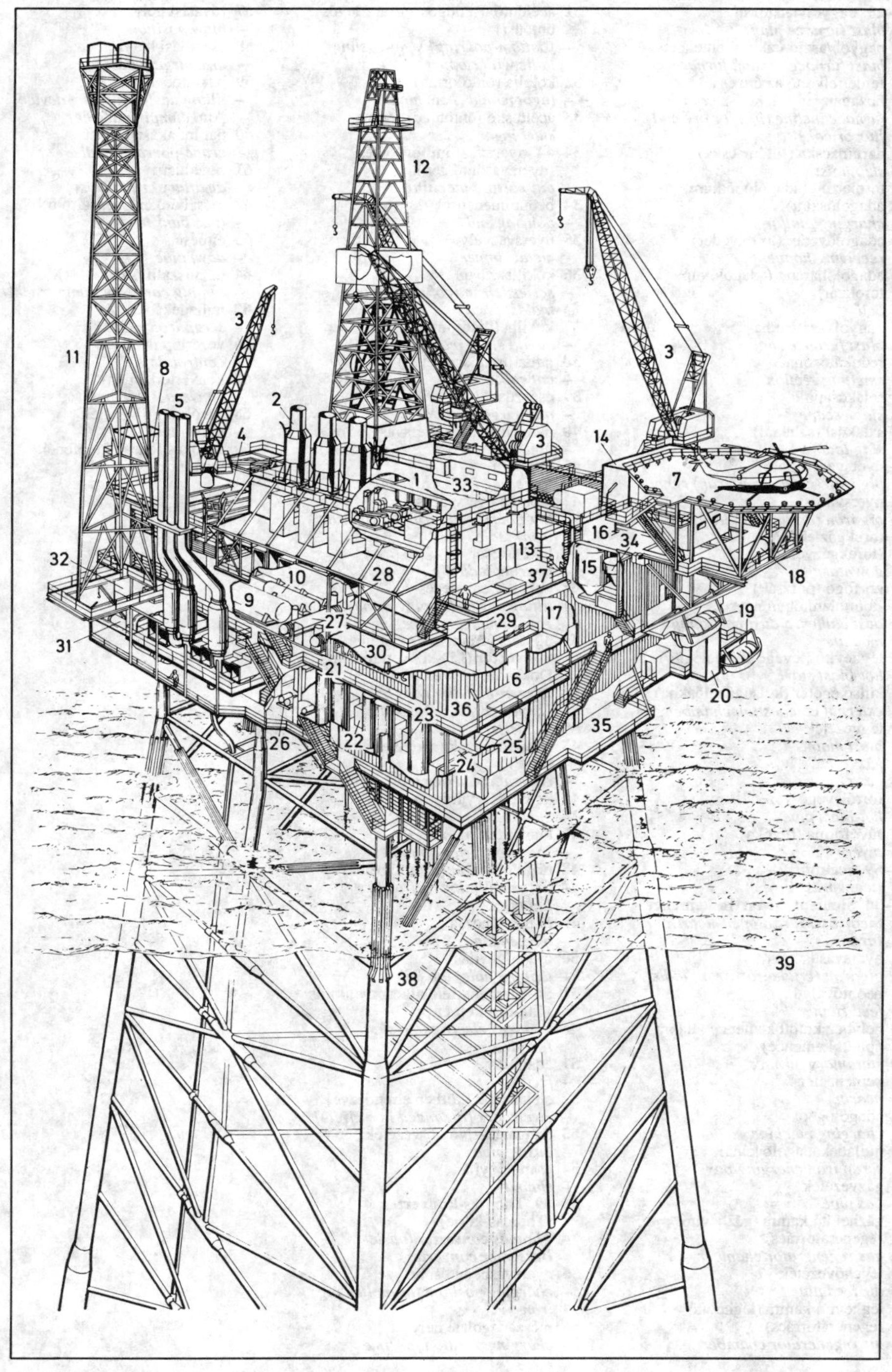
1
2
3
3
3
4
5
6
7
8
9
10
11
12
13
14
15
16
17
18
19
20
21
22
23
24
25
26
27
28
29
30
31
32
33
34
35
36
37
38
39

**1–20 nagyolvasztómű**
– ***blast furnace plant***
**1** nagyolvasztó <aknáskemence>
– *blast furnace, a shaft furnace*
**2** ferde felvonó az érc és a hozaganyag *v.* a koksz számára
– *furnace incline (lift) for ore and flux or coke*
**3** darumacska (futómacska)
– *skip hoist*
**4** torokszint (adagolópódium, adagolószint)
– *charging platform*
**5** adagolóveder (torokveder)
– *receiving hopper*
**6** adagolóharang (adagolókúp, torokzár)
– *bell*
**7** nagyolvasztóakna
– *blast furnace shaft*
**8** redukálózóna
– *smelting section*
**9** salakcsapoló
– *slag escape*
**10** salaküst (salaktál)
– *slag ladle*
**11** nyersvascsapoló
– *pig iron (crude iron, iron) runout*
**12** nyersvasüst
– *pig iron (crude iron, iron) ladle*
**13** torokgázlehúzó (torokgázvezeték)
– *downtake*
**14** porfogó (porzsák) <portalanítóberendezés>
– *dust cather, a dust-collecting machine*
**15** léghevítő (levegő-előmelegítő)
– *hot-blast stove*
**16** külső égőtér (külső tüzelőakna)
– *external combustion chamber*
**17** légvezeték
– *blast main*
**18** gázvezeték
– *gas pipe*
**19** forrólevegő-vezeték
– *hot-blast pipe*
**20** fúvóforma (fúvóka)
– *tuyère*
**21–69 acélmű**
– ***steelworks***
**21–30 Siemens—Martin-kemence**
– ***Siemens-Martin open-hearth furnace***
**21** nyersvasüst
– *pig iron (crude iron, iron) ladle*
**22** beöntővályú
– *feed runner*
**23** helyhez kötött kemence (alapra épített kemence)
– *stationary furnace*
**24** kemencetér
– *hearth*
**25** adagológép
– *charging machine*
**26** hulladékadagoló kanál
– *scrap iron charging box*
**27** gázvezeték
– *gas pipe*
**28** gázhevítő kamra (gázhevítő regenerátorrács)
– *gas regenerator chamber*
**29** levegővezeték
– *air feed pipe*
**30** léghevítő kamra (léghevítő regenerátorrács)
– *air regenerator chamber*
**31** acélöntő üst dugós zárral (dugós öntőüst)
– *[bottom-pouring] steel-casting ladle with stopper*
**32** kokilla (öntőforma)
– *ingot mould (*Am. *mold)*
**33** acéltuskó (öntött acéltömb)
– *steel ingot*
**34–44 nyersvastömböntő gép** (nyersvasöntő gép)
– ***pig-casting machine***
**34** beöntőmedence
– *pouring end*
**35** nyersvasvályú
– *metal runner*
**36** kokillaszalag
– *series (strand) of moulds (*Am. *molds)*
**37** kokilla (öntőforma)
– *mould (*Am. *mold)*
**38** járda (munkapódium)
– *catwalk*
**39** csúszda
– *discharging chute*
**40** nyersvastömb (nyersvascipó)
– *pig*
**41** futódaru
– *travelling (*Am. *traveling) crane*
**42** kiöntős nyersvasüst
– *top-pouring pig iron (crude iron, iron) ladle*
**43** öntőüstcsőr
– *pouring ladle lip*
**44** buktatóberendezés
– *tilting device (tipping device,* Am. *dumping device)*
**45–50 felső fúvatású oxigénes konverter** (LD-konverter, Linz-Donawitz konverter)
– ***oxygen-blowing converter** (L-D converter, Linz-Donawitz converter)*
**45** konverternyak (a konverter felső része)
– *conical converter top*
**46** konvertergyűrű
– *mantle*
**47** konverterfenék
– *solid converter bottom*
**48** tűzálló falazat (tűzálló bélés)
– *fireproof lining (refractory lining)*
**49** oxigénlándzsa
– *oxygen lance*
**50** csapolónyílás
– *tapping hole (tap hole)*
**51–54 Siemens-féle alacsony aknás villamos kemence**
– ***Siemens electric low-shaft furnace***
**51** adagolás
– *feed*
**52** elektródok [körben elrendezve]
– *electrodes [arranged in a circle]*
**53** füstgázleszívó körvezeték
– *bustle pipe*
**54** csapolónyílás
– *runout*
**55–69 Thomas-konverter** (Thomas-körte)
– ***Thomas converter (basic Bessemer converter)***
**55** nyersvasbeöntési helyzet
– *charging position for molten pig iron*
**56** mészadagolási helyzet
– *charging position for lime*
**57** fúvatási helyzet
– *blow position*
**58** csapolási helyzet
– *discharging position*
**59** buktatóberendezés
– *tilting device (tipping device,* Am. *dumping device)*
**60** darura akasztott üst
– *crane-operated ladle*
**61** segéddaru
– *auxiliary crane hoist*
**62** mészbunker (mésztároló)
– *lime bunker*
**63** ejtőcső
– *downpipe*
**64** teknőszállító kocsi
– *tipping car (*Am. *dump truck)*
**65** hulladékadagolás
– *scrap iron feed*
**66** vezérlőpult
– *control desk*
**67** konverterkémény
– *converter chimney*
**68** fúvólevegő-vezeték
– *blast main*
**69** fúvókás fenék (fúvófenék)
– *wind box*

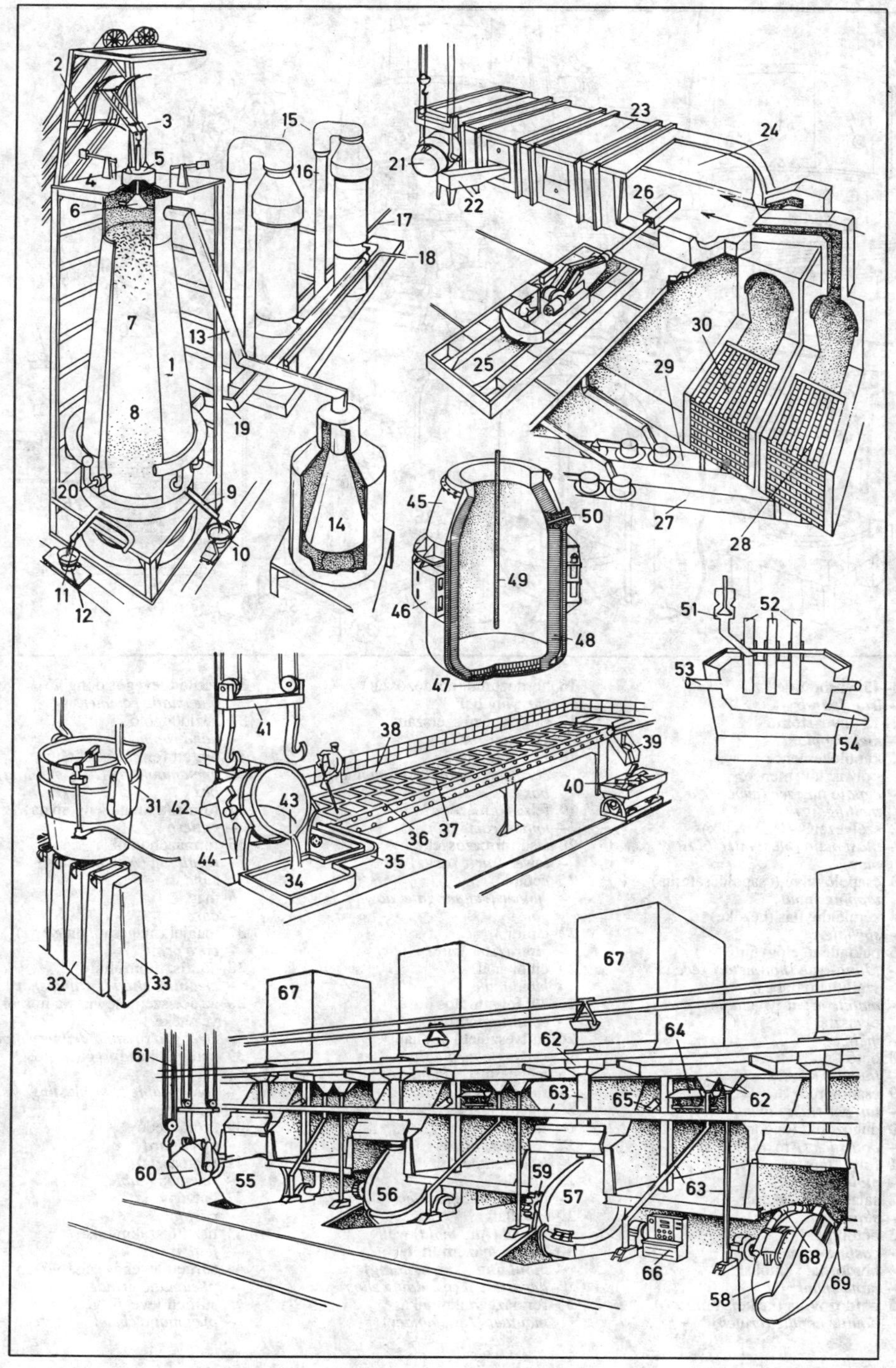
1
2
3
4
5
6
7
8
9
10
11
12
13
14
15
16
17
18
19
20
21
22
23
24
25
26
27
28
29
30
31
32
33
34
35
36
37
38
39
40
41
42
43
44
45
46
47
48
49
50
51
52
53
54
55
56
57
58
59
60
61
62
63
64
65
66
67
68
69

**1–45 vasöntöde**
– ***iron foundry***
**1–12 olvasztómű**
– ***melting plant***
**1** kupolókemence <olvasztókemence>
– *cupola furnace (cupola), a melting furnace*
**2** szélvezeték (légvezeték)
– *blast main (blast inlet, blast pipe)*
**3** csapolóvályú (csapolócsatorna)
– *tapping spout*
**4** kémlelőnyílás (nézőke)
– *spyhole*
**5** buktatható előgyűjtő
– *tilting-type [hot-metal] receiver*
**6** szállítható dobüst
– *mobile drum-type ladle*
**7** olvasztár
– *melter*
**8** öntő
– *founder (caster)*
**9** csapolórúd
– *tap bar (tapping bar)*
**10** dugózórúd (dugórúd)
– *bott stick* (Am. *bot stick)*
**11** folyékony vas
– *molten iron*
**12** salakoló (salakcsurgó)
– *slag spout*
**13** öntőbrigád
– *casting team*
**14** hordozható öntőüst
– *hand shank*
**15** hordozóvilla (kétkezi hordozó)
– *double handle (crutch)*
**16** hordozórúd (hordozószár)
– *carrying bar*
**17** salaklehúzó szerszám
– *skimmer rod*
**18** zárt öntőminta
– *closed moulding* (Am. *molding) box*
**19** felső formázószekrény
– *upper frame (cope)*
**20** alsó formázószekrény
– *lower frame (drag)*
**21** beömlő
– *runner (runner gate, downgate)*
**22** tápfej
– *riser (riser gate)*
**23** öntőkanál
– *hand ladle*
**24–29 folyamatos öntés**
– ***continuous casting***
**24** süllyeszthető öntőlap
– *sinking pouring floor*
**25** megdermedő fémtuskó
– *solidifying pig*
**26** szilárd fázis
– *solid stage*
**27** folyékony fázis
– *liquid stage*
**28** vízhűtés
– *water-cooling system*
**29** kokillafal
– *mould* (Am. *mold) wall*
**30–37 formázóműhely**
– ***moulding*** (Am. *molding)* ***department*** *(moulding shop)*
**30** formázó szakmunkás
– *moulder* (Am. *molder)*
**31** sűrített levegős döngölő
– *pneumatic rammer*
**32** kézidöngölő
– *hand rammer*
**33** nyitott formázószekrény
– *open moulding* (Am. *molding) box*
**34** forma (a minta lenyomata)
– *pattern*
**35** formázóhomok
– *moulding* (Am. *molding) sand*
**36** mag
– *core*
**37** magjel (magcsap, magjegy)
– *core print*
**38–45 tisztítóműhely**
– ***cleaning shop*** *(fettling shop)*
**38** az acélszemcse vagy a homok vezetéke
– *steel grit or sand delivery pipe*
**39** automatikus forgóasztalos fúvató
– *rotary-table shot-blasting machine*
**40** szórásvédő
– *grit guard*
**41** forgóasztal
– *revolving table*
**42** öntvény
– *casting*
**43** tisztító szakmunkás
– *fettler*
**44** sűrített levegős csiszológép
– *pneumatic grinder*
**45** sűrített levegős véső
– *pneumatic chisel*

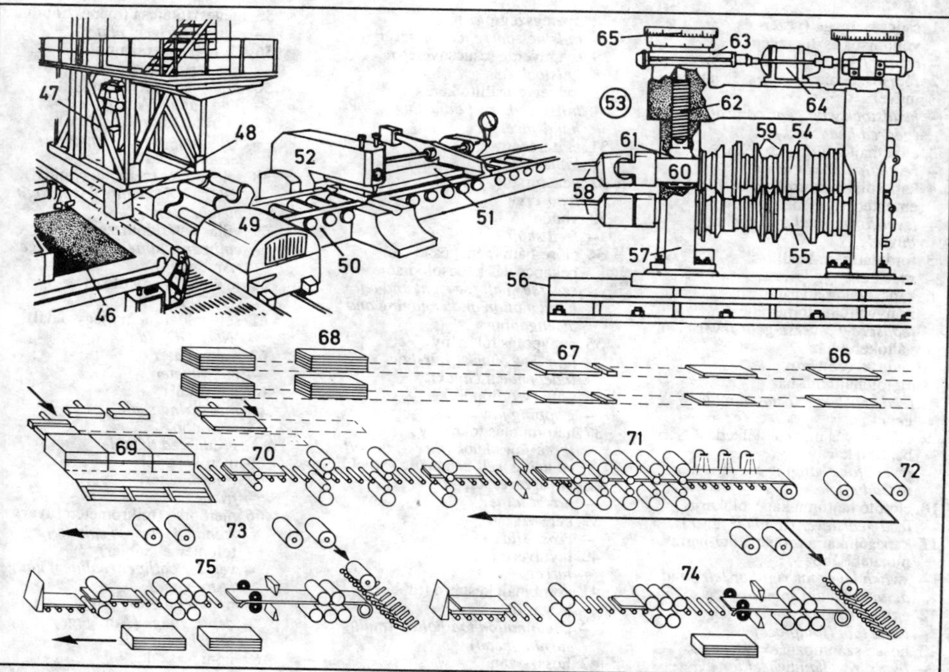


**46–75 hengermű**
– ***rolling mill***
**46** mélykemence
– *soaking pit*
**47** mélykemencedaru <fogósdaru>
– *soaking pit crane*
**48** nyers lemezbuga (öntött bramma)
– *ingot*
**49** tuskóbuktató kocsi
– *ingot tipper*
**50** görgősor
– *roller path*
**51** hengerelt munkadarab
– *workpiece*
**52** blokkbugaolló
– *bloom shears*
**53** duóhengerállvány (kéthengeres hengerállvány)
– *two-high mill*
**54–55 hengerkészlet** (hengerpár)
– ***set of rolls*** *(set of rollers)*
**54** felső henger
– *upper roll (upper roller)*
**55** alsó henger
– *lower roll (lower roller)*
**56–60 hengerállvány**
– ***roll stand***
**56** alaplap (alapgerenda)
– *base plate*
**57** állványkeret (hengerállvány)
– *housing (frame)*
**58** kapcsolóorsó (hajtóorsó)
– *coupling spindle*
**59** üreg (hengerüreg)
– *groove*
**60** hengercsapágy
– *roll bearing*

**61–65 hengerállító szerkezet**
– ***adjusting equipment***
**61** törőbak
– *chock*
**62** állítóorsó
– *main screw*
**63** hajtás
– *gear*
**64** motor
– *motor*
**65** a durva- és finomállítás mutatóberendezése
– *indicator for rough and fine adjustment*
**66–75 folytatólagos abroncshengersor** [sematikus ábra]
– ***continuous rolling mill train for the manufacture of strip*** *[diagram]*
**66–68** a féltermék előkészítése
– *processing of semi-finished product*
**66** féltermék
– *semi-finished product*
**67** autogén-darabolóberendezés
– *gas cutting installation*
**68** rakásolt féltermék
– *stack of finished steel sheets*
**69** tolókemencék
– *continuous reheating furnaces*
**70** előnyújtó sor
– *blooming train*
**71** készsor
– *finishing train*
**72** tekercselő
– *coiler*

**73** tekercsraktár (tekercstároló)
– *collar bearing for marketing*
**74** darabolósor 5 mm vastagságig
– *5 mm shearing train*
**75** darabolósor 10 mm vastagságig
– *10 mm shearing train*

1 **csúcseszterga** (vezér- és vonóorsós esztergagép)
– ***centre** (Am. center) **lathe***
2 főorsószekrény a sebességváltó művel
– *headstock with gear control (geared headstock)*
3 előtéthajtómű-kapcsolókar
– *reduction driver lever*
4 kapcsolókar normál és meredek emelkedésű menetvágáshoz
– *lever for normal and coarse threads*
5 fordulatszám-beállítás
– *speed change lever*
6 kapcsolókar a vezérorsó irányváltó hajtóművéhez
– *leadscrew reverse-gear lever*
7 váltókerékház
– *change-gear box*
8 előtolóhajtómű-ház
– *feed gearbox (Norton tumbler gear)*
9 előtolás- és menetemelkedés-beállító kar
– *levers for changing the feed and thread pitch*
10 előtoló hajtómű kapcsolókarja
– *feed gear lever (tumbler lever)*
11 kapcsolókar a főorsó előre-hátra mozgatásához
– *switch lever for right or left hand action of main spindle*
12 esztergapad lába
– *lathe foot (footpiece)*
13 hossz-szánmozgató kézikerék
– *leadscrew handwheel for traversing of saddle (longitudinal movement of saddle)*
14 az előtolás irányváltó hajtóművének kapcsolókarja
– *tumbler reverse lever*
15 előtolóorsó
– *feed screw*
16 lakatszekrény (szánszekrény)
– *apron (saddle apron, carriage apron)*
17 hossz- és keresztirányú előtolás kapcsolókarja
– *lever for longitudinal and transverse motion*
18 ejtőcsiga az előtolások bekapcsolására
– *drop (dropping) worm (feed trip, feed tripping device) for engaging feed mechanisms*
19 a vezérorsó lakatanyájának kapcsolókarja
– *lever for engaging half nut of leadscrew (lever for clasp nut engagement)*
20 főorsó (esztergaorsó)
– *lathe spindle*
21 késtartó (szerszámtartó)
– *tool post*
22 alapszán (hossz-szán)
– *top slide (tool slide, tool rest)*
23 keresztszán
– *cross slide*
24 ágyszán
– *bed slide*
25 hűtőfolyadékcső
– *coolant supply pipe*
26 szegnyeregcsúcs (nyeregszeg)
– *tailstock centre* (Am. *center)*
27 nyeregszegorsó
– *barrel (tailstock barrel)*
28 nyeregszegrögzítő
– *tailstock barrel clamp lever*
29 szegnyereg (csúcsnyereg)
– *tailstock*
30 nyeregszegállító kerék
– *tailstock barrel adjusting handwheel*
31 esztergaágy
– *lathe bed*
32 vezérorsó
– *leadscrew*
33 vonóorsó
– *feed shaft*
34 előre-hátramenet és ki-bekapcsolás kapcsolóorsója
– *reverse shaft for right and left hand motion and engaging and disengaging*
35 négypofás tokmány
– *four-jaw chuck (four-jaw independent chuck)*
36 pofa (szorítópofa)
– *gripping jaw*
37 hárompofás tokmány
– *three-jaw chuck (three-jaw self-centring, self-centering, chuck)*
38 **revolvereszterga**
– ***turret lathe***
39 keresztszán
– *cross slide*
40 revolverfej
– *turret*
41 kombinált késtartó (többkéses késtartó)
– *combination toolholder (multiple turning head)*
42 hossz-szán
– *top slide*
43 keresztfogantyú
– *star wheel*
44 felfogóteknő a forgács és a fúróolaj számára
– *coolant tray for collecting coolant and swarf*
45–53 **esztergakések**
– ***lathe tools***
45 késszár cserélhető vágólapok befogására
– *tool bit holder (clamp tip tool) for adjustable cutting tips*
46 cserélhető vágólap keményfémből *v.* oxidkerámiából
– *adjustable cutting tip (clamp tip) of cemented carbide or oxide ceramic*
47 oxidkerámia vágólapformák
– *shapes of adjustable oxide ceramic tips*
48 keményfém-lapkás esztergakés
– *lathe tool with cemented carbide cutting edge*
49 esztergakésszár
– *tool shank*
50 ráforrasztott keményfém lapka
– *brazed cemented carbide cutting tip (cutting edge)*
51 furatesztergáló könyökös esztergakés
– *internal facing tool (boring tool) for corner work*
52 hajlított esztergakés
– *general-purpose lathe tool*
53 leszúrókés (beszúrókés)
– *parting (parting-off) tool*
54 szív (menesztő)
– *lathe carrier*
55 menesztőtárcsa (menesztőbilincs)
– *driving (driver) plate*
56–72 **mérőszerszámok**
– ***measuring instruments***
56 dugós határidomszer
– *plug gauge* (Am. *gage)*
57 előírt méret (megy oldal)
– *'GO' gauging* (Am. *gaging) member (end)*
58 selejtméret (nem megy oldal)
– *'NOT GO' gauging* (Am. *gaging) member (end)*
59 villás határidomszer
– *calliper (caliper, snap) gauge* (Am. *gage)*
60 jó oldal (megy oldal)
– *'GO' side*
61 selejtoldal (nem megy oldal)
– *'NOT GO' side*
62 mikrométer
– *micrometer*
63 mérőskála
– *measuring scale*
64 mérődob
– *graduated thimble*
65 mérőkengyel (mikrométerkengyel)
– *frame*
66 mérőorsó (mikrométercsavar)
– *spindle (screwed spindle)*
67 tolómérce (subler)
– *vernier calliper (caliper) gauge* (Am. *gage)*
68 mélységmérő-tapintó
– *depth gauge* (Am. *gage) attachment rule*
69 nóniuszskála
– *vernier scale*
70 külsőméret-tapintó
– *outside jaws*
71 belsőméret-tapintó
– *inside jaws*
72 mélységmérő (mélységmérő tolómérce)
– *vernier depth gauge* (Am. *gage)*

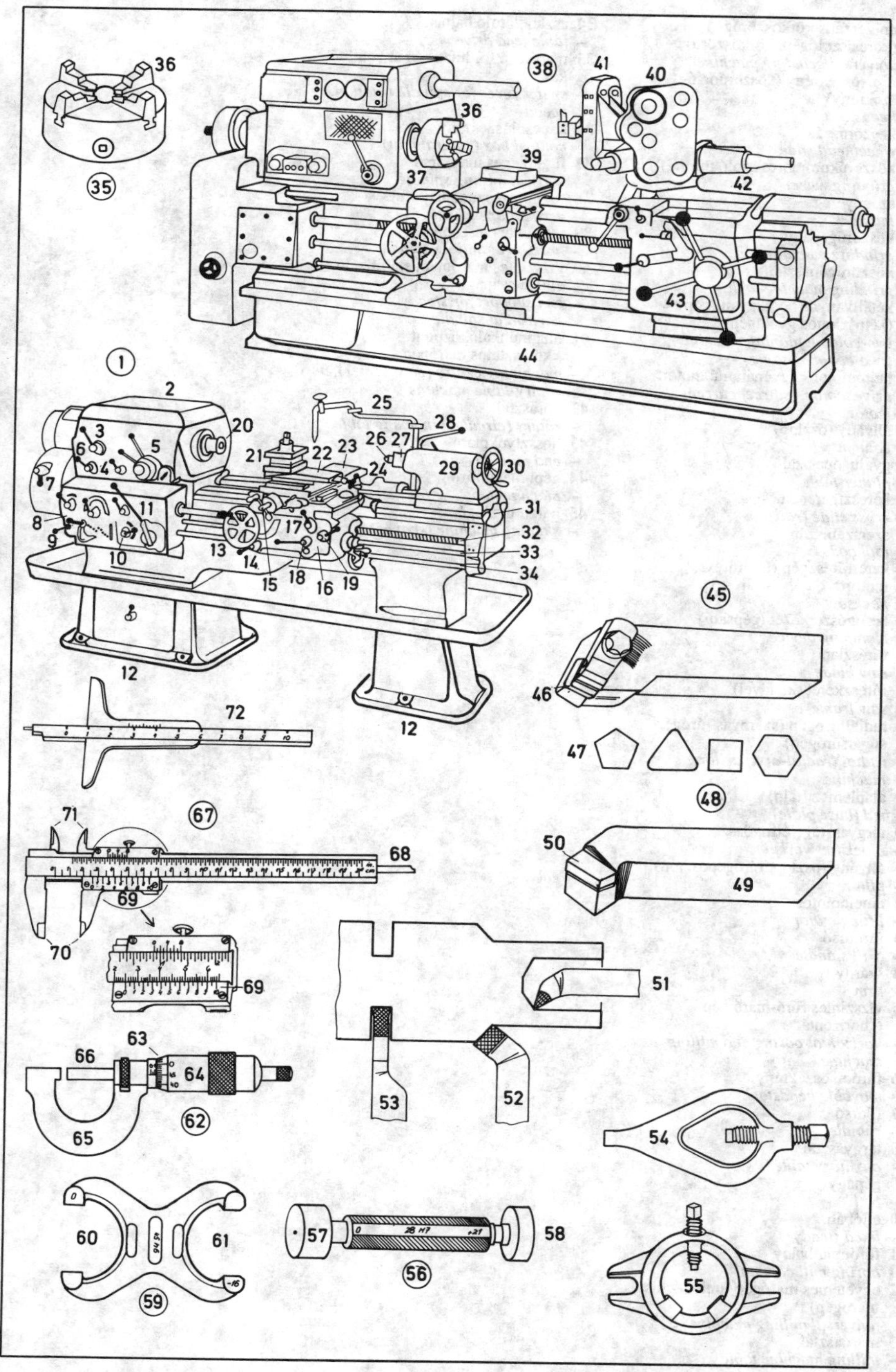
1
2
3
4
5
6
7
8
9
10
11
12
13
14
15
16
17
18
19
20
21
22
23
24
25
26
27
28
29
30
31
32
33
34
35
36
37
38
39
40
41
42
43
44
45
46
47
48
49
50
51
52
53
54
55
56
57
58
59
60
61
62
63
64
65
66
67
68
69
70
71
72

**1** univerzális körköszörűgép (körcsiszológép, körköszörű)
– *universal grinding machine*
**2** főorsószekrény (köszörűorsószekrény)
– *headstock*
**3** köszörűszán
– *wheelhead slide*
**4** köszörűkorong (csiszolókorong)
– *grinding wheel*
**5** szegnyereg
– *tailstock*
**6** köszörűgépágy
– *grinding machine bed*
**7** köszörűgépasztal
– *grinding machine table*
**8** kétállványos hosszgyalu(gép) (kétoszlopos gyalugép)
– *two-column planing machine (two-column planer)*
**9** hajtómotor <egyenáramú motor>
– *drive motor, a direct current motor*
**10** állvány (oszlop)
– *column*
**11** gyalugépasztal
– *planer table*
**12** keresztgerenda
– *cross slide (rail)*
**13** szerszámszán
– *tool box*
**14** keretfűrészgép (fémfűrész, motoros darabolófűrész)
– *hacksaw*
**15** befogószerkezet (gépsatu)
– *clamping device*
**16** fűrészlap
– *saw blade*
**17** fűrészkeret (kengyel)
– *saw frame*
**18** radiálfúrógép (szárnyas fúrógép, sugárfúrógép)
– *radial (radial-arm) drilling machine*
**19** alaplemez (talp)
– *bed (base plate)*
**20** tárgyasztal (felfogóasztal)
– *block for workpiece*
**21** állvány (oszlop, fúrógéposzlop)
– *pillar*
**22** emelőmotor
– *lifting motor*
**23** fúróorsó
– *drill spindle*
**24** szárny
– *arm*
**25** vízszintes fúró-maró gép („horizontál")
– *horizontal boring and milling machine*
**26** fúróorsószekrény
– *movable headstock*
**27** főorsó
– *spindle*
**28** tárgyasztal
– *auxiliary table*
**29** gépágy
– *bed*
**30** állóbáb
– *fixed steady*
**31** fúróműállvány
– *boring mill column*
**32** egyetemes marógép (univerzális marógép)
– *universal milling machine*
**33** maróasztal
– *milling machine table*
**34** asztalelőtoló hajtás
– *table feed drive*
**35** maróorsó fordulatszámát beállító kar
– *switch lever for spindle rotation speed*
**36** kapcsolószekrény
– *control box (control unit)*
**37** függőleges maróorsó
– *vertical milling spindle*
**38** függőleges orsó hajtófeje
– *vertical drive head*
**39** vízszintes maróorsó
– *horizontal milling spindle*
**40** vízszintes maróorsót stabilizáló elülső csapágy
– *end support for steadying horizontal spindle*
**41** megmunkálóközpont <körasztalos marógép>
– *machining centre* (Am. *center*), *a rotary-table machine*
**42** körasztal
– *rotary (circular) indexing table*
**43** hosszlyukmaró
– *end mill*
**44** gépi menetfúró
– *machine tap*
**45** harántgyalugép
– *shaping machine (shaper)*

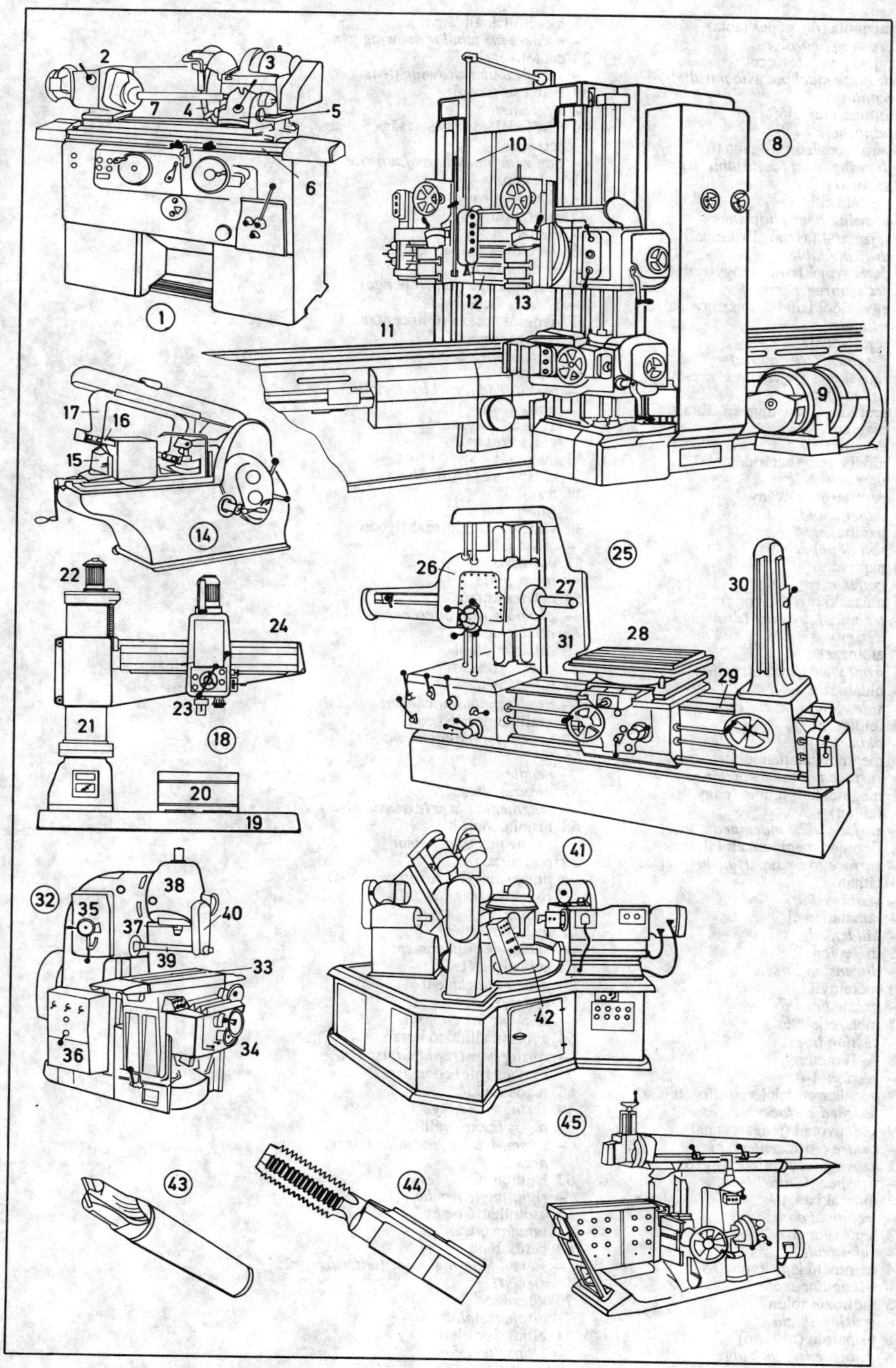
1
2
3
4
5
6
7
8
9
10
11
12
13
14
15
16
17
18
19
20
21
22
23
24
25
26
27
28
29
30
31
32
33
34
35
36
37
38
39
40
41
42
43
44
45

1 rajztábla (rajzgépes tábla)
– *drawing board*
2 rajzgép vezetőléccel
– *drafting machine with parallel motion*
3 állítható rajzolófej
– *adjustable knob*
4 sarokvonalzó (szögvonalzó)
– *drawing head (adjustable set square)*
5 rajztáblaállító
– *drawing board adjustment*
6 rajzasztal [asztal állvánnyal]
– *drawing table*
7 derékszögű háromszögvonalzó
– *set square (triangle)*
8 egyenlőoldalú háromszögvonalzó
– *triangle*
9 fejes vonalzó
– *T-square (tee-square)*
10 rajztekercs (rajzpapírtekercs)
– *rolled drawing*
11 grafikus ábra (függvényábra, diagram)
– *diagram*
12 idődiagram (határidőtábla)
– *time schedule*
13 papírtároló állvány
– *paper stand*
14 papírtekercs
– *roll of paper*
15 papírvágó
– *cutter*
16 műszaki rajz (tervrajz)
– *technical drawing (drawing, design)*
17 elölnézet
– *front view (front elevation)*
18 oldalnézet
– *side view (side elevation)*
19 felülnézet
– *plan*
20 megmunkálatlan felület
– *surface not to be machined*
21 megmunkált felület (nagyolt felület)
– *surface to be machined*
22 finoman megmunkált felület
– *surface to be superfinished*
23 látható él
– *visible edge*
24 láthatatlan él
– *hidden edge*
25 méretvonal
– *dimension line*
26 méretnyíl
– *arrow head*
27 metszetjelölés
– *section line*
28 A–B metszet
– *section A-B*
29 vonalkázott felület (sraffozott rész)
– *hatched surface*
30 középvonal (tengelyvonal)
– *centre* (Am. *center*) *line*
31 szövegmező (rajzbélyegző)
– *title panel (title block)*
32 műszaki adatok
– *technical data*
33 léptékvonalzó
– *ruler (rule)*
34 háromélű léptékvonalzó
– *triangular scale*
35 radírozósablon
– *erasing shield*
36 tuspatron (tustartó)
– *drawing ink cartridge*
37 a csőtollak állványa
– *holders for tubular drawing pens*
38 csőtollkészlet
– *set of tubular drawing pens*
39 nedvességmérő
– *hygrometer*
40 zárófedél vonalvastagság-jelzővel
– *cap with indication of nib size*
41 radírceruza
– *pencil-type eraser*
42 radírgumi
– *eraser*
43 vakarókés (kaparókés)
– *erasing knife*
44 vakarópenge (kaparópenge)
– *erasing knife blade*
45 nyomós ceruza (töltőceruza, betétes ceruza)
– *clutch-type pencil*
46 grafitbél
– *pencil lead (refill lead, refill, spare lead)*
47 üvegszálas vakaró
– *glass eraser*
48 üvegszál
– *glass fibres* (Am. *fibers*)
49 tuskihúzó
– *ruling pen*
50 vonalvastagság-szabályozó
– *cross joint*
51 osztókör
– *index plate*
52 betétes körző
– *compass with interchangeable attachments*
53 összefogó villa
– *compass head*
54 tűtartó betét
– *needle point attachment*
55 grafithegytartó betét
– *pencil point attachment*
56 tű
– *needle*
57 hosszabbítószár
– *lengthening arm (extension bar)*
58 tuskihúzóbetét
– *ruling pen attachment*
59 nullkörző
– *pump compass (drop compass)*
60 rögzítőszár (ejtőszár)
– *piston*
61 tuskihúzóbetét
– *ruling pen attachment*
62 ceruzásbetét
– *pencil attachment*
63 tustartó
– *drawing ink container*
64 gyorsan állítható körző
– *spring bow (rapid adjustment, ratchet-type) compass*
65 rugós csukló
– *spring ring hinge*
66 rugós finom ívállító
– *spring-loaded fine adjustment for arcs*
67 hajlított tű
– *right-angle needle*
68 csőtolltartó betét
– *tubular ink unit*
69 betűsablon
– *stencil lettering guide (lettering stencil)*
70 körsablon
– *circle template*
71 ellipszissablon
– *ellipse template*

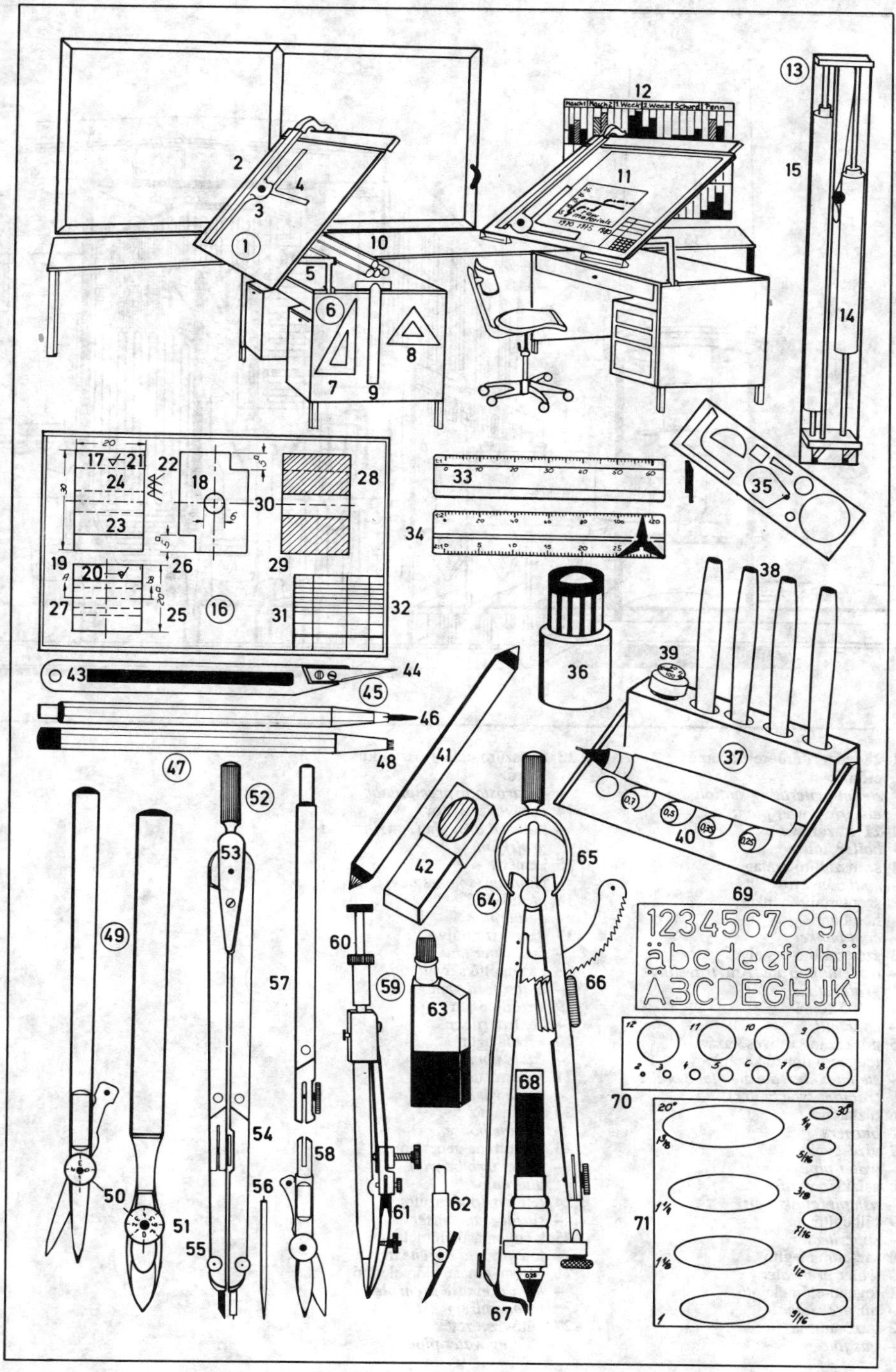
1234567890
äbcdeefghij
ABCDEGHJK

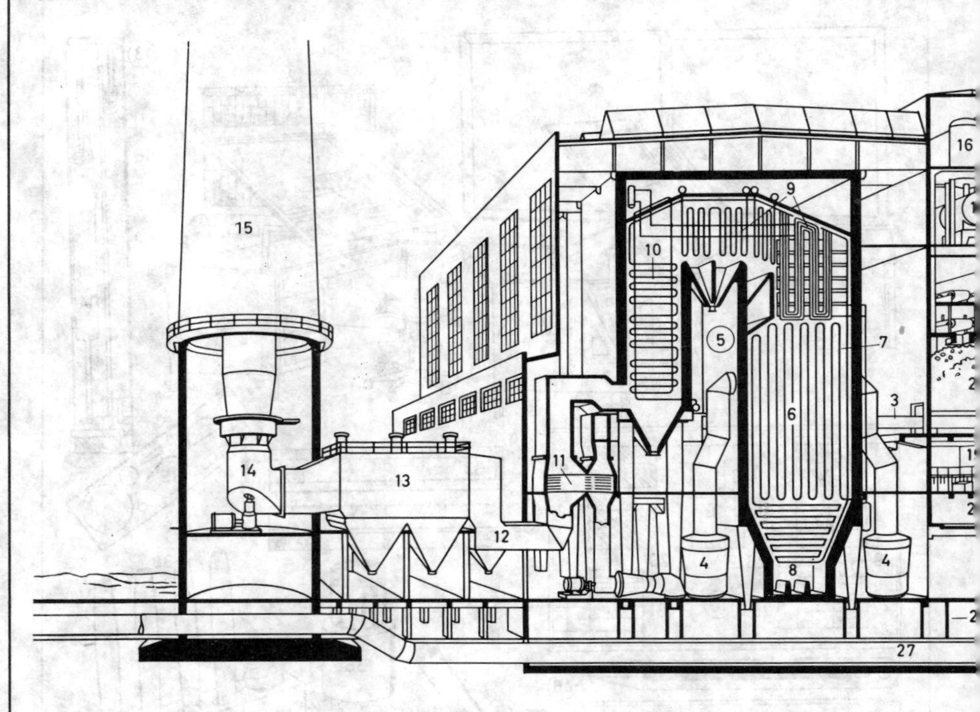


**1–28 gőzerőmű** <elektromos erőmű>
– ***steam-generating station,*** *an electric power plant*
**1–21 kazánház**
– ***boiler house***
**1** szénszállító szalag
– *coal conveyor*
**2** széntartály (bunker, hombár)
– *coal bunker*
**3** szénszállító rostély
– *travelling-grate (*Am. *traveling-grate) stoker*
**4** szénőrlőmű
– *coal mill*
**5** gőzkazán <csöves kazán (sugárzó típusú kazán)>
– *steam boiler, a water-tube boiler (radiant-type boiler)*
**6** tűzkamra
– *burners*
**7** vízcsövek
– *water pipes*
**8** salakleeresztő
– *ash pit (clinker pit)*
**9** túlhevítő
– *superheater*
**10** víz-előmelegítő
– *water preheater*
**11** levegő-előmelegítő
– *air preheater*
**12** gázcsatorna
– *gas flue*
**13** füstszűrő <elektrosztatikus szűrő>
– *electrostatic precipitator*
**14** elszívóventilátor
– *induced-draught (*Am. *induced-draft) fan*
**15** kémény
– *chimney (smokestack)*
**16** gáztalanító
– *de-aerator*
**17** üzemvíztartály
– *feedwater tank*
**18** kazántöltő szivattyú
– *boiler feed pump*
**19** vezérlőterem
– *control room*
**20** kábelalagút
– *cable tunnel*
**21** kábelrendező
– *cable vault*
**22** turbinaház
– *turbine house*
**23** gőzturbina generátorral
– *steam turbine with alternator*
**24** felületi kondenzátor
– *surface condenser*
**25** kisnyomású előmelegítő
– *low-pressure preheater*
**26** nagynyomású előmelegítő
– *high-pressure preheater (economizer)*
**27** hűtővízvezeték
– *cooling water pipe*

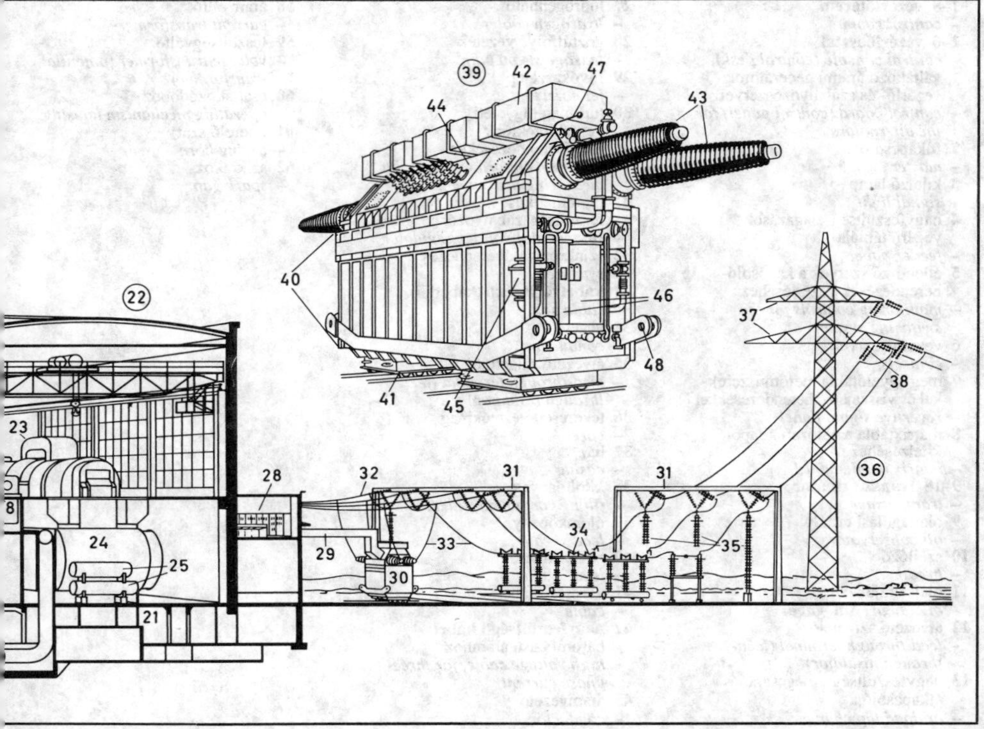


**28** vezérlőterem
– *control room*
**29–35 szabadtéri kapcsolóberendezés** <nagyfeszültségű elosztóberendezés>
– ***outdoor substation, a substation***
**29** áramvezető sínek
– *busbars*
**30** teljesítménytranszformátor <vándortranszformátor>
– *power transformer, a mobile (transportable) transformer*
**31** feszítőoszlopok
– *stay poles (guy poles)*
**32** nagyfeszültségű távvezeték
– *high-voltage transmission line*
**33** nagyfeszültségű vezető
– *high-voltage conductor*
**34** légnyomásos megszakító
– *air-blast circuit breaker (circuit breaker)*
**35** túlfeszültség-levezető
– *surge diverter* (Am. *lightning arrester, arrester)*
**36** szabadvezetéki oszlop <rácsos oszlop>
– *overhead line support, a lattice steel tower*
**37** kereszttartó (traverz)
– *cross arm (traverse)*
**38** feszítőszigetelő (szigetelőlánc)
– *strain insulator*
**39 vándortranszformátor** (teljesítménytranszformátor)
– ***mobile (transportable) transformer*** *(power transformer, transformer)*
**40** transzformátorszekrény
– *transformer tank*
**41** hordozóbak
– *bogie* (Am. *truck)*
**42** olajtágulási tartály
– *oil conservator*
**43** primer kivezetések
– *primary voltage terminal (primary voltage bushing)*
**44** szekunder kivezetések
– *low-voltage terminals (low-voltage bushings)*
**45** olajszivattyú (olajkeringető szivattyú)
– *oil-circulating pump*
**46** olajhűtő
– *oil cooler*
**47** ívterelő szarv
– *arcing horn*
**48** szállítófogantyú
– *transport lug*

**1–8 vezérlőterem**
– ***control room***
**1–6 vezérlőasztal**
– ***control console*** *(control desk)*
**1** váltakozó áramú generátorok vezérlő- és szabályozószervei
– *control board (control panel) for the alternators*
**2** főkapcsoló
– *master switch*
**3** kijelző lámpa
– *signal light*
**4** nagyfeszültség-elágazások vezérlőtáblája
– *feeder panel*
**5** ellenőrző szervek a kapcsolóberendezések vezérléséhez
– *monitoring controls for the switching systems*
**6** vezérlőszervek
– *controls*
**7** megfigyelőtábla mérőműszerekkel és visszajelző berendezésekkel
– *revertive signal panel*
**8** mátrixtábla a hálózati állapot kijelzéséhez
– *matrix mimic board*
**9–18 transzformátor**
– ***transformer***
**9** olajtágulási tartály
– *oil conservator*
**10** szellőző
– *breather*
**11** olajszintjelző
– *oil gauge (*Am. *gage)*
**12** átvezető szigetelő
– *feed-through terminal (feed-through insulator)*
**13** nagyfeszültségű megcsapolás átkapcsolója
– *on-load tap changer*
**14** járom
– *yoke*
**15** primer tekercs
– *primary winding (primary)*
**16** szekunder tekercs
– *secondary winding (secondary, low-voltage winding)*
**17** vasmag
– *core*
**18** megcsapolás
– *tap (tapping)*
**19 transzformátorkapcsolás**
– ***transformer connection***
**20** csillagkapcsolás
– *star connection (star network, Y-connection)*
**21** deltakapcsolás (háromszögkapcsolás)
– *delta connection (mesh connection)*
**22** csillagpont (nullapont)
– *neutral point*
**23–30 gőzturbina** <gőzturbinaegység>
– ***steam turbine,*** *a turbogenerator unit*
**23** nagynyomású henger
– *high-pressure cylinder*
**24** közepes nyomású henger
– *medium-pressure cylinder*
**25** kisnyomású henger
– *low-pressure cylinder*
**26** háromfázisú generátor (generátor)
– *three-phase generator (generator)*
**27** hidrogénhűtő
– *hydrogen cooler*
**28** gőztúlfolyó vezeték
– *leakage steam path*
**29** fúvókaszelep
– *jet nozzle*
**30** turbinafelügyeleti vezérlőszekrény mérőberendezésekkel
– *turbine monitoring panel with measuring instruments*
**31** [automatikus] feszültségszabályozó
– *[automatic] voltage regulator*
**32** szinkronizálóberendezés
– *synchro*
**33 kábelvéglezáró** (kábelfej)
– ***cable box***
**34** vezető
– *conductor*
**35** átvezető szigetelő
– *feed-through terminal (feed-through insulator)*
**36** tekercselt vezetékmag
– *core*
**37** ház
– *casing*
**38** kitöltőanyag
– *filling compound (filler)*
**39** ólomköpeny
– *lead sheath*
**40** bevezető cső
– *lead-in tube*
**41** vezeték (kábel)
– *cable*
**42 nagyfeszültségű kábel** háromfázisú áramhoz
– ***high voltage cable,*** *for three-phase current*
**43** áramvezető
– *conductor*
**44** fémezett papír
– *metallic paper (metallized paper)*
**45** töltősodrat
– *tracer (tracer element)*
**46** preparált vászonszalag bevonat
– *varnished-cambric tape*
**47** ólomköpeny
– *lead sheath*
**48** kátránypapír
– *asphalted paper*
**49** jutaburkolat
– *jute serving*
**50** acélszalag *v.* acéldrót fegyverzet
– *steel tape or steel wire armour (*Am. *armor)*
**51–62 légnyomásos megszakító** <teljesítménymegszakító>
– ***air-blast circuit breaker,*** *a circuit breaker*
**51** sűrítettlevegő-tartály
– *compressed-air tank*
**52** vezérlőszelep
– *control valve (main operating valve)*
**53** sűrítettlevegő-csatlakozás
– *compressed-air inlet*
**54** üreges szigetelőtest <tányérszigetelő>
– *support insulator, a hollow porcelain supporting insulator*
**55** megszakítókamra
– *interrupter*
**56** ellenállás
– *resistor*
**57** segédérintkezők
– *auxiliary contacts*
**58** áramváltó
– *current transformer*
**59** feszültségváltó
– *voltage transformer (potential transformer)*
**60** csatlakozódoboz
– *operating mechanism housing*
**61** ívterelő szarv
– *arcing horn*
**62** szikraköz
– *spark gap*

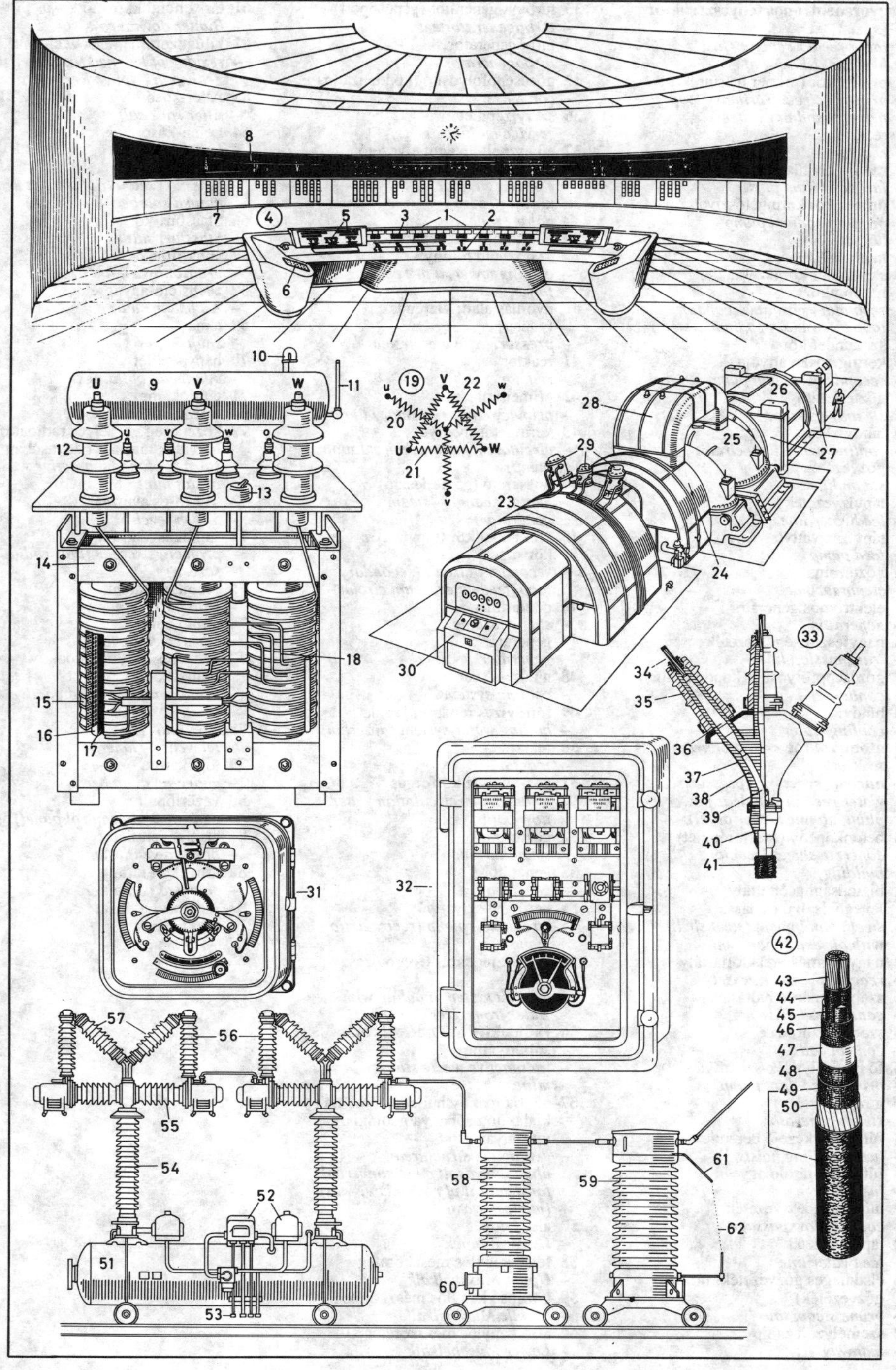

1
2
3
4
5
6
7
8
9
10
11
U
V
W
u
v
w
o
12
13
14
15
16
17
18
19
20
21
22
23
24
25
26
27
28
29
30
31
32
33
34
35
36
37
38
39
40
41
42
43
44
45
46
47
48
49
50
51
52
53
54
55
56
57
58
59
60
61
62

1 **gyorsneutronos tenyészreaktor** [vázlat]
– ***fast-breeder reactor*** *(fast breeder) [diagram]*
2 primer kör (primer nátriumkör)
– *primary circuit (primary loop, primary sodium system)*
3 reaktor
– *reactor*
4 radioaktív tüzelőanyagrudak
– *fuel rods (fuel pins)*
5 primer kör keringetőszivattyúja
– *primary sodium pump*
6 hőcserélő
– *heat exchanger*
7 szekunder kör (szekunder nátriumkör)
– *secondary circuit (secondary loop, secondary sodium system)*
8 szekunder kör keringetőszivattyúja
– *secondary sodium pump*
9 gőzfejlesztő
– *steam generator*
10 hűtővízkör
– *cooling water flow circuit*
11 gőzvezeték
– *steam line*
12 tápvízvezeték
– *feedwater line*
13 tápvízszivattyú
– *feed pump*
14 gőzturbina
– *steam turbine*
15 elektromos generátor
– *generator*
16 nagyfeszültségű vezeték
– *transmission line*
17 gőzcseppfolyósító (kondenzátor)
– *condenser*
18 hűtővíz
– *cooling water*
19 **atomreaktor** <nyomottvizes reaktor>
– ***nuclear reactor,*** *a pressurized-water reactor (nuclear power plant, atomic power plant)*
20 betonköpeny (reaktorépület)
– *concrete shield (reactor building)*
21 biztonsági acéltartály levegőelszívó nyílással
– *steel containment (steel shell) with air extraction vent*
22 nagynyomású reaktortartály
– *reactor pressure vessel*
23 szabályozórúd hajtása
– *control rod drive*
24 szabályozórudak
– *control rods*
25 fő hűtőfolyadék-szivattyú
– *primary coolant pump*
26 gőzfejlesztő
– *steam generator*
27 fűtőelem-kezelő berendezés
– *fuel-handling hoists*
28 fűtőelem-tároló ágy
– *fuel storage*
29 hűtőfolyadék-vezeték
– *coolant flow passage*
30 tápvízvezeték
– *feedwater line*
31 elsődleges gőzvezeték (primer gőzvezeték)
– *prime steam line*
32 személyzeti zsilip
– *manway*
33 turbina-generátor (gépcsoport)
– *turbogenerator set*
34 turbógenerátor
– *turbogenerator*
35 gőzcseppfolyósító (kondenzátor)
– *condenser*
36 szervizépület
– *service building*
37 elhasznált levegőt elvezető kémény
– *exhaust gas stack*
38 körforgó daru
– *polar crane*
39 hűtőtorony <levegőhűtéses szárazhűtő torony>
– *cooling tower, a dry cooling tower*
40 nyomás alatti vízrendszer [vázlat]
– *pressurized-water system*
41 reaktor
– *reactor*
42 primer kör
– *primary circuit (primary loop)*
43 keringetőszivattyú
– *circulation pump (recirculation pump)*
44 hőcserélő (gőzfejlesztő)
– *heat exchanger (steam generator)*
45 szekunder kör (tápvíz-gőz körforgás)
– *secondary circuit (secondary loop, feedwater steam circuit)*
46 gőzturbina
– *steam turbine*
47 generátor
– *generator*
48 hűtőrendszer
– *cooling system*
49 forróvizes rendszer [vázlat]
– *boiling water system [diagram]*
50 reaktor
– *reactor*
51 gőz-hűtővíz körforgás
– *steam and recirculation water flow paths*
52 gőzturbina
– *steam turbine*
53 generátor
– *generator*
54 keringetőszivattyú
– *circulation pump (recirculation pump)*
55 hűtővízrendszer (folyóvizes hűtés)
– *coolant system (cooling with water from river)*
56 **radioaktív hulladék tárolása sóbányában**
– ***radioactive waste storage in salt mine***
57–68 radioaktív hulladéktárolónak kialakított sóbánya geológiai viszonyai
– *geological structure of abandoned salt mine converted for disposal of radioactive waste (nuclear waste)*
57 alsó keuper
– *Lower Keuper*
58 felső kagylós mészkőréteg
– *Upper Muschelkalk*
59 középső kagylós mészkőréteg
– *Middle Muschelkalk*
60 alsó kagylós mészkőréteg
– *Lower Muschelkalk*
61 tarka homokkővetődés
– *Bunter downthrow*
62 kilúgozott maradék zechstein
– *residue of leached (lixiviated) Zechstein (Upper Permian)*
63 Aller-kősóréteg
– *Aller rock salt*
64 Leine-kősóréteg
– *Leine rock salt*
65 kálisótelep
– *Stassfurt seam (potash salt seam, potash salt bed)*
66 Stassfurt-kősó
– *Stassfurt salt*
67 anhidrithatár
– *grenzanhydrite*
68 zechstein-agyagréteg
– *Zechstein shale*
69 akna
– *shaft*
70 bányaépület
– *minehead buildings*
71 tárolókamra
– *storage chamber*
72 közepesen veszélyes radioaktív hulladék tárolása bányasóban
– *storage of medium-active waste in salt mine*
73 511 m-es alapzat
– *511 m level*
74 sugárzásvédő fal
– *protective screen (anti-radiation screen)*
75 ólomüveg ablak
– *lead glass window*
76 tárolókamra
– *storage chamber*
77 hengeres hordó radioaktív hulladékkal
– *drum containing radioactive waste*
78 televíziós kamera
– *television camera*
79 töltőkamra
– *charging chamber*
80 vezérlőpult
– *control desk (control panel)*
81 elszívóventilátor
– *upward ventilator*
82 árnyékolt tartály
– *shielded container*
83 490 m-es alapzat
– *490 m level*

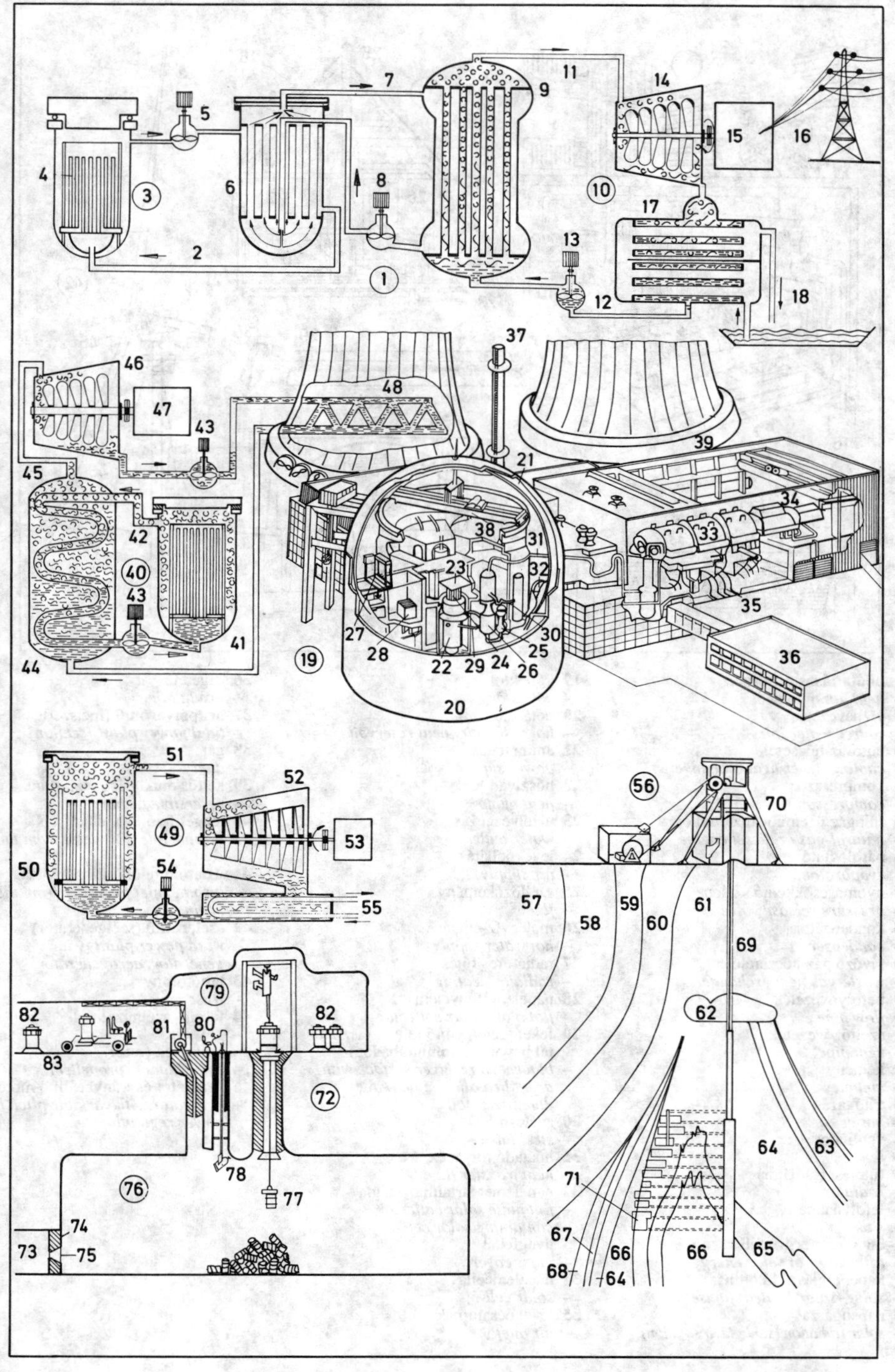
1
2
3
4
5
6
7
8
9
10
11
12
13
14
15
16
17
18
19
20
21
22
23
24
25
26
27
28
29
30
31
32
33
34
35
36
37
38
39
40
41
42
43
44
45
46
47
48
49
50
51
52
53
54
55
56
57
58
59
60
61
62
63
64
65
66
67
68
69
70
71
72
73
74
75
76
77
78
79
80
81
82
83

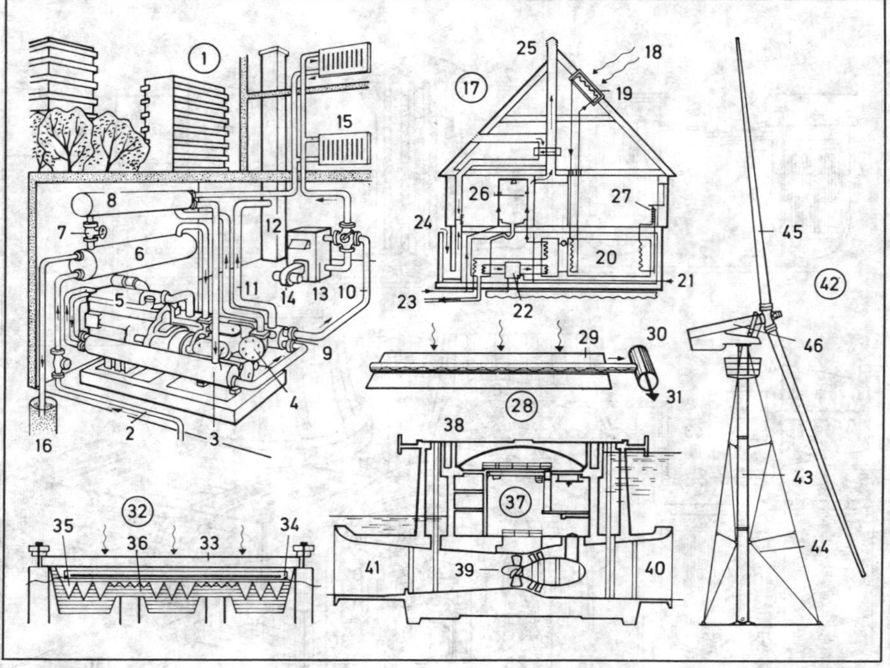


**1 hőátadásos rendszer**
– ***heat pump system***
2 vízbevezetés
– *source water inlet*
3 hűtővíz-hőcserélő
– *cooling water heat exchanger*
4 kompresszor
– *compressor*
5 földgáz üzemű *v.* dízelmotor
– *natural-gas or diesel engine*
6 párologtató
– *evaporator*
7 nyomáscsökkentő szelep
– *pressure release valve*
8 kondenzátor
– *condenser*
9 távozó gáz hőcserélője
– *waste-gas heat exchanger*
10 befolyóvezeték
– *flow pipe*
11 szellőzővezeték
– *vent pipe*
12 kémény
– *chimney*
13 fűtőkazán
– *boiler*
14 ventilátor
– *fan*
15 fűtőtest (radiátor)
– *radiator*
16 lefolyóakna
– *sink*
**17–36 napenergia-felhasználás**
– ***utilization of solar energy***
17 napenergiával fűtött ház
– *solar (solar-heated) house*
18 napsugárzás
– *solar radiation (sunlight, insolation)*
19 kollektor
– *collector*
20 hőtároló
– *hot reservoir (heat reservoir)*
21 áramellátás
– *power supply*
22 hőszivattyú
– *heat pump*
23 vízelvezető
– *water outlet*
24 levegőellátás
– *air supply*
25 szellőzőkémény
– *flue*
26 melegvíz-ellátás
– *hot water supply*
27 radiátoros fűtés
– *radiator heating*
28 napelem (fényelem)
– *flat plate solar collector*
29 fekete fénygyűjtő felület (aszfalttal bevont alumíniumbádog)
– *blackened receiver surface with asphalted aluminium (*Am.* aluminum) foil*
30 acélcső
– *steel tube*
31 hőátadó folyadék
– *heat transfer fluid*
32 napelemet tartalmazó tégla
– *flat plate solar collector, containing solar cell*
33 üvegfedél
– *glass cover*
34 napelemcella
– *solar cell*
35 levegőcsatornák
– *air ducts*
36 szigetelő
– *insulation*
**37 árapályerőmű** [metszet]
– ***tidal power plant*** *[section]*
38 gát
– *dam*
39 kettős működésű vízturbina
– *reversible turbine*
40 tenger felőli turbinanyílás
– *turbine inlet for water from the sea*
41 víztároló felőli turbinanyílás
– *turbine inlet for water from the basin*
**42 szélerőmű** (szélgenerátor)
– ***wind power plant*** *(wind generator, aerogenerator)*
43 tartótorony
– *truss tower*
44 feszítő acélhuzalok
– *guy wire*
45 szélkerék (rotor)
– *rotor blades (propeller)*
46 generátor és iránybeállító motor
– *generator with variable pitch for power regulation*

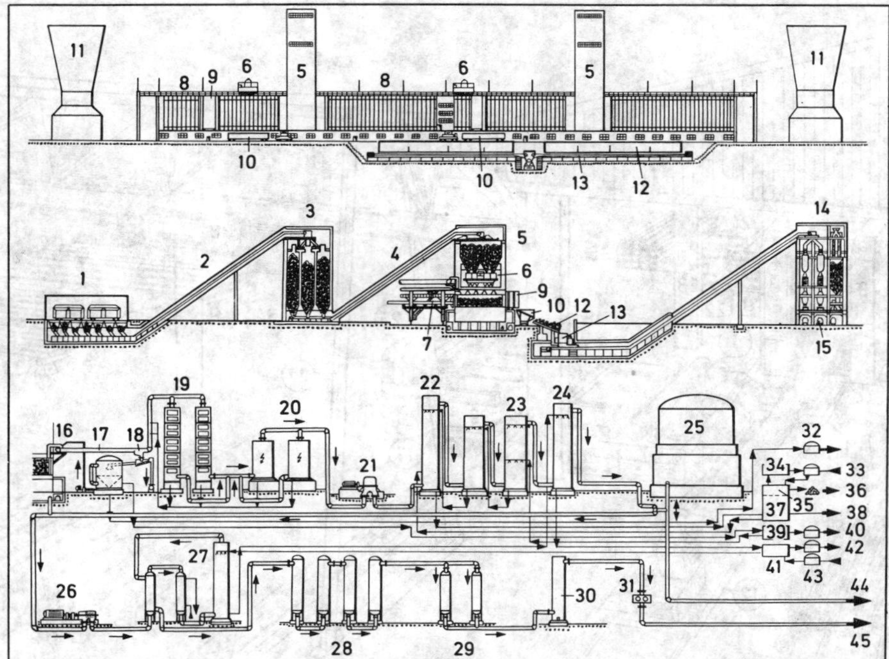


**1–15 kokszolómű**
– ***coking plant***
1 kokszszén betöltése
– *dumping of coking coal*
2 szállítószalag
– *belt conveyor*
3 kokszszéntároló bunkerek
– *service bunker*
4 széntároló torony szállítószalagja
– *coal tower conveyor*
5 széntároló torony
– *coal tower*
6 szénszállító kocsi
– *larry car (larry, charging car)*
7 kokszkiürítő berendezés
– *pusher ram*
8 kokszkemenceblokk
– *battery of coke ovens*
9 kokszlepényvezető kocsi
– *coke guide*
10 kokszoltó kocsi mozdonnyal
– *quenching car, with engine*
11 kokszoltó torony
– *quenching tower*
12 kokszrakodó emelvény (kokszrakodó rámpa)
– *coke loading bay (coke wharf)*
13 kokszrakodó szalag
– *coke side bench*
14 durva- és finomkoksz rosta
– *screening of lump coal and culm*
15 kokszbetöltés
– *coke loading*
**16–45 kokszolóműgáz kezelési eljárása**
– ***coke-oven gas processing***
16 gázelvezetés a kokszégetőből
– *discharge (release) of gas from the coke ovens*
17 gázgyűjtő vezeték
– *gas-collecting main*
18 vastagkátrány-leválasztó
– *coal tar extraction*
19 gázhűtő
– *gas cooler*
20 elektrosztatikus szűrő
– *electrostatic precipitator*
21 gázelszívó
– *gas extractor*
22 kénhidrogénmosó
– *hydrogen sulphide* (Am. *hydrogen sulfide) scrubber (hydrogen sulphide wet collector)*
23 ammóniamosó
– *ammonia scrubber (ammonia wet collector)*
24 benzolleválasztó
– *benzene (benzol) scrubber*
25 gázgyűjtő tartály
– *gas holder*
26 gázkompresszor
– *gas compressor*
27 benzolkiválasztás hűtővel és hőcserélővel
– *debenzoling by cooler and heat exchanger*
28 gáz kénmentesítése (deszulfurizáció)
– *desulphurization* (Am. *desulfurization) of pressure gas*
29 gázhűtés
– *gas cooling*
30 gázszárítás
– *gas drying*
31 gázmérő
– *gas meter*
32 kátránytartály
– *crude tar tank*
33 kénsavbevezetés
– *sulphuric acid* (Am. *sulfuric acid) supply*
34 kénsavtermelés
– *production of sulphuric acid (Am. sulfuric acid)*
35 ammónium-szulfát-előállítás
– *production of ammonium sulphate (Am. ammonium sulfate)*
36 ammónium-szulfát
– *ammonium sulphate* (Am. *ammonium sulfate)*
37 regenerálóberendezés a regenerálandó mosószerekhez
– *recovery plant for recovering the scrubbing agents*
38 használtvíz-elvezetés
– *waste water discharge*
39 gázvíz fenolmentesítése
– *phenol extraction from the gas water*
40 nyersfenol-tartály
– *crude phenol tank*
41 nyersfenol-termelés
– *production of crude benzol (crude benzene)*
42 nyersbenzol-tartály
– *crude benzol (crude benzene) tank*
43 mosóolajtartály
– *scrubbing oil tank*
44 kisnyomású gázvezeték
– *low-pressure gas main*
45 nagynyomású gázvezeték
– *high-pressure gas main*

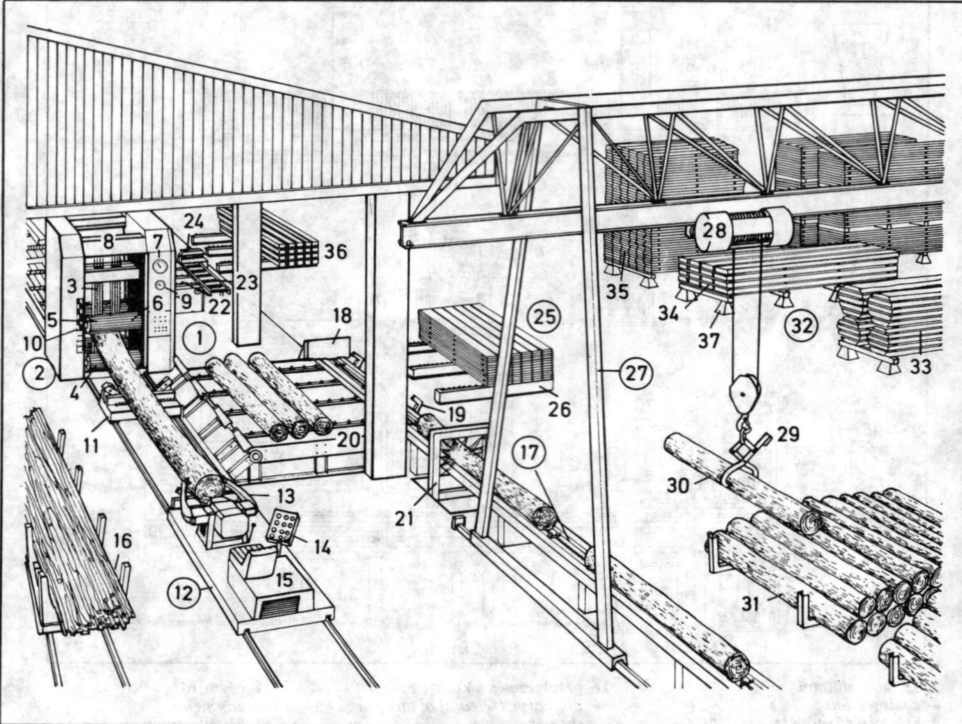


**1** fűrészüzem
– *sawmill*
**2** függőleges keretfűrész (gatter)
– *vertical frame saw* (Am. *gang mill)*
**3** fűrészlapok
– *saw blades*
**4** behúzóhenger
– *feed roller*
**5** vezetőhenger
– *guide roller*
**6** bordázás (hornyolás)
– *fluting (grooving, grooves)*
**7** olajnyomásmérő
– *oil pressure gauge* (Am. *gage)*
**8** fűrészkeret
– *saw frame*
**9** előtolásmutató
– *feed indicator*
**10** áteresztőmagasság mutatója
– *log capacity scale*
**11** segédkocsi (alátámasztó kocsi)
– *auxiliary carriage*
**12** rönktartó kocsi
– *carriage*
**13** rögzítőfogó (rönkfogó)
– *log grips*
**14** távvezérlés
– *remote control panel*
**15** rönktartó kocsi motorja
– *carriage motor*
**16** széldeszkaszállító kocsi
– *truck for splinters (splints)*
**17** rönkvonszoló (láncos vonszoló)
– *endless log chain* (Am. *jack chain)*
**18** ütköző
– *stop plate*
**19** rönkkidobó
– *log-kicker arms*
**20** keresztirányú vonszoló
– *cross conveyor*
**21** mosóberendezés (mosózuhany)
– *washer (washing machine)*
**22** keresztirányú láncos vonszoló fűrészelt áruhoz
– *cross chain conveyor for sawn timber*
**23** görgőasztal
– *roller table*
**24** végvágó lengőfűrész (alsó lengőfűrész)
– *undercut swing saw*
**25** máglyázás
– *piling*
**26** görgős gerendák
– *roller trestles*
**27** portáldaru
– *gantry crane*
**28** darumotor
– *crane motor*
**29** markoló rönkfogó
– *pivoted log grips*
**30** rönk (gömbfa)
– *roundwood (round timber)*
**31** rönkrakás
– *log dump*
**32** fűrészáruraktár (fűrészeltáru-raktár)
– *squared timber store*
**33** fűrészelt áru
– *sawn logs*
**34** pallók
– *planks*
**35** deszkák
– *boards (planks)*
**36** négyszögletes gerendák (élfák)
– *squared timber*
**37** alátámasztó betongúla
– *stack bearer*

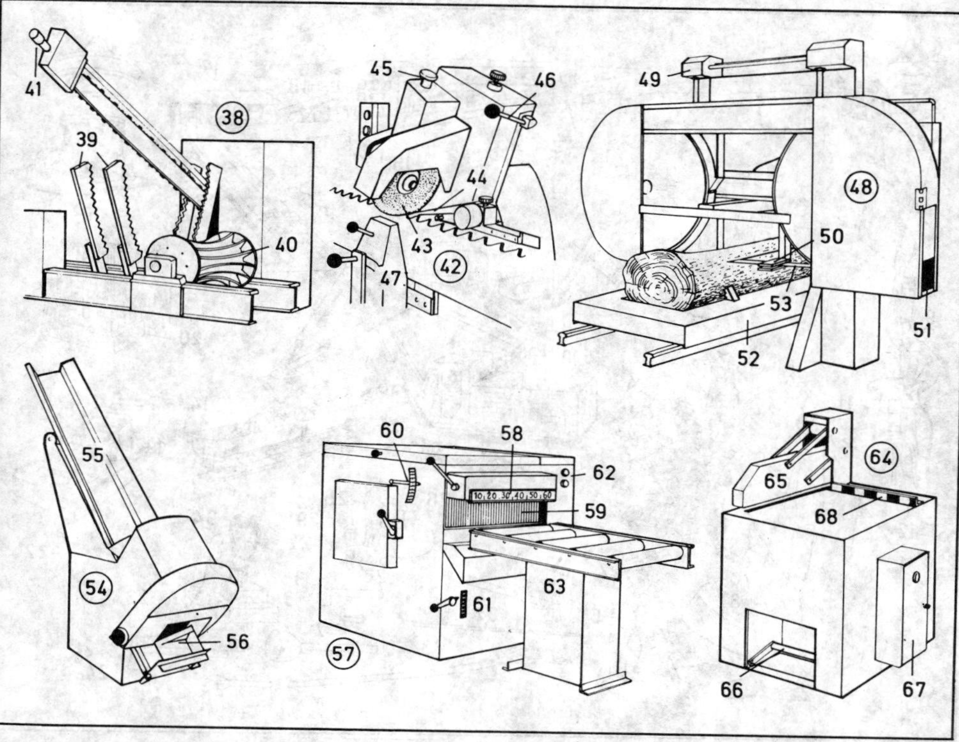


**38** önműködő hosszleszabó fűrész (keresztvágó láncfűrész)
– *automatic cross-cut chain saw*
**39** szálfarögzítő (rönkrögzítő)
– *log grips*
**40** előtológörgő (előtolóhenger)
– *feed roller*
**41** láncfeszítő szerkezet
– *chain-tensioning device*
**42** önműködő fűrészélező gép
– *saw-sharpening machine*
**43** köszörűkorong
– *grinding wheel (teeth grinder)*
**44** előtolókarom
– *feed pawl*
**45** köszörűkorong mélységbeállítója
– *depth adjustment for the teeth grinder*
**46** élezőfej kiemelője
– *lifter (lever) for the grinder chuck*
**47** fűrészlapbefogó
– *holding device for the saw blade*
**48** vízszintes rönkszalagfűrész
– *horizontal bandsaw for sawing logs*
**49** magasságbeállítás
– *height adjustment*
**50** forgácslehúzó
– *chip remover*
**51** forgácselszívó
– *chip extractor*
**52** szállítószán
– *carriage*
**53** szalagfűrész
– *bandsaw blade*
**54** önműködő tűzifafűrész
– *automatic blocking saw*
**55** betáplálóvályú (adagolóvályú)
– *feed channel*
**56** kidobónyílás
– *discharge opening*
**57** dupla szélezőfűrész
– *twin edger (double edger)*
**58** szélességi skála
– *breadth scale (width scale)*
**59** visszavágás elleni biztosítás (lamellák)
– *kick-back guard (plates)*
**60** magassági skála
– *height scale*
**61** előtolásskála
– *in-feed scale*
**62** ellenőrző lámpák
– *indicator lamps*
**63** adagolóasztal
– *feed table*
**64** végvágó lengőfűrész (alsó lengőfűrész)
– *undercut swing saw*
**65** önműködő leszorító (védőburkolattal)
– *automatic hold-down with protective hood*
**66** lábkapcsoló
– *foot switch*
**67** kapcsolóberendezés
– *distribution board (panelboard)*
**68** hosszirányú ütköző
– *length stop*

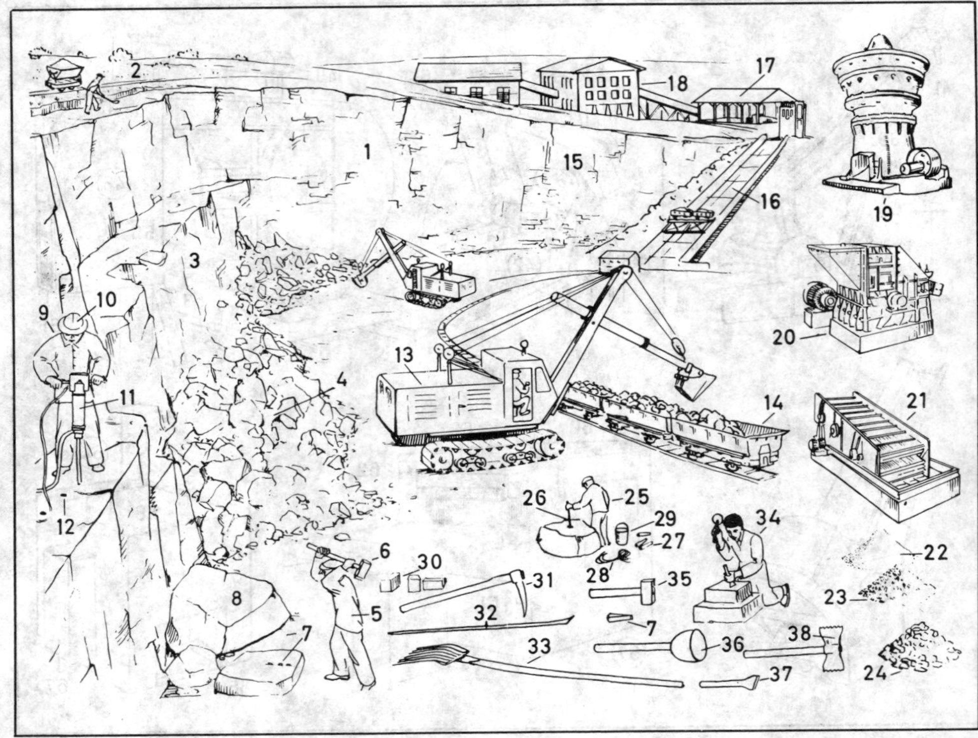


1 **kőbánya** <külszíni bánya, külszíni fejtés>
– ***quarry,** an open-cast working*
2 fedőréteg
– *overburden*
3 szálban álló kőzet
– *working face*
4 lerobbantott kőzetrakás (lerobbantott készlet)
– *loose rock pile (blasted rock)*
5 kőtörő <kőtörő munkás>
– *quarryman (quarrier), a quarry worker*
6 ékverő kalapács
– *sledge hammer*
7 ék
– *wedge*
8 kőtömb (sziklatömb)
– *block of stone*
9 fúrómunkás
– *driller*
10 védősisak
– *safety helmet*
11 fúrókalapács (kőzetfúró)
– *hammer drill (hard-rock drill)*
12 fúrólyuk
– *borehole*
13 univerzális kotró (hegybontó kotró)
– *universal excavator*
14 nagy rakodóterű csille
– *large-capacity truck*
15 sziklafal
– *rock face*
16 ferde felvonó (sikló)
– *inclined hoist*
17 előtörő
– *primary crusher*
18 kőzúzó üzem
– *stone-crushing plant*
19 durva kúpos törő; *rok.:* finom kúpos törő
– *coarse rotary (gyratory) crusher;* sim.: *fine rotary (gyratory) crusher (rotary or gyratory crusher)*
20 pofás törő (kalapácstörő, hajítótörő)
– *hammer crusher (impact crusher)*
21 vibrációs szita (rázószita)
– *vibrating screen*
22 kőliszt
– *screenings (fine dust)*
23 zúzottkő
– *stone chippings*
24 kőzúzalék [apró szemű]
– *crushed stone*
25 lőmester (robbantómester)
– *shot firer*
26 mérőrúd
– *measuring rod*
27 robbantótöltet
– *blasting cartridge*
28 gyújtózsinór
– *fuse (blasting fuse)*
29 fojtóhomok-vödör
– *plugging sand (stemming sand) bucket*
30 kockakő (faragott kő)
– *dressed stone*
31 csákánykapa
– *pick*
32 feszítőrúd (bontórúd) *biz.:* pajszer
– *crowbar (pinch bar)*
33 kővilla (kőszóró villa, kőterítő villa)
– *fork*
34 kőfaragó munkás
– *stonemason*
**35–38 kőfaragó szerszámok**
– ***stonemason's tools***
35 félkézkalapács (kőfaragó kalapács)
– *stonemason's hammer*
36 bunkó (fakalapács)
– *mallet*
37 rovátkolóvas
– *drove chisel (drove, boaster, broad chisel)*
38 doroszolókalapács
– *dressing axe* (Am. *ax)*

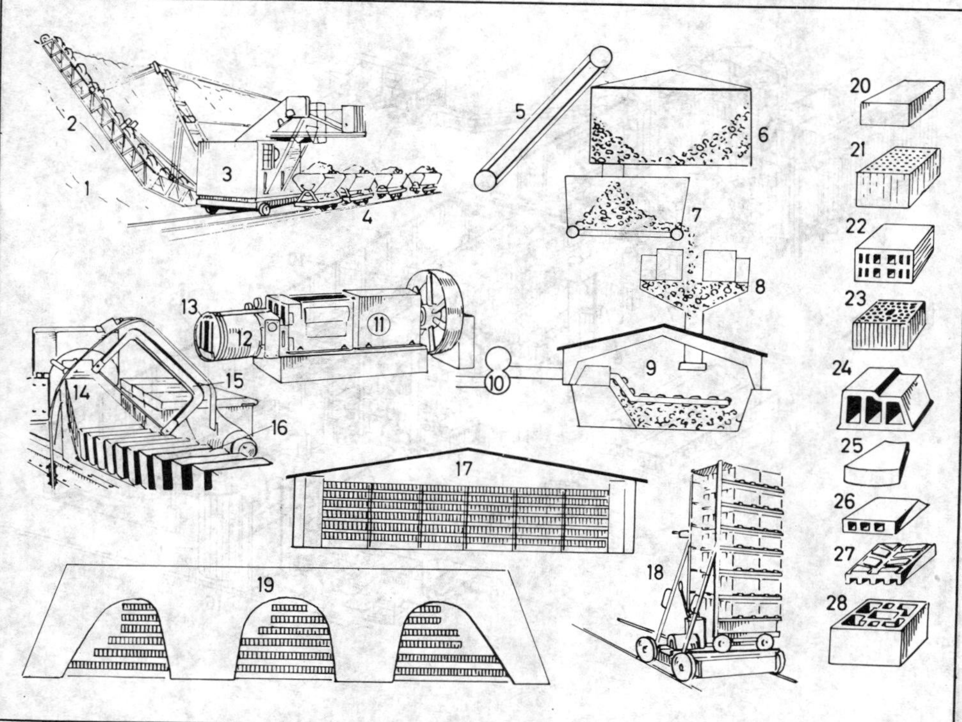


**1** agyagbánya
– *clay pit*
**2** nyers agyag <tisztítatlan agyag>
– *loam, an impure clay (raw clay)*
**3** fedőréteg-letakarító kotró <nagyteljesítményű kotró>
– *overburden excavator, a large-scale excavator*
**4** iparvasút <keskenyvágányú vasút>
– *narrow-gauge (*Am. *narrow-gage) track system*
**5** ferde felvonó
– *inclined hoist*
**6** lágyítóház (áztatóház)
– *souring chambers*
**7** szekrényes adagoló (adagoló)
– *box feeder (feeder)*
**8** kollerjárat (őrlőjárat)
– *edge runner mill (edge mill, pan grinding mill)*
**9** hengeres aprító
– *rolling plant*
**10** kéttengelyű (vályús) keverő
– *double-shaft trough mixer (mixer)*
**11** téglaprés (extruder, szalagprés)
– *extrusion press (brick-pressing machine)*
**12** vákuumkamra
– *vacuum chamber*
**13** kilépőnyílás (szájnyílás, sajtolótömb)
– *die*
**14** agyagszalag
– *clay column*
**15** téglavágó (tégladaraboló)
– *cutter (brick cutter)*
**16** nyerstégla (ki nem égetett tégla)
– *unfired brick (green brick)*
**17** szárítókamra
– *drying shed*
**18** téglarakodó kocsi (berakókocsi)
– *mechanical finger car (stacker truck)*
**19** téglaégető kemence (körkemence)
– *circular kiln (brick kiln)*
**20** teletégla
– *solid brick (building brick)*
**21–22** üreges téglák
– *perforated bricks and hollow blocks*
**21** üreges tégla keresztirányú lyukakkal
– *perforated brick with vertical perforations*
**22** üreges tégla hosszirányú lyukakkal
– *hollow clay block with horizontal perforations*
**23** rácstégla
– *hollow clay block with vertical perforations*
**24** födémtégla
– *floor brick*
**25** kéménytégla (radiáltégla)
– *compass brick (radial brick, radiating brick)*
**26** hurdiszfödémtégla
– *hollow flooring block*
**27** padlóburkoló tégla
– *paving brick*
**28** kemencetégla (sejttégla)
– *cellular brick [for fireplaces] (chimney brick)*

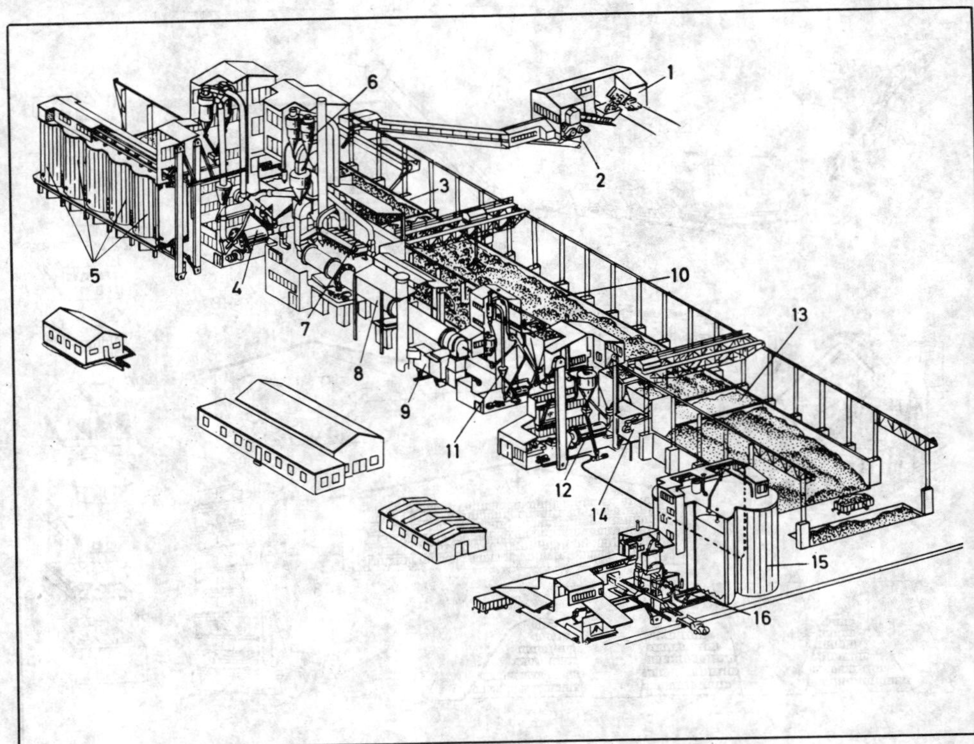


**1** nyersanyagok (mészkő, agyag, márga)
– *raw materials (limestone, clay and marl)*
**2** kalapácsos törő (kalapácsmalom)
– *hammer crusher (hammer mill)*
**3** nyersanyagtároló
– *raw material store*
**4** nyersmalom a nyersanyagok őrlésére és egyidejű szárítására a hőcserélő füstgázainak felhasználásával
– *raw mill for simultaneously grinding and drying the raw materials with exhaust gas from the heat exchanger*
**5** nyerslisztsilók (homogenizáló silók)
– *raw meal silos*
**6** hőcserélő-berendezés (hőcserélőciklon)
– *heat exchanger (cyclone heat exchanger)*
**7** porleválasztó (elektrosztatikus porleválasztó) a nyersmalom hőcserélőjéből távozó gázokhoz
– *dust collector (an electrostatic precipitator) for the heat exchanger exhaust from the raw mill*
**8** forgó csőkemence
– *rotary kiln*
**9** klinkerhűtő
– *clinker cooler*
**10** klinkertároló
– *clinker store*
**11** primerlevegő-fúvó
– *primary air blower*
**12** cementmalom
– *cement-grinding mill*
**13** gipsztároló bunker
– *gypsum store*
**14** gipszmalom
– *gypsum crusher*
**15** cementsiló
– *cement silo*
**16** papírzsákos cementcsomagoló
– *cement-packing plant for paper sacks*

**1** dobmalom (nyersmalom, golyósmalom) nyersanyagkeverékek nedves feltárásához (előkészítéséhez)
– *grinding cylinder (ball mill) for the preparation of the raw material in water*

**2** próbadoboz az égetési folyamat megfigyelésére való nyílással
– *sample sagger (saggar, seggar), with aperture for observing the firing process*

**3** körkemence [vázlat]
– *bottle kiln (beehive kiln) [diagram]*

**4** égetőforma
– *firing mould* (Am. *mold)*

**5** alagútkemence
– *tunnel kiln*

**6** Seger-kúp magas hőmérsékletek mérésére
– *Seger cone (pyrometric cone,* Am. *Orton cone) for measuring high temperatures*

**7** vákuumsajtó <extruder>
– *de-airing pug mill (de-airing pug press), an extrusion press*

**8** agyagszalag (agyagpépszalag)
– *clay column*

**9** porcelánformázó (munkás) egy nyersdarab korongozása közben
– *thrower throwing a ball (bat) of clay*

**10** agyagkúp
– *slug of clay*

**11** formázókorong; *rok.:* fazekaskorong
– *turntable;* sim.: *potter's wheel*

**12** szűrőprés (szűrősajtó)
– *filter press*

**13** szűrőlepény (préslepény)
– *filter cake*

**14** korongozás (korongformázás) sablonnal
– *jiggering, with a profiling tool;* sim.: *jollying*

**15** öntőforma agyagpépöntéshez
– *plaster mould* (Am. *mold) for slip casting*

**16** forgóasztalos mázazógép
– *turntable glazing machine*

**17** porcelánfestő
– *porcelain painter (china painter)*

**18** kézzel festett váza
– *hand-painted vase*

**19** retusáló (javító)
– *repairer*

**20** mintázófa
– *pallet (modelling,* Am. *modeling, tool)*

**21** törött porcelándarabok
– *shards (sherds, potsherds)*

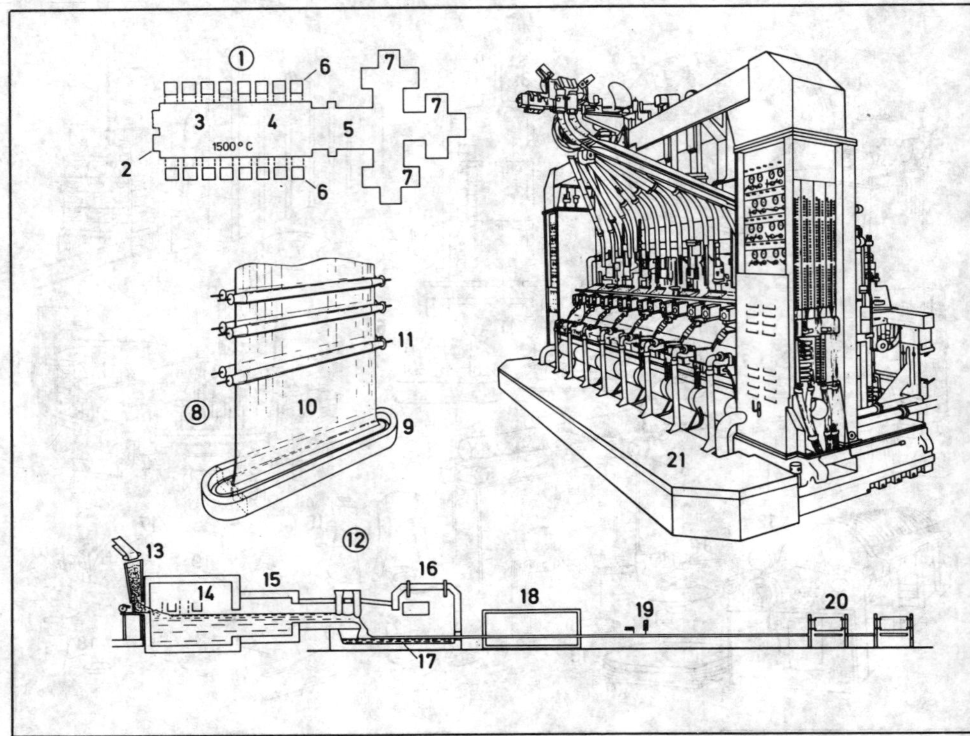


**1–20 táblaüveggyártás** (síküveggyártás)
– ***sheet glass production** (flat glass production)*

**1** üvegolvasztó kád (kemence) Fourcault-eljáráshoz [vázlat]
– *glass furnace (tank furnace) for the Fourcault process [diagram]*

**2** kád (kemence) nyersanyag-adagoló vége
– *filling end, for feeding in the batch (frit)*

**3** olvasztókád (olvasztómedence)
– *melting bath*

**4** tisztítókád (tisztítómedence)
– *refining bath (fining bath)*

**5** munkamedencék (munkaterület)
– *working baths (working area)*

**6** égők
– *burners*

**7** húzógépek
– *drawing machines*

**8** Fourcault-féle üveghúzó gép
– *Fourcault glass-drawing machine*

**9** húzókamra
– *slot*

**10** felfelé húzott üvegtábla (üvegszalag)
– *glass ribbon (ribbon of glass, sheet of glass) being drawn upwards*

**11** továbbítóhenger
– *rollers (drawing rolls)*

**12** úsztatottüveg-eljárás [vázlat]
– *float glass process*

**13** nyersanyagtölcsér
– *batch (frit) feeder (funnel)*

**14** olvasztókád
– *melting bath*

**15** hűtőkád (pihentetőkád)
– *cooling tank*

**16** úsztatófürdő védőgáz-atmoszférában
– *float bath in a protective inert-gas atmosphere*

**17** olvasztott ón (ónfürdő)
– *molten tin*

**18** görgős hűtőkemence
– *annealing lehr*

**19** önműködő vágószerkezet
– *automatic cutter*

**20** rakásológép
– *stacking machines*

**21** palackgyártó gép <palackfúvó gép>
– *IS (individual-section) machine, a bottle-making machine*

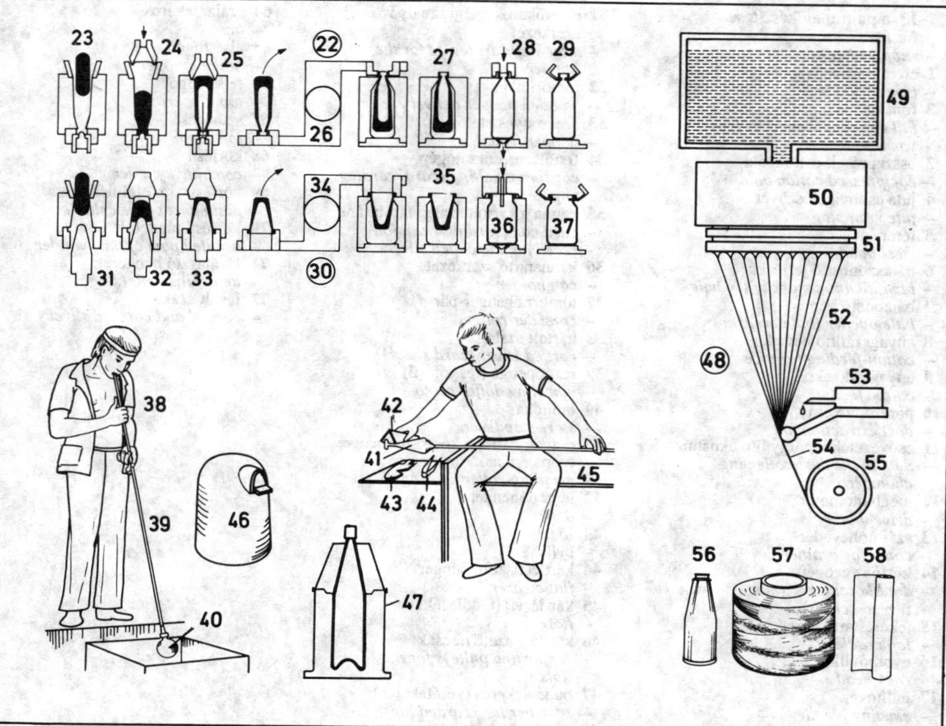


**22–37 az üvegfúvás folyamata**
– ***blowing processes***

**22** kettős (dupla) üvegfúvó eljárás
– *blow-and-blow process*

**23** olvasztott anyag beadása
– *introduction of the gob of molten glass*

**24** előfúvás (első fúvás)
– *first blowing*

**25** ellenfúvás (szívás)
– *suction*

**26** anyag átvitele a sajtolóformából a fúvóformába
– *transfer from the parison mould (*Am. *mold) to the blow mould (*Am. *mold)*

**27** újramelegítés (utánmelegítés)
– *reheating*

**28** fúvás (vákuumformázás, készreformázás)
– *blowing (suction, final shaping)*

**29** késztermék kitolása
– *delivery of the completed vessel*

**30** sajtoló–fúvó eljárás
– *press-and-blow process*

**31** olvasztott anyag beadása
– *introduction of the gob of molten glass*

**32** sajtolótüske (nyomótüske)
– *plunger*

**33** sajtolás
– *pressing*

**34** anyag átvitele a sajtolóformából a fúvóformába
– *transfer from the press mould (*Am. *mold) to the blow mould (*Am. *mold)*

**35** újramelegítés (utánmelegítés)
– *reheating*

**36** fúvás (vákuumformázás)
– *blowing (suction, final shaping)*

**37** késztermék kitolása
– *delivery of the completed vessel*

**38–47 üvegfúvás** (üvegformázás)
– ***glassmaking*** *(glassblowing, glassblowing by hand, glass forming)*

**38** üvegfúvó (munkás)
– *glassmaker (glassblower)*

**39** üvegfúvó pipa
– *blowing iron*

**40** banka (zsák)
– *gob*

**41** szájjal fúvott kehely (pohár)
– *hand-blown goblet*

**42** sablon (simítófa) a kehely lábának kialakításához
– *clappers for shaping the base (foot) of the goblet*

**43** fazonalakító szerszám
– *trimming tool*

**44** csípővas (csípőolló)
– *tongs*

**45** üvegfúvószék
– *glassmaker's chair (gaffer's chair)*

**46** zárt üvegolvasztó üst
– *covered glasshouse pot*

**47** előalakított öblösüveg befúvásához való forma
– *mould (*Am. *mold), into which the parison is blown*

**48–55 üvegszálgyártás**
– ***production of glass fibre*** (Am. *glass fiber)*

**48** üvegszálhúzó eljárás [fúvókákból]
– *continuous filament process*

**49** üvegolvasztó kemence
– *glass furnace*

**50** üvegolvadékot tartalmazó kád
– *bushing containing molten glass*

**51** sokfuratos lapka
– *bushing tips*

**52** elemi üvegszálak
– *glass filaments*

**53** szálrendezés
– *sizing*

**54** fonálpászma
– *strand (thread)*

**55** orsó
– *spool*

**56–58 üvegszáltermékek**
– ***glass fibre*** (Am. *glass fiber) products*

**56** üvegfonal
– *glass yarn (glass thread)*

**57** többszálú üvegfonal
– *sleeved glass yarn (glass thread)*

**58** üveggyapot
– *glass wool*

**1–13 a pamut előkészítése fonásra**
– *supply of cotton*
1 érett magvasgyapot
– *ripe cotton boll*
2 fonalcséve (kopsz)
– *full cop (cop wound with weft yarn)*
3 összepréselt pamutbála
– *compressed cotton bale*
4 juta csomagolószövet
– *jute wrapping*
5 fémpánt
– *steel band*
6 bálaazonosító jelzések
– *identification mark of the bale*
7 bálabontó gép
– *bale opener (bale breaker)*
8 anyagszállító heveder
– *cotton-feeding brattice*
9 anyagtöltő akna
– *cotton feed*
10 porelszívó ernyő
– *dust extraction fan*
11 csővezeték a porgyűjtő aknához
– *duct to the dust-collecting chamber*
12 meghajtómotor
– *drive motor*
13 szállítóheveder
– *conveyor brattice*
**14 kettős verőgép**
– ***double scutcher** (machine with two scutchers)*
15 tekercstartó asztal
– *lap cradle*
16 nyomóvilla
– *rack head*
17 indítókar
– *starting handle*
18 kézikerék a nyomóvilla emeléséhez és süllyesztéséhez
– *handwheel, for raising and lowering the rack head*
19 mozgatható tekercsváltó
– *movable lap-turner*
20 préshengerek (tömörítőhengerek)
– *calender rollers*
21 szívódob-borítólemez
– *cover for the perforated cylinders*
22 porelvezető csatorna
– *dust escape flue (dust discharge flue)*
23 meghajtómotorok (verőtengely-meghajtó motorok)
– *drive motors (beater drive motors)*
24 verőtengely
– *beater driving shaft*
25 háromkarú szöges verő (Kirschner-verő)
– *three-blade beater (Kirschner beater)*
26 rostélyszerkezet
– *grid [for impurities to drop]*
27 etetőhenger
– *pedal roller (pedal cylinder)*
28 rétegvastagság-érzékelő emelőkar
– *control lever for the pedal roller, a pedal lever*
29 fokozat nélküli áthajtómű
– *variable change-speed gear*
30 fordulatszám-szabályozó szekrény kúpos szíjhajtással
– *cone drum box*
31 emelőkaros rétegszabályozó szerkezet
– *stop and start levers for the hopper*
32 tömörítőhenger
– *wooden hopper delivery roller*
33 szekrényes etető
– *hopper feeder*
**34 fedőléces kártológép**
– ***carding machine** (card, carding engine)*
35 kanna a kártolt szalag tárolására
– *card can (carding can), for receiving the coiled sliver*
36 kannatartó szerkezet
– *can holder*
37 tömörítőhenger-pár
– *calender rollers*
38 kártolt szalag
– *carded sliver (card sliver)*
39 rezgőpenge (rezgőfésű)
– *vibrating doffer comb*
40 indítókar
– *start-stop lever*
41 csapágytartó; a köszörülőhenger csapágyainak rögzítésére
– *grinding-roller bearing*
42 leszedőhenger
– *doffer*
43 fődob
– *cylinder*
44 kártléctisztító henger
– *flat clearer*
45 kártlécek (fedőlécek)
– *flats*
46 kártlécvezető tárcsák
– *supporting pulleys for the flats*
47 bundatekercs (verőtekercs)
– *scutcher lap (carded lap)*
48 bundatekercstartó
– *scutcher lap holder*
49 meghajtómotor laposszíj-hajtással
– *drive motor with flat belt*
50 hajtótárcsa
– *main drive pulley (fast-and-loose drive pulley)*
51 kártológép működési elve
– *principle of the card (of the carding engine)*
52 hornyolt etetőhenger
– *fluted feed roller*
53 előbontóhenger
– *licker-in (taker-in, licker-in roller)*
54 előbontórostély
– *licker-in undercasing*
55 fődobrostély
– *cylinder undercasing*
**56 fésülőgép**
– ***combing machine** (comber)*
57 fogaskerékszekrény (meghajtószekrény)
– *drive gearbox (driving gear)*
58 szalagtekercsek
– *laps ready for combing*
59 tömörítőhenger-párok
– *calender rollers*
60 nyújtómű
– *comber draw box*
61 számláló (mérőóra)
– *counter*
62 szalaglerakó
– *coiler top*
63 fésülőgép működési elve
– *principle of the comber*
64 szalagtekercs
– *lap*
65 alsó fogó
– *bottom nipper*
66 felső fogó
– *top nipper*
67 szúrófésű
– *top comb*
68 körfésű
– *combing cylinder*
69 körfésű sima felületű része
– *plain part of the cylinder*
70 körfésű tűs felületű része
– *needled part of the cylinder*
71 leválasztó hengerek
– *detaching rollers*
72 fésült szalag
– *carded and combed sliver*

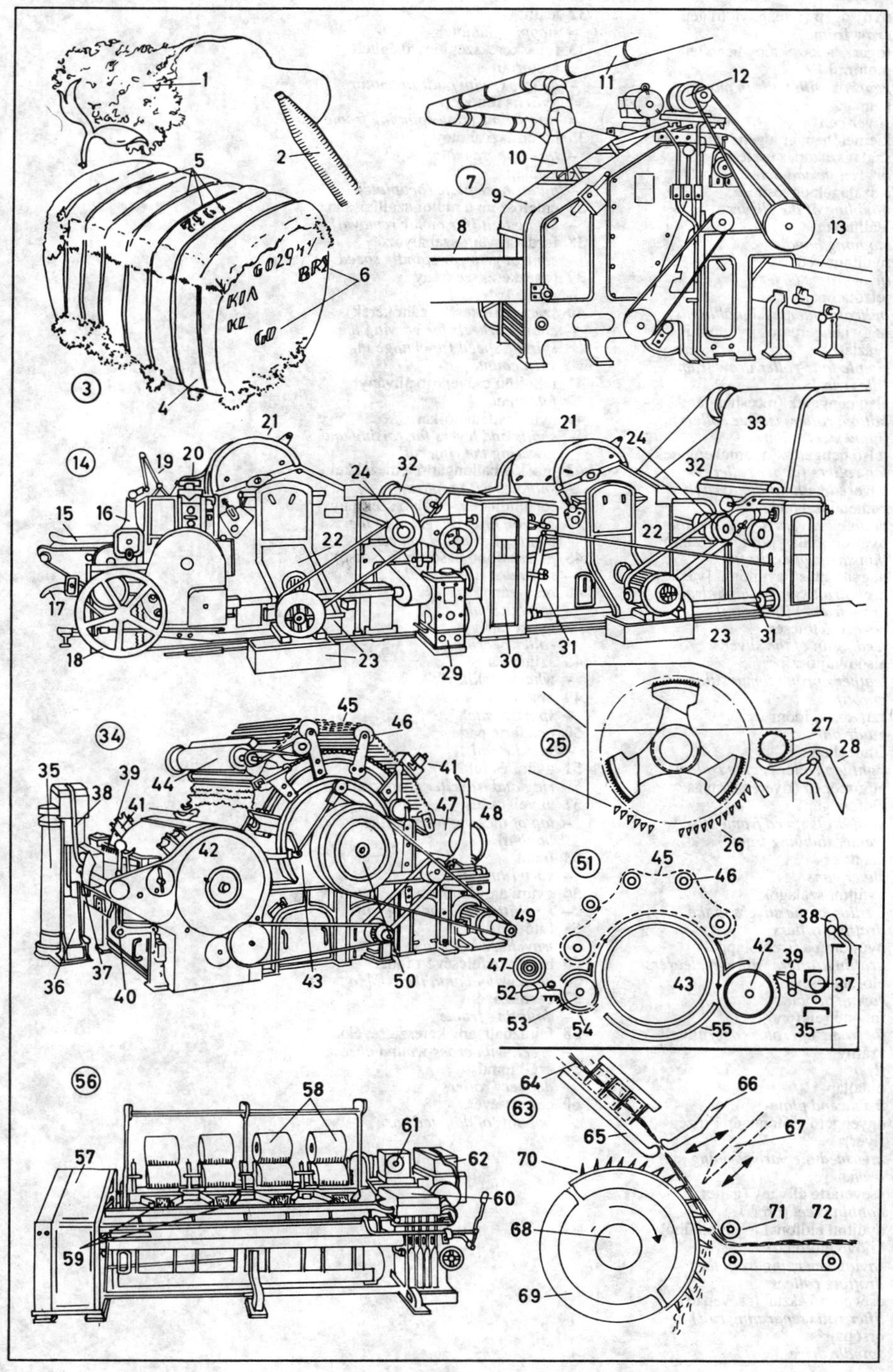
1
2
3
4
5
6
7
8
9
10
11
12
13
14
15
16
17
18
19
20
21
22
23
24
25
26
27
28
29
30
31
32
33
34
35
36
37
38
39
40
41
42
43
44
45
46
47
48
49
50
51
52
53
54
55
56
57
58
59
60
61
62
63
64
65
66
67
68
69
70
71
72

1 **nyújtógép** (szalagnyújtó gép)
– ***draw frame***
2 fogaskerékszekrény beépített motorral
– *gearbox with built-in motor*
3 kannák
– *sliver cans*
4 kiemelőhenger a gép leállítására szalagszakadás esetén
– *broken thread detector roller*
5 a szalagok egyesítése
– *doubling of the slivers*
6 leállítókar
– *stopping handle*
7 nyújtóműfedél
– *draw frame cover*
8 jelzőlámpák
– *indicator lamps (signal lights)*
9 négy hengerpáros nyújtómű [vázlat]
– *simple four-roller draw frame [diagram]*
10 alsó hengerek (recéshengerek)
– *bottom rollers (lower rollers), fluted steel rollers*
11 felső hengerek (nyomóhengerek)
– *top rollers (upper rollers) covered with synthetic rubber*
12 bemenőszalagok
– *doubled slivers before drafting*
13 nyújtott szalag (kimenőszalag)
– *thin sliver after drafting*
14 nagynyújtású nyújtómű [vázlat]
– *high-draft system (high-draft draw frame) [diagram]*
15 bevezető tölcsér
– *feeding-in of the sliver*
16 alsó nyújtószíj
– *leather apron (composition apron)*
17 szíjvezető idom
– *guide bar*
18 áthúzóhenger
– *light top roller (guide roller)*
19 előfonógép (flyer, szárnyas előfonógép)
– *high-draft speed frame (fly frame, slubbing frame)*
20 kannák
– *sliver cans*
21 nyújtott szalagok
– *feeding of the slivers to the drafting rollers*
22 nyújtómű a tisztítólappal
– *drafting rollers with top clearers*
23 előfonalcséve
– *roving bobbins*
24 fonónő (előfonó)
– *fly frame operator (operative)*
25 szárny
– *flyer*
26 oldallap
– *frame end plate*
27 egyengető előfonógép (középflyer)
– *intermediate yarn-forming frame*
28 csévetartó állvány (gatter)
– *bobbin creel (creel)*
29 nyújtott előfonal (nyújtóműből kijövő előfonal)
– *roving emerging from the drafting rollers*
30 csévetartó asztal (csévepad)
– *lifter rail (separating rail)*
31 orsóhajtás
– *spindle drive*
32 leállítókar
– *stopping handle*
33 fogaskerékszekrény ráépített motorral
– *gearbox, with built-on motor*
34 **gyűrűs fonógép**
– ***ring frame** (ring spinning frame)*
35 háromfázisú motor
– *three-phase motor*
36 alaplap
– *motor base plate (bedplate)*
37 emelőszem a motor szállításához
– *lifting bolt [for motor removal]*
38 fordulatszám-szabályozó
– *control gear for spindle speed*
39 fogaskerékszekrény
– *gearbox*
40 számváltó kerék (váltókerék)
– *change wheels for varying the spindle speed [to change the yarn count]*
41 feltöltött csévetartó állvány
– *full creel*
42 gyűrűpademelő-kar
– *shafts and levers for raising and lowering the ring rail*
43 orsók a ballongátló lemezekkel
– *spindles with separators*
44 fonalhulladék-elszívó szekrény
– *suction box connected to the front roller underclearers*
45 **gyűrűsfonó orsó** (gyűrűsorsó)
– ***standard ring spindle***
46 orsószár
– *spindle shaft*
47 nyakcsapágy
– *roller bearing*
48 szíjtárcsa
– *wharve (pulley)*
49 orsóretesz
– *spindle catch*
50 orsótartó pad
– *spindle rail*
51 gyűrű és futó
– *ring and traveller* (Am. *traveler)*
52 hüvelycsúcs
– *top of the ring tube (of the bobbin)*
53 fonal
– *yarn (thread)*
54 gyűrű a gyűrűpadba szerelten
– *ring fitted into the ring rail*
55 futó
– *traveller* (Am. *traveler)*
56 hüvelyre felcsévélt fonal
– *yarn wound onto the bobbin*
57 **cérnázógép**
– ***doubling frame***
58 feltűzőállvány keresztcsévékkel
– *creel, with cross-wound cheeses*
59 szállítómű
– *delivery rollers*
60 cérnacsévék
– *bobbins of doubled yarn*

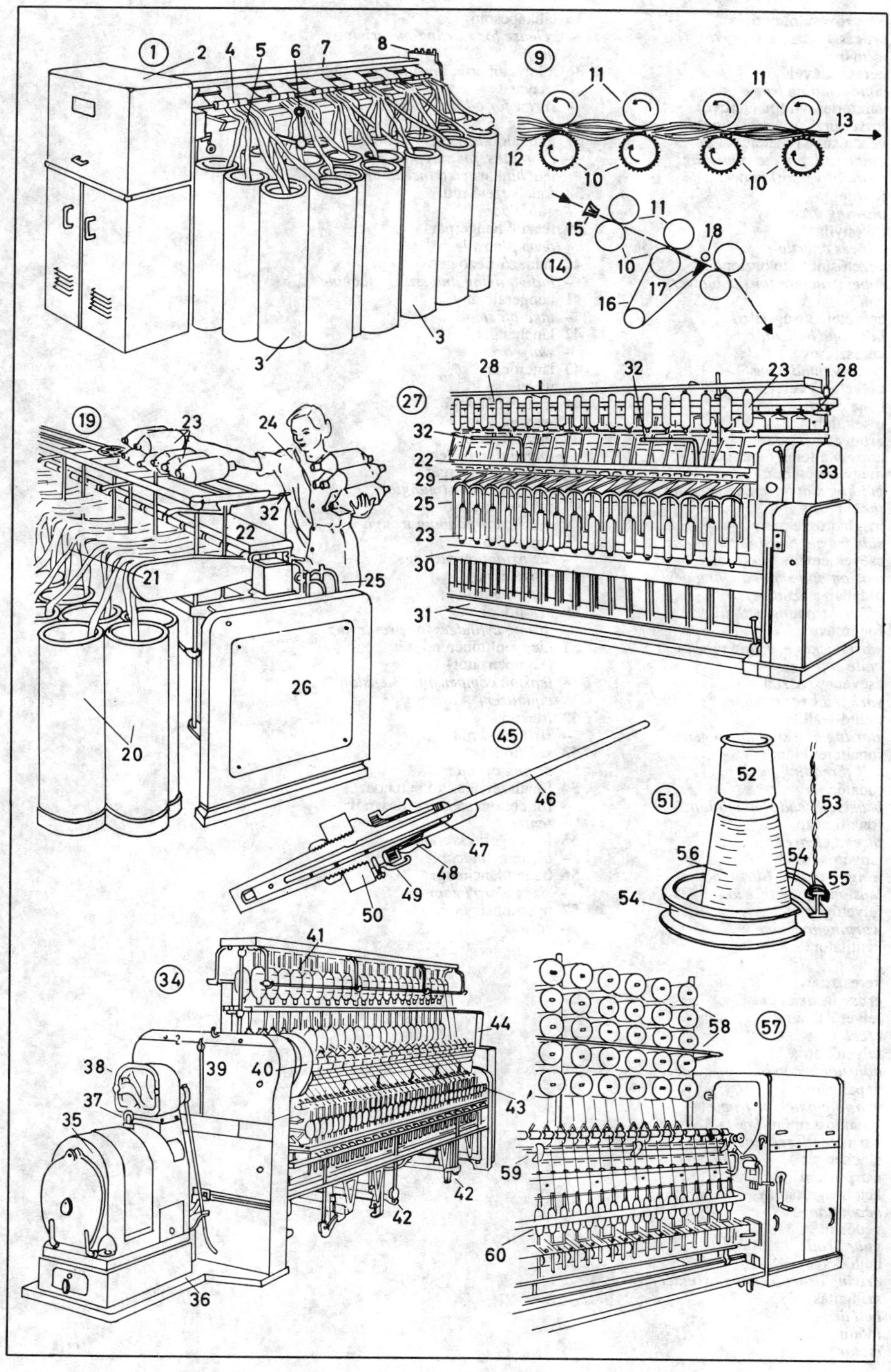
1
2
4
5
6
7
8
3
3
9
11
11
12
13
10
10
15
11
18
14
10
17
16
27
28
32
23
28
32
22
29
25
23
30
31
33
19
23
24
32
22
21
25
26
20
45
46
47
48
49
50
51
52
53
56
54
55
54
34
41
44
38
39
40
37
35
43
42
42
36
57
58
59
60

**1–57 szövéselőkészítés**
– ***processes preparatory to weaving***
**1** keresztcsévélőgép
– *cone-winding frame*
**2** vándorlefúvó (pihelefúvó)
– *travelling* (Am. *traveling) blower*
**3** vezetősín a pihelefúvónak
– *guide rail, for the travelling (*Am. *traveling) blower*
**4** fúvófej
– *blowing assembly*
**5** fúvónyílás
– *blower aperture*
**6** vezetősínt tartó oszlopok
– *superstructure for the blower rail*
**7** csévetelítettség-jelző
– *full-cone indicator*
**8** keresztcséve
– *cross-wound cone*
**9** csévetartó keret
– *cone creel*
**10** réselt dob
– *grooved cylinder*
**11** horony a fonal oldalirányú megvezetéséhez
– *guiding slot for cross-winding the threads*
**12** meghajtószekrény
– *side frame, housing the motor*
**13** csévekiemelő szerkezet
– *tension and slub-catching device*
**14** oldallap a szűrővel
– *off-end framing with filter*
**15** fonócséve
– *yarn package, a ring tube or mule cop*
**16** csévetartó asztal
– *yarn package container*
**17** indító-leállító kar
– *starting and stopping lever*
**18** fonalterelő idom
– *self-threading guide*
**19** fonalőr
– *broken thread stop motion*
**20** fonaltisztító
– *thread clearer*
**21** tányéros fonalfék
– *weighting disc (disk) for tensioning the thread*
**22** felvetőgép
– *warping machine*
**23** ventilátor
– *fan*
**24** keresztcséve
– *cross-wound cone*
**25** felvetőállvány
– *creel*
**26** felvetőborda
– *adjustable comb*
**27** gépállvány
– *warping machine frame*
**28** fonalhosszmérő óra
– *yarn length recorder*
**29** lánchenger
– *warp beam*
**30** lánchengertárcsa
– *beam flange*
**31** védősín
– *guard rail*
**32** hajtódob
– *driving drum (driving cylinder)*
**33** szíjhajtás
– *belt drive*
**34** motor
– *motor*
**35** lábkapcsoló
– *release for starting the driving drum*
**36** a felvetőborda fogsűrűségét állító csavar
– *screw for adjusting the comb setting*
**37** a fonalőrszerkezet fémhorga
– *drop pins, for stopping the machine when a thread breaks*
**38** fonalvezető rúd
– *guide bar*
**39** feszítő hengerpár
– *drop pin rollers*
**40** színező-írező gép
– *indigo dying and sizing machine*
**41** hengerállvány
– *take-off stand*
**42** lánchenger
– *warp beam*
**43** láncfonal
– *warp*
**44** nedvesítőteknő
– *wetting trough*
**45** merítőhenger
– *immersion roller*
**46** facsaró hengerpár
– *squeeze roller (mangle)*
**47** színező írteknő
– *dye liquor padding trough*
**48** légszárító
– *air oxidation passage*
**49** mosóteknő
– *washing trough*
**50** szárítódobok
– *drying cylinders for pre-drying*
**51** kiegyenlítőberendezés (kompenzátor)
– *tension compensator (tension equalizer)*
**52** írteknő
– *sizing machine*
**53** szárítódobok
– *drying cylinders*
**54** fonalszétválasztó berendezés
– for cotton: *stenter;* for wool: *tenter*
**55** felhengerlő szerkezet
– *beaming machine*
**56** írezett lánchenger
– *sized warp beam*
**57** nyomóhengerek
– *rollers*

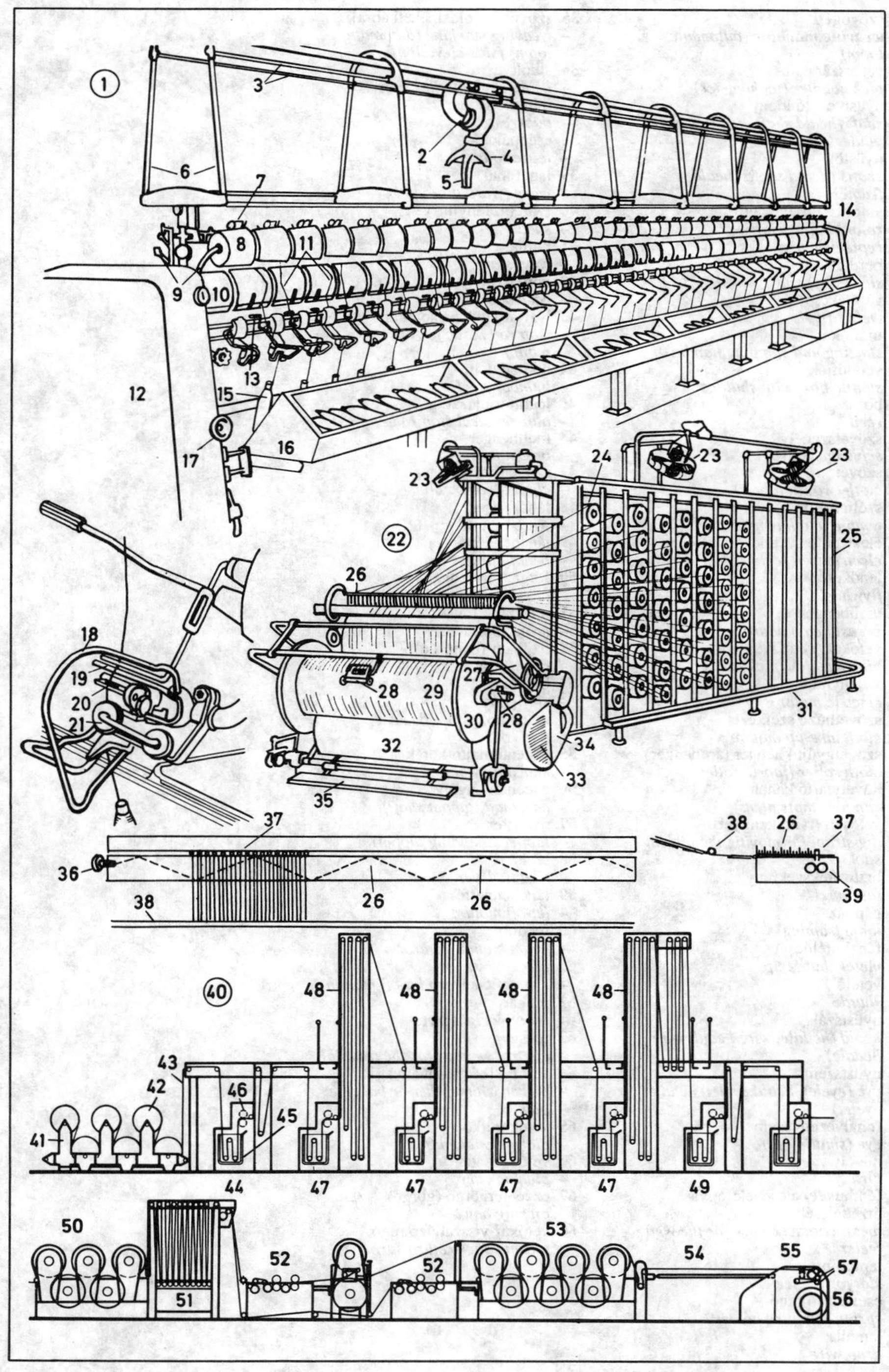
1
2
3
4
5
6
7
8
9
10
11
12
13
14
15
16
17
18
19
20
21
22
23
24
25
26
27
28
29
30
31
32
33
34
35
36
37
38
39
40
41
42
43
44
45
46
47
48
49
50
51
52
53
54
55
56
57

1 **szövőgép**
– ***weaving machine*** *(automatic loom)*
2 vetésszámláló
– *pick counter (tachometer)*
3 nyüstvezető idom
– *shaft (heald shaft, heald frame) guide*
4 nyüstök
– *shafts (heald shafts, heald frames)*
5 automata cséveváltó
– *rotary battery for weft replenishment*
6 bordafedél
– *sley (slay) cap*
7 vetülékcséve
– *weft pirn*
8 indítókar
– *starting and stopping handle*
9 vetélőfiók
– *shuttle box, with shuttles*
10 borda
– *reed*
11 szövetszegély
– *selvedge (selvage)*
12 szövet
– *cloth (woven fabric)*
13 szélfeszítő
– *temple (cloth temple)*
14 elektromos vetüléktapintó
– *electric weft feeler*
15 lendkerék
– *flywheel*
16 mellhenger
– *breast beam board*
17 vetőkar (vetőfa)
– *picking stick (pick stick)*
18 villanymotor
– *electric motor*
19 szövethúzó szerkezet
– *cloth take-up motion*
20 szövetgyűjtő henger (áruhenger)
– *cloth roller (fabric roller)*
21 hüvelytartó kanna
– *can for empty pirns*
22 vetőszíj (rántókengyel)
– *lug strap, for moving the picking stick*
23 biztosítékszekrény
– *fuse box*
24 gépváz
– *loom framing*
25 fém vetélőcsúcs
– *metal shuttle tip*
26 vetélő
– *shuttle*
27 nyüstszál
– *heald (heddle, wire heald, wire heddle)*
28 nyüstszem
– *eye (eyelet, heald eyelet, heddle eyelet)*
29 fonalvezető szem
– *eye (shuttle eye)*
30 hüvely
– *pirn*
31 fémhüvely a csévelefogyás érzékeléséhez
– *metal contact sleeve for the weft feeler*
32 tapintónyílás
– *slot for the feeler*
33 csévetartó rugó
– *spring-clip pirn holder*
34 lamella
– *drop wire*
35 szövőgép [oldalnézeti ábra]
– *weaving machine (automatic loom) [side elevation]*
36 sikoltyú
– *heald shaft guiding wheels*
37 irányítóhenger
– *backrest*
38 cséppálca
– *lease rods*
39 láncfonal
– *warp (warp thread)*
40 szád (szádnyílás)
– *shed*
41 borda
– *sley (slay)*
42 bordakorong
– *race board*
43 biztonsági kapcsolókar
– *stop rod blade for the stop motion*
44 ütközőidom
– *bumper steel*
45 leállítórudazat
– *bumper steel stop rod*
46 mellhenger
– *breast beam*
47 szövethúzó henger
– *cloth take-up roller*
48 lánchenger
– *warp beam*
49 lánchengertárcsa
– *beam flange*
50 forgattyús tengely
– *crankshaft*
51 meghajtó fogaskerék
– *crankshaft wheel*
52 hajtókar (hajtórúd)
– *connector*
53 bordaláda
– *sley (slay)*
54 nyüstmozgató rudazat
– *lam rods*
55 excenterhajtó-kerék
– *camshaft wheel*
56 excentertengely
– *camshaft (tappet shaft)*
57 excenter
– *tappet (shedding tappet)*
58 lábító
– *treadle lever*
59 lánchengerfék
– *let-off motion*
60 fékdob
– *beam motion control*
61 fékezőkötél
– *rope of the warp let-off motion*
62 fékkar
– *let-off weight lever*
63 féksúly
– *control weight [for the treadle]*
64 vetőfej [bőr v. műanyag]
– *picker with leather or bakelite pad*
65 vetőkarütköző
– *picking stick buffer*
66 vetőexcenter
– *picking cam*
67 excentergörgő (görgő)
– *picking bowl*
68 vetőkar-visszahúzó rugó
– *picking stick return spring*

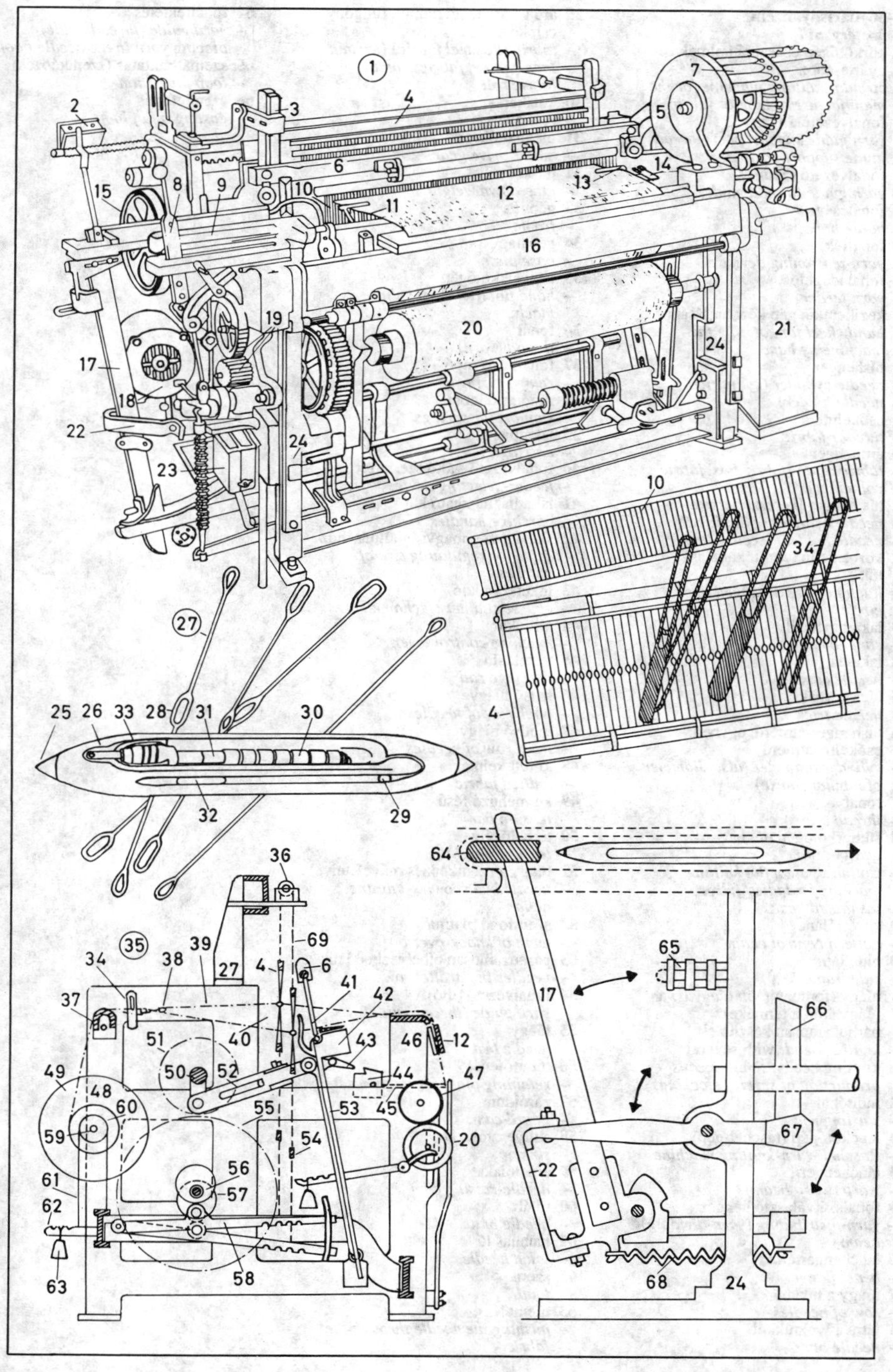
1
2
3
4
5
6
7
8
9
10
11
12
13
14
15
16
17
18
19
20
21
22
23
24
24
10
34
4
27
25
26
33
28
31
30
29
32
64
36
35
34
38
39
27
69
4
6
41
42
37
40
43
46
12
51
50
52
44
45
47
49
48
60
55
59
53
54
20
61
56
57
62
58
63
17
65
66
22
67
68
24

**1–66 harisnyaüzem**
– ***hosiery mill***
**1** körkötőgép csőszerű kelmék gyártásához
– *circular knitting machine for the manufacture of tubular fabric*
**2** fonalvezető állvány
– *yarn guide support post (thread guide support post)*
**3** fonalvezető szem
– *yarn guide (thread guide)*
**4** fonalcséve
– *bottle bobbin*
**5** fonalfék
– *yarn-tensioning device*
**6** fonaladagoló
– *yarn feeder*
**7** kézikerék a gép kézi hajtásához
– *handwheel for rotating the machine by hand*
**8** tűshenger
– *needle cylinder (cylindrical needle holder)*
**9** csőkelme
– *tubular fabric*
**10** áruhenger
– *fabric drum (fabric box, fabric container)*
**11** tűs henger [keresztmetszet]
– *needle cylinder (cylindrical needle holder) [section]*
**12** körben elhelyezett kanalas tűk
– *latch needles arranged in a circle*
**13** lakatházfedél
– *cam housing*
**14** lakatok
– *needle cams*
**15** tűcsatornák
– *needle trick*
**16** tűshenger-átmérő; egyben: csőkelmeátmérő
– *cylinder diameter (also diameter of tubular fabric)*
**17** fonal
– *thread (yarn)*
**18** síkhurkológép női harisnya gyártásához
– *Cotton's patent flat knitting machine for ladies' fully-fashioned hose*
**19** vezérlőlánc
– *pattern control chain*
**20** oldallap
– *side frame*
**21** tűágy (fontúr); *több tűágyas:* a tűágyakon a termékek párhuzamosan készülnek
– *knitting head;* with several knitting heads: *simultaneous production of several stockings*
**22** indítókar
– *starting rod*
**23** lánckötőgép (raschel-gép)
– *Raschel warp-knitting machine*
**24** lánchenger
– *warp (warp beam)*
**25** fonalszétválasztó henger
– *yarn-distributing (yarn-dividing) beam*
**26** lánchengertárcsa
– *beam flange*
**27** tűágy a tűkkel
– *row of needles*
**28** létra a lyuktűkkel
– *needle bar*
**29** áru az áruhengeren; pl. függöny, csipke
– *fabric (Raschel fabric) [curtain lace and net fabrics] on the fabric roll*
**30** kézikerék
– *handwheel*
**31** meghajtókerék
– *motor drive gear*
**32** terhelősúly
– *take-down weight*
**33** gépváz
– *frame*
**34** gépalap
– *base plate*
**35** kézi síkkötőgép
– *hand flat (flat-bed) knitting machine*
**36** fonal
– *thread (yarn)*
**37** fonalhúzó rugó
– *return spring*
**38** rugótartó idom
– *support for springs*
**39** lakatház
– *carriage*
**40** fonalvezető-váltó szerkezet
– *feeder-selecting device*
**41** lakatházmozgató kar
– *carriage handles*
**42** skála a szemnagyság állításához
– *scale for regulating size of stitches*
**43** löketszámláló
– *course counter (tachometer)*
**44** állítókar
– *machine control lever*
**45** vezetősín
– *carriage rail*
**46** hátsó tűágy
– *back row of needles*
**47** mellső tűágy
– *front row of needles*
**48** kötött kelme
– *knitted fabric*
**49** kelmehúzó fésű
– *tension bar*
**50** terhelősúly
– *tension weight*
**51** tűágy a szemképzés műveleteivel
– *needle bed showing knitting action*
**52** szemfogó platina
– *teeth of knock-over bit*
**53** párhuzamosan elhelyezkedő tűk
– *needles in parallel rows*
**54** fonalvezető (dió)
– *yarn guide (thread guide)*
**55** tűágy
– *needle bed*
**56** tűtartófedél
– *retaining plate for latch needles*
**57** záróidom
– *guard cam*
**58** süllyesztőlakat
– *sinker*
**59** emelőlakat
– *needle-raising cam*
**60** tűláb
– *needle butt*
**61** kanalas tű
– *latch needle*
**62** szem
– *loop*
**63** tűemelés
– *pushing the needle through the fabric*
**64** fonalfektetés
– *yarn guide (thread guide) placing yarn in the needle hook*
**65** szemátbuktatás (szemképzés)
– *loop formation*
**66** szemlefogás
– *casting off of loop*

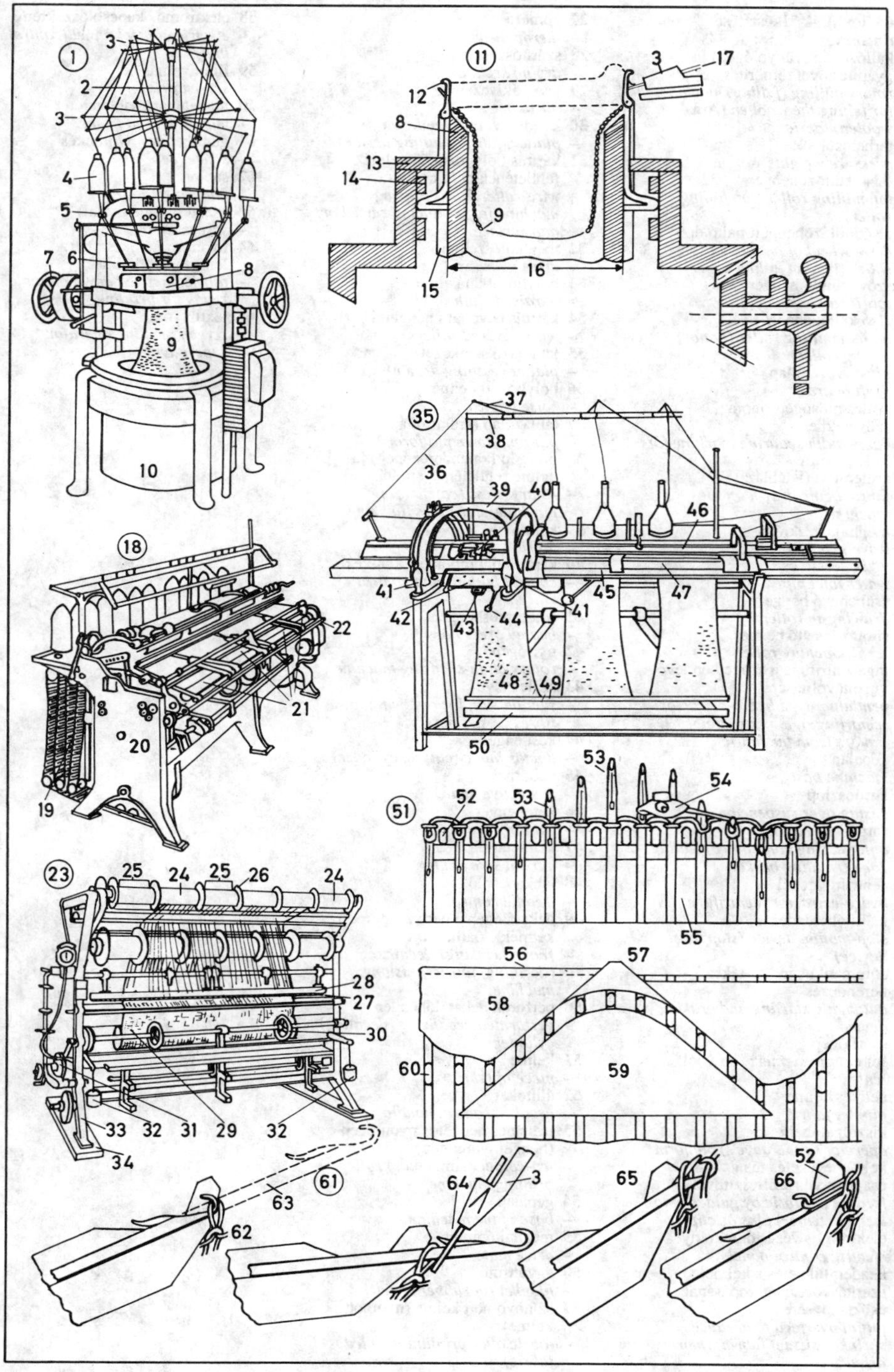
1
2
3
4
5
6
7
8
9
10
11
12
13
14
15
16
17
18
19
20
21
22
23
24
25
26
27
28
29
30
31
32
33
34
35
36
37
38
39
40
41
42
43
44
45
46
47
48
49
50
51
52
53
54
55
56
57
58
59
60
61
62
63
64
65
66

**1–65 textíliák kikészítése**
– *finishing*
1 kallózógép (ványológép) [a gyapjúszövet tömörítésére]
– *rotary milling (fulling) machine for felting the woollen (*Am. *woolen) fabric*
2 terhelősúlyok
– *pressure weights*
3 felső kallózóhenger
– *top milling roller (top fulling roller)*
4 alsó kallózóhengert hajtó dob
– *drive wheel of bottom milling roller (bottom fulling roller)*
5 szövetterelő henger
– *fabric guide roller*
6 alsó kallózóhenger
– *bottom milling roller (bottom fulling roller)*
7 szövetvezető lap
– *draft board*
8 széles mosógép finom szövetekhez
– *open-width scouring machine for finer fabrics*
9 árulerakás (letáblázás)
– *fabric being drawn off the machine*
10 meghajtószekrény
– *drive gearbox*
11 vízbevezető cső
– *water inlet pipe*
12 árubehúzó henger
– *drawing-in roller*
13 simító-feszítő henger
– *scroll-opening roller*
14 ingacentrifuga a szövetben lévő víz eltávolítására
– *pendulum-type hydro-extractor (centrifuge), for extracting liquors from the fabric*
15 gépalap
– *machine base*
16 tartóoszlop
– *casing over suspension*
17 forgódob burkolata
– *outer casing containing rotating cage (rotating basket)*
18 centrifugafedél
– *hydro-extractor (centrifuge) lid*
19 leállítóberendezés
– *stop-motion device (stopping device)*
20 automatikus indító-fékező berendezés
– *automatic starting and braking device*
21 szárítógép
– for cotton: *stenter;* for wool: *tenter*
22 nedves kelme
– *air-dry fabric*
23 kiszolgálóhely
– *operator's (operative's) platform*
24 kelmebevezetés tűs *v.* csappantyús szélfeszítővel
– *feeding of fabric by guides onto stenter (tenter) pins or clips*
25 elektromos vezérlőszekrény
– *electric control panel*
26 kezdeti túletetés a kelme szárításkori zsugorodásának csökkentésére
– *initial overfeed to produce shrink-resistant fabric when dried*
27 hőmérő
– *thermometer*
28 szárítószekrény
– *drying section*
29 levegőkivezetés
– *air outlet*
30 kelmekivezető szerkezet
– *plaiter (fabric-plaiting device)*
31 kárttűs bolyhozógép kelmék felületének bolyhozására
– *wire-roller fabric-raising machine for producing raised or nap surface*
32 meghajtószekrény
– *drive gearbox*
33 bolyhozatlan kelme
– *unraised cloth*
34 kárttűs bevonatú hengerek
– *wire-covered rollers*
35 letáblázó szerkezet
– *plaiter (cuttling device)*
36 bolyhozott kelme
– *raised fabric*
37 táblázólap (árutartó lap)
– *plaiting-down platform*
38 présgép (kalanderezőgép) [a kelme felületének simítására]
– *rotary press (calendering machine), for press finishing*
39 kelme
– *fabric*
40 kapcsológombok és -kerekek
– *control buttons and control wheels*
41 fűtött préshenger
– *heated press bowl*
42 nyírógép
– *rotary cloth-shearing machine*
43 szálelszívó
– *suction slot, for removing loose fibres (*Am. *fibers)*
44 késhenger
– *doctor blade (cutting cylinder)*
45 védőrács
– *protective guard*
46 kefehenger
– *rotating brush*
47 kelmetartó
– *curved scray entry*
48 lábkapcsoló
– *treadle control*
49 dekatálógép a nem zsugorodó kelmék előállítására
– *[non-shrinking] decatizing (decating) fabric-finishing machine*
50 perforált dekatálóhenger
– *perforated decatizing (decating) cylinder*
51 kelme
– *piece of fabric*
52 állítókar
– *cranked control handle*
53 tízszínes hengeres nyomógép (hengernyomógép)
– *ten-colour (*Am. *color) roller printing machine*
54 gépalap
– *base of the machine*
55 meghajtómotor
– *drive motor*
56 együttfutó
– *blanket [of rubber or felt]*
57 színnyomott kelme (nyomott kelme)
– *fabric after printing (printed fabric)*
58 elektromos kapcsolószekrény
– *electric control panel (control unit)*
59 filmnyomás
– *screen printing*
60 mozgatható sablonkeret
– *mobile screen frame*
61 gumibetétes nyomókés
– *squeegee*
62 sablon
– *pattern stencil*
63 asztal (nyomóasztal)
– *screen table*
64 nyomásra előkészített, leragasztott kelme
– *fabric gummed down on table ready for printing*
65 textilnyomó
– *screen printing operator (operative)*

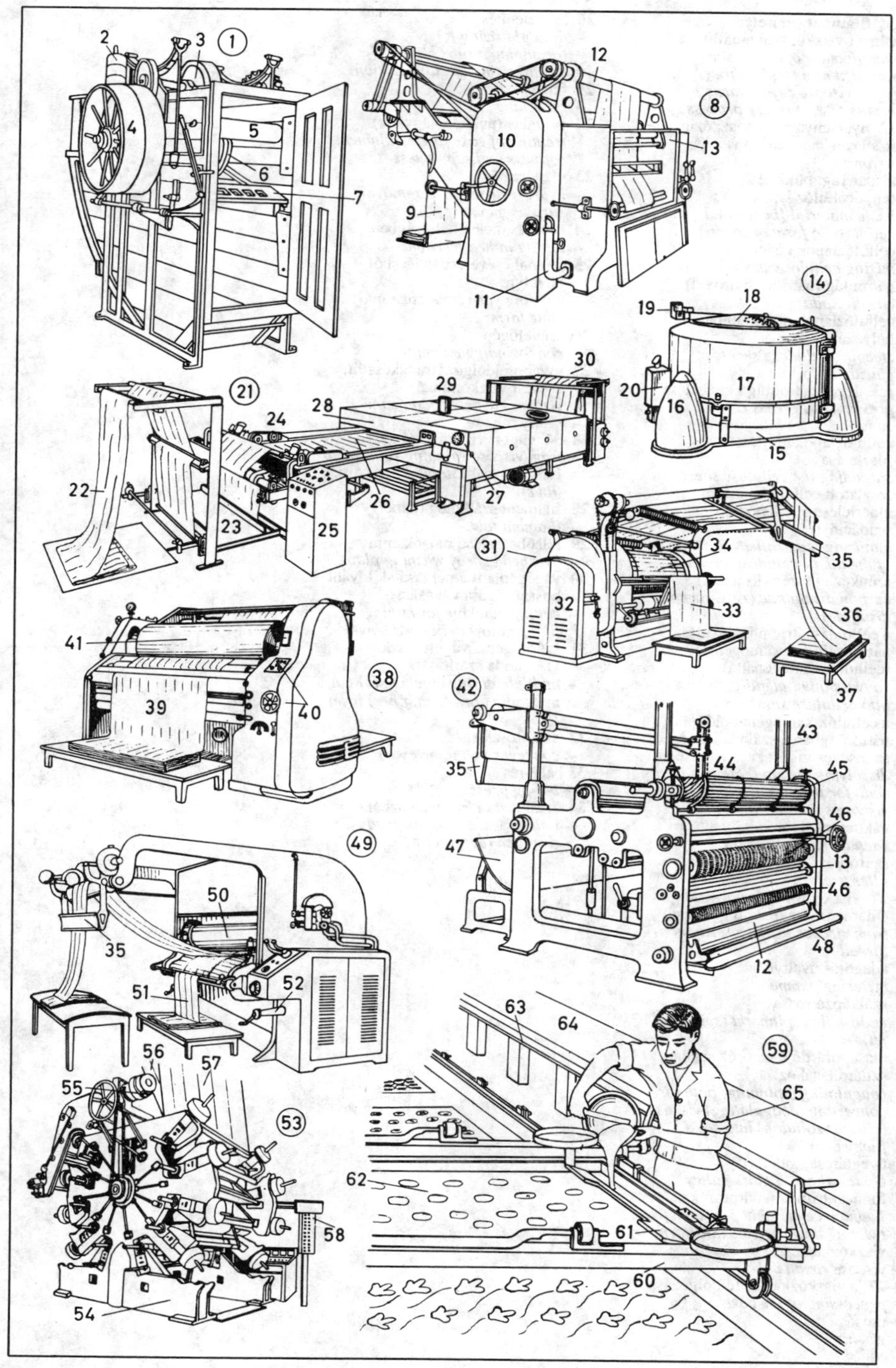
1
2
3
4
5
6
7
8
9
10
11
12
13
14
15
16
17
18
19
20
21
22
23
24
25
26
27
28
29
30
31
32
33
34
35
36
37
38
39
40
41
42
43
44
45
46
47
48
49
50
51
52
53
54
55
56
57
58
59
60
61
62
63
64
65

# 169 Mesterséges szálak (szintetikus szálak, vegyiszálak) I.

**1–34 filament** (műselyem) **és vágott viszkózszál előállítása**
– *manufacture of* ***continuous filament and staple fibre*** *(*Am. *fiber)* ***viscose rayon yarns*** *by means of the viscose process*
**1–12** nyersanyagtól a viszkózig
– *from raw material to viscose rayon*
**1** alapanyag; bükk- és fenyőcellulóz lapok
– *basic material [beech and spruce cellulose in form of sheets]*
**2** cellulózlapok keverése
– *mixing cellulose sheets*
**3** nátronlúg (nátrium-hidroxid)
– *caustic soda*
**4** cellulózlapok nátronlúgba helyezése
– *steeping cellulose sheets in caustic soda*
**5** felesleges nátronlúg kipréselése
– *pressing out excess caustic soda*
**6** cellulózlapok aprítása *v.* foszlatása
– *shredding the cellulose sheets*
**7** foszlatott cellulóz-nátrium előérlelése *v.* ellenőrzött oxidációja
– *maturing (controlled oxidation) of the alkali-cellulose crumbs*
**8** szénkéneg (szén-diszulfid)
– *carbon disulphide (*Am. *carbon disulfide)*
**9** a cellulóz-nátrium átalakulása nátroncellulóz-xantogenáttá (cellulóz-xantogenáttá)
– *conversion of alkali-cellulose into cellulose xanthate*
**10** a cellulóz-xantogenát oldása nátronlúgban a szálhúzáshoz szükséges viszkozitás eléréséért
– *dissolving the xanthate in caustic soda for the preparation of the viscose spinning solution*
**11** vákuumos tárolótartály
– *vacuum ripening tanks*
**12** szűrőprés
– *filter presses*
**13–27** viszkóztól a viszkózszálig (filament viszkózszál gyártása)
– *from viscose to viscose rayon thread*
**13** adagolószivattyú
– *metering pump*
**14** szálképző rózsa
– *multi-holed spinneret (spinning jet)*
**15** kicsapófürdő a viszkóz szállá szilárdításához
– *coagulating (spinning) bath for converting (coagulating) viscose (viscous solution) into solid filaments*
**16** üvegtárcsa (galetta)
– *Godet wheel, a glass pulley*
**17** fonócentrifuga (sodrófazék)
– *Topham centrifugal pot (box) for twisting the filaments into yarn*
**18** viszkózkalács
– *viscose rayon cake*
**19–27** a viszkózkalács feldolgozása
– *processing of the cake*
**19** mosás
– *washing*
**20** kéntelenítés
– *desulphurizing (desulphurization,* Am. *desulfurizing, desulfurization)*
**21** fehérítés
– *bleaching*
**22** aviválás (puhítás, lágyítás)
– *treating of cake to give filaments softness and suppleness*
**23** víztelenítés
– *hydro-extraction to remove surplus moisture*
**24** szárítás meleg helyiségben
– *drying in heated room*
**25** a fonal csévélése kalácsból hüvelyre
– *winding yarn from cake into cone form*
**26** csévélőgép
– *cone-winding machine*
**27** továbbfeldolgozásra elkészült, csévélt viszkózfonal
– *viscose rayon yarn on cone ready for use*
**28–34** vágott viszkózszál gyártása
– *from viscose spinning solution to viscose rayon staple fibre (*Am. *fiber)*
**28** filament szálköteg (kábel)
– *filament tow*
**29** felsőbeömlésű mosókamra
– *overhead spray washing plant*
**30** vágógép a filamentszálak kívánt hosszúságúra vágására
– *cutting machine for cutting filament tow to desired length*
**31** szárítógép a vágott viszkóz szálbunda szárítására
– *multiple drying machine for cut-up staple fibre (*Am. *fiber) layer (lap)*
**32** szállítószalag
– *conveyor belt (conveyor)*
**33** bálaprés
– *baling press*
**34** szállításra kész viszkózbála
– *bale of viscose rayon ready for dispatch (despatch)*

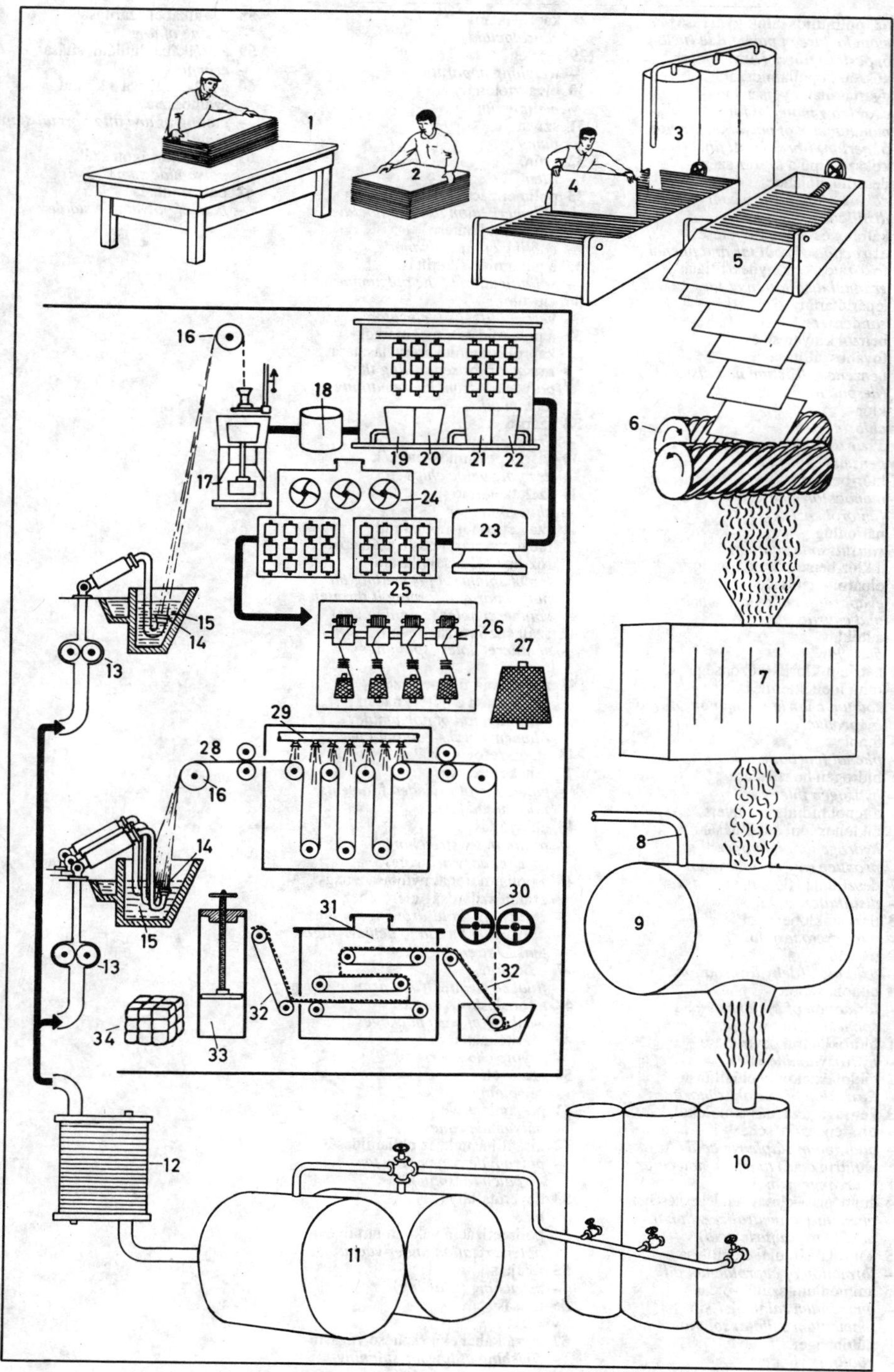
1
2
3
4
5
6
7
8
9
10
11
12
13
14
15
16
17
18
19
20
21
22
23
24
25
26
27
28
29
30
31
32
33
34

# 170 Mesterséges szálak (szintetikus szálak, vegyiszálak) II.

**1–62 poliamidszálak gyártása**
– *manufacture of* ***polyamide*** *(nylon 6, perlon)* ***fibres*** *(*Am. *fibers)*

**1** kőszén [a poliamidszál gyártásának nyersanyaga]
– *coal [raw material for manufacture of polyamide (nylon 6, perlon) fibres (*Am. *fibers)]*

**2** kokszolómű a száraz szén desztillációjához
– *coking plant for dry coal distillation*

**3** kátrány és fenol kinyerése
– *extraction of coal tar and phenol*

**4** fokozatos kátránydesztillálás
– *gradual distillation of tar*

**5** lepárlótartály
– *condenser*

**6** benzol kinyerése és továbbszállítása
– *benzene extraction and dispatch (despatch)*

**7** klór
– *chlorine*

**8** a benzol klórozása
– *benzene chlorination*

**9** klór-benzol
– *monochlorobenzene (chlorobenzene)*

**10** nátronlúg
– *caustic soda solution*

**11** a klór-benzol és nátronlúg elpárologtatása
– *evaporation of chlorobenzene and caustic soda*

**12** autokláv
– *autoclave*

**13** nátrium-klorid (közönséges só) mint melléktermék
– *sodium chloride (common salt), a by-product*

**14** fenol
– *phenol (carbolic acid)*

**15** hidrogén hozzáadása
– *hydrogen inlet*

**16** a fenol hidrálása a nyers ciklohexanol előállításához
– *hydrogenation of phenol to produce raw cyclohexanol*

**17** desztillálás (lepárlás)
– *distillation*

**18** tiszta ciklohexanol
– *pure cyclohexanol*

**19** oxidálás
– *oxidation (dehydrogenation)*

**20** ciklohexanon
– *formation of cyclohexanone (pimehinketone)*

**21** hidroxilamin bevezetése
– *hydroxylamine inlet*

**22** ciklohexanoxim előállítása
– *formation of cyclohexanoxime*

**23** kénsavhozzáadás a molekulák újrarendeződéséhez
– *addition of sulphuric acid (*Am. *sulfuric acid) to effect molecular rearrangement*

**24** ammónia a kénsav semlegesítéséhez
– *ammonia to neutralize sulphuric acid (*Am. *sulfuric acid)*

**25** kaprolaktámolaj előállítása
– *formation of caprolactam oil*

**26** ammónium-szulfát-oldat
– *ammonium sulphate (*Am. *ammonium sulfate) solution*

**27** hűtőhenger
– *cooling cylinder*

**28** kaprolaktám
– *caprolactam*

**29** mérleg
– *weighing apparatus*

**30** olvasztótartály
– *melting pot*

**31** szivattyú
– *pump*

**32** szűrő
– *filter*

**33** polimerizáció az autoklávban
– *polymerization in the autoclave*

**34** a poliamid hűtése
– *cooling of the polyamide*

**35** a poliamid szilárdítása
– *solidification of the polyamide*

**36** elevátor
– *vertical lift (*Am. *elevator)*

**37** a poliamid és a megmaradt kaprolaktámolaj szétválasztása
– *extractor for separating the polyamide from the remaining lactam oil*

**38** szárító
– *drier*

**39** száraz poliamidszeletkék
– *dry polyamide chips*

**40** szeletketároló
– *chip container*

**41** szálképző fej a poliamid megolvasztására és a szálképző rózsán való átsajtolására
– *top of spinneret for melting the polyamide and forcing it through spinneret holes (spinning jets)*

**42** szálképző rózsa
– *spinneret holes (spinnings jets)*

**43** a poliamid filamentszál szilárdítása a hűtőaknában
– *solidification of polyamide filaments in the cooling tower*

**44** az összefogott szálak feltekercselése
– *collection of extruded filaments into thread form*

**45** előnyújtás
– *preliminary stretching (preliminary drawing)*

**46** a poliamidfonal nyújtása a nagy szakítószilárdság eléréséhez
– *stretching (cold-drawing) of the polyamide thread to achieve high tensile strength*

**47** utónyújtás
– *final stretching (final drawing)*

**48** a fonalcsévék mosása
– *washing of yarn packages*

**49** szárítókanna
– *drying chamber*

**50** átcsévélés
– *rewinding*

**51** poliamidcséve
– *polyamide cone*

**52** kiszállításra kész poliamidcséve
– *polyamide cone ready for dispatch (despatch)*

**53** keverőtartály
– *mixer*

**54** polimerizáció vákuumtartályban
– *polymerization under vacua*

**55** nyújtás
– *stretching (drawing)*

**56** mosás
– *washing*

**57** a szálkábel előkészítése vágásra
– *finishing of tow for spinning*

**58** a szálkábel szárítása
– *drying of tow*

**59** a szálkábel hullámosítása
– *crimping of tow*

**60** a kábel vágása a kívánt szálhosszra
– *cutting of tow into normal staple lengths*

**61** poliamid vágott szál
– *polyamide staple*

**62** poliamidbála
– *bale of polyamide staple*

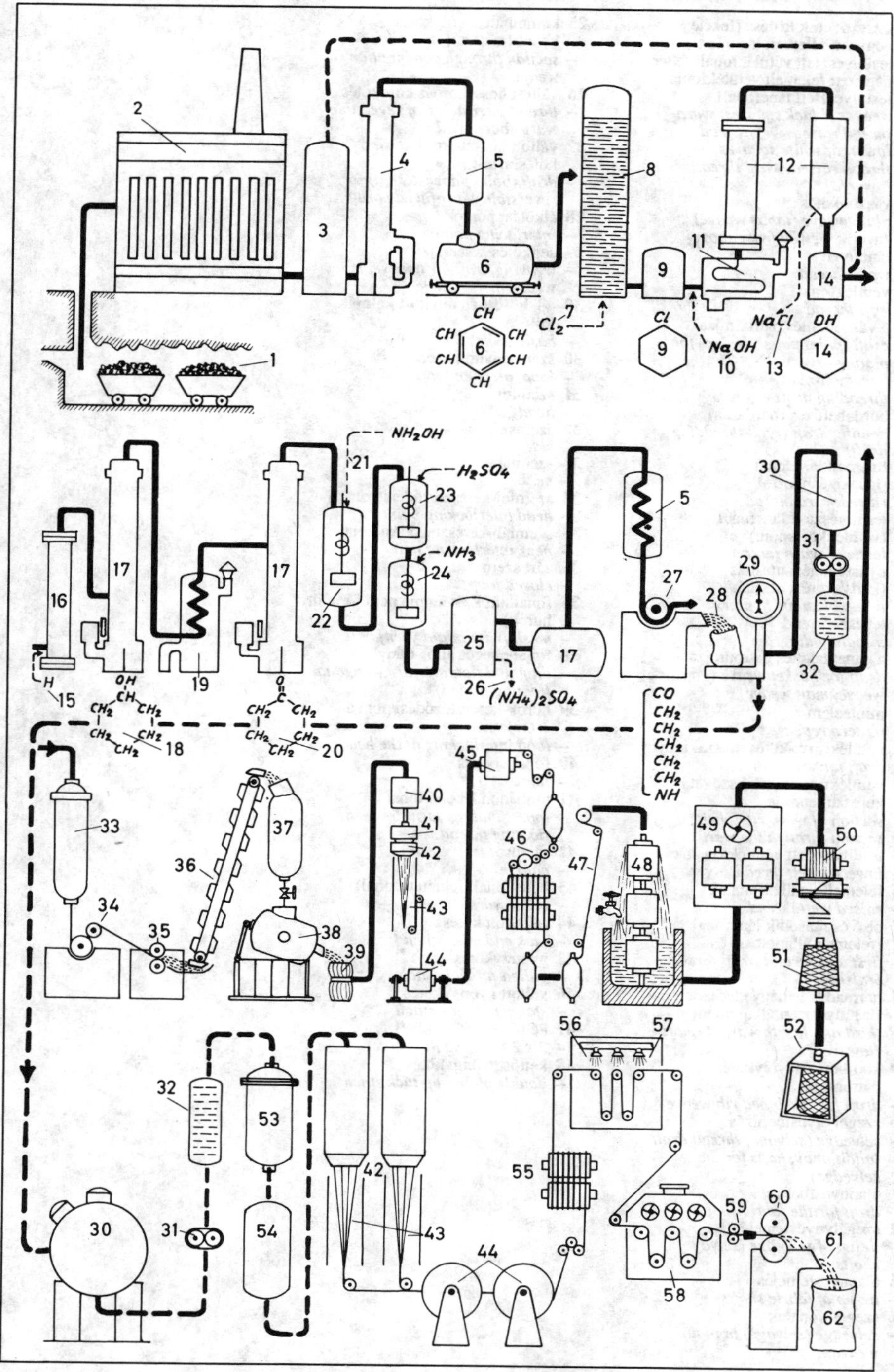
1
2
3
4
5
6
7
8
9
10
11
12
13
14
CH
CH CH
CH CH
CH
$Cl_2$
Cl
NaOH
NaCl
OH
$NH_2OH$
$H_2SO_4$
$NH_3$
H
OH
CH
$CH_2$ $CH_2$
$CH_2$ $CH_2$
$CH_2$
O
C
$CH_2$ $CH_2$
$CH_2$ $CH_2$
$CH_2$
$(NH_4)_2SO_4$
CO
$CH_2$
$CH_2$
$CH_2$
$CH_2$
$CH_2$
NH
15
16
17
18
19
20
21
22
23
24
25
26
27
28
29
30
31
32
33
34
35
36
37
38
39
40
41
42
43
44
45
46
47
48
49
50
51
52
53
54
55
56
57
58
59
60
61
62

**1–29 szövetek kötése** [fekete négyzet: felemelt láncfonal, lesüllyesztett vetülékfonal; fehér négyzet: felemelt vetülékfonal, lesüllyesztett láncfonal]
– ***weaves*** *[black squares: warp thread raised, weft thread lowered; white squares: weft thread raised, warp thread lowered]*
**1** vászonkötés
– *plain weave (tabby weave) [weave viewed from above]*
**2** láncfonal
– *warp thread*
**3** vetülékfonal
– *weft thread*
**4** a vászonkötés patronrajza
– *draft (point paper design) for plain weave*
**5** nyüstbefűzés
– *threading draft*
**6** bordabefűzés (bordázás)
– *denting draft (reed-threading draft)*
**7** felemelt láncfonal (lánckötéspont)
– *raised warp thread*
**8** lesüllyesztett láncfonal (vetülékkötéspont)
– *lowered warp thread*
**9** nyüstemelési utasítás (kártyaverési utasítás)
– *tie-up of shafts in pairs*
**10** lépési sorrend
– *treadling diagram*
**11** a panamakötés patronrajza
– *draft for basket weave (hopsack weave, matt weave)*
**12** mintaelem
– *pattern repeat*
**13** vetülékripsz-kötés műszaki rajza
– *draft for warp rib weave*
**14** vetülékripsz kötésű szövet keresztmetszete
– *section of warp rib fabric, a section through the warp*
**15** lesüllyesztett vetülékfonalak
– *lowered weft thread*
**16** felemelt vetülékfonalak
– *raised weft thread*
**17** első és második láncfonal [felemelt állapotban]
– *first and second warp threads [raised]*
**18** harmadik és negyedik láncfonal [lesüllyesztett állapotban]
– *third and fourth warp threads [lowered]*
**19** kombinált sávolykötés patronrajza
– *draft for combined rib weave*
**20** szegélynyüstbefűzés
– *selvedge (selvage) thread draft (additional shafts for the selvedge)*
**21** alapnyüstbefűzés
– *draft for the fabric shafts*
**22** szegélynyüstemelés
– *tie-up of selvedge (selvage) shafts*
**23** alapnyüstemelés
– *tie-up of fabric shafts*
**24** szegélyfonalak
– *selvedge (selvage) in plain weave*
**25** kombinált sávolykötés keresztmetszeti rajza
– *section through combination rib weave*
**26** váltott hosszbordás kordkötés
– *thread interlacing of reversible warp-faced cord*
**27** váltott hosszbordás kordkötés kötésrajza
– *draft (point paper design) for reversible warp-faced cord*
**28** átkötési pontok
– *interlacing points*
**29** sejtkötés kötésrajza
– *weaving draft for honeycomb weave in the fabric*
**30–48 kötött és hurkolt kelmék kötése**
– ***basic knits***
**30** szem <nyitott szem>
– *loop, an open loop*
**31** szemfej
– *head*
**32** szemszár
– *side*
**33** szemláb
– *neck*
**34** szemfej-kereszteződési pont
– *head interlocking point*
**35** szemláb-kereszteződési pont
– *neck interlocking point*
**36** zárt szem
– *closed loop*
**37** fonalhurok (szemmé nem formált hurok)
– *mesh [with inlaid yarn]*
**38** fonallebegés átlós irányban
– *diagonal floating yarn (diagonal floating thread)*
**39** hurok-kereszteződési pont a szemfejnél
– *loop interlocking at the head*
**40** fonallebegés
– *float*
**41** szabadon lebegő fonal
– *loose floating yarn (loose floating thread)*
**42** szemsor
– *course*
**43** bélésfonal (fektetett fonal)
– *inlaid yarn*
**44** feltartott kötés
– *tuck and miss stitch*
**45** gyöngykötés
– *pulled-up tuck stitch*
**46** váltott gyöngykötés
– *staggered tuck stitch*
**47** kéttűs feltartott kötés
– *2 x 2 tuck and miss stitch*
**48** kettős gyöngykötés
– *double pulled-up tuck stitch*

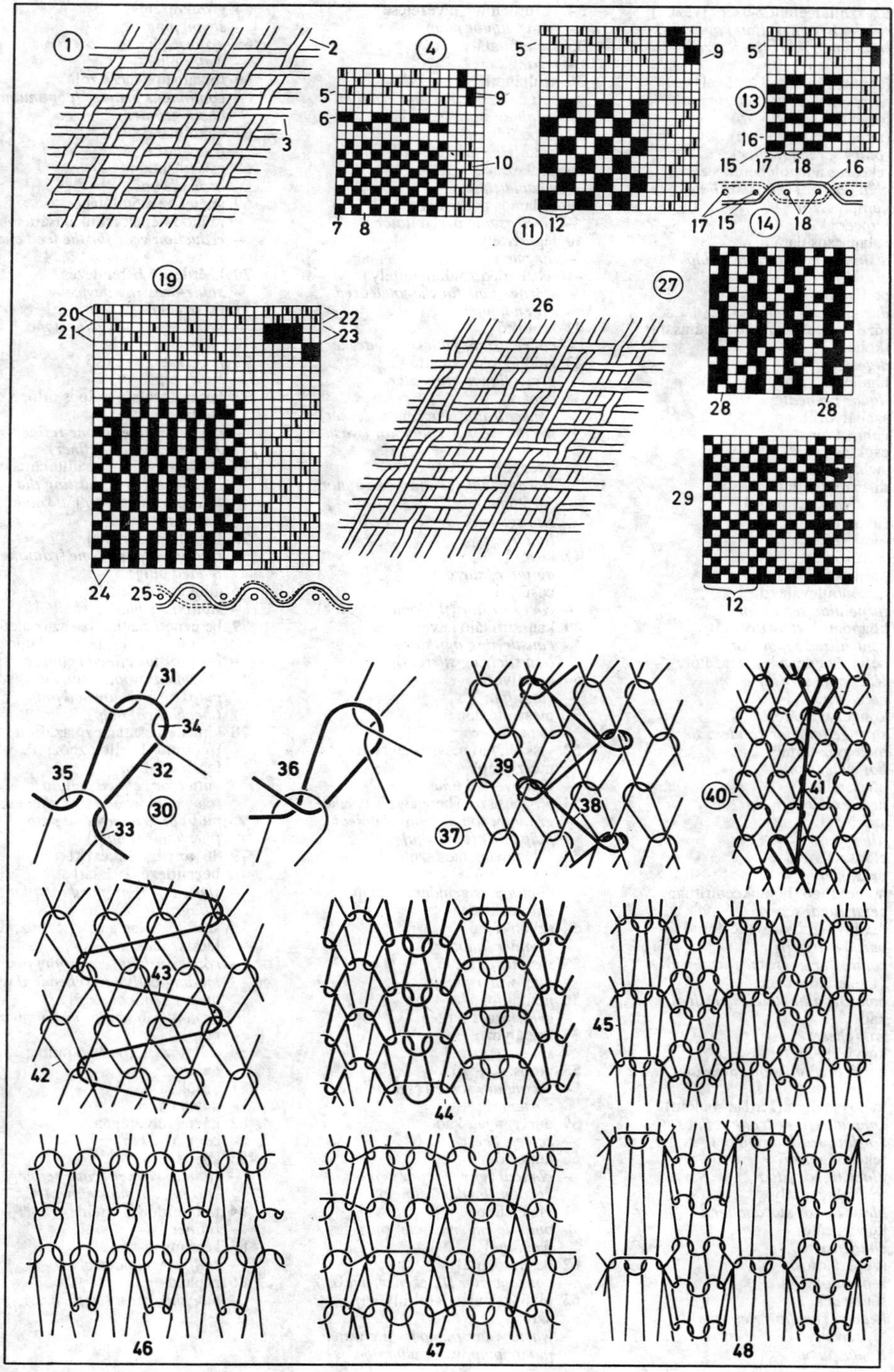

1
2
3
4
5
6
9
10
7
8
11
12
13
16
15
17
18
14
19
20
21
22
23
24
25
26
27
28
29
30
31
32
33
34
35
36
37
38
39
40
41
42
43
44
45
46
47
48

**1–52** szulfátcellulóz-üzem [vázlat]
– *sulphate (*Am. *sulfate) pulp mill (kraft pulp mill) [in diagram form]*
**1** faaprítógép portalanítóval
– *chippers with dust extractor*
**2** forgó törekosztályozó (törekosztályozó dob)
– *rotary screen (riffler)*
**3** rekeszes adagolóberendezés
– *chip packer (chip distributor)*
**4** kompresszor
– *blower*
**5** kalapácsos daráló
– *disintegrator (crusher, chip crusher)*
**6** porkamra
– *dust-settling chamber*
**7** főző [a nyersanyagok feltárására] (koher)
– *digester*
**8** lúgelőmelegítő
– *liquor preheater*
**9** szabályozócsap
– *control tap*
**10** csuklós cső
– *swing pipe*
**11** diffuzőr (cellulózmosó)
– *blow tank (diffuser)*
**12** fúvószelep
– *blow valve*
**13** diffuzőrkád
– *blow pit (diffuser)*
**14** terpentinleválasztó
– *turpentine separator*
**15** központi leválasztó
– *centralized separator*
**16** befecskendező kondenzátor
– *jet condenser (injection condenser)*
**17** kondenzvíztároló
– *storage tank for condensate*
**18** melegvíz-tartály
– *hot water tank*
**19** hőcserélő
– *heat exchanger*
**20** szűrő
– *filter*
**21** előosztályozó
– *presorter*
**22** homokfogó (homokcentrifuga)
– *centrifugal screen*
**23** örvényosztályozó (körforgó osztályozógép)
– *rotary sorter (rotary strainer)*
**24** víztelenítőhenger
– *concentrator (thickener, decker)*
**25** kád
– *vat (chest)*
**26** körvíz gyűjtőtartálya
– *collecting tank for backwater (low box)*
**27** kúpos malom (Jordan-malom)
– *conical refiner (cone refiner, Jordan, Jordan refiner)*
**28** feketelúgszűrő
– *black liquor filter*
**29** feketelúgtartály
– *black liquor storage tank*
**30** kondenzátor
– *condenser*
**31** szeparátorok
– *separators*
**32** fűtőtestek
– *heaters (heating elements)*
**33** lúgszivattyú
– *liquor pump*
**34** besűrített lúg elvezetése
– *heavy liquor pump*
**35** keverőtartály
– *mixing tank*
**36** szulfáttartály
– *salt cake storage tank (sodium sulphate storage tank)*
**37** pépesítőtartály
– *dissolving tank (dissolver)*
**38** gőzkazán
– *steam heater*
**39** villamos porleválasztó
– *electrostatic precipitator*
**40** légszivattyú
– *air pump*
**41** tisztítatlan zöldlúg tartálya
– *storage tank for the uncleared green liquor*
**42** besűrítő
– *concentrator (thickener, decker)*
**43** zöldlúg-előmelegítő
– *green liquor preheater*
**44** bepárló
– *concentrator (thickener, decker) for the weak wash liquor (wash water)*
**45** gyengelúg-tartály
– *storage tank for the weak liquor*
**46** főzőlúgtartály
– *storage tank for the cooking liquor*
**47** keverő
– *agitator (stirrer)*
**48** besűrítő
– *concentrator (thickener, decker)*
**49** kausztifikáló keverő
– *causticizing agitators (causticizing stirrers)*
**50** osztályozó
– *classifier*
**51** mészoltó dob
– *lime slaker*
**52** visszanyert mész (kiégetett mésziszap)
– *reconverted lime*
**53–65** facsiszoló berendezés [vázlat]
– *groundwood mill (mechanical pulp mill) [diagram]*
**53** folyamatos facsiszoló (láncos facsiszoló)
– *continuous grinder (continuous chain grinder)*
**54** szilánkfogó
– *strainer (knotter)*
**55** rostvízszivattyú
– *pulp water pump*
**56** homokfogó
– *centrifugal screen*
**57** osztályozó
– *screen (sorter)*
**58** utóosztályozó
– *secondary screen (secondary sorter)*
**59** durvaanyag-kád
– *rejects chest*
**60** kúpos őrlő
– *conical refiner (cone refiner, Jordan, Jordan refiner)*
**61** víztelenítőgép
– *pulp-drying machine (pulp machine)*
**62** besűrítőtartály
– *concentrator (thickener, decker)*
**63** olajvízszivattyú (elfolyóvíz-szivattyú)
– *waste water pump (white water pump, pulp water pump)*
**64** gőzelvezetés
– *steam pipe*
**65** vízvezeték
– *water pipe*
**66** folyamatos facsiszoló
– *continuous grinder (continuous chain grinder)*
**67** előtolólánc
– *feed chain*
**68** csiszolandó fa
– *groundwood*
**69** áttétel az előtolólánc működésének redukálására
– *reduction gear for the feed chain drive*
**70** kőérdesítő berendezés
– *stone-dressing device*
**71** csiszolókő
– *grinding stone (grindstone, pulpstone)*
**72** befecskendező cső
– *spray pipe*
**73** kúpos foszlató (kúpos őrlő, Jordan-malom)
– *conical refiner (cone refiner, Jordan, Jordan refiner)*
**74** őrlőkéstávolság beállítókereke
– *handwheel for adjusting the clearance between the knives (blades)*
**75** forgókúp késekkel
– *rotating bladed cone (rotating bladed plug)*
**76** állókúp késekkel
– *stationary bladed shell*
**77** bemeneti csatlakozó az őröletlen cellulózhoz, ill. facsiszolathoz
– *inlet for unrefined cellulose (chemical wood pulp, chemical pulp) or groundwood pulp (mechanical pulp)*
**78** kimeneti csatlakozó az őrölt [foszlatott] cellulózhoz, ill. facsiszolathoz
– *outlet for refined cellulose (chemical wood pulp, chemical pulp) or groundwood pulp (mechanical pulp)*
**79–86 anyag-előkészítő berendezés** [vázlat]
– *stuff (stock) preparation plant [diagram]*
**79** szállítószalag a cellulózhoz, ill. a facsiszolathoz
– *conveyor belt (conveyor) for loading cellulose (chemical wood pulp, chemical pulp) or groundwood pulp (mechanical pulp)*
**80** cellulóz-előfoszlató pulper
– *pulper*
**81** ürítőkád
– *dump chest*
**82** kúpos felverőgép
– *cone breaker*
**83** kúpos őrlő
– *conical refiner (cone refiner, Jordan, Jordan refiner)*
**84** finomőrlő (raffinőr)
– *refiner*
**85** készanyag-kád
– *stuff chest (stock chest)*
**86** gépkád
– *machine chest (stuff chest)*

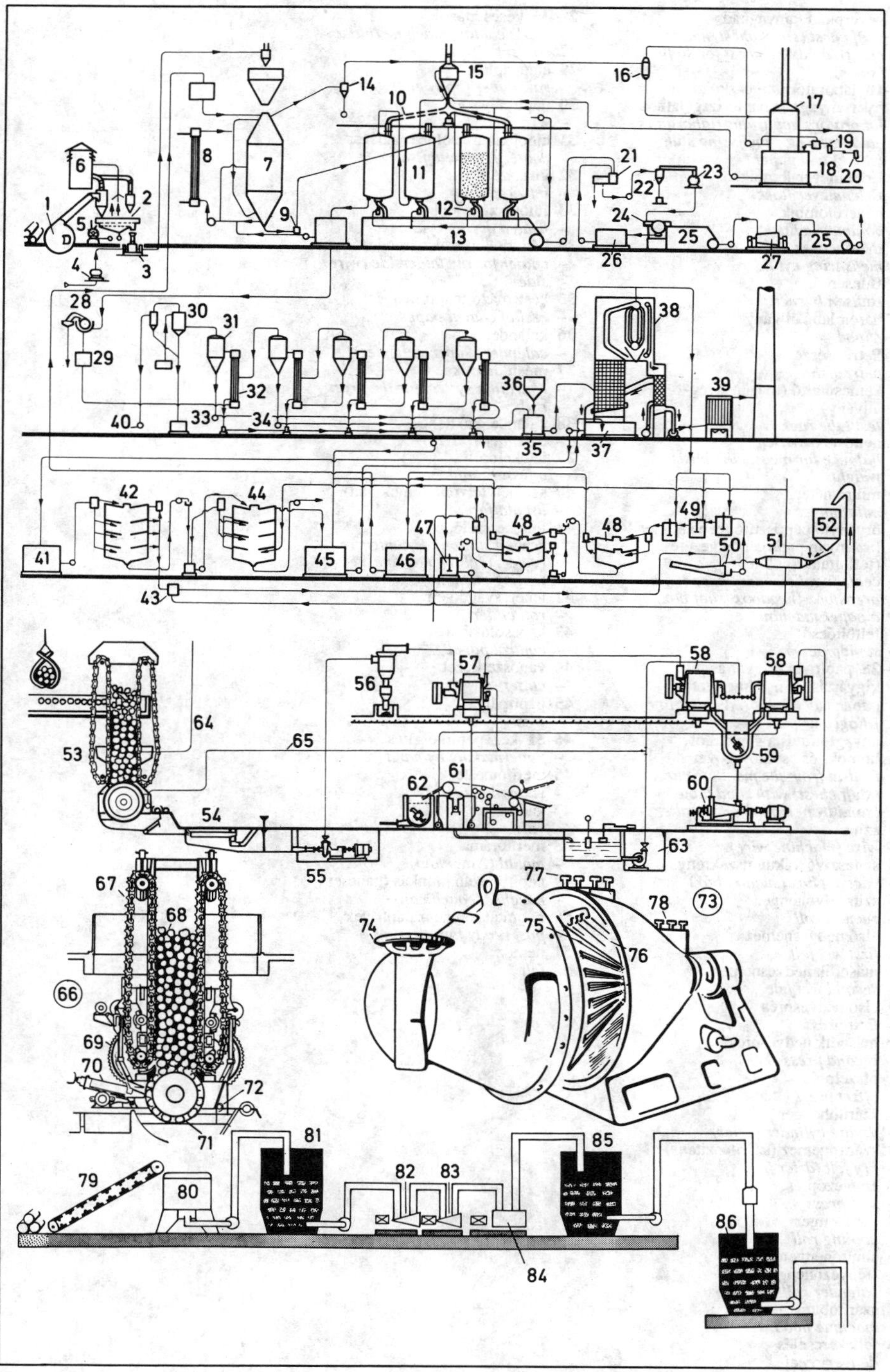
1
2
3
4
5
6
7
8
9
10
11
12
13
14
15
16
17
18
19
20
21
22
23
24
25
26
27
28
29
30
31
32
33
34
35
36
37
38
39
40
41
42
43
44
45
46
47
48
49
50
51
52
53
54
55
56
57
58
59
60
61
62
63
64
65
66
67
68
69
70
71
72
73
74
75
76
77
78
79
80
81
82
83
84
85
86

1 keverőkád <anyagkád>
– *stuff chest (stock chest, machine chest), a mixing chest for stuff (stock)*
2–10 laboratóriumi eszközök a nyersanyag- és papírvizsgálathoz
– *laboratory apparatus (laboratory equipment) for analysing stuff (stock) and paper*
2 Erlenmeyer-lombik
– *Erlenmeyer flask*
3 keverőlombik
– *volumetric flask*
4 mérőhenger
– *measuring cylinder*
5 Bunsen-égő
– *Bunsen burner*
6 háromlábú állvány
– *tripod*
7 Petri-csésze
– *petri dish*
8 kémcsőtartó (reagensüveg-állvány)
– *test tube rack*
9 nettósúly-mérleg
– *balance for measuring basis weight*
10 mikrométer
– *micrometer*
11 örvénylő péptisztító (centrikliner) [az anyag papírgépbe vezetése (felfuttatása) előtt]
– *centrifugal cleaners ahead of the breastbox (headbox, stuff box) of a paper machine*
12 feltöltőcső
– *standpipe*
13–28 papírgép (kigyártási út, kigyártási irány) [metszet]
– *paper machine (production line) [diagram]*
13 anyagfelfutás a gépkádtól homok- és csomófogóval
– *feed-in from the machine chest (stuff chest) with sand table (sand trap, riffler) and knotter*
14 szita
– *wire (machine wire)*
15 szitaszívó vákuumszekrény
– *vacuum box (suction box)*
16 szitaszívóhenger
– *suction roll*
17 első nedvesnemez
– *first wet felt*
18 második nedvesnemez
– *second wet felt*
19 első nedvesprés
– *first press*
20 második nedvesprés
– *second press*
21 ofszetprés
– *offset press*
22 szárítóhenger
– *drying cylinder (drier)*
23 szárítónemez (szárítószita *is*)
– *dry felt (drier felt)*
24 enyvezőprés
– *size press*
25 hűtőhenger
– *cooling roll*
26 simítóhengerek (fényezőhengerek)
– *calender rolls*
27 szárítóbura
– *machine hood*
28 feltekercselés
– *delivery reel*
29–35 késes mázológép
– *blade coating machine (blade coater)*
29 alappapír
– *raw paper (body paper)*
30 papírpálya
– *web*
31 előoldali mázolóberendezés
– *coater for the top side*
32 infraszárító
– *infrared drier*
33 fűtött szárítódob
– *heated drying cylinder*
34 hátoldali mázolóberendezés
– *coater for the underside (wire side)*
35 kész mázoltpapír henger
– *reel of coated paper*
36 kalander
– *calender (Super-calender)*
37 préshidraulika
– *hydraulic system for the press rolls*
38 kalanderező henger
– *calender roll*
39 letekercselés
– *unwind station*
40 személyfelvonó (emelőpad)
– *lift platform*
41 feltekercselőgép
– *rewind station (rewinder, re-reeler, reeling machine, re-reeling machine)*
42 tekercsvágó gép
– *roll cutter*
43 kapcsolótábla
– *control panel*
44 vágószerkezet
– *cutter*
45 papírpálya
– *web*
46–51 kézi papírkészítés
– *papermaking by hand*
46 merítőmester
– *vatman*
47 kád
– *vat*
48 merítőráma
– *mould (Am. mold)*
49 papírpréselő munkás (gaucser)
– *coucher (couchman)*
50 nyomtatásra kész papírívek
– *post ready for pressing*
51 nemez
– *felt*

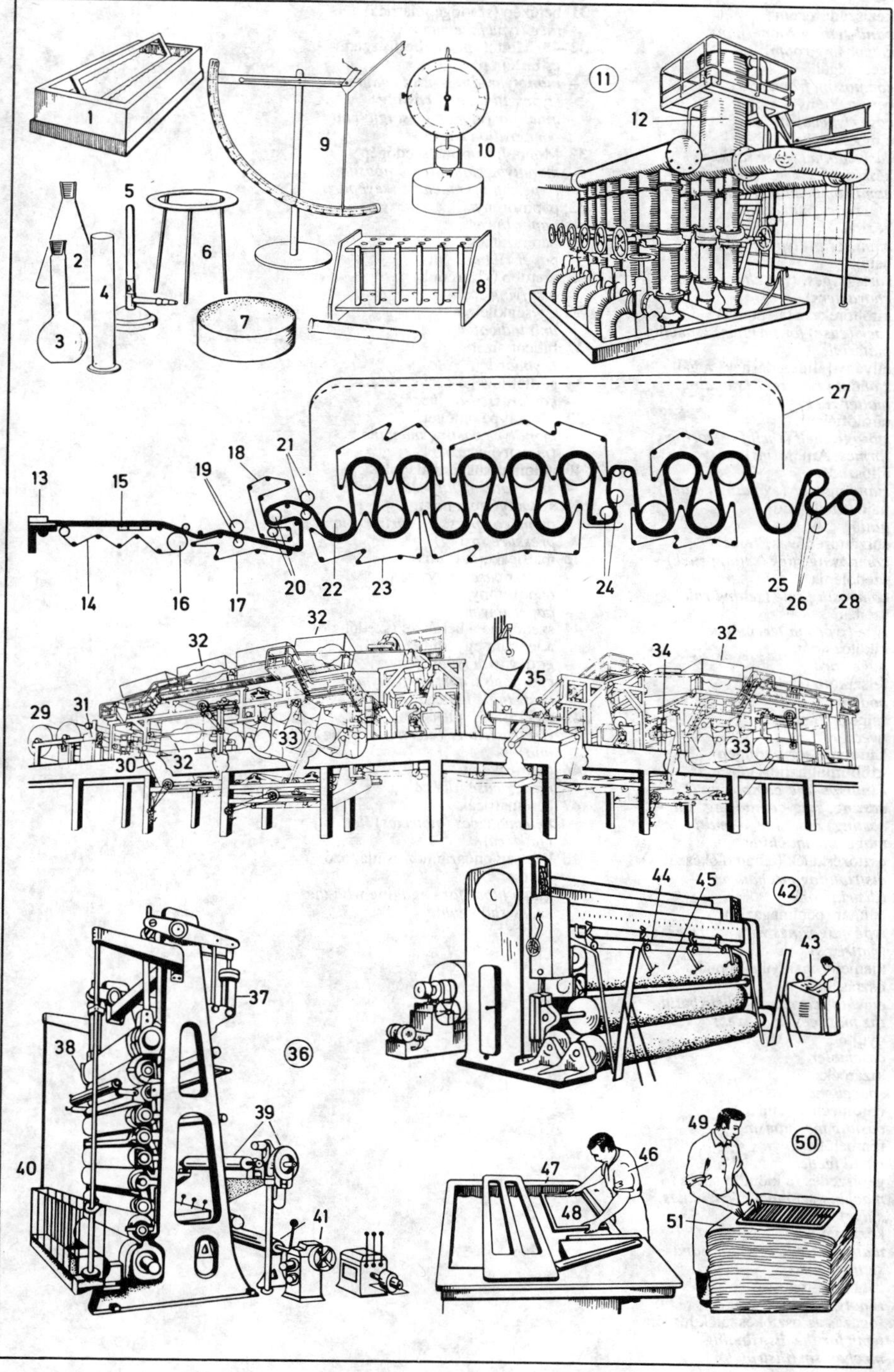

1
2
3
4
5
6
7
8
9
10
11
12
13
14
15
16
17
18
19
20
21
22
23
24
25
26
27
28
29
30
31
32
33
34
35
36
37
38
39
40
41
42
43
44
45
46
47
48
49
50
51

1 **kéziszedőterem**
– ***hand-setting room*** *(hand-composing room)*
2 szedőregál
– *composing frame*
3 betűszekrény
– *case (typecase)*
4 címbetűszekrény
– *case cabinet (case rack)*
5 kéziszedő
– *hand compositor (compositor, typesetter, maker-up)*
6 kézirat
– *manuscript (typescript)*
7 betűk
– *sorts (types, type characters, characters)*
8 kitöltőrekesz (stégtartó)
– *rack (case) for furniture (spacing material)*
9 állvány [állószedésnek] regál
– *standing type rack (standing matter rack)*
10 tárolófiók
– *storage shelf (shelf for storing formes,* Am. *forms)*
11 állószedés
– *standing type (standing matter)*
12 hajó (szedőhajó)
– *galley*
13 sorzó (szedővas, vinkel)
– *composing stick (setting stick)*
14 szedőlénia
– *composing rule (setting rule)*
15 szedés
– *type (type matter, matter)*
16 kikötőzsinór
– *page cord*
17 felszúrótű (szedőár)
– *bodkin*
18 csipesz (pincetta)
– *tweezers*
19 **Linotype sorszedőgép <többmagazinos gép>**
– ***Linotype line-composing (line-casting, slug-composing, slug-casting) machine, a multi-magazine machine***
20 osztókészülék (felrámolókészülék)
– *distributing mechanism (distributor)*
21 betűtár (betűmagazin)
– *type magazines with matrices (matrixes)*
22 kiemelőfogantyú a minták osztásához
– *elevator carrier for distributing the matrices (matrixes)*
23 gyűjtő
– *assembler*
24 kizáróék
– *spacebands*
25 öntőmechanizmus
– *casting mechanism*
26 fémbetöltés
– *metal feeder*
27 gépiszedés (a kiöntött sorok)
– *machine-set matter (cast lines, slugs)*
28 kézi matrica
– *matrices (matrixes) for hand-setting (sorts)*
29 Linotype-matrica
– *Linotype matrix*
30 fogazás az osztókészülék részére
– *teeth for the distributing mechanism (distributor)*
31 betűkép (szedőgépmatrica)
– *face (type face, matrix)*
32–45 **Monotype egybetűs szedő- és öntőgép**
– ***monotype single-unit composing*** *(typesetting)* ***and casting machine*** *(monotype single-unit composition caster)*
32 Monotype normálszedőgép
– *monotype standard composing (typesetting) machine (keyboard)*
33 papírtorony
– *paper tower*
34 papírszalag
– *paper ribbon*
35 szetdob (kizáródob)
– *justifying scale*
36 egységkijelző
– *unit indicator*
37 billentyűzet
– *keyboard*
38 sűrítettlevegő-csővezeték
– *compressed-air hose*
39 Monotype öntőgép
– *monotype casting machine (monotype caster)*
40 automatikus fémadagolás
– *automatic metal feeder*
41 szivattyú-nyomórugó
– *pump compression spring (pump pressure spring)*
42 matricakeret (ráma)
– *matrix case (die case)*
43 papírtorony
– *paper tower*
44 szedőhajó a betűkkel (szedőhajó a leöntött egyedi betűkkel)
– *galley with types (letters, characters, cast single types, cast single letters)*
45 elektromos fűtés
– *electric heater (electric heating unit)*
46 matricakeret
– *matrix case (die case)*
47 betűmatricák
– *type matrices (matrixes) (letter matrices)*
48 keresztvonószánhoz csatlakozó horog
– *guide block for engaging with the cross-slide guide*

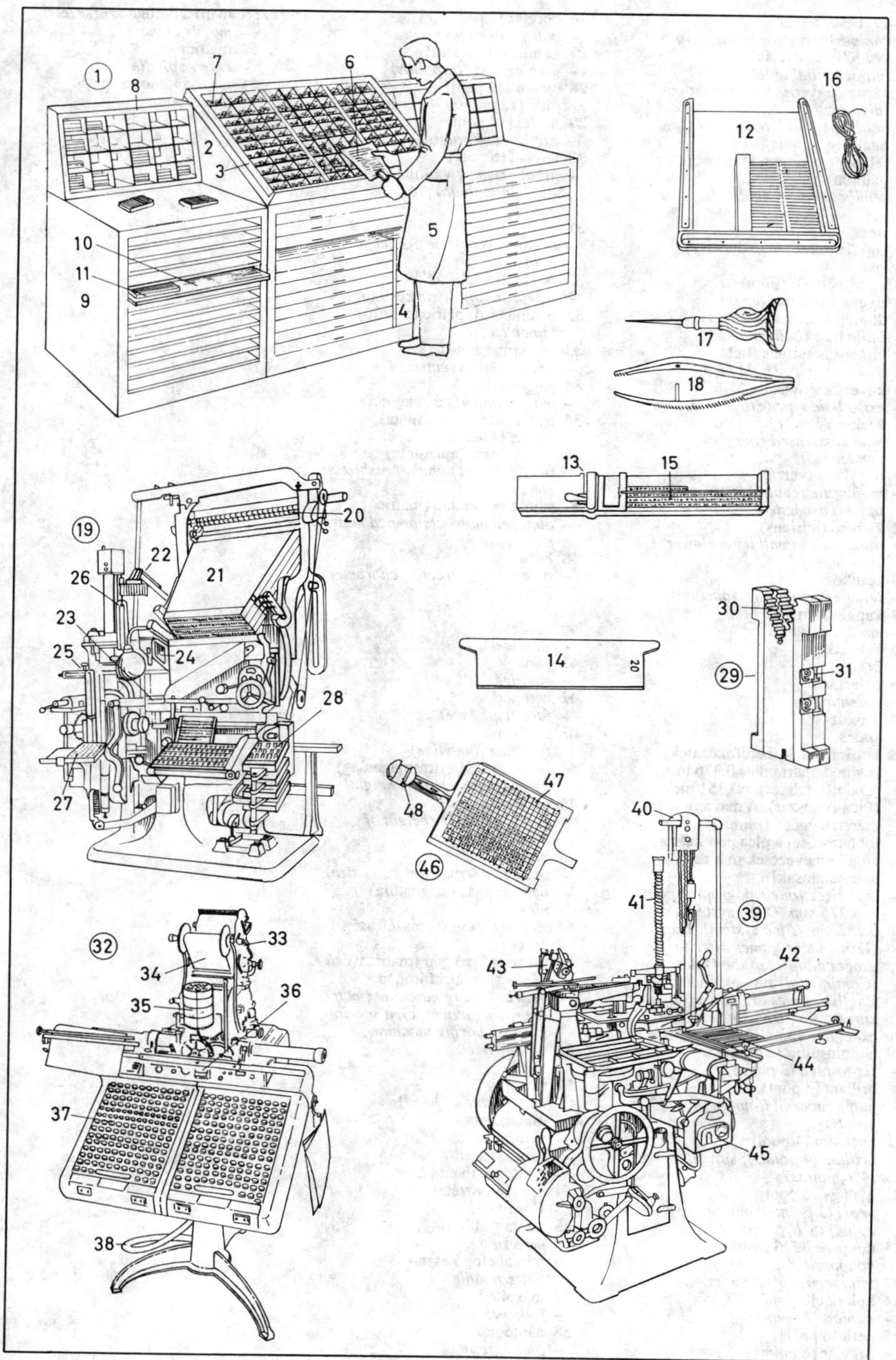
1
2
3
4
5
6
7
8
9
10
11
12
13
14
15
16
17
18
19
20
21
22
23
24
25
26
27
28
29
30
31
32
33
34
35
36
37
38
39
40
41
42
43
44
45
46
47
48

**1–17 betűszedés**
– ***composition*** *(type matter, type)*
1 kezdőbetű (iniciálé)
– *initial (initial letter)*
2 háromnegyedes kövér betűtípus (*biz.*: fett)
– *bold type (bold, boldfaced type, heavy type, boldface)*
3 félkövér betűtípus (félkövér, *biz.* halbfett)
– *semibold type (semibold)*
4 sor
– *line*
5 sorköz (térző, *biz.*: dursusz)
– *space*
6 kettősbetű (ligatúra)
– *ligature (double letter)*
7 döntött betűtípus (kurzív)
– *italic type (italics)*
8 világos betűtípus (light)
– *light face type (light face)*
9 kövér betűtípus (bold)
– *extra bold type (extra bold)*
10 keskeny-kövér betűtípus
– *bold condensed type (bold condensed)*
11 nagybetű (verzál)
– *majuscule (capital letter, capital, upper case letter)*
12 kisbetű (kurrens)
– *minuscule (small letter, lower case letter)*
13 betűköz
– *letter spacing (interspacing)*
14 kapitälchen
– *small capitals*
15 bekezdés
– *break*
16 behúzás
– *indention*
17 szóköz
– *space*
18 **betűméretek** (betűfokozatok) [nyomdaipari pont=0,376 mm (Didot-rendszer), =0,351 mm (Pica-rendszer). A mai angol méretek egész számú többszörösei a pica pontnak, az angol elnevezések már nem használatosak]
– ***type sizes*** *[one typographic point = 0.376 mm (Didot system), 0.351 mm (Pica system). The German size-names refer to exact multiples of the Didot (Continental) system. The English names are now obsolete: current English type-sizes are exact multiples of the Pica]*
19 nonplusultra [2 pont]
– *six-to-pica (2 points)*
20 brillant [3 pont]
– *half nonpareil (four-to-pica) (3 points)*
21 gyémánt [4 pont]
– *brillant (4 points);* sim.: *diamond (4 1/2 points)*
22 gyöngy [5 pont]
– *pearl (5 points);* sim.: *ruby (*Am. *agate) (5 1/2 points)*
23 nonpareille [6 pont]
– *nonpareil (6 points);* sim.: *minionette (6 1/2 points)*
24 kolonel [7 pont]
– *minion (7 points)*
25 petit [8 pont]
– *brevier (8 points)*
26 borgisz [9 pont]
– *bourgeois (9 points)*
27 garmond [10 pont]
– *long primer (10 points)*
28 cicero [12 pont]
– *pica (12 points)*
29 mittel [14 pont]
– *English (14 points)*
30 tercia [16 pont]
– *great primer (two-line brevier,* Am. *Columbian) (16 points)*
31 text [20 pont]
– *paragon (two-line primer) (20 points)*
**32–37 betűelőállítás** (betűöntés)
– ***typefounding*** *(type casting)*
32 betűmetsző (patricakészítő)
– *punch cutter*
33 véső (metszőtű)
– *graver (burin, cutter)*
34 nagyító (lupe)
– *magnifying glass (magnifier)*
35 nyers patrica (apaminta)
– *punch blank (die blank)*
36 kész patrica (apaminta)
– *finished steel punch (finished steel die)*
37 sajtolt betűminta (matrica)
– *punched matrix (stamped matrix, strike, drive)*
38 **betű**
– ***type*** *(type character, character)*
39 fejrész
– *head*
40 vállfelület
– *shoulder*
41 ponc
– *counter*
42 betűkép
– *face (type face)*
43 betűvonal
– *type line (bodyline)*
44 betűmagasság (írásmagasság)
– *height to paper (type height)*
45 vállmagasság
– *height of shank (height of shoulder)*
46 betűtörzs
– *body size (type size, point size)*
47 betűbevágás (szignatúra)
– *nick*
48 betűvastagság (betűszélesség)
– *set (width)*
49 **matricafúró gép** (matricavéső gép) <speciális fúrógép>
– ***matrix-boring machine*** *(matrix-engraving machine), a special-purpose boring machine*
50 tartóállvány
– *stand*
51 marófej
– *cutter (cutting head)*
52 munkaasztal
– *cutting table*
53 pantográftartó
– *pantograph carriage*
54 prizmás vezetés
– *V-way*
55 minta (sablon)
– *pattern*
56 mintabefogó asztal
– *pattern table*
57 másolótű
– *follower*
58 pantográf
– *pantograph*
59 matricabefogó szerkezet
– *matrix clamp*
60 maróorsó
– *cutter spindle*
61 meghajtómotor
– *drive motor*

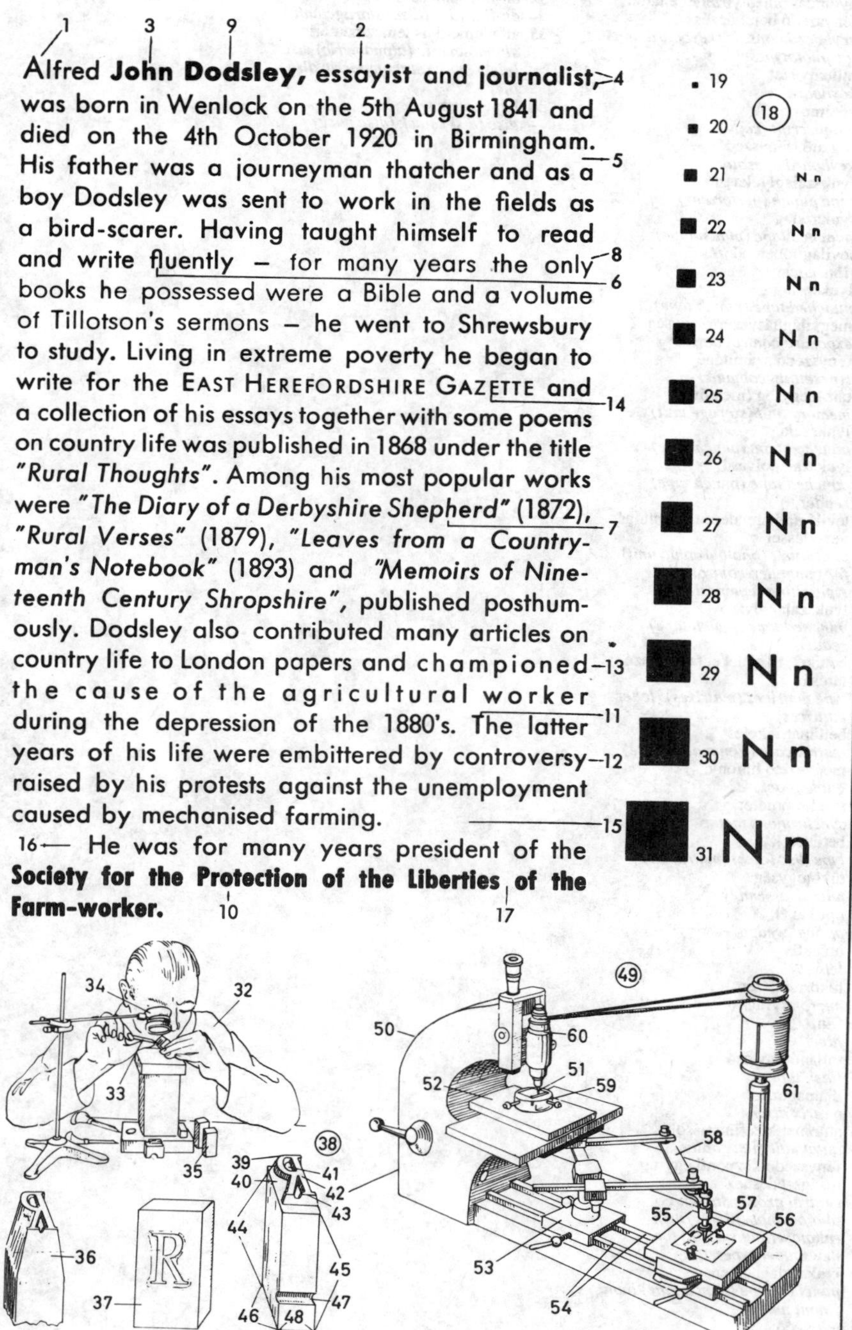
1
3
9
2
Alfred John Dodsley, essayist and journalist,
4
was born in Wenlock on the 5th August 1841 and
died on the 4th October 1920 in Birmingham.
5
His father was a journeyman thatcher and as a
boy Dodsley was sent to work in the fields as
a bird-scarer. Having taught himself to read
and write fluently – for many years the only
8
6
books he possessed were a Bible and a volume
of Tillotson's sermons – he went to Shrewsbury
to study. Living in extreme poverty he began to
write for the EAST HEREFORDSHIRE GAZETTE and
14
a collection of his essays together with some poems
on country life was published in 1868 under the title
"Rural Thoughts". Among his most popular works
were "The Diary of a Derbyshire Shepherd" (1872),
7
"Rural Verses" (1879), "Leaves from a Country-
man's Notebook" (1893) and "Memoirs of Nine-
teenth Century Shropshire", published posthum-
ously. Dodsley also contributed many articles on
country life to London papers and championed
13
the cause of the agricultural worker
11
during the depression of the 1880's. The latter
years of his life were embittered by controversy
12
raised by his protests against the unemployment
caused by mechanised farming.
15
16
He was for many years president of the
Society for the Protection of the Liberties of the
Farm-worker.
10
17
19
18
20
21
Nn
22
Nn
23
Nn
24
Nn
25
Nn
26
Nn
27
Nn
28
Nn
29
Nn
30
Nn
31
Nn
34
32
33
35
38
39
40
41
42
43
44
45
36
R
37
46
48
47
49
50
60
51
52
59
61
58
57
55
56
53
54

# 176 Szedőterem III. (fényszedés)

1 nyomdai billentyűzettel ellátott fényszedő berendezés
– *keyboard console (keyboard unit) for phototypesetting*
2 billentyűzet
– *keyboard*
3 kézirat
– *manuscript (copy)*
4 rögzítő (fényszedő)
– *keyboard operator*
5 lyukszalaglyukasztó
– *tape punch (perforator)*
6 lyukszalag
– *punched tape (punch tape)*
7 levilágítóberendezés
– *filmsetter*
8 lyukszalag
– *punched tape (punch tape)*
9 megvilágításvezérlő egység
– *exposure control device*
10 fényszedő számítógép
– *typesetting computer*
11 tárolóegység (memória)
– *memory unit (storage unit)*
12 lyukszalag
– *punched tape (punch tape)*
13 lyukszalagolvasó
– *punched tape (punch tape) reader*
14 levilágítóberendezés számítógép-vezérléssel
– *photo-unit (photographic unit) for computer-controlled typesetting (composition)*
15 lyukszalagolvasó
– *punched tape (punch tape) reader*
16 betűket, írásjeleket tartalmazó tárcsa
– *type matrices (matrixes) (letter matrices)*
17 betűmátrixkeret
– *matrix case (film matrix case)*
18 megvezető horony
– *guide block*
19 szinkronmotor
– *synchronous motor*
20 betűkerék
– *type disc (disk) (matrix disc)*
21 tüköregység
– *mirror assembly*
22 optikai ék
– *optical wedge*
23 objektív
– *lens*
24 tükörrendszer
– *mirror system*
25 film
– *film*
26 villanófény-cső
– *flash tubes*
27 diamagazin
– *matrix drum*
28 automatikus filmmásoló
– *automatic film copier*
29 fényszedő központi egység újságszedéshez
– *central processing unit of a photocomposition system (photosetting system) for newspaper typesetting*
30 lyukszalagbemenet
– *punched tape (punch tape) input (input unit)*
31 telexgép
– *keyboard send-receive teleprinter (Teletype)*
32 on-line lemezes tároló
– *on-line disc (disk) storage unit*
33 alfanumerikus lemezmemória
– *alphanumeric (alphameric) disc (disk) store (alphanumeric disc file)*
34 lemezcsomag
– *disc (disk) stack (disc pack)*

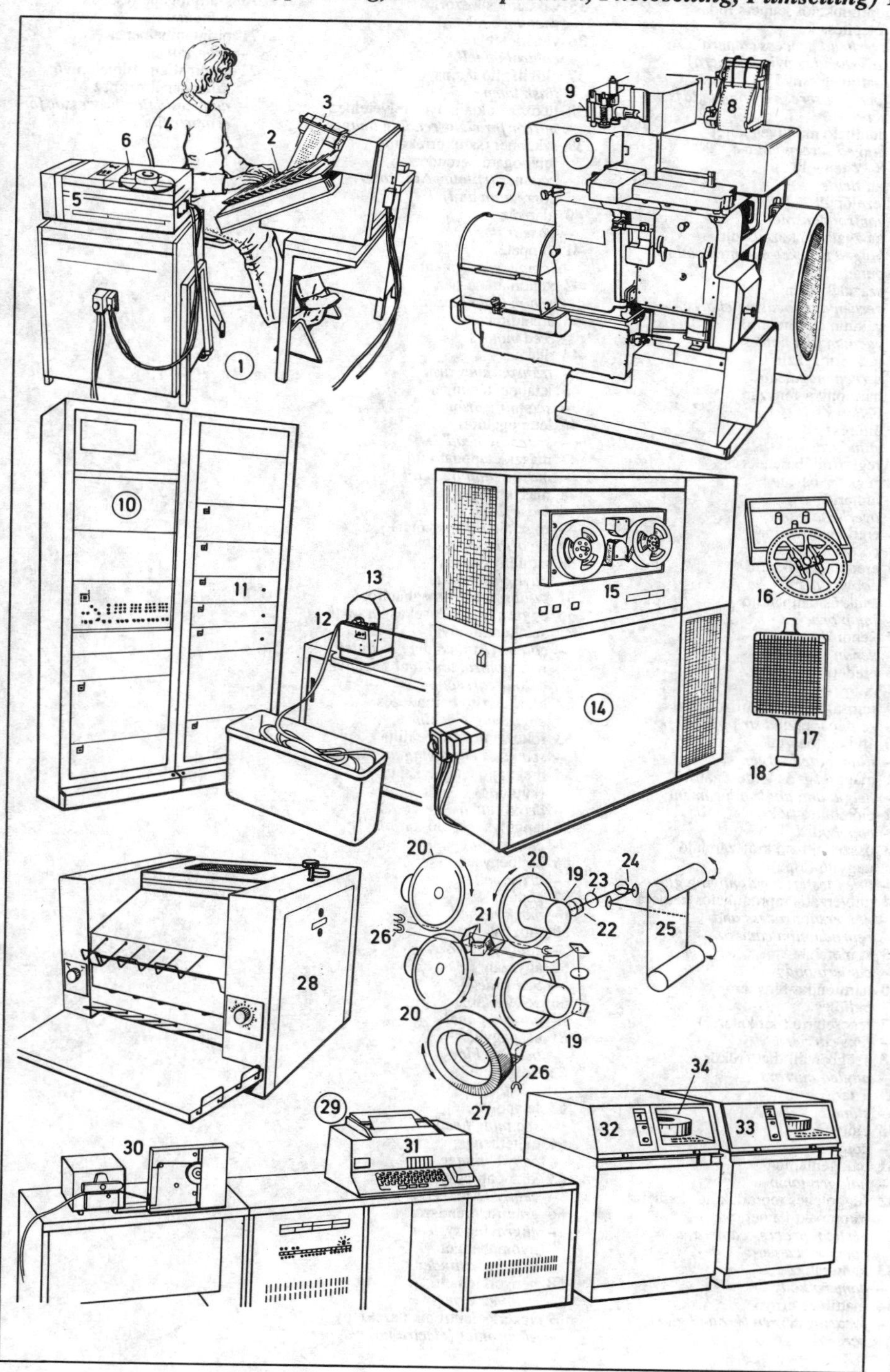
1
2
3
4
5
6
7
8
9
10
11
12
13
14
15
16
17
18
19
20
21
22
23
24
25
26
27
28
29
30
31
32
33
34

1 reprodukciós kamera hidas felépítéssel
– *overhead process camera (overhead copying camera)*
2 mattüveg ernyő
– *focusing screen (ground glass screen)*
3 dönthető mattüveg keret
– *hinged screen holder*
4 X–Y tengely
– *graticule*
5 kezelőpult
– *control console*
6 mozgatható kezelőpult
– *hinged bracket-mounted control panel*
7 százalékskála
– *percentage focusing charts*
8 vákuumos filmtartó
– *vacuum film holder*
9 rasztermagazin
– *screen magazine*
10 harmonika-fényzáró
– *bellows*
11 állórész
– *standard*
12 regisztrálóberendezés
– *register device*
13 hídtartó
– *overhead gantry*
14 eredetitartó tábla
– *copyboard*
15 eredetilefogó tartó
– *copyholder*
16 csuklós lámpatartó
– *lamp bracket*
17 xenonlámpa
– *xenon lamp*
18 eredeti (originál)
– *copy (original)*
19 retusáló- és montírozóasztal
– *retouching and stripping desk*
20 átvilágítóasztal
– *illuminated screen*
21 magasság- és ferdeségállító
– *height and angle adjustment*
22 előtéttartó fiók
– *copyboard*
23 összehajtható szálszámláló nagyító (lupe)
– *linen tester, a magnifying glass*
24 univerzális reprodukciós kamera
– *universal process and reproduction camera*
25 kameraház
– *camera body*
26 harmonika-fényzáró
– *bellows*
27 lencsetartó (optikatartó)
– *lens carrier*
28 szögben állítható tükör
– *angled mirrors*
29 T tartó
– *stand*
30 előtéttartó
– *copyboard*
31 halogénlámpa
– *halogen lamp*
32 függőleges reprodukciós kamera <kompakt kamera>
– *vertical process camera, a compact camera*
33 kameraház
– *camera body*
34 mattüveg ernyő
– *focusing screen (ground glass screen)*
35 vákuumos leszorító
– *vacuum back*
36 vezérlőtábla
– *control panel*
37 elővilágító lámpa
– *flash lamp*
38 tükör az oldalhelyes felvételhez
– *mirror for right-reading images*
39 szkenner (színkorrekciós letapogató berendezés)
– *scanner (colour,* Am. *color, correction unit)*
40 alapváz
– *base frame*
41 lámpatér
– *lamp compartment*
42 xenonlámpa-ház
– *xenon lamp housing*
43 adagolómotor
– *feed motors*
44 diakar
– *transparency arm*
45 letapogatóhenger
– *scanning drum*
46 letapogatófej
– *scanning head*
47 maszkletapogató fej
– *mask-scanning head*
48 maszkhenger
– *mask drum*
49 rögzítőtér (felvevőtér)
– *recording space*
50 napfénykazetta
– *daylight cassette*
51 színösszetétel-meghatározó egység, vezérléssel és szelektív színkorrekcióval
– *colour (*Am. *color) computer with control unit and selective colour correction*
52 klisékészítő berendezés
– *engraving machine*
53 fokozat nélküli beállítás
– *seamless engraving adjustment*
54 meghajtó tengelykapcsoló (kuplung)
– *drive clutch*
55 tengelykapcsoló-karima
– *clutch flange*
56 hajtóegység
– *drive unit*
57 gépágy
– *machine bed*
58 mozgókocsi
– *equipment carrier*
59 ágyszán
– *bed slide*
60 vezérlőtábla
– *control panel*
61 csapágyház
– *bearing block*
62 szegnyereg
– *tailstock*
63 letapogatófej
– *scanning head*
64 előtéthenger
– *copy cylinder*
65 központi csapágyazás
– *centre (*Am. *center) bearing*
66 gravírozórendszer
– *engraving system*
67 nyomóhenger
– *printing cylinder*
68 hengerkiemelő
– *cylinder arm*
69 vezérlőelektronika-szekrény
– *electronics (electronic) cabinet*
70 számítógépegységek
– *computers*
71 programbemenet
– *program input*
72 automatikus filmelőhívó szkennerfilmekhez
– *automatic film processor for scanner films*

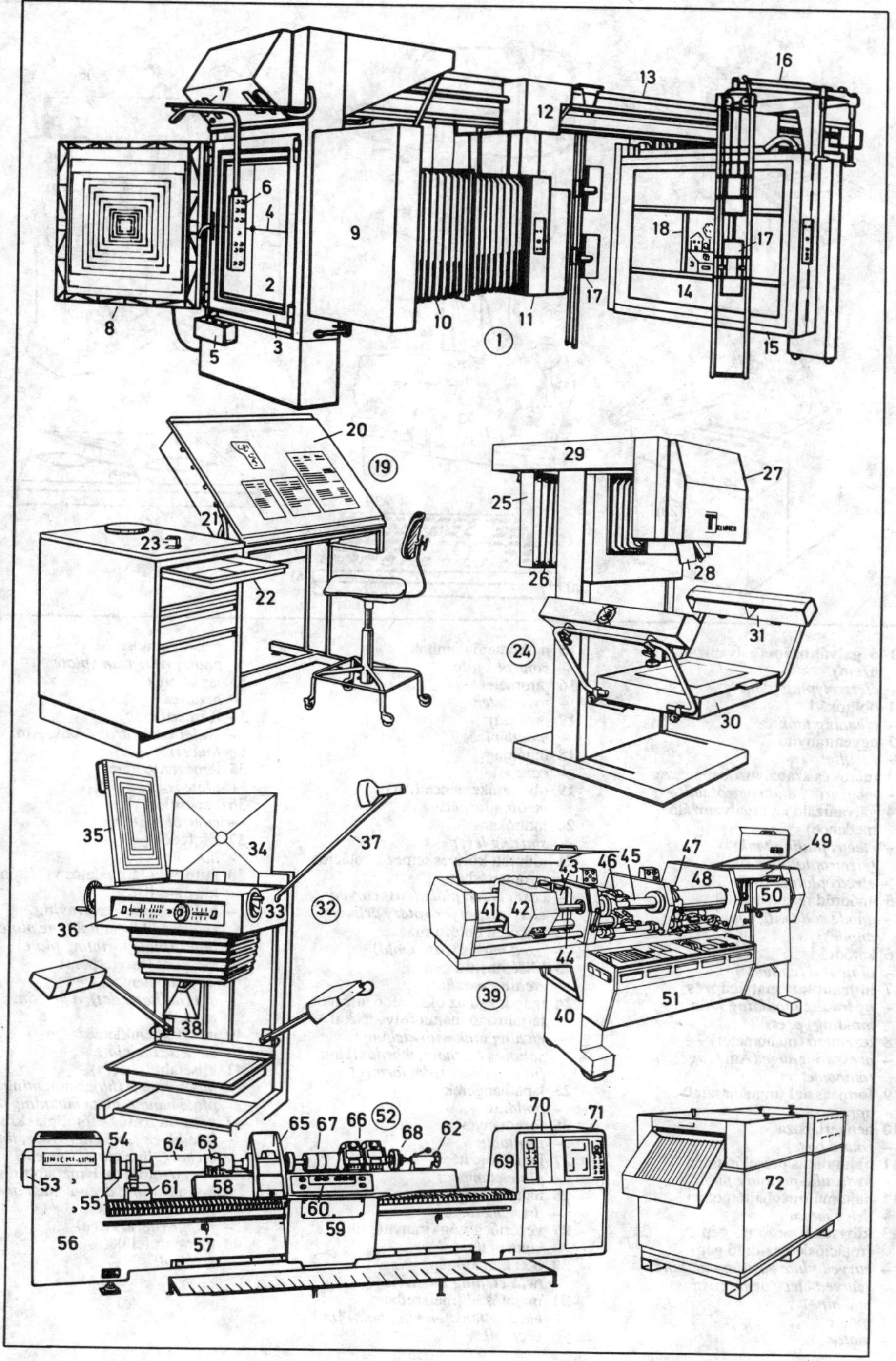
1
2
3
4
5
6
7
8
9
10
11
12
13
14
15
16
17
17
18
19
20
21
22
23
24
25
26
27
28
29
30
31
32
33
34
35
36
37
38
39
40
41
42
43
44
45
46
47
48
49
50
51
52
53
54
55
56
57
58
59
60
61
62
63
64
65
66
67
68
69
70
71
72

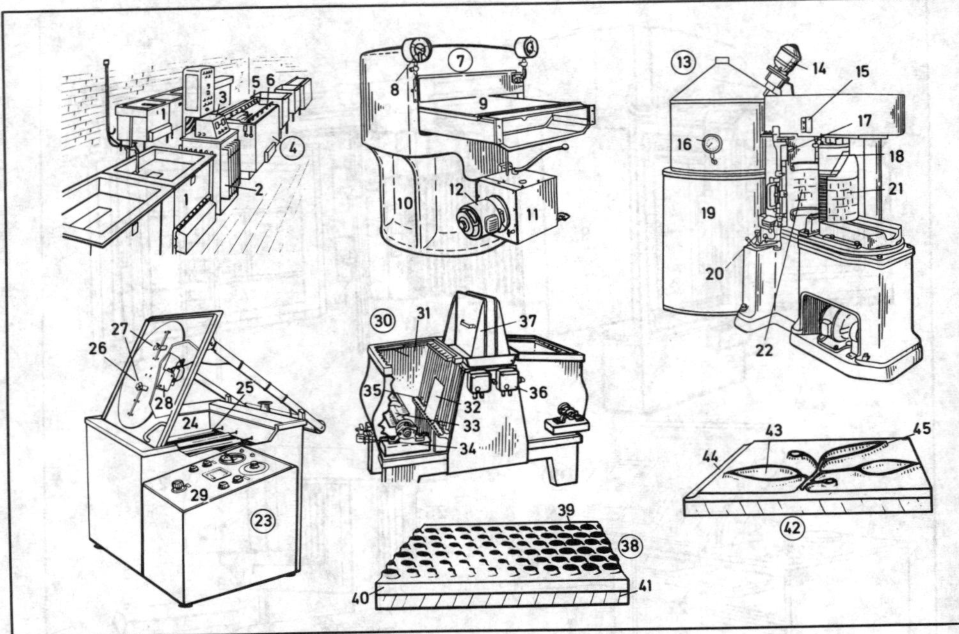


**1–6 galvánüzem** (galvanizáló üzem)
– ***electrotyping plant***
**1** öblítőkád
– *cleaning tank*
**2** egyenirányító
– *rectifier*
**3** mérő- és szabályozóberendezés
– *measuring and control unit*
**4** galvanizáló kád (galvanizáló medence)
– *electroplating tank (electroplating bath, electroplating vat)*
**5** anódrúd rézanódokkal
– *anode rod (with copper anodes)*
**6** katódrúd
– *plate rod (cathode)*
**7 hidraulikus matricaprés**
– ***hydraulic moulding** (Am. **molding) press***
**8** feszmérő (manométer)
– *pressure gauge (*Am. *gage) (manometer)*
**9** formaasztal (munkaasztal)
– *apron*
**10** hengerlábazat
– *round base*
**11** hidraulikus préselőpumpa
– *hydraulic pressure pump*
**12** hajtómű (meghajtómotor)
– *drive motor*
**13 köríves lemezöntő gép** (rotációslemez-öntő gép)
– ***curved plate casting machine** (curved electrotype casting machine)*
**14** motor
– *motor*
**15** működtető gombok
– *control knobs*
**16** pirométer
– *pyrometer*
**17** öntőszáj
– *mouth piece*
**18** öntőmag
– *core*
**19** olvasztókemence (üst)
– *melting furnace*
**20** indítókar
– *starting lever*
**21** kiöntött köríves lemez a rotációs nyomtatáshoz
– *cast curved plate (cast curved electrotype) for rotary printing*
**22** rögzített öntőforma
– *fixed mould (*Am. *mold)*
**23 klisémarató gép**
– ***etching machine***
**24** maratókád az oldalvédő anyagot tartalmazó maratófolyadékkal
– *etching tank with etching solution (etchant, mordant) and filming agent (film former)*
**25** lapáthengerek
– *paddles*
**26** forgótányér
– *turntable*
**27** lemezrögzítés
– *plate clamp*
**28** hajtómotor
– *drive motor*
**29** vezérlőegység (irányítópult)
– *control unit*
**30 ikermaratógép**
– ***twin etching machine***
**31** maratókád [metszetben]
– *etching tank (etching bath) [in section]*
**32** másolt cinklemez
– *photoprinted zinc plate*
**33** lapátkerék
– *paddle*
**34** leeresztőcsap
– *outlet cock (drain cock,* Am. *faucet)*
**35** lemeztartó keret
– *plate rack*
**36** kapcsoló
– *control switches*
**37** kádfedél
– *lid*
**38 autotípia** (árnyalatos *v.* féltónusú klisé) <klisé>
– ***halftone photoengraving** (halftone block, halftone plate), o block (plate, printing plate)*
**39** rácspont (raszterpont) <nyomóelem>
– *dot (halftone dot), a printing element*
**40** maratott cinklemez
– *etched zinc plate*
**41** klisétalp (kliséfa)
– *block mount (block mounting, plate mount, plate mounting)*
**42 vonalmaratás** <fototípiai klisé>
– ***line block** (line engraving, line etching, line plate, line cut)*
**43** nem nyomó, mélymaratott részek
– *non-printing, deep-etched areas*
**44** fazetta
– *flange (bevel edge)*
**45** maratott felület
– *sidewall*

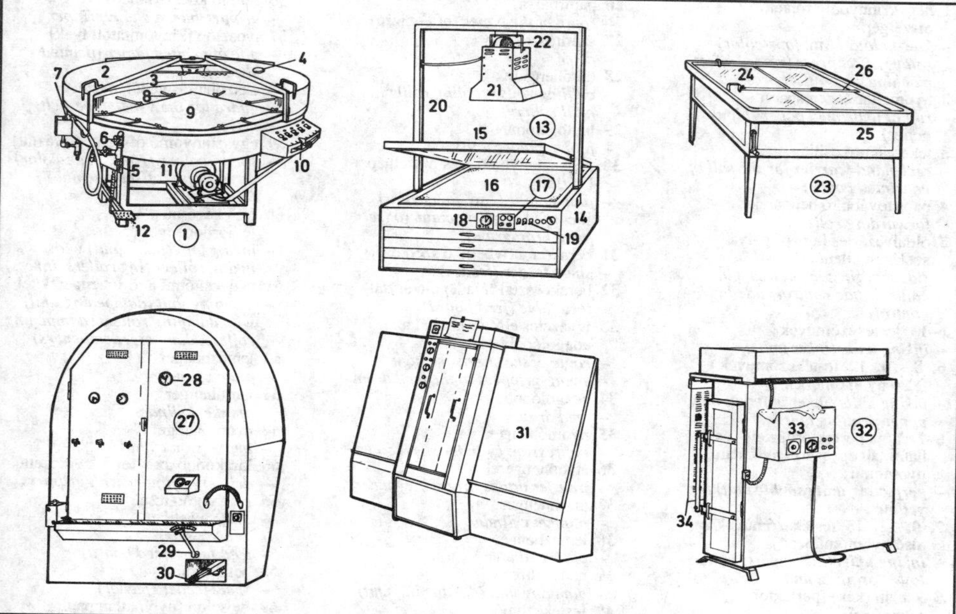


**1** lemezcentrifuga az ofszetlemez rétegbevonására [fényérzékeny réteg felhordása]
– *plate whirler (whirler, plate-coating machine) for coating offset plates*
**2** tolótető
– *sliding lid*
**3** villanyfűtés
– *electric heater*
**4** hőmérő (termométer)
– *temperature gauge* (Am. *gage)*
**5** vízvezeték-csatlakozás
– *water connection for the spray unit*
**6** keringető öblítés
– *spray unit*
**7** kézizuhany
– *hand spray*
**8** lemezrögzítő rudak
– *plate clamps*
**9** cinklemez [magnézium- *v.* rézlemez]
– *zinc plate* (also: *magnesium plate, copper plate)*
**10** kapcsolótábla
– *control panel*
**11** hajtómű (motor)
– *drive motor*
**12** fékpedál
– *brake pedal*
**13** pneumatikus másolókeret
– *vacuum printing frame (vacuum frame, printing-down frame)*
**14** másolókeret alsó tartószerkezete
– *base of the vacuum printing frame (vacuum frame, printing-down frame)*
**15** másolókeret felső része az üveglappal
– *plate glass frame*
**16** fényérzékenyített ofszetlemez
– *coated offset plate*
**17** kapcsolótábla
– *control panel*
**18** megvilágítási idő beállítása
– *exposure timer*
**19** vákuumkapcsoló
– *vacuum pump switches*
**20** tartóállvány
– *support*
**21** pontfény-másolólámpa <halogénlámpa>
– *point light exposure lamp, a quartz-halogen lamp*
**22** lámpahűtő ventilátor
– *fan blower*
**23** montírozóasztal (átvilágítóasztal) [a filmszerelvény elkészítéséhez]
– *stripping table (make-up table) for stripping films*
**24** kristályüveglap
– *crystall glass screen*
**25** megvilágítószekrény
– *light box*
**26** csúszóvonalzók [a másolóeredetik beállítására, ellenőrzésére]
– *straightedge rules*
**27** vertikális szárítószekrény (álló szárítócentrifuga)
– *vertical plate-drying cabinet*
**28** nedvességmérő (higrométer)
– *hygrometer*
**29** sebességszabályozó kar
– *speed control*
**30** fékpedál
– *brake pedal*
**31** előhívó-berendezés előérzékenyített lemezekhez
– *processing machine for presensitized plates*
**32** beégetőkemence diazolemezekhez
– *burning-in oven for glue-enamel plates (diazo plates)*
**33** kapcsolószekrény
– *control box (control unit)*
**34** diazolemez [forró emailréteggel növelt ellenállású nyomólemez]
– *diazo plate*

1 négyszínnyomó rotációs ofszetgép
– *four-colour* (Am. *four-color*) *rotary offset press (rotary offset machine, web-offset press)*
2 nyomatlan tekercspapír
– *roll of unprinted paper (blank paper)*
3 tekercstartó csillag
– *reel stand (carrier for the roll of unprinted paper)*
4 papírtovábbító hengerek
– *forwarding rolls*
5 oldalvezérlés [a papírpálya szélének ellenőrzése]
– *side margin control (margin control, side control, side lay control)*
6–13 festékezőművek
– *inking units (inker units)*
6, 8, 10, 12 festékezőművek a felső nyomóműben
– *inking units (inker units) in the upper printing unit*
6–7 sárga perfektor [az elő- és hátoldalt egyszerre nyomtató] nyomómű
– *perfecting unit (double unit) for yellow*
7, 9, 11, 13 festékezőművek az alsó nyomóműben
– *inking units (inker units) in the lower printing unit*
8–9 cián (kék) [perfektor nyomómű]
– *perfecting unit (double unit) for cyan*
10–11 bíbor perfektor nyomómű
– *perfecting unit (double unit) for magenta*
12–13 fekete perfektor nyomómű
– *perfecting unit (double unit) for black*
14 szárítószekrény
– *drier*
15 hajtogatómű
– *folder (folder unit)*
16 irányítópult (vezérlőasztal)
– *control desk*
17 nyomtatott ív
– *sheet*
18 négyszínnyomó rotációs ofszetgép [vázlat]
– *four-colour* (Am. *four-color*) *rotary offset press (rotary offset machine, web-offset press) [diagram]*
19 tekercstartó csillag
– *reel stand*
20 oldalvezérlés [a papírpálya szélének ellenőrzése]
– *side margin control (margin control, side control, side lay control)*
21 festékezőhengerek (felhordóhengerek)
– *inking rollers (ink rollers, inkers)*
22 festékvályú
– *ink duct (ink fountain)*
23 nedvesítőhengerek (törlőhengerek)
– *damping rollers (dampening rollers, dampers, dampeners)*
24 gumihenger
– *blanket cylinder*
25 lemezhenger
– *plate cylinder*
26 papírpálya
– *route of the paper (of the web)*
27 szárítószekrény
– *drier*
28 hűtőhengerek
– *chilling rolls (cooling rollers, chill rollers)*
29 hajtogatómű
– *folder (folder unit)*
30 négyszínnyomó íves ofszetgép [vázlat]
– *four-colour* (Am. *four-color*) *sheet-fed offset machine (offset press) [diagram]*
31 berakómű (ívberakó szerkezet)
– *sheet feeder (feeder)*
32 berakóasztal (ívadagoló asztal)
– *feed table (feed board)*
33 ívvezetés előívfogókkal az adagolódobhoz
– *route of the sheets through swing-grippers to the feed drum*
34 adagolódob
– *feed drum*
35 nyomóhenger
– *impression cylinder*
36 átadóhengerek
– *transfer drums (transfer cylinders)*
37 gumihenger
– *blanket cylinder*
38 lemezhenger
– *plate cylinder*
39 nedvesítőmű
– *damping unit (dampening unit)*
40 festékezőmű
– *inking unit (inker unit)*
41 nyomómű
– *printing unit*
42 kirakódob
– *delivery cylinder*
43 láncos kirakó (lánctranszportőr)
– *chain delivery*
44 ívoszlop [kinyomtatott ívek]
– *delivery pile*
45 ívkirakó szerkezet (kirakómű)
– *delivery unit (delivery mechanism)*
46 egyszínnyomó ofszetgép
– *single-colour* (Am. *single-color*) *offset press (offset machine)*
47 papíroszlop (nyomópapír) [nyomatlan ívek]
– *pile of paper (sheets, printing paper)*
48 berakómű <automatikus önberakó szerkezet>
– *sheet feeder (feeder), an automatic pile feeder*
49 berakóasztal
– *feed table (feed board)*
50 festékezőhengerek
– *inking rollers (ink rollers, inkers)*
51 festékezőmű
– *inking unit (inker unit)*
52 nedvesítőhengerek
– *damping rollers (dampening rollers, dampers, dampeners)*
53 lemezhenger <cinklemez>
– *plate cylinder, a zinc plate*
54 gumihenger <acélhenger gumikendővel>
– *blanket cylinder, a steel cylinder with rubber blanket*
55 ívkirakó szerkezet a kinyomtatott ívekhez
– *pile delivery unit for the printed sheets*
56 ívfogó kocsi <láncos ívfogó>
– *gripper bar, a chain gripper*
57 ívoszlop [kinyomtatott ívek]
– *pile of printed paper (printed sheets)*
58 ékszíjhajtás védőlemeze
– *guard for the V-belt (vee-belt) drive*
59 egyszínnyomó ofszetgép [vázlat]
– *single-colour* (Am. *single-color*) *offset press (offset machine) [diagram]*
60 festékezőmű a felhordóhengerekkel
– *inking unit (inker unit) with inking rollers (ink rollers, inkers)*
61 nedvesítőmű a törlőhengerekkel
– *damping unit (dampening unit) with damping rollers (dampening rollers, dampers, dampeners)*
62 lemezhenger
– *plate cylinder*
63 gumihenger
– *blanket cylinder*
64 nyomóhenger
– *impression cylinder*
65 kirakódob az ívfogó szerkezettel
– *delivery cylinder with grippers*
66 meghajtótárcsa
– *drive wheel*
67 berakóasztal
– *feed table (feed board)*
68 berakómű
– *sheet feeder (feeder)*
69 ívoszlop [nyomatlan papír]
– *pile of unprinted paper (blank paper, unprinted sheets, blank sheets)*
70 kisofszetnyomó gép
– *small sheet-fed offset press*
71 festékezőmű
– *inking unit (inker unit)*
72 szívóberakó
– *suction feeder*
73 ívoszlopberakó
– *pile feeder*
74 kapcsolótábla számlálóval, manométerrel, levegőszabályozóval és a papíradagolás kapcsolójával
– *instrument panel (control panel) with counter, pressure gauge* (Am. *gage*), *air regulator, and control switch for the sheet feeder (feeder)*
75 síknyomó ofszetgép (Mailänder próbanyomó gép, síkágyas próbanyomó gép)
– *flat-bed offset press (offset machine) ('Mailänder' proofing press, proof press)*
76 festékezőmű
– *inking unit (inker unit)*
77 festékezőhengerek
– *inking rollers (ink rollers, inkers)*
78 nyomóalap
– *bed (press bed, type bed, forme bed,* Am. *form bed)*
79 henger gumikendővel
– *cylinder with rubber blanket*
80 kar a nyomómű elindításához és megállításához
– *starting and stopping lever for the printing unit*
81 nyomásszabályozó
– *impression-setting wheel (impression-adjusting wheel)*

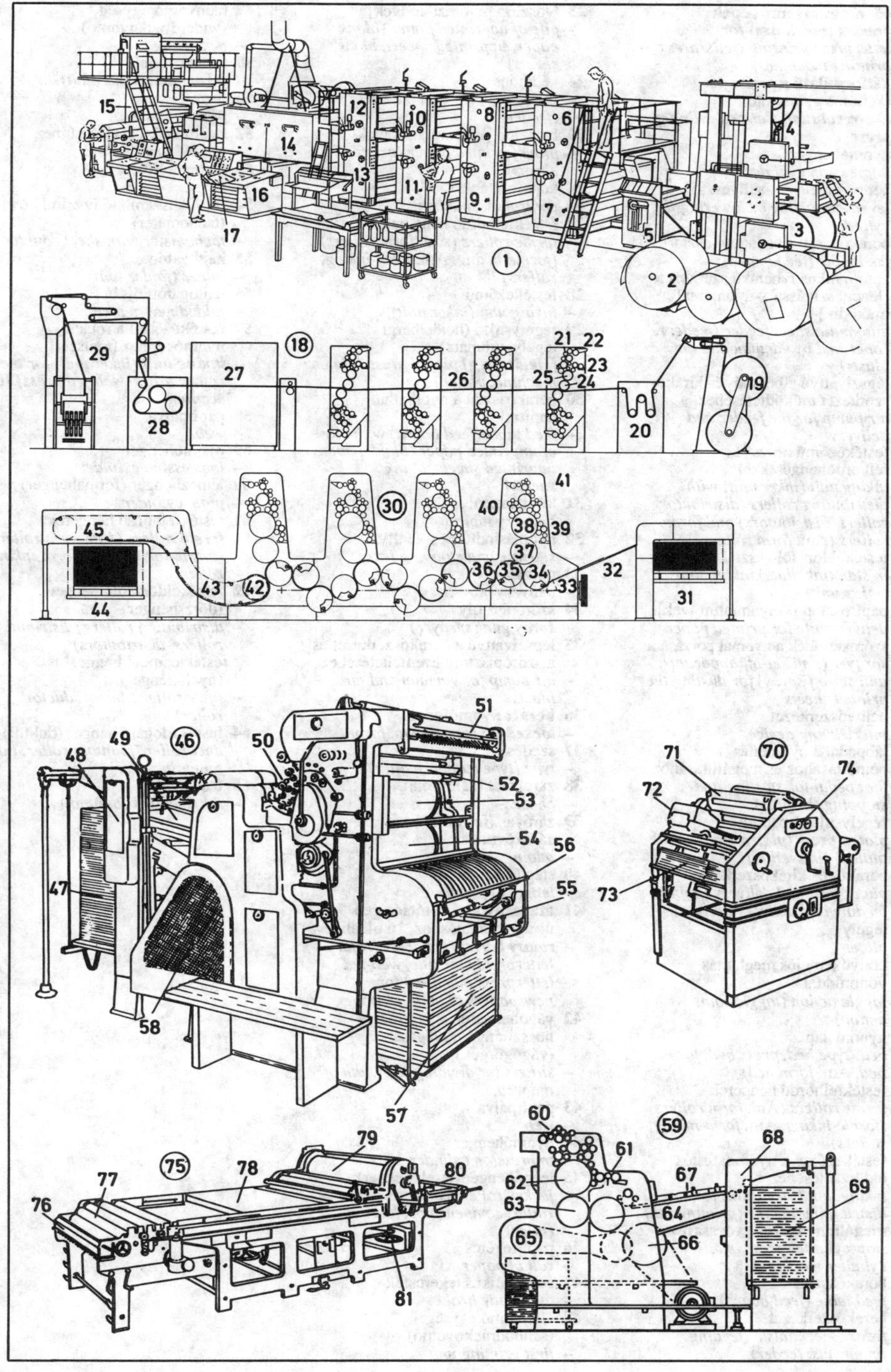
1
2
3
4
5
6
7
8
9
10
11
12
13
14
15
16
17
18
19
20
21
22
23
24
25
26
27
28
29
30
31
32
33
34
35
36
37
38
39
40
41
42
43
44
45
46
47
48
49
50
51
52
53
54
55
56
57
58
59
60
61
62
63
64
65
66
67
68
69
70
71
72
73
74
75
76
77
78
79
80
81

**1–65 magasnyomó gépek**
– ***presses (machines) for letterpress printing*** *(letterpress printing machines)*
1 **kétfordulatú gyorssajtó** (kéttúrás gyorssajtó)
– ***two-revolution flat-bed cylinder press***
2 nyomóhenger
– *impression cylinder*
3 hengeremelő és -süllyesztő kar
– *lever for raising or lowering the cylinder*
4 berakóasztal (ívadagoló asztal)
– *feed table (feed board)*
5 automatikus ívberakó szerkezet [levegőszívással, -nyomással működik]
– *automatic sheet feeder (feeder) [operated by vacuum and air blasts]*
6 légszivattyú a berakó- és kirakószerkezet működtetéséhez
– *air pump for the feeder and delivery*
7 festékezőmű dörzs- és felhordóhengerekkel
– *inking unit (inker unit) with distributing rollers (distributor rollers, distributors) and forme rollers (*Am. *form rollers)*
8 festékeldörzsölő asztal
– *in slab (ink plate) inking unit (inker unit)*
9 papíroszlop [kinyomtatott ívek]
– *delivery pile for printed paper*
10 szórókészülék a nyomat porzására
– *sprayer (anti set-off apparatus, anti set-off spray) for dusting the printed sheets*
11 belövőszerkezet
– *interleaving device*
12 lábpedál a nyomtatás beindításához és megállításához
– *foot pedal for starting and stopping the press*
13 **tégelysajtó** [metszet]
– ***platen press*** *(platen machine, platen) [in section]*
14 berakó- és kirakószerkezet
– *paper feed and delivery (paper feeding and delivery unit)*
15 tégely
– *platen*
16 könyökemelős meghajtás vonórúddal
– *toggle action (toggle-joint action)*
17 nyomóalap
– *bed (type bed, press bed, forme bed,* Am. *form bed)*
18 festékfelhordó hengerek
– *forme rollers (*Am. *form rollers) (forme-inking,* Am. *form-inking, rollers)*
19 festékezőmű a nyomdafesték eldörzsöléséhez
– *inking unit (inker unit) for distributing the ink (printing ink)*
20 **megállóhengeres gyorssajtó**
– ***stop-cylinder press*** *(stop-cylinder machine)*
21 berakóasztal
– *feed table (feed board)*
22 berakószerkezet
– *feeder mechanism (feeding apparatus, feeder)*
23 ívoszlop [nyomatlan ívek]
– *pile of unprinted paper (blank paper, unprinted sheets, blank sheets)*
24 védőrács
– *guard for the sheet feeder (feeder)*
25 ívoszlop [kinyomtatott ívek]
– *pile of printed paper (printed sheets)*
26 kapcsolótábla
– *control mechanism*
27 festékfelhordó hengerek
– *forme rollers (*Am. *form rollers) (forme-inking,* Am. *form-inking, rollers)*
28 festékezőmű
– *inking unit (inker unit)*
29 **tégelysajtó** (heidelbergi tégelyautomata)
– ***[Heidelberg] platen press*** *(platen machine, platen)*
30 berakóasztal a nyomatlan papírral
– *feed table (feed board) with pile of unprinted paper (blank paper, unprinted sheets, blank sheets)*
31 kirakóasztal
– *delivery table*
32 nyomásindítás és -leállítás
– *starting and stopping lever*
33 porzás
– *delivery blower*
34 szórópisztoly
– *spray gun (sprayer)*
35 légszivattyú a berakószerkezet és a szórópisztoly üzemeltetéséhez
– *air pump for vacuum and air blasts*
36 **bezárt nyomóforma**
– ***locked-up forme*** *(*Am. *form)*
37 szedés
– *type (type matter, matter)*
38 zárókeret (záróráma)
– *chase*
39 záróvas (formazáró vas, zárókészülék)
– *quoin*
40 stég (űrtöltő)
– *length of furniture*
41 **magasnyomó rotációs gép** újságnyomtatáshoz, 16 oldalig
– ***rotary letterpress press*** *(rotary letterpress machine, web-fed letterpress machine) for newspapers of up to 16 pages*
42 vágóhengerek a papírpálya hosszirányú felvágásához (vágógörgők)
– *slitters for dividing the width of the web*
43 papírpálya
– *web*
44 nyomóhenger
– *impression cylinder*
45 lengőhenger (terelőhenger)
– *jockey roller (compensating roller, compensator, tension roller)*
46 papírtekercs
– *roll of paper*
47 automatikus tekercsfék
– *automatic brake*
48 előnyomó egység (schöndrucknyomó)
– *first printing unit*
49 hátnyomó egység (widerdrucknyomó)
– *perfecting unit*
50 festékezőmű
– *inking unit (inker unit)*
51 formahenger
– *plate cylinder*
52 nyomómű a kísérőszínhez
– *second printing unit*
53 hajtogatótölcsér
– *former*
54 fordulatszámláló ívszámlálóval (tachométer)
– *tachometer with sheet counter*
55 hajtogatómű
– *folder (folder unit)*
56 hajtogatott újság
– *folded newspaper*
57 **festékezőmű** a rotációs nyomógéphez [metszet]
– ***inking unit*** *(inker unit) for the rotary press (web-fed press) [in section]*
58 papírpálya
– *web*
59 nyomóhenger
– *impression cylinder*
60 lemezhenger (formahenger)
– *plate cylinder*
61 festékfelhordó hengerek
– *forme rollers (*Am. *form rollers) (forme-inking,* Am. *form-inking, rollers)*
62 festékeldörzsölő henger (dörzshenger)
– *distributing rollers (distributor rollers, distributors)*
63 festékleemelő henger (nyalóhenger)
– *lifter roller (ductor, ductor roller)*
64 festékadogató henger (duktor)
– *duct roller (fountain roller, ink fountain roller)*
65 festékvályú
– *ink duct (ink fountain)*

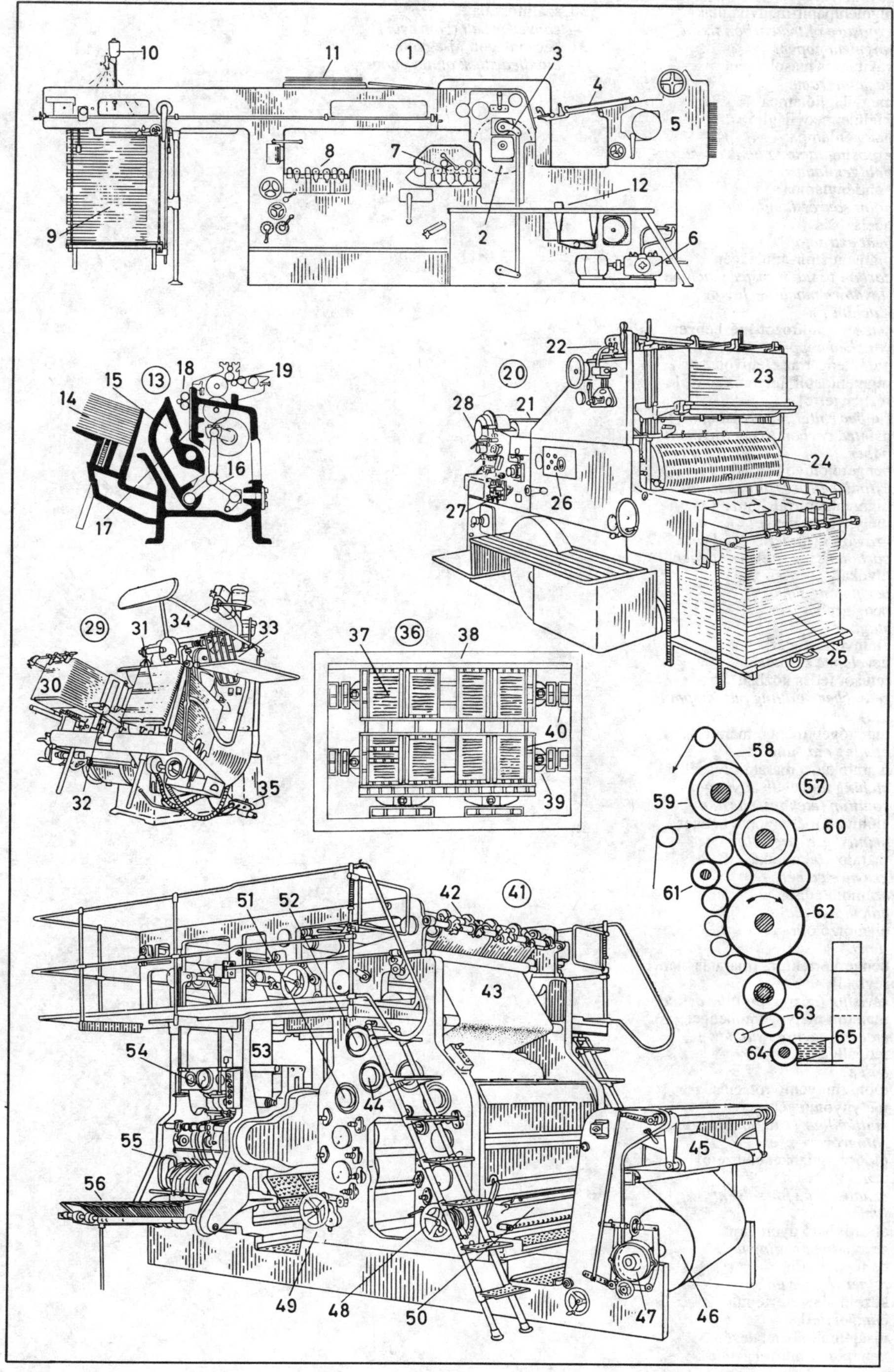
1
2
3
4
5
6
7
8
9
10
11
12
13
14
15
16
17
18
19
20
21
22
23
24
25
26
27
28
29
30
31
32
33
34
35
36
37
38
39
40
41
42
43
44
45
46
47
48
49
50
51
52
53
54
55
56
57
58
59
60
61
62
63
64
65

1 pigmentpapír-megvilágítás
- *exposure of the carbon tissue (pigment paper)*

2 vákuumos másolókeret
- *vacuum frame*

3 megvilágítólámpa <felületmegvilágító halogénlámpa>
- *exposing lamp, a bank of quartz-halogen lamps*

4 pontfénylámpa
- *point source lamp*

5 hőelszívás
- *heat extractor*

6 pigmentpapír-áthúzógép
- *carbon tissue transfer machine (laydown machine, laying machine)*

7 csiszolt (polírozott) rézhenger
- *polished copper cylinder*

8 gumihenger az előhívott pigmentpapír átnyomásához [a rézhengerre]
- *rubber roller for pressing on the printed carbon tissue (pigment paper)*

9 hengerelőhívó berendezés
- *cylinder-processing machine*

10 pigmentpapírral áthúzott mélynyomó henger
- *gravure cylinder coated with carbon tissue (pigment paper)*

11 hívókád
- *developing tank*

12 hengerfedés
- *staging*

13 előhívott henger
- *developed cylinder*

14 retusőr fedés közben
- *retoucher painting out (stopping out)*

15 maratógép (hengermarató gép)
- *etching machine*

16 maratókád a maratófolyadékkal
- *etching tank with etching solution (etchant, mordant)*

17 előhívott mélynyomó henger
- *printed gravure cylinder*

18 marató szakmunkás
- *gravure etcher*

19 számolótárcsa
- *calculator dial*

20 ellenőrző óra
- *timer*

21 hengerkorrektúra [maratás utáni revízió]
- *revising (correcting) the cylinder*

22 maratott mélynyomóhenger
- *etched gravure cylinder*

23 fedőállvány
- *ledge*

24 többszínnyomó rotációs mélynyomó gép
- *multicolour (*Am.* multicolor) rotogravure press*

25 oldószergőzöket elvezető cső
- *exhaust pipe for solvent fumes*

26 átfordítható nyomómű
- *reversible printing unit*

27 hajtogatómű
- *folder (folder unit)*

28 kezelő- és vezérlőpult
- *control desk*

29 újságkirakó berendezés
- *newspaper delivery unit*

30 szállítószalag
- *conveyor belt (conveyor)*

31 becsomagolt újságköteg
- *bundled stack of newspapers*

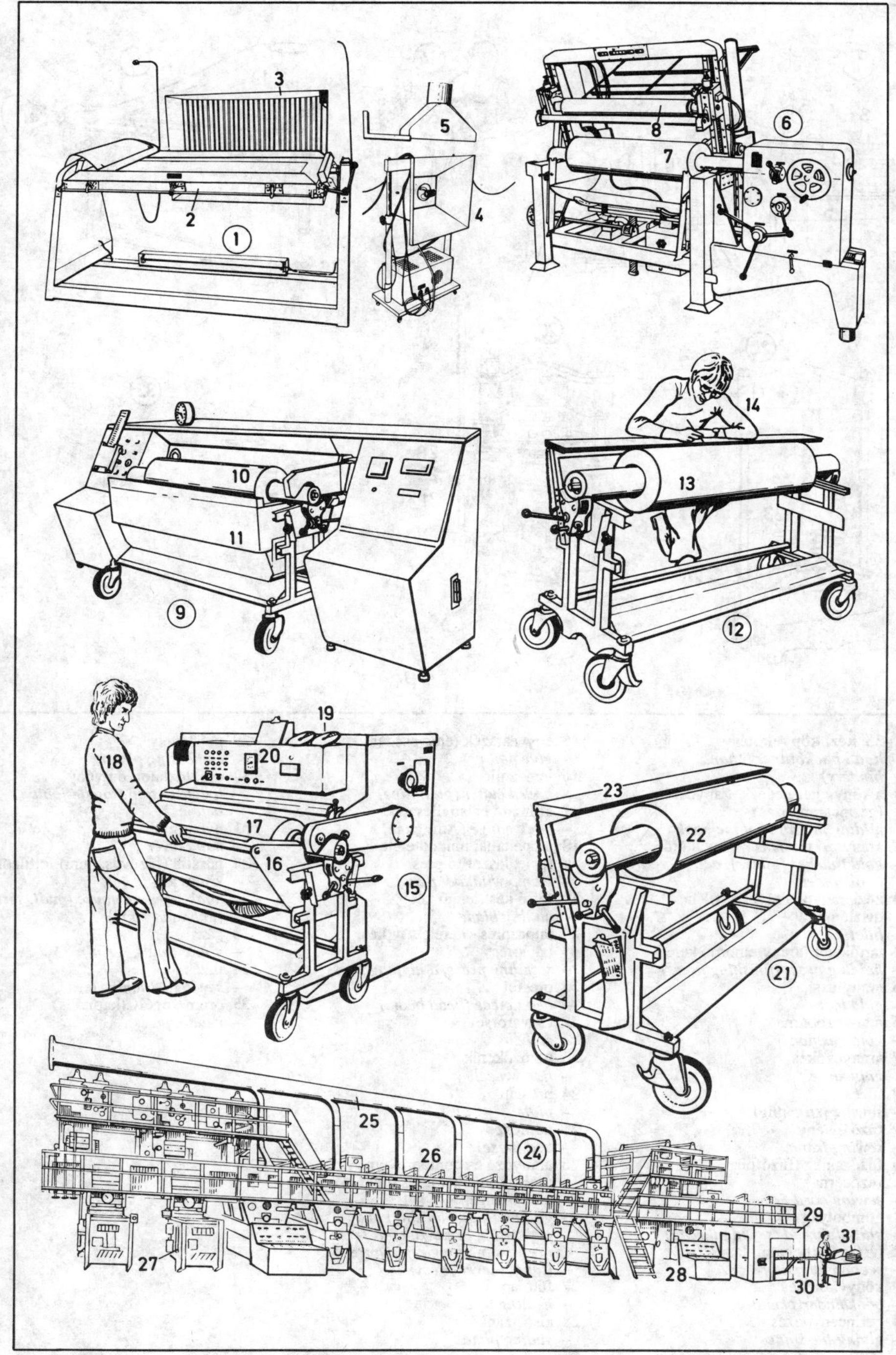

1
2
3
4
5
6
7
8
9
10
11
12
13
14
15
16
17
18
19
20
21
22
23
24
25
26
27
28
29
30
31

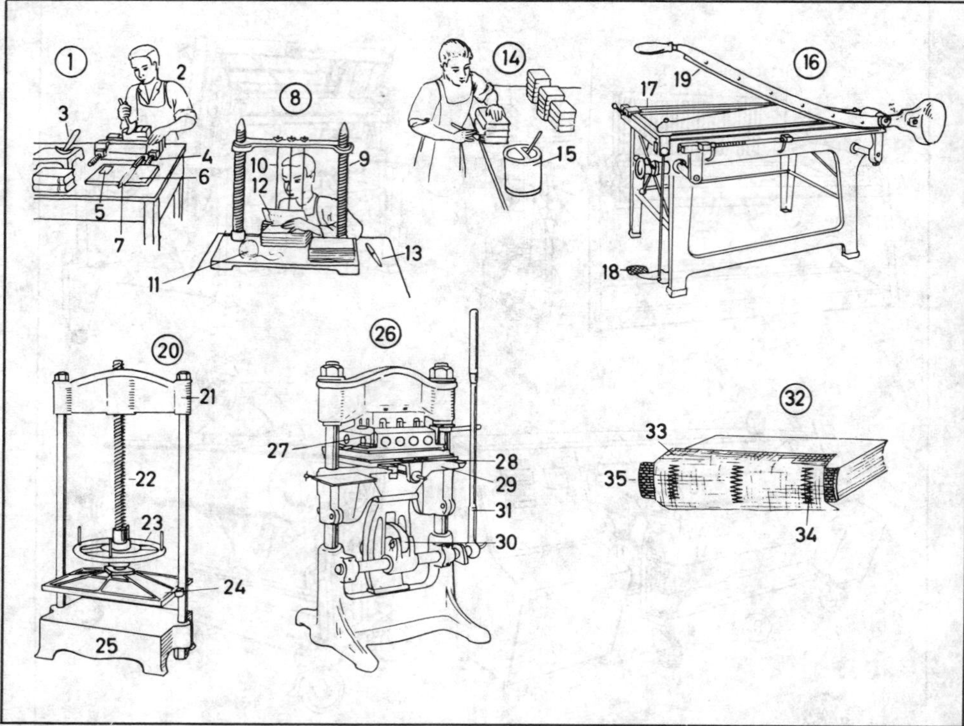


**1–35 kézi könyvkötés**
– ***hand bookbindery** (hand bindery)*
**1** a könyv gerincének aranyozása (gerincaranyozás)
– *gilding the spine of the book*
**2** aranyozó munkás <könyvkötő>
– *gold finisher (gilder), a bookbinder*
**3** kéziaranyozó sávozó (filéta; díszlénia)
– *fillet*
**4** tartókeret (aranyfelhordó keret)
– *holding press (finishing press)*
**5** aranyfüst
– *gold leaf*
**6** aranyozópárna
– *gold cushion*
**7** aranyozókés
– *gold knife*
**8** fűzés
– *sewing (stitching)*
**9** fűzőállvány
– *sewing frame*
**10** fűzőzsineg (fűzőfonal, fűzőcérna)
– *sewing cord*
**11** gombolyag
– *ball of thread (sewing thread)*
**12** ívrész (hajtogatott laag)
– *section (signature)*
**13** könyvkötőkés
– *bookbinder's knife*
**14** gerincenyvezés
– *gluing the spine*
**15** enyvesfazék (enyvesedény)
– *glue pot*
**16** lemezolló
– *board cutter (guillotine)*
**17** állítható belső illeszték
– *back gauge (*Am.* gage)*
**18** lábpedállal működtetett lemezleszorító prés
– *clamp with foot pedal*
**19** felső kés (lengő kés)
– *cutting blade*
**20** talpasprés <kerekes ívprés, bálaprés>
– *standing press, a nipping press*
**21** présfej
– *head piece (head beam)*
**22** csavarorsó
– *spindle*
**23** ütközőkerék
– *handwheel*
**24** préslap
– *platen*
**25** talprész
– *bed (base)*
**26** aranyozó és dombornyomó prés (*rok.:* könyökemelős prés) <kézi aranyozógép>
– *gilding (gold blocking) and embossing press, a hand-lever press;* sim.: *toggle-joint press (toggle-lever press)*
**27** fűtőlap
– *heating box*
**28** alsó szánkó
– *sliding plate*
**29** préstégely
– *embossing platen*
**30** csuklóztatott öntvény
– *toggle action (toggle-joint action)*
**31** nyomórúd
– *hand lever*
**32** gázsira (fűzővászonra) felfűzött könyvtest
– *book sewn on gauze (mull, scrim) (unbound book)*
**33** gázsi
– *gauze (mull, scrim)*
**34** fűzés
– *sewing (stitching)*
**35** oromszegély (kapitális)
– *headband*

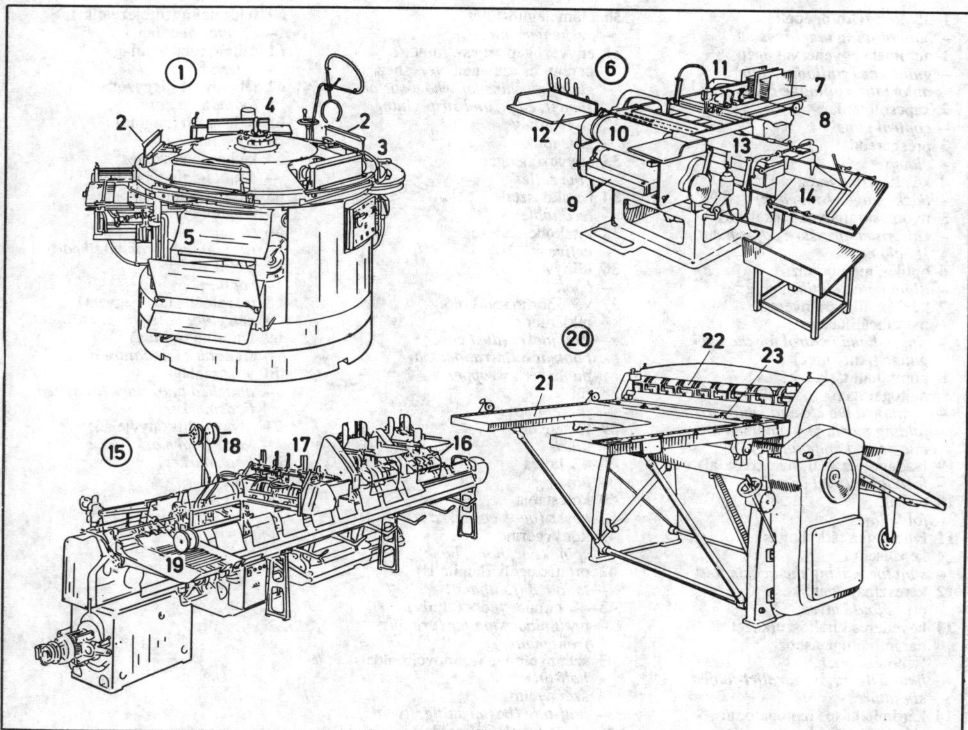


**1–23 könyvkötőgépek**
– ***bookbinding machines***
**1 ragasztó kötőgép** kisebb terjedelmű könyvekhez
– ***adhesive binder*** *(perfect binder) for short runs*
**2** kézi berakóállomás
– *manual feed station*
**3** gerincfrézelő és -érdesítő állomás
– *cutoff knife and roughing station*
**4** enyvezőmű
– *gluing mechanism*
**5** kirakószerkezet
– *delivery (book delivery)*
**6 táblakészítőgép**
– ***case maker*** *(case-making machine)*
**7** könyvkötőlemez tartórekesze (könyvkötőlemez-magazin)
– *board feed hopper*
**8** lemezleemelő
– *pickup suckers*
**9** enyvtartály
– *glue tank*
**10** berakóhenger
– *gluing cylinder (glue cylinder, glue roller)*
**11** szívófej
– *picker head*
**12** táblaborító anyag [vászon, papír, bőr] adagolója
– *feed table for covering materials [linen, paper, leather]*
**13** préselőmű
– *pressing mechanism*
**14** kirakóasztal
– *delivery table*
**15 hernyófűzőgép**
– ***gang stitcher*** *(gathering and wire-stitching machine, gatherer and wire stitcher)*
**16** ívfelrakó állomás
– *sheet feeder (sheet-feeding station)*
**17** hajtogatóállomás
– *folder-feeding station*
**18** fűződrót-letekercselő szerkezet
– *stitching wire feed mechanism*
**19** kirakóasztal
– *delivery table*
**20 lemezkörolló**
– ***rotary board cutter*** *(rotary board-cutting machine)*
**21** berakóasztal
– *feed table with cut-out section*
**22** körkés
– *rotary cutter*
**23** betolósín
– *feed guide*

**1–35 könyvkötőgépek**
– ***bookbinding machines***
1 automata egyenesvágógép
– *guillotine (guillotine cutter, automatic guillotine cutter)*
2 kapcsolótábla
– *control panel*
3 présgerenda
– *clamp*
4 késillesztő nyereg
– *back gauge* (Am. *gage)*
5 nyomásszabályozó, skálával
– *calibrated pressure adjustment [to clamp]*
6 optikai méretkijelző
– *illuminated cutting scale*
7 kézi késillesztő nyereg méretbeállításhoz
– *single-hand control for the back gauge* (Am. *gage)*
8 kombinált táskás-késes hajtogatógép
– *combined buckle and knife folding machine (combined buckle and knife folder)*
9 ívadagoló asztal (berakóasztal)
– *feed table (feed board)*
10 táskák
– *fold plates*
11 ívütköző a táskahajtás képzéséhez
– *stop for making the buckle fold*
12 keresztha jtogató kés
– *cross fold knives*
13 hevederes kirakószerkezet haránthajtogatáshoz [leporellóhoz]
– *belt delivery for parallel-folded signatures*
14 háromhajtásos hajtogatómű
– *third cross fold unit*
15 háromhajtásos kirakószerkezet
– *delivery tray for cross-folded signatures*
16 cérnafűzőgép
– *sewing machine (book-sewing machine)*
17 cérnagombolyag-tartó
– *spool holder*
18 gombolyag
– *thread cop (thread spool)*
19 fűzővászon-tekercstartó (gázsi-tekercstartó)
– *gauze roll holder (mull roll holder, scrim roll holder)*
20 fűzővászon
– *gauze (mull, scrim)*
21 fűzőfej a fűzőtűkkel
– *needle cylinders with sewing needles*
22 fűzött könyvtest
– *sewn book*
23 kirakószerkezet
– *delivery*
24 lengő fűzőnyereg
– *reciprocating saddle*
25 ívberakó mű (berakókészülék)
– *sheet feeder (feeder)*
26 berakómagazin (adagolómagazin)
– *feed hopper*
27 könyvbeakasztó gép
– *casing-in machine*
28 kenőmű (enyvezőszekrény)
– *joint and side pasting attachment*
29 kés (svert)
– *blade*
30 előmelegítő-fűtés
– *preheater unit*
31 enyvezőgép teljes-, minta-, perem- és szalagenyvezéshez
– *gluing machine for whole-surface, stencil, edge, and strip gluing*
32 enyvtartály
– *glue tank*
33 enyvezőhenger
– *glue roller*
34 berakóasztal
– *feed table*
35 kirakóberendezés
– *delivery*
**36 könyv**
– ***book***
37 védőborító (burkoló, reklámborító)
– *dust jacket (dust cover, bookjacket, wrapper), a publisher's wrapper*
38 fül
– *jacket flap*
39 fülszöveg
– *blurb*
**40–42** kötés
– *binding*
40 kötéstábla
– *cover (book cover, case)*
41 könyvgerinc
– *spine (backbone, back)*
42 oromszegély (kapitális)
– *tailband (footband)*
**43–47** címnegyedív (címív)
– *preliminary matter (prelims, front matter)*
43 szennycímlap (szennycímoldal)
– *half-title*
44 szennycím
– *half-title (bastard title, fly title)*
45 címlap (belső címoldal)
– *title page*
46 főcím
– *full title (main title)*
47 alcím
– *subtitle*
48 kiadói embléma (szignett)
– *publisher's imprint (imprint)*
49 előzékpapír (előzék)
– *fly leaf (endpaper, endleaf)*
50 dedikáció (kézírásos ajánlás)
– *handwritten dedication*
51 ex libris [a könyv tulajdonosára utaló kisgrafika]
– *bookplate (ex libris)*
52 kinyitott könyv
– *open book*
53 könyvoldal
– *page*
54 hajtás
– *fold*
**55–58** papírszél (margó)
– *margin*
55 kötésbeosztás (bund, bundbeosztás)
– *back margin (inside margin, gutter)*
56 fejbeosztás
– *head margin (upper margin)*
57 vágás felőli beosztás
– *fore edge margin (outside margin, fore edge)*
58 lábbeosztás
– *tail margin (foot margin, tail, foot)*
59 szedéstükör
– *type area*
60 fejezetcím (főfejezetcím)
– *chapter heading*
61 csillag (utalócsillag)
– *asterisk*
62 lábjegyzet <jegyzet>
– *footnote, a note*
63 oldalszám (pagina)
– *page number*
64 kéthasábos szedés
– *double-column page*
65 hasáb (kolumna)
– *column*
66 élőfej
– *running title (running head)*
67 alcím
– *caption*
68 marginális (széljegyzet)
– *marginal note (side note)*
69 ívnorma (norma)
– *signature (signature code)*
70 jelzőszalag
– *attached bookmark (attached bookmarker)*
71 olvasójel (könyvjelző)
– *loose bookmark (loose bookmarker)*

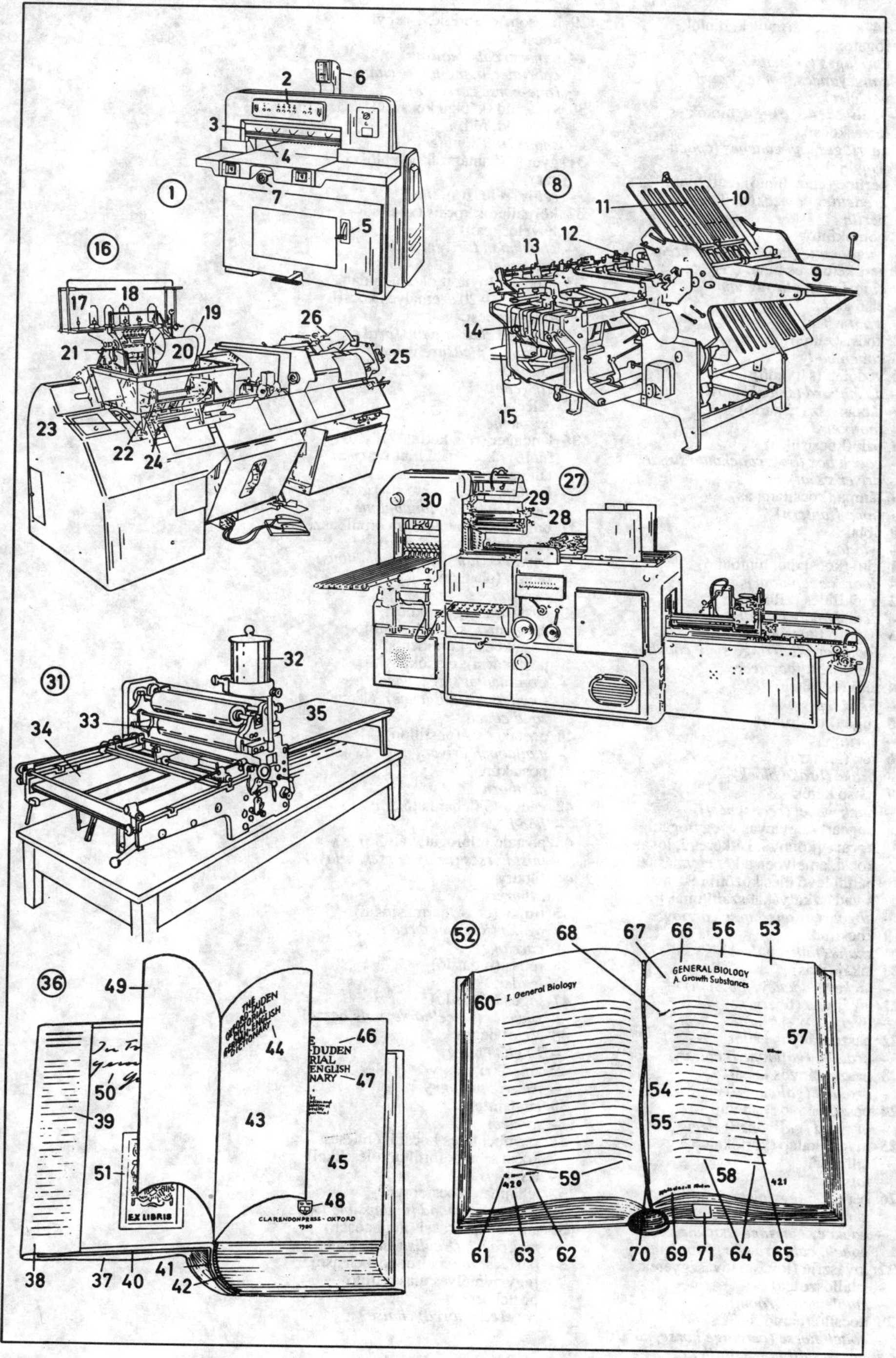
1
2
3
4
5
6
7
8
9
10
11
12
13
14
15
16
17
18
19
20
21
22
23
24
25
26
27
28
29
30
31
32
33
34
35
36
37
38
39
40
41
42
43
44
45
46
47
48
49
50
51
52
53
54
55
56
57
58
59
60
61
62
63
64
65
66
67
68
69
70
71
THE OXFORD-DUDEN PICTORIAL GERMAN-ENGLISH DICTIONARY
CLARENDON PRESS · OXFORD
1980
EX LIBRIS
I. General Biology
GENERAL BIOLOGY
A. Growth Substances
420
421

**1–54** kocsik (járművek, hintók, fogatok)
– *carriages (vehicles, conveyances, horse-drawn vehicles)*
**1–3, 26–39, 45, 51–54** hintók és társaskocsik
– *carriages and coaches (coach wagons)*
**1** berline (utazóhintó) [zárt hintó; *eredetileg:* utazókocsi]
– *berlin*
**2** homokfutó
– *waggonette (*larger: *brake, break)*
**3** zárt kétüléses hintó (*rég.* kupé)
– *coupé;* sim.: *brougham*
**4** első kerék
– *front wheel*
**5** kocsiszekrény
– *coach body*
**6** védőlap (sárvédő)
– *dashboard (splashboard)*
**7** lábtámasz (lábtartó)
– *footboard*
**8** bak (kocsisülés)
– *coach box (box, coachman's seat, driver's seat)*
**9** lámpa (kocsilámpás)
– *lamp (lantern)*
**10** ablak
– *window*
**11** ajtó (kocsiajtó, hintóajtó)
– *door (coach door)*
**12** ajtókilincs (kilincs)
– *door handle (handle)*
**13** hágcsó (kocsilépcső)
– *footboard (carriage step, coach step, step, footpiece)*
**14** tető (kocsitető)
– *fixed top*
**15** rugó (kocsirugó)
– *spring*
**16** fék (féksaru)
– *brake (brake block)*
**17** hátsó kerék
– *back wheel (rear wheel)*
**18** dogcart <egylovas *v.* egyfogatú kocsi> [könnyű, kétkerekű, lovas kocsi, amelyben a két egymásnak háttal levő ülés közötti rész alatt a vadászkutyákat szállították]
– *dogcart, a one-horse carriage*
**19** kocsirúd
– *shafts (thills, poles)*
**20** lakáj (inas)
– *lackey (lacquey, footman)*
**21** lakájruha (libéria)
– *livery*
**22** paszományos gallér
– *braided (gallooned) collar*
**23** paszományos kabát
– *braided (gallooned) coat*
**24** paszományos kabátujj
– *braided (gallooned) sleeve*
**25** magas kalap (kürtőkalap, cilinder)
– *top hat*
**26** bérkocsi (*egylovas:* konflis; *kétlovas:* fiáker)
– *hackney carriage (hackney coach, cab, growler,* Am. *hack)*
**27** lovászfiú (lovász, lovászgyerek, istállószolga)
– *stableman (groom)*
**28** kocsiló (parádés ló)
– *coach horse (carriage horse, cab horse, thill horse, thiller)*
**29** hansom <kabriole>, <egyfogatú kocsi>
– *hansom cab (hansom), a cabriolet, a one-horse chaise (one-horse carriage)*
**30** villásrúd (kétágú kocsirúd, kocsirúd, rúd)
– *shafts (thills, poles)*
**31** gyeplő (kantárszár, gyeplőszár, szár)
– *reins (rein,* Am. *line)*
**32** körgalléros kocsis (kocsis havelockban)
– *coachman (driver) with inverness*
**33** kremser [nyitott oldalú, oldalt pados, 10–20 személyes kocsi] <társaskocsi>
– *covered char-a-banc (brake, break), a pleasure vehicle*
**34** gig
– *gig (chaise)*
**35** calèche
– *barouche*
**36** landauer (*rég.* kétfelé eresztős hintó) <kétfogatú hintó>; *rok.:* landaulet
– *landau, a two-horse carriage;* sim.: *landaulet, landaulette*
**37** omnibusz (lóvontatású omnibusz, lóvontatású társaskocsi)
– *omnibus (horse-drawn omnibus)*
**38** faeton (phaetón)
– *phaeton*
**39** postakocsi (gyorskocsi, delizsánsz, személyszállító postakocsi, kontinentális postakocsi); utazókocsi *is*
– *Continental stagecoach (mailcoach, diligence);* also: *road coach*
**40** postakocsis (postillon)
– *mailcoach driver*
**41** postakürt
– *posthorn*
**42** védőtető (lehajtható ernyő)
– *hood*
**43** postaló (előfogat, váltóló)
– *post horses (relay horses, relays)*
**44** tilbury
– *tilbury*
**45** trojka (orosz hármasfogat)
– *troika (Russian three-horse carriage)*
**46** rudas (rudas ló)
– *leader*
**47** lógós (lógós ló)
– *wheeler (wheelhorse, pole horse)*
**48** angol buggy
– *English buggy*
**49** amerikai buggy
– *American buggy*
**50** tandemfogat
– *tandem*
**51** szembeüléses kocsi [kétüléses kocsi szembefordított ülésekkel]
– *vis-à-vis*
**52** lehajtható kocsiernyő
– *collapsible hood (collapsible top)*
**53** angol postakocsi (mail coach)
– *mailcoach (English stagecoach)*
**54** postacséza (chaise, post chaise) [egyszemélyes utasszállító postakocsi]
– *covered (closed) chaise*

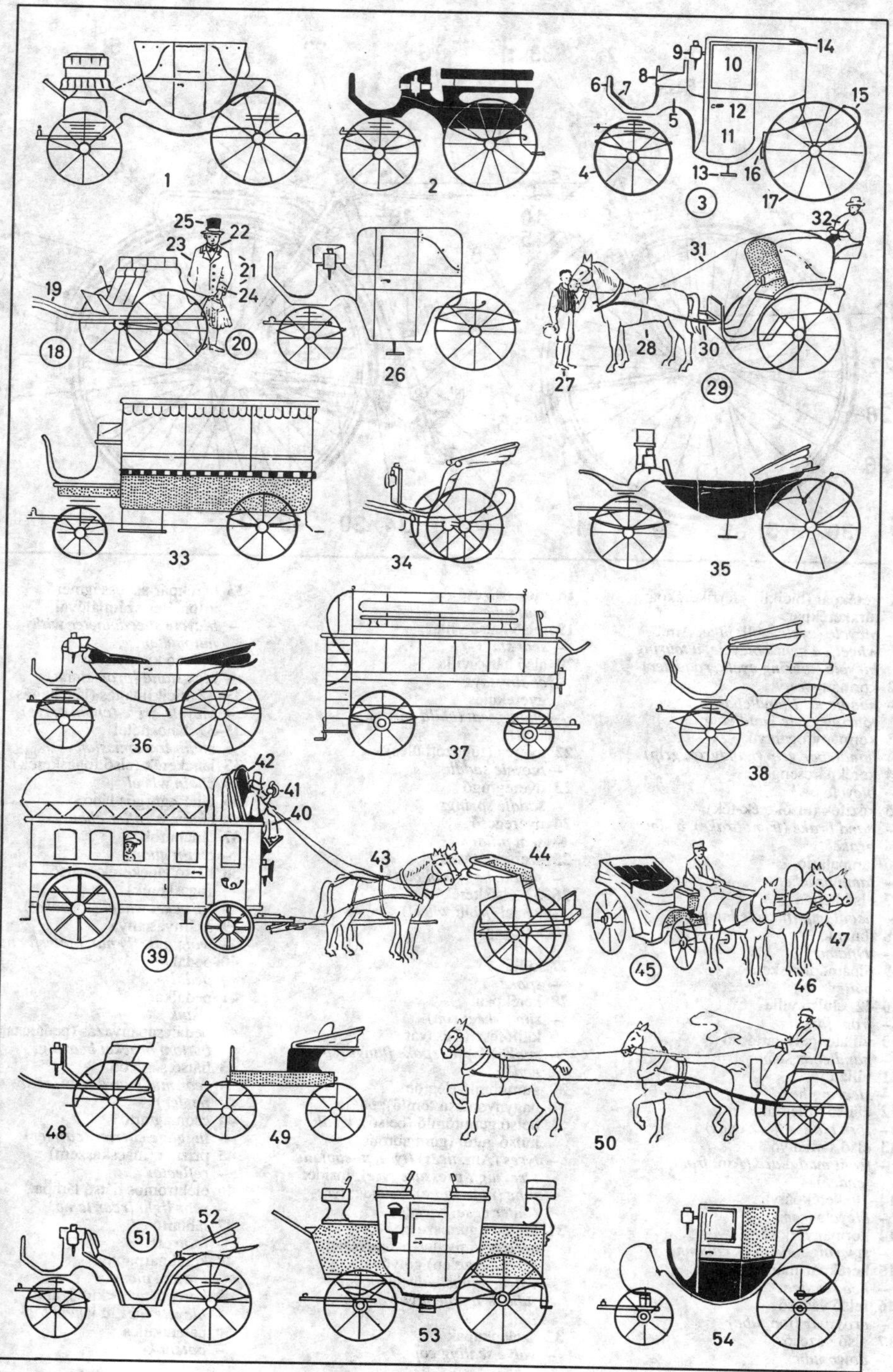
1
2
3
4
5
6
7
8
9
10
11
12
13
14
15
16
17
18
19
20
21
22
23
24
25
26
27
28
29
30
31
32
33
34
35
36
37
38
39
40
41
42
43
44
45
46
47
48
49
50
51
52
53
54

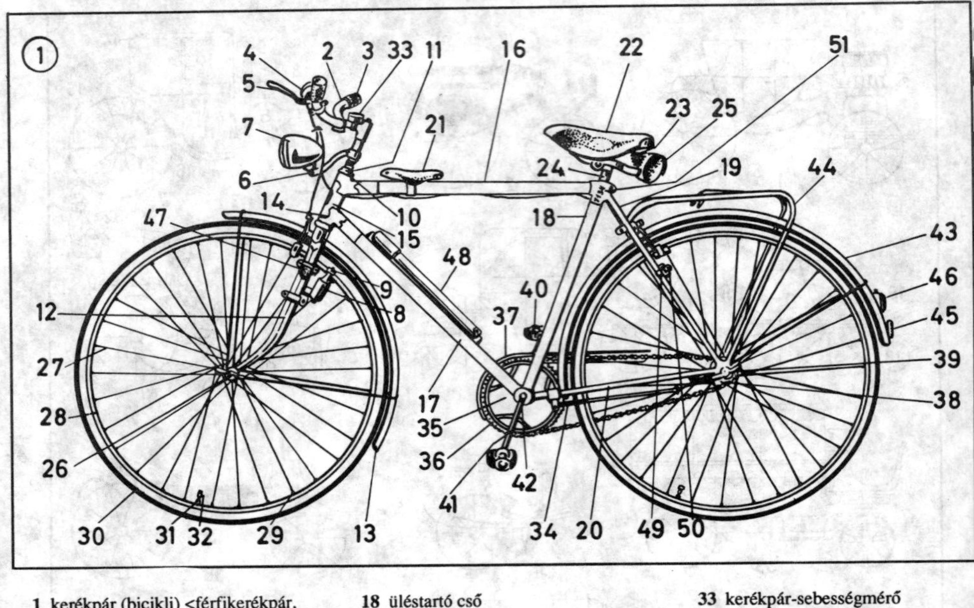


**1** kerékpár (bicikli) <férfikerékpár, túrakerékpár>
– *bicycle (cycle,* coll. *bike,* Am. *wheel), a gent's bicycle, a touring bicycle (touring cycle, roadster)*
**2** kormányszarv
– *handlebar (handlebars), a touring cycle handlebar*
**3** kormányfogantyú
– *handlebar grip (handgrip, grip)*
**4** kerékpárcsengő
– *bicycle bell*
**5** kézifék (elsőkerék-fék)
– *hand brake (front brake), a rim brake*
**6** lámpatartó
– *lamp bracket*
**7** első lámpa
– *headlamp (bicycle lamp)*
**8** dinamó
– *dynamo*
**9** dinamódörzskerék
– *pulley*
**10–12** elülső villa
– *front forks*
**10** villatengely-tartócső
– *handlebar stem*
**11** villafej
– *steering head*
**12** elülső villaszár
– *fork blades (fork ends)*
**13** első sárhányó
– *front mudguard (*Am. *front fender)*
**14–20** kerékpárváz
– *bicycle frame*
**14** kormányfejcső
– *steering tube (fork column)*
**15** kerékpár-márkajelzés
– *head badge*
**16** felső vázcső
– *crossbar (top tube)*
**17** alsó vázcső
– *down tube*
**18** üléstartó cső
– *seat tube*
**19** felső hátsó villa
– *seat stays*
**20** alsó hátsó villa
– *chain stays*
**21** gyereküllés
– *child's seat (child carrier seat)*
**22** nyereg (rugózott ülés)
– *bicycle saddle*
**23** nyeregrugó
– *saddle springs*
**24** nyeregcső
– *seat pillar*
**25** szerszámtáska
– *saddle bag (tool bag)*
**26–32** első kerék
– *wheel (front wheel)*
**26** kerékagy
– *hub*
**27** küllő
– *spoke*
**28** kerékpánt
– *rim (wheel rim)*
**29** küllőfeszítő csavar
– *spoke nipple (spoke flange, spoke end)*
**30** gumitömlő (légtömlő, nagynyomású tömlő); *belül:* belső gumitömlő (belső); *kívül:* külső gumi (gumiabroncs)
– *tyres* (Am. *tires) (tyre, pneumatic tyre, high-pressure tyre);* inside: *tube (inner tube),* outside: *tyre (outer case, cover)*
**31** szelep <gumiszelep szelepgumival *v.* patentszelep (golyós szelep) golyóval>
– *valve, a tube valve with valve tube or a patent valve with ball*
**32** szelepkupak
– *valve sealing cap*
**33** kerékpár-sebességmérő kilométer-számlálóval
– *bicycle speedometer with milometer*
**34** billenő kitámasztó
– *kick stand (prop stand)*
**35–42** biciklihajtás (lánchajtás)
– *bicycle drive (chain drive)*
**35–39** láncáttétel
– *chain transmission*
**35** lánckerék (első fogaskerék)
– *chain wheel*
**36** lánc <görgős lánc>
– *chain, a roller chain*
**37** láncburok
– *chain guard*
**38** hátsó lánckerék (hátsó fogaskerék)
– *sprocket wheel (sprocket)*
**39** szárnyas anya
– *wing nut (fly nut, butterfly nut)*
**40** pedál
– *pedal*
**41** pedálkar
– *crank*
**42** pedálcsapágyazás (pedálcsapágy
– *bottom bracket bearing*
**43** hátsó sárvédő
– *rear mudguard (*Am. *rear fender)*
**44** csomagtartó
– *luggage carrier (carrier)*
**45** prizma (macskaszem)
– *reflector*
**46** elektromos hátsó lámpa
– *rear light (rear lamp)*
**47** lábtartó
– *footrest*
**48** kerékpárpumpa
– *bicycle pump*
**49** kerékpárzár <küllőzár>
– *bicycle lock, a wheel lock*
**50** patentkulcs
– *patent key*

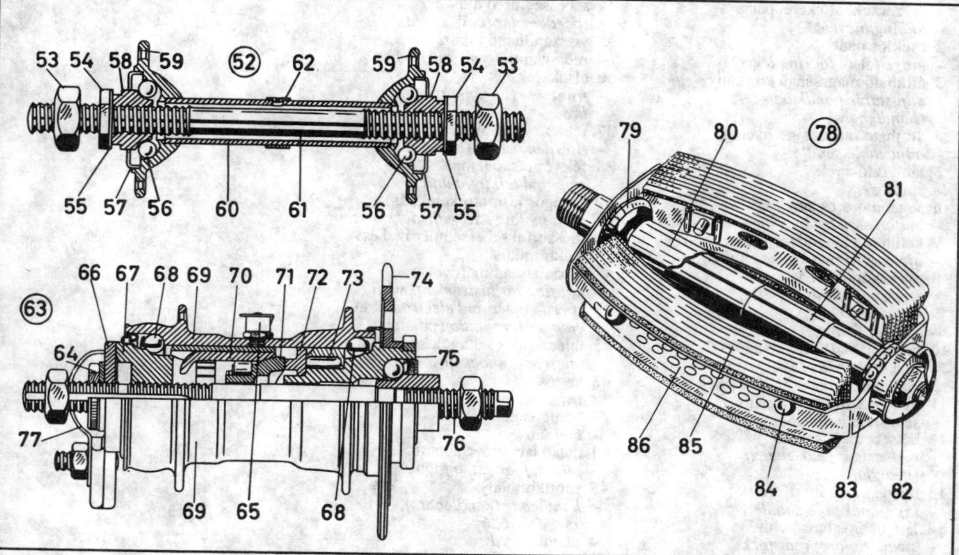


**51** kerékpárszám (gyártási szám)
– *cycle serial number (factory number, frame number)*
**52** elsőkerék-agy
– *front hub (front hub assembly)*
**53** kerékanya
– *wheel nut*
**54** ellenanya karmos alátéttel
– *locknut (locking nut)*
**55** sliccelt alátét
– *washer (slotted cone adjusting washer)*
**56** golyóscsapágy
– *ball bearing*
**57** porvédő burok
– *dust cap*
**58** tengelykúp (kónusz)
– *cone (adjusting cone)*
**59** kerékagyközéprész
– *centre (Am. center) hub*
**60** csőtengely
– *spindle*
**61** tengely
– *axle*
**62** olajozónyílás-záró
– *clip covering lubrication hole (lubricator)*
**63** szabadon futó kerékagy kontrafékkel
– *free-wheel hub with back-pedal brake (with coaster brake)*
**64** biztonsági anya
– *safety nut*
**65** olajozó
– *lubricator*
**66** fékkar
– *brake arm*
**67** kúpos fékkarszorító csavar
– *brake arm cone*
**68** golyóscsapágy golyókkal a csapágyházban
– *bearing cup with ball bearings in ball race*
**69** kerékagypersely
– *hub shell (hub body, hub barrel)*
**70** fékpalást
– *brake casing*
**71** fékszorító csavar
– *brake cone*
**72** görgővezető gyűrű
– *driver*
**73** hajtógörgő
– *driving barrel*
**74** fogaskerék
– *sprocket*
**75** csavarfej
– *thread head*
**76** tengely
– *axle*
**77** tartó
– *bracket*
**78** kerékpárpedál (pedál visszaverő felülettel, világító pedál)
– *bicycle pedal (pedal, reflector pedal)*
**79** burkolófedél
– *cup*
**80** pedálcsőtengely
– *spindle*
**81** pedáltengely
– *axle*
**82** porsapka
– *dust cap*
**83** pedálváz
– *pedal frame*
**84** gumicsap
– *rubber stud*
**85** gumibetét
– *rubber block (rubber tread)*
**86** visszatükröző felület
– *glass reflector*

1 összecsukható kerékpár
– *folding bicycle*
2 csuklós pánt
– *hinge* (also: *locking lever)*
3 állítható magasságú kormány
– *adjustable handlebar (handlebars)*
4 állítható magasságú nyereg
– *adjustable saddle*
5 támasztókerék
– *stabilizers*
6 segédmotoros kerékpár
– *motor-assisted bicycle*
7 kétütemű léghűtéses motor
– *air-cooled two-stroke engine*
8 teleszkópos villák
– *telescopic forks*
9 csőváz
– *tubular frame*
10 benzintank (üzemanyagtartály)
– *fuel tank (petrol tank,* Am. *gasoline tank)*
11 magasra állított kormány
- *semi-rise handlebars*
12 kétsebességes váltó
– *two-speed gear-change (gearshift)*
13 magasított hátú nyereg
– *high-back polo saddle*
14 lengőkaros hátsó villa
– *swinging-arm rear fork*
15 felül vezetett kipufogócső
– *upswept exhaust*
16 hővédő lemez
– *heat shield*
17 hajtólánc
– *drive chain*
18 lökhárítórúd
– *crash bar (roll bar)*
19 sebességmérő műszer
– *speedometer* (coll. *speedo)*
20 akkumulátoros moped <elektromos jármű>
– *battery-powered moped, an electrically-powered vehicle*
21 nyereg
– *swivel saddle*
22 akkumulátortartó
– *battery compartment*
23 csomagtartó kosár
– *wire basket*
24 túramoped
– *touring moped (moped)*
25 pedál (indítópedál)
– *pedal crank (pedal drive, starter pedal)*
26 kétütemű egyhengeres motor
– *single-cylinder two-stroke engine*
27 gyújtógyertyák
– *spark-plug cap*
28 benzintank (üzemanyagtartály)
– *fuel tank (petrol tank,* Am. *gasoline tank)*
29 első fényszóró
– *moped headlamp (front lamp)*
30–35 kormányszerelvény
– *handlebar fittings*
30 gázkar
– *twist grip throttle control (throttle twist grip)*
31 sebességváltó kar
– *twist grip (gear-change, gearshift)*
32 tengelykapcsoló (kuplung)
– *clutch lever*
33 kézifékkar
– *hand brake lever*
34 sebességmérő műszer
– *speedometer* (coll. *speedo)*
35 visszapillantó tükör
– *rear-view mirror (mirror)*
36 elsőkerék-fék
– *front wheel drum brake (drum brake)*
37 fék-Bowden-huzalok
– *Bowden cables (brake cables)*
38 fék- és hátsó lámpa
– *stop and tail light unit*
39 berúgós kismotorkerékpár
– *light motorcycle with kickstarter*
40 műszerfal sebességmérővel és elektronikus fordulatszámmérővel
– *housing for instruments with speedometer and electronic rev counter (revolution counter)*
41 teleszkópos villa lökésgátlóval
– *telescopic shock absorber*
42 kettős ülés
– *twin seat*
43 berúgós indító
– *kickstarter*
44 hátsó lábtartó <lábtartó>
– *pillion footrest, a footrest*
45 sportkormány
– *handlebar (handlebars)*
46 zárt láncvédő
– *chain guard*
47 robogó
– *motor scooter (scooter)*
48 levehető oldalburkolat
– *removable side panel*
49 csőváz
– *tubular frame*
50 fémburkolat
– *metal fairings*
51 lábtartó
– *prop stand (stand)*
52 lábfék
– *foot brake*
53 duda
– *horn (hooter)*
54 kézitáska-akasztó
– *hook for handbag or briefcase*
55 sebességváltó pedál
– *foot gear-change control (foot gearshift control)*
56 ugrató kerékpár
– *high-riser;* sim.: *chopper*
57 kétágú kormány
– *high-rise handlebar (handlebars)*
58 kormányvilla
– *imitation motorcycle fork*
59 banánnyereg
– *banana saddle*
60 krómozott kengyel
– *chrome bracket*

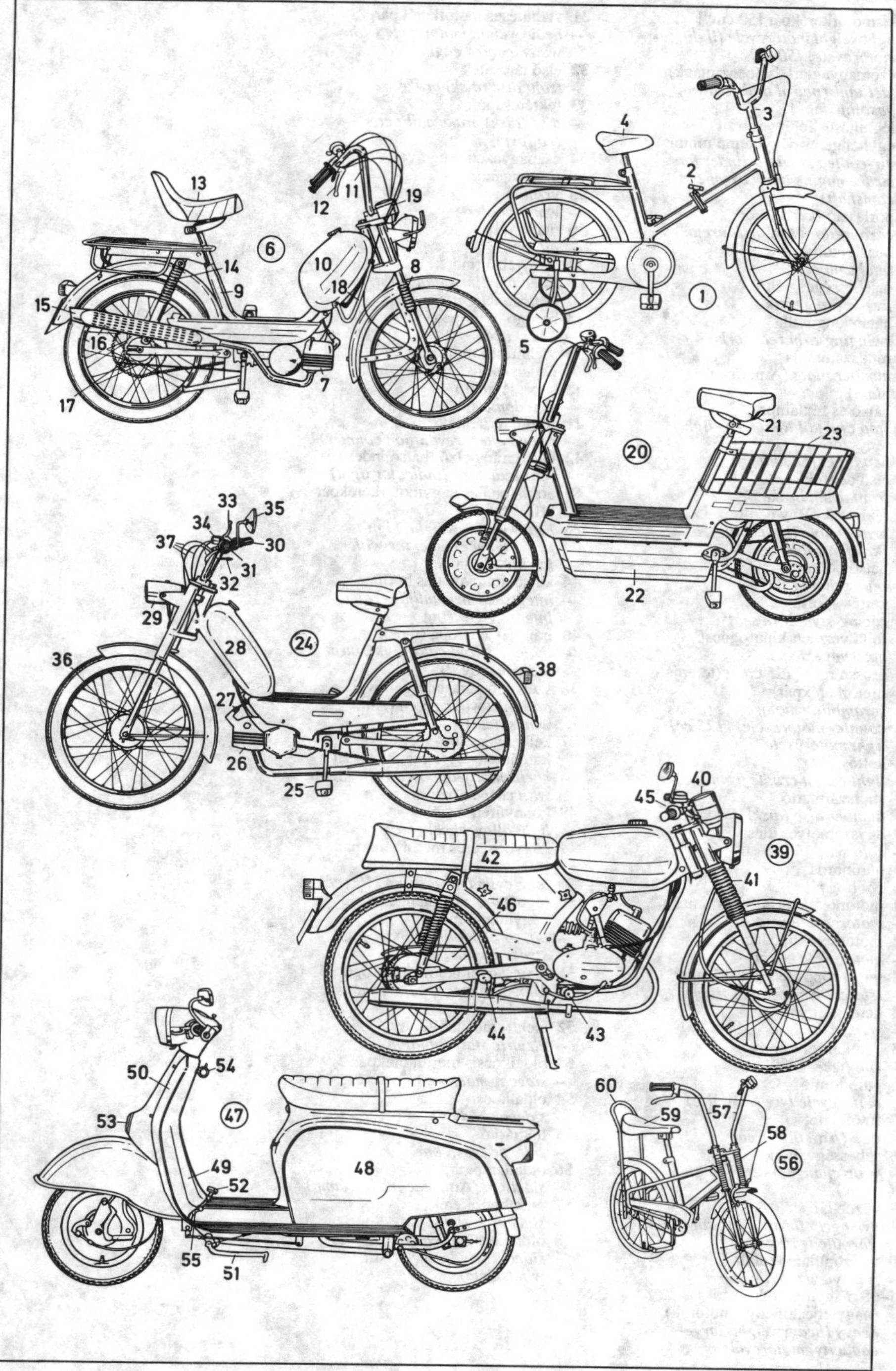
1
2
3
4
5
6
7
8
9
10
11
12
13
14
15
16
17
18
19
20
21
22
23
24
25
26
27
28
29
30
31
32
33
34
35
36
37
38
39
40
41
42
43
44
45
46
47
48
49
50
51
52
53
54
55
56
57
58
59
60

1 kismotorkerékpár [50 cm$^3$]
– *lightweight motorcycle (light motorcycle) [50 cc]*
2 üzemanyagtartály (benzintank)
– *fuel tank (petrol tank,* Am. *gasoline tank)*
3 léghűtéses felül vezérelt egyhengeres négyütemű motor
– *air-cooled single-cylinder four-stroke engine (with overhead camshaft)*
4 porlasztó (karburátor)
– *carburettor (*Am. *carburetor)*
5 beszívótorok
– *intake pipe*
6 ötsebességes váltó
– *five-speed gearbox*
7 hátsó lengővilla
– *swinging-arm rear fork*
8 rendszámtábla
– *number plate (*Am. *license plate)*
9 hátsó és féklámpa
– *stop and tail light (rear light)*
10 fényszóró
– *headlight (headlamp)*
11 első dobfék
– *front drum brake*
12 fékhuzal <Bowden-huzal>
– *brake cable (brake line), a Bowden cable*
13 hátsó dobfék
– *rear drum brake*
14 kettős sportülés
– *racing-style twin seat*
15 felül vezetett kipufogócső
– *upswept exhaust*
16 crossmotor [125 cm$^3$] (terepjáró motorkerékpár)
– *scrambling motorcycle (cross-country motorcycle) [125 cc], a light motorcycle*
17 kettős váz
– *lightweight cradle frame*
18 startszámtartó
– *number disc (disk)*
19 egyszemélyes ülés
– *solo seat*
20 hűtőborda
– *cooling ribs*
21 motorkerékpár-állványtámasz
– *motorcycle stand*
22 motorkerékpárlánc
– *motorcycle chain*
23 teleszkópos lengéscsillapító
– *telescopic shock absorber*
24 kerékküllők
– *spokes*
25 kerékabroncs
– *rim (wheel rim)*
26 gumitömlő
– *motorcycle tyre (*Am. *tire)*
27 futófelület
– *tyre (*Am. *tire) tread*
28 sebességváltó kar
– *gear-change lever (gearshift lever)*
29 gázpedál
– *twist grip throttle control (throttle twist grip)*
30 visszapillantó tükör
– *rear-view mirror (mirror)*
31–58 nagymotorok (nagyteljesítményű motorok)
– *heavy (heavyweight, large-capacity) motorcycles*
31 vízhűtéses motorkerékpár
– *heavyweight motorcycle with water-cooled engine*
32 első tárcsafék
– *front disc (disk) brake*
33 féktárcsapofa
– *disc (disk) brake calliper (caliper)*
34 csapágyazott tengely
– *floating axle*
35 vízhűtő
– *water cooler*
36 olajtartály
– *oil tank*
37 irányjelző (index)
– *indicator (indicator light, turn indicator light)*
38 berúgó indítópedál
– *kickstarter*
39 vízhűtéses motor
– *water-cooled engine*
40 sebességmérő
– *speedometer*
41 fordulatszámláló
– *rev counter (revolution counter)*
42 hátsó irányjelző (hátsó index)
– *rear indicator (indicator light)*
43 áramvonalas nagymotorkerékpár [100 cm$^3$]
– *heavy (heavyweight, high-performance) machine with fairing [100 cc]*
44 külső áramvonalas borítás
– *integrated streamlining, an integrated fairing*
45 irányjelző lámpa (index)
– *indicator (indicator light, turn indicator light)*
46 szélvédő párásodásgátlóval
– *anti-mist windscreen (*Am. *windshield)*
47 kéthengeres bokszermotor kardántengelyes meghajtással
– *horizontally-opposed twin engine with cardan transmission*
48 könnyűfém kerék
– *light alloy wheel*
49 négyhengeres motorkerékpár [400 cm$^3$]
– *four-cylinder machine [400 cc]*
50 léghűtéses négyhengeres négyütemű motor
– *air-cooled four-cylinder four-stroke engine*
51 négy csővel induló kipufogócső
– *four-pipe megaphone exhaust pipe*
52 elektromos indító
– *electric starter button*
53 oldalkocsis motorkerékpár
– *sidecar machine*
54 oldalkocsi
– *sidecar body*
55 lökhárító
– *sidecar crash bar*
56 oldallámpa
– *sidelight (*Am. *sidemarker lamp)*
57 oldalkocsikerék
– *sidecar wheel*
58 oldalkocsi-szélvédő
– *sidecar windscreen (*Am. *windshield)*

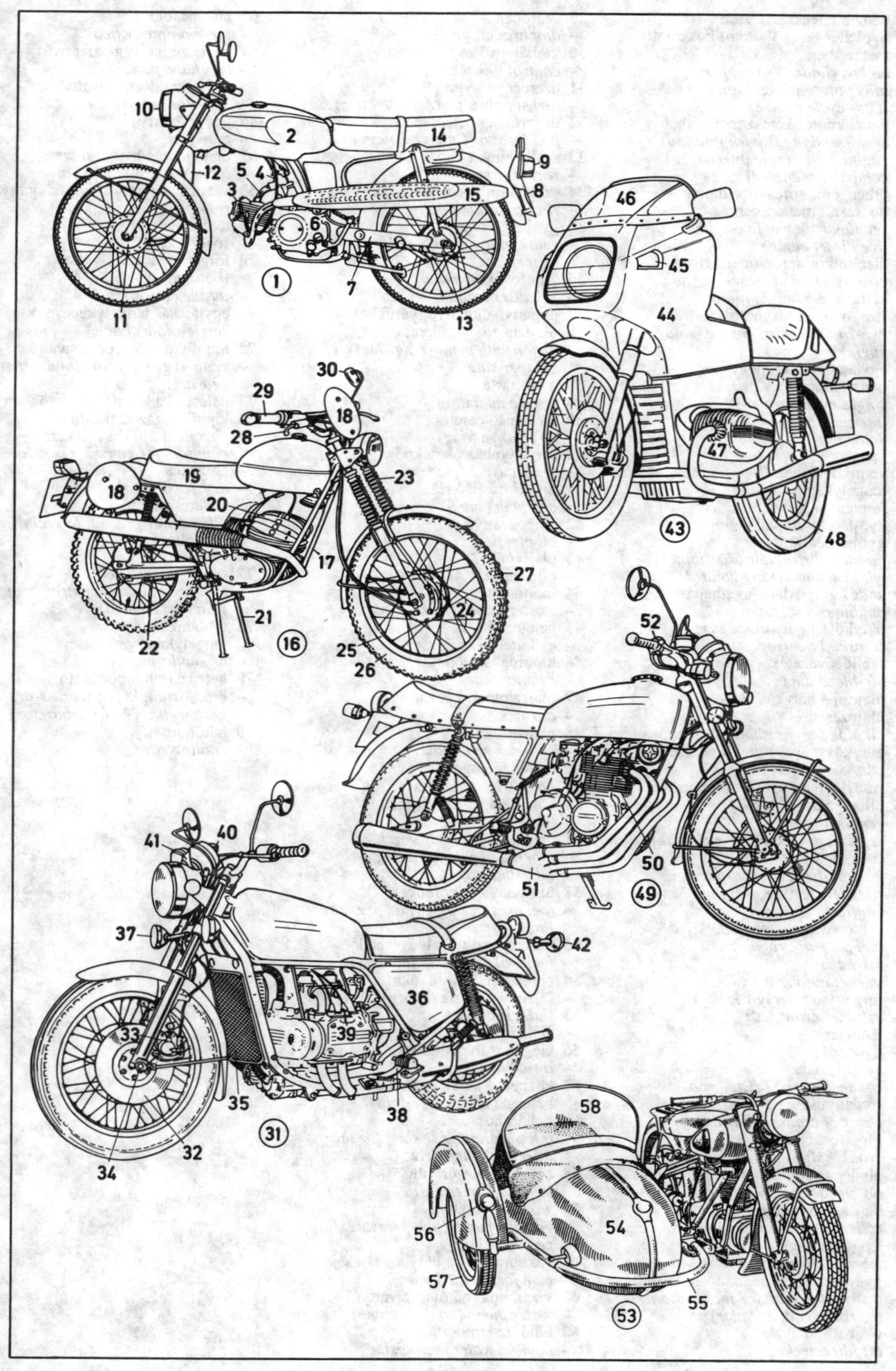
1
2
3
4
5
6
7
8
9
10
11
12
13
14
15
16
17
18
19
20
21
22
23
24
25
26
27
28
29
30
31
32
33
34
35
36
37
38
39
40
41
42
43
44
45
46
47
48
49
50
51
52
53
54
55
56
57
58

**1** benzinbefecskendezéses nyolchengeres V motor hosszanti metszetben
– *eight-cylinder V (vee) fuel-injection spark-ignition engine (Otto-cycle engine)*
**2** benzinmotor keresztmetszetben
– *cross-section of spark-ignition engine (Otto-cycle internal combustion engine)*
**3** öthengeres soros dízelmotor hosszanti metszetben
– *sectional view of five-cylinder in-line diesel engine*
**4** dízelmotor keresztmetszetben
– *cross-section of diesel engine*
**5** kéttárcsás Wankel-motor (forgódugattyús motor)
– *two-rotor Wankel engine (rotary engine)*
**6** egyhengeres kétütemű benzinmotor
– *single-cylinder two-stroke internal combustion engine*
**7** ventilátor
– *fan*
**8** ventilátorfolyadék tengelykapcsolója
– *fan clutch for viscous drive*
**9** gyújtáselosztó vákuumos gyújtásbeállítással
– *ignition distributor (distributor) with vacuum timing control*
**10** kettős görgőslánc-meghajtás
– *double roller chain*
**11** bütyköstengely-csapágyazás
– *camshaft bearing*
**12** szellőzővezeték
– *air-bleed duct*
**13** olajcső a bütykös tengely olajozásához
– *oil pipe for camshaft lubrication*
**14** bütykös tengely <felül vezérelt bütykös tengely>
– *camshaft, an overhead camshaft*
**15** pillangószelep-torok
– *venturi throat*
**16** szívászajcsökkentő (beszívászaj-csökkentő)
– *intake silencer (absorption silencer,* Am. *absorption muffler)*
**17** üzemanyagnyomás-szabályozó
– *fuel pressure regulator*
**18** szívócső
– *inlet manifold*
**19** forgattyústengely-ház
– *cylinder crankcase*
**20** lendkerék
– *flywheel*
**21** meghajtókar
– *connecting rod (piston rod)*
**22** forgattyústengely-csapágyfedél
– *cover of crankshaft bearing*
**23** forgattyús tengely
– *crankshaft*
**24** olajleeresztő csavar
– *oil bleeder screw (oil drain plug)*
**25** olajszivattyú láncmeghajtása
– *roller chain of oil pump drive*
**26** lengéscsillapító
– *vibration damper*
**27** gyújtáselosztó meghajtótengelye
– *distributor shaft for the ignition distributor (distributor)*
**28** olajbetöltő nyak
– *oil filler neck*
**29** szűrőbetét
– *diaphragm spring*
**30** szabályozó kapcsolórúd
– *control linkage*
**31** üzemanyag-vezeték
– *fuel supply pipe (*Am. *fuel line)*
**32** üzemanyag-befecskendező szelep
– *fuel injector (injection nozzle)*
**33** szelephimba
– *rocker arm*
**34** szelephimba-csapágyazás
– *rocker arm mounting*
**35** gyújtógyertya
– *spark plug (sparking plug) with suppressor*
**36** kipufogókönyök
– *exhaust manifold*
**37** dugattyú dugattyúgyűrűkkel és olajlehúzó gyűrűkkel
– *piston with piston rings and oil scraper ring*
**38** motortartó
– *engine mounting*
**39** közbenső perem
– *dog flange (dog)*
**40** forgattyúház olajteknője
– *crankcase*
**41** olajteknő alsó része
– *oil sump (sump)*
**42** olajszivattyú
– *oil pump*
**43** olajszűrő
– *oil filter*
**44** indítómotor
– *starter motor (starting motor)*
**45** hengerfej
– *cylinder head*
**46** kipufogószelep
– *exhaust valve*
**47** olajszintmérő pálca
– *dipstick*
**48** hengerfejtető
– *cylinder head gasket*
**49** kettős főtengelylánc
– *double bushing chain*
**50** hőmérséklet-szabályozó
– *warm-up regulator*
**51** üresjárati beállítás vezetéke
– *tapered needle for idling adjustment*
**52** üzemanyag-nyomóvezeték
– *fuel pressure pipe (fuel pressure line)*
**53** üzemanyag-túlfolyóvezeték
– *fuel leak line (drip fuel line)*
**54** befecskendező fúvóka
– *injection nozzle (spray nozzle)*
**55** fűtéscsatlakozás
– *heater plug*
**56** kiegyensúlyozótárcsa
– *thrust washer*
**57** közbenső keréktengely a befecskendező szivattyú hajtásához
– *intermediate gear shaft for the injection pump drive*
**58** befecskendezésállító
– *injection timer unit*
**59** vákuumszivattyú
– *vacuum pump (low-pressure regulator)*
**60** vákuumpumpa bütykös tárcsája
– *cam for vacuum pump*
**61** vízpumpa (hűtővízszivattyú)
– *water pump (coolant pump)*
**62** hűtővíztermosztát
– *cooling water thermostat*
**63** hőkapcsoló
– *thermo time switch*
**64** kézi üzemanyag-szivattyú
– *fuel hand pump*
**65** befecskendező szivattyú
– *injection pump*
**66** gyújtógyertya
– *glow plug*
**67** olajnyomás-határoló szelep
– *oil pressure limiting valve*
**68** Wankel-dugattyú (forgódugattyú)
– *rotor*
**69** tömítés
– *seal*
**70** forgatónyomaték-váltó (Föttinger-váltó)
– *torque converter*
**71** egytárcsás tengelykapcsoló
– *single-plate clutch*
**72** többfokozatú sebességváltó
– *multi-speed gearing (multi-step gearing)*
**73** béléscső a kipufogókönyökben a kipufogógázok tisztítására
– *port liners in the exhaust manifold for emission control*
**74** tárcsafék
– *disc (disk) brake*
**75** differenciálmű
– *differential gear (differential)*
**76** generátor
– *generator*
**77** sebességváltó pedál
– *foot gear-change control (foot gearshift control)*
**78** többtárcsás száraz tengelykapcsoló
– *dry multi-plate clutch*
**79** keresztáramú porlasztó
– *cross-draught (*Am. *cross-draft) carburettor (*Am. *carburetor)*
**80** hűtőbordák
– *cooling ribs*

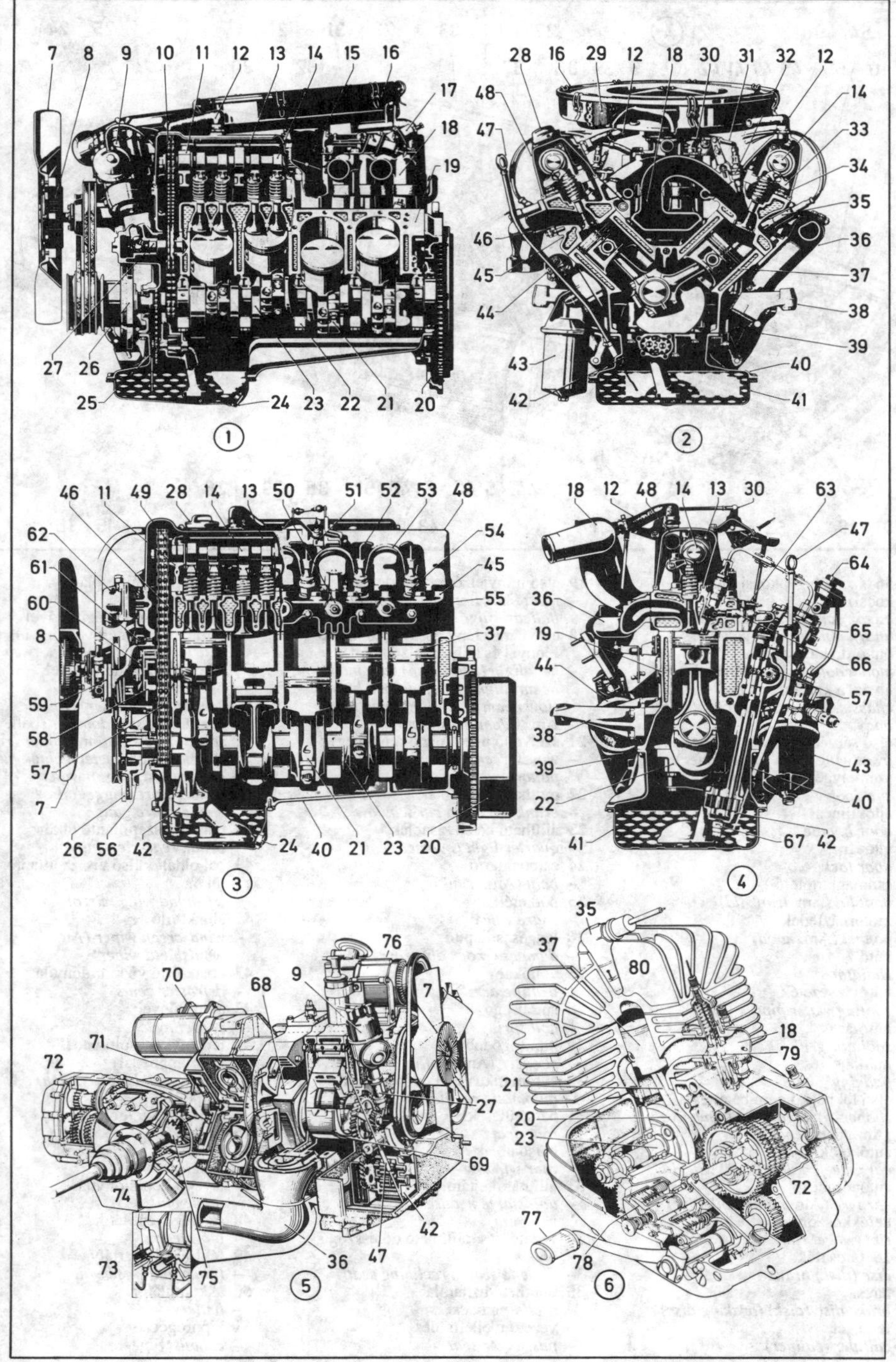
1
2
3
4
5
6

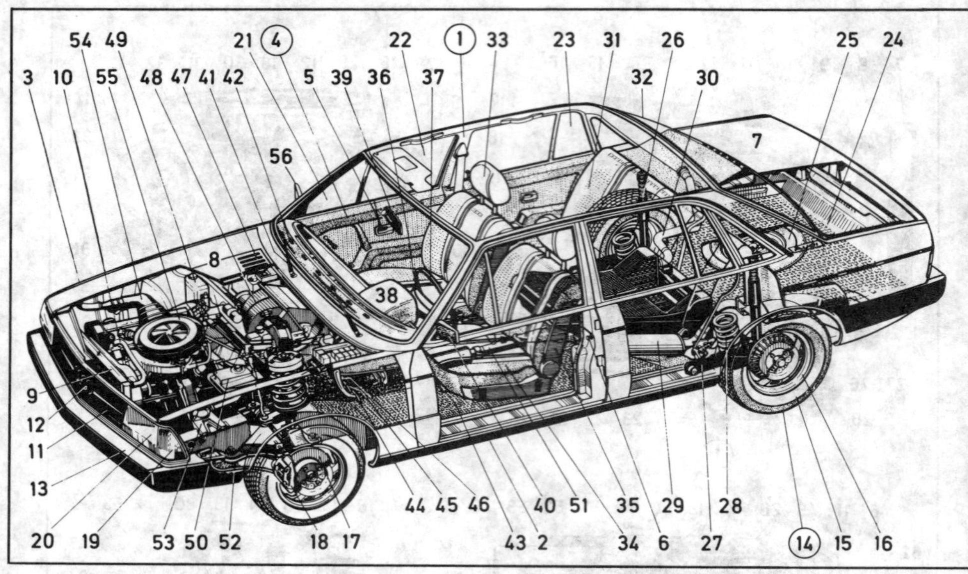


**1–56** személygépkocsi (autó, kocsi)
– ***motor car (car,*** Am. ***automobile, auto), a passenger vehicle***
**1** önhordó karosszéria
– *monocoque body (unitary body)*
**2** alváz, a karosszéria padlórésze
– *chassis, the understructure of the body*
**3** első sárvédő
– *front wing (*Am. *front fender)*
**4** személygépkocsi-ajtó
– *car door*
**5** ajtókilincs
– *door handle*
**6** ajtózár
– *door lock*
**7** csomagtartótető
– *boot lid (*Am. *trunk lid)*
**8** motorházfedél
– *bonnet (*Am. *hood)*
**9** hűtő
– *radiator*
**10** hűtővízvezeték
– *cooling water pipe*
**11** hűtőrács
– *radiator grill*
**12** márkajelzés
– *badging*
**13** első lökhárító gumibetéttel
– *rubber-covered front bumper (*Am. *front fender)*
**14** autókerék
– *car wheel, a disc (disk) wheel*
**15** autóabroncs
– *car tyre (*Am. *automobile tire)*
**16** kerékkoszorú
– *rim (wheel rim)*
**17–18** tárcsafék
– *disc (disk) brake*
**17** tárcsa
– *brake disc (disk) (braking disc)*
**18** fékbetét
– *calliper (caliper)*
**19** első irányjelző (első index)
– *front indicator light (front turn indicator light)*
**20** első lámpa fényszóróval, tompított fénnyel és helyzetjelző lámpával
– *headlight (headlamp) with main beam (high beam), dipped beam (low beam), sidelight (side lamp,* Am. *sidemarker lamp)*
**21** szélvédő üveg (panorámaüveg)
– *windscreen (*Am. *windshield), a panoramic windscreen*
**22** nyitható oldalablak
– *crank-operated car window*
**23** állítható hátsó kisablak
– *quarter light (quarter vent)*
**24** csomagtartó
– *boot (*Am. *trunk)*
**25** pótkerék
– *spare wheel*
**26** lengéscsillapító
– *damper (shock absorber)*
**27** vonókar
– *trailing arm*
**28** spirálrugó
– *coil spring*
**29** kipufogódob
– *silencer (*Am. *muffler)*
**30** automatikus szellőzőrendszer
– *automatic ventilation system*
**31** hátsó ülések
– *rear seats*
**32** hátsó ablak
– *rear window*
**33** állítható fejtámla
– *adjustable headrest (head restraint)*
**34** vezetőülés <állítható dőlésszögű ülés>
– *driver's seat, a reclining seat*
**35** dönthető háttámla
– *reclining backrest*
**36** vezető melletti ülés
– *passenger seat*
**37** kormánykerék (volán)
– *steering wheel*
**38** műszerfal sebességmérővel, fordulatszámmérővel, órával, benzinszintmutatóval, hűtőfolyadék-hőmérővel, olajhőmérővel
– *centre (*Am. *center) console containing speedometer (*coll. *speedo), revolution counter (rev counter, tachometer), clock, fuel gauge (*Am. *gage), water temperature gauge, oil temperature gauge*
**39** belső visszapillantó tükör
– *inside rear-view mirror*
**40** bal oldali külső visszapillantó tükör
– *left-hand wing mirror*
**41** ablaktörlő
– *windscreen wiper (*Am. *windshield wiper)*
**42** ablaktörlő vízkiömlőnyílása
– *defroster vents*
**43** autószőnyeg
– *carpeting*
**44** tengelykapcsoló-pedál (kuplungpedál)
– *clutch pedal (*coll. *clutch)*
**45** fékpedál
– *brake pedal (*coll. *brake)*
**46** gázpedál
– *accelerator pedal (*coll. *accelerator)*
**47** levegő-beömlőnyílás
– *inlet vent*
**48** szellőzőventilátor
– *blower fan*
**49** fékfolyadéktartály
– *brake fluid reservoir*
**50** akkumulátor
– *battery*
**51** kipufogócső
– *exhaust pipe*

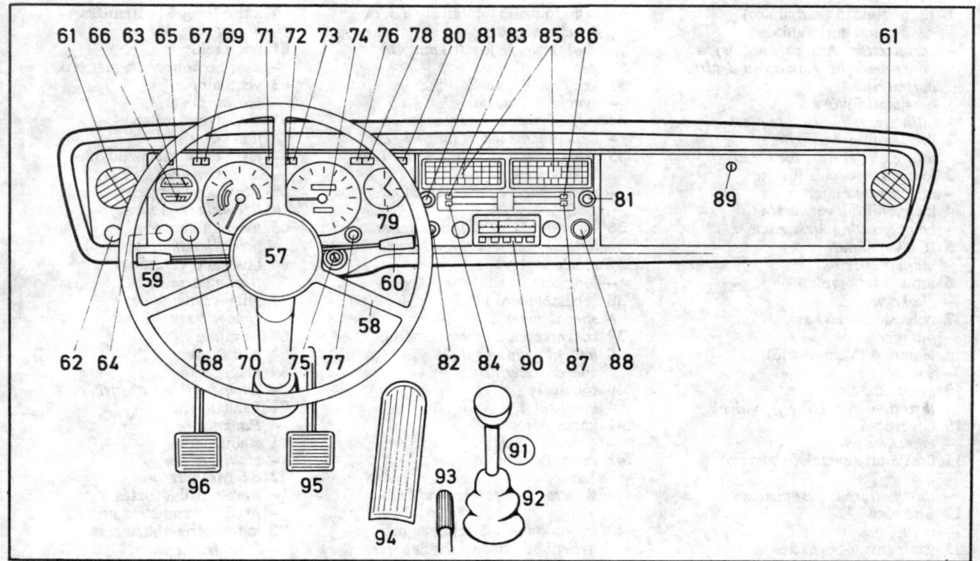


**52** elsőkerék-hajtómű
– *front running gear with front wheel drive*
**53** motortartó
– *engine mounting*
**54** beszívászaj-csökkentő
– *intake silencer* (Am. *intake muffler)*
**55** levegőszűrő
– *air filter (air cleaner)*
**56** jobb oldali visszapillantó tükör
– *right-hand wing mirror*
**57–90** műszerfal
– *dashboard (fascia panel)*
**57** kormánykerékagy ütközést csökkentő párnázattal
– *controlled-collapse steering column*
**58** kormányküllő
– *steering wheel spoke*
**59** irányjelző- és tompított-fényszóró-kapcsoló
– *indicator and dimming switch*
**60** törlő-mosó- és kürtkapcsoló
– *wiper/washer switch and horn*
**61** oldalablak-levegőbefújó nyílás
– *side window blower*
**62** állásfény-, tompított- és parkolófény-kapcsoló
– *sidelight, headlight and parking light switch*
**63** ködlámpa-visszajelző
– *fog lamp warning light*
**64** első és hátsó ködlámpakapcsoló
– *fog headlamp and rear lamp switch*
**65** üzemanyagszint-mutató (benzinállás-mutató)
– *fuel gauge* (Am. *gage)*
**66** hűtővízhőmérséklet-mutató műszer
– *water temperature gauge* (Am. *gage)*
**67** hátsó ködlámpa-visszajelző
– *warning light for rear fog lamp*
**68** vészjelzőkapcsoló
– *hazard flasher switch*
**69** fényszóró-visszajelző
– *main beam warning light*
**70** elektromos fordulatszámmérő
– *electric rev counter (revolution counter)*
**71** üzemanyag-ellenőrző lámpa
– *fuel warning light*
**72** a kézifék és a kétkörös fékrendszer ellenőrző lámpája
– *warning light for the hand brake and dual-circuit brake system*
**73** olajnyomás-ellenőrző lámpa
– *oil pressure warning light*
**74** sebességmérő napi kilométer-számlálóval
– *speedometer* (coll. *speedo) with trip mileage recorder*
**75** gyújtás- és kormányzárkapcsoló
– *starter and steering lock*
**76** ellenőrző fény az irányjelző és vészjelző lámpákhoz
– *warning lights for turn indicators and hazard flashers*
**77** a belső világítás és a napi kilo-méter-számláló nullázó kapcsolója
– *switch for the courtesy light and reset button for the trip mileage recorder*
**78** töltőáram-ellenőrző lámpa
– *ammeter*
**79** elektromos óra
– *electric clock*
**80** hátsóablak-fűtés ellenőrző lámpája
– *warning light for heated rear window*
**81** utasteret alul szellőztető ventilátor kapcsolója
– *switch for the leg space ventilation*
**82** hátsóablak-fűtés kapcsolója
– *rear window heating switch*
**83** szellőzésbeállító kapcsoló
– *ventilation switch*
**84** hőmérséklet-állító kar
– *temperature regulator*
**85** hűtőlevegő-befújás
– *fresh-air inlet and control*
**86** hűtőlevegő-szabályozó kapcsoló
– *fresh-air regulator*
**87** meleglevegő-elosztó kapcsoló
– *warm-air regulator*
**88** szivar- v. cigarettagyújtó
– *cigar lighter*
**89** kesztyűtartózár
– *glove compartment (glove box) lock*
**90** autórádió
– *car radio*
**91** sebességváltó kar
– *gear lever (gearshift lever, floor-type gear-change)*
**92** bőrburkolat
– *leather gaiter*
**93** kézifékkar
– *hand brake lever*
**94** gázpedál
– *accelerator pedal*
**95** fékpedál
– *brake pedal*
**96** tengelykapcsoló-pedál (kuplungpedál)
– *clutch pedal*

**1–15 porlasztó** (karburátor) <esőáramú porlasztó>
– ***carburettor*** *(Am. carburetor), a down-draught (Am. down-draft) carburettor*
**1** üresjárati fúvóka
– *idling jet (slow-running jet)*
**2** üresjárati levegőfúvóka
– *idling air jet (idle air bleed)*
**3** levegőkorrekciós fúvóka
– *air correction jet*
**4** kiegyenlítő levegőáram
– *compensating airstream*
**5** fő levegőáram
– *main airstream*
**6** indító csapószelep
– *choke flap*
**7** befecskendező kar
– *plunger*
**8** légterelő (Venturi-cső)
– *venturi*
**9** pillangószelep
– *throttle valve (butterfly valve)*
**10** keverőcső
– *emulsion tube*
**11** üresjárati keverékszabályozó csavar
– *idle mixture adjustment screw*
**12** főfúvóka
– *main jet*
**13** üzemanyag-bevezetés
– *fuel inlet* (Am. *gasoline inlet) (inlet manifold)*
**14** úszóház
– *float chamber*
**15** úszó
– *float*
**16–27 olajnyomásos kenőrendszer**
– ***pressure-feed lubricating system***
**16** olajpumpa
– *oil pump*
**17** olajteknő
– *oil sump*
**18** durva olajszűrő
– *sump filter*
**19** olajhűtő
– *oil cooler*
**20** finom olajszűrő
– *oil filter*
**21** fő olajvezeték
– *main oil gallery (drilled gallery)*
**22** olajvezetékek
– *crankshaft drilling (crankshaft tributary, crankshaft bleed)*
**23** forgattyús tengely
– *crankshaft bearing (main bearing)*
**24** bütyköstengely-csapágyazás
– *camshaft bearing*
**25** hajtórúd-csapágyazás
– *connecting-rod bearing*
**26** forgattyúcsapfurat
– *gudgeon pin (piston pin)*
**27** megcsapolás
– *bleed*
**28–47 négyfokozatú szinkronsebesség-váltó**
– ***four-speed synchromesh gearbox***
**28** tengelykapcsoló-pedál
– *clutch pedal*
**29** forgattyús tengely
– *crankshaft*
**30** meghajtótengely
– *drive shaft (propeller shaft)*
**31** önindító-fogaskoszorú
– *starting gear ring*
**32** szinkronizáló tolóhüvely a 3. és 4. sebességhez
– *sliding sleeve for 3rd and 4th gear*
**33** szinkron kúpkerék
– *synchronizing cone*
**34** csavarkerék a 3. sebességhez
– *helical gear wheel for 3rd gear*
**35** szinkronizáló tolóhüvely az 1. és 2. sebességhez
– *sliding sleeve for 1st and 2nd gear*
**36** csavarkerék az 1. sebességhez
– *helical gear wheel for 1st gear*
**37** előtéttengely
– *lay shaft*
**38** sebességmérő-hajtás
– *speedometer drive*
**39** csavarkerék a sebességmérőhöz
– *helical gear wheel for speedometer drive*
**40** főtengely
– *main shaft*
**41** kapcsolórúd
– *gearshift rods*
**42** kapcsolóvilla az 1. és 2. sebességhez
– *selector fork for 1st and 2nd gear*
**43** csavarkerék a 2. sebességhez
– *helical gear wheel for 2nd gear*
**44** kapcsolófej a hátramenethez
– *selector head with reverse gear*
**45** kapcsolóvilla a 3. és 4. sebességhez
– *selector fork for 3rd and 4th gear*
**46** sebességváltó kar
– *gear level (gearshift lever)*
**47** fokozatok kapcsolási vázlata
– *gear-change pattern (gearshift pattern, shift pattern)*
**48–55 tárcsafék**
– ***disc (disk) brake*** *[assembly]*
**48** féktárcsa
– *brake disc (disk) (braking disc)*
**49** féknyereg <állónyereg a féktuskóval>
– *calliper (caliper), a fixed calliper with friction pads*
**50** szervofékhenger (kézifékhenger)
– *servo cylinder (servo unit)*
**51** fékpofa
– *brake shoes*
**52** fékbetét
– *brake lining*
**53** fékvezeték-csatlakozás
– *outlet to brake line*
**54** kerékfékhenger
– *wheel cylinder*
**55** visszaállító rugó
– *return spring*
**56–59 kormánymű** (csigás kormánymű)
– ***steering gear*** *(worm-and-nut steering gear)*
**56** kormányoszlop
– *steering column*
**57** csigakerékív
– *worm gear sector*
**58** kormánykaremelő
– *steering drop arm*
**59** csigamenet
– *worm*
**60–64 vízáramlással szabályozott gépkocsifűtés**
– ***water-controlled heater***
**60** külső levegő beáramlása
– *air intake*
**61** hőcserélő
– *heat exchanger (heater box)*
**62** ventilátor
– *blower fan*
**63** szabályozószelep
– *flap valve*
**64** jégtelenítő szellőzőnyílás
– *defroster vent*
**65–71 merev tengely**
– ***live axle*** *(rigid axle)*
**65** meghajtótengely
– *propeller shaft*
**66** hosszanti vezetőrúd
– *trailing arm*
**67** gumi csapágy
– *rubber bush*
**68** spirálrugó
– *coil spring*
**69** lökésgátló
– *damper (shock absorber)*
**70** Panhard-rúd
– *Panhard rod*
**71** stabilizátor
– *stabilizer bar*
**72–84 McPherson-kerékfelfüggesztés**
– ***MacPherson strut unit***
**72** karosszéria-alátámasztás
– *body-fixing plate*
**73** felső támasztó-csapágyazás
– *upper bearing*
**74** spirálrugó
– *suspension spring*
**75** dugattyúrúd
– *piston rod*
**76** lökésgátló
– *suspension damper*
**77** kerékabroncs
– *rim (wheel rim)*
**78** tengelycsap
– *stub axle*
**79** nyomtávkar
– *steering arm*
**80** gömbcsukló
– *track-rod ball-joint*
**81** húzott rúd
– *trailing link arm*
**82** gumi csapágy
– *bump rubber (rubber bonding)*
**83** tengelycsapágy
– *lower bearing*
**84** elsőtengely-tartó
– *lower suspension arm*

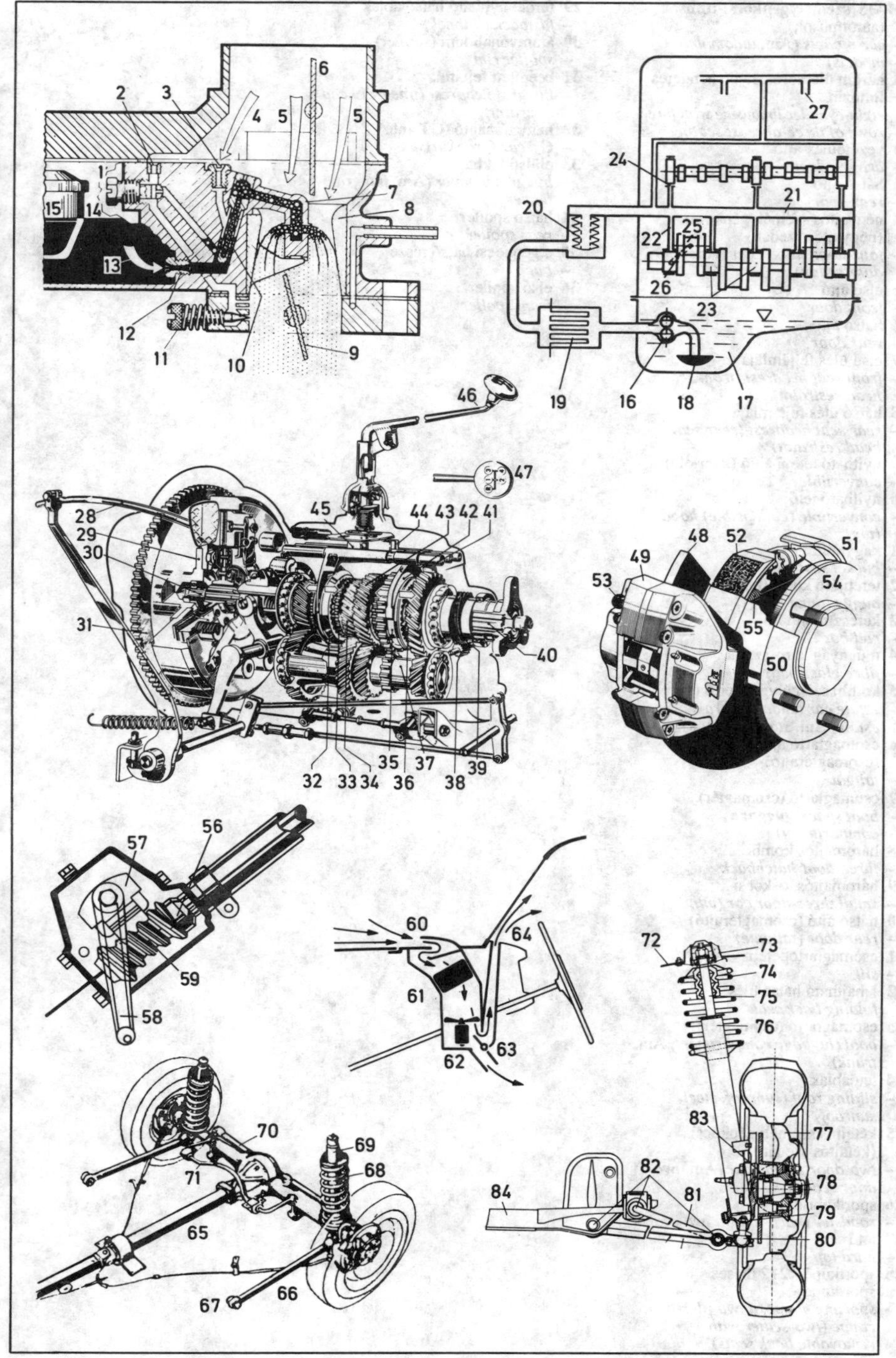
1
2
3
4
5
5
6
7
8
9
10
11
12
13
14
15
16
17
18
19
20
21
22
23
24
25
26
27
28
29
30
31
32
33
34
35
36
37
38
39
40
41
42
43
44
45
46
47
48
49
50
51
52
53
54
55
56
57
58
59
60
61
62
63
64
65
66
67
68
69
70
71
72
73
74
75
76
77
78
79
80
81
82
83
84

**1–36 személygépkocsi-típusok** (autótípusok)
– ***car models*** *(*Am. *automobile models)*
1 három üléssoros, nyolchengeres limuzin
– *eight-cylinder limousine with three rows of three-abreast seating*
2 vezetőülés-ajtó
– *driver's door*
3 hátsó ajtó
– *rear door*
4 négyajtós személygépkocsi (négyajtós szedán)
– *four-door saloon car (*Am. *four-door sedan)*
5 első ajtó
– *front door*
6 hátsó ajtó
– *rear door*
7 első ülés fejtámlája
– *front seat headrest (front seat head restraint)*
8 hátsó ülés fejtámlája
– *rear seat headrest (rear seat head restraint)*
9 nyitható tetejű autó (kabriole)
– *convertible*
10 nyitható tető
– *convertible (collapsible) hood (top)*
11 kagylóülés
– *bucket seat*
12 terepjáró kocsi (buggy)
– *buggy (dune buggy)*
13 keresztmerevítő
– *roll bar*
14 műanyag karosszéria
– *fibre glass body*
15 kombi személygépkocsi (kombi)
– *estate car (shooting brake, estate,* Am. *station wagon)*
16 csomagtartó ajtaja (csomagtérajtó)
– *tailgate*
17 csomagtartó (csomagtér)
– *boot space (luggage compartment)*
18 háromajtós kombi
– *three-door hatchback*
19 háromajtós kiskocsi
– *small three-door car (mini)*
20 hátsó ajtó (csomagtérajtó)
– *rear door (tailgate)*
21 csomagtartóperem
– *sill*
22 lehajtható hátsó ülés
– *folding back seat*
23 csomagtartó (csomagtér)
– *boot (luggage compartment,* Am. *trunk)*
24 tetőablak
– *sliding roof (sunroof, steel sunroof)*
25 kétajtós személygépkocsi (kétajtós szedán)
– *two-door saloon car (*Am. *two-door sedan)*
26 sportkabriole
– *roadster (hard-top), a two-seater*
27 tető
– *hard top*
28 sportkupé <2+2 üléses sportkupé>
– *sporting coupé, a two-plus-two coupé (two-seater with removable back seats)*
29 ferde, nyitható hátsó ablak
– *fastback (liftback)*
30 áramvonalidom (spoiler)
– *spoiler rim*
31 beépített fejtámla
– *integral headrest (integral head restraint)*
32 nagy túraautó (GT autó)
– *GT car (gran turismo car)*
33 elülső lökhárító
– *integral bumper (*Am. *integral fender)*
34 hátsó spoiler
– *rear spoiler*
35 a gépkocsi hátsó része
– *back*
36 első spoiler
– *front spoiler*

1
2
3
4
5
6
7
8
9
10
11
12
13
14
15
16
17
18
19
20
21
22
23
24
25
26
27
28
29
30
31
32
33
34
35
36

1 összkerékhajtású (négykerék-hajtású) terepjáró kisteherautó
- *light cross-country lorry (light truck, pickup truck) with all-wheel drive (four-wheel drive)*
2 vezetőfülke
- *cab (driver's cab)*
3 rakfelület
- *loading platform (body)*
4 pótkerék <terepjáró gumiabroncsos pótkerék>
- *spare tyre* (Am. *spare tire*), *a cross-country tyre*
5 kisteherautó
- *light lorry (light truck, pickup truck)*
6 nyitott teherautó
- *platform truck*
7 zárt kisteherautó
- *medium van*
8 oldalsó tolóajtó (rakodóajtó)
- *sliding side door [for loading and unloading]*
9 minibusz
- *minibus*
10 harmonika-tolótető
- *folding top (sliding roof)*
11 hátsó ajtó (poggyásztérajtó)
- *rear door*
12 kétszárnyú oldalajtó
- *hinged side door*
13 poggyásztér
- *luggage compartment*
14 utasülés
- *passenger seat*
15 vezetőfülke
- *cab (driver's cab)*
16 szellőzőnyílás
- *air inlet*
17 autóbusz (busz)
- *motor coach (coach, bus)*
18 poggyásztér
- *luggage locker*
19 kézipoggyász (bőrönd)
- *hand luggage (suitcase, case)*
20 nehéz tehergépkocsi-vontatmány (pótkocsis teherautó)
- *heavy lorry (heavy truck, heavy motor truck)*
21 vontatójármű (vontató tehergépkocsi)
- *tractive unit (tractor, towing vehicle)*
22 pótkocsi
- *trailer (drawbar trailer)*
23 cserélhető rakfelület (kocsiszekrény)
- *swop platform (body)*
24 billenőplatós teherautó [három irányban billenthető]
- *three-way tipper (three-way dump truck)*
25 billenthető rakfelület (kocsiszekrény)
- *tipping body (dump body)*
26 hidraulikus munkahenger
- *hydraulic cylinder*
27 lábakra állított szállítótartály
- *supported container platform*
28 nyerges vontató a félpótkocsival <tartálykocsi>
- *articulated vehicle, a vehicle tanker*
29 nyerges vontató
- *tractive unit (tractor, towing vehicle)*
30–33 folyadékszállító félpótkocsi (tartálykocsi)
- *semi-trailer (skeletal)*
30 folyadéktartály (tank)
- *tank*
31 forgócsukló (csuklós kötés, nyerges csatlakozó)
- *turntable*
32 segédfutómű (görgős láb)
- *undercarriage*
33 pótkerék
- *spare wheel*
34 kisautóbusz (városi autóbusz)
- *midi bus [for short-route town operations]*
35 kifelé nyíló lengőajtó
- *outward-opening doors*
36 emeletes autóbusz
- *double-deck bus (double-decker bus)*
37 alsó szint
- *lower deck (lower saloon)*
38 felső szint
- *upper deck (upper saloon)*
39 feljárat (lépcső)
- *boarding platform*
40 trolibusz (felsővezetékes busz)
- *trolley bus*
41 áramszedő (rúdáramszedő)
- *current collector*
42 érintkező (görgő- v. csúszósaru)
- *trolley (trolley shoe)*
43 kéthuzalos (kétpólusú) felsővezeték
- *overhead wires*
44 trolibuszpótkocsi
- *trolley bus trailer*
45 gumiharmonikás (gumitömlős, harmonikás) átjáró
- *pneumatically sprung rubber connection*

1
2
3
4
5
6
7
8
9
10
11
12
13
14
15
16
17
18
19
20
21
22
23
24
25
26
27
28
29
30
31
32
33
34
35
36
37
38
39
40
41
42
43
44
45

**1–55 márkaszerviz**
– ***agent's garage*** *(distributor's garage,* Am. *specialty shop)*
**1–23** diagnosztika-munkahely
– *diagnostic test bay*
**1** diagnosztikai műszeregység (számítógép)
– *computer*
**2** diagnosztikai csatlakozó
– *main computer plug*
**3** diagnosztikai kábel
– *computer harness (computer cable)*
**4** átkapcsolás automatikus vagy kézi mérésre
– *switch from automatic to manual*
**5** programkártyanyílás
– *slot for program cards*
**6** nyomtató
– *print-out machine (printer)*
**7** hibamegállapító űrlap
– *condition report (data print-out)*
**8** kézi vezérlőkészülék
– *master selector (hand control)*
**9** értékelő lámpák [zöld: rendben; piros: hibás]
– *light readout [green: OK; red: not OK]*
**10** programkártyák tárolódoboza
– *rack for program cards*
**11** hálózati kapcsológomb
– *mains button*
**12** gyorsprogramozó kapcsoló
– *switch for fast readout*
**13** gyújtásszögmérő fiók
– *firing sequence insert*
**14** használt kártyák gyűjtőfiókja
– *shelf for used cards*
**15** kábelállvány
– *cable boom*
**16** olajhőfokmérő kábel
– *oil temperature sensor*
**17** jobb oldali kerékdőlés- és kerékösszetartás-mérő készülék
– *test equipment for wheel and steering alignment*
**18** jobb oldali optikai lemez
– *right-hand optic plate*
**19** kioldó (működtető) tranzisztorok
– *actuating transistors*
**20** fényszórókapcsoló
– *projector switch*
**21** kerékdőlésmérés vizsgálólámpája
– *check light for wheel alignment*
**22** kerékösszetartás-mérés vizsgálólámpája
– *check light for steering alignment*
**23** elektromos (motoros) csavarhúzó
– *power screwdriver*
**24** fényszóró-beállító készülék
– *beam setter*
**25** hidraulikus emelőpad
– *hydraulic lift*
**26** állítható emelőkar (csáp)
– *adjustable arm of hydraulic lift*
**27** papucs
– *hydraulic lift pad*
**28** kerékvályú
– *excavation*
**29** manométer (sűrítettlevegő-nyomásmérő, keréknyomásmérő)
– *pressure gauge (*Am. *gage)*
**30** zsírzóprés
– *grease gun*
**31** apró alkatrészek doboza
– *odds-and-ends box*
**32** tartalékalkatrész-lista
– *wall chart [of spare parts]*

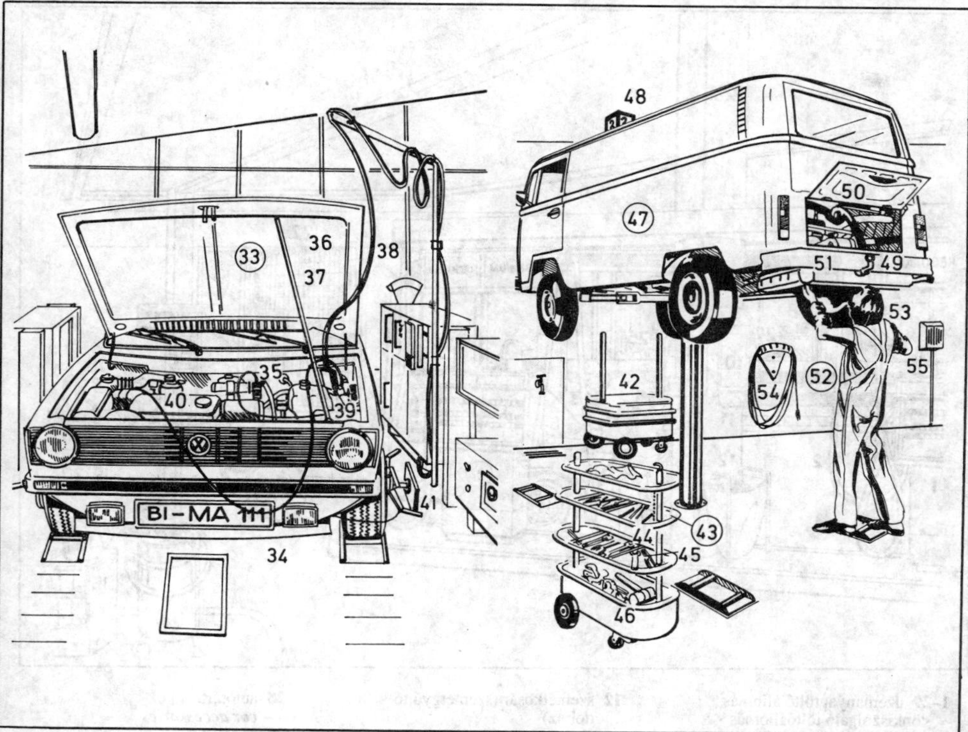


**33** automatikus (komputeres) diagnosztika
– *automatic computer test*
**34** gépjármű <személykocsi>
– *motor car (car,* Am. *automobile, auto), a passenger vehicle*
**35** motortér
– *engine compartment*
**36** motorháztető
– *bonnet (*Am. *hood)*
**37** motorháztető-támasztórúd
– *bonnet support (*Am. *hood support)*
**38** diagnosztikai kábel
– *computer harness (computer cable)*
**39** diagnosztikai (központi) dugaszolóaljzat
– *main computer socket*
**40** olajhőfok-érzékelő kábel
– *oil temperature sensor*
**41** keréktükör az optikai dőlés- és összetartásméréshez
– *wheel mirror for visual wheel and steering alignment*
**42** szerszámkocsi
– *tool trolley*
**43** szerszámok
– *tools*
**44** csavarkulcs
– *impact wrench*
**45** nyomatékkulcs
– *torque wrench*
**46** egyengetőkalapács (gumikalapács)
– *body hammer (roughing-out hammer)*
**47** javítás alatt lévő jármű <kisautóbusz>
– *vehicle under repair, a minibus*
**48** javítási azonosítási szám
– *car location number*
**49** farmotor
– *rear engine*
**50** farmotor fedele
– *tailgate*
**51** kipufogórendszer
– *exhaust system*
**52** kipufogó javítása
– *exhaust repair*
**53** autószerelő
– *motor car mechanic (motor vehicle mechanic,* Am. *automotive mechanic)*
**54** sűrítettlevegő-tömlő
– *air hose*
**55** hangszóró (hangosbeszélő)
– *intercom*

**1–29** üzemanyagtöltő állomás <önkiszolgáló töltőállomás>
– *service station (petrol station, filling station,* Am. *gasoline station, gas station), a self-service station*

**1** kútoszlop (benzinkút) [szuper- és normálbenzin, továbbá gázolaj kiszolgálására]
– *petrol (*Am. *gasoline) pump (blending pump) for regular and premium grade petrol (*Am. *gasoline) (*sim.: *for derv)*

**2** üzemanyagtömlő (benzintömlő)
– *hose (petrol pump,* Am. *gasoline pump, hose)*

**3** üzemanyagtöltő pisztoly (töltőcső)
– *nozzle*

**4** fizetendő összeg kiírása
– *cash readout*

**5** üzemanyag-mennyiség kiírása
– *volume readout*

**6** üzemanyagár kiírása
– *price display*

**7** jelzőlámpa
– *indicator light*

**8** önkiszolgálást végző gépkocsivezető
– *driver using self-service petrol pump (*Am. *gasoline pump)*

**9** tűzoltó készülék
– *fire extinguisher*

**10** papírtörülköző-automata
– *paper-towel dispenser*

**11** papírtörülköző
– *paper towel*

**12** szemétkosár (szemétgyűjtő doboz)
– *litter receptacle*

**13** kétütemű motorok benzin-olaj keverékének (keverő)tartálya
– *two-stroke blending pump*

**14** mérőüveghenger
– *meter*

**15** motorolaj
– *engine oil*

**16** motorolajkanna
– *oil can*

**17** gumiabroncs-nyomásmérő
– *tyre pressure gauge (*Am. *tire pressure gage)*

**18** sűrítettlevegő-vezeték
– *air hose*

**19** levegőtartály
– *static air tank*

**20** nyomásmérő (manométer)
– *pressure gauge (*Am. *gage) (manometer)*

**21** levegőtöltő-csatlakozó
– *air filler neck*

**22** autójavító állás (box)
– *repair bay (repair shop)*

**23** mosótömlő <víztömlő>
– *car-wash hose, a hose (hosepipe)*

**24** autóalkatrész-üzlet (autoshop)
– *accessory shop*

**25** benzineskanna
– *petrol can (*Am. *gasoline can)*

**26** esőköpeny
– *rain cape*

**27** gumiabroncsok
– *car tyres (*Am. *automobile tires)*

**28** autótartozékok
– *car accessories*

**29** pénztár
– *cash desk (console)*

# 197 Közúti villamosvasút, helyiérdekű (helyközi, elővárosi) villamosvasút
## *Tram (Am. Streetcar, Trolley), Interurban Electric Train*

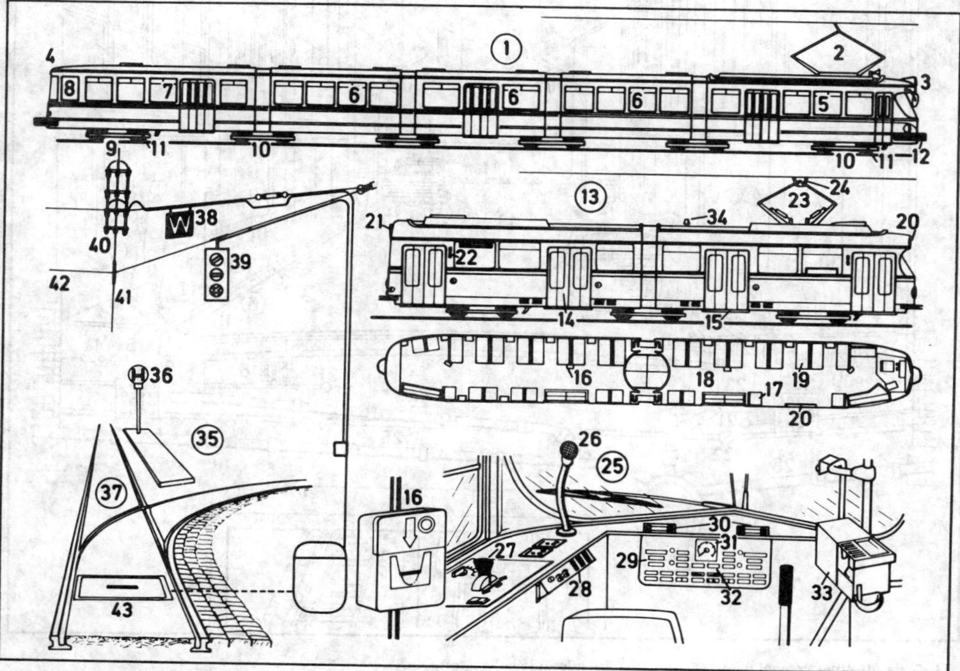

**1** tizenkét tengelyű csuklós motorvonat elővárosi (helyiérdekű, helyközi) forgalomra
– *twelve-axle articulated railcar for interurban rail service*
**2** áramszedő
– *current collector*
**3** kocsi (szerelvény) orra (eleje)
– *head of the railcar*
**4** kocsi (szerelvény) vége
– *rear of the railcar*
**5** motorvonat A része (kocsija) vontatómotorral (A motorkocsi)
– *carriage A containing the motor*
**6** motorvonat B, C és D része (kocsija) (B, C és D pótkocsi)
– *carriage B (also: carriages C and D)*
**7** motorvonat E része (kocsija) vontatómotorral (E motorkocsi)
– *carriage E containing the motor*
**8** hátsó vezetőállás
– *rear controller*
**9** hajtott forgóváz
– *bogie*
**10** nem hajtott (futó) forgóváz
– *carrying bogie*
**11** vágánykotró (sínkotró, kerékvédőkeret)
– *wheel guard*
**12** ütköző (lökhárító, életmentő lökhárító)
– *bumper (Am. fender)*
**13** Mannheim-típusú hattengelyű csuklós motorkocsi közúti villamos-vasúti és városi vasúti üzemre
– *six-axle articulated railcar ('Mannheim' type) for tram (Am. streetcar, trolley) and urban rail services*
**14** fel- és leszállóajtó <kettős harmonikaajtó>
– *entrance and exit door, a double folding door*
**15** lépcső
– *step*
**16** jegykezelő készülék
– *ticket-cancelling machine*
**17** egyszemélyes ülőhely
– *single seat*
**18** állóhely
– *standing room portion*
**19** kettős ülőhely
– *double seat*
**20** járat- és célállomástábla
– *route (number) and destination sign*
**21** járatszám (viszonylat száma)
– *route sign (number sign)*
**22** irányjelző
– *indicator (indicator light)*
**23** áramszedő (pantográf)
– *pantograph (current collector)*
**24** csúszóérintkező (áramszedő papucs) szénből vagy alumíniumötvözetből
– *carbon or aluminium (Am. aluminum) alloy trolley shoes*
**25** vezetőállás
– *driver's position*
**26** mikrofon
– *microphone*
**27** vezérlőkapcsoló (menetkapcsoló, kontroller)
– *controller*
**28** rádió adó-vevő
– *radio equipment (radio communication set)*
**29** műszertábla (műszerfal)
– *dashboard*
**30** műszerfal-világítás
– *dashboard lighting*
**31** sebességmutató
– *speedometer*
**32** kapcsolók az ajtók nyitására, az ablaktörlőkhöz, a külső és belső világításhoz
– *buttons controlling doors, windscreen wipers, internal and external lighting*
**33** jegykiadó és pénzváltó készülék
– *ticket counter with change machine*
**34** rádióantenna
– *radio antenna*
**35** megálló-járdasziget
– *tram stop (Am. streetcar stop, trolley stop)*
**36** megállótábla
– *tram stop sign (Am. streetcar stop sign, trolley stop sign)*
**37** elektromos működtetésű váltó
– *electric change points*
**38** váltó jelzése
– *points signal (switch signal)*
**39** váltó-irányjelző
– *points change indicator*
**40** felsővezeték-érintkező
– *trolley wire contact point*
**41** felsővezeték-huzal
– *trolley wire (overhead contact wire)*
**42** felsővezeték keresztirányú felfüggesztése
– *overhead cross wire*
**43** elektromágneses (v. elektrohidraulikus v. villamosmotoros) váltóállító mű
– *electric (also: electrohydraulic, electromechanical) points mechanism*

**1–5 az útfelület rétegei**
– ***road layers***
**1** fagyvédő réteg
– *anti-frost layer*
**2** bitumen hordozóréteg
– *bituminous sub-base course*
**3** alsó kötőréteg
– *base course*
**4** felső kötőréteg
– *binder course*
**5** bitumen fedőréteg (kopóréteg) (úttestburkolat)
– *bituminous surface*
**6** út kőszegélye
– *kerb (curb)*
**7** függőleges szegélykő
– *kerbstone (curbstone)*
**8** járdaburkolat
– *paving (pavement)*
**9** járda (gyalogjáró)
– *pavement* (Am. *sidewalk, walkway)*
**10** csurgókő (vályúskő)
– *gutter*
**11** kijelölt gyalogátkelőhely (zebra)
– *pedestrian crossing (zebra crossing,* Am. *crosswalk)*
**12** utcasarok
– *street corner*
**13** úttest (utcafelület)
– *street*
**14** elektromos vezeték (erősáramú kábel)
– *electricity cables*
**15** telefonkábel (postakábel)
– *telephone cables*
**16** telefonkábel-csatorna (telefonkábel-csővezeték)
– *telephone cable pipeline*
**17** kábelakna fedéllel
– *cable manhole with cover (with manhole cover)*
**18** lámpaoszlop lámpával
– *lamp post with lamp*
**19** erősáramú kábel műszaki berendezésekhez
– *electricity cables for technical installations*
**20** kábel a telefon házi csatlakozásához
– *subscribers'* (Am. *customers') telephone lines*
**21** gázvezeték
– *gas main*
**22** ivóvízvezeték
– *water main*
**23** esővíz-levezető akna
– *drain*
**24** esővíz-levezető rács (csatornarács)
– *drain cover*
**25** esővíz-levezető akna csatlakozócsöve
– *drain pipe*
**26** házi szennyvízcsatlakozás
– *waste pipe*
**27** szennyvízgyűjtő csatorna
– *combined sewer*
**28** távfűtés csővezetéke
– *district heating main*
**29** metróalagút (földalatti vasút alagútja)
– *underground tunnel*

# 199 Szemétgyűjtés, úttisztítás

## *Refuse Disposal (Am. Garbage Disposition), Street Cleaning*

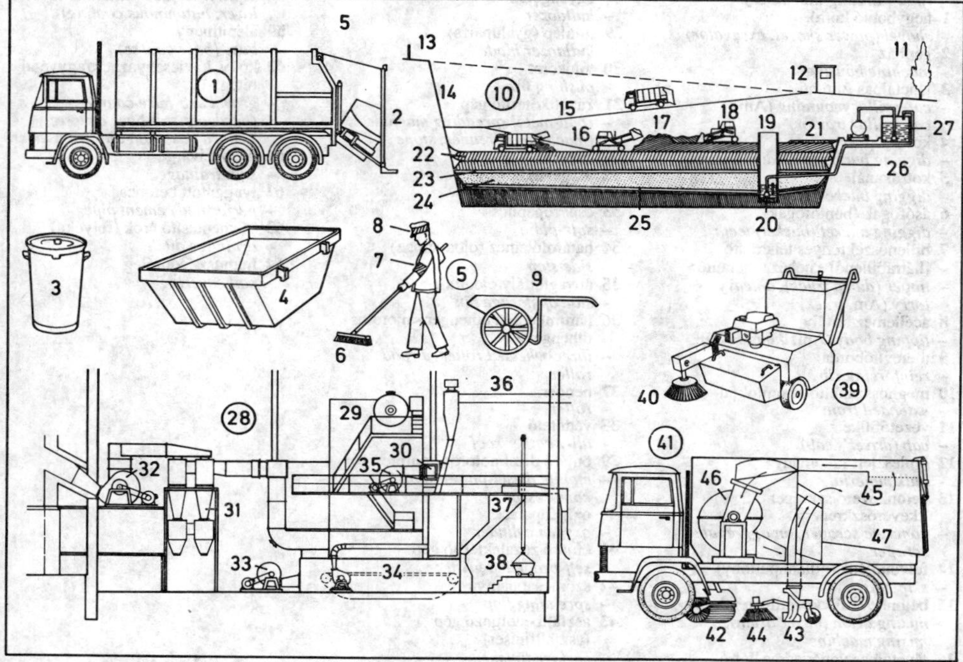


**1** szemétgyűjtő autó (*biz.:* kuka)
– *refuse collection vehicle (*Am. *garbage truck)*
**2** kukabillentő szerkezet (szeméttartály-billentő szerkezet) <pormentes ürítőszerkezet>
– *dustbin-tipping device (*Am. *garbage can dumping device), a dust-free emptying system*
**3** szeméttartály (kuka)
– *dustbin (*Am. *garbage can, trash can)*
**4** szemétgyűjtő konténer
– *refuse container (*Am. *garbage container)*
**5** utcaseprő [munkás]
– *road sweeper (*Am. *street sweeper)*
**6** seprő (utcaseprő kefe)
– *broom*
**7** fluoreszkáló karszalag
– *fluorescent armband*
**8** sapka közlekedésbiztonsági (fluoreszkáló) jelzéssel
– *cap with fluorescent band*
**9** utcaseprő kocsi
– *road sweeper's (*Am. *street sweeper's) barrow*
**10** rendezett szemétlerakó hely
– *controlled tip (*Am. *sanitary landfill, sanitary fill)*
**11** takaró (védő) fasor
– *screen*
**12** bejárati ellenőrzés (mérlegelés)
– *weigh office*
**13** kerítés
– *fence*
**14** gödör fala
– *embankment*
**15** bejárati rámpa
– *access ramp*
**16** egyengető tológép (buldózer)
– *bulldozer*
**17** friss szemét
– *refuse (*Am. *garbage)*
**18** szeméttömörítő gép (buldózer)
– *bulldozer for dumping and compacting*
**19** szivattyúakna
– *pump shaft*
**20** szennyvízszivattyú
– *waste water pump*
**21** porózus záróréteg
– *porous cover*
**22** tömörített és elrothadt szemét
– *compacted and decomposed refuse*
**23** kavics szűrőréteg
– *gravel filter layer*
**24** zúzottkő szűrőréteg
– *morainic filter layer*
**25** vízelvezető réteg
– *drainage layer*
**26** szennyvízvezeték
– *drain pipe*
**27** szennyvízgyűjtő tartály
– *water tank*
**28** szemétégető berendezés
– *refuse (*Am. *garbage) incineration unit*
**29** kazán
– *furnace*
**30** olajtüzelés
– *oil-firing system*
**31** porleválasztó
– *separation plant*
**32** szívószellőző (ventilátor)
– *extraction fan*
**33** aláfúvó ventilátor a rostélyhoz
– *low-pressure fan for the grate*
**34** vándorrostély
– *continuous feed grate*
**35** olajtüzelés ventilátora
– *fan for the oil-firing system*
**36** szállítóberendezés az elkülönítve elégetendő szemét számára
– *conveyor for separately incinerated material*
**37** szénadagoló berendezés
– *coal feed conveyor*
**38** derítőföld-szállító kocsi
– *truck for carrying fuller's earth*
**39** utcaseprő gép
– *mechanical sweeper*
**40** tányérkefe
– *circular broom*
**41** utcaseprő autó
– *road-sweeping lorry (street-cleaning lorry, street cleaner)*
**42** seprőhenger (hengeres kefe)
– *cylinder broom*
**43** szívószáj (szívótorok)
– *suction port*
**44** terelőseprő (tányérkefe)
– *feeder broom*
**45** levegőáram
– *air flow*
**46** ventilátor
– *fan*
**47** szeméttartály
– *dust collector*

**1–54 útépítő gépek**
– ***road-building machinery***
**1** hegybontó kotró
– *shovel (power shovel, excavator)*
**2** gépház
– *machine housing*
**3** lánctalpas futómű
– *caterpillar mounting (*Am. *caterpillar tractor)*
**4** kotrógépkar
– *digging bucket arm (dipper stick)*
**5** kotrókanál
– *digging bucket (bucket)*
**6** ásófogak (bontófogak)
– *digging bucket (bucket) teeth*
**7** billenőszekrényes teherautó [hátrabillenő] <nehéz teherautó>
– *tipper (dump truck), a heavy lorry (*Am. *truck)*
**8** acéllemez tartály
– *tipping body (*Am. *dump body)*
**9** merevítőborda
– *reinforcing rib*
**10** meghosszabbított homlokfal
– *extended front*
**11** vezetőfülke
– *cab (driver's cab)*
**12** ömlesztett rakomány
– *bulk material*
**13** betonkeverő szkréper <keverőszkréper>
– *concrete scraper, an aggregate scraper*
**14** felvonóláda (billenőputtony)
– *skip hoist*
**15** betonkeverő <keverőberendezés>
– *mixing drum (mixer drum), a mixing machine*
**16** lánctalpas vonóvedres kotró
– *caterpillar hauling scraper*
**17** vonóveder
– *scraper blade*
**18** egyengetőlemez (gyalupajzs)
– *levelling (*Am. *leveling) blade (smoothing blade)*
**19** útgyalu (földgyalu)
– *grader (motor grader)*
**20** úteke (útfeltépő eke)
– *scarifier (ripper, road ripper, rooter)*
**21** ekevas
– *grader levelling (*Am. *leveling) blade (grader ploughshare,* Am. *plowshare)*
**22** ekefordító (kerék)koszorú
– *blade-slewing gear (slew turntable)*
**23** iparvasút (keskenyvágányú vasút)
– *light railway (narrow-gauge,* Am. *narrow-gage, railway)*
**24** kisvasúti dízelmozdony <keskenyvágányú mozdony>
– *light railway (narrow-gauge,* Am. *narrow-gage) diesel locomotive*
**25** csille (billenőcsille)
– *trailer wagon (wagon truck, skip)*
**26** robbanófejes cölöpverő (döngölőbéka) <talajdöngölő gép>
– *tamper (rammer) [with internal combustion engine];* heavier: *frog (frog-type jumping rammer)*
**27** vezetőrudazat
– *guide rods*
**28** buldózer (lánctalpas tológép, egyengetőkotró)
– *bulldozer*
**29** tolólap (gyalupajzs)
– *bulldozer blade*
**30** tolókeret
– *pushing frame*
**31** zúzottkőterítő gép
– *road-metal spreading machine (macadam spreader, stone spreader)*
**32** ütőgerenda
– *tamping beam*
**33** csúszópapucs
– *sole-plate*
**34** határolólemez (oldallemez)
– *side stop*
**35** anyagtartály oldalfala
– *side of storage bin*
**36** háromkerekű úthenger <motoros úthenger>
– *three-wheeled roller, a road roller*
**37** henger
– *roller*
**38** védőtető
– *all-weather roof*
**39** önjáró dízelmotoros kompresszor
– *mobile diesel-powered air compressor*
**40** oxigénpalack
– *oxygen cylinder*
**41** önjáró zúzalékterítő gép
– *self-propelled gritter*
**42** szórócsappantyú
– *spreading flap*
**43** aszfaltbedolgozó gép (aszfaltfiniser)
– *surface finisher*
**44** oldallemez
– *side stop*
**45** anyagtartály
– *bin*
**46** aszfaltszóró (kátrányszóró) gép kátrány- és bitumenfőzővel
– *tar-spraying machine (bituminous distributor) with tar and bitumen heater*
**47** kátrányfőző kazán
– *tar storage tank*
**48** automatizált útburkolóaszfalt-szárító és -keverő berendezés
– *fully automatic asphalt drying and mixing plant*
**49** anyagfelhordó vedersoros szállító (serlegelevátor)
– *bucket elevator (elevating conveyor)*
**50** aszfaltkeverő dob
– *asphalt-mixing drum (asphalt mixer drum)*
**51** töltőanyag-felvonó
– *filler hoist*
**52** töltőanyag-adagolás
– *filler opening*
**53** kötőanyag-befecskendezés
– *binder injector*
**54** kevertaszfalt-csapolónyílás
– *mixed asphalt outlet*
**55** aszfaltút általános keresztmetszete
– *typical cross-section of a bituminous road*
**56** fűszegély
– *grass verge*
**57** keresztirányú esés (keresztdőlés)
– *crossfall*
**58** aszfalt fedőréteg
– *asphalt surface (bituminous layer, bituminous coating)*
**59** alépítmény
– *base (base course)*
**60** kő- *v.* kavicságyazat <fagyvédő réteg>
– *gravel sub-base course (hardcore sub-base course, Telford base), an anti-frost layer*
**61** mélyszivárgó
– *sub-drainage*
**62** lyuggatott betoncső
– *perforated cement pipe*
**63** vízmentesítő árok (folyóka)
– *drainage ditch*
**64** humusz fedőréteg
– *soil covering*

1
2
3
4
5
6
7
8
9
10
11
12
13
14
15
16
17
18
19
20 22 21
23
24
25
26
27
28
29
30
31
32
33
34
35
36
37
38
39
40
41
42
43
44
45
46
47
48
49
50
51
52
53
54
55
56 57 58 59 60
61
62
63
64

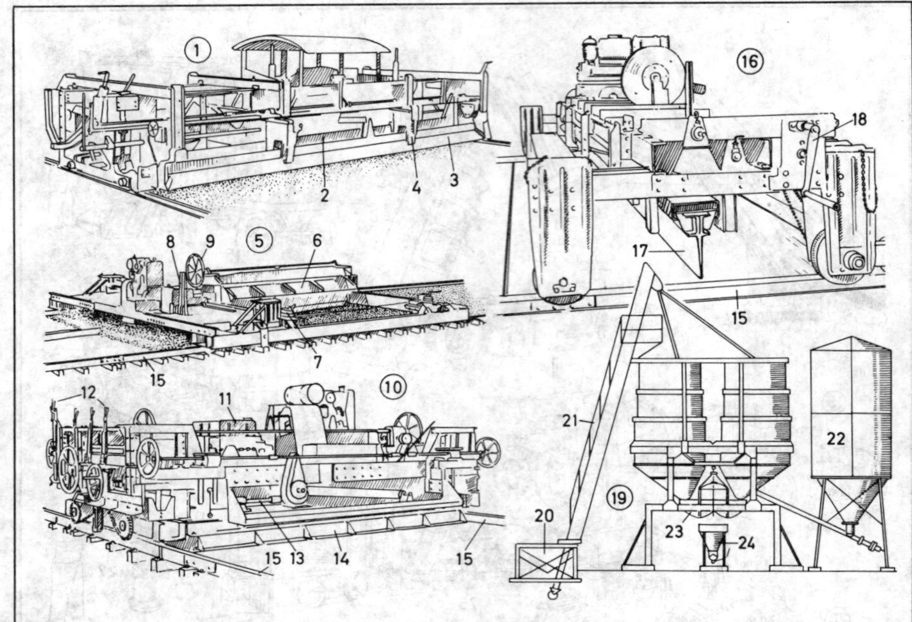


**1–24 betonútépítés** (autópálya-építés)
– ***concrete road construction*** *(highway construction)*
**1** betonbedolgozó gép (betonfiniser) <útépítő gép>
– *subgrade grader*
**2** vibrációs palló
– *tamping beam (consolidating beam)*
**3** egyengetőpalló
– *levelling* (Am. *leveling) beam*
**4** görgős vezető a simítópallóhoz
– *roller guides for the levelling* (Am. *leveling) beam*
**5** betonterítő kocsi
– *concrete spreader*
**6** betonterítő tartály
– *concrete spreader box*
**7** sodronykötél-vezetés
– *cable guides*
**8** vezérlőkar
– *control levers*
**9** kézikerék a tartály ürítésére
– *handwheel for emptying the boxes*
**10** vibrációs betonbedolgozó gép
– *concrete-vibrating compactor*
**11** hajtómű
– *gearing (gears)*
**12** vezérlőkarok
– *control levers (operating levers)*
**13** a vibrációs palló vibrátorainak hajtótengelye
– *axle drive shaft to vibrators (tampers) of vibrating beam*
**14** simítópalló
– *screeding board (screeding beam)*
**15** futósíntartó
– *road form*
**16** hézagvágó (fugavágó) készülék
– *joint cutter*
**17** fugavágó kés (penge)
– *joint-cutting blade*
**18** kézi forgattyúkar a gép mozgatásához (haladásához)
– *crank for propelling machine*
**19** betonkeverő berendezés <központi keverőberendezés, önműködő adagoló- és keverőberendezés>
– *concrete-mixing plant, a stationary central mixing plant, an automatic batching and mixing plant*
**20** gyűjtővályú
– *collecting bin*
**21** vedres felvonó
– *bucket elevator*
**22** cementsiló
– *cement store*
**23** betonkeverő
– *concrete mixer*
**24** betonadagoló tölcsér
– *concrete pump hopper*

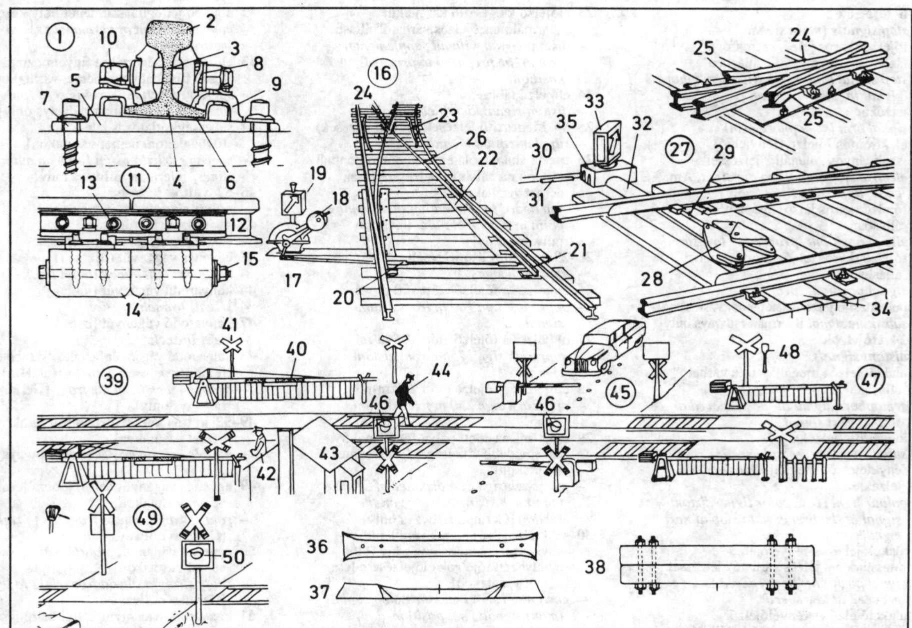


**1–38 vágány**
– ***line*** *(track)*
**1** sín (vasúti sín)
– *rail*
**2** sínfej
– *rail head*
**3** sín gerince
– *web (rail web)*
**4** sín talpa
– *rail foot (rail bottom)*
**5** alátétlemez
– *sole-plate (base plate)*
**6** (szigetelő) közdarab
– *cushion*
**7** síncsavar
– *coach screw (coach bolt)*
**8** rugós alátét
– *lock washers (spring washers)*
**9** szorítólemez
– *rail clip (clip)*
**10** szorítócsavar (kalapácsfejű csavar)
– *T-head bolt*
**11** sínillesztés
– *rail joint (joint)*
**12** sínheveder
– *fishplate*
**13** hevedercsavar
– *fishbolt*
**14** ikeralj
– *coupled sleeper* (Am. *coupled tie, coupled crosstie)*
**15** ikeraljcsavar
– *coupling bolt*
**16** kézi állítású váltó
– *manually-operated points (switch)*
**17** kézi váltóállító bak
– *switch stand*
**18** súlykörte
– *weight*
**19** váltóállásjelző lámpa
– *points signal (switch signal, points signal lamp, switch signal lamp)*
**20** váltóvonórúd
– *pull rod*
**21** csúcssín
– *switch blade (switch tongue)*
**22** sínszék
– *slide chair*
**23** vezetősín
– *check rail (guard rail)*
**24** csúcsbetét
– *frog*
**25** könyöksín
– *wing rail*
**26** váltóátmeneti sín
– *closure rail*
**27** távvezérlésű váltó
– *remote-controlled points (switch)*
**28** csúcssínzár
– *point lock (switch lock)*
**29** feszítőrúd
– *stretcher bar*
**30** vonóvezeték
– *point wire*
**31** feszítőanya
– *turnbuckle*
**32** csatorna
– *channel*
**33** váltóállásjelző lámpa
– *electrically illuminated points signal (switch signal)*
**34** vonóvezeték-csatorna
– *trough*
**35** váltóhajtás védőburkolattal
– *points motor with protective casing*
**36** acélalj
– *steel sleeper* (Am. *steel tie, steel crosstie)*
**37** (vas)betonalj
– *concrete sleeper* (Am. *concrete tie, concrete crosstie)*
**38** ikeralj
– *coupled sleeper* (Am. *coupled tie, coupled crosstie)*
**39–50 vasúti átjárók**
– ***level crossings*** (Am. *grade crossings)*
**39** szintbeli biztosított vasúti átjáró
– *protected level crossing* (Am. *protected grade crossing)*
**40** vasúti sorompó
– *barrier (gate)*
**41** figyelmeztető kereszt (andráskereszt)
– *warning cross* (Am. *crossbuck)*
**42** sorompóőr (sorompókezelő)
– *crossing keeper* (Am. *gateman)*
**43** sorompóőrház
– *crossing keeper's box* (Am. *gateman's box)*
**44** vonalfelvigyázó
– *linesman* (Am. *trackwalker)*
**45** félsorompó-berendezés
– *half-barrier crossing*
**46** fénysorompó
– *warning light*
**47** telefonon vezérelhető sorompó
– *intercom-controlled crossing;* sim.: *telephone-controlled crossing*
**48** kétirányú telefonkészülék
– *intercom system;* sim.: *telephone*
**49** műszakilag nem biztosított (védett) átjáró (sorompó nélküli átjáró)
– *unprotected level crossing* (Am. *unprotected grade crossing)*
**50** fénysorompó
– *warning light*

**1–6 főjelzők**
– ***stop signals*** *(main signals)*
**1** főjelző (karos jelző, szemafor) szabványos „megállj” állásban'
– *stop signal (main signal), a semaphore signal in 'stop' position*
**2** jelzőkar
– *signal arm (semaphore arm)*
**3** elektromos főjelző (fényjelző) szabványos „megállj” jelzéssel
– *electric stop signal (colour light,* Am. *color light, signal) at 'stop'*
**4** főjelző (karos jelző) „lassúmenet” állásban
– *signal position: 'proceed at low speed'*
**5** főjelző (karos jelző) „normálmenet” állásban
– *signal position: 'proceed'*
**6** helyettesítő jelző [csak német vasutakon]
– *substitute signal* [German railways only]
**7–24 előjelzők**
– ***distant signals***
**7** alakelőjelző „megállj jelzés várható” állásban
– *semaphore signal at 'be prepared to stop at next signal'*
**8** kiegészítő jelzőkar
– *supplementary semaphore arm*
**9** fényelőjelző „megállj jelzés várható” jelzéssel
– *colour light (*Am. *color light) distant signal at 'be prepared to stop at next signal'*
**10** alakelőjelző és fényelőjelző „lassúmenet jelzés várható” jelzéssel
– *signal position: 'be prepared to proceed at low speed'*
**11** alakelőjelző és fényelőjelző „normálmenet jelzés várható” jelzéssel
– *signal position: 'proceed main signal ahead'*
**12** alakelőjelző kiegészítő táblával „több mint 5%-os fékútrövidítés” jelzéssel [csak német vasutakon]
– *semaphore signal with indicator plate showing a reduction in braking distance of more than 5%* [German railways only]
**13** háromszögű tábla [csak német vasutakon]
– *triangle (triangle sign)* [German railways only]
**14** „több mint 5%-os fékútrövidítés” fényelőjelzés kiegészítő fénnyel [csak német vasutakon]
– *colour light (*Am. *color light) distant signal with indicator light for showing reduced braking distance* [German railways only]
**15** fehér kiegészítő fényjelzés
– *supplementary white light*
**16** fényelőjelző „megállj jelzés várható” sárga fényjelzéssel
– *distant signal indicating 'be prepared to stop at next signal' (yellow light)*
**17** előjelzés-ismétlés (előjelző kiegészítő fényjelzéssel, tábla nélkül)
– *second distant signal (distant signal with supplementary light, without indicator plate)*
**18** fényelőjelző a sebesség megadásával
– *distant signal with speed indicator*
**19** sebesség-előjelző
– *distant speed indicator*
**20** fényelőjelző a haladási irány megadásával
– *distant signal with route indicator*
**21** irányelőjelző
– *route indicator*
**22** kiegészítő kar nélküli előjelző „megállj jelzés várható” állásban
– *distant signal without supplementary arm in position: 'be prepared to stop at next signal'*
**23** előjelző kiegészítő kar nélkül „normálmenet jelzés várható” állásban
– *distant signal without supplementary arm in 'be prepared to proceed' position*
**24** előjelző tábla
– *distant signal identification plate*
**25–44 kiegészítő jelzések** (egyéb jelzések)
– ***supplementary signals***
**25** trapéz alakú tábla egy ellenőrző pontnál történő megállás előjelzésére [csak német vasutakon]
– *stop board for indicating the stopping point at a control point* [German railways only]
**26–29 megközelítő jelzések**
– ***approach signs***
**26** előjelzés a főjelző előtt 100 m-rel
– *approach sign 100 m from distant signal*
**27** előjelzés a főjelző előtt 175 m-rel
– *approach sign 175 m from distant signal*
**28** előjelzés a főjelző előtt 250 m-rel
– *approach sign 250 m from distant signal*
**29** előjelzés az adott pálya fékútjánál 5%-kal rövidebb távolságra [csak német vasutakon]
– *approach sign at a distance of 5% less than the braking distance on the section* [German railways only]
**30** sakktáblajelzés nem közvetlenül a vágánytól jobbra *v.* a vágány fölött elhelyezett főjelzők előjelzésére [csak német vasutakon]
– *chequered sign indicating stop signals (main signals) not positioned immediately to the right of or over the line (track)* [German railways only]
**31–32** vonat elejének megállási helyét jelző megállásjelző tábla
– *stop boards to indicate the stopping point of the front of the train*
**33** megállási pontot előre jelző tábla (megállási pont jelzése várható)
– *stop board (be prepared to stop)*
**34–35** hóeketáblák [csak német vasutakon]
– *snow plough (*Am. *snowplow) signs* [German railways only]
**34** hóeke felemelésére utasító tábla [csak német vasutakon]
– *'raise snow plough (*Am. *snowplow)' sign* [German railways only]
**35** hóeke leengedésére utasító tábla [csak német vasutakon]
– *'lower snow plough (*Am. *snowplow)' sign* [German railways only]
**36–44 lassúmenet jelzések**
– ***speed restriction signs***
**36–38 lassúmenet tábla** [maximális sebesség 3x10=30 km/h]
– ***speed restriction sign*** *[maximum speed 3x10=30 kph]*
**36** jelzés nappali menetre [alakjelzés]
– *sign for day running*
**37** maximális sebesség kódszáma [csak német vasutakon]
– *speed code number* [German railways only]
**38** kivilágított jelzés éjszakai menetre
– *illuminated sign for night running*
**39** ideiglenes lassúmenet-hely kezdete
– *commencement of temporary speed restriction*
**40** ideiglenes lassúmenet-hely vége
– *termination of temporary speed restriction*
**41** állandó jellegű lassúmenet-hely sebessége [maximális sebesség 5x10=50 km/h]
– *speed restriction sign for a section with a permanent speed restriction [maximum speed 5x10=50 kph]*
**42** állandó jellegű lassúmenet-hely kezdete
– *commencement of permanent speed restriction*
**43** előírt sebességértékre figyelmeztető jel [csak fővonalakon, német vasutakon]
– *speed restriction warning sign [only on main lines]* [German railways only]
**44** sebességkorlátozás jele [csak fővonalakon, német vasutakon]
– *speed restriction sign [only on main lines]* [German railways only]
**45–52 váltók jelzése**
– ***points signals*** *(switch signals)*
**45–48 egyszerű váltók**
– ***single points*** *(single switches)*
**45** egyenes vágányút (fővonal)
– *route straight ahead (main line)*
**46** kanyarodó vágányút [jobbra]
– *[right] branch*
**47** kanyarodó vágányút [balra]
– *[left] branch*
**48** kanyarodó vágányút [a váltó csúcsbetétje felől nézve, csak német vasutakon]
– *branch [seen from the frog]* [German railways only]
**49–52 kettős keresztezőváltók** [csak német vasutakon]
– ***double crossover*** [German railways only]
**49** egyenes vágányút balról jobbra [csak német vasutakon]
– *route straight ahead from left to right* [German railways only]
**50** egyenes vágányút jobbról balra [csak német vasutakon]
– *route straight ahead from right to left* [German railways only]
**51** kanyarodó vágányút balról balra [csak német vasutakon]
– *turnout to the left from the left* [German railways only]
**52** kanyarodó vágányút jobbról jobbra [csak német vasutakon]
– *turnout to the right from the right* [German railways only]
**53 mechanikus állítókészülék**
– ***manually-operated signal box*** *(*Am. *signal tower, switch tower)*
**54** állítóemeltyűk
– *lever mechanism*
**55** váltóállító emeltyű [kék] <reteszelt emeltyű>
– *points lever (switch lever) [blue], a lock lever*
**56** jelzőállító emeltyű [vörös]
– *signal lever [red]*
**57** csappantyú
– *catch*
**58** kijelölt vágányutat kiválasztó emeltyű
– *route lever*
**59** térközbiztosító
– *block instruments*
**60** blokkmező
– *block section panel*
**61 elektromos állítókészülék**
– ***electrically-operated signal box*** *(*Am. *signal tower, switch tower)*
**62** váltó- és jelzőállító kapcsolók
– *points (switch) and signal knobs*
**63** vágányúti vonalzórendszer
– *lock indicator panel*
**64** vágányút- és jelzésellenőrzés
– *track and signal indicator*
**65 vágánytáblás állítóberendezés**
– ***track diagram control layout***
**66** vágánytáblás állítóasztal
– *track diagram control panel (domino panel)*
**67** nyomógombok
– *push buttons*
**68** vágányutak
– *routes*
**69** kétirányú hangosbeszélő-összeköttetés
– *intercom system*

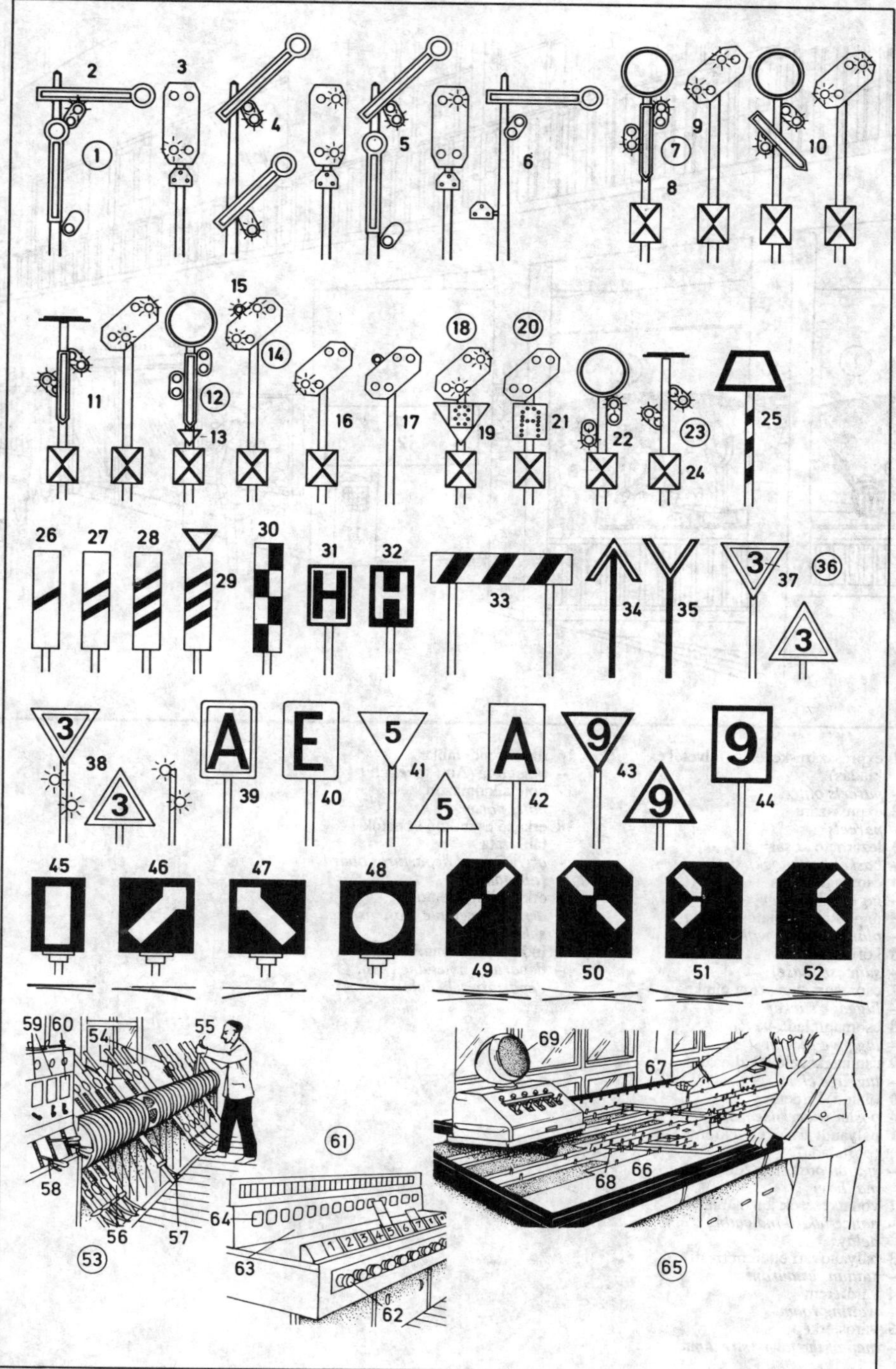
1
2
3
4
5
6
7
8
9
10
11
12
13
14
15
16
17
18
19
20
21
22
23
24
25
26
27
28
29
30
31
H
32
H
33
34
35
36
3
37
3
3
38
3
A
39
E
40
5
41
5
A
42
9
43
9
9
44
45
46
47
48
49
50
51
52
53
54
55
56
57
58
59
60
61
62
63
64
1 2 3 4 5 6 7
65
66
67
68
69

**1** expresszáru-kezelés (felvétel és kiadás)
– *parcels office*
**2** expresszáru
– *parcels*
**3** lezárható kosár
– *basket [with lock]*
**4** csomagkezelés
– *luggage counter*
**5** önműködő mutatós mérleg
– *platform scale with dial*
**6** koffer (bőrönd)
– *suitcase (case)*
**7** csomagra ragasztott címke
– *luggage sticker*
**8** csomagfeladó-vevény
– *luggage receipt*
**9** csomagkezelő alkalmazott
– *luggage clerk*
**10** (üzleti) hirdetés
– *poster (advertisement)*
**11** pályaudvari levélszekrény (postaláda)
– *station post box (*Am. *station mailbox)*
**12** vonatkésések jelzőtáblája
– *notice board indicating train delays*
**13** pályaudvari étterem (resti)
– *station restaurant*
**14** váróterem
– *waiting room*
**15** várostérkép
– *map of the town (street map)*
**16** menetrendi tábla
– *timetable (*Am. *schedule)*
**17** hotelalkalmazott
– *hotel porter*
**18** érkező és induló vonatok táblázata
– *arrivals and departures board (timetable)*
**19** érkezési időpontok
– *arrival timetable (*Am. *arrival schedule)*
**20** indulási időpontok
– *departure timetable (*Am. *departure schedule)*

**21** csomagmegőrző szekrények
– *left luggage lockers*
**22** pénzváltó automata
– *change machine*
**23** aluljáró a vágányokhoz
– *tunnel to the platforms*
**24** utasok
– *passengers*
**25** feljárat a vágányokhoz
– *steps to the platforms*
**26** pályaudvari könyvesbolt
– *station bookstall* (Am. *station bookstand)*
**27** csomagmegőrző
– *left luggage office (left luggage)*
**28** utazási iroda (szállodai és fizetővendégszoba-foglalás *is*)
– *travel centre* (Am. *center);* also: *accommodation bureau*
**29** információ (felvilágosítás)
– *information office* (Am. *information bureau)*
**30** pályaudvari óra
– *station clock*
**31** valutabeváltó bankfiók
– *bank branch with foreign exchange counter*
**32** valutaárfolyam-táblázat
– *indicator board showing exchange rates*
**33** vasúti térkép
– *railway map* (Am. *railroad map)*
**34** jegykiadás
– *ticket office*
**35** jegypénztár
– *ticket counter*
**36** menetjegy
– *ticket (railway ticket,* Am. *railroad ticket)*
**37** forgótányér [jegykiadó ablakban]
– *revolving tray*
**38** beszélőablak
– *grill*
**39** jegypénztáros
– *ticket clerk* (Am. *ticket agent)*
**40** menetjegynyomtató gép
– *ticket-printing machine (ticket-stamping machine)*
**41** kézi jegynyomtató
– *hand-operated ticket printer*
**42** menetrendfüzet
– *pocket timetable* (Am. *pocket train schedule)*
**43** poggyásztartó
– *luggage rest*
**44** elsősegélyhely (pályaudvari orvos)
– *first aid station*
**45** pályaudvari missziós szolgálat
– *Travellers'* (Am. *Travelers') Aid*
**46** nyilvános telefonfülke
– *telephone box (telephone booth, telephone kiosk, call box)*
**47** trafik (dohányárusító pavilon)
– *cigarettes and tobacco kiosk*
**48** virágüzlet
– *flower stand*
**49** tájékoztató alkalmazott
– *railway information clerk*
**50** hivatalos menetrendkönyv
– *official timetable (official railway guide,* Am. *train schedule)*

1 peron
– *platform*
2 peronlépcső
– *steps to the platform*
3 peronok közötti felüljáró (átjáró)
– *bridge to the platforms*
4 vágány száma
– *platform number*
5 perontető
– *platform roofing*
6 utasok
– *passengers*
**7–12 útipoggyász**
– ***luggage***
7 kézitáska
– *suitcase (case)*
8 bőröndcímke [bőröndazonosító névkártya]
– *luggage label*
9 hotelcímke
– *hotel sticker*
10 útitáska
– *travelling (Am. traveling) bag*
11 kalapdoboz
– *hat box*
12 ernyő (esernyő) <boternyő>
– *umbrella, a walking-stick umbrella*
13 fogadóépület (szolgálati épület)
– *office*
14 peron (kiszolgálóperon)
– *platform*
15 sínátjáró
– *crossing*
16 mozgó újságállvány
– *news trolley*
17 újságárus
– *news vendor (Am. news dealer)*
18 útiolvasmány
– *reading matter for the journey*
19 peron pereme (széle)
– *edge of the platform*
20 pályaudvari rendőr
– *railway policeman (Am. railroad policeman)*
21 menetirány-kiírás
– *destination board*
22 célállomás-kiírás
– *destination indicator*
23 menetrend szerinti indulási idő kiírása
– *departure time indicator*
24 vonatkésés kiírása
– *delay indicator*
25 gyorsvasúti vonat <motorvonat>
– *suburban train, a railcar*
26 különszakasz
– *special compartment*
27 peronhangszóró
– *platform loudspeaker*
28 állomásnév-kiírás
– *station sign*
29 villamos targonca
– *electric trolley (electric truck)*
30 rakodási főnök
– *loading foreman*
31 hordár
– *porter (Am. redcap)*
32 csomaghordó talicska (kézikocsi)
– *barrow*
33 ivókút
– *drinking fountain*
34 Transzeurópa expressz (Intercity expressz)
– *electric Trans-Europe Express;* also*: Intercity train*
35 gyorsvonati villamos mozdony
– *electric locomotive, an express locomotive*
36 áramszedő
– *collector bow (sliding bow)*
37 vonattitkárság
– *secretarial compartment*
38 irányjelző tábla
– *destination board*
39 kocsivizsgáló (kocsimester)
– *wheel tapper*
40 kerékvizsgáló kalapács
– *wheel-tapping hammer*
41 pályaudvari felügyelő
– *station foreman*
42 tárcsa (indítótárcsa)
– *signal*
43 vörös sapka
– *red cap*
44 kalauz
– *inspector*
45 menetrendzsebkönyv
– *pocket timetable (Am. pocket train schedule)*
46 peronóra
– *platform clock*

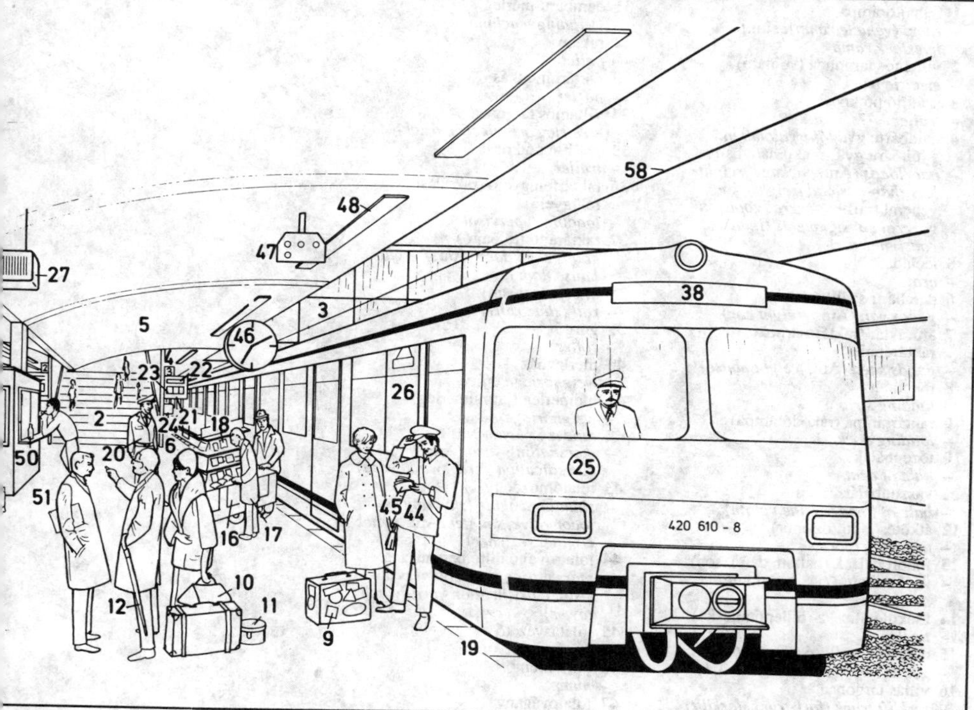


**47** indítójelzés
– *starting signal*
**48** peronvilágítás
– *platform lighting*
**49** árusítópavilon [frissítők, útravalók]
– *refreshment kiosk*
**50** söröspalack
– *beer bottle*
**51** újság
– *newspaper*
**52** búcsúcsók
– *parting kiss*
**53** búcsúölelés
– *embrace*
**54** pad
– *platform seat*
**55** szemétkosár (szemétgyűjtő láda)
– *litter bin (*Am. *litter basket)*
**56** pályaudvari postaláda
– *platform post box (*Am. *platform mailbox)*
**57** pályaudvari telefonfülke
– *platform telephone*
**58** felsővezeték
– *trolley wire (overhead contact wire)*
**59–61** vágány
– *track*
**59** sín
– *rail*
**60** alj (betonalj, talpfa)
– *sleeper (*Am. *tie, crosstie)*
**61** kavicságy (zúzottkő ágy)
– *ballast (bed)*

**1** felhajtórámpa
– *ramp (vehicle ramp);* sim.: *livestock ramp*
**2** villamos targonca (vontató)
– *electric truck*
**3** szállító pótkocsi
– *trailer*
**4** darabáru; *gyűjtőforgalomban*: gyűjtőáru gyűjtőrakományban
– *part loads* (Am. *package freight, less-than-carload freight);* in general traffic: *general goods in general consignments (in mixed consignments)*
**5** léciáda
– *crate*
**6** darabáru-szállító kocsi
– *goods van* (Am. *freight car)*
**7** áruraktár (raktárcsarnok, raktárépület)
– *goods shed* (Am. *freight house)*
**8** rakodóút
– *loading strip*
**9** raktárrámpa (rakodórámpa)
– *loading dock*
**10** tőzegbálák
– *bale of peat*
**11** vászonbálák
– *bale of linen (of linen cloth)*
**12** átkötés (átkötőzsinór)
– *fastening (cord)*
**13** fonott palack (ballon, demizson)
– *wicker bottle (wickered bottle, demijohn)*
**14** zsákolótalicska (billenőtalicska)
– *trolley*
**15** darabáru-szállító teherautó
– *goods lorry* (Am. *freight truck)*
**16** villás targonca
– *forklift truck (fork truck, forklift)*
**17** rakodóvágány
– *loading siding*
**18** terjedelmes áru
– *bulky goods*
**19** vasúti tulajdonú kis szállítótartály
– *small railway-owned* (Am. *railroad-owned) container*
**20** cirkuszkocsi
– *showman's caravan* (sim.: *circus caravan)*
**21** pőrekocsi
– *flat wagon* (Am. *flat freight car)*
**22** rakminta [a rakszelvény beállításához]
– *loading gauge* (Am. *gage)*
**23** szalmabála
– *bale of straw*
**24** pőrekocsi rakoncákkal
– *flat wagon* (Am. *flatcar) with side stakes*
**25** kocsipark
– *fleet of lorries* (Am. *trucks)*
**26–39 áruraktár** (raktárház)
– ***goods shed*** (Am. *freight house)*
**26** teheráru-átvétel
– *goods office (forwarding office,* Am. *freight office)*
**27** darabáru
– *part-load goods* (Am. *package freight)*
**28** darabáru-átvevő
– *forwarding agent* (Am. *freight agent, shipper)*
**29** rakodásvezető
– *loading foreman*
**30** fuvarlevél
– *consignment note (waybill)*
**31** darabáru-mérleg
– *weighing machine*
**32** raklap
– *pallet*
**33** raktári munkás
– *porter*
**34** villamos targonca
– *electric cart (electric truck)*
**35** szállító pótkocsi
– *trailer*
**36** raktárfelügyelő (rakodási felügyelő)
– *loading supervisor*
**37** raktárajtó (tolóajtó)
– *goods shed door* (Am. *freight house door)*
**38** ajtósín (futósín)
– *rail (slide rail)*
**39** görgő
– *roller*
**40** mérlegház
– *weighbridge office*
**41** hídmérleg (járműmérleg)
– *weighbridge*
**42** rendező pályaudvar
– *marshalling yard* (Am. *classification yard, switch yard)*
**43** tolatómozdony
– *shunting engine (shunting locomotive, shunter,* Am. *switch engine, switcher)*
**44** tolató-váltóállító berendezés
– *marshalling yard signal box* (Am. *classification yard switch tower)*
**45** tolatásvezető
– *yardmaster*
**46** gurítódomb
– *hump*
**47** tolatóvágány
– *sorting siding (classification siding, classification track)*
**48** vágányfék
– *rail brake (retarder)*
**49** féksaru
– *slipper brake (slipper)*
**50** kitérővágány (mellékvágány)
– *storage siding (siding)*
**51** ütközőbak (rögzített ütközőbak)
– *buffer (buffers,* Am. *bumper)*
**52** kocsirakomány
– *wagon load* (Am. *carload)*
**53** raktárház
– *warehouse*
**54** konténer-pályaudvar
– *container station*
**55** portáldaru (konténerdaru)
– *gantry crane*
**56** emelőmű
– *lifting gear (hoisting gear)*
**57** konténer
– *container*
**58** konténerszállító kocsi
– *container wagon* (Am. *container car)*
**59** nyerges félpótkocsi
– *semi-trailer*

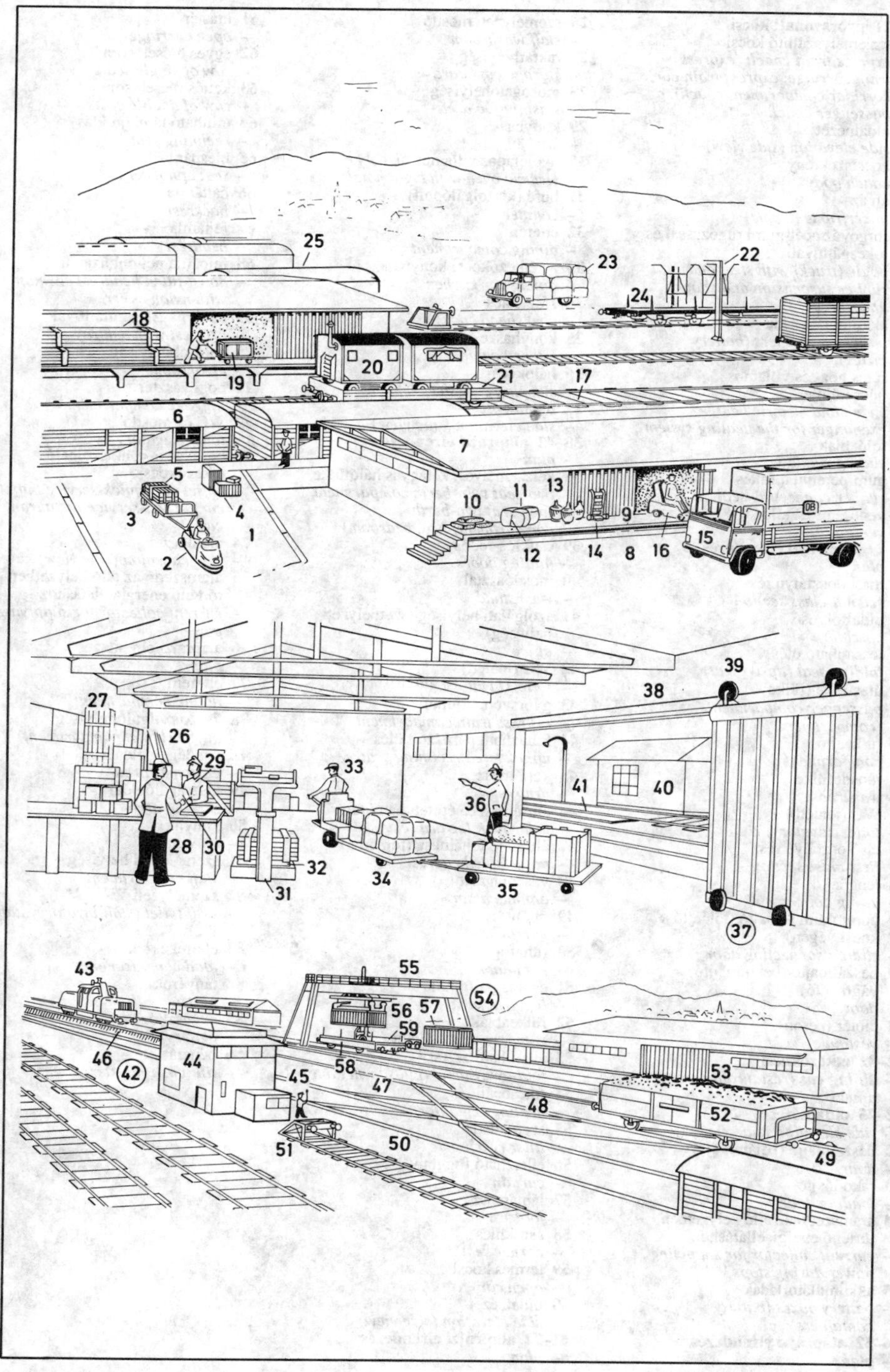
1
2
3
4
5
6
7
8
9
10
11
12
13
14
15
16
17
18
19
20
21
22
23
24
25
26
27
28
29
30
31
32
33
34
35
36
37
38
39
40
41
42
43
44
45
46
47
48
49
50
51
52
53
54
55
56
57
58
59

**1–21 gyorsvonati kocsi** <személyszállító kocsi>
– ***express train coach*** *(express train carriage, express train car, corridor compartment coach), a passenger coach*
**1** oldalnézet
– *side elevation (side view)*
**2** kocsiszekrény
– *coach body*
**3** alváz
– *underframe (frame)*
**4** forgóváz acél-gumi rugózással és lökésgátlóval
– *bogie (truck) with steel and rubber suspension and shock absorbers*
**5** akkumulátorláda
– *battery containers (battery boxes)*
**6** fűtés gőz- és villamos hőcserélője
– *steam and electric heat exchanger for the heating system*
**7** tolóablak
– *sliding window*
**8** gumiperemű tömítés
– *rubber connecting seal*
**9** ventilátor (szellőző)
– *ventilator*
**10–21 alaprajzi elrendezés**
– ***plan***
**10** másodosztályú rész
– *second-class section*
**11** oldalfolyosó
– *corridor*
**12** lecsapható ülés
– *folding seat (tip-up seat)*
**13** utasfülke (fülke)
– *passenger compartment (compartment)*
**14** fülkeajtó
– *compartment door*
**15** mosdófülke
– *washroom*
**16** WC (toalett)
– *toilet (lavatory, WC)*
**17** első osztályú rész
– *first-class section*
**18** lengőajtó
– *swing door*
**19** homlokfali tolóajtó (tolóajtó a kocsi végén)
– *sliding connecting door*
**20** beszállóajtó (bejárati ajtó, vagonajtó)
– *door*
**21** előtér (peron)
– *vestibule*
**22–32 étkezőkocsi**
– ***dining car*** *(restaurant car, diner)*
**22–25 oldalnézet**
– ***side elevation*** *(side view)*
**22** beszállóajtó (bejárati ajtó)
– *door*
**23** rakodóajtó
– *loading door*
**24** áramszedő az álló helyzetben történő energiaellátáshoz
– *current collector for supplying power during stops*
**25** akkumulátorládák
– *battery boxes (battery containers)*
**26–32 alaprajzi elrendezés**
– ***plan***
**26** személyzeti mosdó
– *staff washroom*
**27** raktárhelyiség
– *storage cupboard*
**28** mosogatóhelyiség
– *washing-up area*
**29** konyha
– *kitchen*
**30** nyolclapos villamos tűzhely
– *electric oven with eight hotplates*
**31** büfé (kiszolgálópult)
– *counter*
**32** étterem
– *dining compartment*
**33** az étkezőkocsi konyhája
– *dining car kitchen*
**34** főszakács
– *chef (head cook)*
**35** konyhaszekrény
– *kitchen cabinet*
**36** hálókocsi
– *sleeping car (sleeper)*
**37** oldalnézet
– *side elevation (side view)*
**38–42 alaprajzi elrendezés**
– ***plan***
**38** kétszemélyes, kétágyas hálófülke
– *two-seat twin-berth compartment (two-seat two-berth compartment,* Am. *bedroom)*
**39** csuklós-redős ajtó
– *folding doors*
**40** mosdóasztal
– *washstand*
**41** szolgálati helyiség (személyzeti helyiség)
– *office*
**42** WC (toalett)
– *toilet (lavatory, WC)*
**43** gyorsvonati fülke
– *express train compartment*
**44** kihúzható párnázott ülés
– *upholstered reclining seat*
**45** kartámasz
– *armrest*
**46** kartámaszba épített hamutartó
– *ashtray in the armrest*
**47** állítható fejtámasz (fejpárna)
– *adjustable headrest*
**48** vászonhuzat
– *antimacassar*
**49** tükör
– *mirror*
**50** ruhafogas
– *coat hook*
**51** csomagtartó polc
– *luggage rack*
**52** fülkeablak
– *compartment window*
**53** lehajtható asztal
– *fold-away table (pull-down table)*
**54** fűtésbeállítás
– *heating regulator*
**55** szemétláda
– *litter receptacle*
**56** elhúzható függöny
– *curtain*
**57** lábtámasz
– *footrest*
**58** sarokülés
– *corner seat*
**59** termes kocsi
– *open car*
**60** oldalnézet
– *side elevation (side view)*
**61–72 alaprajzi elrendezés**
– ***plan***
**61** utastér
– *open carriage*
**62** egyes ülések sora
– *row of single seats*
**63** kettős ülések sora
– *row of double seats*
**64** állítható támlájú ülés
– *reclining seat*
**65** üléspárna
– *seat upholstery*
**66** háttámla
– *backrest*
**67** fejtámla
– *headrest*
**68** fejpárna nejlonhuzattal
– *down-filled headrest cushion with nylon cover*
**69** kartámasz hamutartóval
– *armrest with ashtray*
**70** gardróbhelyiség
– *cloakroom*
**71** poggyásztér
– *luggage compartment*
**72** WC és mosdó
– *toilet (lavatory, WC)*
**73** büfékocsi <önkiszolgáló étkezőkocsi>
– *buffet car (quick-service buffet car), a self-service restaurant car*
**74** oldalnézet
– *side elevation (side view)*
**75** áramszedő az álló helyzetben történő energiaellátáshoz
– *current collector for supplying power*
**76** alaprajzi elrendezés
– *plan*
**77** étterem
– *dining compartment*
**78–79 kiszolgálóhelyiség**
– ***buffet*** *(buffet compartment)*
**78** vendégek oldala
– *customer area*
**79** kiszolgálóoldal
– *serving area*
**80** konyha
– *kitchen*
**81** személyzeti helyiség
– *staff compartment*
**82** személyzeti WC
– *staff toilet (staff lavatory, staff WC)*
**83** ételrekeszek
– *food compartments*
**84** tányérok
– *plates*
**85** evőeszközök
– *cutlery*
**86** pénztár
– *till (cash register)*

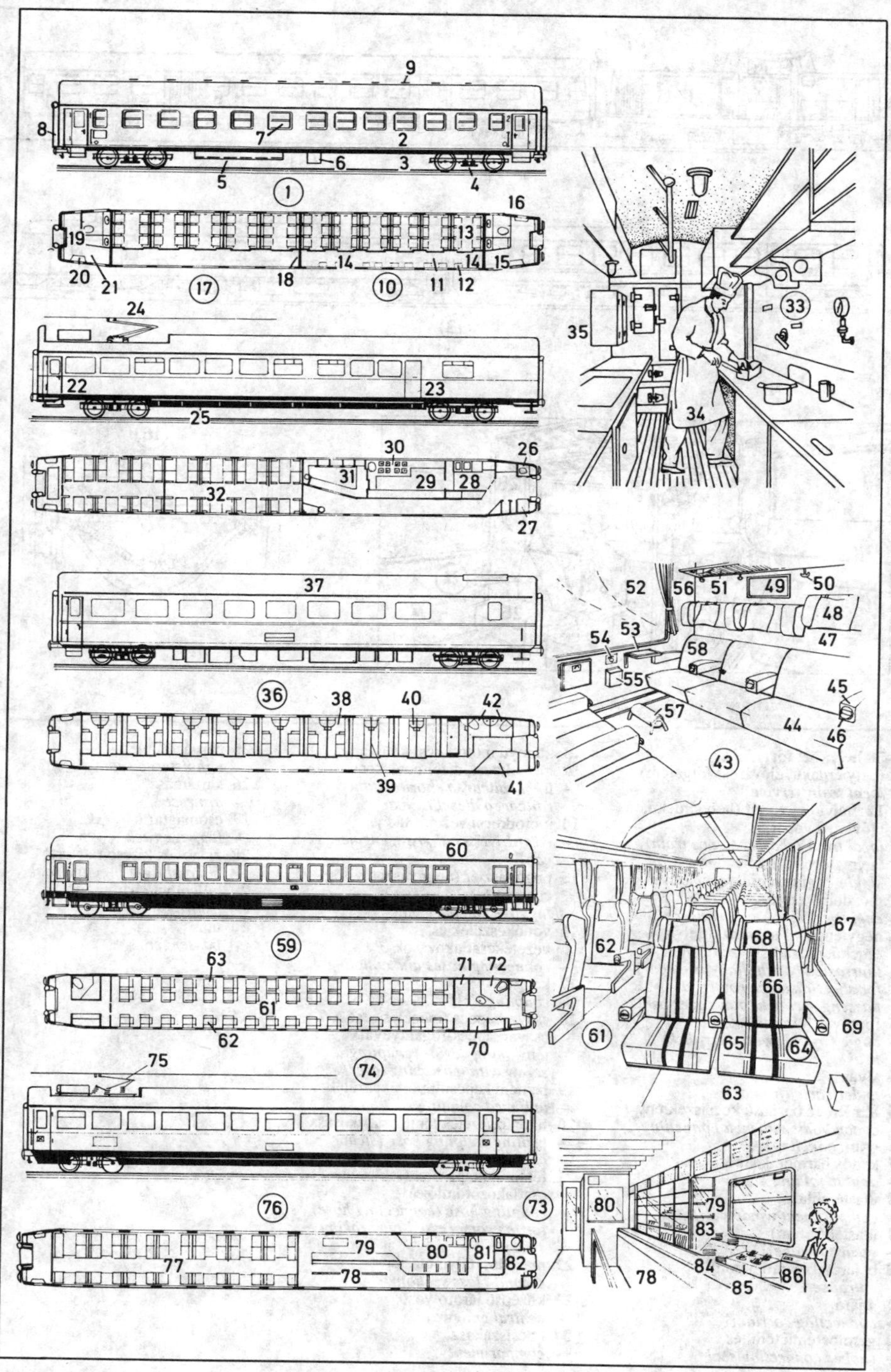
1
2
3
4
5
6
7
8
9
10
11
12
13
14
15
16
17
18
19
20
21
22
23
24
25
26
27
28
29
30
31
32
33
34
35
36
37
38
39
40
41
42
43
44
45
46
47
48
49
50
51
52
53
54
55
56
57
58
59
60
61
62
63
64
65
66
67
68
69
70
71
72
73
74
75
76
77
78
79
80
81
82
83
84
85
86

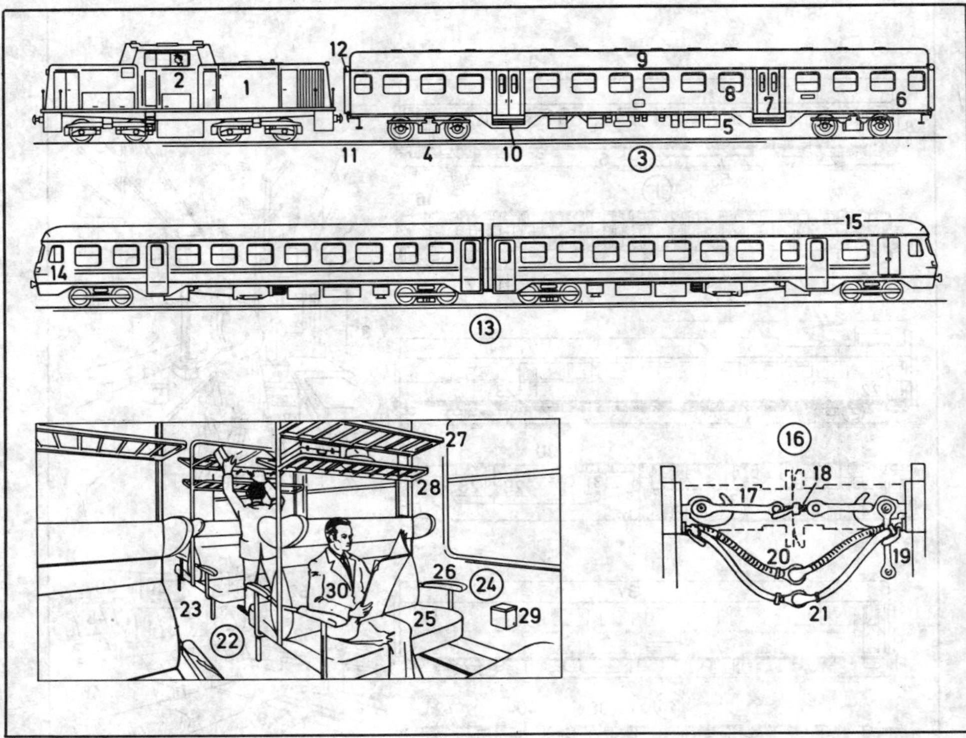


**1–30 helyközi forgalom** (helyiérdekű, elővárosi forgalom)
– ***local train service***
**1–12 helyközi vonat** (helyiérdekű, elővárosi vonat)
– ***local train*** *(short-distance train)*
**1** egymotoros dízelmozdony
– *single-engine diesel locomotive*
**2** mozdonyvezető
– *engine driver (*Am. *engineer)*
**3** négytengelyű helyközi (helyiérdekű, elővárosi) személykocsi
– *four-axled coach (four-axled car) for short-distance routes, a passenger coach (passenger car)*
**4** forgóváz [tárcsafékkel]
– *bogie (truck) [with disc (disk) brakes]*
**5** alváz
– *underframe (frame)*
**6** fémlemez borítású kocsiszekrény
– *coach body with metal panelling (*Am. *paneling)*
**7** kettős harmonikaajtó
– *double folding doors*
**8** utastérablak
– *compartment window*
**9** utastér (terem)
– *open carriage*
**10** bejárat (bejárati peron)
– *entrance*
**11** átjáró
– *connecting corridor*
**12** gumiperemű tömítés
– *rubber connecting seal*
**13** könnyű motorkocsi <elővárosi motorkocsi, dízelmotorkocsi>
– *light railcar, a short-distance railcar, a diesel railcar*
**14** motorkocsi vezetőfülkéje
– *cab (driver's cab,* Am. *engineer's cab)*
**15** poggyásztér (poggyászhelyiség, csomagtér)
– *luggage compartment*
**16** vonókészülék és vezetékcsatlakozások
– *connecting hoses and coupling*
**17** kengyel
– *coupling link*
**18** csavarkapocs (menetes orsó a csavarkapocs-fogantyúval)
– *tensioning device (coupling screw with tensioning lever)*
**19** be nem kapcsolt vonókészülék
– *unlinked coupling*
**20** fűtőgőzvezeték tömlőcsatlakozása
– *heating coupling hose (steam coupling hose)*
**21** féktömlőkapcsolat (féklevegő csatlakozótömlője)
– *coupling hose (connecting hose) for the compressed-air braking system*
**22** másodosztályú utastér
– *second-class section*
**23** középső járófolyosó
– *central gangway*
**24** kocsiszakasz
– *compartment*
**25** párnázott ülés
– *upholstered seat*
**26** kartámasz
– *armrest*
**27** csomagtartó
– *luggage rack*
**28** kalap- és kiscsomagtartó
– *hat and light luggage rack*
**29** billenthető hamutartó
– *ashtray*
**30** utas
– *passenger*

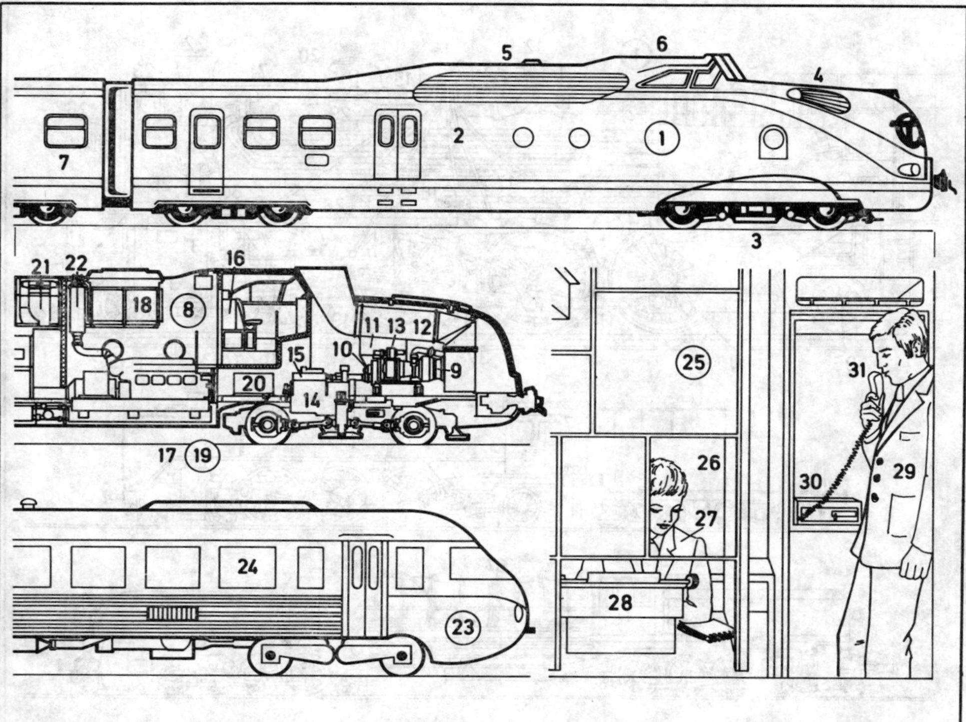


**1–22 Transzeurópa expressz** (Intercity expressz)
– ***Trans-Europe Express** (Intercity train)*
**1** a Német Szövetségi Vasutak (DB) motorvonata <dízelmotor-vonat *v.* gázturbinás motorvonat>
– *German Federal Railway trainset, a diesel trainset or gas turbine trainset*
**2** motorkocsi (dízelmotoros motorkocsi)
– *driving unit*
**3** hajtott kerékpár
– *drive wheel unit*
**4** hajtógép-berendezés (vontató dízelmotor, dízel-vontatómotor)
– *main engine*
**5** dízelgenerátor-gépcsoport
– *diesel generator unit*
**6** vezetőállás
– *cab (driver's cab,* Am. *engineer's cab)*
**7** középső kocsi (pótkocsi)
– *second coach*
**8** gázturbinás motorkocsi [metszet]
– *gas turbine driving unit [diagram]*
**9** gázturbina
– *gas turbine*
**10** turbinahajtómű (redukáló fogaskerék-hajtómű)
– *turbine transmission*
**11** levegőbeszívó csatorna
– *air intake*
**12** kipufogógáz-vezeték hangtompítóval
– *exhaust with silencers (*Am. *mufflers)*
**13** villamos indítóberendezés
– *dynastarter*
**14** Voith-hajtómű (hidrodinamikus hajtómű)
– *Voith transmission*
**15** hajtóműolaj hűtő hőcserélője
– *heat exchanger for the transmission oil*
**16** gázturbina vezérlőszekrénye
– *gas turbine controller*
**17** gázturbina üzemanyagtartálya
– *gas turbine fuel tank*
**18** a hajtómű és a gázturbina olaj–levegő hűtőberendezése
– *oil-to-air cooling unit for transmission and turbine*
**19** segéd-dízelmotor (segédüzemi dízelmotor)
– *auxiliary diesel engine*
**20** üzemanyagtartály
– *fuel tank*
**21** hűtő (hűtőberendezés)
– *cooling unit*
**22** kipufogócső hangtompítóval
– *exhaust with silencers (*Am. *mufflers)*
**23** az SNCF (francia államvasutak) **kísérleti motorvonata** hathengeres padló alatti dízelmotorral és kéttengelyű gázturbinával
– ***experimental trainset** of the Société Nationale des Chemins de Fer Français (SNCF) with six-cylinder underfloor diesel engine and twin-shaft gas turbine*
**24** hangtompítós gázturbina-berendezés
– *turbine unit with silencers (*Am. *mufflers)*
**25** titkárság a vonaton
– *secretarial compartment*
**26** leírószoba (gépírószoba)
– *typing compartment*
**27** vonat titkárnője
– *secretary*
**28** írógép
– *typewriter*
**29** utazó üzletember (üzleti úton lévő utas)
– *travelling (*Am. *traveling) salesman (businessman on business trip)*
**30** diktafon
– *dictating machine*
**31** mikrofon
– *microphone*

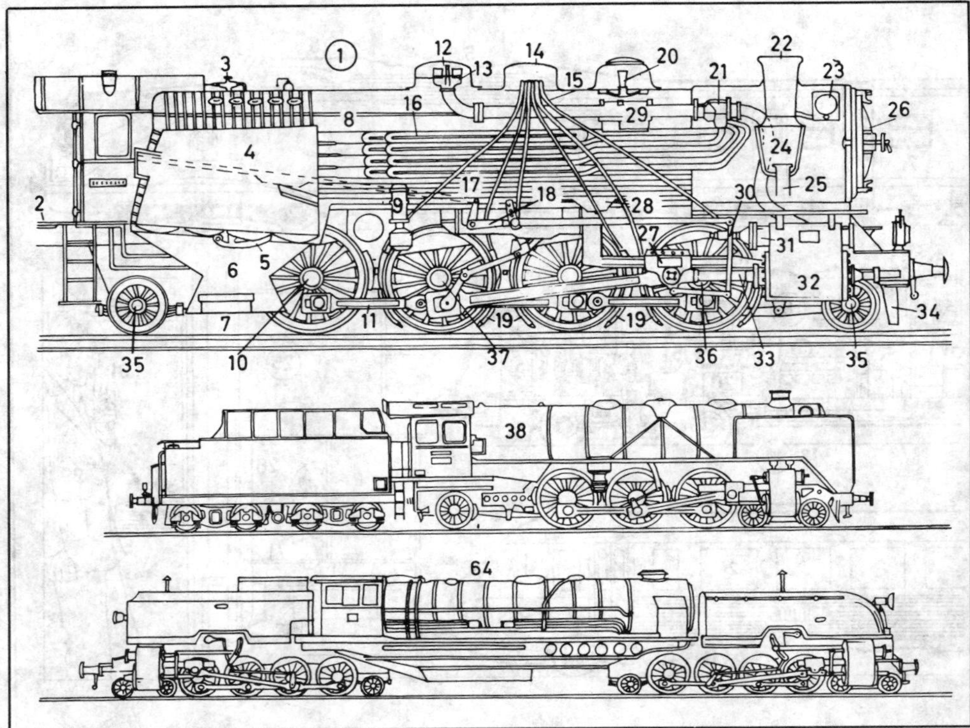


**1–69 gőzmozdonyok**
– ***steam locomotives***
**2–37 mozdonykazán és mozdonyhajtómű**
– ***locomotive boiler and driving gear***
**2** szerkocsihíd vonókészülékkel (főkapcsolat)
– *tender platform with coupling*
**3** biztonsági szelep gőztúlnyomás esetére (biztosítószelep)
– *safety valve for excess boiler pressure*
**4** tűzszekrény
– *firebox*
**5** billenőrostély
– *drop grate*
**6** hamuláda levegőcsappantyúkkal
– *ashpan with damper doors*
**7** hamuláda fenékcsappantyúja (fenékajtaja)
– *bottom door of the ashpan*
**8** füstcsövek
– *smoke tubes (flue tubes)*
**9** tápvízszivattyú
– *feed pump*
**10** tengelycsapágy (a kerék tengelyének csapágya)
– *axle bearing*
**11** csatlórúd
– *connecting rod*
**12** gőzdóm
– *steam dome*
**13** szabályozószelep (gőzszabályozó)
– *regulator valve (regulator main valve)*
**14** homoktartály (homokdóm)
– *sand dome*
**15** homokolócsövek
– *sand pipes (sand tubes)*
**16** hosszkazán (fekvőkazán)
– *boiler (boiler barrel)*
**17** tűzcsövek (fűtő- v. forrcsövek)
– *fire tubes or steam tubes*
**18** vezérlés (gőzgépvezérlés)
– *reversing gear (steam reversing gear)*
**19** homokolócsövek
– *sand pipes*
**20** tápszelep
– *feed valve*
**21** gőzgyűjtő
– *steam collector*
**22** kémény (füst- és fáradtgőz-kivezetés)
– *chimney (smokestack, smoke outlet and waste steam exhaust)*
**23** tápvíz-előmelegítő (felületi előmelegítő)
– *feedwater preheater (feedwater heater, economizer)*
**24** szikrafogó
– *spark arrester*
**25** fúvócső (gőzfúvó)
– *blast pipe*
**26** füstkamraajtó
– *smokebox door*
**27** keresztfej
– *cross head*
**28** iszapgyűjtő
– *mud drum*
**29** tápvízszétosztó tálca
– *top feedwater tray*
**30** tolattyúrúd
– *combination lever*
**31** tolattyúszekrény (tolattyúház)
– *steam chest*
**32** gőzhenger (henger, gőzgéphenger)
– *cylinder*
**33** dugattyúrúd tömszelencével
– *piston rod with stuffing box (packing box)*
**34** sínkotró
– *guard iron (rail guard,* Am. *pilot, cowcatcher)*
**35** futótengely
– *carrying axle (running axle, dead axle)*
**36** csatolt tengely
– *coupled axle*
**37** hajtótengely
– *driving axle*
**38** szerkocsis gyorsvonati mozdony
– *express locomotive with tender*

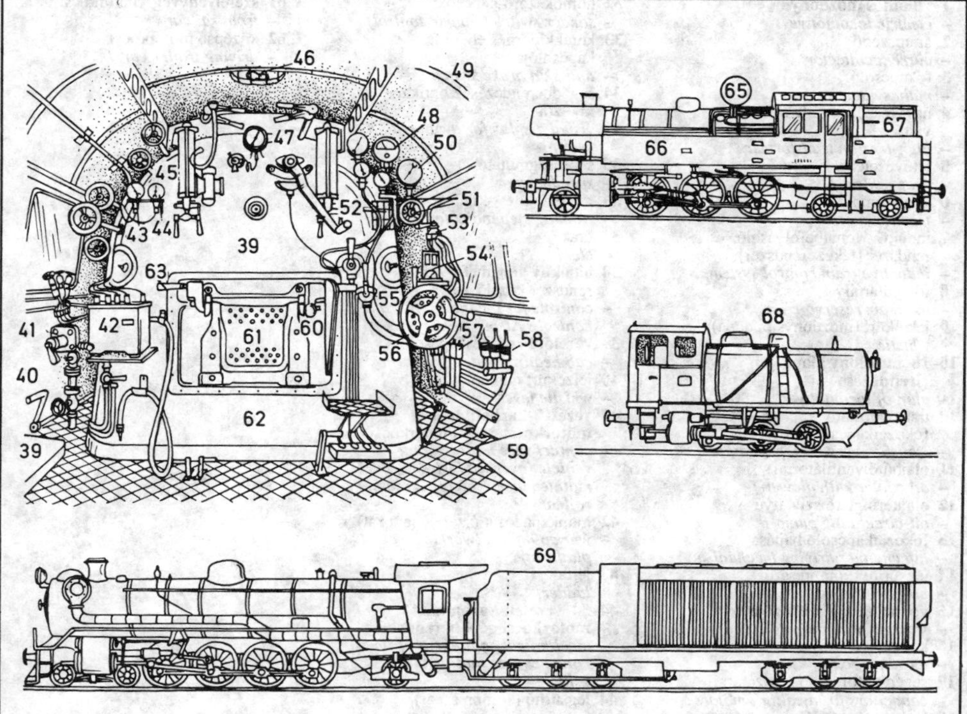


**39–63 gőzmozdony-vezetőállás**
– ***cab** (driver's cab,* Am. *engineer's cab)*
**39** fűtő ülése
– *fireman's seat*
**40** billenőrostély működtető karja
– *drop grate lever*
**41** gőzsugárszivattyú (injektor)
– *line steam injector*
**42** önműködő kenőszivattyú
– *automatic lubricant pump (automatic lubricator)*
**43** előmelegítő nyomásmérője
– *preheater pressure gauge (*Am. *gage)*
**44** fűtőgőz-nyomásmérő
– *carriage heating pressure gauge (*Am. *gage)*
**45** vízállásmutató
– *water gauge (*Am. *gage)*
**46** világítás
– *light*
**47** kazánnyomásmérő
– *boiler pressure gauge (*Am. *gage)*
**48** távhőmérő
– *distant-reading temperature gauge (*Am. *gage)*
**49** vezetősátor
– *cab (driver's cab,* Am. *engineer's cab)*
**50** féklevegő-nyomásmérő (féknyomásmérő)
– *brake pressure gauge (*Am. *gage)*
**51** gőzsíp fogantyúja
– *whistle valve handle*
**52** menetrend
– *driver's timetable (*Am. *engineer's schedule)*
**53** mozdonyvezető fékszelepe
– *driver's brake valve (*Am. *engineer's brake valve)*
**54** sebességíró (sebességregisztráló, tachográf)
– *speed recorder (tachograph)*
**55** homokszóró-működtetés
– *sanding valve*
**56** vezérlőkerék (irányváltó és sebességbeállító kerék)
– *reversing wheel*
**57** vészfékszelep
– *emergency brake valve*
**58** kioldószelep (feloldószelep)
– *release valve*
**59** mozdonyvezető ülése
– *driver's seat (*Am. *engineer's seat)*
**60** tüzelőajtó-védőlemez
– *firehole shield*
**61** tüzelőajtó (tűztérajtó)
– *firehole door*
**62** állókazán
– *vertical boiler*
**63** tűztérajtó nyitófogantyúja
– *firedoor handle handgrip*
**64** csuklós gőzmozdony (Garrat-mozdony)
– *articulated locomotive (Garratt locomotive)*
**65** szertartályos mozdony
– *tank locomotive*
**66** vízszekrény (víztartály)
– *water tank*
**67** széntartály
– *fuel tender*
**68** gőztárolós mozdony (tűz nélküli gőzmozdony, robbanásbiztos gőzmozdony)
– *steam storage locomotive (fireless locomotive)*
**69** kondenzációs gőzmozdony (gőzmozdony kondenzátoros szerkocsival)
– *condensing locomotive (locomotive with condensing tender)*

**1 villamos mozdony**
– ***electric locomotive***
2 áramszedő
– *current collector*
3 főkapcsoló
– *main switch*
4 nagyfeszültségű feszültségváltó
– *high-tension transformer*
5 tetővezeték
– *roof cable*
6 vontatómotor
– *traction motor*
7 induktív vonatbefolyásoló rendszer [fékezőrendszer]
– *inductive train control system*
8 főlégőtartály
– *main air reservoir*
9 jelzőkürt (mozdonysíp, duda)
– *whistle*
**10–18 mozdony alaprajzi elrendezése**
– ***plan of locomotive***
10 transzformátor fokozatkapcsolóval
– *transformer with tap changer*
11 olajhűtő ventilátorral
– *oil cooler with blower*
12 olajkeringtető szivattyú
– *oil-circulating pump*
13 fokozatkapcsoló hajtása
– *tap changer driving mechanism*
14 légsűrítő (kompresszor)
– *air compressor*
15 vontatómotor szellőzője
– *traction motor blower*
16 kapocsszekrény
– *terminal box*
17 segédmotorok kondenzátorai
– *capacitors for auxiliary motors*
18 kommutátorfedél
– *commutator cover*
19 vezetőfülke (vezetőállás)
– *cab (driver's cab,* Am. *engineer's cab)*
20 menetkapcsoló kézikereke
– *controller handwheel*
21 holtember-kapcsoló
– *dead man's handle*
22 mozdonyvezető fékszelepe
– *driver's brake valve (*Am. *engineer's brake valve)*
23 kisegítő fékszelep
– *ancillary brake valve (auxiliary brake valve)*
24 légnyomásmérő műszer
– *pressure gauge (*Am. *gage)*
25 holtember-kapcsoló áthidaló kapcsolója
– *bypass switch for the dead man's handle*
26 vonóerőjelző műszer
– *tractive effort indicator*
27 fűtőfeszültség-jelző műszer
– *train heating voltage indicator*
28 munkavezetékfeszültség-műszer
– *contact wire voltage indicator (overhead wire voltage indicator)*
29 nagyfeszültségű voltmérő
– *high-tension voltage indicator*
30 áramszedő felengedő és lehúzó kapcsolója
– *on/off switch for the current collector*
31 főkapcsoló
– *main switch*
32 homokszóró-kapcsoló
– *sander switch (sander control)*
33 kerékkipörgés elleni fék kapcsolója
– *anti-skid brake switch*
34 segédberendezések optikai kijelzői
– *visual display for the ancillary systems*
35 sebességmutató
– *speedometer*
36 menetfokozat-kijelző
– *running step indicator*
37 óra
– *clock*
38 induktív vonatbefolyásoló rendszer kezelőszerve
– *controls for the inductive train control system*
39 vezetőfülke fűtéskapcsolója
– *cab heating switch*
40 jelzőkürt működtetője
– *whistle lever*
**41 vezeték-karbantartó motorkocsi** <dízelmotorkocsi>
– ***contact wire maintenance vehicle*** *(overhead wire maintenance vehicle), a diesel railcar*
42 munkapadozat (szerelőpadozat)
– *work platform (working platform)*
43 létra
– *ladder*
**44–54 vezeték-karbantartó motorkocsi gépi berendezése**
– ***mechanical equipment of the conctact wire maintenance vehicle***
44 légsűrítő (kompresszor)
– *air compressor*
45 ventilátor-olajpumpa
– *blower oil pump*
46 világítás generátora
– *generator*
47 dízelmotor
– *diesel engine*
48 befecskendező szivattyú
– *injection pump*
49 hangtompító
– *silencer (*Am. *muffler)*
50 sebességváltó
– *change-speed gear*
51 kardántengely
– *cardan shaft*
52 nyomkarimakenés
– *wheel flange lubricator*
53 irányváltó hajtómű
– *reversing gear*
54 nyomatékváltó csapágyazása
– *torque converter bearing*
**55 akkumulátoros motorkocsi**
– ***accumulator railcar*** *(battery railcar)*
56 akkumulátor-tárolótér
– *battery box (battery container)*
57 vezetőfülke
– *cab (driver's cab,* Am. *engineer's cab)*
58 másodosztályú utastér üléselrendezése
– *second-class seating arrangement*
59 WC és mosdó
– *toilet (lavatory, WC)*
**60 villamos gyorsvonat**
– ***fast electric multiple-unit train***
61 szerelvényvégi motorkocsi
– *front railcar*
62 középső motorkocsi
– *driving trailer car*

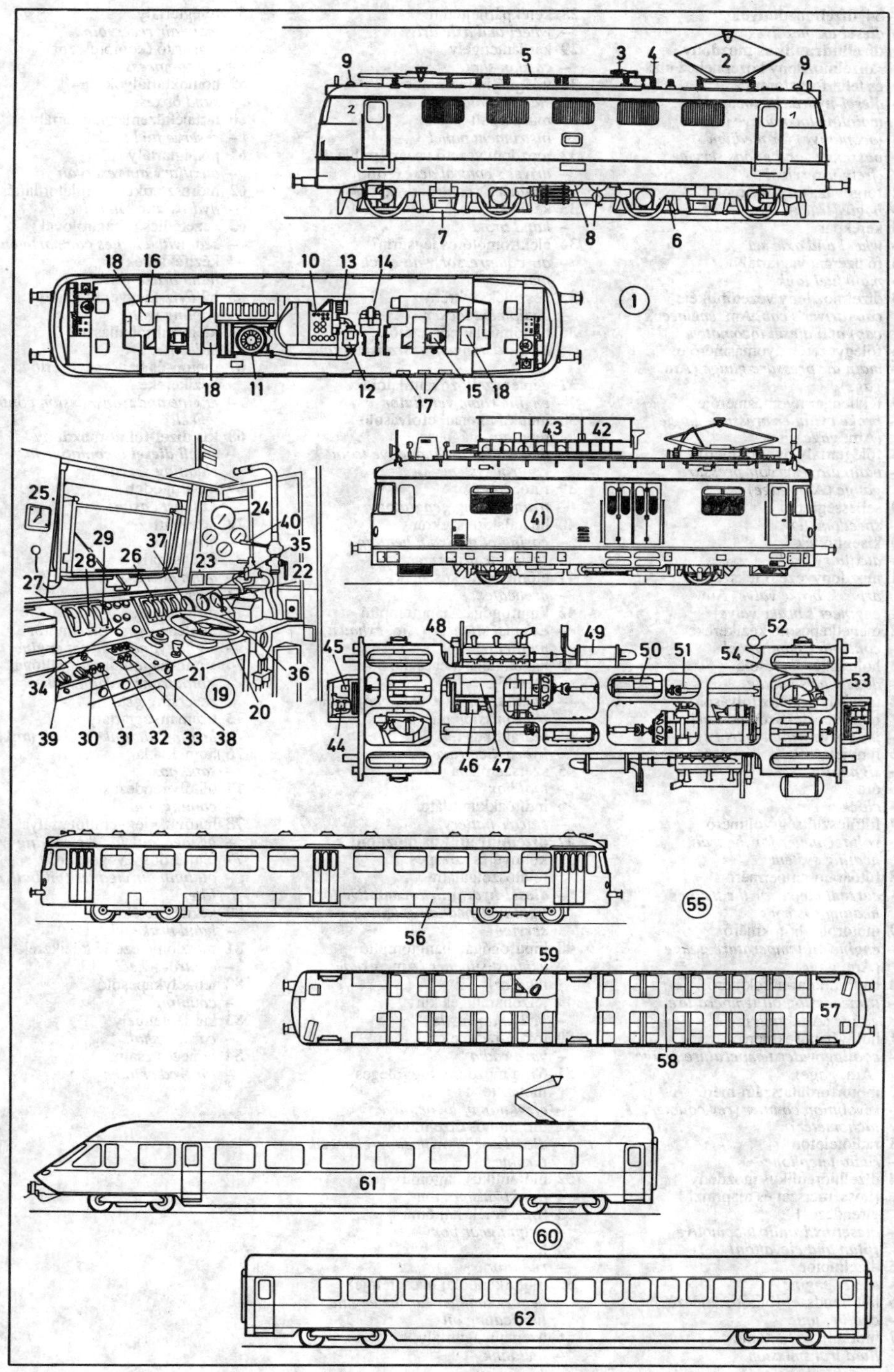
9
5
3
4
2
9
2
1
7
8
6
18
16
10
13
14
1
18
11
12
17
15
18
43
42
41
25
24
40
35
29
37
28
26
23
22
27
21
36
34
19
20
39
30
31
32
33
38
48
49
45
50
51
52
54
53
44
46
47
55
56
59
57
58
61
60
62

**1–84 dízelmozdonyok**
– *diesel locomotives*
**1 dízelhidraulikus mozdony**
<dízelmozdony középnehéz utas- és teherforgalomra>
– ***diesel-hydraulic locomotive,*** *a mainline locomotive (diesel locomotive) for medium passenger and goods service (freight service)*
**2** forgóváz (forgózsámoly)
– *bogie (truck)*
**3** kerékpár
– *wheel and axle set*
**4** fő üzemanyagtartály
– *main fuel tank*
**5** dízelmozdony vezetőfülkéje
– *cab (driver's cab,* Am. *engineer's cab) of a diesel locomotive*
**6** főlégvezeték nyomásmérője
– *main air pressure gauge (*Am. *gage)*
**7** fékhenger nyomásmérője
– *brake cylinder pressure gauge (*Am. *gage)*
**8** főlégtartály nyomásmérője
– *main air reservoir pressure gauge (*Am. *gage)*
**9** sebességmérő
– *speedometer*
**10** kisegítő fék
– *auxiliary brake*
**11** mozdonyvezető fékszelepe
– *driver's brake valve (*Am. *engineer's brake valve)*
**12** menetkapcsoló kézikereke
– *controller handwheel*
**13** holtember-kapcsoló
– *dead man's handle*
**14** induktív vonatbefolyásoló rendszer [fékezőrendszer]
– *inductive train control system*
**15** fényjelzések
– *signal lights*
**16** óra
– *clock*
**17** fűtőfeszültség-voltmérő
– *voltage meter for the train heating system*
**18** fűtőáram-ampermérő
– *current meter for the train heating system*
**19** motorolaj-hőfokmérő
– *engine oil temperature gauge (*Am. *gage)*
**20** hajtóműolaj-hőfokmérő
– *transmission oil temperature gauge (*Am. *gage)*
**21** hűtővíz-hőfokmérő
– *cooling water temperature gauge (*Am. *gage)*
**22** motorfordulatszám-mérő
– *revolution counter (rev counter, tachometer)*
**23** rádiótelefon
– *radio telephone*
**24** dízelhidraulikus mozdony [hosszmetszet és alaprajzi elrendezés]
– *diesel-hydraulic locomotive [plan and elevation]*
**25** dízelmotor
– *diesel engine*
**26** hűtőrendszer (hűtőberendezés)
– *cooling unit*
**27** hidraulikus hajtómű
– *fluid transmission*
**28** kerékpárhajtómű
– *wheel and axle drive*
**29** kardántengely
– *cardan shaft*
**30** világító indítómotor
– *starter motor*
**31** műszerpult
– *instrument panel*
**32** mozdonyvezető vezérlőpultja
– *driver's control desk (*Am. *engineer's control desk)*
**33** kézifék
– *hand brake*
**34** elektromotoros légsűrítő
– *air compressor with electric motor*
**35** készülékszekrény
– *equipment locker*
**36** hajtóműolaj hőcserélője
– *heat exchanger for transmission oil*
**37** géptér szellőzőventilátora
– *engine room ventilator*
**38** induktív vonatbefolyásoló rendszer mágnese
– *magnet for the inductive train control system*
**39** fűtőgenerátor
– *train heating generator*
**40** hőátalakító szekrény
– *casing of the train heating system transformer*
**41** előmelegítő készülék
– *preheater*
**42** kipufogógáz-hangtompító
– *exhaust silencer (*Am. *exhaust muffler)*
**43** hajtóműolaj kiegészítő hőcserélője
– *auxiliary heat exchanger for the transmission oil*
**44** hidraulikus fék
– *hydraulic brake*
**45** szerszámláda
– *tool box*
**46** indítóakkumulátor
– *starter battery*
**47 dízelhidraulikus mozdony** könnyű és közepes tolatószolgálatra
– ***diesel-hydraulic locomotive*** *for light and medium shunting service*
**48** kipufogógáz-hangtompító
– *exhaust silencer (*Am. *exhaust muffler)*
**49** jelzőharang és kürt
– *bell and whistle*
**50** tolató-rádiótelefon
– *yard radio*
**51–67** a mozdony függőleges metszete
– *elevation of locomotive*
**51** turbótöltős dízelmotor
– *diesel engine with supercharged turbine*
**52** hidraulikus hajtómű
– *fluid transmission*
**53** fogaskerék-hajtómű
– *output gear box*
**54** hűtő
– *radiator*
**55** motorkenőolaj hőcserélője
– *heat exchanger for the engine lubricating oil*
**56** üzemanyagtartály
– *fuel tank*
**57** főlégtartály
– *main air reservoir*
**58** légsűrítő (kompresszor)
– *air compressor*
**59** homoktartályok
– *sand boxes*
**60** tartaléküzemanyag-tartály
– *reserve fuel tank*
**61** pótlégtartály
– *auxiliary air reservoir*
**62** hidrosztatikus ventilátorhajtás
– *hydrostatic fan drive*
**63** vezetőülés ruhatárolóval
– *seat with clothes compartment*
**64** kézifékkerék
– *hand brake wheel*
**65** hűtővíz-kiegyenlítőtartály
– *cooling water*
**66** kiegyenlítőballaszt
– *ballast*
**67** motor- és hajtóművezérlő kézikereke
– *engine and transmission control wheel*
**68 kis dízel-tolatómozdony**
– ***small diesel locomotive*** *for shunting service*
**69** kipufogódob
– *exhaust casing*
**70** jelzőkürt
– *horn*
**71** főlégtartály
– *main air reservoir*
**72** légsűrítő
– *air compressor*
**73** nyolchengeres dízelmotor
– *eight-cylinder diesel engine*
**74** Voith-hajtómű irányváltóval
– *Voith transmission with reversing gear*
**75** üzemanyagtartály
– *heating oil tank (fuel oil tank)*
**76** homokláda
– *sand box*
**77** hűtőberendezés
– *cooling unit*
**78** hűtővíz kiegyenlítőtartálya
– *header tank for the cooling water*
**79** olajfürdős levegőszűrő
– *oil bath air cleaner (oil bath air filter)*
**80** kézifékkerék
– *hand brake wheel*
**81** mozdonyvezérlő kézikerék
– *control wheel*
**82** tengelykapcsoló
– *coupling*
**83** kardántengely
– *cardan shaft*
**84** lemezes zsalu
– *louvred shutter*

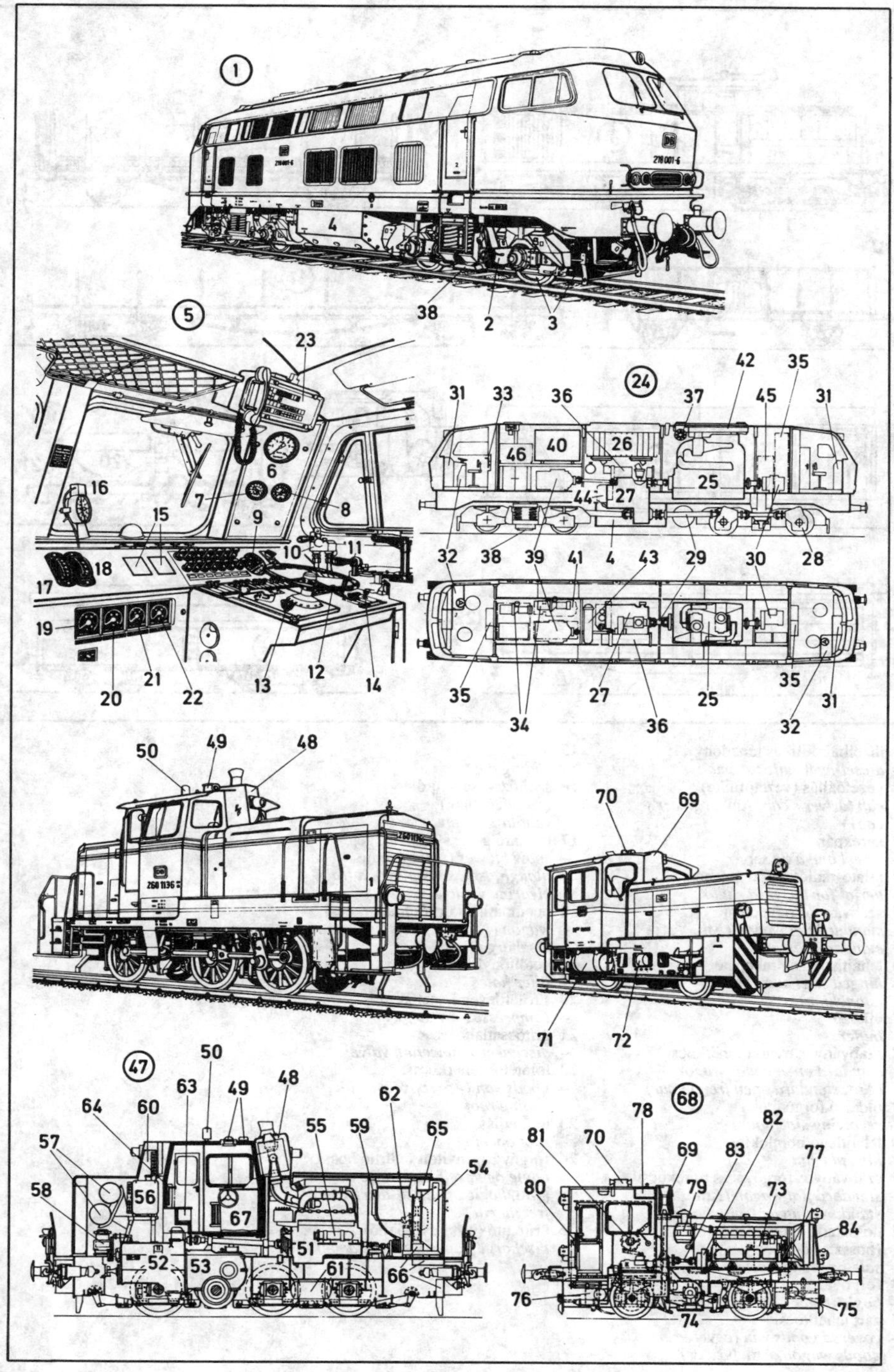
1
2
3
38
4
5
6
7
8
9
10
11
12
13
14
15
16
17
18
19
20
21
22
23
24
25
26
27
28
29
30
31
32
33
34
35
36
37
39
40
41
42
43
44
45
46
47
48
49
50
51
52
53
54
55
56
57
58
59
60
61
62
63
64
65
66
67
68
69
70
71
72
73
74
75
76
77
78
79
80
81
82
83
84

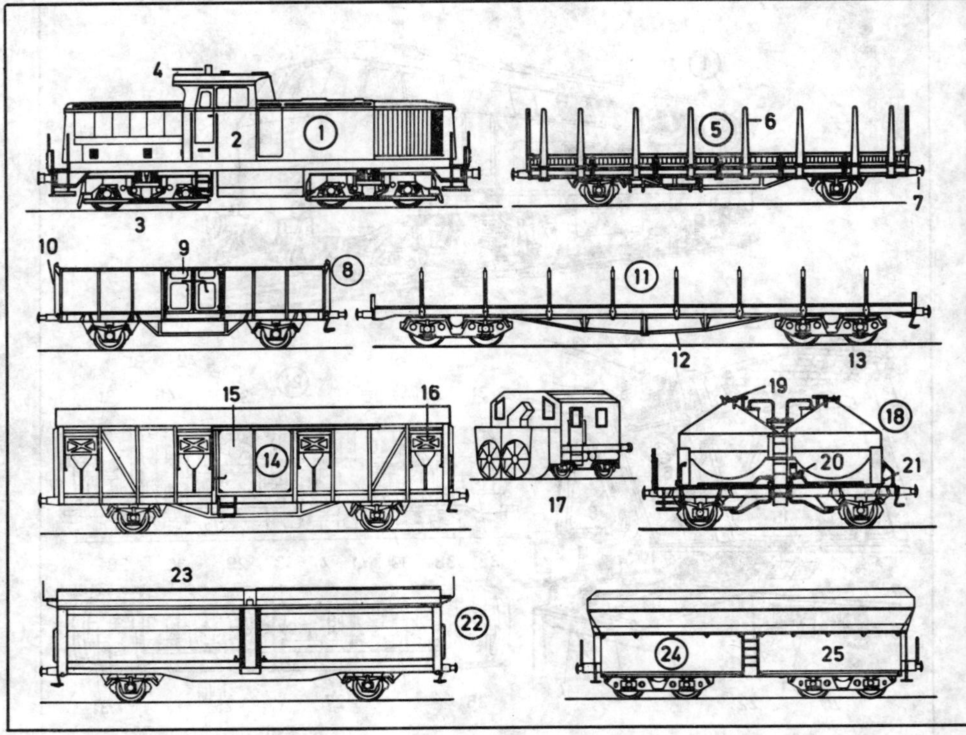


**1** dízelhidraulikus mozdony
– *diesel-hydraulic locomotive*

**2** vezetőállás (vezetőfülke)
– *cab (driver's cab,* Am. *engineer's cab)*

**3** kerékpár
– *wheel and axle set*

**4** tolató-rádiótelefon antennája
– *aerial for the yard radio*

**5** szabványos pőrekocsi
– *standard flat wagon* (Am. *standard flatcar)*

**6** lehajtható acélrakonca
– *hinged steel stanchion (stanchion)*

**7** ütköző
– *buffers*

**8** szabványos nyitott teherkocsi
– *standard open goods wagon* (Am. *standard open freight car)*

**9** oldalsó forgóajtók
– *revolving side doors*

**10** lehajtható homlokfal
– *hinged front*

**11** szabványos forgóvázas pőrekocsi
– *standard flat wagon* (Am. *standard flatcar ) with bogies*

**12** hossztartó-megerősítés (hossztartó-merevítés)
– *sole bar reinforcement*

**13** forgóváz
– *bogie (truck)*

**14** zárt teherkocsi
– *covered goods van (covered goods wagon,* Am. *boxcar)*

**15** tolóajtó
– *sliding door*

**16** szellőző-csapóajtó (szellőzőablak)
– *ventilation flap*

**17** hómaró gép <síntisztító gép>
– *snow blower (rotary snow plough,* Am. *snowplow), a track-clearing vehicle*

**18** pneumatikus ürítésű teherkocsi
– *wagon* (Am. *car) with pneumatic discharge*

**19** betöltőnyílás
– *filler hole*

**20** sűrítettlevegő-csatlakozás
– *compressed-air supply*

**21** ürítőcsatlakozás
– *discharge connection valve*

**22** tolótetős teherkocsi
– *goods van* (Am. *boxcar) with sliding roof*

**23** tetőnyílás
– *roof opening*

**24** forgóvázas nyitott önürítő kocsi
– *bogie open self-discharge wagon* (Am. *bogie open self-discharge freight car)*

**25** ürítőajtó (ürítő csapóajtó)
– *discharge flap (discharge door)*

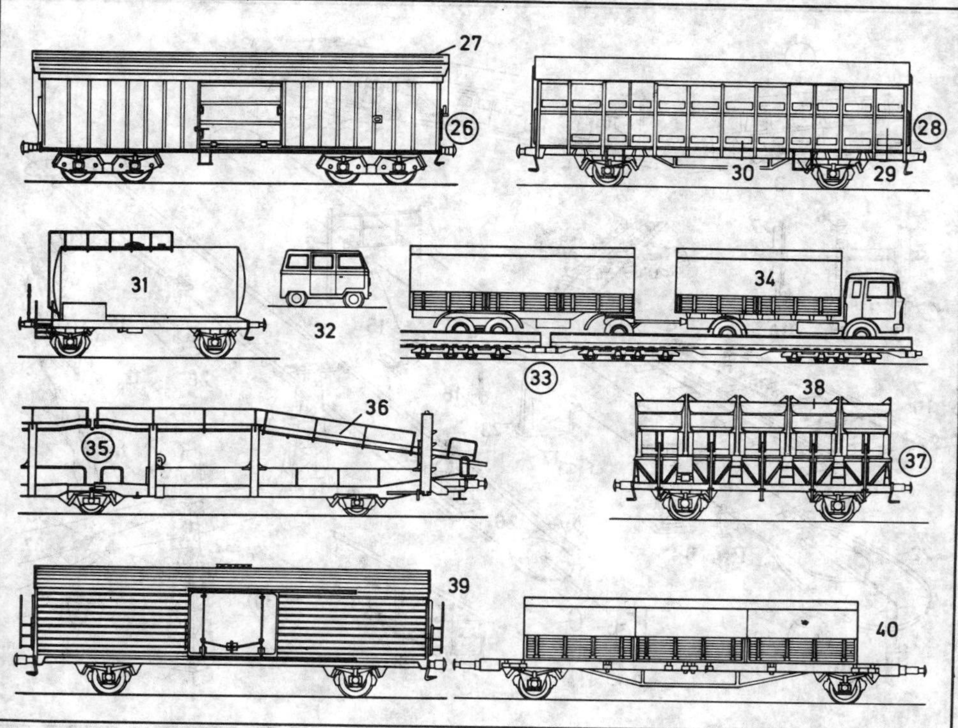


**26** forgóvázas kihajtható tetős kocsi
– *bogie wagon with swivelling (*Am. *swiveling) roof*
**27** kihajtható tető
– *swivelling (*Am. *swiveling) roof*
**28** nagy rakterű rekeszes kocsi kisállatok szállítására
– *large-capacity wagon (*Am. *large-capacity car) for small livestock*
**29** levegőáteresztő oldalfal (lécfal)
– *sidewall with ventilation flaps (slatted wall)*
**30** szellőzőcsappantyú
– *ventilation flap*
**31** tartálykocsi
– *tank wagon (*Am. *tank car)*
**32** sínautó
– *track inspection railcar*
**33** speciális pőrekocsi
– *open special wagons (*Am. *open special freight cars)*
**34** teherautó-vontatmány (pótkocsis teherautó)
– *lorry (*Am. *truck) with trailer*
**35** kétszintes autószállító kocsi
– *two-tier car carrier (double-deck car carrier)*
**36** felhajtóvályú
– *hinged upper deck*
**37** billenőteknős kocsi
– *tipper wagon (*Am. *dump car) with skips*
**38** billenőteknő (buktatóteknő)
– *skip*
**39** univerzális hűtőkocsi
– *general-purpose refrigerator wagon (refrigerator van,* Am. *refrigerator car)*
**40** cserélhető kocsiszekrény pőrekocsihoz
– *interchangeable bodies for flat wagons (*Am. *flatcars)*

# 214 Hegyivasutak

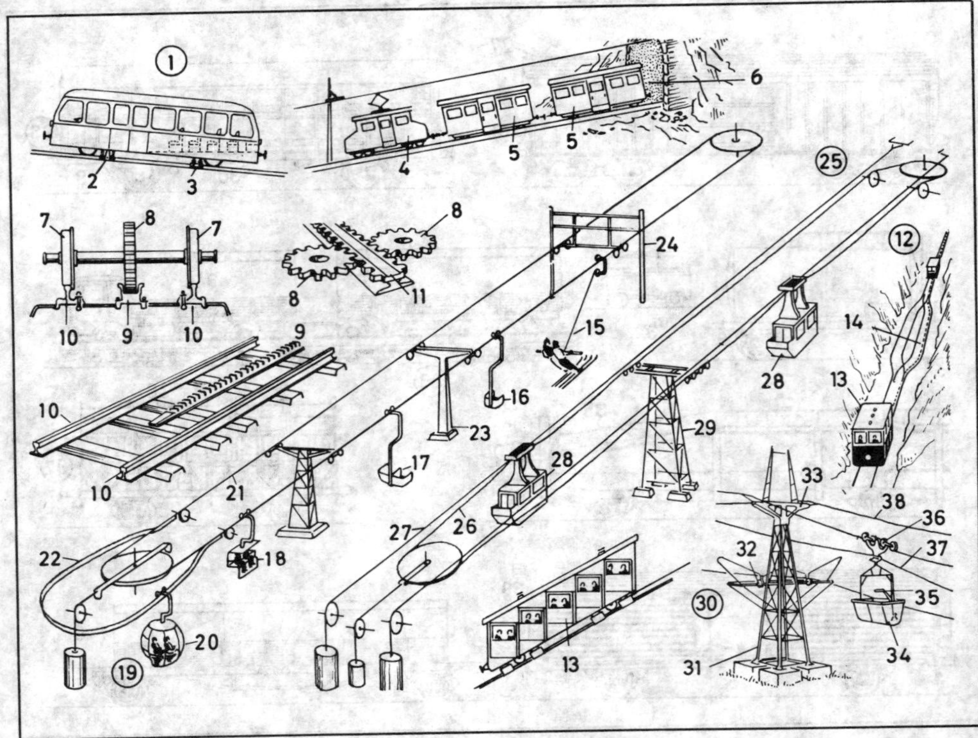


**1–14 sínen járó hegyivasutak** (hegyivasutak)
– ***mountain railways*** (Am. *mountain railroads)*
**1** motorkocsi megnövelt tapadással
– *adhesion railcar*
**2** hajtás
– *drive*
**3** vészfék
– *emergency brake*
**4–5** fogaskerekű vasút
– *rack mountain railway (rack-and-pinion railway, cog railway,* Am. *cog railroad, rack railroad)*
**4** fogaskerekű villamos mozdony
– *electric rack railway locomotive (*Am. *electric rack railroad locomotive)*
**5** fogaskerekű vasút pótkocsija (fogaskerekű-pótkocsi)
– *rack railway coach (rack railway trailer,* Am. *rack railroad car)*
**6** alagút
– *tunnel*
**7–11** fogassínes (fogasrudas, fogasléces) vasút [rendszerek]
– *rack railways (rack-and-pinion railways,* Am. *rack railroads) [systems]*
**7** futókerék
– *running wheel (carrying wheel)*
**8** hajtó (vontató) fogaskerék
– *driving pinion*
**9** fogasléc felül kimunkált fogazással
– *rack [with teeth machined on top edge]*
**10** sín
– *rail*
**11** fogasrúd kétoldalt kimunkált fogazással
– *rack [with teeth on both outer edges]*
**12** sikló (siklópálya)
– *funicular railway (funicular, cable railway)*
**13** sikló kocsija
– *funicular railway car*
**14** vontatókötél
– *haulage cable*
**15–38 sodronykötélpályák** (drótkötélpályák, függőkötélpályák)
– ***cableways*** *(ropeways, cable suspension lines)*
**15–24** egyköteles kötélpálya (végtelen kötelű kötélpálya, körbefutó kötelű kötélpálya)
– *single-cable ropeways (single-cable suspension lines), endless ropeways*
**15** sífelvonó (sívontató kötélpálya)
– *drag lift*
**16–18** ülő sílift
– *chair lift*
**16** függőszék <egyszemélyes (együléses) függőszék>
– *lift chair, a single chair*
**17** kettes függőszék <kétszemélyes (kétüléses) függőszék>
– *double lift chair, a two-seater chair*
**18** felkapcsolható kétszemélyes függőszék
– *double chair (two-seater chair) with coupling*
**19** kiskabinos kötélpálya <egykötelű kötélpálya>
– *gondola cableway, an endless cableway*
**20** kiskabin (körbejáró kabin)
– *gondola (cabin)*
**21** körbefutó (végtelenített) kötél <tartó-vonó kötél>
– *endless cable, a suspension (supporting) and haulage cable*
**22** megkerülő sín
– *U-rail*
**23** egyoszlopos tartóállvány (egyszerű tartóállvány)
– *single-pylon support*
**24** kapuállvány (kettős tartóállvány)
– *gantry support*
**25** kétkötelű kötélpálya <ingarendszerű kötélpálya>
– *double-cable ropeway (double-cable suspension line), a suspension line with balancing cabins*
**26** vonókötél
– *haulage cable*

**27** tartókötél (állókötél)
– *suspension cable (supporting cable)*
**28** utaskabin
– *cabin*
**29** közbülső támasztóállvány
– *intermediate support*
**30** teherszállító kötélpálya <kétkötelű kötélpálya>
– *cableway (ropeway, suspension line), a double-cable ropeway (double-cable suspension line)*
**31** rácsos tartóállvány
– *pylon*
**32** vonókötélgörgő
– *haulage cable roller*
**33** tartókötélsaru
– *cable guide rail (suspension cable bearing)*
**34** kocsiszekrény (kötélpályacsille) <billenőszekrény>
– *skip, a tipping bucket (*Am. *dumping bucket)*
**35** billentőkar (billentőütköző)
– *stop*
**36** futómű
– *pulley cradle*
**37** vonókötél
– *haulage cable*
**38** tartókötél (állókötél)
– *suspension cable (supporting cable)*
**39** **völgyállomás**
– ***valley station*** *(lower station)*
**40** feszítősúlyakna
– *tension weight shaft*
**41** tartókötél-feszítősúly
– *tension weight for the suspension cable (supporting cable)*
**42** vonókötél-feszítősúly
– *tension weight for the haulage cable*
**43** feszítőkötél-korong
– *tension cable pulley*
**44** tartókötél (állókötél)
– *suspension cable (supporting cable)*
**45** vonókötél
– *haulage cable*
**46** alsó kötél (ellenkötél)
– *balance cable (lower cable)*
**47** biztonsági kötél
– *auxiliary cable (emergency cable)*
**48** biztonságikötél-feszítőszerkezet
– *auxiliary-cable tensioning mechanism (emergency-cable tensioning mechanism)*
**49** vonókötél-tartógörgők
– *haulage cable rollers*
**50** indítási rugózás (rugós ütköző)
– *spring buffer (*Am. *spring bumper)*
**51** völgyállomás-peron
– *valley station platform (lower station platform)*
**52** utaskabin (kötélpálya-gondola) <nagy utasterű kabin>
– *cabin (cableway gondola, ropeway gondola, suspension line gondola), a large-capacity cabin*
**53** futómű
– *pulley cradle*
**54** függeszték
– *suspension gear*
**55** lengéscsillapító
– *stabilizer*
**56** vezetősín
– *guide rail*
**57** **hegyállomás** (felső állomás, felső végállomás)
– ***top station*** *(upper station)*
**58** tartókötél-alátámasztás
– *suspension cable guide (supporting cable guide)*
**59** tartókötél-lehorgonyzás (tartókötél-rögzítés)
– *suspension cable anchorage (supporting cable anchorage)*
**60** vonókötél-tartógörgők
– *haulage cable rollers*
**61** vonókötél-fordítókorong
– *haulage cable guide wheel*
**62** vonókötél-hajtótárcsa
– *haulage cable driving pulley*
**63** főhajtómű
– *main drive*
**64** tartalék hajtómű
– *standby drive*
**65** vezetőállás (vezetőfülke)
– *control room*
**66** **kabin futóműve** (felfüggesztése)
– ***cabin pulley cradle***
**67** futóműfőtartó
– *main pulley cradle*
**68** kettős himba
– *double cradle*
**69** kétkerekű himba
– *two-wheel cradle*
**70** futóműgörgők (futógörgők)
– *running wheels*
**71** tartókötélfék <vészfék vonókötél-szakadás esetére>
– *suspension cable brake (supporting cable brake), an emergency brake in case of haulage cable failure*
**72** felfüggesztőcsap (függesztőcsap)
– *suspension gear bolt*
**73** vonókötél-befogás [hüvely]
– *haulage cable sleeve*
**74** ellenkötél-befogás [hüvely]
– *balance cable sleeve (lower cable sleeve)*
**75** kisiklás elleni védelem
– *derailment guard*
**76** **kötélpályaállványok** (közbülső állványok)
– ***cable supports*** *(ropeway supports, suspension line* supports, intermediate supports)
**77** acélszerkezetű rácsos állvány <acélszerkezetű rácsos támasz>
– *pylon, a framework support*
**78** acélcső állvány <acélcső támasz>
– *tubular steel pylon, a tubular steel support*
**79** tartókötél-alátámasztás
– *suspension cable guide rail (supporting cable guide rail, support guide rail)*
**80** támasztókonzol [segédeszköz a kötélszerelési munkákhoz]
– *support truss, a frame for work on the cable*
**81** állványalapozás
– *base of the support*

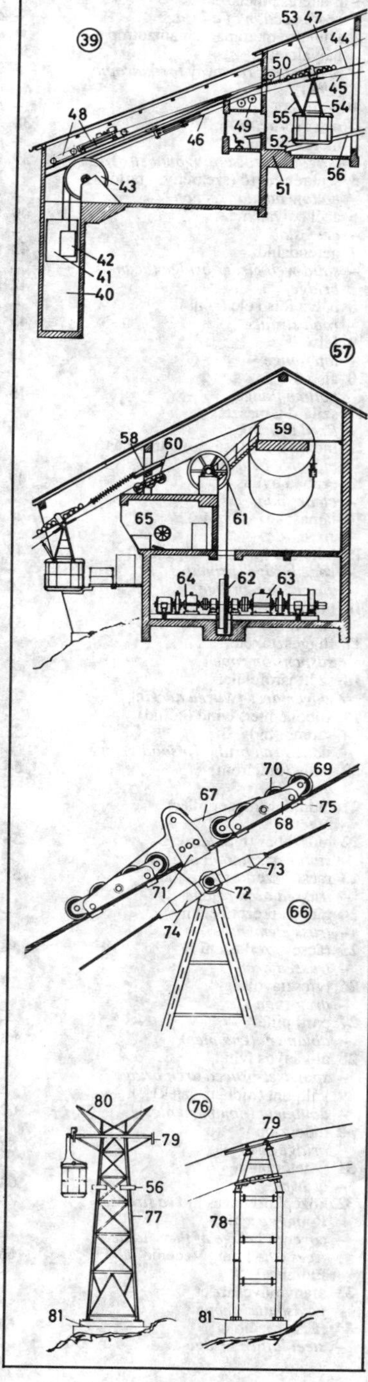

1 hídkeresztmetszet
– *cross-section of a bridge*
2 felületre merőlegesen anizotróp pályalemez
– *orthotropic roadway (orthotropic deck)*
3 feszítőmű
– *truss (bracing)*
4 merevítő (rúd)
– *diagonal brace (diagonal strut)*
5 szekrénytartó (szekrényes tartó)
– *hollow tubular section*
6 acél pályalemez
– *deck slab*
7 gerendahíd
– *solid-web girder bridge (beam bridge)*
8 pálya felső éle (síkja)
– *road surface*
9 felső öv
– *top flange*
10 alsó öv
– *bottom flange*
11 szilárd támasztás
– *fixed bearing*
12 mozgatható (csúszó) támasztás
– *movable bearing*
13 szabad nyílás
– *clear span*
14 támaszköz (fesztáv)
– *span*
15 kötélhíd (primitív függőhíd)
– *rope bridge (primitive suspension bridge)*
16 tartókötél
– *carrying rope*
17 függesztőkötél
– *suspension rope*
18 szőtt járófelület
– *woven deck (woven decking)*
19 kőből épített ívhíd (kőhíd) <tömör híd>
– *stone arch bridge, a solid bridge*
20 hídív (hídjárom)
– *arch*
21 hídpillér (mederpillér)
– *pier*
22 hídszobor (hídszent)
– *statue of saint on bridge*
23 rácsos szerkezetű ívhíd
– *trussed arch bridge*
24 rácsszerkezetű elem
– *truss element*
25 rácsos szerkezetű ív
– *trussed arch*
26 ívfesztávolság
– *arch span*
27 parti pillér
– *abutment (end pier)*
28 állványos ívhíd
– *spandrel-braced arch bridge*
29 vállpont (hídtámaszték)
– *abutment (abutment pier)*
30 hídoszlop
– *bridge strut*
31 ív tetőpontja
– *crown*
32 középkori házas híd *(a firenzei Ponte Vecchio)*
– *covered bridge of the Middle Ages (the* Ponte Vecchio *in* Florence)
33 aranyműves üzlet
– *goldsmiths' shops*
34 rácsos acélhíd
– *steel lattice bridge*
35 merevítő (átlós rúd)
– *counterbrace (crossbrace, diagonal member)*
36 függőleges oszlop (pillér)
– *vertical member*
37 rácscsomópont
– *truss joint*
38 egynyílású keret
– *portal frame*
39 függőhíd (sodronykötélhíd, kábelhíd)
– *suspension bridge*
40 tartókötél (tartókábel)
– *suspension cable*
41 függesztőkötél (kábel)
– *suspender (hanger)*
42 hídpillér (hídkapu, torony)
– *tower*
43 tartókötél lehorgonyzása
– *suspension cable anchorage*
44 vonóvas [az úttesttel]
– *tied beam [with roadway]*
45 hídtámaszték (parti pillér)
– *abutment*
46 ferde függesztős kábelhíd (ferde kötelű híd)
– *cable-stayed bridge*
47 feszítőkötél (ferde kötél)
– *inclined tension cable*
48 ferde kötél lehorgonyzása
– *inclined cable anchorage*
49 vasbeton híd (acélbeton híd)
– *reinforced concrete bridge*
50 vasbeton ív (acélbeton ív)
– *reinforced concrete arch*
51 ferdekötél-rendszer (sokköteles rendszer)
– *inclined cable system (multiple cable system)*
52 gerendahíd <tömör gerincű híd>
– *flat bridge, a plate girder bridge*
53 keresztmerevítés
– *stiffener*
54 mederpillér
– *pier*
55 hídalátámasztás
– *bridge bearing*
56 jégtörő
– *cutwater*
57 előregyártott elemekből épített híd
– *straits bridge, a bridge built of precast elements*
58 előregyártott elem
– *precast construction unit*
59 völgyáthidalás (viadukt, magasút)
– *viaduct*
60 völgyfenék (völgy talpa)
– *valley bottom*
61 vasbeton állvány (pillér)
– *reinforced concrete pier*
62 szerelőkonzol
– *scaffolding*
63 forgatható rácsos híd
– *lattice swing bridge*
64 forgatókoszorú
– *turntable*
65 forgatópillér
– *pivot pier*
66 elfordítható félhíd
– *pivoting half (pivoting section, pivoting span, movable half) of bridge*
67 elfordítható gerendahíd
– *flat swing bridge*
68 középső hídszakasz
– *middle section*
69 forgócsap
– *pivot*
70 korlát
– *parapet (handrailing)*

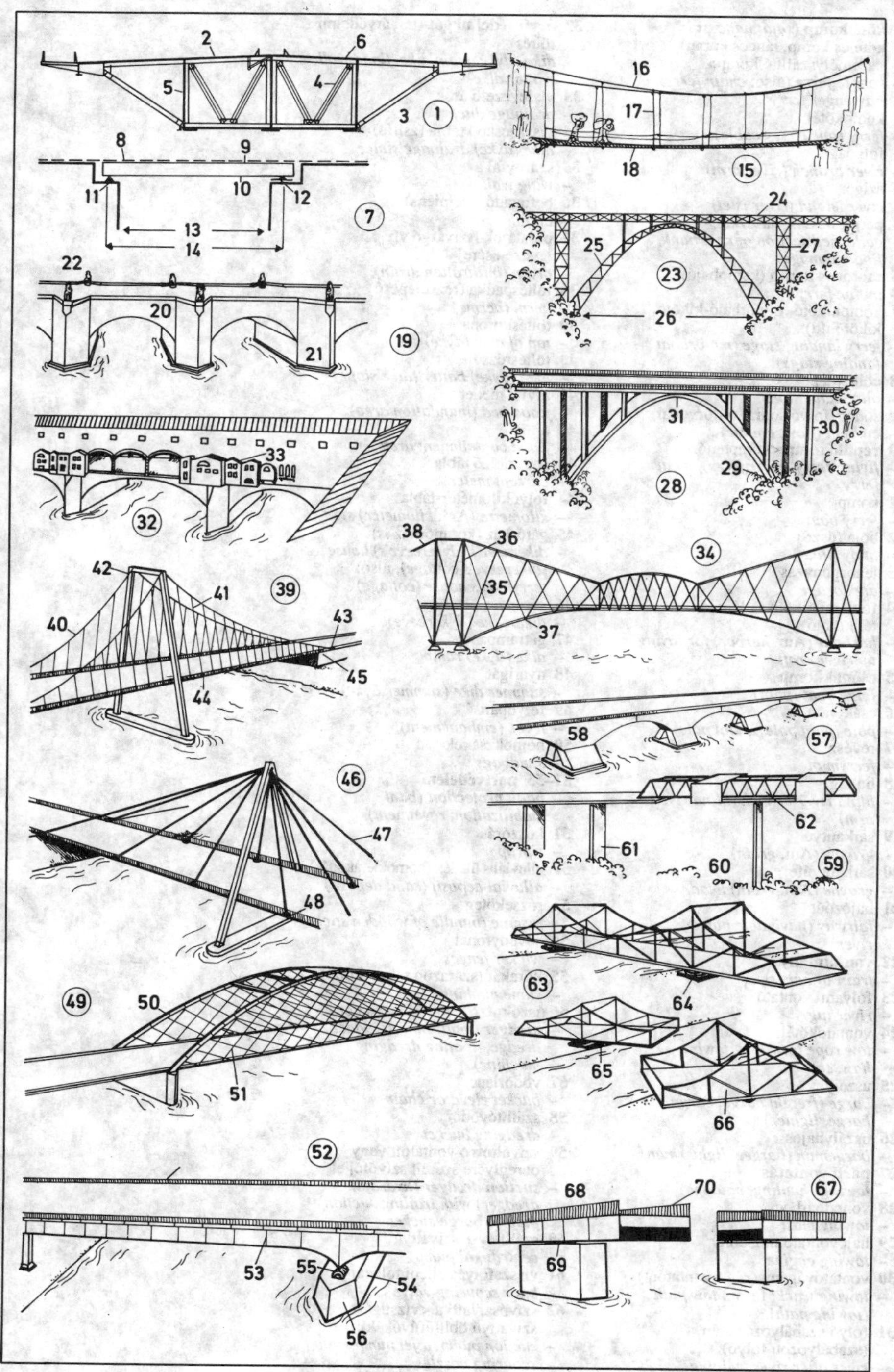
1
2
3
4
5
6
7
8
9
10
11
12
13
14
15
16
17
18
19
20
21
22
23
24
25
26
27
28
29
30
31
32
33
34
35
36
37
38
39
40
41
42
43
44
45
46
47
48
49
50
51
52
53
54
55
56
57
58
59
60
61
62
63
64
65
66
67
68
69
70

1 **kötélkomp** (*saját hajtással:* köteles komp, láncos komp) <személyszállító komp>
– ***cable ferry*** *(also: chain ferry), a passenger ferry*
2 kompkötél
– *ferry rope (ferry cable)*
3 folyóág
– *river branch (river arm)*
4 sziget
– *river island (river islet)*
5 partszakadás <árvízkár>
– *collapsed section of riverbank, flood damage*
6 **motoros komp** (komphajó)
– ***motor ferry***
7 kompkikötő (motorhajó-kikötő, kikötőhíd)
– *ferry landing stage (motorboat landing stage)*
8 cölöpalapozás
– *pile foundations*
9 sodor (folyó sodra, sodorvonal)
– *current (flow, course)*
10 **repülőkomp** <komphajó>
– ***flying ferry*** *(river ferry), a car ferry*
11 komp
– *ferry boat*
12 bója (úszó)
– *buoy (float)*
13 lehorgonyzás
– *anchorage*
14 folyami kikötő (állóhajó, télikikötő)
– *harbour* (Am. *harbor) for laying up river craft*
15 **csónakkomp**
– ***ferry boat*** *(punt)*
16 csáklya
– *pole (punt pole, quant pole)*
17 révész
– *ferryman*
18 holtág
– *blind river branch (blind river arm)*
19 sarkantyú
– *groyne* (Am. *groin)*
20 sarkantyúfej
– *groyne* (Am. *groin) head*
21 hajózóút
– *fairway (navigable part of river)*
22 **vontatmány**
– ***train of barges***
23 folyami vontató
– *river tug*
24 vontatókötél
– *tow rope (tow line, towing hawser)*
25 uszály
– *barge (freight barge, cargo barge, lighter)*
26 uszályhajós
– *bargeman (bargee, lighterman)*
27 **parti vontatás**
– ***towing*** *(hauling, haulage)*
28 vontatóárboc
– *towing mast*
29 hajóvontató mozdony
– *towing engine*
30 vontatóvágány (*rég.:* vontatóút)
– *towing track;* form.: *tow path (towing path)*
31 folyó szabályozás után (szabályozott folyó)
– *river after river training*
32 **árvízvédelmi gát** (téli árvédelmi töltés)
– ***dike*** *(dyke, main dike, flood wall, winter dike)*
33 vízlevezető árok
– *drainage ditch*
34 visszacsapó tábla (zsilip)
– *dike (dyke) drainage sluice*
35 szárnyfal
– *wing wall*
36 befogadó (recipiens)
– *outfall*
37 oldalárok [szivárgó víz levezetésére]
– *drain (infiltration drain)*
38 töltéspadka (rézsűlépcső)
– *berm (berme)*
39 töltéskorona
– *top of dike (dyke)*
40 töltésrézsű
– *dike (dyke) batter (dike slope)*
41 árvízi meder
– *flood bed (inundation area)*
42 ártér
– *flood containment area*
43 sodorjelző tábla
– *current meter*
44 folyókilométer-tábla
– *kilometre* (Am. *kilometer) sign*
45 gátőrház (kompőrház *is*)
– *dikereeve's (dykereeve's) house (dikereeve's cottage);* also: *ferryman's house (cottage)*
46 gátőr
– *dikereeve (dykereeve)*
47 gátrámpa
– *dike (dyke) ramp*
48 nyárigát
– *summer dike (summer dyke)*
49 folyópart
– *levee (embankment)*
50 homokzsákok
– *sandbags*
51–55 **partvédelem**
– ***bank protection*** *(bank stabilization, revetment)*
51 kőszórás
– *riprap*
52 alluviális üledék (homoklerakódás)
– *alluvial deposit (sand deposit)*
53 rőzseköteg
– *fascine (bundle of wooden sticks)*
54 sövényfonat
– *wicker fences*
55 kőrakat (szárazon rakott kőfal)
– *stone pitching*
56 **úszókotró** <vödörláncos kotró>
– ***dredger*** *(multi-bucket ladder dredge, floating dredging machine)*
57 vödörlánc
– *bucket elevator chain*
58 szállítóvödör
– *dredging bucket*
59 **szívókotró** vontatott vagy dereglyére szerelt szívófejjel
– ***suction dredger*** *(hydraulic dredger) with trailing suction pipe or barge sucker*
60 szállítóvíz-szivattyú
– *centrifugal pump*
61 visszafolyás elleni tolózár
– *back scouring valve*
62 szívószivattyú <vízsugár-szivattyú öblítőfúvókákkal>
– *suction pump, a jet pump with scouring nozzles*

1
2
3
4
5
6
7
8
9
10
11
12
13
14
15
16
17
18
19
20
21
22
23
24
25
26
27
28
29
30
31
32
33
34
35
36
37
38
39
40
41
42
43
44
44
45
46
47
48
49
50
51
52
53
54
55
56
57
58
59
60
61
62

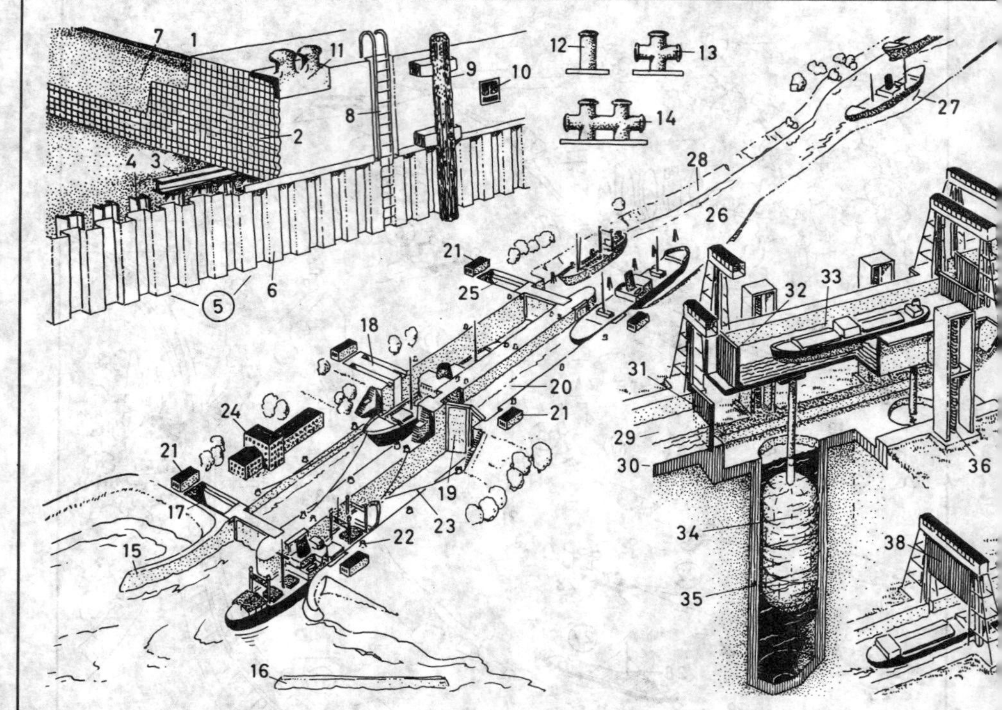


**1–14 kikötőpartfal**
– ***quay wall***
**1** útburkolat
– *road surface*
**2** faltest (falazat)
– *body of wall*
**3** acélküszöb
– *steel sleeper*
**4** acélcölöp
– *steel pile*
**5** szádfal
– *sheet pile wall (sheet pile bulkhead, sheet piling)*
**6** szádpalló
– *box pile*
**7** háttöltés (hátsó kitöltés)
– *backfilling (filling)*
**8** létra (feljárólétra)
– *ladder*
**9** ütközőgerenda (ütközőfa, dörzsfa)
– *fender (fender pile)*
**10** kikötőkampó (fülkében elhelyezett kikötőbak)
– *recessed bollard*
**11** kettős (iker) kikötőbak
– *double bollard*
**12** kikötőbak
– *bollard*
**13** kikötőkereszt
– *cross-shaped bollard (cross-shaped mooring bitt)*
**14** kettős kikötőkereszt
– *double cross-shaped bollard (double cross-shaped mooring bitt)*

**15–28 csatorna**
– ***canal***
**15–16** csatornabejárat
– *canal entrance*
**15** móló (kikötőgát)
– *mole*
**16** hullámtörő
– *breakwater*
**17–25** hajózózsilip (hajózsilip, kettős hajózsilip, csege)
– *staircase of locks*
**17** alsó zsilipfő
– *lower level*
**18** zsilipkapu <tolókapu>
– *lock gate, a sliding gate*
**19** támkapu
– *mitre (Am. miter) gate*
**20** hajózsilip (zsilipkamra)
– *lock (lock chamber)*
**21** gépház
– *power house*
**22** kikötőcsörlő (kikötőgugora) <csörlő>
– *warping capstan (hauling capstan), a capstan*
**23** vontatókötél
– *warp*
**24** hatóság (*pl.:* csatornaigazgatóság, vízirendőrség, vámhivatal)
– *offices (e.g. canal administration, river police, customs)*
**25** felső zsilipfő
– *upper level (head)*
**26** zsilip előkikötője
– *lock approach*
**27** kitérő (csatornakitérő)
– *lay-by*
**28** parti rézsű
– *bank slope*

**29–38 hajóemelő** (hajólift)
– ***boat lift*** *(*Am. *boat elevator)*
**29** alsó csatornaszakasz (alsó böge)
– *lower pound (lower reach)*
**30** csatornafenék
– *canal bed*
**31** bögekapu, emelőkapu
– *pound lock gate, a vertical gate*
**32** teknőkapu
– *lock gate*
**33** hajóemelő teknő
– *boat tank (caisson)*
**34** úszó <emelőtest>
– *float*
**35** úszóakna
– *float shaft*
**36** emelőorsó (menetorsó)
– *lifting spindle*
**37** felső csatornaszakasz (felső böge)
– *upper pound (upper reach)*
**38** felemelhető zsilipkapu
– *vertical gate*

**39–46 szivattyús tározómű**
– ***pumping plant and reservoir***
**39** tározómedence
– *forebay*
**40** vízkivételi mű
– *surge tank*

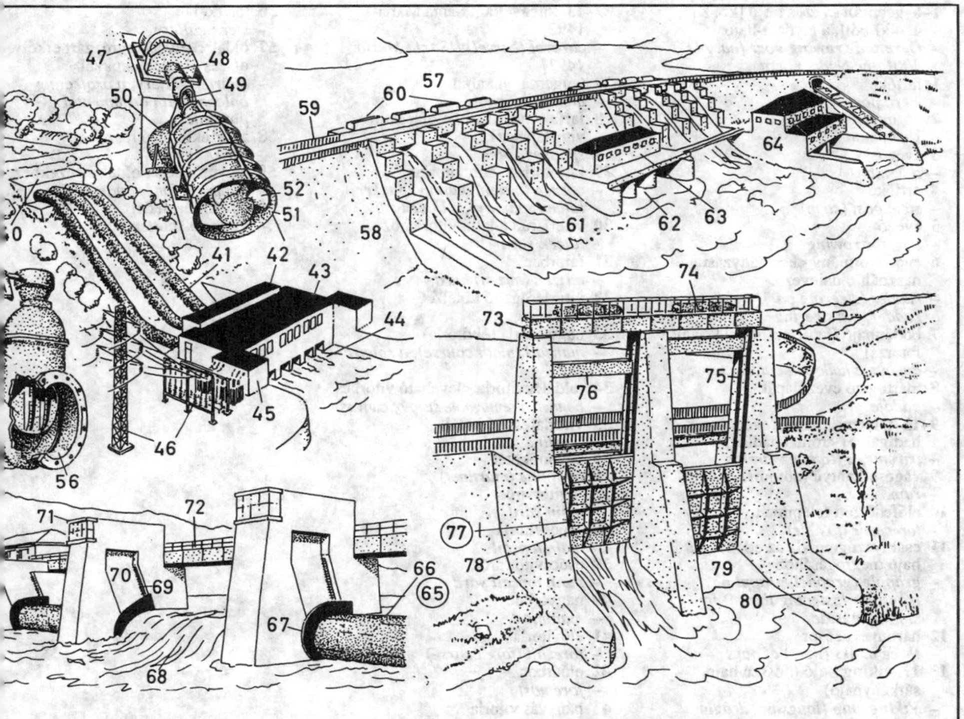


**41** nyomócsővezeték
– *pressure pipeline*
**42** tolózárépület
– *valve house (valve control house)*
**43** turbinagépház (szivattyúgépház)
– *turbine house (pumping station)*
**44** kiömlőmű
– *discharge structure (outlet structure)*
**45** kapcsolóház
– *control station*
**46** transzformátorállomás
– *transformer station*
**47–52 propellerturbina-gépcsoport**
– ***axial-flow pump*** *(propeller pump)*
**47** hajtómotor (villamos motor)
– *drive motor*
**48** hajtómű
– *gear*
**49** hajtótengely
– *drive shaft*
**50** nyomócső
– *pressure pipe*
**51** szívótölcsér
– *suction head*
**52** szivattyú-járókerék (lapátkerék)
– *impeller wheel*
**53–56 tolózár**
– ***sluice valve*** *(sluice gate)*
**53** kéziforgattyús hajtás
– *crank drive*
**54** tolózárház
– *valve housing*
**55** tolózártest
– *sliding valve (sliding gate)*
**56** átáramlási nyílás
– *discharge opening*
**57–64 völgyzáró mű**
– ***dam*** *(barrage)*
**57** tározótó
– *reservoir (storage reservoir, impounding reservoir, impounded reservoir)*
**58** völgyzáró gát (zárófal)
– *masonry dam*
**59** gátkorona
– *crest of dam*
**60** bukó (árvízmentesítő)
– *spillway (overflow spillway)*
**61** csillapítómedence
– *stilling basin (stilling box, stilling pool)*
**62** hordaléklebocsátó (fenékürítő)
– *scouring tunnel (outlet tunnel, waste water outlet)*
**63** tolózárépület
– *valve house (valve control house)*
**64** erőműgépház
– *power station*
**65–72 hengeres gát** (hengeres mozgógát) <duzzasztólépcső>
– ***rolling dam*** *(weir), a barrage;* other system: *shutter weir*
**65** henger <duzzasztótest>
– *roller, a barrier*
**66** henger teteje
– *roller top*
**67** oldalsó pajzs
– *flange*
**68** süllyeszthető henger
– *submersible roller*
**69** fogasrúd (fogasléc)
– *rack track*
**70** fülke
– *recess*
**71** emelőműgépház
– *hoisting gear cabin*
**72** kezelőhíd
– *service bridge (walkway)*
**73–80 táblás gát** (táblás zsilip)
– ***sluice dam***
**73** emelőműhíd
– *hoisting gear bridge*
**74** emelőmű
– *hoisting gear (winding gear)*
**75** vezetőhorony
– *guide groove*
**76** kiegyenlítőtömeg (ellensúly)
– *counterweight (counterpoise)*
**77** csúszótábla
– *sluice gate (floodgate)*
**78** merevítő (erősítő) borda
– *reinforcing rib*
**79** gátküszöb
– *dam sill (weir sill)*
**80** bekötőfal
– *wing wall*

**1–6 germán evezős hajó** [kb. Kr. u. 400-ból]; a Nydam-hajó
– ***Germanic rowing boat*** *[ca. AD 400], the Nydam boat*
**1** fartőke
– *stern post*
**2** kormányos
– *steersman*
**3** evezősök
– *oarsman*
**4** orrtőke
– *stem post (stem)*
**5** evező
– *oar, for rowing*
**6** evezőkormány <kormányzásra használt oldalevező>
– *rudder (steering oar), a side rudder, for steering*
**7** bödönhajó (fatörzscsónak) [kivájt fatörzs]
– ***dugout,*** *a hollowed-out tree trunk*
**8** mártogató evezőlapát
– *paddle*
**9–12 trirema** (három evezősoros hadigálya) <római hadihajó>
– ***trireme,*** *a Roman warship*
**9** vágósarkantyú (döfőorr)
– *ram*
**10** előfedélzeti felépítmény
– *forecastle (fo'c'sle)*
**11** csáklyázógerenda az ellenséges hajó megfogásához
– *grapple (grapnel, grappling iron), for fastening the enemy ship alongside*
**12** három evezősor
– *three banks (tiers) of oars*
**13–17 viking hajó** (hosszú hajó, sárkányhajó)
– ***Viking ship*** *(longship, dragon ship) [Norse]*
**13** kormány (kormányrúd)
– *helm (tiller)*
**14** ponyvatámasztó villa faragott lófejekkel
– *awning crutch with carved horses' heads*
**15** ponyva (sátortető)
– *awning*
**16** sárkányfej (orrfigura)
– *dragon figurehead*
**17** pajzs [harci pajzsok hullámfogóként elhelyezve]
– *shield*
**18–26 kogge** (Hanza-kogge, Hanza-hajó)
– ***cog*** *(Hansa cog, Hansa ship)*
**18** horgonykötél
– *anchor cable (anchor rope, anchor hawser)*
**19** orrbástya (előbástya)
– *forecastle (fo'c'sle)*
**20** orrárboc
– *bowsprit*
**21** bevont keresztvitorla
– *furled (brailed-up) square sail*
**22** városlobogó
– *town banner (city banner)*
**23** farbástya (tatbástya)
– *aftercastle (sterncastle)*
**24** kormány <farkormány>
– *rudder, a stem rudder*
**25** kerekített hajófar
– *rounded prow (rounded bow, bluff prow, bluff bow)*
**26** eltámasztó (ütközőfa)
– *wooden fender*
**27–43 karavella** [„Santa Maria" 1492]
– ***caravel*** *(carvel) ['Santa Maria' 1492]*
**27** tengernagyi kabin
– *admiral's cabin*
**28** farfa (vitorlafa a hajófar latin vitorlájához)
– *spanker boom*
**29** farvitorla <latin vitorla>
– *mizzen (mizen, mutton spanker, lateen spanker), a lateen sail*
**30** vitorlarúd a latin vitorlához
– *lateen yard*
**31** farárboc
– *mizzen (mizen) mast*
**32** vitorlarögzítő kötélzet
– *lashing*
**33** nagyvitorla (élvitorla)
– *mansail (main course), a square sail*
**34** toldalékvitorla <levehető vitorla>
– *bonnet, a removable strip of canvas*
**35** vitorlafeszítő kötél
– *bowline*
**36** bevonókötél
– *bunt line (martinet)*
**37** fővitorlarúd
– *main yard*
**38** csúcsvitorla
– *main topsail*
**39** csúcsvitorlarúd
– *main topsail yard*
**40** nagyárboc
– *mainmast*
**41** elővitorla
– *foresail (fore course)*
**42** előárboc
– *foremast*
**43** pányvás vitorla
– *spritsail*
**44–50 gálya** [15–18. sz.] <rabszolgagálya>
– ***galley*** *[15th to 18th century], a slave galley*
**44** hajólámpa
– *lantern*
**45** hajófülke
– *cabin*
**46** járda a hajóközépen
– *central gangway*
**47** rabszolgafelügyelő korbáccsal
– *slave driver with whip*
**48** gályarabok
– *galley slaves*
**49** fedett emelvény a hajó elején
– *covered platform in the forepart of the ship*
**50** ágyú
– *gun*
**51–60 sorhajó** [18–19. sz] <háromfedélzetes hajó>
– ***ship of the line*** *(line-of-battle ship) [18th to 19th century], a three-decker*
**51** orrvitorlarúd
– *jib boom*
**52** elősudár-vitorla
– *fore topgallant sail*
**53** fősudárvitorla
– *main topgallant sail*
**54** keresztsudár-vitorla
– *mizzen (mizen) topgallant sail*
**55–57** díszes hajófar (díszes tat)
– *gilded stern*
**55** a tat legfelső emelete
– *upper stern*
**56** taterkély
– *stern gallery*
**57** oldalerkély <kiugró, zárt erkély, díszes oldalablakokkal>
– *quarter gallery, a projecting balcony with ornamental portholes*
**58** a fartükör alsó része
– *lower stern*
**59** ágyúnyílások oldalsortüzekhez
– *gunports for broadside fire*
**60** ágyúnyílásfedél
– *gunport shutter*

1
2
3
4
5
6
7
8
9
10
11
12
13
14
15
16
17
18
19
20
21
22
23
24
25
26
27
28
29
30
31
32
33
34
35
36
37
38
39
40
41
42
43
44
45
46
47
48
49
50
51
52
53
54
55
56
57
58
59
60

**1–72 barkvitorlázatú hajó** (barkhajó, bark) **kötélzete** (kötelek, csigasorok) **és vitorlázata**
– ***rigging (rig, tackle) and sails of a bark (barque)***
**1–9 árbocok**
– ***masts***
**1** orrárboc az orrsudárral (árboctoldalékkal)
– *bowsprit with jib boom*
**2–4** előárboc
– *foremast*
**2** előtörzs (előárboctörzs)
– *lower foremast*
**3** előderék (előárboc-derékszár)
– *fore topmast*
**4** elősudár (előárboc-sudárszár)
– *fore topgallant mast*
**5–7** főárboc
– *mainmast*
**5** főtörzs (főárboctörzs)
– *lower mainmast*
**6** főderék (főárbocderékszár)
– *main topmast*
**7** fősudár (főárbocsudárszár)
– *main topgallant mast*
**8–9** farárboc (tatárboc, hátsó árboc)
– *mizzen (mizen) mast*
**8** fartörzs (tatárboctörzs)
– *lower mizzen (lower mizen)*
**9** farderék (tatárbocderékszár)
– *mizzen (mizen) topmast*
**10–19 állókötélzet** (merevítőkötélzet)
– ***standing rigging***
**10** előkötél (előremerevítő kötél, *rég.*: tarcskötél) mindhárom árboctörzshöz; árboctörzs-előkötél; előtörzs-előkötél; főtörzs-előkötél; fartörzs-előkötél
– *forestay, mizzen (mizen) stay, mainstay*
**11** árbocderék-előkötél: előderék-előkötél; főderék-előkötél; farderék-előkötél
– *fore topmast stay, main topmast stay, mizzen (mizen) topmast stay*
**12** árbocsudár-előkötél: elősudár-előkötél; fősudár-előkötél; farsudár-előkötél
– *fore topgallant stay, mizzen (mizen) topgallant stay, main topgallant stay*
**13** előkötél elő- és főárboc felső sudárhoz
– *fore royal stay (main royal stay)*
**14** orrvitorla-merevítő
– *jib stay*
**15** orrárboc mellső merevítőkötele
– *bobstay*
**16** oldalmerevítők (*rég.*: csarnak)
– *shrouds*
**17** felső árbocmerevítő elő-, fő- és hátsó árbochoz
– *fore topmast rigging (main topmast rigging, mizzen (mizen) topmast rigging)*
**18** árbocsudár-oldalmerevítők az elő- és főárbochoz
– *fore topgallant rigging (main topgallant rigging)*
**19** hátramerevítő kötelek (*rég.*: patrácok)
– *backstays*
**20–31 hosszvitorlák**
– ***fore-and-aft sails***
**20** előderék-tarcsvitorla
– *fore topmast staysail*
**21** belső orrvitorla
– *inner jib*
**22** külső másodorrvitorla
– *outer jib*
**23** külső orrvitorla
– *flying jib*
**24** felső főárboc-élvitorla
– *main topmast staysail*
**25** főárboc-sudárélvitorla
– *main topgallant staysail*
**26** felső fősudár-élvitorla
– *main royal staysail*
**27** hátsótörzs-élvitorla
– *mizzen (mizen) staysail*
**28** hátsóderék-élvitorla
– *mizzen (mizen) topmast staysail*
**29** hátsósudár-élvitorla
– *mizzen (mizen) topgallant staysail*
**30** farvitorla
– *mizzen (mizen, spanker, driver)*
**31** csonka csúcsvitorla
– *gaff topsail*
**32–45 csonkaárbocok és vitorlafák**
– ***spars***
**32** előtörzs-vitorlarúd
– *foreyard*
**33** előderék-alsóvitorlarúd
– *lower fore topsail yard*
**34** előderék-felsővitorlarúd
– *upper fore topsail yard*
**35** elősudár-alsóvitorlarúd
– *lower fore topgallant yard*
**36** elősudár-felsővitorlarúd
– *upper fore topgallant yard*
**37** előpózna-vitorlarúd
– *fore royal yard*
**38** főtörzs-vitorlarúd
– *main yard*
**39** főderék-alsóvitorlarúd
– *lower main topsail yard*
**40** főderék-felsővitorlarúd
– *upper main topsail yard*
**41** fősudár-alsóvitorlarúd
– *lower main topgallant yard*
**42** fősudár-felsővitorlarúd
– *upper main topgallant yard*
**43** főpózna-vitorlarúd
– *main royal yard*
**44** farvitorla-fordítórúd (bumfa)
– *spanker boom*
**45** ágvitorlarúd
– *spanker gaff*
**46** talpkötelek a vitorlakezelő személyzet részére
– *footrope*
**47** vitorlarudak tartókötelei
– *lifts*
**48** farvitorla fordítórúdjának tartókötele
– *spanker boom topping lift*
**49** ágvitorlarúd tartókötele
– *spanker peak halyard*
**50** előtörzstarcs
– *foretop*
**51** előderék-keresztfa
– *fore topmast crosstrees*
**52** főtörzstarcs
– *maintop*
**53** főderéktarcs
– *main topmast crosstrees*
**54** fartörzstarcs
– *mizzen (mizen) top*
**55–66 keresztvitorlák**
– ***square sails***
**55** előtörzsvitorla
– *foresail (fore course)*
**56** előderék-vitorla
– *lower fore topsail*
**57** felső előderék-vitorla
– *upper fore topsail*
**58** elősudár-vitorla
– *lower fore topgallant sail*
**59** felső elősudár-vitorla
– *upper fore topgallant sail*
**60** előpózna-vitorla
– *fore royal*
**61** főtörzsvitorla
– *mainsail (main course)*
**62** főderékvitorla
– *lower main topsail*
**63** felső főderékvitorla
– *upper main topsail*
**64** fősudárvitorla
– *lower main topgallant sail*
**65** felső fősudárvitorla
– *upper main topgallant sail*
**66** főpóznavitorla
– *main royal sail*
**67–71 futókötelek**
– ***running rigging***
**67** fordítókötelek a vitorlarudak állításához
– *braces*
**68** kivonókötelek
– *sheets*
**69** farvitorla kivonókötele
– *spanker sheet*
**70** farvitorla-csonkakötél
– *spanker vangs*
**71** felgöngyölőszál
– *bunt line*
**72** kurtító
– *reef*

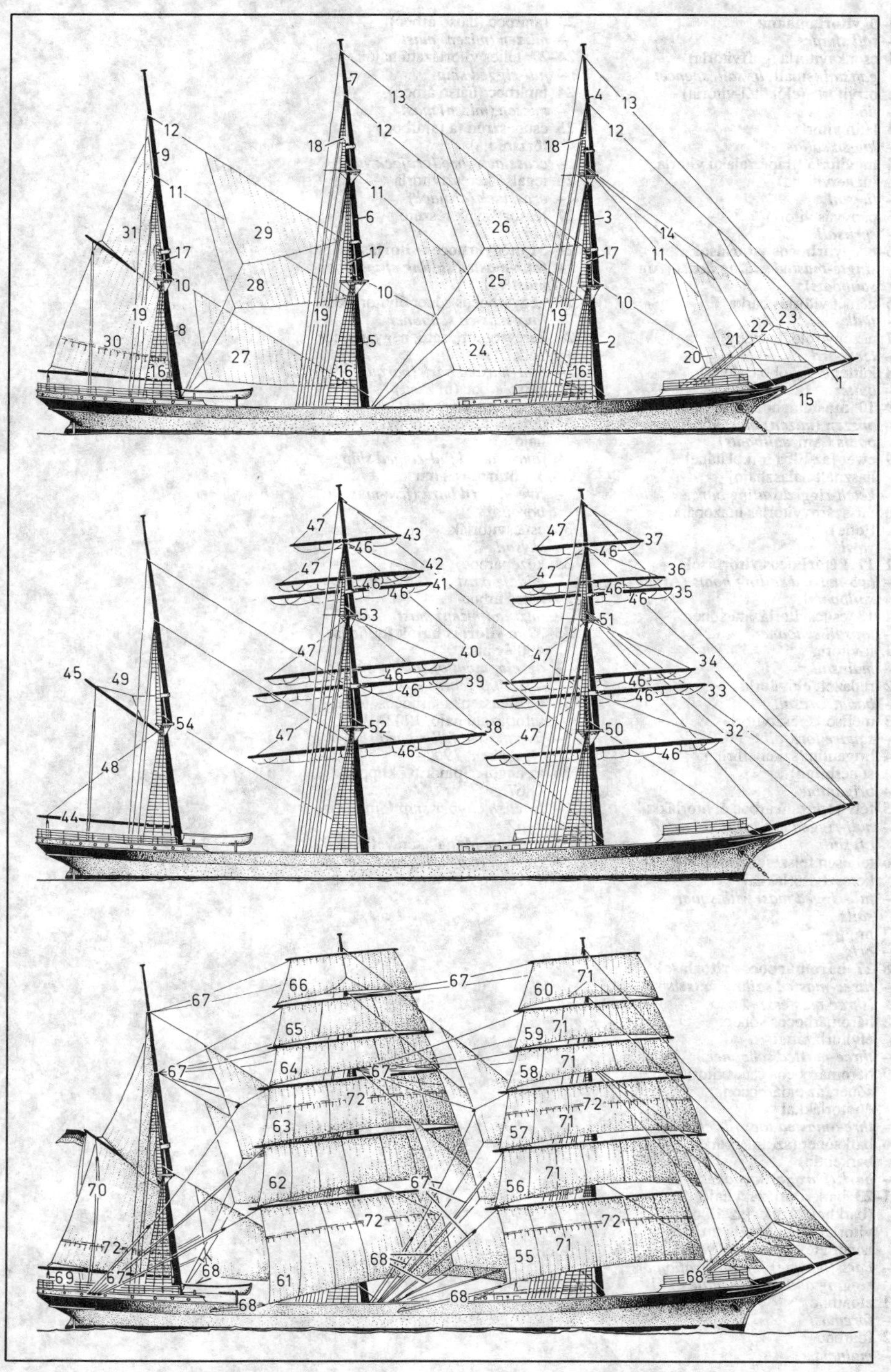
1
2
3
4
5
6
7
8
9
10
11
12
13
14
15
16
17
18
19
20
21
22
23
24
25
26
27
28
29
30
31
32
33
34
35
36
37
38
39
40
41
42
43
44
45
46
47
48
49
50
51
52
53
54
55
56
57
58
59
60
61
62
63
64
65
66
67
68
69
70
71
72

**1–5 vitorlaalakok**
– ***sail shapes***
**1** csonkavitorla (gaffvitorla)
– *gaffsail* (small: *trysail, spencer)*
**2** orrvitorla (előkötél-vitorla)
– *jib*
**3** latin vitorla
– *lateen sail*
**4** lugvitorla (trapéz alakú vitorla, luggervitorla)
– *lugsail*
**5** pányvás vitorla
– *spritsail*
**6–8 egyárbocos vitorlások**
– ***single-masted sailing boats*** *(*Am. *sailboats)*
**6** német vitorlás bárka
– *tjalk*
**7** uszony (oldaluszony)
– *leeboard*
**8** kutter (nagyobb csónak)
– *cutter*
**9–10 másfélárbocosok**
– ***mizzen (mizen) masted sailing boats*** (Am. ***sailboats)***
**9** ewer [az Elba torkolatánál használt halászhajó]
– *ketch-rigged sailing barge*
**10** far-szárnyvitorlás utazóbárka (jolle)
– *yawl*
**11–17 kétárbocos vitorlások**
– ***two-masted sailing boats*** *(*Am. *sailboats)*
**11–13** csúcsvitorlázatú sóner
– *topsail schooner*
**11** fővitorla
– *mainsail*
**12** rudazott elővitorla
– *boom foresail*
**13** mellső keresztvitorla
– *square foresail*
**14** brigantin (szkúnerbrigg, sónerbrigg)
– *brigantine*
**15** félvitorlázatú árboc élvitorlákkal
– *half-rigged mast with fore-and-aft sails*
**16** teljesen felszerelt árboc keresztvitorlákkal
– *full-rigged mast with square sails*
**17** brigg
– *brig*
**18–27 háromárbocos vitorlások**
– ***three-masted sailing vessels*** *(three-masters)*
**18** háromárbocos sóner élvitorlázattal
– *three-masted schooner*
**19** háromárbocos csúcsvitorlás sóner, az előárbocon élvitorlákkal
– *three-masted topsail schooner*
**20** barksóner (szkímerbark, barkentin)
– *bark (barque) schooner*
**21–23** barkvitorlázatú hajó (barkhajó, bark) [az árbocok, vitorlák és kötélzet részletes ismertetését lásd a 219. táblán]
– *bark (barque) [cf. illustration of rigging and sails in plate 219]*
**21** előárboc
– *foremast*
**22** főárboc
– *mainmast*
**23** farárboc (hátsó árboc)
– *mizzen (mizen) mast*
**24–27** teljes vitorlázatú hajó
– *full-rigged ship*
**24** farárboc (hátsó árboc)
– *mizzen (mizen) mast*
**25** csupaszrúd (a farárboc törzsrúdja)
– *crossjack yard (crojack yard)*
**26** legalsó keresztvitorla
– *crossjack (crojack)*
**27** réssor ágyúk részére
– *ports*
**28–31 négyárbocos vitorlás hajók**
– ***four-masted sailing ships*** *(four-masters)*
**28** négyárbocos sóner élvitorlákkal
– *four-masted schooner*
**29** keresztvitorlázatú, négyárbocos bark
– *four-masted bark (barque)*
**30** hátsó árboc (mizzen)
– *mizzen (mizen) mast*
**31** teljes vitorlázatú négyárbocos hajó
– *four-masted full-rigged ship*
**32–34 ötárbocos bark**
– ***five-masted bark*** *(five-masted barque)*
**32** csúcsvitorlák
– *skysail*
**33** középárboc
– *middle mast*
**34** hátsó árboc
– *mizzen (mizen) mast*
**35–37 a vitorlás hajók fejlődése** 400 év alatt
– ***development of sailing ships*** *over 400 years*
**35** a „Preussen" ötárbocos, teljes vitorlázatú hajó, 1902–1910.
– *five-masted full-rigged ship 'Preussen' 1902–10*
**36** az angol „Spindrift" klipper, 1867.
– *English clipper ship 'Spindrift' 1867*
**37** a „Santa Maria" karavella, 1492.
– *caravel (carvel) 'Santa Maria' 1492*

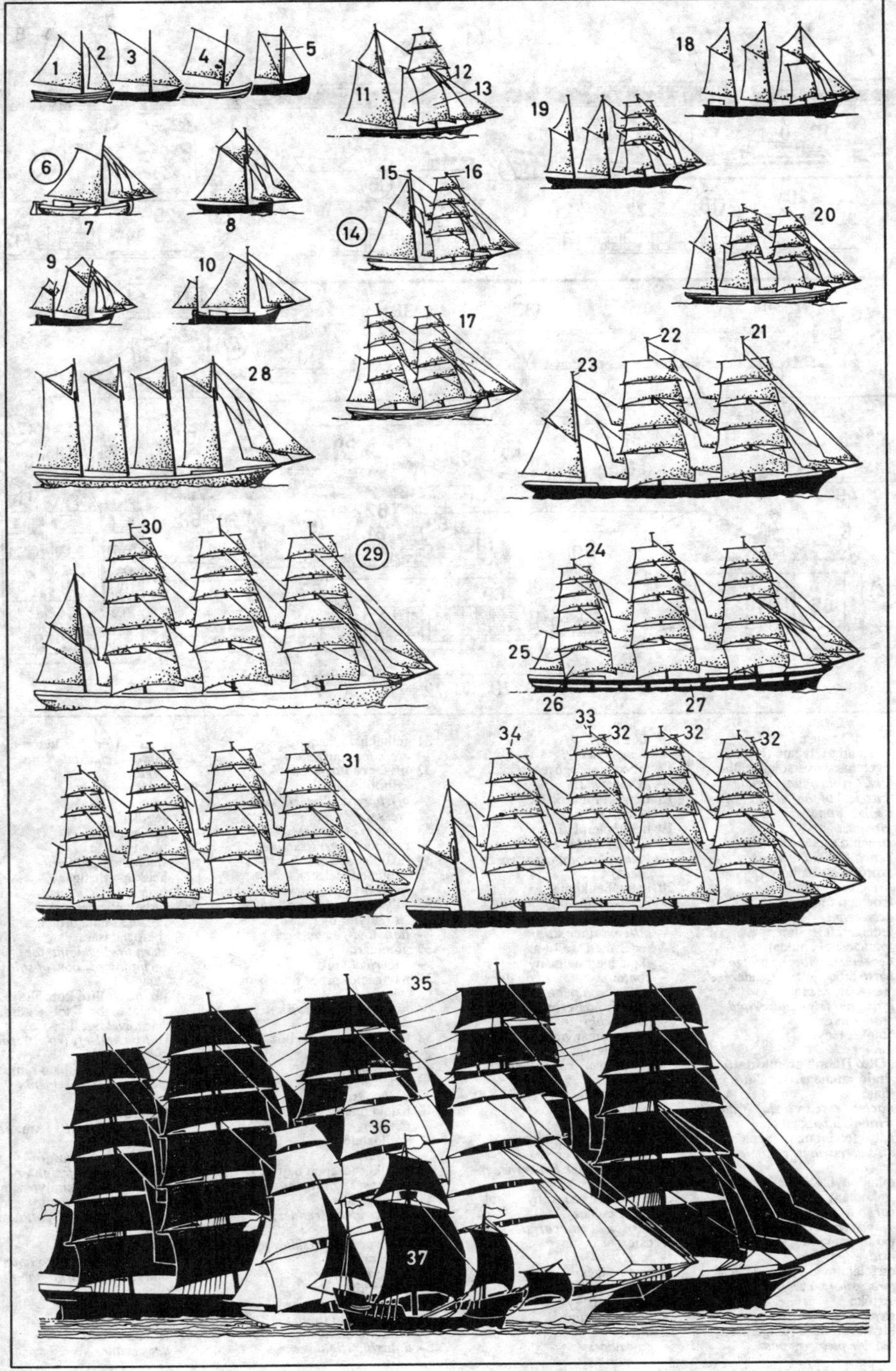
1
2
3
4
5
6
7
8
9
10
11
12
13
14
15
16
17
18
19
20
21
22
23
24
25
26
27
28
29
30
31
32
33
34
35
36
37

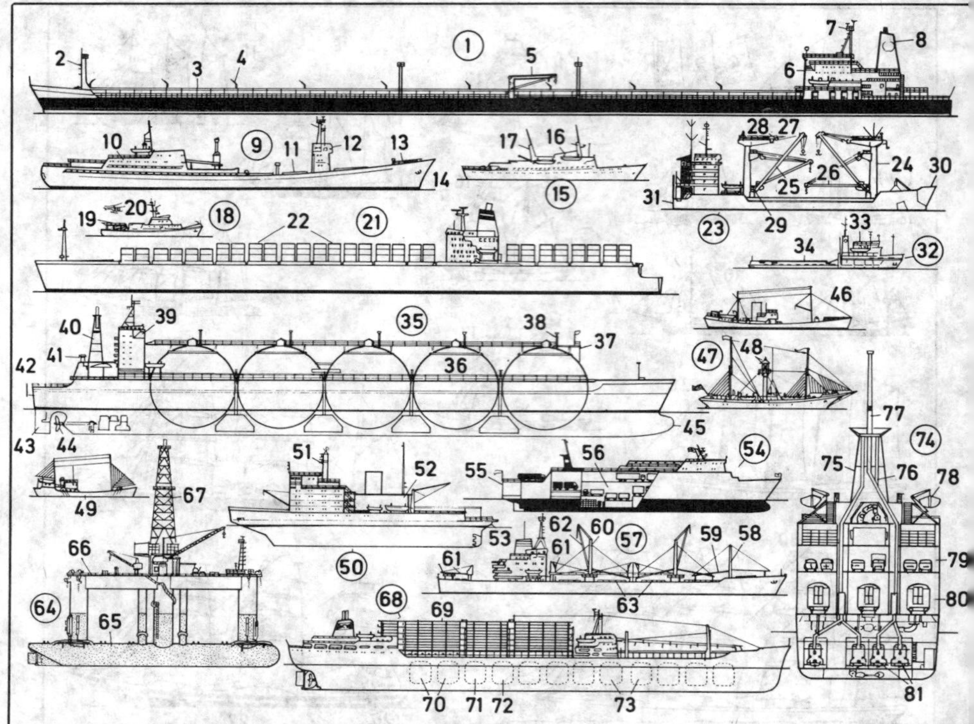

1 „all aft"-típusú mamuttartályhajó (ULCC, igen nagy nyersolaj-szállító)
– *ULCC (ultra large crude carrier) of the 'all-aft' type*
2 mellső árboc
– *foremast*
3 járdahíd a csővezetékekkel
– *catwalk with the pipes*
4 szórófejes tűzoltó vízágyú
– *fire gun (fire nozzle)*
5 fedélzeti futódaru
– *deck crane*
6 fedélzeti felépítmény a parancsnoki híddal
– *deckhouse with the bridge*
7 hátsó árboc jelzőberendezések és radar részére
– *aft signal (signalling) and radar mast*
8 hajókémény
– *funnel*
9 **„Otto Hahn" atomkutató hajó** <tömegáru-szállító hajó>
– ***nuclear research ship 'Otto Hahn', a bulk carrier***
10 hátsó felépítmény (gépház)
– *aft superstructure (engine room)*
11 rakodónyílás ömlesztett áru v. rakomány részére
– *cargo hatchway for bulk goods (bulk cargoes)*
12 parancsnoki híd
– *bridge*
13 orrfelépítmény (orrfedélzet)
– *forecastle (fo'c'sle)*
14 orrtőke
– *stem*
15 **kirándulóhajó** [tengerparti]
– ***seaside pleasure boat***
16 álkémény
– *dummy funnel*
17 árboc kipufogóvezetékkel
– *exhaust mast*
18 **tengeri mentőcirkáló**
– ***rescue cruiser***
19 helikopterplatform (munkafedélzet)
– *helicopter platform (working deck)*
20 mentőhelikopter
– *rescue helicopter*
21 **konténerszállító hajó**
– ***all-container ship***
22 fedélzeten szállított konténerrakomány
– *containers stowed on deck*
23 **különösen nehéz árukat szállító teherhajó**
– ***cargo ship***
24–29 rakományrakodó berendezés
– *cargo gear (cargo-handling gear)*
24 rakodóárboc nehézáruk rakodásához
– *bipod mast*
25 árbocdaru különösen nehéz áruk kezeléséhez
– *jumbo derrick boom (heavy-lift derrick boom)*
26 árbocdaru szokványos áruk kezeléséhez
– *derrick boom (cargo boom)*
27 csigasor
– *tackle*
28 csigalengés
– *block*
29 nyomcsapágy
– *thrust bearing*
30 orrkapu
– *bow doors*
31 felhajtható farrámpa
– *stern loading door*
32 **offshore fúrótornyok ellátóhajója**
– ***offshore drilling rig supply vessel***
33 kompakt felépítmény
– *compact superstructure*
34 rakodófedélzet (munkafedélzet)
– *loading deck (working deck)*
35 **folyékony gázt szállító tartályhajó**
– ***liquefied-gas tanker***
36 gömbtartály
– *spherical tank*
37 navigációs árboc televíziós vevővel
– *navigational television receiver mast*
38 lefúvatóárboc (szellőzőárboc)
– *vent mast*
39 fedélzeti ház
– *deckhouse*
40 hajókémény
– *funnel*
41 szellőztető
– *ventilator*
42 fartükör (csapott hajófar)
– *transom stern (transom)*
43 kormánylapát
– *rudder blade (rudder)*
44 hajócsavar
– *ship's propeller (ship's screw)*
45 bulbaorr
– *bulbous bow*
46 halászgőzös
– *steam trawler*
47 **világítóhajó** (úszó világítótorony)
– ***lightship*** *(light vessel)*
48 laterna (fényjeladó torony)
– *lantern (characteristic light)*
49 halászmotoros
– *smack*
50 **jégtörő**
– ***ice breaker***
51 toronyárboc
– *steaming light mast*
52 helikopterhangár
– *helicopter hangar*
53 farbemélyedés a jégben vezetett hajó orrának befogadására
– *stern towing point, for gripping the bow of ships in tow*
54 **járműszállító komphajó** [saját „lábon" fel-le gördülő járművek szállítására]
– ***roll-on roll-off*** *(ro-ro)* ***trailer ferry***
55 farnyílás felhajtható rámpával
– *stern port (stern opening) with ramp*
56 teherautólift
– *heavy vehicle lifts* (Am. *heavy vehicle elevators)*
57 **többcélú teherhajó**
– ***multi-purpose freighter***
58 szellőztető- és királyoszlop
– *ventilator-type samson (sampson) post (ventilator-type king post)*
59 árbocdaru
– *derrick boom (cargo boom, cargo gear, cargo-handling gear)*
60 rakodóárboc
– *derrick mast*
61 fedélzeti daru
– *deck crane*

**62** árbocdaru nehéz terhek kezeléséhez
– *jumbo derrick boom (heavy-lift derrick boom)*
**63** hombár
– *cargo hatchway*
**64** **félig elmerült helyzetben dolgozó úszó fúróberendezés**
– ***semisubmersible drilling vessel***
**65** úszótest gépi berendezéssel
– *floating vessel with machinery*
**66** fúróplatform
– *drilling platform*
**67** fúrótorony
– *derrick*
**68** **állatszállító hajó**
– ***cattleship*** *(cattle vessel)*
**69** felépítmény az állatok elhelyezésére
– *superstructure for transporting livestock*
**70** ivóvíztartályok
– *fresh water tanks*
**71** üzemanyagtartály
– *fuel tank*
**72** trágyatartály
– *dung tank*
**73** állattáptartályok
– *fodder tanks*
**74** **vonatszállító komphajó** [keresztmetszet]
– ***train ferry*** *[cross section]*
**75** hajókémény
– *funnel*
**76** kipufogóvezetékek
– *exhaust pipes*
**77** árboc
– *mast*
**78** mentőcsónak csónakdarukon
– *ship's lifeboat hanging at the davit*
**79** autófedélzet
– *car deck*
**80** vonatfedélzet
– *main deck (train deck)*
**81** meghajtóberendezés (főgépek)
– *main engines*
**82** **vonaljáratú személyhajó**
– ***passenger liner*** *(liner, ocean liner)*
**83** atlanti orr, hajóorr
– *stem*
**84** rácskoszorús hajókémény
– *funnel with lattice casing*
**85** lobogódísz, *pl.* a hajó szűz útján
– *flag dressing (rainbow dressing, string of flags extending over mastheads, e.g., on the maiden voyage)*
**86** **vonóhálós hajó** <halászó és halfeldolgozó hajó>
– ***trawler,*** *a factory ship*
**87** szerelvény a hálókezeléshez
– *gallows*
**88** farnyílás a háló behúzásához
– *stern ramp*
**89** **konténerszállító hajó**
– ***container ship***
**90** rakodó híddaru
– *loading bridge (loading platform)*
**91** kötélhágcsó
– *sea ladder (jacob's ladder, rope ladder)*
**92** **tolatmány**
– ***barge and push tug assembly***
**93** tolóhajó
– *push tug*
**94** uszály tolatásra szerkesztve <gázszállító uszály>
– *tug-pushed dumb barge (tug-pushed lighter)*
**95** révkalauz-motoros
– *pilot boat*
**96** **kombinált teher- és utasszállító hajó**
– ***combined cargo and passenger liner***
**97** utasok kihajózása csónakokkal
– *passengers disembarking by boat*
**98** hajólépcső
– *accommodation ladder*
**99** partközeli forgalomban használt motoros hajó
– *coaster (coasting vessel)*
**100** vám- *v.* rendőrmotoros
– *customs or police launch*
**101–128** **kirándulóhajó** (turistahajó)
– ***excursion steamer*** *(pleasure steamer)*
**101–106** mentőcsónak-felfüggesztés
– *lifeboat launching gear*
**101** mentőcsónakdaru
– *davit*
**102** darufejeket összekötő sodrony
– *wire rope span*
**103** vészkötél (mentőkötél)
– *lifeline*
**104** csigasor
– *tackle*
**105** többtárcsás csiga
– *block*
**106** csigasor kezelőkötele
– *fall*
**107** mentőcsónak ponyvával lefedve
– *ship's lifeboat (ship's boat) covered with tarpaulin*
**108** csónaktőke
– *stem*
**109** utas
– *passenger*
**110** hajópincér
– *steward*
**111** nyugágy
– *deck-chair*
**112** hajósinas
– *deck hand*
**113** fedélzeti vödör
– *deck bucket*
**114** fedélzetmester
– *boatswain (bosn, bosun, bosun)*
**115** tengerészzubbony
– *tunic*
**116** napellenző ponyva
– *awning*
**117** tartóoszlop
– *stanchion*
**118** rögzítőléc
– *ridge rope (jackstay)*
**119** lekötőkötél
– *lashing*
**120** mellvéd
– *bulwark*
**121** korlát
– *guard rail*
**122** kartámasz
– *handrail (top rail)*
**123** lejárat
– *companion ladder (companionway)*
**124** mentőgyűrű
– *lifebelt (lifebuoy)*
**125** mentőgyűrű vészvilágítása
– *lifebuoy light (lifebelt light, signal light)*
**126** őrtiszt <fedélzeti tiszt, szolgálatban>
– *officer of the watch (watchkeeper)*
**127** tengerészzubbony
– *reefer (Am. pea jacket)*
**128** távcső
– *binoculars*

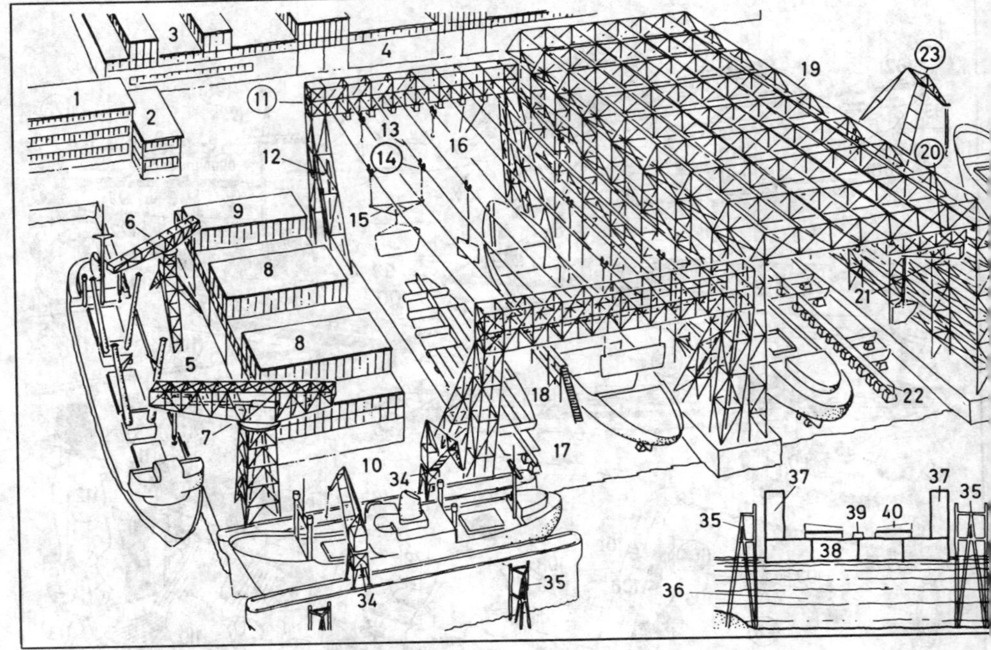


**1–43 hajógyár** (hajóépítő üzem, hajójavító műhely)
– ***shipyard*** *(shipbuilding yard, dockyard,* Am. *navy yard)*
**1** adminisztrációs irodák (igazgatósági irodák)
– *administrative offices*
**2** hajótervező iroda
– *ship-drawing office*
**3–4** hajóépítő csarnokok
– *shipbuilding sheds*
**3** rajzpadlás
– *mould* (Am. *mold) loft*
**4** gyártóműhely
– *erection shop*
**5–9** szerelőfal
– *fitting-out quay*
**5** rakpart
– *quay*
**6** háromlábú daru
– *tripod crane*
**7** kalapácsdaru
– *hammer-headed crane*
**8** gépészeti műhely
– *engineering workshop*
**9** kazánkovácsműhely
– *boiler shop*
**10** hajójavító rakpart
– *repair quay*
**11–26** sólyapályák
– *slipways (slips, building berths, building slips, stocks)*
**11–18** kábeldarupálya <sólyapálya>
– *cable crane berth, a slipway (building berth)*
**11** sólyapálya kapuja
– *slipway portal*
**12** kapuzattartó oszlop
– *bridge support*
**13** darukábel
– *crane cable*
**14** futómacska <mozgókocsi>
– *crab (jenny)*
**15** kereszttartó
– *cross piece*
**16** darukezelő kabin (kosár)
– *crane driver's cabin (crane driver's cage)*
**17** sólyapálya padozata
– *slipway floor*
**18** állványzat <munkaállvány>
– *staging, a scaffold*
**19–21** tartószerkezetes sólyapálya
– *frame slipway*
**19** sólyapálya állványzata
– *slipway frame*
**20** felsőpályás daru (híddaru)
– *overhead travelling* (Am. *traveling) crane (gantry crane)*
**21** mennyezeti futómacska
– *slewing crab*
**22** hajógerinc lefektetve
– *keel in position*
**23** billenőgémes daru <sólyadaru>
– *luffing jib crane, a slipway crane*
**24** darusínpálya
– *crane rails (crane track)*
**25** bakdaru (portáldaru)
– *gantry crane*
**26** portáldaru hídja
– *gantry (bridge)*
**27** állványbak (tartóoszlop)
– *trestles (supports)*
**28** futómacska (mozgókocsi)
– *crab (jenny)*
**29** hajótestbordák
– *hull frames in position*
**30** hajó építés alatt
– *ship under construction*
**31–33** szárazdokk
– *dry dock*
**31** dokkfenék
– *dock floor (dock bottom)*
**32** dokk-kapu (úszógát, süllyeszthető záróponton)
– *dock gates (caisson)*
**33** szivattyúállomás (gépállomás)
– *pumping station (power house)*
**34–43** úszódokk
– *floating dock (pontoon dock)*
**34** dokkdaru <kapudaru>
– *dock crane (dockside crane), a jib crane*
**35** ütközőgerenda (védőcölöp)
– *fender pile*
**36–43** dokkmunkák
– *working of docks*
**36** dokkmedence
– *dock basin*
**37–38** dokktest
– *dock structure*
**37** oldaltartály (oldalfal)
– *side tank (side wall)*
**38** fenéktartály (fenékfal)
– *bottom tank (bottom pontoon)*
**39** gerinctőke (gerincblokk) <dokktőke>
– *keel block*
**40** medersortőke (medersorblokk)
– *bilge block (bilge shore, side support)*
**41–43** bedokkolás (hajó dokkba állítása)
– *docking a ship*
**41** elárasztott (lesüllyesztett) úszódokk
– *flooded floating dock*

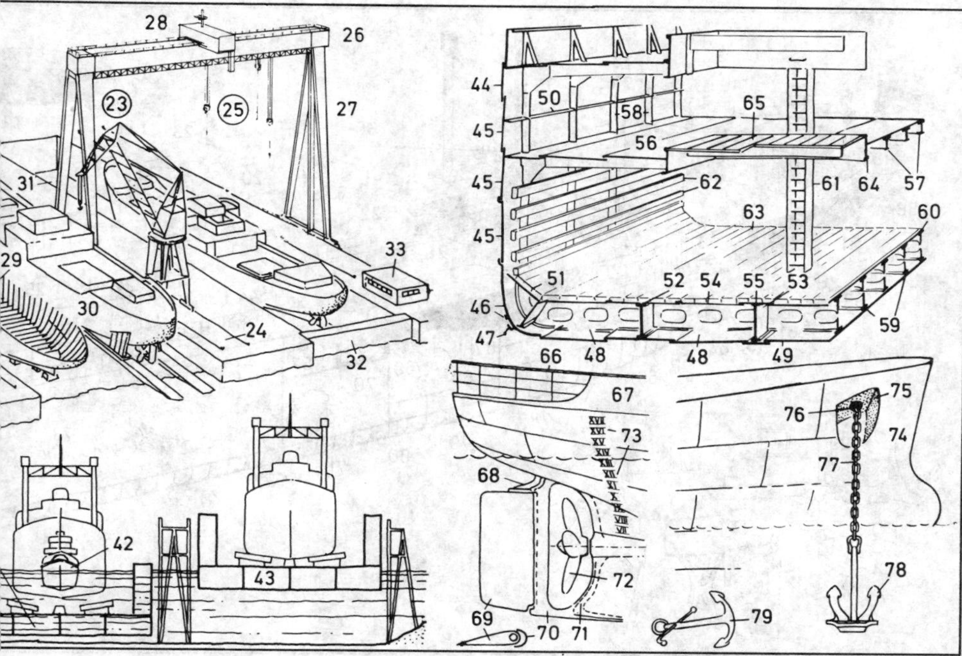


**42** vontatóhajó vontatás közben
– *tug towing the ship*
**43** kiürített (kiszivattyúzott) úszódokk
– *emptied (pumped-out) dock*
**44–61 hajó szerkezeti részei**
– ***structural parts of the ship***
**44–56** hosszanti szerkezeti felépítés
– *longitudinal structure*
**44–49** külhéj (lemezelés)
– *shell (shell plating, skin)*
**44** fedélzethajlás lemezsora
– *sheer strake*
**45** oldallemezelés
– *side strake*
**46** medersori lemezelés
– *bilge strake*
**47** medersori borda
– *bilge keel*
**48** fenéklemezelés
– *bottom plating*
**49** többrészes hajógerinc
– *flat plate keel (keel plate)*
**50** hosszmerevítő gerenda (oldalsó hosszmerevítő)
– *stringer (side stringer)*
**51** tankfal lemezelése
– *tank margin plate*
**52** oldalsó főtartógerenda
– *longitudinal side girder*
**53** középső főtartógerenda
– *centre (Am. center) plate girder (centre girder, kelson, keelson, vertical keel)*
**54** tankfal lemezborítása (hajófenék lemezborítása)
– *tank top plating (tank top, inner bottom plating)*
**55** középső lemezsor
– *centre (Am. center) strake*
**56** hajófedélzet lemezelése
– *deck plating*
**57** hajófedélzet gerendázata
– *deck beam*
**58** bordázat (merevítőbordázat)
– *frame (rib)*
**59** kettős fenék lemezbordája
– *floor plate*
**60** rekeszes kettős fenék
– *cellular double bottom*
**61** hajóraktár tartóoszlopa
– *hold pillar (pillar)*
**62–63** alátétfa (borítás)
– *dunnage*
**62** oldalsó izzasztódeszkák (oldalsó burkolás)
– *side battens (side ceiling, spar ceiling)*
**63** raktárfenék-burkolat
– *ceiling (floor ceiling)*
**64–65** raktárnyílás (raktárszáj)
– *hatchway*
**64** raktárnyíláskeret
– *hatch coaming*
**65** raktárnyílástető
– *hatch cover (hatchboard)*
**66–72** hajófar
– *stern*
**66** védőkorlát
– *guard rail*
**67** habvédlemez (mellvéd)
– *bulwark*
**68** kormánylapátszár
– *rudder stock*
**69–70** Oertz-rendszerű kormány
– *Oertz rudder*
**69** kormánylapát
– *rudder blade (rudder)*
**70–71** fartőke
– *stern frame*
**70** kormánytőke (fartőke)
– *rudder post*
**71** csavartőke (propellertőke)
– *propeller post (screw post)*
**72** hajócsavar (hajópropeller)
– *ship's propeller (ship's screw)*
**73** merülési jelek
– *draught (draft) marks*
**74–79** hajóorr
– *bow*
**74** orrtőke <bulbaorr>
– *stem, a bulbous stem (bulbous bow)*
**75** horgonyláncnyílás
– *hawse*
**76** horgonyláncvezető cső
– *hawse pipe*
**77** horgonylánc
– *anchor cable (chain cable)*
**78** patenthorgony (keresztrúd nélküli horgony)
– *stockless anchor (patent anchor)*
**79** keresztrudas horgony
– *stocked anchor*

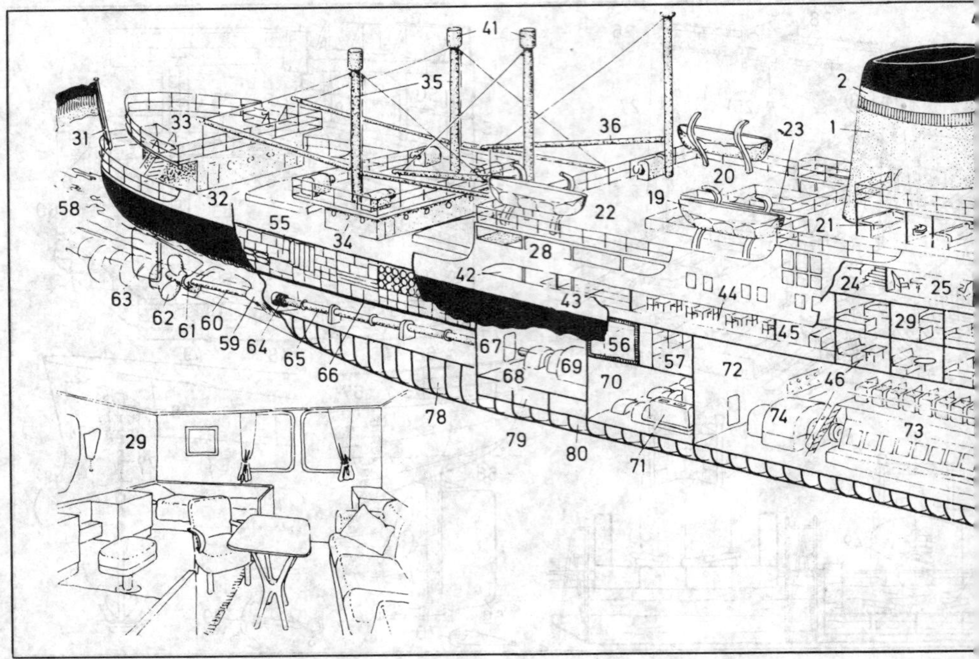


**1–71 teher- és utasszállító** [régebbi típus]
– ***combined cargo and passenger ship*** *[of the older type]*
**1** hajókémény
– *funnel*
**2** kéményjel
– *funnel marking*
**3** hajókürt
– *siren (fog horn)*
**4–11 felső híd**
– ***compass platform*** *(compass bridge, compass flat, monkey bridge)*
**4** antennavezeték
– *antenna lead-in (antenna down-lead)*
**5** a rádió-iránymérő antennája
– *radio direction finder (RDF) antenna (direction finder antenna, rotatable loop antenna, aural null loop antenna)*
**6** mágneses tájoló
– *magnetic compass (mariner's compass)*
**7** morzelámpa
– *morse lamp (signalling,* Am. *signaling, lamp)*
**8** radarantenna
– *radar antenna (radar scanner)*
**9** jelzőlobogók (kódlobogók)
– *code flag signal*
**10** kódlobogók felhúzókötele
– *code flag halyards*
**11** árbocfeszítő kötél lobogójelzéseknek
– *triatic stay (signal stay)*
**12–18 hídfedélzet** (parancsnoki híd)
– ***bridge deck*** *(bridge)*
**12** rádiófülke
– *radio room*
**13** kapitány fülkéje (kajütje)
– *captain's cabin*
**14** navigációs híd
– *navigating bridge*
**15** jobb oldallámpa [zöld, a bal vörös]
– *starboard sidelight [green; port sidelight red]*
**16** parancsnoki híd szélei
– *wing of bridge*
**17** szélfogó
– *shelter (weather cloth, dodger)*
**18** kormányház
– *wheelhouse*
**19–21 csónakfedélzet**
– ***boat deck***
**19** mentőcsónak
– *ship's lifeboat*
**20** mentőcsónakdaru
– *davit*
**21** tiszti lakosztály
– *officer's cabin*
**22–27 sétafedélzet**
– ***promenade deck***
**22** napozófedélzet
– *sun deck (lido deck)*
**23** úszómedence
– *swimming pool*
**24** feljárat (lejárat)
– *companion ladder (companionway)*
**25** könyvtár
– *library (ship's library)*
**26** társalgó (hajószalon)
– *lounge*
**27** sétány
– *promenade*
**28–30 A-fedélzet**
– ***A-deck***
**28** félig fedett fedélzet
– *semi-enclosed deck space*
**29** kétágyas fülke <kabin>
– *double-berth cabin, a cabin*
**30** luxusfülke
– *de luxe cabin*
**31** lobogórúd a hajófaron
– *ensign staff*
**32–42 B-fedélzet** (főfedélzet)
– ***B-deck*** *(main deck)*
**32** farfedélzet
– *after deck*
**33** farfelépítmény
– *poop*
**34** fedélzeti ház
– *deckhouse*
**35** rakodóoszlop (királyoszlop)
– *samson (sampson) post (king post)*
**36** rakodóárboc
– *derrick boom (cargo boom)*
**37** keresztrúd
– *crosstrees (spreader)*
**38** árbockosár
– *crow's nest*
**39** csúcsárboc
– *topmast*
**40** mellső árboclámpa
– *forward steaming light*
**41** szellőzőfejek
– *ventilator lead*
**42** hajókonyha
– *galley (caboose, cookroom, ship kitchen)*
**43** tálaló
– *ship's pantry*

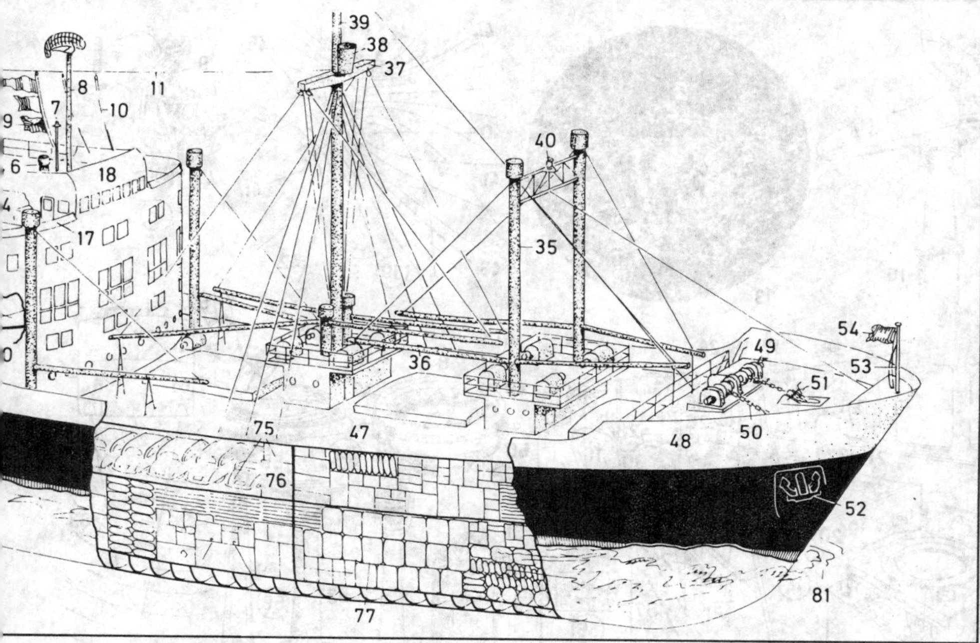


**44** ebédlő
– *dining room*
**45** számvevőtiszt irodája
– *purser's office*
**46** egyágyas fülke
– *single-berth cabin*
**47** előfedélzet
– *foredeck*
**48** orrfelépítmény (orrfedélzet)
– *forecastle (fo'c'sle)*
**49–51 horgonyfelszerelés**
***– ground tackle***
**49** horgonycsörlő
– *windlass*
**50** horgonylánc
– *anchor cable (chain cable)*
**51** horgonyláncrögzítő
– *compressor (chain compressor)*
**52** hajóhorgony
– *anchor*
**53** vezérpálca (lobogórúd)
– *jackstaff*
**54** orrlobogó
– *jack*
**55** hátsó hombárok
– *after holds*
**56** hűtőtér
– *cold storage room (insulated hold)*
**57** élelemtároló (éléstár)
– *store room*
**58** sodorvíz
– *wake*
**59** csavartengely-burkolat
– *shell bossing (shaft bossing)*
**60** tönkcsőtengely
– *tail shaft (tail end shaft)*
**61** tengelybak
– *shaft strut (strut, spectacle frame, propeller strut, propeller bracket)*
**62** háromszárnyú hajócsavar
– *three-blade ship's propeller (ship's screw)*
**63** kormánylapát
– *rudder blade (rudder)*
**64** tömcsapágy (tömszelence)
– *stuffing box*
**65** csavartengely
– *propeller shaft*
**66** tengelyalagút
– *shaft alley (shaft tunnel)*
**67** nyomcsapágy
– *thrust block*
**68–74 dízel-elektromos meghajtóberendezés**
***– diesel-electric drive***
**68** gépház (elektromoshajtómű-ház)
– *electric engine room*
**69** elektromotor
– *electric motor*
**70** segédgépek helyisége
– *auxiliary engine room*
**71** segédgépek
– *auxiliary engines*
**72** főgépház
– *main engine room*
**73** főgép <dízelmotor>
– *main engine, a diesel engine*
**74** áramfejlesztő
– *generator*
**75** mellső hombárok
– *forward holds*
**76** fedélköz
– *tween deck*
**77** rakomány
– *cargo*
**78** ballaszttartály vízballaszt részére
– *ballast tank (deep tank) for water ballast*
**79** ivóvíztartály
– *fresh water tank*
**80** üzemolajtartály
– *fuel tank*
**81** orrhullám
– *bow wave*

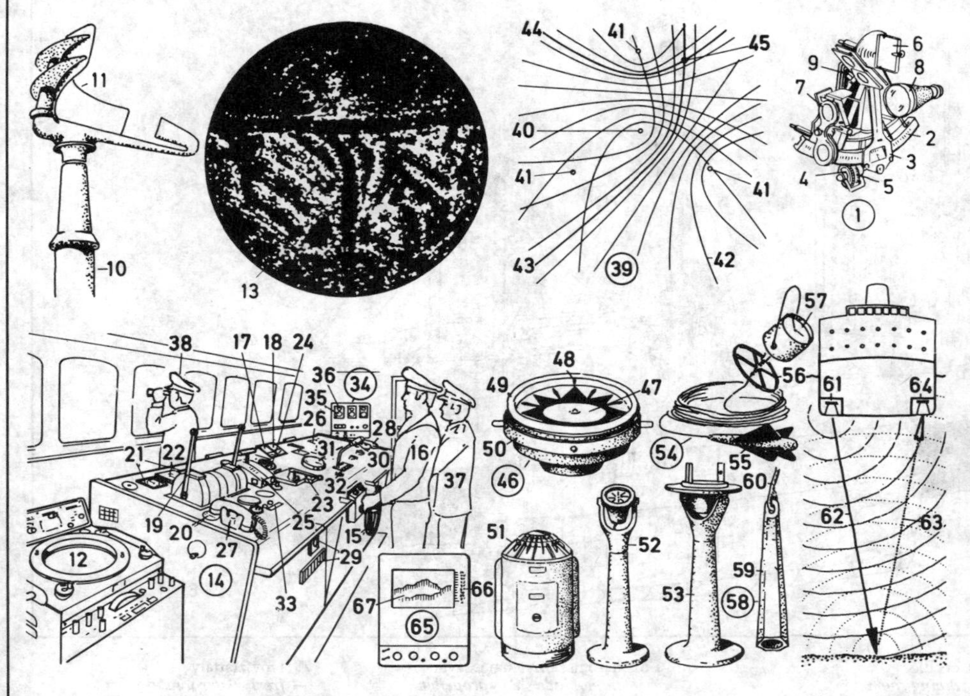

**1 szextáns**
– ***sextant***
**2** fokbeosztásos körív (limbusz)
– *graduated arc*
**3** mutatókar (alhidáde)
– *index bar (index arm)*
**4** tizedes beosztású mikrométercsavar
– *decimal micrometer*
**5** finombeállító [tized ívperc pontosságú méréshez]
– *vernier*
**6** indextükör (nagy tükör)
– *index mirror*
**7** látóhatártükör (horizonttükör)
– *horizon glass (horizon mirror)*
**8** távcső
– *telescope*
**9** fogantyú
– *grip (handgrip)*
**10–13 radar**
– ***radar equipment*** *(radar apparatus)*
**10** radarállvány
– *radar pedestal*
**11** forgó radarantenna
– *revolving radar reflector*
**12** radar-kijelzőegység (radarképernyő)
– *radar display unit (radar screen)*
**13** radarkép
– *radar image (radar picture)*
**14–38 kormányállás** (kormányház)
– ***wheelhouse***
**14** kormány- és vezérlőállás
– *steering and control position*
**15** kormánykerék a kormányberendezés működtetésére
– *ship's wheel for controlling the rudder mechanism*
**16** kormányos
– *helmsman* (Am. *wheelsman*)
**17** kormánylapátállásszög-jelző
– *rudder angle indicator*
**18** önműködő kormány (automata kormány, robotkormány)
– *automatic pilot (autopilot)*
**19** változtatható emelkedésű hajócsavart szabályozó kar
– *control lever for the variable-pitch propeller (reversible propeller, feathering propeller, feathering screw)*
**20** hajócsavarszárnyállásszög-jelző
– *propeller pitch indicator*
**21** főgép fordulatszámjelzője
– *main engine revolution indicator*
**22** hajósebesség-mérő
– *ship's speedometer (log)*
**23** orrsugárkormányt szabályozó kapcsoló
– *control switch for bow thruster (bow-manoeuvring,* Am. *maneuvering, propeller)*
**24** visszhangos mélységmérő (echográf)
– *echo recorder (depth recorder, echograph)*
**25** géptéri parancsközlő berendezés
– *engine telegraph (engine order telegraph)*
**26** lengéscsillapítórendszer-szabályozó
– *controls for the anti-rolling system (for the stabilizers)*
**27** belső használatú telepes telefon
– *local-battery telephone*
**28** hajózási forgalmi rádiótelefon
– *shipping traffic radio telephone*
**29** hajózási lámpák jelzőtáblája
– *navigation light indicator panel (running light indicator panel)*
**30** mikrofon a hajó hangosbeszélő-rendszeréhez
– *microphone for ship's address system*
**31** pörgettyűs tájoló <melléktájoló>
– *gyro compass (gyroscopic compass), a compass repeater*
**32** hajókürtöt működtető gomb
– *control button for the ship's siren (ship's fog horn)*
**33** főgéptúlterhelés-jelző
– *main engine overload indicator*
**34** hajóhely-meghatározó egység (Decca-navigátor)
– *detector indicator unit for fixing the ship's position*
**35** durvabeállító
– *rough focusing indicator*
**36** finombeállító
– *fine focusing indicator*
**37** navigációs tiszt
– *navigating officer*
**38** parancsnok
– *captain*
**39 Decca-navigációs rendszer**
– ***Decca navigation system***
**40** főadó
– *master station*
**41** segédadó
– *slave station*
**42** alaphiperbola
– *null hyperbola*
**43** 1. hiperbola-helyzetvonal
– *hyperbolic position line 1*
**44** 2. hiperbola-helyzetvonal
– *hyperbolic position line 2*
**45** hajóhely
– *position (fix, ship fix)*
**46–53 tájolók**
– ***compasses***
**46** folyadékos tájoló <mágneses tájoló>
– *liquid compass (fluid compass, spirit compass, wet compass), a magnetic compass*
**47** tájolórózsa
– *compass card*
**48** kormányvonal
– *lubber's line (lubber's mark, lubber's point)*
**49** tájolótest
– *compass bowl*
**50** kardáncsuklós felfüggesztés
– *gimbal ring*
**51–53** pörgettyűs tájoló
– *gyro compass (gyroscopic compass, gyro compass unit)*
**51** anyatájoló
– *master compass (master gyro compass)*
**52** melléktájoló
– *compass repeater (gyro repeater)*
**53** melléktájoló irányzóvonalzóval
– *compass repeater with pelorus*
**54 csavar-sebességmérő** (patentlog) <sebességmérő>
– ***patent log*** *(screw log, mechanical log, towing log, taffrail log, speedometer), a log*
**55** hajtócsavar (rotátor)
– *rotator*
**56** forgáskiegyenlítő kerék
– *governor*
**57** sebességmérő óra
– *log clock*

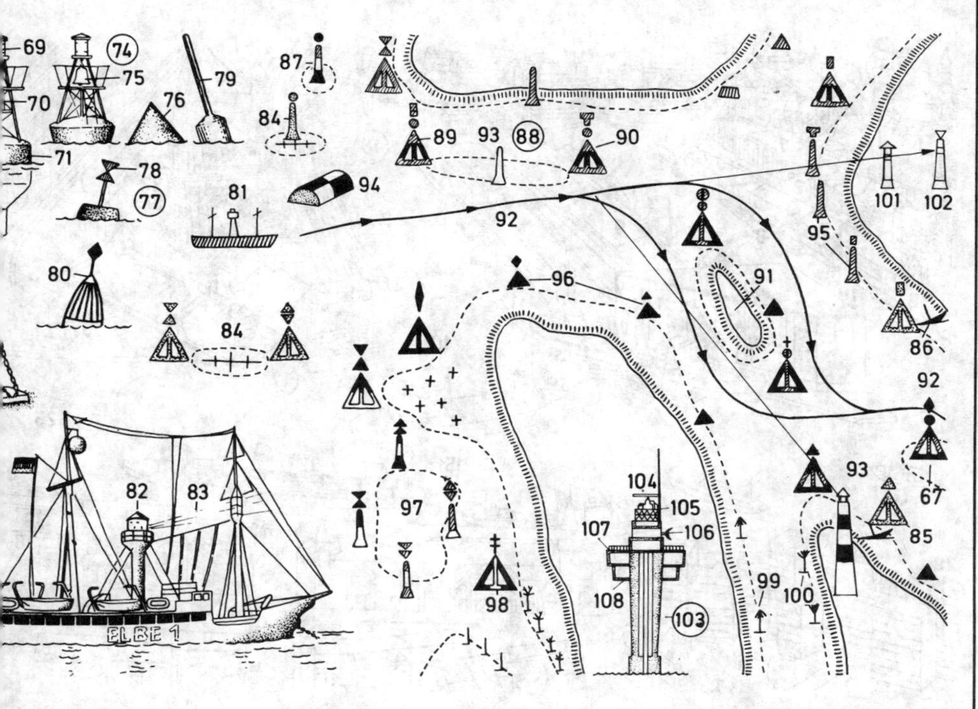


**58–67 mélységmérők**
– ***leads***
**58** kézi mélységmérő
– *hand lead*
**59** mélységmérő ón
– *lead (lead sinker)*
**60** mélységmérő zsinórja
– *leadline*
**61–67** visszhangos mélységmérő berendezés (echolot)
– *echo sounder (echo sounding machine)*
**61** hangkibocsátó (adófej)
– *sound transmitter*
**62** hanghullám
– *sound wave (sound impulse)*
**63** visszhang (visszhangjel)
– *echo (sound echo, echo signal)*
**64** visszhangvevő (vevőfej)
– *echo receiver (hydrophone)*
**65** mélységíró berendezés (echográf)
– *echograph (echo sounding machine recorder)*
**66** mélységi beosztás (skála)
– *depth scale*
**67** grafikusan rögzített mélységadatok (echogram)
– *echogram (depth recording, depth reading)*
**68–108 tengeri jelzések bójázási és világítási rendszerekhez**
– ***sea marks (floating navigational marks) for buoyage and lighting systems***
**68–83** hajózóútjelzések (hajózásicsatorna-jelzések)
– *fairway marks (channel marks)*
**68** világító és sípoló bója
– *light and whistle buoy*
**69** fényjelzés (figyelmeztető fényjelzés)
– *light (warning light)*
**70** jelzősíp
– *whistle*
**71** bója
– *buoy*
**72** lehorgonyzólánc
– *mooring chain*
**73** nehezék
– *sinker (mooring sinker)*
**74** világító és harangozó bója
– *light and bell buoy*
**75** harang
– *bell*
**76** kúpos bója
– *conical buoy*
**77** hordóbója (kannabója)
– *can buoy*
**78** bójacsúcsjelzés
– *topmark*
**79** póznabója
– *spar buoy*
**80** kontyos bója
– *topmark buoy*
**81** világítóhajó
– *lightship (light vessel)*
**82** lámpatestet tartó árboc
– *lantern mast (lantern tower)*
**83** fénynyaláb
– *beam of light*
**84–102** hajózóút-kitűző jelzések
– *fairway markings (channel markings) [German type]*
**84** hajóroncs [zöld bóják]
– *wreck [green buoys]*
**85** hajóroncs jobbról
– *wreck to starboard*
**86** hajóroncs balról
– *wreck to port*
**87** zátonyok (alacsony v. sekély víz)
– *shoals (shallows, shallow water,* Am. *flats)*
**88** középen fekvő zátony balról
– *middle ground to port*
**89** elágazási hely [középen fekvő zátony kezdete, bójacsúcsjelzés: vörös henger vörös gömb felett]
– *division (bifurcation) [beginning of the middle ground; topmark: red cylinder above red ball]*
**90** összefutási hely [középen fekvő zátony vége, bójacsúcsjelzés: vörös Szt. Antal kereszt vörös gömb felett]
– *convergence (confluence) [end of the middle ground; topmark: red St. Anthony's cross above red ball]*
**91** középső zátony (középen fekvő zátony)
– *middle ground*
**92** fő hajózóút (hajózócsatorna)
– *main fairway (main navigable channel)*
**93** másodlagos hajózóút (hajózócsatorna)
– *secondary fairway (secondary navigable channel)*
**94** hengeres bója (hordóbója)
– *can buoy*
**95** bal oldali bóják [vörös]
– *port hand buoys (port hand marks) [red]*
**96** jobb oldali bóják [fekete]
– *starboard hand buoys (starboard hand marks) [black]*
**97** zátonyok (gázlók, sekély vizek) a hajózóúton kívül
– *shoals (shallows, shallow water,* Am. *flats) outside the fairway*
**98** hajózóút közepe [bójacsúcsjelzés: kettőskereszt]
– *middle of the fairway (mid-channel)*
**99** jobb oldali jelzőtáblák [fordított seprű]
– *starboard markers [inverted broom]*
**100** bal oldali jelzőtáblák [felfelé mutató seprű]
– *port markers [upward-pointing broom]*
**101–102** irányfények (bevezetőfények)
– *range lights (leading lights)*
**101** alacsonyabban fekvő irányfény (alsó bevezetőfény)
– *lower range light (lower leading light)*
**102** magasabban fekvő irányfény (felső bevezetőfény)
– *higher range light (higher leading light)*
**103** világítótorony
– *lighthouse*
**104** radarantenna (forgó radarantenna)
– *radar antenna (radar scanner)*
**105** világító lámpatest
– *lantern (characteristic light)*
**106** rádió-iránymérő antennája
– *radio direction finder (RDF) antenna*
**107** gépterem és megfigyelőterem (gépi berendezések és figyelőfedélzet)
– *machinery and observation platform (machinery and observation deck)*
**108** lakóterek
– *living quarters*

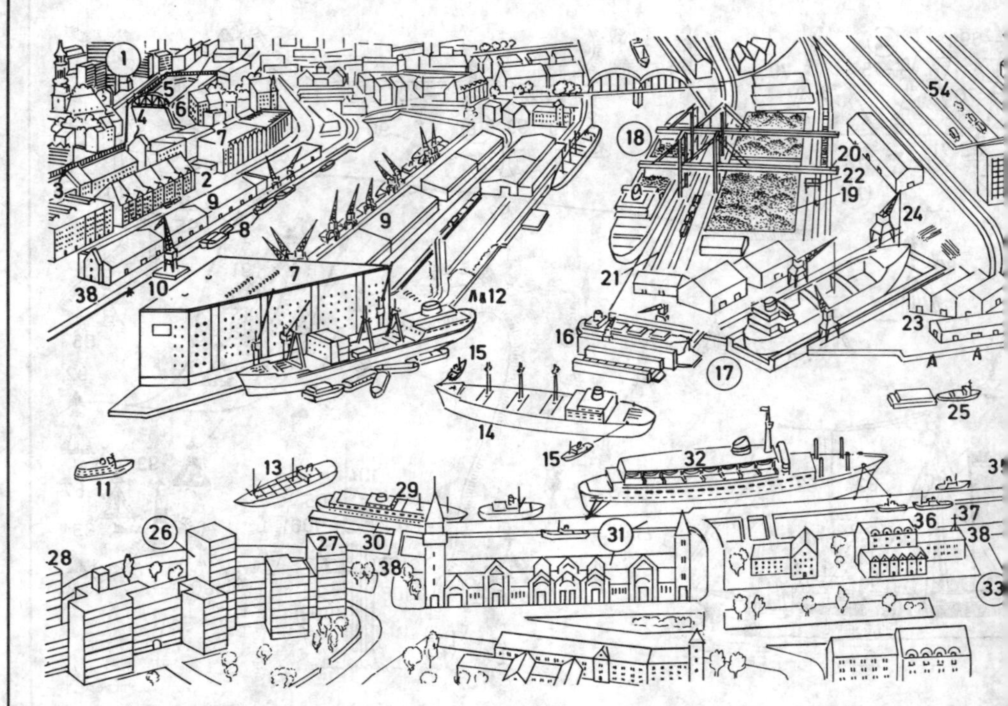


**1** kikötőnegyed
– *dock area*
**2** szabadkikötő
– *free port (foreign trade zone)*
**3** szabadkikötő határai (vámsorompó)
– *free zone frontier (free zone enclosure)*
**4** vámhatár
– *customs barrier*
**5** vámterület bejárata
– *customs entrance*
**6** kikötői vámhivatal
– *port custom house*
**7** közraktár
– *entrepôt*
**8** dereglye
– *barge (dumb barge, lighter)*
**9** darabáru-tranzitraktár
– *break-bulk cargo transit shed (general cargo transit shed, package cargo transit shed)*
**10** úszódaru
– *floating crane*
**11** kikötőforgalmi kis személyhajó
– *harbour* (Am. *harbor*) *ferry (ferryboat)*
**12** ütközőgerenda (védőcölöp)
– *fender (dolphin)*
**13** üzemanyaghajó
– *bunkering boat*
**14** darabáru-szállító teherhajó
– *break-bulk carrier (general cargo ship)*
**15** kikötői vontató
– *tug*
**16** úszódokk
– *floating dock (pontoon dock)*
**17** szárazdokk
– *dry dock*
**18** szénkikötő
– *coal wharf*
**19** széntároló
– *coal bunker*
**20** rakodóhíd
– *transporter loading bridge*
**21** rakparti sínpálya
– *quayside railway*
**22** vagonmérleg
– *weighing bunker*
**23** raktár
– *warehouse*
**24** raktárdaru
– *quayside crane*
**25** rakodóhajó dereglyével
– *launch and lighter*
**26** kikötői kórház
– *port hospital*
**27** vesztegzár-állomás
– *quarantine wing*
**28** trópusi betegségek intézete
– *Institute of Tropical Medicine*
**29** kirándulóhajó [gőzös]
– *excursion steamer (pleasure steamer)*
**30** rakodópart
– *jetty*
**31** személykikötő
– *passenger terminal*
**32** vonaljáratú személyhajó (óceánjáró)
– *liner (passenger liner, ocean liner)*
**33** meteorológiai hivatal <megfigyelőállomás>
– *meteorological office, a weather station*
**34** jelzőárboc
– *signal mast (signalling mast)*
**35** viharjelző gömb
– *storm signal*
**36** kikötőhivatal (kikötőigazgatóság)
– *port administration offices*
**37** vízállásmutató
– *tide level indicator*
**38** rakparti utak
– *quayside road (quayside roadway)*
**39** Ro-Ro forgalom
– *roll-on roll-off (ro-ro) system (roll-on roll-off operation)*
**40** híddaru
– *gantry*
**41** teherautókból teherautókba rakodás
– *truck-to-truck system (truck-to-truck operation)*
**42** fóliaburkolású egységrakományok
– *foil-wrapped unit loads*
**43** raklapok
– *pallets*
**44** villás targonca
– *forklift truck (fork truck, forklift)*

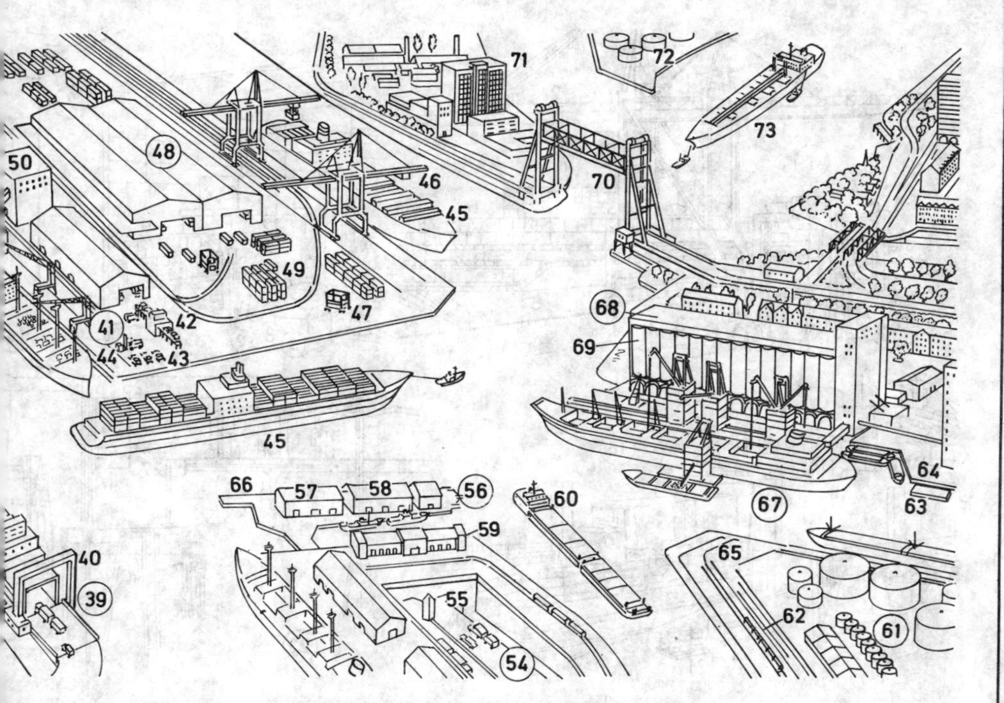


**45** konténerszállító hajó
– *container ship*
**46** konténeremelő híddaru
– *transporter container-loading bridge*
**47** konténertovábbító
– *container carrier truck*
**48** konténerállomás
– *container terminal (container berth)*
**49** konténeres rakomány
– *unit load*
**50** hűtőház
– *cold store*
**51** szállítószalag
– *conveyor belt (conveyor)*
**52** gyümölcstároló
– *fruit storage shed (fruit warehouse)*
**53** irodaház
– *office building*
**54** városi autóút
– *urban motorway* (Am. *freeway)*
**55** kikötői alagút
– *harbour* (Am. *harbor) tunnels*
**56** halászkikötő
– *fish dock*
**57** halcsarnok
– *fish market*
**58** árverési csarnok
– *auction room*
**59** halkonzervgyár
– *fish-canning factory*
**60** tolatmány
– *push tow*
**61** tartálytelep
– *tank farm*
**62** iparvágány
– *railway siding*
**63** kikötőponton
– *landing pontoon (landing stage)*
**64** rakpart
– *quay*
**65** hullámtörő <partcsúcs>
– *breakwater (mole)*
**66** cölöpkikötőhíd <rakpart-meghosszabbítás>
– *pier (jetty), a quay extension*
**67** tömegáru-szállító
– *bulk carrier*
**68** siló (gabonatároló)
– *silo*
**69** silórekesz
– *silo cylinder*
**70** nyitható híd
– *lift bridge*
**71** kikötői ipartelep
– *industrial plant*
**72** tárolótartály
– *storage tanks*
**73** tartályhajó
– *tanker*

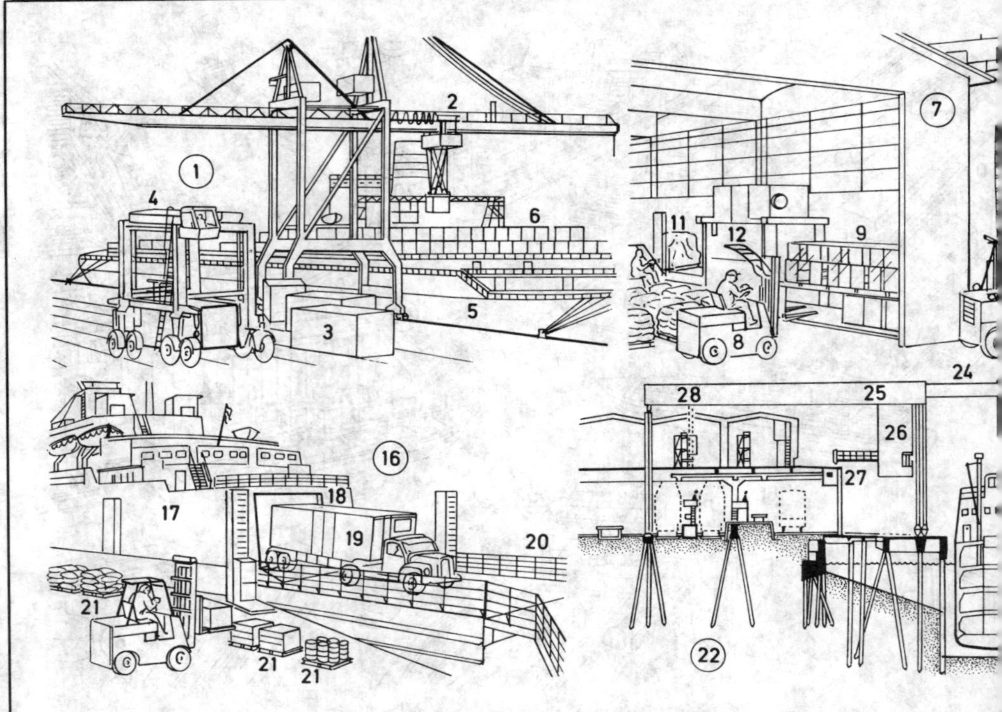


**1** konténerállomás <korszerű rakománykezelő kikötőhely>
– *container terminal (container berth), a modern cargo-handling berth*
**2** konténerrakodó futódaru; *rok.:* átrakódaru
– *transporter container-loading bridge (loading bridge);* sim.: *transtainer crane (transtainer)*
**3** konténer
– *container*
**4** konténertovábbító targonca
– *truck (carrier)*
**5** konténerszállító teherhajó
– *all-container ship*
**6** fedélzeti konténerrakomány
– *containers stowed on deck*
**7** emelővillás targoncás árukezelő rendszer
– *truck-to-truck handling (horizontal cargo handling with pallets)*
**8** emelővillás targonca
– *forklift truck (fork truck, forklift)*
**9** egységesített, műanyag fóliával borított rakomány
– *unitized foil-wrapped load (unit load)*
**10** raklap <szabványos raklap>
– *flat pallet, a standard pallet*
**11** egységesített darabáru
– *unitized break-bulk cargo*
**12** fóliaforrasztó gép
– *heat sealing machine*
**13** darabáru-szállító teherhajó
– *break-bulk carrier (general cargo ship)*
**14** raktárnyílás
– *cargo hatchway*
**15** átvevő villás targonca a hajón
– *receiving truck on board ship*
**16** többcélú kikötőhely
– *multi-purpose terminal*
**17** Ro-Ro hajó
– *roll-on roll-off ship (ro-ro-ship)*
**18** farnyílás
– *stern port (stern opening)*
**19** hajót elhagyó kamion
– *driven load, a lorry* (Am. *truck*)
**20** Ro-Ro rámpa
– *ro-ro depot*
**21** egységesített darabáru
– *unitized load (unitized package)*
**22** banánrakodó [metszet]
– *banana-handling terminal [section]*
**23** víz felőli rekeszeregető
– *seaward tumbler*
**24** rakodónyúlvány
– *jib*
**25** elevátorhíd
– *elevator bridge*
**26** lánchurkos továbbító
– *chain sling*
**27** világítóberendezés
– *lighting station*
**28** part felőli rekeszemelő [vonatra és teherautóra rakodáshoz]
– *shore-side tumbler for loading trains and lorries* (Am. *trucks*)
**29** ömlesztett rakományok kezelőhelye
– *bulk cargo handling*
**30** ömlesztettáru-szállító teherhajó
– *bulk carrier*
**31** úszó elevátor
– *floating bulk-cargo elevator*
**32** szívócsövek
– *suction pipes*
**33** közbenső tartály
– *receiver*
**34** töltőcsövek
– *delivery pipe*
**35** ömlesztettáru-szállító uszály
– *bulk transporter barge*
**36** úszó cölöpverő
– *floating pile driver*
**37** cölöpverő szerkezet
– *pile driver frame*
**38** cölöpkalapács
– *pile hammer*
**39** vezetősín
– *driving guide rail*
**40** cölöp
– *pile*
**41** vödrös kotró <kotró>
– *bucket dredger, a dredger*
**42** vödörlánc
– *bucket chain*
**43** vödörlétra
– *bucket ladder*
**44** kotróvödör
– *dredger bucket*
**45** kiöntő
– *chute*

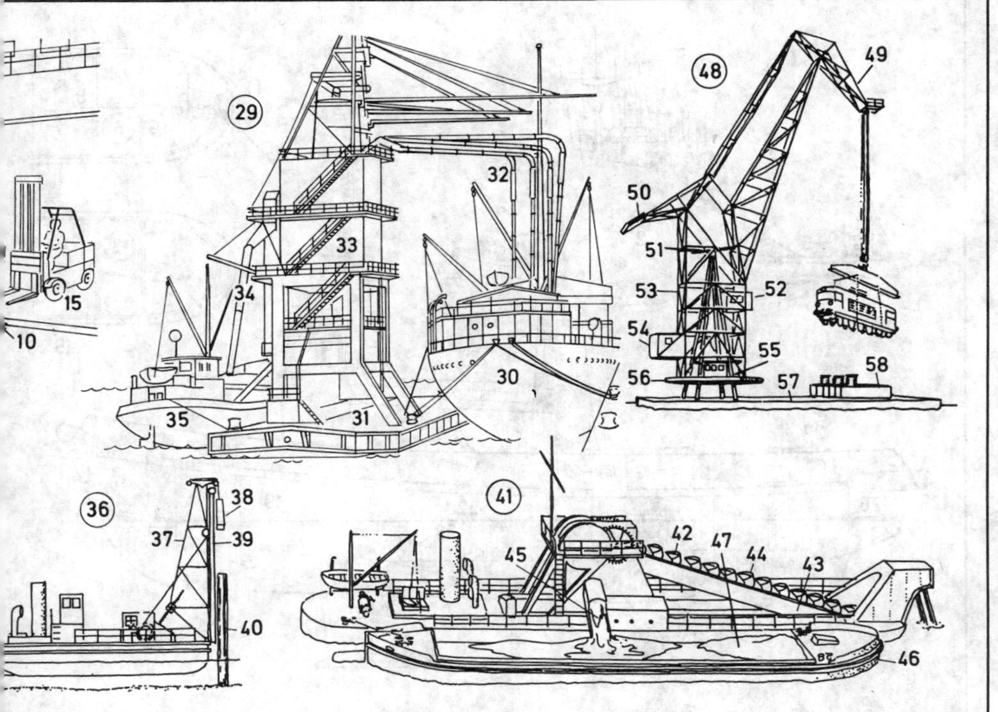


**46** fenékürítős uszály
– *hopper barge*
**47** kotradék
– *spoil*
**48** úszódaru
– *floating crane*
**49** darukar
– *jib (boom)*
**50** ellensúly
– *counterweight (counterpoise)*
**51** állítóorsó
– *adjusting spindle*
**52** kezelőállás
– *crane driver's cabin (crane driver's cage)*
**53** daruállványzat
– *crane framework*
**54** csörlőház
– *winch house*
**55** vezérlőhíd
– *control platform*
**56** forgóasztal
– *turntable*
**57** úszótest <lapos fenekű dereglye>
– *pontoon, a pram*
**58** motorfelépítmény
– *engine superstructure (engine mounting)*

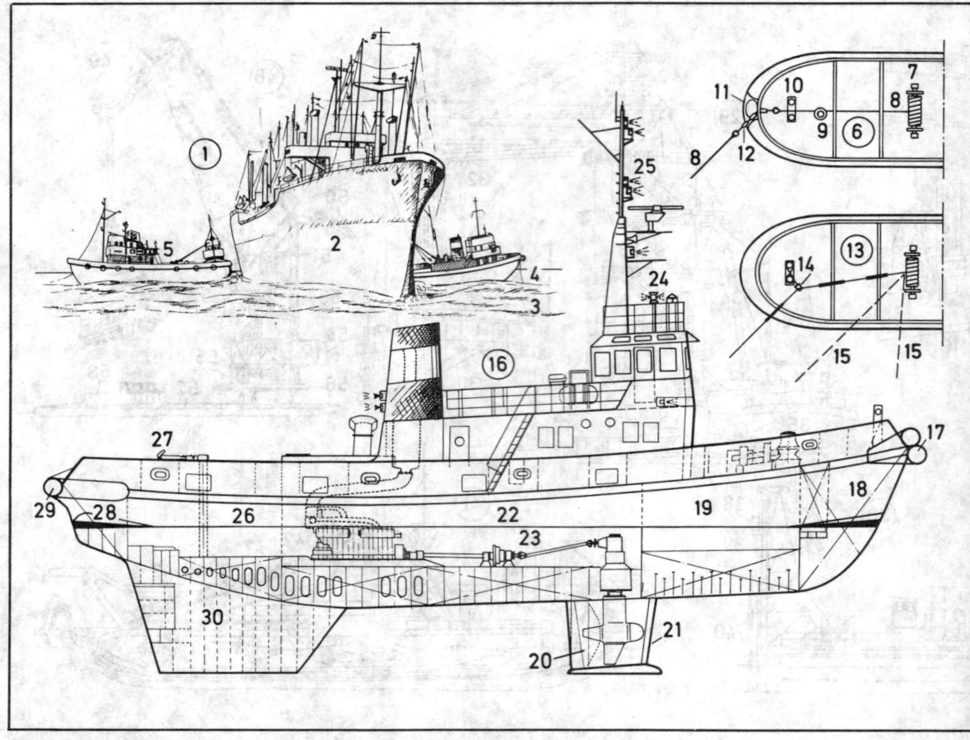


**1** zátonyra futott hajó mentése
– *salvaging (salving) of a ship run aground*
**2** zátonyra futott hajó <károsult hajó>
– *ship run aground (damaged vessel)*
**3** iszappad (homokpad *is*)
– *sandbank;* also: *quicksand*
**4** nyílt víz
– *open sea*
**5** vontató
– *tug (salvage tug)*
**6–15** vontatófelszerelés
– *towing gear*
**6** vontatófelszerelés tengeri vontatáshoz
– *towing gear for towing at sea*
**7** vontatócsörlő
– *towing winch (towing machine, towing engine)*
**8** vontatókötél
– *tow rope (tow line, towing hawser)*
**9** kötélterelő
– *tow rope guide*
**10** keresztbak
– *cross-shaped bollard*
**11** kötélkieresztő
– *hawse hole*
**12** horgonylánc
– *anchor cable (chain cable)*
**13** vontatófelszerelés kikötői munkákhoz
– *towing gear for work in harbours* (Am. *harbors*)
**14** kísérőkötél
– *guest rope*
**15** vontatókötél helyzete
– *position of the tow rope (tow line, towing hawser)*
**16** vontatóhajó (tolatóhajó, boxer)
– *tug (salvage tug) [vertical elevation]*
**17** eltámasztó orron
– *bow fender (pudding fender)*
**18** orrkamra
– *forepeak*
**19** lakóterek
– *living quarters*
**20** Schottel-propeller
– *Schottel propeller*
**21** Kort-gyűrű (Kort-hüvely)
– *Kort vent*
**22** gép- és propellertér
– *engine and propeller room*
**23** tengelykapcsoló
– *clutch coupling*
**24** felső híd
– *compass platform (compass bridge, compass flat, monkey bridge)*
**25** tűzoltó berendezés
– *fire-fighting equipment*
**26** raktár (tároló)
– *stowage*
**27** vontatóhorog
– *tow hook*
**28** farkamra
– *afterpeak*
**29** eltámasztó hajófaron
– *stern fender*
**30** manőveruszony
– *main manoeuvring* (Am. *maneuvering) keel*

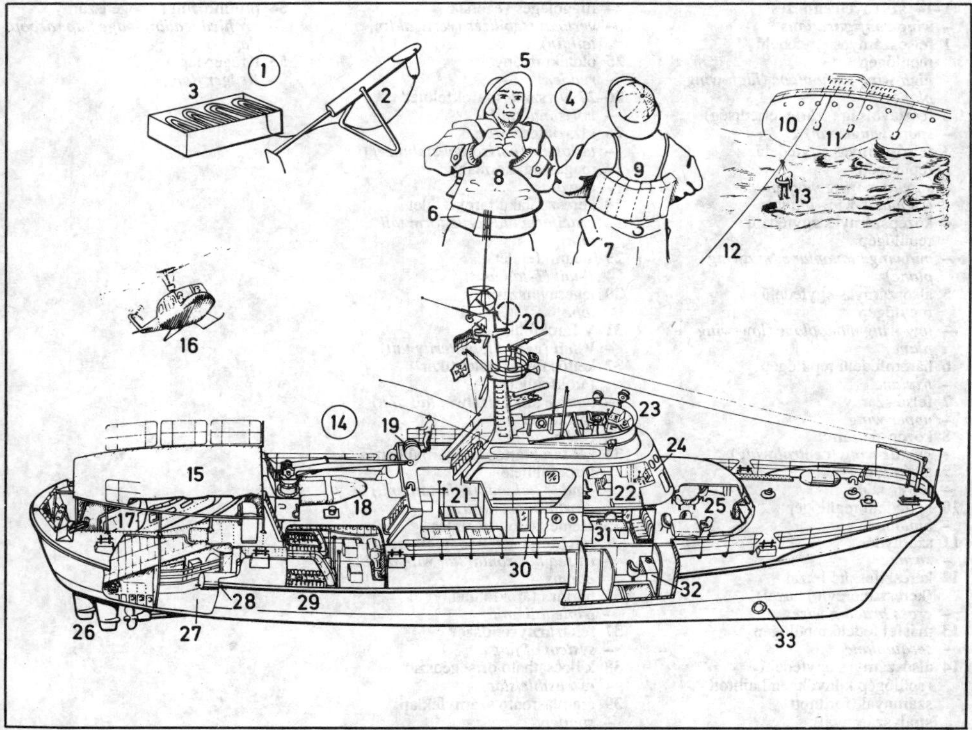


**1** kötélvető (rakétás kötélkilövő)
– *rocket apparatus (rocket gun, line-throwing gun)*
**2** rakéta
– *life rocket (rocket)*
**3** mentőkötél (felhúzható kötél)
– *rocket line (whip line)*
**4** vízhatlan védőöltözék
– *oilskins*
**5** viharsapka
– *sou'wester (southwester)*
**6** viharzubbony
– *oilskin jacket*
**7** viharkabát (viharköpeny)
– *oilskin coat*
**8** felfújható mentőmellény
– *inflatable life jacket*
**9** parafa betétes mentőmellény
– *cork life jacket (cork life preserver)*
**10** zátonyra futott hajó (károsult hajó)
– *stranded ship (damaged vessel)*
**11** olajzsák, olaj kicsepegtetésére a vízfelületre
– *oil bag, for trickling oil on the water surface*
**12** mentőkötél
– *lifeline*
**13** nadrágos mentőgyűrű
– *breeches buoy*
**14** tengeri mentőcirkáló
– *rescue cruiser*
**15** helikopterfedélzet
– *helicopter landing deck*
**16** mentőhelikopter
– *rescue helicopter*
**17** mentőhajó csónakja
– *daughter boat*
**18** felfújható tömlőcsónak
– *inflatable boat (inflatable dinghy)*
**19** mentőtutaj
– *life raft*
**20** tűzoltó berendezés hajótüzek leküzdésére
– *fire-fighting equipment for fires at sea*
**21** kórházhelyiség műtőkajüttel
– *hospital unit with operating cabin and exposure bath*
**22** navigációs fülke
– *navigating bridge*
**23** felső híd
– *upper tier of navigating bridge*
**24** alsó híd
– *lower tier of navigating bridge*
**25** étkezde
– *messroom*
**26** kormány- és propeller-berendezés
*rudders and propeller (screw)*
**27** raktár
– *stowage*
**28** oltóhabtartály
– *foam can*
**29** oldalmotorok
– *side engines*
**30** zuhanyozó
– *shower*
**31** parancsnok fülkéje
– *coxswain's cabin*
**32** legénységi egyágyas fülkék
– *crew member's single-berth cabin*
**33** orrsugárkormány
– *bow propeller*

**1–14 szárnyelrendezés**
**– *wing configurations***
**1** felsőszárnyas egyfedelű repülőgép
– *high-wing monoplane (high-wing plane)*
**2** fesztávolság (szárnyterjedtség)
– *span (wing span)*
**3** felsőszárnyas egyfedelű repülőgép
– *shoulder-wing monoplane (shoulder-wing plane)*
**4** középszárnyas egyfedelű repülőgép
– *midwing monoplane (midwing plane)*
**5** alsószárnyas egyfedelű repülőgép
– *low-wing monoplane (low-wing plane)*
**6** háromfedelű repülőgép
– *triplane*
**7** felső szárny
– *upper wing*
**8** középső szárny
– *middle wing (central wing)*
**9** alsó szárny
– *lower wing*
**10** kétfedelű repülőgép
– *biplane*
**11** szárnydúc
– *strut*
**12** keresztfeszítő huzal (keresztmerevítő huzal)
– *cross bracing wires*
**13** másfél fedelű repülőgép
– *sesquiplane*
**14** alsószárnyas egyfedelű repülőgép könyökben hajlított szárnnyal (fordított sirályszárnnyal)
– *low-wing monoplane (low-wing plane) with cranked wings (inverted gull wings)*
**15–22 szárnyformák**
**– *wing shapes***
**15** elliptikus szárny
– *elliptical wing*
**16** téglalapszárny
– *rectangular wing*
**17** trapézszárny
– *tapered wing*
**18** változó belépőél-nyilazású szárny
– *crescent wing*
**19** deltaszárny
– *delta wing*
**20** közepesen hátranyilazott szárny
– *swept-back wing with semi-positive sweepback*
**21** teljesen (erősen) hátranyilazott szárny
– *swept-back wing with positive sweepback*
**22** gótikus szárny
– *ogival wing (ogee wing)*
**23–36 farokfelület-formák**
**– *tail shapes*** *(tail unit shapes, empennage shapes)*
**23** normál farokfelület
– *normal tail (normal tail unit)*
**24–25** függőleges farokrészfelület (függőleges vezérsík és oldalkormány)
– *vertical tail (vertical stabilizer and rudder)*
**24** függőleges vezérsík
– *vertical stabilizer (vertical fin, tail fin)*
**25** oldalkormány
– *rudder*
**26–27** vízszintes farokfelület
– *horizontal tail*
**26** vízszintes vezérsík
– *tailplane (horizontal stabilizer)*
**27** magassági kormány
– *elevator*
**28** kereszt alakú farokfelület
– *cruciform tail (cruciform tail unit)*
**29** T farokfelület
– *T-tail (T-tail unit)*
**30** légcsavarszárny
– *lobe*
**31** V farokfelület
– *V-tail (vee-tail, butterfly tail)*
**32** kettős farokfelület (iker farokfelület)
– *double tail unit (twin tail unit)*
**33** zárólemez
– *end plate*
**34** két faroktartós légi jármű kettős farokfelülete
– *double tail unit (twin tail unit) of a twin-boom aircraft*
**35** kiemelkedő vízszintes farokfelület kettős faroktartóval
– *raised horizontal tail with double booms*
**36** hármas farokfelület
– *triple tail unit*
**37 fékszárnyrendszer**
**– *system of flaps***
**38** kibocsátható orrsegédszárny
– *extensible slat*
**39** áramlásrontó szárnyféklap
– *spoiler*
**40** kettősen réselt Fowler-szárny
– *double-slotted Fowler flap*
**41** külső csűrőkormány (kis sebességű csűrőkormány)
– *outer aileron (low-speed aileron)*
**42** belső áramlásrontó szárnyféklap (leszállási fékszárny)
– *inner spoiler (landing flap, lift dump)*
**43** belső csűrőkormány
– *inner aileron (all-speed aileron)*
**44** féklap
– *brake flap (air brake)*
**45** alapszárnymetszet
– *basic profile*
**46–48** ívelőlapok (fékszárnyak)
– *plain flaps (simple flaps)*
**46** egyszerű ívelőlap
– *normal flap*
**47** réselt ívelőlap
– *slotted flap*
**48** kettősen réselt ívelőlap
– *double-slotted flap*
**49–50 lapos fékszárnyak**
– *split flaps*
**49** réselt ívelőlap
– *plain split flap (simple split flap)*
**50** Zap-lap
– *zap flap*
**51** kiterjesztett fékszárny
– *extending flap*
**52** Fowler-fékszárny
– *Fowler flap*
**53** orrsegédszárny
– *slat*
**54** profilírozott orrsegédszárny
– *profiled leading-edge flap (droop flap)*
**55** Krüger-lap
– *Krüger flap*

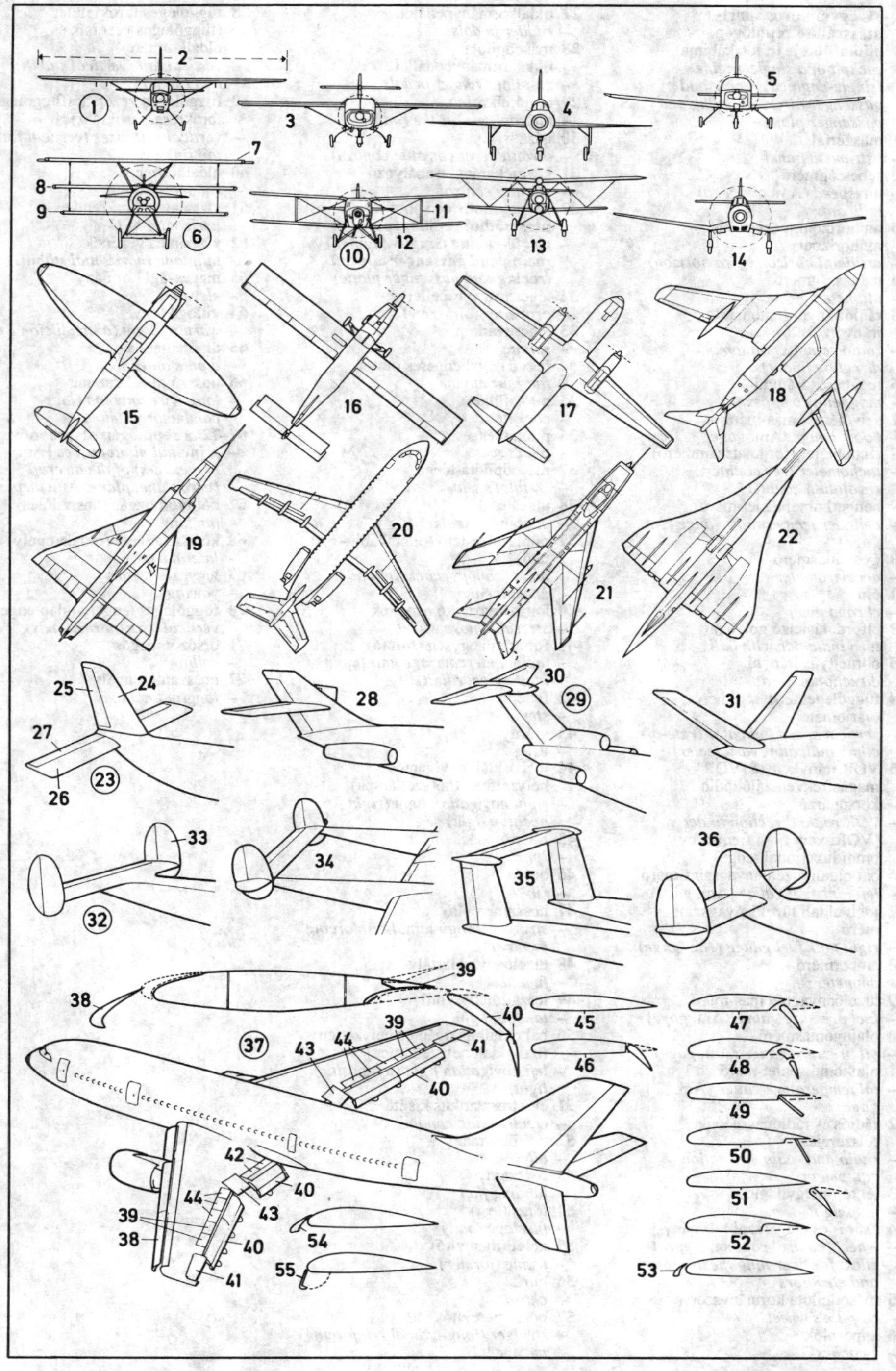
1
2
3
4
5
6
7
8
9
10
11
12
13
14
15
16
17
18
19
20
21
22
23
24
25
26
27
28
29
30
31
32
33
34
35
36
37
38
39
40
41
42
43
44
45
46
47
48
49
50
51
52
53
54
55

**1–31 egymotoros sport- és utasszállító repülőgép pilótafülkéje** (pilótakabinja)
– ***cockpit*** *of a single-engine (single-engined) racing and passenger aircraft (racing and passenger plane)*
1 műszerfal
– *instrument panel*
2 sebességmérő
– *air-speed* (Am. *airspeed*) *indicator*
3 műhorizont (pörgettyűs műhorizont)
– *artificial horizon (gyro horizon)*
4 magasságmérő
– *altimeter*
5 rádióiránytű (automatikus irányérzékelő)
– *radio compass (automatic direction finder)*
6 mágneses iránytű
– *magnetic compass*
7 szívótérnyomás-mérő
– *boost gauge* (Am. *gage)*
8 tachométer (fordulatszámmérő)
– *tachometer (rev counter, revolution counter)*
9 hengerhőmérséklet-mérő
– *cylinder temperature gauge* (Am. *gage)*
10 gyorsulásmérő
– *accelerometer*
11 óra
– *chronometer*
12 elfordulásjelző golyóval
– *turn indicator with ball*
13 pörgettyűs iránytű
– *directional gyro*
14 függőlegessebesség-mérő (variométer)
– *vertical speed indicator (rate-of-climb indicator, variometer)*
15 VOR iránykereső [VOR – magasfrekvenciájú rádió körsugárzó]
– *VOR radio direction finder* [VOR: very high frequency omnidirectional range]
16 bal oldali tüzelőanyagszint-mérő
– *left tank fuel gauge* (Am. *gage)*
17 jobb oldali tüzelőanyagszint-mérő
– *right tank fuel gauge* (Am. *gage)*
18 ampermérő
– *ammeter*
19 tüzelőanyagnyomás-mérő
– *fuel pressure gauge* (Am. *gage)*
20 olajnyomásmérő
– *oil pressure gauge* (Am. *gage)*
21 olajhőmérséklet-mérő
– *oil temperature gauge* (Am. *gage)*
22 rádiós és rádiónavigációs felszerelés
– *radio and radio navigation equipment*
23 térkép-megvilágítás
– *map light*
24 csűrő- és magassági kormány
– *wheel (control column, control stick) for operating the ailerons and elevators*
25 másodpilóta kormányszerve
– *co-pilot's wheel*
26 kapcsolók
– *switches*
27 oldalkormánypedálok
– *rudder pedals*
28 másodpilóta oldalkormánypedáljai
– *co-pilot's rudder pedals*
29 rádiómikrofon
– *microphone for the radio*
30 gázkar
– *throttle lever (throttle control)*
31 keverékarány-szabályozó
– *mixture control*

**32–66 egymotoros sport- és utasszállító repülőgép**
– ***single-engine (single-engined) racing and passenger aircraft (racing and passenger plane)***
32 légcsavar (propeller)
– *propeller (airscrew)*
33 légcsavarkúp
– *spinner*
34 fekvő négyhengeres motor
– *flat four engine*
35 pilótafülke
– *cockpit*
36 pilótaülés
– *pilot's seat*
37 másodpilóta-ülés
– *co-pilot's seat*
38 utasülések
– *passenger seats*
39 pilótafülke-tető (pilótakabin-tető)
– *hood (canopy, cockpit hood, cockpit canopy)*
40 kormányozható orrkerék
– *steerable nose wheel*
41 főfutómű egység (főfutó)
– *main undercarriage unit (main landing gear unit)*
42 fellépő
– *step*
43 szárny
– *wing*
44 jobb oldali navigációs helyzetfény (helyzetlámpa)
– *right navigation light (right position light)*
45 főtartó
– *spar*
46 borda
– *rib*
47 hosszmerevítő
– *stringer (longitudinal reinforcing member)*
48 tüzelőanyag-tartály
– *fuel tank*
49 leszállófényszóró
– *landing light*
50 bal oldali navigációs helyzetfény (bal oldali helyzetlámpa)
– *left navigation light (left position light)*
51 elektrosztatikus kisütő
– *electrostatic conductor*
52 csűrőkormány
– *aileron*
53 fékszárny
– *landing flap*
54 törzs (test)
– *fuselage (body)*
55 keret (merevítő)
– *frame (former)*
56 húr
– *chord*
57 hosszmerevítő
– *stringer (longitudinal reinforcing member)*
58 függőleges farokfelület (függőleges vezérsík és oldalkormány)
– *vertical tail (vertical stabilizer and rudder)*
59 függőleges vezérsík (függőleges farokrész, farokrész)
– *vertical stabilizer (vertical fin, tail fin)*
60 oldalkormány
– *rudder*
61 vízszintes farokfelület
– *horizontal tail*
62 vízszintes vezérsík
– *tailplane (horizontal stabilizer)*
63 magassági kormány
– *elevator*
64 villogó fény
– *warning light (anticollision light)*
65 dipólantenna
– *dipole antenna*
66 hosszú huzalantenna
– *long-wire antenna (long-conductor antenna)*

**67–72 a repülőgép alapmanőverei**
– ***principal manoeuvres*** (Am. *maneuvers) of the aircraft (aeroplane, plane,* Am. *airplane)*
67 bólintómozgás (hosszdőlés)
– *pitching*
68 kereszttengely (oldaltengely)
– *lateral axis*
69 legyezőmozgás
– *yawing*
70 függőleges tengely (alaptengely)
– *vertical axis (normal axis)*
71 orsózómozgás
– *rolling*
72 hosszanti tengely
– *longitudinal axis*

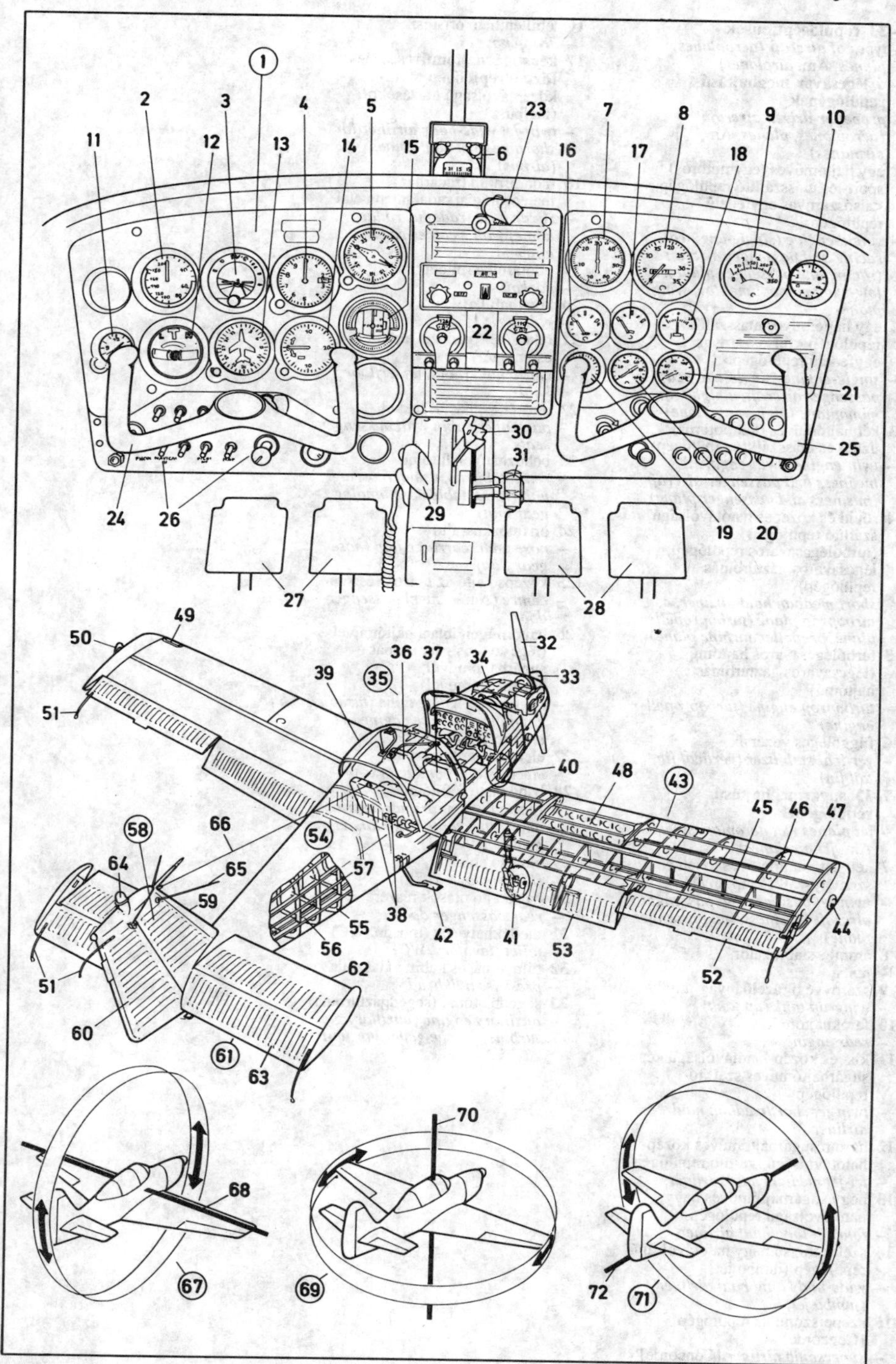
1
2
3
4
5
6
7
8
9
10
11
12
13
14
15
16
17
18
19
20
21
22
23
24
25
26
27
28
29
30
31
32
33
34
35
36
37
38
39
40
41
42
43
44
45
46
47
48
49
50
51
52
53
54
55
56
57
58
59
60
61
62
63
64
65
66
67
68
69
70
71
72

**1–33 repülőgéptípusok**
– *types of aircraft (aeroplanes, planes,* Am. *airplanes)*
**1–6 légcsavar-meghajtású repülőgépek**
– ***propeller-driven aircraft*** *(aeroplanes, planes,* Am. *airplanes)*
**1** egy hajtóműves (egymotoros) sport- és utasszállító repülőgép <alsószárnyas egyfedelű repülőgép>
– *single-engine (single-engined) racing and passenger aircraft (racing and passenger plane), a low-wing monoplane (low-wing plane)*
**2** egy hajtóműves utasszállító repülőgép <felsőszárnyas egyfedelű repülőgép>
– *single-engine (single-engined) passenger aircraft, a high-wing monoplane (high-wing plane)*
**3** két hajtóműves (kétmotoros) üzleti és utasszállító repülőgép
– *twin-engine (twin-engined) business and passenger aircraft (business and passenger plane)*
**4** rövid és közepes hatótávolságú szállító repülőgép (turbólégcsavaros repülőgép, légcsavaros gázturbinás repülőgép)
– *short/medium haul airliner, a turboprop plane (turbopropeller plane, propeller-turbine plane)*
**5** turbólégcsavaros hajtómű (légcsavaros gázturbinás hajtómű)
– *turboprop engine (turbopropeller engine)*
**6** függőleges vezérsík
– *vertical stabilizer (vertical fin, tail fin)*
**7–33 sugármeghajtású repülőgépek**
– ***jet planes*** *(jet aeroplanes, jets,* Am. *jet airplanes)*
**7** két sugárhajtóműves üzleti és személyszállító repülőgép
– *twin-jet business and passenger aircraft (business and passenger plane)*
**8** áramlásstabilizátor
– *fence*
**9** szárnyvégi tüzelőanyag-tartály
– *wing-tip tank (tip tank)*
**10** farokhajtómű
– *rear engine*
**11** kis- és közép-hatótávolságú két sugárhajtóműves szállító repülőgép
– *twin-jet short/medium haul airliner*
**12** három sugárhajtóműves közép-hatótávolságú szállító repülőgép
– *tri-jet medium haul airliner*
**13** négy sugárhajtóműves nagy hatótávolságú repülőgép
– *four-jet long haul airliner*
**14** széles törzsű nagy hatótávolságú repülőgép (jumbo jet)
– *wide-body long haul airliner (jumbo jet)*
**15** szuperszonikus repülőgép [Concorde]
– *supersonic airliner* [Concorde]
**16** lebillenthető orr-rész
– *droop nose*
**17** **két sugárhajtóműves széles törzsű repülőgép** rövid- és középtávolságú utazásokra (légibusz)
– ***twin-jet wide-body airliner*** *for short/medium haul routes (airbus)*
**18** radarorrkúp (radarház) meteorológiai radarantennával
– *radar nose (radome, radar dome) with weather radar antenna*
**19** pilótafülke (pilótakabin)
– *cockpit*
**20** konyhafülke
– *galley*
**21** rakodótér (padozat alatti csomagtér)
– *cargo hold (hold, underfloor hold)*
**22** utastér az utasülésekkel
– *passenger cabin with passenger seats*
**23** behúzható orrfutómű
– *retractable nose undercarriage unit (retractable nose landing gear unit)*
**24** orrfutóakna-ajtó
– *nose undercarriage flap (nose gear flap)*
**25** középső ajtó az utasok részére
– *centre (*Am. *center) passenger door*
**26** hajtóműgondola a hajtóművel (légcsavaros gázturbinás sugárhajtóművel, sugárhajtóművel)
– *engine pod with engine (turbojet engine, jet turbine engine, jet engine, jet turbine)*
**27** elektrosztatikus kisütő
– *electrostatic conductors*
**28** behúzható főfutómű
– *retractable main undercarriage unit (retractable main landing gear unit)*
**29** oldalsó ablak
– *side window*
**30** hátsó ajtó utasok részére
– *rear passenger door*
**31** mellékhelyiség (mosdó, WC)
– *toilet (lavatory, WC)*
**32** túlnyomásos kabin válaszfala
– *pressure bulkhead*
**33** segédhajtómű (segédgázturbina)
– *auxiliary engine (auxiliary gas turbine) for the generator unit*

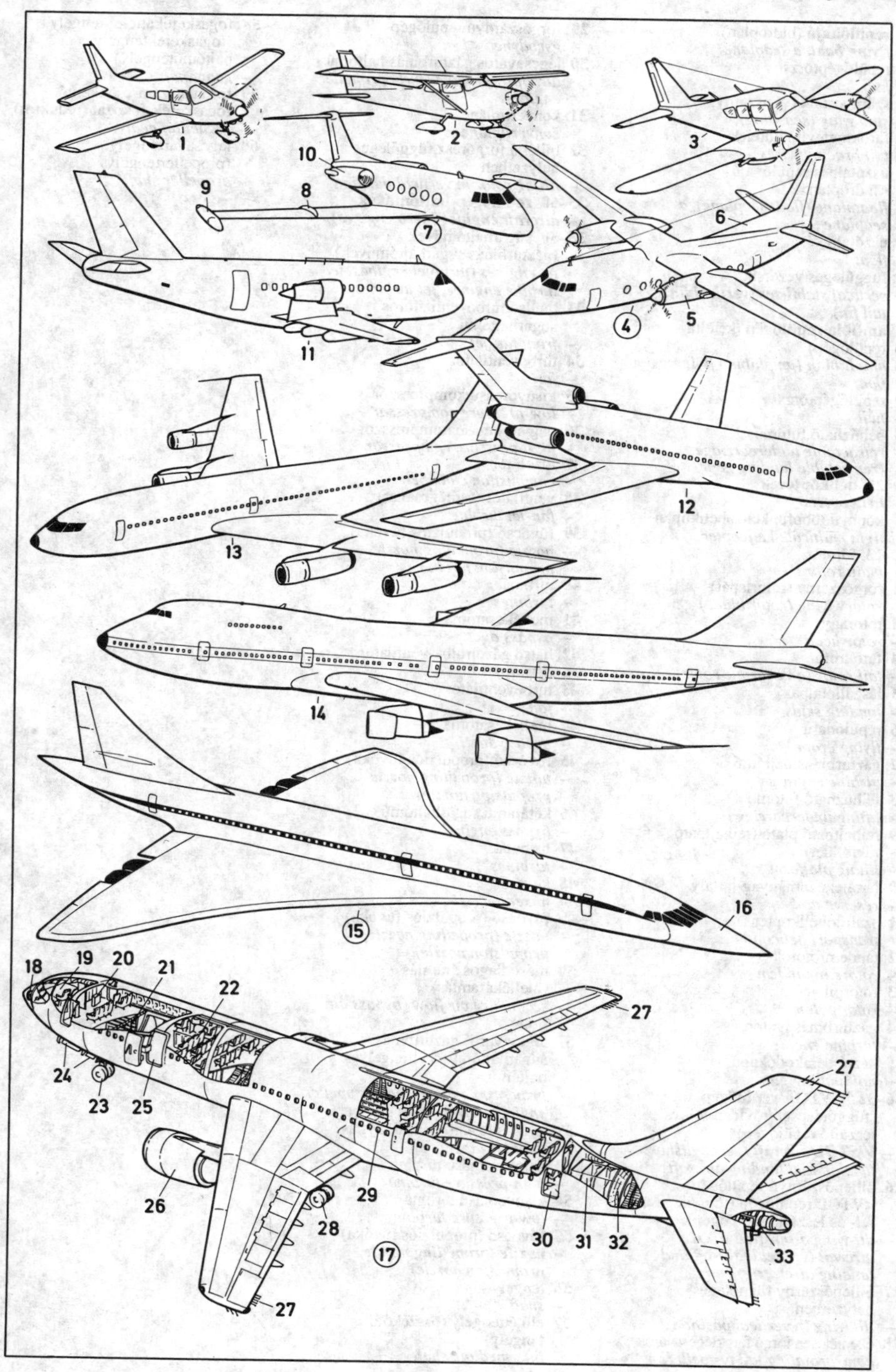
1
2
3
4
5
6
7
8
9
10
11
12
13
14
15
16
17
18
19
20
21
22
23
24
25
26
27
28
29
30
31
32
33

1 **repülőhajó** (hidroplán)
– ***flying boat,*** *a seaplane*
2 repülőgéptörzs
– *hull*
3 szárnycsonk (víziszárny)
– *stub wing (sea wing)*
4 farokmerevítő kötelek
– *tail bracing wires*
5 úszótalpas repülőhajó <hidroplán>
– *floatplane (float seaplane), a seaplane*
6 úszótalp
– *float*
7 függőleges vezérsík
– *vertical stabilizer (vertical fin, tail fin)*
8 **amfíbia repülőgép** (kétéltű repülőgép)
– ***amphibian*** *(amphibian flying boat)*
9 repülőgéptörzs
– *hull*
10 behúzható futómű
– *retractable undercarriage (retractable landing gear)*
**11–25 helikopterek**
– ***helicopters***
11 könnyű többfunkciós helikopter
– *light multirole helicopter*
12–13 főrotor
– *main rotor*
12 forgószárny (rotorlapát)
– *rotary wing (rotor blade)*
13 rotoragy
– *rotor head*
14 farokrotor
– *tail rotor (anti-torque rotor)*
15 leszállótalpak
– *landing skids*
16 repülődaru
– *flying crane*
17 gázturbinás hajtómű
– *turbine engines*
18 felhúzható futómű
– *lifting undercarriage*
19 felhajtható plató (felhajtható rakfelület)
– *lifting platform*
20 tartaléküzemanyag-tartály
– *reserve tank*
21 szállítóhelikopter
– *transport helicopter*
22 tandemrotorok
– *rotors in tandem*
23 rotorpilon
– *rotor pylon*
24 gázturbinás hajtómű
– *turbine engine*
25 hátsó berakodókapu
– *tail loading gate*
**26–32 V/STOL repülőgép** (függőlegesen/röviden fel- és leszálló repülőgép)
– ***V/STOL aircraft*** *(vertical/short take-off and landing aircraft)*
26 billenőszárnyú repülőgép <VTOL repülőgép (függőlegesen fel- és leszálló repülőgép)>
– *tilt-wing aircraft, a VTOL aircraft (vertical take-off and landing aircraft)*
27 billenőszárny függőleges helyzetben
– *tilt wing in vertical position*
28 ellentétesen forgó faroklégcsavarok
– *contrarotating tail propellers*
29 forgószárnyú repülőgép
– *gyrodyne*
30 légcsavaros gázturbinás hajtómű
– *turboprop engine (turbopropeller engine)*
31 konvertiplán
– *convertiplane*
32 billenő forgórész függőleges helyzetben
– *tilting rotor in vertical position*
**33–60 repülőgép-hajtóművek**
– ***aircraft engines*** *(aero engines)*
33–50 sugárhajtóművek (gázturbinás sugárhajtóművek)
– *jet engines (turbojet engines, jet turbine engines, jet turbines)*
33 mellső turbóventilátoros sugárhajtómű
– *front fan-jet*
34 turbóventilátor
– *fan*
35 kisnyomású kompresszor
– *low-pressure compressor*
36 nagynyomású kompresszor
– *high-pressure compressor*
37 tüzelőtér
– *combustion chamber*
38 ventilátor (csőlégcsavar)
– *fan-jet turbine*
39 fúvócső (propulziós fúvóka)
– *nozzle (propelling nozzle, propulsion nozzle)*
40 turbinák
– *turbines*
41 mellékcsatorna
– *bypass duct*
42 hátsó gázturbina-ventilátor
– *aft fan-jet*
43 turbóventilátor
– *fan*
44 mellékcsatorna
– *bypass duct*
45 fúvócső (propulziós fúvóka)
– *nozzle (propelling nozzle, propulsion nozzle)*
46 kétáramú sugárhajtómű
– *bypass engine*
47 turbinák
– *turbines*
48 keverő
– *mixer*
49 fúvócső (propulziós fúvóka)
– *nozzle (propelling nozzle, propulsion nozzle)*
50 másodlagos áramlás (mellékáramlás)
– *secondary air flow (bypass air flow)*
51 légcsavaros gázturbinás sugárhajtómű <kéttengelyes hajtómű>
– *turboprop engine (turbopropeller engine), a twin-shaft engine*
52 gyűrűs levegő-beömlőnyílás
– *annular air intake*
53 nagynyomású turbina
– *high-pressure turbine*
54 kisnyomású turbina
– *low-pressure turbine*
55 fúvócső (propulziós fúvóka)
– *nozzle (propelling nozzle, propulsion nozzle)*
56 tengely
– *shaft*
57 előtéttengely (összekötő tengely)
– *intermediate shaft*
58 fogaskerékáttétel-tengely (fogaskeréktengely, hajtóműtengely)
– *gear shaft*
59 fordulatszám-csökkentő fogaskerék-fokozat (reduktor)
– *reduction gear*
60 légcsavartengely (propellertengely)
– *propeller shaft*

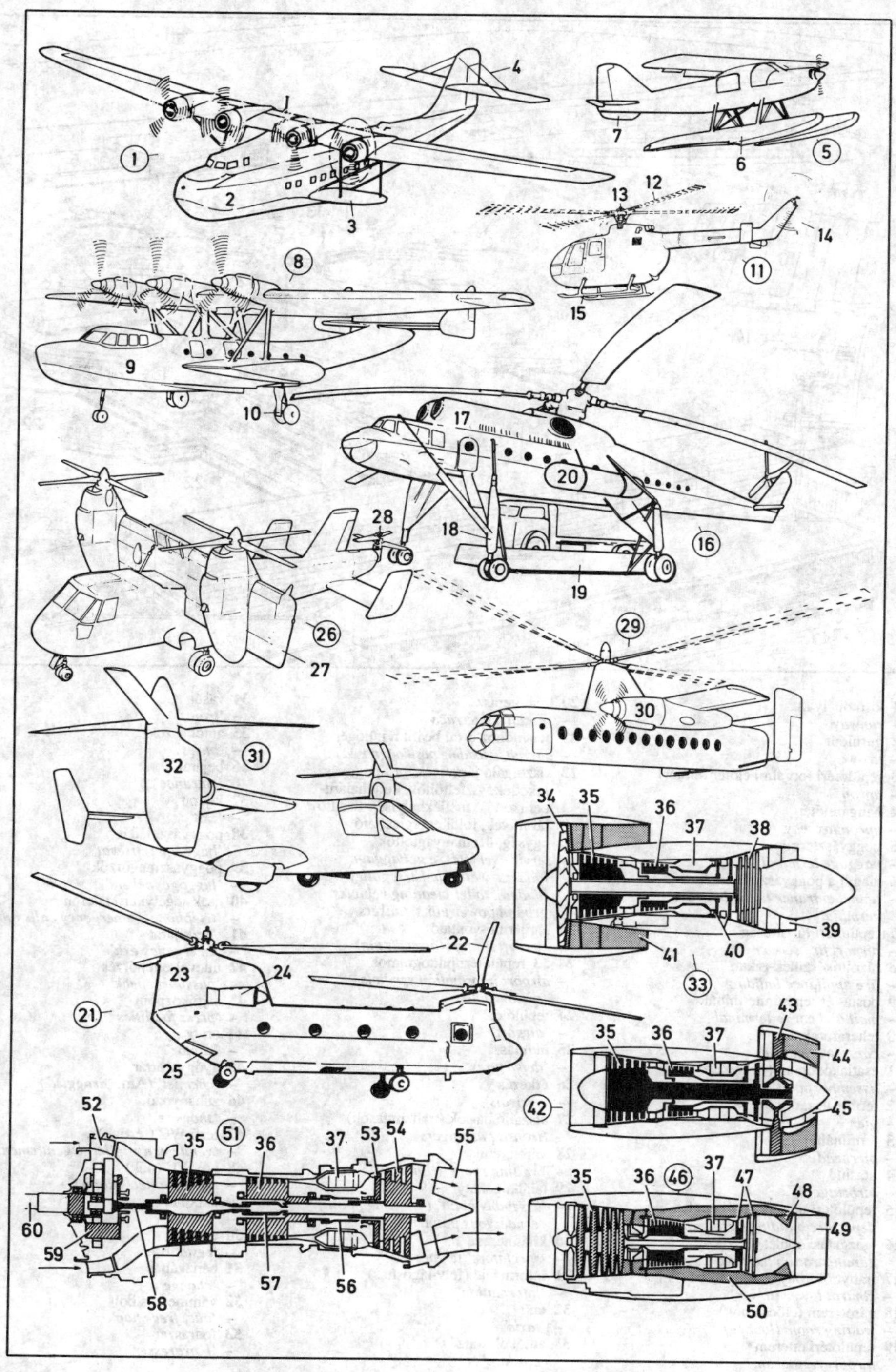
1
2
3
4
5
6
7
8
9
10
11
12
13
14
15
16
17
18
19
20
21
22
23
24
25
26
27
28
29
30
31
32
33
34
35
36
37
38
39
40
41
42
43
44
45
46
47
48
49
50
51
52
53
54
55
56
57
58
59
60

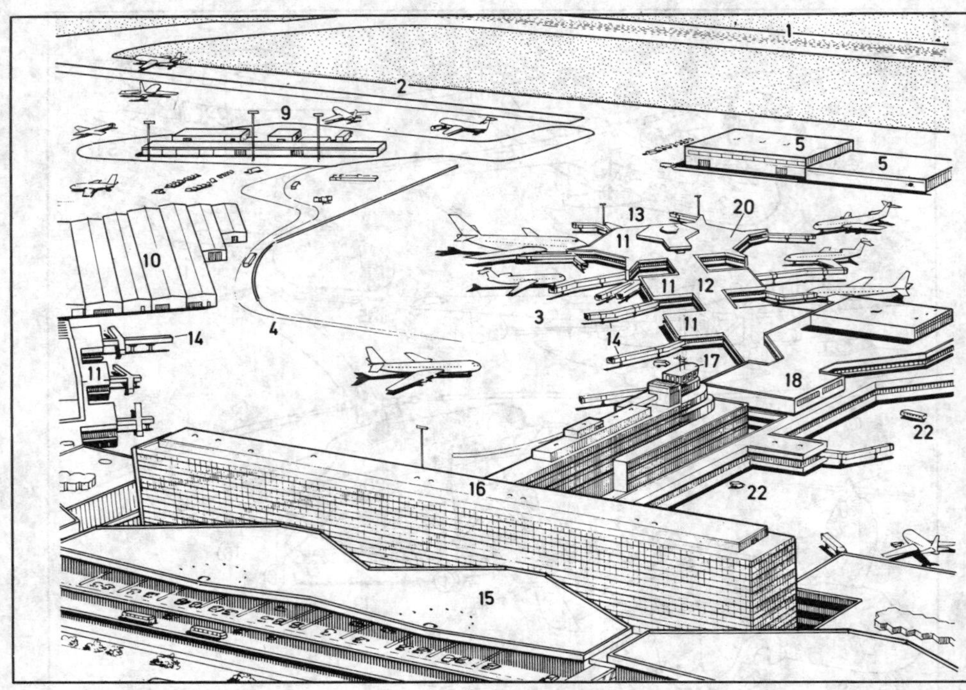


**1** kifutópálya
– *runway*
**2** gurulóút
– *taxiway*
**3** repülőtéri forgalmi előtér (előtér)
– *apron*
**4** hangárelőtér
– *apron taxiway*
**5** poggyászterminál
– *baggage terminal*
**6** alagút a poggyászterminálhoz
– *tunnel entrance to the baggage terminal*
**7** repülőtéri tűzoltóság
– *airport fire service*
**8** tűzoltókészülék-raktár
– *fire appliance building*
**9** posta- és teheráruterminál
– *mail and cargo terminal*
**10** teheráruraktár
– *cargo warehouse*
**11** csatlakozópont (gyülekező pont)
– *assembly point*
**12** terminálszárny
– *pier*
**13** terminálfej
– *pierhead*
**14** utashíd
– *airbridge*
**15** repülőtéri utasforgalmi épület
– *departure building (terminal)*
**16** igazgatási épület
– *administration building*
**17** irányítótorony (torony)
– *control tower (tower)*
**18** váróterem (előcsarnok)
– *waiting room (lounge)*
**19** repülőtéri étterem
– *airport restaurant*
**20** kilátóterasz
– *spectators' terrace*
**21** utashídhoz orral beállt repülőgép
– *aircraft in loading position (nosed in)*
**22** kiszolgáló járművek, *pl*.: poggyászrakodók, vízfeltöltők, konyhaáruberakodók, mellékhelyiség-tisztító járművek, földi energiaellátó egység, üzemanyagtöltők'
– *service vehicles, e.g. baggage loaders, water tankers, galley loaders, toilet-cleaning vehicles, ground power units, tankers*
**23** légijármű-vontató
– *aircraft tractor (aircraft tug)*
**24–53** repülőtéri piktogramok
– *airport information symbols (pictographs)*
**24** repülőtér
– *'airport'*
**25** indulás
– *'departures'*
**26** érkezés
– *'arrivals'*
**27** átszálló utasok (tranzitutasok)
– *'transit passengers'*
**28** váróterem
– *'waiting room' ('lounge')*
**29** találkozóhely
– *'assembly point' ('meeting point', 'rendezvous point')*
**30** kilátóterasz
– *'spectators' terrace'*
**31** információ (felvilágosítás)
– *'information'*
**32** taxi
– *'taxis'*
**33** autókölcsönzés
– *'car hire'*
**34** vasút
– *'trains'*
**35** autóbuszok
– *'buses'*
**36** bejárat
– *'entrance'*
**37** kijárat
– *'exit'*
**38** poggyászkiadás
– *'baggage retrieval'*
**39** poggyászmegőrzők
– *'luggage lockers'*
**40** csak segélykérő telefon
– *'telephone – emergency calls only'*
**41** vészkijárat
– *'emergency exit'*
**42** útlevél-ellenőrzés
– *'passport check'*
**43** sajtóközpont
– *'press facilities'*
**44** orvos
– *'doctor'*
**45** gyógyszertár
– *'chemist'* (Am. *'druggist'*)
**46** zuhanyozó
– *'showers'*
**47** férfi WC (férfiak)
– *'gentlemen's toilet' ('gentlemen')*
**48** női WC (nők)
– *'ladies toilet' ('ladies')*
**49** kápolna
– *'chapel'*
**50** étterem
– *'restaurant'*
**51** pénzváltás
– *'change'*
**52** vámmentes bolt
– *'duty free shop'*
**53** fodrászat
– *'hairdresser'*

2
4
6
7
2
8
3
19
20
14
11
13
14
4
21
22
23
3
22
12
11
11

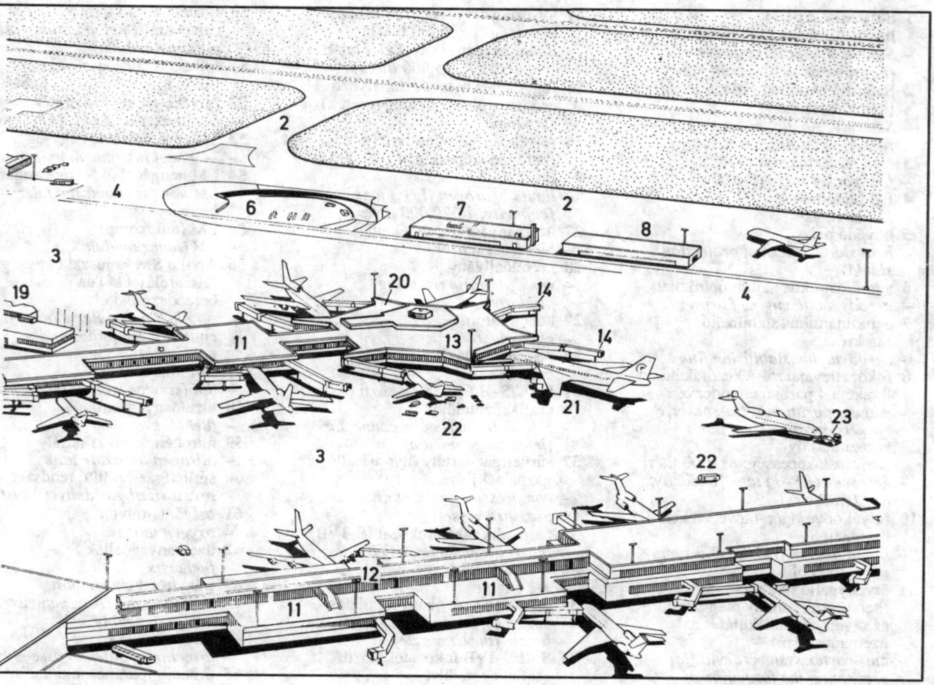

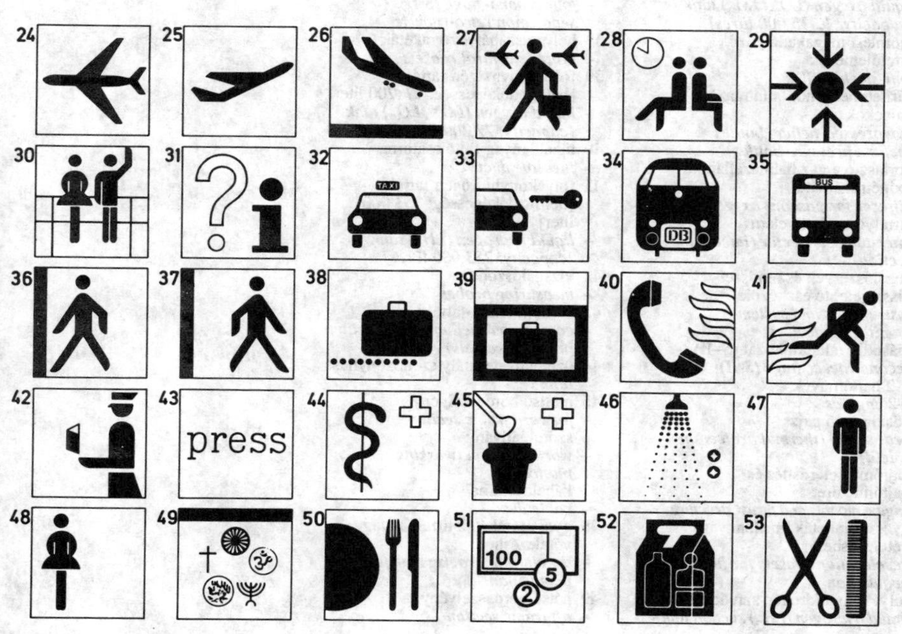

24
25
26
27
28
29
30
31
32
TAXI
33
34
DB
35
BUS
36
37
38
39
40
41
42
43
press
44
45
46
47
48
49
50
51
100
5
2
52
53

1 **Saturn-V Apollo hordozórakéta** [átfogó rajz]
– ***Saturn V 'Apollo' booster*** *(booster rocket) [overall view]*

2 Saturn-V Apollo hordozórakéta [keresztmetsztet]
– *Saturn V 'Apollo' booster (booster rocket) [overall sectional view]*

3 első rakétafokozat (S–IC)
– *first rocket stage (S-IC)*

4 F-1 hajtóművek
– *F-1 engines*

5 hővédő pajzs
– *heat shield (thermal protection shield)*

6 aerodinamikus hajtóműburkolat
– *aerodynamic engine fairings*

7 aerodinamikus stabilizáló farokrész
– *aerodynamic stabilizing fins*

8 fokozatleválasztó fékezőrakéták, 8 rakéta 4 párban elrendezve
– *stage separation retro-rocket, 8 rockets arranged in 4 pairs*

9 kerozintartály [befogadóképesség: 811000 liter]
– *kerosene (RP–1) tank [capacity: 811,000 litres]*

10 folyékonyoxigén-tápvezetékek, összesen 5
– *liquid oxygen (LOX, $LO_2$) supply lines,* total of 5

11 örvénygátló rendszer (berendezés, amely meggátolja az örvények kialakulását az üzemanyagban)
– *anti-vortex system (device for preventing the formation of vortices in the fuel)*

12 folyékonyoxigén-tartály [befogadóképesség: 1 315 000 liter]
– *liquid oxygen (LOX, $LO_2$) tank [capacity: 1,315,000 litres]*

13 kiömlést megakadályozó terelőlemezek
– *anti-slosh baffles*

14 sűrített héliumot tartalmazó palackok
– *compressed-helium bottles (helium pressure bottles)*

15 porlasztó a gáz halmazállapotú oxigén számára
– *diffuser for gaseous oxygen*

16 tartályösszekötő elem
– *inter-tank connector (inter-tank section)*

17 kezelőszervek és rendszer-visszajelentő eszközök
– *instruments and system-monitoring devices*

18 második rakétafokozat (S–II)
– *second rocket stage (S-II)*

19 J–2 hajtóművek
– *J-2 engines*

20 hőszigetelő pajzs
– *heat shield (thermal protection shield)*

21 hajtómű-felerősítés és hajtóműkeret
– *engine mounts and thrust structure*

22 gyorsítórakéták tüzelőanyag-vételezéshez
– *acceleration rockets for fuel acquisition*

23 folyékony hidrogén szívócsöve
– *liquid hydrogen ($LH_2$) suction line*

24 folyékonyoxigén-tartály [befogadóképesség: 1 315000 liter]
– *liquid oxygen (LOX, $LO_2$) tank [capacity: 1,315,000 litres]*

25 függőleges nyomásszabályozó cső (függőleges nyomóvezeték)
– *standpipe*

26 folyékonyhidrogén-tartály [befogadóképesség: 1 020 000 liter]
– *liquid hydrogen ($LH_2$) tank [capacity: 1,020,000 litres]*

27 üzemanyagszint-érzékelő
– *fuel level sensor*

28 szerelőállvány
– *work platform (working platform)*

29 kábelcsatorna
– *cable duct*

30 beszállónyílás
– *manhole*

31 S–IC/S–II fokozatok közti csatlakozófelület
– *S-IC/S-II inter-stage connector (inter-stage section)*

32 sűrítettgáz-tartály (nyomásálló gázpalack)
– *compressed-gas container (gas pressure vessel)*

33 harmadik rakétafokozat (S–IVB)
– *third rocket stage (S-IVB)*

34 J–2 hajtómű
– *J-2 engine*

35 propulziós fúvóka (propulziós sugárcső, tolófúvóka)
– *nozzle (thrust nozzle)*

36 S–II/S–IVB fokozatok közti csatlakozófelület
– *S-II/S-IVB inter-stage connector (inter-stage section)*

37 másodikfokozat-(S–II)-leválasztó fékezőrakéta (4 rakéta)
– *four second-stage (S-II) separation retro-rockets*

38 helyzetszabályozó rakéták
– *attitude control rockets*

39 folyékonyoxigén-tartály [befogadóképesség: 77 200 liter]
– *liquid oxygen (LOX, $LO_2$) tank [capacity: 77,200 litres]*

40 tüzelőanyag-töltő csatorna
– *fuel line duct*

41 folyékonyhidrogén-tartály [befogadóképesség: 253 000 liter]
– *liquid hydrogen ($LH_2$) tank [capacity: 253,000 litres]*

42 vizsgálószonda
– *measuring probes*

43 sűrítetthélium-tartály
– *compressed-helium tanks (helium pressure vessels)*

44 üzemanyagtartály szellőzőnyílása
– *tank vent*

45 mellső bordaszelvény
– *forward frame section*

46 szerelőállvány
– *work platform (working platform)*

47 kábelcsatorna
– *cable duct*

48 gyorsítórakéták tüzelőanyag-vételezéshez
– *acceleration rockets for fuel acquisition*

49 hátsó bordaszelvény
– *aft frame section*

50 sűrítetthélium-tartály
– *compressed-helium tanks (helium pressure vessels)*

51 folyékonyhidrogén-vezeték
– *liquid hydrogen ($LH_2$) line*

52 folyékonyoxigén-vezeték
– *liquid oxygen (LOX, $LO_2$) line*

53 24 lapos műszeres egység
– *24-panel instrument unit*

54 LM hangár (holdkomphangár)
– *LM hangar (lunar module hangar)*

55 LM (holdkomp)
– *LM (lunar module)*

56 Apollo SM <műszaki egység, felszerelésekkel és berendezésekkel>
– *Apollo SM (service module), containing supplies and equipment*

57 SM főhajtómű
– *SM (service module) main engine*

58 tüzelőanyag-tartály
– *fuel tank*

59 nitrogén-tetroxid-tartály
– *nitrogen tetroxide tank*

60 sűrítettgáz-szállító rendszer
– *pressurized gas delivery system*

61 oxigéntartályok
– *oxygen tanks*

62 üzemanyagcellák
– *fuel cells*

63 irányítórakéta-csoport
– *manoeuvring* (Am. *maneuvering) rocket assembly*

64 irányantenna-egység
– *directional antenna assembly*

65 űrkabin (parancsnoki kabin)
– *space capsule (command section)*

66 kilövéskori mentőcsúcs
– *launch phase escape tower*

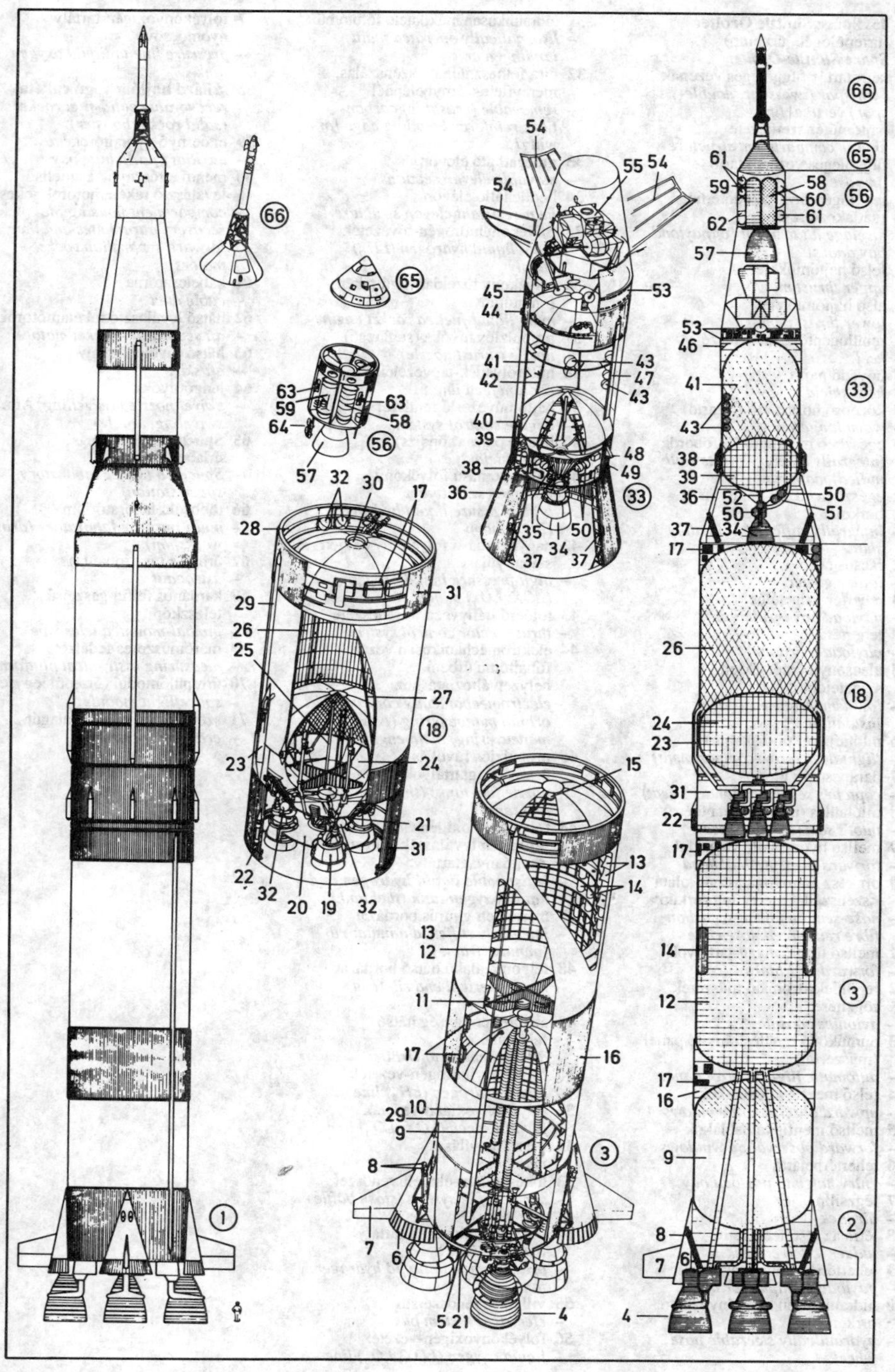
1
66
65
63
59
64
63
58
56
57
32
30
17
28
29
26
25
27
31
18
23
24
21
31
22
32
20
19
32
54
55
54
54
45
44
53
41
42
43
47
43
40
39
38
48
49
36
33
35
34
50
37
37
15
13
14
13
12
11
17
16
29
10
9
3
8
7
6
5
21
4
66
61
59
58
60
62
61
65
56
57
53
46
41
33
43
38
39
50
36
52
50
51
37
34
17
26
18
24
23
31
22
17
14
3
12
17
16
9
8
2
7
6
4

**1–45 Space Shuttle Orbiter** (űrrepülőgép, űrkomp)
– ***Space Shuttle-Orbiter***
**1** kétfőtartós függőleges vezérsík
– *twin-spar (two-spar, double-spar) vertical fin*
**2** hajtóműtér szerkezete
– *engine compartment structure*
**3** függőleges vezérsíktartó
– *fin post*
**4** repülőgéptörzs rakodótérhez csatlakozó része
– *fuselage attachment [of payload bay doors]*
**5** felső hajtóműkeret
– *upper thrust mount*
**6** alsó hajtóműkeret
– *lower thrust mount*
**7** repülőgéptörzs alsó része
– *keel*
**8** hővédő pajzs
– *heat shield*
**9** középső hossztartó (főtartó)
– *waist longeron*
**10** egészben megmunkált főborda
– *integrally machined (integrally milled) main rib*
**11** egészben edzett könnyűfém burkolat
– *integrally stiffened light alloy skin*
**12** rácsos tartó
– *lattice girder*
**13** tehertér-szigetelés
– *payload bay insulation*
**14** tehertérajtó
– *payload bay door*
**15** alacsony hőmérsékleti szigetelőburkolat
– *low-temperature surface insulation*
**16** pilótafülke (pilótakabin)
– *flight deck (crew compartment)*
**17** parancsnoki ülés
– *captain's seat (commander's seat)*
**18** pilótaülés (másodpilóta ülése)
– *pilot's seat (co-pilot's seat)*
**19** mellső nyomásálló válaszfal
– *forward pressure bulkhead*
**20** orr-rész áramvonalas burkolata <szénszállal merevített orrkúp>
– *nose-section fairings, carbon fibre reinforced nose cone*
**21** mellső tüzelőanyag-tartályok
– *forward fuel tanks*
**22** repülőelektronikai műszerek rögzítése
– *avionics consoles*
**23** önműködő repülésirányító panel (műszerfal)
– *automatic flight control panel*
**24** felső megfigyelőablakok
– *upward observation windows*
**25** mellső megfigyelőablakok
– *forward observation windows*
**26** tehertérbejárat
– *entry hatch to payload bay*
**27** légzsilip
– *air lock*
**28** létra az alsó fedélzetre
– *ladder to lower deck*
**29** tehertéri manipulátor karja
– *payload manipulator arm*
**30** hidraulikusan kormányozható orrkerék
– *hydraulically steerable nose wheel*
**31** hidraulikusan működtető főfutómű
– *hydraulically operated main landing gear*
**32** újra felhasználható szénszálas, merevített szárnybelépőél
– *removable (reusable) carbon fibre reinforced leading edge [of wing]*
**33** mozgatható elevon
– *movable elevon sections*
**34** hőellenálló elevon
– *heat-resistant elevon structure*
**35** folyékonyhidrogén-fővezeték
– *main liquid hydrogen ($LH_2$) supply*
**36** folyékony tüzelőanyagú rakéta-főhajtómű
– *main liquid-fuelled rocket engine*
**37** propulziós fúvóka (sugárcső)
– *nozzle (thrust nozzle)*
**38** hűtőfolyadék-tápvezeték
– *coolant feed line*
**39** hajtóművezérlő rendszer
– *engine control system*
**40** hőálló pajzs (hőpajzs)
– *heat shield*
**41** nagynyomású folyékony hidrogén szivattyúja
– *high-pressure liquid hydrogen ($LH_2$) pump*
**42** nagynyomású folyékony oxigén szivattyúja
– *high-pressure liquid oxygen (LOX, $LO_2$) pump*
**43** tolóerő irányvezérlő rendszere
– *thrust vector control system*
**44** elektromechanikusan vezérelt főhajtómű űrbeni helyzetváltoztatáshoz
– *electromechanically controlled orbital manoeuvring* (Am. *maneuvering) main engine*
**45** propulziós fúvókás üzemanyagtartályok
– *nozzle fuel tanks (thrust nozzle fuel tanks)*
**46 folyékony oxigén és folyékony hidrogén leválasztható tartálya** <hajtóanyagtartály>
– ***jettisonable liquid hydrogen and liquid oxygen tank*** *(fuel tank)*
**47** merevített gyűrűs bordázat
– *integrally stiffened annular rib (annular frame)*
**48** félgömb alakú hátsó bordázat
– *hemispherical end rib (end frame)*
**49** az Orbiter egység hátsó felerősítése
– *aft attachment to Orbiter*
**50** folyékonyhidrogén-vezeték
– *liquid hydrogen ($LH_2$) line*
**51** folyékonyoxigén-vezeték
– *liquid oxygen (LOX, $LO_2$) line*
**52** beszállónyílás
– *manhole*
**53** lökéshullám-elnyelő rendszer
– *surge baffle system (slosh baffle system)*
**54** folyékonyhidrogén-tartály nyomócsöve
– *pressure line to liquid hydrogen tank*
**55** villamos rendszersín
– *electrical system bus*
**56** folyékonyoxigén-vezeték
– *liquid oxygen (LOX, $LO_2$) line*
**57** folyékonyoxigén-tartály nyomócsöve
– *pressure line to liquid oxygen tank*
**58 szilárd hajtóanyagú rakéta**
– ***recoverable solid-fuel rocket*** *(solid rocket booster)*
**59** ejtőernyő gyorsítórekesze
– *auxiliary parachute bay*
**60** mentő ejtőernyők és mellső leválasztó rakétamotorok rekesze
– *compartment housing the recovery parachutes and the forward separation rocket motors*
**61** kábelcsatorna
– *cable duct*
**62** hátsó leválasztó rakétamotorok
– *aft separation rocket motors*
**63** hátsó fúvókaköpeny
– *aft skirt*
**64** lengőfúvóka
– *swivel nozzle (swivelling,* Am. *swiveling, nozzle)*
**65 Spacelab** (űrállomás, űrlaboratórium)
– ***Spacelab*** *(space laboratory, space station)*
**66** többcélú laboratórium
– *multi-purpose laboratory (orbital workshop)*
**67** űrhajós (asztronauta)
– *astronaut*
**68** kardános felfüggesztésű teleszkóp
– *gimbal-mounted telescope*
**69** mérőműszeres fedélzet
– *measuring instrument platform*
**70** űrrepülőmodul (űrrepülőegység)
– *spaceflight module*
**71** személyzeti bejárati alagút
– *crew entry tunnel*

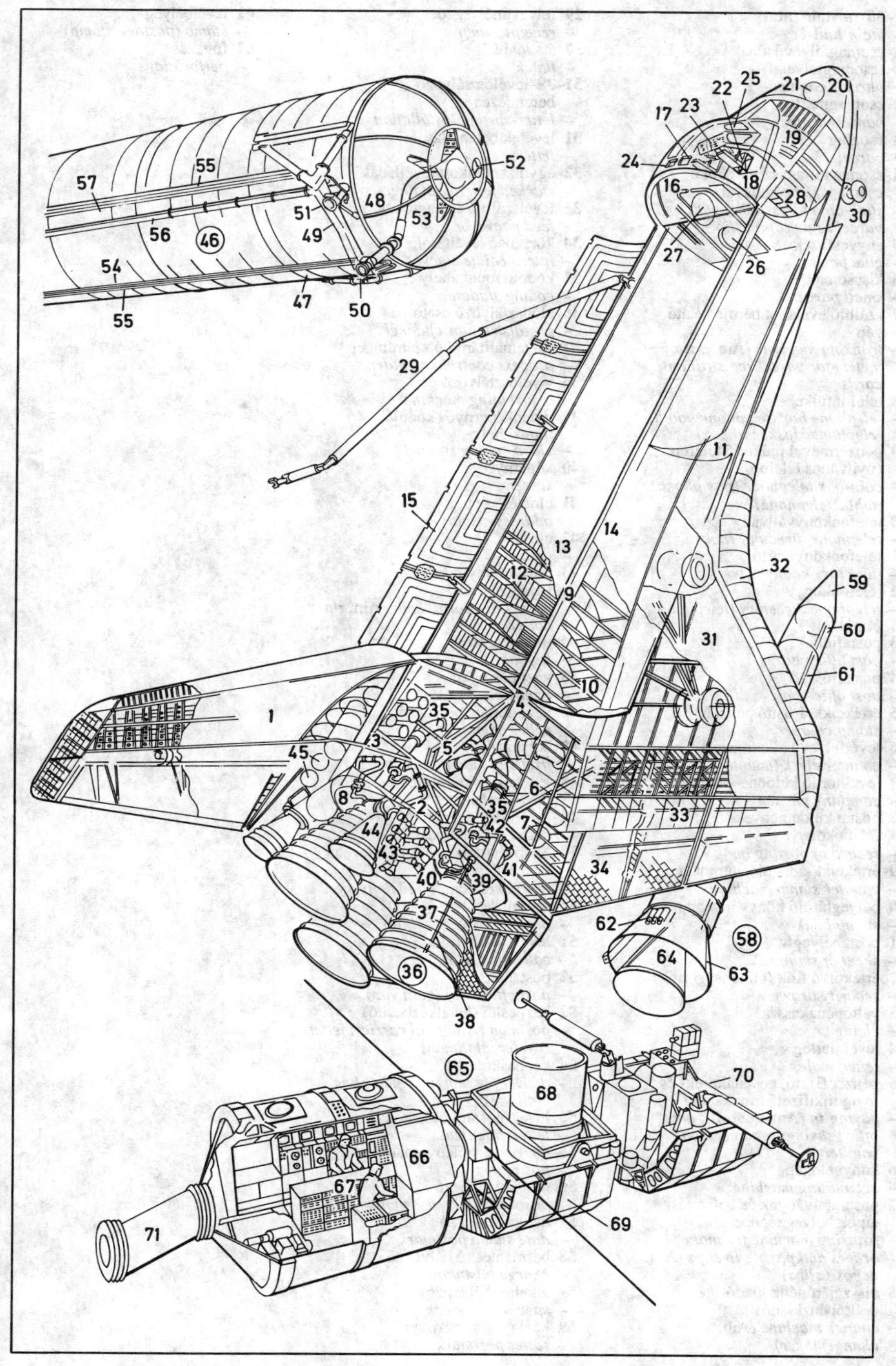
1
2
3
4
5
6
7
8
9
10
11
12
13
14
15
16
17
18
19
20
21
22
23
24
25
26
27
28
29
30
31
32
33
34
35
36
37
38
39
40
41
42
43
44
45
46
47
48
49
50
51
52
53
54
55
56
57
58
59
60
61
62
63
64
65
66
67
68
69
70
71

**1–30 postahivatal**
– ***main hall***
**1** csomagfelvevő ablak (csomagfelvétel)
– *parcels counter*
**2** csomagmérleg
– *parcels scales*
**3** csomag
– *parcel*
**4** csomagra ragasztott címke csomagszámcédulával
– *stick-on address label with parcel registration slip*
**5** enyvesfazék
– *glue pot*
**6** kiscsomag
– *small parcel*
**7** szállítóleveleket bérmentesítő gép
– *franking machine (*Am. *postage meter) for parcel registration cards*
**8** telefonfülke
– *telephone box (telephone booth, telephone kiosk, call box)*
**9** pénzérmével működő telefon (nyilvános telefon)
– *coin-box telephone (pay phone, public telephone)*
**10** telefonkönyvállvány
– *telephone directory rack*
**11** telefonkönyvtartó
– *directory holder*
**12** telefonkönyv
– *telephone directory (telephone book)*
**13** postafiókok
– *post office boxes*
**14** postafiók
– *post office box*
**15** értékcikk-árusító pénztár
– *stamp counter*
**16** levélfelvevő alkalmazott
– *counter clerk (counter officer)*
**17** levélhordó küldönc
– *company messenger*
**18** postai küldemények feladókönyve
– *record of posting book*
**19** értékcikk-adagoló automata
– *counter stamp machine*
**20** bélyegtároló könyv *v.* mappa
– *stamp book*
**21** postabélyegív
– *sheet of stamps*
**22** értékőrző fiók (biztonsági fiók)
– *security drawer*
**23** váltópénzkassza
– *change rack*
**24** levélmérleg
– *letter scales*
**25** pénzbefizető, postatakarék- és nyugdíjkifizető munkahely
– *paying-in (*Am. *deposit), post office savings, and pensions counter*
**26** könyvelőgép
– *accounting machine*
**27** postautalványok és befizetési lapok bélyegzőgépe
– *franking machine for money orders and paying-in slips (*Am. *deposit slips)*
**28** visszajárópénz-kiadó (váltópénzkiadó)
– *change machine (*Am. *changemaker)*
**29** felvevőbélyegző
– *receipt stamp*
**30** átadóablak
– *hatch*
**31–38** levélosztályozó berendezés
– *letter-sorting installation*
**31** levelek betáplálása
– *letter feed*
**32** egymásra rakott levélládák
– *stacked letter containers*
**33** levélszállító szalagrendszer
– *feed conveyor*
**34** közbülső levéltároló
– *intermediate stacker*
**35** kódoló munkahely
– *coding station*
**36** előosztályozó csatorna
– *pre-distributor channel*
**37** folyamatirányító számítógép
– *process control computer*
**38** levélosztályozó gép
– *distributing machine*
**39** videoképernyős kódoló munkahely
– *video coding station*
**40** képernyő
– *screen*
**41** címzés képe
– *address display*
**42** címzés
– *address*
**43** postai irányítószám (irányítószám)
– *post code (postal code,* Am. *zip code)*
**44** billentyűzet
– *keyboard*
**45** kézi bélyegző
– *handstamp*
**46** kézi görgős bélyegző
– *roller stamp*
**47** bélyegzőgép
– *franking machine*
**48** leveladagoló szerkezet
– *feed mechanism*
**49** levélkiadó szerkezet
– *delivery mechanism*
**50–55** postaláda-ürítés és a levelek kézbesítése
– *postal collection and delivery*
**50** postaláda
– *postbox (*Am. *mailbox)*
**51** levélgyűjtő táska
– *collection bag*
**52** postaautó
– *post office van (mail van)*
**53** kézbesítő (levélkézbesítő)
– *postman (*Am. *mail carrier, letter carrier, mailman)*
**54** kézbesítőtáska
– *delivery pouch (postman's bag, mailbag)*
**55** levél (postai küldemény)
– *letter-rate item*
**56–60** bélyegzőlenyomatok
– *postmarks*
**56** reklámbélyegző
– *postmark advertisement*
**57** dátumbélyegző
– *date stamp postmark*
**58** bérmentesítő bélyegző
– *charge postmark*
**59** alkalmi bélyegző
– *special postmark*
**60** kézi görgős bélyegző
– *roller postmark*
**61** levélbélyeg
– *stamp (postage stamp)*
**62** fogazás
– *perforations*

BERLIN ist eine Reise wert
Come and see BERLIN
METTMANN 1
ma
10.12.69-16
4020
DEUTSCHE BUNDESPOST
020
50th ANNIVERSAIRE
ROTARY INTERNATIONAL
LUXEMBOURG
BITTE AUCH IN DER ABSENDERANGABE
VERGISS MEIN NICHT:
DIE POSTLEITZAHL
GUMMERSBACH 31
me
5270
DEUTSCHE BUNDESPOST
G720 Speyer

1 **telefonfülke** <nyilvános távbeszélő-állomás>
– ***telephone box*** *(telephone booth, telephone kiosk, call box), a public telephone*
2 telefonáló (*saját készülékkel:* telefon-előfizető)
– *telephone user (*with own telephone: *telephone subscriber, telephone customer)*
3 pénzérmével működő telefonkészülék helyi és távolsági beszélgetésre (távválasztós készülék)
– *coin-box telephone (pay phone, public telephone) for local and long-distance calls (trunk calls)*
4 segélykérő telefon
– *emergency telephone*
5 telefonkönyv
– *telephone directory (telephone book)*
6–26 **telefonkészülékek**
– ***telephone instruments*** *(telephones)*
6 szabványos asztali telefonkészülék
– *standard table telephone*
7 telefonkagyló
– *telephone receiver (handset)*
8 hallgató
– *earpiece*
9 mikrofon
– *mouthpiece (microphone)*
10 számtárcsa (nyomógombok)
– *dial (push-button keyboard)*
11 lyukas tárcsa
– *finger plate (dial finger plate, dial wind-up plate)*
12 ütköző
– *finger stop (dial finger stop)*
13 villakapcsoló
– *cradle (handset cradle, cradle switch)*
14 telefonkagyló-zsinór
– *receiver cord (handset cord)*
15 készülékház
– *telephone casing (telephone cover)*
16 díjszámláló
– *subscriber's (customer's) private meter*
17 alközponti főállomás
– *switchboard (exchange) for a system of extensions*
18 fővonalak kapcsoló nyomógombja
– *push button for connecting main exchange lines*
19 kapcsoló nyomógombok a mellékállomások választásához
– *push buttons for calling extensions*
20 nyomógombos telefonkészülék
– *push-button telephone*
21 mellékállomások földelő nyomógombja
– *earthing button for the extensions*
22–26 mellékállomás-választó berendezés
– *switchboard with extensions*
22 főállomás
– *exchange*
23 telefonkezelő kapcsolótáblája
– *switchboard operator's set*
24 fővonal
– *main exchange line*
25 kapcsolószekrény (kapcsolóautomata)
– *switching box (automatic switching system, automatic connecting system, switching centre,* Am. *center)*
26 mellékállomás
– *extension*
27–41 **telefonközpont**
– ***telephone exchange***
27 rádiózavar-mérő szolgálat
– *radio interference service*
28 zavarelhárító technikus
– *interference technician (maintenance technician)*
29 mérőasztal
– *testing board (testing desk)*
30 távírda (távíróhivatal)
– *telegraphy*
31 távírókészülék
– *teleprinter (teletypewriter)*
32 papírszalag
– *paper tape*
33 telefoninformáció
– *directory enquiries*
34 információs munkahely
– *information position (operator's position)*
35 telefonos-kisasszony
– *operator*
36 mikrofilmolvasó készülék
– *microfilm reader*
37 mikrofilmtár
– *microfilm file*
38 telefonszámokat tartalmazó mikrofilmkártya
– *microfilm card with telephone numbers*
39 dátumkijelzés
– *date indicator display*
40 ellenőrző és vizsgáló munkahely
– *testing and control station*
41 telefon-, telex- és adatátviteli kapcsolóközpont
– *switching centre (*Am. *center) for telephone, telex and data transmission services*
42 **választógép** (nemesfém érintkezős forgókefés választógép; *a jövőben:* elektronikus választógép)
– ***selector*** *(motor uniselector made of noble metals;* in the future: *electronic selector)*
43 érintkezősorozat
– *contact arc (bank)*
44 kefe (csúszóérintkező)
– *contact arm (wiper)*
45 érintkezőmező
– *contact field*
46 érintkezőcsúcs
– *contact arm tag*
47 elektromágnes
– *electromagnet*
48 választógép motorja
– *selector motor*
49 beállítórugó
– *restoring spring (resetting spring)*
50 **távközlési összeköttetések**
– ***communications links***
51–52 műholdas összeköttetés
– *satellite radio link*
51 földi hírközlő állomás irányított antennával
– *earth station with directional antenna*
52 távközlési műhold irányított antennával
– *communications satellite with directional antenna*
53 tengerparti rádióállomás
– *coastal station*
54–55 interkontinentális rádió-összeköttetés
– *intercontinental radio link*
54 rövidhullámú rádió-adóvevő állomás
– *short-wave station*
55 ionoszféra
– *ionosphere*
56 tenger alatti kábel
– *submarine cable (deep-sea cable)*
57 tenger alatti erősítő
– *underwater amplifier*
58 **adatátvitel** (adatfeldolgozás)
– ***data transmission*** *(data services)*
59 adathordozó be- és kimeneti készüléke
– *input/output device for data carriers*
60 adatfeldolgozó berendezés
– *data processor*
61 adatnyomtató
– *teleprinter*
62–64 adathordozók
– *data carriers*
62 lyukszalag
– *punched tape (punch tape)*
63 mágnesszalag
– *magnetic tape*
64 lyukkártya
– *punched card (punch card)*
65 telexcsatlakozás
– *telex link*
66 telexírógép (távnyomtató)
– *teleprinter (page printer)*
67 távkapcsoló készülék (hívókészülék)
– *dialling (*Am. *dialing) unit*
68 távgépíró-lyukszalag a szöveg maximális sebességű átviteléhez
– *telex tape (punched tape, punch tape) for transmitting the text at maximum speed*
69 telextávirat
– *telex message*
70 billentyűzet
– *keyboard*

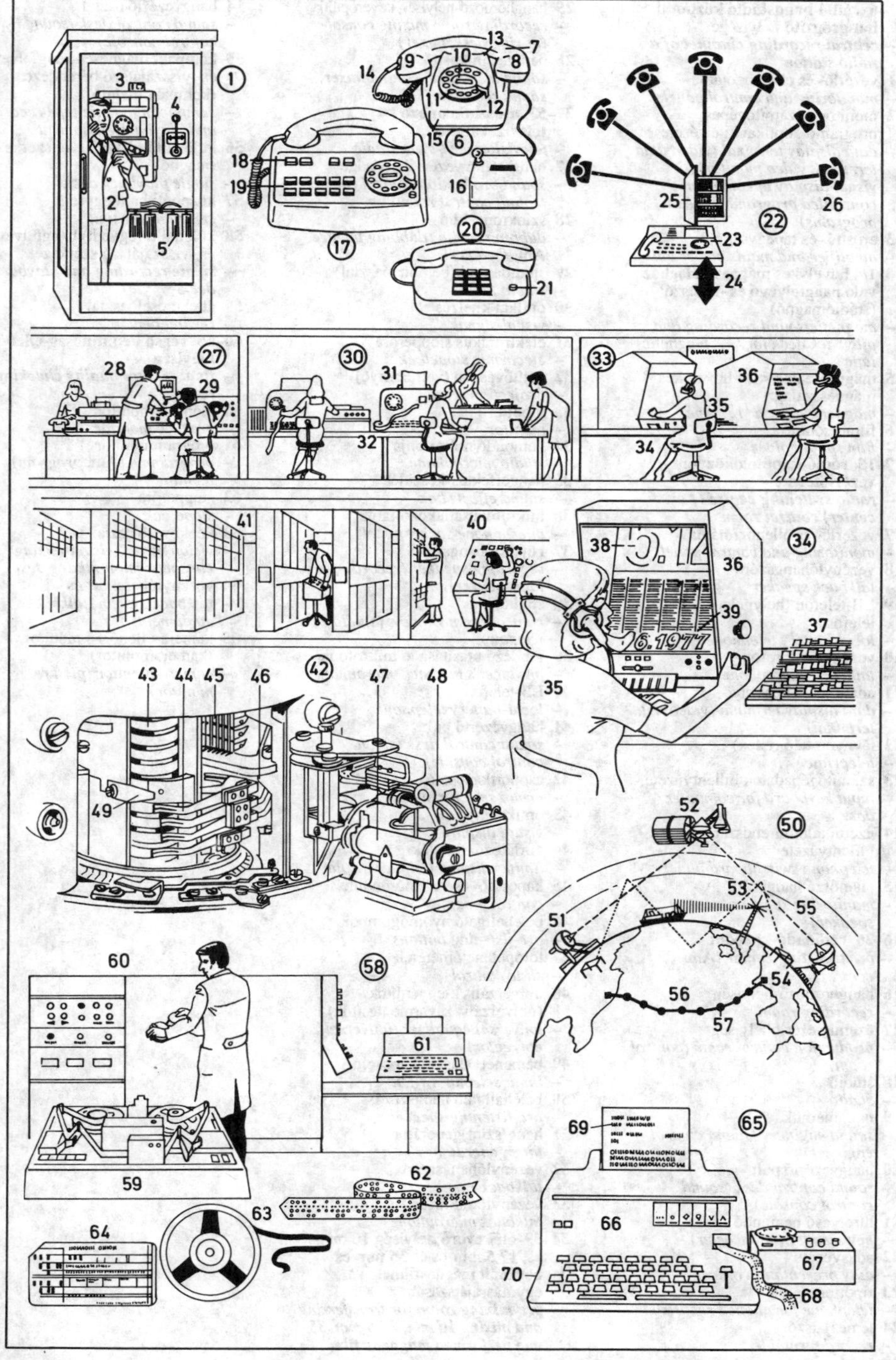
1
2
3
4
5
6
7
8
9
10
11
12
13
14
15
16
17
18
19
20
21
22
23
24
25
26
27
28
29
30
31
32
33
34
35
36
37
38
39
40
41
42
43
44
45
46
47
48
49
50
51
52
53
54
55
56
57
58
59
60
61
62
63
64
65
66
67
68
69
70
6.1977

**1–6 rádió-hangstúdió központi hangrögzítő helyisége**
– ***central recording channel of a radio station***
**1** vezérlő- és ellenőrzőtábla
– *monitoring and control panel*
**2** monitor a számítógépes programok optikai kijelzésére
– *data display terminal (video data terminal, video monitor) for visual display of computer-controlled programmes* (Am. *programs)*
**3** erősítő- és tápegység
– *amplifier and mains power unit*
**4** 1/4 hüvelykes mágnesszalaghoz való hangfelvevő és -lejátszó (stúdiómagnó)
– *magnetic sound recording and playback deck for 1/4" magnetic tape*
**5** mágnesszalag <1/4 hüvelykes mágnesszalag>
– *magnetic tape, a 1/4" tape*
**6** filmorsótartó
– *film spool holder*
**7–15 rádió-kapcsolóközpont vezérlőterme**
– ***radio switching centre*** (Am. ***center) control room***
**7** vezérlő- és ellenőrzőtábla
– *monitoring and control panel*
**8** vezénylőhangszóró
– *talkback speaker*
**9** LB-telefon (helyitelepes telefon)
– *local-battery telephone*
**10** vezénylőmikrofon
– *talkback microphone*
**11** adatkijelző képernyő
– *data display terminal (video data terminal)*
**12** távnyomtató (telex)
– *teleprinter*
**13** számítógépadatok billentyűzete
– *input keyboard for computer data*
**14** üzemi telefonrendszer billentyűzete
– *telephone switchboard panel*
**15** ellenőrző hangszóró
– *monitoring speaker (control speaker)*
**16–26 rádióadó-központ**
– ***broadcasting center*** (Am. *centre)*
**16** hanghordozó-helyiség
– *recording room*
**17** üzemi vezérlőhelyiség
– *production control room (control room)*
**18** stúdió
– *studio*
**19** hangmérnök
– *sound engineer (sound control engineer)*
**20** hangvezérlő pult
– *sound control desk (sound control console)*
**21** hírolvasó bemondó
– *newsreader (newscaster)*
**22** adásvezető
– *duty presentation officer*
**23** riportertelefon
– *telephone for phoned reports*
**24** lemezjátszó
– *record turntable*
**25** hanghordozó-helyiség keverőpultja
– *recording room mixing console (mixing desk, mixer)*
**26** hangtechnikusnő
– *sound technician (sound mixer, sound recordist)*
**27–53 utószinkronozó televíziósstúdió**
– ***television post-sync studio***
**27** hangstúdió vezérlőhelyisége
– *sound production control room (sound control room)*
**28** szinkronstúdió
– *dubbing studio (dubbing theatre,* Am. *theater)*
**29** stúdióasztal (bemondóasztal)
– *studio table*
**30** optikai kijelzés
– *visual signal*
**31** elektronikus stopperóra
– *electronic stopclock*
**32** vetítővászon (vetítőernyő)
– *projection screen*
**33** monitor
– *monitor*
**34** bemondó mikrofonja
– *studio microphone*
**35** hangeffektus-készülék
– *sound effects box*
**36** mikrofoncsatlakozó-tábla
– *microphone socket panel*
**37** bejátszóhangszóró
– *recording speaker (recording loudspeaker)*
**38** stúdióablak
– *control room window (studio window)*
**39** rendező utasításadó mikrofonja
– *producer's talkback microphone*
**40** LB-telefon
– *local-battery telephone*
**41** hangvezérlő pult
– *sound control desk (sound control console)*
**42** csoportkapcsoló
– *group selector switch*
**43** optikai kijelző
– *visual display*
**44** korlátozókészülék
– *limiter display (clipper display)*
**45** kapcsoló- és vezérlőmodulok
– *control modules*
**46** belehallgató nyomógombok
– *pre-listening buttons*
**47** tolópotenciométerek
– *slide control*
**48** univerzális kiegyenlítők (univerzális zavarmentesítők)
– *universal equalizer (universal corrector)*
**49** bemenetválasztó kapcsoló
– *input selector switch*
**50** belehallgató hangszóró
– *pre-listening speaker*
**51** hang(szint)generátor
– *tone generator*
**52** vezénylőhangszóró
– *talkback speaker*
**53** vezénylőmikrofon
– *talkback microphone*
**54–59 előkeverő helyiség** 16 mm-es, 17,5 mm-es és 35 mm-es perforált mágnesfilmek egymásrajátszásához
– ***pre-mixing room*** *for transferring and mixing 16 mm, 17.5 mm, 35 mm perforated magnetic film*
**54** hangvezérlő asztal
– *sound control desk (sound control console)*
**55** kompakt mágneses hangfelvevő és -visszajátszó berendezés (kompakt magnó)
– *compact magnetic tape recording and playback equipment*
**56** különálló visszajátszó szerkezet (magnó)
– *single playback deck*
**57** központi hajtóegység
– *central drive unit*
**58** különálló (egyedi) hangfelvevő és -visszajátszó szerkezet
– *single recording and playback deck*
**59** áttekercselőasztal
– *rewind bench*
**60–65 végső képminőség-ellenőrző helyiség**
– ***final picture quality checking room***
**60** előnéző monitor
– *preview monitor*
**61** programmonitor
– *programme* (Am. *program) monitor*
**62** stopperóra
– *stopclock*
**63** képkeverő asztal
– *vision mixer (vision-mixing console, vision-mixing desk)*
**64** vezénylőberendezés
– *talkback system (talkback equipment)*
**65** kamera-ellenőrző monitor (kameramonitor)
– *camera monitor (picture monitor)*

1
2
3
4
5
6
7
8
9
10
11
12
13
14
15
16
17
18
19
20
21
22
23
24
25
26
27
28
29
30
31
32
32
33
34
35
36
37
38
39
40
41
42
43
44
45
46
47
48
49
50
51
52
53
54
55
56
56
57
58
59
60
61
62
63
64
65
65
65

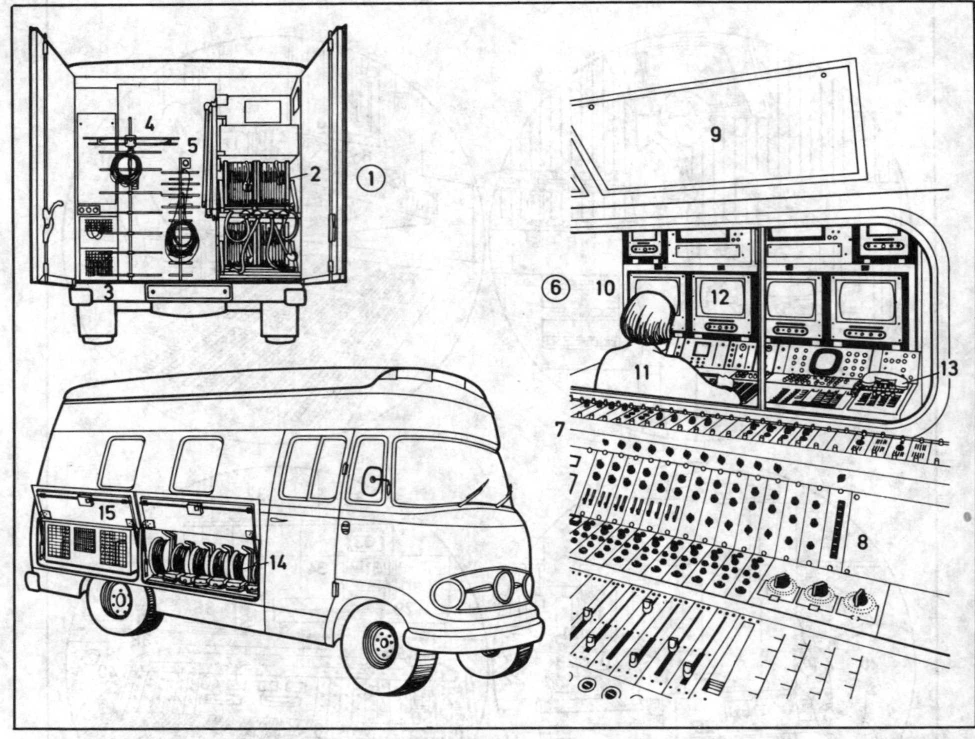


**1–15 közvetítőkocsi** (televíziós közvetítőkocsi, rádiós közvetítőkocsi)
– ***outside broadcast (OB) vehicle*** *(television OB van;* also: *sound OB van, radio OB van)*
**1 a közvetítőkocsi hátsó részébe beépített berendezések**
– ***rear equipment section of the OB vehicle***
**2** kamerakábel
– *camera cable*
**3** kábelcsatlakozó-tábla
– *cable connection panel*
**4** az első program tv-vevőantennája
– *television (TV) reception aerial (receiving aerial) for Channel I*
**5** a második program tv-vevőantennája
– *television (TV) reception aerial (receiving aerial) for Channel II*
**6 a közvetítőkocsi belső berendezése**
– ***interior equipment (on-board equipment) of the OB vehicle***
**7** hangvezérlő helyiség
– *sound production control room (sound control room)*
**8** hangvezérlő pult
– *sound control desk (sound control console)*
**9** ellenőrző hangszóró
– *monitoring loudspeaker*
**10** képvezérlő helyiség
– *vision control room (video control room)*
**11** videotechnikusnő (képtechnikusnő)
– *video controller (vision controller)*
**12** kamera-ellenőrző képernyő (kameramonitor)
– *camera monitor (picture monitor)*
**13** belső telefon
– *on-board telephone (intercommunication telephone)*
**14** mikrofonkábel
– *microphone cable*
**15** klímaberendezés (légkondicionáló berendezés)
– *air-conditioning equipment*

# 240 Rádió és televízió III. (televíziótechnika)
## *Broadcasting III (Television Engineering)*

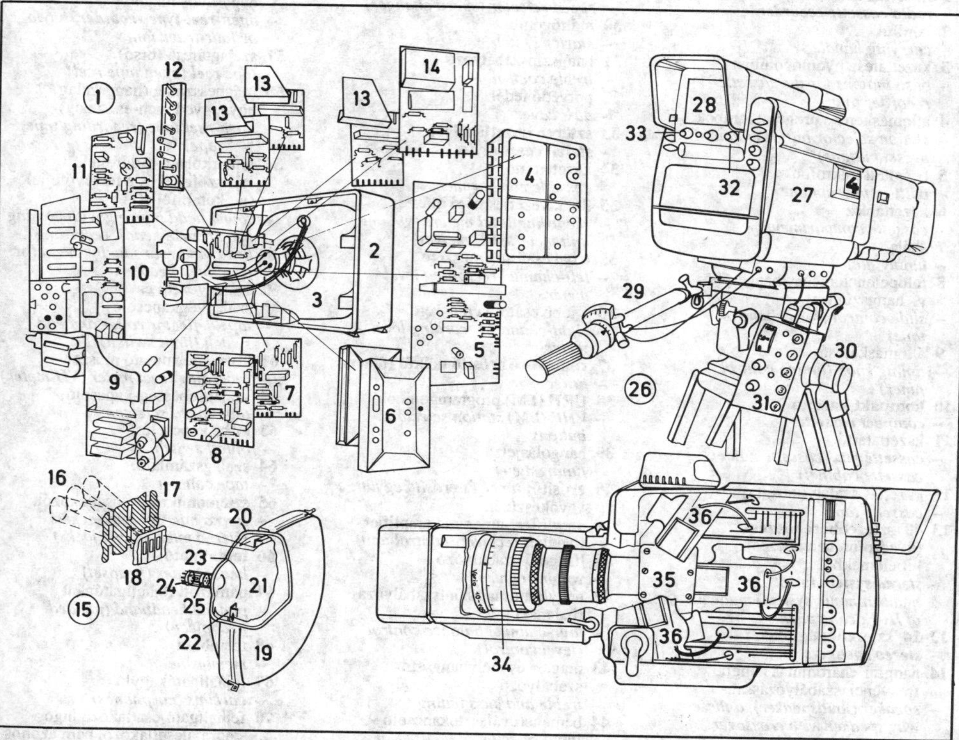


**1** **színestelevízió-vevőkészülék** (tv-vevőkészülék)
– ***colour*** (Am. *color*) ***television (TV) receiver*** *(colour television set) of modular design*
**2** készülékház
– *television cabinet*
**3** tv-képcső
– *television tube (picture tube)*
**4** középfrekvenciás erősítőmodul
– *IF (intermediate frequency) amplifier module*
**5** színdekódoló modul
– *colour* (Am. *color*) *decoder module*
**6** VHF- és UHF-hangolóegység
– *VHF and UHF tuner*
**7** vízszintes szinkronozómodul
– *horizontal synchronizing module*
**8** függőleges eltérítőmodul
– *vertical deflection module*
**9** vízszintes linearitás-ellenőrző modul
– *horizontal linearity control module*
**10** vízszintes eltérítőmodul
– *horizontal deflection module*
**11** szabályozómodul
– *control module*
**12** konvergenciamodul
– *convergence module*
**13** színvégfokozat-modul
– *colour* (Am. *color*) *output stage module*
**14** hangmodul
– *sound module*
**15** színes képcső
– *colour* (Am. *color*) *picture tube*
**16** elektronsugarak
– *electron beams*
**17** árnyékolómaszk hosszúkás nyílásokkal
– *shadow mask with elongated holes*
**18** fluoreszkálóanyag-csíkok
– *strip of fluorescent (luminescent, phosphorescent) material*
**19** fluoreszkáló képernyőbevonat
– *coating (film) of fluorescent material*
**20** belső mágneses árnyékolás
– *inner magnetic screen (screening)*
**21** vákuum
– *vacuum*
**22** hőmérséklet-kompenzált árnyékolómaszk-felfüggesztés
– *temperature-compensated shadow mask mount*
**23** eltérítőegység központosító gyűrűje
– *centring (centering) ring for the deflection system*
**24** elektronsugár-rendszer (elektronágyúk)
– *electron gun assembly*
**25** gyors felfűtésű katód
– *rapid heat-up cathode*
**26** **tv-kamera** (televízió-felvevőkamera)
– ***television (TV) camera***
**27** kamerafej
– *camera head*
**28** kameramonitor
– *camera monitor*
**29** irányítókar
– *control arm (control lever)*
**30** élességbeállító
– *focusing adjustment*
**31** kezelőlap
– *control panel*
**32** kontrasztbeállítás
– *contrast control*
**33** fényerő-beállítás
– *brightness control*
**34** zoomobjektív (gumiobjektív)
– *zoom lens*
**35** sugárosztó prizma
– *beam-splitting prism (beam splitter)*
**36** színes képfelvevő cső
– *pickup unit (colour,* Am. *color, pickup tube)*

1 **kazettás rádiómagnó**
– ***radio cassette recorder***
2 hordfül
– *carrying handle*
3 kazettarész nyomógombjai
– *push buttons for the cassette recorder unit*
4 állomáskereső programgombok
– *station selector buttons (station preset buttons)*
5 beépített mikrofon
– *built-in microphone*
6 kazettarész
– *cassette compartment*
7 skála
– *tuning dial*
8 tolópotenciométer [hangerőhöz v. hangszínhez]
– *slide control [for volume or tone]*
9 állomáskereső
– *tuning knob (tuning control, tuner)*
10 **kompakt kazetta**
– ***compact cassette***
11 kazettatartó
– *cassette box (cassette holder, cassette cabinet)*
12 kazettás szalag (kazetta)
– *cassette tape*
13–48 **sztereoberendezés** (kvadrofon berendezés) hifielemekből
– ***stereo system*** (also: *quadraphonic system) made up of Hi-Fi components*
13–14 **sztereohangfalak**
– ***stereo speakers***
14 hangfal <háromutas hangfal frekvenciaszabályozással>
– *speaker (loudspeaker), a three-way speaker with crossover (crossover network)*
15 magas hangú hangszóró
– *tweeter*
16 középhangú hangszóró
– *mid range speaker*
17 mély hangú hangszóró
– *woofer*
18 **lemezjátszó**
– ***record player*** *(automatic record changer, auto changer)*
19 lemezjátszósasszi
– *record player housing (record player base)*
20 lemeztányér
– *turntable*
21 hangszedő kar (lejátszókar)
– *tone arm*
22 hangszedő kar ellensúlya
– *counterbalance (counter-weight)*
23 kardánfelfüggesztés
– *gimbal suspension*
24 tűnyomás-beállítás
– *stylus pressure control (stylus force control)*
25 antiskating-beállítás
– *anti-skate control*
26 mágneses hangszedő rendszer (konikus v. elliptikus) tűvel
– *magnetic cartridge with (conical or elliptical) stylus, a diamond*
27 hangszedőkar-rögzítő
– *tone arm lock*
28 hangszedőkar-emelő
– *tone arm lift*
29 fordulatszám-beállító
– *speed selector (speed changer)*
30 indítógomb
– *starter switch*
31 hangszínszabályozó
– *treble control*
32 porvédő fedél
– *dust cover*
33 **sztereo kazettás deck**
– ***stereo cassette deck***
34 kazettatartó
– *cassette compartment*
35–36 kivezérlésmérő műszer
– *recording level meters (volume unit meters, VU meters)*
35 a bal csatorna műszere
– *left-channel recording level meter*
36 a jobb csatorna műszere
– *right-channel recording level meter*
37 **rádióvevő erősítő nélkül** (tuner)
– ***tuner***
38 URH (FM) programgombok
– *VHF (FM) station selector buttons*
39 hangolásjelző
– *tuning meter*
40 **erősítő;** *tuner és erősítő együtt:* vevőkészülék
– ***amplifier;*** tuner and amplifier together *receiver (control unit)*
41 hangerő-szabályozó
– *volume control*
42 négycsatornás szintszabályozás (balansz)
– *four-channel balance control (level control)*
43 magas- és mélyhangszín-szabályozó
– *treble and bass tuning*
44 bemeneti választókapcsoló
– *input selector*
45 **négycsatornás demodulátor a kvadrofon lemezekhez**
– ***four-channel demodulator*** *for CD4 records*
46 kvadro/sztereo átkapcsoló
– *quadra/stereo converter*
47 kazettatartó
– *cassette box (cassette holder, cassette cabinet)*
48 lemeztartó rekeszek
– *record storage slots (record storage compartments)*
49 **mikrofon**
– ***microphone***
50 hangrések
– *microphone screen*
51 mikrofonállvány
– *microphone base (microphone stand)*
52 **háromcélú kompakt berendezés** (lemezjátszó, magnó, sztereorádió)
– ***three-in-one stereo component system*** *(automatic record changer, cassette deck, and stereo receiver)*
53 hangszedőkar-ellensúly
– *tone arm balance*
54 hangológombok
– *tuning meters*
55 automatikus vas-oxid/króm-dioxid-átkapcsoló kijelzője
– *indicator light for automatic FeO/$CrO_2$ tape switch-over*
56 **orsós magnetofon** <kétsávos v. négysávos magnó>
– ***open-reel-type recorder,*** *a two or four-track unit*
57 szalagtárcsa (orsó)
– *tape reel (open tape reel)*
58 mágnesszalag (hangszalag, egynegyed inch-es szalag)
– *open-reel tape (recording tape, 1/4" tape)*
59 fejburkolat a törlőfejjel, lejátszófejjel és a felvevőfejjel (*v.:* kombifejjel)
– *sound head housing with erasing head (erase head), recording head, and reproducing head (*or: *combined head)*
60 szalagvezető és szalagvégkapcsoló
– *tape deflector roller and end switch (limit switch)*
61 kivezérlésmutató műszer
– *recording level meter (VU meter)*
62 szalagsebesség-kapcsoló
– *tape speed selector*
63 ki-be kapcsoló
– *on/off switch*
64 szalagszámláló
– *tape counter*
65 sztereomikrofon-csatlakozók
– *stereo microphone sockets (stereo microphone jacks)*
66 **fejhallgató**
– ***headphones*** *(headset)*
67 párnázott fejhallgatópánt
– *padded headband (padded headpiece)*
68 membrán
– *membrane*
69 fejhallgatókagyló
– *carcups (carphones)*
70 fejhallgató-csatlakozódugó <normálcsatlakozó, nem azonos a felvevő tuhellel>
– *headphone cable plug, a standard multi-pin plug (not the same as a phono plug)*
71 csatlakozóvezeték
– *headphone cable (headphone cord)*

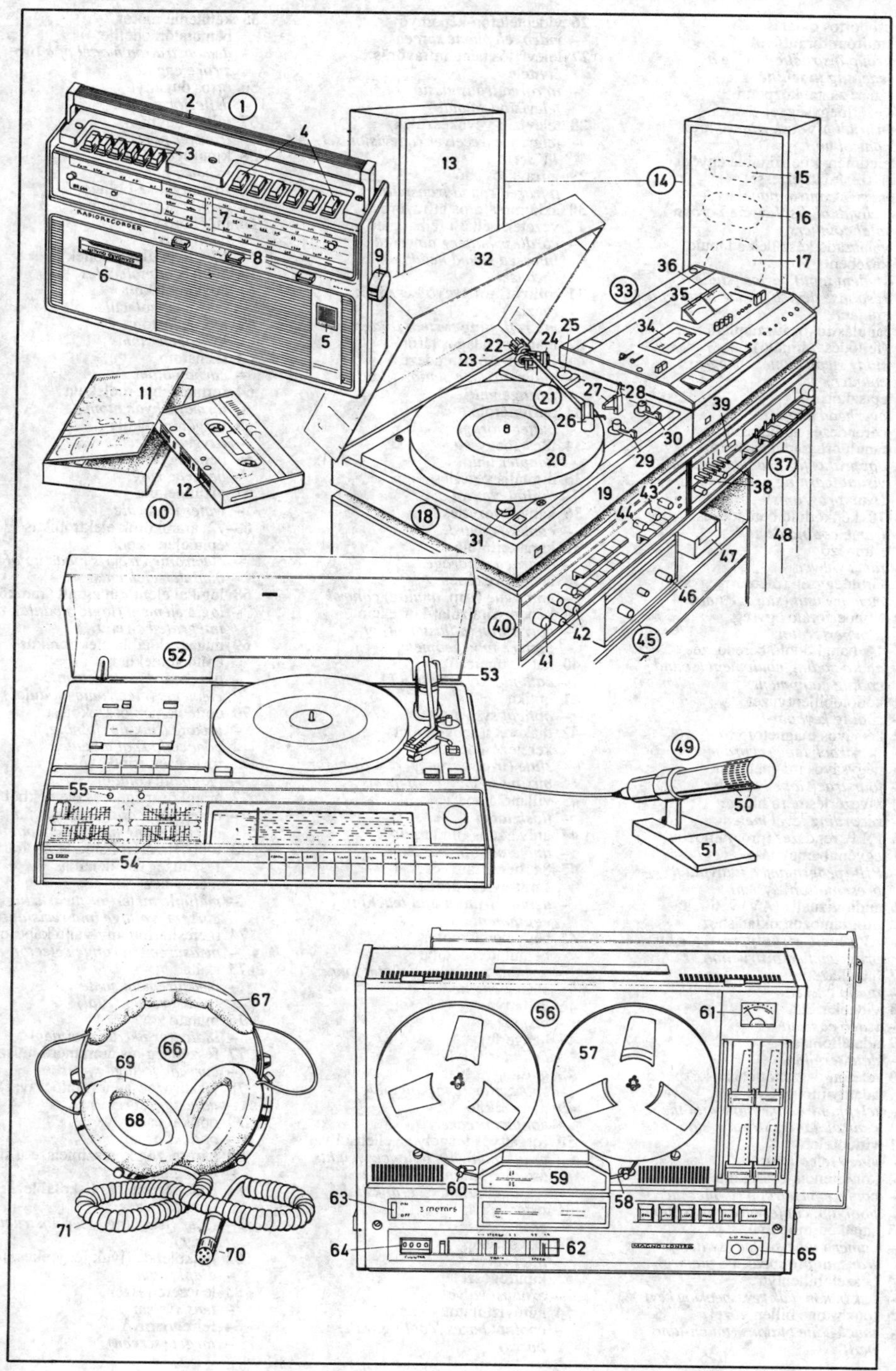
1
2
3
4
5
6
7
8
9
10
11
12
13
14
15
16
17
18
19
20
21
22
23
24
25
26
27
28
29
30
31
32
33
34
35
36
37
38
39
40
41
42
43
44
45
46
47
48
49
50
51
52
53
54
55
56
57
58
59
60
61
62
63
64
65
66
67
68
69
70
71
RADIORECORDER

1 csoportos oktatás **tanítóautomatával**
– *group instruction using a* ***teaching machine***
2 tanári asztal központi vezérlőegységgel
– *instructor's desk with central control unit*
3 eredménykijelző tábla egyéni és összesítő kijelzéssel
– *master control panel with individual displays and cross total counters*
4 válaszadó készülék a tanuló kezében
– *student input device (student response device) in the hand of a student*
5 tanulásifokozat-számláló (fejlődésszámláló)
– *study step counter (progress counter)*
6 episzkóp
– *overhead projector*
7 berendezés audiovizuális tanulóprogram készítésére
– *apparatus for producing audio-visual learning programmes* (Am. *programs*)
**8–10** képkódoló berendezés
– *frame coding device*
8 filmnéző
– *films viewer*
9 tárolóegység (memóriaegység)
– *memory unit (storage unit)*
10 filmperforáló egység
– *film perforator*
**11–14** hangkódoló berendezés
– *audio coding equipment (sound coding equipment)*
11 kódolóbillentyűzet
– *coding keyboard*
12 kétsávos magnetofon
– *two-track tape recorder*
13 négysávos magnetofon
– *four-track tape recorder*
14 kivezérlésmérő műszer
– *recording level meter*
15 P.I.P. rendszer (programozott egyéni bemutatás)
– *PIP (programmed individual presentation) system*
16 audiovizuális (AV) vetítő a programozott oktatáshoz
– *AV (audio-visual) projector for programmed instruction*
17 hangkazetta
– *audio cassette*
18 videokazetta
– *video cassette*
19 adatállomás
– *data terminal*
20 telefon-összeköttetés a központi adatgyűjtővel
– *telephone connection with the central data collection station*
21 **videotelefon**
– ***video telephone***
22 konferencia-összeköttetés
– *conference circuit (conference hook-up, conference connection)*
23 sajátkép-billentyű
– *camera tube switch (switch for transmitting speaker's picture)*
24 beszélőbillentyű
– *talk button (talk key, speaking key)*
25 touch-tone billentyűzet
– *touch-tone buttons (touch-tone pad)*
26 videotelefon-képernyő
– *video telephone screen*
27 televíziós hang infravörös átvitele
– *infrared transmission of television sound*
28 televízió-vevőkészülék
– *television receiver (television set, TV set)*
29 infravörös adó
– *infrared sound transmitter*
30 akkumulátoros infravörös vezeték nélküli fejhallgató
– *cordless battery-powered infrared sound headphones (headset)*
31 **mikrofilmfelvevő készülék** (vázlat)
– ***microfilming system*** *[diagram]*
32 mágnesszalagos tároló (adattároló berendezés)
– *magnetic tape station (data storage unit)*
33 puffertároló
– *buffer storage*
34 illesztőegység
– *adapter unit*
35 digitális vezérlés
– *digital control*
36 kameravezérlés
– *camera control*
37 karaktertároló
– *character storage*
38 analóg vezérlés
– *analogue* (Am. *analog*) *control*
39 képernyőrajzolat-korrekció
– *correction (adjustment) of picture tube geometry*
40 katódsugárcső
– *cathode ray tube (CRT)*
41 optika
– *optical system*
42 diakeret a szövegminta keretezéséhez
– *slide (transparency) of a form for mixing-in images of forms*
43 villanólámpa
– *flash lamp*
44 univerzális filmkazetták
– *universal film cassettes*
**45–84 bemutató- és tanítóberendezés**
– ***demonstration and teaching equipment***
45 négyütemű motor bemutatómodellje
– *demonstration model of a four-stroke engine*
46 dugattyú
– *piston*
47 hengerfej
– *cylinder head*
48 gyújtógyertya
– *spark plug (sparking plug)*
49 megszakító
– *contact breaker*
50 forgattyús tengely az ellensúllyal
– *crankshaft with balance weights (counterbalance weights) (counterbalanced crankshaft)*
51 forgattyúház
– *crankcase*
52 szívószelep
– *inlet valve*
53 kipufogószelep
– *exhaust valve*
54 hűtővízfuratok
– *coolant bores (cooling water bores)*
55 kétütemű motor bemutatómodellje
– *demonstration model of a two-stroke engine*
56 orros dugattyú
– *deflector piston*
57 túlömlőnyílás
– *transfer port*
58 kipufogónyílás
– *exhaust port*
59 forgattyúház-öblítés
– *crankcase scavenging*
60 hűtőbordák
– *cooling ribs*
**61–67** molekulamodellek
– *models of molecules*
61 etilénmolekula
– *ethylene molecule*
62 hidrogénatom
– *hydrogen atom*
63 szénatom
– *carbon atom*
64 formaldehid-molekula
– *formaldehyde atom*
65 oxigénmolekula
– *oxygen molecule*
66 benzolgyűrű
– *benzene ring*
67 vízmolekula
– *water molecule*
**68–72** áramkörök elektronikus építőelemekből
– *electronic circuits made up of modular elements*
68 logikai elem <integrált áramkör>
– *logic element (logic module), an integrated circuit*
69 dugaszolótábla elektronikus építőelemekhez
– *plugboard for electronic elements (electronic modules)*
70 építőelemek összekötése
– *linking (link-up, joining, connection) of modules*
71 mágneses érintkező
– *magnetic contact*
72 áramkör mágneses elemekből
– *assembly (construction) of a circuit, using magnetic modules*
73 többcélú mérőberendezés áram, feszültség és ellenállás méréséhez
– *multiple meter for measuring current, voltage and resistance*
74 méréstartomány-váltó kapcsoló
– *measurement range selector*
75 skála
– *measurement scale (measurement dial)*
76 mutató
– *indicator needle (pointer)*
77 feszültség- és árammérő műszer
– *current/voltage meter*
78 jusztírozócsavar (állítócsavar)
– *adjusting screw*
79 optikai pad
– *optical bench*
80 háromszög keresztmetszetű sín
– *triangular rail*
81 lézerberendezés (iskolai lézer, oktatási lézer)
– *laser (teaching laser, instruction laser)*
82 lyukblende (lyuk fényrekesz)
– *diaphragm*
83 lencserendszer
– *lens system*
84 felfogóernyő
– *target (screen)*

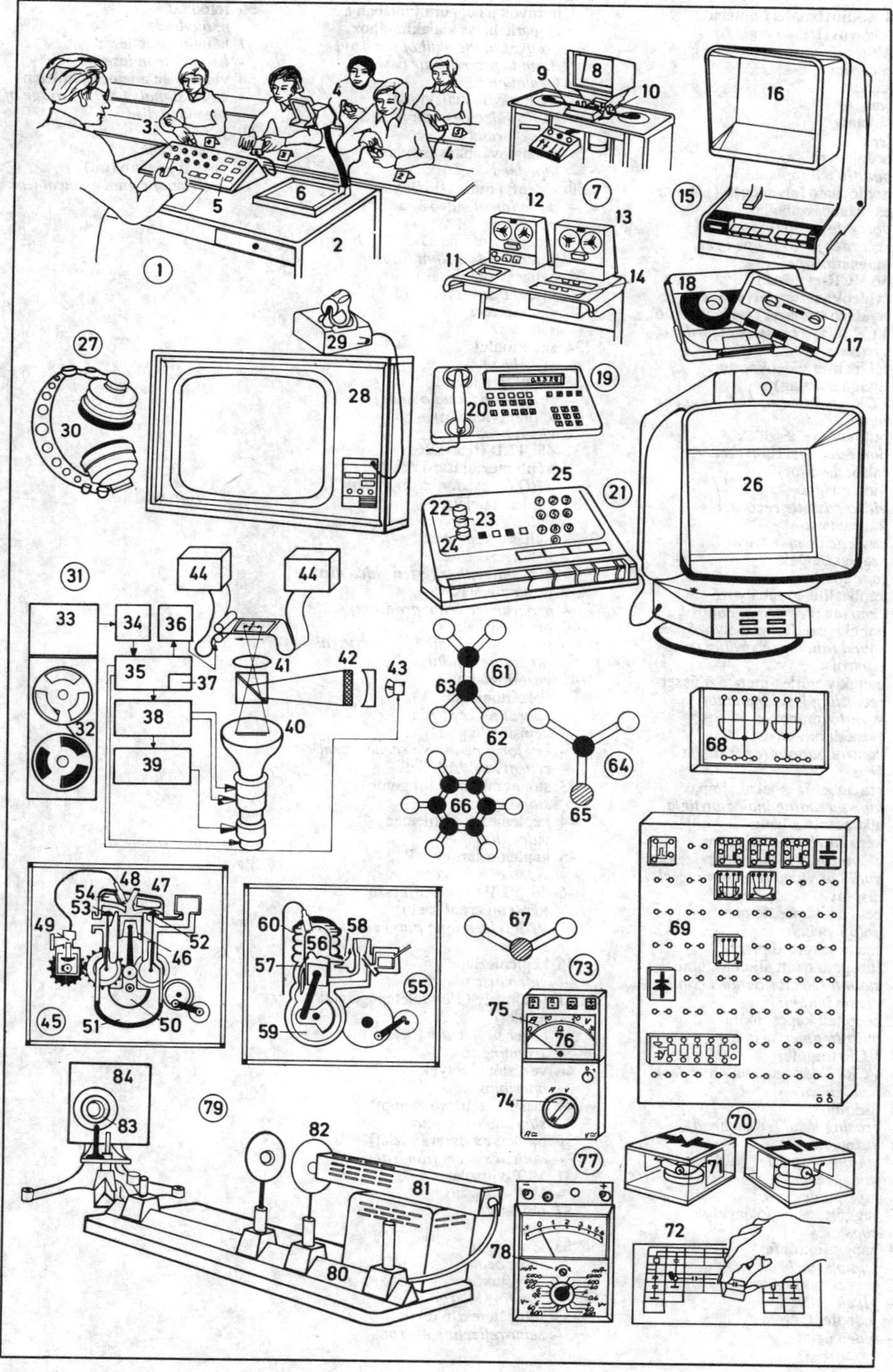
1
2
3
4
5
6
7
8
9
10
11
12
13
14
15
16
17
18
19
20
21
22
23
24
25
26
27
28
29
30
31
32
33
34
35
36
37
38
39
40
41
42
43
44
45
46
47
48
49
50
51
52
53
54
55
56
57
58
59
60
61
62
63
64
65
66
67
68
69
70
71
72
73
74
75
76
77
78
79
80
81
82
83
84

**1–4 audiovizuális kamera felvevővel**
– *AV (audio-visual) camera with recorder*
1 kamera
– *camera*
2 objektív
– *lens*
3 beépített mikrofon
– *built-in microphone*
4 hordozható felvevőgép (1/4 inch-es mágnesszalaghoz)
– *portable video (videotape) recorder for 1/4" open-reel magnetic tape*
**5–36 VCR-rendszer (videokazettás felvevő- és lejátszórendszer)** (videomagnó)
– ***VCR (video cassette recorder) system***
5 fél inch-es videokazetta (mágnesszalag)
– *VCR cassette (for 1/2" magnetic tape)*
6 otthoni tévékészülék
– *domestic television receiver* (also: *monitor*)
7 videomagnó
– *video cassette recorder*
8 kazettatartó
– *cassette compartment*
9 szalagszámláló
– *tape counter*
10 képbeállítás-szabályozó
– *centring (centering) control*
11 hangkivezérlés-szabályozó
– *sound (audio) recording level control*
12 hangkivezérlés-mutató műszer
– *recording level indicator*
13 vezérlőgombok (vezérlőbillentyűk)
– *control buttons (operations keys)*
14 szalagbefűzés-jelző lámpa
– *tape threading indicator light*
15 átkapcsoló a hang- *v.* képkivezérlés kijelzésére
– *changeover switch for selecting audio or video recording level display*
16 be- és kikapcsoló gomb
– *on/off switch*
17 csatornakereső gomb (programozott állomásgombok)
– *station selector buttons (station preset buttons)*
18 beépített kapcsolóóra
– *built-in timer switch*
19 VCR-forgófej
– *VCR (video cassette recorder) head drum*
20 törlőfej
– *erasing head (erase head)*
21 vezetőcsap
– *stationary guide (guide pin)*
22 szalagvezető
– *tape guide*
23 függőleges hajtótengely
– *capstan*
24 hangszinkronfej
– *audio sync head*
25 szorító gumigörgő
– *pinch roller*
26 videofej (képfej)
– *video head*
27 hornyok a hengerfej falában a légpárnahatás kialakításához
– *grooves in the wall of the head drum to promote air cushion formation*
28 VCR-sávok kialakítása
– *VCR (video cassette recorder) track format*
29 szalagtovábbítás iránya
– *tape feed*
30 videofej mozgási iránya
– *direction of video head movement*
31 videosáv <ferde sáv>
– *video track, a slant track*
32 hangsáv (audiosáv)
– *sound track (audio track)*
33 szinkronsáv
– *sync track*
34 szinkronfej
– *sync head*
35 hangfej (audiofej)
– *sound head (audio head)*
36 képfej (videofej)
– *video head*
**37–45 TED (televíziós képlemezlejátszó rendszer)**
– ***TED (television disc) system***
37 képlemezlejátszó
– *video disc player*
38 nyílás a képlemez behelyezéséhez
– *disc slot with inserted video disc*
39 programválasztó
– *programme* (Am. *program*) *scale*
40 programskála
– *programme* (Am. *program*) *scale (programme dial)*
41 vezérlőgombok (vezérlőbillentyűk)
– *operating key ('play')*
42 képismétlő gomb
– *key for repeating a scene (scene-repeat key, 'select')*
43 stopgomb (megállj gomb)
– *stop key*
44 képlemez (videolemez)
– *video disc*
45 képlemeztartó tasak
– *video disc jacket*
**46–60 VLP (hosszanjátszó képlemezrendszer)**
– ***VLP (video long play) video disc system***
46 képlemezlejátszó
– *video disc player*
47 fedőnyelv (*alatta*: letapogatandó terület)
– *cover projection* (below it: *scanning zone)*
48 vezérlőbillentyűk
– *operating keys*
49 lassításszabályozó gomb
– *slow motion control*
50 optikai rendszer [vázlat]
– *optical system [diagram]*
51 VLP-videolemez
– *VLP video disc*
52 objektív
– *lens*
53 lézersugár
– *laser beam*
54 forgótükör
– *rotating mirror*
55 félig áteresztő tükör
– *semi-reflecting mirror*
56 fotodióda
– *photodiode*
57 hélium-neon lézer
– *helium-neon laser*
58 videojelek a lemez felületén
– *video signals on the surface of the video disc*
59 jelsáv
– *signal track*
60 egyedi jelelem (pit)
– *individual signal element ('pit')*

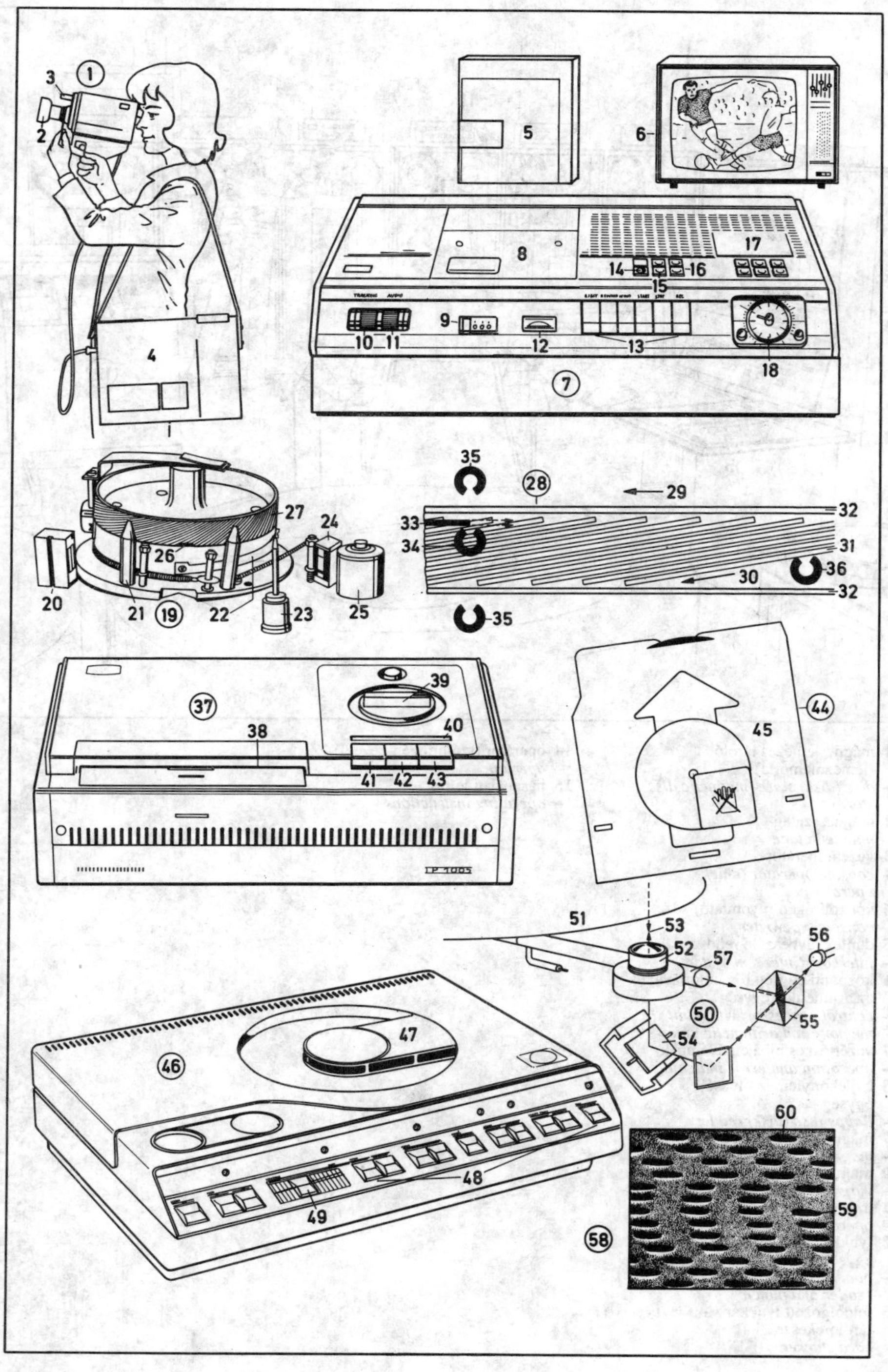
1
2
3
4
5
6
7
8
9
10
11
12
13
14
15
16
17
18
19
20
21
22
23
24
25
26
27
28
29
30
31
32
33
34
35
36
37
38
39
40
41
42
43
44
45
46
47
48
49
50
51
52
53
54
55
56
57
58
59
60

**1** mágneslemezes tároló (lemezmemória)
– *disc (disk) store (magnetic disc store)*
**2** mágnesszalag
– *magnetic tape*
**3** vezetőoperátor
– *console operator (chief operator)*
**4** konzolírógép (nyomtató)
– *console typewriter*
**5** duplex távbeszélő rendszer
– *intercom (intercom system)*
**6** központi egység főmemóriával és az aritmetikai egység
– *central processor with main memory and arithmetic unit*
**7** vezérlési és hibajelző lámpák
– *operation and error indicators*
**8** hajlékonylemez-olvasó egység
– *floppy disc (disk) reader*
**9** mágnesszalagegység
– *magnetic tape unit*
**10** mágnesszalagcséve
– *magnetic tape reel*
**11** üzemi kijelzők
– *operating indicators*
**12** lyukkártyaolvasó és -lyukasztó egység
– *punched card (punch card) reader and punch*
**13** feldolgozott lyukkártyák tárolórekesze
– *card stacker*
**14** operátor (számítógép-kezelő)
– *operator*
**15** használati leírás
– *operating instructions*

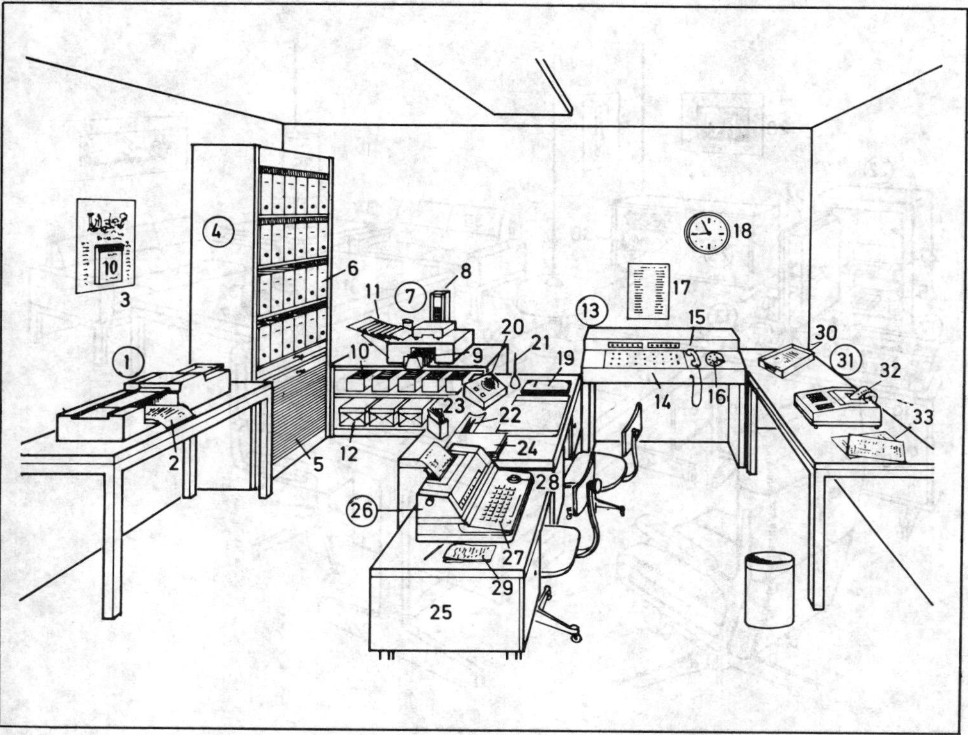


**1–33 titkárnői előszoba** (titkárság)
– ***receptionist's office*** *(secretary's office)*
**1** faxberendezés (fax)
– *facsimile telegraph*
**2** érkező fax
– *transmitted copy (received copy)*
**3** falinaptár
– *wall calendar*
**4** irattartó szekrény
– *filing cabinet*
**5** redőny
– *tambour door (roll-up door)*
**6** irattartó (iratrendező, aktarendező)
– *file (document file)*
**7** címnyomtató berendezés (adrémagép)
– *transfer-type addressing machine*
**8** függőleges lemeztartó rekesz
– *vertical stencil magazine*
**9** lemezkidobó
– *stencil ejection*
**10** lemeztároló fiók
– *stencil storage drawer*
**11** papírbevezetés
– *paper feed*
**12** levélpapírkészlet
– *stock of notepaper*
**13** házi telefonközpont
– *switchboard (internal telephone exchange)*
**14** billentyűzet a házi kapcsoláshoz
– *push-button keyboard for internal connections*
**15** hallgató
– *handset*
**16** tárcsa (számválasztó)
– *dial*
**17** házi telefonlista
– *internal telephone list*
**18** központi óra
– *master clock (main clock)*
**19** aláírófüzet
– *folder containing documents, correspondence, etc. for signing (to be signed)*
**20** házi telefon
– *intercom (office intercom)*
**21** toll
– *pen*
**22** ceruza- és tolltartó
– *pen and pencil tray*
**23** feljegyzéstartó doboz
– *card index*
**24** nyomtatványtartó
– *stack (set) of forms*
**25** írógépasztal
– *typing desk*
**26** memóriás írógép
– *memory typewriter*
**27** írógép-billentyűzet (tasztatúra)
– *keyboard*
**28** forgókapcsoló a munkamemóriához és a végtelenített mágnesszalaghoz
– *rotary switch for the main memory and the magnetic tape loop*
**29** gyorsírófüzet (gyorsíróblokk)
– *shorthand pad* (Am. *steno pad*)
**30** iratkosár (irattálca)
– *letter tray*
**31** irodai számológép (kalkulátor)
– *office calculator*
**32** nyomtató
– *printer*
**33** üzleti levél
– *business letter*

**1–36 főnöki iroda**
– ***executive's office***
**1** íróasztal-forgószék
– *swivel chair*
**2** íróasztal
– *desk*
**3** íróasztallap
– *writing surface (desk top)*
**4** íróasztalfiók
– *desk drawer*
**5** lehajtós ajtajú polc
– *cupboard (storage area) with door*
**6** íróalátét
– *desk mat (blotter)*
**7** üzleti levél
– *business letter*
**8** határidőnapló
– *appointments diary*
**9** írószertartó
– *desk set*
**10** duplex házitelefon-rendszer
– *intercom (office intercom)*
**11** íróasztallámpa
– *desk lamp*
**12** zsebszámológép (elektronikus kalkulátor)
– *pocket calculator (electronic calculator)*
**13** telefon <főnök-titkár rendszer>
– *telephone, an executive-secretary system*
**14** telefontárcsa (nyomógombos számválasztó *is*)
– *dial;* also: *push-button keyboard*
**15** nyomógombok
– *call buttons*
**16** telefonkagyló (telefonhallgató)
– *receiver (telephone receiver)*
**17** diktafon (diktálóberendezés)
– *dictating machine*
**18** diktafonszámláló
– *position indicator*
**19** vezérlőgombok (működtető billentyűk)
– *control buttons (operating keys)*
**20** alacsony irodaszekrény
– *cabinet*
**21** vendégfotel
– *visitor's chair*
**22** trezor (páncélszekrény)
– *safe*
**23** zárszerkezet
– *bolts (locking mechanism)*
**24** páncélzat
– *armour (*Am. *armor) plating*
**25** bizalmas iratok
– *confidential documents*
**26** szabadalmi leírás
– *patent*
**27** készpénz
– *petty cash*
**28** kép
– *picture*
**29** bárszekrény (italszekrény)
– *bar (drinks cabinet)*
**30** bárfelszerelés [poharak]
– *bar set*
**31–36** tárgyaló (konferenciasarok)
– *conference grouping*
**31** tárgyalóasztal
– *conference table*
**32** zsebdiktafon (mikrokazettás felvevő)
– *pocket-sized dictating machine (micro cassette recorder)*
**33** hamutartó
– *ashtray*
**34** sarokasztal
– *corner table*
**35** asztali lámpa
– *table lamp*
**36** kétszemélyes kanapé
– *two-seater sofa [part of the conference grouping]*

# 247 Iroda III. — *Office III* 247

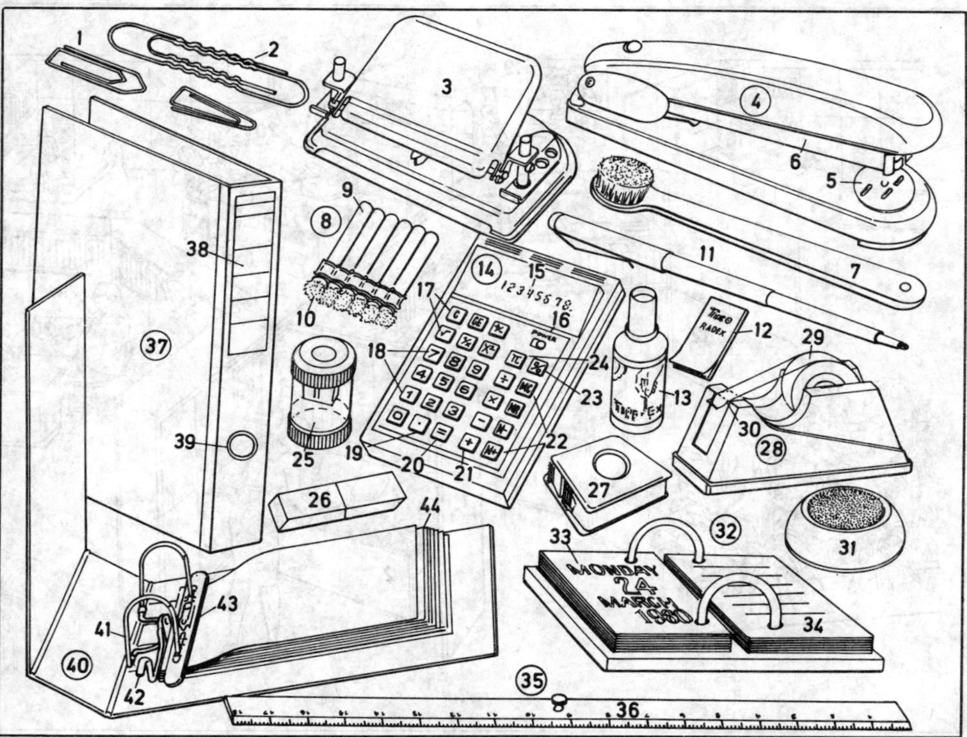


**1–44 irodai felszerelés** (irodai anyagok)
– ***office equipment** (office supplies, office materials)*
**1** gemkapocs (iratkapocs)
– *[small] paper clip*
**2** nagy gemkapocs
– *[large] paper clip*
**3** lyukasztógép
– *punch*
**4** fűzőgép
– *stapler (stapling machine)*
**5** talpazat
– *anvil*
**6** kapocssín
– *spring-loaded magazine*
**7** írógéptisztító kefe
– *type-cleaning brush for typewriters*
**8** betűtisztító (betűtisztító készlet)
– *type cleaner (type-cleaning kit)*
**9** folyadéktartó
– *fluid container (fluid reservoir)*
**10** tisztítókefe
– *cleaning brush*
**11** filctoll
– *felt tip pen*
**12** hibajavító papír [gépelési hibákhoz]
– *correcting paper [for typing errors]*
**13** hibajavító folyadék [gépelési hibákhoz]
– *correcting fluid [for typing errors]*
**14** elektronikus zsebszámológép
– *electronic pocket calculator*
**15** nyolc helyiértékes világító kijelző
– *eight-digit fluorescent display*
**16** be- és kikapcsoló gomb
– *on/off switch*
**17** műveleti jelek gombjai
– *function keys*
**18** számjegyek gombjai
– *number keys*
**19** tizedespont gombja
– *decimal key*
**20** egyenlőségjel gombja
– *'equals' key*
**21** műveleti jelek gombjai
– *instruction keys (command keys)*
**22** memóriagomb
– *memory keys*
**23** százalékszámítás gombja
– *percent key (percentage key)*
**24** π gomb (pi gomb) [a körrel kapcsolatos számításhoz]
– *π-key (pi-key) for mensuration of circles*
**25** ceruzahegyező
– *pencil sharpener*
**26** írógépradír (gépradír)
– *typewriter rubber*
**27** átlátszó ragasztószalag-adagoló
– *adhesive tape dispenser*
**28** átlátszó ragasztószalag-tartó
– *adhesive tape holder (roller-type adhesive tape dispenser)*
**29** átlátszó ragasztószalag
– *roll of adhesive tape*
**30** letépőél
– *tear-off edge*
**31** nedvesítőszivacs
– *moistener*
**32** asztali naptár (előjegyzési naptár)
– *desk diary*
**33** naptárlap
– *date sheet (calendar sheet)*
**34** jegyzetlap (feljegyzések helye)
– *memo sheet*
**35** vonalzó
– *ruler*
**36** centiméter- és milliméter-beosztás
– *centimetre and millimetre* (Am. *centimeter and millimeter) graduations*
**37** irattartó
– *file (document file)*
**38** aktaazonosító címke
– *spine label (spine tag)*
**39** kihúzólyuk
– *finger hole*
**40** iratrendező
– *arch board file*
**41** lefűzőrendszer
– *arch unit*
**42** nyitó- és zárókar
– *release lever (locking lever, release/lock lever)*
**43** leszorító
– *compressor*
**44** számlakivonat
– *bank statement (statement of account)*

**1–48 egy légterű iroda**
– *open plan office*
1 választófal
– *partition wall (partition screen)*
2 függőleges rendszerű iratrendező fiók
– *filing drawer with suspension file system*
3 függőleges irattartók
– *suspension file*
4 kártyalovas
– *file tab*
5 irattartó (iratrendező)
– *file (document file)*
6 iratkezelő tisztviselő
– *filing clerk*
7 szakalkalmazott
– *clerical assistant*
8 feljegyzés az aktákhoz
– *note for the files*
9 telefon
– *telephone*
10 iratpolc
– *filing shelves*
11 szakalkalmazott asztala
– *clerical assistant's desk*
12 irodaszekrény
– *office cupboard*
13 virágtartó (virágtartó állvány)
– *plant stand (planter)*
14 szobanövények (cserepes növények)
– *indoor plants (houseplants)*
15 programozó
– *programmer*
16 adatkijelző (képernyő)
– *data display terminal (visual display unit)*
17 ügyfélszolgálati tisztviselő
– *customer service representative*
18 ügyfél
– *customer*
19 komputergrafika
– *computer-generated design (computer-generated art)*
20 hangszigetelő fal
– *sound-absorbing partition*
21 gépíró
– *typist*
22 írógép
– *typewriter*
23 irattartó fiók
– *filing drawer*
24 ügyfélnyilvántartó
– *customer card index*
25 irodaszék <forgószék>
– *office chair, a swivel chair*
26 írógépasztal
– *typing desk*

**27** kartonozódoboz
– *card index box*
**28** többcélú polcrendszer
– *multi-purpose shelving*
**29** főnök
– *proprietor*
**30** üzleti levél
– *business letter*
**31** főnöki titkárnő
– *proprietor's secretary*
**32** gyorsírófüzet (gyorsírótömb)
– *shorthand pad (Am. steno pad)*
**33** diktafonról dolgozó gépíró
– *audio typist*
**34** diktafon
– *dictating machine*
**35** fülhallgató
– *earphone [worn in ear]*
**36** statisztikai grafikon
– *statistics chart*
**37** alsószekrényes íróasztal
– *pedestal containing a cupboard or drawers*
**38** csúszóajtós szekrény
– *sliding-door cupboard*
**39** szögben elrendezhető irodai bútor
– *office furniture arranged in an angular configuration*
**40** falipolc
– *wall-mounted shelf*
**41** iratkosár (irattálca)
– *letter tray*
**42** falinaptár
– *wall calendar*
**43** központi adattár
– *data centre (Am. center)*
**44** információlehívás a képernyőre
– *calling up information on the data display terminal (visual display unit)*
**45** papírkosár
– *waste paper basket*
**46** értékesítési statisztika
– *sales statistics*
**47** számítógépes nyomat <leporelló>
– *EDP print-out, a continuous fan-fold sheet*
**48** összekötő elem (kapcsolóelem)
– *connecting element*

1 **elektromos írógép** <gömbfejes írógép>
– ***electric typewriter,*** *a golf ball typewriter*
2–6 billentyűk (klaviatúra)
– *keyboard*
2 szóközbillentyű
– *space bar*
3 váltóbillentyű
– *shift key*
4 soremelés kocsi vissza billentyű
– *line space and carrier return key*
5 váltórögzítő billentyű
– *shift lock*
6 margófelszabadító (sornyitó) billentyű
– *margin release key*
7 lovasbeállító billentyű (tabulátorbillentyű)
– *tabulator key*
8 lovastörlő billentyű (tabulátorkioldó billentyű)
– *tabulator clear key*
9 be-kikapcsoló gomb
– *on/off switch*
10 leütéserősség-szabályozó
– *striking force control (impression control)*
11 színváltókar
– *ribbon selector*
12 margóbeállító
– *margin scale*
13 bal oldali margóbeállító
– *left margin stop*
14 jobb oldali margóbeállító
– *right margin stop*
15 gömbfej (írófej) a betűkkel
– *golf ball (spherical typing element) bearing the types*
16 szalagkazetta
– *ribbon cassette*
17 papírszorító a vezetőgörgőkkel
– *paper bail with rollers*
18 írógéphenger
– *platen*
19 betűközpont (írónyílás, íróablak)
– *typing opening (typing window)*
20 papírlazító kar
– *paper release lever*
21 kocsifelszabadító
– *carrier return lever*
22 hengerforgató gomb
– *platen knob*
23 sorközbeállító
– *line space adjuster*
24 hengerfék-felszabadító kar
– *variable platen action lever*
25 főhenger-tengelykapcsoló nyomógombja
– *push-in platen variable*
26 papírtámlemez
– *erasing table*
27 átlátszó tető
– *transparent cover*
28 cserélhető gömbfej
– *exchange golf ball (exchange typing element)*
29 betű
– *type*
30 írófejfedő (írófejtető)
– *golf ball cap (cap of typing element)*
31 fogazat (fogazás)
– *teeth*
32 **iratmásoló** (automatikus hengeres másolóberendezés)
– ***web-fed automatic copier***
33 papírhengertartó
– *magazine for paper roll*
34 méretbeállító (formátumállító)
– *paper size selection (format selection)*
35 másolatszám-beállító
– *print quantity selection*
36 kontrasztszabályozó
– *contrast control*
37 főkapcsoló
– *main switch (on/off switch)*
38 indítókapcsoló
– *start print button*
39 dokumentumablak
– *document glass*
40 átvivőkendő
– *transfer blanket*
41 festékhenger
– *toner roll*
42 megvilágító-rendszer
– *exposure system*
43 másolatgyűjtő
– *print delivery (copy delivery)*
44 **levélhajtogató berendezés**
– ***letter-folding machine***
45 papírbeadás
– *paper feed*
46 hajtogatóegység
– *folding mechanism*
47 kiadótálca
– *receiving tray*
48 **ofszetnyomó kisgép**
– ***small offset press***
49 papíradagolás
– *paper feed*
50 nyomólemez-festékező kar
– *lever for inking the plate cylinder*
51–52 festékezőegység
– *inking unit (inker unit)*
51 dörzshenger
– *distributing roller (distributor)*
52 festékezőhenger
– *ink roller (inking roller, fountain roller)*
53 nyomáserősség-beállítás
– *pressure adjustment*
54 ívgyűjtő tálca
– *sheet delivery (receiving table)*
55 nyomássebesség-beállítás
– *printing speed adjustment*
56 rázógép a papírlapok kiütéséhez
– *jogger for aligning the piles of sheets*
57 papírlapok
– *pile of paper (pile of sheets)*
58 hajtogatógép
– *folding machine*
59 ívösszehordó gép kis példányszámhoz
– *gathering machine (collating machine, assembling machine) for short runs*
60 összehordó állomás
– *gathering station (collating station, assembling station)*
61 ragasztó kötőgép hőkötéshez
– *adhesive binder (perfect binder) for hot adhesives*
62 **mágnesszalagos diktafon**
– ***magnetic tape dictating machine***
63 fülhallgató (fejhallgató)
– *headphones (headset, earphones)*
64 ki-be kapcsoló
– *on/off switch*
65 mikrofontartó kengyel
– *microphone cradle*
66 lábkapcsoló-csatlakozó
– *foot control socket*
67 telefonadapter-csatlakozó
– *telephone adapter socket*
68 fejhallgató-csatlakozó
– *headphone socket (earphone socket, headset socket)*
69 mikrofoncsatlakozó
– *microphone socket*
70 beépített hangszóró
– *built-in loudspeaker*
71 jelzőlámpa
– *indicator lamp (indicator light)*
72 kazettaegység
– *cassette compartment*
73 előre-, hátra- és stopgomb
– *forward wind, rewind and stop buttons*
74 osztásos időskála
– *time scale with indexing marks*
75 időskálastop-beállító
– *time scale stop*

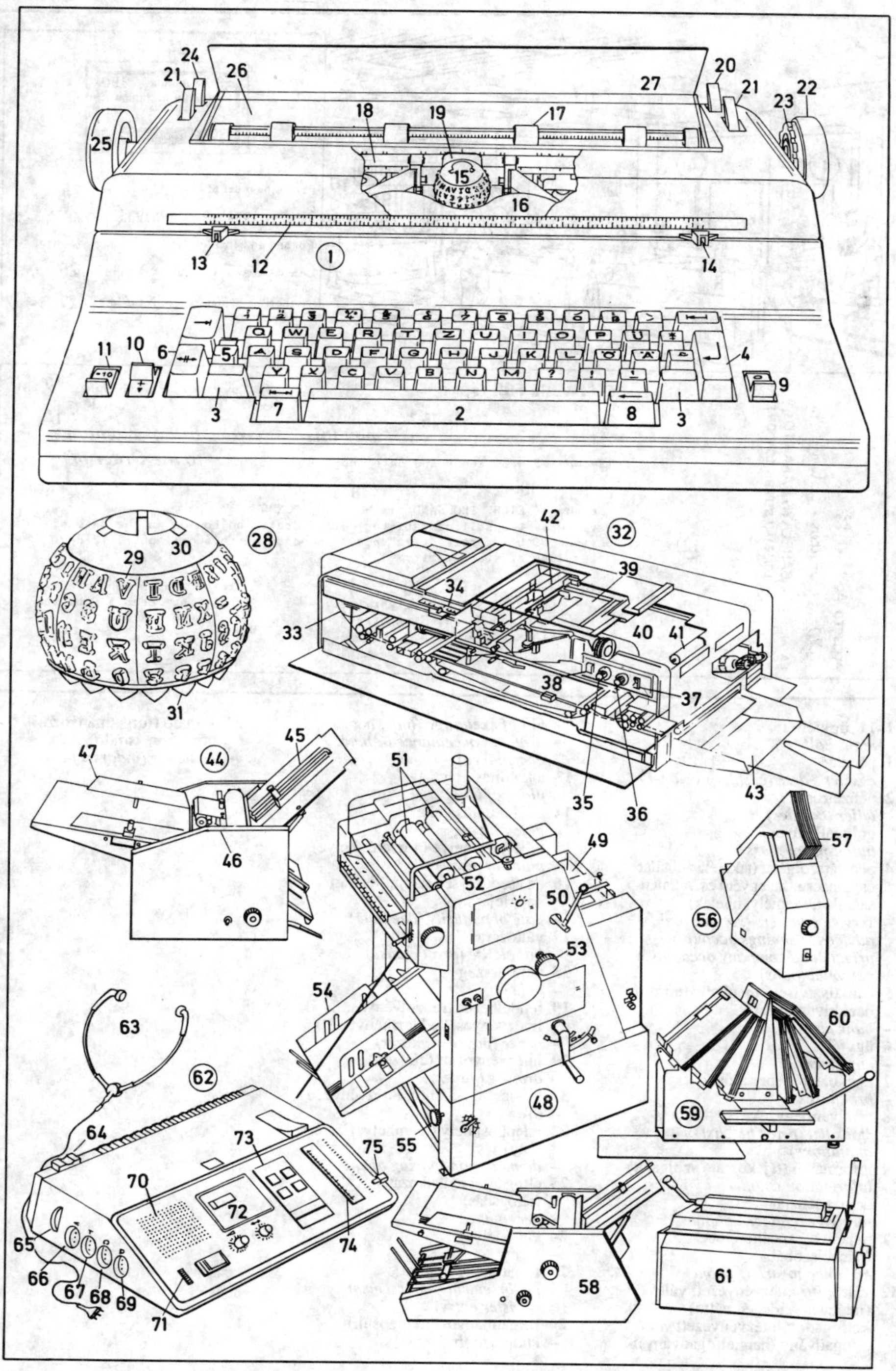
1
2
3
4
5
6
7
8
9
10
11
12
13
14
15
16
17
18
19
20
21
22
23
24
25
26
27
28
29
30
31
32
33
34
35
36
37
38
39
40
41
42
43
44
45
46
47
48
49
50
51
52
53
54
55
56
57
58
59
60
61
62
63
64
65
66
67
68
69
70
71
72
73
74
75

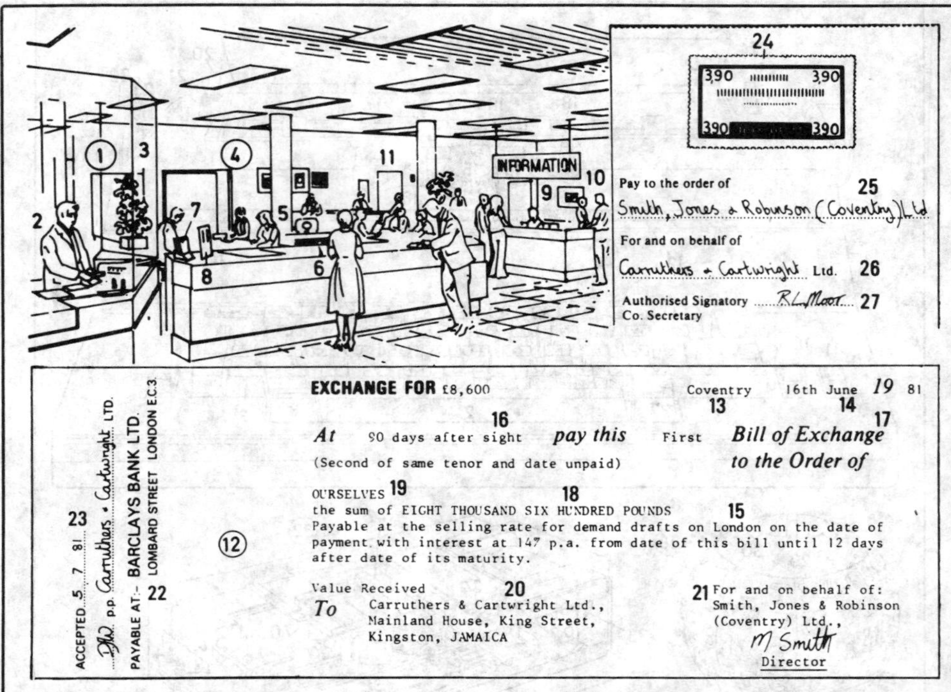


ACCEPTED 5 7 81 23
p.p. Carruthers & Cartwright LTD.
PAYABLE AT:- BARCLAYS BANK LTD. LOMBARD STREET LONDON E.C.3. 22

(12)

EXCHANGE FOR £8,600 Coventry 13 16th June 14 19 81

At 90 days after sight 16 pay this First Bill of Exchange 17 to the Order of
(Second of same tenor and date unpaid)

OURSELVES 19
the sum of EIGHT THOUSAND SIX HUNDRED POUNDS 18 15
Payable at the selling rate for demand drafts on London on the date of payment with interest at 14% p.a. from date of this bill until 12 days after date of its maturity.

Value Received 20
To Carruthers & Cartwright Ltd., Mainland House, King Street, Kingston, JAMAICA

21 For and on behalf of: Smith, Jones & Robinson (Coventry) Ltd.,
M Smith
Director

**1–11 ügyféltér**
– ***main hall***
**1** pénztár
– *cashier's desk (cashier's counter)*
**2** pénztáros
– *teller (cashier)*
**3** golyóálló üveg
– *bullet-proof glass*
**4** pénztárszolgálat (takarékszolgálat és -tanácsadás, egyéni és vállalati számlák, személyi hitelek)
– *service counters (service and advice for savings accounts, private and company accounts, personal loans)*
**5** banktisztviselő (bankalkalmazott, bankhivatalnok)
– *bank clerk*
**6** ügyfél
– *customer*
**7** tájékoztató leporellók
– *brochures*
**8** árfolyamjegyzék
– *stock list (price list, list of quotations)*
**9** információ (tájékoztató szolgálat)
– *information counter*
**10** devizapénztár
– *foreign exchange counter*
**11** bejárat a páncélterembe (páncélszobába)
– *entrance to strong room*
**12 váltó;** *itt:* intézvényezett váltó (intézvény, idegen váltó) <elfogadott intézvényezett váltó, elfogadvány (bankelfogadvány)>
– ***bill of exchange*** *(bill); here: a draft, an acceptance (a bank acceptance)*
**13** a kiállítás helye
– *place of issue*
**14** a kibocsátás kelte
– *date of issue*
**15** teljesítési helye (a fizetés helye)
– *place of payment*
**16** az esedékesség napja (lejárati nap, lejárat)
– *date of maturity (due date)*
**17** váltózáradék
– *bill clause (draft clause)*
**18** váltóösszeg
– *value*
**19** rendelkezés (rendelvényes, intézvényes, kedvezményezett)
– *order (payee, remitter)*
**20** intézvényezett (címzett)
– *drawee (payer)*
**21** kibocsátó (kiállító, intézvényező)
– *drawer*
**22** telepítési hely (telephely, fizetési hely)
– *domicilation (paying agent)*
**23** elfogadási nyilatkozat (elfogadás)
– *acceptance*
**24** váltóbélyeg
– *stamp*
**25** forgatmány (hátirat)
– *endorsement (indorsement, transfer entry)*
**26** forgatmányos (új jogosult)
– *endorsee (indorsee)*
**27** forgató (forgatmányozó, átruházó, zsiráló)
– *endorser (indorser)*

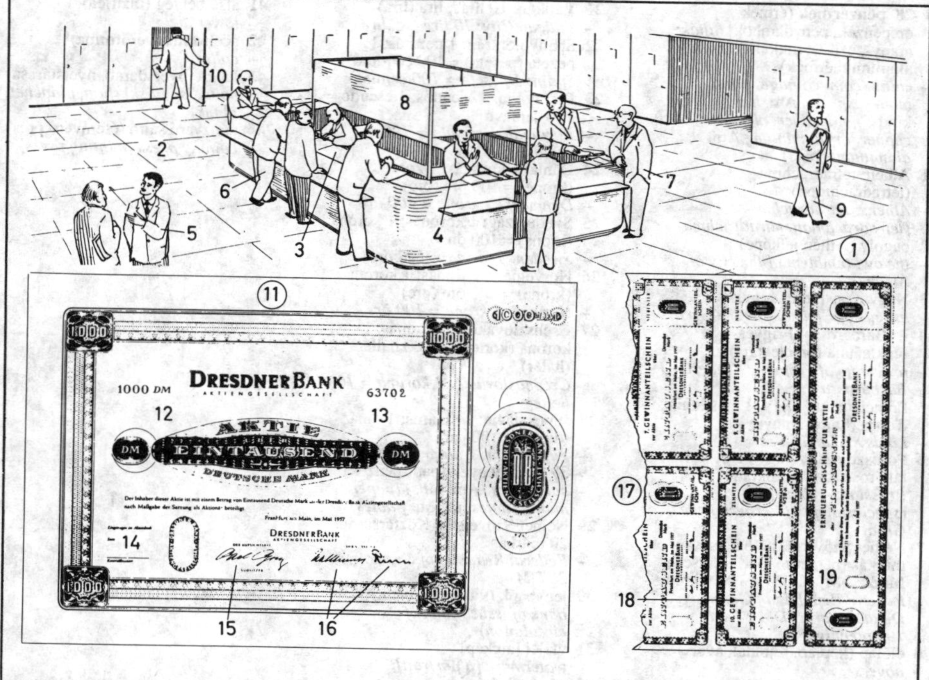


**1–10 tőzsde** (értéktőzsde, értékpapírtőzsde)
– ***stock exchange*** *(exchange for the sale of securities, stocks, and bonds)*

**1** tőzsdeterem
– *exchange hall (exchange floor)*

**2** értékpapírpiac
– *market for securities*

**3** az alkuszok számára fenntartott zárt hely
– *broker's post*

**4** hites tőzsdealkusz (tőzsdei ügynök, tőzsdeügynök, hivatalos tőzsdeügynök, részvényalkusz)
– *sworn stockbroker (exchange broker, stockbroker,* Am. *specialist), an inside broker*

**5** szabad alkusz [nem tőzsdetag]
– *kerbstone broker (kerbstoner, curbstone broker, curbstoner, outside broker), a commercial broker dealing in unlisted securities*

**6** tőzsdetag (saját számlára dolgozó tőzsdealkusz)
– *member of the stock exchange (stockjobber,* Am. *floor trader, room trader)*

**7** tőzsdebizományos <banktisztviselő>
– *stock exchange agent (boardman), a bank employee*

**8** árfolyamtábla
– *quotation board*

**9** tőzsdei teremőr (teremőr)
– *stock exchange attendant (waiter)*

**10** telefonfülke
– *telephone box (telephone booth, telephone kiosk, call box)*

**11–19 értékpapírok;** *fajták:* részvény, fix *v.* rögzített kamatozású értékpapír, járadék, kötvény, kölcsönkötvény, helyhatósági *v.* kommunális kötvény, ipari kötvény, átváltható *v.* konvertibilis kötvény
– ***securities;*** kinds: *share (*Am. *stock), fixed-income security, annuity, bond, debenture bond, municipal bond (corporation stock), industrial bond, convertible bond*

**11** részvénybizonylat (részvényutalvány; részvényköpeny); *itt:* bemutatóra szóló részvény
– *share certificate (*Am. *stock certificate);* here: *bearer share (share warrant)*

**12** a részvény névértéke
– *par (par value, nominal par, face par) of the share*

**13** sorszám
– *serial number*

**14** a bejegyzés oldalszáma a bank részvénynyilvántartásában
– *page number of entry in bank's share register (bank's stock ledger)*

**15** a felügyelőbizottság elnökének aláírása
– *signature of the chairman of the board of governors*

**16** az igazgatótanács elnökének aláírása
– *signature of the chairman of the board of directors*

**17** szelvényív
– *sheet of coupons (coupon sheet, dividend coupon sheet)*

**18** nyereségrészesedési jegy (osztalékszelvény, osztalékkupon)
– *dividend warrant (dividend coupon)*

**19** megújítási szelvény (szelvényutalvány, talon)
– *talon*

**1–28 pénzérmék** (érmék, ércpénzek, pénzdarabok; *fajták:* arany-, ezüst-, nikkel-, réz- és alumíniumérmék)
– ***coins*** *(coin, coinage, metal money, specie,* Am. *hard money;* kinds: *gold, silver, nickel, copper, or aluminium,* Am. *aluminum, coins)*
**1** Athén: tetradrachma (tetradrachmon)
– *Athens: tetradrachm (tetradrachmon, tetradrachma)*
**2** bagoly (Athén jelképe)
– *the owl (emblem of the city of Athens)*
**3** Nagy Konstantin aureusa
– *aureus of Constantine the Great*
**4** I. (Barbarossa) Frigyes brakteátája (bracteatája)
– *bracteate of Emperor Frederick I Barbarossa*
**5** Franciaország: XIV. Lajos louis d'or-ja (Lajos-aranya)
– *Louis XIV louis-d'or*
**6** Poroszország: Nagy Frigyes 1 tallérosa (birodalmi tallér)
– *Prussia: 1 reichstaler (speciestaler) of Frederick the Great*
**7** Német Szövetségi Köztársaság: 5 márkás (német márka, Deutsche Mark, DM); 1 DM = 100 pfennig
– *Federal Republic of Germany: 5 Deutschmarks (DM); 1 DM = 100 pfennigs*
**8** előlap (képlap, fejoldal, avers)
– *obverse*
**9** hátlap (revers)
– *reserve (subordinate side)*
**10** verdejel (pénzverdei jegy)
– *mint mark (mintage, exergue)*
**11** peremirat (felirat az érme peremén)
– *legend (inscription on the edge of a coin)*
**12** éremkép <országcímer>
– *device (type), a provincial coat of arms*
**13** Ausztria: 25 schillinges; 1 schilling = 100 groschen
– *Austria: 25 schillings; 1 sch = 100 groschen*
**14** tartományi címerek
– *provincial coats of arms*
**15** Svájc: 5 frankos; 1 frank (franken, franc, franco) = 100 rappen (centime)
– *Switzerland: 5 francs; 1 franc = 100 centimes*
**16** Franciaország: 1 frankos; 1 frank (franc) = 100 centime
– *France: 1 franc = 100 centimes*
**17** Belgium: 100 frankos; frank (franc)
– *Belgium: 100 francs*
**18** Luxemburg: 1 frankos; frank (franc)
– *Luxembourg (Luxemburg): 1 franc*
**19** Hollandia: 2 1/2 forintos; 1 forint (gulden, florin) = 100 cent
– *Netherlands: $2^1/_2$ guilders; 1 guilder (florin, gulden) = 100 cents*
**20** Olaszország: 10 lírás; líra (lira)
– *Italy: 10 lire/sg. lira)*
**21** Vatikán: 10 lírás; líra (lira)
– *Vatican City: 10 lire (sg. lira)*
**22** Spanyolország: 1 pezetás; 1 pezeta (peseta) = 100 centimo
– *Spain: 1 peseta = 100 céntimos*
**23** Portugália: 1 escudós; 1 escudo = 100 centavo
– *Portugal: 1 escudo = 100 centavos*
**24** Dánia: 1 koronás; 1 korona (krone) = 100 öre (øre)
– *Denmark: 1 krone = 100 öre*
**25** Svédország: 1 koronás; 1 korona (krona) = 100 öre
– *Sweden: 1 krona = 100 öre*
**26** Norvégia: 1 koronás; 1 korona (krone) = 100 öre (øre)
– *Norway: 1 krone = 100 öre*
**27** Csehszlovákia: 1 koronás; 1 korona (koruna) = 100 haller (halér)
– *Czechoslovakia: 1 koruna = 100 heller*
**28** Jugoszlávia: 1 dináros; 1 dinár (dinar) = 100 para
– *Yugoslavia: 1 dinar = 100 paras*
**29–39 bankjegyek** (papírpénzek)
– ***banknotes*** *(*Am. *bills) (paper money, notes, treasury notes)*
**29** Német Szövetségi Köztársaság: 20 márkás
– *Federal Republic of Germany: 20 DM*
**30** jegybank (kibocsátó bank)
– *bank of issue (bank of circulation)*
**31** vízjel [arckép]
– *watermark [a portrait]*
**32** névérték (címlet)
– *denomination*
**33** Amerikai Egyesült Államok (USA): 1 dolláros; 1 dollár (dollar, $) = 100 cent
– *USA: 1 dollar ($ 1) = 100 cents*
**34** sokszorosított aláírások (autografált aláírások)
– *facsimile signatures*
**35** pecsét
– *impressed stamp*
**36** sorozatszám
– *serial number*
**37** Nagy-Britannia és Észak-Írország Egyesült Királysága: 1 fontos; 1 font (pound sterling, £) = 100 új penny (new penny, new p.)
– *United Kingdom of Great Britain and Northern Ireland: 1 pound sterling (£ 1) = 100 new pence (100p.) (*sg. *new penny, new p.)*
**38** gilosminta (guilloche) [kacskaringós vonalakból álló díszítmény]
– *guilloched pattern*
**39** Görögország: 1000 drachmás; 1 drachma = 100 lepton
– *Greece: 1,000 drachmas (drachmae); 1 drachma = 100 lepta (*sg. *lepton)*
**40–44 pénzverés**
– ***striking of coins*** *(coinage, mintage)*
**40–41** érmeverő dúcok (bélyegek, szerszámok)
– *coining dies (minting dies)*
**40** felső bélyeg
– *upper die*
**41** alsó bélyeg (matrica)
– *lower die*
**42** acélforma (verőforma)
– *collar*
**43** lapka (nyersdarab, nyerstárcsa)
– *coin disc (disk) (flan, planchet, blank)*
**44** pénzverő sajtó (éremverő prés)
– *coining press (minting press)*

1
2
3
4
5
6
7
8
9
10
11
12
13
14
15
16
17
18
19
20
21
22
23
24
25
26
27
28
29
30
31
32
33
34
35
36
37
38
39
40
41
42
43
44

**1–3** az ENSZ (Egyesült Nemzetek Szervezete) lobogója
– *flag of the United Nations*
**1** zászlórúd (lobogóárboc) a végén a zászlógombbal
– *flagpole (flagstaff) with truck*
**2** lobogókötél
– *halyard (halliard, haulyard)*
**3** zászlószövet
– *bunting*
**4** az Európa Tanács lobogója
– *flag of the Council of Europe*
**5** az Olimpiai Játékok lobogója (olimpiai lobogó)
– *Olympic flag*
**6** félárbocra eresztett lobogó [a gyász jele]
– *flag at half-mast* (Am. *at half-staff) [as a token of mourning]*
**7–11** zászló
– *flag*
**7** zászlónyél (zászlórúd)
– *flagpole (flagstaff)*
**8** zászlószeg (díszszeg)
– *ornamental stud*
**9** zászlószalag
– *streamer*
**10** a zászlórúd hegye
– *pointed tip of the flagpole*
**11** zászlószövet
– *bunting*
**12** templomi zászló (egyházi zászló)
– *banner (gonfalon)*
**13** lovassági csapatzászló (lovassági ezredzászló)
– *cavalry standard (flag of the cavalry)*
**14** a Német Szövetségi Köztársaság elnökének lobogója [államfői jelvény]
– *standard of the German Federal President [ensign of head of state]*

**15–21** nemzeti lobogók
– *national flags*
**15** Union Jack (Nagy-Britannia)
– *the Union Jack (Great Britain)*
**16** trikolór (háromszínű zászló) (Franciaország)
– *the Tricolour* (Am. *Tricolor*) *(France)*
**17** Danebrog (Dánia)
– *the Danebrog (Dannebrog) (Denmark)*
**18** csillagos és sávos lobogó (Amerikai Egyesült Államok)
– *the Stars and Stripes (Star-Spangled Banner) (USA)*
**19** félhold (Törökország)
– *the Crescent (Turkey)*
**20** felkelő nap (Japán)
– *the Rising Sun (Japan)*
**21** sarló és kalapács (Szovjetunió)
– *the Hammer and Sickle (USSR)*
**22–34** jelzőlobogók <jelzőlobogó-készlet>
– *signal flags, a hoist*
**22–28** betűlobogók
– *letter flags*
**22** „A" betű <kétcsúcsú lobogó, fecskefarkú lobogó>
– *letter A, a burgee (swallow-tailed flag)*
**23** „G" betű, révkalauzt hívó lobogó („Révkalauzt kérek")
– *G, pilot flag*
**24** „H" betű („Révkalauz a fedélzeten")
– *H ('pilot on board')*
**25** „L" betű („Álljon meg, közölnivalóm van")
– *L ('you should stop, I have something important to communicate')*

**26** „P" betű, „Kék Péter" („A hajó indulásra kész") <indulási jel>
– *P, the Blue Peter ('about to set sail')*
**27** „W" betű („Orvosi segítséget kérek")
– *W ('I require medical assistance')*
**28** „Z" betű <négyszögletű lobogó>
– *Z, an oblong pennant (oblong pendant)*
**29** kód- és válaszlobogó <a Nemzetközi Jelkódex (Nemzetközi Jelzőkönyv) jelkódex- és válaszlobogója>
– *code pennant (code pendant), used in the International Signals Code*
**30–32** helyettesítő lobogók (helyettesítő lengők) <háromszögletű lobogók>
– *substitute flags (repeaters), triangular flags (pennants, pendants)*
**33–34** számlobogók
– *numeral pennants (numeral pendants)*
**33** „1" számjegy
– *number 1*
**34** „0" számjegy
– *number 0*
**35–38** vámlobogók
– *customs flags*
**35** vámőrhajó lobogója
– *customs boat pennant (customs boat pendant)*
**36** „Vámkezelt hajó"
– *'ship cleared through customs'*
**37** vámkezelést kérő lobogó
– *customs signal flag*
**38** lőpor- *v.* robbanóanyag-szállítmányt jelző lobogó [„tűzveszélyes rakomány"]
– *powder flag ['inflammable (flammable) cargo']*

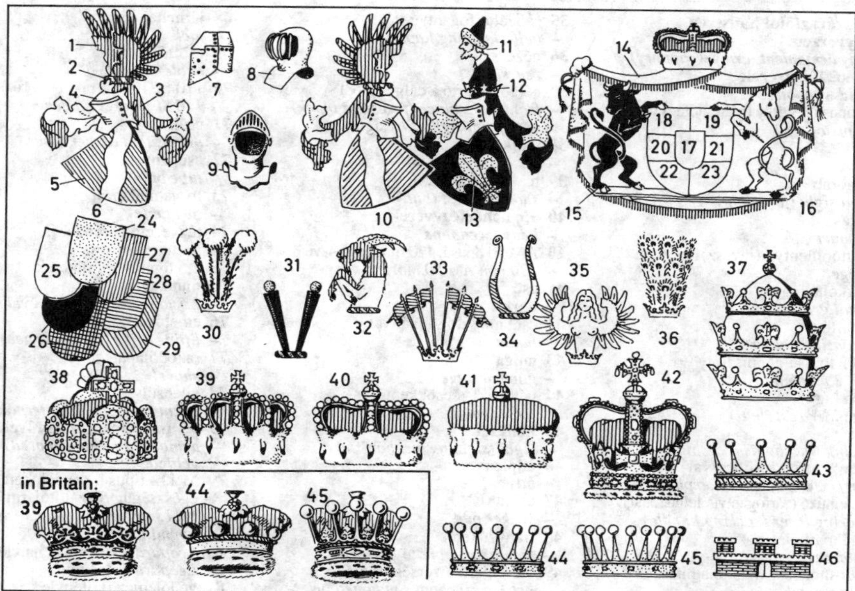


**1–36** címertan (heraldika)
– *heraldry (blazonry)*
**1, 11, 30–36** sisakdíszek (sisakforgók)
– *crests*
**1–6** címer
– *coat-of-arms (achievement of arms, hatchment, achievement)*
**1** sisakdísz
– *crest*
**2** tekercs [a címer színeivel]
– *wreath of the colours (*Am. *colors)*
**3** takaró (sisaktakaró)
– *mantle (mantling)*
**4, 7–9** sisakok
– *helmets (helms)*
**4** csőrsisak
– *tilting helmet (jousting helmet)*
**5** címerpajzs (pajzs)
– *shield*
**6** hullámos balharánt pólya
– *bend sinister wavy*
**7** csöbörsisak (fazéksisak)
– *pot-helmet (pot-helm, heaume)*
**8** pántos sisak
– *barred helmet (grilled helmet)*
**9** nyitott sisak (felhúzott ellenzőjű sisak)
– *helmet affronty with visor open*
**10–13** házassági címer (összetett címer, kettős címer)
– *marital achievement (marshalled,* Am. *marshaled, coat-of-arms)*
**10** a férj címere
– *arms of the baron (of the husband)*
**11–13** a feleség címere
– *arms of the family of the femme (of the wife)*
**11** emberi féltest (emberi törzs *v.* felsőtest)
– *demi-man;* also: *demi-woman*
**12** sisakkorona <lombkorona>
– *crest coronet*
**13** liliom
– *fleur-de-lis*
**14** címersátor (címerpalást)
– *heraldic tent (mantling)*
**15–16** pajzstartók (címerállatok)
– *supporters (heraldic beasts)*
**15** bika
– *bull*
**16** egyszarvú
– *unicorn*
**17–23** a címerpajzs helyrajza (a címerpajzs részeinek neve)
– *blazon*
**17** boglárpajzs (szívpajzs) [a címerpajzs szívében, azaz a pajzsderék közepén (a boglárhelyen)]
– *inescutcheon (heart-shield)*
**18–23** a címerpajzs felosztása hat mezőre
– *quarterings one to six*
**18, 20, 22** jobb oldal (a pajzs eleje)
– *dexter, right*
**18–19** pajzsfő
– *chief*
**19, 21, 23** bal oldal (a pajzs hátsó része)
– *sinister, left*
**22–23** pajzsláb (pajzstalp)
– *base*
**24–29** mázak (heraldikai mázak) [egyes heraldikusok „színek"-nek is nevezik]
– *tinctures*
**24–25** fémek (heraldikai fémek)
– *metals*
**24** arany [sárga]
– *or (gold) [yellow]*
**25** ezüst [fehér]
– *argent (silver) [white]*
**26–29** színek
– *colours*
**26** fekete
– *sable*
**27** vörös
– *gules*
**28** kék
– *azure*
**29** zöld
– *vert*
**30** strucctollak (tollbokréta)
– *ostrich feathers (treble plume)*
**31** furkósbotok
– *truncheon*
**32** ugró kecskebak
– *demi-goat*
**33** kopjazászlók
– *tournament pennons*
**34** bivalyszarv
– *buffalo horns*
**35** hárpia
– *harpy*
**36** pávatollbokréta
– *plume of peacock's feathers*
**37, 38, 42–46** koronák [a magyarban a 39–41 is ez alá a címszó alá tartozik]
– *crowns and coronets [continental type]*
**37** pápai tiara
– *tiara (papal tiara)*
**38** császári korona [német, 1806-ig]
– *Imperial Crown [German, until 1806]*
**39** hercegi korona
– *ducal coronet (duke's coronet)*
**40** hercegi korona [uralkodó hercegé]
– *prince's coronet*
**41** választófejedelmi korona
– *elector's coronet*
**42** angol királyi korona
– *English Royal Crown*
**43–45** rangjelölő koronák (rangkoronák)
– *coronets of rank*
**43** nemesi korona
– *baronet's coronet*
**44** bárói korona
– *baron's coronet (baronial coronet)*
**45** grófi korona
– *count's coronet*
**46** falkorona városi címerben
– *mauerkrone (mural crown) of a city crest*

**1–98 szárazföldi hadsereg fegyverzete**
– ***army armament (army weaponry)***
**1–39 kézifegyverek**
– ***hand weapons***
**1** P1 típusú pisztoly (maroklőfegyver)
– *P1 pistol*
**2** cső
– *barrel*
**3** célgömb
– *front sight (foresight)*
**4** kakas
– *hammer*
**5** elsütőbillentyű (ravasz)
– *trigger*
**6** markolat (agy)
– *pistol grip*
**7** tártartó
– *magazine holder*
**8** MP2 típusú géppisztoly
– *MP 2 machine gun*
**9** tusa (agy)
– *shoulder rest (butt)*
**10** tok
– *casing (mechanism casing)*
**11** csőrögzítő (szorítócsavar)
– *barrel clamp (barrel-clamping nut)*
**12** zárfelhúzó (zárfogantyú, felhúzókar)
– *cocking lever (cocking handle)*
**13** első markolat
– *palm rest*
**14** biztosítóretesz (markolatbiztosító)
– *safety catch*
**15** tölténytár (tár)
– *magazine*
**16** G3–A3 típusú automata puska
– *G3-A3 self-loading rifle*
**17** cső
– *barrel*
**18** lángrejtő
– *flash hider (flash eliminator)*
**19** első markolat
– *palm rest*
**20** elsütőbillentyű (ravasz)
– *trigger mechanism*
**21** tölténytár (tár)
– *magazine*
**22** nézőke
– *notch (sighting notch, rearsight)*
**23** célgömbtartó a célgömbbel
– *front sight block (foresight block) with front sight (foresight)*
**24** tusa (agy)
– *rifle butt (butt)*
**25** 44 mm-es kézi páncéltörő rakéta (rakétavető, páncélököl, bazooka)
– *44 mm anti-tank rocket launcher*
**26** páncéltörő lövedék (páncéltörő rakéta)
– *rocket (projectile)*
**27** vetőcső (indítócső)
– *buffer*
**28** irányzótávcső
– *telescopic sight (telescope sight)*
**29** elsütőszerkezet
– *firing mechanism*
**30** arctámaszték
– *cheek rest*
**31** válltámasz
– *shoulder rest (butt)*
**32** MG3 típusú géppuska
– *MG3 machine gun (Spandau)*
**33** csőköpeny
– *barrel casing*
**34** gázdugattyú (hátrasiklás-erősítő)
– *gas regulator*
**35** csőváltó fogantyú
– *belt-changing flap*
**36** nézőke
– *rearsight*
**37** célgömbtartó a célgömbbel
– *front sight block (foresight block) with front sight (foresight)*
**38** markolat
– *pistol grip*
**39** tusa (válltámasz)
– *shoulder rest (butt)*
**40–95 nehézfegyverek**
– ***heavy weapons***
**40** AM 50 típusú, 120 mm-es aknavető
– *120 mm AM 50 mortar*
**41** cső
– *barrel*
**42** csőtámasztó villaállvány
– *bipod*
**43** taliga
– *gun carriage*
**44** hátrasiklás-csökkentő
– *buffer (buffer ring)*
**45** irányzék
– *sight (sighting mechanism)*
**46** talplemez
– *base plate*
**47** csőfar
– *striker pad*
**48** irányzókerék
– *traversing handle*
**49–74** önjáró tüzérségi fegyverek
– *artillery weapons mounted on self-propelled gun carriages*
**49** SF M 107 típusú, 175 mm-es ágyú
– *175 mm SFM 107 cannon*
**50** hajtókerék (láncmeghajtó kerék)
– *drive wheel*
**51** hidraulikus emelőhenger
– *elevating piston*
**52** fék (csőfék)
– *buffer (buffer recuperator)*
**53** hidraulikus berendezés
– *hydraulic system*
**54** lövegzár (csőfar)
– *breech ring*
**55** beásósarkantyú
– *spade*
**56** a sarkantyú munkahengere
– *spade piston*
**57** M 109 G típusú, 155 mm-es, önjáró, páncélozott tarack
– *155 mm M 109 G self-propelled gun*
**58** csőszájfék
– *muzzle*
**59** füstelszívó
– *fume extractor*
**60** bölcső
– *barrel cradle*
**61** helyretoló (csőhelyretoló)
– *barrel recuperator*
**62** csőtámaszték
– *barrel clamp*
**63** könnyű légvédelmi géppuska
– *light anti-aircraft (AA) machine gun*
**64** *Honest John* M 386 típusú rakétaindító
– *Honest John M 386 rocket launcher*
**65** rakéta robbanófejjel
– *rocket with warhead*
**66** indítóállvány
– *launching ramp*
**67** magasságiszög-állító
– *elevating gear*
**68** járműtámasz
– *jack*
**69** csörlő
– *cable winch*
**70** 110 SF típusú rakéta-sorozatvető
– *110 SF rocket launcher*
**71** csőköteg
– *disposable rocket tubes*
**72** csőpáncél
– *tube bins*
**73** forgatótalapzat
– *turntable*
**74** tűzvezető berendezés
– *fire control system*
**75** 2,5 tonnás, gumikerekű munkagép
– *2.5 tonne construction vehicle*
**76** emelőszerkezet
– *lifting arms (lifting device)*
**77** rakodólapát
– *shovel*
**78** ellensúly
– *counterweight (counterpoise)*
**79–95 páncélozott járművek**
– ***armoured* (Am. *armored) vehicles***
**79** M 113 típusú, páncélozott egészségügyi szállítójármű
– *M113 armoured* (Am. *armored) ambulance*
**80** *Leopard* 1A3 típusú harckocsi
– *Leopard 1 A 3 tank*
**81** védőlemez (köténylemez, kiegészítő páncélzat)
– *protection device*
**82** infravörös lézeres távmérő
– *infrared laser rangefinder*
**83** ködvető
– *smoke canisters (smoke dispensers)*
**84** harckocsitorony
– *armoured* (Am. *armored) turret*
**85** láncvédő lemez
– *skirt*
**86** futógörgő
– *road wheel*
**87** lánctalp
– *track*
**88** páncélvadász harckocsi
– *anti-tank tank*
**89** füstelszívó
– *fume extractor*
**90** csővédő páncél
– *protection device*
**91** *Marder* típusú lövészpáncélos (gyalogsági harcjármű, páncélozott szállító harcjármű)
– Marder *armoured* (Am. *armored) personal carrier*
**92** gépágyú
– *cannon*
**93** *Standard* típusú harckocsivontató (vontató *v.* mentő harckocsi)
– Standard *armoured* (Am. *armored) recovery vehicle*
**94** tolólap
– *levelling* (Am. *leveling) and support shovel*
**95** emelődaru
– *jib*
**96** 0,25 tonnás terepjáró tehergépkocsi
– *0.25 tonne all-purpose vehicle*
**97** lehajtható szélvédő
– *drop windscreen* (Am. *drop windshield)*
**98** vászontető
– *canvas cover*

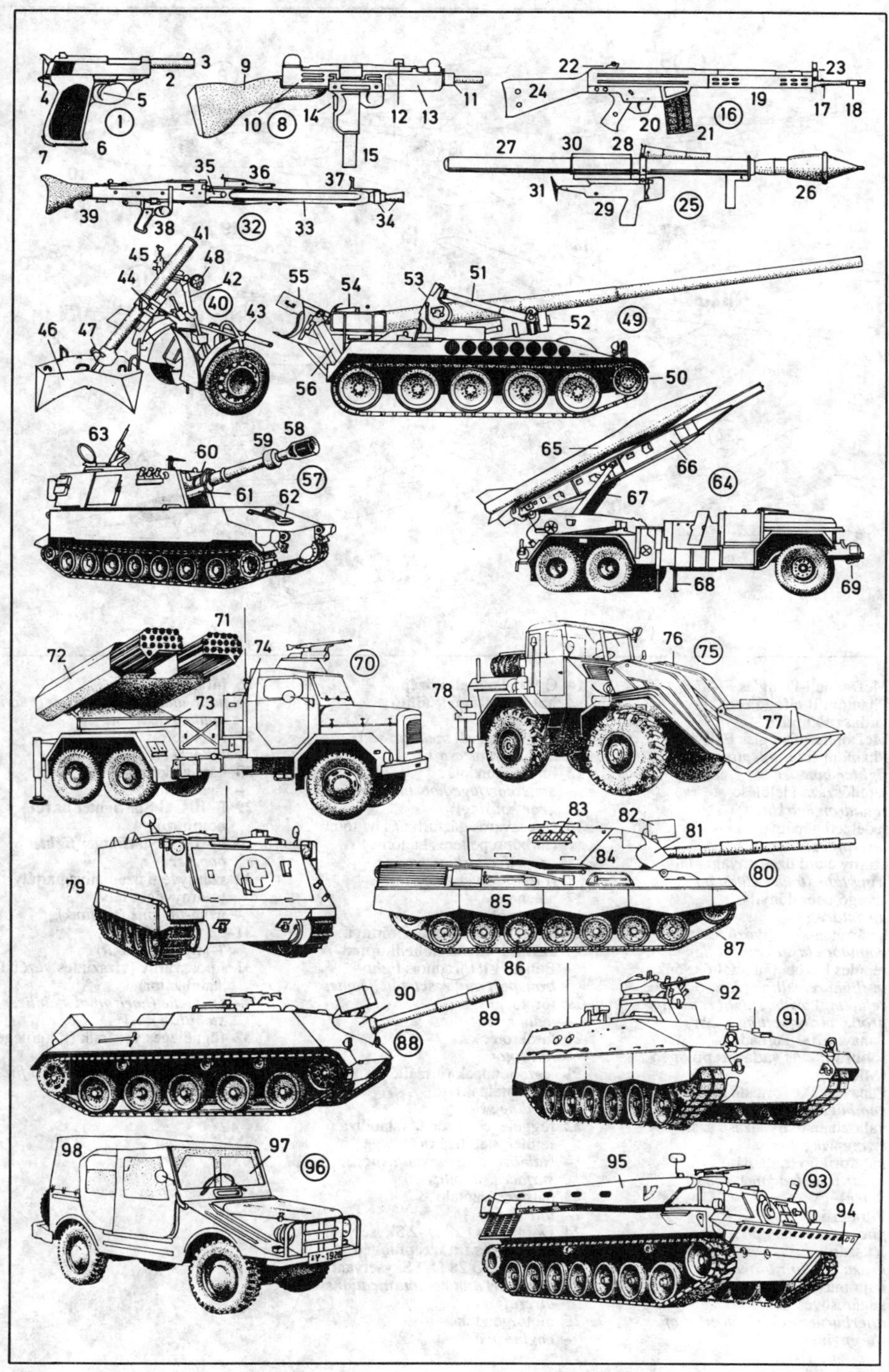
1
2
3
4
5
6
7
8
9
10
11
12
13
14
15
16
17
18
19
20
21
22
23
24
25
26
27
28
29
30
31
32
33
34
35
36
37
38
39
40
41
42
43
44
45
46
47
48
49
50
51
52
53
54
55
56
57
58
59
60
61
62
63
64
65
66
67
68
69
70
71
72
73
74
75
76
77
78
79
80
81
82
83
84
85
86
87
88
89
90
91
92
93
94
95
96
97
98

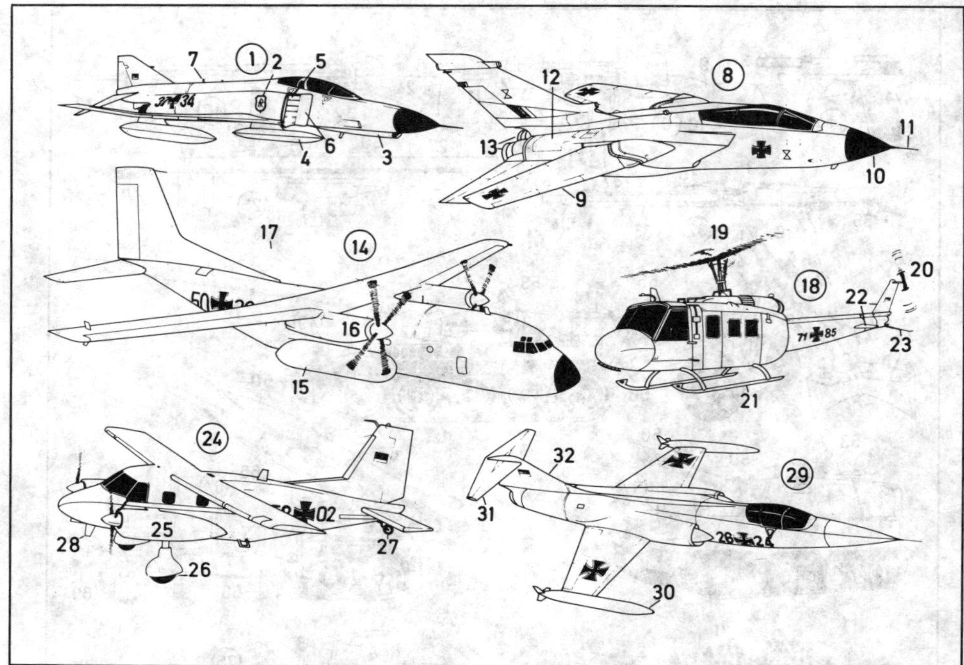


**1** McDonnell-Douglas F–4F Phantom II **elfogó és vadászbombázó**
– McDonnell-Douglas F-4F Phantom II ***interceptor and fighter-bomber***
**2** repülőszázad jelölése
– *squadron marking*
**3** fedélzeti gépágyú
– *aircraft cannon*
**4** szárny alatti üzemanyagtartály
– *wing tank (underwing tank)*
**5** levegő-beömlőnyílás
– *air intake*
**6** határréteg-szabályozó féklap
– *boundary layer control flap*
**7** repülés közbeni utántöltő csonk
– *in-flight refuelling* (Am. *refueling) probe (flight refuelling probe, air refuelling probe)*
**8** Panavia 200 Tornado **többfunkciós vadászrepülőgép** (MRCA)
– Panavia 200 Tornado ***multirole combat aircraft*** *(MRCA)*
**9** változtatható nyilazású szárny
– *swing wing*
**10** radarorrkúp (radarház)
– *radar nose (radome, radar dome)*
**11** Pitot-cső
– *pitot-static tube (pitot tube)*
**12** fékszárny
– *brake flap (air brake)*
**13** hajtóművek utánégető propulziós sugárcsöve
– *afterburner exhaust nozzles of the engines*
**14** C 160 Transall **közép-hatótávolságú szállító repülőgép**
– C160 Transall ***medium-range transport aircraft***
**15** futóműgondola
– *undercarriage housing (landing gear housing)*
**16** légcsavaros gázturbinás hajtómű (turbópropelleres hajtómű)
– *propeller-turbine engine (turboprop engine)*
**17** antenna
– *antenna*
**18** Bell UH-ID Iroquois **könnyű szállító- és mentőhelikopter**
– Bell UH-ID Iroquois ***light transport and rescue helicopter***
**19** főrotor
– *main rotor*
**20** farokrotor
– *tail rotor*
**21** leszállótalpak (leszálló csúszótalpak)
– *landing skids*
**22** függőleges vezérsík (stabilizáló felület, stabilizátor)
– *stabilizing fins (stabilizing surfaces, stabilizers)*
**23** hátsó csúszótalp
– *tail skid*
**24** Dornier DO 28 D–2 Skyservant **szállító- és futárrepülőgép**
– Dornier DO 28 D-2 Skyservant ***transport and communications aircraft***
**25** motorgondola
– *engine pod*
**26** főfutómű
– *main undercarriage unit (main landing gear unit)*
**27** farokkerék
– *tail wheel*
**28** kard alakú antenna
– *sword antenna*
**29** F–104 G Starfighter **harci bombázó**
– F–104 G Starfighter ***fighter-bomber***
**30** szárnyvégi üzemanyagtartály (szárnyvégtartály)
– *wing-tip tank (tip tank)*
**31–32** T alakú farok
– *T-tail (T-tail unit)*
**31** farokszárny (vízszintes vezérsík, stabilizátor)
– *tailplane (horizontal stabilizer, stabilizer)*
**32** függőleges vezérsík (függőleges farokrész, farokrész)
– *vertical stabilizer (vertical fin, tail fin)*

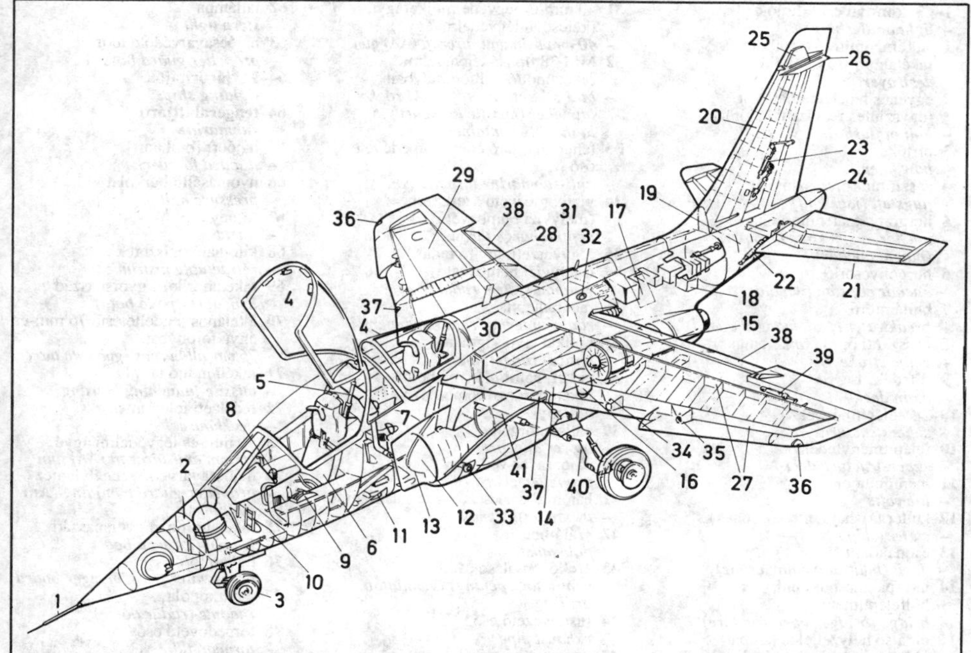


**1–41** Dornier–Dassault–Breguet Alpha Jet francia–német sugárhajtású gyakorló repülőgép
– Dornier-Dassault-Breguet Alpha Jet *Franco–German jet trainer*
**1** Pitot-cső
– *pitot-static tube (pitot tube)*
**2** oxigéntartály
– *oxygen tank*
**3** előre-visszahúzható orrkerék
– *forward-retracting nose wheel*
**4** pilótafülke-tető
– *cockpit canopy (cockpit hood)*
**5** tetőkitámasztó
– *canopy jack*
**6** pilótaülés (tanulópilóta ülése) <katapultülés>
– *pilot's seat (student pilot's seat), an ejector seat (ejection seat)*
**7** megfigyelőülés (oktatóülés) <katapultülés>
– *observer's seat (instructor's seat), an ejector seat (ejection seat)*
**8** kormányoszlop (botkormány)
– *control column (control stick)*
**9** tolóerő-szabályozó kar
– *thrust lever*
**10** oldalkormánypedálok fékkel
– *rudder pedals with brakes*
**11** elülső elektronikatér
– *front avionics bay*
**12** hajtómű levegőbeömlő-nyílása
– *air intake to the engine*
**13** határréteg-szabályozó fékszárny
– *boundary layer control flap*
**14** levegőbeömlő-csatorna
– *air intake duct*
**15** gázturbinás hajtómű
– *turbine engine*
**16** hidraulikus rendszer tartálya
– *reservoir for the hydraulic system*
**17** telepkamra
– *battery housing*
**18** hátsó elektronikatér
– *rear avionics bay*
**19** poggyásztér
– *baggage compartment*
**20** három főtartós farokszerkezet
– *triple-spar tail construction*
**21** vízszintes farokrész (vízszintes vezérsík)
– *horizontal tail*
**22** magassági kormány szervo vezérlőszerkezete
– *servo-actuating mechanism for the elevator*
**23** oldalkormány szervo vezérlőszerkezete
– *servo-actuating mechanism for the rudder*
**24** fékernyőtér
– *brake chute housing (drag chute housing)*
**25** VHF-antenna (magas frekvenciájú antenna, UHF-antenna)
– *VHF (very high frequency) antenna (UHF antenna)*
**26** VOR-antenna (magas frekvenciájú rádiós körsugárzó antenna)
– *VOR (very high frequency omnidirectional range) antenna*
**27** két főtartós szárnyszerkezet
– *twin-spar wing construction*
**28** főtartóval egybeépített merevítő
– *former with integral spars*
**29** beépített szárny-üzemanyagtartály
– *integral wing tanks*
**30** tengely-keresztmetszeti üzemanyagtartály
– *centre-section (*Am. *center-section) fuel tank*
**31** törzs-üzemanyagtartály
– *fuselage tanks*
**32** szabadfolyásos üzemanyagtöltő pont
– *gravity fuelling (*Am. *fueling) point*
**33** túlnyomásos üzemanyagtöltő pont
– *pressure fuelling (*Am. *fueling) point*
**34** belső szárnyfelfüggesztés
– *inner wing suspension*
**35** külső szárnyfelfüggesztés
– *outer wing suspension*
**36** navigációs fények (helyzetjelző lámpák)
– *navigation lights (position lights)*
**37** leszálló fényszóró
– *landing lights*
**38** fékszárny
– *landing flap*
**39** csűrőkormányt működtető szerkezet
– *aileron actuator*
**40** hátrafelé behúzható főfutómű
– *forward-retracting main undercarriage unit (main landing gear unit)*
**41** futómű hidraulikus munkahengere
– *undercarriage hydraulic cylinder (landing gear hydraulic cylinder)*

**1–63 könnyű csatahajók**
– ***light battleships***
**1 rakétaromboló** (romboló, rakétahordozó romboló)
– ***destroyer***
**2** egyenes fedélzetű hajótest (egyszintes fedélzetű hajótörzs)
– *hull of flush-deck vessel*
**3** orrtőke
– *bow (stem)*
**4** zászlórúd (orrzászlórúd)
– *flagstaff (jackstaff)*
**5** horgony <patenthorgony>
– *anchor, a stockless anchor (patent anchor)*
**6** horgonycsörlő
– *anchor capstan (windlass)*
**7** hullámtörő
– *breakwater (*Am. *manger board)*
**8** hosszanti borda (*biz.:* bajusz)
– *chine strake*
**9** főfedélzet
– *main deck*
**10–28** felépítmények
– *superstructures*
**10** felépítményfedélzet
– *superstructure deck*
**11** mentőtutajok
– *life rafts*
**12** kutter (kishajó, mentőcsónak)
– *cutter (ship's boat)*
**13** csónakdaru
– *davit (boat-launching crane)*
**14** híd (parancsnoki híd, hídfelépítmény)
– *bridge (bridge superstructure)*
**15** oldalsó helyzetjelző lámpa
– *side navigation light (side running light)*
**16** antenna
– *antenna*
**17** rádió-iránymérő keretantenna
– *radio direction finder (RDF) frame*
**18** rácsszerkezetű antennaállvány
– *lattice mast*
**19** elülső kémény
– *forward funnel*
**20** hátulsó kémény
– *aft funnel*
**21** kéménysisak
– *cowl*
**22** farfelépítmény
– *aft superstructure (poop)*
**23** csörlő
– *capstan*
**24** lejárat (legénységi lépcső)
– *companion ladder (companionway, companion hatch)*
**25** hátsó zászlórúd
– *ensign staff*
**26** hajófar (csapott hajófar, tükrös hajófar)
– *stern, a transom stern*
**27** vízvonal
– *waterline*
**28** fényszóró
– *searchlight*
**29–37** fegyverzet
– *armament*
**29** ágyútorony 100 mm-es ágyúval
– *100 mm gun turret*
**30** indítóállvány tengeralattjáró elleni rakéták részére <négycsövű indító>
– *four-barrel anti-submarine rocket launcher (missile launcher)*
**31** 40 mm-es légvédelmi ikerágyú (kétcsövű légvédelmi ágyú)
– *40 mm twin anti-aircraft (AA) gun*
**32** MM 38 típusú légvédelmi rakétaindító indítótartályban
– *MM 38 anti-aircraft (AA) rocket launcher (missile launcher) in launching container*
**33** tengeralattjáró elleni torpedóvető cső
– *anti-submarine torpedo tube*
**34** vízibombavető szerkezet (mélyvízi bombavető)
– *depth-charge thrower*
**35** fegyverzetirányító radar (mélyvízi bombavető)
– *weapon system radar*
**36** radarantenna
– *radar antenna (radar scanner)*
**37** optikai távolságmérő
– *optical rangefinder*
**38 rakétaromboló** (romboló, rakétahordozó romboló)
– ***destroyer***
**39** elülső horgony
– *bower anchor*
**40** hajócsavar-védelem
– *propeller guard*
**41** háromlábú, rácsozott antennaállvány
– *tripod lattice mast*
**42** szálárboc
– *pole mast*
**43** szellőzőnyílások
– *ventilator openings (ventilator grill)*
**44** füstelvezető cső
– *exhaust pipe*
**45** nagy mentőcsónak
– *ship's boat*
**46** antenna
– *antenna*
**47** radarirányítású 127 mm-es, általános rendeltetésű ágyú lövegtoronyban
– *radar-controlled 127 mm all-purpose gun in turret*
**48** 127 mm-es, általános rendeltetésű ágyú
– *127 mm all-purpose gun*
**49** Tartar-típusú rakéták indítószerkezete
– *launcher for Tartar missiles*
**50** tengeralattjáró elleni rakéták indítószerkezete
– *anti-submarine rocket (ASROC) launcher (missile launcher)*
**51** tűzvezető radar antennái
– *fire control radar antennas*
**52** radarkupola
– *radome (radar dome)*
**53 fregatt**
– ***frigate***
**54** horgonyláncnyílás
– *hawse pipe*
**55** hajózó irányfény
– *steaming light*
**56** helyzetjelző lámpa
– *navigation light (running light)*
**57** levegővezető akna
– *air extractor duct*
**58** kémény
– *funnel*
**59** füstterelő (kéménysisak)
– *cowl*
**60** ostorantenna
– *whip antenna (fishpole antenna)*
**61** kutter
– *cutter*
**62** tatlámpa
– *stern light*
**63** hajócsavarvédő dudor
– *propeller guard boss*
**64–91 járőrhajók**
– ***fighting ships***
**64 tengeralattjáró**
– ***submarine***
**65** hajóorr [bulbaorr]
– *flooded foredeck*
**66** nyomásálló burkolat
– *pressure hull*
**67** torony
– *turret*
**68** kitolható műszerek
– *retractable instruments*
**69** rakétahordozó gyorsnaszád
– *E-boat (torpedo boat)*
**70** általános rendeltetésű, 76 mm-es ágyú toronyban
– *76 mm all-purpose gun with turret*
**71** rakétaindító tartály
– *missile-launching housing*
**72** fedélzeti felépítmény
– *deckhouse*
**73** 40 mm-es légvédelmi ágyú
– *40 mm anti-aircraft (AA) gun*
**74** hajócsavarvédő szegélylemez
– *propeller guard moulding (*Am. *molding)*
**75** rakétahordozó gyorsnaszád
– *E-boat (torpedo boat)*
**76** hullámtörő
– *breakwater (*Am. *manger board)*
**77** radarkupola
– *radome (radar dome)*
**78** torpedóvető cső
– *torpedo tube*
**79** kipufogónyílás
– *exhaust escape flue*
**80 aknaszedő hajó**
– ***mine hunter***
**81** erősítőbordázat
– *reinforced rubbing strake*
**82** felfújható csónak (gumicsónak)
– *inflatable boat (inflatable dinghy)*
**83** csónakdaru
– *davit*
**84 gyors aknakereső hajó**
– ***minesweeper***
**85** kábeldobcsörlő
– *cable winch*
**86** vontatócsörlő
– *towing winch (towing machine, towing engine)*
**87** aknaszedő készülék
– *mine-sweeping gear (paravanes)*
**88** daru
– *crane (davit)*
**89 partra szállító hajó**
– ***landing craft***
**90** elülső rámpa
– *bow ramp*
**91** hátsó rámpa
– *stern ramp*
**92–97 segédhajók**
– ***auxiliaries***
**92** kisegítő hajó (javítóhajó)
– *tender*
**93** ellátóhajó
– *servicing craft*
**94** aknarakó hajó
– *minelayer*
**95** iskolahajó
– *training ship*
**96** nyílt tengeri hajómentő vontató
– *deep-sea salvage tug*
**97** üzemanyag-szállító hajó
– *fuel tanker (replenishing ship)*

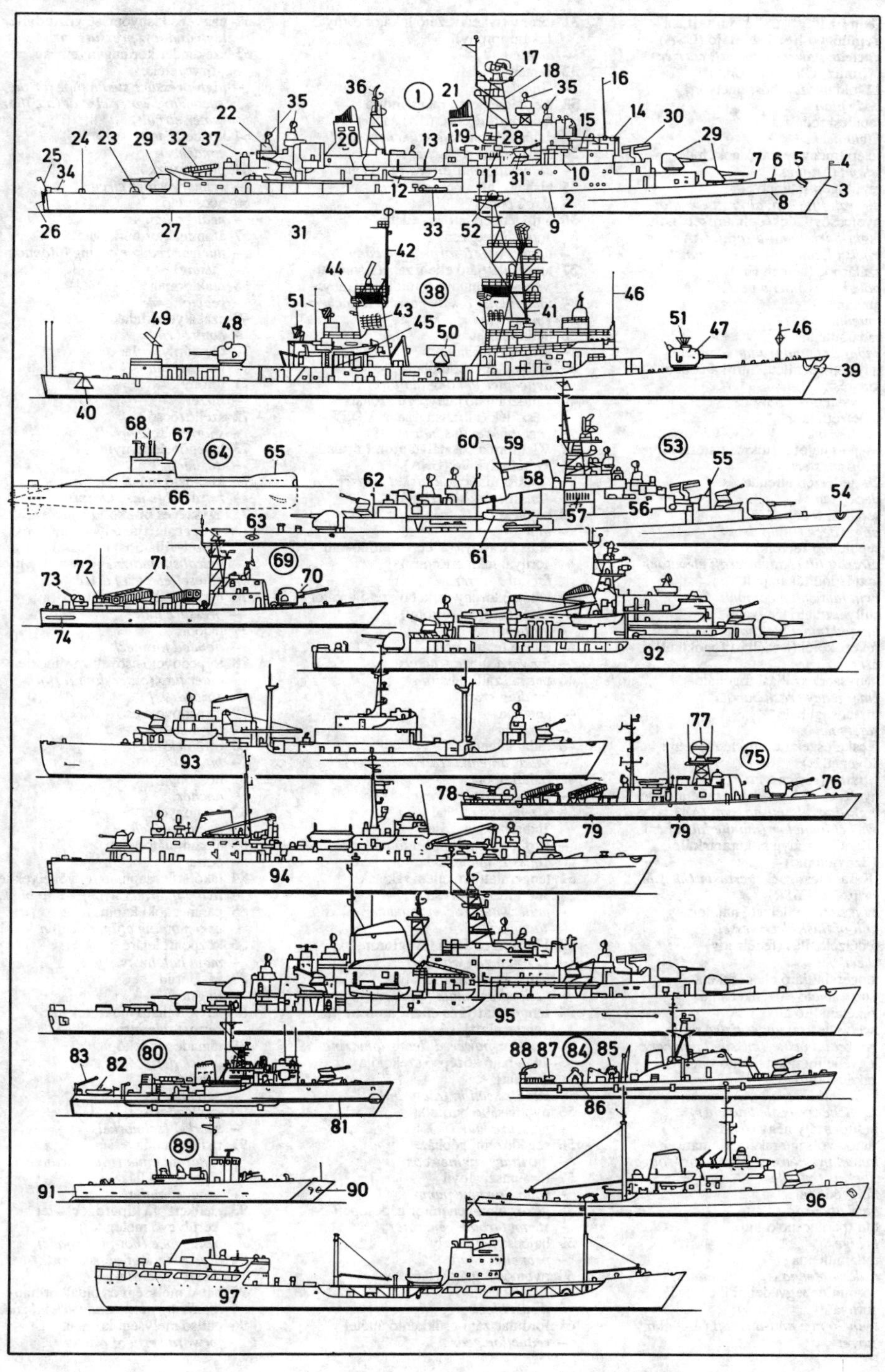
1
2
3
4
5
6
7
8
9
10
11
12
13
14
15
16
17
18
19
20
21
22
23
24
25
26
27
28
29
30
31
32
33
34
35
36
37
38
39
40
41
42
43
44
45
46
47
48
49
50
51
52
53
54
55
56
57
58
59
60
61
62
63
64
65
66
67
68
69
70
71
72
73
74
75
76
77
78
79
80
81
82
83
84
85
86
87
88
89
90
91
92
93
94
95
96
97

1 „Nimitz ICVN 68" **atomhajtású repülőgép-hordozó hajó** (USA)
– ***nuclear-powered aircraft carrier*** 'Nimitz ICVN 68' *(USA)*
2–11 oldalnézet [hosszmetszet]
– *body plan*
2 repülési fedélzet
– *flight deck*
3 felépítmény (parancsnoki híd)
– *island (bridge)*
4 repülőgép-felvonó
– *aircraft lift* (Am. *aircraft elevator)*
5 nyolccsövű légvédelmi rakétaindító
– *eight-barrel anti-aircraft (AA) rocket launcher (missile launcher)*
6 szálárboc (antennaárboc)
– *pole mast (antenna mast)*
7 antenna
– *antenna*
8 radarantenna
– *radar antenna (radar scanner)*
9 teljesen beépített, hurrikán elleni orr-rész
– *fully enclosed bow*
10 fedélzeti daru
– *deck crane*
11 csapott hajófar (tükrös hajófar)
– *transom stern*
12–20 fedélzeti elrendezés
– *deck plan*
12 repülési fedélzet
– *angle deck (flight deck)*
13 repülőgép-felvonó
– *aircraft lift* (Am. *aircraft elevator)*
14 kettős indítókatapult
– *twin launching catapult*
15 süllyeszthető lángvédő fal
– *hinged (movable) baffle board*
16 fékezőkötél (leszállási fogókötél)
– *arrester wire*
17 kényszerleszállási fogóháló
– *emergency crash barrier*
18 biztonsági háló
– *safety net*
19 fecskefészek (kiugró légvédelmi lövegállás)
– *caisson (cofferdam)*
20 nyolccsövű légvédelmi rakétaindító
– *eight-barrel anti-aircraft (AA) rocket launcher (missile launcher)*
21 „Kara" osztályú **rakétacirkáló** (Szovjetunió)
– 'Kara' class ***rocket cruiser*** *(missile cruiser) (USSR)*
22 egyszintes fedélzetű hajótörzs
– *hull of flush-deck vessel*
23 fedélzethajlás (fedélzetív)
– *sheer*
24 tengeralattjáró elleni rakéta-sorozatvető <tizenkét sínű rakétaindító állvány>
– *twelve-barrel underwater salvo rocket launcher (missile launcher)*
25 légvédelmi rakétaindító <iker rakétaindító>
– *twin anti-aircraft (AA) rocket launcher (missile launcher)*
26 indítótartály négy rövid hatótávolságú rakéta számára
– *launching housing for 4 short-range rockets (missiles)*
27 lángvédő fal
– *baffle board*
28 híd (parancsnoki híd)
– *bridge*
29 radarantenna
– *radar antenna (radar scanner)*
30 76 mm-es légvédelmi ikerágyú tornya
– *twin 76 mm anti-aircraft (AA) gun turret*
31 torony (rakétavezető lokátor tornya, lokátortorony)
– *turret*
32 kémény
– *funnel*
33 iker légvédelmi rakétaindító
– *twin anti-aircraft (AA) rocket launcher (missile launcher)*
34 légvédelmi gépágyú
– *automatic anti-aircraft (AA) gun*
35 kishajó (mentőcsónak)
– *ship's boat*
36 5 db tengeralattjáró elleni torpedóvető cső
– *underwater 5-torpedo housing*
37 tengeralattjáró elleni rakéta-sorozatvető <hatsínű rakétaindító állvány>
– *underwater 6-salvo rocket launcher (missile launcher)*
38 helikopterhangár
– *helicopter hangar*
39 helikopter-leszállóhely
– *helicopter landing platform*
40 változtatható mélységű szonárkészülék (ultrahangradar, VDS)
– *variable depth sonar (VDS)*
41 „California" osztályú **atomhajtású rakétacirkáló** (USA)
– 'California' class ***rocket cruiser*** *(missile cruiser) (USA)*
42 hajótest
– *hull*
43 elülső torony (rakétavezető lokátor tornya, lokátortorony)
– *forward turret*
44 hátulsó torony (rakétavezető lokátor tornya, lokátortorony)
– *aft turret*
45 elülső felépítmény
– *forward superstructure*
46 partra szállító hajó
– *landing craft*
47 antenna
– *antenna*
48 radarantenna
– *radar antenna (radar scanner)*
49 radarkupola
– *radome (radar dome)*
50 víz-levegő rakéták indítóberendezése
– *surface-to-air rocket launcher (missile launcher)*
51 tengeralattjáró elleni rakéták indítóberendezése
– *underwater rocket launcher (missile launcher)*
52 127 mm-es ágyú lövegtoronyban
– *127 mm gun with turret*
53 helikopter-leszállóhely
– *helicopter landing platform*
54 **tengeralattjáró elleni atomhajtású tengeralattjáró**
– ***nuclear-powered fleet submarine***
55–74 a hajó középső szekciója [vázlat]
– *middle section [diagram]*
55 nyomásálló burkolat
– *pressure hull*
56 segédüzemi gépház
– *auxiliary engine room*
57 turbinaszivattyú
– *rotary turbine pump*
58 gőzturbina-generátor gépcsoport
– *steam turbine generator*
59 hajócsavartengely
– *propeller shaft*
60 nyomócsapágy (támcsapágy, axiális csapágy)
– *thrust block*
61 fordulatszám-csökkentő áttétel
– *reduction gear*
62 nagy- és kisnyomású gőzturbina
– *high and low pressure turbine*
63 szekunder kör nagynyomású gőzvezetéke
– *high-pressure steam pipe for the secondary water circuit (auxiliary water circuit)*
64 kondenzátor
– *condenser*
65 primer vízkör
– *primary water circuit*
66 hőcserélő
– *heat exchanger*
67 atomreaktor burkolata
– *nuclear reactor casing (atomic pile casing)*
68 reaktormag
– *reactor core*
69 szabályozórudak
– *control rods*
70 ólomárnyékolás
– *lead screen*
71 torony
– *turret*
72 szellőzőcső
– *snorkel (schnorkel)*
73 levegőbelépő-nyílás
– *air inlet*
74 kitolható műszerek
– *retractable instruments*
75 **egyszeres burkolatú járőr-tengeralattjáró** hagyományos (dízel-villamos) hajtással
– ***patrol submarine*** *with conventional (diesel-electric) drive*
76 nyomásálló burkolat
– *pressure hull*
77 hajóorr
– *flooded foredeck*
78 torpedóvető csövek zárófedele
– *outer flap (outer doors) [for torpedoes]*
79 torpedóvető cső
– *torpedo tube*
80 orrfenékrész
– *bow bilge*
81 horgony
– *anchor*
82 horgonycsörlő
– *anchor winch*
83 akkumulátortelep
– *battery*
84 lakótér lecsapható fekvőhelyekkel
– *living quarters with folding bunks*
85 parancsnoki kabin
– *commanding officer's cabin*
86 központi lejáró
– *main hatchway*
87 zászlórúd
– *flagstaff*
88–91 kitolható műszerek
– *retractable instruments*
88 támadóperiszkóp
– *attack periscope*
89 antenna
– *antenna*
90 szellőzőcső
– *snorkel (schnorkel)*
91 radarantenna
– *radar antenna (radar scanner)*
92 kipufogónyílás
– *exhaust outlet*
93 „télikert" [a kipufogócsövet körülvevő meleg tér]
– *heat space (hot-pipe space)*
94 dízelgenerátor-gépcsoport
– *diesel generators*
95 hátsó mélységi és oldalkormány
– *aft diving plane and vertical rudder*
96 elülső mélységi kormány
– *forward vertical rudder*

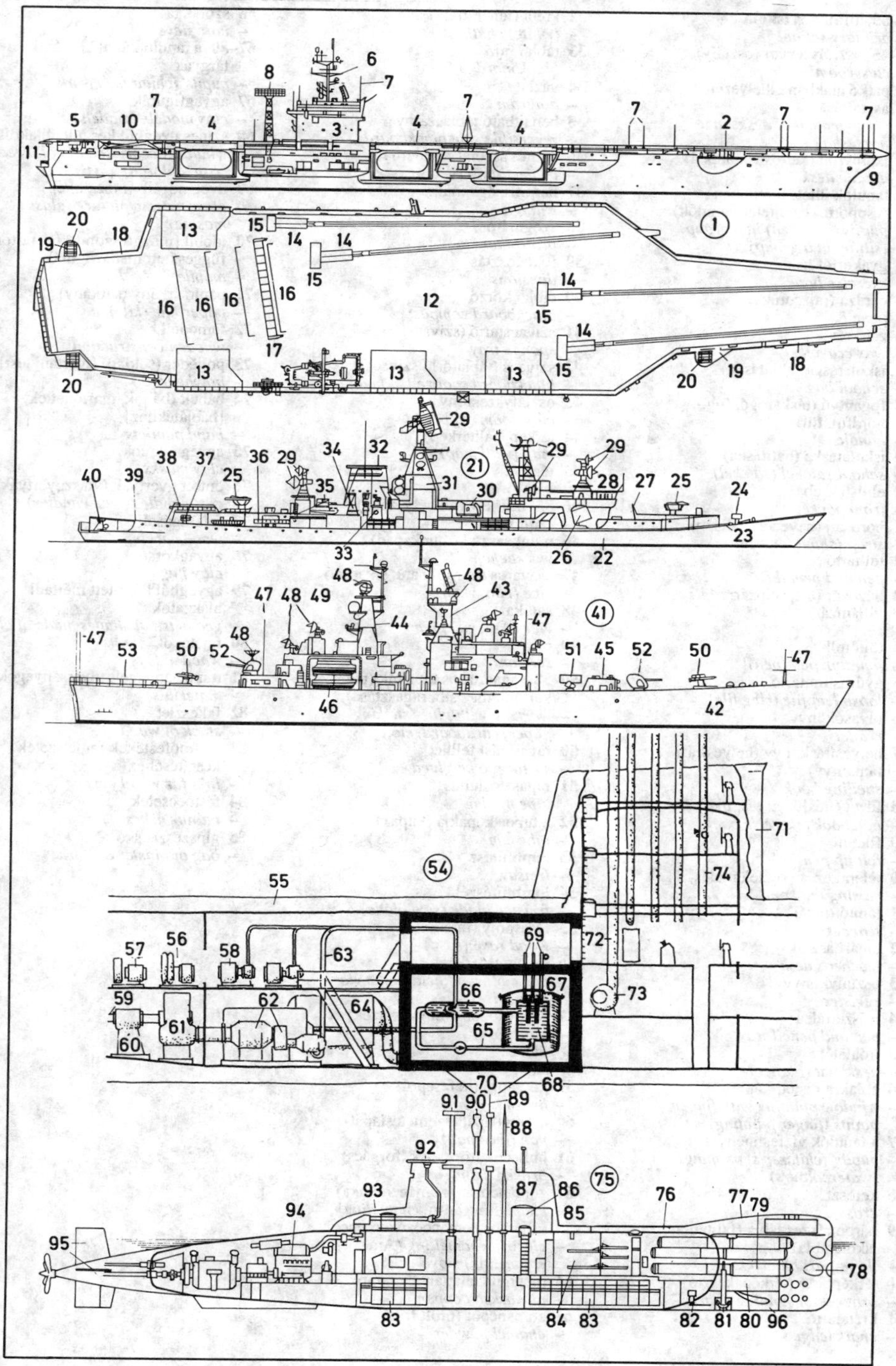
1
2
3
4
5
6
7
8
9
10
11
12
13
14
15
16
17
18
19
20
21
22
23
24
25
26
27
28
29
30
31
32
33
34
35
36
37
38
39
40
41
42
43
44
45
46
47
48
49
50
51
52
53
54
55
56
57
58
59
60
61
62
63
64
65
66
67
68
69
70
71
72
73
74
75
76
77
78
79
80
81
82
83
84
85
86
87
88
89
90
91
92
93
94
95
96

**1–85 általános iskola**
– ***primary school***
**1–45 osztályterem** (osztály)
– ***classroom***
**1** patkó alakban elhelyezett asztalok
– *arrangement of desks in a horseshoe*
**2** ikerasztal (kettős iskolapad)
– *double desk*
**3** tanulók ültetési rendben (csoportokba ültetett tanulók)
– *pupils (children) in a group (sitting in a group)*
**4** gyakorlófüzet
– *exercise book*
**5** ceruza (rajzceruza)
– *pencil*
**6** zsírkréta
– *wax crayon*
**7** iskolatáska (aktatáska)
– *school bag*
**8** fogantyú (táskafogó, fogó, hordfül, fül)
– *handle*
**9** iskolatáska (hátitáska)
– *school satchel (satchel)*
**10** elülső zseb
– *front pocket*
**11** hordszíj (heveder, vállszíj)
– *strap (shoulder strap)*
**12** tolltartó
– *pen and pencil case*
**13** húzózár (*biz.:* cipzár; *rég.:* villámzár)
– *zip*
**14** töltőtoll
– *fountain pen (pen)*
**15** gyűrűs irattartó
– *loose-leaf file (ring file)*
**16** olvasókönyv
– *reader*
**17** helyesíráskönyv (helyesírási tankönyv)
– *spelling book*
**18** füzet (írásfüzet; *biz.* irka)
– *notebook (exercise book)*
**19** filctoll
– *felt tip pen*
**20** jelentkezés (kézfelemelés)
– *raising the hand*
**21** tanító (tanár)
– *teacher*
**22** tanári asztal
– *teacher's desk*
**23** osztálykönyv
– *register*
**24** írószertálca
– *pen and pencil tray*
**25** íróalátét
– *desk mat (blotter)*
**26** ablakra festett kép
– *window painting with finger paints (finger painting)*
**27** a tanulók vízfestményei
– *pupils' (children's) paintings (watercolours)*
**28** kereszt
– *cross*
**29** háromrészes tábla (falitábla, iskolatábla)
– *three-part blackboard*
**30** térképtartó (térképakasztó)
– *bracket for holding charts*
**31** krétatartó
– *chalk ledge*
**32** kréta (fehér kréta)
– *(white) chalk*
**33** táblai rajz
– *blackboard drawing*
**34** vázlat
– *diagram*
**35** behajtható táblaszárny
– *reversible side blackboard*
**36** vetítővászon (vetítőernyő)
– *projection screen*
**37** háromszögvonalzó
– *triangle*
**38** szögmérő
– *protractor*
**39** fokbeosztás
– *divisions*
**40** táblai körző
– *blackboard compass*
**41** szivacstartó (szivacstál)
– *sponge tray*
**42** szivacs (táblatörlő szivacs)
– *blackboard sponge (sponge)*
**43** osztályszekrény
– *classroom cupboard*
**44** térkép (falitérkép)
– *map (wall map)*
**45** téglafal
– *brick wall*
**46–85 műhely** (műhelyszoba)
– ***craft room***
**46** munkaasztal (munkapad)
– *workbench*
**47** csavaros szorító (satu, sikattyú)
– *vice* (Am. *vise)*
**48** satukar
– *vice* (Am. *vise) bar*
**49** olló
– *scissors*
**50–52** ragasztásos munkák (papír, kartonlemez stb. ragasztása)
– *working with glue (sticking paper, cardboard, etc.)*
**50** ragasztási felület
– *surface to be glued*
**51** ragasztóstubus
– *tube of glue*
**52** a tubus kupakja (kupak)
– *tube cap*
**53** lombfűrész
– *fretsaw*
**54** lombfűrészél
– *fretsaw blade (saw blade)*
**55** faráspoly (fareszelő)
– *wood rasp (rasp)*
**56** befogott fadarab
– *piece of wood held in the vice* (Am. *vise)*
**57** enyvesdoboz (enyvesfazék)
– *glue pot*
**58** ülőke
– *stool*
**59** kis seprű (kefeseprű)
– *brush*
**60** szemétlapát (szemeteslapát)
– *pan (dust pan)*
**61** hulladék (törmelék, forgács)
– *broken china*
**62** zománcozás (zománcmunka)
– *enamelling* (Am. *enameling)*
**63** villamos zománcozókemence
– *electric enamelling* (Am. *enameling) stove*
**64** megmunkálatlan rézdarab
– *unworked copper*
**65** zománcpor (őrölt fritt)
– *enamel powder*
**66** szőrszita
– *hair sieve*
**67–80** a tanulók által készített tárgyak
– *pupils' (childrens') work*
**67** agyagfigurák
– *clay models (models)*
**68** színes üvegből készült ablakdísz
– *window decoration of coloured* (Am. *colored) glass*
**69** üvegmozaik (mozaikkép)
– *glass mosaic picture (glass mosaic)*
**70** mobil [mozgó szobor; *itt:* tartóra függesztett madárfigurák]
– *mobile*
**71** papírsárkány (sárkány)
– *paper kite (kite)*
**72** famodell
– *wooden construction*
**73** poliéder (soklap) [mértani test]
– *polyhedron*
**74** bábuk (bábok, marionettek) [bábjátékhoz]
– *hand puppets*
**75** agyag álarcok
– *clay masks*
**76** öntött gyertyák (viaszgyertyák)
– *cast candles (wax candles)*
**77** fafaragások
– *wood carving*
**78** agyagkorsó
– *clay jug*
**79** agyagból készített mértani alakzatok
– *geometrical shapes made of clay*
**80** fajátékok
– *wooden toys*
**81** munkaanyagok (nyersanyagok)
– *materials*
**82** fakészlet
– *stock of wood*
**83** nyomófestékek fametszetek készítéséhez
– *inks for wood cuts*
**84** festőecsetek
– *paintbrushes*
**85** gipszeszacskó
– *bag of plaster of Paris*

water cycle.
condensation
beaker
icecubes
drops of water
steam
water
READER
GYPSUM POWDER
GLUE

**1–45 gimnázium**
– ***grammar school;*** also: *upper band of a comprehensive school (*Am. *alternative school)*
**1–13 kémiatanítás**
– ***chemistry***
**1** kémiaterem lépcsőzetesen elhelyezett padsorokkal
– *chemistry lab (chemistry laboratory) with tiered rows of seats*
**2** kémiatanár
– *chemistry teacher*
**3** bemutatóasztal (munkaasztal)
– *demonstration bench (teacher's bench)*
**4** vízcsatlakozás (vízcsap, hidráns)
– *water pipe*
**5** csempés munkafelület
– *tiled working surface*
**6** kiöntő (lefolyótál)
– *sink*
**7** videomonitor <képernyő oktatóprogramok bemutatására>
– *television monitor, a screen for educational programmes (*Am. *programs)*
**8** írásvetítő
– *overhead projector*
**9** tartófelület átlátszó képek vetítéséhez
– *projector top for skins*
**10** szögtükrös vetítőoptika
– *projection lens with right-angle mirror*
**11** iskolapad a kísérletekhez szükséges felszereléssel
– *pupils' (*Am. *students') bench with experimental apparatus*
**12** áramcsatlakozás (csatlakozóaljzat, dugaszolóaljzat, konnektor)
– *electrical point (socket)*
**13** vetítőasztal
– *projection table*
**14–34 biológiai szertár**
– ***biology preparation room*** *(biology prep room)*
**14** csontváz
– *skeleton*
**15** koponyagyűjtemény, koponyamásolatok (öntött másolatok)
– *collection of skulls, models (casts) of skulls*
**16** a Pithecanthropus erectus koponyateteje
– *calvarium of Pithecanthropus erectus*
**17** a steinheimi ember koponyája
– *skull of Steinheim man*
**18** a Sinanthropus koponyateteje
– *calvarium of Peking man (of Sinanthropus)*
**19** a Neander-völgyi koponya <ősemberi koponya>
– *skull of Neanderthal man, a skull of primitive man*
**20** az Australopithecus koponyája
– *australopithecine skull (skull of Australopithecus)*
**21** a jelenkori ember koponyája
– *skull of present-day man*
**22** preparálóasztal
– *dissecting bench*
**23** vegyszeres üvegek
– *chemical bottles*
**24** gázcsatlakozás (gázcsap)
– *gas tap*
**25** Petri-csésze
– *petri dish*
**26** mérőhenger
– *measuring cylinder*
**27** munkalapok (oktatási anyag)
– *work folder (teaching material)*
**28** tankönyv (kézikönyv)
– *textbook*
**29** baktériumtenyészetek
– *bacteriological cultures*
**30** termosztát (keltetőszekrény, inkubátor)
– *incubator*
**31** kémcsőszárító
– *test tube rack*
**32** gázmosó palack
– *washing bottle*
**33** víztartó edény
– *water tank*
**34** kiöntő (lefolyótál)
– *sink*
**35 nyelvi laboratórium**
– ***language laboratory***
**36** falitábla
– *blackboard*
**37** tanári berendezés (központi kapcsolóasztal)
– *console*
**38** fejhallgató
– *headphones (headset)*
**39** mikrofon
– *microphone*
**40** fülhallgató (kagyló)
– *earcups*
**41** kipárnázott fejpánt (kipárnázott rugós kengyel)
– *padded headband (padded headpiece)*
**42** oktatómagnetofon <kazettás magnetofon>
– *programme (*Am. *program) recorder, a cassette recorder*
**43** *a tanuló hangjának hangerőszabályozója*
– *pupil's (*Am. *student's) volume control*
**44** *az oktatóprogramok hangerőszabályozója*
– *master volume control*
**45** *kezelőgombok*
– *control buttons (operating keys)*

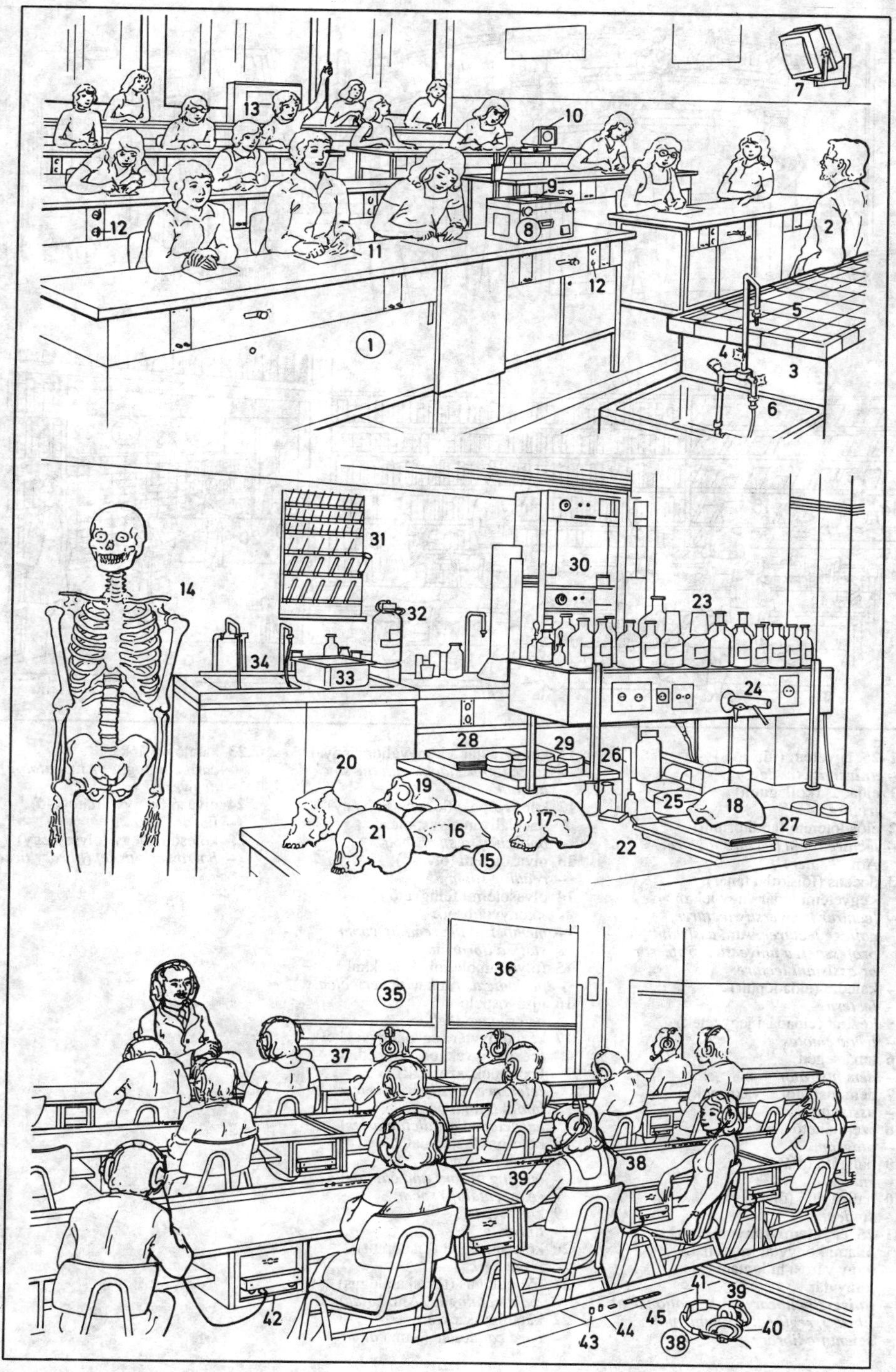
1
2
3
4
5
6
7
8
9
10
11
12
13
14
15
16
17
18
19
20
21
22
23
24
25
26
27
28
29
30
31
32
33
34
35
36
37
38
39
40
41
42
43
44
45

**1–25 egyetem** (főiskola)
– ***university*** *(college)*
**1** előadás (kollégium)
– *lecture*
**2** előadóterem (auditórium)
– *lecture room (lecture theatre,* Am. *theater)*
**3** docens (főiskolai tanár) <egyetemi tanár vagy lektor>
– *lecturer (university lecturer, college lecturer,* Am. *assistant professor), a university professor or assistant lecturer*
**4** katedra (előadópult)
– *lectern*
**5** kézirat (előadási jegyzetek)
– *lecture notes*
**6** tanársegéd
– *demonstrator*
**7** demonstrátor (gyakornok)
– *assistant*
**8** szemléltető ábra
– *diagram*
**9** hallgató (diák)
– *student*
**10** hallgatónő (diáklány)
– *student*
**11–25 egyetemi könyvtár;** *rok.:* állami könyvtár, regionális vagy városi tudományos könyvtár
– ***university library;*** sim.: *national library, regional or municipal scientific library*
**11** könyvraktár a könyvállománnyal
– *stack (book stack) with the stock of books*
**12** könyvespolc (könyvesállvány) <acélállvány, vaspolc>
– *bookshelf, a steel shelf*
**13** olvasóterem (olvasó)
– *reading room*
**14** olvasótermi felügyelő <könyvtárosnő>
– *member of the reading room staff, a librarian*
**15** folyóiratpolc folyóiratokkal
– *periodicals rack with periodicals*
**16** újságospolc
– *newspaper shelf*
**17** kézikönyvtár segédkönyvekkel (kézikönyvek, enciklopédiák, lexikonok, szótárak)
– *reference library with reference books (handbooks, encyclopedias, dictionaries)*
**18** kölcsönzőszolgálat és katalógusterem
– *lending library and catalogue (*Am. *catalog) room*
**19** könyvtáros
– *librarian*
**20** kölcsönzőpult (kiadópult)
– *issue desk*
**21** főkatalógus (törzskatalógus)
– *main catalogue (*Am. *catalog)*
**22** katalógusszekrény
– *card catalogue (*Am. *catalog)*
**23** katalógusfiók
– *card catalogue (*Am. *catalog) drawer*
**24** olvasó (könyvtárlátogató)
– *library user*
**25** kölcsönzőjegy (olvasójegy)
– *borrower's ticket (library ticket)*

**1–15** választási gyűlés <tömeggyűlés>
– *election meeting, a public meeting*
**1–2** elnökség
– *committee*
**1** elnök
– *chairman*
**2** elnökségi tag
– *committee member*
**3** elnökségi asztal
– *committee table*
**4** csengő
– *bell*
**5** választási szónok
– *election speaker (speaker)*
**6** szónoki emelvény
– *rostrum*
**7** mikrofon
– *microphone*
**8** hallgatóság (a gyűlés résztvevői)
– *meeting (audience)*
**9** röplapterjesztő (röpcédula-osztogató)
– *man distributing leaflets*
**10** rendész (teremőr, R-gárdista)
– *stewards*
**11** karszalag
– *armband (armlet)*
**12** transzparens
– *banner*
**13** feliratos választási tábla (feliratos felvonulási tábla)
– *placard*
**14** felhívás (kiáltvány)
– *proclamation*
**15** közbekiabáló
– *heckler*
**16–30** választás (szavazás)
– *election*
**16** szavazóhelyiség
– *polling station (polling place)*
**17** szavazatszedő bizottsági tag
– *election officer*
**18** választói nyilvántartás (választói névjegyzék)
– *electoral register*
**19** választói igazolvány a választó nyilvántartási számával
– *polling card with registration number (polling number)*
**20** szavazólap a pártok és a képviselőjelöltek nevének feltüntetésével
– *ballot paper with the names of the parties and candidates*
**21** szavazóboríték
– *ballot envelope*
**22** választópolgár (választó, szavazó)
– *voter*
**23** szavazófülke
– *polling booth*
**24** szavazati joggal rendelkező választópolgár
– *elector (qualified voter)*
**25** választási szabályzat (választási rend)
– *election regulations*
**26** jegyzőkönyvvezető
– *clerk*
**27** az ellenőrző lista vezetője
– *clerk with the duplicate list*
**28** a szavazatszedő bizottság elnöke
– *election supervisor*
**29** szavazóurna (urna, szavazóláda)
– *ballot box*
**30** a szavazóláda nyílása
– *slot*

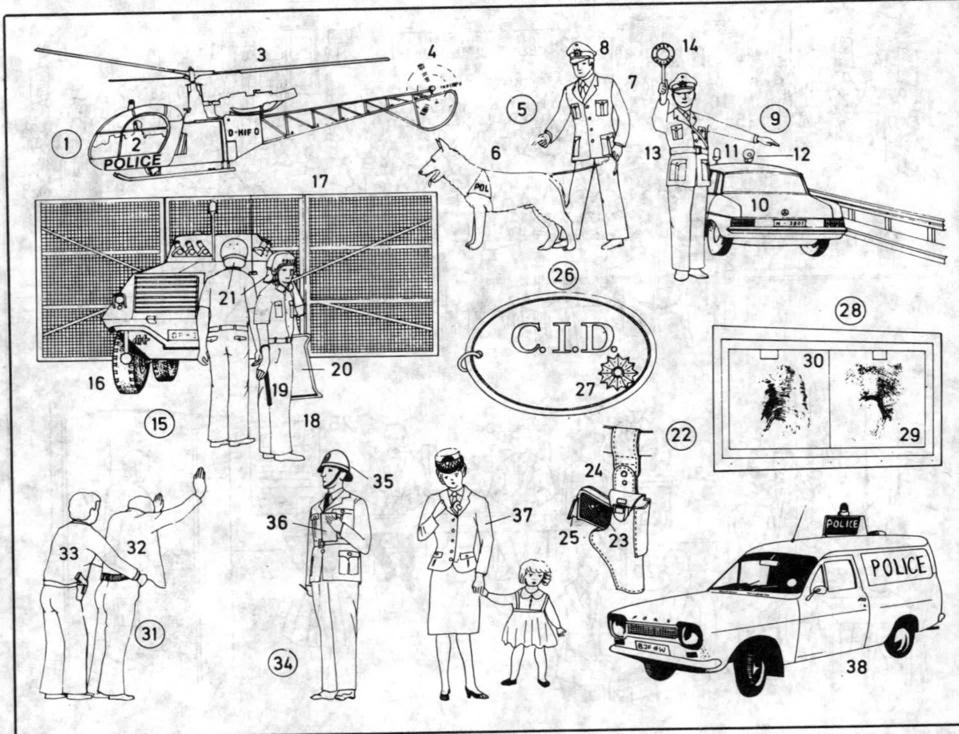


**1–33 rendőri szolgálatok**
– ***police duties***
**1 rendőrségi forgalom-ellenőrző helikopter**
– ***police helicopter*** *(traffic helicopter) for controlling (*Am. *controling) traffic from the air*
**2** pilótafülke
– *cockpit*
**3** rotor (forgószárny; főrotor)
– *rotor (main rotor)*
**4** farokrotor
– *tail rotor*
**5 rendőrkutyás szolgálat**
– ***use of police dogs***
**6** rendőrkutya
– *police dog*
**7** egyenruha (rendőregyenruha, szolgálati egyenruha)
– *uniform*
**8** rendőrsapka <ellenzős sapka sapkarózsával>
– *uniform cap, a peaked cap with cockade*
**9 gépkocsis járőr forgalom-ellenőrzésen**
– ***traffic control by a mobile traffic patrol***
**10** járőrkocsi
– *patrol car*
**11** kék fény [megkülönböztető jelzés]
– *blue light*
**12** hangszóró (hangosbeszélő)
– *loud hailer (loudspeaker)*
**13** a járőr tagja (*biz.:* járőr)
– *patrolman (police patrolman)*
**14** jelzőtárcsa
– *police signalling (*Am. *signaling) disc (disk)*
**15 rohamkészültség**
– ***riot duty***
**16** páncélozott jármű
– *special armoured (*Am. *armored) car*
**17** barikád (úttorlasz, útelzáró rács)
– *barricade*
**18** rohamrendőr (rendőr védőfelszerelésben)
– *policeman (police officer) in riot gear*
**19** gumibot
– *truncheon (baton)*
**20** védőpajzs
– *riot shield*
**21** védősisak
– *protective helmet (helmet)*
**22 szolgálati fegyver** (pisztoly)
– ***service pistol***
**23** pisztolymarkolat (pisztolyagy)
– *pistol grip*
**24** készenléti táska (pisztolytáska)
– *quick-draw holster*
**25** tár (pisztolytár, tölténytár)
– *magazine*
**26 a bűnügyi rendőrség szolgálati jelvénye**
– ***police identification disc (disk)***
**27** rendőrcsillag
– *police badge*
**28 ujjlenyomat-készítés** (ujjlenyomat-felvétel)
– ***fingerprint identification*** *(dactyloscopy)*
**29** ujjlenyomat
– *fingerprint*
**30** nézőszekrény
– *illuminated screen*
**31 személyi motozás**
– ***search***
**32** gyanúsított
– *suspect*
**33** civil ruhás nyomozó (detektív)
– *detective (plainclothes policeman)*
**34** angol rendőr (bobby)
– *English policeman*
**35** sisak
– *helmet*
**36** zsebkönyv
– *pocket book*
**37** rendőrnő (női rendőr)
– *policewoman*
**38** rendőrségi gépkocsi (rendőrautó
– *police van*

**1–26 kávéház** (kávézó) cukrászdával; *rok.:* eszpresszó (presszó), teaszalon (teázó)
– ***café,*** *serving cakes and pastries;* sim.: *espresso bar, tea room*
**1** pult (süteményespult)
– *counter (cake counter)*
**2** eszpresszógép (kávéfőző gép)
– *coffee urn*
**3** pénztányér
– *tray for the money*
**4** torta (sütemény)
– *gateau*
**5** habos sütemény <habcsókszerű sütemény tejszínhabbal>
– *meringue with whipped cream*
**6** tanuló (*rég.:* cukrászinas)
– *trainee pastry cook*
**7** büféskisasszony (büfésnő, kávéfőzőnő)
– *girl (lady) at the counter*
**8** újságospolc
– *newspaper shelves (newspaper rack)*
**9** falikar
– *wall lamp*
**10** sarokülés <párnázott ülés>
– *corner seat, an upholstered seat*
**11** asztal
– *café table*
**12** márványlap
– *marble top*
**13** felszolgálónő
– *waitress*
**14** tálca (felszolgálótálca)
– *tray*
**15** limonádésüveg (egy üveg limonádé)
– *bottle of lemonade*
**16** limonádéspohár
– *lemonade glass*
**17** sakkozók (sakkjátszma)
– *chess players playing a game of chess*
**18** tálcán felszolgált kávé
– *coffee set*
**19** egy csésze kávé
– *cup of coffee*
**20** cukortartó
– *small sugar bowl*
**21** tejszíneskannácska
– *cream jug (Am. creamer)*
**22–24** vendégek (kávéházi vendégek)
– *café customers*
**22** úr
– *gentleman*
**23** hölgy
– *lady*
**24** újságolvasó férfi
– *man reading a newspaper*
**25** újság
– *newspaper*
**26** újságtartó
– *newspaper holder*

**1–29 étterem** (vendéglő; *rég.:* fogadó, kocsma; *kisebb igényű:* kisvendéglő, söröző, borozó)
– ***restaurant***
**1–11** bárpult (pult; *rég.*: söntés)
– *bar (counter)*
**1** söradagoló készülék (sörcsap)
– *beer pump (beerpull)*
**2** cseppfogó (csepptálca)
– *drip tray*
**3** söröspohár (pohár)
– *beer glass, a tumbler*
**4** sörhab (hab)
– *froth (head)*
**5** álló hamutartó
– *spherical ashtray for cigarette and cigar ash*
**6** söröskorsó (korsó)
– *beer glass (beer mug)*
**7** sörmelegítő
– *beer warmer*
**8** csapos
– *bartender (barman,* Am. *barkeeper, barkeep)*
**9** poharaspolc
– *shelf for glasses*
**10** palackospolc
– *shelf for bottles*
**11** tányérok
– *stack of plates*
**12** fogas (ruhafogas)
– *coat stand*
**13** kalapfogas
– *hat peg*
**14** kabátakasztó (akasztó)
– *coat hook*
**15** fali ventilátor
– *wall ventilator*
**16** palack (üveg)
– *bottle*
**17** egy fogás (étel)
– *complete meal*
**18** felszolgálónő (pincérnő)
– *waitress*
**19** tálca
– *tray*
**20** sorsjegyárus (lottóárus)
– *lottery ticket seller*
**21** étlap (menükártya, menü)
– *menu (menu card)*
**22** ecet- és olajtartó
– *cruet stand*
**23** fogpiszkálótartó
– *toothpick holder*
**24** gyufatartó
– *matchbox holder*
**25** vendég
– *customer*
**26** söralátét
– *beer mat*
**27** menü (napi menü)
– *meal of the day*
**28** virágáruslány
– *flower seller (flower girl)*
**29** virágkosár
– *flower basket*
**30–44 borozó**
– ***wine restaurant*** *(wine bar)*
**30** italos (italospincér) <főpincér (*biz.:* főúr)>
– *wine waiter, a head waiter*
**31** borlap
– *wine list*
**32** boroskancsó
– *wine carafe*
**33** borospohár
– *wineglass*
**34** cserépkályha
– *tiled stove*
**35** kályhacsempe
– *stove tile*
**36** padka
– *stove bench*
**37** lambéria (faborítás, faburkolat)
– *wooden panelling* (Am. *paneling)*
**38** sarokülés (sarokpad)
– *corner seat*
**39** törzsasztal
– *table reserved for regular customers*
**40** törzsvendég
– *regular customer*
**41** evőeszköztartó szekrény
– *cutlery chest*
**42** borhűtő vödör
– *wine cooler*
**43** borosüveg
– *bottle of wine*
**44** jégkockák
– *ice cubes (ice, lumps of ice)*
**45–78 önkiszolgáló étterem**
– ***self-service restaurant***

**45** tálcák
– *stack of trays*
**46** szívószálak
– *drinking straws (straws)*
**47** papírszalvéták
– *serviettes (napkins)*
**48** evőeszköztartó
– *cutlery holders*
**49** hűtőpolc a hűtött ételek számára
– *cool shelf*
**50** sárgadinnyeszelet
– *slice of honeydew melon*
**51** salátatányér
– *plate of salad*
**52** sajttányér
– *plate of cheeses*
**53** halétel
– *fish dish*
**54** rakott zsemle (szendvics)
– *roll [with topping]*
**55** húsétel körettel
– *meat dish with trimmings*
**56** fél csirke
– *half chicken*
**57** gyümölcskosár
– *basket of fruit*
**58** gyümölcslé (ivólé)
– *fruit juice*
**59** italospolc
– *drinks shelf*
**60** palackos tej
– *bottle of milk*
**61** palackozott ásványvíz
– *bottle of mineral water*
**62** nyerskosztmenü (vegetáriánus menü, diétás étel)
– *vegetarian meal (diet meal)*
**63** tálca
– *tray*
**64** tálcacsúsztató pult
– *tray counter*
**65** étlárjegyzék
– *food price list*
**66** tálalóablak
– *serving hatch*
**67** meleg ételek
– *hot meal*
**68** söradagoló
– *beer pump (beerpull)*
**69** pénztár
– *cash desk*
**70** pénztárosnő
– *cashier*
**71** tulajdonos
– *proprietor*
**72** terelőkorlát
– *rail*
**73** étkezőtér
– *dining area*
**74** éttermi asztal (asztal)
– *table*
**75** sajtos szendvics
– *bread and cheese*
**76** fagylaltkehely
– *ice-cream sundae*
**77** só- és borsszóró
– *salt cellar and pepper pot*
**78** asztaldísz (virágdísz)
– *table decoration (flower arrangement)*

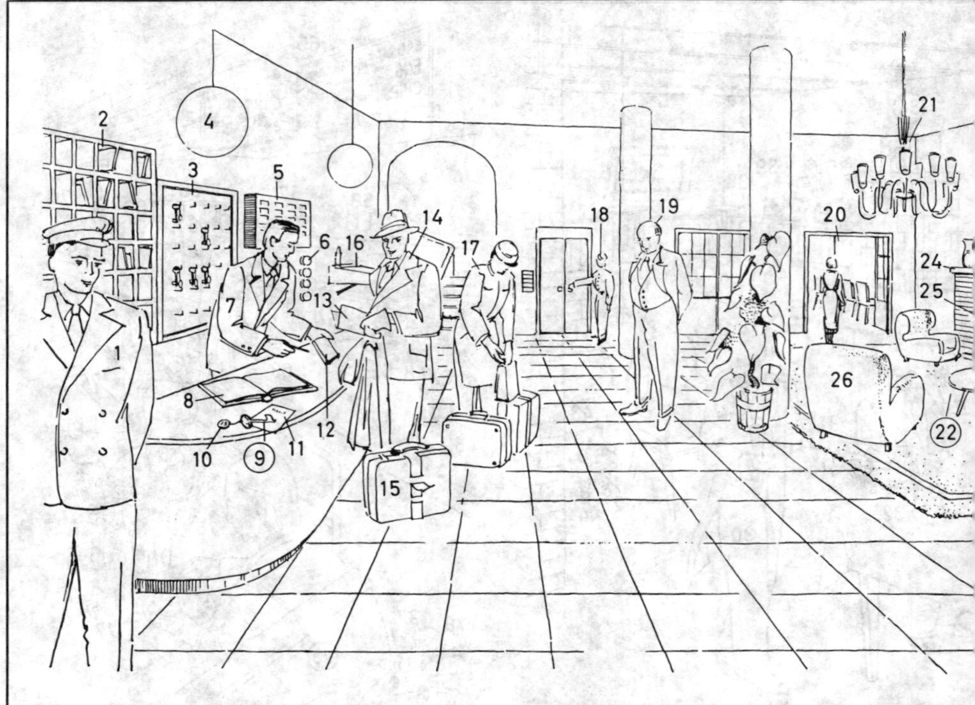


**1–26 fogadótér** (előcsarnok)
– ***vestibule*** *(foyer, reception hall)*
**1** portás
– *doorman (commissionaire)*
**2** levélrekeszek
– *letter rack with pigeon holes*
**3** kulcstartó tábla
– *key rack*
**4** gömblámpa <matt lámpabura>
– *globe lamp, a frosted glass globe*
**5** számfiók (jelzőtábla)
– *indicator board (drop board)*
**6** fényjelző hívó
– *indicator light*
**7** főportás
– *chief receptionist*
**8** vendégkönyv
– *register (hotel register)*
**9** szobakulcs
– *room key*
**10** számtábla a szobaszámmal
– *number tag (number tab) showing room number*
**11** szállodaszámla
– *hotel bill*
**12** jelentkezési tömb
– *block of registration forms*
**13** útlevél
– *passport*
**14** szállodai vendég (szállóvendég)
– *hotel guest*
**15** légitáska <könnyű bőrönd légi utazáshoz>
– *lightweight suitcase, a light suitcase for air travel*
**16** fali írópult (falipult)
– *wall desk*
**17** londiner
– *porter* (Am. *baggage man)*
**18–26** előtér (hall)
– *lobby (hotel lobby)*
**18** liftesfiú
– *page (pageboy,* Am. *bell boy)*
**19** szállodaigazgató
– *hotel manager*
**20** étterem
– *dining room (hotel restaurant)*
**21** csillár
– *chandelier*
**22** kandallósarok
– *fireside*
**23** kandalló
– *fireplace*
**24** kandallópárkány
– *mantelpiece (mantelshelf)*
**25** kandallótűz (nyílt tűz)
– *fire (open fire)*
**26** klubfotel
– *armchair*
**27–38 szállodai szoba** <kétágyas szoba fürdőszobával>
– ***hotel room,*** *a double room with bath*
**27** kettős ajtó (dupla ajtó)
– *double door*
**28** csengőtábla
– *service bell panel*
**29** szekrénykoffer
– *wardrobe trunk*
**30** akasztós rész (ruhás rész)
– *clothes compartment*
**31** polcos rész (fehérneműs rész)
– *linen compartment*
**32** kettős mosdókagyló
– *double washbasin*
**33** szobapincér
– *room waiter*
**34** szobatelefon
– *room telephone*
**35** velúrszőnyeg
– *velour (velours) carpet*
**36** virágállvány
– *flower stand*
**37** virágdísz
– *flower arrangement*
**38** kétszemélyes ágy (dupla ágy)
– *double bed*
**39 különterem**
– ***banquet room***
**40–43** bankettező asztaltársaság
– *party (private party) at table (at a banquet)*
**40** pohárköszöntőt mondó ünnepi szónok
– *speaker proposing a toast*
**41** a 42-es úr asztalszomszédja
– *42's neighbour* (Am. *neighbor)*
**42** a 43-as hölgy partnere
– *43's partner*
**43** a 42-es úr partnere
– *42's partner*
**44–46 ötórai tea** a szálloda halljában
– ***thé dansant*** *(tea dance) in the foyer*

**44** bárzenészek (bárzenekar, trió)
– *bar trio*
**45** hegedűs
– *violinist*
**46** táncoló pár
– *couple dancing (dancing couple)*
**47** főúr (pincér)
– *waiter*
**48** tálalókendő (*biz.:* hangerli)
– *napkin*
**49** cigarettásfiú (kínálóember)
– *cigar and cigarette boy*
**50** elárusítódoboz (nyakba akasztott elárusítótálca)
– *cigarette tray*
**51 szállodai bár**
**– *hotel bar***
**52** lábtartó
– *foot rail*
**53** bárszék
– *bar stool*
**54** bárpult
– *bar*
**55** bárvendég
– *bar customer*
**56** koktélospohár
– *cocktail glass (*Am. *highball glass)*
**57** whiskyspohár
– *whisky (whiskey) glass*
**58** pezsgősüveg dugója
– *champagne cork*
**59** pezsgőhűtő vödör (pezsgősvödör)
– *champagne bucket (champagne cooler)*
**60** mérőpohár
– *measuring beaker (measure)*
**61** koktélkeverő (rázóedény, shaker)
– *cocktail shaker*
**62** mixer (italkeverő)
– *bartender (barman,* Am. *barkeeper, barkeep)*
**63** bárhölgy
– *barmaid*
**64** italospolc (italállvány)
– *shelf for bottles*
**65** poharaspolc (pohártartó)
– *shelf for glasses*
**66** tükörfal
– *mirrored panel*
**67** jégtartó (jégtartály)
– *ice bucket*

**1** parkolóóra
– *parking meter*
**2** várostérkép
– *map of the town (street map)*
**3** világítótábla
– *illuminated board*
**4** jelmagyarázat
– *key*
**5** hulladékgyűjtő (szemétgyűjtő, szemétkosár)
– *litter bin (*Am. *litter basket)*
**6** utcai lámpa
– *street lamp (street light)*
**7** utcanévtábla (utcatábla)
– *street sign showing the name of the street*
**8** utcai vízelnyelő (csatornanyílás)
– *drain*
**9** ruházati bolt (divatáruüzlet)
– *clothes shop (fashion house)*
**10** kirakat (kirakatablak)
– *shop window*
**11** kirakat (kirakati tárgyak)
– *window display (shop window display)*
**12** kirakatdísz (dekoráció)
– *window decoration (shop window decoration)*
**13** bejárat
– *entrance*
**14** ablak
– *window*
**15** ablakláda (virágláda)
– *window box*
**16** fényreklám (neonreklám)
– *neon sign*
**17** szabóműhely (szabászat)
– *tailor's workroom*
**18** gyalogos (járókelő)
– *pedestrian*
**19** bevásárlótáska
– *shopping bag*
**20** utcaseprő
– *road sweeper (*Am. *street sweeper)*
**21** seprű (söprű)
– *broom*
**22** szemét (utcai szemét, hulladék)
– *rubbish (litter)*
**23** villamossín (villamosvágány, villamospálya)
– *tramlines (*Am. *streetcar tracks)*
**24** gyalogátkelőhely (*biz.:* zebra)
– *pedestrian crossing (zebra crossing,* Am. *crosswalk)*
**25** villamosmegálló (megállóhely, villamos-megállóhely)
– *tram stop (*Am. *streetcar stop, trolley stop)*
**26** megállóhelyjelző tábla
– *tram stop sign (*Am. *streetcar stop sign, trolley stop sign)*
**27** villamosmenetrend (menetrendtábla)
– *tram timetable (*Am. *streetcar schedule)*
**28** jegyárusító automata (jegyautomata)
– *ticket machine*
**29** „Gyalogátkelőhely" jelzőtábla
– *'pedestrian crossing' sign*
**30** forgalmat irányító közlekedési rendőr
– *traffic policeman on traffic duty (point duty)*
**31** fehér kézelő
– *traffic control cuff*
**32** fehér sapka
– *white cap*
**33** karjelzés
– *hand signal*
**34** motorkerékpáros (motoros)
– *motorcyclist*
**35** motorkerékpár (motor)
– *motorcycle*
**36** utas [a motorkerékpár pótülésén]
– *pillion passenger (pillion rider)*
**37** könyvesbolt (könyvkereskedés, könyvüzlet)
– *bookshop*
**38** kalapbolt (kalapkereskedés, kalapszalon, kalapos)
– *hat shop (hatter's shop);* for ladies' hats: *milliner's shop*
**39** cégtábla (cégér)
– *shop sign*
**40** biztosító (biztosítótársaság irodája)
– *insurance company office*
**41** áruház (nagyáruház)
– *department store*
**42** portál [áruházé]
– *shop front*

**43** reklám (hirdetés)
– *advertisement*
**44** zászlók (zászlódísz)
– *flags*
**45** tetőreklám (fényreklám, betűreklám)
– *illuminated letters*
**46** villamos (villamosszerelvény)
– *tram (*Am. *streetcar, trolley)*
**47** bútorszállító kocsi
– *furniture lorry (*Am. *furniture truck)*
**48** felüljáró (átjáróhíd)
– *flyover*
**49** utcai világítás <az úttest fölé függesztett lámpatest>
– *suspended street lamp*
**50** stopvonal [a kötelező megállás helyét jelző vonal]
– *stop line*
**51** kijelölt gyalogátkelőhely
– *pedestrian crossing (*Am. *crosswalk)*
**52** közúti jelzőlámpa (közlekedési jelzőlámpa, forgalomirányító lámpa)
– *traffic lights*
**53** jelzőlámpa oszlopa
– *traffic light post*
**54** fényjelző berendezés (lámpák)
– *set of lights*
**55** gyalogosforgalmat irányító lámpák
– *pedestrian lights*
**56** telefonfülke
– *telephone box (telephone booth, telephone kiosk, call box)*
**57** moziplakát
– *cinema advertisement (film poster)*
**58** sétálóutca
– *pedestrian precinct (paved zone)*
**59** kávéházi terasz
– *street café*
**60** teraszon ülő társaság
– *group seated (sitting) at a table*
**61** napellenző (napernyő)
– *sunshade*
**62** lejárat a nyilvános vécébe
– *steps to the public lavatories (public conveniences)*
**63** taxiállomás
– *taxi rank (taxi stand)*
**64** taxi (bérautó)
– *taxi (taxicab, cab)*
**65** taxijelzés (taxilámpa)
– *taxi sign*
**66** taxiállomás jelzőtáblája
– *traffic sign showing 'taxi rank' ('taxi stand')*
**67** taxiállomás telefonja
– *taxi telephone*
**68** postahivatal
– *post office*
**69** cigarettaautomata
– *cigarette machine*
**70** hirdetőoszlop
– *advertising pillar*
**71** plakát (reklám)
– *poster (advertisement)*
**72** záróvonal
– *white line*
**73** balra kanyarodást jelző nyíl <útburkolati jelzés>
– *lane arrow for turning left*
**74** egyenes irányú haladást jelző nyíl
– *lane arrow for going straight ahead*
**75** újságárus
– *news vendor (*Am. *news dealer)*

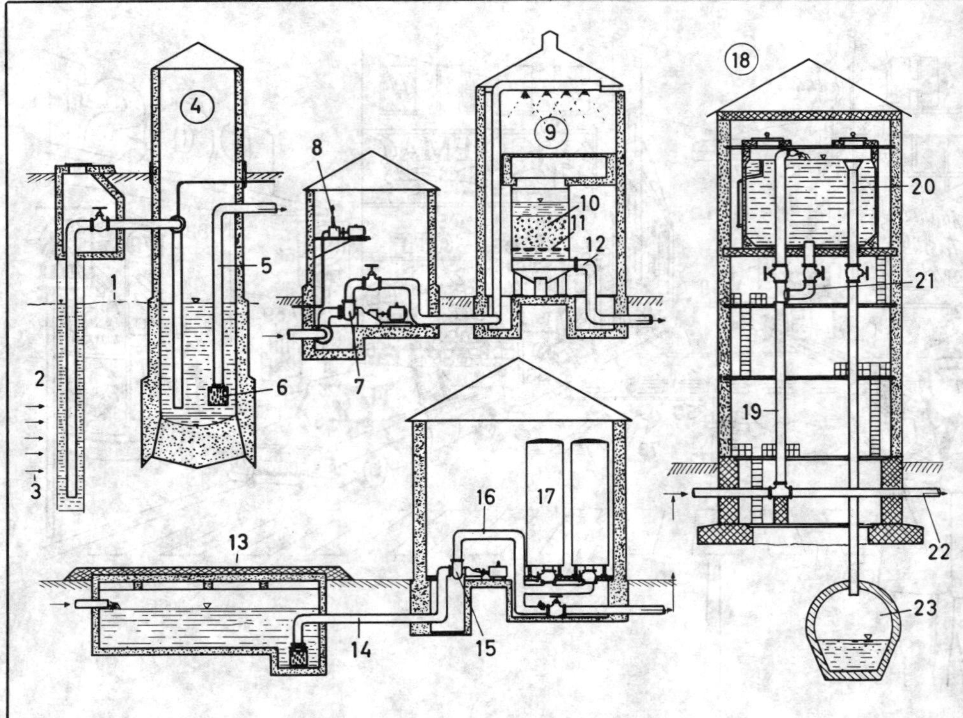


**1–66 ivóvízellátás**
– ***drinking water supply***
**1** talajvízszint
– *water table (groundwater level)*
**2** vízvezető (víztartó) talajréteg
– *water-bearing stratum (aquifer, aquafer)*
**3** talajvízáramlás
– *groundwater stream (underground stream)*
**4** nyersvíz gyűjtőkútja
– *collector well for raw water*
**5** szívóvezeték
– *suction pipe*
**6** szívókosár lábszeleppel
– *pump strainer with foot valve*
**7** serleges (láncos, meregető) szivattyú
– *bucket pump with motor*
**8** motoros vákuumszivattyú (víztelenítőszivattyú)
– *vacuum pump with motor*
**9** gyorsszűrő berendezés
– *rapid-filter plant*
**10** szűrőkavics
– *filter gravel (filter bed)*
**11** szűrő feneke <rács>
– *filter bottom, a grid*
**12** szűrtvíz-elvezető cső
– *filtered water outlet*
**13** szűrtvíz-tartály
– *purified water tank*
**14** szívóvezeték szívókosárral és lábszeleppel
– *suction pipe with pump strainer and foot valve*
**15** motoros főszivattyú
– *main pump with motor*
**16** nyomóvezeték
– *delivery pipe*
**17** légüst (szélkazán, nyomólégtartály)
– *compressed-air vessel (air vessel, air receiver)*
**18** víztorony
– *water tower*
**19** felszállóvezeték
– *riser pipe (riser)*
**20** túlfolyóvezeték
– *overflow pipe*
**21** leszállóvezeték
– *outlet*
**22** elosztóhálózat vezetéke
– *distribution main*
**23** szennyvízcsatorna
– *excess water conduit*
**24–39** forrásfoglalás
– *tapping a spring*
**24** forráskamra
– *chamber*
**25** homokfogó
– *chamber wall*
**26** beszállóakna (búvónyílás)
– *manhole*
**27** szellőzőcső
– *ventilator*
**28** mászóvasak
– *step irons*
**29** feltöltés
– *filling (backing)*
**30** zárószelep
– *outlet control valve*
**31** ürítő tolózár
– *outlet valve*
**32** szívókosár (szűrő)
– *strainer*
**33** túlfolyó
– *overflow pipe (overflow)*
**34** alsó kifolyó (leeresztő)
– *bottom outlet*
**35** kőagyag csövek
– *earthenware pipes*
**36** vízátnemeresztő talajréteg
– *impervious stratum (impermeable stratum)*
**37** durva zúzottkő
– *rough rubble*
**38** vízvezető (víztároló) talajréteg
– *water-bearing stratum (aquifer, aquafer)*
**39** döngöltagyag tömítés
– *loam seal (clay seal)*
**40–52** egyéni (saját kútból történő) vízellátás
– *individual water supply*
**40** kút
– *well*
**41** szívóvezeték
– *suction pipe*
**42** talajvízszint
– *water table (groundwater level)*
**43** szívókosár lábszeleppel
– *pump strainer with foot valve*
**44** centrifugálszivattyú
– *centrifugal pump*
**45** elektromos motor
– *motor*

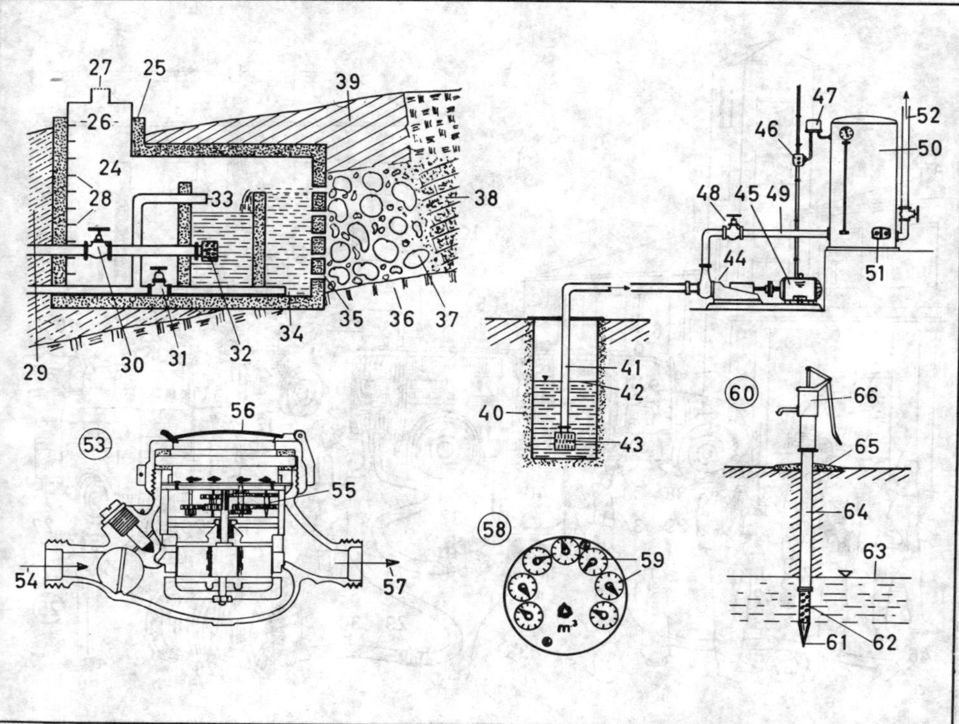


**46** motor biztonsági kapcsolója
– *motor safety switch*
**47** nyomáskapcsoló <elektromos kapcsolókészülék>
– *manostat, a switching device*
**48** tolózár
– *stop valve*
**49** nyomóvezeték
– *delivery pipe*
**50** légüst (szélkazán, nyomólégtartály)
– *compressed-air vessel (air vessel, air receiver)*
**51** búvónyílás
– *manhole*
**52** tápcsővezeték
– *delivery pipe*
**53** vízóra (vízmérő óra) <szárnyaskerekes számláló>
– *water meter, a rotary meter*
**54** vízbeáramlás
– *water inlet*
**55** számlálómű
– *counter gear assembly*
**56** üvegablakos fedél
– *cover with glass lid*
**57** vízkiáramlás
– *water outlet*
**58** vízóra számlapja
– *water-meter dial*
**59** számlálómű
– *counters*
**60** csőkút (bevert kút)
– *driven well (tube well, drive well)*

**61** cölöpsaru
– *pile shoe*
**62** szűrő
– *filter*
**63** talajvízszint
– *water table (groundwater level)*
**64** kútcső (béléscső)
– *well casing*
**65** kútfej (kútkeret)
– *well head*
**66** kéziszivattyú
– *hand pump*

**1–46 tűzoltógyakorlat** (oltó-, mászó-, létra- és mentési gyakorlat)
– ***fire service drill*** *(extinguishing, climbing, ladder, and rescue work)*
**1–3** tűzoltóállomás
– *fire station*
**1** garázs és eszközraktár
– *engine and appliance room*
**2** legénységi tartózkodó
– *firemen's quarters*
**3** gyakorlótorony
– *drill tower*
**4** tűzvédelmi (riasztó) sziréna
– *fire alarm (fire alarm siren, fire siren)*
**5** tűzoltóautó (fecskendős kocsi)
– *fire engine*
**6** kék fény <villogó jelzőlámpa>
– *blue light (warning light), a flashing light* (Am. *flashlight)*
**7** jelzőkürt (sziréna)
– *horn (hooter)*
**8** motoros szivattyú <centrifugálszivattyú>
– *motor pump, a centrifugal pump*
**9** forgatható motoros létra (tűzoltóautó-létra)
– *motor turntable ladder (*Am. *aerial ladder)*
**10** tolólétra <acéllétra> (automatikusan kitolható létra)
– *ladder, a steel ladder (automatic extending ladder)*
**11** létrahajtómű
– *ladder mechanism*
**12** járműtámaszték (támasztóláb)
– *jack*
**13** gépész (a létra kezelője)
– *ladder operator*
**14** tolólétra
– *extension ladder*
**15** tépőhorog (bontóhorog)
– *ceiling hook (*Am. *preventer)*
**16** kampós létra (akasztólétra)
– *hook ladder (*Am. *pompier ladder)*
**17** tartólegénység
– *holding squad*
**18** ugróponyva (mentőponyva)
– *jumping sheet (sheet)*
**19** mentőautó <betegszállító autó>
– *ambulance car (ambulance)*
**20** újraélesztő készülék <oxigénes lélegeztetőkészülék>
– *resuscitator (resuscitation equipment), oxygen apparatus*
**21** mentős (mentőápoló)
– *ambulance attendant (ambulance man)*
**22** karszalag
– *armband (armlet, brassard)*
**23** hordágy
– *stretcher*
**24** eszméletét vesztett beteg (sérült)
– *unconscious man*
**25** süllyesztett tűzcsap
– *pit hydrant*
**26** állócső
– *standpipe (riser, vertical pipe)*
**27** tűzcsapkulcs
– *hydrant key*
**28** hordozható tűzoltótömlő-tekercs
– *hose reel (*Am. *hose cart, hose wagon, hose truck, hose carriage)*
**29** tömlőcsatlakozó
– *hose coupling*
**30** szívóvezeték <tömlővezeték>
– *soft suction hose*
**31** nyomóvezeték
– *delivery hose*
**32** elosztószerelvény
– *dividing breeching*
**33** vízsugárcső
– *branch*
**34** oltócsoport
– *branchmen*
**35** felszíni tűzcsap
– *surface hydrant (fire plug)*
**36** szolgálatos tűzoltótiszt (oltásvezető)
– *officer in charge*
**37** tűzoltó
– *fireman (*Am. *firefighter)*
**38** tűzoltósisak nyakvédővel
– *helmet (fireman's helmet,* Am. *fire hat) with neck guard (neck flap)*
**39** lélegeztetőkészülék
– *breathing apparatus*
**40** gázálarc
– *face mask*

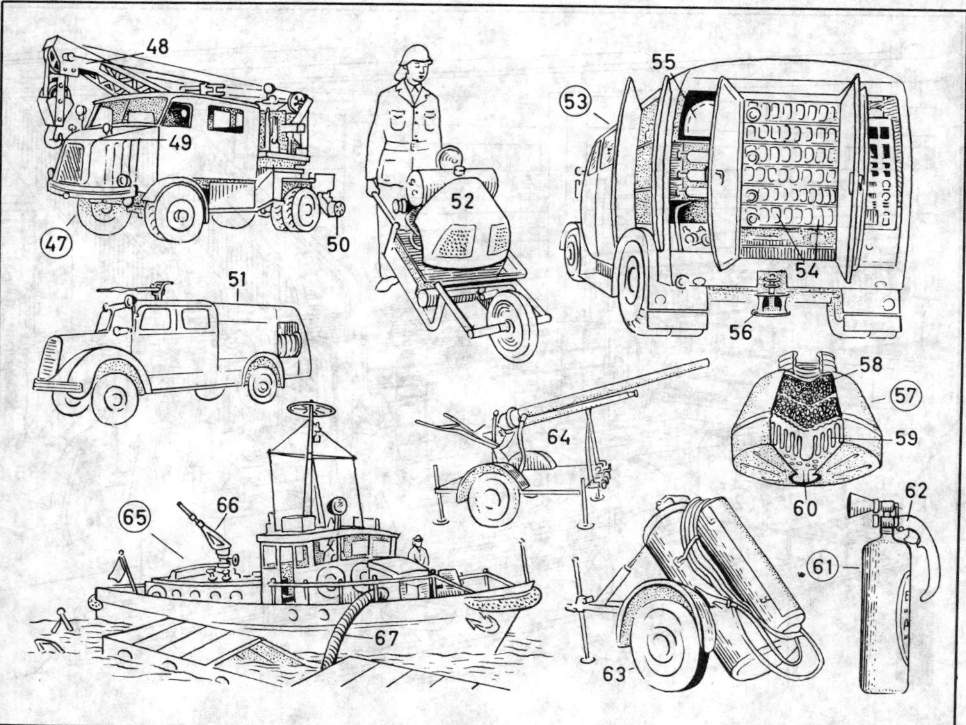


**41** hordozható rádiótelefon
– *walkie-talkie set*
**42** kézi fényszóró
– *hand lamp*
**43** tűzoltócsákány
– *small axe* (Am. *ax, pompier hatchet)*
**44** horgos derékszíj
– *hook belt*
**45** mentőkötél
– *beltline*
**46** védőruha (hővédő öltözet) azbesztből *v.* fémszálas anyagból
– *protective clothing of asbestos (asbestos suit) or of metallic fabric*
**47** daruskocsi (autódaru)
– *breakdown lorry* (Am. *crane truck, wrecking crane)*
**48** emelődaru
– *lifting crane*
**49** daruhorog
– *load hook (draw hook,* Am. *drag hook)*
**50** támasztógörgő
– *support roll*
**51** tartályos fecskendőautó
– *water tender*
**52** hordozható motoros szivattyú
– *portable pump*
**53** tömlő- és kellékszállító autó
– *hose layer*
**54** tömlőtekercsek (föltekercselt tömlők)
– *flaked lengths of hose*
**55** kábeldob
– *cable drum*
**56** csörlő
– *winch*
**57** gázálarc szűrője
– *face mask filter*
**58** aktív szén
– *active carbon (activated carbon, activated charcoal)*
**59** porszűrő
– *dust filter*
**60** levegőbelépő-nyílás
– *air inlet*
**61** kézi (hordozható) tűzoltó készülék
– *portable fire extinguisher*
**62** nyitószelep
– *trigger valve*
**63** vontatható tűzoltó készülék
– *large mobile extinguisher (wheeled fire extinguisher)*
**64** haboltófecskendő
– *foam-making branch* (Am. *foam gun)*
**65** tűzoltóhajó
– *fireboat*
**66** vízágyú
– *monitor (water cannon)*
**67** szívótömlő
– *suction hose*

**1** pénztárosnő
– *cashier*
**2** pénztárgép (kassza)
– *electric cash register (till)*
**3** számbillentyűk
– *number keys*
**4** törlőgomb
– *cancellation button*
**5** pénztárfiók
– *cash drawer (till)*
**6** pénzrekeszek az érmék és a bankjegyek számára
– *compartments (money compartments) for coins and notes (*Am. *bills)*
**7** kifizetett pénztárblokk (blokk, számla)
– *receipt (sales check)*
**8** fizetendő összeg
– *amount [to be paid]*
**9** számlálómű
– *adding mechanism*
**10** áru
– *goods*
**11** üvegtetős világítóudvar
– *glass-roofed well*
**12** férfiruhaosztály (férfikonfekció)
– *men's wear department*
**13** üvegszekrény (vitrin)
– *showcase (display case, indoor display window)*
**14** csomagoló
– *wrapping counter*
**15** árutálca (árukosár)
– *tray for purchases*
**16** női vevő (vásárló)
– *customer*
**17** harisnya- és kötöttáruosztály
– *hosiery department*
**18** eladónő
– *shop assistant (*Am. *salesgirl, saleslady)*
**19** ártábla
– *price card*
**20** kesztyűtartó állvány
– *glove stand*
**21** duffle anyagból készült sportos kabát <háromnegyedes kabát>
– *duffle coat, a three-quarter length coat*
**22** mozgólépcső
– *escalator*
**23** fénycső
– *fluorescent light (fluorescent lamp)*
**24** iroda (*pl.* hiteladminisztráció, utazási iroda, igazgatói iroda)
– *office (e.g. customer accounts office, travel agency, manager's office)*
**25** reklámtábla
– *poster (advertisement)*
**26** jegypénztár (elővételi pénztár) [színház- és hangversenyjegyeké]
– *theatre (*Am. *theater) and concert booking office (advance booking office)*
**27** árutartó polc
– *[set of] shelves*
**28** nőiruha-osztály (női konfekció)
– *ladies' wear department*
**29** konfekció (konfekciós ruha, készruha)
– *ready-made dress (ready-to-wear dress,* coll. *off-the-peg dress)*
**30** védőhuzat (porvédő)
– *dust cover*
**31** sztender (ruhaakasztó rúd)
– *clothes rack*
**32** próbafülke
– *changing booth (fitting booth)*
**33** részlegvezető
– *shop walker (*Am. *floorwalker, floor manager)*
**34** próbababa
– *dummy*
**35** szék
– *seat (chair)*
**36** divatlap
– *fashion journal (fashion magazine)*
**37** szabó ruhaigazítás közben
– *tailor marking a hemline*
**38** mérőszalag (centiméter)
– *measuring tape (tape measure)*
**39** szabókréta
– *tailor's chalk (French chalk)*
**40** ruhahossz-beállító (szoknyaegyenlítő)
– *hemline marker*
**41** bő szabású kabát
– *loose-fitting coat*
**42** pult
– *sales counter*

**43** hőlégfüggöny
– *warm-air curtain*
**44** portás (egyenruhás ajtónálló)
– *doorman (commissionaire)*
**45** felvonó (lift)
– *lift* (Am. *elevator)*
**46** felvonószekrény (járószék, felvonófülke)
– *lift cage (lift car,* Am. *elevator car)*
**47** felvonókezelő (liftkezelő, liftes)
– *lift operator* (Am. *elevator operator)*
**48** vezérlőtábla (nyomógombok)
– *controls (lift controls,* Am. *elevator controls)*
**49** emeletjelző tábla
– *floor indicator*
**50** tolóajtó
– *sliding door*
**51** felvonóakna (liftakna)
– *lift shaft* (Am. *elevator shaft)*
**52** tartókötél (függesztőkötél)
– *bearer cable*
**53** vezérlőkábel (függőkábel)
– *control cable*
**54** vezetősín
– *guide rail*
**55** vevő (vásárló)
– *customer*
**56** kötöttáruosztály
– *hosiery*
**57** vászonáru (asztal- és ágynemű)
– *linen goods (table linen and bed linen)*
**58** méteráruosztály (szövetosztály)
– *fabric department*
**59** egy vég szövet
– *roll of fabric (roll of material, roll of cloth)*
**60** osztályvezető
– *head of department (department manager)*
**61** pult
– *sales counter*
**62** ékszerosztály (díszműáruosztály)
– *jewellery* (Am. *jewelry) department*
**63** újdonságokat árusító eladónő
– *assistant* (Am. *salesgirl, saleslady), selling new lines (new products)*
**64** ajánlópult (különpult, alkalmi pult)
– *special counter (extra counter)*
**65** ajánlótábla (reklámtábla)
– *placard advertising special offers*
**66** függönyosztály
– *curtain department*
**67** árubemutató (polcdekoráció)
– *display on top of the shelves*

**1–40 franciakert** (barokk park) <kastélypark>
– ***formal garden*** *(French Baroque garden), palace gardens*
**1** barlang (grotta)
– *grotto (cavern)*
**2** kőszobor <sellő>
– *stone statue, a river nymph*
**3** pálmaház (üvegház, melegház, növényház)
– *orangery (orangerie)*
**4** cserjecsoport
– *boscage (boskage)*
**5** útvesztő (sövénylabirintus)
– *maze (labyrinth of paths and hedges)*
**6** szabadtéri színpad
– *open-air theatre (*Am. *theater)*
**7** barokk kastély
– *Baroque palace*
**8** szökőkútrendszer (szökőkutak)
– *fountains*
**9** vízesés (kaszkád, mesterséges lépcsős vízesés)
– *cascade (broken artificial waterfall, artificial falls)*
**10** szobor <emlékmű>
– *statue, a monument*
**11** talapzat (piedesztál)
– *pedestal (base of statue)*
**12** gömb alakúra nyírt cserje
– *globe-shaped tree*
**13** kúp alakúra nyírt cserje
– *conical tree*
**14** díszcserje
– *ornamental shrub*
**15** falikút (díszkút)
– *wall fountain*
**16** kerti pad
– *park bench*
**17** pergola (nyitott lugas)
– *pergola (bower, arbour,* Am. *arbor)*
**18** kavicsos út
– *gravel path (gravel walk)*
**19** kúp alakú örökzöld fa
– *pyramid tree (pyramidal tree)*
**20** amorett [kis Ámor-szobor]
– *cupid (cherub, amoretto, amorino)*
**21** szökőkút
– *fountain*
**22** felszökő vízsugár
– *fountain (jet of water)*
**23** túlfolyómedence (díszmedence)
– *overflow basin*
**24** medence
– *basin*
**25** medenceperem
– *kerb (curb)*
**26** sétáló férfi
– *man out for a walk*
**27** idegenvezető
– *tourist guide*
**28** turistacsoport
– *group of tourists*
**29** parkrend (tájékoztató)
– *park by-laws (bye-laws)*
**30** parkőr
– *park keeper*
**31** parkkapu (rácsos kapu) <kovácsoltvas kapu>
– *garden gates, wrought iron gates*
**32** a park bejárata
– *park entrance*
**33** a park rácskerítése
– *park railings*
**34** rácsrúd (kerítésrúd)
– *railing (bar)*
**35** kőváza
– *stone vase*
**36** pázsit (gyep)
– *lawn*
**37** útszegélyező sövény <nyírott sövény>
– *border, a trimmed (clipped) hedge*
**38** kerti út
– *park path*
**39** parterre (parter) [sövényekkel részekre osztott gyepes terület]
– *parterre*
**40** nyírfa (nyír)
– *birch (birch tree)*

**41–72 angolkert** (angolpark, tájpark)
– ***landscaped park (jardin anglais)***
**41** virágágy
– *flower bed*
**42** kerti pad
– *park bench (garden seat)*
**43** szemétkosár (hulladékgyűjtő)
– *litter bin (*Am. *litter basket)*
**44** játszótér
– *play area*
**45** patak (folyócska)
– *stream*
**46** stég
– *jetty*
**47** híd
– *bridge*
**48** kerti szék
– *park chair*
**49** állatkarám (kis állatkert)
– *animal enclosure*
**50** tavacska
– *pond*
**51–54** vízimadarak (víziszárnyasok)
– *waterfowl*
**51** vadréce (vadkacsa) a kicsinyeivel
– *wild duck with young*
**52** házilúd (lúd, liba)
– *goose*
**53** flamingó
– *flamingo*
**54** hattyú
– *swan*
**55** sziget
– *island*
**56** tündérrózsa (tavirózsa, vízililiom)
– *water lily*
**57** szabadtéri kávézó (kávézóterasz)
– *open-air café*
**58** napernyő
– *sunshade*
**59** egyedül álló fa a parkban
– *park tree (tree)*
**60** fakorona (korona)
– *treetop (crown)*
**61** facsoport
– *group of trees*
**62** felszökő vízsugár
– *fountain*
**63** szomorúfűz
– *weeping willow*
**64** modern szobor
– *modern sculpture*
**65** melegház (trópusi növények háza)
– *hothouse*
**66** parkgondozó (kerti munkás)
– *park gardener*
**67** ágseprű (nyírfasöprű)
– *broom*
**68** minigolf
– *minigolf course*
**69** minigolfjátékos
– *minigolf player*
**70** minigolfpálya
– *minigolf hole*
**71** kismama gyermekkocsival
– *mother with pram (baby carriage)*
**72** szerelmespár
– *courting couple (young couple)*

**1** asztalitenisz (pingpong, pingpongozás)
– *table tennis game*
**2** pingpongasztal (asztal)
– *table*
**3** asztalitenisz-háló (pingpongháló, háló)
– *table tennis net*
**4** asztalitenisz-ütő (pingpongütő, ütő)
– *table tennis racket (raquet) (table tennis bat)*
**5** asztalitenisz-labda (pingponglabda)
– *table tennis ball*
**6** tollaslabdajáték
– *badminton game (shuttlecock game)*
**7** tollaslabda (labda)
– *shuttlecock*
**8** körhinta (oszlopos körhinta)
– *maypole swing*
**9** gyermekkerékpár (gyermekbicikli)
– *child's bicycle*
**10** labdarúgás (foci, focizás)
– *football game (soccer game)*
**11** kapu (futballkapu)
– *goal (goalposts)*
**12** futball-labda (labda)
– *football*
**13** góllövő
– *goal scorer*
**14** kapuvédő (kapus)
– *goalkeeper*
**15** ugrókötelezés
– *skipping (*Am. *jumping rope)*
**16** ugrókötél
– *skipping rope (*Am. *skip rope, jump rope, jumping rope)*
**17** mászótorony
– *climbing tower*
**18** autógumihinta (gumikerék-hinta)
– *rubber tyre (*Am. *tire) swing*
**19** teherautógumi
– *lorry tyre (*Am. *truck tire)*
**20** ugrólabda
– *bouncing ball*
**21** játék építmény kalandjátékokhoz
– *adventure playground*
**22** létra (gömbfa létra)
– *log ladder*
**23** kilátó (magasles)
– *lookout platform*
**24** csúszda
– *slide*
**25** szemetesvödör (hulladékgyűjtő)
– *litter bin (*Am. *litter basket)*
**26** játék mackó
– *teddy bear*
**27** játék vonat (favonat)
– *wooden train set*
**28** pancsoló (medence)
– *paddling pool*
**29** vitorlás hajó (vitorlás)
– *sailing boat (yacht,* Am. *sailboat)*
**30** játék kacsa
– *toy duck*
**31** gyermekkocsi (babakocsi)
– *pram (baby carriage)*
**32** nyújtó
– *high bar (bar)*
**33** gokart
– *go-cart (soap box)*
**34** rajtzászló
– *starter's flag*
**35** mérleghinta (billenőhinta, libikóka)
– *seesaw*
**36** robotember
– *robot*

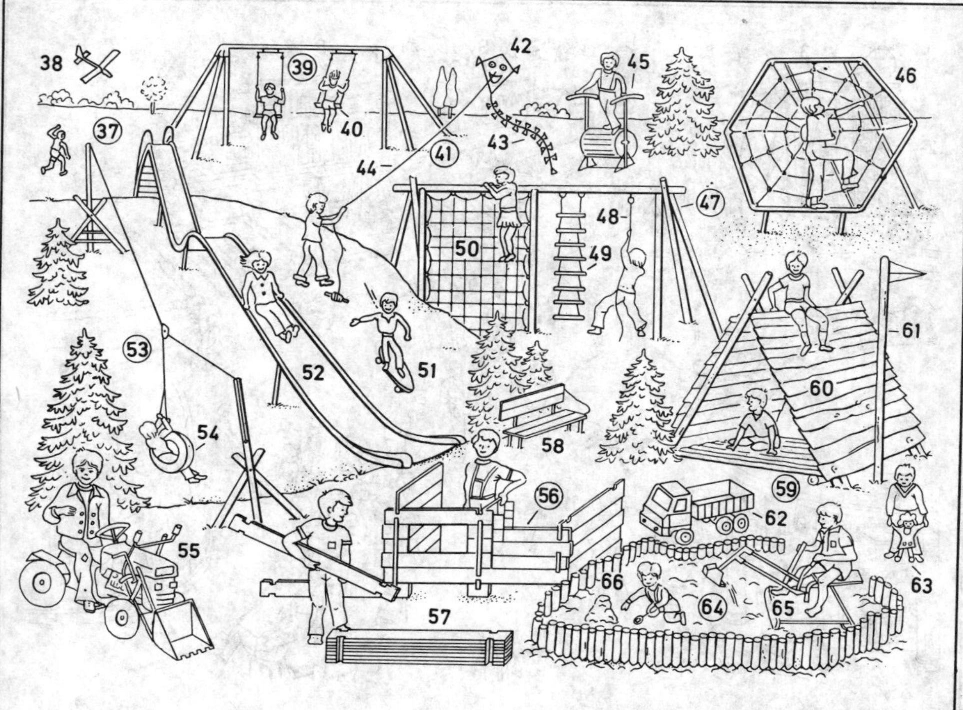


**37** repülőmodellezés
– *flying model aeroplanes (*Am. *airplanes)*
**38** repülőgépmodell
– *model aeroplane (*Am. *airplane)*
**39** hinta (kettős hinta)
– *double swing*
**40** hintaülés (hintalap)
– *swing seat*
**41** sárkányeregetés
– *flying kites*
**42** sárkány (papírsárkány)
– *kite*
**43** sárkányfarok
– *tail of the kite*
**44** zsinór (a sárkány zsinórja)
– *kite string*
**45** forgódob (futódob)
– *revolving drum*
**46** „pókháló" (mászóka)
– *spider's web*
**47** mászóka
– *climbing frame*
**48** mászókötél
– *climbing rope*
**49** kötélhágcsó
– *rope ladder*
**50** mászóháló
– *climbing net*
**51** gördeszka
– *skateboard*
**52** hullámcsúszda
– *up-and-down slide*
**53** autógumi-üléses kötélpálya
– *rubber tyre (*Am. *tire) cable car*
**54** autógumi (gumikerék)
– *rubber tyre (*Am. *tire)*
**55** traktor <pedálos v. lábhajtású játék autó>
– *tractor, a pedal car*
**56** összerakható házikó
– *den*
**57** egymásba illeszthető deszkák
– *presawn boards*
**58** pad
– *seat (bench)*
**59** indián kunyhó
– *Indian hut*
**60** mászótető
– *climbing roof*
**61** zászlórúd
– *flagpole (flagstaff)*
**62** játék teherautó
– *toy lorry (*Am. *toy truck)*
**63** járóbaba
– *walking doll*
**64** homokozó
– *sandpit (*Am. *sandbox)*
**65** játék markoló
– *toy excavator (toy digger)*
**66** homokdomb
– *sandhill*

**1–21 fürdőpark**
– *spa gardens*
**1–7** szalina (sópárló)
– *salina (salt works)*
**1** sópárló ház
– *thorn house (graduation house)*
**2** rőzsenyalábok
– *thorns (brushwood)*
**3** sósvíz-elosztó csatorna
– *brine channels*
**4** a szivattyúműből jövő sósvíz-vezeték
– *brine pipe from the pumping station*
**5** a sópárló felügyelője
– *salt works attendant*
**6–7** inhalációs kúra
– *inhalational therapy*
**6** szabadtéri inhalatórium (külső inhalatórium)
– *open-air inhalatorium (outdoor inhalatorium)*
**7** inhaláló beteg
– *patient inhaling (taking an inhalation)*
**8** gyógyszálló (szanatórium) kaszinóval (kúrszalonnal)
– *hydropathic (pump room) with kursaal (casino)*
**9** sétafolyosó (oszlopos folyosó)
– *colonnade*
**10** sétány (fürdősétány)
– *spa promenade*
**11** a forráshoz vezető sétány
– *avenue leading to the mineral spring*
**12–14** fekvőkúra
– *rest cure*
**12** pihenőterület (napozópázsit)
– *sunbathing area (lawn)*
**13** nyugágy
– *deck-chair*
**14** napellenző (védőponyva, vászontető)
– *sun canopy*
**15** ivócsarnok (forrásház, forráspavilon)
– *pump room*
**16** pohártartó állvány
– *rack for glasses*
**17** csap (gyógyvízkút)
– *tap*
**18** ivókúrázó fürdővendég
– *patient taking the waters*
**19** zenekioszk (zenepavilon)
– *bandstand*
**20** fürdőzenekar hangverseny közben
– *spa orchestra giving a concert*
**21** karmester
– *conductor*

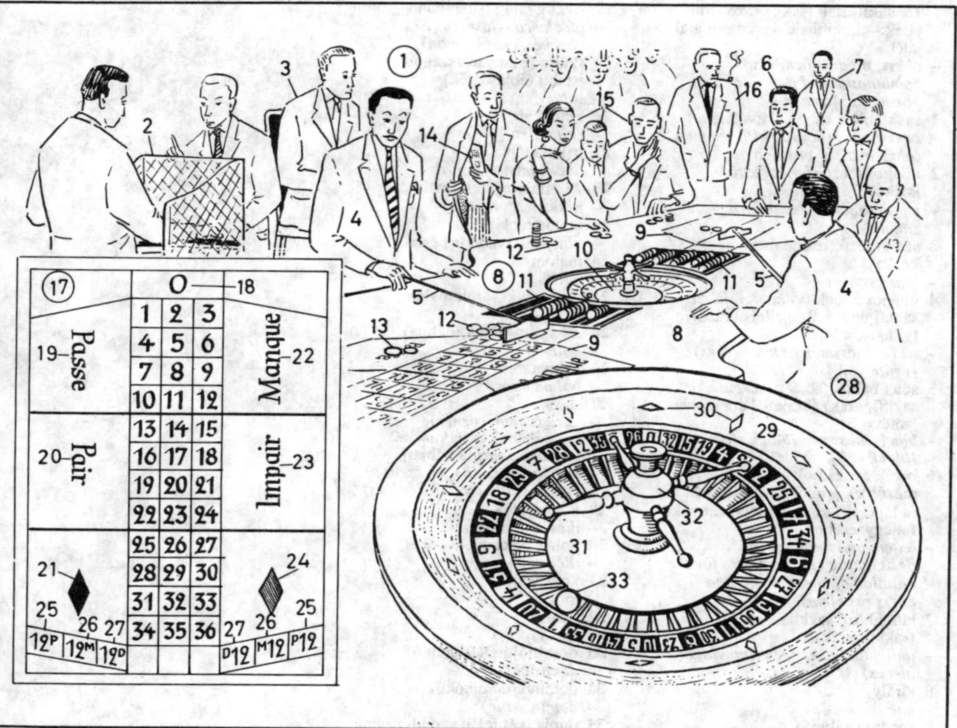


**1–33 rulett** (roulette) <szerencsejáték (hazárdjáték)>
– ***roulette**, a game of chance (gambling game)*
**1** rulett-terem (játékterem) a játékkaszinóban
– *gaming room in the casino (in the gambling casino)*
**2** pénztár
– *cash desk*
**3** játékvezető (chef de partie)
– *tourneur (dealer)*
**4** krupié (croupier)
– *croupier*
**5** gereblye (rateau)
– *rake*
**6** főkrupié
– *head croupier*
**7** teremfőnök
– *hall manager*
**8** rulettasztal (játékasztal)
– *roulette table (gaming table, gambling table)*
**9** rulett-tábla (tableau, tabló)
– *roulette layout*
**10** rulettkerék
– *roulette wheel*
**11** bank
– *bank*
**12** zseton
– *chip (check, plaque)*
**13** tét
– *stake*
**14** belépő (tagsági igazolvány)
– *membership card*
**15** rulettjátékos
– *roulette player*
**16** magándetektív (házidetektív)
– *private detective (house detective)*
**17** rulett-tábla
– *roulette layout*
**18** zéró (nulla)
– *zero (nought, 0)*
**19** nagy számok (passe) [a számok 19-től 36-ig]
– *passe (high) [numbers 19 to 36]*
**20** páros számok (pair)
– *pair (even numbers)*
**21** fekete (noir)
– *noir (black)*
**22** kis számok (manque) [a számok 1-től 18-ig]
– *manque (low) [numbers 1 to 18]*
**23** páratlan számok (impair)
– *impair [odd numbers]*
**24** piros (rouge)
– *rouge (red)*
**25** első tucat (douze premier) [a számok 1-től 12-ig]
– *douze premier (first dozen) [numbers 1 to 12]*
**26** középső tucat (douze milieu) [a számok 13-tól 24-ig]
– *douze milieu (second dozen) [numbers 13 to 24]*
**27** utolsó tucat (douze dernier) [a számok 25-től 36-ig]
– *douze dernier (third dozen) [numbers 25 to 36]*
**28** rulettkerék (rulett)
– *roulette wheel (roulette)*
**29** rulett-tál
– *roulette bowl*
**30** akadály (ékecske)
– *fret (separator)*
**31** forgatókorong (forgatótárcsa, cylindre) 0-tól 36-ig megszámozott rekeszekkel
– *revolving disc (disk) showing numbers 0 to 36*
**32** forgatókar (forgókereszt)
– *spin*
**33** rulettgolyó
– *roulette ball*

**1–16 sakkjáték** (sakk) <szellemi játék> <kombinációs v. stratégiai játék>
– ***chess,*** *a game involving combinations of moves, a positional game*
**1** sakktábla a bábok alapállásával
– *chessboard (board) with the men (chessmen) in position*
**2** világos mező (fehér mező v. kocka)
– *white square (chessboard square)*
**3** sötét mező (fekete mező v. kocka)
– *black square*
**4** világos bábok (világos v. fehér sakkfigurák) ábrajellel ábrázolva [világos = V]
– *white chessmen (white pieces) [white = W]*
**5** sötét bábok (sötét v. fekete sakkfigurák) ábrajellel ábrázolva [sötét = S]
– *black chessmen (black pieces) [black = B]*
**6** betűk és számok a sakktábla mezőinek jelölésére, a játszmák (a lépések) és a sakkfeladványok feljegyzéséhez
– *letters and numbers for designating chess squares for the notation of chess moves and chess problems*
**7** különböző sakkbábok (sakkfigurák)
– *individual chessmen (individual pieces)*
**8** király
– *king*
**9** vezér (királynő)
– *queen*
**10** futó (futár)
– *bishop*
**11** huszár (ló)
– *knight*
**12** bástya (torony)
– *rook (castle)*
**13** gyalog (paraszt, baka)
– *pawn*
**14** a sakkbábok menetmódja (lépésmódja)
– *moves of the individual pieces*
**15** matt (sakk és matt, sakk-matt) <huszármatt> [Hf3 ≠]
– *mate (checkmate), a mate by knight [kt f 3 ≠]*
**16** sakkóra [két számlappal ellátott különleges óra sakkversenyek (sakkbajnokságok) lebonyolításához]
– *chess clock, a double clock for chess matches (chess championships)*
**17–19 dámajáték**
– ***draughts*** (Am. *checkers*)
**17** dámatábla
– *draughtboard* (Am. *checkerboard)*
**18** világos gyalog (világos báb v. korong) [ugyanilyen báb használatos a triktrakhoz és a malomhoz is]
– *white draughtsman* (Am. *checker, checkerman);* also: *piece for backgammon and nine men's morris*
**19** sötét gyalog (sötét báb v. korong)
– *black draughtsman* (Am. *checker, checkerman)*
**20 szalta** [Magyarországon alig ismert táblás játék]
– ***salta***
**21** szaltabáb
– *salta piece*
**22** triktraktábla
– *backgammon board*
**23–25 malomjáték** (malom)
– ***nine men's morris***
**23** malomtábla
– *nine men's morris board*
**24** malom
– *mill*
**25** csiki-csuki (örök malom)
– *double mill*
**26–28 halmajáték** (halma)
– ***halma***
**26** halmatábla
– *halma board*
**27** sarok
– *yard (camp, corner)*
**28** halmabábok [a halmajáték különböző színű bábjai]
– *halma pieces (halma men) of various colours* (Am. *colors)*
**29 kockajáték**
– ***dice*** *(dicing)*
**30** pohár (kockavető pohár)
– *dice cup*
**31** kockák
– *dice*
**32** pontok
– *spots (pips)*
**33 dominójáték** (dominó)
– ***dominoes***
**34** dominó (dominókő)
– *domino (tile)*
**35** dupla [két felén azonos számú ponttal ellátott dominókő]
– *double*
**36 játékkártyák**
– ***playing cards***
**37** francia kártya [egy kártyalap]
– *French playing card (card)*
**38–45** színek (kártyaszínek)
– *suits*
**38** treff
– *clubs*
**39** pikk
– *spades*
**40** kőr (herc)
– *hearts*
**41** káró
– *diamonds*
**42–45** magyar kártya (német v. svájci kártya) [kártyaszínek]
– *German suits*
**42** makk
– *acorns*
**43** zöld
– *leaves*
**44** piros (vörös)
– *hearts*
**45** tök
– *bells (hawkbells)*

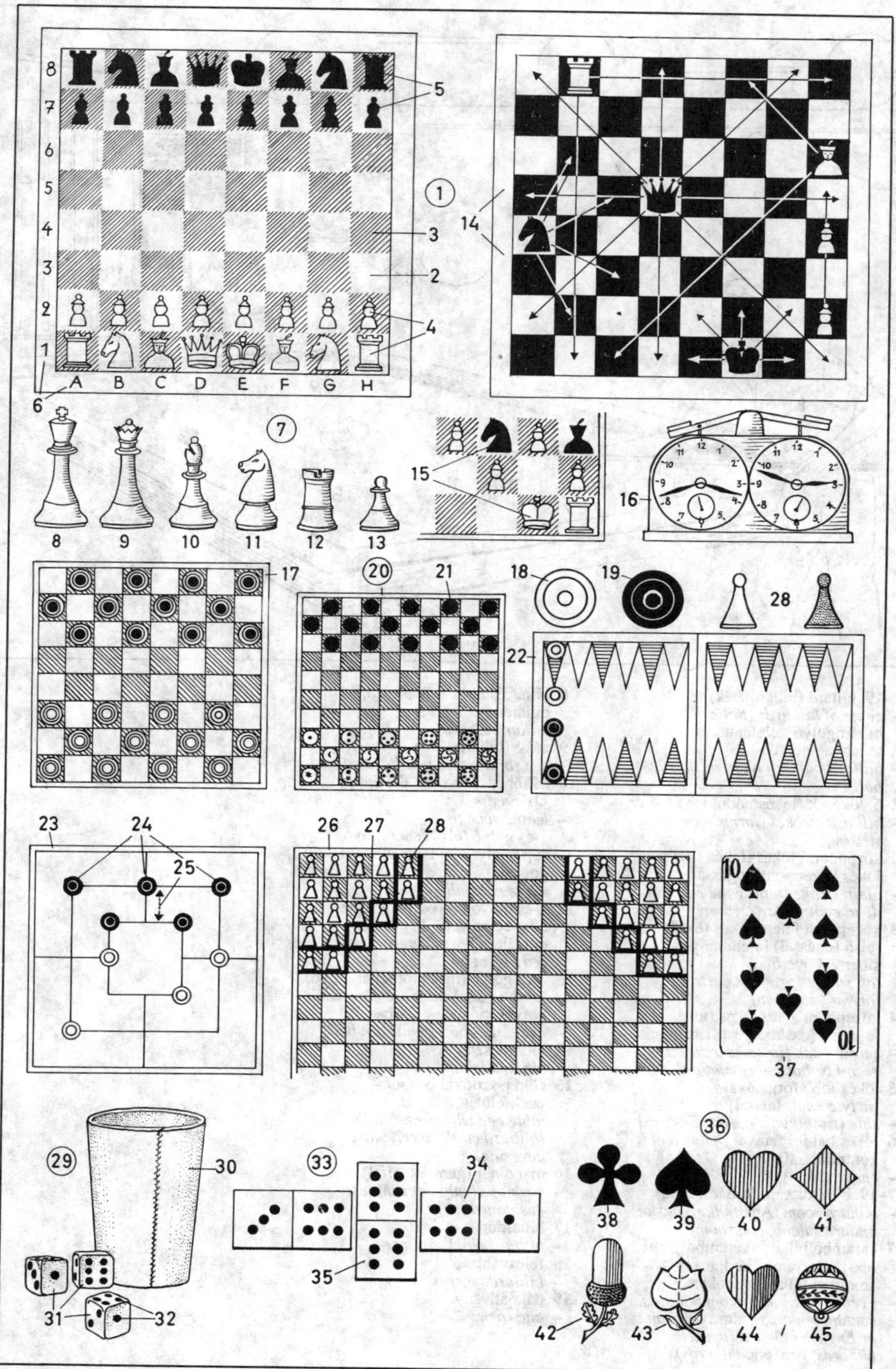

8
7
6
5
4
3
2
1
A B C D E F G H
1
2
3
4
5
6
7
8
9
10
11
12
13
14
15
16
17
18
19
20
21
22
23
24
25
26
27
28
29
30
31
32
33
34
35
36
37
38
39
40
41
42
43
44
45
10

**1–19** biliárd (biliárdjáték)
– *game of billiards (billiards)*
**1** biliárdgolyó <elefántcsont *v.* műanyag golyó>
– *billiard ball, an ivory or plastic ball*
**2–6** lökések (lökésmódok)
– *billiard strokes (forms of striking)*
**2** középponti lökés (lökés középen, lökés középponti fogással)
– *plain stroke (hitting the cue ball dead centre,* Am. *center)*
**3** középpont feletti lökés (lökés felső fogással) [eredménye a síber *v.* követő]
– *top stroke [promotes extra forward rotation]*
**4** középpont alatti lökés (lökés alsó fogással) [eredménye a visszahúzás]
– *screw-back [imparts a direct recoil or backward motion]*
**5** lökés jobb forgatóval [*helytelenül:* falssal]
– *side (running side,* Am. *English]*
**6** lökés bal forgatóval [*helytelenül:* kontrafalssal]
– *check side*
**7–19** biliárdterem (biliárdszoba)
– *billiard room (*Am. *billiard parlor, billiard saloon, poolroom)*
**7** karambolbiliárd (karambol); *rok.:* rex-játék (rex-biliárd, rex); amerikai biliárd; snooker
– *French billiards (carom billiards, carrom billiards);* sim.: *German or English billiards (pocket billiards,* Am. *poolbilliards)*
**8** biliárdjátékos (biliárdozó, biliárdos)
– *billiard player*
**9** dákó (biliárddákó)
– *cue (billiard cue, billiard stick)*
**10** dákóbőr (dákóvég, dákóhegy) <bőrvég>
– *leather cue tip*
**11** 1-es golyó (első fehér golyó, saját golyó) [a dákóval meglökött golyó]
– *white cue ball*
**12** 2-es golyó (vörös golyó) [az 1-es által célba vett, ill. először eltalált golyó] <idegen golyó>
– *red object ball*
**13** 3-as golyó (második fehér golyó) [az 1-es által másodiknak eltalált golyó] <idegen golyó>
– *white spot ball (white dot ball)*
**14** biliárdasztal
– *billiard table*
**15** zöld posztóval bevont játékfelület
– *table bed with green cloth (billiard cloth, green baize covering)*
**16** mandiner (gumi oldalfal)
– *cushions (rubber cushions, cushioned ledge)*
**17** biliárdóra
– *billiard clock, a timer*
**18** felírótábla
– *billiard marker*
**19** dákóállvány
– *cue rack*

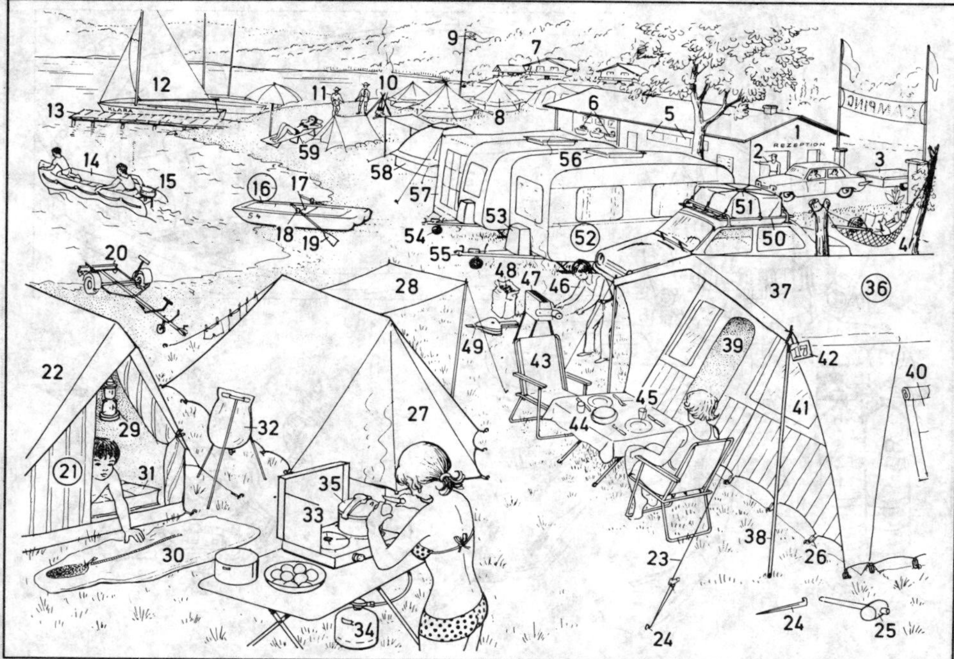


**1–59 kemping**
– ***camp site*** *(camping site,* Am. *campground)*
**1** recepció (iroda)
– *reception (office)*
**2** kempingőr
– *camp site attendant*
**3** összecsukható lakókocsi
– *folding trailer (collapsible caravan, collapsible trailer)*
**4** függőágy
– *hammock*
**5–6** vizesblokk
– *washing and toilet facilities*
**5** vécék és mosdók
– *toilets and washrooms* (Am. *lavatories)*
**6** mosdókagylók és mosogatók
– *washbasins and sinks*
**7** faház (bungaló)
– *bungalow (chalet)*
**8–11 cserkésztábor**
– ***scout camp***
**8** kerek sátor
– *bell tent*
**9** csapatzászló
– *pennon*
**10** tábortűz
– *camp fire*
**11** cserkész
– *boy scout (scout)*
**12** vitorlás (jolle)
– *sailing boat (yacht,* Am. *sailboat)*
**13** kikötőhely (stég)
– *landing stage (jetty)*
**14** felfújható sportcsónak <gumicsónak>
– *inflatable boat (inflatable dinghy)*
**15** csónakmotor (külső motor)
– *outboard motor (outboard)*
**16** trimarán (háromtörzsű csónak)
– *trimaran*
**17** evezőpad
– *thwart (oarsman's bench)*
**18** evezővilla
– *rowlock (oarlock)*
**19** evező
– *oar*
**20** csónakszállító utánfutó
– *boat trailer (boat carriage)*
**21 ház alakú sátor**
– ***ridge tent***
**22** eresz
– *flysheet*
**23** sátorkötél
– *guy line (guy)*
**24** sátorcövek
– *tent peg (peg)*
**25** cövekverő kalapács
– *mallet*
**26** feszítőgyűrű
– *groundsheet ring*
**27** sátorfülke (rakodófülke)
– *bell end*
**28** nyitott előtető
– *erected awning*
**29** sátorlámpa <petróleumlámpa>
– *storm lantern, a paraffin lamp*
**30** hálózsák
– *sleeping bag*
**31** gumimatrac (felfújható matrac)
– *air mattress (inflatable air-bed)*
**32** víztartó (vizestömlő)
– *water carrier (drinking water carrier)*
**33** kétégős propánbutángázfőző
– *double-burner gas cooker for propane gas or butane gas*
**34** propánbutángázpalack
– *propane or butane gas bottle*
**35** kuktafazék
– *pressure cooker*
**36 bungalósátor**
– ***frame tent***
**37** előtető
– *awning*
**38** sátorrúd
– *tent pole*
**39** félköríves bejárat
– *wheelarch doorway*
**40** szellőzőablak
– *mesh ventilator*
**41** világítóablak
– *transparent window*
**42** helyszám
– *pitch number*
**43** kempingszék <összecsukható szék>
– *folding camp chair*
**44** kempingasztal <összecsukható asztal>
– *folding camp table*
**45** kempingevőeszközök
– *camping eating utensils*
**46** kempingező
– *camper*
**47** faszenes grillsütő
– *charcoal grill (barbecue)*
**48** faszén
– *charcoal*
**49** fújtató
– *bellows*
**50** tetőcsomagtartó
– *roof rack*
**51** csomagrögzítő (pók)
– *roof lashing*
**52 lakókocsi**
– ***caravan*** (Am. *trailer)*
**53** gázpalackszekrény
– *box for gas bottle*
**54** orrkerék (támasztókerék)
– *jockey wheel*
**55** vontatmánykapcsoló (vonórúd, vonóháromszög)
– *drawbar coupling*
**56** tetőszellőző
– *roof ventilator*
**57** lakókocsi-előtérsátor
– *caravan awning*
**58** felfújható iglusátor
– *inflatable igloo tent*
**59** kempingágy
– *camp bed* (Am. *camp cot)*

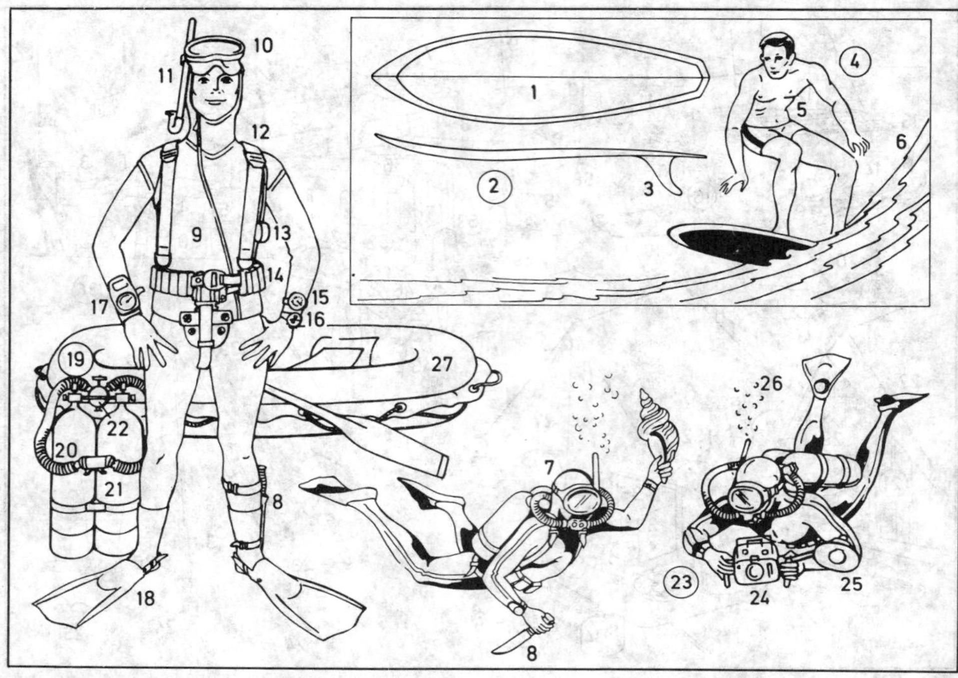


**1–6** hullámlovaglás (szörfözés)
– *surf riding (surfing)*
**1** hullámdeszka (szörf) felülnézetben
– *plan view of surfboard*
**2** hullámdeszka (szörf) hosszmetszete
– *section of surfboard*
**3** fenékuszony (függőleges uszonylap, svert)
– *skeg (stabilizing fin)*
**4** nagyhullám-lovaglás
– *big wave riding*
**5** hullámlovas (szörföző)
– *surfboarder (surfer)*
**6** bukóhullám
– *breaker*
**7–27** búvársport
– *skin diving (underwater swimming)*
**7** búvár (békaember, könnyűbúvár)
– *skin diver (underwater swimmer)*
**8–22** búvárfelszerelés
– *underwater swimming set*
**8** búvárkés
– *knife*
**9** neoprén búvárruha <hőszigetelő ruha>
– *neoprene wetsuit*
**10** búvárálarc (búvármaszk) <nyomáskiegyenlítő maszk>
– *diving mask (face mask, mask), a pressure-equalizing mask*
**11** légzőpipa
– *snorkel (schnorkel)*
**12** a sűrített levegős légzőkészülék hevedere
– *harness of diving apparatus*
**13** palacknyomásmérő
– *compressed-air pressure gauge (*Am. *gage)*
**14** ólomöv
– *weight belt*
**15** mélységmérő
– *depth gauge (*Am. *gage)*
**16** búváróra a merülési idő ellenőrzésére
– *waterproof watch for checking duration of dive*
**17** dekométer a felszállási (dekompressziós) fokozatok jelzésére
– *decometer for measuring stages of ascent*
**18** uszony
– *fin (flipper)*
**19** légzőkészülék (akvalung *is*) <kétpalackos készülék>
– *diving apparatus (also: aqualung, scuba), with two cylinders (bottles)*
**20** kétcsöves légzésszabályzó
– *two-tube demand regulator*
**21** sűrített levegős palack
– *compressed-air cylinder (compressed-air bottle)*
**22** palackszelep
– *on/off valve*
**23** víz alatti fényképezés
– *underwater photography*
**24** kamera vízhatlan tokja (*rok.:* víz alatti fényképezőgép)
– *underwater camera housing (underwater camera case);* sim.: *underwater camera*
**25** víz alatti vaku
– *underwater flashlight*
**26** kilégzett levegő
– *exhaust bubbles*
**27** gumicsónak
– *inflatable boat (inflatable dinghy)*

**1** úszómester
– *lifesaver (lifeguard)*
**2** mentőkötél
– *lifeline*
**3** mentőöv
– *lifebelt (lifebuoy)*
**4** viharjelző gömb
– *storm signal*
**5** időjelző gömb (órajelző gömb)
– *time ball*
**6** figyelmeztető tábla
– *warning sign*
**7** árapályjelző tábla <az apály- és dagályidőket feltüntető hirdetőtábla>
– *tide table, a notice board showing times of low tide and high tide*
**8** a víz és a levegő hőmérsékletét feltüntető tábla
– *board showing water and air temperature*
**9** fürdőpalló (fürdőstég)
– *bathing platform*
**10** lobogóárboc
– *pennon staff*
**11** lobogó (széliránytjelző)
– *pennon*
**12** vízibicikli
– *paddle boat (peddle boat)*
**13** motorcsónakkal húzott vízisídeszka
– *surf riding (surfing) behind motorboat*
**14** egydeszkás vízisíző
– *surfboarder (surfer)*
**15** vízisídeszka (hullámdeszka)
– *surfboard*
**16** vízisí (kétléces vízisí)
– *water ski*
**17** gumimatrac (felfújható matrac)
– *inflatable beach mattress*
**18** strandlabda
– *beach ball*
**19–23** strandöltözet
– *beachwear*
**19** strandruha
– *beach suit*
**20** strandkalap
– *beach hat*
**21** strandkabát
– *beach jacket*
**22** strandnadrág
– *beach trousers*
**23** strandcipő (fürdőcipő)
– *beach shoe (bathing shoe)*
**24** strandtáska (fürdőtáska)
– *beach tag*
**25** fürdőköpeny
– *bathing gown (bathing wrap)*
**26** bikini (kétrészes női fürdőruha)
– *bikini (ladies' two-piece bathing suit)*
**27** fürdőnadrág (bikinialsó)
– *bikini bottom*
**28** melltartó (bikinifelső)
– *bikini top*
**29** fürdősapka (úszósapka)
– *bathing cap (swimming cap)*
**30** fürdőző (strandoló)
– *bather*
**31** gyűrűtenisz
– *deck tennis (quoits)*
**32** gumigyűrű
– *rubber ring (quoit)*
**33** gumiállat <felfújható állatfigura>
– *rubber animal, an inflatable animal*
**34** strandfelügyelő (partfelügyelő)
– *beach attendant*
**35** homokvár
– *sand den [built as a wind-break]*
**36** strandkosár
– *roofed wicker beach chair*
**37** békaember (könnyűbúvár, víz alatti vadász)
– *underwater swimmer*
**38** búvárszemüveg
– *diving goggles*
**39** légzőpipa (pipa, légzőcső)
– *snorkel (schnorkel)*
**40** kéziszigony
– *hand harpoon (fish spear, fish lance)*
**41** lábuszony (búváruszony)
– *fin (flipper) for diving (for underwater swimming)*
**42** fürdőruha
– *bathing suit (swimsuit)*
**43** fürdőnadrág (úszónadrág)
– *bathing trunks (swimming trunks)*
**44** fürdősapka (úszósapka)
– *bathing cap (swimming cap)*
**45** strandsátor <ház alakú sátor>
– *beach tent, a ridge tent*
**46** mentőállomás
– *lifeguard station*

**1–9** hullámfürdő <fedett uszoda, úszócsarnok>
– *swimming pool with artificial waves, an indoor pool*
**1** mesterséges hullám
– *artificial waves*
**2** medencepart (a medence lejtős széle)
– *beach area*
**3** medencefal (a medence függőleges széle)
– *edge of the pool*
**4** fürdőmester (úszómester)
– *swimming pool attendant (pool attendant, swimming bath attendant)*
**5** nyugágy (nyugszék, napozószék)
– *sun bed*
**6** úszóöv (mentőöv)
– *lifebelt*
**7** úszószárnyacska (kar-úszóöv)
– *water wings*
**8** úszósapka (fürdősapka)
– *bathing cap*
**9** kiúszó a szabadtéri pezsgőfürdőbe
– *channel to outdoor mineral bath*
**10** szolárium
– *solarium*
**11** napozótér
– *sunbathing area*
**12** napkúrázó (napfürdőző, napozó)
– *sun bather*
**13** szoláriumlámpa
– *sun ray lamp*
**14** fürdőlepedő
– *bathing towel*
**15** naturistarészleg (nudistarészleg, meztelennapozó)
– *nudist sunbathing area*
**16** naturista (nudista)
– *nudist (naturist)*
**17** elválasztófal
– *screen (fence)*
**18** szauna (finn szauna) <közös szauna>
– *sauna (mixed sauna)*
**19** faborítás (faburkolat)
– *wood panelling* (Am. *paneling)*
**20** fekvőpadok (lépcsőzetesen elhelyezett ülő- és fekvőhelyek)
– *tiered benches*
**21** szaunakemence
– *sauna stove*
**22** terméskövek (nagy kavicsok; görgetegkövek)
– *stones*
**23** nedvességmérő
– *hygrometer*
**24** hőmérő
– *thermometer*
**25** ülőkendő (ülőlepedő)
– *towel*
**26** vizesdézsa a kemenceкövek nedvesítéséhez
– *water tub for moistening the stones in the stove*
**27** nyírfavirgács a bőr csapkodásához
– *birch rods (birches) for beating the skin*
**28** lehűlőszoba
– *cooling room for cooling off (cooling down) after the sauna*
**29** langyos zuhany
– *lukewarm shower*
**30** hidegvizes medence
– *cold bath*
**31** melegvizes örvénykád [víz alatti masszázzsal kombinált fürdő]
– *hot whirlpool (underwater massage bath)*
**32** lejárólépcső
– *step into the bath*
**33** masszázsfürdő
– *massage bath*
**34** befúvóventilátor
– *jet blower*
**35** örvénykád [vázlat]
– *hot whirlpool [diagram]*
**36** a medence metszete
– *section of the bath*
**37** lejárat (lejáró)
– *step*
**38** körbefutó ülőpad
– *circular seat*
**39** vízelszívó berendezés
– *water extractor*
**40** a vízsugárfúvóka vezetéke
– *water jet pipe*
**41** a légsugárfúvóka vezetéke
– *air jet pipe*

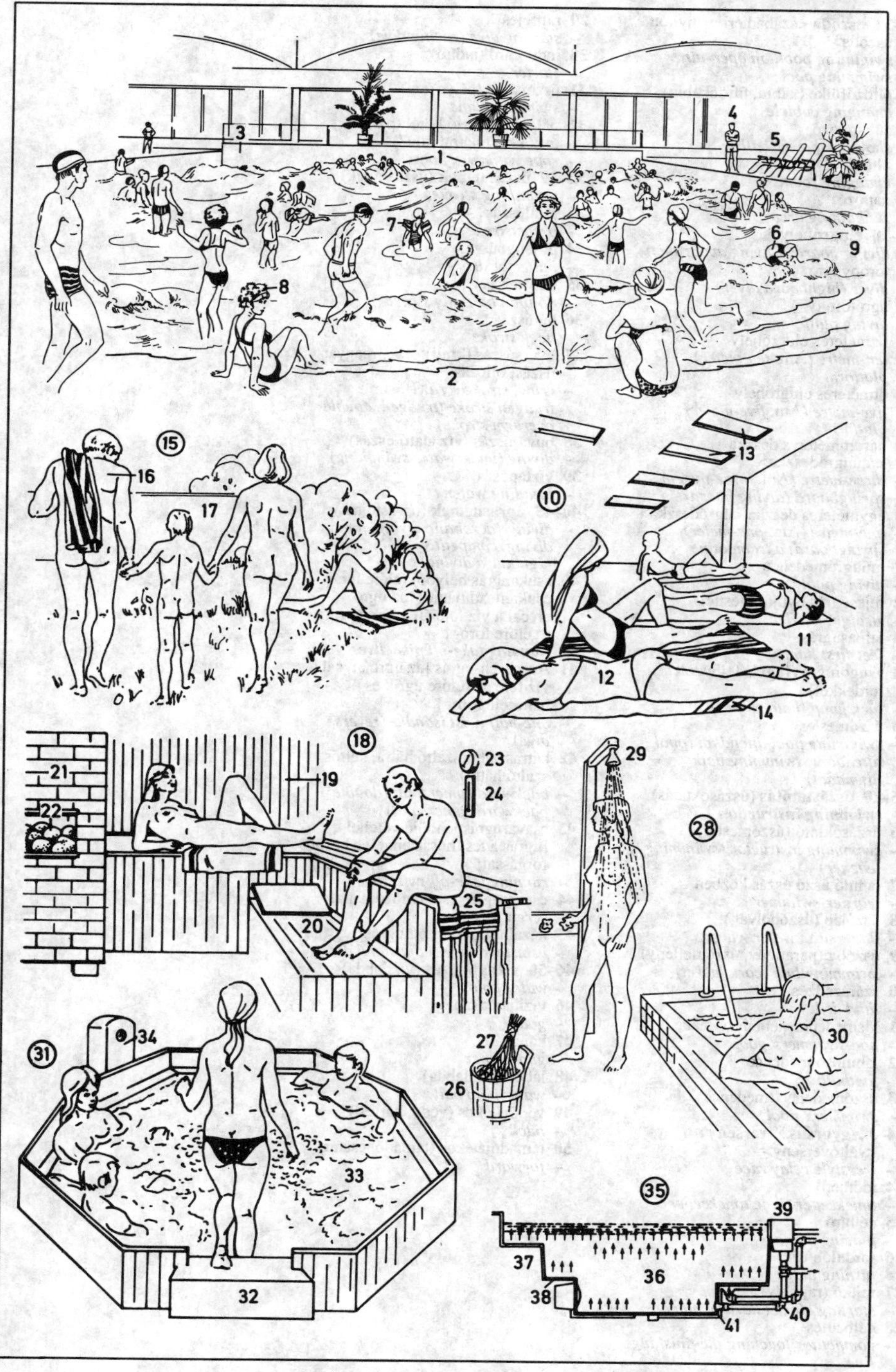
1
2
3
4
5
6
7
8
9
10
11
12
13
14
15
16
17
18
19
20
21
22
23
24
25
26
27
28
29
30
31
32
33
34
35
36
37
38
39
40
41

**1–32 uszoda** <szabadtéri *v.* nyitott uszoda>
– ***swimming pool,*** *an open-air swimming pool*
**1** öltözőfülke (kabin, fürdőkabin)
– *changing cubicle*
**2** zuhanyozó
– *shower (shower bath)*
**3** öltöző
– *changing room*
**4** napozó
– *sunbathing area*
**5–10 elugróhelyek**
– ***diving boards*** *(diving apparatus)*
**5** toronyugró
– *diver (highboard diver)*
**6** ugrótorony
– *diving platform*
**7** tízméteres elugróhely
– *ten-metre (*Am. *ten-meter) platform*
**8** ötméteres elugróhely
– *five-metre (*Am. *five-meter) platform*
**9** háromméteres deszka <műugródeszka>
– *three-metre (*Am. *three-meter) springboard (diving board)*
**10** egyméteres deszka <ugródeszka>
– *one-metre (*Am. *one-meter) springboard, a trampoline*
**11** műugrómedence
– *diving pool*
**12** fejesugrás nyújtott testtel
– *straight header*
**13** talpasugrás
– *feet-first jump*
**14** zsugorugrás [ugrás felhúzott térdekkel]
– *tuck jump (haunch jump)*
**15** úszómester
– *swimming pool attendant (pool attendant, swimming bath attendant)*
**16–20 úszástanítás** (úszásoktatás)
– ***swimming instruction***
**16** úszásoktató (úszómester)
– *swimming instructor (swimming teacher)*
**17** tanuló úszó úszás közben
– *learner-swimmer*
**18** úszólap (úszóhólyag)
– *float;* sim.: *water wings*
**19** úszóöv (parafa öv, úszómellény)
– *swimming belt (cork jacket)*
**20** szárazedzés
– *land drill*
**21** kismedence nem úszóknak
– *non-swimmers' pool*
**22** lábmosó medence
– *footbath*
**23** úszómedence (medence)
– *swimmers' pool*
**24–32 gyorsúszó verseny** <váltóverseny>
– ***freestyle relay race***
**24** időmérő
– *timekeeper (lane timekeeper)*
**25** célbíró
– *placing judge*
**26** fordulóbíró
– *turning judge*
**27** rajtkő (rajthely)
– *starting block (starting place)*
**28** célbaütés
– *competitor touching the finishing line*
**29** rajtfejes
– *starting dive (racing dive)*
**30** indítóbíró (indító)
– *starter*
**31** úszópálya (pálya)
– *swimming lane*
**32** pályaelválasztó kötél (parafa úszókkal ellátott kötél)
– *rope with cork floats*
**33–39 úszásnemek** (úszásfajták)
– ***swimming strokes***
**33** mellúszás
– *breaststroke*
**34** pillangóúszás
– *butterfly stroke*
**35** delfinúszás
– *dolphin butterfly stroke*
**36** hátúszás
– *back stroke*
**37** gyorsúszás (krall); *rok.:* magyar úszás; ollózás
– *crawl stroke (crawl);* sim.: *trudgen stroke (trudgen, double overarm stroke)*
**38** búvárúszás (víz alatti úszás)
– *diving (underwater swimming)*
**39** víztaposás
– *treading water*
**40–45 ugrásnemek** (ugrásfajták)
– ***diving*** *(acrobatic diving, fancy diving, competitive diving, highboard diving)*
**40** csukaugrás helyből (előreugrás csukamozdulattal) [az ugró arccal a víz felé áll, előre ugrik és előre forog]
– *standing take-off pike dive*
**41** Auerbach-ugrás [az ugró arccal a víz felé áll, előre ugrik és hátrafelé forog]
– *one-half twist isander (reverse dive)*
**42** hátraszaltó (szaltó hátra, kettős szaltó hátra)
– *backward somersault (double backward somersault)*
**43** csavarugrás lendületvétellel [ugrás a test hossztengelye körüli forgással]
– *running take-off twist dive*
**44** csavarugrás csukamozdulattal
– *screw dive*
**45** kézállásból indított ugrás
– *armstand dive (handstand dive)*
**46–50 vízilabdázás** (vízilabda)
– ***water polo***
**46** vízilabdakapu
– *goal*
**47** kapus
– *goalkeeper*
**48** labda (vízilabda)
– *water polo ball*
**49** védőjátékos (védő, hátvéd)
– *back*
**50** támadójátékos (támadó, csatár)
– *forward*

1
2
3
4
5
6
7
8
9
10
11
12
13
14
15
16
17
18
19
20
21
22
23
24
25
26
27
28
29
30
31
32
33
34
35
36
37
38
39
40
41
42
43
44
45
46
47
48
49
50

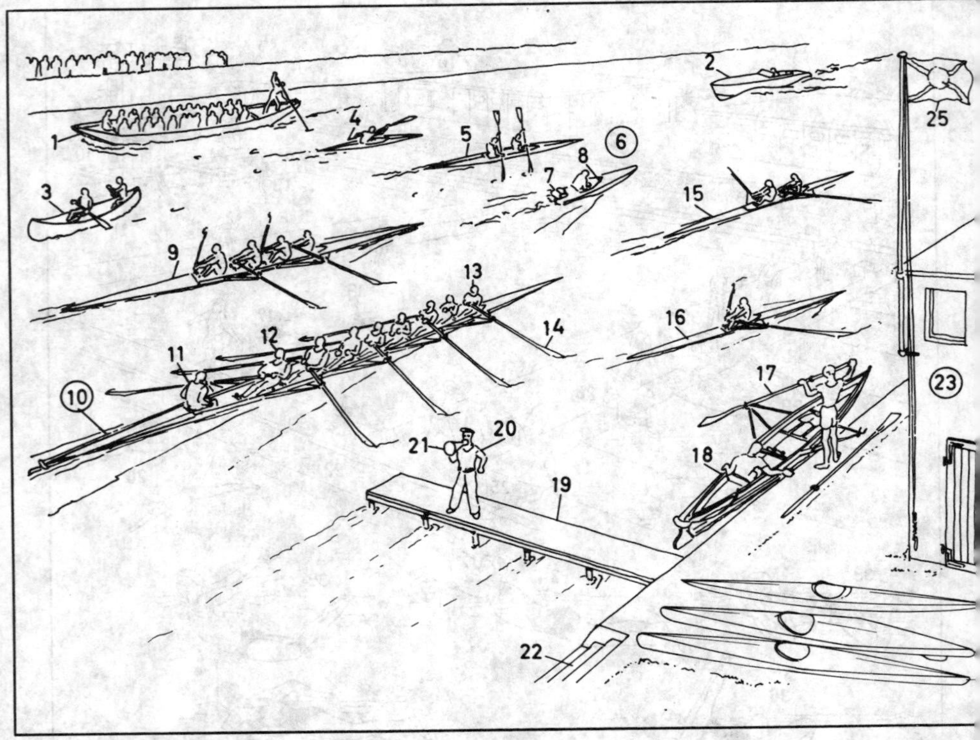


**1–18** evezősverseny előkészítése
– *taking up positions for the regatta*
**1** kompcsónak
– *punt, a pleasure boat*
**2** motorcsónak (beépített motoros) hajó
– *motorboat*
**3** indián kenu <kenu>
– *Canadian canoe*
**4** kajak (eszkimó kajak, szlalomkajak)
– *kayak (Alaskan canoe, slalom canoe), a canoe*
**5** kettes kajak
– *tandem kayak*
**6** farmotoros hajó (motorcsónak)
– *outboard motorboat (outboard speedboat, outboard)*
**7** farmotor
– *outboard motor (outboard)*
**8** ülőtér
– *cockpit*
**9–16 versenyhajók** (sporthajók, külvillás hajók)
– *racing boats (sportsboats, outriggers)*
**9–15** váltottevezős hajók (oar hajók)
– *shells (rowing boats,* Am. *rowboats)*
**9** kormányos nélküli négyevezős *v.* négyes <sima borítású hajó>
– *coxless four, a carvel-built boat*
**10** nyolcas (nyolcevezős)
– *eight (eight-oared racing shell)*
**11** kormányos
– *cox*
**12** vezérevezős <evezős (versenyevezős)>
– *stroke, an oarsman*
**13** egyes evezős (orrevezős, első evezős, „egyes")
– *bow ('number one')*
**14** evezőlapát
– *oar*
**15** kormányos nélküli kétevezős *v.* kettes
– *coxless pair*
**16** egypárevezős (szkiff)
– *single sculler (single skuller, racing sculler, racing skuller, skiff)*
**17** párevező (scull-lapát, páros-lapát)
– *scull (skull)*
**18** kormányos egyes <zsindelypalánkos hajó (klinker)>
– *coxed single, a clinker-built single*
**19** palló (kikötőpalló, stég)
– *jetty (landing stage, mooring)*
**20** evezősedző
– *rowing coach*
**21** hangszóró
– *megaphone*
**22** lépcső
– *quayside steps*
**23** klubház
– *clubhouse (club)*
**24** csónakház
– *boathouse*
**25** klubzászló
– *club's flag*
**26–33 nyitott négyevezős hajó** <gighajó, nyitott hajó (evezővillás csónak, túracsónak)>
– *four-oared gig, a touring boat*
**26** evezőlapát
– *oar*
**27** kormányos ülése
– *cox's seat*
**28** evezőspad (csónakpad)
– *thwart (seat)*
**29** evezőtartó villa (evezővilla)
– *rowlock (oarlock)*
**30** csónakperem
– *gunwale (gunnel)*
**31** dörzsfa (peremfa)
– *rising*
**32** csónakgerinc (külső gerinc)
– *keel*
**33** külső héjazat [zsindelypalánkos]
– *skin (shell, outer skin) [clinker-built]*
**34** egytollú lapát (evezőlapát, evező)
– *single-bladed paddle (paddle)*
**35–38 evező**
– *oar (scull, skull)*
**35** nyél (markolat)
– *grip*
**36** bőrözés (bőrhüvely)
– *leather sheath*

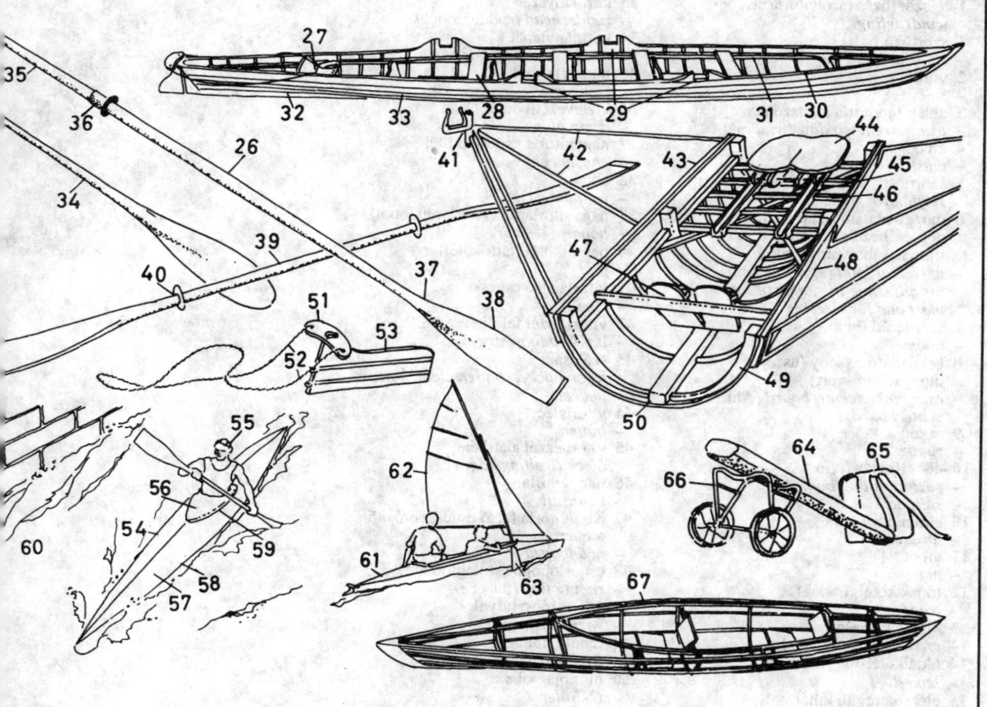


**37** lapátnyak
– *shaft (neck)*
**38** lapáttoll (toll)
– *blade*
**39** kéttollú lapát
– *double-bladed paddle (double-ended paddle)*
**40** cseppfogó gyűrű
– *drip ring*
**41–50 gurulóülés**
– *sliding seat*
**41** evezőtartó villa
– *rowlock (oarlock)*
**42** külvilla
– *outrigger*
**43** habdeszka (hullámfogó deszka)
– *saxboard*
**44** gurulóülés
– *sliding seat*
**45** görgősín (görgőpálya)
– *runner*
**46** támasztóék (merevítés)
– *strut*
**47** lábtámasz (lábtartó)
– *stretcher*
**48** külső héjazat
– *skin (shell, outer skin)*
**49** borda
– *frame (rib)*
**50** gerinc (belső gerinc)
– *kelson (keelson)*
**51–53 kormány**
– *rudder (steering rudder)*
**51** kormányjárom
– *yoke*
**52** kormányzsinór
– *lines (steering lines)*
**53** kormánylapát
– *blade (rudder blade, rudder)*
**54–66 gumikajak** (összerakható kajak)
– *folding boats (foldboats, canoes)*
**54** egyes kajak <egyszemélyes sporthajó>
– *one-man kayak*
**55** kajakozó
– *canoeist*
**56** vízvédő kötény (hullámkötény)
– *spraydeck*
**57** felső fedélzet
– *deck*
**58** gumiborítás
– *rubber-covered canvas hull*
**59** nyíláskeret
– *cockpit coaming (coaming)*
**60** áteresz
– *channel for rafts alongside weir*
**61** kétszemélyes összerakható kajak (kétszemélyes túrakajak)
– *two-seater folding kayak, a touring kayak*
**62** vitorla
– *sail of folding kayak*
**63** oldaluszony
– *leeboard*
**64** kajakvázvédő huzat
– *bag for the rods*
**65** hátizsák
– *rucksack*
**66** csónakszállító kézikocsi
– *boat trailer (boat carriage)*
**67** kajakváz
– *frame of folding kayak*
**68–70** kajakok
– *kayaks*
**68** eszkimó kajak
– *Eskimo kayak*
**69** vadvízi versenykajak
– *wild-water racing kayak*
**70** túrakajak
– *touring kayak*

**1–9 szörfözés** (szélvitorlázás)
– ***windsurfing***
**1** szörfözõ
– *windsurfer*
**2** vitorla
– *sail*
**3** ablak [a vitorla átlátszó része]
– *transparent window (window)*
**4** árboc
– *mast*
**5** szörftest
– *surfboard*
**6** mozgó alátámasztás az árboc döntéséhez és a szörf irányításához (árboctalp)
– *universal joint (movable bearing) for adjusting the angle of the mast and for steering*
**7** vitorlarúd (bum)
– *boom*
**8** behúzható uszony (uszony, mozgatható svert)
– *retractable centreboard (*Am. *centerboard)*
**9** szkeg
– *rudder*
**10–48 vitorlás hajó**
– ***yacht*** *(sailing boat,* Am. *sailboat)*
**10** elõfedélzet
– *foredeck*
**11** árboc
– *mast*
**12** trapézkötél (trapéz)
– *trapeze*
**13** kitámasztórúd
– *crosstrees (spreader)*
**14** oldalkötél-függesztõ rúd
– *hound*
**15** elõremerevítõ kötél
– *forestay*
**16** orrvitorla (génua)
– *jib (Genoa jib)*
**17** orrvitorla-levonó kötél
– *jib downhaul*
**18** oldalkötél (*biz.*: vantni)
– *side stay (shroud)*
**19** oldalkötél-rögzítõ feszítõcsavar
– *lanyard (bottlescrew)*
**20** árboctalapzat
– *foot of the mast*
**21** nagyvitorlarúd-tartó szorítókötél
– *kicking strap (vang)*
**22** orrvitorlaszár-kötélfogó
– *jam cleat*
**23** orrvitorlaszár
– *foresheet (jib sheet)*
**24** uszonyszekrény
– *centreboard (*Am. *centerboard) case*
**25** bika (kötélbak)
– *bitt*
**26** uszony (svert)
– *centreboard (*Am. *centerboard)*
**27** nagyvitorla-keresztsín
– *traveller (*Am. *traveler)*
**28** szarvkötél (nagyvitorlát felhúzó kötélzet)
– *mainsheet*
**29** orrvitorla vezetõkötelei
– *fairlead*
**30** lábakasztó
– *toestraps (hiking straps)*
**31** kormányrúdkar
– *tiller extension (hiking stick)*
**32** kormányrúd
– *tiller*
**33** kormányszár
– *rudderhead (rudder stock)*
**34** kormánylapát
– *rudder blade (rudder)*
**35** tükör (fardeszka)
– *transom*
**36** vízlevezetõ dugó
– *drain plug*
**37** nagyvitorla-csücsökkötél
– *gooseneck*
**38** ablak
– *window*
**39** nagyvitorlarúd (vitorlarúd, bum)
– *boom*
**40** peremkötél (tartókötél)
– *foot*
**41** vitorla alsó csücske
– *clew*
**42** vitorla szél felõli éle
– *luff (leading edge)*
**43** szélzsák
– *leech pocket (batten cleat, batten pocket)*
**44** vitorlaléc
– *batten*
**45** vitorla szél alatti éle
– *leech (trailing edge)*
**46** nagyvitorla
– *mainsail*
**47** nagyvitorla felsõ csúcsát erõsítõ lemez
– *headboard*
**48** csúcslobogó (szalaglobogó)
– *racing flag (burgee)*
**49–65 hajóosztályok**
– ***yacht classes***
**49** repülõ hollandi
– *Flying Dutchman*
**50** olimpiai jolle
– *O-Joller*
**51** finn dingi
– *Finn dinghy (Finn)*
**52** kalóz
– *pirate*
**53** 12 $m^2$-es sharpie
– *12.00 $m^2$ sharpie*
**54** tornádó
– *tempest*
**55** csillaghajó
– *star*
**56** soling
– *soling*
**57** sárkányhajó
– *dragon*
**58** 5,5 m-es osztály
– *5.5-metre (*Am. *5.5-meter) class*
**59** 6 m-es R-osztály
– *6-metre (*Am. *6-meter) R-class*
**60** 30 $m^2$-es túracirkáló
– *30.00 $m^2$ cruising yacht (coastal cruiser)*
**61** 30 $m^2$-es túrajolle
– *30.00 $m^2$ dinghy cruiser*
**62** 25 $m^2$-es kielboot
– *25.00 $m^2$ one-design keelboat*
**63** cirkálóosztály
– *KR-class*
**64** katamarán (kéttörzsû hajó)
– *catamaran*
**65** kettõs törzs
– *twin hull*

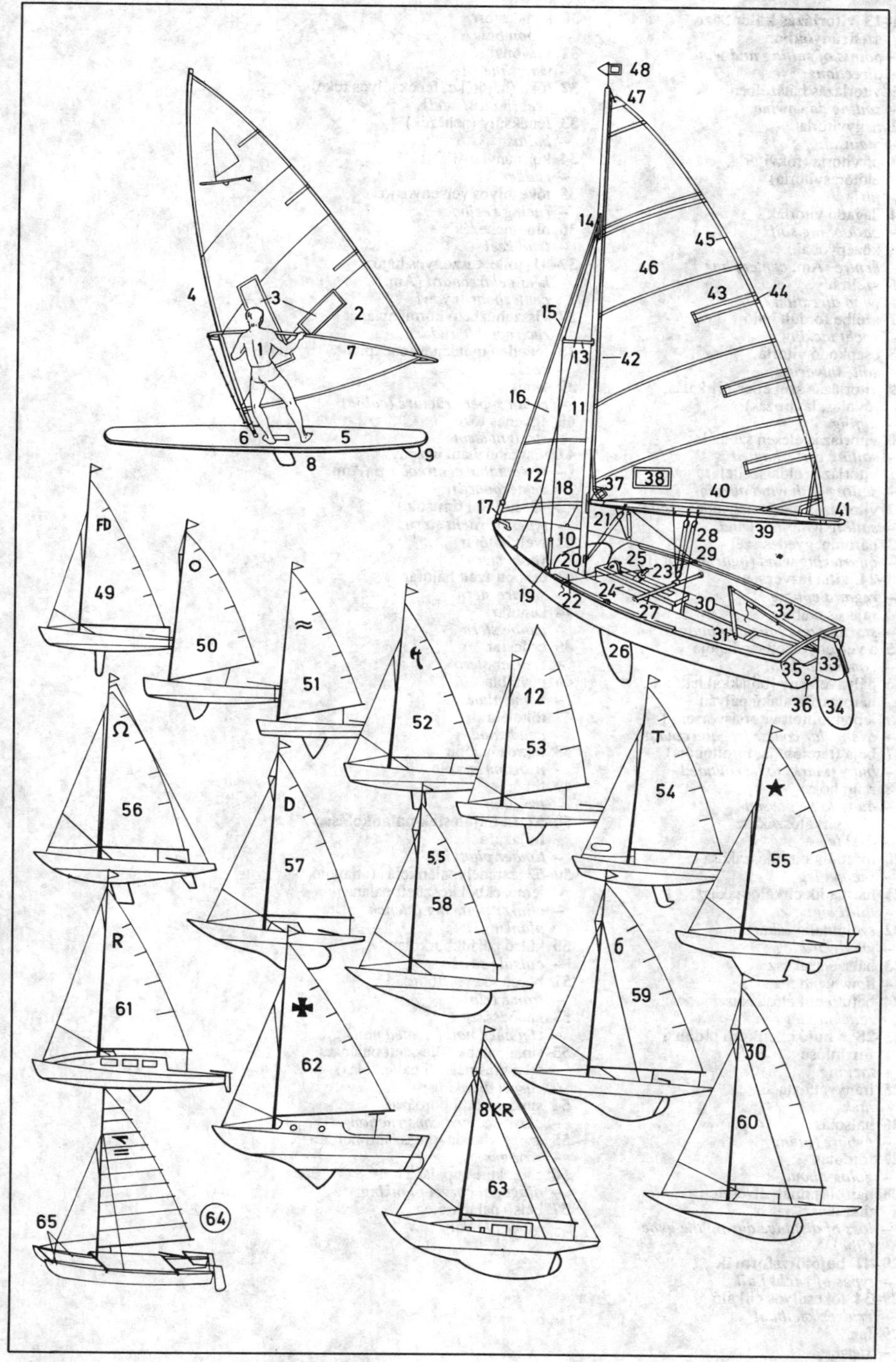
1
2
3
4
5
6
7
8
9
10
11
12
13
14
15
16
17
18
19
20
21
22
23
24
25
26
27
28
29
30
31
32
33
34
35
36
37
38
39
40
41
42
43
44
45
46
47
48
FD
49
O
50
≈
51
52
12
53
T
54
55
Ω
56
D
57
5,5
58
6
59
30
60
R
61
62
8KR
63
64
65

**1–13 vitorlázás különböző szélirányokban**
– ***points of sailing and wind directions***
**1** vitorlázás hátszélben
– *sailing downwind*
**2** nagyvitorla
– *mainsail*
**3** orrvitorla (fokvitorla, előtörzsvitorla)
– *jib*
**4** dagadó vitorlák
– *ballooning sails*
**5** középvonal
– *centre (*Am.* center) line*
**6** szélirány
– *wind direction*
**7** szélbe fordult hajó
– *yacht tacking*
**8** csapkodó vitorla
– *sail, shivering*
**9** vitorlázás szél ellen (cirkálás, lúvolás, lavírozás)
– *luffing*
**10** vitorlázás élesen szélnek
– *sailing close-hauled*
**11** vitorlázás oldalszéllel
– *sailing with wind abeam*
**12** vitorlázás háromnegyedes széllel
– *sailing with free wind*
**13** háromnegyedes szél
– *quartering wind (quarter wind)*
**14–24 vitorlásverseny**
– ***regatta course***
**14** rajt- és célbója
– *starting and finishing buoy*
**15** a versenybizottság hajója
– *committee boat*
**16** pályaverseny [bójákkal határolt, háromszög alakú pályán lebonyolított vitorlásverseny]
– *triangular course (regatta course)*
**17** bója (terelőbója, fordítóbója)
– *buoy (mark) to be rounded*
**18** raumbója
– *buoy to be passed*
**19** első cirkálószakasz
– *first leg*
**20** második cirkálószakasz
– *second leg*
**21** harmadik cirkálószakasz
– *third leg*
**22** széloldali szakasz
– *windward leg*
**23** hátszélszakasz
– *downwind leg*
**24** befutó cirkálószakasz
– *reaching leg*
**25–28 a hajó ellenkező oldalra fordulása**
– ***tacking***
**25** irányváltoztatás
– *tack*
**26** halsolás
– *gybing (jibing)*
**27** fordulás
– *going about*
**28** halsolás miatt elvesztett útszakasz
– *loss of distance during the gybe (jibe)*
**29–41 hajótörzsformák**
– ***types of yacht hull***
**29–34** tőkesúlyos cirkáló
– *cruiser keelboat*
**29** far
– *stern*
**30** kanalas orr
– *spoon bow*
**31** vízvonal
– *waterline*
**32** tőke (hajótőke, fenéksúlyos tőke)
– *keel (ballast keel)*
**33** fenéksúly (nehezék)
– *ballast*
**34** kormánylapát
– *rudder*
**35** tőkesúlyos versenyhajó
– *racing keelboat*
**36** ólomnehezék
– *lead keel*
**37–41** jolle <uszonyos hajó>
– *keel-centreboard (*Am.* centerboard) yawl*
**37** visszahúzható kormánylapát
– *rectractable rudder*
**38** fedetlen munkatér (cockpit)
– *cockpit*
**39** kajüt
– *cabin superstructure (cabin)*
**40** egyenes tőke
– *straight stem*
**41** visszahúzható uszony
– *retractable centreboard (*Am.* centerboard)*
**42–49 hajófartípusok**
– ***types of yacht stern***
**42** ívelt hajófar
– *yacht stern*
**43** csapott ívelt hajófar
– *square stern*
**44** kenufar
– *canoe stern*
**45** csúcsfar
– *cruiser stern*
**46** névtábla
– *name plate*
**47** töltelékfa
– *deadwood*
**48** tükrös hajófar
– *transom stern*
**49** tükör
– *transom*
**50–57 fa hajótestek palánkolása** *v.* **héjazata**
– ***timber planking***
**50–52** zsindelypalánkolás (átlapoló lemezekből készített palánk)
– *clinker planking (clench planking)*
**50** külső palánkburkolat
– *outside strake*
**51** borda <keresztborda>
– *frame (rib)*
**52** kapocsszeg
– *clenched nail (riveted nail)*
**53** sima palánk (illesztett palánk, átlapolás nélküli palánkolás)
– *carvel planking*
**54** sima varratú bordázat
– *close-seamed construction*
**55** szegélyborda <hosszanti borda>
– *stringer*
**56** sima keresztpalánk
– *diagonal carvel planking*
**57** belső palánkréteg
– *inner planking*

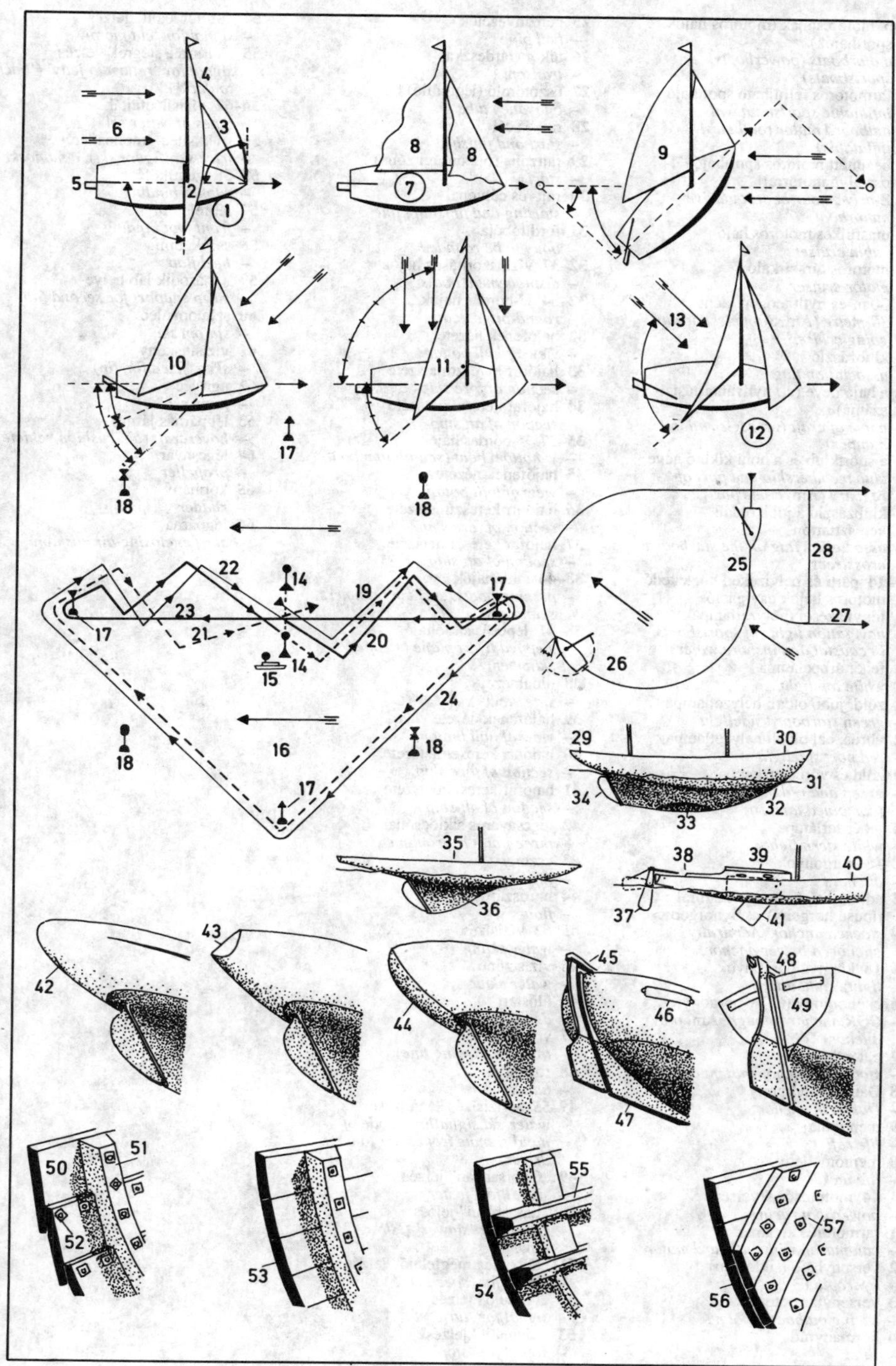
1
2
3
4
5
6
7
8
8
9
10
11
12
13
14
14
15
16
17
17
17
17
17
18
18
18
18
19
20
21
22
23
24
25
26
27
28
29
30
31
32
33
34
35
36
37
38
39
40
41
42
43
44
45
46
47
48
49
50
51
52
53
54
55
56
57

**1–5** motorcsónak (motoros hajók, sporthajók)
– *motorboats (powerboats, sportsboats)*
**1** farmotoros felfújható sporthajó
– *inflatable sportsboat with outboard motor (outboard inflatable)*
**2** beépített motoros sporthajó [Z-osztályú motorral]
– *Z-drive motorboat (outdrive motorboat)*
**3** utasfülkés motoros hajó
– *cabin cruiser*
**4** motoros túracirkáló
– *motor cruiser*
**5** 30 m-es nyílt tengeri jacht
– *30-metre* (Am. *30-meter*) *ocean-going cruiser*
**6** klubzászló
– *association flag*
**7** a hajó neve (*v.*: nyilvántartási száma)
– *name of craft* (or: *registration number*)
**8** a sportklub és a honi kikötő neve
– *club membership and port of registry* (Am. *home port*)
**9** klubzászló a jobb oldali kereszttartón
– *association flag on the starboard crosstrees*
**10–14** parti és belvizeken közlekedő motoros hajók navigációs fényjelzései (helyzetlámpák)
– *navigation lights of sportsboats in coastal and inshore waters*
**10** fehér árboclámpa
– *white top light*
**11** zöld, jobb oldali helyzetlámpa
– *green starboard sidelight*
**12** vörös, bal oldali helyzetlámpa
– *red port sidelight*
**13** zöld és vörös orrlámpa
– *green and red bow light (combined lantern)*
**14** fehér farlámpa
– *white stern light*
**15–18** horgonyok
– *anchors*
**15** admiralitáshorgony (admirál típusú horgony) <súlyhorgony>
– *stocked anchor (Admiralty anchor, a bower anchor)*
**16–18** könnyű horgonyok
– *lightweight anchor*
**16** ekehorgony (CQR-horgony)
– *CQR anchor (plough,* Am. *plow, anchor)*
**17** patenthorgony
– *stockless anchor (patent anchor)*
**18** Danforth-horgony
– *Danforth anchor*
**19** mentőtutaj
– *life raft*
**20** mentőmellény
– *life jacket*
**21–44** motorcsónakverseny
– *powerboat racing*
**21** farmotoros katamarán
– *catamaran with outboard motor*
**22** versenyhajó (siklóhajó)
– *hydroplane*
**23** versenyfarmotor
– *racing outboard motor*
**24** kormányrúd
– *tiller*
**25** benzinvezeték
– *fuel pipe*
**26** tükör (fardeszka)
– *transom*
**27** úszótömlő (légtömlő)
– *buoyancy tube*
**28** rajt és cél
– *start and finish*
**29** rajtzóna (biztonsági zóna)
– *start*
**30** rajt- és célvonal
– *starting and finishing line*
**31** fordítóbója
– *bouy to be rounded*
**32–37** vízkiszorításos hajók
– *displacement boats*
**32–34** U-bordás hajók
– *round-bilge boat*
**32** hajófenék nézete
– *view of hull bottom*
**33** hajóorr keresztmetszete
– *section of fore ship*
**34** hajófar keresztmetszete
– *section of aft ship*
**35–37** V-bordás hajók
– *V-bottom boat (vee-bottom boat)*
**35** hajófenék nézete
– *view of hull bottom*
**36** hajóorr keresztmetszete
– *section of fore ship*
**37** hajófar keresztmetszete
– *section of aft ship*
**38–44** siklóhajók
– *planing boats (surface skimmers, skimmers)*
**38–41** lépcsős siklóhajó
– *stepped hydroplane (stepped skimmer)*
**38** oldalnézet
– *side view*
**39** hajófenék nézete
– *view of hull bottom*
**40** hajóorr keresztmetszete
– *section of fore ship*
**41** hajófar keresztmetszete
– *section of aft ship*
**42** légcsavaros siklócsónak
– *three-point hydroplane*
**43** uszony
– *fin*
**44** hordszárny
– *float*
**45–62** vízisízés
– *water skiing*
**45** vízisízőnő
– *water skier*
**46** ülőstart
– *deep-water start*
**47** vontatókötél
– *tow line (towing line)*
**48** fogantyú
– *handle*
**49–55** a vízisízés kézjelzései
– *water-ski signalling (code of hand signals from skier to boat driver)*
**49** „Gyorsabban" jelzés
– *signal for 'faster'*
**50** „Lassabban" jelzés
– *signal for 'slower' ('slow down')*
**51** „Sebesség megfelelő" jelzés
– *signal for 'speed OK'*
**52** „Forduló" jelzés
– *signal for 'turn'*
**53** „Megállj!" jelzés
– *signal for 'stop'*
**54** „Motor leállt" jelzés
– *signal for 'cut motor'*
**55** „Vissza a stégre!" jelzés
– *signal for 'return to jetty' ('back to dock')*
**56–62** vízisílécfajták
– *types of water ski*
**56** trükksíléc <monosíléc>
– *trick ski (figure ski), a monoski*
**57–58** gumikötés
– *rubber binding*
**57** lábfejgumi
– *front foot binding*
**58** sarokgumi
– *heel flap*
**59** a második láb helye
– *strap support for second foot*
**60** szlalomsíléc
– *slalom ski*
**61** vízisíuszony
– *skeg (fixed fin, fin)*
**62** ugróléc
– *jump ski*
**63** légpárnás jármű
– *hovercraft (air-cushion vehicle)*
**64** légcsavar
– *propeller*
**65** kormány
– *rudder*
**66** légpárna
– *skirt enclosing air cushion*

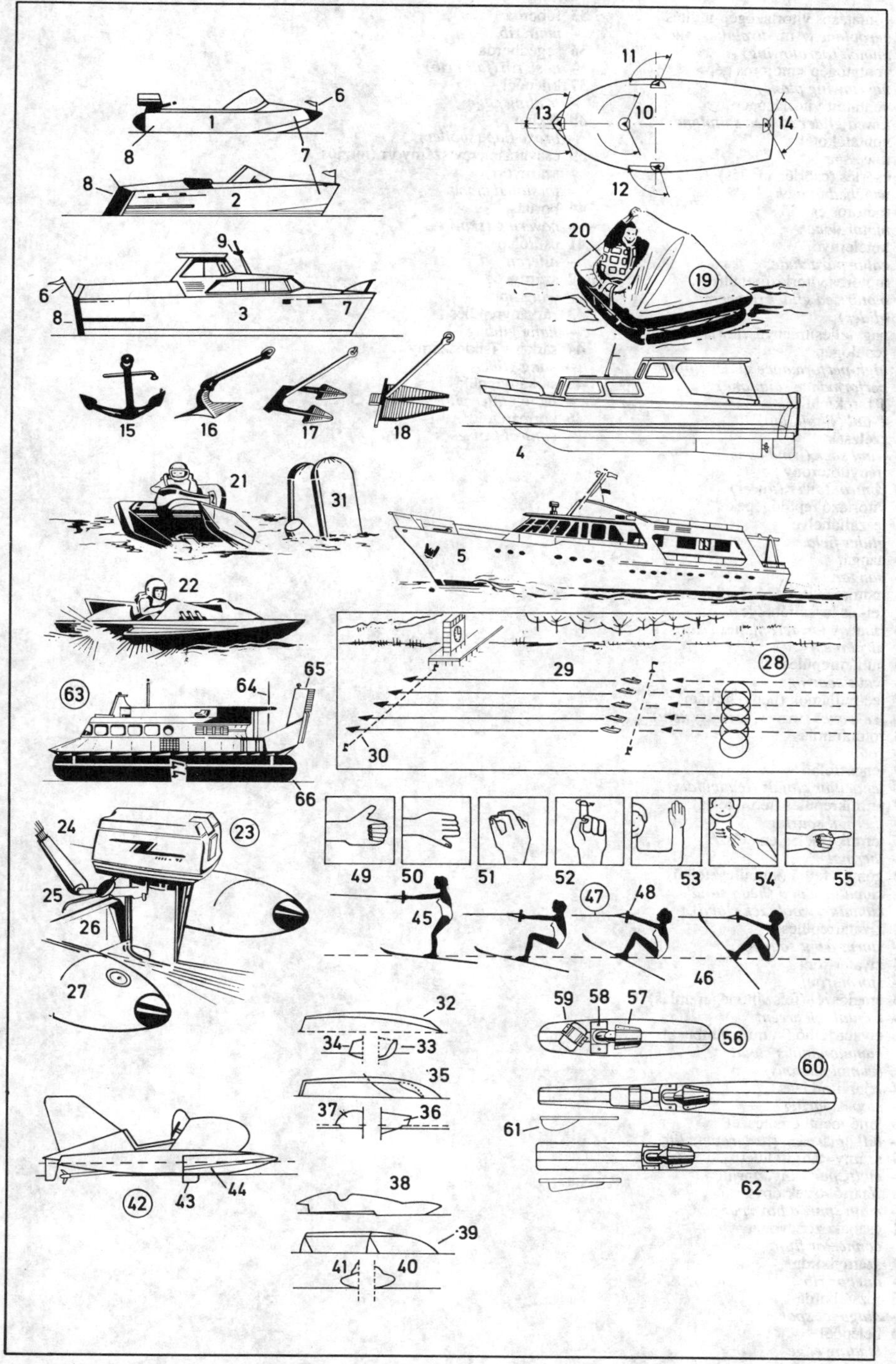
1
2
3
4
5
6
7
8
9
10
11
12
13
14
15
16
17
18
19
20
21
22
23
24
25
26
27
28
29
30
31
32
33
34
35
36
37
38
39
40
41
42
43
44
45
46
47
48
49
50
51
52
53
54
55
56
57
58
59
60
61
62
63
64
65
66

**1** vontatásos vitorlázógép-indítás
– *aeroplane (*Am. *airplane) tow launch (aerotowing)*
**2** vontatógép <motoros gép>
– *tug (towing plane)*
**3** vontatott vitorlázógép
– *towed glider (towed sailplane)*
**4** vontatókötél
– *tow rope*
**5** csörlés (csörlős indítás)
– *winched launch*
**6** motoros csörlő
– *motor winch*
**7** kötélernyő
– *cable parachute*
**8** motoros vitorlázórepülő
– *motorized glider (powered glider)*
**9** nagyteljesítményű vitorlázó repülőgép
– *high-performance glider (high-performance sailplane)*
**10** T farokfelület
– *T-tail (T-tail unit)*
**11** szélzsák
– *wind sock (wind cone)*
**12** irányítótorony
– *control tower (tower)*
**13** vitorlázó repülőgépek leszállóhelye
– *glider field*
**14** hangár
– *hangar*
**15** motoros vitorlázó repülőgépek fel- és leszállóhelye
– *runway for aeroplanes (*Am. *airplanes)*
**16** hullámrepülés
– *wave soaring*
**17** lee-hullámok (hegyi hullám)
– *lee waves (waves, wave system)*
**18** rotoráramlás
– *rotor*
**19** lencsefelhő
– *lenticular clouds (lenticulars)*
**20** termikrepülés (termikelés)
– *thermal soaring*
**21** termik (meleg emelőszél)
– *thermal*
**22** gomolyfelhő (kumuluszfelhő)
– *cumulus cloud (heap cloud, cumulus, woolpack cloud)*
**23** zivatarrepülés
– *storm-front soaring*
**24** zivatarfront
– *storm front*
**25** emelőszél (felszálló légáramlás)
– *frontal upcurrent*
**26** zivatarfelhő (kumulonimbusz)
– *cumulonimbus cloud (cumulonimbus)*
**27** lejtővitorlázás
– *slope soaring*
**28** lejtő menti emelőszél
– *hill upcurrent (orographic lift)*
**29** szárny <hordfelület>
– *multispar wing, a wing*
**30** főtartó <szekrénytartó>
– *main spar, a box spar*
**31** csatlakozóbevonat
– *connector fitting*
**32** szárnyborda
– *anchor rib*
**33** rézsútborda
– *diagonal spar*
**34** belépőél
– *leading edge*
**35** főborda
– *main rib*
**36** segédborda
– *nose rib (false rib)*
**37** kilépőél
– *trailing edge*
**38** féklap
– *brake flap (spoiler)*
**39** csavarásmerev szárnyorr (torziós szárnyorr)
– *torsional clamp*
**40** borítás
– *covering (skin)*
**41** csűrőlap
– *aileron*
**42** szárnyvég
– *wing tip*
**43** sárkányrepülés
– *hang gliding*
**44** sárkány (siklószárny)
– *hang glider*
**45** sárkányrepülő
– *hang glider pilot*
**46** kormányrúd
– *control frame*

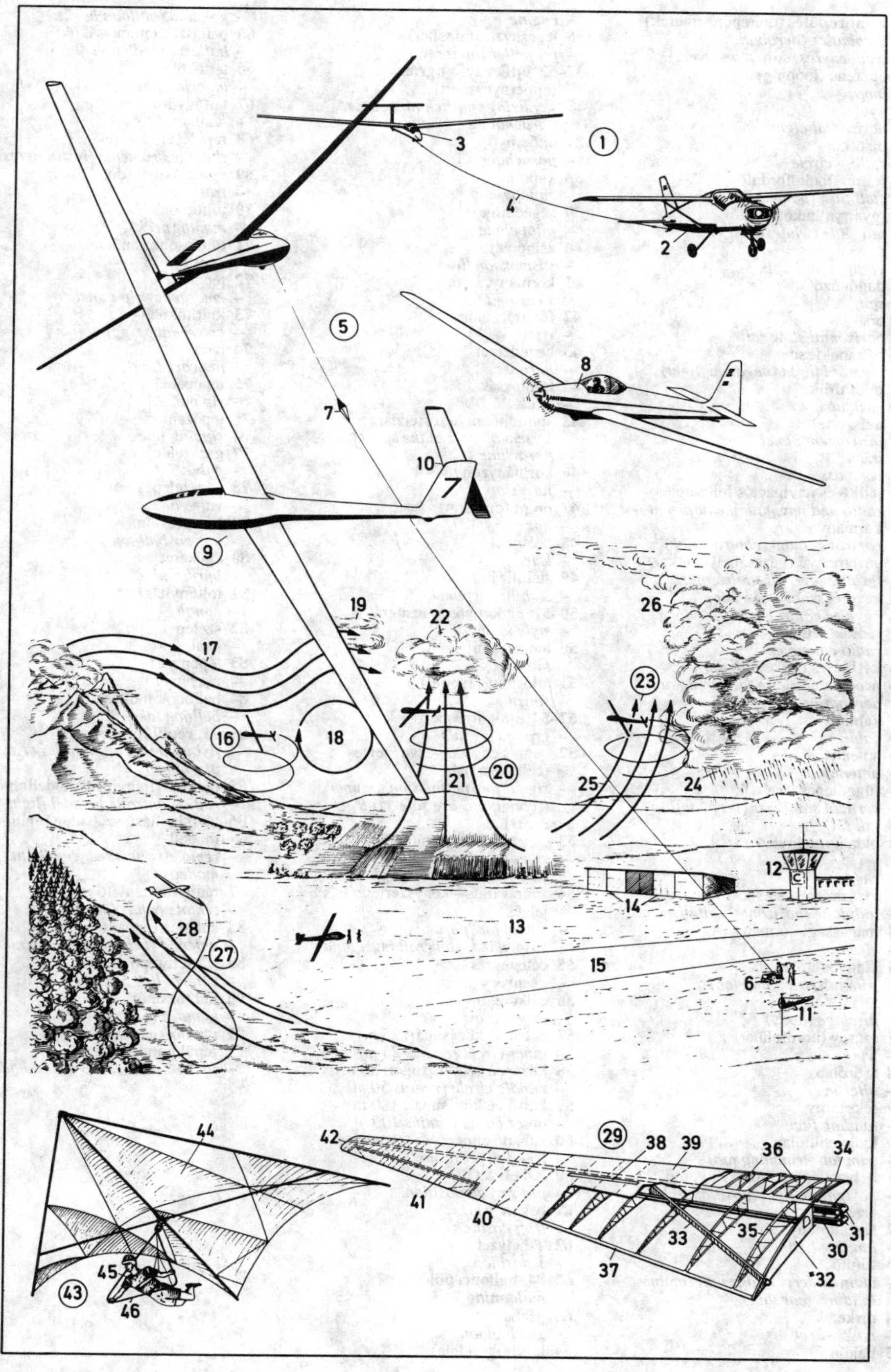
1
2
3
4
5
6
7
8
9
10
11
12
13
14
15
16
17
18
19
20
21
22
23
24
25
26
27
28
29
30
31
32
33
34
35
36
37
38
39
40
41
42
43
44
45
46

**1–9 műrepülés** (műrepülő-figurák)
– ***aerobatics*** *(aerobatic manoeuvres,* Am. *maneuvers)*
**1** bukfenc (looping)
– *loop*
**2** nyolcas
– *horizontal eight*
**3** orsó(kör)
– *rolling circle*
**4** (torony)bukóforduló
– *stall turn (hammer head)*
**5** (gyertya)bukóforduló
– *tail slide (whip stall)*
**6** csavar
– *vertical flick spin*
**7** dugóhúzó
– *spin*
**8** orsó
– *horizontal slow roll*
**9** hátrabukfenc
– *inverted flight (negative flight)*
**10 pilótafülke**
– ***cockpit***
**11** műszerfal
– *instrument panel*
**12** iránytű
– *compass*
**13** rádió- és navigációs felszerelés
– *radio and navigation equipment*
**14** kormányoszlop
– *control column (control stick)*
**15** gázemeltyű (gázszabályozó kar)
– *throttle lever (throttle control)*
**16** keverékszabályozó kar
– *mixture control*
**17** rádiókészülék
– *radio equipment*
**18 kétüléses műrepülőgép**
– ***two-seater plane for racing and aerobatics***
**19** kabin
– *cabin*
**20** antenna
– *antenna*
**21** függőleges vezérsík
– *vertical stabilizer (vertical fin, tail fin)*
**22** oldalkormánylap
– *rudder*
**23** vízszintes vezérsík
– *tailplane (horizontal stabilizer)*
**24** magassági kormány
– *elevator*
**25** kiegyenlítőlap
– *trim tab (trimming tab)*
**26** törzs
– *fuselage (body)*
**27** szárny (hordfelület)
– *wing*
**28** csűrőlap
– *aileron*
**29** fékszárny
– *landing flap*
**30** kiegyenlítőlap
– *trim tab (trimming tab)*
**31** helyzetlámpa [vörös]
– *navigation light (position light) [red]*
**32** leszállófényszóró
– *landing light*
**33** főfutó
– *main undercarriage unit (main landing gear unit)*
**34** orrkerék
– *nose wheel*
**35** hajtómű
– *engine*
**36** légcsavar (propeller)
– *propeller (airscrew)*
**37–62 ejtőernyős ugrás** (ejtőernyőssport)
– ***skydiving*** *(parachuting, sport parachuting)*
**37** ejtőernyő
– *parachute*
**38** kupola
– *canopy*
**39** segédernyő
– *pilot chute*
**40** zsinórzat
– *suspension lines*
**41** kormányzsinór
– *steering line*
**42** főtartózsinór
– *riser*
**43** hevederzet
– *harness*
**44** tárolózsák
– *pack*
**45** sportejtőernyő résrendszere
– *system of slots of the sports parachute*
**46** kormányzónyílások
– *turn slots*
**47** orom (oromzat)
– *apex*
**48** belépőél
– *skirt*
**49** stabilizátor
– *stabilizing panel*
**50–51** ejtőernyős stílusugrás
– *style jump*
**50** hátraszaltó
– *back loop*
**51** átlósugrás (spirál)
– *spiral*
**52–54** ejtőernyős jelzések
– *ground signals*
**52** „ugrás engedélyezve" jelzés (célkereszt)
– *signal for 'permission to jump' ('conditions are safe') (target cross)*
**53** „ugrás tilos – új rárepülés" jelzés
– *signal for 'parachuting suspended – repeat flight'*
**54** „ugrás tilos – kényszerleszállás" jelzés
– *signal for 'parachuting suspended – aircraft must land'*
**55** célbaugrás
– *accuracy jump*
**56** célkereszt
– *target cross*
**57** belső célkör [sugár: 25 m]
– *inner circle [radius 25 m]*
**58** középső célkör [sugár: 50 m]
– *middle circle [radius 50 m]*
**59** külső célkör [sugár: 100 m]
– *outer circle [radius 100 m]*
**60** zuhanó ejtőernyős testtartása
– *free-fall positions*
**60** X-helyzet
– *full spread position*
**61** békahelyzet
– *frog position*
**62** T-helyzet
– *T position*
**63–84 ballonrepülés**
– ***ballooning***
**63** gázballon
– *gas balloon*
**64** kosár (gondola)
– *gondola (balloon basket)*
**65** ballaszt (homokzsákok)
– *ballast (sandbags)*
**66** tartókötél
– *mooring line*
**67** tartógyűrű
– *hoop*
**68** repülési műszerek
– *flight instruments (instruments)*
**69** vontatókötél (dobókötél)
– *trail rope*
**70** töltőcsonk
– *mouth (neck)*
**71** töltőcsonkzsinór
– *neck line*
**72** tépőkötél
– *emergency rip panel*
**73** kiürítőkötél
– *emergency ripping line*
**74** háló
– *network (net)*
**75** tépőpanel
– *rip panel*
**76** tépőzsinór
– *ripping line*
**77** gázszelep
– *valve*
**78** gázszelepzsinór
– *valve line*
**79** hőlégballon
– *hot-air balloon*
**80** égőkeret
– *burner platform*
**81** töltőnyílás
– *mouth*
**82** szelep
– *vent*
**83** tépőpanel
– *rip panel*
**84** ballonok indítása
– *balloon take-off*
**85–91 repülőmodellezés**
– ***flying model aeroplanes*** *(*Am. *airplanes)*
**85** rádió-távirányítású modellrepülés
– *radio-controlled model flight*
**86** távirányítású szabadon repülő modell
– *remote-controlled free flight model*
**87** rádió-távirányító
– *remote control radio*
**88** antenna (adóantenna)
– *antenna (transmitting antenna)*
**89** zárttéri repülőmodell
– *control line model*
**90** indítózsinór
– *mono-line control system*
**91** repülő kutyaház <K9-es repülőmodell>
– *flying kennel, a K9-class model*

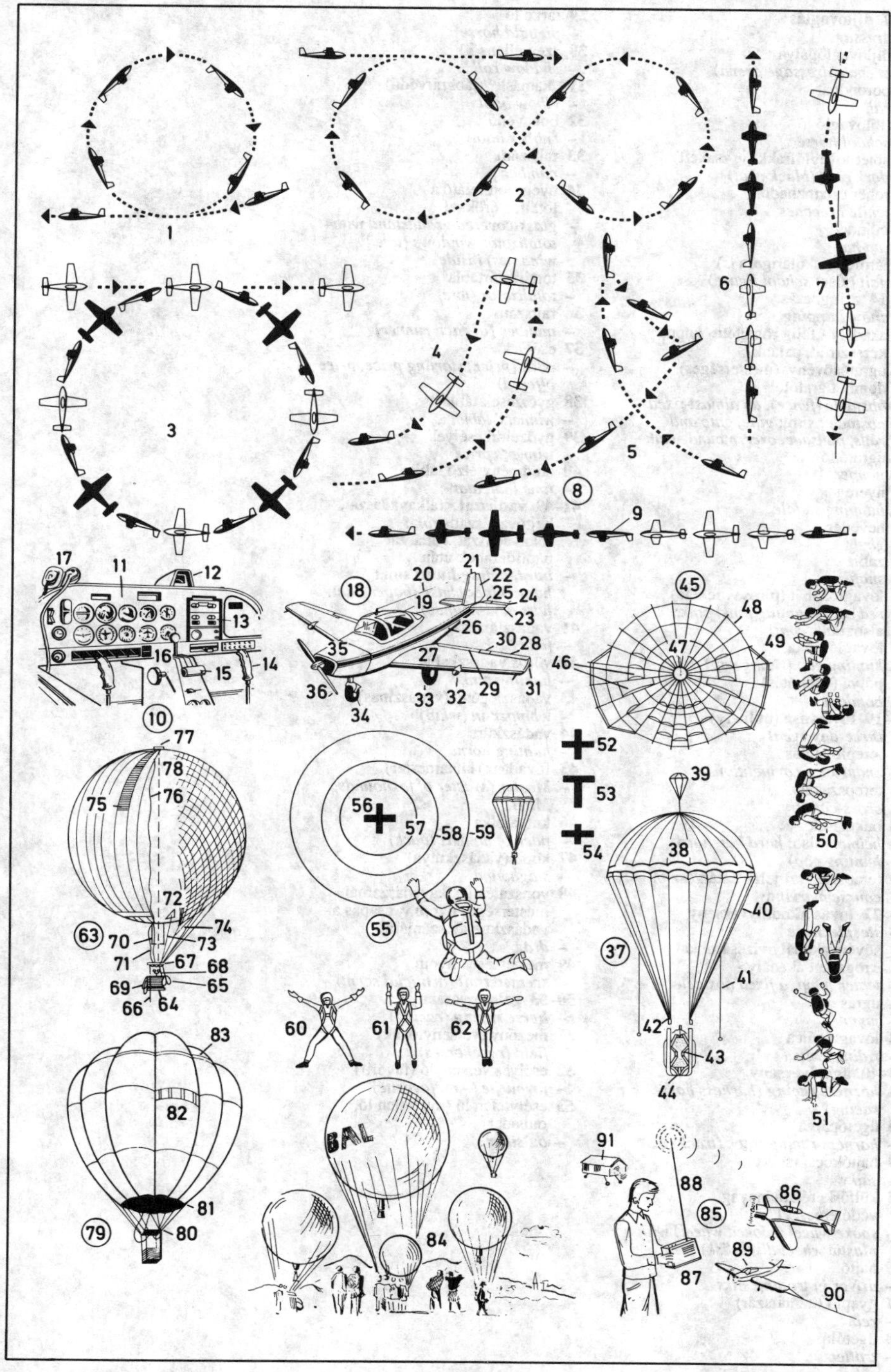
1
2
3
4
5
6
7
8
9
10
11
12
13
14
15
16
17
18
19
20
21
22
23
24
25
26
27
28
29
30
31
32
33
34
35
36
37
38
39
40
41
42
43
44
45
46
47
48
49
50
51
52
53
54
55
56
57
58
59
60
61
62
63
64
65
66
67
68
69
70
71
72
73
74
75
76
77
78
79
80
81
82
83
84
85
86
87
88
89
90
91
BAL

**1–7 díjlovaglás**
– ***dressage***
**1** díjlovaglópálya
– *arena ((dressage arena)*
**2** porondgát
– *rail*
**3** díjlovagló ló
– *school horse*
**4** sötét lovaglófrakk (*v.* zsakett)
– *dark coat (black coat)*
**5** fehér csizmanadrág
– *white breeches*
**6** cilinder
– *top hat*
**7** jármód (iskolafigura *is*)
– *gait (*also: *school figure)*
**8–14 díjugratás**
– ***show jumping***
**8** akadály <félig rögzített> kapu, keresztrúd, palánk, ugratósövény, (mesterséges) domb, ugratófal
– *obstacle (fence), an almost-fixed obstacle;* sim.: *gate, gate and rails, palisade, oxer, mound, wall*
**9** ugrató ló
– *jumper*
**10** nyereg
– *jumping saddle*
**11** heveder
– *girth*
**12** zabla
– *snaffle*
**13** lovaglókabát (piros *v.* fekete)
– *red coat (hunting pink, pink;* also: *dark coat)*
**14** lovaglósapka
– *hunting cap (riding cap)*
**15** pólya (védkötés)
– *bandage*
**16–19 lovastusa** (military)
– ***three-day event***
**16** tereplovaglás
– *endurance competition*
**17** terepszakasz
– *cross-country*
**18** bukósisak
– *helmet (*also: *hard hat, hard hunting cap)*
**19** terepszakaszt jelző határzászlók
– *course markings*
**20–22 lovas akadályverseny**
– ***steeplechase***
**20** sövényakadály vizesárokkal <rögzített akadály>
– *water jump, a fixed obstacle*
**21** ugrás
– *jump*
**22** lovaglópálca
– *riding switch*
**23–40 ügetőverseny**
– ***harness racing*** *(harness horse racing)*
**23** ügetőpálya
– *harness racing track (track)*
**24** hajtókocsi (sulky)
– *sulky*
**25** küllőskerék műanyag védőlemezzel
– *spoke wheel (spoked wheel) with plastic wheel disc (disk)*
**26** hajtó
– *driver in trotting silks*
**27** gyeplő (kantárszár)
– *rein*
**28** ügetőló
– *trotter*
**29** tarka ló
– *piebald horse*
**30** szemellenző
– *shadow roll*
**31** „kamásli" (lábszárvédő)
– *elbow boot*
**32** bokavédő
– *rubber boot*
**33** rajtszám
– *number*
**34** üvegezett lelátó a totalizatőrökkel
– *glass-covered grandstand with totalizator windows (tote windows) inside*
**35** totalizatőrtábla
– *totalizator (tote)*
**36** rajtszám
– *number [of each runner]*
**37** esélyek
– *odds (price, starting price, price offered)*
**38** győztesek táblája
– *winners' table*
**39** győzelmi esélyek
– *winner's price*
**40** eredményjelző tábla
– *time indicator*
**41–49 vadászat** <falkavadászat, hajtóvadászat> *rok.:* rókavadászat, vadászat papírdarabok után
– ***hunt, a drag hunt;*** sim.: *fox hunt, paper chase (paper hunt, hare-and-hounds)*
**41** vadásztársaság
– *field*
**42** vörös vadászkabát
– *hunting pink*
**43** vadászlegény (vadászinas)
– *whipper-in (whip)*
**44** vadászkürt
– *hunting horn*
**45** fővadász (falkamester)
– *Master (Master of foxhounds, MFH)*
**46** kutyafalka
– *pack of hounds (pack)*
**47** kopó (vadászkutya)
– *staghound*
**48** vonszalék [falkavadászatnál mesterséges nyom *v.* csapás a vadászkutyák számára]
– *drag*
**49** mesterséges nyom
– *scented trail (artificial scent)*
**50–53 galoppverseny**
– ***horse racing*** *(racing)*
**51** mezőny (versenylovak)
– *field (racehorses)*
**52** esélyes versenyló (favorit)
– *favourite (*Am. *favorite)*
**53** esélytelen ló (nyeretlen ló, outsider)
– *outsider*

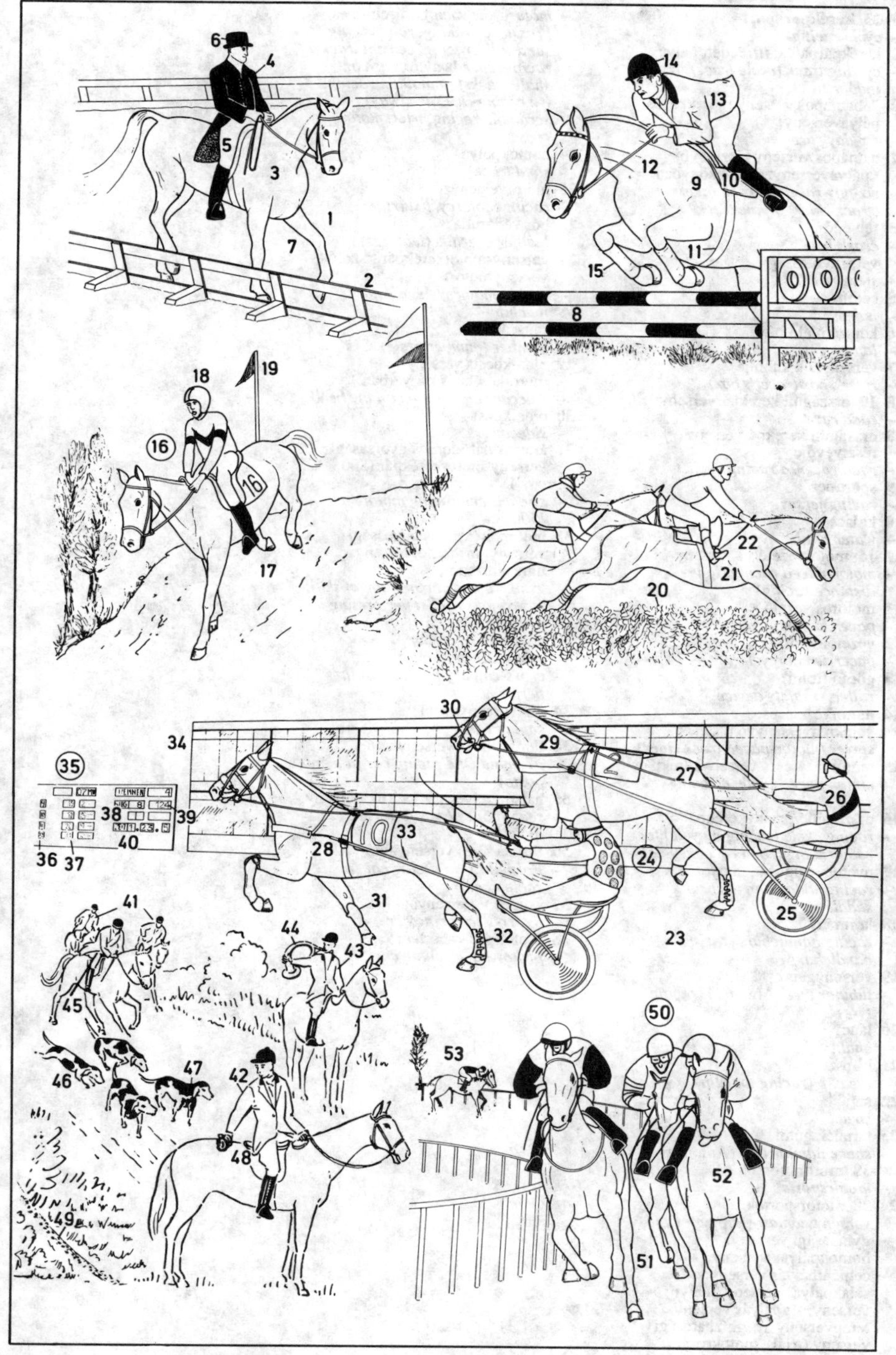

6
4
5
3
1
7
2
14
13
12
9
10
11
15
8
18
19
16
17
22
21
20
30
29
34
35
38
39
36
37
40
28
33
27
26
24
25
31
32
23
41
44
43
45
46
47
42
48
49
53
50
52
51

**1–23 kerékpársport**
– ***cycle racing***
1 kerékpárpálya; *itt:* fedett pálya
– *cycling track (cycle track);* here: *indoor track*
**2–7** hatnapos verseny [kerékpáros pályaverseny]
– *six-day race*
**2** hatnapos verseny résztvevője <pályaversenyző a mezőnyben>
– *six-day racer, a track racer (track rider) on the track*
**3** fejvédő
– *crash hat*
**4** versenybíróság
– *stewards*
**5** célbíró
– *judge*
**6** körszámláló bíró
– *lap scorer*
**7** versenyzők kabinja
– *rider's box (racer's box)*
**8–10** országúti kerékpárverseny
– *road race*
**8** országúti kerékpárverseny résztvevője
– *road racer, a racing cyclist*
**9** sportmez
– *racing jersey*
**10** kulacs
– *water bottle*
**11–15** motorvezetéses verseny
– *motor-paced racing (long-distance racing)*
**11** motoros vezető
– *pacer, a motorcyclist*
**12** vezetőmotor
– *pacer's motorcycle*
**13** görgő (rolni)
– *roller, a safety device*
**14** motorvezetéses kerékpárversenyző („stéher")
– *stayer (motor-paced track rider)*
**15** motorvezetéses versenykerékpár
– *motor-paced cycle, a racing cycle*
**16** országúti versenykerékpár
– *racing cycle (racing bicycle) for road racing (road race bicycle)*
**17** nyereg <rugózatlan nyereg>
– *racing saddle, an unsprung saddle*
**18** kormány
– *racing handlebars (racing handlebar)*
**19** versenygumi
– *tubular tyre* (Am. *tire*) *(racing tyre)*
**20** lánc
– *chain*
**21** klipsz
– *toe clip (racing toe clip)*
**22** szíj
– *strap*
**23** tartalék gumi
– *spare tubular tyre* (Am. *tire*)
**24–38 motorsportok**
– ***motorsports***
**24–28** motorsportok; *versenyszámai:* gyepmotor, gyorsasági verseny, homokpályás verseny, cementpályás verseny, salakpályás verseny, hegyi verseny, jégpályás verseny, terepverseny, megbízhatósági verseny (triál), motokrossz
– *motorcycle racing;* disciplines: *grasstrack racing, road racing, sand track racing, cement track racing, speedway [on ash or shale tracks], mountain racing, ice racing (ice speedway), scramble racing, trial, moto cross*
**24** homokpálya
– *sand track*
**25** motorversenyző
– *racing motorcyclist (rider)*
**26** bőr védőruha
– *leather overalls (leathers)*
**27** verseny-motorkerékpár <szóló versenymotor>
– *racing motorcycle, a solo machine*
**28** rajtszám
– *number (number plate)*
**29** oldalkocsis verseny-motorkerékpár kanyarban
– *sidecar combination on the bend*
**30** oldalkocsi
– *sidecar*
**31** áramvonal-idomos gyorsasági verseny-motorkerékpár (500 cm$^3$)
– *streamlined racing motorcycle [500 cc.]*
**32** motorkerékpáros ügyességi verseny; *itt:* motorversenyző ugrás közben
– *gymkhana, a competition of skill;* here: *motorcyclist performing a jump*
**33** terepmotorverseny <teljesítménypróba>
– *cross-country race, a test in performance*
**34–38 versenyautók**
– *racing cars*
**34** Forma–1-es versenyautó
– *Formula One racing car (a mono posto)*
**35** hátsó szelvény *v.* szárnyszelvény
– *rear spoiler (aerofoil,* Am. *airfoil)*
**36** Forma–2-es versenyautó
– *Formula Two racing car (a racing car)*
**37** szuper V versenyautó
– *Super-Vee racing car*
**38** prototípus <sportautó>
– *prototype, a racing car*

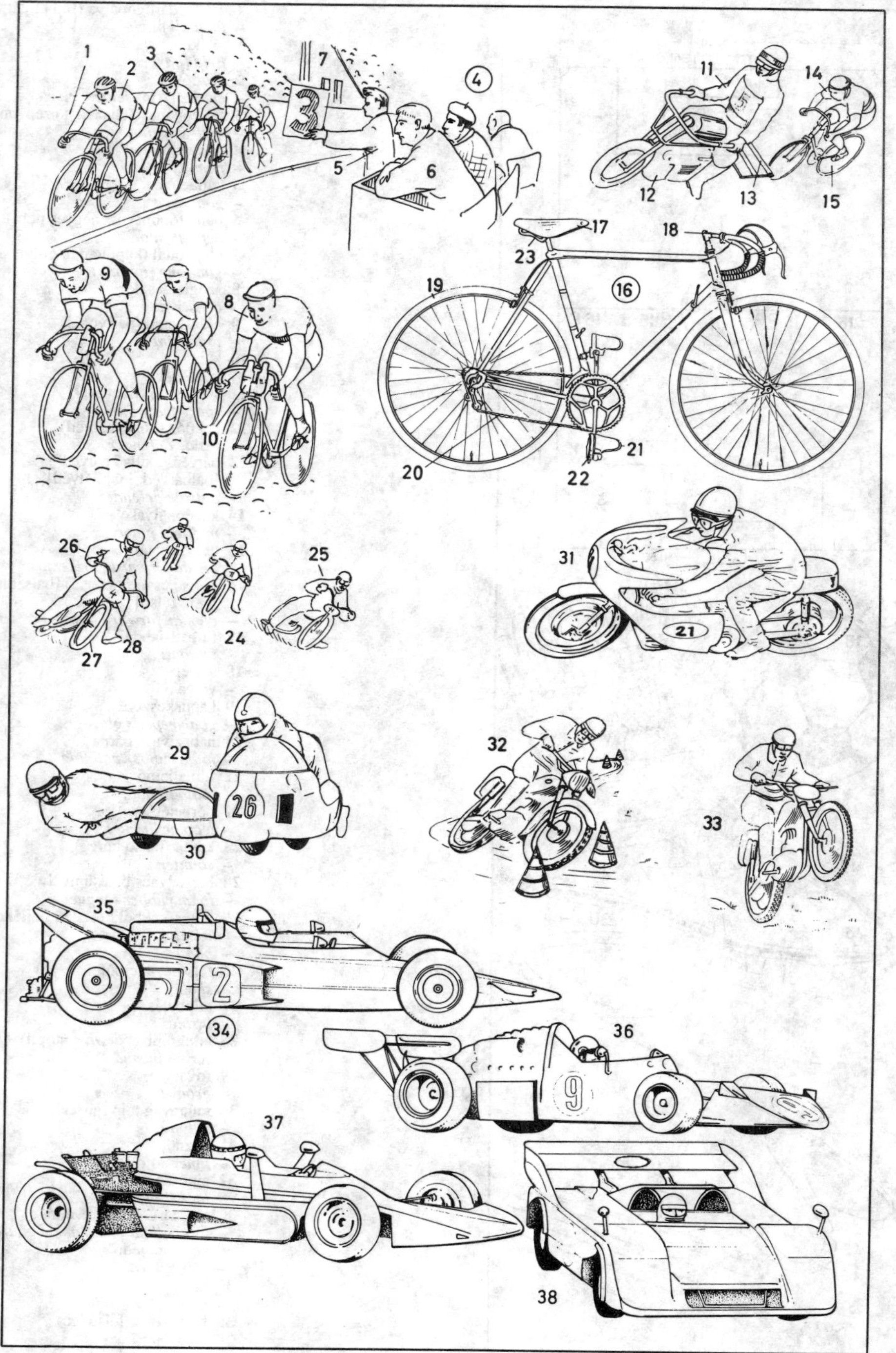
1
2
3
4
5
6
7
8
9
10
11
12
13
14
15
16
17
18
19
20
21
22
23
24
25
26
27
28
29
30
31
32
33
34
35
36
37
38

# 291 Labdajátékok I. (labdarúgás)

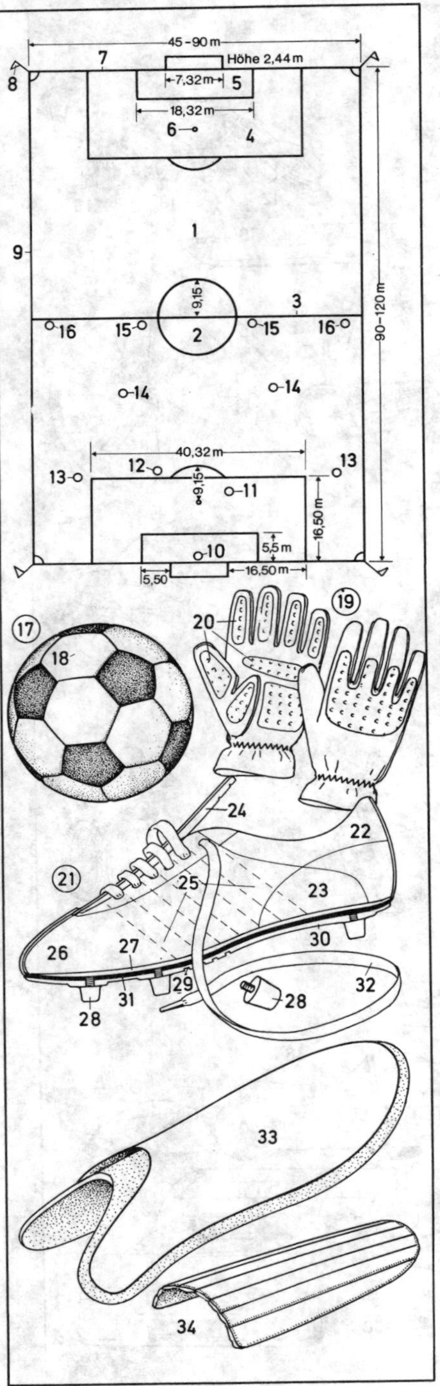


**1–16** labdarúgópálya (futballpálya)
– *football pitch*
**1** játéktér
– *field (park)*
**2** kezdőkör
– *centre (*Am. *center) circle*
**3** felezővonal (félvonal, középvonal)
– *half-way line*
**4** büntetőterület
– *penalty area*
**5** kapuelőtér
– *goal area*
**6** büntetőpont (tizenegyes pont)
– *penalty spot*
**7** alapvonal (kapuvonal, gólvonal)
– *goal line (by-line)*
**8** szögletzászló
– *corner flag*
**9** oldalvonal (partvonal)
– *touch line*
**10** kapus
– *goalkeeper*
**11** söprögető (libero)
– *spare man*
**12** beállós (középhátvéd)
– *inside defender*
**13** hátvéd („külső hátvéd") [balhátvéd, jobbhátvéd]
– *outside defender*
**14** középpályások
– *midfield players*
**15** belső csatár
– *inside forward (striker)*
**16** szélső csatár (szélső) [balszélső, jobbszélső]
– *outside forward (winger)*
**17** futball-labda
– *football*
**18** szelep
– *valve*
**19** kapuskesztyű
– *goalkeeper's gloves*
**20** habszivacs párna
– *foam rubber padding*
**21** futballcipő
– *football boot*
**22** bőrbetét
– *leather lining*
**23** kéreg (hátsó kéreg)
– *counter*
**24** habszivacs bélésű nyelv
– *foam rubber tongue*
**25** bőrcsíkokból készített hajlékony fejrész
– *bands*
**26** felsőrész (cipőfelsőrész)
– *shaft*
**27** talpbélés
– *insole*
**28** talpgomb (bőrszeg, stopli)
– *screw-in stud*
**29** rovátka
– *groove*
**30** műanyag talp (járótalp)
– *nylon sole*
**31** köztalp
– *inner sole*
**32** cipőfűző
– *lace (bootlace)*
**33** lábszárvédő bokavédővel
– *football pad with ankle guard*
**34** sípcsontvédő
– *shin guard*
**35** kapu
– *goal*
**36** keresztléc (felső léc)
– *crossbar*

**37** kapufa (kapuoszlop)
– *post (goalpost)*
**38** kirúgás
– *goal kick*
**39** öklözés
– *save with the fists*
**40** büntetőrúgás (tizenegyesrúgás, tizenegyes)
– *penalty (penalty kick)*
**41** szögletrúgás (szöglet, sarokrúgás)
– *corner (corner kick)*
**42** les (lesállás, leshelyzet)
– *offside*
**43** szabadrúgás
– *free kick*
**44** sorfal
– *wall*
**45** ollózás
– *bicycle kick (overhead bicycle kick)*
**46** fejelés
– *header*
**47** labdaátadás (átadás, passz)
– *pass (passing the ball)*
**48** labdalevétel
– *receiving the ball (taking a pass)*
**49** rövid átadás (rövid passz)
– *short pass (one-two)*
**50** szabálytalanság
– *foul (infringement)*
**51** feltartás (akadályozás)
– *obstruction*
**52** cselezés
– *dribble*
**53** partdobás (bedobás)
– *throw-in*
**54** cserejátékos (tartalék játékos)
– *substitute*
**55** edző
– *coach*
**56** mez (ing)
– *shirt (jersey)*
**57** nadrág (sportnadrág)
– *shorts*
**58** harisnya (sportszár)
– *sock (football sock)*
**59** partjelző (vonalbíró)
– *linesman*
**60** partjelző zászlója (kézi jelzőzászló)
– *linesman's flag*
**61** kiállítás
– *sending-off*
**62** játékvezető (bíró)
– *referee*
**63** piros lap (*rok.:* sárga lap)
– *red card; as a caution* also: *yellow card*
**64** középzászló
– *centre (Am. center) flag*

**1–5 kézilabdázás**
– ***handball*** *(indoor handball)*
2 kézilabda-játékos (kézilabdázó) <mezőnyjátékos>
– *handball player, a field player*
3 beálló játékos átlövés közben
– *attacker, making a jump throw*
4 védőjátékos
– *defender*
5 szabaddobási vonal (szaggatott vonal)
– *penalty line*
6 **gyeplabdázás** (gyephoki, gyeplabda)
– ***hockey***
7 hokikapu
– *goal*
8 kapus
– *goalkeeper*
9 lábszárvédő (sípcsontvédő, térdvédő)
– *pad (shin pad, knee pad)*
10 lábfejvédő
– *kicker*
11 arcvédő (kapusálarc)
– *face guard*
12 kapuskesztyű
– *glove*
13 hokibot (hokiütő)
– *hockey stick*
14 hokilabda (labda)
– *hockey ball*
15 gyeplabdajátékos (gyeplabdázó)
– *hockey player*
16 lövőkör (kör)
– *striking circle*
17 oldalvonal
– *sideline*
18 szöglet
– *corner*
19 **rögbi**
– ***rugby*** *(rugby football)*
20 tolongás (csomó, összefutás)
– *scrum (scrummage)*
21 rögbilabda
– *rugby ball*
22 **amerikai futball** (amerikai labdarúgás)
– ***American football*** *(*Am. *football)*
23 labdát vivő játékos <labdarúgó (játékos)>
– *player carrying the ball, a football player*
24 sisak
– *helmet*
25 arcvédő
– *face guard*
26 kitömött mez
– *padded jersey*
27 labda
– *ball (pigskin)*
28 **kosárlabdázás** (kosárlabdajáték, kosárlabda)
– ***basketball***
29 labda (kosárlabda)
– *basketball*
30 palánk
– *backboard*
31 palánktartó állvány
– *basket posts*
32 kosár
– *basket*
33 gyűrű
– *basket ring*
34 célnégyszög
– *target rectangle*
35 kosárdobó játékos <kosárlabdajátékos (kosárlabdázó)>
– *basketball player shooting*
36 alapvonal
– *end line*
37 büntetőterület (szigorított terület)
– *restricted area*
38 büntetődobó vonal (büntetődobási vonal)
– *free-throw line*
39 cserejátékosok
– *substitute*
**40–69 baseball**
– ***baseball***
**40–58** játéktér
– *field (park)*
40 nézőkorlát
– *spectator barrier*
41 külső mezőnyjátékos (szélső játékos)
– *outfielder*
42 középjátékos
– *short stop*
43 második alappont *v.* határpont
– *second base*
44 alapvonal-játékos
– *baseman*
45 futójátékos
– *runner*
46 első alappont
– *first base*
47 harmadik alappont
– *third base*
48 büntetővonal
– *foul line (base line)*
49 adogatóállás (dobókör)
– *pitcher's mound*
50 adogatójátékos (dobójátékos)
– *pitcher*
51 ütőmező (negyedik alappont, home base)
– *batter's position*
52 ütőjátékos
– *batter*
53 ütőállás
– *home base (home plate)*
54 fogójátékos
– *catcher*
55 játékvezető
– *umpire*
56 edzők helye
– *coach's box*
57 edző
– *coach*
58 soron következő ütőjátékosok
– *batting order*
**59–60** baseballkesztyűk
– *baseball gloves (baseball mitts)*
59 mezőnyjátékosok kesztyűje
– *fielder's glove (fielder's mitt)*
60 fogójátékosok kesztyűje
– *catcher's glove (catcher's mitt)*
61 baseball-labda
– *baseball*
62 baseballütő
– *bat*
63 ütőjátékos ütés közben
– *batter at bat*
64 fogójátékos
– *catcher*
65 játékvezető
– *umpire*
66 futójátékos
– *runner*
67 alappontlemez
– *base plate*
68 adogatójátékos
– *pitcher*
69 adogatódomb
– *pitcher's mound*
**70–76 krikett**
– ***cricket***
70 krikettkapu keresztléccel
– *wicket with bails*
71 dobóvonal
– *back crease (bowling crease)*
72 ütővonal
– *crease (batting crease)*
73 a dobócsapat (támadócsapat) kapusa
– *wicket keeper of the fielding side*
74 ütőjátékos
– *batsman*
75 krikettütő
– *bat (cricket bat)*
76 mezőnyjátékos (dobójátékos)
– *fielder (bowler)*
**77–82 krokett**
– ***croquet***
77 határpálcika
– *winning peg*
78 krokettkapu
– *hoop*
79 jelzőpálcika
– *corner peg*
80 krokettjátékos
– *croquet player*
81 krokettütő
– *croquet mallet*
82 krokettgolyó
– *croquet ball*

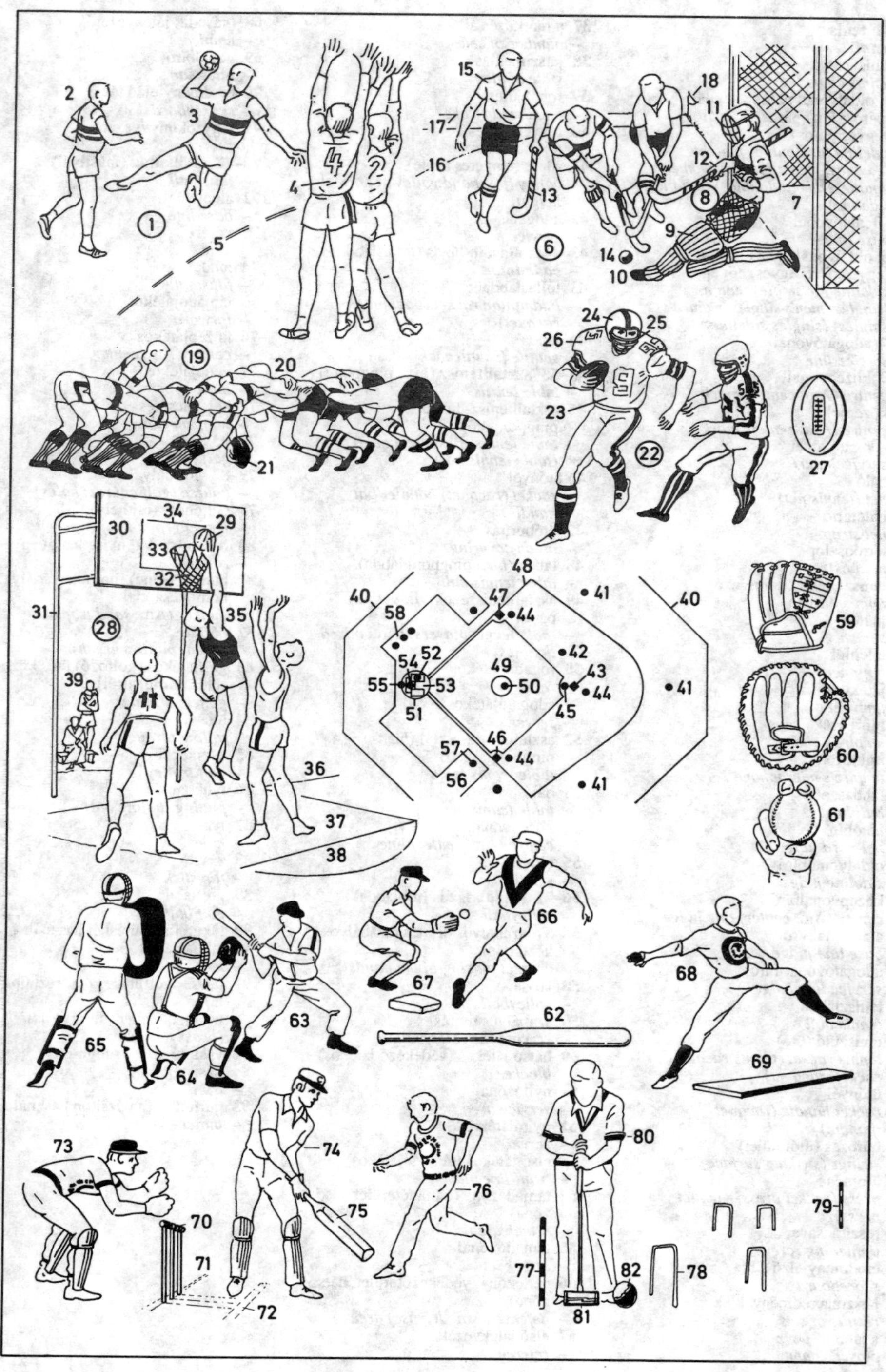
1
2
3
4
5
6
7
8
9
10
11
12
13
14
15
16
17
18
19
20
21
22
23
24
25
26
27
28
29
30
31
32
33
34
35
36
37
38
39
40
41
42
43
44
45
46
47
48
49
50
51
52
53
54
55
56
57
58
59
60
61
62
63
64
65
66
67
68
69
70
71
72
73
74
75
76
77
78
79
80
81
82

**1–42 tenisz**
– ***tennis***
**1** teniszpálya
– *tennis court*
**2–3** oldalvonal páros játéknál (páros; férfi páros, női páros, vegyes páros)
– *sideline for doubles match (doubles; men's doubles, women's doubles, mixed doubles) (doubles sideline)*
**3–10** alapvonal
– *base line*
**4–5** oldalvonal egyes játéknál (egyes; férfi egyes, női egyes)
– *sideline for singles match (singles; men's singles, women's singles) (singles sideline)*
**6–7** adogatóvonal
– *service line*
**8–9** középvonal
– *centre (*Am.* center) mark*
**11** középjel
– *centre (*Am.* center) mark*
**12** adogatóudvar
– *service court*
**13** háló
– *net (tennis net)*
**14** hálótartó
– *net strap*
**15** tartóoszlop
– *net post*
**16** teniszjátékos (teniszező)
– *tennis player*
**17** leütés
– *smash*
**18** ellenfél
– *opponent*
**19** játékvezető
– *umpire*
**20** bírói szék
– *umpire's chair*
**21** mikrofon
– *umpire's microphone*
**22** labdaszedő
– *ball boy*
**23** hálóbíró
– *net-cord judge*
**24** oldalvonalbíró
– *sideline judge*
**25** középvonalbíró
– *centre (*Am.* center) line judge*
**26** alapvonalbíró
– *base line judge*
**27** adogatóvonal-bíró
– *service line judge*
**28** teniszlabda
– *tennis ball*
**29** teniszütő (ütő)
– *tennis racket (tennis racquet, racket, racquet)*
**30** ütőnyél
– *racket handle (racquet handle)*
**31** húrozás (ütőfelület)
– *strings (striking surface)*
**32** ütőprés
– *press (racket press, racquet press)*
**33** feszítőcsavar
– *tightening screw*
**34** eredményjelző tábla
– *scoreboard*
**35** játszmaeredmények
– *results of sets*
**36** a játékos neve
– *player's name*
**37** a mérkőzés állása
– *number of sets*
**38** játszmaállás
– *state of play*
**39** fonák ütés
– *backhand stroke*
**40** tenyeres ütés
– *forehand stroke*
**41** röpte (tenyeres röpte)
– *volley (forehand volley at normal height)*
**42** adogatás
– *service*
**43–44 tollaslabdázás** (tollaslabda)
– ***badminton***
**43** tollaslabdaütő
– *badminton racket (badminton racquet)*
**44** labda
– *shuttle (shuttlecock)*
**45–55 asztalitenisz** (*biz.*: pingpong)
– ***table tennis***
**45** asztalitenisz-ütő (*biz.*: pingpongütő)
– *table tennis racket (racquet) (table tennis bat)*
**46** ütőnyél
– *racket (racquet) handle (bat handle)*
**47** ütőborítás
– *blade covering*
**48** labda (*biz.*: pingponglabda)
– *table tennis ball*
**49** asztaliteniszezők; *itt:* vegyes páros
– *table tennis players;* here: *mixed doubles*
**50** fogadó játékos
– *receiver*
**51** adogatójátékos
– *server*
**52** asztalitenisz-asztal (*biz.*: pingpongasztal)
– *table tennis table*
**53** háló
– *table tennis net*
**54** középvonal
– *centre (*Am.* center) line*
**55** oldalvonal
– *sideline*
**56–71 röplabdázás** (röplabda)
– ***volleyball***
**56–57** szabályos érintés (szabályos kéztartás)
– *correct placing of the hands*
**58** labda
– *volleyball*
**59** szabályos nyitás
– *serving the volleyball*
**60** hátsó játékos (védekező játékos)
– *blocker*
**61** nyitózóna
– *service area*
**62** nyitójátékos
– *server*
**63** első játékos (támadójátékos)
– *front-line player*
**64** támadózóna (támadóterület, első zóna)
– *attack area*
**65** támadóvonal
– *attack line*
**66** védőzóna (védekezőterület, hátsó zóna)
– *defence (*Am.* defense) area*
**67** első játékvezető
– *referee*
**68** második játékvezető
– *umpire*
**69** vonalbíró
– *linesman*
**70** eredményjelző tábla
– *scoreboard*
**71** jegyzőkönyvvezető
– *scorer*
**72–78 ököllabda** (faustball)
– ***faustball***
**72** alapvonal
– *base line*
**73** kötél
– *tape*
**74** labda
– *faustball*
**75** támadójátékos
– *forward*
**76** középjátékos
– *centre (*Am.* center)*
**77** védőjátékos
– *back*
**78** kalapácsütés
– *hammer blow*
**79–93 golf**
– ***golf***
**79–82** golfpálya
– *course (golf course, holes)*
**79** elütőhely (rajthely)
– *teeing ground*
**80** rough [durva, nyíratlan gyep]
– *rough*
**81** bunker (sánc) [homokakadály, homokcsapda]
– *bunker (*Am.* sand trap)*
**82** pázsit
– *green (putting green)*
**83** golfjátékos (golfozó) ütés közben [ütés az elülsőről]
– *golfer, driving*
**84** ütés
– *follow-through*
**85** kézikocsi
– *golf trolley*
**86** lyukbaütés
– *putting (holing out)*
**87** lyuk
– *hole*
**88** zászló
– *flagstick*
**89** golflabda
– *golf ball*
**90** tűkúp [az elütésnél használt labdaalátét]
– *tee*
**91** faütő <golfütő>; *rok.*: réztalpú faütő
– *wood, a driver;* sim.: *brassie (brassy, brassey)*
**92** vasfejű ütő [a rough-on használják]
– *iron*
**93** gurítóütő [a pázsiton használják]
– *putter*

SCORES
SETS GAMES
BORG
ASHE
6 : 3
4 : 6
2 : 6
7 : 5
2
4
2
1

**1–33** vívás
– *fencing (modern fencing)*
**1–18** tőrvívás
– *foil*
**1** vívómester (vívóedző)
– *fencing master (fencing instructor)*
**2** pást
– *piste*
**3** felállási vonal
– *on guard line*
**4** középvonal
– *centre* (Am. *center*) *line*
**5–6** vívók asszó közben
– *fencers (foil fencers, foilsmen, foilists) in a bout*
**5** támadás kitöréssel
– *attacker (attacking fencer) in lunging position (lunging)*
**6** védés (parád)
– *defender (defending fencer), parrying*
**7** egyenes szúrás
– *straight thrust, a fencing movement*
**8** külső terchárítás (tercvédés, tercparád)
– *parry of the tierce*
**9** vívóvonal
– *line of fencing*
**10** három vívótávolság (nagy, közép- és zárt távolság)
– *three fencing measures (short, medium and long measure)*
**11** tőr <szúrófegyver>
– *foil, a thrust weapon*
**12** vívókesztyű
– *fencing glove*
**13** vívómaszk
– *fencing mask (foil mask)*
**14** borítás
– *neck flap (neck guard) on the fencing mask*
**15** vívómellény (fémszálas mellény)
– *metallic jacket*
**16** vívómellény
– *fencing jacket*
**17** sarok nélküli vívócipő
– *heelless fencing shoes*
**18** alapállás és üdvözlés
– *first position for fencer's salute (initial position, on guard position)*
**19–24** kardvívás
– *sabre* (Am. *saber*) *fencing*
**19** kardvívó
– *sabreurs (sabre fencers,* Am. *saber fencers)*
**20** kard
– *(light) sabre* (Am. *saber)*
**21** vívókesztyű
– *sabre* (Am. *saber*) *glove (sabre gauntlet)*
**22** vívómaszk
– *sabre* (Am. *saber*) *mask*
**23** fejvéd
– *cut at head*
**24** kvintparád (felső hárítás)
– *parry of the fifth (quinte)*
**25–33** párbajtőrvívás elektromos találatjelző készülékkel
– *épée, with electrical scoring equipment*
**25** párbajtőrvívó
– *épéeist*
**26** elektromos párbajtőr
– *electric épée;* also: *electric foil*
**27** szúróhegy
– *épée point*
**28** találatjelző lámpa
– *scoring lights*
**29** vezetékdob
– *spring-loaded wire spool*
**30** jelzőlámpa
– *indicator light*
**31** testvezeték
– *wire*
**32** elektromos találatjelző berendezés
– *electronic scoring equipment*
**33** vívóállás
– *on guard position*
**34–35 vívófegyverek**
– ***fencing weapons***
**34** könnyű kard <vágó- és szúrófegyver>
– *light sabre* (Am. *saber*), *a cut and thrust weapon*
**35** kosár
– *guard*
**36** párbajtőr <szúrófegyver>
– *épée, a thrust weapon*
**37** francia tőr <szúrófegyver>
– *French foil, a thrust weapon*
**38** kosár
– *guard (coquille)*
**39** olasz tőr
– *Italian foil*
**40** szorítógomb
– *foil pommel*
**41** markolat
– *handle*
**42** keresztvas
– *cross piece (quillons)*
**43** kosár
– *guard (coquille)*
**44** penge
– *blade*
**45** szúróhegy
– *button*
**46** kötések (pengekötések)
– *engagements*
**47** belső pengekötés (kvartkötés)
– *quarte (carte) engagement*
**48** külső pengekötés (terckötés)
– *tierce engagement* (also: *sixte engagement)*
**49** körkötés
– *circling engagement*
**50** alsó pengekötés
– *seconde engagement* (also: *octave engagement)*
**51–53** találati felületek
– *target areas*
**51** egész test a férfi párbajtőrvívásnál
– *the whole body in épée fencing (men)*
**52** fej, felsőtest, csípőcsonttól felfelé a férfi kardvívásnál
– *head and upper body down to the groin in sabre* (Am. *saber*) *fencing (men)*
**53** törzs a nyaktól a lágyékháromszögig a női és férfi tőrvívásnál
– *trunk from the neck to the groin in foil fencing (ladies and men)*

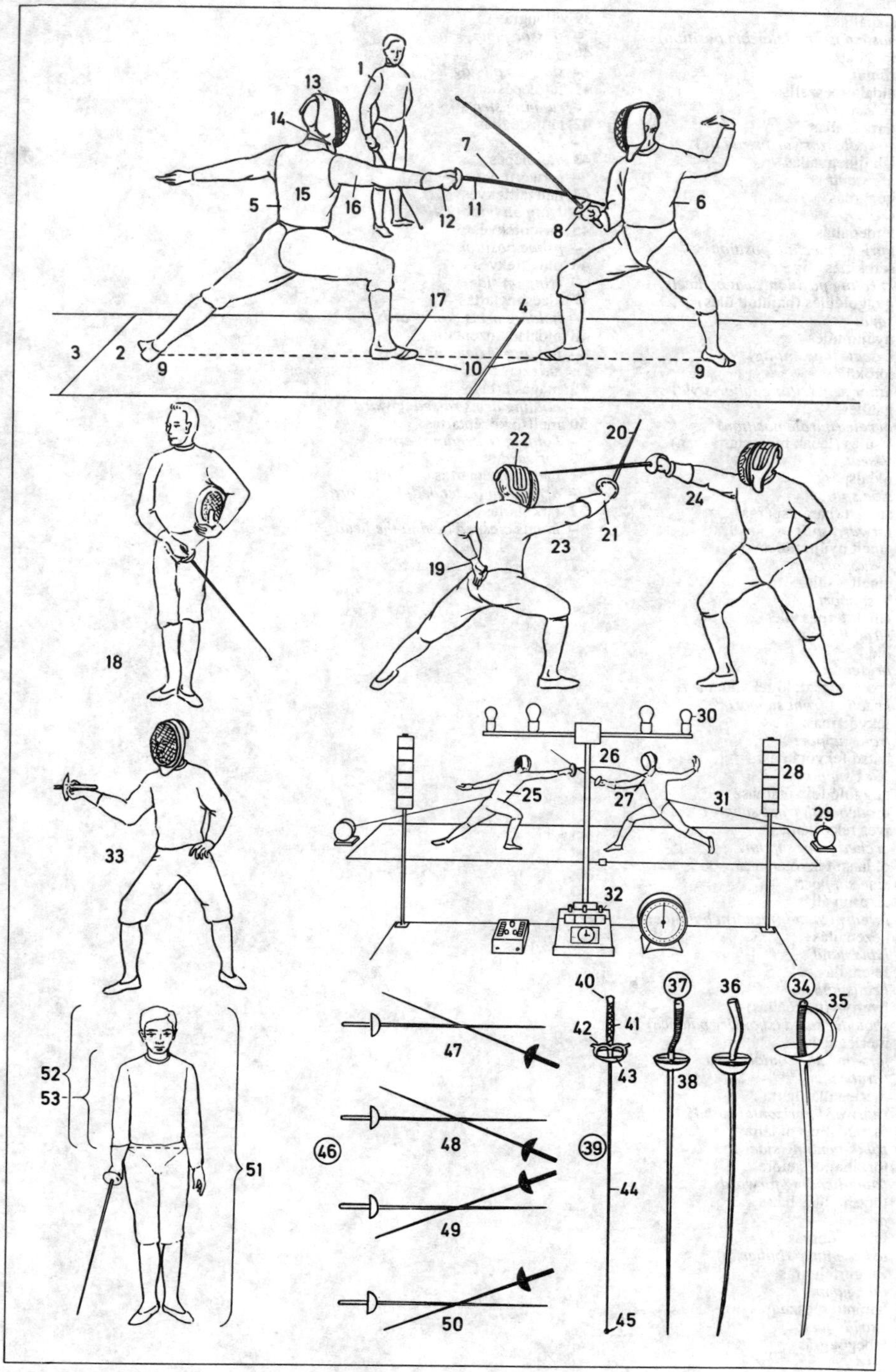
1
13
14
7
5
15
16
12
11
8
6
17
4
3
2
9
10
9
20
22
24
21
23
19
18
30
26
28
25
27
31
29
33
32
40
37
36
34
35
41
42
43
38
47
52
53
48
46
39
44
51
49
50
45

1 alapállás
– *basic position (starting position)*
2 futóállás
– *running posture*
3 oldalterpeszállás
– *side straddle*
4 terpeszállás
– *straddle (forward straddle)*
5 lábujjhegyállás
– *toe stand*
6 guggolás
– *crouch*
7 térdenállás
– *upright kneeling position*
8 sarokülés
– *kneeling position, seat on heels*
9 guggolóülés (hajlított ülés)
– *squat*
10 nyújtottülés
– *L-seat (long sitting)*
11 törökülés
– *tailor seat (sitting tailor-style)*
12 gátülés
– *hurdle (hurdle position)*
13 V-ülés (lábak magastartásban)
– *V-seat*
14 oldalspárga
– *side split*
15 spárga (harántspárga)
– *forward split*
16 emelt nyújtottülés
– *L-support*
17 emelt V-ülés
– *V-support*
18 emelt terpeszülés
– *straddle seat*
19 híd
– *bridge*
20 „pad" *v.* térdelő fekvőtámasz
– *kneeling front support*
21 fekvőtámasz
– *front support*
22 hátsó fekvőtámasz
– *back support*
23 guggoló fekvőtámasz
– *crouch with front support*
24 íves fekvőtámasz
– *arched front support*
25 oldalsó fekvőtámasz
– *side support*
26 alkaron állás
– *forearm stand (forearm balance)*
27 kézenállás
– *handstand*
28 fejenállás
– *headstand*
29 gyertya (tarkóállás)
– *shoulder stand (shoulder balance)*
30 mérlegállás
– *forward horizontal stand (arabesque)*
31 mérlegállás hátra
– *rearward horizontal stand*
32 törzshajlítás oldalra
– *trunk-bending sideways*
33 törzshajlítás előre
– *trunk-bending forwards*
34 törzshajlítás hátra
– *arch*
35 pillangóugrás
– *astride jump (butterfly)*
36 zsugorfelugrás
– *tuck jump*
37 haránterpeszugrás
– *astride jump*
38 lebegőugrás
– *pike*
39 ollóugrás
– *scissor jump*
40 őzugrás
– *stag jump (stag leap)*
41 futólépés
– *running step*
42 támadóállás
– *lunge*
43 váltólépés
– *forward pace*
44 hanyattfekvés
– *lying on back*
45 hasonfekvés
– *prone position*
46 oldaltfekvés
– *lying on side*
47 alacsonytartás
– *holding arms downwards*
48 oldalsó középtartás
– *holding (extending) arms sideways*
49 magastartás
– *holding arms raised upward*
50 mellső középtartás
– *holding (extending) arms forward*
51 hátsó középtartás
– *arms held (extended) backward*
52 tarkótartás
– *hands clasped behind the head*

1
2
3
4
5
6
7
8
9
10
11
12
13
14
15
16
17
18
19
20
21
22
23
24
25
26
27
28
29
30
31
32
33
34
35
36
37
38
39
40
41
42
43
44
45
46
47
48
49
50
51
52

**1–11 az olimpiai férfi versenyszámok tornaszerei**
– ***gymnastics apparatus in men's Olympic gymnastics***
**1** kápa nélküli ugróló (hosszúló)
– *long horse (horse, vaulting horse)*
**2** korlát
– *parallel bars*
**3** korlátrúd
– *bar*
**4** gyűrű
– *rings (stationary rings)*
**5** kápásló
– *pommel horse (side horse)*
**6** kápa
– *pommel*
**7** nyújtó
– *horizontal bar (high bar)*
**8** nyújtórúd
– *bar*
**9** tartóoszlop
– *upright*
**10** feszítőhuzal (merevítőhuzal)
– *stay wires*
**11** (12 x 12 m területű) talaj
– *floor (12 m x 12 m floor area)*
**12–21 iskolai és egyesületi torna torna- és segédszerei**
– ***auxiliary apparatus and apparatus for school and club gymnastics***
**12** dobbantó (ugródeszka)
– *springboard (Reuther board)*
**13** ugrószőnyeg
– *landing mat*
**14** tornapad
– *bench*
**15** ugrószekrény
– *box*
**16** ugrózsámoly
– *small box*
**17** bak
– *buck*
**18** matrac
– *mattress*
**19** mászókötél
– *climbing rope (rope)*
**20** bordásfal
– *wall bars*
**21** létra
– *window ladder*
**22–39 a tornász helyzete a tornaszerhez képest**
– ***positions in relation to the apparatus***
**22** mellső oldalállás
– *side, facing*
**23** hátsó oldalállás
– *side, facing away*
**24** mellső harántállás
– *end, facing*
**25** hátsó harántállás
– *end, facing away*
**26** külső oldalállás
– *outside, facing*
**27** belső oldalállás
– *inside, facing*
**28** mellső támasz
– *front support*
**29** hátsó támasz
– *back support*
**30** terpeszülés
– *straddle position*
**31** külső oldalülés
– *seated position outside*
**32** külső lovaglóülés
– *riding seat outside*
**33** mellső nyújtottfüggés
– *hang*
**34** hátsó nyújtottfüggés
– *reverse hang*
**35** zsugorfüggés
– *hang with elbows bent*
**36** lebegőfüggés
– *piked reverse hang*
**37** lefüggés
– *straight inverted hang*
**38** támaszfüggés
– *straight hang*
**39** függés hajlított karral
– *bent hang*
**40–46 fogások**
– ***grasps (kinds of grasp)***
**40** felsőfogás a nyújtón
– *overgrasp on the horizontal bar*
**41** alsófogás a nyújtón
– *undergrasp on the horizontal bar*
**42** vegyesfogás a nyújtón
– *combined grasp on the horizontal bar*
**43** keresztfogás a nyújtón
– *cross grasp on the horizontal bar*
**44** singfogás a nyújtón
– *rotated grasp on the horizontal bar*
**45** orsófogás a korláton
– *outside grip on the parallel bars*
**46** singfogás a korláton
– *rotated grasp on the parallel bars*
**47** tenyérvédő
– *leather handstrap*
**48–60 gyakorlatok a tornaszereken**
– ***exercises***
**48** csukaugrás a lovon
– *long-fly on the horse*
**49** átterpesztés a korláton
– *rise to straddle on the parallel bars*
**50** keresztfüggés a gyűrűn
– *crucifix on the rings*
**51** egyoldali olló a kápáslovon
– *scissors (scissors movement) on the pommel horse*
**52** erőkézállás a talajon
– *legs raising into a handstand on the floor*
**53** guggoló átugrás a lovon
– *squat vault on the horse*
**54** páros lábkörzés a kápáslovon
– *double leg circle on the pommel horse*
**55** vállátfordulás hátra a gyűrűn
– *hip circle backwards on the rings*
**56** függőmérleg a gyűrűn
– *lever hang on the rings*
**57** támaszba lendülés hátra a korláton
– *rearward swing on the parallel bars*
**58** lebegő felkartámasz a korláton
– *forward kip into upper arm hang on the parallel bars*
**59** alálendülés elölről hátra
– *backward underswing on the horizontal bar*
**60** óriáskör a nyújtón elölről hátra
– *backward grand circle on the horizontal bar*
**61–63 tornaruha**
– ***gymnastics kit***
**61** tornaing
– *singlet (vest,* Am. *undershirt)*
**62** tornanadrág
– *gym trousers*
**63** tornacipő
– *gym shoes*
**64** csuklószorító
– *wristband*

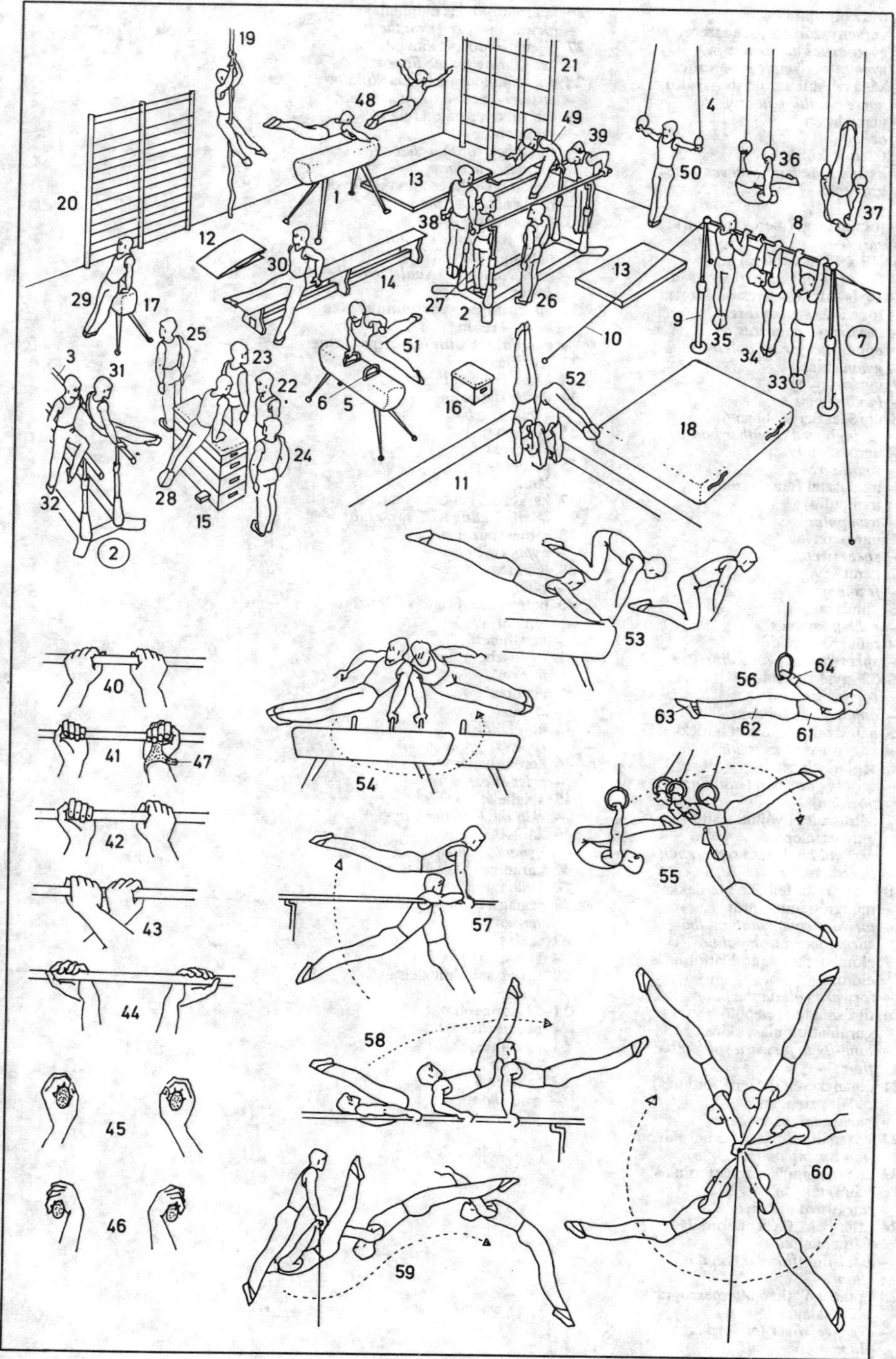
1
2
3
4
5
6
7
8
9
10
11
12
13
14
15
16
17
18
19
20
21
22
23
24
25
26
27
28
29
30
31
32
33
34
35
36
37
38
39
40
41
42
43
44
45
46
47
48
49
50
51
52
53
54
55
56
57
58
59
60
61
62
63
64

**1–6 az olimpiai női versenyszámok tornaszerei**
– ***gymnastics apparatus in women's Olympic gymnastics***
1 kápa nélküli ugróló (hosszúló)
– *horse (vaulting horse)*
2 gerenda
– *beam*
3 felemás korlát
– *asymmetric bars (uneven bars)*
4 korlátrúd
– *bar*
5 feszítőhuzal (merevítőhuzal)
– *stay wires*
6 (12 x 12 m területű) talaj
– *floor (12 m x 12 m floor area)*
**7–14 iskolai és egyesületi torna torna- és segédszerei**
– ***auxiliary apparatus** and apparatus for school and club gymnastics*
7 ugrószőnyeg
– *landing mat*
8 ugródeszka (dobbantó)
– *springboard (Reuther board)*
9 ugrózsámoly
– *small box*
10 ugróasztal (gumiasztal, trambulin)
– *trampoline*
11 ugrószőnyeg
– *sheet (web)*
12 keret
– *frame*
13 gumiszalag
– *rubber springs*
14 műugrótrambulin
– *springboard trampoline*
**15–32 gyakorlatok a tornaszereken**
– ***apparatus exercises***
15 hátraszaltó felhúzott térdekkel
– *backward somersault*
16 segítő helyzet
– *spotting position (standing-in position)*
17 hátraszaltó nyújtott testtel ugróasztalon
– *vertical backward somersault on the trampoline*
18 előreszaltó felhúzott térdekkel műugrótrambulinról
– *forward somersault on the springboard trampoline*
19 előrebukfenc (gurulóátfordulás előre)
– *forward roll on the floor*
20 tigrisbukfenc (repülő gurulóátfordulás) előre
– *long-fly to forward roll on the floor*
21 cigánykerék (kézenátfordulás) oldalt gerendán
– *cartwheel on the beam*
22 kézenátfordulás előre ugrólovon
– *handspring on the horse*
23 „hátrabógni" (kézenátfordulás hátra) talajon
– *backward walkover*
24 „flik-flak" (kézenátfordulás) hátra talajon
– *back flip (flik-flak) on the floor*
25 „pillangó" (harántterpeszugrás) előre talajon
– *free walkover forward on the floor*
26 kézenátfordulás előre talajon
– *forward walkover on the floor*
27 fejenátfordulás előre talajon
– *headspring on the floor*
28 hosszúbillenés felemás korláton
– *upstart on the asymmetric bars*
29 szabadkelep háton felemás korláton
– *free backward circle on the asymmetric bars*
30 vende (vetődéses átugrás) lovon
– *face vault over the horse*
31 tomporugrás lovon
– *flank vault over the horse*
32 hátraugrás lovon
– *back vault (rear vault) over the horse*
**33–50 ritmikus sportgimnasztika kéziszerekkel**
– ***gymnastics with hand apparatus***
33 ívhajítás
– *hand-to-hand throw*
34 tornászlabda
– *gymnastic ball*
35 magashajítás
– *high toss*
36 pattintás
– *bounce*
37 karkörzés két buzogánnyal
– *hand circling with two clubs*
38 tornászbuzogány
– *gymnastic club*
39 lendítés
– *swing*
40 botgyakorlat [ugrás felhúzott térddel]
– *tuck jump*
41 tornászbot (ugróbot)
– *bar*
42 áthajtás
– *skip*
43 ugrókötél
– *rope (skipping rope)*
44 kereszthajtás
– *criss-cross skip*
45 áthaladás a karikán
– *skip through the hoop*
46 karika
– *gymnastic hoop*
47 karkörzés karikával
– *hand circle*
48 szalag kígyómozgása
– *serpent*
49 szalag
– *gymnastic ribbon*
50 szalag spirálmozgása
– *spiral*
51–52 tornaruházat
– *gymnastics kit*
51 tornadressz
– *leotard*
52 tornacipő
– *gym shoes*

1
2
3
4
5
6
7
8
9
10
11
12
13
14
15
16
17
18
19
20
21
22
23
24
25
26
27
28
29
30
31
32
33
34
35
36
37
38
39
40
41
42
43
44
45
46
47
48
49
50
51
52

**1–8 futás**
– ***running***
**1–6** rajt
– *start*
**1** rajtgép
– *starting block*
**2** állítható lábtámla
– *(adjustable) block (pedal)*
**3** rajt
– *start*
**4** térdelőrajt
– *crouch start*
**5** futó <rövidtávfutó> középtávfutó, hosszútávfutó *is*
– *runner, a sprinter;* also: *middle-distance runner, long-distance runner*
**6** futópálya <salakpálya *v.* műanyag pálya>
– *running track (track), a cinder track or synthetic track*
**7–8** gátfutás *rok.:* akadályfutás
– *hurdles (hurdle racing);* sim.: *steeplechase*
**7** gátvétel (akadályvétel)
– *clearing the hurdle*
**8** gát (akadály)
– *hurdle*
**9–41 ugrás**
– ***jumping and vaulting***
**9–27** magasugrás
– *high jump*
**9** flop (Fosbury-stílus)
– *Fosbury flop (Fosbury, flop)*
**10** magasugró
– *high jumper*
**11** felugrás forgással
– *body rotation (rotation on the body's longitudinal and latitudinal axes)*
**12** vállal történő leérkezés (földetérés)
– *shoulder landing*
**13** ugrómérce
– *upright*
**14** ugróléc
– *bar (crossbar)*
**15** párhuzamosan guruló stílus
– *Eastern roll*
**16** hátrafelé guruló stílus
– *Western roll*
**17** gurulóugrás
– *roll*
**18** légmunka
– *rotation*
**19** leérkezésforduló (földetérés)
– *landing*
**20** magasságjelzés
– *height scale*
**21** ollózó-forduló stílus
– *Eastern cut-off*
**22** ollózó ugrás
– *scissors (scissor jump)*
**23** hasmántstílus
– *straddle (straddle jump)*
**24** hasmántugrás
– *turn*
**25** függőleges láb
– *vertical free leg*
**26** felugrás
– *take-off*
**27** lendítőláb
– *free leg*
**28–36** rúdugrás
– *pole vault*
**28** ugrórúd
– *pole (vaulting pole)*
**29** rúdugró fellendülésben
– *pole vaulter (vaulter) in the pull-up phase*
**30** letűzés
– *swing*
**31** átlendülés a lécen
– *crossing the bar*
**32** magasugróeszközök
– *high jump apparatus (high jump equipment)*
**33** ugrómérce
– *upright*
**34** ugróléc
– *bar (crossbar)*
**35** ugrószekrény
– *box*
**36** ugrószivacs (leérkezőhely)
– *landing area (landing pad)*
**37–41** távolugrás
– *long jump*
**37** elugrás
– *take-off*
**38** elugrógerenda
– *take-off board*
**39** ugrógödör (leérkezőhely)
– *landing area*
**40** ollózóstílus
– *hitch-kick*
**41** homorítóstílus
– *hang*
**42–47** kalapácsvetés
– *hammer throw*
**42** kalapács
– *hammer*
**43** kalapácsfej
– *hammer head*
**44** kalapácsnyél
– *handle*
**45** fogantyú
– *grip*
**46** lengetés
– *holding the grip*
**47** védőkesztyű
– *glove*
**48** súlylökés
– *shot put*
**49** súlygolyó
– *shot (weight)*
**50** O'Brien-stílus [a súlygolyónak a vállgödörből egy kézzel történő kilökése]
– *O'Brien technique*
**51–53** gerelyhajítás
– *javelin throw*
**51** markolás [fogás hüvelykujjal és mutatóujjal]
– *grip with thumb and index finger*
**52** Järvinen-fogás [középső ujj ráfonódik a gerelytestre, a hüvelykujj kitámaszt]
– *grip with thumb and middle finger*
**53** hegedűvonó-fogás [fogás hüvelykujjal, mutatóujjal és középső ujjal]
– *horseshoe grip*
**54** kötés
– *binding*

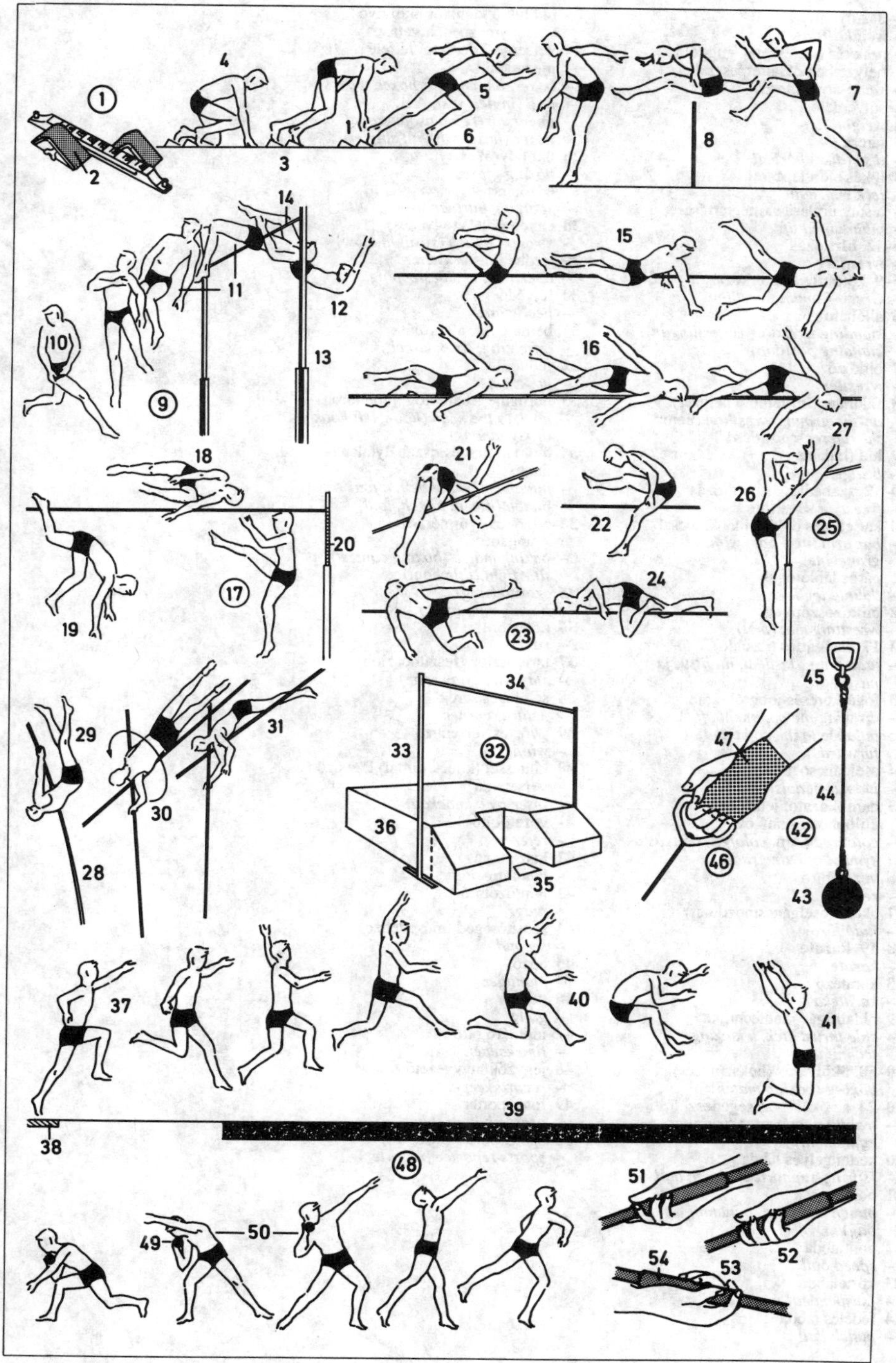
1
2
3
4
1
5
6
7
8
9
10
11
12
13
14
15
16
17
18
19
20
21
22
23
24
25
26
27
28
29
30
31
32
33
34
35
36
37
38
39
40
41
42
43
44
45
46
47
48
49
50
51
52
53
54

**1–5 súlyemelés**
– ***weightlifting***
**1** szakítás beüléssel *v.* guggoló helyzetben oldalterpesszel
– *squat-style snatch*
**2** súlyemelő
– *weightlifter*
**3** tárcsa
– *disc (disk) barbell*
**4** lökés előrelépéssel
– *jerk with split*
**5** a súly uralása *v.* megtartása
– *maintained lift*
**6–12 birkózás**
– ***wrestling***
**6–9** kötöttfogású birkózás
– *Greco-Roman wrestling*
**6** állóharc
–0*standing wrestling (wrestling in standing position)*
**7** birkózó
– *wrestler*
**8** földharc (*itt:* térdelő helyzet)
– *on-the-ground wrestling (*here: *the referee's position)*
**9** híd (hidalás)
– *bridge*
**10–12** szabadfogású birkózás
– *freestyle wrestling*
**10** karlefogás oldalról lábkulccsal
– *bar arm (arm bar) with grapevine*
**11** páros láblefogás
– *double leg lock*
**12** birkózószőnyeg
– *wrestling mat (mat)*
**13–17 cselgáncs** (dzsúdó)
– ***judo*** (sim.: *ju-jitsu, jiu jitsu, ju-jutsu)*
**13** fogáskeresés jobbról előre
– *drawing the opponent off balance to the right and forward*
**14** cselgáncsozó
– *judoka (judoist)*
**15** danfokozatot jelképező különböző színű öv
– *coloured* (Am. *colored) belt, as a symbol of Dan grade*
**16** vezetőbíró
– *referee*
**17** akció (cselgáncsmozdulat)
– *judo throw*
**18–19 karate**
– ***karate***
**18** karatéző
– *karateka*
**19** oldalrúgás <lábtechnika>
– *side thrust kick, a kicking technique*
**20–50 ökölvívás** (bokszmeccs)
– ***boxing*** *(boxing match)*
**20–24** az ökölvívás segédeszközei
– *training apparatus (training equipment)*
**20** kéttengelyes labda
– *[spring-supported] punch ball*
**21** homokzsák
– *punch bag* (Am. *punching bag)*
**22** pontlabda
– *speed ball*
**23** körtelabda
– *[suspended] punch ball*
**24** fedeles labda
– *punch ball*
**25** ökölvívó <amatőr ökölvívó versenymezben, hivatásos versenyző deréktól felfelé meztelenül>
– *boxer, an amateur boxer (boxes in a singlet, vest,* Am. *undershirt) or a professional boxer (boxes without singlet)*
**26** ökölvívó-kesztyű
– *boxing glove*
**27** edzőtárs
– *sparring partner*
**28** egyenes ütés (egyenes)
– *straight punch (straight blow)*
**29** térdhajlításos kitérés
– *ducking and sidestepping*
**30** fejvédő
– *headguard*
**31** belharc, *itt:* átkarolás
– *infighting;* here: *clinch*
**32** felütés
– *uppercut*
**33** horogütés (balhorog, jobbhorog)
– *hook to the head (hook, left hook or right hook)*
**34** övön aluli ütés <szabálytalan ütés>
– *punch below the belt, a foul punch (illegal punch, foul)*
**35–50** ökölvívó-mérkőzés <rangadó>
– *boxing match (boxing contest), a title fight (title bout)*
**35** szorító (ring)
– *boxing ring (ring)*
**36** kötélsor
– *ropes*
**37** tartóoszlop (feszítőoszlop)
– *stay wire (stay rope)*
**38** semleges sarok
– *neutral corner*
**39** győztes versenyző
– *winner*
**40** kiütéssel (knock outtal) legyőzött versenyző
– *loser by a knockout*
**41** vezetőbíró
– *referee*
**42** kiszámolás
– *counting out*
**43** pontozóbíró
– *judge*
**44** szorítósegéd (másodedző)
– *second*
**45** edző
– *manager*
**46** gong
– *gong*
**47** időmérő bíró
– *timekeeper*
**48** jegyzőkönyvvezető
– *record keeper*
**49** fotóriporter
– *press photographer*
**50** sportriporter (újságíró)
– *sports reporter (reporter)*

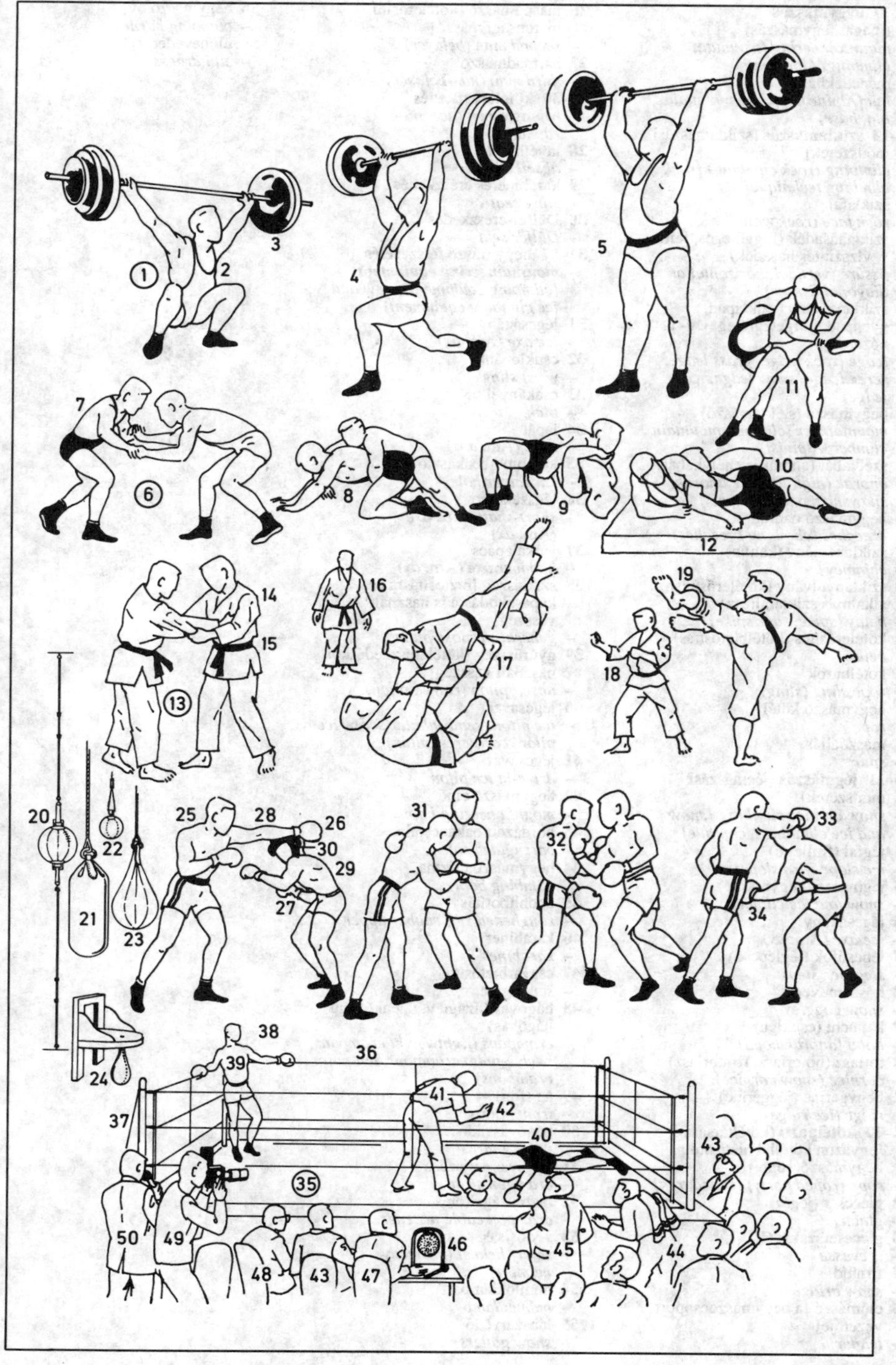
1
2
3
4
5
6
7
8
9
10
11
12
13
14
15
16
17
18
19
20
21
22
23
24
25
26
27
28
29
30
31
32
33
34
35
36
37
38
39
40
41
42
43
44
45
46
47
48
49
50

**1–57 hegymászás** (magashegymászás)
– ***mountaineering*** *(mountain climbing, Alpinism)*
**1** menedékház
– *hut (Alpine Club hut, mountain hut, base)*
**2–13 sziklamászás** [sziklamászási módszerek]
– ***climbing*** *(rock climbing) [rock climbing technique]*
**2** sziklafal
– *rock face (rock wall)*
**3** sziklahasadék (függőleges, ferde v. vízszintes hasadék)
– *fissure (vertical, horizontal or diagonal fissure)*
**4** sziklapárkány (sziklapad, gyeppad, görgetegréteg, jég- v. hózátony)
– *ledge (rock ledge, grass ledge, scree ledge, snow ledge, ice ledge)*
**5** hegymászó (sziklamászó)
– *mountaineer (climber, mountain climber, Alpinist)*
**6** szélkabát (anorák, pehelykabát)
– *anorak (high-altitude anorak, snowshirt, padded jacket)*
**7** hegymászó nadrág
– *breeches (climbing breeches)*
**8** sziklakémény (kamin)
– *chimney*
**9** sziklanyúlvány (kötélerősítésre alkalmas sziklafalrész)
– *belay (spike, rock spike)*
**10** kötélerősítés (kötélbiztosítás)
– *belay*
**11** kötélhurok
– *rope sling (sling)*
**12** hegymászó kötél
– *rope*
**13** mászóállás
– *spur*
**14–21 jégmászás** [jégmászási módszerek]
– ***snow and ice climbing*** *[snow and ice climbing technique]*
**14** jégfal (firnlejtő)
– *ice slope (firn slope)*
**15** jégmászó (hegymászó)
– *snow and ice climber*
**16** jégcsákány
– *ice axe* (Am. *ax)*
**17** lépcsőfok (jéglépcső)
– *step (ice step)*
**18** hószemüveg
– *snow goggles*
**19** kapucni (csuklya)
– *hood (anorak hood)*
**20** torlasz (hótorlasz, firntorlasz)
– *cornice (snow cornice)*
**21** hegygerinc (jéggerinc)
– *ridge (ice ridge)*
**22–27 kötélparti** (kötéltársaság) [egyazon kötéllel biztosított hegymászócsoport]
– ***rope*** *(roped party) [roped trek]*
**22** gleccser (jégár)
– *glacier*
**23** gleccserszakadék
– *crevasse*
**24** firnhíd
– *snow bridge*
**25** előmászó [a hegymászócsoport vezetője]
– *leader*
**26** másodmászó [kötélerősítő biztonsági mászó]
– *second man (belayer)*
**27** harmadmászó
– *third man (non-belayer)*
**28–30 kötélereszkedés**
– ***roping down*** *(abseiling, rapelling)*
**28** kötélhurok
– *abseil sling*
**29** karabineres ereszkedés
– *sling seat*
**30** Dülfer-ereszkedés
– *Dülfer seat*
**31–57 hegymászó felszerelés**
– ***mountaineering equipment*** *(climbing equipment, snow and ice climbing equipment)*
**31** jégcsákány
– *ice axe* (Am. *ax)*
**32** csuklópánt
– *wrist sling*
**33** csákányél
– *pick*
**34** lapát
– *adze* (Am. *adz)*
**35** karabinerbeakasztó lyuk
– *karabiner hole*
**36** jégszekerce
– *short-shafted ice axe* (Am. *ax)*
**37** jégkalapács
– *hammer axe* (Am. *ax)*
**38** sziklaszeg [biztosításra és kapaszkodásra is használt vasszeg]
– *general-purpose piton*
**39** gyűrűsszeg [kötélereszkedéskor használt vasszeg]
– *abseil piton (ringed piton)*
**40** jégcsavar
– *ice piton (semi-tubular screw ice piton, corkscrew piton)*
**41** jégcsavar
– *drive-in ice piton*
**42** hegymászó cipő
– *mountaineering boot*
**43** bordázott bakancstalp
– *corrugated sole*
**44** hegymászó csizma
– *climbing boot*
**45** ebonitborítás
– *roughened stiff rubber upper*
**46** karabiner
– *karabiner*
**47** csavarbiztosító
– *screwgate*
**48** hágóvas (tízágú v. tizenkét ágú hágóvas)
– *crampons (lightweight crampons, twelve-point crampons, ten-point crampons)*
**49** ág (fog)
– *front points*
**50** hágóvasvédő
– *point guards*
**51** hágóvas szíjazása
– *crampon strap*
**52** biztonsági kötés
– *crampon cable fastener*
**53** védősisak
– *safety helmet (protective helmet)*
**54** homloklámpa
– *helmet lamp*
**55** lábszárvédő
– *snow gaiters*
**56** hegymászó öv
– *climbing harness*
**57** ülőheveder
– *sit harness*

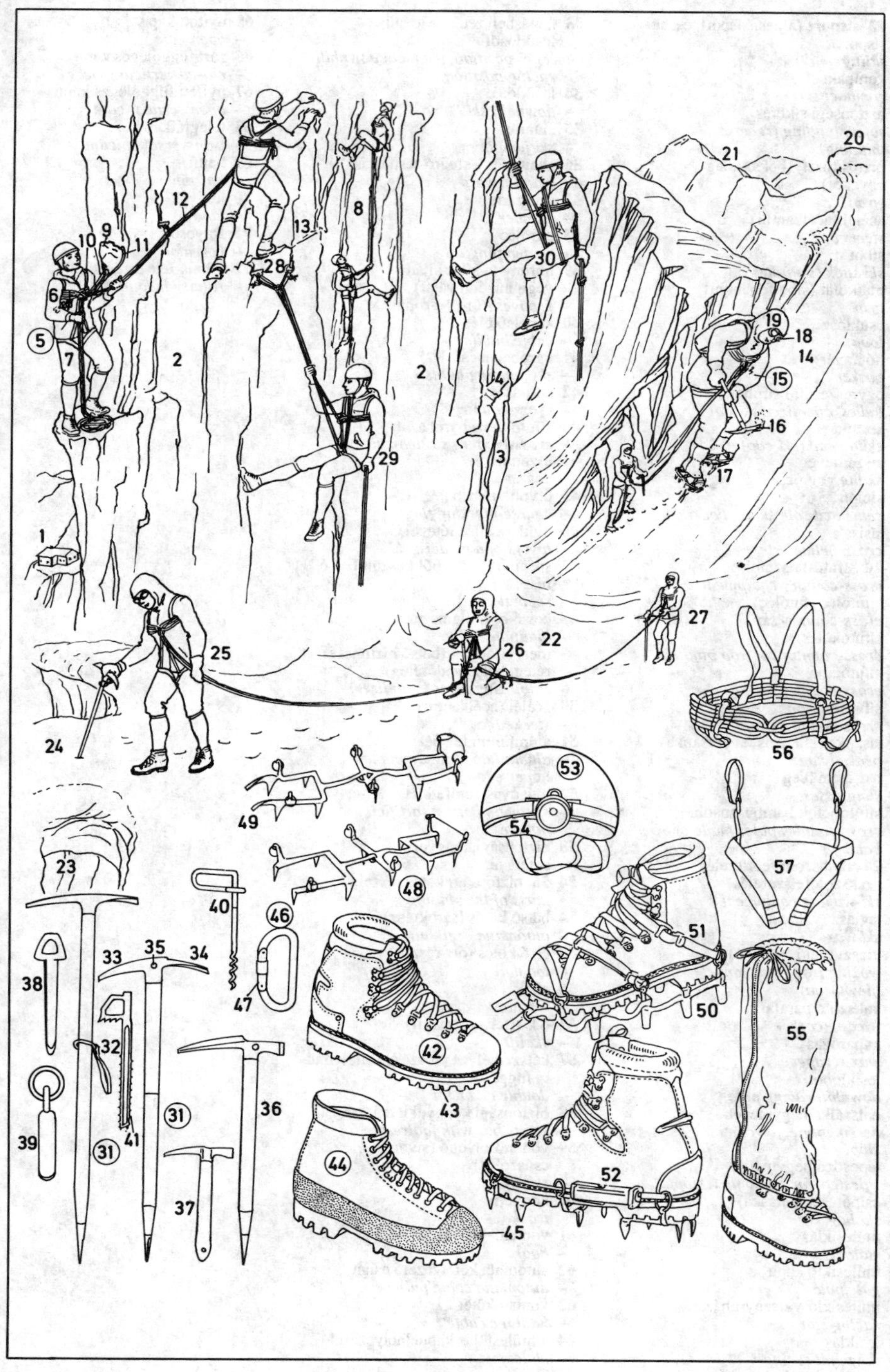
1
2
3
4
5
6
7
8
9
10
11
12
13
14
15
16
17
18
19
20
21
22
23
24
25
26
27
28
29
30
31
32
33
34
35
36
37
38
39
40
41
42
43
44
45
46
47
48
49
50
51
52
53
54
55
56
57

**1–72 sísport** (alpesi sísport, északi sísport)
– *skiing*
**1** kompakt sí
– *compact ski*
**2** biztonsági síkötés
– *safety binding (release binding)*
**3** biztosítószíj (bokaszalag-heveder)
– *strap*
**4** acélél (acélkantni)
– *steel edge*
**5** síbot
– *ski stick (ski pole)*
**6** markolat (síbotfogantyú)
– *grip*
**7** csuklószíj
– *loop*
**8** hótányér
– *basket*
**9** egyrészes női síruha
– *ladies' one-piece ski suit*
**10** sísapka
– *skiing cap (ski cap)*
**11** síszemüveg
– *skiing goggles*
**12** sícipő
– *cemented sole skiing boot*
**13** sísisak
– *crash helmet*
**14–20** sífutó-felszerelés
– *cross-country equipment*
**14** sífutóléc (futóléc)
– *cross-country ski*
**15** sífutókötés
– *cross-country rat trap binding*
**16** sífutócipő
– *cross-country boot*
**17** sífutóruházat
– *cross-country gear*
**18** sísapka (ellenzős tányérsapka)
– *peaked cap*
**19** napszemüveg
– *sunglasses*
**20** sífutóbotok bambusznádból
– *cross-country poles made of bamboo*
**21–24** síviaszoló felszerelés (vakszolófelszerelés)
– *ski-waxing equipment*
**21** síviasz (vaksz)
– *ski wax*
**22** viaszvasaló (gázégő)
– *waxing iron (blowlamp, blowtorch)*
**23** vakszoló parafa
– *waxing cork*
**24** kaparóvas
– *wax scraper*
**25** lesiklóbot
– *downhill racing pole*
**26** halszálka hegymenet
– *herringbone, for climbing a slope*
**27** lépcsőző hegymenet
– *sidestep, for climbing a slope*
**28** csípőtáska (sításka)
– *ski bag*
**29** műlesiklás
– *slalom*
**30** műlesikló kapu
– *gate pole*
**31** műlesikló-versenyruházat
– *racing suit*
**32** lesiklás
– *downhill racing*
**33** „tojáshelyzet", az ideális lesiklóstílus
– *'egg' position, the ideal downhill racing position*
**34** lesiklóléc
– *downhill ski*
**35** síugrás
– *ski jumping*
**36** „haltartás", síugró-testtartás
– *lean forward*
**37** rajtszám
– *number*
**38** ugróléc
– *ski jumping ski*
**39** horony (a síléc alján végighúzódó vájat)
– *grooves (3 to 5 grooves)*
**40** kábelsíkötés
– *cable binding*
**41** ugróbakancs
– *ski jumping boots*
**42** sífutás
– *cross-country*
**43** sífutó-versenyruházat
– *cross-country stretch-suit*
**44** útvonal
– *course*
**45** útvonalzászló
– *course-marking flag*
**46** modern síléc rétegei
– *layers of a modern ski*
**47** speciális anyagból készült belső rész
– *special core*
**48** belső borítólemezek
– *laminates*
**49** merevítőréteg (belső biztonsági réteg, belső védőréteg)
– *stabilizing layer (stabilizer)*
**50** acélél (acélkantni)
– *steel edge*
**51** alumínium felsőél
– *aluminium* (Am. *aluminum*) *upper edge*
**52** műanyag futófelület
– *synthetic bottom (artificial bottom)*
**53** biztonsági kengyel
– *safety jet*
**54–56** biztonsági kötés részei
– *parts of the binding*
**54** hátsó kötés (sarokrész)
– *automatic heel unit*
**55** első kötés (orr-rész)
– *toe unit*
**56** sífék
– *ski stop*
**57–63** sífelvonó (sílift)
– *ski lift*
**57** kétszemélyes ülőszékes sífelvonó v. függőlift
– *double chair lift*
**58** biztonsági kengyel lábtámasszal
– *safety bar with footrest*
**59** vontatófelvonó (sívontató, csúszólift)
– *ski lift*
**60** hónyom
– *track*
**61** vontatókengyel
– *hook*
**62** automata kötélvezető csiga
– *automatic cable pulley*
**63** vontatókötél
– *haulage cable*
**64** a műlesiklás kapuelhelyezései
– *slalom*
**65** nyitott kapu
– *open gate*
**66** zárt függőleges kapu
– *closed vertical gate*
**67** nyitott függőleges kapu
– *open vertical gate*
**68** telegráfkapu
– *transversal chicane*
**69** hajtű
– *hairpin*
**70** könyök
– *elbow*
**71** folyosó
– *corridor*
**72** Allais-féle ferde kapu
– *Allais chicane*

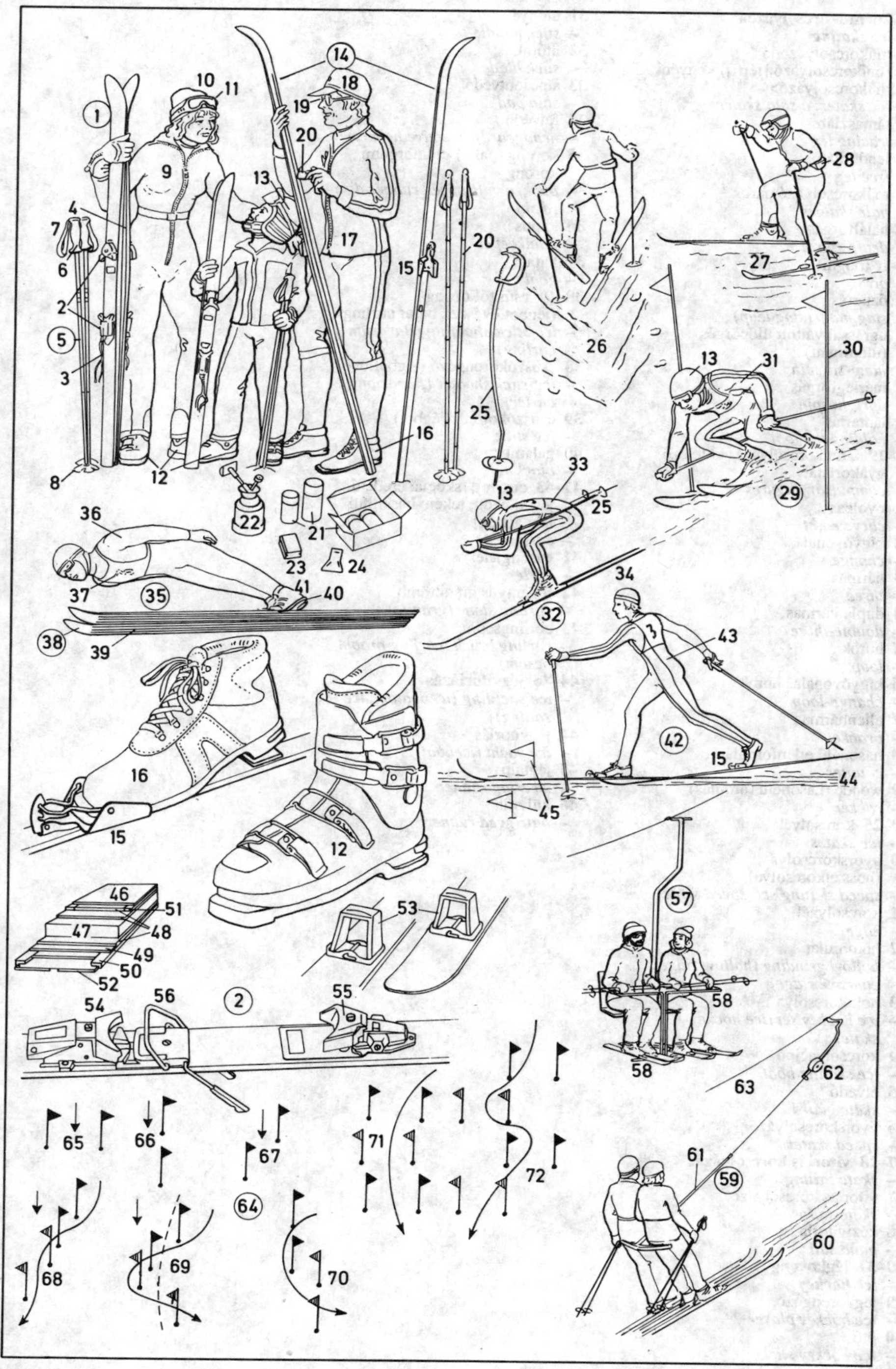
1
2
3
4
5
6
7
8
9
10
11
12
13
14
15
16
17
18
19
20
21
22
23
24
25
26
27
28
29
30
31
32
33
34
35
36
37
38
39
40
41
42
43
44
45
46
47
48
49
50
51
52
53
54
55
56
57
58
59
60
61
62
63
64
65
66
67
68
69
70
71
72

**1–26 műkorcsolyázás**
– ***ice skating***
**1** műkorcsolyázónő (műkorcsolyázó [férfi]) <egyéni műkorcsolyázó>
– *ice skater, a solo skater*
**2** támaszláb
– *tracing leg*
**3** lendítőláb
– *free leg*
**4** műkorcsolyázó páros
– *pair skaters*
**5** halálforgás
– *death spiral*
**6** ív (bógni)
– *pivot*
**7** őzugrás
– *stag jump (stag leap)*
**8** ugrással váltott ülőpörgés (ülőpiruett)
– *jump-sit-spin*
**9** mérlegforgás
– *upright spin*
**10** lábtartás
– *holding the foot*
**11–19** a műkorcsolyázás kötelező gyakorlatai
– *compulsory figures*
**11** nyolcas
– *curve eight*
**12** kígyóvonal
– *change*
**13** hármas
– *three*
**14** dupla hármas
– *double-three*
**15** hurok
– *loop*
**16** kígyóvonalas hurok
– *change-loop*
**17** ellenhármas
– *bracket*
**18** hasonélű ellenfordulás
– *counter*
**19** wende (hasonélű fordulás)
– *rocker*
**20–25** korcsolyák
– *ice skates*
**20** gyorskorcsolya (hosszúkorcsolya)
– *speed skating set (speed skate)*
**21** korcsolyaél
– *edge*
**22** homorulat
– *hollow grinding (hollow ridge, concave ridge)*
**23** hokikorcsolya
– *ice hockey set (ice hockey skate)*
**24** korcsolyacipő
– *ice skating boot*
**25** élvédő
– *skate guard*
**26** gyorskorcsolyázó
– *speed skater*
**27–28 vitorlás korcsolyázás**
– ***skate sailing***
**27** vitorlás korcsolyázó
– *skate sailor*
**28** kézivitorla
– *hand sail*
**29–37 jégkorong**
– ***ice hockey***
**29** jégkorongozó
– *ice hockey player*
**30** ütő
– *ice hockey stick*
**31** ütőnyél
– *stick handle*
**32** ütőtoll
– *stick blade*
**33** sípcsontvédő
– *shin pad*
**34** fejvédő
– *headgear (protective helmet)*
**35** korong (pakk) <tömörgumi korong>
– *puck, a vulcanized rubber disc (disk)*
**36** kapus
– *goalkeeper*
**37** kapu
– *goal*
**38–40 csúszókorong** (jégbotlövészet, bajor curling)
– ***ice-stick shooting*** *(Bavarian curling)*
**38** csúszókorongozó (jégbotlövő)
– *ice-stick shooter (Bavarian curler)*
**39** csúszókorong (jégbot)
– *ice stick*
**40** galamb
– *block*
**41–43 curling** [skóciai eredetű, a jégen űzött, tekére hasonlító labdajáték]
– ***curling***
**41** curlingjátékos
– *curler*
**42** fogantyús gránittömb
– *curling stone (granite)*
**43** curlingseprű
– *curling brush (curling broom, besom)*
**44–46 jégvitorlázás**
– ***ice yachting*** *(iceboating, ice sailing)*
**44** jégvitorlás
– *ice yacht (iceboat)*
**45** jégtalp
– *steering runner*
**46** külvilla
– *outrigged runner*

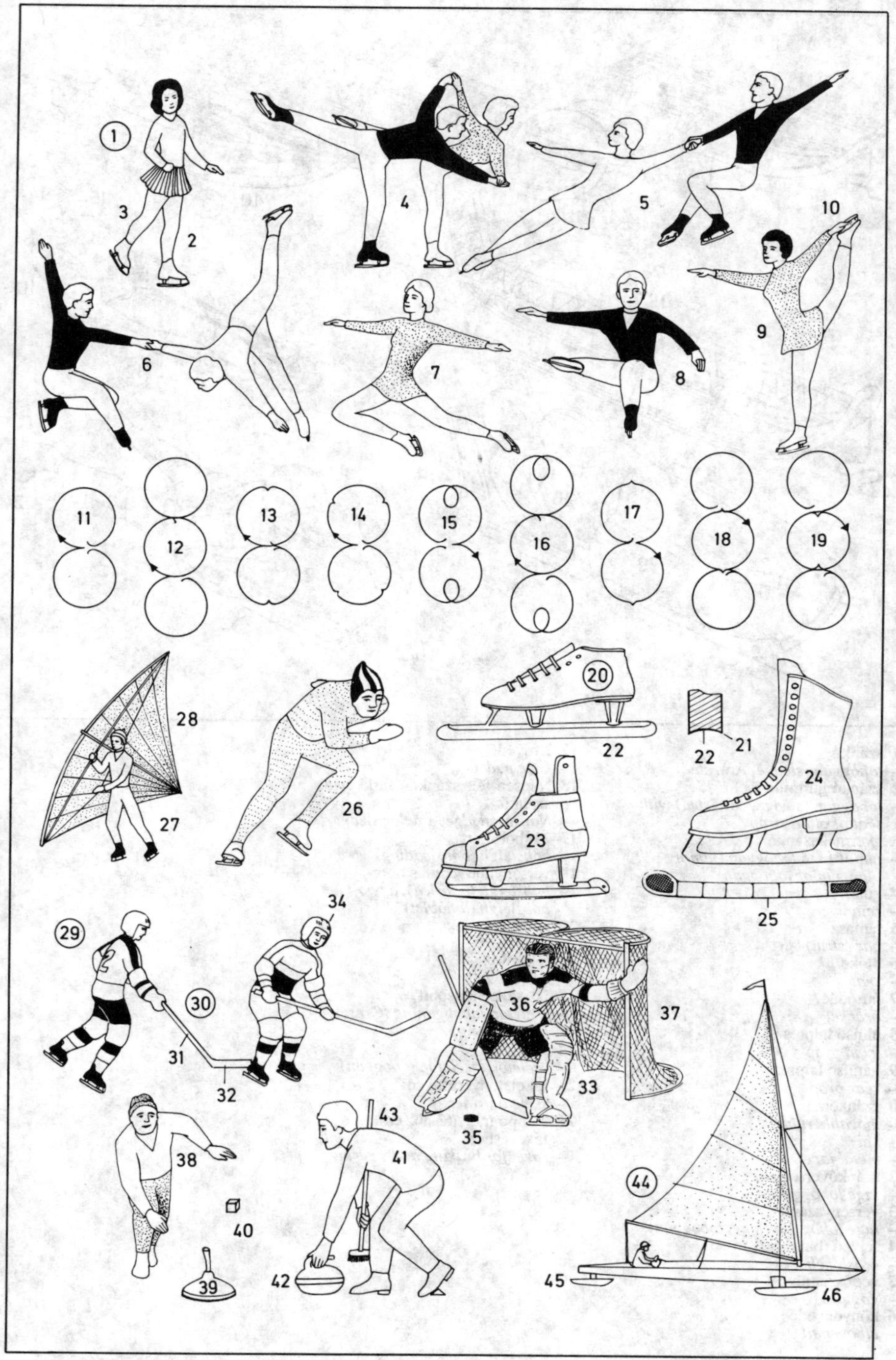
1
2
3
4
5
6
7
8
9
10
11
12
13
14
15
16
17
18
19
20
21
22
22
23
24
25
26
27
28
29
30
31
32
33
34
35
36
37
38
39
40
41
42
43
44
45
46

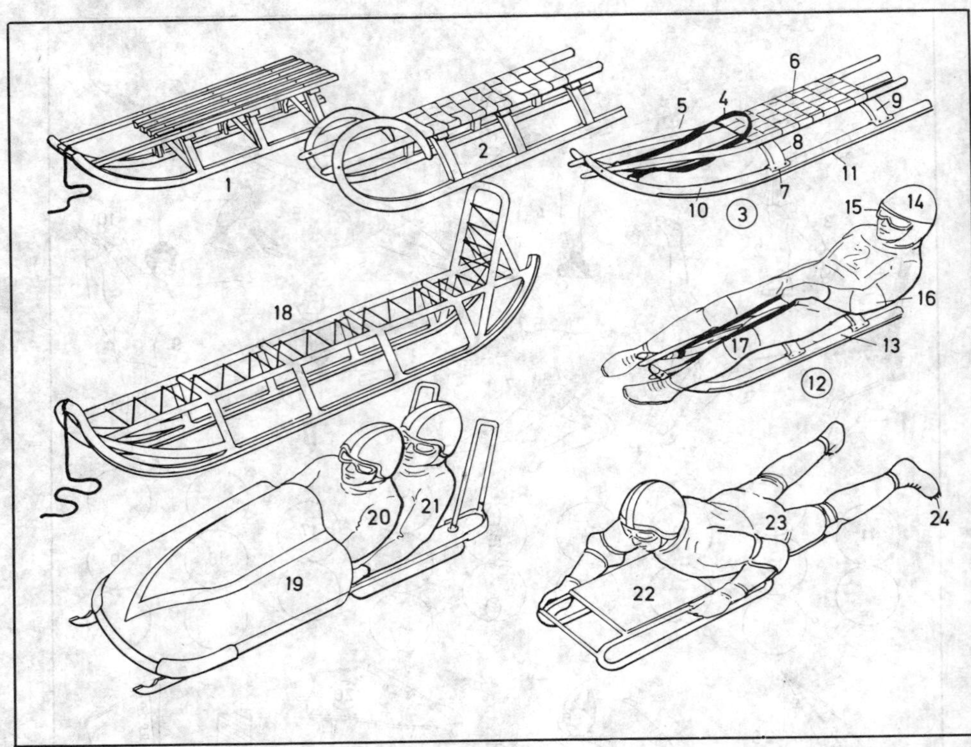


**1** szánkó
– *toboggan (sledge,* Am. *sled)*
**2** szánkó gurtniüléssel
– *toboggan (sledge,* Am. *sled) with seat of plaid straps*
**3** gyermekszánkó
– *junior luge toboggan (junior luge, junior toboggan)*
**4** kötél
– *rein*
**5** támasz
– *bar (strut)*
**6** ülőke
– *seat*
**7** tartódúc
– *bracket*
**8** elülső talprész
– *front prop*
**9** hátulsó talprész
– *rear prop*
**10** szánkótalp
– *movable runner*
**11** sín
– *metal face*
**12** szánkóversenyző
– *luge tobogganer*
**13** versenyszánkó
– *luge toboggan (luge, toboggan)*
**14** fejvéd (bukósisak)
– *crash helmet*
**15** védőszemüveg
– *goggles*
**16** könyökvédő
– *elbow pad*
**17** térdvédő
– *knee pad*
**18** Nansen-féle szánkó <sarkkutató szánkó>
– *Nansen sledge, a polar sledge*
**19–21** bobsport
– *bobsleigh (bobsledding)*
**19** versenybob <kettes bob>
– *bobsleigh (bobsled), a two-man bobsleigh (a boblet)*
**20** kormányos
– *steersman*
**21** fékező
– *brakeman*
**22–24** szkeletonsport
– *skeleton tobogganing (Cresta tobogganing)*
**22** szkeleton
– *skeleton (skeleton toboggan)*
**23** szkeletonversenyző
– *skeleton rider*
**24** kampó irányításhoz és fékezéshez
– *rake, for braking and steering*

**1** hólavina
– *avalanche (snow avalanche,* Am. *snowslide);* kinds: *wind avalanche, ground avalanche*
**2** lavinatörő <bukófal>
– *avalanche wall, a deflecting wall (diverting wall);* sim.: *avalanche wedge*
**3** lavinaalagút
– *avalanche gallery*
**4** hófúvás
– *snowfall*
**5** hótorlasz
– *snowdrift*
**6** hókerítés
– *snow fence*
**7** telepített erdő [a lavinák ellen telepített növényzet]
– *avalanche forest [planted as protection against avalanches]*
**8** úttisztító teherautó
– *street-cleaning lorry (street cleaner)*
**9** hóeke
– *snow plough (*Am. *snowplow) attachment*
**10** hólánc
– *snow chain (skid chain, tyre chain,* Am. *tire chain)*
**11** hűtőtakaró
– *radiator bonnet (*Am. *radiator hood)*
**12** hűtőtakaró-ablak és hűtőzsalu
– *radiator shutter and shutter opening (louvre shutter)*
**13** hóember
– *snowman*
**14** hógolyócsata
– *snowball fight*
**15** hógolyó
– *snowball*
**16** síbob
– *ski bob*
**17** csúszkapálya
– *slide*
**18** korcsolyázó fiú
– *boy, sliding*
**19** tükörjég
– *icy surface (icy ground)*
**20** hótakaró a háztetőn
– *covering of snow, on the roof*
**21** jégcsap
– *icicle*
**22** hóeltakarító
– *man clearing snow*
**23** hólapát
– *snow push (snow shovel)*
**24** hórakás (hóhalom)
– *heap of snow*
**25** lovasszán
– *horse-drawn sleigh (horse sleigh)*
**26** száncsengő
– *sleigh bells (bells, set of bells)*
**27** lábzsák
– *foot muff (*Am. *foot bag)*
**28** fülvédő
– *earmuff*
**29** fakutya
– *handsledge (tread sledge);* sim.: *push sledge*
**30** hókása
– *slush*

**1–13 teke**
– ***skittles***
**1–11** tekeállás (alapállás)
– *skittle frame*
**1** első csúcsbábu
– *front pin (front)*
**2** balközép bábu <dáma>
– *left front second pin (left front second)*
**3** bal utca (bal lyuk)
– *running three [left]*
**4** jobbközép bábu <dáma>
– *right front second pin (right front second)*
**5** jobb utca (jobb lyuk)
– *running three [right]*
**6** balszélső bábu <paraszt>
– *left corner pin (left corner), a corner (copper)*
**7** király (középbábu)
– *landlord*
**8** jobbszélső bábu <paraszt>
– *right corner pin (right corner), a corner (copper)*
**9** balhátsó bábu <dáma>
– *back left second pin (back left second)*
**10** jobbhátsó bábu <dáma>
– *back right second pin (back right second)*
**11** hátsó csúcsbábu
– *back pin (back)*
**12** tekebábu
– *pin*
**13** király (középbábu)
– *landlord*
**14–20 bowling** (tízbábos teke)
– ***tenpin bowling***
**14** bowlingpálya
– *frame*
**15** golyó
– *bowling ball (ball with finger holes)*
**16** ujjlyukak
– *finger hole*
**17–20** a golyó gurításának módjai
– *deliveries*
**17** straight ball (egyenesen dobott golyó)
– *straight ball*
**18** hook ball (horgosan dobott golyó)
– *hook ball (hook)*
**19** curve (balra kanyarodó golyó)
– *curve*
**20** back-up ball (jobbra letérő golyó)
– *back-up ball (back-up)*
**21 boccia** [olasz golyósjáték; Angliában a játék bowls néven ismert]
– ***boules;*** sim.: *Italian game of boccie, green bowls (bowls)*
**22** bocciajátékos
– *boules player*
**23** célgolyó (pallinó)
– *jack (target jack)*
**24** hajítógolyó
– *grooved boule*
**25** bocciajátékosok csoportja
– *group of players*
**26 sportlövészet**
– ***rifle shooting***
**27–29** sportlövő testhelyzetek
– *shooting positions*
**27** álló testhelyzet
– *standing position*
**28** térdelő testhelyzet
– *kneeling position*
**29** fekvő testhelyzet
– *prone position*
**30–33** céltáblák (lőlapok)
– *targets*
**30** 50 m-es távolságú céltábla (lőlap)
– *target for 50 m events (50 m target)*
**31** célkörök
– *circle*
**32** 100 m-es távolságú céltábla (lőlap)
– *target for 100 m events (100 m target)*
**33** futóvad-céltábla
– *bobbing target (turning target, running-boar target)*
**34–39** lőszerkészlet
– *ammunition*
**34** légpuskalőszer
– *air rifle cartridge*
**35** kisöbű sportpuska lőszere
– *rimfire cartridge for zimmerstutzen (indoor target rifle), a smallbore German single-shot rifle*
**36** töltényhüvely
– *case head*
**37** gömblövedék
– *caseless round*
**38** 22-es kaliberű kisöbű sportpuska lőszere
– *22 long rifle cartridge*
**39** 222-es kaliberű sportpuska lőszere
– *222 Remington cartridge*
**40–49** sportpuskák
– *sporting rifles*
**40** légpuska
– *air rifle*
**41** irányzék (diopter)
– *optical sight*
**42** célgömb
– *front sight (foresight)*
**43** kisöbű standardpuska
– *smallbore standard rifle*
**44** nemzetközi szabad kisöbű sportpuska
– *international smallbore free rifle*
**45** kéztámasz
– *palm rest for standing position*
**46** puskatus és agytalp
– *butt plate with hook*
**47** puskaagy és csőfurat
– *butt with thumb hole*
**48** kisöbű sportpuska mozgó célpontra
– *smallbore rifle for bobbing target (turning target)*
**49** távcső (teleszkóp)
– *telescopic sight (riflescope, telescope sight)*
**50** diopteres célratartás
– *optical ring sight*
**51** diopteres célratartás célgömbbel
– *optical ring and bead sight*
**52–66 íjászat**
– ***archery*** *(target archery)*
**52** az íj elsütése
– *shot*
**53** íjász
– *archer*
**54** versenyíj
– *competition bow*
**55** íjfelsőkar
– *riser*
**56** irányzék
– *point-of-aim mark*
**57** íjmarkolat
– *grip (handle)*
**58** stabilizátor
– *stabilizer*
**59** íjhúr
– *bow string (string)*
**60** nyílvessző
– *arrow*
**61** vesszőhegy
– *pile (point) of the arrow*
**62** tollazás (vezértoll)
– *fletching*
**63** vesszővég
– *nock*
**64** vesszőcső (vesszőnyél)
– *shaft*
**65** vessződíszítés
– *cresting*
**66** céltábla
– *target*
**67 pelota** (jai-alai) [baszk eredetű, a teniszre hasonlító ütős labdajáték]
– ***Basque game of pelota*** *(jai alai)*
**68** pelotajátékosok
– *pelota player*
**69** pelotaütő
– *wicker basket (cesta)*
**70–78 skeetlövés** <agyaggalamblövés>
– ***skeet*** *(skeet shooting), a kind of clay pigeon shooting*
**70** skeetpuska
– *skeet over-and-under shotgun*
**71** puskatorkolat
– *muzzle with skeet choke*
**72** versenyző helyzete készenléti állapotban
– *ready position on call*
**73** versenyző helyzete lövéskor
– *firing position*
**74** skeetlőtér
– *shooting range*
**75** magastorony
– *high house*
**76** alacsonytorony
– *low house*
**77** röppálya
– *target's path*
**78** lőállás
– *shooting station (shooting box)*
**79 forgókerék** (mókuskerék)
– ***aero wheel***
**80** fogantyú
– *handle*
**81** lábtámasz
– *footrest*
**82 gokart**
– ***go-karting*** *(karting)*
**83** gokartautó
– *go-kart (kart)*
**84** rajtszám
– *number plate (number)*
**85** pedál
– *pedals*
**86** gumiabroncs
– *pneumatic tyre* (Am. *tire)*
**87** üzemanyagtartály (benzintank)
– *petrol tank* (Am. *gasoline tank)*
**88** vázszerkezet
– *frame*
**89** kormány
– *steering wheel*
**90** pilótaülés
– *bucket seat*
**91** tűzvédő válaszfal
– *protective bulkhead*
**92** kétütemű motor
– *two-stroke engine*
**93** kipufogó
– *silencer* (Am. *muffler)*

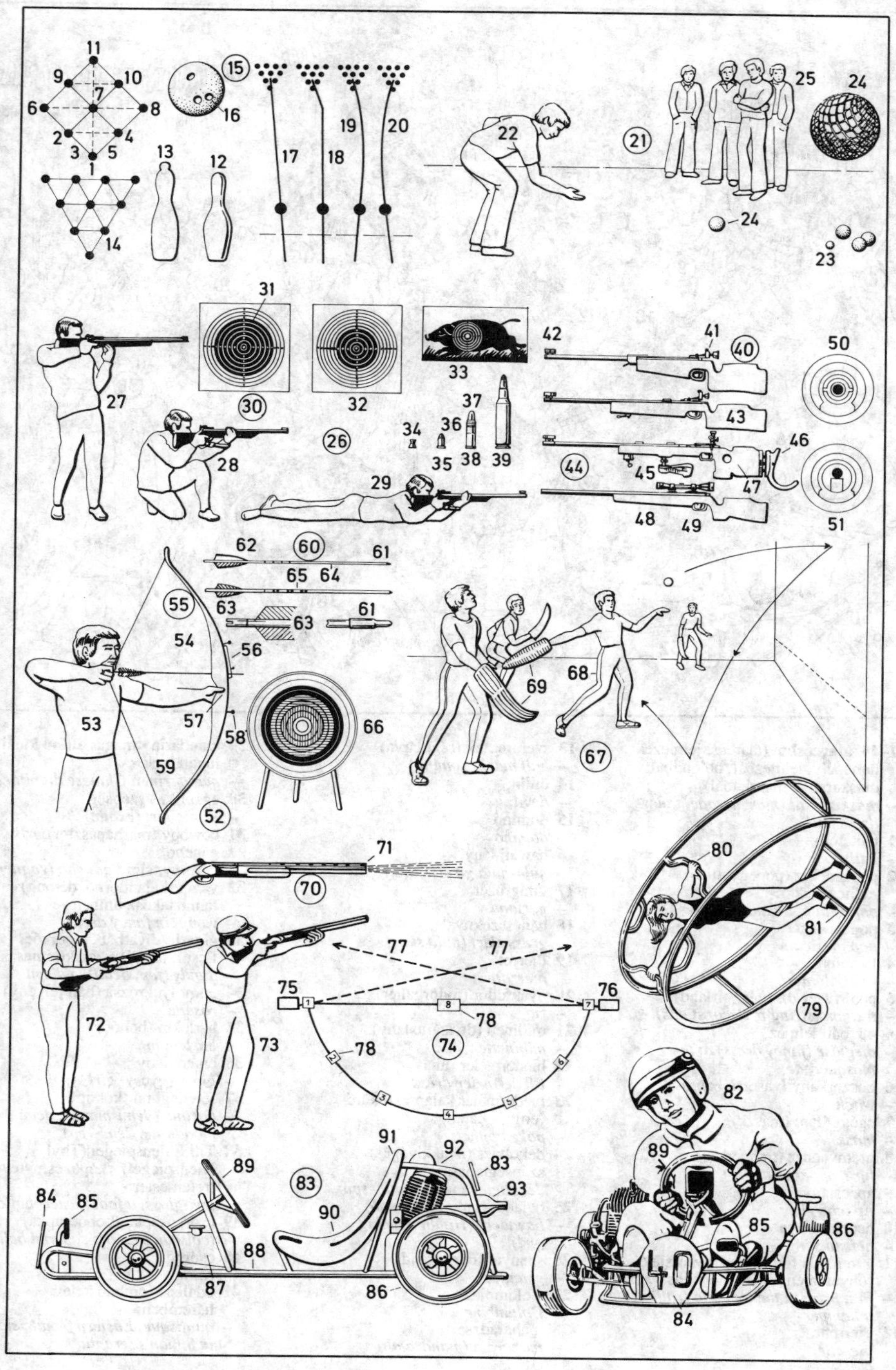
1
2
3
4
5
6
7
8
9
10
11
12
13
14
15
16
17
18
19
20
21
22
23
24
25
26
27
28
29
30
31
32
33
34
35
36
37
38
39
40
41
42
43
44
45
46
47
48
49
50
51
52
53
54
55
56
57
58
59
60
61
62
63
64
65
66
67
68
69
70
71
72
73
74
75
76
77
78
79
80
81
82
83
84
85
86
87
88
89
90
91
92
93

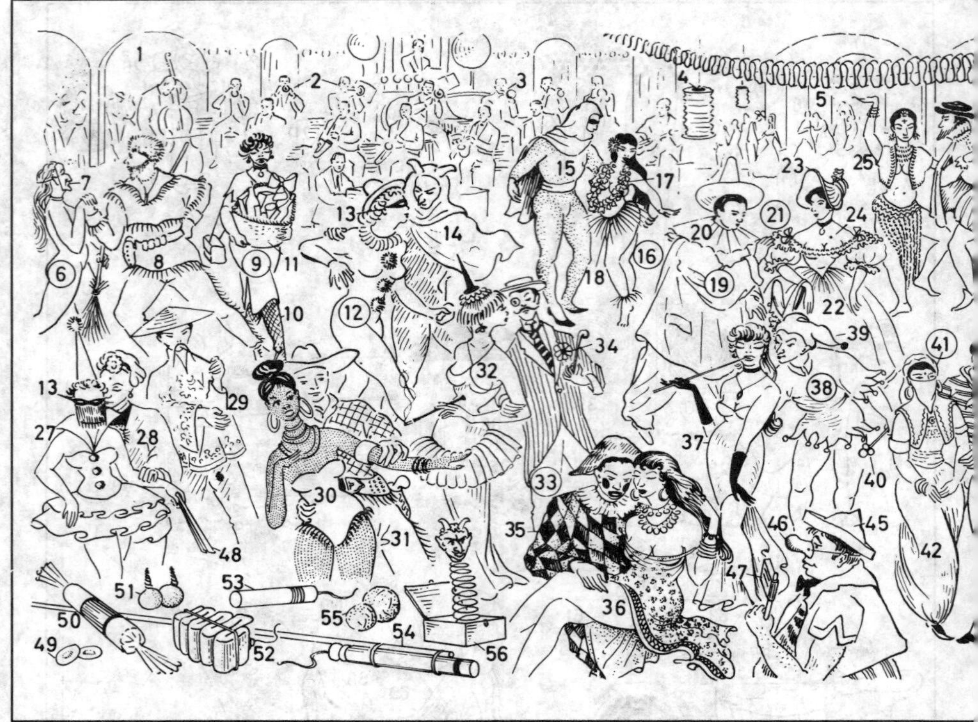


**1–48** **álarcosbál** (álarcos, jelmezes ünnepély, jelmezbál, bolondbál, maskarabál, maszkabál)
– ***masked ball** (masquerade, fancy-dress ball)*
**1** bálterem
– *ballroom*
**2** popzenekar (popegyüttes) <tánczenekar>
– *pop group, a dance band*
**3** popzenész
– *pop musician*
**4** lampion
– *paper lantern*
**5** papírfüzér-díszítés (girland)
– *festoon (string of decorations)*
**6–48** báli jelmez
– *disguise (fancy dress) at the masquerade*
**6** boszorkány (vasorrú bába)
– *witch*
**7** egész álarc (maszk)
– *mask*
**8** prémvadász (trapper)
– *fur trapper (trapper)*
**9** apacslány
– *Apache girl*
**10** neccharisnya
– *net stocking*
**11** a tombola fődíja (a tárgysorsjáték főnyereménye) <ajándékkosár>
– *first prize in the tombola (raffle), a hamper*
**12** Pierrette
– *pierette*
**13** szemmaszk (*rég.* lárva)
– *half mask (domino)*
**14** ördög
– *devil*
**15** dominó
– *domino*
**16** hawaii lány
– *hula-hula girl (Hawaii girl)*
**17** virágfüzér
– *garland*
**18** háncsszoknya
– *grass skirt (hula skirt)*
**19** Pierrot
– *pierrot*
**20** nyakfodor (fodorgallér)
– *ruff*
**21** midinett (divatáruslány)
– *midinette*
**22** biedermeier ruha
– *Biedermeier dress*
**23** biedermeier kalap *v.* főkötő (ernyős kalap)
– *poke bonnet*
**24** dekoltázs (nyakkivágás) szépségtapasszal
– *décolletage with beauty spot*
**25** bajadér (indiai táncosnő)
– *bayadère (Hindu dancing girl)*
**26** spanyol főúr (grand)
– *grandee*
**27** Colombina
– *Columbine*
**28** maharadzsa
– *maharaja (maharajah)*
**29** mandarin <magas állású kínai hivatalnok>
– *mandarin, a Chinese dignitary*
**30** egzotikus szépség
– *exotic girl (exotic)*
**31** cowboy (marhapásztor); *rok.* gaucho
– *cowboy;* sim.: *gaucho (vaquero)*
**32** vamp (kalandornő, démon) fantáziakosztümben
– *vamp, in fancy dress*
**33** gigerli (divatbáb, piperkőc, ficsúr, dendi) <karaktermaszk>
– *dandy (fop, beau), a disguise*
**34** gomblyukrózsa (báli jelvény)
– *rosette*
**35** harlekin (bohóc)
– *harlequin*
**36** cigánylány
– *gipsy (gypsy) girl*
**37** félvilági nő (kokott)
– *cocotte (demi-monde, demi-mondaine, demi-rep)*
**38** Till Eulenspiegel (Thyl Ulenspiegel) <kópé, csínytevő, tréfamester>
– *owl-glass, a fool (jester, buffoon)*
**39** csörgősapka (bohócsapka)
– *foolscap (jester's cap and bells)*
**40** csörgő
– *rattle*
**41** odaliszk <rabnő keleti háremben>
– *odalisque, Eastern female slave in Sultan's seraglio*

**42** bő bugyogó
– *chalwar (pantaloons)*
**43** kalóz (tengeri rabló)
– *pirate (buccaneer)*
**44** tetoválás
– *tattoo*
**45** papírcsákó
– *paper hat*
**46** papírorr (álorr, hamis orr, bohócorr)
– *false nose*
**47** kereplő
– *clapper (rattle)*
**48** nádpálca
– *slapstick*
**49–54 tűzijáték**
– ***fireworks***
**49** papírgyutacs (gyújtólapocska)
– *percussion cap*
**50** pukkantó (durranó cukorka)
– *cracker*
**51** dilibéka
– *banger*
**52** ugráló béka
– *jumping jack*
**53** petárda
– *cannon cracker (maroon, marroon)*
**54** röppentyű
– *rocket*
**55** papírgalacsin (papírgolyó)
– *paper ball*
**56** bűvös skatulya (krampusz a dobozban) <beugrató játék>
– *jack-in-the-box, a joke*

**57–70 farsangi felvonulás** (karneváli menet)
– ***carnival procession***
**57** karneváli kocsi
– *carnival float (carnival truck)*
**58** karneválherceg (farsangi király)
– *King Carnival*
**59** játék jogar (kormánypálca, királyi pálca)
– *bauble (fool's sceptre,* Am. *scepter)*
**60** karneváli kitüntetés *v.* érdemrend
– *fool's badge*
**61** karneválhercegnő (a farsang királynője)
– *Queen Carnival*
**62** konfetti
– *confetti*
**63** óriás báb (karneváli báb) <torz alak, groteszk figura>
– *giant figure, a satirical figure*
**64** szépségkirálynő
– *beauty queen*
**65** mesealak
– *fairy-tale figure*
**66** szerpentin (papírkígyó, papírszalag)
– *paper streamer*
**67** majorett [a farsangi menetet kísérő *v.* a menet előtt masírozó lány]
– *majorette*
**68** a herceg *v.* király testőrsége
– *king's guard*

**69** paprikajancsi (bohóc) <tréfamester>
– *buffoon, a clown*
**70** tamburin (katonadob)
– *lansquenet's drum*

**1–63** vándorcirkusz
– *travelling* (Am. *traveling*) *circus*
**1** cirkuszsátor <négy tartórudas sátor>
– *circus tent (big top), a four-pole tent*
**2** sátortartó rúd (tartórúd)
– *tent pole*
**3** fényszóró
– *spotlight*
**4** világosító
– *lighting technician*
**5** híd
– *platform [for the trapeze artists]*
**6** trapéz
– *trapeze*
**7** légtornász (trapézművész) [*aki ugrik:* repülő; *aki elkapja:* fogó]
– *trapeze artist*
**8** kötéllétra
– *rope ladder*
**9** zenekari emelvény
– *bandstand*
**10** cirkuszzenekar
– *circus band*
**11** porondbejárat
– *ring entrance (arena entrance)*
**12** nyergelőhely
– *wings*
**13** merevítőrúd (sátormerevítő)
– *tent prop (prop)*
**14** biztonsági háló (védőháló)
– *safety net*
**15** nézőtér (padsorok)
– *seats for the spectators*
**16** cirkuszi páholy (páholy)
– *circus box*
**17** cirkuszigazgató
– *circus manager*
**18** artistaügynök (impresszárió)
– *artiste agent (agent)*
**19** bejárat
– *entrance and exit*
**20** feljáró (feljárat, lépcső)
– *steps*
**21** porond (manézs)
– *ring (arena)*
**22** porondgát (*biz.:* pisztni)
– *ring fence*
**23** zenebohóc (*biz.:* auguszt)
– *musical clown (clown)*
**24** bohóc (tréfamester, fehér bohóc)
– *clown*
**25** bohóctréfa (humoros szám) <cirkuszi szám>
– *comic turn (clown act), a circus act*
**26** műlovar
– *circus riders (bareback riders)*
**27** porondmunkás
– *ring attendant, a circus attendant*
**28** gúla
– *pyramid*
**29** tartóember (unterman)
– *support*
**30–31** szabadidomítás
– *performance by liberty horses*
**30** ágaskodó ló
– *circus horse, performing the levade (pesade)*
**31** idomár (állatidomító) <istállómester, porondmester>
– *ringmaster, a trainer*
**32** lovasakrobata (*biz.:* zsoké)
– *vaulter*
**33** vészkijárat
– *emergency exit*
**34** lakókocsi (cirkuszkocsi)
– *caravan (circus caravan,* Am. *trailer)*
**35** ugródeszka-akrobata
– *springboard acrobat (springboard artist)*
**36** ugródeszka
– *springboard*
**37** késdobáló
– *knife thrower*
**38** műlövész (célzóművész)
– *circus marksman*
**39** a késdobáló partnernője
– *assistant*
**40** kötéltáncosnő
– *tightrope dancer*
**41** drótkötél
– *tightrope*
**42** egyensúlyozó rúd
– *balancing pole*
**43** dobószám
– *throwing act*
**44** egyensúlyozószám
– *balancing act*
**45** tartóember (unterman)
– *support*
**46** egyensúlyozó rúd (bambuszrúd)
– *pole (bamboo pole)*

**47** akrobata
– *acrobat*
**48** kézegyensúlyozó művész (ekvilibrista)
– *equilibrist (balancer)*
**49** a vadállatok ketrece <kör alakú ketrec>
– *wild animal cage, a round cage*
**50** védőrács
– *bars of the cage*
**51** állatbejáró (*biz.:* tunel)
– *passage (barred passage, passage for the wild animals)*
**52** állatszelidítő (állatidomító, idomár)
– *tamer (wild animal tamer)*
**53** korbács
– *whip*
**54** védővilla
– *fork (protective fork)*
**55** piedesztál (posztament, állvány)
– *pedestal*
**56** vadállat (tigris, oroszlán)
– *wild animal (tiger, lion)*
**57** posztament (piedesztál, emelvény)
– *stand*
**58** karika (ugrókarika)
– *hoop (jumping hoop)*
**59** deszkahinta (libikóka)
– *seesaw*
**60** golyó (futógolyó)
– *ball*
**61** sátortábor
– *camp*
**62** ketreckocsi (ketreces kocsi)
– *cage caravan*
**63** állatsereglet (menazséria)
– *menagerie*

**1–69** országos vásár (búcsú, templombúcsú)
– *fair (annual fair)*
**1** vásártér
– *fairground*
**2** lovas körhinta
– *children's merry-go-round, (whirligig), a roundabout* (Am. *carousel)*
**3** falatozó (italmérés, büfé)
– *refreshment stall (drinks stall)*
**4** lánchinta
– *chairoplane*
**5** hernyó <szellemvasút>
– *up-and-down roundabout, a ghost train*
**6** mutatványosbódé
– *show booth (booth)*
**7** pénztár
– *box (box office)*
**8** kikiáltó
– *barker*
**9** médium
– *medium*
**10** mutatványos
– *showman*
**11** erőmérő
– *try-your-strength machine*
**12** utcai árus (mozgóárus)
– *hawker*
**13** léggömb (luftballon, *biz.:* lufi)
– *balloon*
**14** papírkígyós síp
– *paper serpent*
**15** forgó <szélkerék>
– *windmill*
**16** zsebtolvaj (zsebmetsző, zsebes)
– *pickpocket (thief)*
**17** árus
– *vendor*
**18** törökméz
– *Turkish delight*
**19** különlegességek háza (*rég.* panoptikum)
– *freak show*
**20** óriás
– *giant*
**21** óriásasszony
– *fat lady*
**22** törpék (liliputiak)
– *dwarfs (midgets)*
**23** sörözősátor
– *beer marquee*
**24** mutatványosbódé (mutatványossátor)
– *sideshow*
**25–28** artisták (vándormutatványosok, *rég.* csepűrágók)
– *travelling* (Am. *traveling) artistes (travelling show people)*
**25** tűznyelő
– *fire eater*
**26** kardnyelő
– *sword swallower*
**27** erőművész
– *strong man*
**28** szabadulóművész
– *escapologist*
**29** nézők
– *spectators*
**30** fagylaltos (fagylaltárus)
– *ice-cream vendor (ice-cream man)*
**31** tölcséres fagylalt
– *ice-cream cornet, with ice cream*
**32** lacikonyha (kolbászsütő)
– *sausage stand*
**33** sütőrostély (rostély)
– *grill* (Am. *broiler)*
**34** sült kolbász
– *bratwurst (grilled sausage,* Am. *broiled sausage)*
**35** kolbászfogó
– *sausage tongs*
**36** kártyavetőnő <jósnő, jövendőmondó>
– *fortune teller*
**37** óriáskerék
– *big wheel (Ferris wheel)*
**38** gépórgona (zeneautomata)
– *orchestrion (automatic organ), an automatic musical instrument*
**39** hullámvasút
– *scenic railway (switchback)*
**40** óriás csúszda (tobogánpálya)
– *toboggan slide (chute)*
**41** hajóhinta
– *swing boats*
**42** átfordulós hajóhinta
– *swing boat, turning full circle*
**43** átfordulás
– *full circle*

**44** tombolapavilon (szerencsejáték-pavilon)
– *lottery booth (tombola booth)*
**45** szerencsekerék
– *wheel of fortune*
**46** ördögkorong
– *devil's wheel (typhoon wheel)*
**47** karikadobáló
– *throwing ring (quoit)*
**48** díjak
– *prizes*
**49** szendvicsember gólyalábakon
– *sandwich man on stilts*
**50** reklámtábla (plakát)
– *sandwich board (placard)*
**51** cigarettaárus <mozgóárus>
– *cigarette seller, an itinerant trader (a hawker)*
**52** tálca (elárusítódoboz, *rég.* kucsébertálca)
– *tray*
**53** gyümölcsárusító hely
– *fruit stall*
**54** halálkatlan
– *wall-of-death rider*
**55** nevetőház
– *hall of mirrors*
**56** homorú tükör
– *concave mirror*
**57** domború tükör
– *convex mirror*
**58** céllövölde
– *shooting gallery*
**59** lovarda
– *hippodrome*
**60** használtcikk-piac (ócskapiac, *rég.* zsibvásár)
– *junk stalls (second-hand stalls)*
**61** segélyhely (mentősátor)
– *first aid tent (first aid post)*
**62** dodzsempálya (dodzsem, villanyautó)
– *dodgems (bumper cars)*
**63** villanyautó (dodzsemkocsi)
– *dodgem car (bumper car)*
**64–66** fazekasstand
– *pottery stand*
**64** vásári kikiáltó
– *barker*
**65** kofaasszony (kofa, árusnő)
– *market woman*
**66** fazekasáru (cserépedények)
– *pottery*
**67** vásárlátogató (vásárló, nézelődő)
– *visitors to the fair*
**68** panoptikum (viaszfigura-kiállítás)
– *waxworks*
**69** viaszbáb (viaszfigura)
– *wax figure*

**1** lábhajtású *v.* pedálos varrógép
– *treadle sewing machine*
**2** virágváza
– *flower vase*
**3** falitükör
– *wall mirror*
**4** dobkályha (hengeres vaskályha)
– *cylindrical stove*
**5** kályhacső (egyenes cső)
– *stovepipe*
**6** könyökcső
– *stovepipe elbow*
**7** kályhaajtó
– *stove door*
**8** kályhaellenző (kályhaernyő)
– *stove screen*
**9** szeneskanna
– *coal scuttle*
**10** fáskosár
– *firewood basket*
**11** baba (játék baba)
– *doll*
**12** játék mackó
– *teddy bear*
**13** kintorna (verkli)
– *barrel organ*
**14** orkesztrion (géporgona, zeneautomata)
– *orchestrion*
**15** fémkorong (lyukasztott fémtárcsa)
– *metal disc (disk)*
**16** rádiókészülék (rádió, rádióvevő, rádió-vevőkészülék) <szuperheterodin vevőkészülék, szupervevő>
– *radio (radio set,* joc.: *'steam radio'), a superheterodyne (superhet)*
**17** hangdoboz
– *baffle board*
**18** varázsszem <hangolásjelző cső>
– *'magic eye', a tuning indicator valve*
**19** hangszórónyílás
– *loudspeaker aperture*
**20** sávválasztó billentyűk
– *station selector buttons (station preset buttons)*
**21** hangológomb (beállítógomb)
– *tuning knob*
**22** frekvenciaskálák (hullámhosszskálák)
– *frequency bands*
**23** detektoros rádió (kristálydetektoros vevőkészülék)
– *crystal detector (crystal set)*
**24** fejhallgató
– *headphones (headset)*
**25** harmonikás fényképezőgép (harmonikakihuzatú fényképezőgép)
– *folding camera*
**26** harmonikakihuzat (harmonika)
– *bellows*
**27** csapófedél
– *hinged cover*
**28** rugós merevítőkeret
– *spring extension*
**29** árus
– *salesman*
**30** box fényképezőgép (bokszgép)
– *box camera*
**31** gramofon (gramofonkészülék)
– *gramophone*
**32** hanglemez (gramofonlemez)
– *record (gramophone record)*
**33** hangdoboz (hangszedő) gramofontűvel
– *needle head with gramophone needle*
**34** hangtölcsér
– *horn*
**35** gramofondoboz
– *gramophone box*
**36** hanglemeztartó
– *record rack*
**37** orsós magnetofon (szalagos magnó) <táskamagnetofon>
– *tape recorder, a portable tape recorder*
**38** egyesvaku (vakublitz)
– *flashgun*
**39** vakukörte (vakulámpa)
– *flash bulb*
**40–41** örökvaku (vaku, villanófény, elektronikus villanófény, elektronenblitz)
– *electronic flash (electronic flashgun)*
**40** villanófénylámpa (villanócső)
– *flash head*
**41** akkumulátor
– *accumulator*

# 309 Ócskapiac (zsibvásár, használtcikk-piac, bolhapiac) *Flea Market* 309

**42** diavetítő (diaszkóp)
– *slide projector*
**43** diapozitívtartó tolóka
– *slide holder*
**44** lámpaház
– *lamphouse*
**45** gyertyatartó
– *candlestick*
**46** nagy fésűkagyló (zarándokkagyló)
– *scallop shell*
**47** evőeszköz
– *cutlery*
**48** dísztányér <emléktárgy>
– *souvenir plate*
**49** fényképezőlemez-szárító állvány
– *drying rack for photographic plates*
**50** fényképezőlemez
– *photographic plate*
**51** önkioldó
– *delayed-action release*
**52** ónkatonák; *rok.:* ólomkatonák
– *tin soldiers* (sim.: *lead soldiers)*
**53** söröskorsó
– *beer mug (stein)*
**54** trombita
– *bugle*
**55** antikvár könyvek
– *second-hand books*
**56** állóóra
– *grandfather clock*
**57** óraház
– *clock case*
**58** órainga
– *pendulum*
**59** járatsúly
– *time weight*
**60** ütősúly
– *striking weight*
**61** hintaszék
– *rocking chair*
**62** matrózruha
– *sailor suit*
**63** matrózsapka
– *sailor's hat*
**64** mosdókészlet
– *washing set*
**65** mosdótál
– *washing basin*
**66** vizeskanna
– *water jug*
**67** mosdóállvány
– *washstand*
**68** sulykolófa (sulyok)
– *dolly*
**69** mosódézsa
– *washtub*
**70** súrolódeszka (mosódeszka)
– *washboard*
**71** búgócsiga
– *humming top*
**72** palatábla
– *slate*
**73** tolltartó
– *pencil box*
**74** összeadógép
– *adding and subtracting machine*
**75** papírtekercs
– *paper roll*
**76** számbillentyűk
– *number keys*
**77** golyós számológép
– *abacus*
**78** tintatartó <fedeles tintatartó>
– *inkwell, with lid*
**79** írógép
– *typewriter*
**80** mechanikus számológép
– *[hand-operated] calculating machine (calculator)*
**81** forgatókar
– *operating handle*
**82** eredményjelző szerkezet
– *result register (product register)*
**83** fordulatszámláló
– *rotary counting mechanism (rotary counter)*
**84** konyhamérleg
– *kitchen scales*
**85** alsószoknya
– *waist slip (underskirt)*
**86** kézikocsi
– *wooden handcart*
**87** falióra
– *wall clock*
**88** ágymelegítő
– *bed warmer*
**89** tejeskanna
– *milk churn*

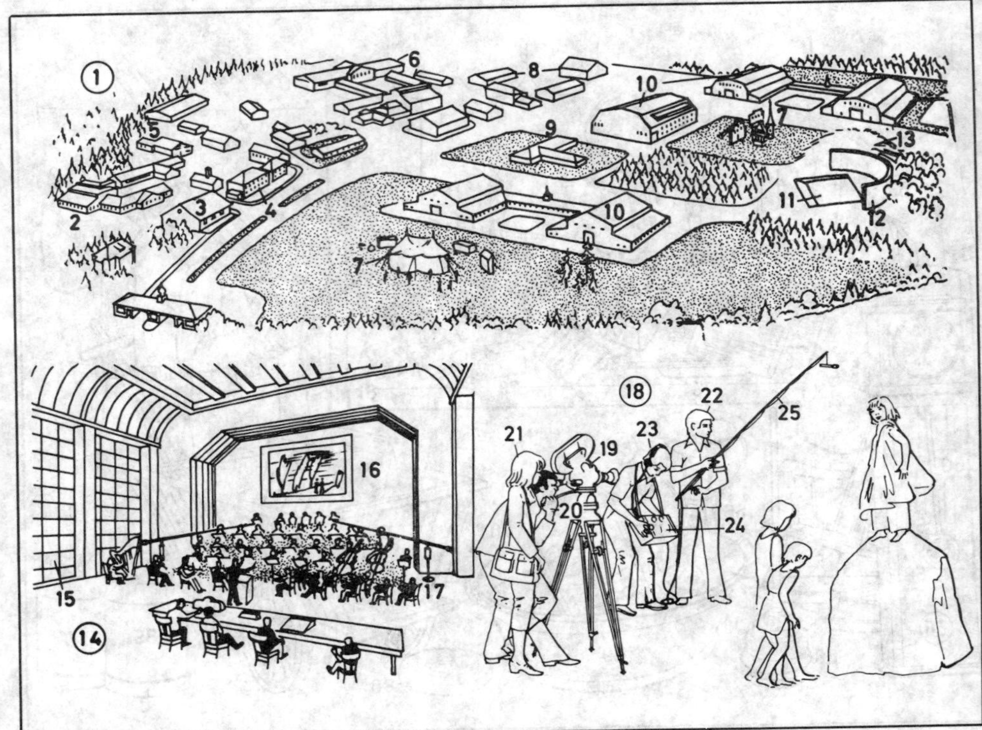


**1–13 filmváros**
– *film studios (studio complex,* Am. *movie studios)*
**1** külső forgatási terület
– *lot (studio lot)*
**2** filmlaboratóriumok (előhívók)
– *processing laboratories (film laboratories, motion picture laboratories)*
**3** vágószobák
– *cutting rooms*
**4** adminisztrációs épület (hivatalok, produkciók)
– *administration building (office building, offices)*
**5** filmtár (filmarchívum)
– *film (motion picture) storage vault (film library, motion picture library)*
**6** műhely
– *workshop*
**7** díszlet
– *film set* (Am. *movie set)*
**8** erőműtelep
– *power house*
**9** technikai és kutatólaboratóriumok
– *technical and research laboratories*
**10** műtermek
– *groups of stages*
**11** betonmedence a vízi jelenetek felvételére
– *concrete tank for marine sequences*
**12** körhorizont
– *cyclorama*
**13** horizontdomb [a horizont lezárására]
– *hill*
**14–60 filmforgatás** (filmfelvétel)
– ***shooting*** *(filming)*
**14** zenei stúdió
– *music recording studio (music recording theatre,* Am. *theater)*
**15** hangtompító falburkolat (akusztikus falburkolat)
– *"acoustic" wall lining*
**16** vetítővászon
– *screen (projection screen)*
**17** filmzenekar
– *film orchestra*
**18** külső forgatás
– *exterior shooting (outdoor shooting, exterior filming, outdoor filming)*
**19** hangosképkamera (szinkronkamera, kristályvezérlésű szinkronkamera)
– *camera with crystal-controlled drive*
**20** kameraman
– *cameraman*
**21** rendezőasszisztens
– *assistant director*
**22** mikrofonos
– *boom operator (boom swinger)*
**23** hangmérnök
– *recording engineer (sound recordist)*
**24** hordozható kvarcvezérlésű magnetofon (hordozható kristályvezérlésű hangrögzítő berendezés)
– *portable sound recorder with crystal-controlled drive*
**25** mikrofonrúd (boom)
– *microphone boom*
**26–60** műtermi forgatás játékfilmstúdióban
– *shooting (filming) in the studio (on the sound stage, on the stage, in the filming hall)*
**26** gyártásvezető
– *production manager*
**27** film női főszereplője (filmsztár)
– *leading lady (film actress, film star, star)*
**28** film férfi főszereplője (filmsztár)
– *leading man (film actor, film star, star)*
**29** statiszta (filmstatiszta)
– *film extra (extra)*
**30** mikrofonelrendezés sztereo- és hangeffektus-felvételre
– *arrangement of microphones for stereo and sound effects*
**31** stúdiómikrofon
– *studio microphone*
**32** mikrofonkábel
– *microphone cable*
**33** díszletek (háttérdíszletek)
– *side flats and background*
**34** csapó [személy]
– *clapper boy*

**35** csapó (csapótábla) a film címével, a jelenet és a beállítás számával
– *clapper board (clapper) with slates (boards) for the film title, shot number (scene number) and take number*
**36** maszkmester (fodrász)
– *make-up artist (hairstylist)*
**37** világosító (filmvilágosító)
– *lighting electrician (studio electrician, lighting man,* Am. *gaffer)*
**38** derítőlámpa (lágyítótárcsa)
– *diffusing screen*
**39** szkripter (szkriptgörl)
– *continuity girl (script girl)*
**40** rendező (filmrendező)
– *film director (director)*
**41** operatőr (vezetőoperatőr)
– *cameraman (first cameraman)*
**42** segédoperatőr
– *camera operator, an assistant cameraman (camera assistant)*
**43** díszlettervező (berendező)
– *set designer (art director)*
**44** felvételvezető
– *director of photography*
**45** filmforgatókönyv (szövegkönyv, szkript)
– *filmscript (script, shooting script,* Am. *movie script)*
**46** rendezőasszisztens
– *assistant director*
**47** hangszigetelt filmkamera (szélesfilmes kamera, szinemaszkóp kamera)
– *soundproof film camera (soundproof motion picture camera), a wide screen camera (cinemascope camera)*
**48** blimp (zajcsökkentő burkolat)
– *soundproof housing (soundproof cover, blimp)*
**49** daru (krán)
– *camera crane (dolly)*
**50** hidraulikus emelő (hidraulikus állvány)
– *hydraulic stand*
**51** fényellenző (néger)
– *mask (screen) for protection from spill light (gobo, nigger)*
**52** háromlábú szpotlámpa (pontfénylámpa, foltfénylámpa, csúcsfénylámpa)
– *tripod spotlight (fill-in light, filler light, fill light, filler)*
**53** világosítóhíd
– *spotlight catwalk*
**54** hangmérnöki szoba (hangszoba)
– *recording room*
**55** hangmérnök
– *recording engineer (sound recordist)*
**56** keverőpult
– *mixing console (mixing desk)*
**57** hangtechnikus (hangasszisztens)
– *sound assistant (assistant sound engineer)*
**58** mágneses hangrögzítő berendezés (mágneses hangrögzítő)
– *magnetic sound recording equipment (magnetic sound recorder)*
**59** erősítő- és trükkberendezés, pl. visszhang- és egyéb hangeffektekhez
– *amplifier and special effects equipment, e.g. for echo and sound effects*
**60** fényhangkamera (fényhangfelvevő kamera)
– *sound recording camera (optical sound recorder)*

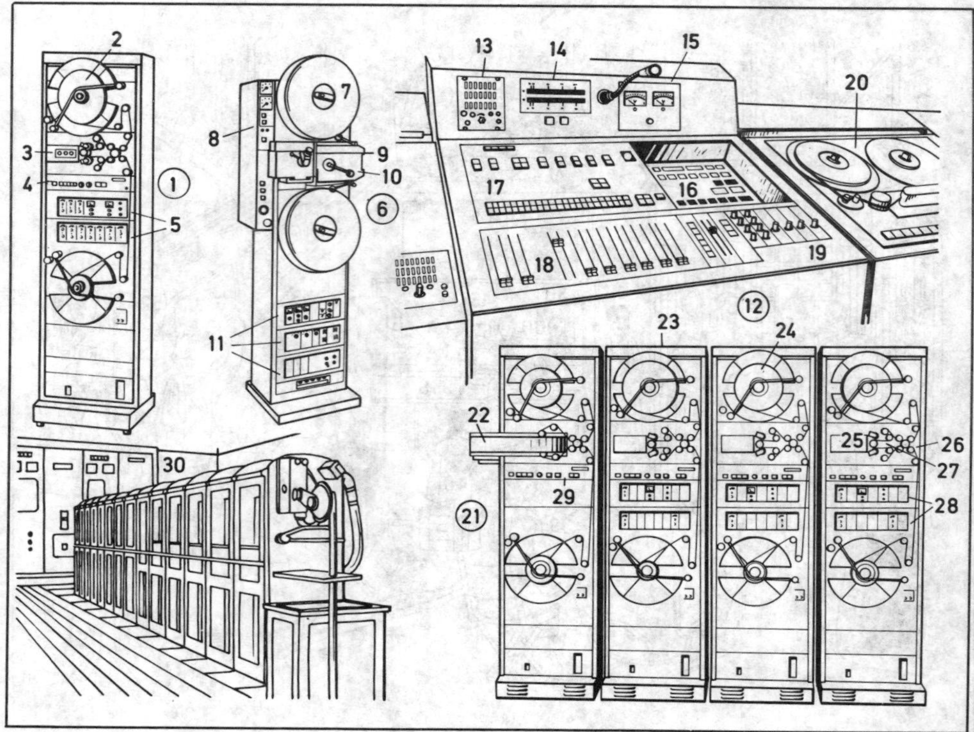


**1–46 hangrögzítés és hangátírás** (szinkronizálás)
– ***sound recording and re-recording** (dubbing)*
**1** mágneses hangrögzítő berendezés (mágneses hangrögzítő)
– *magnetic sound recording equipment (magnetic sound recorder)*
**2** bobi (mágnesfilmorsó, hangszalagorsó)
– *magnetic film spool*
**3** mágnesfejtartó szerelvény
– *magnetic head support assembly*
**4** kezelőtábla (kapcsolótábla)
– *control panel*
**5** mágneses hangrögzítő- és lejátszáserősítő
– *magnetic sound recording and playback amplifier*
**6** fényhangkamera (fényhangfelvevő kamera)
– *optical sound recorder (sound recording camera, optical sound recording equipment)*
**7** napfényfilmkazetta (napfénytöltésű kazetta)
– *daylight film magazine*
**8** ellenőrző- és figyelőtábla (kezelőtábla)
– *control and monitoring panel*
**9** okulár a fényhangrögzítés optikai ellenőrzésére
– *eyepiece for visual control of optical sound recording*
**10** deck (meghajtószerkezet)
– *deck*
**11** felvételerősítő és hálózati tápegység
– *recording amplifier and mains power unit*
**12** vezérlőpult (kapcsolóasztal, vezérlőasztal)
– *control desk (control console)*
**13** ellenőrző (visszahallgató) hangszóró
– *monitoring loudspeaker (control loudspeaker)*
**14** felvétel-kivezérlésmérő (felvételi szintindikátor)
– *recording level indicators*
**15** ellenőrző műszerek
– *monitoring instruments*
**16** kapcsolótábla (kapcsolószekrény)
– *jack panel*
**17** kezelőtábla
– *control panel*
**18** tolópotenciométer
– *sliding control*
**19** hangszínszabályozó
– *equalizer*
**20** magnetofon (mágnesszalagdeck, mágnesszalag-meghajtószerkezet)
– *magnetic sound deck*
**21** mágnesfilmmixer
– *mixer for magnetic film*
**22** filmvetítő gép
– *film projector*
**23** rögzítő- és lejátszóberendezés
– *recording and playback equipment*
**24** filmorsó
– *film reel (film spool)*
**25** mágnesfejtartó egység a felvevő-, a lejátszó- és a törlőfejhez
– *head support assembly for the recording head, playback head, and erasing head (erase head)*
**26** filmtovábbító mechanika
– *film transport mechanism*
**27** szinkrontengely (szinkronváltó, szinkronszűrő)
– *synchronizing filter*
**28** mágneses hangerősítő
– *magnetic sound amplifier*
**29** kezelőtábla (kapcsolótábla)
– *control panel*
**30** filmlaboratóriumi előhívógépek
– *film-processing machines (film-developing machines) in the processing laboratory (film laboratory, motion picture laboratory)*

**31** visszhangszoba (zengőhelyiség)
– *echo chamber*
**32** visszhangszoba-hangszóró
– *echo chamber loudspeaker*
**33** visszhangszoba-mikrofon
– *echo chamber microphone*
**34–36** hangkeverés (szinkronizálás, hangfelvételek keverése)
– *sound mixing (sound dubbing, mixing of several sound tracks)*
**34** keverőszoba (szinkronizáló műterem)
– *mixing room (dubbing room)*
**35** keverőpult mono- *v.* sztereohanghoz
– *mixing console (mixing desk) for mono or stereo sound*
**36** hangkeverő szakemberek (hangmérnök, hangtechnikus) keverés (szinkronizálás) közben
– *dubbing mixers (recording engineers, sound recordists) dubbing (mixing)*
**37–41** szinkronizálás (utószinkronizálás)
– *synchronization (syncing, dubbing, post-synchronization, post-syncing)*
**37** szinkronstúdió (szinkronműterem)
– *dubbing studio (dubbing theatre,* Am. *theater)*
**38** szinkronrendező
– *dubbing director*
**39** szinkronszínésznő
– *dubbing speaker (dubbing actress)*
**40** mikrofon gémen
– *boom microphone*
**41** mikrofonkábel
– *microphone cable*
**42–46** vágás (editálás)
– *cutting (editing)*
**42** vágóasztal (editálópult, editálóasztal)
– *cutting table (editing table, cutting bench)*
**43** vágó
– *film editor (cutter)*
**44** filmforgató tányér kép- és hangsávhoz
– *film turnables, for picture and sound tracks*
**45** vetítőernyő
– *projection of the picture*
**46** hangszóró
– *loudspeaker*

**1–23 filmvetítés** (mozgóképvetítés)
– ***film projection*** *(motion picture projection)*
**1** mozi (filmszínház, mozgóképszínház)
– *cinema (picture house,* Am. *movie theater, movie house)*
**2** mozipénztár
– *cinema box office (*Am. *movie theater box office)*
**3** mozijegy
– *cinema ticket (*Am. *movie theater ticket)*
**4** jegyszedőnő (jegyszedő)
– *usherette*
**5** mozilátogatók (nézőközönség)
– *cinemagoers (filmgoers, cinema audience,* Am. *moviegoers, movie audience)*
**6** biztonsági világítás (vészvilágítás, szükségvilágítás)
– *safety lighting (emergency lighting)*
**7** vészkijárat
– *emergency exit*
**8** színpad
– *stage*
**9** sorok (ülőhelyek)
– *rows of seats (rows)*
**10** színpadi függöny
– *stage curtain (screen curtain)*
**11** vászon (vetítővászon)
– *screen (projection screen)*
**12** vetítőhelyiség (mozigépház, vetítőkamra)
– *projection room (projection booth)*
**13** balos vetítőgép
– *lefthand projector*
**14** jobbos vetítőgép
– *righthand projector*
**15** vetítőhelyiség-ablak a vetítőablakkal és a figyelőablakkal
– *projection room window with projection window and observation port*
**16** filmorsódob
– *reel drum (spool box)*
**17** teremvilágítás-szabályozó (nézőtéri világításszabályozó)
– *house light dimmers (auditorium lighting control)*
**18** egyenirányító vetítőlámpához <szeléncellás v. higanygőz-egyenirányító>
– *rectifier, a selenium or mercury vapour rectifier for the projection lamps*
**19** erősítő
– *amplifier*
**20** vetítőgépész
– *projectionist*
**21** tekercselőasztal az áttekercseléshez
– *rewind bench for rewinding the film*
**22** filmragasztó
– *film cement (splicing cement)*
**23** diavetítő reklámok számára
– *slide projector for advertisements*

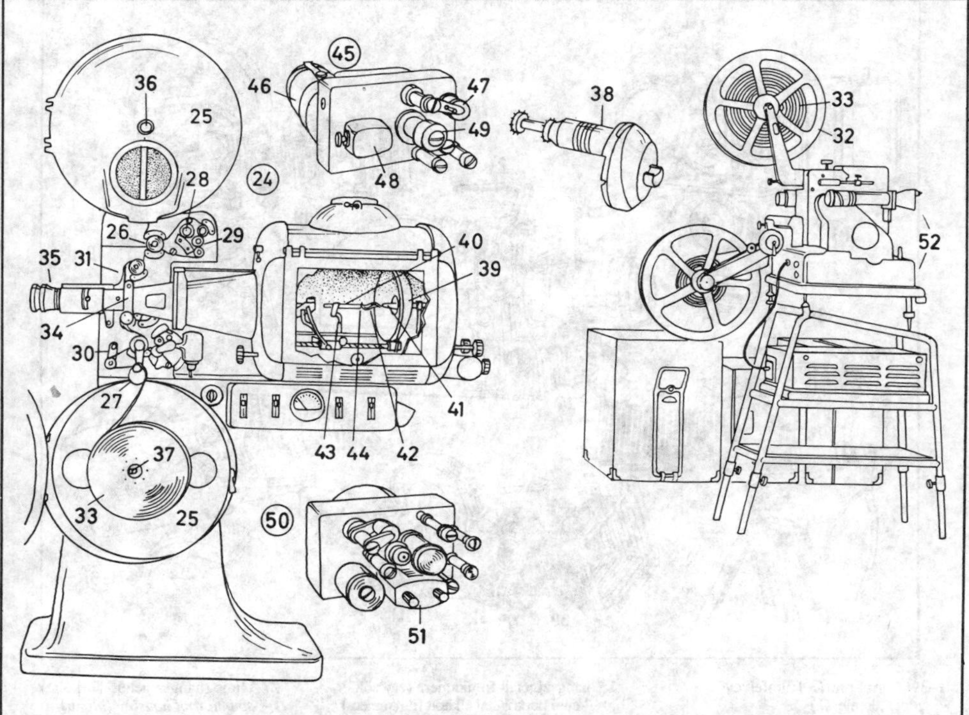


**24–52 filmvetítők**
– ***film projectors***
**24** hangosfilmvetítő gép (filmvetítő gép, mozgóképvetítő gép, vetítőgép)
– *sound projector (film projector, cinema projector, theatre projector,* Am. *movie projector)*
**25–38** a vetítőgép szerkezete
– *projector mechanism*
**25** tűzvédett filmorsódob (tűzvédő dob) keringető olajhűtéssel
– *fireproof reel drums (spool boxes) with circulating oil cooling system*
**26** felső fogasdob
– *feed sprocket (supply sprocket)*
**27** alsó fogasdob
– *take-up sprocket*
**28** lejátszó mágneshangfejek
– *magnetic head cluster*
**29** vezetőgörgő (terelőgörgő) félképbeállítóval
– *guide roller (guiding roller) with framing control*
**30** filmhurok-szabályozó *rok.:* filmszakadásjelző, salátakapcsoló szerkezet
– *loop former for smoothing out the intermittent movement;* also: *film break detector*
**31** filmpálya
– *film path*
**32** filmorsó
– *film reel (film spool)*
**33** filmtekercs
– *reel of film*
**34** filmkapu (képkapu, fénykapu) hűtőventilátorral
– *film gate (picture gate, projector gate) with cooling fan*
**35** vetítőobjektív
– *projection lens (projector lens)*
**36** adagolóorsó
– *feed spindle*
**37** dörzshajtású (frikciós hajtású) felcsévélőorsó
– *take-up spindle with friction drive*
**38** máltai kereszt
– *maltese cross mechanism (maltese cross movement, Geneva movement)*
**39–44** lámpaház
– *lamphouse*
**39** tükrös ívlámpa aszferikus homorú tükörrel és az ívet stabilizáló fúvómágnessel *rok.:* xenonizzós ívlámpa [vetítőlámpa]
– *mirror arc lamp, with aspherical (non-spherical) concave mirror and blowout magnet for stabilizing the arc* (also: *high-pressure xenon arc lamp)*
**40** pozitív szénrúd
– *positive carbon (positive carbon rod)*
**41** negatív szénrúd
– *negative carbon (negative carbon rod)*
**42** ív
– *arc*
**43** szénrúdtartó
– *carbon rod holder*
**44** kráter [a pozitív szénrúd végén keletkező izzó felület]
– *crater (carbon crater)*
**45** fényhanglejátszó egység [sokcsatornás sztereo fényhang és ellenütemű hangcsíkok lejátszására is alkalmas]
– *optical sound unit [also designed for multi-channel optical stereophonic sound and for push-pull sound tracks]*
**46** résoptika
– *sound optics*
**47** hangfej (hangelőtét)
– *sound head*
**48** hanglámpaizzó foglalatban
– *exciter lamp in housing*
**49** fotocella tokban
– *photocell in hollow drum*
**50** csatlakoztatható négysávos mágneshangegység
– *attachable four-track magnetic sound unit (penthouse head, magnetic sound head)*
**51** mágneshangfej négy sávra
– *four-track magnetic head*
**52** keskenyfilmes hordozható vetítő
– *narrow-gauge (*Am. *narrow-gage) cinema projector for mobile cinema*

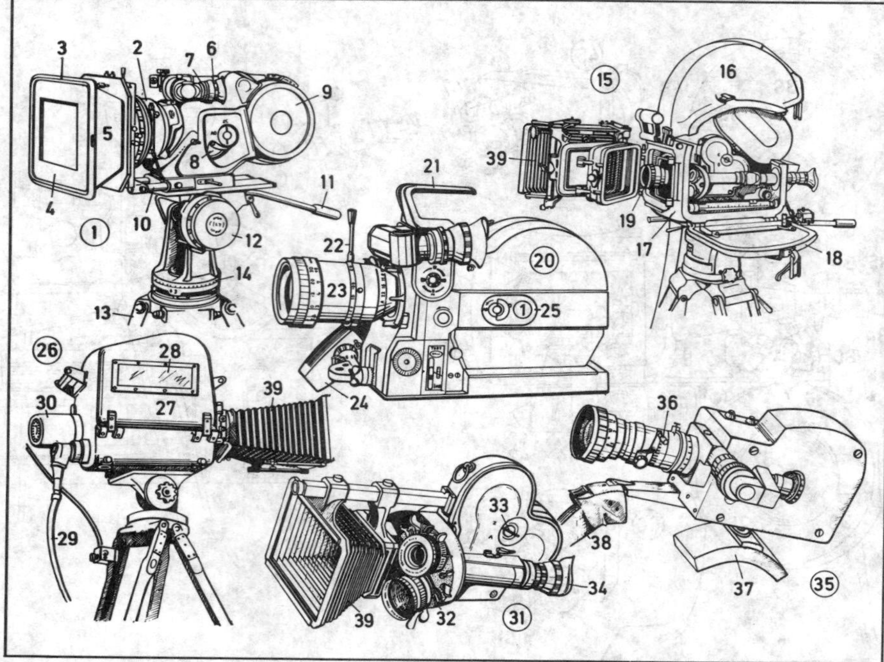


**1–39 filmkamerák** (filmfelvevő gépek, kamerák)
– ***motion picture cameras** (film cameras)*
**1** normálfilmkamera (normálkép-kamera, 35 mm-es filmkamera)
– *standard-gauge (*Am. *standard-gage) motion picture camera (standard-gauge,* Am. *standard-gage, 35 mm camera)*
**2** objektív
– *lens (object lens, taking lens)*
**3** kompendium
– *lens hood (sunshade) with matte box*
**4** maszk
– *matte (mask)*
**5** kompendiumköpeny
– *lens hood barrel*
**6** kereső lupéval
– *viewfinder eyepiece*
**7** fixálható lupe
– *eyepiece control ring*
**8** szektorblende-állító
– *opening control for the segment disc (disk) shutter*
**9** kazetta
– *magazine housing*
**10** kompendiumsín (kompendiumrúd)
– *slide bar for the lens hood*
**11** svenkkar
– *control arm (control lever)*
**12** statívfej (panorámafej, zsirofej)
– *pan and tilt head*
**13** állvány (statív, kameraállvány, kamerastatív)
– *wooden tripod*
**14** fokbeosztás (horizontális skála fokbeosztással)
– *degree scale*
**15** hangszigetelt filmkamera (zajcsökkentő burkolattal ellátott filmkamera)
– *soundproof (blimped) motion picture camera (film camera)*
**16–18** blimp (hangszigetelő burkolat)
– *soundproof housing (blimp)*
**16** a blimp felső része
– *upper section of the soundproof housing*
**17** a blimp alsó része
– *lower section of the soundproof housing*
**18** a blimp kinyitott oldallapja
– *open sidewall of the soundproof housing*
**19** objektív
– *camera lens*
**20** könnyű professzionális filmkamera
– *lightweight professional motion picture camera*
**21** fogó
– *grip (handgrip)*
**22** zoomkar
– *zooming lever*
**23** zoomobjektív (gumiobjektív) folyamatosan változtatható gyújtótávolsággal
– *zoom lens (variable focus lens, varifocal lens) with infinitely variable focus*
**24** revolver (markolat) kétállású indítógombbal
– *handgrip with shutter release*
**25** kameraoldallap
– *camera door*
**26** hangosfilmkamera (kézikamera) hang és kép felvételére
– *sound camera (newsreel camera) for recording sound and picture*
**27** blimp (hangszigetelő burkolat)
– *soundproof housing (blimp)*
**28** filmkockaszámláló és filmhosszjelző mutató
– *window for the frame counters and indicator scales*
**29** szinkronkábel
– *pilot tone cable (sync pulse cable)*
**30** pilotgenerátor (szinkronozójel-generátor, lökésfeszültség-generátor)
– *pilot tone generator (signal generator, pulse generator)*
**31** professzionális keskenyfilmes kamera, 16 mm-es filmkamera
– *professional narrow-gauge (*Am. *narrow-gage) motion picture camera, a 16 mm camera*
**32** revolveres objektívtartó
– *lens turret (turret head)*
**33** oldallapzár
– *housing lock*
**34** állítható dioptriás kereső
– *eyecup*
**35** nagysebességű (high-speed) filmkamera (speciális keskenyfilmes képkamera)
– *high-speed camera, a special narrow-gauge (*Am. *narrow-gage) camera*
**36** zoomkar
– *zooming lever*
**37** válltartó (válltámasz)
– *rifle grip*
**38** revolver (markolat) kétállású indítógombbal
– *handgrip with shutter release*
**39** kompendiumharmonika
– *lens hood bellows*

**1–6** az öt pozíció (balettpozíciók)
– *the five positions (ballet positions)*
**1** első pozíció
– *first position*
**2** második pozíció
– *second position*
**3** harmadik pozíció
– *third position*
**4** negyedik pozíció [nyitott]
– *fourth position [open]*
**5** negyedik pozíció [keresztezett; meghosszabbított ötödik pozíció]
– *fourth position [crossed; extended fifth position]*
**6** ötödik pozíció
– *fifth position*
**7–10** ports de bras (kartartások)
– *ports de bras (arm positions)*
**7** oldalsó tartás
– *port de bras à coté*
**8** alsótartás
– *port de bras en bas*
**9** előretartás
– *port de bras en avant*
**10** felsőtartás
– *port de bras en haut*
**11** dégagé előre
– *dégagé à la quatrième devant*
**12** dégagé hátra
– *dégagé à la quatrième derrière*
**13** effacé
– *effacé*
**14** sur le cou-de-pied
– *sur le cou-de-pied*
**15** oldalnyitás
– *écarté*
**16** keresztlépés
– *croisé*
**17** balettalapállás
– *attitude*
**18** arabeszk
– *arabesque*
**19** spicc
– *à pointe (on full point)*
**20** spárga
– *splits*
**21** cabriole [szökellés]
– *cabriole (capriole)*
**22** entrechat [bokázás a levegőben]
– *entrechat (entrechat quatre)*
**23** előkészülés [pl. piruettre]
– *préparation [e.g. for a pirouette]*
**24** piruett
– *pirouette*
**25** balettkar
– *corps de ballet*
**26** balerina (balett-táncos)
– *ballet dancer (ballerina)*
**27–28** pas de trois
– *pas de trois*
**27** vezető táncosnő (primabalerina)
– *prima ballerina*
**28** vezető táncos (szólótáncos)
– *principal male dancer (leading soloist)*
**29** rövid tüllszoknya (tütü)
– *tutu*
**30** spicc-cipő <balettcipő>
– *point shoe, a ballet shoe (ballet slipper)*
**31** balettszoknya
– *ballet skirt*

**1–4 különböző függönytípusok**
**– *types of curtain operation***
**1** görög függöny [oldalválasztékos]
– *draw curtain (side parting)*
**2** olasz függöny [egyidőben oldalra és felfelé széthúzható függöny]
– *tableau curtain (bunching up sideways)*
**3** felhúzható függöny (német függöny)
– *fly curtain (vertical ascent)*
**4** görög függöny és felhúzható függöny kombinációja
– *combined fly and draw curtain*
**5–11 ruhatári előcsarnok**
– ***cloakroom hall*** (Am. *checkroom hall)*
**5** ruhatár
– *cloakroom* (Am. *checkroom)*
**6** ruhatáros
– *cloakroom attendant* (Am. *checkroom attendant)*
**7** ruhatári jegy (szám)
– *cloakroom ticket* (Am. *check)*
**8** színházlátogató (néző)
– *playgoer (theatregoer,* Am. *theatergoer)*
**9** színházi látcső
– *opera glass (opera glasses)*
**10** jegyellenőr
– *commissionaire*
**11** színházjegy (belépőjegy)
– *theatre* (Am. *theater) ticket, an admission ticket*
**12–13 előcsarnok** (foyer)
– ***foyer*** *(lobby, crush room)*
**12** jegyszedő
– *usher;* form.: *box attendant*
**13** programfüzet
– *programme* (Am. *program)*
**14–27 nézőtér és színpad**
**– *auditorium and stage***
**14** színpad
– *stage*
**15** előszín (proszcénium)
– *proscenium*
**16–20 nézőtér**
**– *auditorium***
**16** galéria (kakasülés, karzat)
– *gallery (balcony)*
**17** második emeleti erkélysor (páholysor)
– *upper circle*
**18** első emeleti zsöllyesor (páholysor)
– *dress circle* (Am. *balcony, mezzanine)*
**19** földszint
– *front stalls*
**20** ülőhely
– *seat (theatre seat,* Am. *theater seat)*
**21–27 próba**
– ***rehearsal*** *(stage rehearsal)*
**21** énekkar
– *chorus*
**22** énekes
– *singer*
**23** énekesnő
– *singer*
**24** zenekari árok
– *orchestra pit*
**25** zenekar
– *orchestra*
**26** karmester
– *conductor*
**27** karmesteri pálca
– *baton (conductor's baton)*
**28–42 díszletfestő-terem, műhely**
– ***paint room,*** *a workshop*
**28** díszletezőmunkás (bűnés, kulisszatologató)
– *stagehand (scene shifter)*
**29** munkahíd
– *catwalk (bridge)*
**30** állódíszlet a színpad hátterében (háttérdíszlet)
– *set piece*
**31** erősítőgerendák (merevítőlécek)
– *reinforcing struts*
**32** kartonból, gipszből készült színházi díszlet
– *built piece (built unit)*
**33** háttérfüggöny
– *backcloth (backdrop)*
**34** hordozható festéktartó
– *portable box for paint containers*
**35** díszletfestő
– *scene painter, a scenic artist*
**36** festékszállító tolókocsi
– *paint trolley*
**37** díszlettervező
– *stage designer (set designer)*
**38** jelmeztervező
– *costume designer*
**39** jelmeztervezet
– *design for a costume*
**40** rögtönzött jelmezvázlat
– *sketch for a costume*
**41** színpadmakett
– *model stage*
**42** színpadkép makettje
– *model of the set*
**43–52 öltöző**
**– *dressing room***
**43** tükör
– *dressing room mirror*
**44** sminkelőkendő
– *make-up gown*
**45** sminkasztal
– *make-up table*
**46** arcfesték
– *greasepaint stick*
**47** sminkmester
– *chief make-up artist (chief make-up man)*
**48** fodrász
– *make-up artist (hairstylist)*
**49** paróka
– *wig*
**50** kellékek
– *props (properties)*
**51** színházi kosztüm (jelmez)
– *theatrical costume*
**52** hívó (hívólámpa)
– *call light*

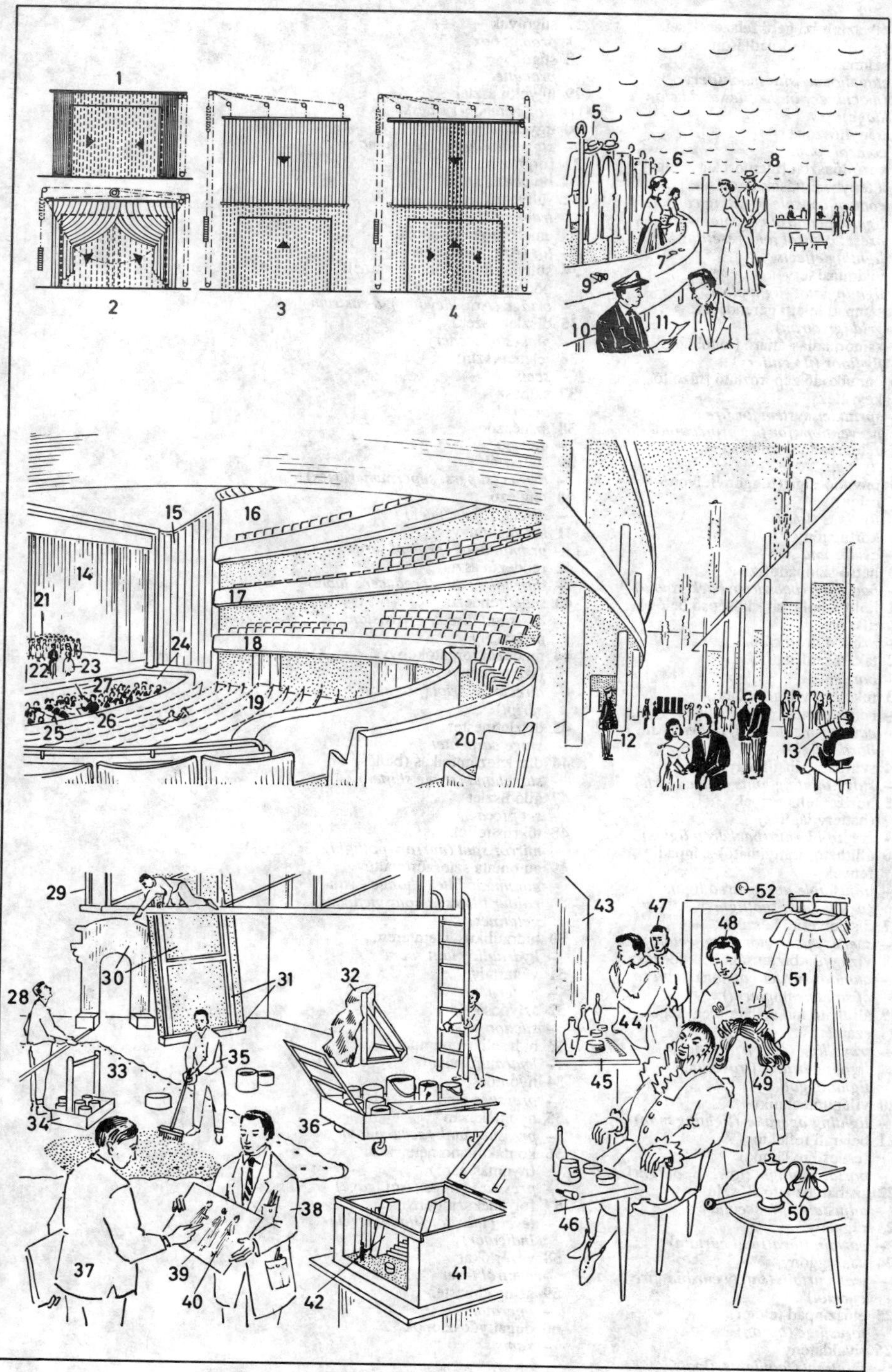
1
2
3
4
5
6
7
8
9
10
11
12
13
14
15
16
17
18
19
20
21
22
23
24
25
26
27
28
29
30
31
32
33
34
35
36
37
38
39
40
41
42
43
44
45
46
47
48
49
50
51
52

**1–60 színházi gépi felszerelések** (gépek a zsinórpadláson és a színpad alatt)
– ***stagehouse with machinery*** *(machinery in the flies and below stage)*
**1** irányítószoba
– *control room*
**2** vezérlőasztal [memóriaegységgel a fénybeállítások tárolására]
– *control console (lighting console, lighting control console) with preset control for presetting lighting effects*
**3** világítási terv
– *lighting plot (light plot)*
**4** színpad feletti gerendázat
– *grid (gridiron)*
**5** zsinórpadlás-átjáró (munkahíd)
– *fly floor (fly gallery)*
**6** önműködő záporoztató [tűzoltó készülék]
– *sprinkler system for fire prevention (for fire protection)*
**7** zsinórpadlási munkás
– *fly man*
**8** felvonócsiga (függönyfelvonó csiga)
– *fly lines (lines)*
**9** körfüggöny
– *cyclorama*
**10** hátsó színpaddíszlet
– *backcloth (backdrop, background)*
**11** boltív, boltozat <középső belógó díszlet>
– *arch, a drop cloth*
**12** takarószuffita
– *border*
**13** rekeszes világítótábla
– *compartment (compartment-type, compartmentalized) batten* (Am. *border light)*
**14** színpadi világítóegységek
– *stage lighting units (stage lights)*
**15** horizontális fények (háttérvilágítás)
– *horizon lights (backdrop lights)*
**16** állítható (irányítható) színpadi fények
– *adjustable acting area lights (acting area spotlights)*
**17** díszletvetítő készülék
– *scenery projectors (projectors)*
**18** vízágyú <biztonsági berendezés>
– *monitor (water cannon) (a piece of safety equipment)*
**19** állítható híd a világítóegységek számára
– *travelling* (Am. *traveling) lighting bridge (travelling lighting gallery)*
**20** világítótechnikus
– *lighting operator (lighting man)*
**21** bejárati reflektor (csúcsfénylámpa)
– *portal spotlight (tower spotlight)*
**22** szabályozható előszín
– *adjustable proscenium*
**23** függöny
– *curtain (theatrical curtain)*
**24** vasfüggöny
– *iron curtain (safety curtain, fire curtain)*
**25** előszínpad (előtér)
– *forestage (apron)*
**26** rivaldafény
– *footlight (footlights, floats)*
**27** súgólyuk
– *prompt box*
**28** súgó
– *prompter*
**29** ügyelői asztal
– *stage manager's desk*
**30** ügyelő
– *stage director (stage manager)*
**31** forgószínpad
– *revolving stage*
**32** süllyesztő
– *trap opening*
**33** emelkedő színpadrész
– *lift* (Am. *elevator)*
**34** süllyeszthető dobogó <emelt pódium>
– *bridge* (Am. *elevator), a rostrum*
**35** díszletrészek
– *pieces of scenery*
**36** jelenet (szín)
– *scene*
**37** színész
– *actor*
**38** színésznő
– *actress*
**39** statiszták
– *extras (supers, supernumeraries)*
**40** rendező
– *director (producer)*
**41** szövegkönyv
– *prompt book (prompt script)*
**42** rendezői asztal
– *director's table (producer's table)*
**43** segédrendező
– *assistant director (assistant producer)*
**44** rendezői forgatókönyv (szövegkönyv)
– *director's script (producer's script)*
**45** díszletmester
– *stage carpenter*
**46** díszletezőmunkás (bűnés)
– *stagehand (scene shifter)*
**47** állódíszlet
– *set piece*
**48** tükrös reflektor
– *mirror spot (mirror spotlight)*
**49** automata színszűrőváltó
– *automatic filter change (with colour filters, colour mediums, gelatines)*
**50** hidraulikus üzemterem
– *hydraulic plant room*
**51** víztartály
– *water tank*
**52** szívócső
– *suction pipe*
**53** hidraulikus pumpa
– *hydraulic pump*
**54** nyomócső
– *pressure pipe*
**55** nyomókazán
– *pressure tank (accumulator)*
**56** kontaktmanométer (nyomásmérő)
– *pressure gauge* (Am. *gage)*
**57** folyadékszintjelző
– *level indicator (liquid level indicator)*
**58** vezérlőkar
– *control lever*
**59** színpadmester
– *operator*
**60** dugattyúoszlopok
– *rams*

1
2
3
4
5
6
7
8
9
10
11
12
13
14
15
16
17
18
19
20
21
22
23
24
25
26
27
28
29
30
31
32
33
34
35
36
37
38
39
40
41
42
43
44
45
46
47
48
49
50
51
52
53
54
55
56
57
58
59
60

**1** bár
– *bar*
**2** mixernő
– *barmaid*
**3** bárszék
– *bar stool*
**4** italospolc
– *shelf for bottles*
**5** poharaspolc
– *shelf for glasses*
**6** söröspohár
– *beer glass*
**7** boros- és likőröspoharak
– *wine and liqueur glasses*
**8** sörcsap
– *beer tap (tap)*
**9** bárpult
– *bar*
**10** hűtőszekrény
– *refrigerator (fridge,* Am. *icebox)*
**11** bárpultvilágítás
– *bar lamps*
**12** közvetett világítás
– *indirect lighting*
**13** fényorgona (színorgona)
– *colour (*Am. *color) organ (clavilux)*
**14** táncparkett-világítás
– *dance floor lighting*
**15** hangszóró (hangszóródoboz)
– *speaker (loudspeaker)*
**16** táncparkett
– *dance floor*
**17–18** táncoló pár (táncospár)
– *dancing couple*
**17** táncosnő
– *dancer*
**18** táncos
– *dancer*
**19** lemezjátszó
– *record player*
**20** mikrofon
– *microphone*
**21** magnetofon (magnó)
– *tape recorder*
**22–23** sztereoberendezés
– *stereo system (stereo equipment)*
**22** tuner
– *tuner*
**23** erősítő
– *amplifier*
**24** hanglemezek
– *records (discs)*
**25** disc-jockey
– *disc jockey*
**26** keverőpult
– *mixing console (mixing desk, mixer)*
**27** tamburin
– *tambourine*
**28** tükörfal
– *mirrored wall*
**29** mennyezetburkolat
– *ceiling tiles*
**30** szellőztetőberendezés
– *ventilators*
**31** toalettek (mosdók, vécék)
– *toilets (lavatories, WC)*
**32** hígított szeszes ital
– *long drink*
**33** koktél
– *cocktail (*Am. *highball)*

# 318 Éjszakai mulató (lokál) — *Nightclub* 318

**1–33 éjszakai mulató**
– ***nightclub*** *(night spot)*
**1** ruhatár
– *cloakroom (*Am. *checkroom)*
**2** ruhatárosnő
– *cloakroom attendant (*Am. *checkroom attendant)*
**3** zenekar
– *band*
**4** klarinét
– *clarinet*
**5** klarinétos
– *clarinettist (*Am. *clarinetist)*
**6** trombita
– *trumpet*
**7** trombitás
– *trumpeter*
**8** gitár
– *guitar*
**9** gitáros (gitárjátékos)
– *guitarist (guitar player)*
**10** ütőhangszerek
– *drums*
**11** dobos
– *drummer*
**12** hangfal (hangszóró)
– *speaker (loudspeaker)*
**13** bár
– *bar*
**14** mixernő (felszolgáló)
– *barmaid*
**15** bárpult
– *bar*
**16** bárszék
– *bar stool*
**17** magnetofon (magnó)
– *tape recorder*
**18** vevőkészülék
– *receiver*
**19** szeszes italok
– *spirits*
**20** keskenyfilmvetítő pornográf filmek (szexfilmek) vetítéséhez
– *cine projektor for porno films (sex films, blue movies)*
**21** vetítővászon a tartójában
– *box containing screen*
**22** színpad (pódium)
– *stage*
**23** színpadvilágítás
– *stage lighting*
**24** fényszóró (pontfénylámpa)
– *spotlight*
**25** rivaldavilágítás (füzérvilágítás)
– *festoon lighting*
**26** rivaldalámpa
– *festoon lamp (lamp, light bulb)*
**27–32** vetkőzőszám (sztriptíz)
– *striptease act (striptease number)*
**27** sztriptíztáncosnő
– *striptease artist (stripper)*
**28** harisnyatartó
– *suspender (*Am. *garter)*
**29** melltartó
– *brassière (bra)*
**30** szőrmestóla
– *fur stole*
**31** kesztyű
– *gloves*
**32** harisnya
– *stocking*
**33** bárhölgy
– *hostess*

**1–33 bikaviadal**
– ***bullfight*** *(corrida, corrida de toros)*
**1** viadalimitáció
– *mock bullfight*
**2** toreronövendék (novillero)
– *novice (aspirant matador, novillero)*
**3** bikautánzat
– *mock bull (dummy bull)*
**4** banderilleronövendék
– *novice banderillero (apprentice banderillero)*
**5** bikaviadal-aréna [vázlat]
– *bullring (plaza de toros) [diagram]*
**6** főbejárat
– *main entrance*
**7** páholyok
– *boxes*
**8** ülőhelyek
– *stands*
**9** aréna (küzdőtér, porond)
– *arena (ring)*
**10** a bikaviadorok bejárata
– *bullfighters' entrance*
**11** bikabeeresztő kapu
– *torril door*
**12** kijárat a megölt bikák kiszállításához
– *exit gate for killed bulls*
**13** mészárszék
– *slaughterhouse*
**14** bikaistállók
– *bull pens (corrals)*
**15** nyergelő
– *paddock*
**16** lándzsás lovas (pikador)
– *lancer on horseback (picador)*
**17** lándzsa (pika)
– *lance (pike pole, javelin)*
**18** páncélos ló
– *armoured* (Am. *armored) horse*
**19** acél lábvért
– *leg armour* (Am. *armor)*
**20** kerek pikadorkalap
– *picador's round hat*
**21** banderillero <bikaviador>
– *banderillero, a torero*
**22** banderillák [horgos végű, rövid hajítódárdák]
– *banderillas (barbed darts)*
**23** selyemöv
– *shirtwaist*
**24** bikaviadal
– *bullfight*
**25** matador <bikaviador>
– *matador (swordsman), a torero*
**26** varkocs <a matador megkülönböztető jele>
– *queue, a distinguishing mark of the matador*
**27** vörös köpeny (capa *v.* capote)
– *red cloak (capa)*
**28** harci bika
– *fighting bull*
**29** matadorkalap
– *montera [hat made of tiny black silk chenille balls]*
**30** a bika megölése
– *killing the bull (kill)*
**31** matador jótékony célú rendezvényeken [jelmez nélkül]
– *matador in charity performances [without professional uniform]*
**32** szúrókard
– *estoque (sword)*
**33** muleta
– *muleta*
**34 rodeó**
– ***rodeo***
**35** fiatal bika
– *young bull*
**36** cowboy
– *cowboy*
**37** cowboykalap (széles karimájú nemezkalap)
– *stetson (stetson hat)*
**38** nyakkendő
– *scarf (necktie)*
**39** rodeólovas
– *rodeo rider*
**40** pányva (lasszó)
– *lasso*

1
2
3
4
5
6
7
8
9
10
11
12
8
13
14
15
16
20
26
17
18
19
21
24
26
25
22
23
22
27
28
29
30
32
31
33
34
37
36
38
40
39
35

**1–2 középkori és reneszánsz hangjegyírás** (notáció)
– ***medieval (mediaeval) notes***
1 korál hangjegyírás (kvadrátnotáció)
– *plainsong notation (neumes, neums, pneumes, square notation)*
2 menzurális notáció
– *mensural notation*
**3–7 hangjegy**
– ***musical note*** *(note)*
3 kottafej
– *note head*
4 szár
– *note stem (note tail)*
5 zászló
– *hook*
6 gerenda
– *stroke*
7 nyújtópont
– *dot indicating augmentation of note's value*
**8–11 kulcsok**
– ***clefs***
8 violinkulcs (G-kulcs)
– *treble clef (G-clef, violin clef)*
9 basszuskulcs (F-kulcs)
– *bass clef (F-clef)*
10 altkulcs (C-kulcs)
– *alto clef (C-clef)*
11 tenorkulcs (C-kulcs)
– *tenor clef*
**12–19 hangjegyértékek**
– ***note values***
12 brevis (két egészhangnyi érték)
– *breve (brevis,* Am. *double-whole note)*
13 egészhang (egészkotta; *rég.* semibrevis)
– *semibreve (*Am. *whole note)*
14 félhang (félkotta; *rég.*minima)
– *minim (*Am. *half note)*
15 negyedhang (negyedkotta; *rég.* semiminima)
– *crotchet (*Am. *quarter note)*
16 nyolcadhang (nyolcadkotta; *rég.* fusa)
– *quaver (*Am. *eighth note)*
17 tizenhatodhang (tizenhatodkotta; *rég.* semifusa)
– *semiquaver (*Am. *sixteenth note)*
18 harminckettedhang (harminckettedkotta)
– *demisemiquaver (*Am. *thirty-second note)*
19 hatvannegyedhang (hatvannegyedkotta)
– *hemidemisemiquaver (*Am. *sixty-fourth note)*
**20–27 szünetjelek**
– ***rests***
20 brevis értékű szünetjel
– *breve rest*
21 egészszünet (egész szünetjel)
– *semibreve rest (*Am. *whole rest)*
22 félszünet (fél szünetjel)
– *minim rest (*Am. *half rest)*
23 negyedszünet (negyed szünetjel)
– *crotchet rest (*Am. *quarter rest)*
24 nyolcadszünet (nyolcad szünetjel)
– *quaver rest (*Am. *eighth rest)*
25 tizenhatodszünet (tizenhatod szünetjel)
– *semiquaver rest (*Am. *sixteenth rest)*
26 harminckettedszünet (harminckettted szünetjel)
– *demisemiquaver rest (*Am. *thirty-second rest)*
27 hatvannegyedszünet (hatvannegyed szünetjel)
– *hemidemisemiquaver rest (*Am. *sixty-fourth rest)*
**28–42 ütemfajták** (ütemnevek)
– ***time*** *(time signatures, measure,* Am. *meter)*
28 kétnyolcad ütemjelzője
– *two-eight time*
29 kétnegyed ütemjelzője
– *two-four time*
30 kétketted ütemjelzője (alla breve)
– *two-two time*
31 négynyolcad ütemjelzője
– *four-eight time*
32 négynegyed ütemjelzője
– *four-four time (common time)*
33 négyketted ütemjelzője
– *four-two time*
34 hatnyolcad ütemjelzője
– *six-eight time*
35 hatnegyed ütemjelzője
– *six-four time*
36 háromnyolcad ütemjelzője
– *three-eight time*
37 háromnegyed ütemjelzője
– *three-four time*
38 háromketted ütemjelzője
– *three-two time*
39 kilencnyolcad ütemjelzője
– *nine-eight time*
40 kilencnegyed ütemjelzője
– *nine-four time*
41 ötnegyed ütemjelzője
– *five-four time*
42 ütemvonal
– *bar (bar line, measure line)*
**43–44 vonalrendszer**
– ***staff*** *(stave)*
43 kottavonal
– *line of the staff*
44 vonalköz
– *space*
**45–49 hangsorok, skálák** (hangfajok)
– ***scales***
45 C-dúr skála; törzshangok: c, d, e, f, g, a, h, c
– *C major scale naturals: c, d, e, f, g, a, b, c*
46 [természetes] a-moll skála, a-aeol; törzshangok: a, h, c, d, e, f, g, a
– *A minor scale [natural] naturals: a, b, c, d, e, f, g, a*
47 [harmonikus] a-moll skála
– *A minor scale [harmonic]*
48 [melodikus] a-moll skála [csak az emelkedő szakasz!]
– *A minor scale [melodic]*
49 kromatikus skála
– *chromatic scale*
**50–54 módosítójelek**
– ***accidentals*** *(inflections, key signatures)*
50–51 hangmagasságot emelő jelek
– *signs indicating the raising of a note*
50 kereszt (félhanggal felfelé módosító jel)
– *sharp (raising the note a semitone or half-step)*
51 kettőskereszt (két félhanggal felfelé módosító jel)
– *double sharp (raising the note a tone or full-step)*
52–53 hangmagasságot leszállító jelek
– *signs indicating the lowering of a note*
52 bé (félhanggal mélyítő jel)
– *flat (lowering the note a semitone or half-step)*
53 bebé (két félhanggal mélyítő jel)
– *double flat (lowering the note a tone or full-step)*
54 feloldójel
– *natural*
**55–68 hangnemek** (dúr hangnemek és párhuzamos moll hangnemük; előjegyzésük azonos)
– ***keys*** *(major keys and the related minor keys having the same signature)*
55 C-dúr (a-moll)
– *C major (A minor)*
56 G-dúr (e-moll)
– *G major (E minor)*
57 D-dúr (h-moll)
– *D major (B minor)*
58 A-dúr (fisz-moll)
– *A major (F sharp minor)*
59 E-dúr (cisz-moll)
– *E major (C sharp minor)*
60 H-dúr (gisz-moll)
– *B major (G sharp minor)*
61 Fisz-dúr (disz-moll)
– *F sharp major (D sharp minor)*
62 C-dúr (a-moll)
– *C major (A minor)*
63 F-dúr (d-moll)
– *F major (D minor)*
64 B-dúr (g-moll)
– *B flat major (G minor)*
65 Esz-dúr (c-moll)
– *E flat major (C minor)*
66 Asz-dúr (f-moll)
– *A flat major (F minor)*
67 Desz-dúr (b-moll)
– *D flat major (B flat minor)*
68 Gesz-dúr (esz-moll)
– *G flat major (E flat minor)*

1
Magni - fí-cat
2
Nu kom der heidē Heiland,
4 5 6
3 7
8 9 10 11 12 13 14 15 16 17 18 19 20 21 22 23 24 25 26 27
28 29 30 31 32 33 34 35 36 37 38 39 40 41 42 43 44
45 46 47
48
49
50 51 52 53 54
55 56 57 58 59 60 61
62 63 64 65 66 67 68

**1–5 akkord**
– ***chord***
**1–4** hármashangzatok
– *triad*
**1** dúr hármashangzat
– *major triad*
**2** moll hármashangzat
– *minor triad*
**3** szűkített hármashangzat
– *diminished triad*
**4** bővített hármashangzat
– *augmented triad*
**5** négyeshangzat <szeptimakkord, domináns négyeshangzat>
– *chord of four notes, a chord of the seventh (seventh chord, dominant seventh chord)*
**6–13 hangközök**
– ***intervals***
**6** prím
– *unison (unison interval)*
**7** nagyszekund
– *major second*
**8** nagyterc
– *major third*
**9** kvart
– *perfect fourth*
**10** kvint
– *perfect fifth*
**11** nagyszext
– *major sixth*
**12** nagyszeptim
– *major seventh*
**13** oktáv
– *perfect octave*
**14–22 díszítések**
– ***ornaments** (graces, grace notes)*
**14** hosszú előke
– *long appoggiatura*
**15** rövid előke
– *acciaccatura (short appoggiatura)*
**16** terc-csúszás
– *slide*
**17** trilla utóka nélkül
– *trill (shake) without turn*
**18** trilla utókával
– *trill (shake) with turn*
**19** paránytrilla (parányzó)
– *upper mordent (inverted mordent, pralltriller)*
**20** mordent
– *lower mordent (mordent)*
**21** kettős ékesítés (doppelschlag)
– *turn*
**22** tört akkord (arpeggio)
– *arpeggio*
**23–26** egyéb hangjegyírási jelek
– *other signs in musical notation*
**23** triola; *ennek megfelelően:* duola, kvartola, kvintola, szextola, szeptola
– *triplet;* corresponding groupings: *duplet (couplet), quadruplet, quintuplet, sextolet (sextuplet), septolet (septuplet, septimole)*
**24** ív
– *tie (bind)*
**25** korona (fermáta) <szünetjel>
– *pause (pause sign)*
**26** ismétlőjel
– *repeat mark*
**27–41 előadási jelek**
– ***expression marks** (signs of relative intensity)*
**27** marcato (nyomatékkal, hangsúlyozva)
– *marcato (marcando, markiert, attack, strong accent)*
**28** presto (gyorsan)
– *presto (quick, fast)*
**29** portato [előadásmód a staccato és legato között]
– *portato (lourer, mezzo staccato, carried)*
**30** tenuto (a hangot teljes értékben kitartva)
– *tenuto (held)*
**31** crescendo (erősítve)
– *crescendo (increasing gradually in power)*
**32** decrescendo (halkítva)
– *decrescendo (diminuendo, decreasing or diminishing gradually in power)*
**33** legato (kötve)
– *legato (bound)*
**34** staccato (szaggatottan)
– *staccato (detached)*
**35** piano (halkan)
– *piano (soft)*
**36** pianissimo (nagyon halkan)
– *pianissimo (very soft)*
**37** piano pianissimo (a lehető leghalkabban)
– *pianissimo piano (as soft as possible)*
**38** forte (erősen)
– *forte (loud)*
**39** fortissimo (nagyon erősen)
– *fortissimo (very loud)*
**40** forte fortissimo (a lehető legerősebben)
– *forte fortissimo (double fortissimo, as loud as possible)*
**41** fortepiano (erős kezdés után halkan)
– *forte piano (loud and immediately soft again)*
**42–50 a hangterjedelem beosztása** (oktávbeosztás)
– ***divisions of the compass***
**42** szubkontraoktáv
– *subcontra octave (double contra octave)*
**43** kontraoktáv
– *contra octave*
**44** nagyoktáv
– *great octave*
**45** kisoktáv
– *small octave*
**46** egyvonalas oktáv
– *one-line octave*
**47** kétvonalas oktáv
– *two-line octave*
**48** háromvonalas oktáv
– *three-line octave*
**49** négyvonalas oktáv
– *four-line octave*
**50** ötvonalas oktáv
– *five-line octave*

1 2 3 4 5 6 7 8 9 10 11 12 13
tr tr
14 15 16 17 18 19 20 21
3
27 24 25 26
22 23
28 Presto
29 30 ten. 33
cresc. decresc.
cresc. 31 decresc. 32 34
p pp ppp f ff fff fp
35 36 37 38 39 40 41
8va sopra
42 43 44 45 46 47 48 49 50
8va bassa
$_2$A $_2$B $_2$H $_1$C usw
in Britain:
$A_2$ $B\flat_2$ $B_2$ $C_1$ etc.
$_1$H C H c h $c^1$ $h^1$ $c^2$ $h^2$ $c^3$ $h^3$ $c^4$ $h^4$ $c^5$
$B_1$ C B c b c′ b′ c″ b″ c‴ b‴ c⁗ b⁗ c⁗′

**1** lúr (bronzkürt)
– *lur, a bronze trumpet*
**2** pánsíp (syrinx)
– *panpipes (Pandean pipes, syrinx)*
**3** diaulosz (kettős schalmei)
– *aulos, a double shawm*
**4** aulosz
– *aulos pipe*
**5** phorbeia (szájbandázs)
– *phorbeia (peristomion, capistrum, mouth band)*
**6** görbekürt (krummhorn)
– *crumhorn (crummhorn, cromorne, krumbhorn, krummhorn)*
**7** egyenes fuvola (blockflöte)
– *recorder (fipple flute)*
**8** duda
– *bagpipe;* sim.: *musette*
**9** szélzsák
– *bag*
**10** dallamsíp
– *chanter (melody pipe)*
**11** burdonsíp
– *drone (drone pipe)*
**12** görbecink (fekete cink)
– *curved cornett (zink)*
**13** szerpent
– *serpent*
**14** schalmei; *nagyobb:* pommer
– *shawm (schalmeyes);* larger: *bombard (bombarde, pommer)*
**15** kithara; *rok. és kisebb:* lyra
– *cythara (cithara);* sim. and smaller: *lyre*
**16** járomkar
– *arm*
**17** láb
– *bridge*
**18** hangszekrény
– *sound box (resonating chamber, resonator)*
**19** plektrum (pengető)
– *plectrum, a plucking device*
**20** táncmesterhegedű (pochette)
– *kit (pochette), a miniature violin*
**21** ciszter <pengetős hangszer>; *rok.:* pandora
– *cittern (cithern, cither, cister, citole), a plucked instrument;* sim.: *pandora (bandora, bandore)*
**22** hangrés
– *sound hole*
**23** viola da gamba
– *viol (descant viol, treble viol), a viola da gamba;* larger: *tenor viol, bass viol (viola da gamba, gamba), violone (double bass viol)*
**24** a viola vonója
– *viol bow*
**25** forgólant (tekerőlant, nyenyere)
– *hurdy-gurdy (vielle à roue, symphonia, armonie, organistrum)*
**26** dörzskerék
– *friction wheel*
**27** védőfedél
– *wheel cover (wheel guard)*
**28** billentyűzet
– *keyboard (keys)*
**29** rezonátorszekrény
– *resonating body (resonator, sound box)*
**30** dallamhúrok
– *melody strings*
**31** bordóhúrok
– *drone strings (drones, bourdons)*
**32** cimbalom
– *dulcimer*
**33** káva (oldallap)
– *rib (resonator wall)*
**34** cimbalomverő valais-i cimbalomhoz
– *beater for the Valasian dulcimer*
**35** cimbalomverő appenzelli cimbalomhoz
– *hammer (stick) for the Appenzell dulcimer*
**36** klavichord; *fajtái:* érintőkkel ellátott *v.* külön húrozatú klavichord
– *clavichord;* kinds: *fretted or unfretted clavichord*
**37** klavichordmechanika
– *clavichord mechanism*
**38** billentyű
– *key (key lever)*
**39** mérlegléc
– *balance rail*
**40** vezetőlapka
– *guiding blade*
**41** vezetőrés
– *guiding slot*
**42** láb
– *resting rail*
**43** érintő
– *tangent*
**44** húr
– *string*
**45** klavicsembaló (csembaló); *rok.:* spinét (virginál)
– *harpsichord (clavicembalo, cembalo), a wing-shaped stringed keyboard instrument;* sim.: *spinet (virginal)*
**46** felső manuál (felső billentyűzet)
– *upper keyboard (upper manual)*
**47** alsó manuál (alsó billentyűzet)
– *lower keyboard (lower manual)*
**48** csembalómechanika
– *harpsichord mechanism*
**49** billentyű
– *key (key lever)*
**50** ugró
– *jack*
**51** vezetősín
– *slide (register)*
**52** nyelv
– *tongue*
**53** ék (pengető)
– *quill plectrum*
**54** hangtompító
– *damper*
**55** húr
– *string*
**56** portatív <hordozható kis orgona>; *nagyobb:* pozitív
– *portative organ, a portable organ;* larger: *positive organ (positive)*
**57** síp
– *pipe (flue pipe)*
**58** fújtató
– *bellows*

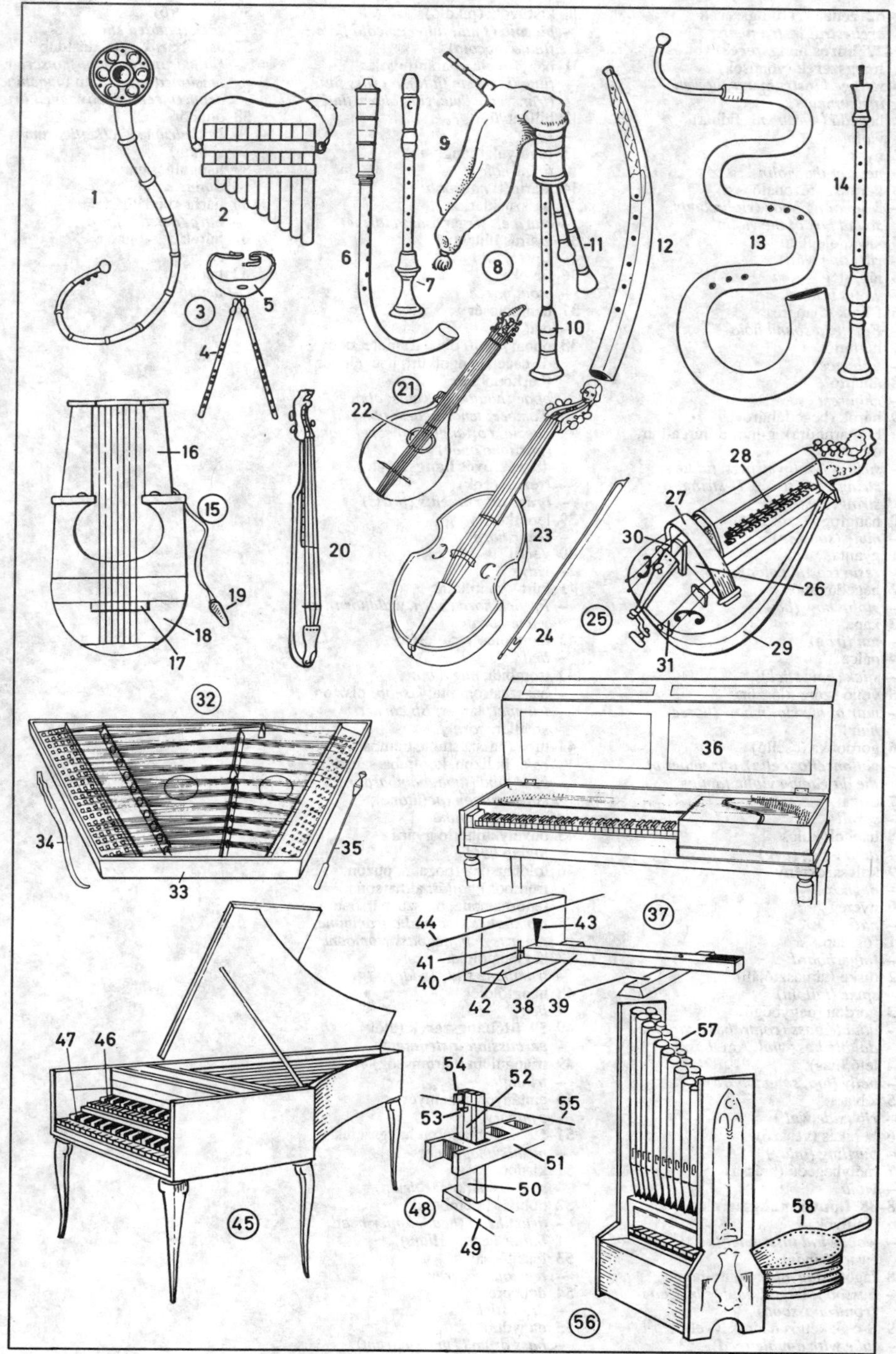
1
2
3
4
5
6
7
8
9
10
11
12
13
14
15
16
17
18
19
20
21
22
23
24
25
26
27
28
29
30
31
32
33
34
35
36
37
38
39
40
41
42
43
44
45
46
47
48
49
50
51
52
53
54
55
56
57
58

**1–62 zenekari hangszerek**
– ***orchestral instruments***
**1–27 húros hangszerek, vonós hangszerek** (vonósok)
– ***stringed instruments, bowed instruments***
**1** hegedű (*korábban:* fidula)
– *violin*
**2** nyak
– *neck of the violin*
**3** korpusz (rezonáló test)
– *resonating body (violin body, sound box of the violin)*
**4** káva, oldallap
– *rib (side wall)*
**5** láb, stég
– *violin bridge*
**6** f-lyuk <hangrés>
– *F-hole, a sound hole*
**7** húrtartó
– *tailpiece*
**8** álltartó
– *chin rest*
**9** húrok (hegedűhúrok, húrgarnitúra): g-húr, d-húr, a-húr, e-húr
– *strings (violin strings, fiddle strings): G-string, D-string, A-string, E-string*
**10** hangfogó (szordínó)
– *mute (sordino)*
**11** gyanta
– *resin (rosin, colophony)*
**12** hegedűvonó
– *violin bow (bow)*
**13** kápa
– *nut (frog)*
**14** pálca
– *stick (bow stick)*
**15** vonó szőre <lószőr>
– *hair of the violin bow (horse-hair)*
**16** gordonka (cselló)
– *violoncello (cello), a member of the da gamba violin family*
**17** csiga
– *scroll*
**18** hangolókulcs
– *tuning peg (peg)*
**19** kulcsszekrény
– *pegbox*
**20** nyereg
– *nut*
**21** fogólap
– *fingerboard*
**22** tüske (támasztóláb)
– *spike (tailpin)*
**23** gordon (nagybőgő)
– *double bass (contrabass, violone, double bass viol,* Am. *bass)*
**24** tető (has)
– *belly (top, soundboard)*
**25** káva
– *rib (side wall)*
**26** berakás (vessző)
– *purfling (inlay)*
**27** mélyhegedű (brácsa)
– *viola*
**28–38 fafúvós hangszerek** (fafúvók)
– ***woodwind instruments*** *(woodwinds)*
**28** fagott; *nagyobb:* kontrafagott
– *bassoon;* larger: *double bassoon (contrabassoon)*
**29** S-cső, kettős nádnyelvvel
– *tube with double reed*
**30** kisfuvola (pikoló)
– *piccolo (small flute, piccolo flute, flauto piccolo)*
**31** nagyfuvola <harántfuvola>
– *flute (German flute), a cross flute (transverse flute, side-blown flute)*
**32** billentyű
– *key*
**33** fogólyuk (hanglyuk)
– *fingerhole*
**34** klarinét; *nagyobb:* basszusklarinét
– *clarinet;* larger: *bass clarinet*
**35** gyűrűs billentyű
– *key (brille)*
**36** fúvóka
– *mouthpiece*
**37** hangtölcsér
– *bell*
**38** oboa; *fajtái:* oboa d'amore, oboa da caccia, angolkürt, heckelphon (baritonoboa)
– *oboe (hautboy);* kinds: *oboe d'amore; tenor oboes: oboe da caccia, cor anglais; heckelphone (baritone oboe)*
**39–48 rézfúvós hangszerek** (rézfúvósok)
– ***brass instruments*** *(brass)*
**39** tenorkürt
– *tenor horn*
**40** ventil
– *valve*
**41** kürt <ventilkürt>
– *French horn (horn, waldhorn), a valve horn*
**42** hangtölcsér <tölcsér>
– *bell*
**43** trombita; *nagyobb:* basszustrombita; *kisebb:* piszton
– *trumpet;* larger: *Bb cornet;* smaller: *cornet*
**44** tuba (basszustuba, bombardon); *rok.:* helikon, kontrabasszustuba
– *bass tuba (tuba, bombardon);* sim.: *helicon (pellitone), contrabass tuba*
**45** hüvelykujjtartó gyűrű
– *thumb hold*
**46** tolóharsona (pozaun, puzón, trombon); *fajtái:* altharsona, tenorharsona, basszusharsona
– *trombone;* kinds: *alto trombone, tenor trombone, bass trombone*
**47** harsonatolóka
– *trombone slide (slide)*
**48** hangtölcsér
– *bell*
**49–59 ütőhangszerek** (ütők)
– ***percussion instruments***
**49** triangulum (háromszög)
– *triangle*
**50** cintányér (réztányér)
– *cymbals*
**51–59** membranofon hangszerek
– *membranophones*
**51** kisdob
– *side drum (snare drum)*
**52** dobbőr (membrán)
– *drum head (head, upper head, batter head, vellum)*
**53** feszítőcsavar
– *tensioning screw*
**54** dobverő
– *drumstick*
**55** nagydob
– *bass drum (Turkish drum)*
**56** ütő (verő)
– *stick (padded stick)*
**57** üstdob; *rok.:* pedálüstdob
– *kettledrum (timpano), a screw-tensioned drum;* sim.: *machine drum (mechanically tuned drum)*
**58** dobbőr
– *kettledrum skin (kettledrum vellum)*
**59** hangolócsavar
– *tuning screw*
**60** hárfa <pedálhárfa>
– *harp, a pedal harp*
**61** húrok
– *strings*
**62** pedál
– *pedal*

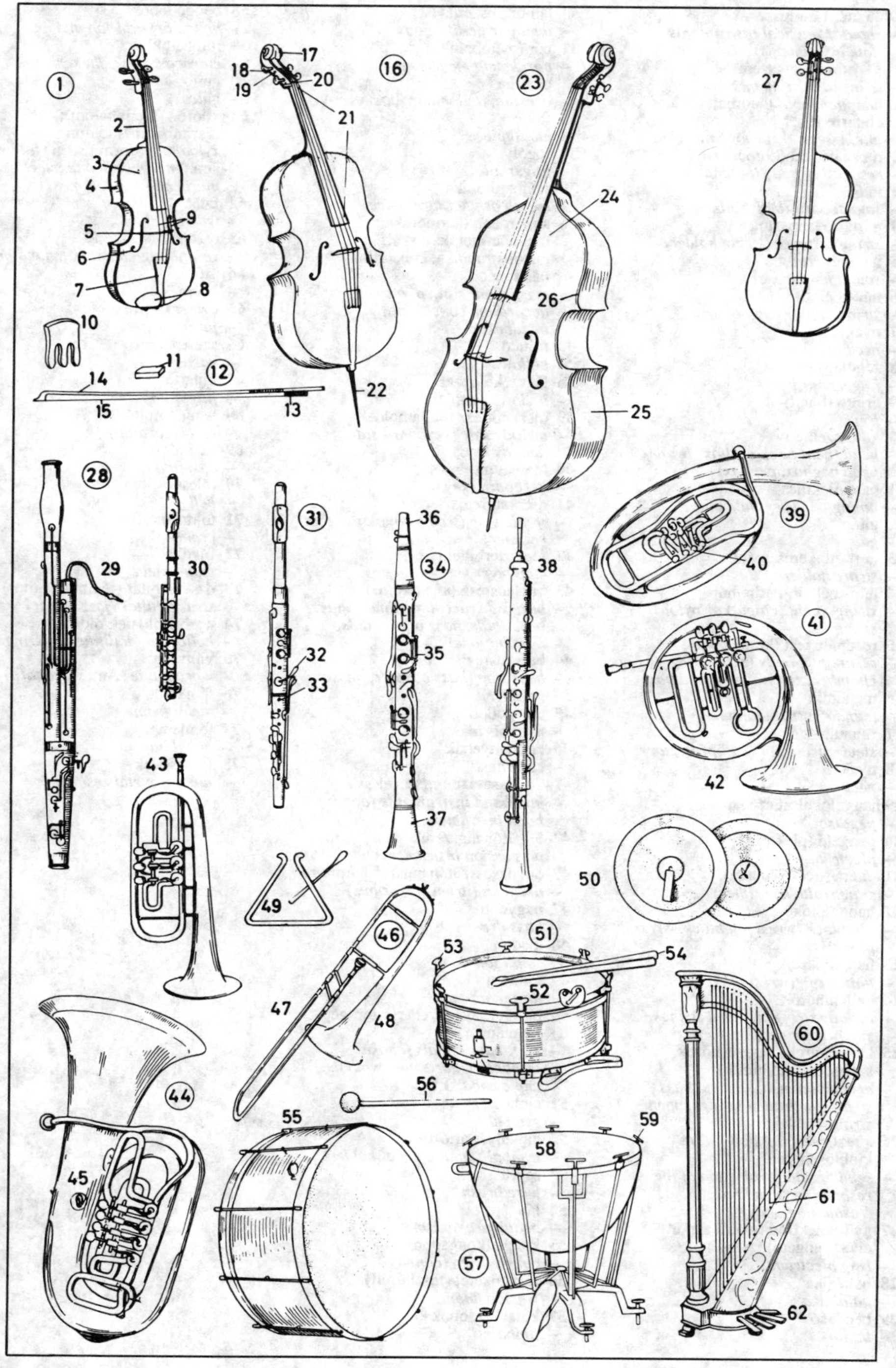
1
2
3
4
5
6
7
8
9
10
11
12
13
14
15
16
17
18
19
20
21
22
23
24
25
26
27
28
29
30
31
32
33
34
35
36
37
38
39
40
41
42
43
44
45
46
47
48
49
50
51
52
53
54
55
56
57
58
59
60
61
62

**1–46 népi hangszerek**
– ***popular musical instruments*** *(folk instruments)*
1–31 húros hangszerek
– *stringed instruments*
**1** lant; *nagyobb:* theorba, chitarrone
– *lute;* larger: *theorbo, chitarrone*
**2** rezonáló test (korpusz)
– *resonating body (resonator)*
**3** tető
– *soundboard (belly, table)*
**4** húrtartó keresztpánt
– *string fastener (string holder)*
**5** hangrés (rozetta)
– *sound hole (rose)*
**6** húr <bélhúr>
– *string, a gut (catgut) string*
**7** nyak
– *neck*
**8** fogólap
– *fingerboard*
**9** érintő (bund)
– *fret*
**10** kulcsszekrény
– *head (bent-back pegbox, swan-head pegbox, pegbox)*
**11** hangolókulcs
– *tuning peg (peg, lute pin)*
**12** gitár
– *guitar*
**13** húrtartó keresztpánt
– *string holder*
**14** húr <bélhúr, perlonhúr>
– *string, a gut (catgut) or nylon string*
**15** rezonáló test (korpusz)
– *resonating body (resonating chamber, resonator, sound box)*
**16** mandolin
– *mandolin (mandoline)*
**17** ruhaujjvédő
– *sleeve protector (cuff protector)*
**18** nyak
– *neck*
**19** hangolókulcstartó lap
– *pegdisc*
**20** pengető (plektron)
– *plectrum*
**21** citera (gyűrűs citera)
– *zither (plucked zither)*
**22** hangolótőke
– *pin block (wrest pin block, wrest plank)*
**23** hangolószeg
– *tuning pin (wrest pin)*
**24** dallamhúrok
– *melody strings (fretted strings, stopped strings)*
**25** kísérőhúrok (basszushúrok, szabadon futó húrok)
– *accompaniment strings (bass strings, unfretted strings, open strings)*
**26** a rezonátorszekrény kiöblösödése
– *semicircular projection of the resonating sound box (resonating body)*
**27** gyűrűplektron (gyűrű alakú citerapengető)
– *ring plectrum*
**28** balalajka
– *balalaika*
**29** bendzsó
– *banjo*
**30** tamburinszerű test
– *tambourine-like body*
**31** bőr (membrán)
– *parchment membrane*
**32** okarina
– *ocarina, a globular flute*
**33** fúvóka
– *mouthpiece*
**34** fogólyuk
– *fingerhole*
**35** szájharmonika
– *mouth organ (harmonica)*
**36** akkordeon (harmonika, tangóharmonika); *rok.:* húzóharmonika, koncertina, bandoneon
– *accordion;* sim.: *piano accordion, concertina, bandoneon*
**37** fújtató
– *bellows*
**38** légszekrényzár
– *bellows strap*
**39** diszkantrész (dallamoldal)
– *melody side (keyboard side, melody keys)*
**40** klaviatúra
– *keyboard (keys)*
**41** diszkantregiszter
– *treble stop (treble coupler, treble register)*
**42** regiszterbillentyű
– *stop lever*
**43** basszusrész (kíséretoldal)
– *bass side (accompaniment side, bass studs, bass press-studs, bass buttons)*
**44** basszusregiszter
– *bass stop (bass coupler, bass register)*
**45** csörgődob
– *tambourine*
**46** kasztanyetták
– *castanets*
**47–78 dzsesszhangszerek**
– ***jazz band instruments*** *(dance band instruments)*
**47–58** ütőhangszerek
– *percussion instruments*
**47–54** dzsesszütőhangszer-garnitúra
– *drum kit (drum set, drums)*
**47** nagydob
– *bass drum*
**48** kisdob
– *small tom-tom*
**49** tomtom
– *large tom-tom*
**50** hi-hat (lábcsín, charleston-gép) <cintányér>
– *high-hat cymbals (choke cymbals, Charleston cymbals, cup cymbals)*
**51** cintányér
– *cymbal*
**52** cintányértartó
– *cymbal stand (cymbal holder)*
**53** seprű
– *wire brush*
**54** lábgép
– *pedal mechanism*
**55** konga (kongadob)
– *conga drum (conga)*
**56** feszítőkeret (feszítőreif)
– *tension hoop*
**57** kínai üstdobok
– *timbales*
**58** bongódobok
– *bongo drums (bongos)*
**59** rumbatökök
– *maracas;* sim.: *shakers*
**60** guiro
– *guiro*
**61** xilofon (facimbalom); *rok.:* marimbafon, tubafon
– *xylophone;* form.: *straw fiddle;* sim.: *marimbaphone (steel marimba), tubaphone*
**62** faléc
– *wooden slab*
**63** rezonátorszekrény
– *resonating chamber (sound box)*
**64** ütő
– *beater*
**65** dzsesszrombita
– *jazz trumpet*
**66** szelepgomb
– *valve*
**67** ujjtartó
– *finger hook*
**68** hangtompító
– *mute (sordino)*
**69** szaxofon
– *saxophone*
**70** tölcsér
– *bell*
**71** toldalékcső
– *crook*
**72** fúvóka
– *mouthpiece*
**73** dzsesszgitár (fémhúros gitár)
– *struck guitar (jazz guitar)*
**74** a kávatoldalék oldala
– *hollow to facilitate fingering*
**75** vibrafon
– *vibraphone* (Am. *vibraharp)*
**76** fémkeret
– *metal frame*
**77** fémlemez
– *metal bar*
**78** fémcsövek
– *tubular metal resonator*

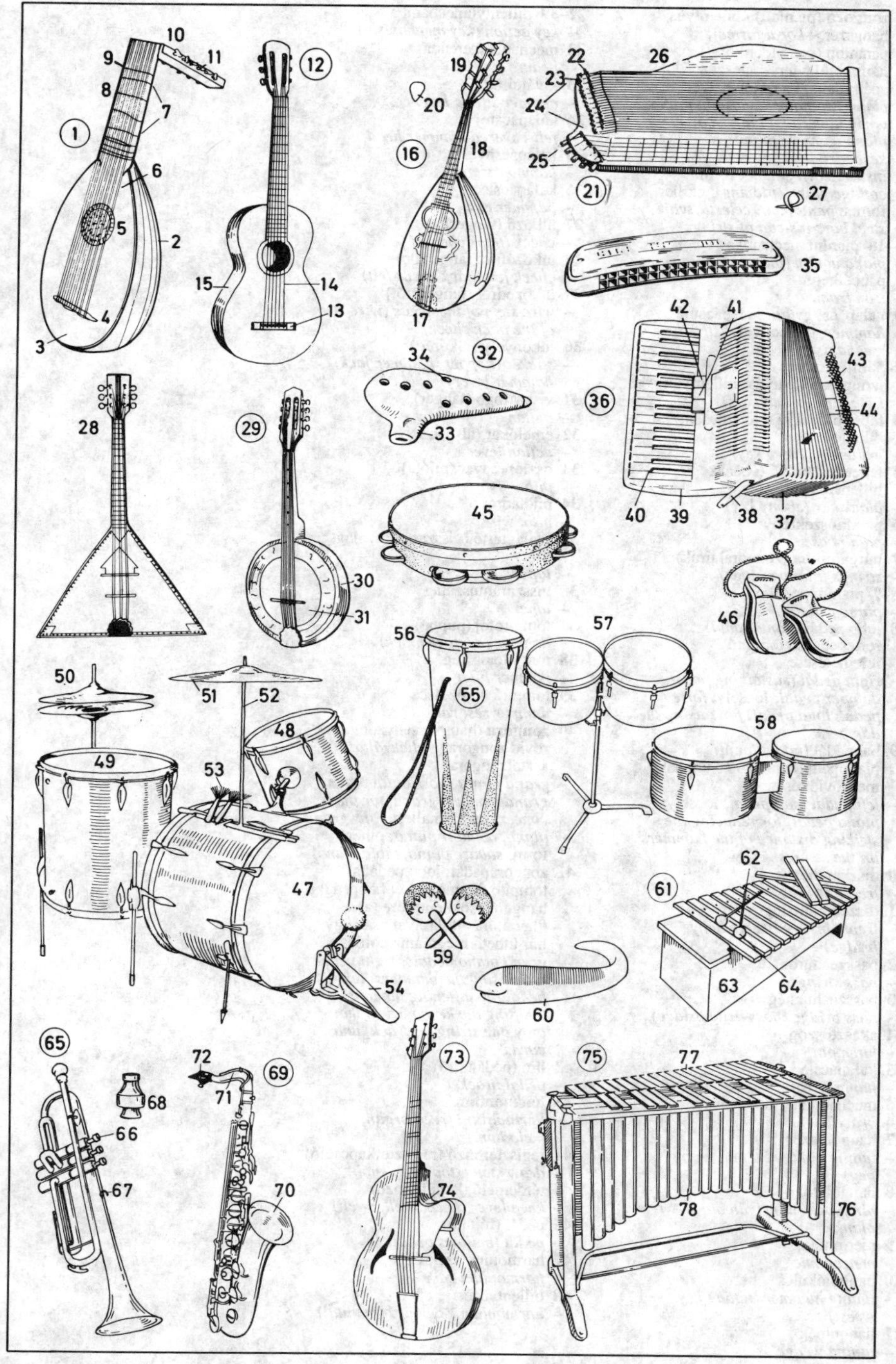
1
2
3
4
5
6
7
8
9
10
11
12
13
14
15
16
17
18
19
20
21
22
23
24
25
26
27
28
29
30
31
32
33
34
35
36
37
38
39
40
41
42
43
44
45
46
47
48
49
50
51
52
53
54
55
56
57
58
59
60
61
62
63
64
65
66
67
68
69
70
71
72
73
74
75
76
77
78

**1** **zongora** (pianínó) <billentyűs hangszer>; *korai formái:* pantalon (pantaleon); hammerklavier; cseleszta, acélrudakkal a húrok helyett
– ***piano*** *(pianoforte, upright piano, upright, vertical piano, spinet piano, console piano), a keyboard instrument (keyed instrument);* smaller form: *cottage piano (pianino);* earlier forms: *pantaleon; celesta, with steel bars instead of strings*
**2–18** pianínómechanika
– *piano action (piano mechanism)*
**2** páncélkeret
– *iron frame*
**3** kalapács; *gyűjt.:* kalapácsmű
– *hammer;* collectively: *striking mechanism*
**4–5** billentyűzet (zongorabillentyűk, billentyűk)
– *keyboard (piano keys)*
**4** fehér billentyű (elefántcsont billentyű)
– *white key (ivory key)*
**5** fekete billentyű (ébenfa billentyű)
– *black key (ebony key)*
**6** pianínószekrény
– *piano case*
**7** húrgarnitúra (zongorahúrok)
– *strings (piano strings)*
**8–9** pianínópedálok
– *piano pedals*
**8** jobb pedál (*pontatlanul:* fortepedál) a tompító felemelésére
– *right pedal (sustaining pedal, damper pedal;* loosely: *forte pedal, loud pedal) for raising the dampers*
**9** bal pedál (*pontatlanul:* pianopedál) a megütés útjának megrövidítésére
– *left pedal (soft pedal;* loosely: *piano pedal) for reducing the striking distance of the hammers on the strings*
**10** diszkanthúrok
– *treble strings*
**11** diszkanthúrstég
– *treble bridge (treble belly bridge)*
**12** basszushúrok
– *bass strings*
**13** basszushúrstég
– *bass bridge (bass belly bridge)*
**14** akasztószög
– *hitch pin*
**15** kalapácsléc
– *hammer rail*
**16** mechanikatartó (stucni)
– *brace*
**17** hangolószög
– *tuning pin (wrest pin, tuning peg)*
**18** hangolótőke
– *pin block (wrest pin block, wrest plank)*
**19** metronóm
– *metronome*
**20** hangolókulcs
– *tuning hammer (tuning key, wrest)*
**21** hangolóék
– *tuning wedge*
**22–39** billentyűmechanika
– *key action (key mechanism)*
**22** mechanikagerenda
– *beam*
**23** kiváltórúd
– *damper-lifting lever*
**24** kalapácsfej
– *felt-covered hammer head*
**25** kalapácsnyél
– *hammer shank*
**26** kalapácsléc
– *hammer rail*
**27** ütköző (fanger)
– *check (back check)*
**28** ütközőfilc (fangerfilc)
– *check felt (back check felt)*
**29** ütköződrót (fangerdrót)
– *wire stem of the check (wire stem of the back check)*
**30** lökőnyelv (lökőrúd)
– *sticker (hopper, hammer jack, hammer lever)*
**31** visszafogó (fanger)
– *button*
**32** emelőkar (alsó szár)
– *action lever*
**33** oszlopcsavar (pilóta)
– *pilot*
**34** pilótadrót
– *pilot wire*
**35** szalagtartó (visszarántószalag-drót)
– *tape wire*
**36** visszarántószalag
– *tape*
**37** tompítófej (puppe)
– *damper (damper block)*
**38** tompítóalsótag
– *damper lifter*
**39** tompító ütközőléce
– *damper rest rail*
**40** **zongora** (hangversenyzongora, rövid zongora; *mellékváltozat:* asztalzongora)
– ***grand piano*** *(horizontal piano, grand, concert grand, for the concert hall;* smaller: *baby grand piano, boudoir piano;* other form: *square piano, table piano)*
**41** zongorapedál; jobb pedál a tompító felemelésére; bal pedál a hangerő csökkentésére (a klaviatúra eltolásával csak egy húr üthető meg: „una corda")
– *grand piano pedals; right pedal for raising the dampers; left pedal for softening the tone (shifting the keyboard so that only one string is struck 'una corda')*
**42** líra (pedáltartó)
– *pedal bracket*
**43** **harmónium**
– ***harmonium*** *(reed organ, melodium)*
**44** regiszterhúzó (regiszterkapcsoló)
– *draw stop (stop, stop knob)*
**45** térdemelő (hangfokozó)
– *knee lever (knee swell, swell)*
**46** pedál (fújtató)
– *pedal (bellows pedal)*
**47** harmóniumszekrény
– *harmonium case*
**48** billentyűzet
– *harmonium keyboard (manual)*

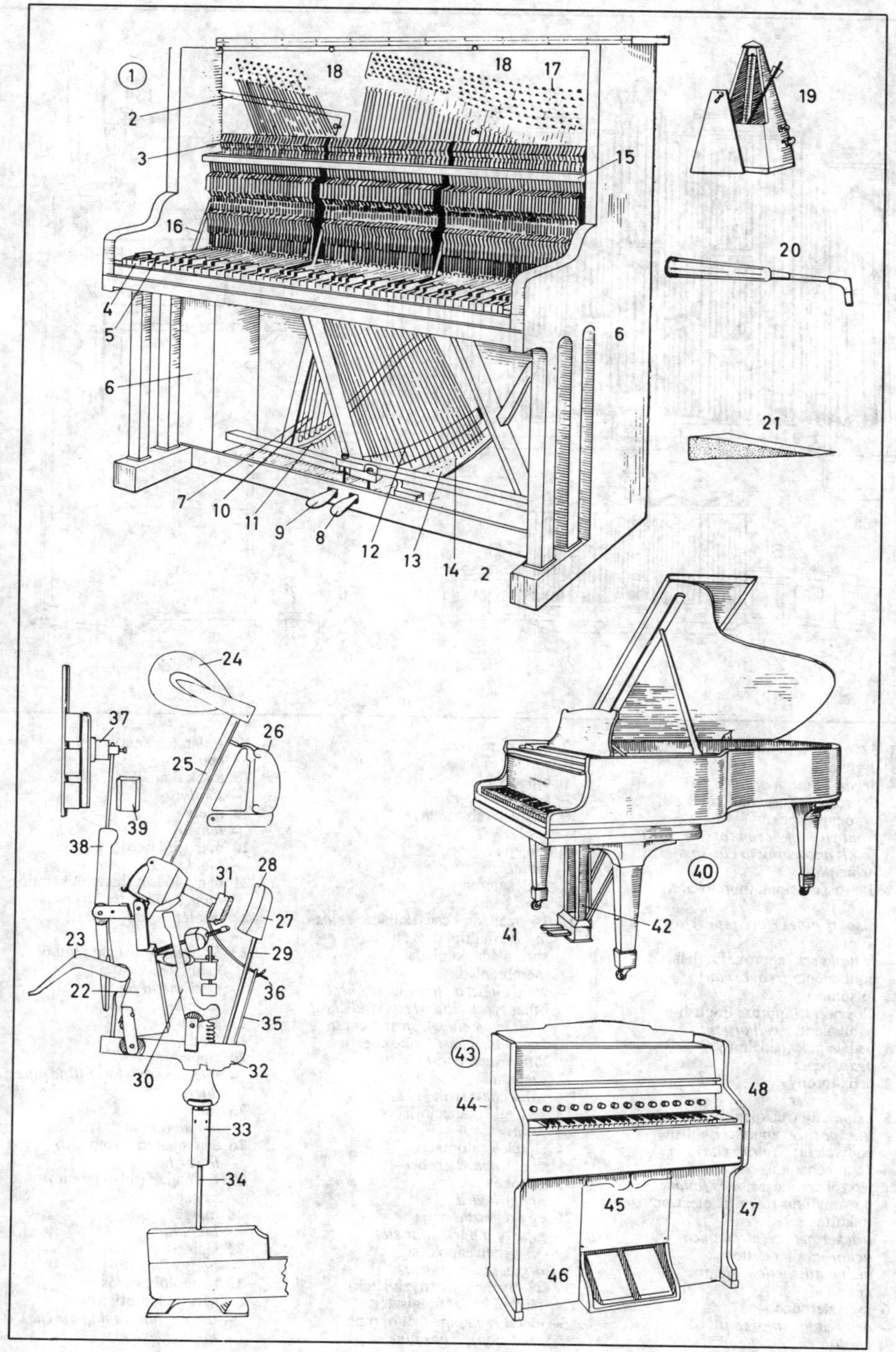
1
2
3
4
5
6
7
8
9
10
11
12
13
14
15
16
17
18
19
20
21
22
23
24
25
26
27
28
29
30
31
32
33
34
35
36
37
38
39
40
41
42
43
44
45
46
47
48

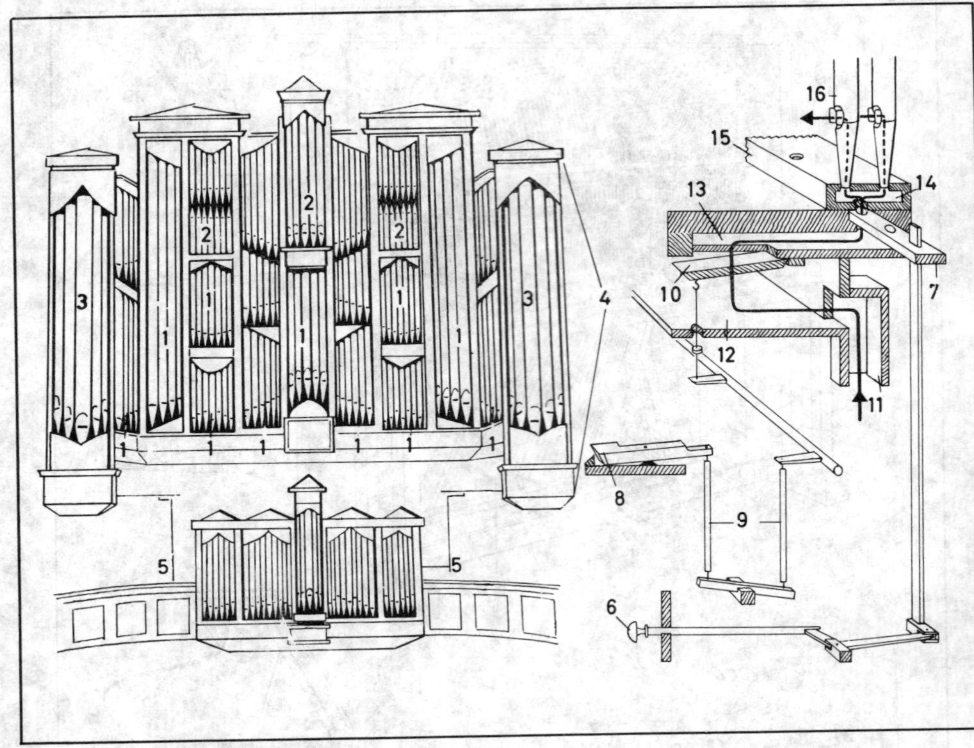


**1–52 orgona** (templomi orgona)
– ***organ*** *(church organ)*
**1–5** prospekt (orgonahomlokzat, orgonaprospektus)
– *front view of organ (organ case) [built according to classical principles]*
**1–3** prospektsípok (homlokzati sípok)
– *display pipes (face pipes)*
**1** főmű
– *Hauptwerk (*approx. English equivalent: *great organ)*
**2** felsőmű
– *Oberwerk (*approx. English equivalent: *swell organ)*
**3** pedálsípok (pedálmű)
– *pedal pipes*
**4** pedáltorony
– *pedal tower*
**5** hátpozitív (rückpozitív)
– *Rückpositiv (*approx. English equivalent: *choir organ)*
**6–16** mechanikus traktúra *v.* játszóberendezés; *más fajták:* pneumatikus traktúra, elektromos traktúra
– *tracker action (mechanical action);* other systems: *pneumatic action, electric action*
**6** regiszterhúzó
– *draw stop (stop, stop knob)*
**7** regisztercsúszka
– *slider (slide)*
**8** billentyű
– *key (key lever)*
**9** húzóléc (absztrakt)
– *sticker*
**10** szelep
– *pallet*
**11** szélcsatorna
– *wind trunk*
**12–14** szélláda <csúszkaláda>; *más fajták:* multiplex szélláda, springláda, kúpláda, membránláda
– *wind chest, a slider wind chest;* other types: *sliderless wind chest (unit wind chest), spring chest, kegellade chest (cone chest), diaphragm chest*
**12** szélkamra
– *wind chest (wind chest box)*
**13** kancella (kancelni)
– *groove*
**14** síptőkecsatorna
– *upper board groove*
**15** síptőke
– *upper board*
**16** egy regiszter sípja
– *pipe of a particular stop*
**17–35** orgonasípok (sípok)
– *organ pipes (pipes)*
**17–22** nyelvsípok (nyelvjáték) fémből <puzónregiszter>
– *metal reed pipe (set of pipes: reed stop), a posaune stop*
**17** sípláb (csizma)
– *boot*
**18** torok (kanál)
– *shallot*
**19** nyelv
– *tongue*
**20** mag (fej, hordó, körte)
– *block*
**21** hangolódrót (hangolókampó)
– *tuning wire (tuning crook)*
**22** tölcsér (kürtő, síptest)
– *tube*
**23–30** nyitott ajaksíp fémből <salicional>
– *open metal flue pipe, a salicional*
**23** sípláb
– *foot*
**24** sípmagrés
– *flue pipe windway (flue pipe duct)*
**25** felvágás
– *mouth (cutup)*
**26** alsó ajak (alsó labium)
– *lower lip*
**27** felső ajak (felső labium)
– *upper lip*
**28** mag
– *languid*
**29** síptest
– *body of the pipe (pipe)*
**30** hangolóbevágás <hangolószerkezet>
– *tuning flap (tuning tongue), a tuning device*

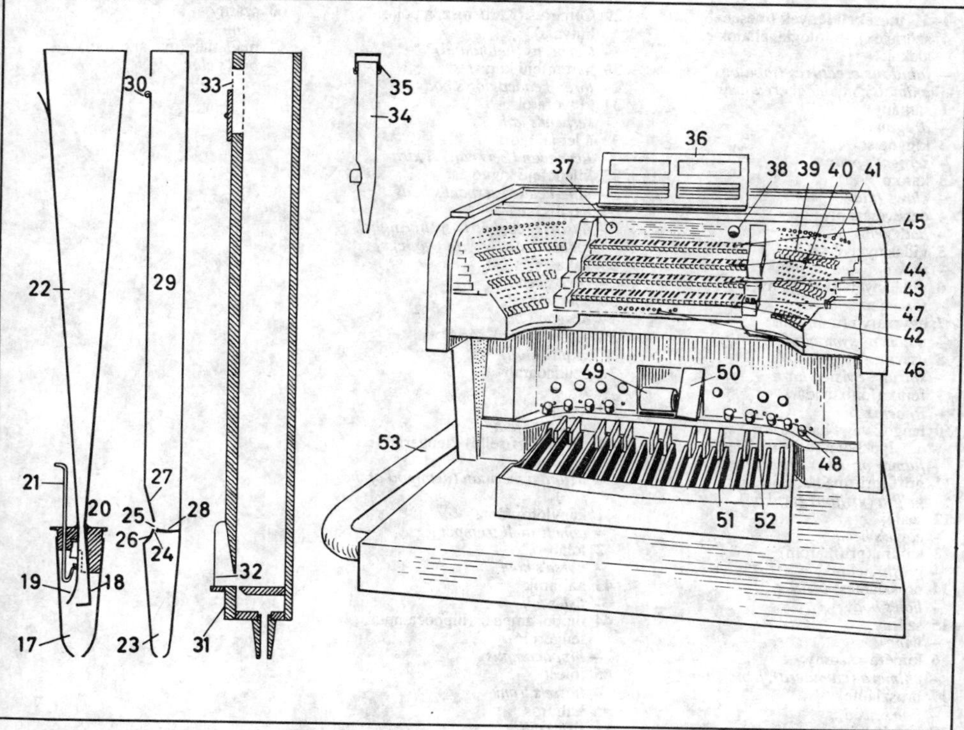


**31–33** nyitott ajaksíp fából <principál>
– *open wooden flue pipe (open wood), principal (diapason)*
**31** alsóajaklap
– *cap*
**32** szakáll
– *ear*
**33** hangolórés hangolótolókával
– *tuning hole (tuning slot), with slide*
**34** fedett ajaksíp
– *stopped flue pipe*
**35** fémsapka
– *stopper*
**36–52** játékasztal (játszóasztal) elektromosan vezérelt orgonához
– *organ console (console) of an electric action organ*
**36** kottatartó
– *music rest (music stand)*
**37** crescendohenger-ellenőrző
– *crescendo roller indicator*
**38** voltmérő
– *voltmeter*
**39** regisztergomb
– *stop tab (rocker)*
**40** gomb szabad kombináció számára
– *free combination stud (free combination knob)*
**41** kikapcsoló nyelv, kopula stb. számára
– *cancel buttons for reeds, couplers etc.*
**42** 1. manuál a hátpozitív számára
– *manual I, for the Rückpositiv (choir organ)*
**43** 2. manuál a főmű számára
– *manual II, for the Hauptwerk (great organ)*
**44** 3. manuál a felsőmű számára
– *manual III, for the Oberwerk (swell organ)*
**45** 4. manuál a redőnymű számára
– *manual IV, for the Schwellwerk (solo organ)*
**46** nyomógombok és kombinációs gombok a kézi regisztrálás számára, szabad, rögzített kombinációk számára és soros kombinációk számára
– *thumb pistons controlling the manual stops (free or fixed combinations) and buttons for setting the combinations*
**47** kapcsolók a szél és a villanyáram számára
– *switches for current to blower and action*
**48** lábemeltyű a kopula számára
– *toe piston, for the coupler*
**49** crescendohenger (regisztercrescendo)
– *crescendo roller (general crescendo roller)*
**50** billenőtalp (redőnytalp)
– *balanced swell pedal*
**51** alsó pedálbillentyű
– *pedal key [natural]*
**52** felső pedálbillentyű
– *pedal key [sharp of flat]*
**53** kábel (átviteli kábel)
– *cable (transmission cable)*

**1–61 mesebeli lények** (mesebeli szörnyek), mitológiai állatok és alakok
– ***fabulous creatures*** *(fabulous animals), mythical creatures*
**1** sárkány
– *dragon*
**2** kígyótest
– *serpent's body*
**3** karom
– *claws (claw)*
**4** denevérszárny
– *bat's wing*
**5** villás nyelvű száj
– *fork-tongued mouth*
**6** villás nyelv (kétágú nyelv)
– *forked tongue*
**7** egyszarvú (unikornis)
– *unicorn [symbol of virginity]*
**8** csavart szarv
– *spirally twisted horn*
**9** főnix (főnixmadár)
– *Phoenix*
**10** lángok vagy hamvak, amelyekből a főnix újjáéled
– *flames or ashes of resurrection*
**11** griff (griffmadár, griffon)
– *griffin (griffon, gryphon)*
**12** sasfej
– *eagle's head*
**13** karom (griffkarom)
– *griffin's claws*
**14** oroszlántest
– *lion's body*
**15** szárny
– *wing*
**16** kiméra <szörny>
– *chimera (chimaera), a monster*
**17** oroszlánfej
– *lion's head*
**18** kecskefej
– *goat's head*
**19** sárkánytest
– *dragon's body*
**20** szfinx <szimbolikus alak>
– *sphinx, a symbolic figure*
**21** emberi fej
– *human head*
**22** oroszlántest
– *lion's body*
**23** sellő (hableány, vízi tündér, vízi nimfa, najád); *rok.:* nereida (tengeri nimfa, tengeri tündér), tengeri szirén (tengeri istennő); *férfi:* vízi szellem, tengeri istenség
– *mermaid (nix, nixie, water nixie, sea maid, sea maiden, naiad, water nymph, water elf, ocean nymph, sea nymph, river nymph);* sim.: *Nereids, Oceanids (sea divinities, sea deities, sea goddesses);* male: *nix (merman, seaman)*
**24** női felsőtest
– *woman's trunk*
**25** halfarok (delfinfarok)
– *fish's tail (dolphin's tail)*
**26** Pegazus (a múzsák szárnyas lova)
– *Pegasus (favourite,* Am. *favorite, steed of the Muses, winged horse);* sim.: *hippogryph*
**27** lótest
– *horse's body*
**28** szárny
– *wings*
**29** Cerberus (Kerberosz, a pokol kutyája)
– *Cerberus (hellhound)*
**30** háromfejű kutyatest
– *three-headed dog's body*
**31** kígyófarok
– *serpent's tail*
**32** a lernai hidra
– *Lernaean (Lernean) Hydra*
**33** kilencfejű kígyótest
– *nine-headed serpent's body*
**34** baziliszkusz
– *basilisk (cockatrice) [in English legend usually with two legs]*
**35** kakasfej
– *cock's head*
**36** sárkánytest
– *dragon's body*
**37** gigász (titán) <óriás>
– *giant (titan)*
**38** szikladarab
– *rock*
**39** kígyóláb
– *serpent's foot*
**40** triton (férfisellő) <tengeri félisten>
– *triton, a merman (demigod of the sea)*
**41** kagylótrombita
– *conch shell trumpet*
**42** lóláb
– *horse's hoof*
**43** halfarok
– *fish's tail*
**44** hippokamposz (hippocampus, tengeri ló)
– *hippocampus*
**45** lótest
– *horse's trunk*
**46** halfarok
– *fish's tail*
**47** tengeri bika <tengeri szörny>
– *sea ox, a sea monster*
**48** bikatest
– *monster's body*
**49** halfarok
– *fish's tail*
**50** az Apokalipszis Állata (a Jelenések Könyvének hétfejű sárkánya)
– *seven-headed dragon of St. John's Revelation (Revelations, Apocalypse)*
**51** szárny
– *wing*
**52** kentaur [félig ember-, félig lótestű lény]
– *centaur (hippocentaur), half man and half beast*
**53** nyilat és íjat tartó férfi felsőtest
– *man's body with bow and arrow*
**54** lótest
– *horse's body*
**55** hárpia <a vihar szelleme> [bajt hozó szörny]
– *harpy, a winged monster*
**56** asszonyfej
– *woman's head*
**57** madártest
– *bird's body*
**58** szirén (madártestű szirén) <démon>
– *siren, a daemon*
**59** női felsőtest
– *woman's body*
**60** szárny
– *wing*
**61** madárláb (madárkarom)
– *bird's claw*

1
2
3
4
5
6
7
8
9
10
11
12
13
14
15
16
17
18
19
20
21
22
23
24
25
26
27
28
29
30
31
32
33
34
35
36
37
38
39
40
41
42
43
44
45
46
47
48
49
50
51
52
53
54
55
56
57
58
59
60
61

**1–40** őstörténeti leletek
– *prehistoric finds*
**1–9** **őskőkor** (paleolitikum) és **átmeneti kőkor** (mezolitikum)
– ***Old Stone Age** (Palaeolithic, Paleolithic period) and* ***Mesolithic period***
**1** szakóca (marokkő)
– *hand axe* (Am. *ax) (fist hatchet), a stone tool*
**2** csont dárdahegy
– *head of throwing spear, made of bone*
**3** csontszigony
– *bone harpoon*
**4** hegy [háromszögletű kőhegy]
– *head*
**5** rénszarvasagancsból készült dárdahajító
– *harpoon thrower, made of reindeer antler*
**6** festett kavics
– *painted pebble*
**7** vadlófej <faragvány>
– *head of a wild horse, a carving*
**8** kőkori bálvány (idol) <elefántcsont szobrocska>
– *Stone Age idol (Venus), an ivory statuette*
**9** bölény <sziklarajz, barlangrajz> [barlangi festészet, barlangi művészet]
– *bison, a cave painting (rock painting) [cave art, cave painting]*
**10–20** **újabb kőkor** (neolitikum)
– ***New Stone Age** (Neolithic period)*
**10** amfora [zsinórdíszes kerámia]
– *amphora [corded ware]*
**11** gömbölyű tál [megalit-kultúra]
– *bowl [menhir group]*
**12** galléros nyakú palack [tölcséres szájú edények kultúrája]
– *collared flask [Funnel-Beaker culture]*
**13** csigavonalas díszítésű edény [vonaldíszes kerámia]
– *vessel with spiral pattern [spiral design pottery]*
**14** harang alakú edény [harang alakú edények kultúrája]
– *bell beaker [beaker pottery]*
**15** cölöpház <cölöpépítmény>
– *pile dwelling (lake dwelling, lacustrine dwelling)*
**16** dolmen <megalitsír>; *egyéb fajták:* folyosós temetkezés, galériasír, csoportos temetkezés; *földdel, kaviccsal, kővel befedve:* tumulus (halomsír)
– *dolmen (cromlech), a megalithic tomb* (coll.: *giant's tomb);* other kinds: *passage grave, gallery grave (long cist);* when covered with earth: *tumulus (barrow, mound)*
**17** kőládás sír zsugorított temetkezéssel (zsugorított csontvázas sír)
– *stone cist, a contracted burial*
**18** menhir (kőoszlop, monolit) <megalit>
– *menhir (standing stone), a monolith*
**19** csónak alakú fejsze <kőből készült harci fejsze>
– *boat axe* (Am. *ax), a stone battle axe*
**20** ember alakú szobrocska égetett agyagból <idol>
– *clay figurine (an idol)*
**21–40** **bronzkor** és **vaskor;** *korszakok:* hallstatti kor, La Tène-kor
– ***Bronze Age** and **Iron Age;*** epochs: *Hallstatt period, La Tène period*
**21** bronz lándzsahegy
– *bronze spear head*
**22** tömör markolatú bronztőr
– *hafted bronze dagger*
**23** tokos balta <gyűrűvel felerősített nyelű bronzfejsze>
– *socketed axe* (Am. *ax), a bronze axe with haft fastened to rings*
**24** korong alakú övdísz
– *girdle clasp*
**25** galléros nyakdísz
– *necklace (lunula)*
**26** arany nyakkarika
– *gold neck ring*
**27** vonó alakú fibula <fibula (biztosítótű)>
– *violin-bow fibula (safety pin)*
**28** kígyófibula; *egyéb fajták:* csónak alakú fibula, számszeríjfibula
– *serpentine fibula;* other kinds: *boat fibula, arc fibula*
**29** gömbfejű tű <bronztű>
– *bulb-head pin, a bronze pin*
**30** kétrészes kettősspirálos fibula; *rok.:* lemezfibula
– *two-piece spiral fibula;* sim.: *disc (disk) fibula*
**31** nyeles bronzkés
– *hafted bronze knife*
**32** vaskulcs
– *iron key*
**33** ekevas
– *ploughshare* (Am. *plowshare)*
**34** bronzlemez szitula <sírmelléklet>
– *sheet-bronze situla, a funerary vessel*
**35** füles korsó [rovátkolt díszítésű kerámia]
– *pitcher [chip-carved pottery]*
**36** miniatűr kultikus kocsi (kultuszkocsi)
– *miniature ritual cart (miniature ritual chariot)*
**37** kelta ezüstpénz
– *Celtic silver coin*
**38** arcos urna <hamvveder, urna>; *egyéb fajták:* ház alakú urna, bütykös urna
– *face urn, a cinerary urn;* other kinds: *domestic urn, embossed urn*
**39** kőpakolásos urnasír
– *urn grave in stone chamber*
**40** hengeres nyakú urna
– *urn with cylindrical neck*

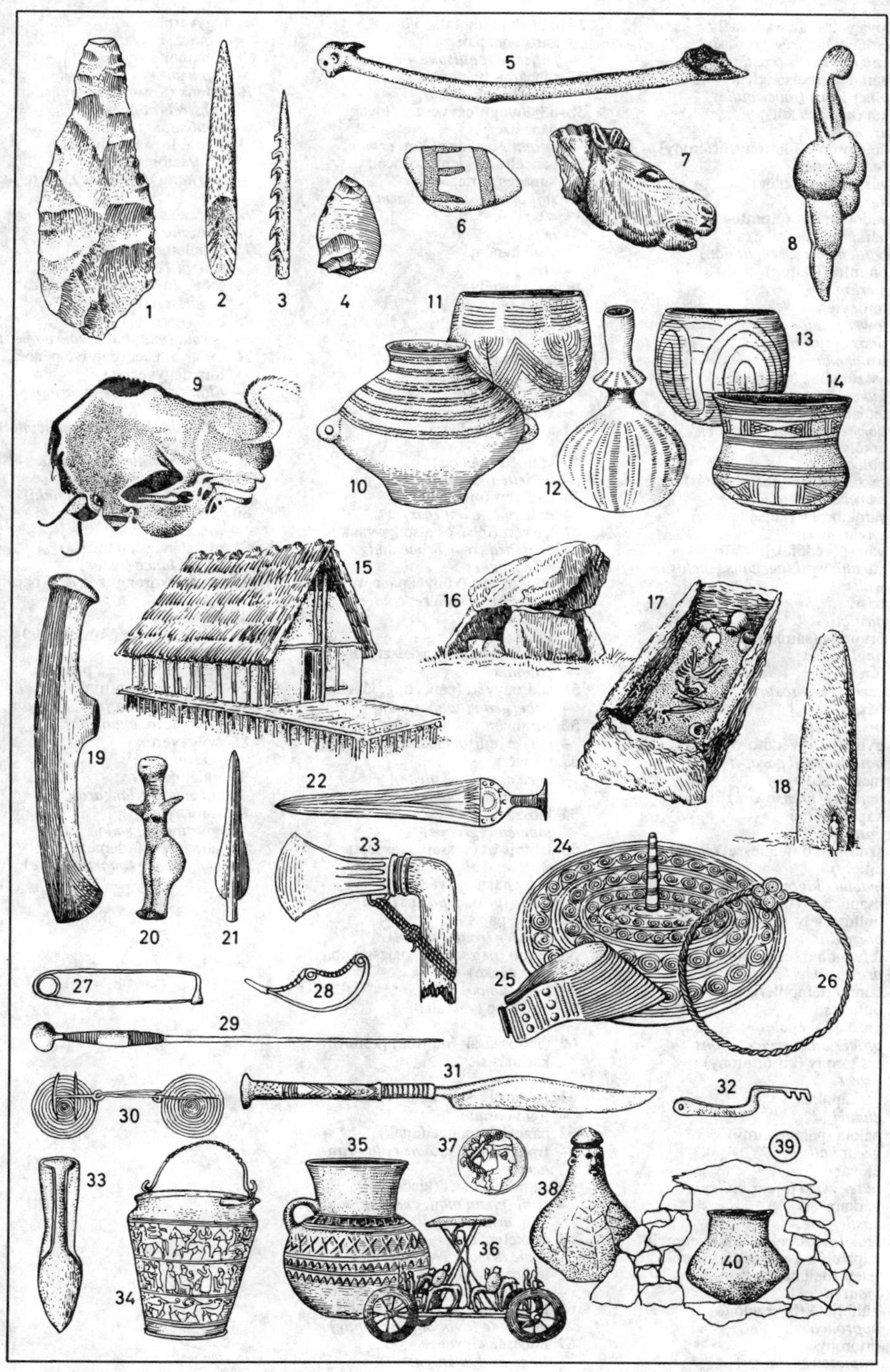
1
2
3
4
5
6
7
8
9
10
11
12
13
14
15
16
17
18
19
20
21
22
23
24
25
26
27
28
29
30
31
32
33
34
35
36
37
38
39
40

**1** lovagvár (vár, várkastély, erődítmény, *rég.*: erősség)
– ***knight's castle*** *(castle)*
**2** várudvar (belső udvar)
– *inner ward (inner bailey)*
**3** kút (kerekes kút)
– *draw well*
**4** öregtorony (főtorony, őrtorony)
– *keep (donjon)*
**5** várbörtön (tömlöc)
– *dungeon*
**6** védőpártázat (oromfogas párkány, falcsorbázat)
– *battlements (crenellation)*
**7** oromfog (falfog)
– *merlon*
**8** toronyterasz
– *tower platform*
**9** őrszem (toronyőr)
– *watchman*
**10** asszonyház (női lakrész)
– *ladies' apartments (bowers)*
**11** tetőablak
– *dormer window (dormer)*
**12** erkély
– *balcony*
**13** raktárház (élelmiszerraktár)
– *storehouse (magazine)*
**14** saroktorony (külső torony)
– *angle tower*
**15** várfal (védőfal, körfal)
– *curtain wall (curtains, enclosure wall)*
**16** bástya
– *bastion*
**17** őrtorony (saroktorony)
– *angle tower*
**18** lőrés
– *crenel (embrasure)*
**19** bástyafal
– *inner wall*
**20** gyilokjáró (védőfolyosó)
– *battlemented parapet*
**21** mellvédfal
– *parapet (breastwork)*
**22** kapuvédőmű
– *gatehouse*
**23** szurokontő (talpréssel ellátott erkély)
– *machicolation (machicoulis)*
**24** csapórács (cölöprostély, hullórostély, kapurostély)
– *portcullis*
**25** felvonóhíd (csapóhíd)
– *drawbridge*
**26** támfal (támpillér)
– *buttress*
**27** gazdasági épület
– *offices and service rooms*
**28** kis torony (kis őrtorony)
– *turret*
**29** várkápolna
– *chapel*
**30** palota (palotaszárny)
– *great hall*
**31** elővár
– *outer ward (outer bailey)*
**32** várkapu
– *castle gate*
**33** árok (vizesárok); farkasverem [a kapu előtt ásott, hegyes karókkal teletűzdelt nagy verem]
– *moat (ditch)*
**34** hídfeljáró (bevezető út)
– *approach*
**35** őrtorony
– *watchtower (turret)*
**36** palánk (cölöpfal, cölöpgát, karósánc, paliszád)
– *palisade (pallisade, palisading)*
**37** sáncárok (várárok)
– *moat (ditch, fosse)*
**38–65** **lovagi fegyverzet** (lovagi páncélzat)
– ***knight's armour*** *(*Am. *armor)*
**38** páncélruha <lemezpáncél, lemezes vértezet>
– *suit of armour (*Am. *armor)*
**39–42** sisak
– *helmet*
**39** sisakharang
– *skull*
**40** sisakrostély
– *visor (vizor)*
**41** állvédő
– *beaver*
**42** nyakvédő lemez
– *throat piece*
**43** nyakvért
– *gorget*
**44** a vállvért gallérja
– *epaulière*
**45** vállvért (vállvas)
– *pallette (pauldron, besageur)*
**46** mellvért (mellvas)
– *breastplate (cuirass)*
**47** karvért (felső és alsó karvas)
– *brassard (rear brace and vambrace)*
**48** könyökvért (könyökpáncél)
– *cubitière (coudière, couter)*
**49** csatakötény
– *tasse (tasset)*
**50** páncélkesztyű (vaskesztyű)
– *gauntlet*
**51** sodronyvért (pánceling, láncing)
– *habergeon (haubergeon)*
**52** combvért
– *cuisse (cuish, cuissard, cuissart)*
**53** térdvért
– *knee cap (knee piece, genouillère, poleyn)*
**54** lábszárvért
– *jambeau (greave)*
**55** lábfejvért (vassaru, vaspapucs)
– *solleret (sabaton, sabbaton)*
**56** nagy pajzs (pavéze)
– *pavis (pavise, pavais)*
**57** kerek pajzs
– *buckler (round shield)*
**58** umbo (pajzsdudor, pajzsgomb, pajzstüske)
– *boss (umbo)*
**59** vaskalap (vassalap)
– *iron hat*
**60** tarajos sisak (morion) [könnyű karimás sisak]
– *morion*
**61** velencei sisak (könnyű sisak)
– *light casque*
**62** páncélok (páncélfajták)
– *types of mail and armour (*Am. *armor)*
**63** sodronypáncél (láncszövet)
– *mail (chain mail, chain armour,* Am. *armor)*
**64** pikkelypáncél
– *scale armour (*Am. *armor)*
**65** lemezpáncél
– *plate armour (*Am. *armor)*
**66** **lovaggá ütés** (lovaggá avatás)
– ***accolade*** *(dubbing, knighting)*
**67** hűbérúr <lovag>
– *liege lord, a knight*
**68** fegyvernök
– *esquire*
**69** pohárnok
– *cup bearer*
**70** dalnok (lovagköltő, trubadúr)
– *minstrel (minnesinger, troubadour)*
**71** **lovagi torna** (bajvívás, lándzsatörés)
– ***tournament*** *(tourney, joust, just, tilt)*
**72** keresztes lovag
– *crusader*
**73** templomos lovag
– *Knight Templar*
**74** csótár (nyeregtakaró, lótakaró)
– *caparison (trappings)*
**75** bíró (igazlátó)
– *herald (marshal at tournament)*
**76** tornavértezet (bajvívó páncél, tornafegyverzet)
– *tilting armour (*Am. *armor)*
**77** tornasisak
– *tilting helmet (jousting helmet)*
**78** tollforgó
– *panache (plume of feathers)*
**79** tornapajzs
– *tilting target (tilting shield)*
**80** lándzsatámasz (ord)
– *lance rest*
**81** tornalándzsa (lándzsa)
– *tilting lance (lance)*
**82** lándzsakorong (kézvédő pajzs)
– *vamplate*
**83–88** lóvért
– *horse armour (*Am. *armor)*
**83** lónyakvért
– *neck guard (neck piece)*
**84** lófejvért (chanfron)
– *chamfron (chaffron, chafron, chamfrain, chanfron)*
**85** szügyvért
– *poitrel*
**86** oldalpáncél
– *flanchard (flancard)*
**87** tornanyereg
– *tournament saddle*
**88** farpáncél (farlemez)
– *rump piece (quarter piece)*

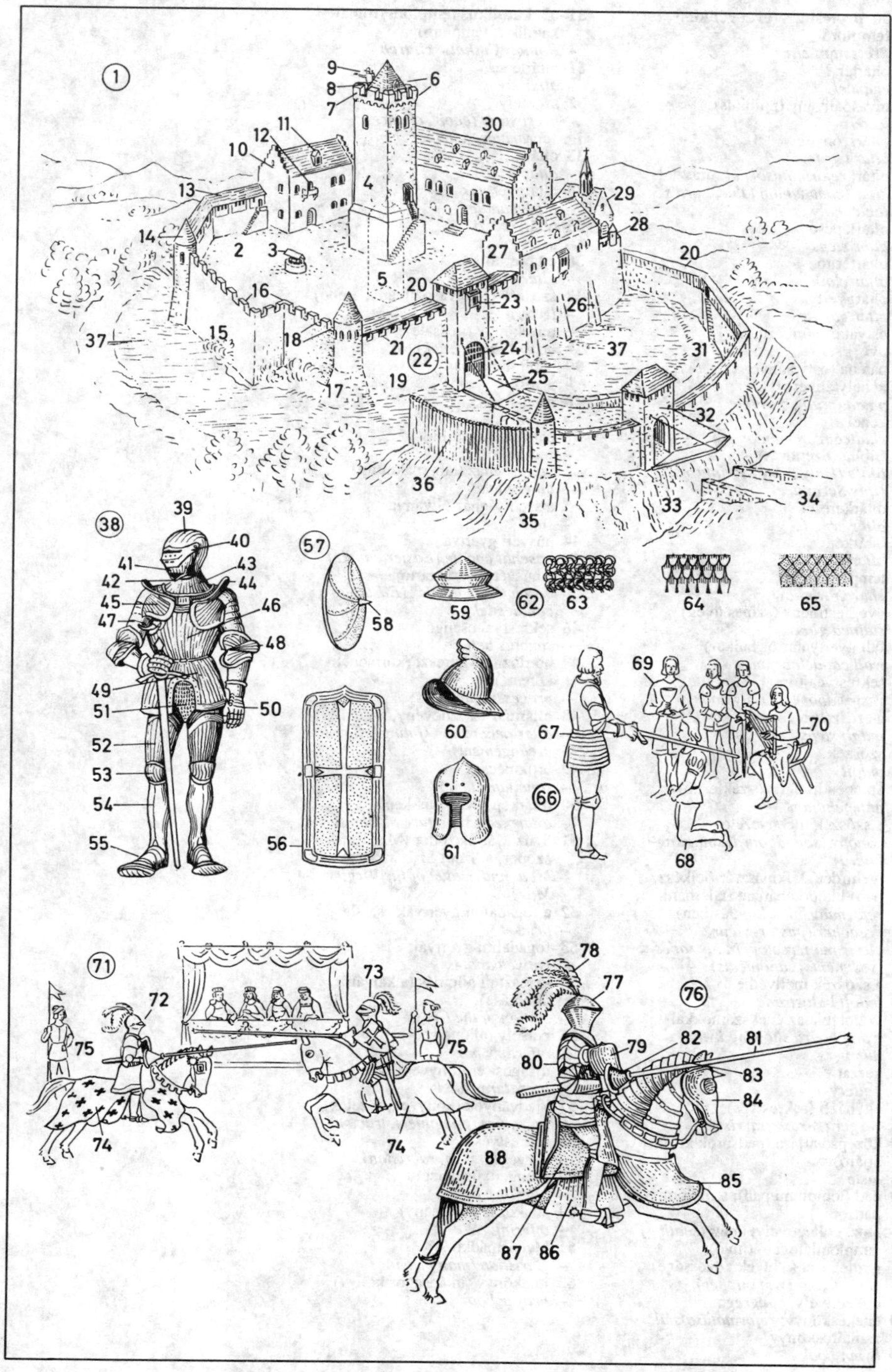
1
2
3
4
5
6
7
8
9
10
11
12
13
14
15
16
17
18
19
20
21
22
23
24
25
26
27
28
29
30
31
32
33
34
35
36
37
38
39
40
41
42
43
44
45
46
47
48
49
50
51
52
53
54
55
56
57
58
59
60
61
62
63
64
65
66
67
68
69
70
71
72
73
74
75
76
77
78
79
80
81
82
83
84
85
86
87
88

**1–30 protestáns (evangélikus) templom**
– ***Protestant church***
**1** oltártér
– *chancel*
**2** olvasóállvány (pulpitus)
– *lectern*
**3** oltárszőnyeg
– *altar carpet*
**4** oltár; *reformátusoknál:* úrasztala
– *altar (communion table, Lord's table, holy table)*
**5** oltárlépcső
– *altar steps*
**6** oltárterítő
– *altar cloth*
**7** oltárgyertya
– *altar candle*
**8** ostyatartó (cibórium)
– *pyx (pix)*
**9** paténa (ostyatányér, kehelytányér)
– *paten (patin, patine)*
**10** kehely
– *chalice (communion cup)*
**11** Biblia (Szentírás)
– *Bible (Holy Bible, Scriptures, Holy Scripture)*
**12** oltárkereszt
– *altar crucifix*
**13** oltárkép
– *altarpiece*
**14** templomablak
– *church window*
**15** üvegfestmény (színes üveg)
– *stained glass*
**16** fali gyertyatartó (falikar)
– *wall candelabrum*
**17** sekrestyeajtó
– *vestry door (sacristy door)*
**18** a szószékre vezető lépcső
– *pulpit steps*
**19** szószék
– *pulpit*
**20** antependium (szószékterítő)
– *antependium*
**21** a szószék mennyezete
– *canopy (soundboard, sounding-board)*
**22** igehirdető lelkipásztor (lelkész, pap) lutherkabátban (talárban; *reformátusoknál:* palástban)
– *preacher (pastor, vicar, clergyman, rector) in his robes (vestments, canonicals)*
**23** a szószék mellvédje
– *pulpit balustrade*
**24** számtábla az énekszámokkal
– *hymn board showing hymn numbers*
**25** karzat
– *gallery*
**26** egyházfi (sekrestyés)
– *verger (sexton, sacristan)*
**27** középső átjáró (padsorok közötti átjáró)
– *aisle*
**28** pad (templomi pad); templomi padsor
– *pew;* collectively: *pews (seating)*
**29** templomlátogató (hívő); gyülekezet (a hívek közössége)
– *churchgoer (worshipper);* collectively: *congregation*
**30** énekeskönyv; *reformátusoknál:* zsoltároskönyv
– *hymn book*

**31–62 katolikus templom** (római katolikus templom)
– ***Roman Catholic church***
**31** oltárlépcső
– *altar steps*
**32** szentély
– *presbytery (choir, chancel, sacrarium, sanctuary)*
**33** oltár
– *altar*
**34** oltárgyertyák
– *altar candles*
**35** oltárkereszt
– *altar cross*
**36** oltárterítő
– *altar cloth*
**37** szószék (felolvasóállvány, ambo)
– *lectern*
**38** misekönyv (missale)
– *missal (mass book)*
**39** pap (áldozópap)
– *priest*
**40** ministráns
– *server*
**41** papi szék (sedilia)
– *sedilia*
**42** szentségház (tabernákulum)
– *tabernacle*
**43** a szentségház állványa
– *stele (stela)*
**44** húsvéti gyertya
– *paschal candle (Easter candle)*
**45** a húsvéti gyerta tartója
– *paschal candlestick (Easter candlestick)*
**46** sekrestyei csengő
– *sanctus bell*
**47** hordozható kereszt (körmeneti kereszt)
– *processional cross*
**48** oltárdísz (dísznövény, virágdísz)
– *altar decoration (foliage, flower arrangement)*
**49** örökmécses
– *sanctuary lamp*
**50** oltárkép <Krisztus-kép>
– *altarpiece, a picture of Christ*
**51** Szűz Mária-szobor (Madonna-szobor, a Szent Szűz szobra)
– *Madonna, statue of the Virgin Mary*
**52** a fogadalmi gyertyák asztala
– *pricket*
**53** fogadalmi gyertyák
– *votive candles*
**54** keresztúti állomás (a kálvária állomása)
– *station of the Cross*
**55** persely (állópersely)
– *offertory box*
**56** újságos- és könyvesállvány
– *literature stand*
**57** kiadványok (könyvek, füzetek)
– *literature (pamphlets, tracts)*
**58** sekrestyés
– *verger (sexton, sacristan)*
**59** csengettyűs persely
– *offertory bag*
**60** adakozás (adomány)
– *offering*
**61** hívő (imádkozó)
– *Christian (man praying)*
**62** imakönyv (imádságos könyv)
– *prayer book*

1
2
3
4
5
6
7
8
9
10
11
12
13
14
15
16
17
18
19
20
21
22
23
24
25
26
27
28
29
30
31
32
33
34
35
36
37
38
39
40
41
42
43
44
45
46
47
48
49
50
51
52
53
54
55
56
57
58
59
60
61
62

**1 templom**
– ***church***
2 templomtorony (harangtorony)
– *steeple*
3 kakas
– *weathercock*
4 széljelző (széliránymutató)
– *weather vane (wind vane)*
5 toronygomb
– *spire ball*
6 toronysisak
– *church spire (spire)*
7 toronyóra (a templom órája)
– *church clock (tower clock)*
8 toronyablak (a harangtorony ablaka)
– *belfry window*
9 villamos működtetésű harang
– *electrically operated bell*
10 oromkereszt
– *ridge cross*
11 templomtető
– *church roof*
12 emlékkápolna
– *memorial chapel*
13 sekrestye <toldaléképület>
– *vestry (sacristy), an annexe (annex)*
14 emléktábla
– *memorial tablet (memorial plate, wall memorial, wall stone)*
15 oldalbejárat
– *side entrance*
16 főbejárat (templomkapu)
– *church door (main door, portal)*
17 hívő (templomlátogató)
– *churchgoer*
18 a temetőkert fala (a templomkert fala)
– *graveyard wall (churchyard wall)*
19 a temetőkert kapuja (a templomkert kapuja)
– *graveyard gate (churchyard gate, lichgate, lychgate)*
20 parókia (paplak), *római katolikusoknál:* plébánia
– *vicarage (parsonage, rectory)*
21–41 **temető** (templomkert, temetőkert, *rég.:* cinterem)
– ***graveyard*** *(churchyard, God's acre,* Am. *burying ground)*
21 ravatalozó (halottasház)
– *mortuary*
22 sírásó
– *grave digger*
23 sír (sírhely)
– *grave (tomb)*
24 sírhalom (sírdomb, sírhant)
– *grave mound*
25 sírkereszt
– *cross*
26 sírkő (síremlék)
– *gravestone (headstone, tombstone)*
27 családi sír (családi sírhely, családi sírbolt, kriptasír, kripta)
– *family grave (family tomb)*
28 temetői kápolna
– *graveyard chapel*
29 gyermeksír
– *child's grave*
30 urnasír
– *urn grave*
31 urna
– *urn*
32 katonasír
– *soldier's grave*
33–41 temetés (eltemetés, temetkezés)
– *funeral (burial)*
33 gyászolók
– *mourners*
34 sírgödör (sírverem)
– *grave*
35 koporsó
– *coffin (*Am. *casket)*
36 lapát
– *spade*
37 pap (lelkész)
– *clergyman*
38 gyászoló család (a hátramaradottak, az elhunyt hozzátartozói)
– *the bereaved*
39 özvegyi fátyol <gyászfátyol>
– *widow's veil, a mourning veil*
40 koporsóvivő (halottvivő, gyászhuszár)
– *pallbearers*
41 Szent Mihály lova (hordozható ravatal)
– *bier*
**42–50 körmenet**
– ***procession*** *(religious procession)*
42 körmeneti kereszt <hordozható feszület>
– *processional crucifix*
43 keresztvivő
– *cross bearer (crucifer)*
44 körmeneti zászló <templomi *v.* egyházi zászló>
– *processional banner, a church banner*
45 ministráns
– *acolyte*
46 baldachinvivő
– *canopy bearer*
47 pap
– *priest*
48 szentségtartó (szentségmutató, monstrancia) az Oltáriszentséggel (a szentostyával)
– *monstrance with the Blessed Sacrament (consecrated Host)*
49 baldachin
– *canopy (baldachin, baldaquin)*
50 apácák
– *nuns*
51 a körmenet résztvevői
– *participants in the procession*
52–58 **kolostor** (rendház, monostor, *rég.:* klastrom)
– ***monastery***
52 kerengő
– *cloister*
53 kolostorudvar (kolostorkert)
– *monastery garden*
54 szerzetes <benedekrendi *v.* bencés szerzetes>
– *monk, a Benedictine monk*
55 szerzetesi ruha (kámzsa, csuha)
– *habit (monk's habit)*
56 csuklya (kámzsa)
– *cowl (hood)*
57 tonzúra (*rég.:* pilis)
– *tonsure*
58 breviárium [katolikus papi zsolozsmáskönyv]
– *breviary*
59 **katakomba** <föld alatti ókeresztény temetkezési hely>
– ***catacomb,*** *an early Christian underground burial place*
60 sírfülke (arcosolium)
– *niche (tomb recess, arcosolium)*
61 kőlap
– *stone slab*

1
2
3
4
5
6
7
8
9
10
11
12
13
14
15
16
17
18
19
20
21
22
23
24
25
26
27
28
29
30
31
32
33
34
35
36
37
38
39
40
41
42
43
44
45
46
47
48
49
50
51
52
53
54
55
56
57
58
59
60
61
IHS

**1** keresztelés (keresztelő)
– *Christian baptism (christening)*
**2** keresztelőkápolna
– *baptistery (baptistry)*
**3** protestáns (evangélikus) lelkész
– *Protestant clergyman*
**4** lutherkabát (talár; *reformátusoknál:* palást)
– *robes (vestments, canonicals)*
**5** mózestábla
– *bands*
**6** gallér (papi gallér)
– *collar*
**7** keresztelendő gyermek
– *child to be baptized (christened)*
**8** keresztelőruha
– *christening robe (christening dress)*
**9** keresztelőtakaró
– *christening shawl*
**10** keresztelőkő (keresztelőkút, keresztkút)
– *font*
**11** a keresztelőkő medencéje
– *font basin*
**12** keresztvíz
– *baptismal water*
**13** keresztszülők
– *godparents*
**14** egyházi házasságkötés (templomi esküvő, esküvői szertartás)
– *church wedding (wedding ceremony, marriage ceremony)*
**15–16** jegyespár (mátkapár)
– *bridal couple*
**15** menyasszony
– *bride*
**16** vőlegény
– *bridegroom (groom)*
**17** gyűrű (jegygyűrű)
– *ring (wedding ring)*
**18** menyasszonyi csokor (esküvői csokor)
– *bride's bouquet (bridal bouquet)*
**19** menyasszonyi koszorú
– *bridal wreath*
**20** fátyol (menyasszonyi fátyol)
– *veil (bridal veil)*
**21** mirtuszcsokor [a vőlegény hajtókadísze]
– *[myrtle] buttonhole*
**22** lelkész (pap)
– *clergyman*
**23** házassági tanúk
– *witnesses [to the marriage]*
**24** koszorúslány (nyoszolyólány)
– *bridesmaid*
**25** térdeplő (imazsámoly)
– *kneeler*
**26** úrvacsora; *katolikusoknál:* áldozás
– *Holy Communion*
**27** úrvacsorázó (kommunikáns, úrvacsorához járuló)
– *communicants*
**28** ostya
– *Host (wafer)*
**29** kehely
– *communion cup*
**30** rózsafüzér (olvasó, szentolvasó)
– *rosary*
**31** Miatyánk-szem
– *paternoster*
**32** Üdvözlégy-szem; *tíz együtt:* tized
– *Ave Maria;* set of 10: *decade*
**33** feszület
– *crucifix*
**34–54** liturgikus eszközök
– *liturgical vessels (ecclesiastical vessels)*
**34** szentségtartó (szentségmutató, úrmutató, monstrancia)
– *monstrance*
**35** Oltáriszentség (nagy ostya, szentostya)
– *Host (consecrated Host, Blessed Sacrament)*
**36** lunula (ostyaállvány, ostyatartó)
– *lunula (lunule)*
**37** sugárkoszorú
– *rays*
**38** tömjénezőkészlet (tömjénező, füstölő)
– *censer (thurible), for offering incense (for incensing)*
**39** a tömjénező lánca
– *thurible chain*
**40** a tömjénező fedele
– *thurible cover*
**41** parázstartó csésze
– *thurible bowl*
**42** tömjéntartó
– *incense boat*
**43** tömjénkanál
– *incense spoon*
**44** misekancsók (ampolnák)
– *cruet set*
**45** vizeskancsó
– *water cruet*
**46** boroskancsó
– *wine cruet*
**47** szenteltvíztartó (szertartási *v.* hordozható szenteltvíztartó)
– *holy water basin*
**48** cibórium (ostyatartó a kisostyákkal)
– *ciborium containing the sacred wafers*
**49** kehely
– *chalice*
**50** áldoztatóedény
– *dish for communion wafers*
**51** kehelytányér (ostyatányér, paténa)
– *paten (patin, patine)*
**52** oltárcsengő
– *altar bells*
**53** ostyatartó szelence
– *pyx (pix)*
**54** szenteltvízhintő
– *aspergillum*
**55–72** keresztény keresztfajták
– *forms of Christian crosses*
**55** latin kereszt
– *Latin cross (cross of the Passion)*
**56** görög kereszt
– *Greek cross*
**57** orosz kereszt (ortodox *v.* görögkeleti kereszt)
– *Russian cross*
**58** Szent Péter-kereszt (péterkereszt)
– *St. Peter's cross*
**59** Szent Antal-kereszt (taukereszt)
– *St. Anthony's cross (tau cross)*
**60** Szent András-kereszt (andráskereszt)
– *St. Andrew's cross (saltire cross)*
**61** villás kereszt (latorkereszt)
– *Y-cross*
**62** lotaringiai kereszt
– *cross of Lorraine*
**63** füles kereszt
– *ansate cross*
**64** érseki kereszt
– *patriarchal cross*
**65** apostoli kettős kereszt
– *cardinal's cross*
**66** pápai kereszt (hármas kereszt)
– *Papal cross*
**67** konstantinkereszt <Krisztus-monogram>
– *Constantinian cross, a monogram of Christ (CHR)*
**68** keresztszárú kereszt
– *crosslet*
**69** horgonykereszt
– *cross moline*
**70** mankós kereszt
– *cross of Jerusalem*
**71** lóherekereszt (lóherelevél-kereszt, Szent Lázár-kereszt)
– *cross botonnée (cross treflée)*
**72** jeruzsálemi kereszt
– *fivefold cross (quintuple cross)*

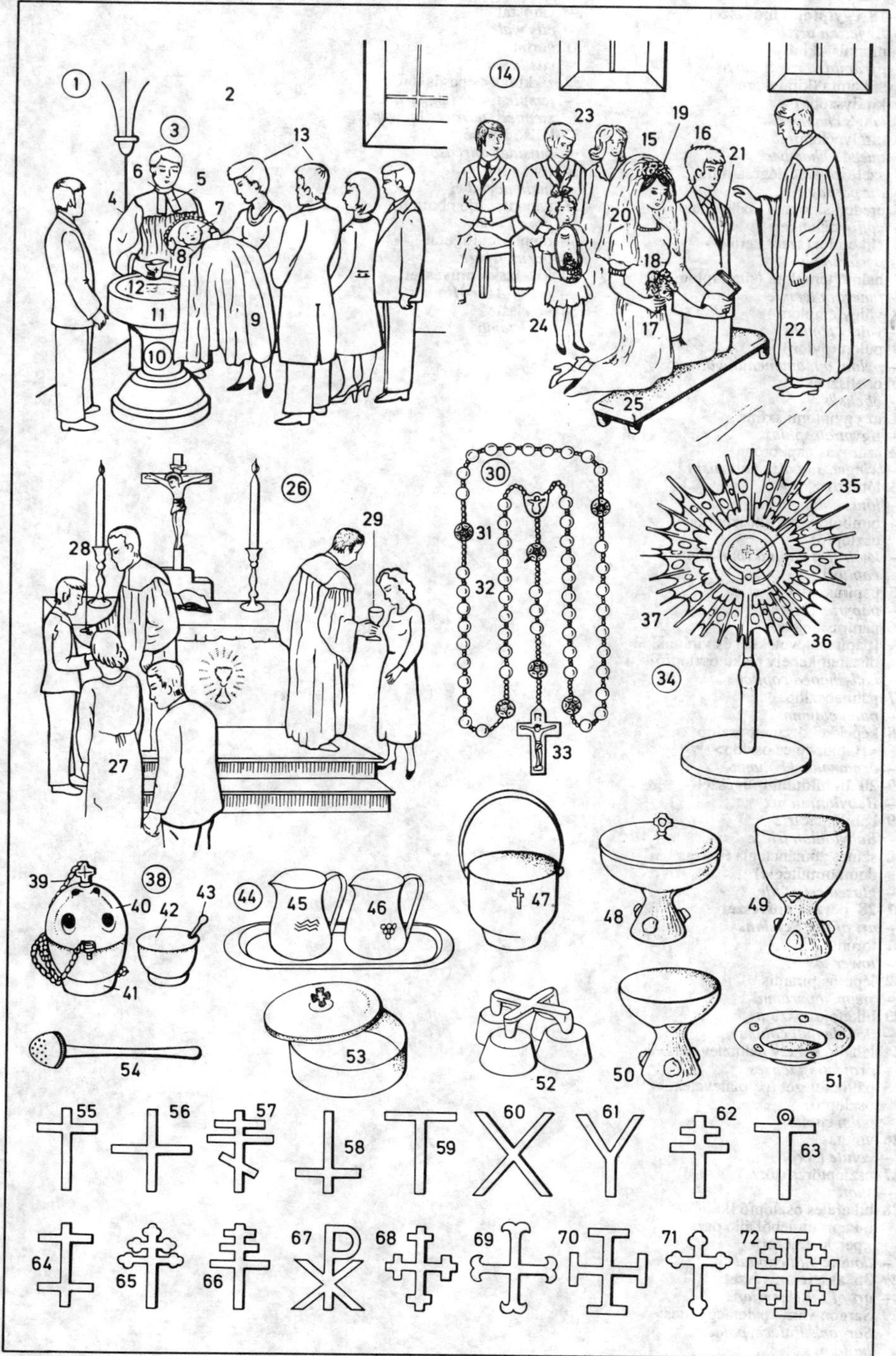
1
2
3
4
5
6
7
8
9
10
11
12
13
14
15
16
17
18
19
20
21
22
23
24
25
26
27
28
29
30
31
32
33
34
35
36
37
38
39
40
41
42
43
44
45
46
47
48
49
50
51
52
53
54
55
56
57
58
59
60
61
62
63
64
65
66
67
68
69
70
71
72

**1–18 egyiptomi művészet**
**– *Egyptian art***
**1** piramis <királysír>
– *pyramid, a royal tomb*
**2** sírkamra (királykamra, királyszoba)
– *king's chamber*
**3** királynékamra
– *queen's chamber*
**4** szellőzőjárat (légcsatorna)
– *air passage*
**5** eredeti sírkamra (sziklakamra)
– *coffin chamber*
**6** sírkerület (szent kerület)
– *pyramid site*
**7** halotti templom (sírtemplom)
– *funerary temple*
**8** völgytemplom
– *valley temple*
**9** pülon (pylon)
– *pylon, a monumental gateway*
**10** obeliszkek
– *obelisks*
**11** az egyiptomi szfinx
– *Egyptian sphinx*
**12** szárnyas napkorong
– *winged sun disc (sun disk)*
**13** lótuszoszlop
– *lotus column*
**14** bimbófejezet (lótuszbimbó oszlopfő)
– *knob-leaf capital (bud-shaped capital)*
**15** papíruszoszlop
– *papyrus column*
**16** papíruszfejezet [papíruszlevelekkel és virágokkal díszített kehely alakú oszlopfő]
– *bell-shaped capital*
**17** pálmaoszlop
– *palm column*
**18** képekkel díszített oszlop <Hathor-fejes oszlop>
– *ornamented column*
**19–20 babilóniai művészet**
**– *Babylonian art***
**19** babilóniai fríz
– *Babylonian frieze*
**20** színes zománctégla (mázas domborműtégla)
– *glazed relief tile*
**21–28 perzsa művészet**
**– *art of the Persians***
**21** toronysír
– *tower tomb*
**22** lépcsős piramis
– *stepped pyramid*
**23** bikafejes oszlop
– *double bull column*
**24** lehajló kehely pálmalevelekből
– *projecting leaves*
**25** pálmafejezet (pálmaleveles oszlopfő)
– *palm capital*
**26** voluta
– *volute (scroll)*
**27** oszloptörzs (törzs)
– *shaft*
**28** bikafejes oszlopfő [két bikaprotoméból álló oszlopfő] <perzsa fejezet>
– *double bull capital*
**29–36 asszír művészet**
**– *art of the Assyrians***
**29** Sargon vára <palotaegyüttes>
– *Sargon's Palace, palace buildings*
**30** városfal
– *city wall*
**31** várfal
– *castle wall*
**32** zikkurat <lépcsős torony>
– *temple tower (ziggurat), a stepped (terraced) tower*
**33** külső lépcső
– *outside staircase*
**34** főkapu
– *main portal*
**35** kapudísz [dombormű]
– *portal relief*
**36** domborműfigura
– *portal figure*
**37 kis-ázsiai művészet**
**– *art of Asia Minor***
**38** sziklasír
– *rock tomb*

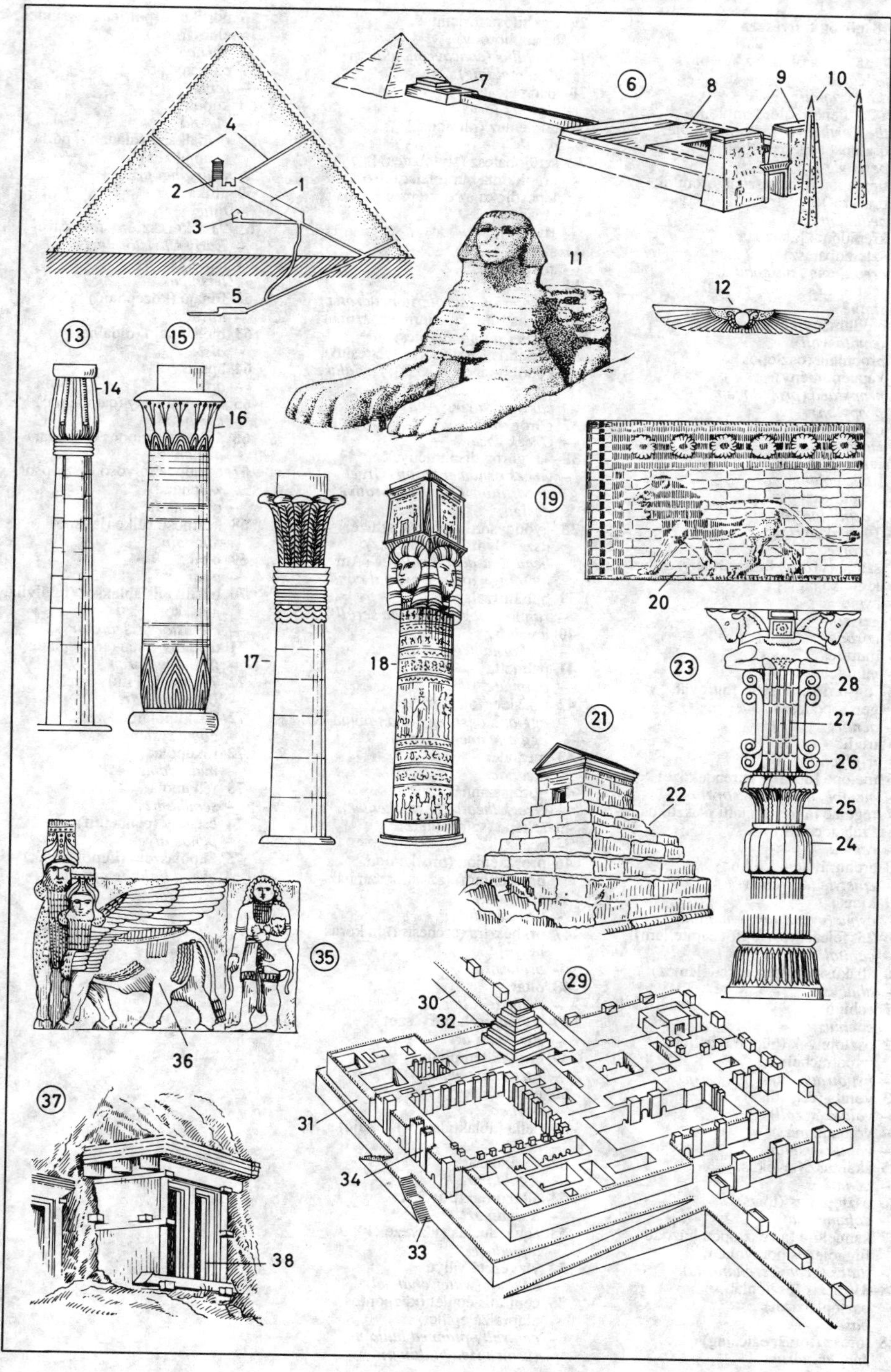
1
2
3
4
5
6
7
8
9
10
11
12
13
14
15
16
17
18
19
20
21
22
23
24
25
26
27
28
29
30
31
32
33
34
35
36
37
38

**1–48 görög művészet**
– ***Greek art***
**1–7** az Akropolisz (az athéni fellegvár)
– *the Acropolis*
**1** a Parthenon <dór templom>
– *the Parthenon, a Doric temple*
**2** oszlopsor (perisztülion)
– *peristyle*
**3** timpanon (háromszögű oromfal, oromzat)
– *pediment*
**4** krépidóma [alapzata a sztereobatész]
– *crepidoma (stereobate)*
**5** szobor
– *statue*
**6** erődítményfal
– *temple wall*
**7** propülaia (oszlopos kapuépítmény)
– *propylaea (propylaeum, propylon)*
**8** dór oszlop
– *Doric column*
**9** ión oszlop
– *Ionic column*
**10** korinthoszi oszlop
– *Corinthian column*
**11–14** párkányzat
– *cornice*
**11** szima (vízorr) [a főpárkány legfelső tagja]
– *cyma*
**12** geiszon
– *corona*
**13** mutulus
– *mutule*
**14** fogsordísz (fogsor, fogrovat, geiszopodesz)
– *dentils*
**15** triglif
– *triglyph*
**16** metopé [dór fríz gerendaköze]
– *metope, a frieze decoration*
**17** regulae [a triglif alatti plasztikus szalagocskák]
– *regula*
**18** architráv (episztülion)
– *epistyle (architrave)*
**19** kima
– *cyma (cymatium, kymation)*
**20–25** fejezet (oszlopfő, capitellum)
– *capital*
**20** abakusz (fejlemez, fedőlemez)
– *abacus*
**21** echinus
– *echinus*
**22** oszlopnyak (hüpotrakhélion, hypotrachelion)
– *hypotrachelium (gorgerin)*
**23** voluta (csigadísz)
– *volute (scroll)*
**24** volutapárna
– *volute cushion*
**25** akantusz (levéldísz)
– *acanthus*
**26** oszloptörzs (törzs)
– *column shaft*
**27** kannelúra [az oszlopon húzódó függőleges hornyolás]
– *flutes (grooves, channels)*
**28–31** bázis (oszlopláb, oszloplábazat)
– *base*
**28** torosz (torus, pálcatag)
– *[upper] torus*
**29** trokhilosz (trochilus, oszlophorony)
– *trochilus (concave moulding,* Am. *molding)*
**30** alsó pálcatag
– *[lower] torus*
**31** talplemez (plinthosz)
– *plinth*
**32** sztülobatesz (stylobates) [a krépidóma burkolata; felső lépcsőfoka az oszlopsor közös lábazata]
– *stylobate*
**33** sztélé
– *stele (stela)*
**34** akrotérion
– *acroterion (acroterium, acroter)*
**35** herma [útmenti Hermész-szobor]
– *herm (herma, hermes)*
**36** kariatida [oszlopot helyettesítő, kőből faragott nőalak]; *férfialak:* atlasz
– *caryatid;* male: *Atlas*
**37** görög váza
– *Greek vase*
**38–43** görög díszítmények
– *Greek ornamentation (Greek decoration, Greek decorative design)*
**38** gyöngysordísz (gyöngyfüzér) <szegélydísz (szalagdísz)>
– *bead-and-dart moulding (*Am. *molding), an ornamental band*
**39** hullámszalagdísz
– *running dog (Vitruvian scroll)*
**40** levéldísz
– *leaf ornament*
**41** palmetta
– *palmette*
**42** tojásléc (tojássor)
– *egg and dart (egg and tongue, egg and anchor) cyma*
**43** meander
– *meander*
**44** görög színház
– *Greek theatre (*Am. *theater)*
**45** szkéné (színpadház)
– *scene*
**46** proszkénion (proskenion, proscenium) [az antik színház színpada]
– *proscenium*
**47** orkhésztra (orchestra) [a kórus helye]
– *orchestra*
**48** oltár
– *thymele (altar)*
**49–52 etruszk művészet**
– ***Etruscan art***
**49** etruszk templom
– *Etruscan temple*
**50** előcsarnok
– *portico*
**51** cella [ablaktalan belső hajó)
– *cella*
**52** gerendázat
– *entablature*
**53–60 római művészet**
– ***Roman art***
**53** aquaeductus (vízvezeték)
– *aqueduct*
**54** vízvezető vályú
– *conduit (water channel)*
**55** centrális épület (központos alaprajzú épület)
– *centrally-planned building (centralized building)*
**56** portikusz (porticus, oszlopos előcsarnok)
– *portico*
**57** párkányzat
– *reglet*
**58** kupola
– *cupola*
**59** diadalkapu (diadalív, porta triumphalis)
– *triumphal arch*
**60** attika
– *attic*
**61–71 ókeresztény művészet**
– ***Early Christian art***
**61** bazilika
– *basilica*
**62** főhajó (középhajó)
– *nave*
**63** mellékhajó (oldalhajó)
– *aisle*
**64** apszis
– *apse*
**65** harangtorony (campanile)
– *campanile*
**66** átrium (oszlopos előudvar)
– *atrium*
**67** oszlopos folyosó (oszlopsor, kolonnád)
– *colonnade*
**68** kézmosó fülke (lavabo)
– *fountain*
**69** oltár
– *altar*
**70** bazilikális ablaksor (felülvilágító ablaksor)
– *clerestory (clearstory)*
**71** diadalív (arcus triumphalis)
– *triumphal arch*
**72–75 bizánci művészet**
– ***Byzantine art***
**72–73** kupolarendszer
– *dome system*
**72** főkupola
– *main dome*
**73** félkupola
– *semidome*
**74** csegely (pendentif)
– *pendentive*
**75** kupolaszem (kupolaablak)
– *eye, a lighting aperture*

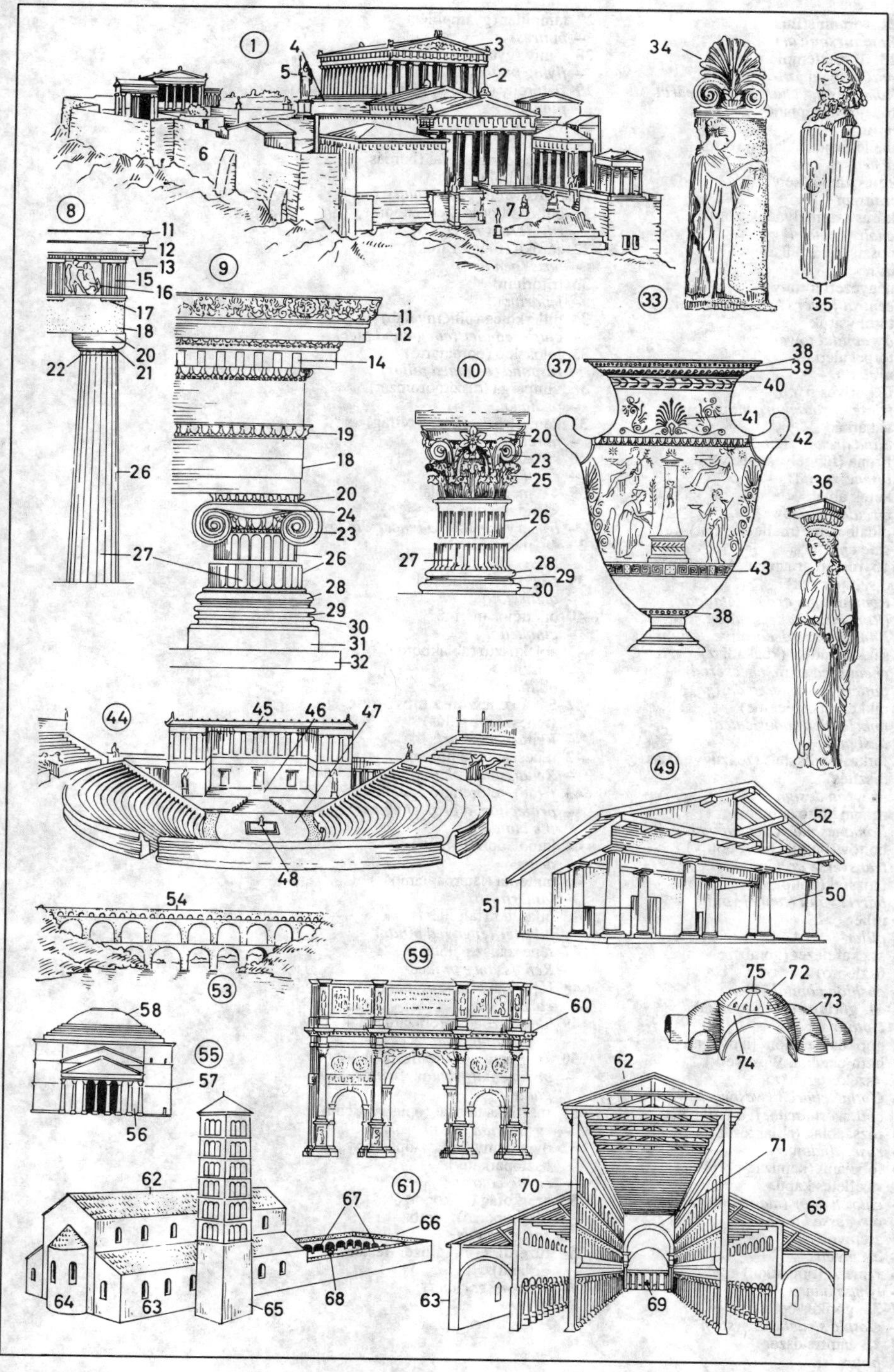
1
2
3
4
5
6
7
8
9
10
11
12
13
14
15
16
17
18
19
20
21
22
23
24
25
26
27
28
29
30
31
32
33
34
35
36
37
38
39
40
41
42
43
44
45
46
47
48
49
50
51
52
53
54
55
56
57
58
59
60
61
62
63
64
65
66
67
68
69
70
71
72
73
74
75

**1–21 román stílus**
– ***Romanesque art***
**1–13** román templom <székesegyház (dóm)>
– *Romanesque church, a cathedral*
**1** főhajó (középhajó)
– *nave*
**2** mellékhajó (oldalhajó)
– *aisle*
**3** kereszthajó (keresztház)
– *transept*
**4** kórus (szentélynégyszög)
– *choir (chancel)*
**5** apszis (oltárfülke)
– *apse*
**6** négyezeti torony
– *central tower (*Am. *center tower)*
**7** toronysisak
– *pyramidal tower roof*
**8** törpegaléria
– *arcading*
**9** félköríves fríz
– *frieze of round arcading*
**10** vakárkád
– *blind arcade (blind arcading)*
**11** lizéna (függélyes falsáv)
– *lesene, a pilaster strip*
**12** kerek ablak
– *circular window*
**13** oldalbejárat (mellékbejárat)
– *side entrance*
**14–16** román ornamensek (román díszítmények)
– *Romanesque ornamentation (Romanesque decoration, Romanesque decorative designs)*
**14** sakktábladísz (kockadísz)
– *chequered (*Am. *checkered) pattern (chequered design)*
**15** pikkelydísz (écaille)
– *imbrication (imbricated design)*
**16** farkasfogdíszítés (zegzugvonalas díszítés)
– *chevron design*
**17** román boltozatrendszer
– *Romanesque system of vaulting*
**18** boltöv (boltheveder, boltív)
– *transverse arch*
**19** pajzsfal (boltpajzs)
– *barrel vault (tunnel vault)*
**20** pillér
– *pillar*
**21** kockafejezet (gömbszelvényes oszlopfő)
– *cushion capital*
**22–41 gótikus stílus** (gótika)
– ***Gothic art***
**22** gótikus templom [a nyugati homlokzat, a Westwerk] <székesegyház>
– *Gothic church [westwork, west end, west façade], a cathedral*
**23** rózsaablak (ablakrózsa)
– *rose window*
**24** főbejárat (kapuzat, portále) <bélletes kapu>
– *church door (main door, portal), a recessed portal*
**25** archivolt
– *archivolt*
**26** ívmező (timpanon)
– *tympanum*
**27–35** gótikus építészet
– *Gothic structural system*
**27–28** támrendszer
– *buttresses*
**27** támpillér (gyámpillér)
– *buttress*
**28** támív (gyámív)
– *flying buttress*
**29** fiatorony (fiále) <pillérfej>
– *pinnacle*
**30** vízköpő
– *gargoyle*
**31–32** keresztboltozat (bordás keresztboltozat)
– *cross vault (groin vault)*
**31** boltozatborda (keresztborda)
– *ribs (cross ribs)*
**32** zárókő (függő zárókő)
– *boss (pendant)*
**33** trifórium
– *triforium*
**34** pillérköteg (pillérnyaláb)
– *clustered pier (compound pier)*
**35** féloszlop (bordatartó)
– *respond (engaged pillar)*
**36** vimperga (díszítőoromzat)
– *pediment*
**37** keresztrózsa (keresztvirág)
– *finial*
**38** kúszólevél
– *crocket*
**39–41** mérműves ablak <lándzsaablak>
– *tracery window, a lancet window*
**39–40** mérmű
– *tracery*
**39** négykaréjos mérmű
– *quatrefoil*
**40** ötkaréjos mérmű
– *cinquefoil*
**41** ablakosztó (ablakborda) <oszlop>
– *mullions*
**42–54 a reneszánsz művészete** (reneszánsz stílus)
– ***Renaissance art***
**42** reneszánsz templom
– *Renaissance church*
**43** rizalit <előreugró épületrész>
– *projection, a projecting part of the building*
**44** kupoladob (tambur)
– *drum*
**45** lanterna (laterna, lámpás)
– *lantern*
**46** pilaszter (falpillér)
– *pilaster (engaged pillar)*
**47** reneszánsz palota
– *Renaissance palace*
**48** főpárkány (koszorúpárkány)
– *cornice*
**49** háromszöges oromzatú ablak
– *pedimental window*
**50** szegmentíves oromzatú ablak
– *pedimental window [with round gable]*
**51** rusztikás falazat (opus rusticum)
– *rustication (rustic work)*
**52** övpárkány (választópárkány, osztópárkány)
– *string course*
**53** szarkofág (kőkoporsó, díszkoporsó); tumba
– *sarcophagus*
**54** füzérdísz (virágfüzér, feston, girland)
– *festoon (garland)*

14
15
16
17
18
19
20
6
7
8
1
9
2
12
13
3
4
5
10
11
21
22
23
25
24
26
36
37
38
39
40
41
32
31
28
29
27
35
33
30
34
53
54
42
45
44
46
43
47
48
49
50
51
52

**1–8 barokk művészet** (barokk)
– ***Baroque art***
**1** barokk templom
– *Baroque church*
**2** ökörszem (oculus)
– *bull's eye*
**3** a lanternát lezáró kupola
– *bulbous cupola*
**4** tetőablak (ablak a kupolán)
– *dormer window (dormer)*
**5** volutás oromzat
– *curved gable*
**6** ikeroszlop
– *twin columns*
**7** kartus
– *cartouche*
**8** tekercsdísz (Rollwerk)
– *scrollwork*
**9–13 rokokó stílus**
– ***Rococo art***
**9** rokokó fal
– *Rococo wall*
**10** szegélydísz <homorú keretszegély>
– *coving, a hollow moulding (*Am. *molding)*
**11** keret (díszkeret)
– *framing*
**12** supraporta (sopraporta)
– *ornamental moulding (*Am. *molding)*
**13** rocaille (kagylódísz) <rokokó díszítmény>
– *rocaille, a Rococo ornament*
**14** Louis-seize asztal (XVI. Lajos-stílusú asztal)
– *table in Louis Seize style (Louis Seize table)*
**15** klasszicista épület <kapuépítmény>
– *neoclassical building (building in neoclassical style), a gateway*
**16** empire asztal
– *Empire table (table in the Empire style)*
**17** biedermeier kanapé
– *Biedermeier sofa (sofa in the Biedermeier style)*
**18** szecessziós karosszék
– *Art Nouveau easy chair (easy chair in the Art Nouveau style)*
**19–37 boltívfajták**
– ***types of arch***
**19** boltív
– *arch*
**20** gyámfal
– *abutment*
**21** boltváll (vállkő)
– *impost*
**22** boltkezdő kő (kezdőkő) <boltozókő, boltkő>
– *springer, a voussoir (wedge stone)*
**23** zárókő (záradék)
– *keystone*
**24** ívhomlokfal (boltív homlokzata)
– *face*
**25** ívbéllet (intrados)
– *intrados*
**26** bolthát (ívhát, extrados)
– *extrados*
**27** félkörív
– *round arch*
**28** körszeletív (szegmentív, lapos ív)
– *segmental arch (basket handle)*
**29** parabolaív
– *parabolic arch*
**30** patkóív (arab ív)
– *horseshoe arch*
**31** csúcsív
– *lancet arch*
**32** lóhereív
– *trefoil arch*
**33** szemöldökgyámos ív
– *shouldered arch*
**34** konvex ív (kombinált ív)
– *convex arch*
**35** függönyív
– *tented arch*
**36** szamárhátív
– *ogee arch (keel arch)*
**37** Tudor-ív
– *Tudor arch*
**38–50 boltozatfajták**
– ***types of vault***
**38** dongaboltozat
– *barrel vault (tunnel vault)*
**39** boltsüveg
– *crown*
**40** vaknegyed
– *side*
**41** kolostorboltozat
– *cloister vault (cloistered vault)*
**42** keresztboltozat
– *groin vault (groined vault)*
**43** bordás keresztboltozat
– *rib vault (ribbed vault)*
**44** csillagboltozat
– *stellar vault*
**45** hálóboltozat
– *net vault*
**46** legyezőboltozat (tölcsérboltozat)
– *fan vault*
**47** teknőboltozat
– *trough vault*
**48** teknő
– *trough*
**49** tükörboltozat
– *cavetto vault*
**50** tükör
– *cavetto*

1
2
3
4
5
6
7
8
9
10
11
12
13
14
15
16
17
18
19
20
21
22
23
24
25
26
27
28
29
30
31
32
33
34
35
36
37
38
39
40
41
42
43
44
45
46
47
48
49
50

**1–6 kínai művészet**
– ***Chinese art***
**1** pagoda <torony alakú templom>
– *pagoda (multi-storey, multistory, pagoda), a temple tower*
**2** emeletes tető
– *storey (story) roof (roof of storey)*
**3** pailou <díszkapu>
– *pailou (pailoo), a memorial archway*
**4** átjáró (oszlopköz)
– *archway*
**5** porcelánváza
– *porcelain vase*
**6** faragott lakktárgy
– *incised lacquered work*
**7–11 japán művészet**
– ***Japanese art***
**7** templom
– *temple*
**8** harangtorony
– *bell tower*
**9** tartószerkezet
– *supporting structure*
**10** bódhiszattva <buddhista szent>
– *bodhisattva (boddhisattva), a Buddhist saint*
**11** torii <kapu>
– *torii, a gateway*
**12–18 az iszlám művészete**
– ***Islamic art***
**12** mecset
– *mosque*
**13** minaret
– *minaret, a prayer tower*
**14** mihrab (imafülke)
– *mihrab*
**15** mimbar (minbar, szószék)
– *minbar (mimbar, pulpit)*
**16** mauzóleum <síremlék>
– *mausoleum, a tomb*
**17** cseppkőboltozat (sztalaktitboltozat)
– *stalactite vault (stalactitic vault)*
**18** arab fejezet (arab oszlopfő)
– *Arabian capital*
**19–28 indiai művészet**
– ***Indian art***
**19** táncoló Siva
– *dancing Siva (Shiva), an Indian god*
**20** Buddha-szobor
– *statue of Buddha*
**21** sztúpa (indiai pagoda) <félgömb alakú buddhista szakrális építmény>
– *stupa (Indian pagoda), a mound (dome), a Buddhist shrine*
**22** ernyő
– *umbrella*
**23** kőkerítés
– *stone wall* (Am. *stone fence)*
**24** kerítéskapu
– *gate*
**25** templomegyüttes
– *temple buildings*
**26** shikhara (templomtorony) [méhkas alakú]
– *shikara (sikar, sikhara, temple tower)*
**27** csaitja (csaitjacsarnok)
– *chaitya hall*
**28** kis sztúpa
– *chaitya, a small stupa*

1
2
3
4
7
5
6
8
9
10
11
12
13
13
14
15
16
17
18
19
20
27
22
25
26
21
22
24
23
28

**1–43 műterem**
– ***studio***
1 műteremablak (tetőablak)
– *studio skylight*
2 festőművész <művész, képzőművész>
– *painter, an artist*
3 műtermi állvány
– *studio easel*
4 krétavázlat
– *chalk sketch, with the composition (rough draft)*
5 rajzkréta (rajzszén, pasztellkréta)
– *crayon (piece of chalk)*
**6–19 festőkellékek**
– *painting materials*
6 lapos ecset
– *flat brush*
7 hajecset
– *camel hair brush*
8 gömbölyű ecset
– *round brush*
9 alapozóecset
– *priming brush*
10 festékesdoboz (festékdoboz, festődoboz)
– *box of paints (paintbox)*
11 tubusos olajfesték
– *tube of oil paint*
12 kence (firnisz, lakk)
– *varnish*
13 festőszer (hígító)
– *thinner*
14 festőkés
– *palette knife*
15 spatula (simítólapát, festéklapát)
– *spatula*
16 rajzszén
– *charcoal pencil (charcoal, piece of charcoal)*
17 temperafesték (gouache-festék)
– *tempera (gouache)*
18 vízfesték (akvarellfesték)
– *watercolour* (Am. *watercolor)*
19 pasztellkréta
– *pastel crayon*
20 vakkeret (feszítőkeret)
– *wedged stretcher (canvas stretcher)*
21 lenvászon (festővászon)
– *canvas*
22 alapozott lemezpapír
– *piece of hardboard, with painting surface*
23 fatábla
– *wooden board*
24 farostlemez
– *fibreboard* (Am. *fiberboard)*
25 festőasztal
– *painting table*
26 tábori állvány
– *folding easel*
27 csendélet <motívum>
– *still life group, a motif*
28 kézipaletta
– *palette*
29 festőszilke
– *palette dipper*
30 emelvény (pódium)
– *platform*
31 mozdulatbábu
– *lay figure (mannequin, manikin)*
32 aktmodell (modell, akt)
– *nude model (model, nude)*
33 drapéria (redőzet)
– *drapery*
34 rajzbak (rajzállvány)
– *drawing easel*
35 vázlattömb
– *sketch pad*
36 olajtanulmány
– *study in oils*
37 mozaikkép (mozaik)
– *mosaic (tessellation)*
38 mozaikalak
– *mosaic figure*
39 mozaikkövek (mozaikkockák)
– *tessera*
40 freskó (falra festett kép, falfestmény)
– *fresco (mural)*
41 sgraffito
– *sgraffito*
42 vakolat
– *plaster*
43 vázlat (freskóterv)
– *cartoon*

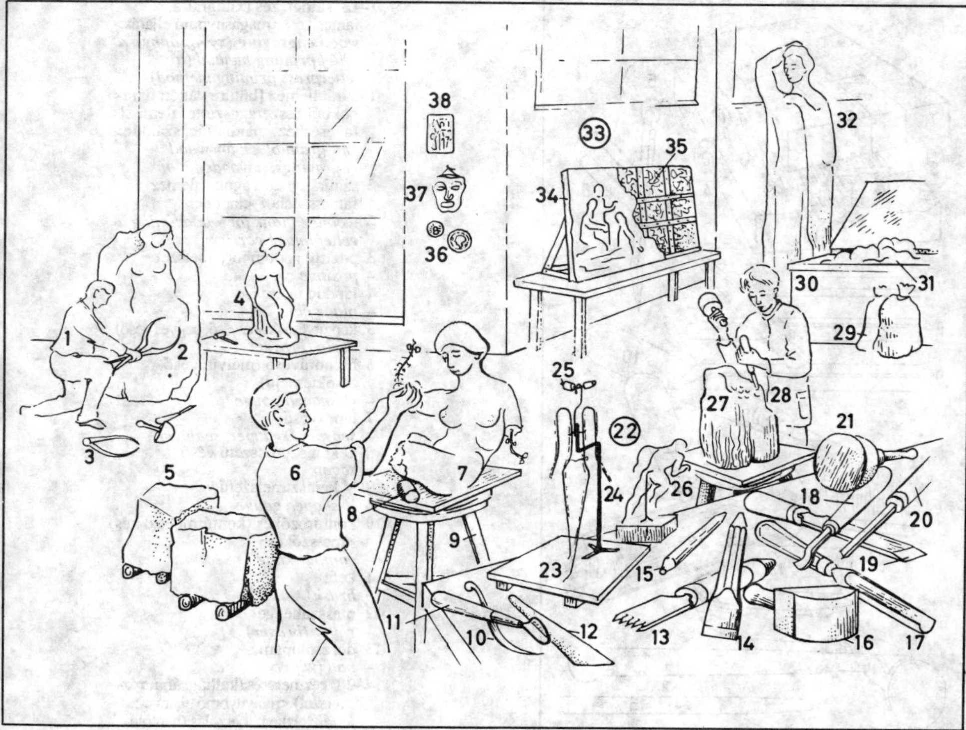


**1–38 műterem**
– *studio*
**1** szobrász
– *sculptor*
**2** kompaszkörző (aránymérő körző)
– *proportional dividers*
**3** mérőkörző (tapintókörző)
– *calliper (caliper)*
**4** gipszmodell (gipszöntvény)
– *plaster model, a plaster cast*
**5** kőtömb (nyers kődarab)
– *block of stone (stone block)*
**6** mintázó szobrász (modellkészítő, agyagminta-készítő)
– *modeller (*Am. *modeler)*
**7** agyagszobor <torzó>
– *clay figure, a torso*
**8** agyaghenger <mintázóanyag>
– *roll of clay, a modelling (*Am. *modeling) substance*
**9** mintázóállvány (mintázóasztal)
– *modelling (*Am. *modeling) stand*
**10** mintázófa
– *wooden modelling (*Am. *modeling) tool*
**11** mintázógyűrű (szobrászgyűrű)
– *wire modelling (*Am. *modeling) tool*
**12** sulyok (ütőfa)
– *beating wood*
**13** fogasvéső
– *claw chisel (toothed chisel, tooth chisel)*
**14** laposvéső
– *flat chisel*
**15** pontozóvas
– *point (punch)*
**16** vasbunkó (kézikalapács)
– *iron-headed hammer*
**17** homorúvéső
– *gouge (hollow chisel)*
**18** kanalas véső
– *spoon chisel*
**19** alakítóvéső <laposvéső>
– *wood chisel, a bevelled-edge chisel*
**20** V keresztmetszetű véső
– *V-shaped gouge*
**21** szobrászbunkó
– *mallet*
**22** szoborváz
– *framework*
**23** talplemez (deszkalap)
– *baseboard*
**24** szobortartó vas (szoborvas, tartóvas)
– *armature support (metal rod)*
**25** vasváz
– *armature*
**26** viaszmodell (viaszplasztika)
– *wax model*
**27** fatömb
– *block of wood*
**28** faszobrász (fafaragó)
– *wood carver (wood sculptor)*
**29** őrölt gipsz zsákban (gipsz)
– *sack of gypsum powder (gypsum)*
**30** agyagosláda
– *clay box*
**31** mintázóagyag (agyag)
– *modelling (*Am. *modeling) clay (clay)*
**32** szobor <körplasztika>
– *statue, a sculpture*
**33** lapos dombormű (bas-relief)
– *low relief (bas-relief)*
**34** mintázótábla (reliefdeszka, tartódeszka)
– *modelling (*Am. *modeling) board*
**35** drótváz <drótháló>
– *wire frame, wire netting*
**36** kerek médaillon (tondó, médaillon)
– *circular medallion (tondo)*
**37** álarc (maszk)
– *mask*
**38** plakett
– *plaque*

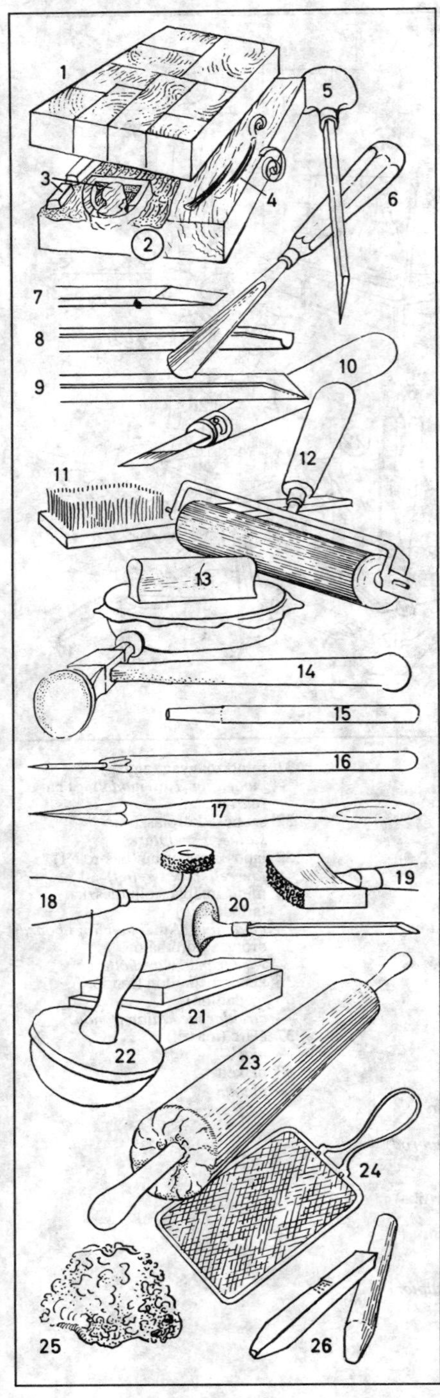


**1–13 fametszés** (xilográfia, fametszet) <magasnyomó eljárás>
– ***wood engraving*** *(xylography), a relief printing method (a letterpress printing method)*
**1** harántlemez [bütüre vágott darabokból összeragasztott falemez] favéséshez <harántdúc, száldúc>
– *end-grain block for wood engravings, a wooden block*
**2** szálirányban vágott falemez fametszéshez <lapdúc>
– *wooden plank for woodcutting, a relief image carrier*
**3** pozitív *v.* domború metszet
– *positive cut*
**4** lapdúc metszése
– *plank cut*
**5** kontúrvéső (vonalvéső, hegyes véső)
– *burin (graver)*
**6** homorúvéső (mélyítővéső, alapkiemelő)
– *U-shaped gouge*
**7** laposvéső
– *scorper (scauper, scalper)*
**8** U keresztmetszetű véső
– *scoop*
**9** V keresztmetszetű véső
– *V-shaped gouge*
**10** kontúrozókés (kontúrmetsző kés) <metszőkés>
– *contour knife*
**11** kefe
– *brush*
**12** masszahenger
– *roller (brayer)*
**13** dörzsölőpárna
– *pad (wiper)*
**14–24 rézmetszés (kalkográfia, rézmetszet)** <mélynyomó eljárás>; *fajták:* rézkarc, borzolás (hántolómodor, mezzotinto, feketemodorú rézmetszés), aquatinta (foltmarás), krétamodor (crayon-modor, crayon-manier)
– ***copperplate engraving*** *(chalcography), an intaglio process;* kinds: *etching, mezzotint, aquatint, crayon engraving*
**14** pontozókalapács
– *hammer*
**15** pontozóvas
– *burin*
**16** karcolótű (karctű)
– *etching needle (engraver)*
**17** simítóvas és vakarókés
– *scraper and burnisher*
**18** pontozókerék (görgő, roulette)
– *roulette*
**19** himbavas
– *rocking tool (rocker)*
**20** gömbfejű véső (tenyérvéső) <metszővas>
– *round-headed graver, a graver (burin)*
**21** olajkő
– *oilstone*
**22** festékpárna
– *dabber (inking ball, ink ball)*
**23** bőrhenger
– *leather roller*
**24** szita (rosta)
– *sieve*
**25–26 kőrajz** (kőnyomás, litográfia) <síknyomó eljárás>
– ***lithography*** *(stone lithography), a planographic printing method*

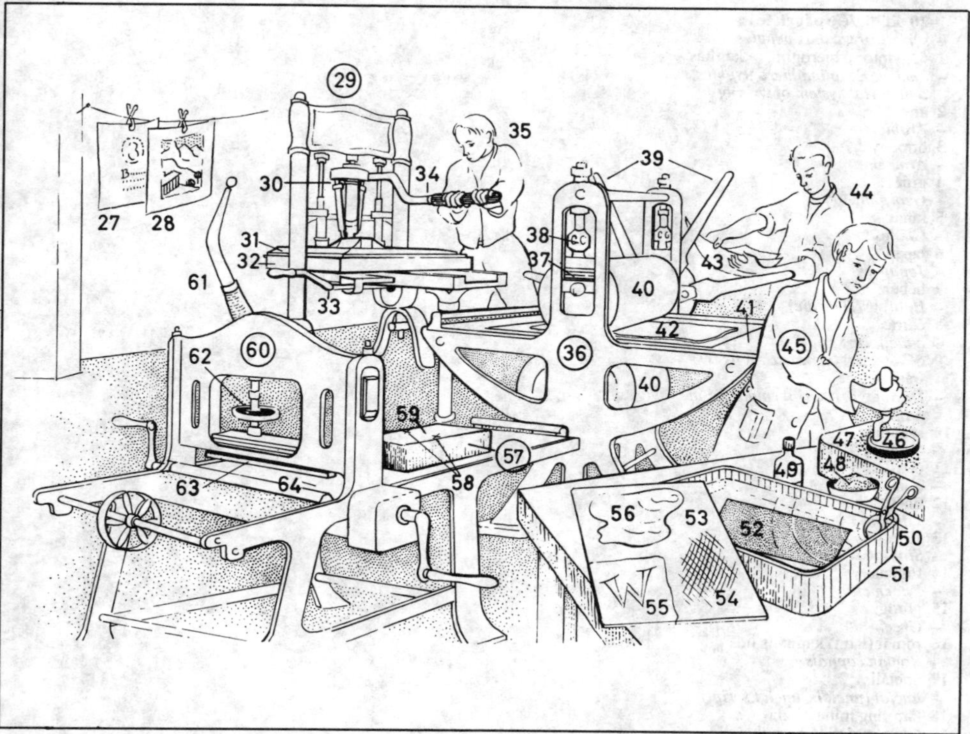


**25** kőnedvesítő szivacs
– *sponge for moistening the lithographic stone*
**26** kőrajz-kréta (litográfiai kréta, zsíroskréta) <kréta>
– *lithographic crayons (greasy chalk)*
**27–64 grafikai présműhely** (nyomtatóműhely) <nyomóüzem, nyomda>
– ***graphic art studio,** a printing office* (Am. *printery)*
**27** egyoldalas nyomat
– *broadside (broadsheet, single sheet)*
**28** többszínnyomat (színes nyomat, kromolitográfia)
– *full-colour* (Am. *full-color) print (colour print, chromolithograph)*
**29** tégelysajtó <kézi prés>
– *platen press, a hand press*
**30** könyökemelő
– *toggle*
**31** tégely <nyomólap>
– *platen*
**32** nyomóforma
– *type forme* (Am. *form)*
**33** berakószerkezet
– *feed mechanism*
**34** szorítókar (préskar)
– *bar (devil's tail)*
**35** nyomdász (nyomómester)
– *pressman*
**36** rézkarcsajtó <csillagprés>
– *copperplate press*
**37** kartonalátét
– *tympan*
**38** nyomóerő-szabályozó (nyomásállító)
– *pressure regulator*
**39** csillagkerék
– *star wheel*
**40** henger
– *cylinder*
**41** nyomóasztal (asztallap, nyomólap)
– *bed*
**42** nyomónemez
– *felt cloth*
**43** próbanyomat
– *proof (pull)*
**44** réznyomó mester
– *copperplate engraver*
**45** kőlapot csiszoló kőnyomdász
– *lithographer (litho artist), grinding the stone*
**46** csiszolókorong
– *grinding disc (disk)*
**47** szemcsézett felület
– *grain (granular texture)*
**48** üvegipari homok (üveghomok)
– *pulverized glass*
**49** gumioldat
– *rubber solution*
**50** fogó (lemezfogó)
– *tongs*
**51** maratótál rézkarcok maratásához
– *etching bath for etching*
**52** horganylemez
– *zinc plate*
**53** csiszolt rézlemez
– *polished copperplate*
**54** vonalháló (vonalrács)
– *cross hatch*
**55** maratott felület
– *etching ground*
**56** fedőréteg
– *non-printing area*
**57** litográfiai kő (rajzos kőlap)
– *lithographic stone*
**58** illesztőkereszt (passzerjel)
– *register marks*
**59** képoldal (előlap)
– *printing surface (printing image carrier)*
**60** kőnyomó sajtó
– *lithographic press*
**61** nyomókar
– *lever*
**62** nyomóerő-szabályozó (szorítócsavar)
– *scraper adjustment*
**63** dörzsfa (dörzsölőfa)
– *scraper*
**64** kőágyazat
– *bed*

**1–20 különféle népek írásai**
– ***scripts of various peoples***
**1** óegyiptomi hieroglifák <képírás>
– *ancient Egyptian hieroglyphics, a pictorial system of writing*
**2** arab
– *Arabic*
**3** örmény
– *Armenian*
**4** grúz
– *Georgian*
**5** kínai
– *Chinese*
**6** japán
– *Japanese*
**7** héber
– *Hebrew (Hebraic)*
**8** ékírás
– *cuneiform script*
**9** dévánagári (a szanszkrit nyelv írása)
– *Devanagari, script employed in Sanskrit*
**10** sziámi
– *Siamese*
**11** tamil
– *Tamil*
**12** tibeti
– *Tibetan*
**13** sinai írás
– *Sinaitic script*
**14** föníciai
– *Phoenician*
**15** görög
– *Greek*
**16** római (latin) kapitális írás
– *Roman capitals*
**17** unciális
– *uncial (uncials, uncial script)*
**18** karoling minuszkula
– *Carolingian (Carlovingian, Caroline) minuscule*
**19** rúnák
– *runes*
**20** orosz
– *Russian*
**21–26 régi íróeszközök**
– ***ancient writing implements***
**21** indiai acél íróvessző <acélvéső pálmapapirosra való íráshoz>
– *Indian steel stylus for writing on palm leaves*
**22** óegyiptomi íróvessző <nádszár>
– *ancient Egyptian reed pen*
**23** nádtoll (írónád)
– *writing cane*
**24** íróecset
– *brush*
**25** római fém íróvessző (stílus)
– *Roman metal pen (stylus)*
**26** lúdtoll
– *quill (quill pen)*

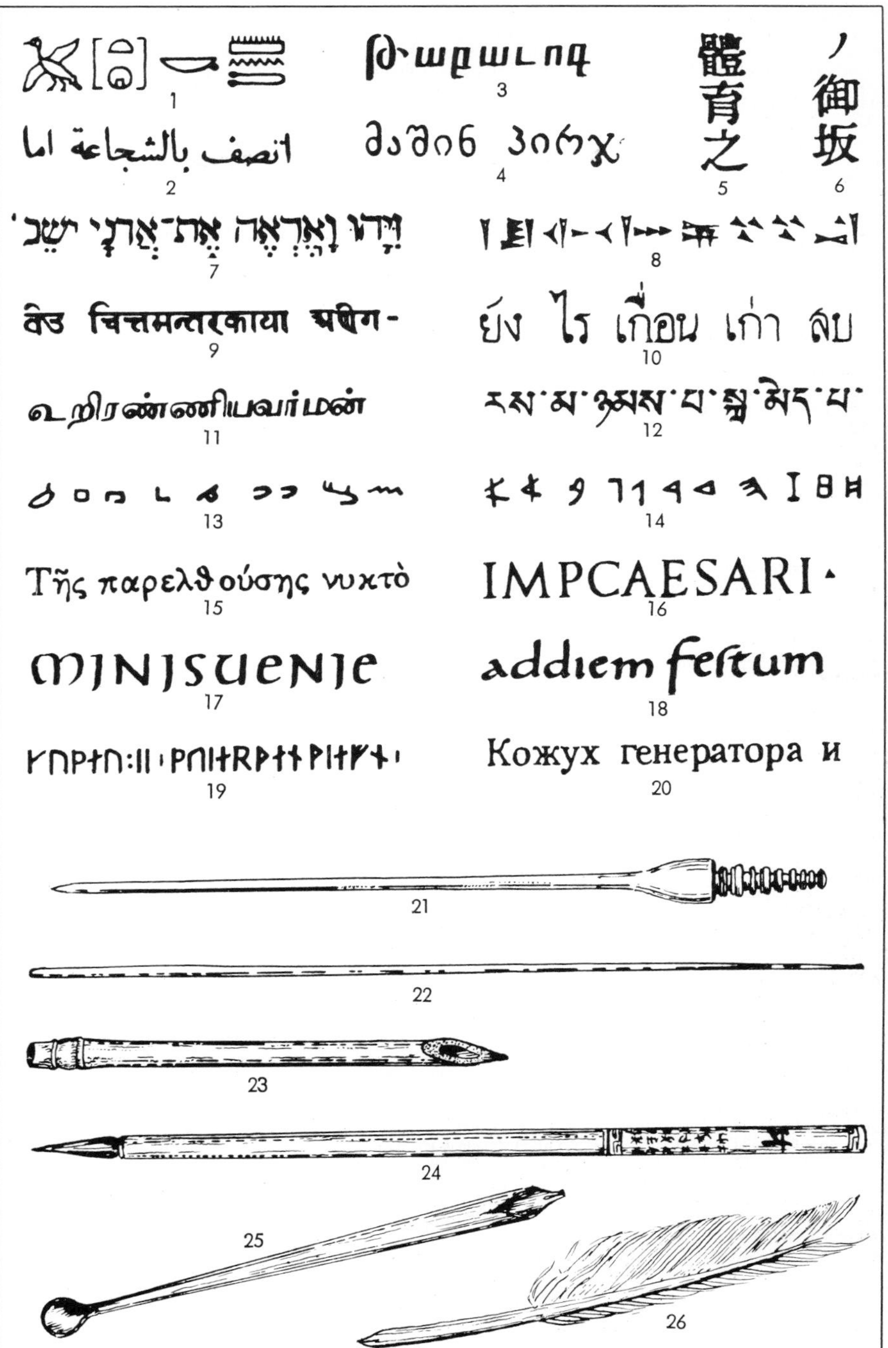
1
3
體育之
ノ御坂
2
4
5
6
7
8
9
10
11
12
13
14
Τῆς παρελθούσης νυκτὸ
15
IMPCAESARI·
16
17
addiem feſtum
18
19
Кожух генератора и
20
21
22
23
24
25
26

**1–15 betűtípusok** (betűfajták)
– ***types*** *(type faces)*
**1** gót betű (gót írás)
– *Gothic type (German black-letter type)*
**2** schwabachi írás (schwabachi betű)
– *Schwabacher type (German black-letter type)*
**3** fraktúr (fraktúra)
– *Fraktur (German black-letter type)*
**4** reneszánsz antikva
– *Humanist (Mediaeval)*
**5** barokk antikva (átmeneti antikva)
– *Transitional*
**6** klasszicista antikva
– *Didone*
**7** groteszk (talp nélküli lineáris antikva)
– *Sanserif (Sanserif type, Grotesque)*
**8** égyptienne (talpas lineáris antikva)
– *Egyptian*
**9** gépírás
– *typescript (typewriting)*
**10** angol írott írás
– *English hand (English handwriting, English writing)*
**11** német írott írás
– *German hand (German handwriting, German writing)*
**12** latin írott írás
– *Latin script*
**13** gyorsírás (sztenográfia)
– *shorthand (shorthand writing, stenography)*
**14** fonetikai átírás
– *phonetics (phonetic transcription)*
**15** vakírás (Braille-írás)
– *Braille*
**16–29 írásjelek**
– ***punctuation marks*** *(stops)*
**16** pont
– *full stop (period, full point)*
**17** kettőspont
– *colon*
**18** vessző
– *comma*
**19** pontosvessző
– *semicolon*
**20** kérdőjel
– *question mark (interrogation point, interrogation mark)*
**21** felkiáltójel
– *exclamation mark (*Am. *exclamation point)*
**22** hiányjel (aposztróf)
– *apostrophe*
**23** gondolatjel
– *dash (em rule)*
**24** kerek zárójel (zárójel)
– *parentheses (round brackets)*
**25** szögletes zárójel
– *square brackets*
**26** idézőjel, *biz.*: macskaköröm
– *quotation mark (double quotation marks, paired quotation marks, inverted commas)*
**27** lúdlábas idézőjel
– *guillemet (French quotation mark)*
**28** kötőjel
– *hyphen*
**29** három pont (kipontozás) [az elhagyás jele]
– *marks of omission (ellipsis)*
**30–35 ékezetek és diakritikus jelek** (mellékjelek)
– ***accents and diacritical marks*** *(diacritics)*
**30** éles ékezet
– *acute accent (acute)*
**31** tompa ékezet
– *grave accent (grave)*
**32** kúpos ékezet, *biz.*: háztető
– *circumflex accent (circumflex)*
**33** cédille [a c betű alatt az sz-es ejtés jele]
– *cedilla [under c]*
**34** tréma [több európai nyelvben a magánhangzó külön ejtésének jele]
– *diaeresis (*Am. *dieresis) [over e]*
**35** tilde [kiejtési jel]
– *tilde [over n]*
**36** paragrafusjel
– *section mark*
**37–70 újság** <országos napilap>
– ***newspaper,*** *a national daily newspaper*
**37** újságoldal
– *newspaper page*
**38** címoldal (első oldal, címlap)
– *front page*
**39** lapfej (az újság címe)
– *newspaper heading*
**40** tartalomjegyzék
– *contents*
**41** ár
– *price*
**42** a megjelenés időpontja
– *date of publication*
**43** a megjelenés helye
– *place of publication*
**44** főcím (hírfej, címsor)
– *headline*
**45** hasáb
– *column*
**46** hasábcím
– *column heading*
**47** hasáblénia (hasábvonal)
– *column rule*
**48** vezércikk
– *leading article (leader, editorial)*
**49** cikkismertető (tartalmi kínálat)
– *reference to related article*
**50** rövid hír
– *brief news item*
**51** politikai rovat
– *political section*
**52** rovatcím
– *page heading*
**53** karikatúra (humoros rajz)
– *cartoon*
**54** tudósítói jelentés [a lap saját tudósítójának *v.* belföldi munkatársának jelentése]
– *report by newspaper's own correspondent*
**55** a hírügynökség neve [általában a teljes név rövidítése]
– *news agency's sign*
**56** hirdetés (*biz.*: reklám)
– *advertisement (*coll. *ad)*
**57** sportrovat
– *sports section*
**58** sajtófotó
– *press photo*
**59** képaláírás (képszöveg)
– *caption*
**60** sporttudósítás (sportriport)
– *sports report*
**61** sporthír
– *sports news item*
**62** bel- és külföldi hírek
– *home and overseas news section*
**63** napi hírek (vegyes hírek)
– *news in brief (miscellaneous news)*
**64** televízióműsor (programajánlat)
– *television programmes (*Am. *programs)*
**65** időjárás-jelentés (meteorológiai előrejelzés)
– *weather report*
**66** időjárási térkép
– *weather chart (weather map)*
**67** kulturális és tárcarovat (tárca)
– *arts section (feuilleton)*
**68** gyászjelentés
– *death notice*
**69** hirdetési rovat (hirdetési oldal)
– *advertisements (classified advertising)*
**70** álláshirdetés <állásajánlat>
– *job advertisement, a vacancy (a situation offered)*

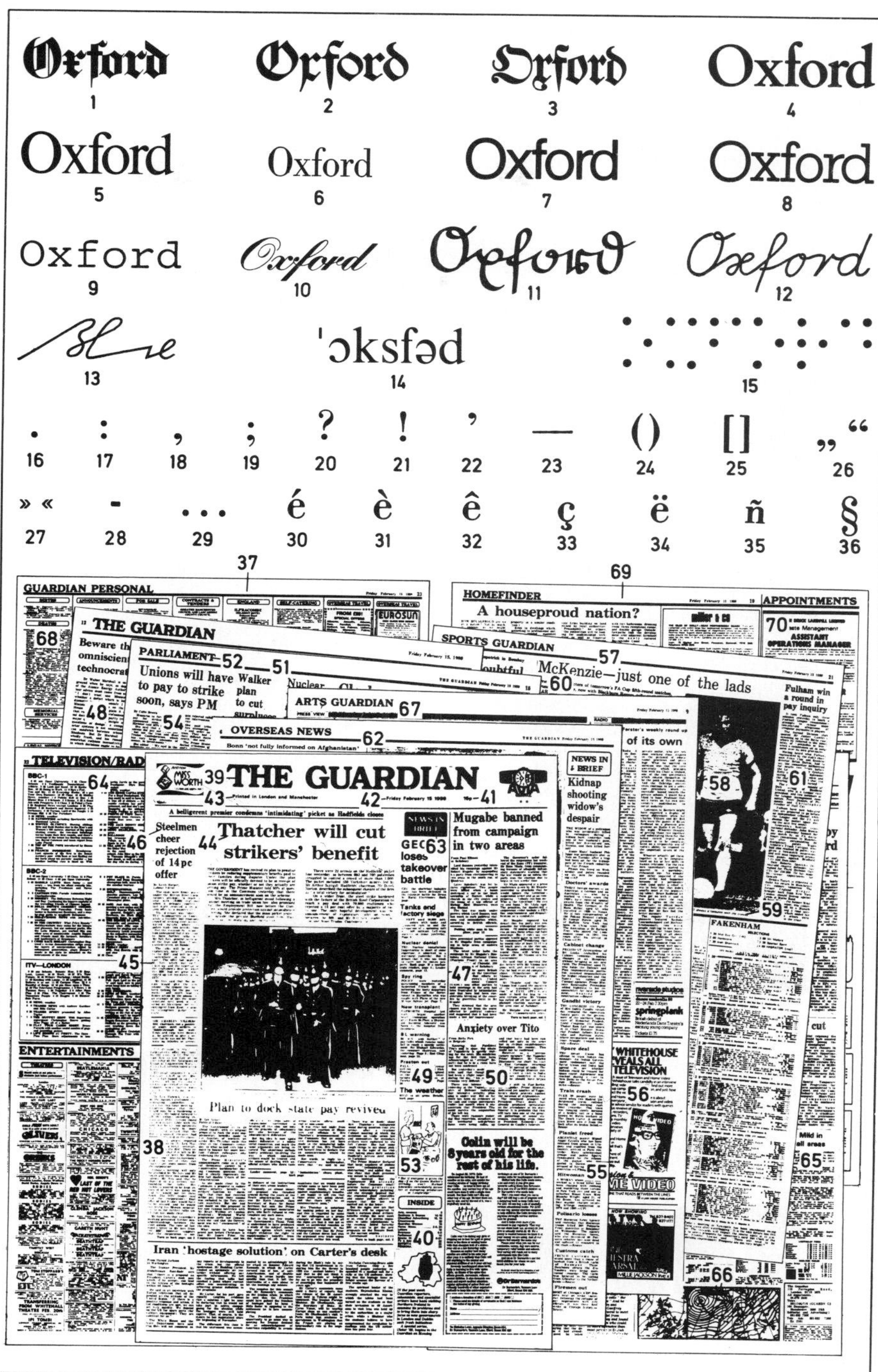

Oxford 1
Oxford 2
Oxford 3
Oxford 4
Oxford 5
Oxford 6
Oxford 7
Oxford 8
Oxford 9
Oxford 10
Oxford 11
Oxford 12
13
'ɔksfəd 14
15
. 16
: 17
, 18
; 19
? 20
! 21
' 22
— 23
() 24
[] 25
„ " 26
» « 27
- 28
... 29
é 30
è 31
ê 32
ç 33
ë 34
ñ 35
§ 36
37
GUARDIAN PERSONAL
68
THE GUARDIAN
48
PARLIAMENT 52
51
Unions will have to pay to strike soon, says PM
Walker plan to cut
54
SPORTS GUARDIAN
57
McKenzie—just one of the lads
60
ARTS GUARDIAN 67
OVERSEAS NEWS
62
Bonn 'not fully informed on Afghanistan'
69
HOMEFINDER
A houseproud nation?
APPOINTMENTS
70
TELEVISION/RADIO
64
46
45
ENTERTAINMENTS
THE GUARDIAN
39
43
42
41
A belligerent premier condemns 'intimidating' picket as Hadfields closes
Steelmen cheer rejection of 14pc offer
44
Thatcher will cut strikers' benefit
NEWS IN BRIEF
GEC loses takeover battle
63
Mugabe banned from campaign in two areas
NEWS IN BRIEF
Kidnap shooting widow's despair
Fulham win a round in pay inquiry
58
61
59
FAKENHAM
47
Anxiety over Tito
49
50
56
Plan to dock state pay revived
38
53
Colin will be 8 years old for the rest of his life.
55
INSIDE
40
Iran 'hostage solution' on Carter's desk
WHITEHOUSE REVEALS ALL TELEVISION
65
66

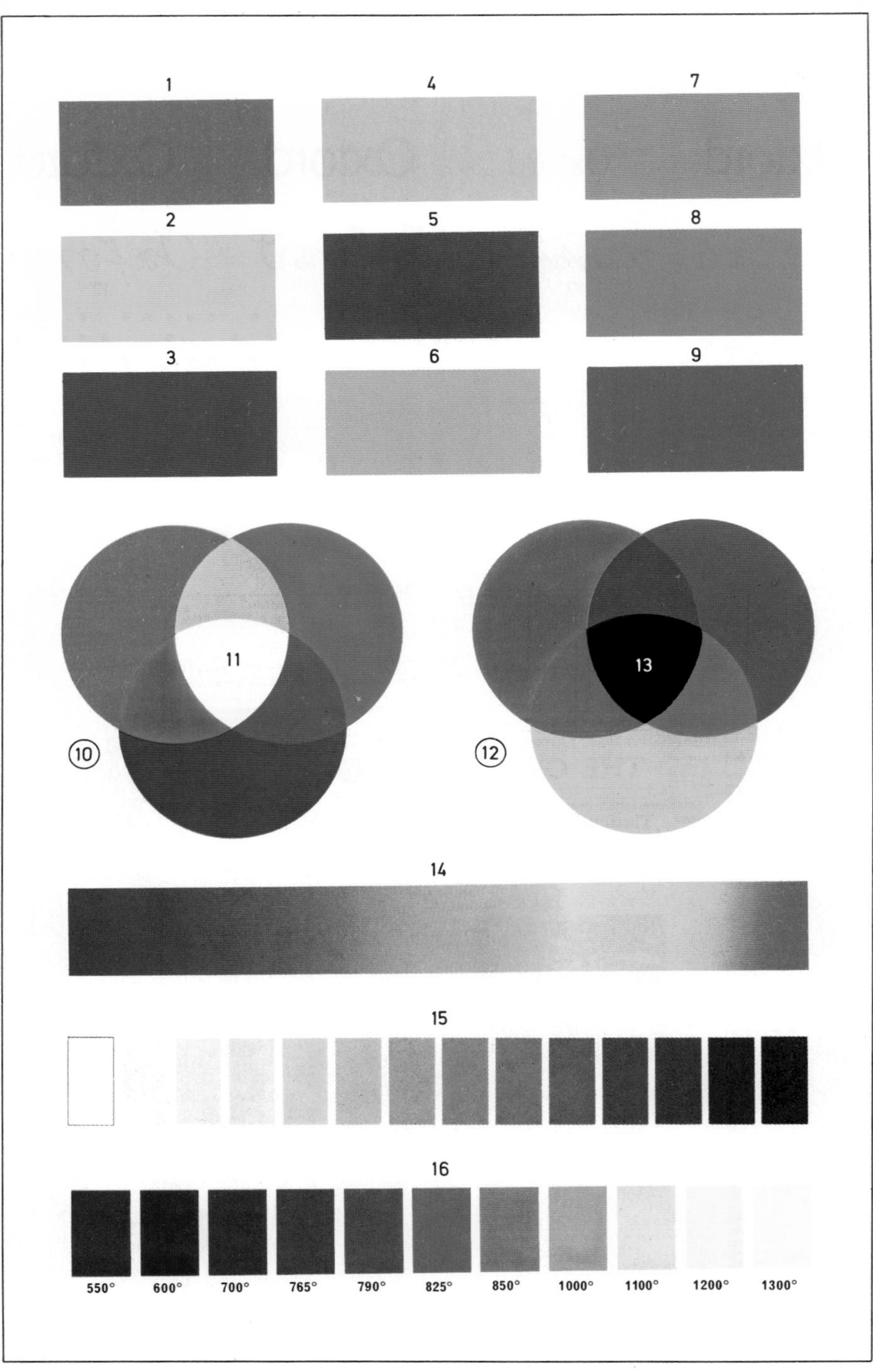
1
4
7
2
5
8
3
6
9
11
13
10
12
14
15
16
550°
600°
700°
765°
790°
825°
850°
1000°
1100°
1200°
1300°

**1** vörös (piros)
– *red*
**2** sárga
– *yellow*
**3** kék
– *blue*
**4** rózsaszínű
– *pink*
**5** barna
– *brown*
**6** azúrkék (égszínkék)
– *azure (sky blue)*
**7** narancsszínű
– *orange*
**8** zöld
– *green*
**9** ibolyaszínű (lila)
– *violet*
**10** additív színkeverés
– *additive mixture of colours* (Am. *colors)*
**11** fehér
– *white*
**12** szubtraktív színkeverés
– *subtractive mixture of colours* (Am. *colors)*
**13** fekete
– *black*
**14** a Nap színképe (a szivárvány színei)
– *solar spectrum (colours,* Am. *colors, of the rainbow)*
**15** szürkeskála (szürkeségi skála)
– *grey* (Am. *gray) scale*
**16** izzítási színek
– *heat colours* (Am. *colors)*

① I II III IV V VI VII VIII IX X

② 1 2 3 4 5 6 7 8 9 10

① XX XXX XL XLIX IL L LX LXX LXXX XC

② 20 30 40 49 50 60 70 80 90

① XCIX IC C CC CCC CD D DC DCC DCCC

② 99 100 200 300 400 500 600 700 800

① CM CMXC M

② 900 990 1000

③ 9658 ④ 5 kg. ⑤ 2 ⑥ 2. ⑦ +5 ⑧ -5

**1–26 aritmetika**
– ***arithmetic***
**1–22 számok**
– ***numbers***
**1** római számok (római számjegyek)
– *Roman numerals*
**2** arab számok (arab szám-jegyek)
– *Arabic numerals*
**3** absztrakt szám <négyjegyű szám> [8: az egyesek száma; 5: a tízesek száma; 6: a százasok száma; 9: az ezresek száma]
– *abstract number, a four-figure number [8: units; 5: tens; 6: hundreds; 9: thousands]*
**4** konkrét szám
– *concrete number*
**5** tőszám
– *cardinal number (cardinal)*
**6** sorszám
– *ordinal number (ordinal)*
**7** pozitív szám [pluszjellel]
– *positive number [with plus sign]*
**8** negatív szám [mínuszjellel]
– *negative number [with minus sign]*
**9** algebrai jelek
– *algebraic symbols*
**10** vegyes szám (vegyes tört) [3: egész rész; 1/3: törtrész]
– *mixed number [3: whole number (integer); $\frac{1}{3}$ : fraction]*
**11** páros számok
– *even numbers*
**12** páratlan számok
– *odd numbers*
**13** prímszámok (törzsszámok)
– *prime numbers*
**14** komplex szám [3: valós rész; $2\sqrt{-1}$ : képzetes rész]
– *complex number [3: real part; $2\sqrt{-1}$ : imaginary part)*
**15–16** közönséges törtek
– *vulgar fractions*
**15** valódi tört [2: számláló; –: törtvonal; 3: nevező]
– *proper fraction [2: numerator, horizontal line; 3: denominator]*
**16** áltört [egynél nagyobb tört, a 15. alatti tört reciproka]
– *improper fraction, also the reciprocal of item 15*
**17** összetett tört (emeletes tört)
– *compound fraction (complex fraction)*
**18** áltört [egész számra egyszerűsíthető tört]
– *improper fraction [when cancelled down produces a whole number]*
**19** különböző nevezőjű törtek [35: közös nevező]
– *fractions of different denominations [35: common denominator]*
**20** véges tizedes tört, tizedesvesszővel és tizedesjegyekkel [3: a tizedek száma; 5: a századok száma; 7: az ezredek száma]
– *proper decimal fraction with decimal point [*in Hungarian: *comma] and decimal places [3: tenths; 5: hundredths; 7: thousandths]*
**21** szakaszos végtelen tizedes tört
– *recurring decimal*
**22** szakasz (periódus)
– *recurring decimal*
**23–26 számolás** (a négy alapművelet)
– ***fundamental arithmetical operations***
**23** összeadás [3 és 2: összeadandók; +: pluszjel (az összeadás jele); =: egyenlőségjel; 5: összeg]
– *addition (adding) [3 and 2: the terms of the sum; +: plus sign; =: equals sign; 5: the sum]*
**24** kivonás [3: kisebbítendő; –: mínuszjel (a kivonás jele); 2: kivonandó; 1: különbség (maradék)]
– *subtraction (subtracting); [3: the minuend; –: minus sign; 2: the subtrahend; 1: the remainder (difference)]*

(9) a, b, c... (10) $3\frac{1}{3}$ (11) 2, 4, 6, 8 (12) 1, 3, 5, 7

(13) 3, 5, 7, 11 (14) $3 + 2\sqrt{-1}$ (15) $\frac{2}{3}$ (16) $\frac{3}{2}$

(17) $\frac{\frac{5}{6}}{\frac{3}{4}}$ (18) $\frac{12}{4}$ (19) $\frac{4}{5} + \frac{2}{7} = \frac{38}{35}$ (20) 0,357

(21) $0{,}6666\ldots = 0{,}\overline{6}$ (22) (23) $3 + 2 = 5$

(24) $3 - 2 = 1$ (25) $3 \cdot 2 = 6$ (26) $6 : 2 = 3$

$3 \times 2 = 6$

in Britain:

(6) 2nd (20) 0·357 (21) $0{\cdot}6666\ldots = 0{\cdot}\overline{6}$ (22)

(26) $6 \div 2 = 3$

**25** szorzás [3: szorzandó; x (vagy ·): szorzójel; 2: szorzó; 2 és 3: tényezők; 6: szorzat]
– *multiplication (multiplying); [3: the multiplicand; x* (in Hungarian x or ·)*: multiplication sign; 2: the multiplier; 2 and 3: factors; 6: the product]*

**26** osztás [6: osztandó; : (vagy /): az osztás jele; 2: osztó; 3: hányados]
– *division (dividing); [6: the dividend;* ÷ (in Hungarian :)*: division sign; 2: the divisor; 3: the quotient]*

(1) $3^2 = 9$

(2) $\sqrt[3]{8} = 2$

(3) $\sqrt{4} = 2$

(4) $3x + 2 = 12$

(5) $4a + 6ab - 2ac = 2a(2 + 3b - c)$

(6) $\log_{10} 3 = 0{\cdot}4771$

(7) $\frac{P[£1000] \times R[5\%] \times T[2\,\text{years}]}{100} = I[£100]$

**1–24 aritmetika**
– ***arithmetic***
**1–10 felsőfokú számítási műveletek**
– ***advanced arithmetical operations***
**1** hatványozás; [három a négyzeten ($3^2$): hatvány; 3: alap; 2: hatványkitevő (kitevő); 9: a hatvány értéke (hatvány)]
– *raising to a power [three squared ($3^2$): the power; 3: the base; 2: the exponent (index); 9: value of the power]*
**2** gyökvonás; [nyolc harmadik gyöke: köbgyök; 8: gyökmennyiség; 3: gyökkitevő; √: gyökjel; 2: gyök]
– *evolution (extracting a root); [cube root of 8: cube root; 8: the radical; 3: the index (degree) of the root; √: radical sign; 2: value of the root]*
**3** négyzetgyök (második gyök)
– *square root*
**4–5** algebra
– *algebra*
**4** egyenlet; [3, 2: együtthatók; x: ismeretlen]
– *simple equation [3, 2: the coefficients; x: the unknown quantity]*
**5** azonosság (azonos egyenlőség); [a, b, c: algebrai jelek]
– *identical equation; [a, b, c: algebraic symbols]*
**6** logaritmuskeresés (logaritmálás); [log: a logaritmus jelölése; lg: a tízes alapú logaritmus jelölése; 3: antilogaritmus (numerus logarithmi); 10: a logaritmus alapja; 0: karakterisztika; 4771: mantissza; 0,4771: logaritmus]
– *logarithmic calculation (taking the logarithm, log); [log: logarithm sign; 3: number whose logarithm is required; 10: the base; 0: the characteristic; 4771: the mantissa; 0.4771: the logarithm]*
**7** kamatszámítás; [t: tőke; p: kamatláb; n: idő; k: kamat (kamatösszeg, haszon, nyereség); %: a százalék jele]
– *simple interest formula; [P: the principal; R: rate of interest; T: time; I: interest (profit); %: percentage sign]*
**8–10** a negyedik arányos meghatározása (*rég.:* hármasszabály)
– *rule of three (rule-of-three sum, simple proportion)*
**8** egyenlet felírása x ismeretlenre
– *statement with the unknown quantity x*
**9** egyenlet
– *equation (conditional equation)*
**10** megoldás
– *solution*

⑧ 2 years @ £ 50
4 years @ £ x

⑨ 2 : 50 = 4 : x

⑩ x = £ 100

⑪ 2+4+6+8 ....

⑫ 2+4+8+16+32 ....

⑬ $\frac{dy}{dx}$

⑭ $\int ax\,dx = a\int x\,dx = \frac{ax^2}{2} + C$

⑮ ∞ ⑯ ≡ ⑰ ≈ ⑱ ≠ ⑲ >

⑳ < ㉑ ∥ ㉒ ∼ ㉓ ∢ ㉔ △

Magyarországon:

⑦ $\frac{t[1000\ Ft] \times p[5\%] \times n[2\ év]}{100} = k[100\ Ft]$

⑥ $\log_{10} 3 = 0{,}4771$
vagy $\log 3 = 0{,}4771$

⑧ 2 év 50 Ft
4 év x Ft

⑨ x : 50 = 4 : 2

⑩ x = 100 Ft

㉓ ∢

**11–14 magasabb matematika** (felső matematika)
– ***higher mathematics***
**11** számtani sor (számtani haladvány) 2, 4, 6, 8 tagokból
– *arithmetical series with the elements 2, 4, 6, 8*
**12** mértani sor (geometriai sor, mértani haladvány)
– *geometrical series*
**13–14 differenciál- és integrálszámítás**
– ***infinitesimal calculus***
**13** derivált (differenciálhányados); [dx, dy: differenciálok; d: a differenciálás jele]
– *derivative [dx, dy: the differentials; d: differential sign]*
**14** integrál (integrálás); [x: integrációs változó (független változó); C: integrációs állandó; ∫: integráljel; dx: differenciál]
– *integral (integration); [x: the variable; C: constant of integration; ∫: the integral sign; dx: the differential]*
**15–24 matematikai jelek**
– ***mathematical symbols***
**15** végtelen
– *infinity*
**16** azonosan egyenlő (az azonosság jele)
– *identically equal to (the sign of identity)*
**17** közelítőleg egyenlő
– *approximately equal to*
**18** nem egyenlő
– *unequal to*
**19** nagyobb mint
– *greater than*
**20** kisebb mint
– *less than*
**21–24 geometriai jelek**
– ***geometrical symbols***
**21** párhuzamos (a párhuzamosság jele)
– *parallel (sign of parallelism)*
**22** hasonló (a hasonlóság jele)
– *similar to (sign of similarity)*
**23** a szög jele
– *angle symbol*
**24** a háromszög jele
– *triangle symbol*

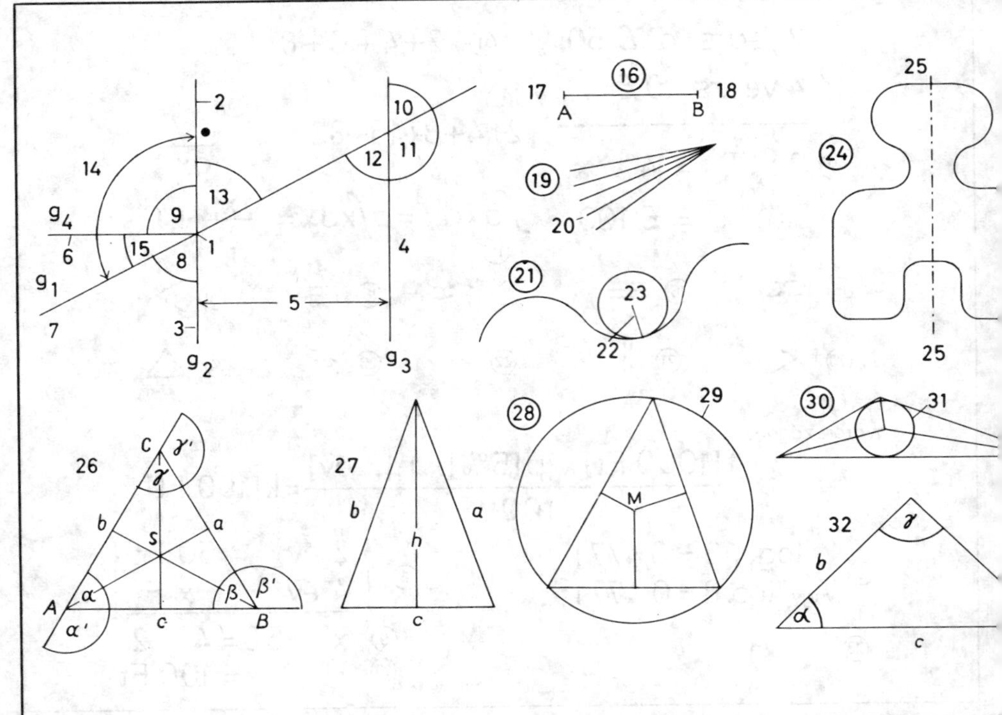


**1–58 síkgeometria** (síkmértan, planimetria) [használják ilyen értelemben az elemi geometria és az euklideszi geometria kifejezéseket is]
– ***plane geometry*** *(elementary geometry, Euclidian geometry)*
**1–23 pont, egyenes, szög**
– ***point, line, angle***
**1** pont [a $g_1$ és $g_2$ egyenesek metszéspontja]; a 8 szög csúcsa
– *point [point of intersection of $g_1$ and $g_2$], the angular point of 8*
**2, 3** a $g_2$ egyenes
– *straight line $g_2$*
**4** a $g_2$-vel párhuzamos $g_3$ egyenes
– *the parallel to $g_2$*
**5** a $g_2$ és $g_3$ egyenesek közötti távolság
– *distance between the straight lines $g_2$ and $g_3$*
**6** a $g_2$-re merőleges $g_4$ egyenes
– *perpendicular ($g_4$) on $g_2$*
**7, 3** a 8 szög szárai
– *the arms of 8*
**8, 13** csúcsszögek
– *vertically opposite angles*
**8** szög
– *angle*
**9** derékszög [90°]
– *right angle [90°]*
**10, 11, 12** homorúszög (konkáv szög) [>180°]
– *reflex angle*
**10** hegyesszög, a 8 szög váltószöge
– *acute angle, also the alternate angle to 8*
**11** tompaszög
– *obtuse angle*
**12** a 8 szög megfelelő szöge
– *corresponding angle to 8*
**13, 9, 15** egyenes szög [180°]
– *straight angle [180°]*
**14** mellékszög; *itt:* a 13 szög kiegészítő szöge
– *adjacent angle;* here: *supplementary angle to 13*
**15** a 8 szög pótszöge
– *complementary angle to 8*
**16** AB egyenes szakasz
– *straight line AB*
**17** A végpont
– *end A*
**18** B végpont
– *end B*
**19** sugárnyaláb (egyenesnyaláb)
– *pencil of rays*
**20** sugár (egyenes)
– *ray*
**21** görbe
– *curved line*
**22** görbületi sugár
– *radius of curvature*
**23** görbületi középpont
– *centre (Am. center) of curvature*
**24–58 síkidomok**
– ***plane surfaces***
**24** szimmetrikus idom (szimmetrikus alakzat)
– *symmetrical figure*
**25** szimmetriatengely
– *axis of symmetry*
**26–32 háromszögek**
– ***plane triangles***
**26** egyenlő oldalú háromszög [A, B, C: csúcsok; a, b, c: oldalak; α (alfa), β (béta), γ (gamma): belső szögek; α', β', γ': külső szögek; S: súlypont]
– *equilateral triangle; [A, B, C: the vertices; a, b, c: the sides; α (alpha), β (beta), γ (gamma): the interior angles; α', β', γ': the exterior angles; S: the centre (*Am. *center)]*
**27** egyenlő szárú háromszög [a, b: szárak; c: alap; h: az alaphoz tartozó magasság (magasságvonal), a háromszög szimmetriatengelye]
– *isosceles triangle [a, b: the sides (legs); c: the base; h: the perpendicular, an altitude]*
**28** hegyesszögű háromszög az oldalfelező merőlegesekkel
– *acute-angled triangle with perpendicular bisectors of the sides*
**29** körülírt kör
– *circumcircle (circumscribed circle)*

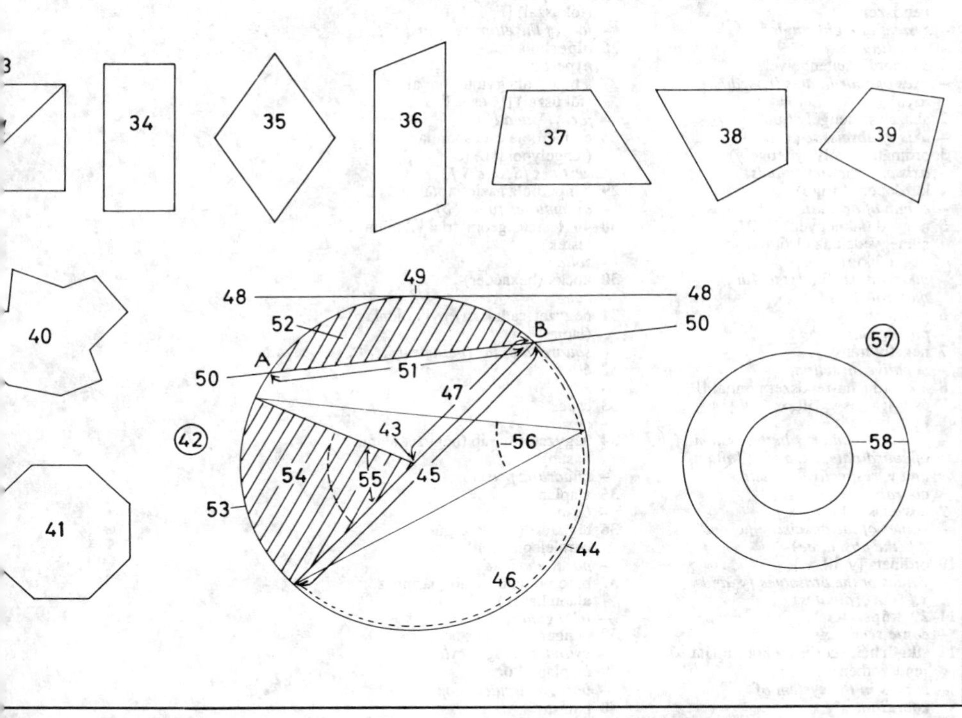


**30** tompaszögű háromszög a szögfelezőkkel
– *obtuse-angled triangle with bisectors of the angles*
**31** beírt kör
– *inscribed circle*
**32** derékszögű háromszög és szögfüggvények [a, b: befogók; c: átfogó; γ derékszög; $\frac{a}{c}$ = = sin α (szinusz); $\frac{b}{c}$ = cos α (koszinusz); $\frac{a}{b}$ = tg α (tangens); $\frac{b}{a}$ = ctg α (kotangens)]
– *right-angled triangle and the trigonometrical functions of angles; [a, b: the catheti; c: the hypotenuse; γ: the right angle; $\frac{a}{c}$ = sin α (sine); $\frac{b}{c}$ = cos α (cosine); $\frac{a}{b}$ = tan α (tangent); $\frac{b}{a}$ = cot α (cotangent)]*
**33–39 négyszögek**
– ***quadrilaterals***
**33–36 paralelogrammák**
– ***parallelograms***
**33** négyzet [d: az egyik átló]
– *square [d: a diagonal]*
**34** téglalap
– *rectangle*
**35** rombusz
– *rhombus (rhomb, lozenge)*
**36** romboid
– *rhomboid*
**37** trapéz
– *trapezium*
**38** deltoid
– *deltoid (kite)*
**39** szabálytalan négyszög
– *irregular quadrilateral*
**40** sokszög
– *polygon*
**41** szabályos sokszög
– *regular polygon*
**42 kör**
– ***circle***
**43** középpont
– *centre (*Am. *center)*
**44** kerület (körvonal)
– *circumference (periphery)*
**45** átmérő
– *diameter*
**46** félkör
– *semicircle*
**47** sugár (rádiusz)
– *radius (r)*
**48** érintő
– *tangent*
**49** érintési pont
– *point of contact (P)*
**50** szelő
– *secant*
**51** AB húr
– *the chord AB*
**52** körszelet
– *segment*
**53** körív
– *arc*
**54** körcikk (körszektor)
– *sector*
**55** középponti szög
– *angle subtended by the arc at the centre (*Am. *center) (centre,* Am. *center, angle)*
**56** kerületi szög
– *circumferential angle*
**57** körgyűrű
– *ring (annulus)*
**58** koncentrikus körök
– *concentric circles*

1 **derékszögű koordináta-rendszer**
– ***system of right-angled coordinates***
2–3 koordinátatengelyek
– *axes of coordinates (coordinate axes)*
2 abszcisszatengely (x tengely)
– *axis of abscissae (x-axis)*
3 ordinátatengely (y tengely)
– *axis of ordinates (y-axis)*
4 kezdőpont (origó)
– *origin of ordinates*
5 negyed (síknegyed) [I–IV: síknegyedek az elsőtől a negyedikig]
– *quadrant [I–IV: 1st to 4th quadrant]*
6 pozitív irány
– *positive direction*
7 negatív irány
– *negative direction*
8 a koordináta-rendszer pontjai [$P_1$ és $P_2$]; $x_1$ és $y_1$ [ill. $x_2$ és $y_2$]: a koordinátáik
– *points [$P_1$ and $P_2$] in the system of coordinates; $x_1$ and $y_1$ [and $x_2$ and $y_2$ respectively] their coordinates*
9 abszcissza [$x_1$ ill. $x_2$]
– *values of the abscissae [$x_1$ and $x_2$] (the abscissae)*
10 ordináta [$y_1$ ill. $y_2$]
– *values of the ordinates [$y_1$ and $y_2$] (the ordinates)*
11–29 **kúpszeletek**
– ***conic sections***
11 **síkgörbék** (görbék a koordináta-rendszerben)
– ***curves in the system of coordinates***
12 egyenesek [a: az egyenes irányhatározója; b: az y tengelynek az egyenes által lemetszett szakasza; c: az egyenes egyenletének gyöke]
– *plane curves [a: the gradient (slope) of the curve; b: the ordinates' intersection of the curve; c: the root of the curve]*
13 görbék
– *inflected curves*
14 **parabola** <másodrendű görbe>
– ***parabola,*** *a curve of the second degree*
15 a parabola ágai
– *branches of the parabola*
16 a parabola csúcspontja (tengelypontja)
– *vertex of the parabola*
17 a parabola tengelye
– *axis of the parabola*
18 **harmadrendű görbe**
– ***a curve of the third degree***
19 a görbe maximuma
– *maximum of the curve*
20 a görbe minimuma
– *minimum of the curve*
21 inflexiós pont
– *point of inflexion (of inflection)*
22 **ellipszis**
– ***ellipse***
23 nagytengely (főtengely)
– *transverse axis (major axis)*
24 kistengely (melléktengely)
– *conjugate axis (minor axis)*
25 az ellipszis gyújtópontjai (fókuszai) [$F_1$ és $F_2$]
– *foci of the ellipse [$F_1$ and $F_2$]*
26 **hiperbola**
– ***hyperbola***
27 a hiperbola gyújtópontjai (fókuszai) [$F_1$ és $F_2$]
– *foci [$F_1$ and $F_2$]*
28 a hiperbola csúcspontjai (tengelypontjai) [$S_1$ és $S_2$]
– *vertices [$S_1$ and $S_2$]*
29 a hiperbola aszimptotái [a és b]
– *asymptotes [a and b]*
30–46 **testek** (geometriai *v.* mértani testek)
– ***solids***
30 kocka (hexaéder)
– *cube*
31 négyzet <a kocka egyik oldala (lapja)>
– *square, a plane (plane surface)*
32 él
– *edge*
33 csúcs
– *corner*
34 négyzetes hasáb (négyzet alapú hasáb)
– *quadratic prism*
35 alaplap
– *base*
36 téglatest (derékszögű paralelepipedon)
– *parallelepiped*
37 háromoldalú hasáb (háromszög alapú hasáb)
– *triangular prism*
38 henger <egyenes henger>
– *cylinder, a right cylinder*
39 alaplap <kör>
– *base, a circular plane*
40 palást
– *curved surface*
41 gömb
– *sphere*
42 forgási ellipszoid
– *ellipsoid of revolution*
43 kúp
– *cone*
44 magasság
– *height of the cone (cone height)*
45 csonkakúp
– *truncated cone (frustum of a cone)*
46 négyoldalú gúla (négyszög alapú gúla)
– *quadrilateral pyramid*

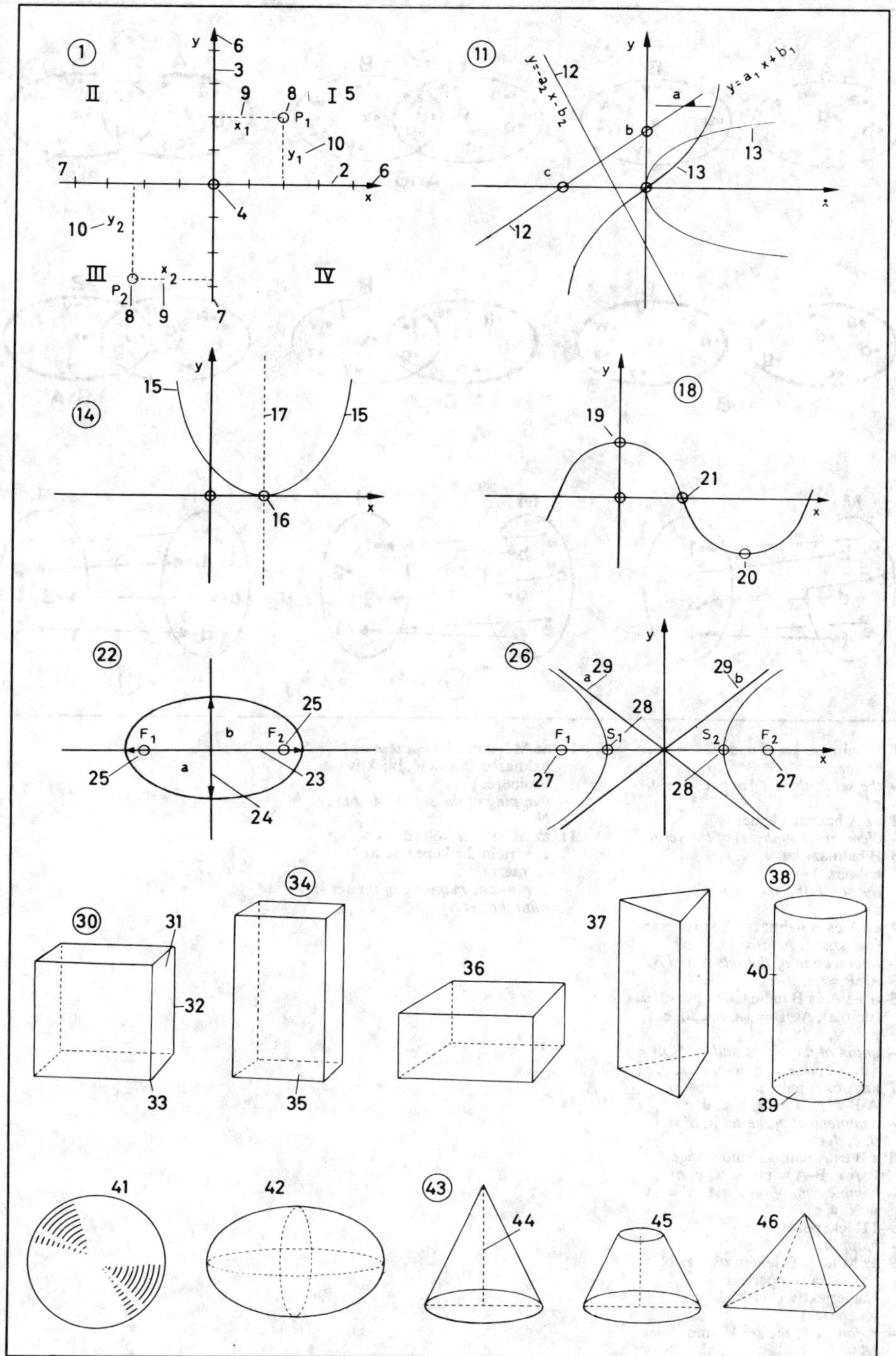

1
y
6
3
II
9
8
I
5
$x_1$
$P_1$
$y_1$
10
7
2
6
x
4
10
$y_2$
III
$x_2$
IV
$P_2$
8
9
7
11
$y=a_2x+b_2$
12
$y=a_1x+b_1$
a
b
13
c
13
12
14
15
17
15
16
18
19
21
20
22
$F_1$
b
$F_2$
25
25
a
23
24
26
29
a
29
b
28
$F_1$
$S_1$
$S_2$
$F_2$
27
28
27
30
31
32
33
34
35
36
37
38
40
39
41
42
43
44
45
46

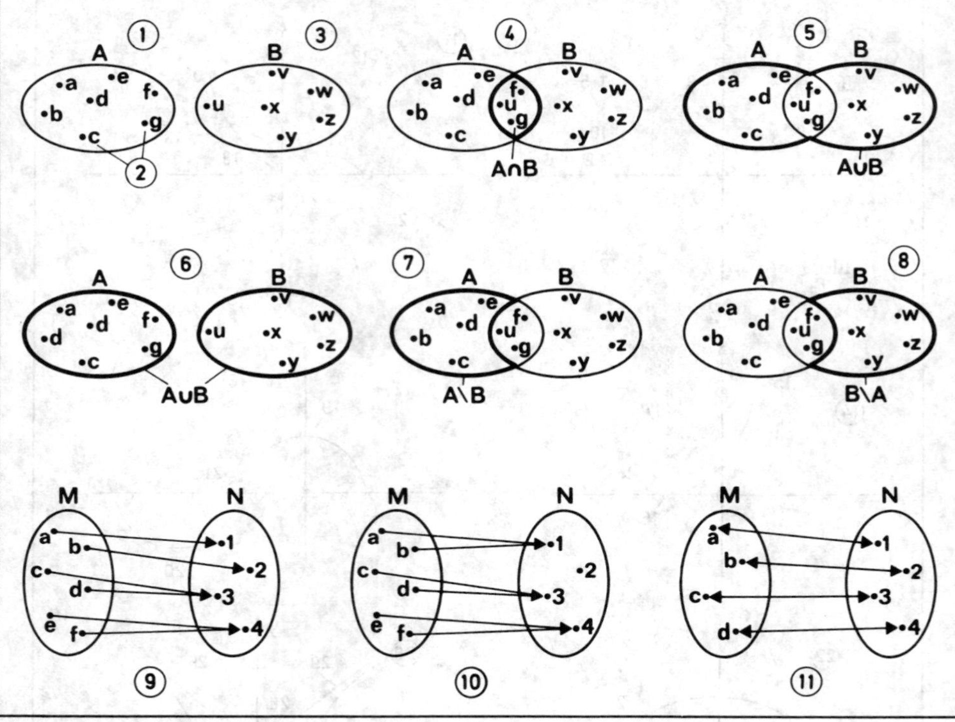


**1** A halmaz, |a, b, c, d, e, f, g| halmaz
– *the set A, the set |a, b, c, d, e, f, g|*
**2** az A halmaz elemei
– *elements (members) of the set A*
**3** B halmaz, |u, v, w, x, y, z| halmaz
– *the set B, the set |u, v, w, x, y, z|*
**4** az A és B halmazok közös része (metszete), A∩B = |f, g, u|
– *intersection of the sets A and B, A∩B = |f, g, u|*
**5–6** az A és B halmazok egyesítése (uniója), A∪B = |a, b, c, d, e, f, g, u, v, w, x, y, z|
– *union of the sets A und B, A∪B = |a, b, c, d, e, f, g, u, v, w, x, y, z|*
**7** az A és B halmaz különbsége, A\B *v.* A-B = |a, b, c, d, e|
– *complement of the set B, B′ = |a, b, c, d, e|*
**8** a B és A halmaz különbsége, B\A *v.* B-A = |v, w, x, y, z|
– *complement of the set A, A′ = |v, w, x, y, z|*
**9–11** leképezések
– *mappings*
**9** az M halmaz leképezése az N halmazra (szuperjekció, szuperjektív *v.* szürjektív leképezés)
– *mapping of the set M* onto *the set N*
**10** az M halmaz leképezése az N halmazba (bijekció, bijektív leképezés)
– *mapping of the set M* into *the set N*
**11** az M halmaz kölcsönösen egyértelmű leképezése az N halmazra
– *one-to-one mapping of the set M onto the set N*

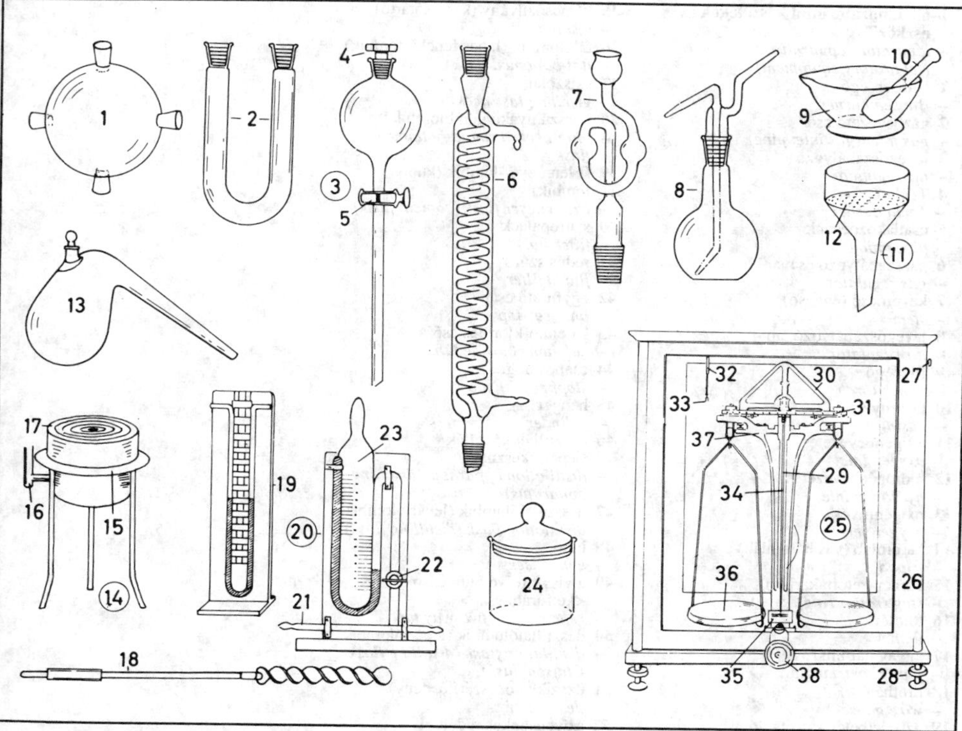


**1–38 laboratóriumi készülékek és eszközök**
– ***laboratory apparatus*** *(laboratory equipment)*
**1** Scheidt-gömb
– *Scheidt globe*
**2** U cső
– *U-tube*
**3** választótölcsér (csepegtetőtölcsér)
– *separating funnel*
**4** nyolcszögletű csiszolt dugó
– *octagonal ground-glass stopper*
**5** csap
– *tap* (Am. *faucet)*
**6** csőkígyós hűtő (spirálcsöves hűtő)
– *coiled condenser*
**7** légzáras biztonsági cső
– *air lock*
**8** mosópalack (*biz.:* spriccflaska)
– *wash-bottle*
**9** mozsár
– *mortar*
**10** mozsártörő
– *pestle*
**11** nuccsszűrő (Büchner-tölcsér)
– *filter funnel (Büchner funnel)*
**12** szűrőbetét
– *filter (filter plate)*
**13** retorta
– *retort*
**14** vízfürdő
– *water bath*
**15** háromláb
– *tripod*
**16** vízszintjelző (vízállásmutató)
– *water gauge* (Am. *gage)*
**17** betétgyűrűk
– *insertion rings*
**18** keverő
– *stirrer*
**19** nyomás- és vákuummérő (manovákuumméter, manométer, nyomásmérő)
– *manometer for measuring positive and negative pressures*
**20** tükrös manométer kis nyomások mérésére
– *mirror manometer for measuring small pressures*
**21** szívócső
– *inlet*
**22** csap
– *tap* (Am. *faucet)*
**23** tolóskála
– *sliding scale*
**24** bemérőedény
– *weighing bottle*
**25** analitikai mérleg
– *analytical balance*
**26** ház
– *case*
**27** feltolható homlokfal
– *sliding front panel*
**28** hárompontos alátámasztás
– *three-point support*
**29** oszlop (mérlegoszlop)
– *column (balance column)*
**30** mérlegkar
– *balance beam (beam)*
**31** a lovasok sínje
– *rider bar*
**32** lovastartó
– *rider holder*
**33** lovas
– *rider*
**34** mutató
– *pointer*
**35** skála
– *scale*
**36** serpenyő (mérlegtányér)
– *scale pan*
**37** arretálószerkezet
– *stop*
**38** arretálógomb
– *stop knob*

**1–63 laboratóriumi készülékek és eszközök**
– ***laboratory apparatus*** *(laboratory equipment)*
**1** Bunsen-égő
– *Bunsen burner*
**2** gázbevezető cső
– *gas inlet (gas inlet pipe)*
**3** levegőszabályozó
– *air regulator*
**4** Teclu-égő
– *Teclu burner*
**5** csatlakozócsonk
– *pipe union*
**6** gázszabályozó csavar
– *gas regulator*
**7** keverőcső (égőcső)
– *stem*
**8** levegőszabályozó lap
– *air regulator*
**9** fúvóégő
– *bench torch*
**10** köpeny
– *casing*
**11** oxigénbevezetés
– *oxygen inlet*
**12** hidrogénbevezetés
– *hydrogen inlet*
**13** oxigénfúvóka
– *oxygen jet*
**14** háromláb (vas háromláb)
– *tripod*
**15** karika (retortakarika)
– *ring (retort ring)*
**16** tölcsér
– *funnel*
**17** agyag háromszög
– *pipe clay triangle*
**18** dróthálό
– *wire gauze*
**19** azbesztbetétes drótháló
– *wire gauze with asbestos centre (Am. center)*
**20** főzőpohár
– *beaker*
**21** büretta folyadékok térfogatának mérésére
– *burette (for measuring the volume of liquids)*
**22** bürettaállvány
– *burette stand*
**23** bürettafogó
– *burette clamp*
**24** mérőpipetta
– *graduated pipette*
**25** hasas pipetta (pipetta)
– *pipette*
**26** mérőhenger
– *measuring cylinder (measuring glass)*
**27** becsiszolt dugós mérőhenger
– *measuring flask*
**28** mérőlombik
– *volumetric flask*
**29** porcelán bepárlócsésze
– *evaporating dish (evaporating basin), made of porcelain*
**30** csőszorító
– *tube clamp (tube clip, pinchcock)*
**31** fedeles kőagyag tégely
– *clay crucible with lid*
**32** tégelyfogó
– *crucible tongs*
**33** szorító
– *clamp*
**34** kémcső (próbacső)
– *test tube*
**35** kémcsőállvány (kémcsőtartó)
– *test tube rack*
**36** állólombik (lapos fenekű lombik)
– *flat-bottomed flask*
**37** csiszolat
– *ground glass neck*
**38** hosszú nyakú gömblombik
– *long-necked round-bottomed flask*
**39** Erlenmeyer-lombik (kúpos lombik)
– *Erlenmeyer flask (conical flask)*
**40** szűrőpalack
– *filter flask*
**41** redős szűrő
– *fluted filter*
**42** egyfuratú csap
– *one-way tap*
**43** kalcium-kloridos cső
– *calcium chloride tube*
**44** csapos dugó
– *stopper with tap*
**45** henger
– *cylinder*
**46** desztillálókészülék (lepárlókészülék)
– *distillation apparatus (distilling apparatus)*
**47** desztillálólombik (lepárlólombik)
– *distillation flask (distilling flask)*
**48** hűtő
– *condenser*
**49** a visszafolyó hűtő csapja <kétfuratú csap>
– *return tap, a two-way tap*
**50** desztillálólombik (lepárlólombik)
– *distillation flask (distilling flask, Claisen flask)*
**51** exszikkátor (szárítóedény)
– *desiccator*
**52** szívócsonkos fedél
– *lid with fitted tube*
**53** zárócsap
– *tap*
**54** porcelán exszikkátorbetét
– *desiccator insert made of porcelain*
**55** háromnyakú lombik
– *three-necked flask*
**56** csatlakozódarab (csatlakozócső, Y cső)
– *connecting piece (Y-tube)*
**57** háromnyakú palack
– *three-necked bottle*
**58** gázmosó palack
– *gas-washing bottle*
**59** Kipp-készülék (gázfejlesztő készülék)
– *gas generator (Kipp's apparatus,* Am. *Kipp generator)*
**60** túlfolyóedény <gömb alakú tölcsér>
– *overflow container*
**61** szilárdanyag-tér
– *container for the solid*
**62** savtér
– *acid container*
**63** gázelvezetés
– *gas outlet*

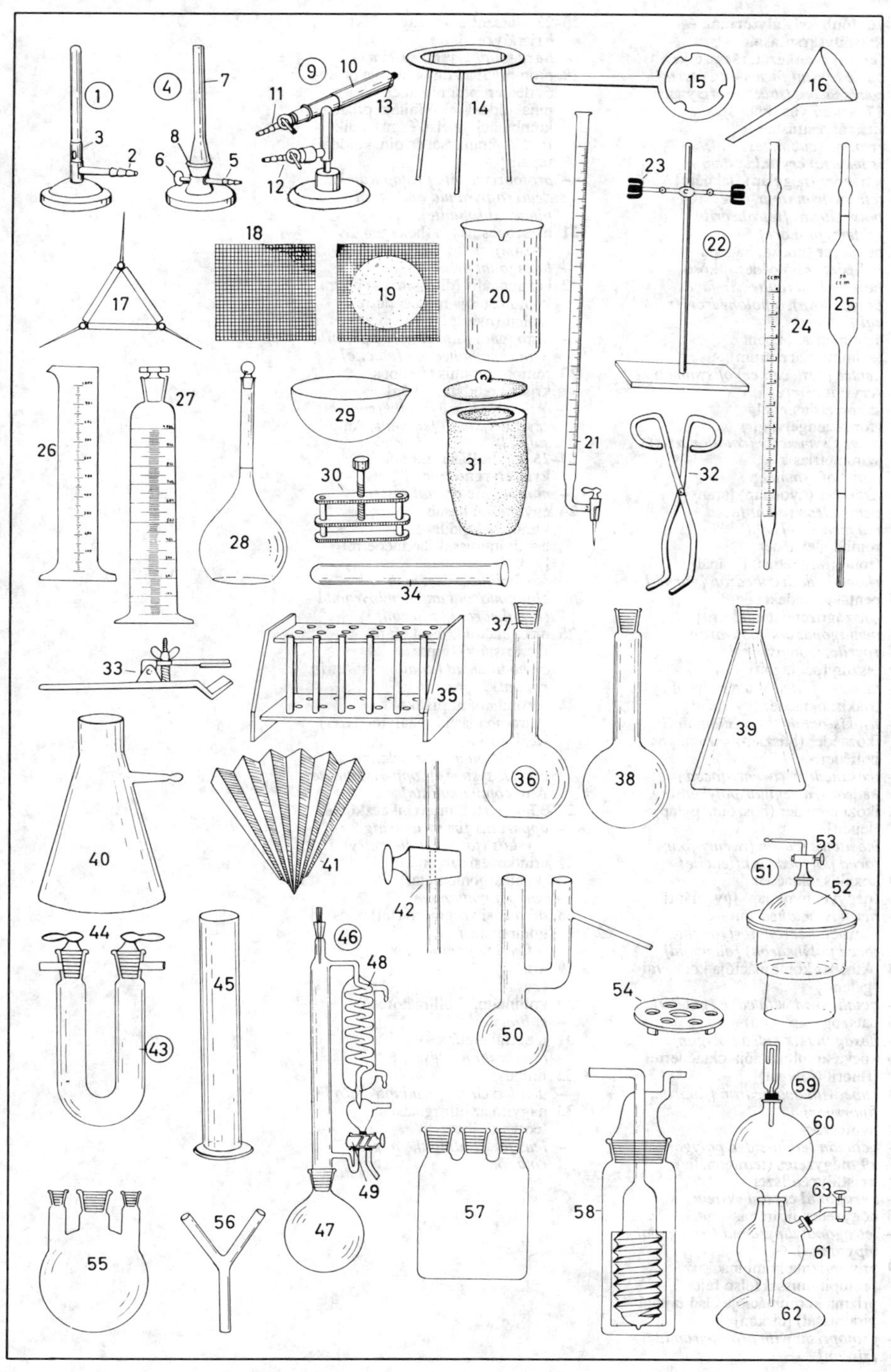
1
2
3
4
5
6
7
8
9
10
11
12
13
14
15
16
17
18
19
20
21
22
23
24
25
26
27
28
29
30
31
32
33
34
35
36
37
38
39
40
41
42
43
44
45
46
47
48
49
50
51
52
53
54
55
56
57
58
59
60
61
62
63

**1–26 főbb kristályformák és kristálytársulások** (kristályszerkezet, rácsszerkezet)
– ***basic crystal forms and crystal combinations*** *(structure of crystals)*
**1–17 szabályos** (köbös) **kristályrendszer**
– ***regular*** *(cubic, tesseral, isometric)* ***crystal system***
**1** tetraéder (négylap) [fakóérc]
– *tetrahedron (four-faced polyhedron) [tetrahedrite, fahlerz, fahl ore]*
**2** hexaéder (kocka, hatlapú poliéder) <holoéder> [kősó]
– *hexahedron (cube, six-faced polyhedron), a holohedron [rock salt]*
**3** szimmetriaközpont (szimmetriacentrum)
– *centre* (Am. *center) of symmetry (crystal centre)*
**4** szimmetriatengely (forgástengely, gir)
– *axis of symmetry (rotation axis)*
**5** szimmetriasík
– *plane of symmetry*
**6** oktaéder (nyolclap) [arany]
– *octahedron (eight-faced polyhedron) [gold]*
**7** rombdodekaéder (rombtizenkettes) [gránát]
– *rhombic dodecahedron [garnet]*
**8** pentagondodekaéder (ötszögtizenkettes) [pirit]
– *pentagonal dodecahedron [pyrite, iron pyrites]*
**9** ötszög [pentagon]
– *pentagon (five-sided polygon)*
**10** triakiszoktaéder [gyémánt]
– *triakis-octahedron [diamond]*
**11** ikozaéder (húszlap) <szabályos poliéder>
– *icosahedron (twenty-faced polyhedron), a regular polyhedron*
**12** ikozitetraéder (huszonnégylap) [leucit]
– *icositetrahedron (twenty-four-faced polyhedron) [leucite]*
**13** hexakiszoktaéder (negyvennyolclap) [gyémánt]
– *hexakis-octahedron (hexoctahedron, forty-eight-faced polyhedron) [diamond]*
**14** oktaéder kombinációja kockával [galenit]
– *octahedron with cube [galena]*
**15** hatszög (hexagon)
– *hexagon (six-sided polygon)*
**16** kocka kombinációja oktaéderrel [fluorit (folypát)]
– *cube with octahedron [fluorite, fluorspar]*
**17** nyolcszög
– *octagon (eight-sided polygon)*
**18–19 négyzetes** (tetragonális) **kristályrendszer**
– ***tetragonal crystal system***
**18** négyzetes dipiramis
– *tetragonal dipyramid (tetragonal bipyramid)*
**19** protoprizma kombinációja protopiramissal (első fajtájú prizma kombinációja első fajtájú piramissal) [cirkon]
– *protoprism with protopyramid [zircon]*
**20–22 hatszöges** (hexagonális) **kristályrendszer**
– ***hexagonal crystal system***
**20** protoprizma kombinációja proto- és deuteropiramissal és pinakoiddal (első fajtájú prizma kombinációja első és második fajtájú piramissal és pinakoiddal) [apatit]
– *protoprism with protopyramid, deutero-pyramid and basal pinacoid [apatite]*
**21** hatszöges hasáb (hexagonális prizma)
– *hexagonal prism*
**22** hexagonális (ditrigonális) prizma kombinációja romboéderrel [kalcit (mészpát)]
– *hexagonal (ditrigonal) biprism with rhombohedron [calcite]*
**23** rombos piramis (rombos kristályrendszer) [kén]
– *orthorhombic pyramid (rhombic crystal system) [sulphur,* Am. *sulfur]*
**24–25 egyhajlású** (monoklin) **kristályrendszer**
– ***monoclinic crystal system***
**24** egyhajlású hasáb klinopinakoiddal és hemipiramissal (hemiéderrel) [gipsz]
– *monoclinic prism with clinopinacoid and hemipyramid (hemihedron) [gypsum]*
**25** ortopinakoid (fecskefark-ikerkristály) [gipsz]
– *orthopinacoid (swallow-tail twin crystal) [gypsum]*
**26** háromhajlású pinakoid (háromhajlású kristályrendszer) [réz-szulfát]
– *triclinic pinacoids (triclinic crystal system) [copper sulphate,* Am. *copper sulfate]*
**27–33 krisztallometriai eszközök**
– ***apparatus for measuring crystals*** *(for crystallometry)*
**27** érintkezési szögmérő (kontaktgoniométer)
– *contact goniometer*
**28** tükrözési szögmérő (reflexiós goniométer)
– *reflecting goniometer*
**29** kristály
– *crystal*
**30** kollimátor (kollimátorcső)
– *collimator*
**31** megfigyelőtávcső
– *observation telescope*
**32** limbusz
– *divided circle (graduated circle)*
**33** nagyító az elforgatási szög leolvasásához
– *lens for reading the angle of rotation*

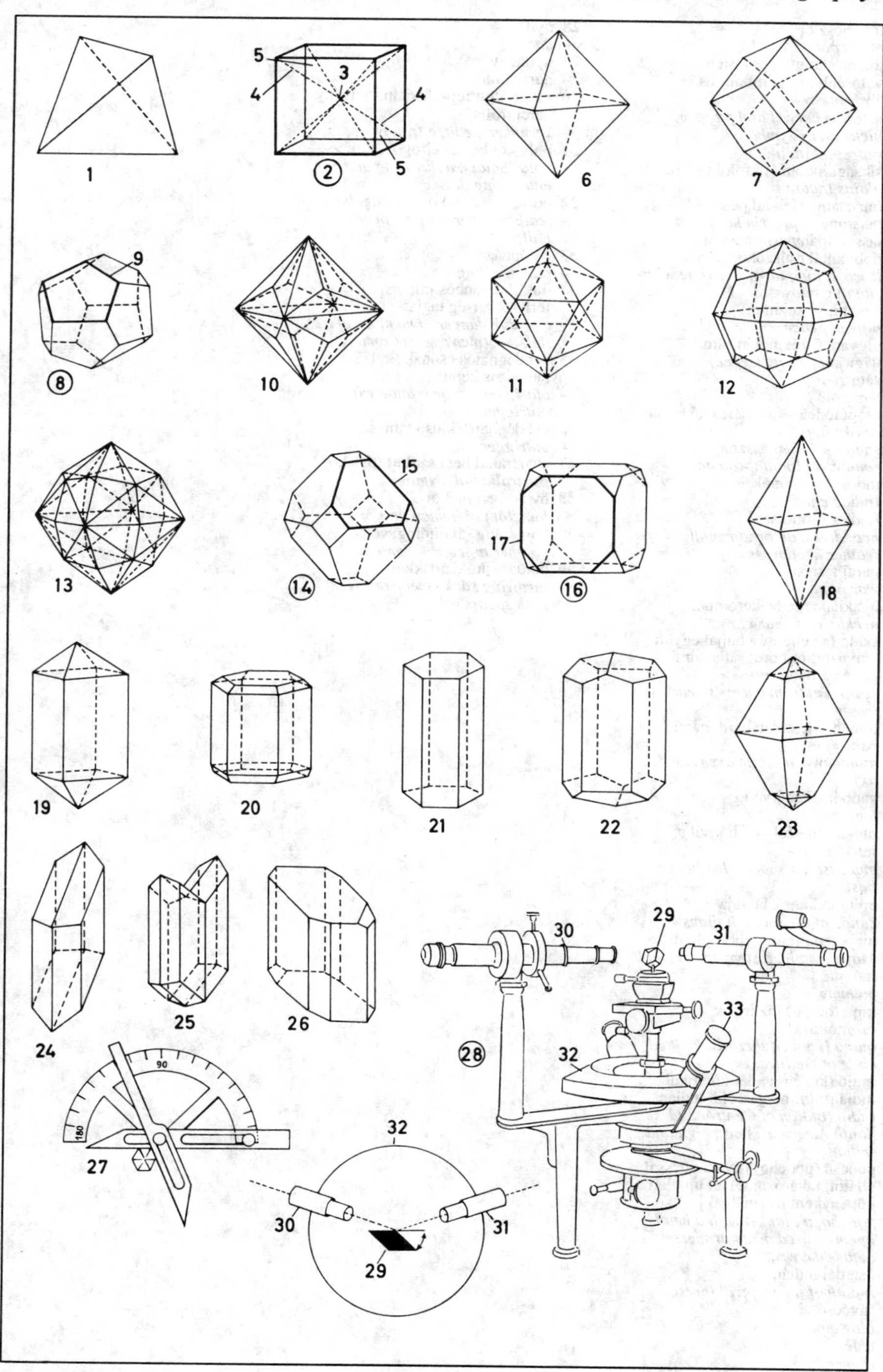
1
2
3
4
5
6
7
8
9
10
11
12
13
14
15
16
17
18
19
20
21
22
23
24
25
26
27
28
29
30
31
32
33
90
180

**1** totemoszlop
– *totem pole*
**2** totem <faragott *v.* festett, valósághű *v.* szimbolikus ábrázolás>
– *totem, a carved and painted pictorial or symbolic representation*
**3** síksági indián (síkföldi indián)
– *plains Indian*
**4** musztáng <félvad pusztai ló>
– *mustang, a prairie horse*
**5** lasszó (pányva) <hosszú dobókötél csúszóhurokkal>
– *lasso, a long throwing-rope with running noose*
**6** békepipa (kalumet)
– *pipe of peace*
**7** vigvam (tipi, indián sátor)
– *wigwam (tepee, teepee)*
**8** sátorrúd
– *tent pole*
**9** csapófedeles füstkieresztő nyílás
– *smoke flap*
**10** squaw <indián asszony>
– *squaw, an Indian woman*
**11** indián törzsfőnök
– *Indian chief*
**12** fejdísz <tolldísz>
– *headdress, an ornamental feather headdress*
**13** harci festés
– *war paint*
**14** nyaklánc medvekaromból
– *necklace of bear claws*
**15** skalp (az ellenség hajjal együtt lenyúzott fejbőre) <diadalmi jelvény, harci trófea>
– *scalp (cut from enemy's head), a trophy*
**16** tomahawk <csatabárd, harci balta>
– *tomahawk, a battle axe (*Am. *ax)*
**17** vadbőr lábszárvédő
– *leggings*
**18** mokaszin <félcipő bőrből *v.* faháncsból>
– *moccasin, a shoe of leather and bast*
**19** erdei indiánok kenuja
– *canoe of the forest Indians*
**20** maja templom <lépcsőpiramis>
– *Maya temple, a stepped pyramid*
**21** múmia
– *mummy*
**22** kipu (quipu) [az inkák csomóírása]
– *quipu (knotted threads, knotted code of the Incas)*
**23** indio (közép- *v.* dél-amerikai indián); *itt:* magasföldi indián
– *Indio (Indian of Central and South America);* here: *highland Indian*
**24** poncsó (poncho) [nyaknyílással ellátott takaró, amelyet ujjatlan köpenyként használnak]
– *poncho, a blanket with a head opening used as an armless cloak-like wrap*
**25** őserdei indián
– *Indian of the tropical forest*
**26** fúvócső
– *blowpipe*
**27** tegez
– *quiver*
**28** nyíl
– *dart*
**29** nyílhegy
– *dart point*
**30** zsugorított fej <diadalmi jelvény, harci trófea>
– *shrunken head, a trophy*
**31** bola <dobó- és elfogóeszköz>
– *bola (bolas), a throwing and entangling device*
**32** bőrrel borított kő- *v.* fémgolyók
– *leather-covered stone or metal ball*
**33** cölöpház
– *pile dwelling*
**34** duk-duk táncos <titkos férfiszövetség tagja>
– *duk-duk dancer, a member of a duk-duk (men's secret society)*
**35** vendéghajós csónak (külső támaszos kenu)
– *outrigger canoe (canoe with outrigger)*
**36** vendéghajó (külső támasz)
– *outrigger*
**37** ausztráliai bennszülött (őslakó)
– *Australian aborigine*
**38** öv emberi hajból
– *loincloth of human hair*
**39** bumeráng <hajítófegyver>
– *boomerang, a wooden missile*
**40** dárdahajító dárdákkal
– *throwing stick (spear thrower) with spears*

1
2
3
4
5
6
7
8
9
10
11
12
13
14
15
16
17
18
19
20
21
22
23
24
25
26
27
28
29
30
31
32
33
34
35
36
37
38
39
40

**1** eszkimó
– *Eskimo*
**2** szánhúzó kutya <eszkimó kutya, sarki kutya>
– *sledge dog (sled dog), a husky*
**3** kutyaszán
– *dog sledge (dog sled)*
**4** iglu <kupola alakú hókunyhó>
– *igloo, a dome-shaped snow hut*
**5** hótömb
– *block of snow*
**6** bejárati alagút
– *entrance tunnel*
**7** halzsírlámpa (bálnaolajlámpa)
– *blubber-oil lamp*
**8** hajítófa
– *wooden missile*
**9** lándzsa
– *lance*
**10** egyhegyű szigony
– *harpoon*
**11** a szigony úszója <felfújt bőrzsák>
– *skin float*
**12** kajak <egyszemélyes könnyű csónak>
– *kayak, a light one-man canoe*
**13** bőrborítású fa- *v.* csontkeret
– *skin-covered wooden or bone frame*
**14** evező
– *paddle*
**15** rénszarvasfogat
– *reindeer harness*
**16** rénszarvas
– *reindeer*
**17** osztják (hanti)
– *Ostyak (Ostiak)*
**18** háttámlás szán
– *passenger sledge*
**19** jurta <nyugat- és közép-ázsiai nomádok lakósátra>
– *yurt (yurta), a dwelling tent of the western and central Asiatic nomads*
**20** nemeztető
– *felt covering*
**21** füstlyuk
– *smoke outlet*
**22** kirgiz
– *Kirghiz*
**23** birkabőr sapka
– *sheepskin cap*
**24** sámán
– *shaman*
**25** rojtos dísz
– *decorative fringe*
**26** keretes dob
– *frame drum*
**27** tibeti
– *Tibetan*
**28** villatámaszos puska
– *flintlock with bayonets*
**29** imamalom
– *prayer wheel*
**30** nemezcsizma
– *felt boot*
**31** lakócsónak (szampan, sampan)
– *houseboat (sampan)*
**32** dzsunka
– *junk*
**33** gyékényvitorla
– *mat sail*
**34** riksa
– *rickshaw (ricksha)*
**35** riksakuli
– *rickshaw coolie (cooly)*
**36** kínai lampion
– *Chinese lantern*
**37** szamuráj
– *samurai*
**38** bélelt vért
– *padded armour* (Am. *armor)*
**39** gésa
– *geisha*
**40** kimonó
– *kimono*
**41** obi [széles, hosszú selyemöv]
– *obi*
**42** legyező
– *fan*
**43** kuli
– *coolie (cooly)*
**44** kris <maláji tőr>
– *kris (creese, crease), a Malayan dagger*
**45** kígyóbűvölő
– *snake charmer*
**46** turbán
– *turban*
**47** furulya
– *flute*
**48** táncoló kígyó
– *dancing snake*

1
2
3
4
5
6
7
8
9
10
11
12
13
14
15
16
17
18
19
20
21
22
23
24
25
26
27
28
29
30
31
32
33
34
35
36
37
38
39
40
41
42
43
44
45
46
47
48

1 tevekaraván
– *camel caravan*
2 hátasállat
– *riding animal*
3 teherhordó állat
– *pack animal*
4 oázis
– *oasis*
5 pálmaliget
– *grove of palm trees*
6 beduin
– *bedouin (beduin)*
7 burnusz
– *burnous*
8 maszai v. maszáj harcos
– *Masai warrior*
9 hajviselet
– *headdress (hairdress)*
10 pajzs
– *shield*
11 festett marhabőr
– *painted ox hide*
12 széles pengéjű lándzsa
– *long-bladed spear*
13 néger férfi
– *negro*
14 táncdob
– *dance drum*
15 dobókés (hajítókés)
– *throwing knife*
16 faálarc (famaszk)
– *wooden mask*
17 egy ős szobra
– *figure of an ancestor*
18 tamtam (jelződob)
– *slit gong*
19 dobverő
– *drumstick*
20 egyetlen fatörzsből kivájt csónak
– *dugout, a boat hollowed out of a tree trunk*
21 néger kunyhó
– *negro hut*
22 néger nő
– *negress*
23 ajakpecek (ajakkorong)
– *lip plug (labret)*
24 őrlőkő
– *grinding stone*
25 herero nő
– *Herero woman*
26 bőrsapka
– *leather cap*
27 tökhéjedény [lopótökből]
– *calabash (gourd)*
28 méhkas alakú kunyhó
– *beehive-shaped hut*
29 busman
– *bushman*
30 fülcimpapecek
– *earplug*
31 ágyékkötő
– *loincloth*
32 íj
– *bow*
33 kirri <gömbölyű fejű hajítóbunkó>
– *knobkerry (knobkerrie), a club with round, knobbed end*
34 tüzet csiholó busman asszony
– *bushman woman making a fire by twirling a stick*
35 szélfogó
– *windbreak*
36 zulu férfi táncöltözetben
– *Zulu in dance costume*
37 táncbot
– *dancing stick*
38 lábperec (lábkarika)
– *bangle*
39 harci tülök elefántcsontból
– *ivory war horn*
40 amulett- és csontfüzér
– *string of amulets and bones*
41 pigmeus
– *pigmy*
42 varázssíp a rossz szellemek elűzésére
– *magic pipe for exorcising evil spirits*
43 fétis (bálvány)
– *fetish*

1
2
3
4
5
6
7
8
9
10
11
12
13
14
15
16
17
18
19
20
21
22
23
24
25
26
27
28
29
30
31
32
33
34
35
36
37
38
39
40
41
42
43

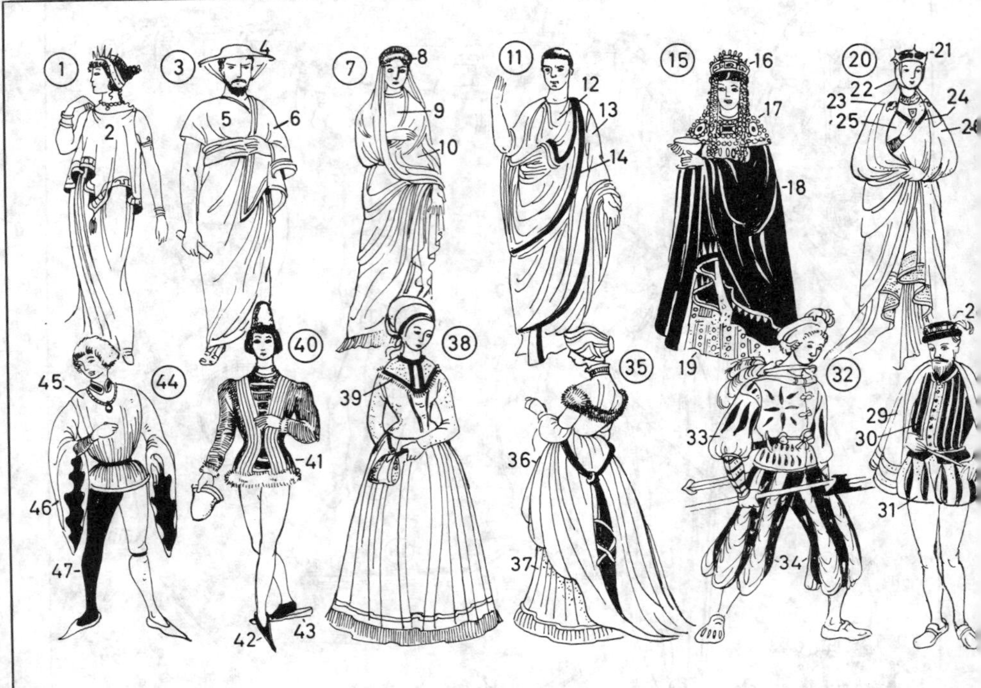


**1** görög nő
– *Greek woman*
**2** peplosz (peplum)
– *peplos*
**3** görög férfi
– *Greek*
**4** petaszosz (thessháliai kalap)
– *petasus (Thessalonian hat)*
**5** khitón <alapöltözékként hordott vászonruha>
– *chiton, a linen gown worn as a basic garment*
**6** himation <bal vállon átvetett gyapjúruha>
– *himation, woollen* (Am. *woolen*) *cloak*
**7** római nő
– *Roman woman*
**8** homlokparóka
– *toupee wig (partial wig)*
**9** stóla
– *stola*
**10** palla <színes köpeny>
– *palla, a coloured* (Am. *colored*) *wrap*
**11** római férfi
– *Roman*
**12** tunika
– *tunica (tunic)*
**13** tóga
– *toga*
**14** bíborszegély
– *purple border (purple band)*
**15** bizánci császárné
– *Byzantine empress*
**16** gyöngydiadém
– *pearl diadem*
**17** függők (függő ékszerek)
– *jewels*
**18** bíborpalást
– *purple cloak*
**19** ruha (hosszú tunika)
– *long tunic*
**20** német hercegnő [13. sz.]
– *German princess [13th cent.]*
**21** fejdísz (diadém, korona)
– *crown (diadem)*
**22** állszalag
– *chinband*
**23** díszcsat (ékköves kapocs)
– *tassel*
**24** köpenyzsinór
– *cloak cord*
**25** öves ruha
– *girt-up gown (girt-up surcoat, girt-up tunic)*
**26** köpeny (palást)
– *cloak*
**27** német férfi spanyol öltözetben [1575 k.]
– *German dressed in the Spanish style [ca. 1575]*
**28** keskeny karimájú, kis, kerek kalap
– *wide-brimmed cap*
**29** rövid ujjatlan köpeny (cappa; *ejtsd:* kappa)
– *short cloak (Spanish cloak, short cape)*
**30** kitömött zeke
– *padded doublet (stuffed doublet, peasecod)*
**31** kipárnázott rövid nadrág
– *stuffed trunk-hose*
**32** landsknecht (német zsoldos katona) [1530 k.]
– *lansquenet (German mercenary soldier) [ca. 1530]*
**33** hasított ujjú zeke
– *slashed doublet (paned doublet)*
**34** buggyos térdnadrág
– *Pluderhose (loose breeches, paned trunk-hose, slops)*
**35** bázeli nő [1525 k.]
– *woman of Basle [ca. 1525]*
**36** felsőruha
– *overgown (gown)*
**37** alsóruha (alsószoknya)
– *undergown (petticoat)*
**38** nürnbergi nő [1500 k.]
– *woman of Nuremberg [ca. 1500]*
**39** vállgallér
– *shoulder cape*
**40** burgundi férfi [15. sz.]
– *Burgundian [15th cent.]*
**41** rövid zeke
– *short doublet*
**42** csőrös cipő
– *piked shoes (peaked shoes, copped shoes, crackowes, poulaines)*
**43** fa alsócipő
– *pattens (clogs)*

**44** fiatal nemes [1400 k.]
– *young nobleman [ca. 1400]*
**45** rövid tunika
– *short, padded doublet (short, quilted doublet, jerkin)*
**46** bő, cakkozott ujj
– *dagged sleeves (petal-scalloped sleeves)*
**47** harisnyanadrág
– *hose*
**48** augsburgi patríciusasszony [1575 k.]
– *Augsburg patrician lady [ca. 1575]*
**49** vállpuff (puffos ruhaujj)
– *puffed sleeve*
**50** felsőruha
– *overgown (gown, open gown, sleeveless gown)*
**51** francia hölgy [1600 k.]
– *French lady [ca. 1600]*
**52** malomkőgallér (széles, keményített nyakfodor)
– *millstone ruff (cartwheel ruff, ruff)*
**53** fűzött derék (darázsderék)
– *corseted waist (wasp waist)*
**54** nemesúr [1650 k.]
– *gentleman [ca. 1650]*
**55** széles karimájú nemezkalap (tolldíszes kalap)
– *wide-brimmed felt hat (cavalier hat)*
**56** vászongallér (lehajtott vászongallér)
– *falling collar (wide-falling collar) of linen*
**57** fehér bélés
– *white lining*
**58** lovagcsizma
– *jack boots (bucket-top boots)*
**59** hölgy [1650 k.]
– *lady [ca. 1650]*
**60** kitömött ruhaujj (puffos ruhaujj)
– *full puffed sleeves (puffed sleeves)*
**61** nemesúr [1700 k.]
– *gentleman [ca. 1700]*
**62** háromszögletű kalap
– *three-cornered hat*
**63** díszkard
– *dress sword*
**64** hölgy [1700 k.]
– *lady [ca. 1700]*
**65** csipke főkötő
– *lace fontange (high headdress of lace)*
**66** csipkeköpeny (csipkés házikabát)
– *lace-trimmed loose-hanging gown (loose-fitting housecoat, robe de chambre, negligée, contouche)*
**67** hímzett szegély
– *band of embroidery*
**68** hölgy [1880 k.]
– *lady [ca. 1880]*
**69** fardagály (turnűr, csípőpárna)
– *bustle*
**70** hölgy [1858 k.]
– *lady [ca. 1858]*
**71** bonnet (szalagkötős kalap, biedermeier kalap)
– *poke bonnet*
**72** kerek abroncsszoknya (krinolin)
– *crinoline*
**73** biedermeier úr
– *gentleman of the Biedermeier period*
**74** magas állógallér (vatermörder, fátermörder)
– *high collar (choker collar)*
**75** virágmintás mellény
– *embroidered waistcoat (vest)*
**76** hosszú szalonkabát
– *frock coat*
**77** copfparóka
– *pigtail wig*
**78** copfkötő (szalagcsokor, masni)
– *ribbon (bow)*
**79** hölgyek udvari ruhában [1780 k.]
– *ladies in court dress [ca. 1780]*
**80** uszály (slepp)
– *train*
**81** rokokó hajviselet
– *upswept Rococo coiffure*
**82** hajdísz (hajék)
– *hair decoration*
**83** lapos abroncsszoknya [elöl és hátul lapos, oldalt kiszélesedő abroncson]
– *panniered overskirt*

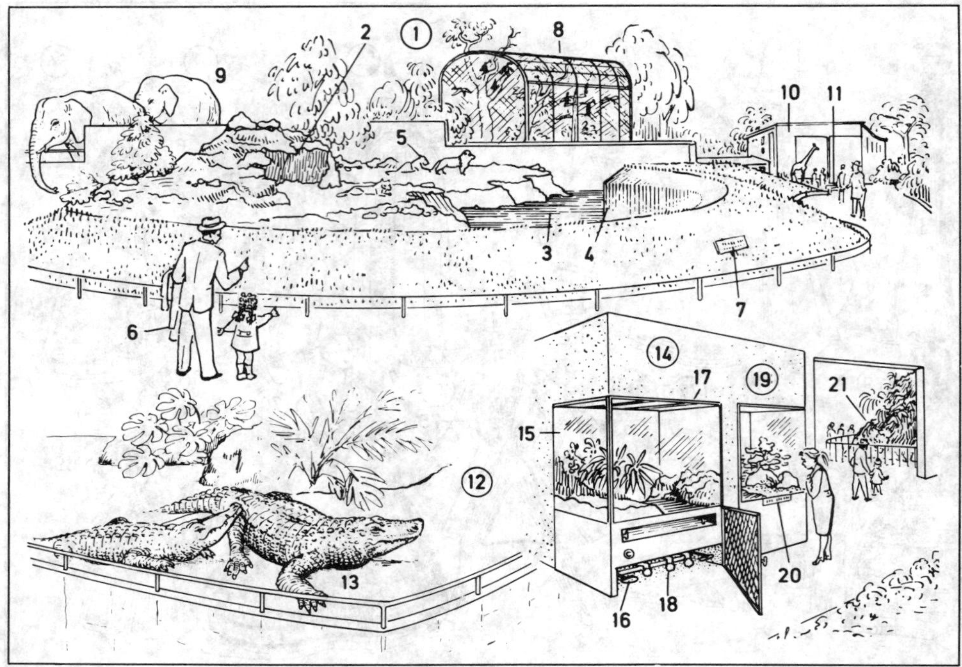


**1** kifutó (szabad kifutó, szabad terület)
– *outdoor enclosure (enclosure)*
**2** természetes szikla
– *rocks*
**3** elválasztó árok <vizesárok>
– *moat*
**4** védőfal
– *enclosing wall*
**5** bemutatott állatok; *itt:* oroszláncsapat
– *animals on show;* here: *a pride of lions*
**6** állatkerti látogató
– *visitor to the zoo*
**7** tájékoztató tábla
– *notice*
**8** röpde (nagy madárkalitka, volier)
– *aviary*
**9** elefántkarám
– *elephant enclosure*
**10** állatház (pl. ragadozóház, zsiráfház, elefántház, majomház)
– *animal house (e.g. carnivore house, giraffe house, elephant house, monkey house)*
**11** külső ketrec (nyári ketrec)
– *outside cage (summer quarters)*
**12** hüllőkarám
– *reptile enclosure*
**13** nílusi krokodil
– *Nile crocodile*
**14** terrárium és akvárium
– *terrarium and aquarium*
**15** üvegfalú kiállítószekrény (vitrin)
– *glass case*
**16** frisslevegő-berendezés
– *fresh-air inlet*
**17** légelvezetés (szellőztetés)
– *ventilator*
**18** padlófűtés
– *underfloor heating*
**19** akvárium
– *aquarium*
**20** magyarázó tábla
– *information plate*
**21** trópusi csarnok
– *flora in artificially maintained climate*

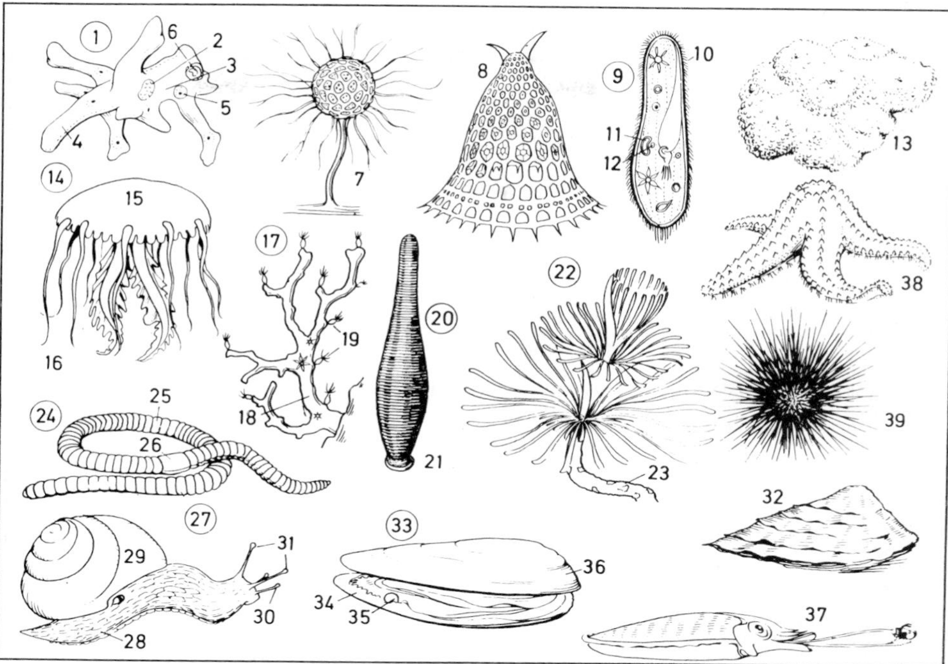


**1–12 egysejtűek** (állati egysejtűek, véglények, sejtállatkák, egysejtű állatok)
– ***unicellular*** *(one-celled, single-celled)* ***animals*** *(protozoans)*
**1** amőba (változóállatka, csupasz amőba) <gyökérlábú>
– *amoeba, a rhizopod*
**2** sejtmag
– *cell nucleus*
**3** protoplazma
– *protoplasm*
**4** álláb
– *pseudopod*
**5** lüktető űröcske (lüktető vakuolum) <sejtszervecske, organellum> [kiválasztószerv]
– *excretory vacuole (contractile vacuole, an organelle)*
**6** emésztési űröcske (vakuolum)
– *food vacuole*
**7** nyeles napállatka <napállatka>
– *Actinophrys, a heliozoan*
**8** sugárállatka (radiolária); *itt:* a kovaváza
– *radiolarian;* here: *siliceous skeleton*
**9** közönséges papucsállatka (papucsállatka, farkos papucsállatka) <csillós (csillós véglény, csillós infuzórium)>
– *slipper animalcule, a Paramecium (ciliate infusorian)*
**10** csillangó (csilló)
– *cilium*
**11** nagymag (nagy sejtmag)
– *macronucleus (meganucleus)*
**12** kismag
– *micronucleus*

**13–39 soksejtűek** (többsejtű állatok)
– ***multicellular animals*** *(metazoans)*
**13** mosdószivacs (valódi fürdőszivacs, fürdőspongya) <szivacs>
– *bath sponge, a porifer (sponge)*
**14** medúza <korongmedúza, ernyős medúza; kehelyállat>, <testüregnélküli, tömlős>
– *medusa, a discomedusa (jellyfish), a coelenterate*
**15** ernyő
– *umbrella*
**16** tapogató (kar)
– *tentacle*
**17** vörös nemeskorall (nemeskorall) <virágállat, korallpolip>
– *red coral (precious coral), a coral animal (anthozoan, reef-building animal)*
**18** koralltelep
– *coral colony*
**19** korallpolip (virágpolip)
– *coral polyp*
**20–26** férgek
– *worms (Vermes)*
**20** orvosi pióca (orvosi nadály) <gyűrűsféreg; sokszelvényű>
– *leech, an annelid*
**21** szívókorong
– *sucker*
**22** forgósféreg <sörtelábú>
– *Spirographis, a bristle worm*
**23** cső (lakócső)
– *tube*
**24** közönséges földigiliszta
– *earthworm*
**25** testszelvény (szelvény)
– *segment*
**26** nyereg [párosodási szakasz]
– *clitellum [accessory reproductive organ]*
**27–36** puhatestűek (lágytestűek)
– *molluscs* (Am. *mollusks)*
**27** éti csiga <csiga, haslábú>
– *edible snail, a snail*
**28** láb (hasláb)
– *creeping foot*
**29** ház (csigaház, héj)
– *shell (snail shell)*
**30** nyeles szem
– *stalked eye*
**31** tapogató (szarv)
– *tentacle (horn, feeler)*
**32** éti osztriga (osztriga, európai osztriga)
– *oyster*
**33** folyami gyöngykagyló
– *freshwater pearl mussel*
**34** gyöngyház
– *mother-of-pearl (nacre)*
**35** gyöngy
– *pearl*
**36** kagylóhéj
– *mussel shell*
**37** közönséges tintahal (szépia) <lábasfejű, fejlábú>
– *cuttlefish, a cephalopod*
**38–39** tüskésbőrűek
– *echinoderms*
**38** tengericsillag
– *starfish (sea star)*
**39** tengerisün
– *sea urchin (sea hedgehog)*

**1–23 ízeltlábúak** (ízeltlábú állatok)
– ***arthropods***
**1–2 rákok**
– ***crustaceans***
**1** gyapjasollós rák <rövidfarkú rák>
– *mitten crab, a crab*
**2** közönséges víziászka (vízi ászkarák)
– *water slater*
**3–23 rovarok**
– ***insects***
**3** kisasszony-szitakötő (karcsú szitakötő) <egyféleszárnyú rovar, egyformaszárnyú szipókás rovar>, <szitakötő>
– *water nymph (dragonfly), a homopteran (homopterous insect), a dragonfly*
**4** közönséges víziskorpió <vízipoloska>, <poloskaformájú rovar>
– *water scorpion (water bug), a rhynchophore*
**5** fogóláb (ragadozóláb)
– *raptorial leg*
**6** tarka kérész
– *mayfly (dayfly, ephemerid)*
**7** összetett szem (mozaikszem)
– *compound eye*
**8** zöld lombszöcske <egyenesszárnyú; egyenesszárnyú rovar>
– *green grasshopper (green locust, meadow grasshopper), an orthopteron (orthopterous insect)*
**9** lárva (álca, nimfa)
– *larva (grub)*
**10** kifejlett rovar <imágó>
– *adult insect, an imago*
**11** ugróláb
– *leaping hind leg*
**12** nagy pozdorján (nagy tegzes) <tegzes>, <pozdorjánféle>
– *caddis fly (spring fly, water moth), a neuropteran*
**13** igazi levéltetű (valódi levéltetű) <levéltetű, növénytetű>
– *aphid (greenfly), a plant louse*
**14** szárnyatlan levéltetű
– *wingless aphid*
**15** szárnyas levéltetű
– *winged aphid*
**16–20 kétszárnyúak**
– ***dipterous insects*** *(dipterans)*
**16** dalos szúnyog <szúnyogféle>
– *gnat (mosquito, midge), a culicid*
**17** szívócső (szívószerv)
– *proboscis (sucking organ)*
**18** kék dongólégy <házi légy>
– *bluebottle (blowfly), a fly*
**19** nyű
– *maggot (larva)*
**20** báb
– *chrysalis (pupa)*
**21–23 hártyásszárnyúak** (hártyásszárnyú rovarok)
– ***Hymenoptera***
**21–22** hangyák
– *ant*
**21** szárnyas nőstény
– *winged female*
**22** dolgozó
– *worker*
**23** dongóméh (poszméh)
– *bumblebee (humblebee)*
**24–39 bogarak** (fedelesszárnyúak)
– ***beetles*** *(Coleoptera)*
**24** szarvasbogár <lemezescsápú bogár>
– *stag beetle, a lamellicorn beetle*
**25** rágó (*biz.*: agancs, szarv)
– *mandibles*
**26** állkapocs
– *trophi*
**27** csáp (tapogató)
– *antenna (feeler)*
**28** fej
– *head*
**29–30** tor
– *thorax*
**29** előtor (nyakpajzs)
– *thoracic shield (prothorax)*
**30** pajzsocska (scutellum)
– *scutellum*
**31** a potroh háti része
– *tergites*
**32** légzőnyílás (stigma)
– *stigma*
**33** szárny (hátsó szárny)
– *wing (hind wing)*
**34** ér (szárnyér)
– *nervure*
**35** a szárnyredők csatlakozási helye
– *point at which the wing folds*
**36** szárnyfedő (elülső szárny)
– *elytron (forewing)*
**37** hétpettyes katicabogár (katica, hétpettyes böde, Isten tehénkéje) <katicabogár>
– *ladybird (ladybug), a coccinellid*
**38** daliás cincér (fenyőcincér) <cincér>
– *Ergates faber, a longicorn beetle (longicorn)*
**39** nagy ganéjtúró <lemezescsápú bogár>
– *dung beetle, a lamellicorn beetle*
**40–47 pókidomúak** (pókszabásúak, pókszerűek)
– ***arachnids***
**40** olasz skorpió (házi skorpió) <skorpió>
– *Euscorpius flavicandus, a scorpion*
**41** ollós tapogatóláb
– *cheliped with chelicer*
**42** csáprágó
– *maxillary antenna (maxillary feeler)*
**43** faroktövis (szúrótüske)
– *tail sting*
**44–46 pókok** (tulajdonképpeni pókok)
– ***spiders***
**44** közönséges kullancs (kullancs, kutyakullancs) <atkaalakú, atka>, <valódi kullancs>
– *wood tick (dog tick), a tick*
**45** koronás keresztespók (keresztespók, közönséges keresztespók) <keresztespók, küllőszövő>
– *cross spider (garden spider), an orb spinner*
**46** szövőszemölcs
– *spinneret*
**47** pókháló
– *spider's web (web)*
**48–56 lepkék**
– ***Lepidoptera*** *(butterflies and moths)*
**48** selyemlepke (eperfa-selyemlepke) <selyemlepke, selyemszövő>
– *mulberry-feeding moth (silk moth), a bombycid moth*
**49** pete
– *eggs*
**50** selyemhernyó
– *silkworm*
**51** gubó (selyemgubó, selyemhernyógubó, kokon)
– *cocoon*
**52** fecskefarkú lepke (fecskefarkú pillangó) <pillangó>
– *swallowtail, a butterfly*
**53** csáp
– *antenna (feeler)*
**54** szemfolt (stigma)
– *eyespot*
**55** fagyalszender <szender, zúgólepke>
– *privet hawkmoth, a hawkmoth (sphinx)*
**56** szívóka (szipóka, szívószerv)
– *proboscis*

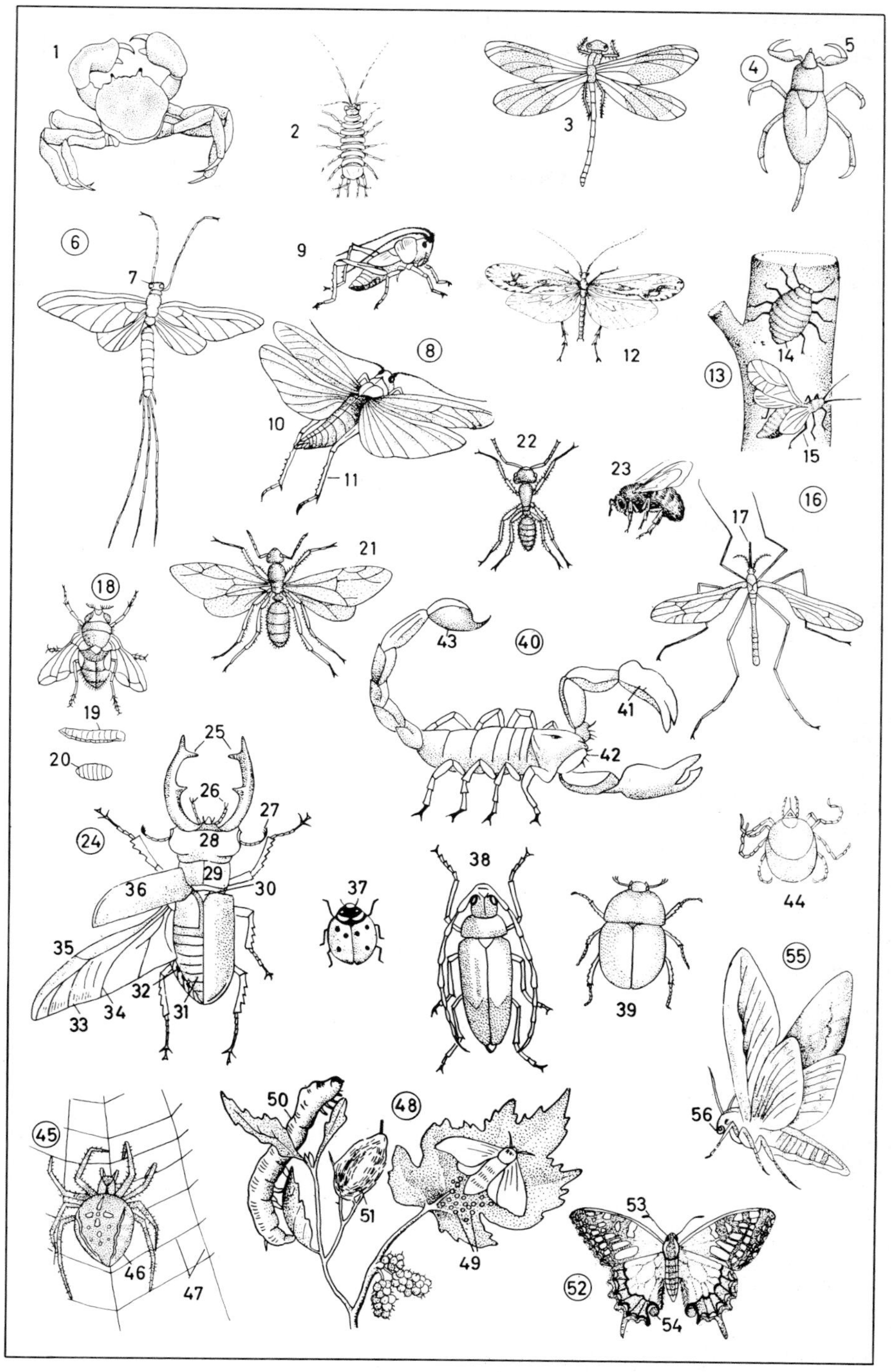
1
2
3
4
5
6
7
8
9
10
11
12
13
14
15
16
17
18
19
20
21
22
23
24
25
26
27
28
29
30
31
32
33
34
35
36
37
38
39
40
41
42
43
44
45
46
47
48
49
50
51
52
53
54
55
56

**1–3 futómadarak**
– ***flightless birds***
**1** sisakos kazuár <kazuár>; *rok.*: emu
– *cassowary;* sim.: *emu*
**2** strucc
– *ostrich*
**3** strucctojások [egy fészekalja 12–14 tojás]
– *clutch of ostrich eggs [12–14 eggs]*
**4** királypingvin <pingvin>, <repülni nem tudó madár>
– *king penguin, a penguin, a flightless bird*
**5–10 gödényalakúak**
– ***web-footed birds***
**5** rózsás gödény (gödény, pelikán) <gödényféle>
– *white pelican (wood stork, ibis, wood ibis, spoonbill, brent-goose,* Am. *brant-goose, brant), a pelican*
**6** úszóhártyás láb (úszóláb)
– *webfoot (webbed foot)*
**7** úszóhártya
– *web (palmations) of webbed foot (palmate foot)*
**8** a csőr alsó kávája a bőrzacskóval
– *lower mandible with gular pouch*
**9** szula <szulaféle>
– *northern gannet (gannet, solan goose), a gannet*
**10** nagy kárókatona (nagy kormorán) széttárt szárnyakkal
– *green cormorant (shag), a cormorant displaying with spread wings*
**11–14 sirályfélék** (sirályok és csérek, tengeri madarak)
– ***long-winged birds*** *(seabirds)*
**11** kis csér, amint táplálékkeresés közben lebukik
– *common sea swallow, a sea swallow (tern), diving for food*
**12** sirályhojsza
– *fulmar*
**13** lumma <alkaféle>
– *guillemot, an auk*
**14** dankasirály (kacagó sirály) <sirályféle>
– *black-headed gull (mire crow), a gull*
**15–17 lúdalakúak**
– ***Anseres***
**15** nagy bukó (nagy búvárréce) <réceféle>
– *goosander (common merganser), a sawbill*
**16** bütykös hattyú (néma hattyú) <hattyúféle>
– *mute swan, a swan*
**17** bütyök (dudor)
– *knob on the bill*
**18** szürke gém <gémféle>, <gólyaalakú>
– *common heron, a heron*
**19–21 lilealakúak**
– ***plovers***
**19** gólyatöcs
– *stilt (stilt bird, stilt plover)*
**20** szárcsa
– *coot, a rail*
**21** bíbic
– *lapwing (green plover, peewit, pewit)*
**22** fürj <tyúkalakú>
– *quail, a gallinaceous bird*
**23** gerle (vadgerle) <galambféle>
– *turtle dove, a pigeon*
**24** sarlós fecske
– *swift*
**25** búbos banka (büdösbanka) <bankaféle>, <szalakótaalakú>
– *hoopoe, a roller*
**26** felmereszthető tollbóbita
– *erectile crest*
**27** nagy fakopáncs (nagy tarkaharkály) <harkályféle>; *rok.*: nyaktekercs
– *spotted woodpecker, a woodpecker;* related: *wryneck*
**28** a fészek bejárata
– *entrance to the nest*
**29** fészekodú (fészeküreg)
– *nesting cavity*
**30** kakukk
– *cuckoo*

1
2
3
4
5
6
7
8
9
10
11
12
13
14
15
16
17
18
19
20
21
22
23
24
25
26
27
28
29
30

# 360 Madarak II. (őshonos madarak, európai madarak)

**1, 3, 4, 5, 7, 9, 10** énekesmadarak
– *songbirds*
**1** tengelic (stiglic) <pintyféle>
– *goldfinch, a finch*
**2** gyurgyalag
– *bee eater*
**3** kerti rozsdafarkú <rigóféle>
– *redstart (star finch), a thrush*
**4** kék cinege (kékcinke) <cinegeféle>, <állandó madár, telelő madár>
– *bluetit, a tit (titmouse), a resident bird (non-migratory bird)*
**5** süvöltő
– *bullfinch*
**6** szalakóta (kékvarjú, árva szajkó)
– *common roller (roller)*
**7** sárgarigó (aranymálinkó) <költöző madár, vándormadár>
– *golden oriole, a migratory bird*
**8** jégmadár
– *kingfisher*
**9** barázdabillegető <billegetőféle>
– *white wagtail, a wagtail*
**10** erdei pinty <pintyféle>
– *chaffinch*

1
2
3
4
5
6
7
8
9
10
S. Vogel

**1–10 énekesmadarak**
– ***songbirds***
**1–3 varjúfélék**
– ***Corvidae*** *(corvine birds, crows)*
**1** szajkó (mátyásmadár)
– *jay (nutcracker)*
**2** vetési varjú <varjúféle>
– *rook, a crow*
**3** szarka
– *magpie*
**4** seregély
– *starling (pastor, shepherd bird)*
**5** házi veréb
– *house sparrow*
**6–8 pintyfélék** (pintyek)
– ***finches***
**6–7** sármányfélék (sármányok)
– *buntings*
**6** citromsármány (sármány)
– *yellowhammer (yellow bunting)*
**7** kerti sármány
– *ortolan (ortolan bunting)*
**8** csíz
– *siskin (aberdevine)*
**9** széncinege (széncinke)
– *great titmouse (great tit, ox eye), a titmouse (tit)*
**10** sárgafejű királyka; *rok.:* tüzesfejű királyka <királykaféle>
– *golden-crested wren (goldcrest);* sim.: *firecrest, one of the Regulidae*
**11** csuszka
– *nuthatch*
**12** ökörszem
– *wren*
**13–17 rigófélék** (rigók)
– ***thrushes***
**13** feketerigó
– *blackbird*
**14** fülemüle (kis fülemüle)
– *nightingale (*poet.: *philomel, philomela)*
**15** vörösbegy
– *robin (redbreast, robin redbreast)*
**16** énekes rigó
– *song thrush (throstle, mavis)*
**17** nagy fülemüle (magyar fülemüle, csalogány)
– *thrush nightingale*
**18–19** pacsirtafélék
– *larks*
**18** erdei pacsirta
– *woodlark*
**19** búbos pacsirta
– *crested lark (tufted lark)*
**20** füstifecske (villás fecske) <fecskeféle>
– *common swallow (barn swallow, chimney swallow), a swallow*

**1–13 sólyomalakúak** (nappali ragadozó madarak)
– ***diurnal birds of prey***
**1–4** sólyomfélék (valódi sólymok)
– *falcons*
**1** kis sólyom
– *merlin*
**2** vándorsólyom
– *peregrine falcon*
**3** gatya (combtollazat)
– *leg feathers*
**4** csüd
– *tarsus*
**5–9** sasok
– *eagles*
**5** rétisas
– *white-tailed sea eagle (white-tailed eagle, grey sea eagle, erne)*
**6** horgas csőr
– *hooked beak*
**7** karom
– *claw (talon)*
**8** farok (farktollazat)
– *tail*
**9** egerészölyv
– *common buzzard*
**10–13** vágómadárfélék (vágómadarak)
– *accipiters*
**10** héja
– *goshawk*
**11** vörös kánya (fecskefarkú kánya)
– *common European kite (glede, kite)*
**12** karvaly
– *sparrow hawk (spar-hawk)*
**13** barna rétihéja
– *marsh harrier (moor buzzard, moor harrier, moor hawk)*
**14–19 baglyok**
– ***owls** (nocturnal birds of prey)*
**14** erdei fülesbagoly (fülesbagoly)
– *long-eared owl (horned owl)*
**15** uhu (nagy fülesbagoly)
– *eagle-owl (great horned owl)*
**16** tollfül (tollpamat)
– *plumicorn (feathered ear, ear tuft, ear, horn)*
**17** gyöngybagoly
– *barn owl (white owl, silver owl, yellow owl, church owl, screech owl)*
**18** fátyol (tollfátyol) [az arc sugaras tollazata]
– *facial disc (disk)*
**19** kuvik
– *little owl (sparrow owl)*

**1** sárgabóbitás kakadu <papagájféle>
– *sulphur-crested cockatoo, a parrot*
**2** arapapagáj (ararauna)
– *blue-and-yellow macaw*
**3** kék paradicsommadár
– *blue bird of paradise*
**4** szapphó-kolibri
– *sappho*
**5** kardinálispinty
– *cardinal (cardinal bird)*
**6** tukán (borsevő madár) <harkályalakú>
– *toucan (red-billed toucan), one of the Piciformes*

1
2
3
4
5
6

**1–18 halak**
– ***fishes***
**1** emberevő cápa (kék cápa) <cápa>
– *man-eater (blue shark, requin), a shark*
**2** orr (pofa)
– *nose (snout)*
**3** kopoltyúrés
– *gill slit (gill cleft)*
**4** ponty (tőponty) <tükörponty (pontyféle)>
– *carp, a mirror carp (carp)*
**5** kopoltyúfedő
– *gill cover (operculum)*
**6** hátúszó
– *dorsal fin*
**7** mellúszó
– *pectoral fin*
**8** hasúszó
– *pelvic fin (abdominal fin, ventral fin)*
**9** farok alatti úszó
– *anal fin*
**10** farokúszó
– *caudal fin (tail fin)*
**11** pikkely
– *scale*
**12** harcsa (lesőharcsa)
– *catfish (sheatfish, sheathfish, wels)*
**13** bajuszszál
– *barbel*
**14** hering
– *herring*
**15** sebes pisztráng (pisztráng) <pisztrángféle>
– *brown trout (German brown trout), a trout*
**16** közönséges csuka (csuka, édesvízi cápa)
– *pike (northern pike)*
**17** angolna
– *freshwater eel (eel)*
**18** csikóhal (tengeri csikó)
– *sea horse (Hippocampus, horsefish)*
**19** bojtos kopoltyú
– *tufted gills*
**20–26 kétéltűek**
– ***Amphibia*** *(amphibians)*
**20–22** farkos kétéltűek
– *salamanders*
**20** tarajos gőte <gőte>
– *greater water newt (crested newt), a water newt*
**21** háttaraj
– *dorsal crest*
**22** foltos szalamandra <szalamandraféle, valódi szalamandra, szárazföldi gőte>
– *fire salamander, a salamander*
**23–26** békák (farkatlan kétéltűek)
– *salientians (anurans, batrachians)*
**23** közönséges varangy (varangy, varangyos béka, barna varangy) <varangyféle>
– *European toad, a toad*
**24** zöld levelibéka (levelibéka, zöldbéka)
– *tree frog (tree toad)*
**25** hanghólyag
– *vocal sac (vocal pouch, croaking sac)*
**26** tapadókorong
– *adhesive disc (disk)*

**27–41 hüllők** (csúszómászók)
– ***reptiles***
**27, 30–37 gyíkok**
– ***lizards***
**27** fürge gyík
– *sand lizard*
**28** cserepesteknős (valódi cserepesteknős, igazi karett)
– *hawksbill turtle (hawksbill)*
**29** hátpajzs
– *carapace (shell)*
**30** baziliszkusz (koronás baziliszkuszgyík)
– *basilisk*
**31** pusztai varánusz <varánuszféle>
– *desert monitor, a monitor lizard (monitor)*
**32** zöld leguán (közönséges leguán) <leguánféle>
– *common iguana, an iguana*
**33** kaméleon (közönséges kaméleon) <kaméleonféle, féregnyelvű>
– *chameleon, one of the Chamaeleontidae (Rhiptoglossa)*
**34** kapaszkodóláb
– *prehensile foot*
**35** kunkorodó farok (fogódzófarok)
– *prehensile tail*
**36** fali gekkó <gekkóféle, tapadógyík-féle>
– *wall gecko, a gecko*
**37** lábatlan gyík (törékenygyík) <lábatlan gyíkféle, törékenygyíkféle>
– *slowworm (blindworm), one of the Anguidae*
**38–41 kígyók**
– ***snakes***
**38** vízisikló <valódi siklóféle>
– *ringed snake (ring snake, water snake, grass snake), a colubrid*
**39** gallér (félhold alakú folt)
– *collar*
**40–41** viperafélék (viperák)
– *vipers (adders)*
**40** keresztes vipera (közönséges keresztes vipera) <mérges kígyó>
– *common viper, a poisonous (venomous) snake*
**41** áspisvipera
– *asp (asp viper)*

1
2
3
4
5
6
7
8
9
10
11
12
13
14
15
16
17
18
19
20
21
22
23
24
25
26
27
28
29
30
31
32
33
34
35
36
37
38
39
40
41

**1–6 nappali lepkék**
– ***butterflies***
**1** Atalanta-lepke (admirálislepke)
– *red admiral*
**2** nappali pávaszem
– *peacock butterfly*
**3** hajnalpírlepke (Auróra-lepke)
– *orange tip (orange tip butterfly)*
**4** citromlepke
– *brimstone (brimstone butterfly)*
**5** gyászlepke
– *Camberwell beauty (mourning cloak, mourning cloak butterfly)*
**6** boglárkalepke (boglárka, kéklepke)
– *blue (lycaenid butterfly, lycaenid)*
**7–11 éjjeli lepkék**
– ***moths*** *(Heterocera)*
**7** közönséges medvelepke (barna medveszövő, papmacskalepke)
– *garden tiger*
**8** pirosöves bagolylepke
– *red underwing*
**9** halálfejes lepke <szender, zúgólepke>
– *death's-head moth (death's-head hawkmoth), a hawkmoth (sphinx)*
**10** hernyó
– *caterpillar*
**11** báb
– *chrysalis (pupa)*

1
2
3
4
5
6
7
8
9
10
11

1 kacsacsőrű emlős <tojásrakó emlős>
– *platypus (duck-bill, duck-mole), a monotreme (oviparous mammal)*
**2–3 erszényes emlősök**
– ***marsupial mammals*** *(marsupials)*
2 amerikai nagy oposszum <erszényes patkány>
– *New World opossum, a didelphid*
3 vörös óriás kenguru <kengurufële>
– *red kangaroo (red flyer), a kangaroo*
**4–7 rovarevők**
– ***insectivores*** *(insect-eating mammals)*
4 vakondok (vakond)
– *mole*
5 sün (sündisznó, közönséges sün)
– *hedgehog*
6 tüskék
– *spine*
7 erdei cickány <cickányféle>
– *shrew (shrew mouse), one of the Soricidae*
8 tatu (kilencöves tatu) <övesállat>
– *nine-banded armadillo (peba)*
9 hosszúfülű denevér <simaorrú denevérféle>, <denevér>
– *long-eared bat (flitter-mouse), a flying mammal (chiropter, chiropteran)*
10 tobzoska <pikkelyes emlős>
– *pangolin (scaly ant-eater), a scaly mammal*
11 kétujjú lajhár
– *two-toed sloth (unau)*
**12–19 rágcsálók**
– ***rodents***
12 tengerimalac
– *guinea pig (cavy)*
13 tarajos sül
– *porcupine*
14 hódpatkány (nutria, mocsári hód)
– *nutria (coypu)*
15 ugróegér (sivatagi ugróegér)
– *jerboa*
16 hörcsög
– *hamster*
17 vízi pocok (kószapocok)
– *water vole*
18 marmota (havasi marmota, mormota)
– *marmot*
19 mókus
– *squirrel*
20 afrikai elefánt <ormányos>
– *African elephant, a proboscidean (proboscidian)*
21 ormány
– *trunk (proboscis)*
22 agyar
– *tusk*
23 lamantin <szirén>
– *manatee (manati, lamantin), a sirenian*
24 dél-afrikai szirti borz
– *South African dassie (das, coney, hyrax), a procaviid*
**25–31 patások**
– ***ungulates***
**25–27 páratlanujjú patások**
– ***odd-toed ungulates***
25 afrikai fekete orrszarvú <rinocéroszféle>
– *African black rhino, a rhinoceros (nasicorn)*
26 tapír
– *Brazilian tapir, a tapir*
27 zebra
– *zebra*
**28–31 párosujjú patások**
– ***even-toed ungulates***
**28–30 kérődzők**
– ***ruminants***
28 láma
– *llama*
29 kétpúpú teve
– *Bactrian camel (two-humped camel)*
30 huanako
– *guanaco*
31 víziló (nílusi víziló)
– *hippopotamus*

1
2
3
4
5
6
7
8
9
10
11
12
13
14
15
16
17
18
19
20
21
22
23
24
25
26
27
28
29
30
31

**1–10 patások, kérődzők**
– ***ungulates, ruminants***
1 jávorszarvas
– *elk (moose)*
2 vapiti
– *wapiti* (Am. *elk)*
3 zerge
– *chamois*
4 zsiráf
– *giraffe*
5 indiai antilop <igazi antilop>
– *black buck, an antelope*
6 muflon
– *mouflon (moufflon)*
7 kőszáli kecske (vadkecske)
– *ibex (rock goat, bouquetin, steinbock)*
8 házibivaly (vízibivaly, indiai bivaly, ázsiai bivaly)
– *water buffalo (Indian buffalo, water ox)*
9 bölény
– *bison*
10 pézsmatulok (pézsmaökör)
– *musk ox*
**11–22 ragadozók**
– ***carnivores*** *(beasts of prey)*
**11–13 kutyafélék**
– ***Canidae***
11 sakál
– *black-backed jackal (jackal)*
12 vörös róka
– *red fox*
13 farkas
– *wolf*
**14–17 menyétfélék**
– ***martens***
14 nyest
– *stone marten (beach marten)*
15 coboly
– *sable*
16 menyét
– *weasel*
17 tengeri vidra
– *sea otter, an otter*
**18–22 fókaalkatúak** (fókák, fókaalakúak, úszólábúak)
– ***seals*** *(pinnipeds)*
18 medvefóka
– *fur seal (sea bear, ursine seal)*
19 borjúfóka
– *common seal (sea calf, sea dog)*
20 rozmár
– *walrus (morse)*
21 bajusz
– *whiskers*
22 agyar
– *tusk*
**23–29 cetek**
– ***whales***
23 palackorrú delfin
– *bottle-nosed dolphin (bottle-nose dolphin)*
24 közönséges delfin (játékos delfin)
– *common dolphin*
25 ámbrás cet (nagy ámbráscet)
– *sperm whale (cachalot)*
26 ormyílás
– *blowhole (spout hole)*
27 hátúszó (hátuszony)
– *dorsal fin*
28 mellúszó (melluszony)
– *flipper*
29 farok (farokúszó, farokuszony)
– *tail flukes (tail)*

1
2
3
4
5
6
7
8
9
10
11
12
13
14
15
16
17
18
19
20
21
22
23
24
25
26
27
28
29

**1–11 ragadozók**
– ***carnivores*** *(beasts of prey)*
**1** sávos hiéna (csíkos hiéna)
– *striped hyena, a hyena*
**2–8 macskafélék**
– ***felines*** *(cats)*
**2** oroszlán
– *lion*
**3** sörény
– *mane (lion's mane)*
**4** mancs
– *paw*
**5** tigris
– *tiger*
**6** leopárd
– *leopard*
**7** gepárd
– *cheetah (hunting leopard)*
**8** hiúz
– *lynx*
**9–11 medvefélék**
– ***bears***
**9** mosómedve
– *raccoon (racoon,* Am. *coon)*
**10** barnamedve
– *brown bear*
**11** jegesmedve
– *polar bear (white bear)*
**12–16 főemlősök**
– ***primates***
**12–13** majmok
– *monkeys*
**12** bunder (vörösülepű makákó)
– *rhesus monkey (rhesus, rhesus macaque)*
**13** babuin
– *baboon*
**14–16 emberszabású majmok**
– ***anthropoids*** *(anthropoid apes, great apes)*
**14** csimpánz
– *chimpanzee*
**15** orangután
– *orang-utan (orang-outan)*
**16** gorilla
– *gorilla*

1
2
3
4
5
6
7
8
9
10
11
12
13
14
15
16

**1** Gigantocypris agassizi (óriás kagylósrák)
– *Gigantocypris agassizi*
**2** Macropharynx longicaudatus (pelikánangolna)
– *Macropharynx longicaudatus (pelican eel)*
**3** Pentacrinus (tengeri liliom) <tüskésbőrű>
– *Pantacrinus (feather star), a sea lily, an echinoderm*
**4** Thaumatolampas diadema <tintahal> [világít]
– *Thaumatolampas diadema, a cuttlefish [luminescent]*
**5** Atolla <mélytengeri medúza>, <testüregnélküli, tömlős>
– *Atolla, a deep-sea medusa, a coelenterate*
**6** Melanocetes (tarkaszárnyú hal, pohoshal) <horgászhalalakú> [világít]
– *Melanocetes, a pediculate [luminescent]*
**7** Lophocalyx philippensis <üvegszivacs, kovaszivacs>
– *Lophocalyx philippensis, a glass sponge*
**8** Mopsea <szarukorall> [telep]
– *Mopsea, a sea fan [colony]*
**9** Hydrallmania <hidraszabású, hidromedúza>, <csalánozó, polip, medúza>, <testüregnélküli, tömlős> [telep]
– *Hydrallmania, a hydroid polyp, a coelenterate [colony]*
**10** Malacosteus indicus <kígyóhalszerű> [világít]
– *Malacosteus indicus, a stomiatid [luminescent]*
**11** Brisinga endecacnemos <kígyókarú csillag, kígyócsillag>, <tüskésbőrű> [ingerlésre világít]
– *Brisinga endecacnemos, a sand star (brittle star), an echinoderm [luminescent only when stimulated]*
**12** Pasiphea <garnélarák, garnéla>, <rák>
– *Pasiphaea, a shrimp, a crustacean*
**13** Echiostoma <kígyóhalszerű>, <hal> [világít]
– *Echiostoma, a stomiatid, a fish [luminescent]*
**14** Umbellula encrinus (óriás tollkorall, bókoló korall) <tollkorall, tengeri toll>, <testüregnélküli, tömlős> [világító telep]
– *Umbellula encrinus, a sea pen (sea feather), a coelenterate [colony, luminescent]*
**15** Polycheles <rák>
– *Polycheles, a crustacean*
**16** Lithodes (kőrák) <rák>, <rövidfarkú rák, tarisznyarák>
– *Lithodes, a crustacean, a crab*
**17** Archaster <tengericsillag>, <tüskésbőrű>
– *Archaster, a starfish (sea star), an echinoderm*
**18** Oneirophanta <tengeri uborka>, <tüskésbőrű>
– *Oneirophanta, a sea cucumber, an echinoderm*
**19** Palaeopneustes niasicus <tengerisün>, <tüskésbőrű>
– *Palaeopneustes niasicus, a sea urchin (sea hedgehog), an echinoderm*
**20** Chitonactis <tengeri rózsa>, <testüregnélküli, tömlős>
– *Chitonactis, a sea anemone (actinia), a coelenterate*

1
2
3
4
5
6
7
8
9
10
11
12
13
14
15
16
17
18
19
20

**1 fa**
**– *tree***
2 fatörzs (törzs)
– *bole (tree trunk, trunk, stem)*
3 fakorona (lombkorona)
– *crown of tree (crown)*
4 tető
– *top of tree (treetop)*
5 ág
– *bough (limb, branch)*
6 gally (ág)
– *twig (branch)*
**7 fatörzs** [keresztmetszet]
**– *bole (tree trunk) [cross section]***
8 kéreg
– *bark (rind)*
9 háncs (háncsrész)
– *phloem (bast sieve tissue, inner fibrous bark)*
10 kambium
– *cambium (cambium ring)*
11 bélsugarak
– *medullary rays (vascular rays, pith rays)*
12 szijács
– *sapwood (sap, alburnum)*
13 geszt
– *heartwood (duramen)*
14 bél
– *pith*
**15 növény**
**– *plant***
16–18 gyökér
– *root*
16 főgyökér
– *primary root*
17 oldalgyökér
– *secondary root*
18 hajszálgyökér
– *root hair*
19–25 hajtás
– *shoot (sprout)*
19 levél
– *leaf*
20 szár
– *stalk*
21 oldalhajtás
– *side shoot (offshoot)*
22 csúcsrügy
– *terminal bud*
23 virág
– *flower*
24 virágrügy (termőrügy, bimbó)
– *flower bud*
25 levélhónalj oldalrüggyel (hónaljrüggyel)
– *leaf axil with axillary bud*
**26 levél**
**– *leaf***
27 levélnyél
– *leaf stalk (petiole)*
28 levéllemez (lemez)
– *leaf blade (blade, lamina)*
29 levélerezet
– *venation (veins, nervures, ribs)*
30 főér
– *midrib (nerve)*
31–38 levélformák
– *leaf shapes*
31 szálas
– *linear*
32 lándzsás (lándzsa alakú)
– *lanceolate*
33 kerekded
– *orbicular (orbiculate)*
34 tű alakú (tűlevél)
– *acerose (acerous, acerate, acicular, needle-shaped)*
35 szív alakú
– *cordate*
36 tojásdad
– *ovate*
37 nyilas (nyíl alakú)
– *sagittate*
38 vese alakú
– *reniform*
39–42 összetett levelek
– *compound leaves*
39 ujjas (tenyeres)
– *digitate (digitated, palmate, quinquefoliolate)*
40 szeldelt
– *pinnatifid*
41 párosan szárnyas
– *abruptly pinnate*
42 páratlanul szárnyas
– *odd-pinnate*
43–50 levélszélformák
– *leaf margin shapes*
43 ép (sima)
– *entire*
44 fűrészes
– *serrate (serrulate, saw-toothed)*
45 kétszeresen fűrészes
– *doubly toothed*
46 csipkés
– *crenate*
47 fogas
– *dentate*
48 karéjos
– *sinuate*
49 szőrös
– *ciliate (ciliated)*
50 szőr
– *cilium*
**51 virág**
**– *flower***
52 kocsány
– *flower stalk (flower stem, scape)*
53 vacok
– *receptacle (floral axis, thalamus, torus)*
54 magház
– *ovary*
55 bibeszál
– *style*
56 bibe
– *stigma*
57 porzó (porzólevél)
– *stamen*
58 csészelevél
– *sepal*
59 pártalevél
– *petal*
60 magház és porzó [metszet]
– *ovary and stamen [section]*
61 magházfal
– *ovary wall*
62 magházüreg
– *ovary cavity*
63 magkezdemény
– *ovule*
64 embriózsák
– *embryo sac*
65 pollen (virágpor)
– *pollen*
66 pollentömlő
– *pollen tube*
67–77 virágzatok
– *inflorescences*
67 füzér
– *spike (racemose spike)*
68 fürt
– *raceme (simple raceme)*
69 összetett fürt (buga)
– *panicle*
70 kettős bog (bogernyő)
– *cyme*
71 torzsa
– *spadix (fleshy spike)*
72 ernyő
– *umbel (simple umbel)*
73 fejecske (gombvirágzat)
– *capitulum*
74 fészek
– *composite head (discoid flower head)*
75 serlegvirágzat
– *hollow flower head*
76 kunkor
– *bostryx (helicoid cyme)*
77 forgó
– *cincinnus (scorpioid cyme, curled cyme)*
78–82 gyökerek
– *roots*
78 járulékos gyökerek (mellékgyökerek)
– *adventitious roots*
79 raktározógyökér
– *tuber (tuberous root, swollen taproot)*
80 kúszógyökerek
– *adventitious roots (aerial roots)*
81 gyökértüskék
– *root thorns*
82 léggyökerek
– *pneumatophores*
83–85 fűszár (fűszál)
– *blade of grass*
83 levélhüvely
– *leaf sheath*
84 nyelvecske
– *ligule (ligula)*
85 levéllemez
– *leaf blade (lamina)*
86 csíra
– *embryo (seed, germ)*
87 sziklevél
– *cotyledon (seed leaf, seed lobe)*
88 gyököcske
– *radicle*
89 szik alatti szár
– *hypocotyl*
90 rügyecske
– *plumule (leaf bud)*
91–102 termések
– *fruits*
91–96 felnyíló termések
– *dehiscent fruits*
91 tüsző
– *follicle*
92 hüvely
– *legume (pod)*
93 becő
– *siliqua (pod)*
94 hasadó tok
– *schizocarp*
95 kupakkal nyíló tok
– *pyxidium (circumscissile seed vessel)*
96 lyukakkal nyíló tok
– *poricidal capsule (porose capsule)*
97–102 zárt termések (fel nem nyíló termések)
– *indehiscent fruits*
97 bogyó
– *berry*
98 makk
– *nut*
99 csonthéjas termés (cseresznye)
– *drupe (stone fruit) (cherry)*
100 csoportos aszmagtermés (csipkebogyó)
– *aggregate fruit (compound fruit) (rose hip)*
101 csoportos csonthéjas termés, szedertermés (málna)
– *aggregate fruit (compound fruit) (raspberry)*
102 társas tüszőtermés (alma)
– *pome (apple)*

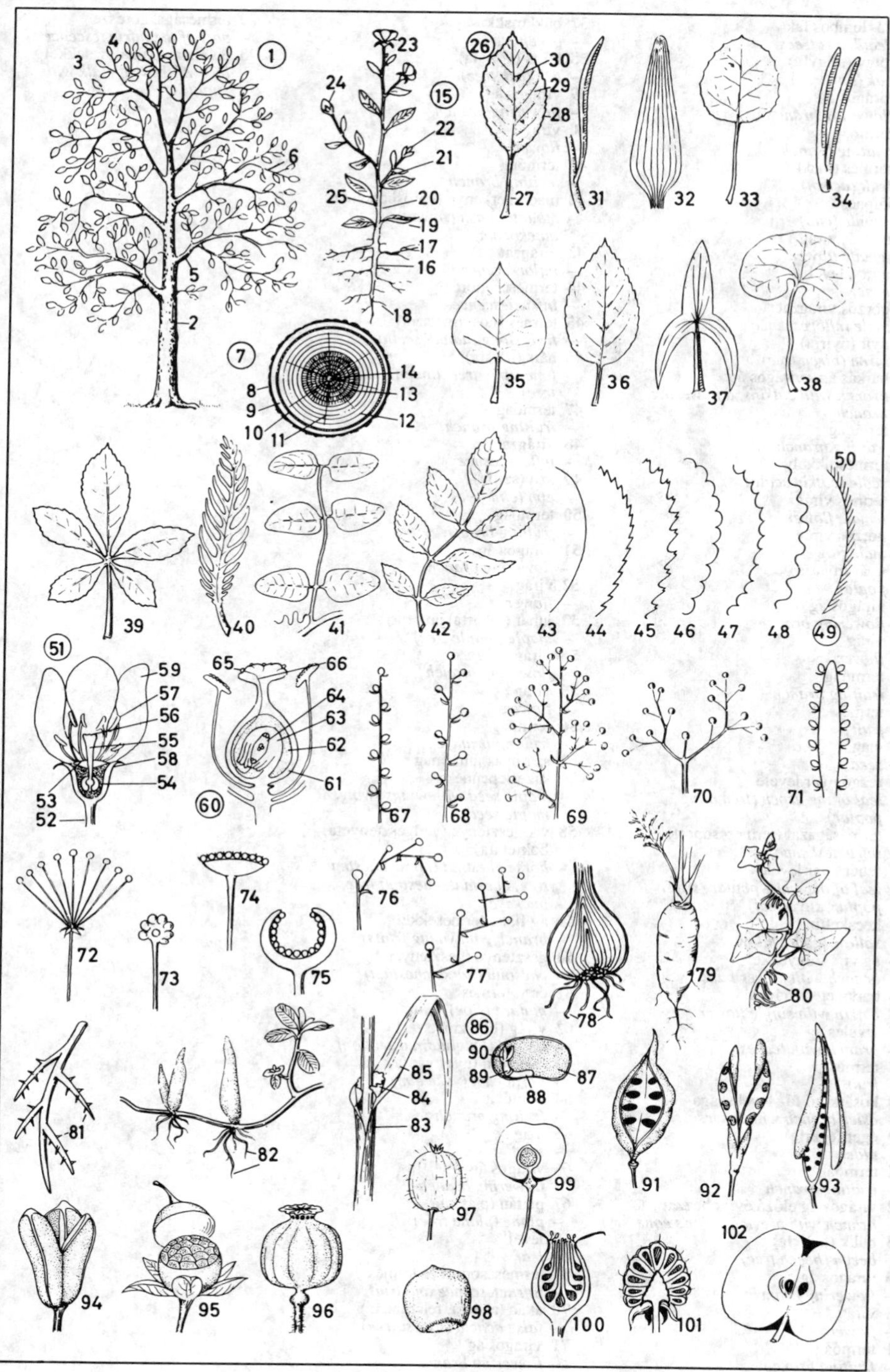
1
2
3
4
5
6
7
8
9
10
11
12
13
14
15
16
17
18
19
20
21
22
23
24
25
26
27
28
29
30
31
32
33
34
35
36
37
38
39
40
41
42
43
44
45
46
47
48
49
50
51
52
53
54
55
56
57
58
59
60
61
62
63
64
65
66
67
68
69
70
71
72
73
74
75
76
77
78
79
80
81
82
83
84
85
86
87
88
89
90
91
92
93
94
95
96
97
98
99
100
101
102

**1–73** lombos fák
– *deciduous trees*
**1** tölgy (tölgyfa)
– *oak (oak tree)*
**2** virágos ág
– *flowering branch*
**3** termőág
– *fruiting branch*
**4** termés (makk)
– *fruit (acorn)*
**5** kupacs
– *cupule (cup)*
**6** termős virág
– *female flower*
**7** murvalevél
– *bract*
**8** porzós virágzat
– *male inflorescence*
**9** nyír (nyírfa)
– *birch (birch tree)*
**10** barkás ág <virágos ág>
– *branch with catkins, a flowering branch*
**11** termőág
– *fruiting branch*
**12** terméspikkely
– *scale (catkin scale)*
**13** termős virág
– *female flower*
**14** porzós virág
– *male flower*
**15** nyár (nyárfa)
– *poplar*
**16** virágos ág
– *flowering branch*
**17** virág
– *flower*
**18** termőág
– *fruiting branch*
**19** termés
– *fruit*
**20** mag
– *seed*
**21** rezgő nyár levele
– *leaf of the aspen (trembling poplar)*
**22** terméságazat (terméscsoport)
– *infructescence*
**23** fehér nyár levele
– *leaf of the white poplar (silver poplar, silverleaf)*
**24** kecskefűz
– *sallow (goat willow)*
**25** ág virágrügyekkel
– *branch with flower buds*
**26** barka egy virággal
– *catkin with single flower*
**27** leveles ág
– *branch with leaves*
**28** termés
– *fruit*
**29** kosárkötő fűz leveles ága
– *osier branch with leaves*
**30** éger (égerfa)
– *alder*
**31** termőág
– *fruiting branch*
**32** virágos ág előző évi tobozzal
– *branch with previous year's cone*
**33** bükk (bükkfa)
– *beech (beech tree)*
**34** virágos ág
– *flowering branch*
**35** virág
– *flower*
**36** termőág
– *fruiting branch*
**37** bükkmakk
– *beech nut*
**38** kőris (kőrisfa)
– *ash (ash tree)*
**39** virágos ág
– *flowering branch*
**40** virág
– *flower*
**41** termőág
– *fruiting branch*
**42** madárberkenye (vörösberkenye)
– *mountain ash (rowan, quickbeam)*
**43** virágzat
– *inflorescence*
**44** terméscsoport
– *infructescence*
**45** termés [hosszmetszet]
– *fruit [longitudinal section]*
**46** hárs (hársfa)
– *lime (lime tree, linden, linden tree)*
**47** termőág
– *fruiting branch*
**48** virágzat
– *inflorescence*
**49** szil (szilfa)
– *elm (elm tree)*
**50** termőág
– *fruiting branch*
**51** virágos ág
– *flowering branch*
**52** virág
– *flower*
**53** juhar (juharfa, jávorfa)
– *maple (maple tree)*
**54** virágos ág
– *flowering branch*
**55** virág
– *flower*
**56** termőág
– *fruiting branch*
**57** szárnyas juharmag <ikerlependék>
– *maple seed with wings (winged maple seed)*
**58** vadgesztenye (vadgesztenyefa, bokrétafa)
– *horse chestnut (horse chestnut tree, chestnut, chestnut tree, buckeye)*
**59** ág fiatal termésekkel
– *branch with young fruits*
**60** gesztenye (gesztenyemag)
– *chestnut (horse chestnut)*
**61** érett termés
– *mature (ripe) fruit*
**62** virág [hosszmetszet]
– *flower [longitudinal section]*
**63** gyertyán (gyertyánfa)
– *hornbeam (yoke elm)*
**64** termőág
– *fruiting branch*
**65** mag
– *seed*
**66** virágos ág
– *flowering branch*
**67** platán (platánfa)
– *plane (plane tree)*
**68** levél
– *leaf*
**69** terméscsoport és termés
– *infructescence and fruit*
**70** akác (akácfa, fehér akác)
– *false acacia (locust tree)*
**71** virágos ág
– *flowering branch*
**72** terméságazat része
– *part of the infructescence*
**73** levélalap pálhalevelekkel
– *base of the leaf stalk with stipules*

1
2
3
4
5
6
7
8
9
10
11
12
13
14
15
16
17
18
19
20
21
22
23
24
25
26
27
28
29
30
31
32
33
34
35
36
37
38
39
40
41
42
43
44
45
46
47
48
49
50
51
52
53
54
55
56
57
58
59
60
61
62
63
64
65
66
67
68
69
70
71
72
73

**1–71** tűlevelűek (toboztermő fák)
– *coniferous trees (conifers)*
**1** közönséges jegenyefenyő
– *silver fir (European silver fir, common silver fir)*
**2** jegenyefenyő toboza <toboztermés>
– *fir cone, a fruit cone*
**3** toboztengely
– *cone axis*
**4** termős tobozvirágzat
– *female flower cone*
**5** takarópikkely
– *bract scale (bract)*
**6** porzós virágrügy
– *male flower shoot*
**7** porzó
– *stamen*
**8** tobozpikkely
– *cone scale*
**9** szárnyas mag
– *seed with wing (winged seed)*
**10** mag [hosszmetszet]
– *seed [longitudinal section]*
**11** fenyőtű
– *fir needle (needle)*
**12** lucfenyő
– *spruce (spruce fir)*
**13** lucfenyő toboza
– *spruce cone*
**14** tobozpikkely
– *cone scale*
**15** mag
– *seed*
**16** termős tobozvirágzat
– *female flower cone*
**17** porzós virágzat
– *male inflorescence*
**18** porzó
– *stamen*
**19** lucfenyőtű
– *spruce needle*
**20** erdeifenyő
– *pine (Scots pine)*
**21** törpefenyő
– *dwarf pine*
**22** termős tobozvirágzat
– *female flower cone*
**23** kéttűs rövid hajtás
– *short shoot with bundle of two leaves*
**24** porzós virágzatok
– *male inflorescences*
**25** évi hajtás
– *annual growth*
**26** erdeifenyő toboza
– *pine cone*
**27** tobozpikkely
– *cone scale*
**28** mag
– *seed*
**29** cirbolyafenyő toboza
– *fruit cone of the arolla pine (Swiss stone pine)*
**30** simafenyő toboza
– *fruit cone of the Weymouth pine (white pine)*
**31** rövid hajtás [keresztmetszet]
– *short shoot [cross section]*
**32** vörösfenyő
– *larch*
**33** virágos ág
– *flowering branch*
**34** termős tobozvirágzat pikkelye
– *scale of the female flower cone*
**35** portok
– *anther*
**36** vörösfenyő ága tobozzal (tobozterméssel)
– *branch with larch cones (fruit cones)*
**37** mag
– *seed*
**38** tobozpikkely
– *cone scale*
**39** életfa (tuja)
– *arbor vitae (tree of life, thuja)*
**40** termőág
– *fruiting branch*
**41** toboztermés
– *fruit cone*
**42** pikkely
– *scale*
**43** ág porzós és termős virágokkal
– *branch with male and female flowers*
**44** porzós rügy
– *male shoot*
**45** pikkely pollenzsákokkal
– *scale with pollen sacs*
**46** termős rügy
– *female shoot*
**47** boróka (borókafenyő, gyalogfenyő)
– *juniper (juniper tree)*
**48** termős rügy [hosszmetszet]
– *female shoot [longitudinal section]*
**49** porzós rügy
– *male shoot*
**50** pikkely pollenzsákokkal
– *scale with pollen sacs*
**51** termőág
– *fruiting branch*
**52** borókabogyó
– *juniper berry*
**53** termés [keresztmetszet]
– *fruit [cross section]*
**54** mag
– *seed*
**55** mandulafenyő (píneafenyő)
– *stone pine*
**56** porzós rügy
– *male shoot*
**57** toboztermés magokkal [hosszmetszet]
– *furit cone with seeds [longitudinal section]*
**58** ciprus (ciprusfa)
– *cypress*
**59** termőág
– *fruiting branch*
**60** mag
– *seed*
**61** tiszafa
– *yew (yew tree)*
**62** porzós virágrügy és termős tobozvirágzat
– *male flower shoot and female flower cone*
**63** termőág
– *fruiting branch*
**64** termés
– *fruit*
**65** cédrus (cédrusfa)
– *cedar (cedar tree)*
**66** termőág
– *fruiting branch*
**67** termáspikkely
– *fruit scale*
**68** porzós virágrügy és termős tobozvirágzat
– *male flower shoot and female flower cone*
**69** mamutfenyő
– *mammoth tree (Wellingtonia, sequoia)*
**70** termőág
– *fruiting branch*
**71** mag
– *seed*

**1** aranyfa (aranycserje; *helytelenül:* aranyeső)
– *forsythia*
**2** magház és porzó
– *ovary and stamen*
**3** levél
– *leaf*
**4** sárga *v.* cserjés jázmin <Jasminum>
– *yellow-flowered jasmine (jasmin, jessamine)*
**5** virág [hosszmetszet] bibeszállal, magházzal és porzókkal
– *flower [longitudinal section] with styles, ovaries and stamens*
**6** közönséges fagyal
– *privet (common privet)*
**7** virág
– *flower*
**8** terméságazat
– *infructescence*
**9** illatos *v.* közönséges jezsámen (áljázmin) <Philadelphus> [Magyarországon általában ezt nevezik – helytelenül – jázminnak]
– *mock orange (sweet syringa)*
**10** kányabangita
– *snowball (snowball bush, guelder rose)*
**11** virág
– *flower*
**12** termések
– *fruits*
**13** leander (oleander)
– *oleander (rosebay, rose laurel;*
**14** virág [hosszmetszet]
– *flower [longitudinal section]*
**15** piros *v.* kínai liliomfa (magnólia)
– *red magnolia*
**16** levél
– *leaf*
**17** japánbirs
– *japonica (Japanese quince)*
**18** termés
– *fruit*
**19** örökzöld puszpáng *v.* bukszus
– *common box (box, box tree)*
**20** termős virág
– *female flower*
**21** porzós virág
– *male flower*
**22** termés [hosszmetszet]
– *fruit [longitudinal section]*
**23** rózsalonc
– *weigela (weigelia)*
**24** pálmaliliom (jukka) [virágzat része]
– *yucca [part of the inflorescence]*
**25** levél
– *leaf*
**26** gyepűrózsa (csipkerózsa, vadrózsa)
– *dog rose (briar rose, wild briar)*
**27** termés
– *fruit*
**28** boglárkacserje (boglárcserje)
– *kerria*
**29** termés
– *fruit*
**30** húsos som
– *cornelian cherry*
**31** virág
– *flower*
**32** termés
– *fruit (cornelian cherry)*
**33** fenyérmirtusz
– *sweet gale (gale)*

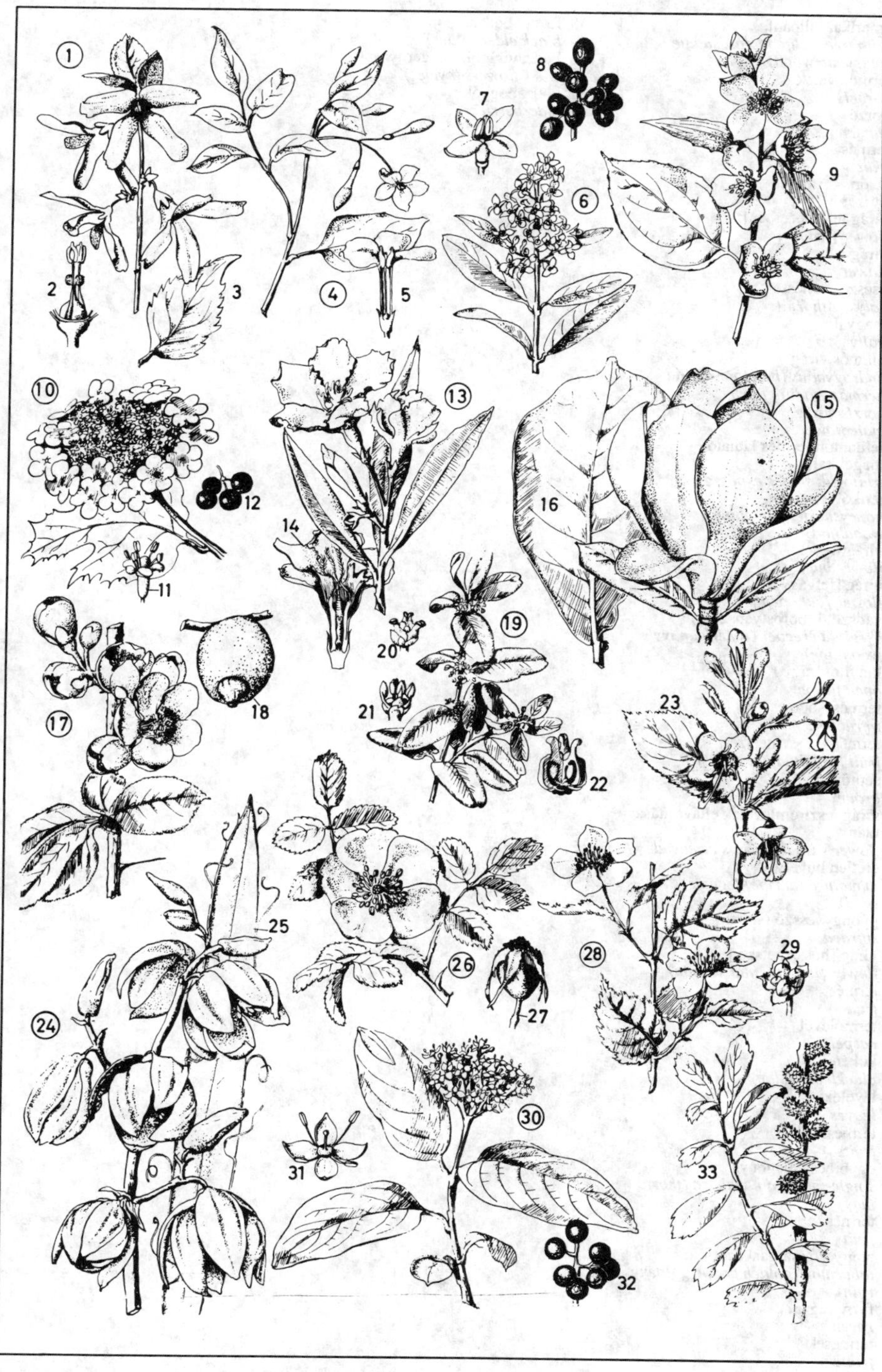
1
2
3
4
5
6
7
8
9
10
11
12
13
14
15
16
17
18
19
20
21
22
23
24
25
26
27
28
29
30
31
32
33

1 amerikai tulipánfa
– *tulip tree (tulip poplar, saddle tree, whitewood)*
2 termőlevelek
– *carpels*
3 porzó
– *stamen*
4 termés
– *fruit*
5 izsóp
– *hyssop*
6 virág [elölnézetben]
– *flower [front view]*
7 virág
– *flower*
8 csésze terméssel
– *calyx with fruit*
9 magyal
– *holly*
10 hímnős virág
– *androgynous (hermaphroditic, hermaphrodite) flower*
11 porzós virág
– *male flower*
12 felbontott termés látható magokkal
– *fruit with stones exposed*
13 jerikói lonc
– *honeysuckle (woodbine, woodbind)*
14 virágrügyek
– *flower buds*
15 virág [felvágva]
– *flower [cut open]*
16 vadszőlő (borostyánszőlő)
– *Virginia creeper (American ivy, woodbine)*
17 kinyílt virág
– *open flower*
18 terméscsoport
– *infructescence*
19 termés [hosszmetszet]
– *fruit [longitudinal section]*
20 seprőzanót
– *broom*
21 virág a sziromlevelek eltávolítása után
– *flower with the petals removed*
22 éretlen hüvely
– *immature (unripe) legume (pod)*
23 gyöngyvessző (spírea)
– *spiraea*
24 virág [hosszmetszet]
– *flower [longitudinal section]*
25 termés
– *fruit*
26 termőlevél
– *carpel*
27 kökény
– *blackthorn (sloe)*
28 levelek
– *leaves*
29 termések
– *fruits*
30 egybibés galagonya
– *single-pistilled hawthorn (thorn, may)*
31 termés
– *fruit*
32 aranyeső (sárgaakác)
– *laburnum (golden chain, golden rain)*
33 fürtvirágzat
– *raceme*
34 termések
– *fruits*
35 fekete bodza
– *black elder (elder)*
36 bodzavirágok <bogernyők>
– *elder flowers (cymes)*
37 bodzabogyók
– *elderberries*

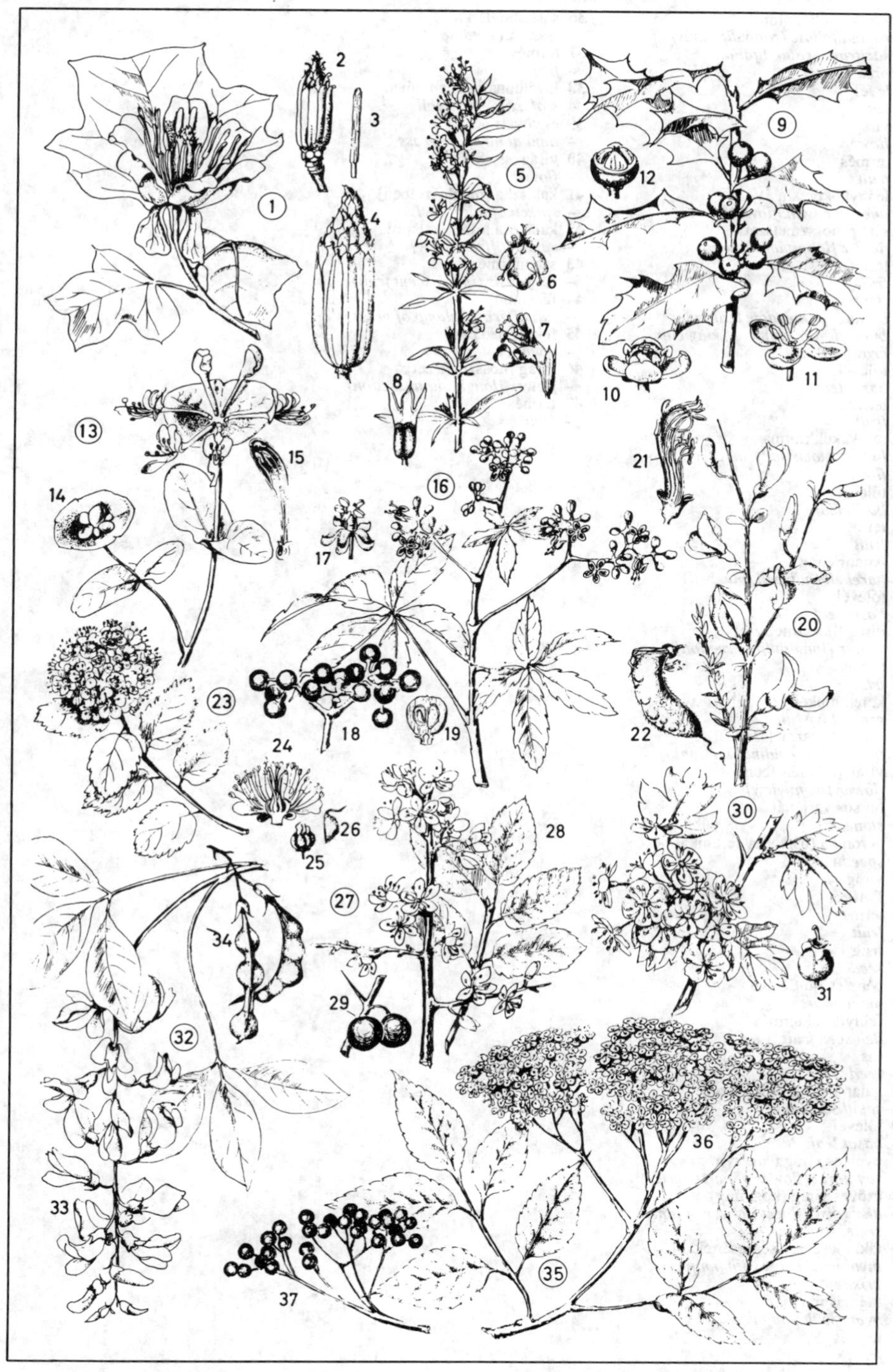

1
2
3
4
5
6
7
8
9
10
11
12
13
14
15
16
17
18
19
20
21
22
23
24
25
26
27
28
29
30
31
32
33
34
35
36
37

# 375 Mezei és útszéli virágok I.

1 kereklevelű kőtörőfű
– *rotundifoliate (rotundifolious) saxifrage (rotundifoliate breakstone)*
2 levél
– *leaf*
3 virág
– *flower*
4 termés
– *fruit*
5 leánykökörcsin
– *anemone (windflower)*
6 virág [hosszmetszet]
– *flower [longitudinal section]*
7 termés
– *fruit*
8 réti boglárka
– *buttercup (meadow buttercup, butterflower, goldcup, king cup, crowfoot)*
9 tőlevél
– *basal leaf*
10 termés
– *fruit*
11 réti kakukktorma
– *lady's smock (ladysmock, cuckoo flower)*
12 tőlevél
– *basal leaf*
13 termés
– *fruit*
14 harangvirág
– *harebell (hairbell, bluebell)*
15 tőlevél
– *basal leaf*
16 virág [hosszmetszet]
– *flower [longitudinal section]*
17 termés
– *fruit*
18 kerek repkény (földiborostyán)
– *ground ivy (ale hoof)*
19 virág [hosszmetszet]
– *flower [longitudinal section]*
20 virág [elölnézetben]
– *flower [front view]*
21 borsos varjúháj
– *stonecrop*
22 veronika (ösztörűs veronika)
– *speedwell*
23 virág
– *flower*
24 termés
– *fruit*
25 mag
– *seed*
26 pénzlevelű lizinka
– *moneywort*
27 felnyílt toktermés
– *dehisced fruit*
28 mag
– *seed*
29 galambszínű ördögszem
– *small scabious*
30 tőlevél
– *basal leaf*
31 nyelves virág (sugárvirág)
– *ray floret (flower of outer series)*
32 csöves virág (kögvirág)
– *disc (disk) floret (flower of inner series)*
33 takarócsésze csészesertékkel
– *involucral calyx with pappus bristles*
34 bóbitás magház
– *ovary with pappus*
35 termés
– *fruit*
36 salátaboglárka
– *lesser celandine*
37 termés
– *fruit*
38 levélhónalj sarjgumóval
– *leaf axil with bulbil*
39 egynyári perje
– *annual meadow grass*
40 virág
– *flower*
41 kalászka [oldalnézetben]
– *spikelet [side view]*
42 kalászka [elölnézetben]
– *spikelet [front view]*
43 szemtermés
– *caryopsis (indehiscent fruit)*
44 fűcsomó
– *tuft of grass (clump of grass)*
45 fekete nadálytő
– *comfrey*
46 virág [hosszmetszet]
– *flower [longitudinal section]*
47 termés
– *fruit*

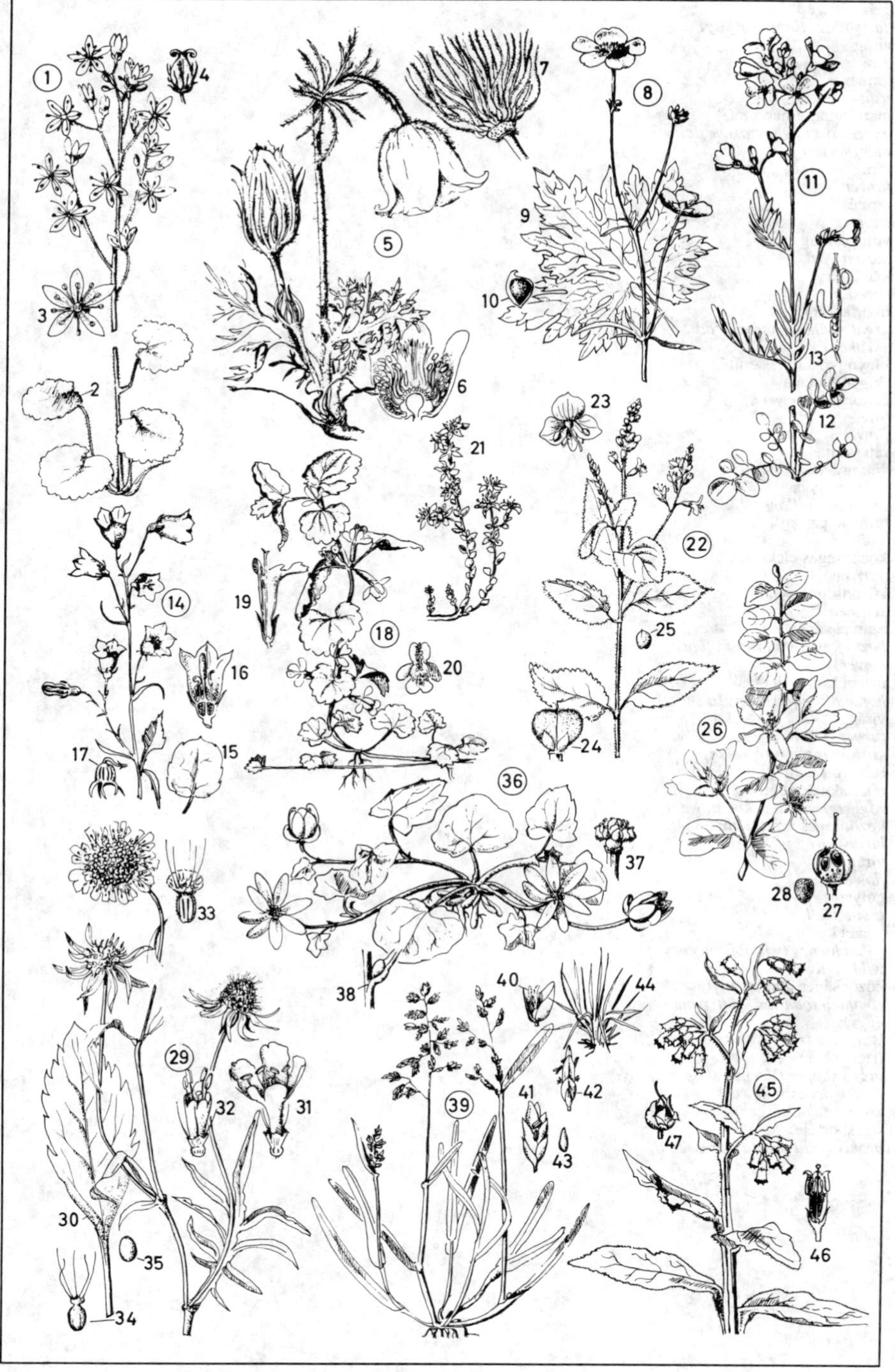
1
2
3
4
5
6
7
8
9
10
11
12
13
14
15
16
17
18
19
20
21
22
23
24
25
26
27
28
29
30
31
32
33
34
35
36
37
38
39
40
41
42
43
44
45
46
47

# 376 Mezei és útszéli virágok II.

**1** százszorszép
– *daisy* (Am. *English daisy)*
**2** virág
– *flower*
**3** termés
– *fruit*
**4** margitvirág (margaréta)
– *oxeye daisy (white oxeye daisy, marguerite)*
**5** virág
– *flower*
**6** termés
– *fruit*
**7** völgycsillag
– *masterwort*
**8** kankalin
– *cowslip*
**9** ökörfarkkóró
– *great mullein (Aaron's rod, shepherd's club)*
**10** kígyógyökerű keserűfű (kígyógyökér)
– *bistort (snakeweed)*
**11** virág
– *flower*
**12** réti imola
– *knapweed*
**13** erdei mályva
– *common mallow*
**14** termés (papsajt)
– *fruit*
**15** közönséges cickafark
– *yarrow*
**16** közönséges gyíkfű
– *self-heal*
**17** szarvaskerep
– *bird's foot trefoil (bird's foot clover)*
**18** mezei zsurló [hajtás]
– *horsetail (equisetum) [a shoot]*
**19** virág
– *flower (strobile)*
**20** szurokszegfű (enyveske)
– *campion (catchfly)*
**21** réti kakukkszegfű
– *ragged robin (cuckoo flower)*
**22** közönséges farkasalma
– *birth-wort*
**23** virág
– *flower*
**24** gólyaorr
– *crane's bill*
**25** mezei katáng
– *wild chicory (witloof, succory, wild endive)*
**26** közönséges gyújtoványfű
– *common toadflax (butter-and-eggs)*
**27** Boldogasszony papucsa (rigópohár)
– *lady's slipper (Venus's slipper,* Am. *moccasin flower)*
**28** kosbor (agárkosbor) <kosborféle>
– *orchis (wild orchid), an orchid*

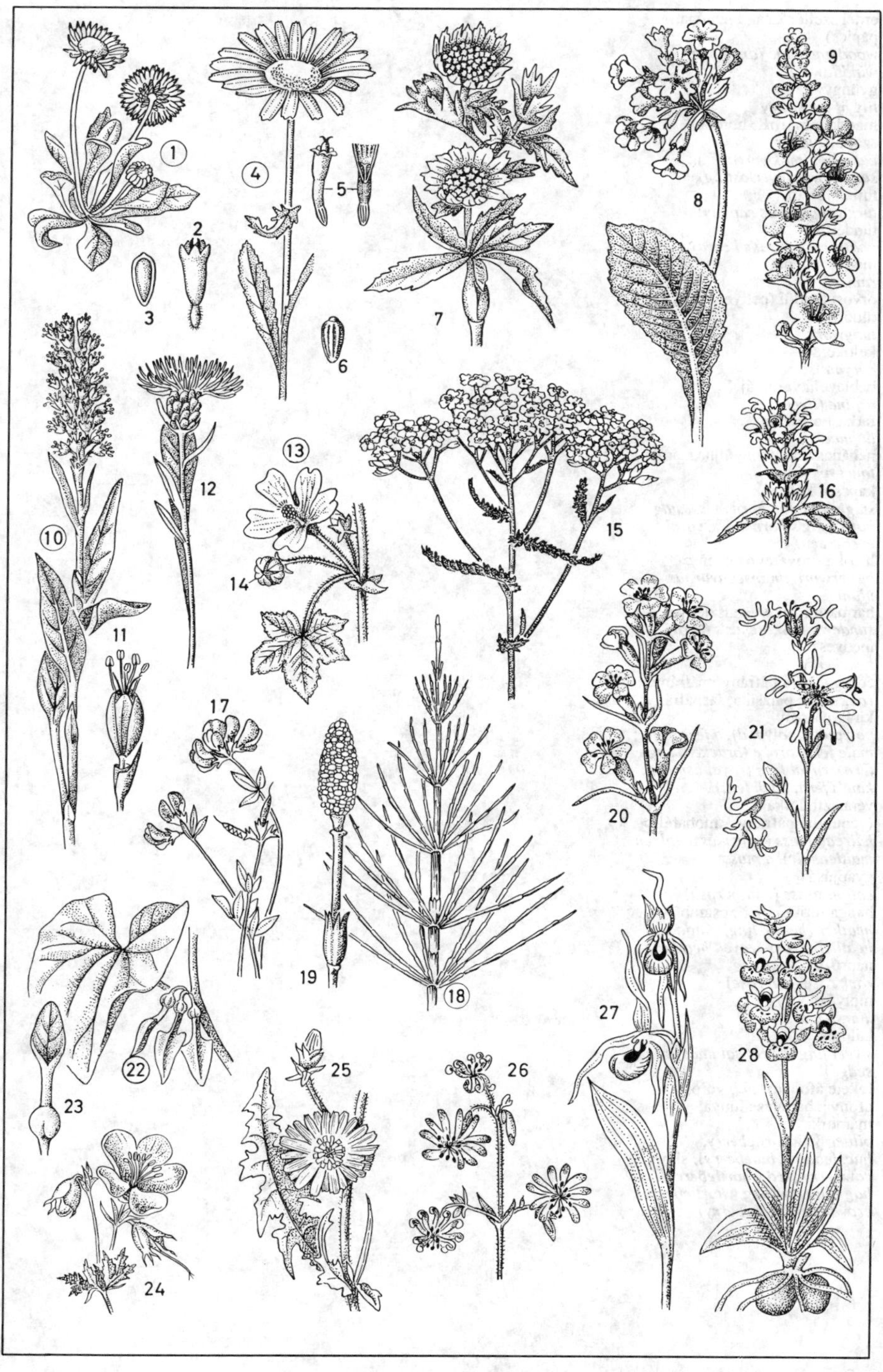
1
2
3
4
5
6
7
8
9
10
11
12
13
14
15
16
17
18
19
20
21
22
23
24
25
26
27
28

# 377 Erdei, lápi és pusztai növények

**1** erdei szellőrózsa (anemóna, pápics)
– *wood anemone (anemone, windflower)*
**2** gyöngyvirág
– *lily of the valley*
**3** macskatalp; *rok.:* homoki szalmagyopár
– *cat's foot (milkwort);* sim.: *sandflower (everlasting)*
**4** turbánliliom
– *turk's cap (turk's cap lily)*
**5** tündérfürt
– *goatsbeard (goat's beard)*
**6** medvehagyma
– *ramson*
**7** orvosi tüdőfű (pettyegetett tüdőfű)
– *lungwort*
**8** keltike
– *corydalis*
**9** bablevelű varjúháj
– *orpine (livelong)*
**10** farkasboroszlán
– *daphne*
**11** nebáncsvirág (nenyúljhozzám)
– *touch-me-not*
**12** kapcsos korpafű
– *staghorn (stag horn moss, stag's horn, stag's horn moss, coral evergreen)*
**13** hízóka <rovarevő növény>
– *butterwort, an insectivorous plant*
**14** harmatfű; *rok.:* vénuszlégycsapó
– *sundew;* sim.: *Venus's flytrap*
**15** medveszőlő
– *bearberry*
**16** édesgyökerű páfrány <páfrány>; *rok.:* erdei pajzsika, saspáfrány, királypáfrány
– *polypody (polypod), a fern;* sim.: *male fern, brake (bracken, eagle fern), royal fern (royal osmund, king's fern, ditch fern)*
**17** vénuszfodorka (vénuszhajpáfrány) <mohaféle>
– *haircap moss (hair moss, golden maidenhair), a moss*
**18** gyapjúsás
– *cotton grass (cotton rush)*
**19** hanga (erika); *rok.:* csarab
– *heather (heath, ling);* sim.: *bell heather (cross-leaved heather)*
**20** naprózsa
– *rock rose (sun rose)*
**21** molyűző
– *marsh tea*
**22** kálmos
– *sweet flag (sweet calamus, sweet sedge)*
**23** fekete áfonya; *rok.:* vörös áfonya, hamvas áfonya, mámorka
– *bilberry (whortleberry, huckleberry, blueberry);* sim.: *cowberry (red whortleberry), bog bilberry (bog whortleberry), crowberry (crakeberry)*

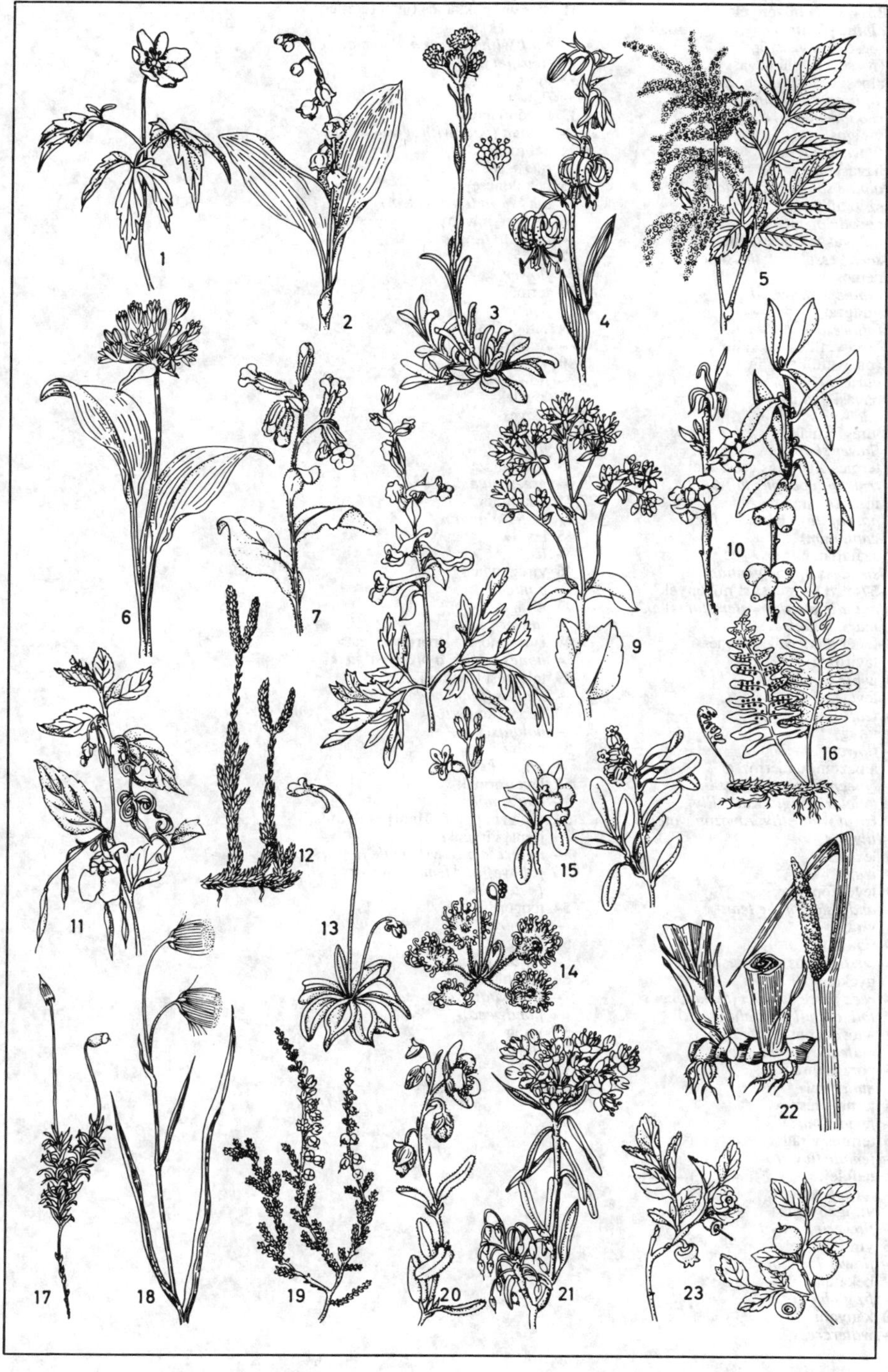
1
2
3
4
5
6
7
8
9
10
11
12
13
14
15
16
17
18
19
20
21
22
23

**1–13 havasi növények**
– ***alpine plants***
**1** rozsdás havasszépe (rozsdáslevelű havasi rózsa, alpesi rododendron, alpesi rózsa)
– *alpine rose (alpine rhododendron)*
**2** virágos ág
– *flowering shoot*
**3** havasi harangrojt
– *alpine soldanella (soldanella)*
**4** szétterült párta
– *corolla opened out*
**5** magvas tok bibeszállal
– *seed vessel with the style*
**6** nemes üröm
– *alpine wormwood*
**7** virágzat
– *inflorescence*
**8** cifra v. füles kankalin (medvefülkankalin)
– *auricula*
**9** havasi gyopár
– *edelweiss*
**10** virágformák
– *flower shapes*
**11** termés a bóbitás csészével
– *fruit with pappus tuft*
**12** fészkes virág részlete
– *part of flower head (of capitulum)*
**13** száratlan tárnics
– *stemless alpine gentian*
**14–57 vízi és mocsári növények**
– ***aquatic plants*** *(water plants) and marsh plants*
**14** fehér tündérrózsa (fehér tavirózsa)
– *white water lily*
**15** levél
– *leaf*
**16** virág
– *flower*
**17** amazoni tündérrózsa
– *Queen Victoria water lily (Victoria regia water lily, royal water lily, Amazon water lily)*
**18** levél
– *leaf*
**19** levél fonákja
– *underside of the leaf*
**20** virág
– *flower*
**21** buzogányos v. széleslevelű gyékény
– *reed mace bulrush (cattail, cat's tail, cattail flag, club rush)*
**22** a torzsa porzós része
– *male part of the spadix*
**23** porzós virág
– *male flower*
**24** termős rész
– *female part*
**25** termős virág
– *female flower*
**26** nefelejcs
– *forget-me-not*
**27** virágzó hajtás
– *flowering shoot*
**28** virág
– *flower [section]*
**29** békatutaj
– *frog's bit*
**30** kányafű
– *watercress*
**31** szár virágokkal és fiatal (éretlen) termésekkel
– *stalk with flowers and immature (unripe) fruits*
**32** virág
– *flower*
**33** becő magokkal
– *siliqua (pod) with seeds*
**34** két mag
– *two seeds*
**35** békalencse
– *duckweed (duck's meat)*
**36** virágzó növény
– *plant in flower*
**37** virág
– *flower*
**38** termés
– *fruit*
**39** virágkáka
– *flowering rush*
**40** virágernyő
– *flower umbel*
**41** levelek
– *leaves*
**42** termés
– *fruit*
**43** zöldmoszat
– *green alga*
**44** vízi hídőr
– *water plantain*
**45** levél
– *leaf*
**46** virágbuga
– *panicle*
**47** virág
– *flower*
**48** cukormoszat <barnamoszat>
– *honey wrack, a brown alga*
**49** teleptest (thallus)
– *thallus (plant body, frond)*
**50** kapaszkodószerv
– *holdfast*
**51** nyílfű
– *arrow head*
**52** levélformák
– *leaf shapes*
**53** virágzat porzós [fent] és termős [lent] virágokkal
– *inflorescence with male flowers [above] and female flowers [below]*
**54** tengerifű
– *sea grass*
**55** virágzat
– *inflorescence*
**56** átokhínár
– *Canadian waterweed (Canadian pondweed)*
**57** virág
– *flower*

1
2
3
4
5
6
7
8
9
10
11
12
13
14
15
16
17
18
19
20
21
22
23
24
25
26
27
28
29
30
31
32
33
34
35
36
37
38
39
40
41
42
43
44
45
46
47
48
49
50
51
52
53
54
55
56
57

**1** sisakvirág
– *aconite (monkshood, wolfsbane, helmet flower)*
**2** gyűszűvirág
– *foxglove (Digitalis)*
**3** őszi kikerics (őszike)
– *meadow saffron (naked lady, naked boys)*
**4** foltos bürök (sípfű)
– *hemlock (Conium)*
**5** fekete csucsor (fekete ebszőlő)
– *black nightshade (common nightshade, petty morel)*
**6** beléndek
– *henbane*
**7** nadragulya (farkasbogyó, mérgescseresznye) <csucsorféle>
– *deadly nightshade (belladonna, banewort, dwale), a solanaceous herb*
**8** csattanó maszlag
– *thorn apple (stramonium, stramony,* Am. *jimson weed, jimpson weed, Jamestown weed, stinkweed)*
**9** foltos kontyvirág
– *cuckoo pint (lords-and-ladies, wild arum, wake-robin)*
**10–13** mérgező gombák
– *poisonous fungi (poisonous mushrooms, toadstools)*
**10** légyölő galóca <lemezesgomba>
– *fly agaric (fly amanita, fly fungus), an agaric*
**11** gyilkos galóca
– *amanita*
**12** sátántinóru (sátángomba)
– *Satan's mushroom*
**13** szőrgomba
– *woolly milk cap*

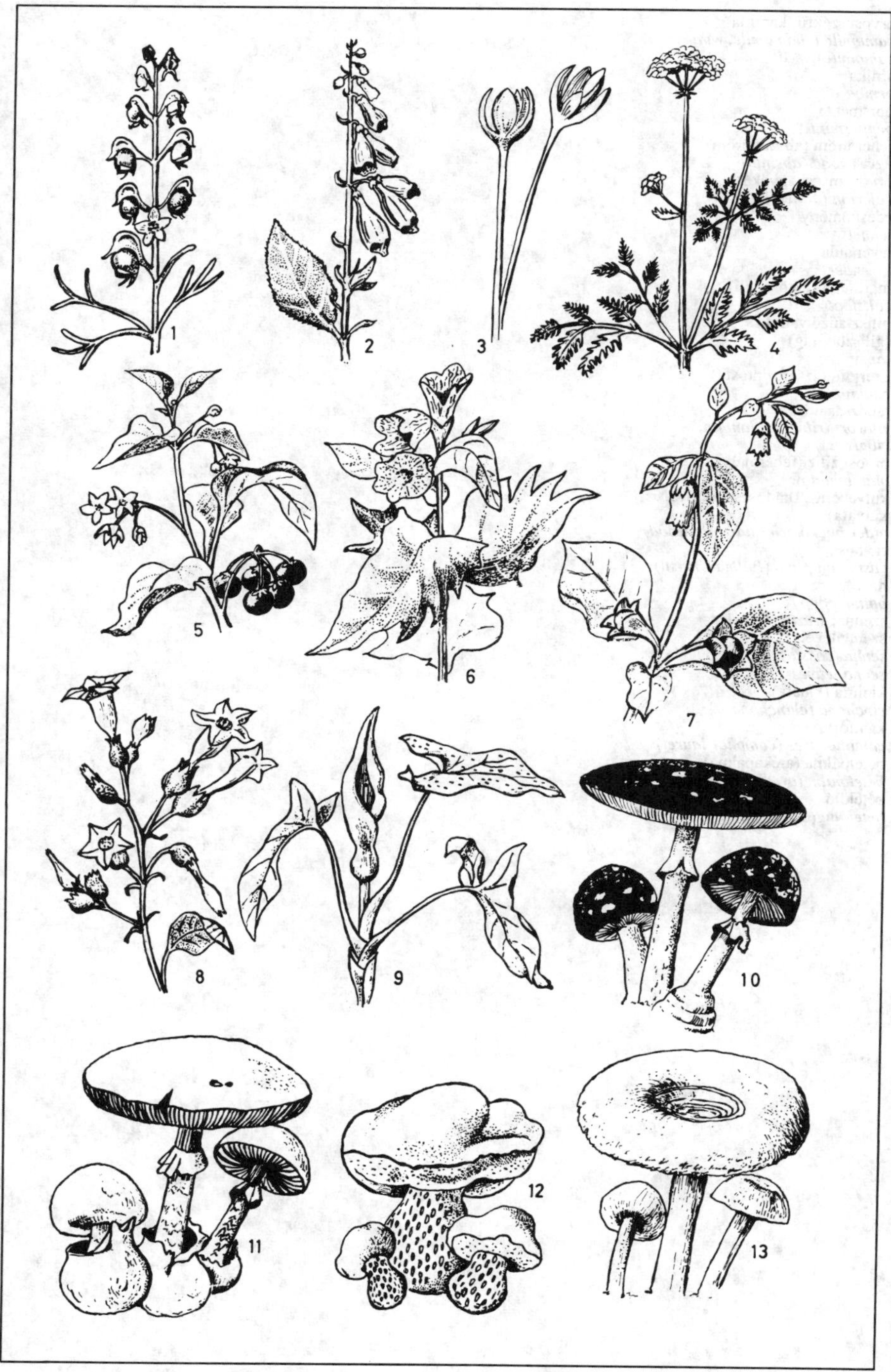
1
2
3
4
5
6
7
8
9
10
11
12
13

1 orvosi székfű (kamilla)
– *camomile (chamomile, wild camomile)*
2 árnika
– *arnica*
3 borsmenta
– *peppermint*
4 fehér üröm (abszintüröm)
– *wormwood (absinth)*
5 orvosi macskagyökér
– *valerian (allheal)*
6 édeskömény
– *fennel*
7 levendula
– *lavender*
8 martilapu (lókörömfű)
– *coltsfoot*
9 gilisztaűző varádics (gilisztavirág)
– *tansy*
10 ezerjófű (százforintosfű)
– *centaury*
11 lándzsás útifű
– *ribwort (ribwort plantain, ribgrass)*
12 orvosi ziliz (fehérmályva)
– *marshmallow*
13 kutyabenge (büdöscseresznye, kutyafa)
– *alder buckthorn (alder dogwood)*
14 ricinus
– *castor-oil plant (Palma Christi)*
15 mák
– *opium poppy*
16 szenna; *szárított levele:* szennalevél
– *senna (cassia);* the dried leaflets: *senna leaves*
17 kininfa (kínafa)
– *cinchona (chinchona)*
18 kámforfa
– *camphor tree (camphor laurel)*
19 bételpálma (arékapálma)
– *betel palm (areca, areca palm)*
20 bételdió
– *betel nut (areca nut)*

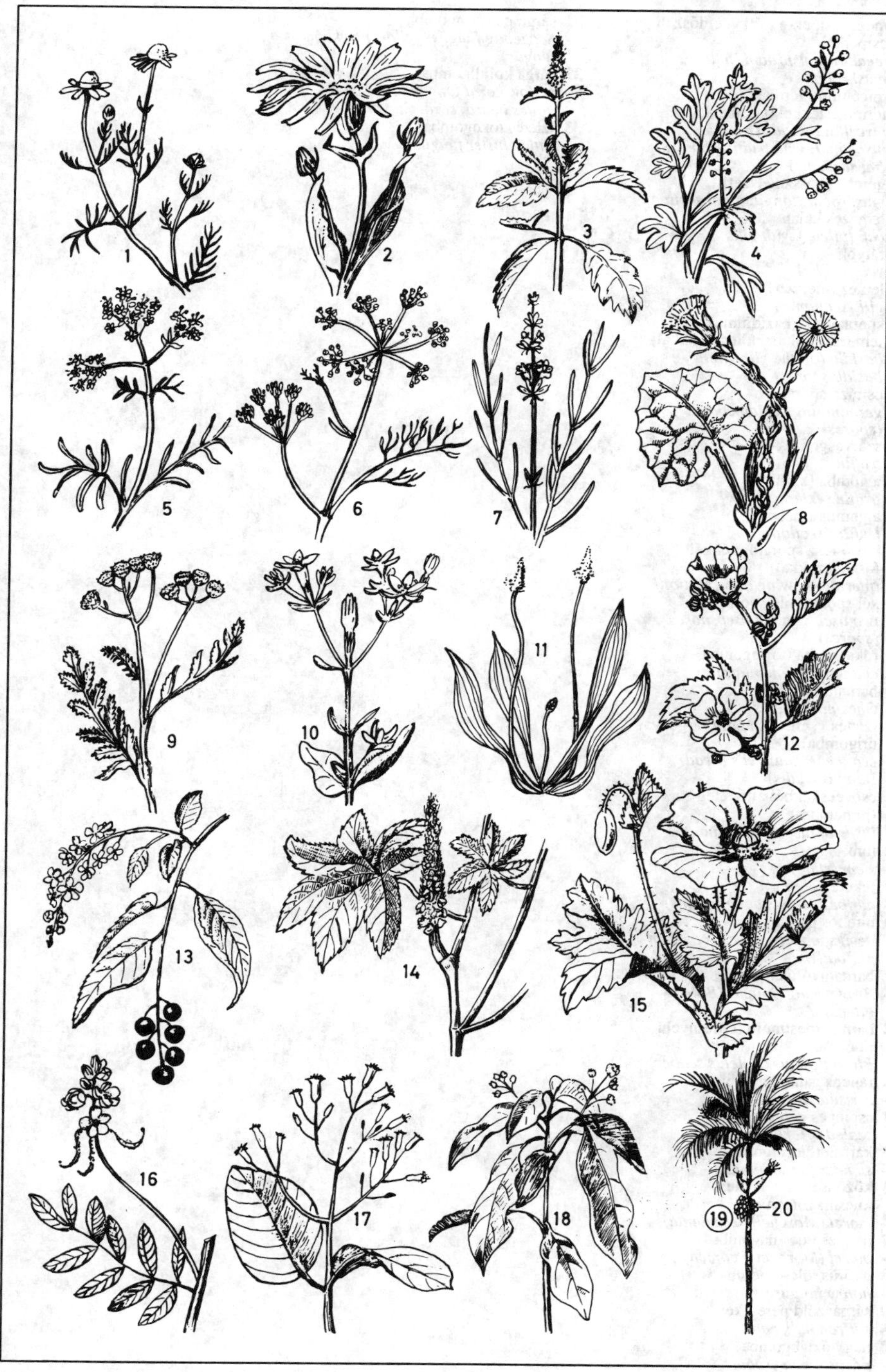
1
2
3
4
5
6
7
8
9
10
11
12
13
14
15
16
17
18
19
20

**1** mezei csiperke (réti *v.* erdőszéli csiperke)
– *meadow mushroom (field mushroom)*
**2** micélium (gombaszövedék) termőtestekkel (gombákkal)
– *mycelial threads (hyphae, mycelium) with fruiting bodies (mushrooms)*
**3** gomba [hosszmetszet]
– *mushroom [longitudinal section]*
**4** lemezes kalap
– *cap (pileus) with gills*
**5** fátyol
– *veil (velum)*
**6** lemez [metszet]
– *gill [section]*
**7** spóratartók (bazídiumok) [a lemezszélről, bazídiospórákkal]
– *basidia (on the gill with basidiospores]*
**8** csírázó spórák
– *germinating basidiospores (spores)*
**9** szarvasgomba
– *truffle*
**10** a gomba [kívülről]
– *truffle [external view]*
**11** a gomba [metszet]
– *truffle [section]*
**12** belső rész spóratömlőkkel (aszkuszokkal)
– *interior showing asci [section]*
**13** két spóratömlő spórákkal
– *two asci with the ascospores (spores)*
**14** rókagomba (tojásgomba)
– *chanterelle (chantarelle)*
**15** barna tinóru
– *Chestnut Boletus*
**16** ízletes *v.* ehető tinóru (vargánya, úrigomba)
– *cep (cepe, squirrel's bread, Boletus edulis)*
**17** csövecskékből álló réteg (himenium)
– *layer of tubes (hymenium)*
**18** tönk
– *stem (stipe)*
**19** fekete pöfeteg
– *puffball (Bovista nigrescens)*
**20** bimbós pöfeteg
– *devil's tobacco pouch (common puffball)*
**21** barna gyűrűstinóru
– *Brown Ring Boletus (Boletus luteus)*
**22** barna érdestinóru (érdesnyelű tinóru)
– *Birch Boletus (Boletus scaber)*
**23** ráncos galambgomba
– *Russula vesca*
**24** cserepes gerebengomba
– *scaled prickle fungus*
**25** karcsú tölcsérgomba
– *slender funnel fungus*
**26** közönséges *v.* ízletes kucsmagomba
– *morel (Morchella esculenta)*
**27** hegyes kucsmagomba
– *morel (Morchella conica)*
**28** gyűrűs tölcsérgomba
– *honey fungus*
**29** sárgászöld pereszke
– *saffron milk cap*
**30** nagy őzlábgomba
– *parasol mushroom*
**31** sárga gerebengomba
– *hedgehog fungus (yellow prickle fungus)*
**32** sárga korallgomba
– *yellow coral fungus (goatsbeard, goat's beard, coral Clavaria)*
**33** ízletes tőkegomba
– *little cluster fungus*

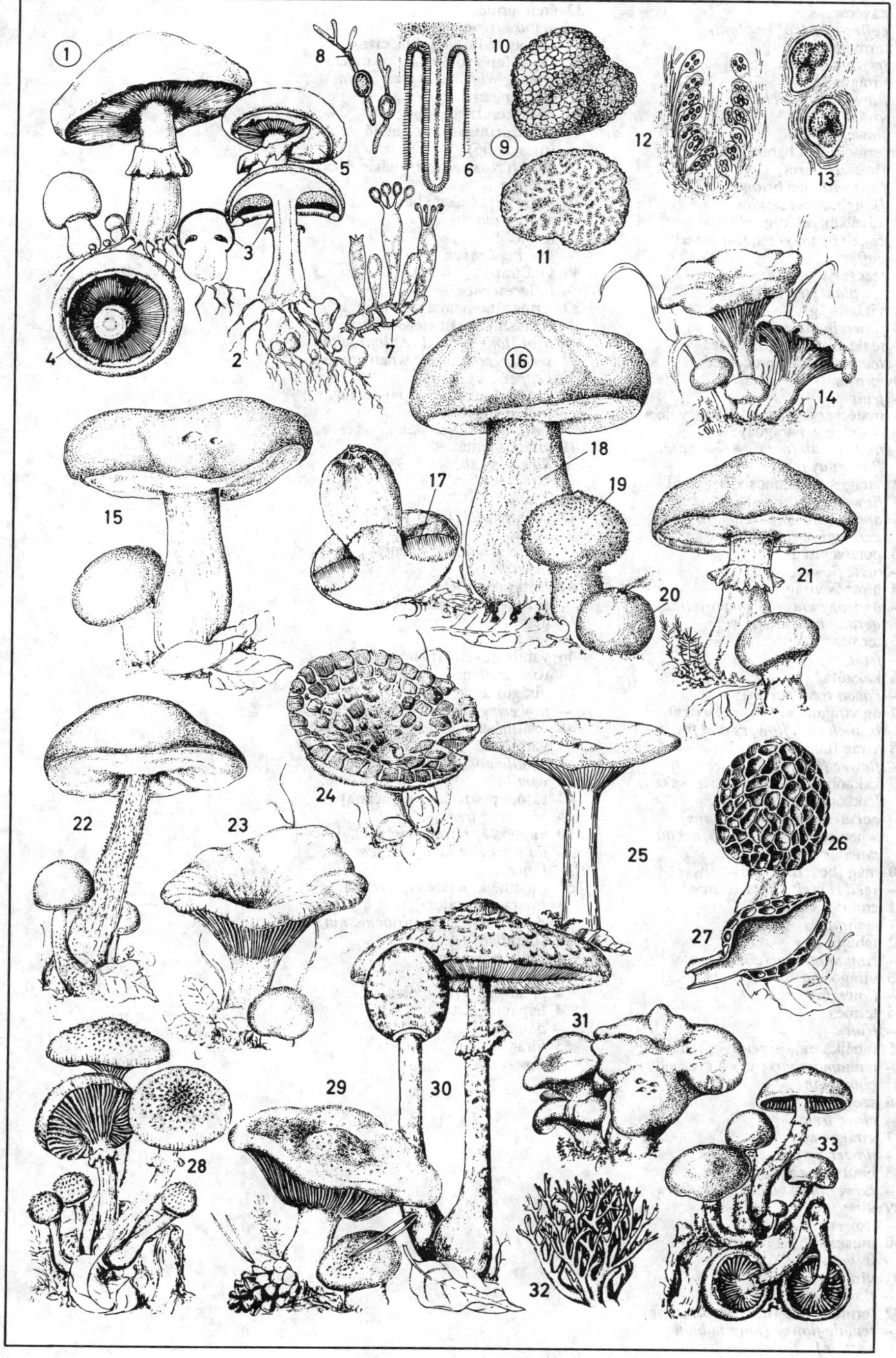
1
2
3
4
5
6
7
8
9
10
11
12
13
14
15
16
17
18
19
20
21
22
23
24
25
26
27
28
29
30
31
32
33

**1** kávécserje
– *coffee tree (coffee plant)*
**2** termőág
– *fruiting branch*
**3** virágos ág
– *flowering branch*
**4** virág
– *flower*
**5** termés a két babbal (maggal) [hosszmetszet]
– *fruit with two beans [longitudinal section]*
**6** kávébab; *feldolgozva:* kávé
– *coffee bean;* when processed: *coffee*
**7** teacserje
– *tea plant (tea tree)*
**8** virágos ág
– *flowering branch*
**9** tealevél; *feldolgozva:* tea
– *tea leaf;* when processed: *tea*
**10** termés
– *fruit*
**11** matécserje [megszárított levele a matétea *v.* paraguayi tea]
– *maté shrub (maté, yerba maté, Paraguay tea)*
**12** virágos ág hímnős virágokkal
– *flowering branch with androgynous (hermaphroditic, hermaphrodite) flowers*
**13** porzós virág
– *male flower*
**14** hímnős virág
– *androgynous (hermaphroditic, hermaphrodite) flower*
**15** termés
– *fruit*
**16** kakaófa
– *cacao tree (cacao)*
**17** ág virágokkal és termésekkel
– *branch with flowers and fruits*
**18** virág [hosszmetszet]
– *flower [longitudinal section]*
**19** kakaóbabok; *feldolgozva:* kakaó, kakaópor
– *cacao beans (cocoa beans);* when processed: *cocoa, cocoa powder*
**20** mag [hosszmetszet]
– *seed [longitudinal section]*
**21** embrió (csíra)
– *embryo*
**22** fahéjfa
– *cinnamon tree (cinnamon)*
**23** virágos ág
– *flowering branch*
**24** termés
– *fruit*
**25** fahéjkéreg; *összetörve:* fahéj
– *cinnamon bark;* when crushed: *cinnamon*
**26** szegfűszegfa
– *clove tree*
**27** virágos ág
– *flowering branch*
**28** bimbó; *megszárítva:* szegfűszeg
– *flower bud;* when dried: *clove*
**29** virág
– *flower*
**30** muskátdiófa (szerecsendiófa)
– *nutmeg tree*
**31** virágos ág
– *flowering branch*
**32** termős virág [hosszmetszet]
– *female flower [longitudinal section]*
**33** érett termés
– *mature (ripe) fruit*
**34** szerecsendió-virág (mácisz) <mag felvágott magköpennyel>
– *nutmeg with mace, a seed with laciniate aril*
**35** mag [keresztmetszet]; *megszárítva:* szerecsendió (muskátdió)
– *seed [cross section];* when dried: *nutmeg*
**36** borscserje (fekete bors)
– *pepper plant*
**37** termőág
– *fruiting branch*
**38** virágzat
– *inflorescence*
**39** termés [hosszmetszet] maggal (borsszemmel); *megőrölve:* bors
– *fruit [longitudinal section] with seed (peppercorn);* when ground: *pepper*
**40** közönséges *v.* virginiai dohány [dohánynövény]
– *Virginia tobacco plant*
**41** virágos hajtás
– *flowering shoot*
**42** virág
– *flower*
**43** dohánylevél; *feldolgozva:* dohány
– *tobacco leaf;* when cured: *tobacco*
**44** érett toktermés
– *mature (ripe) fruit capsule*
**45** mag
– *seed*
**46** vaníliánövény (fűszervanília)
– *vanilla plant*
**47** virágos ág
– *flowering shoot*
**48** vaníliabecő; *feldolgozva:* vaníliarúd
– *vanilla pod;* when cured: *stick of vanilla*
**49** valódi pisztácia [pisztáciafa]
– *pistachio tree*
**50** virágos ág termős virágokkal
– *flowering branch with female flowers*
**51** csonthéjas termés (pisztácia, pisztáciamandula)
– *drupe (pistachio, pistachio nut)*
**52** cukornád
– *sugar cane*
**53** virágzó növény
– *plant (habit) in bloom*
**54** bugavirágzat
– *panicle*
**55** virág
– *flower*

1
2
3
4
5
6
4
7
9
10
8
11
13
14
12
15
16
17
18
19
20
21
22
23
24
25
26
27
28
29
30
31
32
33
34
35
36
37
38
39
40
41
42
43
44
45
46
47
48
49
50
51
52
53
54
55

**1** repce
– *rape (cole, coleseed)*
**2** tőlevél
– *basal leaf*
**3** virág [hosszmetszet]
– *flower [longitudinal section]*
**4** érett becőtermés
– *mature (ripe) siliqua (pod)*
**5** olajos mag
– *oleiferous seed*
**6** len
– *flax*
**7** szár
– *peduncle (pedicel, flower stalk)*
**8** toktermés (gubó)
– *seed vessel (boll)*
**9** kender
– *hemp*
**10** termő nőivarú (termős) növény
– *fruiting female (pistillate) plant*
**11** nőivarú (termős) virágzat
– *female inflorescence*
**12** virág
– *flower*
**13** hímivarú (porzós) virágzat
– *male inflorescence*
**14** termés
– *fruit*
**15** mag
– *seed*
**16** gyapotcserje
– *cotton*
**17** virág
– *flower*
**18** termés
– *fruit*
**19** maghéjszőr
– *lint [cotton wool]*
**20** kapokfa (pamutfa)
– *silk-cotton tree (kapok tree, capoc tree, ceiba tree)*
**21** termés
– *fruit*
**22** virágos ág
– *flowering branch*
**23** mag
– *seed*
**24** mag [hosszmetszet]
– *seed [longitudinal section]*
**25** juta (Calcutta-kender)
– *jute*
**26** virágos ág
– *flowering branch*
**27** virág
– *flower*
**28** termés
– *fruit*
**29** olajfa
– *olive tree (olive)*
**30** virágos ág
– *flowering branch*
**31** virág
– *flower*
**32** termés
– *fruit*
**33** kaucsukfa (gumifa)
– *rubber tree (rubber plant)*
**34** ág termésekkel
– *fruiting branch*
**35** füge [a kaucsukfa termése]
– *fig*
**36** virág
– *flower*
**37** guttaperchafa
– *gutta-percha tree*
**38** virágos ág
– *flowering branch*
**39** virág
– *flower*
**40** termés
– *fruit*
**41** földimogyoró (amerikaimogyoró)
– *peanut (ground nut, monkey nut)*
**42** virágos hajtás
– *flowering shoot*
**43** gyökér termésekkel
– *root with fruits*
**44** termés [hosszmetszet]
– *nut (kernel) [longitudinal section]*
**45** szezám
– *sesame plant (simsim, benniseed)*
**46** ág virágokkal és termésekkel
– *flowers and fruiting branch*
**47** virág [hosszmetszet]
– *flower [longitudinal section]*
**48** kókuszpálma
– *coconut palm (coconut tree, coco palm, cocoa palm)*
**49** virágzat
– *inflorescence*
**50** termős virág
– *female flower*
**51** porzós virág [hosszmetszet]
– *male flower [longitudinal section]*
**52** termés [hosszmetszet]
– *fruit [longitudinal section]*
**53** kókuszdió
– *coconut (cokernut)*
**54** olajpálma
– *oil palm*
**55** porzós torzsavirágzat virággal
– *male spadix*
**56** terméscsoport terméssel
– *infructescence with fruit*
**57** mag csíralyukakkal
– *seed with micropyles (foramina) (foraminate seeds)*
**58** szágópálma
– *sago palm*
**59** termés
– *fruit*
**60** bambusz (bambusznád)
– *bamboo stem (bamboo culm)*
**61** leveles ág
– *branch with leaves*
**62** füzérvirágzat
– *spike*
**63** szárdarab csomókkal
– *part of bamboo stem with joints*
**64** papiruszsás (papírsás)
– *papyrus plant (paper reed, paper rush)*
**65** üstökszerű virágzat
– *umbel*
**66** füzérvirágzat
– *spike*

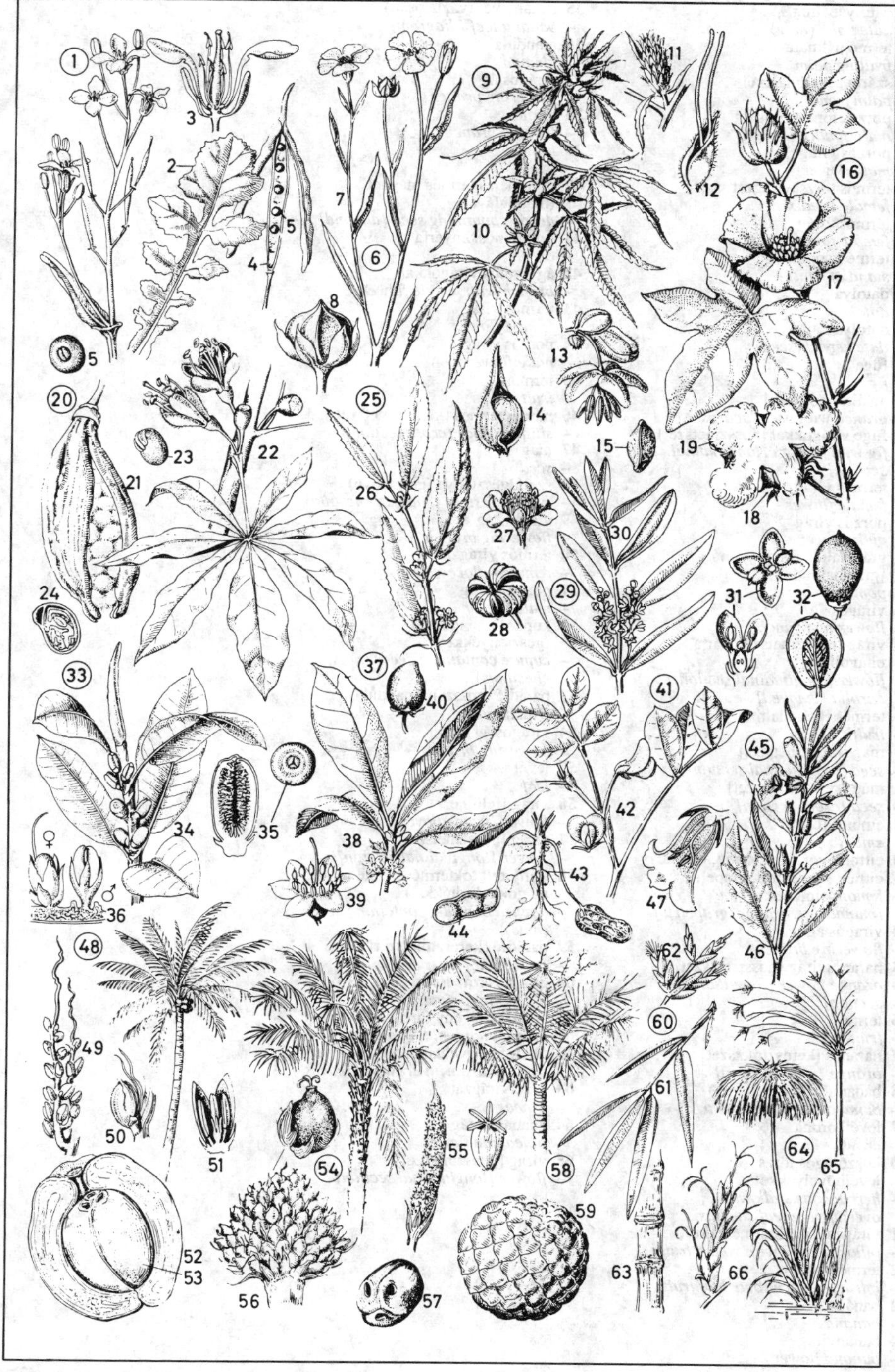
1
2
3
4
5
5
6
7
8
9
10
11
12
13
14
15
16
17
18
19
20
21
22
23
24
25
26
27
28
29
30
31
32
33
34
35
36
37
38
39
40
41
42
43
44
45
46
47
48
49
50
51
52
53
54
55
56
57
58
59
60
61
62
63
64
65
66

# 384 Déligyümölcsök

**1** datolyapálma
– *date palm (date)*
**2** termő pálmafa
– *fruiting palm*
**3** szárnyas pálmalevél
– *palm frond*
**4** porzós torzsavirágzat
– *male spadix*
**5** porzós virág
– *male flower*
**6** termős torzsavirágzat
– *female spadix*
**7** termős virág
– *female flower*
**8** terméscsoport ága
– *stand of fruit*
**9** datolya
– *date*
**10** datolyamag
– *date kernel (seed)*
**11** füge
– *fig*
**12** ág áltermésekkel
– *branch with pseudocarps*
**13** füge virágokkal [hosszmetszet]
– *fig with flowers [longitudinal section]*
**14** termős virág
– *female flower*
**15** porzós virág
– *male flower*
**16** gránátalma (pomagránát) [gránátalmafa]
– *pomegranate*
**17** virágos ág
– *flowering branch*
**18** virág [hosszmetszet, párta eltávolítva]
– *flower [longitudinal section, corolla removed]*
**19** termés [gránátalma]
– *fruit*
**20** mag [hosszmetszet]
– *seed [longitudinal section]*
**21** mag [keresztmetszet]
– *seed [cross section]*
**22** embrió (csíra)
– *embryo*
**23** citrom; *rok.:* mandarin, narancs, citrancs (grépfrút, grapefruit)
– *lemon;* sim.: *tangerine (mandarin), orange, grapefruit*
**24** virágos ág
– *flowering branch*
**25** narancsvirág [hosszmetszet]
– *orange flower [longitudinal section]*
**26** termés
– *fruit*
**27** narancs [keresztmetszet]
– *orange [cross section]*
**28** banánnövény (banánfa)
– *banana plant (banana tree)*
**29** levélkorona
– *crown*
**30** látszólagos törzs levélhüvelyekkel
– *herbaceous stalk with overlapping leaf sheaths*
**31** virágzat fiatal termésekkel
– *inflorescence with young fruits*
**32** terméscsoport
– *infructescence (bunch of fruit)*
**33** banán
– *banana*
**34** banánvirág
– *banana flower*
**35** banánlevél (vázlatosan)
– *banana leaf [diagram]*
**36** mandula
– *almond*
**37** virágos ág
– *flowering branch*
**38** termőág
– *fruiting branch*
**39** termés
– *fruit*
**40** csonthéjas termés maggal (mandulával)
– *drupe containing seed [almond]*
**41** szentjánoskenyérfa
– *carob*
**42** ág termős virágokkal
– *branch with female flowers*
**43** termős virág
– *female flower*
**44** porzós virág
– *male flower*
**45** termés
– *fruit*
**46** hüvelytermés [keresztmetszet]
– *siliqua (pod) [cross section]*
**47** mag
– *seed*
**48** szelídgesztenye (gesztenye)
– *sweet chestnut (Spanish chestnut)*
**49** virágos ág
– *flowering branch*
**50** termős virágzat
– *female inflorescence*
**51** porzós virág
– *male flower*
**52** kupacs a magokkal (gesztenyékkel)
– *cupule containing seeds (nuts, chestnuts)*
**53** paradió (amazoni mandula)
– *Brazil nut*
**54** virágos ág
– *flowering branch*
**55** levél
– *leaf*
**56** virág [felülnézetben]
– *flower [from above]*
**57** virág [hosszmetszet]
– *flower [longitudinal section]*
**58** felnyitott toktermés benne a magokkal (diókkal)
– *opened capsule, containing seeds (nuts)*
**59** paradió [keresztmetszet]
– *Brazil nut [cross section]*
**60** dió [hosszmetszet]
– *nut [longitudinal section]*
**61** ananásznövény (ananász)
– *pineapple plant (pineapple)*
**62** áltermés levélüstökkel
– *pseudocarp with crown of leaves*
**63** füzérvirágzat
– *syncarp*
**64** ananászvirág
– *pineapple flower*
**65** virág [hosszmetszet]
– *flower [longitudinal section]*

1
2
3
4
5
6
7
8
9
10
11
12
13
14
15
16
17
18
19
20
21
22
23
24
25
26
27
28
29
30
31
32
33
34
35
36
37
38
39
40
41
42
43
44
45
46
47
48
49
50
51
52
53
54
55
56
57
58
59
60
61
62
63
64
65

# Für freundliche Unterstützung und Mitarbeit haben wir zu danken:

ADB GmbH, Bestwig; AEG-Telefunken, Abteilung Werbung, Wolfenbüttel; Agfa-Gevaert AG, Presse-Abteilung, Leverkusen; Eduard Ahlborn GmbH, Hildesheim; AID, Land- und Hauswirtschaftlicher Auswertungs- und Informationsdienst e. V., Bonn-Bad Godesberg; Arbeitsausschuß der Waldarbeitsschulen beim Kuratorium für Waldarbeit und Forsttechnik, Bad Segeberg; Arnold & Richter KG, München; Atema AB, Härnösand (Schweden); Audi NSU Auto-Union AG, Presseabteilung, Ingolstadt; Bêché & Grohs GmbH, Hückeswagen/Rhld.; Big Dutchman (Deutschland) GmbH, Bad Mergentheim und Calveslage über Vechta; Biologische Bundesanstalt für Land- und Forstwirtschaft, Braunschweig; Black & Decker, Idstein/Ts.; Braun AG, Frankfurt am Main; Bolex GmbH, Ismaning; Maschinenfabrik zum Bruderhaus GmbH, Reutlingen; Bund Deutscher Radfahrer e. V., Gießen; Bundesanstalt für Arbeit, Nürnberg; Bundesanstalt für Wasserbau, Karlsruhe; Bundesbahndirektion Karlsruhe, Presse- u. Informationsdienst, Karlsruhe; Bundesinnungsverband des Deutschen Schuhmacher-Handwerks, Düsseldorf; Bundeslotsenkammer, Hamburg; Bundesverband Bekleidungsindustrie e. V., Köln; Bundesverband der Deutschen Gas- und Wasserwirtschaft e. V., Frankfurt am Main; Bundesverband der Deutschen Zementindustrie e. V., Köln; Bundesverband Glasindustrie e. V., Düsseldorf; Bundesverband Metall, Essen-Kray und Berlin; Burkhardt + Weber KG, Reutlingen; Busatis-Werke KG, Remscheid; Claas GmbH, Harsewinkel; Copygraph GmbH, Hannover; Dr. Irmgard Correll, Mannheim; Daimler-Benz AG, Presse-Abteilung, Stuttgart; Dalex-Werke Niepenberg & Co. GmbH, Wissen; Elisabeth Daub, Mannheim; John Deere Vertrieb Deutschland, Mannheim; Deutsche Bank AG, Filiale Mannheim, Mannheim; Deutsche Gesellschaft für das Badewesen e. V., Essen; Deutsche Gesellschaft für Schädlingsbekämpfung mbH, Frankfurt am Main; Deutsche Gesellschaft zur Rettung Schiffbrüchiger, Bremen; Deutsche Milchwirtschaft, Molkerei- und Käserei-Zeitung (Verlag Th. Mann), Gelsenkirchen-Buer; Deutsche Eislauf-Union e. V., München; Deutscher Amateur-Box-Verband e. V., Essen; Deutscher Bob- und Schlittensportverband e. V., Berchtesgaden; Deutscher Eissport-Verband e. V., München; Deutsche Reiterliche Vereinigung e. V., Abteilung Sport, Warendorf; Deutscher Fechter-Bund e. V., Bonn; Deutscher Fußball-Bund, Frankfurt am Main; Deutscher Handball-Bund, Dortmund; Deutscher Hockey-Bund e. V., Köln; Deutscher Leichtathletik Verband, Darmstadt; Deutscher Motorsport Verband e. V., Frankfurt am Main; Deutscher Schwimm-Verband e. V., München; Deutscher Turner-Bund, Würzburg; Deutscher Verein von Gas- und Wasserfachmännern e. V., Eschborn; Deutscher Wetterdienst, Zentralamt, Offenbach; DIN Deutsches Institut für Normung e. V., Köln; Deutsches Institut für Normung e. V., Fachnormenausschuß Theatertechnik, Frankfurt am Main; Deutsche Versuchs- und Prüf-Anstalt für Jagd- und Sportwaffen e. V., Altenbeken-Buke; Friedrich Dick GmbH, Esslingen; Dr. Maria Dose, Mannheim; Dual Gebrüder Steidinger, St. Georgen/Schwarzwald; Durst AG, Bozen (Italien); Gebrüder Eberhard, Pflug- und Landmaschinenfabrik, Ulm; Gabriele Echtermann, Hemsbach; Dipl.-Ing. W. Ehret GmbH, Emmendingen-Kollmarsreute; Eichbaum-Brauereien AG, Worms/Mannheim; ER-WE-PA, Maschinenfabrik und Eisengießerei GmbH, Erkrath bei Düsseldorf; Escher Wyss GmbH, Ravensburg; Eumuco Aktiengesellschaft für Maschinenbau, Leverkusen; Euro-Photo GmbH, Willich; European Honda Motor Trading GmbH, Offenbach; Fachgemeinschaft Feuerwehrfahrzeuge und -geräte, Verein Deutscher Maschinenbau-Anstalten e. V., Frankfurt am Main; Fachnormenausschuß Maschinenbau im Deutschen Normenausschuß DNA, Frankfurt am Main; Fachnormenausschuß Schmiedetechnik in DIN Deutsches Institut für Normung e. V., Hagen; Fachverband des Deutschen Tapetenhandels e. V., Köln; Fachverband der Polstermöbelindustrie e. V., Herford; Fachverband Rundfunk und Fernsehen im Zentralverband der Elektrotechnischen Industrie e. V., Frankfurt am Main; Fahr AG Maschinenfabrik, Gottmadingen; Fendt & Co., Agrartechnik, Marktoberndorf; Fichtel & Sachs AG, Schweinfurt; Karl Fischer, Pforzheim; Heinrich Gerd Fladt, Ludwigshafen am Rhein; Forschungsanstalt für Weinbau, Gartenbau, Getränketechnologie und Landespflege, Geisenheim am Rhein; Förderungsgemeinschaft des Deutschen Bäckerhandwerks e. V., Bad Honnef; Forschungsinstitut der Zementindustrie, Düsseldorf; Johanna Förster, Mannheim; Stadtverwaltung Frankfurt am Main, Straßen- und Brückenbauamt, Frankfurt am Main; Freier Verband Deutscher Zahnärzte e. V., Bonn-Bad Godesberg; Fuji Photo Film (Europa) GmbH, Düsseldorf; Gesamtverband der Deutschen Maschen-Industrie e. V., Gesamtmasche, Stuttgart; Gesamtverband des Deutschen Steinkohlenbergbaus, Essen; Gesamtverband der Textilindustrie in der BRD, Gesamttextil, e. V., Frankfurt am Main; Geschwister-Scholl-Gesamtschule, Mannheim-Vogelstang; Eduardo Gomez, Mannheim; Gossen GmbH, Erlangen; Rainer Götz, Hemsbach; Grapha GmbH, Ostfildern; Ines Groh, Mannheim; Heinrich Groos, Geflügelzuchtbedarf, Bad Mergentheim; A. Gruse, Fabrik für Landmaschinen, Großberkel; Hafen Hamburg, Informationsbüro, Hamburg; Hagedorn Landmaschinen GmbH, Warendorf/Westf.; kino-hähnel GmbH, Erftstadt Liblar; Dr. Adolf Hanle, Mannheim; Hauptverband Deutscher Filmtheater e. V., Hamburg; Dr.-Ing. Rudolf Hell GmbH, Kiel; W. Helwig Söhne KG, Ziegenhain; Geflügelfarm Hipp, Mannheim; Gebrüder Holder, Maschinenfabrik, Metzingen; Horten Aktiengesellschaft, Düsseldorf; IBM Deutschland GmbH, Zentrale Bildstelle, Stuttgart; Innenministerium Baden-Württemberg, Pressestelle, Stuttgart; Industrieverband Gewebe, Frankfurt am Main; Industrievereinigung Chemiefaser e. V., Frankfurt am Main; Instrumentation Marketing Corporation, Burbank (Calif.); ITT Schaub-Lorenz Vertriebsgesellschaft mbH, Pforzheim; M. Jakoby KG, Maschinenfabrik, Hetzerath/Mosel; Jenoptik Jena GmbH, Jena (DDR); Brigitte Karnath, Wiesbaden; Wilhelm Kaßbaum, Hockenheim; Van Katwijk's Industrieën N. V., Staalkat Div., Aalten (Holland); Kernforschungszentrum Karlsruhe; Leo Keskari, Offenbach; Dr. Rolf Kiesewetter, Mannheim; Ev. Kindergarten, Hohensachsen; Klambt-Druck GmbH, Offset-Abteilung, Speyer; Maschinenfabrik Franz Klein, Salzkotten; Dr. Klaus-Friedrich Klein, Mannheim; Klimsch + Co., Frankfurt am Main; Kodak AG, Stuttgart; Alfons Kordecki, Eckernförde; Heinrich Kordecki, Mannheim; Krefelder Milchhof GmbH, Krefeld; Dr. Dieter Krickeberg, Musikinstrumenten-Museum, Berlin; Bernard Krone GmbH, Spelle; Pelz-Kunze, Mannheim; Kuratorium für Technik und Bauwesen in der Landwirtschaft, Darmstein-Kranichstein; Landesanstalt für Pflanzenschutz, Stuttgart; Landesinnungsverband des Schuhmacherhandwerks Baden-Württemberg, Stuttgart; Landespolizeidirektion Karlsruhe, Karlsruhe; Landwirtschaftskammer, Hannover; Metzgerei Lebold, Mannheim; Ernst Leitz Wetzlar GmbH, Wetzlar; Louis Leitz, Stuttgart; Christa Leverkinck, Mannheim; Franziska Liebisch, Mannheim; Linhof GmbH, München; Franz-Karl Frhr. von Linden, Mannheim; Loewe Opta GmbH, Kronach; Beate Lüdicke, Mannheim; MAN AG, Werk Augsburg, Augsburg; Mannheimer Verkehrs-Aktiengesellschaft (MVG), Mannheim; Milchzentrale Mannheim-Heidelberg AG, Mannheim; Ing. W. Möhlenkamp, Melle; Adolf Mohr Maschinenfabrik, Hofheim; Mörtl Schleppergerätebau KG, Gemünden/Main; Hans-Heinrich Müller, Mannheim; Müller Martini AG, Zofingen; Gebr. Nubert KG, Spezialeinrichtungen, Schwäbisch Gmünd; Nürnberger Hercules-Werke GmbH, Nürnberg; Olympia Werke AG, Wilhelmshaven; Ludwig Pani Lichttechnik und Projektion, Wien (Österreich); Ulrich Papin, Mannheim; Pfalzmilch Nord GmbH, Ludwigshafen/Albisheim; Adolf Pfeiffer GmbH, Ludwigshafen am Rhein; Philips Pressestelle, Hamburg; Carl Platz GmbH Maschinenfabrik, Frankenthal/Pfalz; Posttechnisches Zentralamt, Darmstadt; Rabe-Werk Heinrich Clausing, Bad Essen; Rahdener Maschinenfabrik August Kolbus, Rahden; Rank Strand Electric, Wolfenbüttel; Stephan Reinhardt, Worms; Nic. Reisinger, Graphische Maschinen, Frankfurt-Rödelheim; Rena Büromaschinenfabrik GmbH & Co., Deisenhofen bei München; Werner Ring, Speyer; Ritter Filmgeräte GmbH, Mannheim; Röber Saatreiniger KG, Minden; Rollei Werke, Braunschweig; Margarete Rossner, Mannheim; Roto-Werke GmbH, Königslutter; Ruhrkohle Aktiengesellschaft, Essen; Papierfabrik Salach GmbH, Salach/Württ.; Dr. Karl Schaifers, Heidelberg; Oberarzt Dr. med. Hans-Jost Schaumann, Städt. Krankenanstalten, Mannheim; Schlachthof, Mannheim; Dr. Schmitz + Apelt, Industrieofenbau GmbH, Wuppertal; Maschinenfabrik Schmotzer GmbH, Bad Windsheim; Mälzerei Schragmalz, Berghausen b. Speyer; Schutzgemeinschaft Deutscher Wald, Bonn; Siemens AG, Bereich Meß- und Prozeßtechnik, Bild- und Tontechnik, Karlsruhe; Siemens AG, Dental-Depot, Mannheim; Siemens-Reiniger-Werke, Erlangen; Sinar AG Schaffhausen, Feuerthalen (Schweiz); Spitzenorganisation der Filmwirtschaft e. V., Wiesbaden; Stadtwerke – Verkehrsbetriebe, Mannheim; W. Steenbeck & Co., Hamburg; Streitkräfteamt, Dezernat Werbemittel, Bonn-Duisdorf; Bau- und Möbelschreinerei Fritz Ströbel, Mannheim; Gebrüder Sucker GmbH & Co. KG, Mönchengladbach; Gebrüder Sulzer AG, Winterthur (Schweiz); Dr. med. Alexander Tafel, Weinheim; Klaus Thome, Mannheim; Prof. Dr. med. Michael Trede, Städt. Krankenanstalten, Mannheim; Trepel AG, Wiesbaden; Verband der Deutschen Hochseefischereien e. V., Bremerhaven; Verband der Deutschen Schiffbauindustrie e. V., Hamburg; Verband der Korbwaren-, Korbmöbel- und Kinderwagenindustrie e. V., Coburg; Verband des Deutschen Drechslerhandwerks e. V., Nürnberg; Verband des Deutschen Faß- und Weinküfer-Handwerks, München; Verband Deutscher Papierfabriken e. V., Bonn; Verband Kommunaler Städtereinigungsbetriebe, Köln-Marienburg; Verband technischer Betriebe für Film und Fernsehen e. V., Berlin; Verein Deutscher Eisenhüttenleute, Düsseldorf; Verein Deutscher Zementwerke, Düsseldorf; Vereinigung Deutscher Elektrizitätswerke, VDEW, e. V., Frankfurt am Main; Verkehrsverein, Weinheim/Bergstr.; J. M. Voith GmbH, Heidenheim; Helmut Volland, Erlangen; Dr. med. Dieter Walter, Weinheim; W. E. G. Wirtschaftsverband Erdöl- und Erdgasgewinnung e. V., Hannover; Einrichtungshaus für die Gastronomie Jürgen Weiss & Co., Düsseldorf; Wella Aktiengesellschaft, Darmstadt; Optik-Welzer, Mannheim; Werbe & Graphik Team, Schriesheim; Wiegand Karlsruhe GmbH, Ettlingen; Dr. Klaus Wiemann, Gevelsburg; Wirtschaftsvereinigung Bergbau, Bonn; Wirtschaftsvereinigung Eisen- und Stahlindustrie, Düsseldorf; Wolf-Dietrich Wyrwas, Mannheim; Yashica Europe GmbH, Hamburg; Zechnersche Buchdruckerei, Speyer; Carl Zeiss, Oberkochen; Zentralverband der Deutschen Elektrohandwerke, ZVEH, Frankfurt am Main; Zentralverband der deutschen Seehafenbetriebe e. V., Hamburg; Zentralverband der elektrotechnischen Industrie e. V., Fachverband Phonotechnik, Hamburg; Zentralverband des Deutschen Bäckerhandwerks e. V., Bad Honnef; Zentralverband des Deutschen Friseurhandwerks, Köln; Zentralverband des Deutschen Handwerks ZDH, Pressestelle, Bonn; Zentralverband des Kürschnerhandwerks, Bad Homburg; Zentralverband für das Juwelier-, Gold- und Silberschmiedehandwerk der BRD, Ahlen; Zentralverband für Uhren, Schmuck und Zeitmeßtechnik, Bundesinnungsverband des Uhrmacherhandwerks, Königstein; Zentralverband Sanitär-, Heizungs- und Klimatechnik, Bonn; Erika Zöller, Edingen; Zündapp-Werke GmbH, München.

**A magyar szóanyag összeállításában közreműködtek:**

Ányos László
Aranyossy Zoltán
Császi Ferenc dr.
Csipka László
Domokos János
Dorogman György
Gábor Péter
Ganczaugh Miklósné
Iványi János dr.
Kicsi Sándor
Kiss Miklós
Kozák Péter
Magay Tamás dr.
Nagy Zoltán dr.
Nirschy Ott Aurél
Pálffy Éva
Pobozsnyi Ágnes
Pocskay Tamás dr.
Pomázi Gyöngyi
Réfiné Borczván Violetta
Sághy Endre
Süveges Gyula
Szentirmai József
Szepesi Dezsőné dr.

# Mutató

A kifejezések után álló félkövér szám a tábla száma, a világos szám pedig a kifejezésnek az adott ábrán belüli jelzőszáma. A különböző jelentésű azonos alakú szavakat és a több táblában is előforduló kifejezéseket szükség esetén dőlt betűs rövidítésekkel és utalószavakkal választottuk el egymástól.

Az egyes szakterületek jelölésére a következő rövidítéseket és utalószavakat használtuk:

*áll.* állattan, állatok
*anat.* anatómia
*at.* atomfizika
*címer* címertan, koronák, zászlók
*csill.* csillagászat
*divat* ruházat, öltözködés
*élip.* élelmiszeripar
*ép.* építkezés, épületszerkezetek, háztípusok
*földr.* földrajz, térképészet
*gép.* gépelemek, szerszámgépek
*kat.* katonaság, fegyveres erők
*keresk.* kereskedelem
*közl.* közlekedés, járművek
*krist.* kristálytan
*mat.* matematika, geometria
*met.* meteorológia
*mg.* mezőgazdaság
*mit.* mitológia
*műv.* művészettörténet, képzőművészetek
*növ.* növénytan
*orv.* orvos, kórház
*pénz* bank, tőzsde, pénz
*rep.* repülőgép, repülés
*űrh.* űrhajózás

## A, Á

aggófű **61** 12
ághegy **88** 10, 31
ágolló **56** 11
ágseprű **272** 67
ágtisztítás **84** 12
Agulhas-áramlás **14** 37
ágvágó gép **85** 18
ágvég **88** 10, 31
ágvitorlarúd **219** 45, 49
agy **87** 3; **255** 6, 9, 24
ágy **25** 10; **47** 1; **267** 38
ágy *fegyveren* **87** 13
agyag **159** 2; **160** 1; **339** 31
agyagbánya **15** 88; **159** 1
agyagfigurák **260** 67
agyaggalamblövés **305** 70-78
agyaggödör **15** 88
agyag háromszög **350** 17
agyaghenger **339** 8
agyagkorsó **260** 78
agyagkúp **161** 10
agyagminta-készítő **339** 6
agyagosláda **339** 30
agyagpépöntés **161** 15
agyagpépszalag **161** 8
agyagszalag **159** 14; **161** 8
agyagszobor **339** 7
agyalapi mirigy **17** 43
agyar **88** 54; **366** 22; **367** 22
ágyazás **87** 3
ágybetét **47** 3
ágyék *anat.* **16** 24
ágyék *ló* **72** 30; **88** 18, 35
ágyéki csigolya **17** 4
ágyéki háromszög **16** 25
ágyékkötő **354** 31
ágyelő **43** 22
ágykeret **43** 5
ágykonzol **43** 17
ágymelegítő **309** 88
ágynemű **271** 57
ágyneműtartó **47** 2
ágyszán *gép.* **149** 24
ágyszán *nyomda* **177** 59
ágytakaró **43** 7
agytalp **305** 46
ágyterítő **43** 7
ágyú **218** 50; **255** 49; **258** 31, 48
ágyú lövegtoronyban **259** 52
ágyúnyílás **218** 59
ágyúnyílásfedél **218** 60
ágyútorony **258** 29
ágyváz **43** 4-6
ajak *anat.* **19** 26, 14
ajak *áll.* **70** 26; **72** 8, 10
ajak *zene* **326** 26
ajakbarázda **16** 12
ajakkorong **354** 23
ajakpecek **354** 23
ajaksíp **326** 23-30, 31-33, 34
ajándékkosár **306** 11
ajánlópult **271** 64
ajánlótábla **99** 19; **271** 65
ajtó *ép.* **37** 65; **41** 25; **123** 24; **267** 27
ajtó *kovácsolás* **139** 2, 51
ajtó *közl.* **186** 11; **193** 5; **207** 39
ajtókeret **41** 26
ajtókilincs **186** 12; **191** 5
ajtómozgató szerkezet **139** 55
ajtónálló **271** 44
ajtópolc **39** 6
ajtósín **206** 38
ajtótok **41** 26
ajtózár *lakás* **41** 27; **140** 36-43
ajtózár *közl.* **191** 6
akácfa **371** 70
akadály *játék* **275** 30
akadály *sport* **289** 8, 20; **298** 8
akadályfutás **298** 7-8
akadályozás **291** 51
akadályvétel **298** 7
akantusz **334** 25
akasztó **266** 14
akasztókampó **94** 21
akasztólétra **270** 16
akasztós rész **267** 30
akasztószög **325** 14
akció **299** 17
akkord **321** 1-5
akkordeon **324** 36
akkumulátor **65** 53; **191** 50; **309** 41
akkumulátorcsatlakozó **115** 75
akkumulátorfogantyú **115** 76
akkumulátorláda **207** 5, 25
akkumulátor-tárolótér **211** 56
akkumulátortartó **188** 22
akkumulátortelep **259** 83
akkumulátortesztelő **25** 52
akkumulátortöltő **114** 66
akna *ép.* **5** 24; **154** 69
akna *kat.* **258** 57
aknafedél **38** 46
aknakereső hajó **258** 84
aknarakodó **144** 26
aknarakó hajó **258** 94
aknáskemence **147** 1
aknaszedő **258** 87
aknaszedő hajó **258** 80
aknatorony **144** 1, 3
aknaüzemi épület **144** 4
aknavető **255** 40
aknazsomp **144** 47
akrobata **307** 47
akrotérion **334** 34
akt **338** 32
akta **248** 8
aktaazonosító címke **247** 38
aktarendező **245** 6
aktatáska **41** 17; **260** 7
aktív szén **270** 58
aktmodell **338** 32
akusztikus falburkolat **310** 15
akvalung **279** 19
akvarellfesték **338** 18
akvárium **356** 14, 19
alacsony nyomású terület **9** 5
alacsonytartás **295** 47
alacsonytorony **305** 76
aláfalazás **123** 15
aláfúvó ventilátor **199** 33
alagsor **37** 1; **118** 1
alagút *földr.* **15** 70; **214** 6; **225** 55
alagút *űrh.* **235** 71
alagút a poggyászterminálhoz **233** 6
alagútkemence **161** 5
aláírás **251** 16
aláírófüzet **245** 19
alájátszó készülék **117** 8
alájátszott hang **117** 101
alakelőjelző **203** 7
alakelőjelző és fényelőjelző **203** 10, 11
alakelőjelző kiegészítő táblával **203** 12
alakfa **52** 1, 16
alakítókalapács **108** 40
alakítóvéső **132** 11; **339** 19
alakzat **346** 24
alálendülés **296** 59
alany **54** 33
alap **112** 15, 72
alapállapot **1** 18
alapállás **276** 1; **295** 1; **305** 1-11
alapállás és üdvözlés **294** 18
alapanyag **169** 1
alapárok **118** 75
alapfal **123** 3
alapgerenda **148** 56
alapgyalu **132** 26
alap hiperbola **224** 42
alapkiemelő **340** 6
alaplap *optika* **112** 27
alaplap *fotó* **116** 27
alaplap *kohászat* **148** 56
alaplap *textil* **164** 36
alaplap *mat.* **347** 35, 39
alaplemez *óra* **110** 37
alaplemez *jav.* **140** 36
alaplemez *gép.* **150** 19
alapmanőver **230** 67-72
alapművelet **344** 23-26
alapnyüstbefűzés **171** 21
alapnyüstemelés **171** 23
alapobjektív **117** 49
alapozás **123** 2
alapozó **128** 6
alapozóecset **338** 9
alappapír **173** 29
alappont **292** 43, 46, 47, 51
alappontlemez **292** 67
alaprajzi elrendezés **207** 10-21, 26-32, 38-42, 61-72, 76
alapréteg **7** 7
alapszán **149** 22
alapszárnymetszet **229** 45
alaptengely **230** 70
alapváz **177** 40
alapvezeték **38** 71
alapvonal **291** 7; **292** 36; **293** 3-10, 72
alapvonalbíró **293** 26
alapvonal-játékos **292** 44
alapzat **154** 73, 83
álarc **260** 75; **306** 7; **339** 37
álarcosbál **306** 1-48
alátámasztás **121** 83
alátámasztó kocsi **157** 11
alátét **143** 17, 34; **187** 55; **202** 8
alátétfa **222** 62-63
alátétlemez **202** 5
alátétpalló **119** 16
alátétsáv **122** 48
álbordák **17** 10
albumen **74** 62
álca *mg.* **77** 29; **358** 9
álca *vadászat* **86** 9
alcím **185** 47, 67
Aldebaran **3** 25
áldozás **332** 26
áldozópap **330** 39
áldoztatóedény **332** 50
alençoni csipke **102** 30
alépítmény **200** 59
alfafű **136** 26
alfanumerikus **176** 33
alfa-részecske **1** 30-31; **2** 27
alfa-sugárzás **1** 30-31
algebra **345** 4-5
algebrai jelek **344** 9
alhas **16** 37
alhidáde **14** 56, 57; **224** 3
alj **202** 37; **205** 60
aljázmin **373** 9
aljkocsi **119** 32
aljnövényzet **84** 5
aljnövényzetirtó készülék **84** 32
aljzatbeton **123** 13
alkaféle **359** 13
alkalmi bélyegző **236** 59
alkar *anat.* **16** 46
alkar *ló* **72** 21
alkaron állás **295** 26
alkatrészszekrény **109** 22
alkémény **221** 16
alközponti főállomás **237** 17
alkusz **251** 3, 5
áll **16** 15
álláb **357** 4
alla breve **320** 30
álladzó **71** 11
álladzólánc **71** 12
állandó madár **360** 4
állás **75** 2
állásajánlat **342** 70
állásfénykapcsoló **191** 62
álláshirdetés **342** 70
állásszabályozó **10** 10
állatbejáró **307** 51
állateledel **99** 36-37
állatfigura **280** 33
állatház **356** 10
állatidomító **307** 31, 52
állatkarám **272** 49
állatkert **272** 49; **356**
állatövi jegyek **4** 53-64
állatsereglet **307** 63
állatszállító hajó **221** 68
állatszelidítő **307** 52
állattáptartályok **221** 73
állattartás, állattenyésztés **75**
állcsont **17** 36; **19** 27
Aller-kősóréteg **154** 63
állgödröcske **16** 16
állítóanya **143** 35
állítócsavar **119** 79; **143** 107; **242** 78
állítóemeltyűk **203** 54
állítókar **167** 44; **168** 52
állítókengyel **65** 14
állítókészülék **203** 61
állítóorsó *kohászat* **148** 62
állítóorsó *hajó* **226** 51
állítórudazat **49** 43
állkapocs *anat.* **16** 17; **17** 35
állkapocs *ló* **72** 11
állkapocs *áll.* **358** 26
állóbáb **150** 30
állócseppkő **13** 81
állócsillag **3** 9-48
állócső **270** 26
állócső-csatlakozás **67** 5
állódíszlet **315** 30; **316** 47
állógallér **30** 43; **355** 74
állóhajó **216** 14
állóharc **299** 6
állóhely **197** 18
állókazán **210** 62
állóképkapcsoló **117** 88
állókő **91** 23
állókötél **214** 27, 38, 44
állókötélzet **219** 10-19
állókúp késekkel **172** 76
állólámpa **46** 37
állólombik **350** 36
állomás **330** 54
állomásgomb **243** 17
állomáskereső **241** 4, 9
állomásnév-kiírás **205** 28
allonge-paróka **34** 2
állónyereg **192** 49
állóóra **110** 24; **309** 56
állópersely **330** 55
állóredő **12** 12
állórész **177** 11
állószedés **174** 11
álló testhelyzet **305** 27
állszalag **355** 22
állszíj **71** 11
álltartó **323** 8
alluviális üledék **216** 52
állvány *at.* **2** 29
állvány *orv.* **26** 29
állvány *optika* **112** 2; **113** 2
állvány *kosár* **136** 10, 22
állvány *kovácsolás* **139** 10, 16
állvány *gép.* **150** 10, 21
állvány *nyomda* **174** 9
állvány *közl.* **214** 76; **215** 61
állvány *cirkusz* **307** 55
állvány *film* **313** 13
állványalapozás **214** 81
állványbak **222** 27
állványcsavar-csatlakozó **115** 30
állványcső **37** 14

# B

# C

# CS

csau-csau **70** 21
csavar *ép.* **119** 75; **143** 13, 26, 28, 32
csavar *sport* **288** 6
csavarbetét **127** 21
csavarbiztosító **300** 47
csavarfej **143** 14; **187** 75
csavarhorony **143** 38
csavarhúzó **126** 69; **127** 46; **134** 4, 5; **138** 6; **140** 62; **195** 23
csavarhúzókészlet **109** 6
csavarkapocs **208** 18
csavarkapocs-fogantyú **208** 18
csavarkerék **192** 34, 36, 39, 43
csavarkötés **126** 42
csavarkulcs **126** 66, 68; **195** 44
csavarmenet **50** 50; **67** 38; **143** 68
csavarmenetes fedél **83** 40
csavarmenetmetsző **140** 32
csavarorsó *jav.* **140** 4
csavarorsó *nyomda* **183** 22
csavaros biztosítófej **127** 35
csavaros szorító **120** 66; **260** 47
csavaróvas **140** 30
csavarozott keretfa **119** 74
csavarperem **143** 33
csavar-sebességmérő **224** 54
csavarszorító **132** 14
csavartengely **223** 65
csavartengely-burkolat **223** 59
csavartőke **222** 71
csavart szarv **327** 8
csavarugrás **282** 43
csavarvég **143** 23, 31
csávázógép **83** 52
csávázókád **130** 15
csávázóportartály **83** 60
csecsemő **28** 5
csecsemőápolási doboz **28** 18
csecsemőfürdető kád **28** 3
csecsemőgondozás **28**
csecsemőhordozó táska **28** 48
csecsemőing **28** 23; **29** 8
csecsemőmérleg **22** 42
csecsemőruha **29** 1-12
csecsemőtányér **28** 28
csecsemőülőke **28** 2
csege **217** 17-25
csegely **334** 74
cseleszta **325** 1
cselezés **291** 52
cselgáncs **299** 13-17
cselgáncsmozdulat **299** 17
cselgáncsozó **299** 14
cselló **323** 16
csembaló **322** 45
csembalómechanika **322** 48
csemegeboros kehely **45** 84
csemegekereskedés **98** 1-87
csemegekukorica **68** 31
csemegeüzlet **98** 1-87
csemeteállomány **84** 10
csemetekert **55** 3; **84** 6, 10
csempés munkafelület **261** 5
csendélet **338** 27
Csendes-óceán **14** 19
csengettyűs persely **330** 59
csengő **263** 4
csengőgomb **127** 2
csengőtábla **267** 28
csenkesz **69** 24
csepegtetőtölcsér **349** 3
cséplődob **64** 12
cséppálca **166** 38
cseppfogó **266** 2
cseppfogó gyűrű **283** 40
cseppfolyós gáz **145** 53
cseppinfúzió **25** 13
cseppkő **13** 80-81
cseppkőbarlang **13** 79
cseppkőboltozat **337** 17
cseppkőoszlop **13** 82
csepptálca **266** 2
csepűrágók **308** 25-28
cserebogár **82** 1
cserebogárpajor **82** 12
cserejátékos **291** 54; **292** 39
csérek **359** 11-14
cserélhető berendezés **134** 50-55
cserélhető gömbfej **249** 28
cserélhető kocsiszekrény **213** 40
cserélhető objektív **112** 62; **115** 43
cserélhető vágólap **149** 45, 46
cserény **92** 24
cserép **54** 8; **122** 5, 6, 46, 54, 60
cserépbujtás **54** 18
cserépedények **308** 66
cserepes növény **39** 37; **44** 25; **55** 25; **248** 14
cserepesteknős **364** 28
cserepezőkalapács **122** 20
cserépfedések **122** 45-60
cserépfül **122** 51
cserépkályha **266** 34
cseréppipa **107** 34
cseréptsor **122** 47, 49
cseréptető **122** 1
cseresznye **59** 5, 6-8; **370** 99
cseresznyeág **59** 1
cseresznyefa **59** 1-18
cseresznyefalevél **59** 2
cseresznyelégy **80** 18
cseresznyelevél **59** 2
cseresznyemag **59** 7
cseresznyetorta **97** 22, 24
cseresznyevirág **59** 3
cserje **52** 19; **59** 44-51; **272** 12
cserjecsoport **272** 4
cserjés jázmin **373** 4
cserkelés **86** 1-8
cserkész **278** 11
cserkészés **86** 1-8
cserkésztábor **278** 8-11
csermely **15** 80
csésze **58** 8, 22; **378** 11
csészealj **44** 30
csészelevél **58** 44, 8; **59** 12; **370** 58
csészeserte **375** 33
csésze terméssel **374** 8
csévekiemelő szerkezet **165** 13
csévélés kalácsból hüvelyre **169** 25
csévélő **104** 16
csévélőgép **169** 26
csévepad **164** 30
csévetartó állvány **164** 28, 41
csévetartó asztal **164** 30; **165** 16
csévetartó keret **165** 9
csévetartó rugó **166** 33
csévetelítettség-jelző **165** 7
csévéváltó **166** 5
csibe **74** 2
csibehúr **69** 12
csibeláb **69** 11
csibenevelő istálló **74** 1
csibuk **107** 32
csicseriborsó **69** 19
csiga *anat.* **17** 63
csiga *sütemény* **97** 38
csiga *hajó* **221** 105
csiga *zene* **323** 17
csiga *áll.* **357** 27
csigadísz **334** 23
csigafrizura **34** 37
csigafúró **120** 65; **134** 49
csigaház **357** 29
csigakerékív **192** 57
csigalengés **221** 28
csigalépcső **123** 76, 77
csigamenet **192** 59
csigás konvejor **92** 26
csigás kormánymű **192** 56-59
csigás kötélfelvonó **118** 91
csigasor **137** 20; **145** 8; **221** 27, 104
csigavonal **328** 13
csigázó szerszám **130** 12
csigolya **17** 3
csiki-csuki **276** 25
csikló **20** 88
csikó **73** 2
csikóbőr csizma **101** 10
csikóhal **364** 18
csillag **185** 61
csillagászat **3; 4; 5**
csillagászati obszervatórium **5** 1-16
csillagboltozat **336** 44
csillagfürt **51** 23; **69** 17
csillaghajó **284** 55
csillaghalmaz **3** 26
csillagkapcsolás **153** 20
csillagképek **3** 9-48
csillagkerék **340** 39
csillagos és sávos lobogó **253** 18
csillagpont **153** 22
csillagprés **340** 36
csillagtérkép **3** 1-35
csillagvetítő **5** 23
csillagvizsgáló **5** 1-16
csillangó **357** 10
csillapítómedence **217** 61
csillár **267** 21
csillárlégy **81** 1
csille **158** 14; **200** 25
csillepálya **119** 27
csilló **357** 10
csillós véglény **357** 9
csimasz **82** 12
csimpánz **368** 14
csínytevő **306** 38
csiperke **381** 1
csipesz *orv.* **22** 52; **26** 44
csipesz *óra* **109** 14
csipesz *nyomda* **174** 18
csipke **102** 30; **167** 29
csipkebogyó **370** 100
csipke főkötő **355** 65
csipkeköpeny **355** 66
csipkerózsa **373** 26
csipkés **370** 46
csipkeszegély **31** 32
csípő *anat.* **16** 33
csípő *ló* **72** 32
csípőbél **20** 16
csípőbugyi **32** 15
csípőcsont **17** 18; **294** 52
csípőfogás **21** 38
csípőfogó **126** 65; **140** 67, 69
csípőolló **162** 44
csípőpárna **355** 69
csípőszorító **32** 2, 5
csípőtáska **301** 28
csípővas **162** 44
csípő verőér **18** 17
csípő visszér **18** 18
csíptető **2** 18
csíra **68** 16; **370** 86; **382** 21; **384** 22
csírahólyagocska **74** 66
csírakorong **74** 65
csíralyuk **383** 57
csíramentes gézlap **21** 6
csíramentes mullpólya **22** 58
csíranövény **68** 14
csirke **96** 24; **98** 6; **266** 56
csirkenevelő tér **74** 11
csiszolandó fa **172** 68
csiszolás **36** 78-81, 45, 51; **129** 28
csiszolat **350** 37
csiszoló **129** 30; **134** 53
csiszolóasztal **133** 35
csiszológép **129** 29; **140** 18; **148** 44
csiszolókorong *orv.* **24** 36
csiszolókorong *cipő* **100** 6
csiszolókorong *szerszám* **134** 23; **140** 19; **150** 4; **340** 46
csiszolókorong-együttes **111** 28
csiszolókorong-fajták **111** 35
csiszolókő *lakatos* **140** 19
csiszolókő *papír* **172** 71
csiszolópapír **128** 14; **129** 25; **135** 25
csiszolópapír-tárcsa **134** 25
csiszolópapír-tömb **128** 13; **129** 26
csiszolópor-elszívó **133** 28
csiszolószalag **133** 15; **140** 16
csiszolószalag-beállító csavar **133** 14
csiszolótányér **134** 22
csiszolótárcsa **133** 27
csiszolt dugó **45** 48; **349** 4
csiszolt rézhenger **182** 7
csiszolt rézlemez **340** 53
csiszolt rúd **145** 27
csíz **361** 8
csizma **101** 1; **326** 17
csizmanadrág *női* **30** 44
csizmanadrág *lovagló* **289** 5
csokoládé **98** 78; **127** 29
csokoládébomba **98** 86
csokoládébonbon **98** 83
csokoládétábla **98** 78
csokornyakkendő **32** 47; **33** 11, 16
csomag **236** 3
csomag-feladóvevény **204** 8
csomagfelvétel **236** 1
csomagfelvevő ablak **236** 1
csomaghordó talicska **205** 32
csomagkezelés **204** 4
csomagkezelő alkalmazott **204** 9
csomagmegőrző **204** 27
csomagmegőrző szekrény **204** 21
csomagmérleg **236** 2
csomagoló **271** 14
csomagolóanyag **98** 46-49
csomagológép **76** 36
csomagolópapír **98** 46
csomagolórekesz **76** 30
csomagrögzítő **278** 51
csomagszámcédula **236** 4
csomagtartó *kerékpár* **187** 44
csomagtartó *autó* **191** 24; **193** 17, 23
csomagtartó *vasút* **208** 27
csomagtartó kosár **188** 23
csomagtartóperem **193** 21
csomagtartó polc **207** 51
csomagtartótető **191** 7
csomagtér *autó* **193** 17, 23
csomagtér *vasút* **208** 15
csomagtér *rep.* **231** 21
csomagtérajtó **193** 16, 20
csomó *met.* **9** 12-19
csomó *divat* **31** 47; **32** 42
csomó *kézimunka* **102** 23
csomó *ép.* **122** 68
csomó *sport* **292** 20
csomó *növ.* **383** 63
csomófogó **173** 13
csomófúró gép **132** 52
csomóöltés **102** 13
csónak **258** 82; **278** 16; **283** 26-33; **352** 35; **354** 20
csónakdaru **221** 78; **258** 13, 83
csónakfedélzet **223** 19-21
csónakgerinc **283** 32
csónakház **283** 24
csónakkivágás **30** 34
csónakkomp **216** 15

csónakmotor **278** 15
csónaknyak **30** 34
csónakpad **283** 28
csónakperem **283** 30
csónakszállító kézikocsi **283** 66
csónakszállító utánfutó **278** 20
csónaktőke **221** 108
csonkaárboc **219** 32-45
csonkakonty **121** 17
csonkakontyfedél **121** 16
csonkakúp **347** 45
csonkaszaru **121** 61
csonkavitorla **220** 1
csonkolt farok **70** 12
csont **70** 33
csontár **59** 41, 43, 49
csontcsípő **26** 51
csontfűrész **94** 19; **96** 56
csontfüzér **354** 40
csonthéjas növények **59** 1-36
csonthéjas termés **59** 41, 43, 49; **370** 99, 101; **382** 51; **384** 40
csontkeret **353** 13
csontoldal **95**
csontos oldalas **95** 16
csontozókés **96** 36
csontszigony **328** 3
csontváz *anat.* **17** 1-29
csontváz *okl.* **261** 14
csontvéső **24** 49
csoportkapcsoló **238** 42
csoportos oktatás **242** 1
csoportos temetkezés **328** 16
csoportos termés **58** 28; **370** 101
csorba él **120** 89
csoroszlya *mg.* **64** 66; **65** 10, 69
csoroszlyahajtómű **64** 68
csótány **81** 17
csótár **329** 74
cső *háztartás* **50** 64
cső *kádár* **130** 27
cső *kat.* **255** 2, 17, 41
cső *áll.* **357** 23
csőállvány **119** 46
csőbilincs **119** 53; **122** 31; **126** 54
csőbot **89** 57
csöbör **55** 48
csöbörsisak **254** 7
csöbrös növény **55** 47
csőcsapda **83** 37
csőcsatlakozás **67** 28, 38, 39, 44, 46
csőcsatlakozó **126** 41
csőelágazás **126** 50
csőfal **87** 35
csőfar **255** 47, 54
csőfék **255** 52
csőfogó **126** 61; **127** 47; **134** 11, 12; **140** 68
csőfurat **305** 47
csőgörényzsilip **146** 31
csőhajlító **126** 82
csőhajlító gép **125** 28
csőhelyretoló **255** 61
csőidomok **126** 38-52
csőkelme **167** 9
csőkelmeátmérő **167** 16
csőkemence **145** 36
csőkeresztezés **126** 50
csőkígyós hűtő **349** 6
csökkentett **96** 19
csőkönyök **126** 51, 52
csőköpeny **255** 33
csőköteg **255** 71
csőkút **269** 60
csőláb **67** 7
csőlégcsavar **232** 38
csömöszölt beton **118** 1
csőnyereg **126** 53
csőoszlop **119** 47
csőpáncél **255** 72
csőperem **130** 28
csőr **88** 84; **362** 6
csőraktár **146** 4
csörgő *gyer.* **28** 44
csörgő *karnevál* **306** 40
csörgődob **324** 45
csörgősapka **306** 39
csörlés **287** 5
csörlő **145** 11; **217** 22; **255** 69; **258** 23; **270** 56; **287** 6
csörlőház **226** 54
csörlős indítás **287** 5
csőrögzítő **255** 11
csőrögzítő szerelvények **126** 53-57
csőrös cipő **355** 42
csőrsisak **254** 4
csősatu **126** 81
csőszájfék **255** 58
csőszorító **40** 20; **350** 30
csőszorító kengyel **126** 56, 57
csőtámasz **67** 25
csőtámaszték **255** 62
csőtengely *fegyver* **87** 38
csőtengely *kerékpár* **187** 60
csőtengelyfúró **133** 7
csőtészta **98** 33
csőtisztító kefe **87** 62
csőtollak állványa **151** 37
csőtollkészlet **151** 38
csőtolltartó betét **151** 68
csőtorkolatszint **87** 74
csővágó **126** 84
csőváltó fogantyú **255** 35
csőváz **188** 9, 49
csövecskékből álló réteg **381** 17
csővédő páncél **255** 90
csöves állvány **114** 42
csöves állványláb **114** 44
csöves kazán **152** 5
csöves libella **14** 61
csöves virág **375** 32
csővezeték *olaj* **145** 65
csővezeték *textil* **163** 11
csővezeték *csatorna* **198** 28
csúcs **346** 1; **347** 33
csúcsárboc **223** 39
csúcsbábu **305** 11
csúcsbetét **202** 24
csúcseszterga **149** 1
csúcsfar **285** 45
csúcsfénylámpa **310** 52; **316** 21
csúcsgázok **145** 38
csúcsív **336** 31
csúcslevágó penge **85** 22
csúcslobogó **284** 48
csúcsnyereg **135** 7; **149** 29
csucsor **379** 5
csucsorféle **53** 6; **379** 7
csúcspont **87** 77; **347** 28
csúcsrügy **370** 22
csúcssín **202** 21
csúcssínzár **202** 28
csúcsszög **346** 8
csúcsvitorla **218** 38; **219** 31; **220** 32
csúcsvitorlarúd **218** 39
csúcsvitorlás sóner **220** 19
csuha **331** 55
csuhé **68** 33
csuka **89** 11; **364** 16
csukakeltető üveg **89** 17
csukamozdulat **282** 44
csukaugrás **282** 40; **296** 48
csukló *anat.* **19** 76
csukló *körzőn* **151** 65
csuklófeszítő izom **18** 58
csuklópánt **300** 32
csuklós cső **172** 10
csuklós fej **50** 60
csuklós kés **85** 20
csuklós kötés **194** 31
csuklós motorvonat **197** 1
csuklós pánt **140** 49; **188** 2
csuklós-redős ajtó **207** 39
csuklószíj **301** 7
csuklószorító **296** 64
csuklóztatott öntvény **183** 30
csuklya *divat* **30** 69; **31** 21
csuklya *sólymon* **86** 44
csuklya *sport* **300** 19
csuklya *vall.* **331** 56
csuklyakötő **29** 64
csuklyásizom **18** 52
csupaszító csípőfogó **134** 15
csupaszítófogó **127** 64
csupaszrúd **220** 25
csuporka **53** 7
csuporkaféle **53** 7
csurgókő **198** 10
csúszda *szállító* **92** 34; **147** 39
csúszda *játék* **273** 24; **308** 40
csuszka **361** 11
csúszkaláda **326** 12-14
csúszkapálya **304** 17
csúszóajtó szekrény **248** 38
csúszóállító **87** 69
csúszóborda **139** 1
csúszóérintkező **197** 24; **237** 44
csúszóhurok **352** 5
csúszókorong **302** 38-40, 39
csúszókorongozó **302** 38
csúszólift **301** 59
csúszómászó **364** 27-41
csúszópapucs **200** 33
csúszósaru **194** 42
csúszósúly **22** 68
csúszótábla **217** 77
csúszótalp **65** 6, 66; **256** 21, 23
csúszótámasztás **215** 12
csúszóúszó **89** 48
csúszóvonalzók **179** 26
csüd **72** 25; **88** 81; **362** 4
csüdízület **72** 24
csülök *áll.* **88** 24
csülök *élip.* **95** 42, 49
csüngőke **53** 3
csüngőszív **60** 5
csűrőkormány **229** 41, 43; **230** 24, 52; **257** 39
csűrőlap **287** 41; **288** 28

# D

dagadó **95** 39
dagadóláp **13** 19
dagadószegy **95** 25
dagály hirdetőtábla **280** 7
dagályvonal **13** 35
dagasztógép **97** 55
dákó **277** 9
dákóállvány **277** 19
dákóbőr **277** 10
dákóhegy **277** 10
dákóvég **277** 10
dakszli **70** 39
dália **51** 20; **60** 23
dallamhúrok **322** 30; **324** 24
dallamoldal **324** 39
dallamsíp **322** 10
dalnok **329** 70
dáma **305** 2, 4, 9, 10
dámajáték **276** 17-19
damaszkuszi mazsola **98** 8
damasztabrosz **45** 2
dámatábla **276** 17
dámszarvas **88** 40-41
dámvad **88** 40-41
dán dog **70** 14
Danebrog **253** 17
danfokozat **299** 15
Danforth-horgony **286** 18
dankasirály **359** 14
darabáru **206** 4, 27; **226** 11, 21
darabáru-átvevő **206** 28
darabáru-mérleg **206** 31
darabáru-szállító kocsi **206** 6
darabáru-szállító teherautó **206** 15
darabáru-szállító teherhajó **225** 14; **226** 13
darabáru-tranzitraktár **225** 9
darabolófűrész **150** 14
darabolósor **148** 74, 75
darabos szemét **50** 84
darált hús **96** 16
darázs **82** 35
darázsderék **355** 53
darázsvarrás **29** 15
dárda **352** 40
dárdahajító **352** 40
dárdahegy **328** 2
daru *játék* **47** 39
daru *hajó* **221** 61; **222** 23; **258** 88; **259** 10
daru *film* **310** 49
daruállványzat **226** 53
darufej **221** 102
darugém **119** 36
daruhorog **139** 45; **270** 49
darukábel **222** 13
darukar **226** 49
darukezelő-kabin **222** 16
darulánc **139** 44
darumacska **147** 3
darumotor **157** 28
darusínpálya **222** 24
daruskocsi **270** 47
darutorony **119** 34
daruvezérlő-fülke **119** 35
daruvezető-fülke **119** 35
datolya **384** 9
datolyamag **384** 10
datolyapálma **384** 1
dátumbeállító gomb **110** 4
dátumbélyegző **236** 57
dátumkijelzés **237** 39
dauercsavaró **105** 4
D-dúr **320** 57
Decca-navigációs rendszer **224** 39
Decca-navigátor **224** 34
deck *magnó* **241** 33
deck *film* **311** 10
decrescendo **321** 32
dedikáció **185** 50
dégagé **314** 11, 12
dekatálógép **168** 49
deklinációs áttétel **113** 4
deklinációs csapágyazás **113** 6
deklinációs tengely **113** 5, 17
dekódoló áramkör **110** 18
dekoltázs **306** 24
dekométer **279** 17
dekompressziós fokozat **279** 17
dekoráció **268** 12
Dél-Amerika **14** 13
Dél-Egyenlítői-áramlás **14** 34
delfin **367** 23, 24
delfinfarok **327** 25
delfinúszás **282** 35
déli égbolt **3** 36-48
déli éggömb **3** 36-48
déli félgömb **3** 36-48
déligyümölcsök **384**
Déli Háromszög **3** 40
Déli-Jeges-tenger **14** 22
Déli Kereszt **3** 44
Déli-sark **14** 3
delizsánsz **186** 39
Dél Keresztje **3** 44
délkör **14** 4, 5
délpont **4** 17
delta **13** 1
deltaág **13** 2

deltaizom **18** 35
deltakapcsolás **153** 21
deltaszárny **229** 19
deltatorkolat **13** 1
deltoid **346** 38
demizson **206** 13
démon *karnevál* **306** 32
démon *mit.* **327** 58
demonstrátor **262** 7
dendi **306** 33
denevér **366** 9
denevérszárny **327** 4
denevérujj **31** 16
dentinállomány **19** 31
depresszió **9** 5
depurálóeszközök **24** 45
depurátorok **24** 45
dereglye **225** 8, 25; **226** 57
derék **16** 31
derékpánt **29** 65; **31** 41
derékszíj **270** 44
derékszög *szerszám* **108** 28; **120** 69, 78; **124** 20; **128** 51; **132** 6; **134** 26
derékszög *mat.* **346** 9
derékszögmérő **140** 57
derékszögű háromszög **346** 32
derítőföld-szállító kocsi **199** 38
derítőlámpa **310** 38
derivált **345** 13
derült **9** 21
Desz-dúr **320** 67
deszka **120** 91, 94, 95; **157** 35
deszka *játék* **273** 57
deszka *sport* **282** 9, 10
deszkaborítás **37** 84; **121** 75; **122** 61
deszkafal **119** 25; **120** 9
deszkaheveder **119** 65
deszkahinta **307** 59
deszkakerítés **118** 44
deszkalap **339** 23
deszkarakás **120** 1
deszkázás **122** 61
desszertesdoboz **46** 12
desszertestányér **45** 6
desszertkanál **45** 66
desztillációs berendezések **145** 66
desztillációs oszlop **145** 37
desztillációs torony **145** 37, 49
desztillálás **170** 17
desztillálókészülék **350** 46
desztillálólombik **350** 47, 50
deszulfurizáció **156** 28
detektív **264** 33
detektoros rádió **309** 23
deuteropiramis **351** 20
dévanagári **341** 9
devizapénztár **250** 10
dézsa **89** 4
diaadagoló **114** 77
diaboló **34** 38
diabolófrizura **34** 37
diadalív **334** 59, 71
diadalkapu **334** 59
diadalmi jelvény **352** 15, 30
diadém **355** 21
diagnosztika **195** 33
diagnosztikai csatlakozó **195** 2
diagnosztikai dugaszolóaljzat **195** 39
diagnosztikai kábel **195** 3, 38
diagnosztikai műszeregység **195** 1
diagnosztika-munkahely **195** 1-23
diagram **76** 8; **151** 11
diák **262** 9
diakar **177** 44
diakeret **242** 42
diáklány **262** 10
diakritikus jel **342** 30-35
diamagazin **176** 27
diamásoló adapter **115** 88
diamásoló előtét **115** 87
diapozitívtartó tolóka **309** 43
diaszkóp **309** 42
diaulosz **322** 3
diavetítő **114** 76; **309** 42
diavetítő reklám **312** 23
diazolemez **179** 32, 34
diétás étel **266** 62
differenciálhányados **345** 13
differenciálmű **65** 32; **190** 75
differenciálszámítás **345** 13-14
diffúzor **114** 60
diffuzőr **172** 11
diffuzőrkád **172** 13
digitális adatkijelző **112** 47
digitális karóra **110** 1
digitális kijelző **110** 2, 20
digitális vezérlés **242** 35
díjak **308** 48
díjlovaglás **289** 1-7
díjlovagló ló **289** 3
díjlovaglópálya **289** 1
díjszámláló **237** 16
díjugratás **289** 8-14
dikics **100** 50
diktafon **22** 27; **209** 30; **246** 17; **248** 34; **249** 62
diktafonszámláló **246** 18
diktálóberendezés **246** 17
dilibéka **306** 51
dinamó **187** 8
dinamódörzskerék **187** 9
dinamométer **143** 97-107
dinár **252** 28
dingi **284** 51
dinitrogén-oxid fogyasztásmérője **26** 3
dió *növ.* **59** 41, 43; **384** 60
dió *élip.* **95** 11, 52
dió *textil* **167** 54
diófa **59** 37-43
diófaág **59** 37
diopter **305** 41
diopteres célratartás **305** 50, 51
dioptriabeállító gyűrű **117** 15
dioptriás kereső **313** 34
diótörő **45** 49
dipiramis **351** 18
dipólantenna **230** 65
direktíró készülék **25** 3
dirndli **31** 26
dirndliblúz **31** 29
dirndliékszer **31** 28
dirndlikötény **31** 31
dirndlinyakék **31** 28
dirndliruha **31** 26
disc-jockey **317** 25
discus germinativus **74** 65
dísz **353** 25
díszbab **57** 8
díszcsat **355** 23
díszcserje **272** 14, **373; 374**
díszdoboz **98** 79
díszfa **373; 374**
díszítés *cipő* **101** 43
díszítés *zene* **321** 14-22
díszítés *műv.* **335** 16
díszítő kellékek **35** 4
díszítőoromzat **335** 36
díszítőöltés **102** 3
díszítővarrás **31** 5
diszkanthúrok **325** 10
diszkanthúrstég **325** 11
diszkantregiszter **324** 41
diszkantrész **324** 39
díszkapu **337** 3
díszkard **355** 63
díszkendő **31** 57
díszkeret **336** 11
díszkert **51** 1-35
diszkó **317**
diszkóbár **317**
díszkoporsó **335** 53
díszkút **272** 15
díszlénia **183** 3
díszlet **310** 7, 33; **315** 32; **316** 11
díszletező munkás **315** 28; **316** 46
díszletfestő **315** 35
díszletfestő-terem **315** 28-42
díszletmester **316** 45
díszletrészek **316** 35
díszlettervező **310** 43; **315** 37
díszletvetítő készülék **316** 17
díszmedence **272** 23
disz-moll **320** 61
díszműáruosztály **271** 62
dísznapraforgó **51** 35
disznó **62** 10; **73** 9
disznóbab **69** 15
disznófül **73** 11
disznóól **62** 8; **75** 35
disznóorr **73** 10
disznópáréj **60** 21
disznósajt **96** 9
disznóskutya **86** 33
disznózás **86** 31
dísznövény **330** 48
díszóra **42** 16
díszöltés **102** 7
díszparéj **60** 21
díszpárna **42** 27
diszperziósfesték **129** 4
diszperziós tapétaragasztó **128** 28
díszszeg **253** 8
díszszegély **30** 13
dísztányér **309** 48
díszzsebkendő **33** 10
díszzsoltina **51** 31
díványpárna **46** 17
divatáruslány **306** 21
divatáruüzlet **268** 9
divatbáb **306** 33
divatkalap **35** 7
divatkatalógus **104** 6
divatlap **104** 4; **271** 36
dízel-elektromos meghajtóberendezés **223** 68-74
dízelgenerátor-gépcsoport **209** 5; **259** 94
dízelhidraulikus mozdony **212** 1, 24, 47; **213** 1
dízelmotor **64** 28; **65** 44; **190** 3, 4; **209** 4, 19; **211** 47; **212** 25, 51, 73; **223** 73
dízelmotorkocsi **208** 13; **211** 41
dízelmotoros motorkocsi **209** 2
dízelmotorvonat **209** 1
dízelmozdony **212** 1, 1-84
dízelolaj **145** 56
dízelolajszűrő berendezés **146** 26
dízelolajtartály **146** 13
dízel-tolatómozdony **212** 68
dízel-villamos hajtással **259** 75
dízel-vontatómotor **209** 4
d-moll **320** 63
dob *met.* **10** 5, 16, 20
dob *textil* **165** 10
dob *film* **312** 25
dob *zene* **353** 26
dobás **89** 20, 64
dobbantó *sport* **296** 12; **297** 8
dobbőr **323** 52, 58
doberman **70** 27
dobfék **189** 11, 13
dobhártya **17** 59
dobkályha **309** 4
dobkosár **64** 11
dobmalom **161** 1
dobócsapat kapusa **292** 73
dobó- és elfogóeszköz **352** 31
dobóháló **89** 31
dobójátékos **292** 50, 76
dobókés **354** 15
dobókör **292** 49
dobókötél **288** 69
dobórosta **55** 13
dobos **318** 11
dobósúly **89** 36
dobószám **307** 43
dobóvonal **292** 71
dobozadagoló automata **74** 53
dobozolt tojás **99** 50
dobozos gyümölcslé **99** 75
dobozos konzerv **99** 91
dobozos krém **99** 27
dobozos sajt **99** 49
dobozos sör **99** 73
dobozos tej **98** 15
doboztermés **372** 41
doboztöltő gép **76** 21
dobüreg **17** 60
dobverő **323** 54; **354** 19
docens **262** 3
dodzsem **308** 62
dodzsemkocsi **308** 63
dodzsempálya **308** 62
dog **70** 14
dogcart **186** 18
dohány *szárított* **107** 18
dohány *növ.* **382** 40, 43
dohányáru **107**
dohányárusító pavilon **204** 47
dohánybogár **81** 25
dohánycsomag **107** 25
dohánygyári gázosítóberendezés **83** 11
dohánylevél **382** 43
dohányzacskó **107** 43
dohányzási kellékek **107**
dohányzóasztal **42** 28
dokkba állítás **222** 41-43
dokkdaru **222** 34
dokkfenék **222** 31
dokk-kapu **222** 32
dokkmedence **222** 36
dokkmunkák **222** 36-43
dokkolónyílás **6** 45
dokktest **222** 37-38
dokktőke **222** 39
dokumentumablak **249** 39
doldrum **9** 46
dolgozó **77** 1; **358** 22
dolgozó méh **77** 1
dolgozósejt **77** 34
dolina **13** 71
dollár **252** 33
dolmen **328** 16
dóm **335** 1-13
domb *földr.* **13** 12, 66
domb *lóverseny* **289** 8
dombormű **339** 33
domborműfigura **333** 36
dombornyomó prés **183** 26
domború csiszolás **36** 78-81
domború metszet **340** 3
domború tábla **36** 47, 76, 77
domború tükör **308** 57
dombosláp **13** 19
domináns négyeshangzat **321** 5
dominó *játék* **276** 33, 34
dominó *karnevál* **306** 15
dominójáték **276** 33
dominókő **276** 34
dongaboltozat **336** 38
dongólégy **358** 18
dongóméh **358** 23
doppelschlag **321** 21
dór oszlop **334** 8
doroszlókalapács **158** 38

douze dernier **275** 27
douze milieu **275** 26
douze premier **275** 25
doziméter **2** 8-23, 15
dózismérő **2** 8-23
dózni **107** 10
döfőorr **218** 9
dögbogár **80** 45
dögfű **53** 15
dögkaktusz **53** 15
dögvirág **53** 15
dőlés **12** 3
dőlésbeállító **65** 73
dőlésirány **12** 3
döngölő **148** 31
döngölőbéka **200** 26
döngöltagyag tömítés **269** 39
döntött betűtípus **175** 7
dörzsár **109** 8; **125** 9; **140** 31
dörzsfa **217** 9; **283** 31; **340** 63
dörzsfelület **107** 24
dörzshajtású felcsévélőorsó **312** 37
dörzshenger **181** 62; **249** 51
dörzskerék **322** 26
dörzsölőfa **340** 63
dörzsölőpárna **340** 13
dörzstárcsás tengelykapcsoló **139** 21
drachma **252** 39
Draco **3** 32
drágakő **36** 42-71
drágakőcsiszolás **36** 42-86
drágaköves függő **36** 14
drágaköves gyűrű **36** 15
drágaköves karkötő **36** 25
drapéria **338** 33
dréncső **26** 47
drilling **87** 23; **89** 85
drótbefoglaló gép **125** 25
drótféreg **80** 38
dróthajlító fogó **127** 50
drótháló **339** 35; **350** 18, 19
drótkefe **141** 26; **142** 18
drótkefetárcsa **134** 24
drótkerítés **15** 39
drótkioldó-csatlakozás **117** 6
drótkosár *háztartás* **40** 42
drótkosár *kertészet* **55** 50
drótkosár *mg.* **66** 25
drótkötél **307** 41
drótkötélpálya *földr.* **15** 67; **214** 15-38
drótszeg **121** 95; **122** 74; **124** 29
drótszőrű foxi **70** 15
drótüveg **124** 6
drótváz **339** 35
dúc **119** 59; **120** 25
dúcgerenda **121** 58, 69, 82
dúcolás **119** 13
duda *közl.* **188** 53; **211** 9
duda *zene* **322** 8
dudli **28** 15
dudor **359** 17
dugaszoló **127** 9
dugaszolóaljzat **39** 26; **127** 5, 6, 7, 8, 12, 25, 66; **195** 39; **261** 12
dugaszolócsatlakozó **127** 11, 14
dugaszológép **79** 10
dugaszolótábla **242** 69
dugattyú **65** 24; **190** 37, 68; **242** 46
dugattyúgyűrű **190** 37
dugattyúlap **2** 25
dugattyúoszlop **316** 60
dugattyúrúd **192** 75
dugattyúrúd tömszelencével **210** 33
dugó **267** 58
dugóhúzó **40** 18; **45** 46
dugóhúzó *sport* **288** 7
dugórúd **148** 10
dugózórúd **148** 10
dugvány **54** 20, 24
duk-duk táncos **352** 34
duktor **181** 64
Dulfer-ereszkedés **300** 30
dunsztolófazék **40** 23
duodenum **20** 14
duóhengerállvány **148** 53
duola **321** 23
dupla **276** 35
dupla hármas **302** 14
duplaspirál-izzószál **127** 58
duplex házitelefon-rendszer **246** 10
duplex távbeszélő rendszer **244** 5
dúr hármashangzat **321** 1
durranó cukorka **306** 50
dursusz **175** 5
durvaállítás **112** 4
durvaanyag-kád **172** 59
durvabeállító **224** 35
durvacsiszoló korong **111** 36
durva- és finomállítás mutatóberendezése **148** 65
durva- és finomkoksz rosta **156** 14
durva filc **35** 24
durvareszelő **134** 9; **140** 8
dúvadcsapdázás **86** 19
duzzasztólépcső **217** 65-72
duzzasztómű **15** 66
duzzasztótest **217** 65
duzzasztózsilip **15** 69
dűlmirigy **20** 76
dűlőút **63** 18
dűne **13** 39, 40
dürgő nyírfajd **86** 11

# DZS

dzseki **31** 42
dzsem **98** 52
dzsesszgitár **324** 73
dzsesszhangszerek **324** 47-78
dzsessztrombita **324** 65
dzsesszütőhangszer-garnitúra **324** 47-54
dzsörzé kezeslábas **29** 17
dzsörzéruha **29** 28
dzsúdó **299** 13-17
dzsunka **353** 32

# E, É

eb **73** 16
ebédlő **44; 223** 44
ebédlőasztal **45** 1
ébenfa billentyű **325** 5
ebír **69** 25
ebonitborítás **300** 45
ébresztőóra **43** 16; **110** 19
ebszőlő **379** 5
écaille **335** 15
ecet **98** 25
ecetes- és olajosüveg **45** 42
ecet- és olajtartó **266** 22
ecetes uborka **98** 29
echinus **334** 21
Echiostoma **369** 13
echográf **224** 24, 65
echogram **224** 67
echolot **224** 61-67
ecset *festő* **48** 7; **338** 6
ecset *tisztító* **108** 33
ecsetpázsit **69** 27
edami sajt **99** 42
edény **328** 13
edényfogó **39** 18
edényfogótartó **39** 19
edénymosogató **39** 35
edénymosogató gép **39** 40
edényszárító **39** 33
edénytartó kosár **39** 41
edénytartó szekrény **44** 26
édeskömény **380** 6
édes meggy **59** 5
édesség **98** 75-86, 80
édestejszínvaj-készítő berendezés **76** 33
editálás **311** 42-46
editálóasztal **311** 42
editálópult **311** 42
E-dúr **320** 59
edző **291** 55; **292** 57; **299** 45
edzőkemence **140** 11
edzők helye **292** 56
edzőtárs **299** 27
effacé **314** 13
égbolt **3** 1-8, 1-35, 36-48; **9** 20-24
égbolt pólusa **3** 1
éger **371** 30
egérárpa **61** 28
egerészölyv **362** 9
égerfa **371** 30
egérfogó **83** 36
égerláptőzeg **13** 18
egészfa **120** 87
egészhang **320** 13
egészkotta **320** 13
egészségügyi cikk **99** 35
egészszünet **320** 21
egész szünetjel **320** 21
égetett szesz **98** 56
égető **24** 43
égetőforma **161** 4
éggömb **3** 1-35, 36-48; **4** 23
éghajlat **9** 56, 53-58
éghajlati térkép **9** 40-58
éghajlattan **9**
égi egyenlítő **3** 3
égi pólus **4** 24, 26
égő **162** 6
égőcső **350** 7
égőfej **38** 60
égőfogó **126** 58
égőkeret **288** 80
égőtér **147** 16
egres **58** 9
egreság **58** 2
egresbokor **52** 19; **58** 1
egresfélék **58** 1-15
egrestorta **97** 22
egresvirág **58** 6
égszínkék **343** 6
égyptienne **342** 8
egzotikus madár **363**
egyágyas fülke **223** 46
egyárbocos vitorlások **220** 6-8
egycsövű látcső **111** 18
egydeszkás vízisíző **280** 14
egyéb jelzés **203** 25-44
egyenáramú motor **150** 9
egyenes *sport* **299** 28
egyenes *mat.* **346** 1-23, 4, 20; **347** 12
egyenes cső **309** 5
egyenes fedélzet **258** 2
egyenesnyaláb **346** 19
egyenes szakasz **346** 16
egyenesszárnyú rovar **358** 8
egyenes szög **346** 13
egyenes szúrás **294** 7
egyenes tőke **285** 40
egyenes ütés **299** 28
egyenes vágányút **203** 45, 49, 50
egyenesvágógép **185** 1
egyengető előfonógép **164** 27
egyengetőkalapács **137** 33; **195** 46
egyengetőkotró **200** 28
egyengetőlap **125** 3
egyengetőlemez **200** 18
egyengetőpalló **201** 3
egyengető tológép **199** 16
egyenirányító **138** 30; **178** 2; **312** 18
egyenlet **345** 4, 8, 9
egyenlítő **14** 1
egyenlítői éghajlat **9** 53
Egyenlítői-ellenáramlás **14** 33
egyenlítői szélcsendes öv **9** 46
egyenlő oldalú háromszög **346** 26
egyenlőségjel **247** 20, **344** 23
egyenlő szárú háromszög **346** 27
egyenruha **264** 7
egyensúlyozó rúd **307** 42, 46
egyensúlyozószám **307** 44
egyes **283** 13; **293** 4-5
egyes evezős **283** 13
egyes kajak **283** 54
egyes ülés **207** 62
egyesületi torna **296** 12-21; **297** 7-14
egyesvaku **309** 38
egyetem **262** 1-25
egyetemes marógép **150** 32
egyetemi könyvtár **262** 11-25
egyetemi tanár **262** 3
egyfedelű repülőgép **229** 1, 3, 5, 14; **231** 2
egyfogatú kocsi **186** 18, 29
egyfuratú csap **350** 42
egyhajlású hasáb **351** 24
egyhajlású kristályrendszer **351** 24-25
egy hajtóműves repülőgép **231** 1, 2
egyház **330; 331; 332**
egyházfi **330** 26
egyházi zászló **331** 44
egyhengeres benzinmotor **190** 6
egy kép-két hang vágóasztal **117** 96
egyköteles kötélpálya **214** 15-24
egykötelű kötélpálya **214** 19
egylovas kocsi **186** 18
egylövetű puska **87** 1
egymotoros dízelmozdony **208** 1
egymotoros repülőgép **230** 32-66; **231** 1
egy negyed inch-es szalag **241** 58
egynyári perje **375** 39
egynyílású keret **215** 38
egyoldalas nyomat **340** 27
egyoldali olló **296** 51
egyoszlopos tartóállvány **214** 23
egypárevezős **283** 16
egyrészes síruha **301** 9
egyrészes wobbler **89** 69
egységesített rakomány **226** 9
egységkijelző **174** 36
egységrakomány **225** 42
egysejtű állat **357** 1-12
egysejtűek **357** 1-12
egysínű függőpályával **144** 44
egysoros öltöny **33** 1
egyszárnyú ablak **37** 23
egyszarvú **254** 16; **327** 7
egyszer használatos injekciós tű **22** 65
egyszerű csepp **36** 85
egyszerű golyó **36** 82
egyszerű pampel **36** 83
egyszerű szem **77** 2
egyszínnyomó ofszetgép **180** 46, 59
egytollú lapát **283** 34
együttfutó **168** 56
egyvasú eke **65** 1

# F

farárboc **218** 31; **219** 8-9; **220** 23, 24
faráspoly **260** 55
farbarázda **16** 41
farbástya **218** 23
farbemélyedés **221** 53
fardagály **355** 69
farderék **219** 9
farderék-előkötél **219** 11
fardeszka **284** 35; **286** 26
fareszelő **132** 1, 2; **134** 8; **260** 55
farfa **218** 28
farfedélzet **223** 32
farfelépítmény **223** 33; **258** 22
farizom **18** 60
farkamra **227** 28
farkas **367** 13
farkasalma **376** 22
farkasbogyó **379** 7
farkasboroszlán **377** 10
farkasfogdíszítés **335** 16
farkaskutya **70** 25
farkasverem **329** 33
farkcsigolya **20** 60
farkcsont **17** 5; **20** 60
farkormány **218** 24
farktoll **73** 25, 29, 31
farktollazat **362** 8
farlámpa **286** 14
farlemez **329** 88
farmatring **71** 34
farmer **31** 60
farmerdzseki **31** 59
farmerkabát **31** 59; **33** 21
farmernadrág **31** 60; **33** 22
farmeröltöny **31** 58; **33** 20
farmotor *autó* **195** 49, 50
farmotor *hajó* **283** 7
farmotoros hajó **283** 6
farmotoros katamarán **286** 21
farmotoros sporthajó **286** 1
farnyílás **221** 55, 88; **226** 18
farok *áll.* **70** 12; **72** 38; **73** 12, 6; **88** 19, 47, 49, 58, 62, 67, 75, 80; **362** 8; **367** 29
farok *rep.* **256** 31-32
farokfelület **229** 23, 26-27, 28, 32, 36; **230** 58, 61
farokfelület-forma **229** 23-26
farokfelület kettős faroktartóval **229** 35
farokhajtómű **231** 10
farokkerék **256** 27
faroklégcsavarok **232** 28
farokmerevítő kötél **232** 4
farokrész **230** 59; **234** 7; **256** 32; **257** 21
farokrészfelület **229** 24-25
farokrotor **232** 14; **256** 20; **264** 4
farokszárny **256** 31
farokszerkezet **257** 20
faroktő **72** 34
faroktövis **358** 43
farokúszó **364** 10; **367** 29
farokuszony **367** 29
farostlemez **338** 24
farönk **84** 19
farpáncél **329** 88
farpofa **16** 40
farrámpa **221** 31
farredő **16** 42
farsang **306**
farsangi felvonulás **306** 57-70
farsangi király **306** 58
farsang királynője **306** 61
farsatu **132** 37
farsudár-előkötél **219** 12
far-szárnyvitorla utazóbárka **220** 10
fartő **95** 35
fartőke **218** 1; **222** 70, 70-71
fartörzs **219** 8
fartörzs-előkötél **219** 10
fartörzs-tarcs **219** 54
fartükör **218** 58; **221** 42
farvitorla **218** 29; **219** 30
farvitorla-csonkakötél **219** 70
farvitorla-fordítórúd **219** 44
fáskosár **309** 10
fasor **199** 11
faszeg **121** 92
faszén **278** 48
faszénblokk **108** 37
faszobrász **339** 28
fatábla **338** 23
fatalp **101** 45
fatartály **91** 27
fátermörder **355** 74
fatömb **339** 27
fatönk **84** 14
fatörzs **84** 22; **370** 2, 7
fatörzscsónak **218** 7
fatörzsmérő **84** 21
fátyol *divat* **332** 20
fátyol *áll.* **362** 18
fátyol *növ.* **381** 5
fátyolfelhő **8** 7
fattyúcsülök **88** 57
fattyúköröm **88** 23
faustball **293** 72-78
faütő **293** 91
favázas fal **120** 48
favédő kaloda **118** 80
favonat **47** 37; **48** 29; **273** 27
favorit **289** 52
fax **245** 1, 2
faxberendezés **245** 1
fazék **39** 29; **40** 12, 15
fazekasáru **308** 66
fazekaskorong **161** 11
fazekasstand **308** 64-66
fazéksisak **254** 7
fazetta *orv.* **24** 32
fazetta *optika* **111** 39, 40
fazetta *nyomda* **178** 44
fázis **148** 26
fazon **33** 5
fazonalakító szerszám **162** 43
fazonkalapács **108** 40
F-dúr **320** 63
fecske **361** 20
fecskefarkasan fogazott rálapolás **121** 89
fecskefark-ikerkristály **351** 25
fecskeféle **361** 20
fecskefészek **259** 19
fecskendezőfúvóka **50** 13
fecskendő **22** 65; **24** 10
fecskendőautó **270** 51
fecskendős kocsi **270** 5
fedél *méhészet* **77** 39
fedél *lemezjátszó* **241** 32
fedelesszárnyú **358** 24-39
fedélhéjazat **38** 1
fedélköz **223** 76
fedéllemez **122** 62
fedéllemezszeg **143** 55
fedélszék **120** 7; **121** 27, 34, 37, 42, 46, 52
fedél szűrővel **2** 14
fedélzár **50** 83
fedélzáró gép **76** 46
fedélzáró gyűrű **40** 26
fedélzet **146** 35, 37; **223** 28, 28-30, 32-42; **283** 57
fedélzethajlás **222** 44; **259** 23
fedélzeti daru **221** 61; **259** 10
fedélzeti elrendezés **259** 12-20
fedélzeti energiaellátó rendszer **6** 6
fedélzeti tiszt **221** 126
fedélzetív **259** 23
fedélzetmester **221** 114
fedettség **9** 20-24
fedő **40** 13
fedőállvány **182** 23
fedődeszka **55** 9
fedőkőzet **144** 48
fedőkupak **126** 33
fedőléc **163** 45
fedőlemez **334** 20
fedőnyelv **243** 47
fedőréteg *kőfejtő* **158** 2
fedőréteg *grafika* **340** 56
fedükőzet **144** 48
fegyver **264** 22
fegyveres erők **255; 256; 257**
fegyvernök **329** 68
fegyvertisztító készség **87** 61-64
fegyverzet **258** 29-37
fegyverzetirányító radar **258** 35
fehér **343** 11
fehérarany kapocs **36** 10
fehérbor **98** 60
fehérboros kehely **45** 82
fehér golyó **277** 11, 13
fehérítés **169** 21
fehérje **74** 62
fehérkenyér **97** 9
fehérmályva **380** 12
fehérnemű **32**
fehérneműs rész **267** 31
fehérnemű-szárító **50** 32
fehér nyár **371** 23
fehérpecsenye **95** 34
fehérzsemle **97** 14
fej *áll.* **72** 1-11; **88** 12
fej *anat.* **16** 1-18; **17** 52-55; **19** 1-13
fej *rovar* **82** 2; **358** 28
fej *élip.* **95** 43
fej *gép.* **143** 14, 52
fej *zene* **326** 20
fej *mit.* **327** 21
fejbeosztás **185** 56
fejbiccentő izom **18** 34; **19** 1
fejburkolat **241** 59
fejdísz **352** 12; **355** 21
fejecske **370** 73
fejecskevirágzat **61** 14
fejelés **291** 46
fejenállás **295** 28
fejenátfordulás **297** 27
fejesugrás **282** 12
fejes vonalzó **151** 9
fejezet *műv.* **333** 28; **334** 20-25; **337** 18
fejezetcím **185** 60
fejezőkés **64** 87
fejhallgató **241** 66; **242** 30; **249** 63; **261** 38; **309** 24
fejhallgató-csatlakozás **117** 10
fejhallgató-csatlakozó **249** 68
fejhallgató-csatlakozódugó **241** 70
fejhallgatókagyló **241** 69
fejhallgatópánt **241** 67
fejlábú **357** 37
fejléc **342** 40
fejlemez **334** 20
fejlődésszámláló **242** 5
fejoldal **252** 8
fejő **75** 25
fejőállás **75** 23
fejőcsésze **75** 30
fejőcsészekészlet **75** 26
fejőkehely **75** 30
fejőkészülék **75** 26
fejőmunkás **75** 25
fejőstehén **62** 34; **75** 17
fejpalló **119** 61
fejpárna *ágynemű* **27** 27; **43** 12-13; **47** 4
fejpárna *vasút* **207** 47, 68
fejrész *ágyé* **43** 6
fejrész *ló* **71** 7-11
fejrész *cipő* **100** 60; **291** 25
fejrész *ép.* **122** 87
fejrész *nyomda* **175** 39
fejsajt **96** 9
fejsze **85** 1; **120** 73; **328** 19
fejtámasz **207** 47
fejtámla **191** 33; **193** 7, 8, 31; **207** 67
fejtőkalapács **144** 35
fejvéd **294** 23; **303** 14
fejvédő **290** 3; **299** 30; **302** 34
fejvég *ágyvég* **43** 6
fejvég *áll.* **81** 33, 36
fejvonal **19** 73
fék *kocsin* **186** 16
fék *vasút* **212** 10, 44
fék *kat.* **255** 52
fékbetét **138** 13; **143** 106; **191** 18; **192** 52
fék-Bowden-huzalok **188** 37
fékdinamométer **143** 97-107
fékdob *közl.* **138** 11
fékdob *textil* **166** 60
fékernyőtér **257** 24
fekete *címer* **254** 26
fekete *játék* **275** 21
fekete *szín* **343** 13
feketegyökér **57** 35
fekete lőpor **87** 53
feketelúgszűrő **172** 28
feketelúgtartály **172** 29
feketemazsola **98** 9
fekete orrszarvú **366** 25
feketerigó **361** 13
fékező **303** 21
fékezőkötél *textil* **166** 61
fékezőkötél *hajó* **259** 16
fékfolyadéktartály **191** 49
fékhenger **212** 7
fékhuzal **189** 12
fékkar *textil* **166** 62
fékkar *kerékpár* **187** 66
fékkarszorítócsavar **187** 67
féklámpa **188** 38; **189** 9
féklap **229** 44; **256** 6; **287** 38
féklazító mágnes **143** 102
féklevegő-nyomásmérő **210** 50
féknyereg **192** 49
féknyomásmérő **210** 50
fékpad **138** 16, 16
fékpadi gödör **138** 17
fékpadi görgő **138** 18
fékpalást **187** 70
fékpedál *jármű* **56** 40; **191** 45, 95
fékpedál *nyomda* **179** 12, 30
fékpofa **143** 100; **192** 51
fékrendszer ellenőrző lámpája **191** 72
fékrögzítő **56** 38
féksaru *vasút* **119** 40; **206** 49
féksaru *kocsin* **186** 16
féksúly *autó* **143** 103
féksúly *textil* **166** 63
fékszalag **143** 105
fékszárny **229** 42, 46-48; **230** 53; **256** 12; **257** 13, 38; **288** 29
fékszárnyrendszer **229** 37
fékszelep **211** 23
fékszorító csavar **187** 71
féktárcsa **143** 98; **192** 48
féktárcsapofa **189** 33
féktengely **143** 99
fektetés **122** 91, 95
féktömlőkapcsolat **208** 21
féktuskó **138** 12; **143** 100; **192** 49
fekükőzet **13** 70
fékvezeték-csatlakozás **192** 53
fekvőkazán **210** 16
fekvőkúra **274** 12-14

## G

# GY

# H

hidrosztatikus ventilátorhajtás **212** 62
hidroxilamin **170** 21
hídszakasz **215** 68
hídszent **215** 22
hídszobor **215** 22
hídtámasztékм **215** 29, 45
hídtartó **177** 13
hiéna **368** 1
hieroglifák **341** 1
hifiberendezés **42** 9
hifielemek **241** 13-48
higanycella **25** 32
higanygőz-egyenirányító **312** 18
higanyos barométer **10** 1
higanyos manométer **25** 18
higanyos nyomásmérő **25** 18
higanyoszlop **10** 2
high-speed filmkamera **313** 35
hígító **338** 13
higrográf **10** 8, 50
higrométer **179** 28
hígtrágyatartály **62** 13
hi-hat **324** 50
hím **73** 33; **81** 34
himation **355** 6
himba **214** 68
himbavas **340** 19
himenium **381** 17
hímivarú virágzat **383** 13
hímnős virág **374** 10; **382** 12, 14
hímvessző **20** 66
hímzés **29** 20, 29; **30** 42
hímzett szegély **355** 67
hinta **273** 39
hintakeret **47** 16
hintalap **273** 40
hintaló **47** 15
hintamackó **48** 30
hintaszék **309** 61
hintatalp **47** 16
hintaülés **273** 40
hintó **186** 1-54, 36
hintóajtó **186** 11
hintőporos doboz **28** 14
hiperbola **347** 26
hiperbola aszimptotái **347** 29
hiperbola csúcspontjai **347** 28
hiperbola gyújtópontjai **347** 27
hiperbola-helyzetvonal **224** 43, 44
hipocentrum **11** 32
hipocentrum mélysége **11** 34
hipofízis **17** 43
hippocampus **327** 44
hippokamposz **327** 44
hirdetés **118** 45; **204** 10; **268** 43; **342** 56
hirdetési oldal **342** 69
hirdetési rovat **342** 69
hirdetőoszlop **268** 70
hirdetőtábla **118** 45
hírek **342** 62, 63
hírfej **342** 44
hírközlő állomás **237** 51
hírolvasó bemondó **238** 21
hírügynökség neve **342** 55
hitel **250** 4
hitel-adminisztráció **271** 24
hites tőzsdealkusz **251** 4
hiúz **368** 8
hiúzbőr eresztés előtt **131** 15
hiúzprém **131** 16
hiúzszőrme **131** 20
hivatalok **310** 4
hivatásos versenyző **299** 25
hívek közössége **330** 29
hívó *vadászat* **87** 43-47
hívó *színház* **315** 52
hívógomb **127** 3
hívókád **182** 11
hívókészülék **237** 67
hívólámpa **315** 52
hívóvadászat **87** 43-47
hívő **330** 29, 61; **331** 17
hizlalómedence **89** 6
hízóka **377** 13
h-moll **320** 57
hódfarkú cserép **122** 6, 46
hódfarkúcserép-fedés **122** 2
hódpatkány **366** 14
hóeke **304** 9
hóeketáblák **203** 34-35
hóeltakarító **304** 22
hóember **304** 13
hóesés **8** 18
hófogó rács **38** 8
hófogó rács tartója **122** 16
hófúvás **304** 4
hógolyó **304** 15
hógolyócsata **304** 14
hóhalom **304** 24
hókása **304** 30
hókereszt **10** 48
hókerítés **304** 6
hokibot **292** 13
hokikapu **292** 7
hokikorcsolya **302** 23
hokilabda **292** 14
hokiütő **292** 13
hókunyhó **353** 4
hólánc **304** 10
hólapát **304** 23
hólavina **304** 1
Hold **4** 1-9, 31
holdacska **19** 81
holdfázis **4** 27
holdfelszín **6** 13
holdfogyatkozás **4** 34-35
Hold keringése **4** 1
holdkomp **6** 12; **234** 55
holdkomphangár **234** 54
holdkorong **4** 41
holdpálya **4** 1
holdpor **6** 14
holdra szállás **6**
holdsarló **4** 3, 7
holdtölte **4** 5
holdüveg **124** 6
holkelvéső **132** 9
hollandicserép-fedés **122** 53
hollandi tetőcserép **122** 54
holland pipa **107** 34
holland szélmalom **91** 29
holoéder kősó **351** 2
holtág **15** 75; **216** 18
holtember-kapcsoló *vasút* **211** 21; **212** 13
holtvölgy **13** 75
homályosüveg **112** 24
hómaró gép **213** 17
hombár **152** 2; **221** 63; **223** 55, 75
homlok *anat.* **16** 4-5
homlok *ló* **72** 3
homlokajtó **50** 30
homlokcsont **17** 30
homlokdeszka **123** 56
homlokdudor **16** 4
homlok- és tarkóizom **19** 4
homlokfal **200** 10; **213** 10
homlokfali tolóajtó **207** 19
homlokfogaskerék **143** 87
homloklámpa **300** 54
homloklap **123** 33, 48
homlokléc **46** 5
homlokmoréna **12** 55
homlokparóka **355** 8
homlokszíj **71** 9
homloküreg **17** 55
homlokverőér **18** 5
homlokvisszér **18** 6
homlokzati síp **326** 13
homogénezett tej **99** 44
homogénezőgép **76** 12
homogenizáló siló **160** 5
homogén légtömegek felhői **8** 14
homok **15** 6; **340** 48
homokágy **123** 8
homokbucka **13** 42
homokcentrifuga **172** 22
homokdóm **210** 14
homokdomb **273** 66
homokfogó **172** 22, 56; **173** 13; **269** 25
homokfutó **186** 2
homokfúvással homályosított üveg **124** 5
homokkővetődés **154** 61
homokláda **212** 76
homoklerakódás **216** 52
homoknád **15** 7
homokolócső **210** 15, 19
homokóra **110** 31
homokozó **273** 64
homokpad **227** 3
homokpálya **290** 24
homokpályás verseny **290** 24-28
homokszórás **107** 41
homokszóró-kapcsoló **211** 32
homokszóró-működtetés **210** 55
homoktartály **210** 14; **212** 59
homokturzás **13** 41
homokvár **280** 35
homok vezetéke **148** 38
homokzsák **216** 50; **288** 65; **299** 21
homorítóstílus **298** 41
homorú-domború lencse **111** 41, 42
homorulat **302** 22
homorúszög **346** 10
homorú tükör **5** 32; **308** 56
homorúvéső **132** 9; **339** 17; **340** 6
hónalj **16** 26
hónaljrügy **370** 25
hónaljszőrzet **16** 27
hónaposretek **57** 15
hónyom **301** 60
hook ball **305** 18
hórakás **304** 24
hordágy **270** 23
hordalékkúp **13** 9
hordaléklebocsátó **217** 62
hordár **205** 31
hordfelület **287** 29; **288** 27
hordfül **241** 2; **260** 8
hordó **130** 5; **154** 77; **326** 20
hordó alak **36** 56, 75
hordóbója **224** 77, 94
hordódonga **130** 9
hordódonga-feszítő **130** 12
hordófenék **130** 10
hordókészítő **130** 11
hordónyílás **130** 7
hordótároló **93** 16
hordótest **130** 6
hordozható felvevőgép **243** 4
hordozható lépes kaptár **77** 45-50
hordozható orgona **322** 56
hordozható öntőüst **148** 14
hordozható rádiótelefon **270** 41
hordozható szenteltvíztartó **332** 47
hordozható vetítő **312** 52
hordozóbak **152** 41
hordozókeret **65** 90
hordozórúd **148** 16
hordozószár **148** 16
hordozóvilla **148** 15
hordszíjtartó fülecs **115** 9
hordszárny **286** 44
hordszíj **260** 11
horganylemez **340** 52
horganylemez kéményszegély **122** 14
horganyzott drótszeg **122** 74
horgas csőr **362** 6
horgasfejű galandféreg **81** 35
horgászat **89**
horgászbot **89** 49-58
horgászcsónak **89** 27
horgászfelszerelés **89** 37-94
horgászfogó **89** 37
horgászkés **89** 39
horgászszerszám **89** 37-94
horgászzsinór **89** 63
horgolás **102** 28
horgolóvilla **102** 29
horgony **222** 78, 79; **258** 5, 39; **259** 81; **286** 15-18
horgonycsavar **143** 43
horgonycsörlő **223** 49; **258** 6; **259** 82
horgonyfelszerelés **223** 49-51
horgonykereszt **332** 69
horgonykötél **218** 18
horgonylánc **222** 77; **223** 50; **227** 12
horgonyláncnyílás **222** 75; **258** 54
horgonyláncrögzítő **223** 51
horgonyláncvezető cső **222** 76
horgonyzófej **143** 44
horizont **4** 12
horizontális fény **316** 15
horizontális skála **313** 14
horizontdomb **310** 13
horizonttükör **224** 7
hornyolás **157** 6
hornyolókalapács **125** 14; **137** 34
hornyolt etetőhenger **163** 52
hornyolt henger **130** 30
hornyos csavar **143** 36
hornyos cserép **122** 59
hornyos ék **143** 73-74
horog *méhészet* **77** 10
horog *halászat* **89** 78-87
horog *ép.* **122** 51, 64
horog *olaj* **145** 9
horoggörbület **89** 81
horoghegy szakállal **89** 80
horogkoszorú **81** 38
horogszabadító **89** 40
horogszakáll **143** 44
horogütés **299** 33
horony **87** 70; **165** 11; **243** 27; **301** 39
horonycsap **143** 40
horpasz **88** 26
hortenziák **51** 11
hószemüveg **300** 18
hosszabbító **127** 10
hosszabbítószár **151** 57
hosszabbítóvezeték **127** 11, 12
hosszabbítózsinór **127** 10
hosszanjátszó képlemezrendszer **243** 46-60
hosszanti borda **258** 8; **285** 55
hosszanti lábboltozat **19** 62
hosszbeállító **100** 20
hosszdőlés **230** 67
hossz- és keresztirányú előtolás **149** 17
hosszfa **84** 19
hosszgyalu **150** 8
hosszirányú ütköző **157** 68
hosszkazán **210** 16
hosszleszabó fűrész **157** 38
hosszlyukmaró **150** 43
hosszmerevítő **121** 39, 76; **222** 50; **230** 47, 57
hosszmerevítő gerenda **222** 50
hossz-szán **149** 22, 42

# I, Í

íves lépcső **123** 75
ívfelrakó állomás **184** 16
ívfesztávolság **215** 26
ívfogó **180** 56
ívfogó kocsi **180** 56
ívfúró **108** 4
ívgyűjtő tálca **249** 54
ívhajítás **297** 33
ívhát **336** 26
ívhíd **215** 19, 23, 28
ívhomlokfal **336** 24
ívkirakó szerkezet **180** 45, 55
ívlámpa **312** 39
ívmező **335** 26
ívnorma **185** 69
ivócsarnok **274** 15
ivókúrázó fürdővendég **274** 18
ivókút **205** 33
ivólé **266** 58
ívoszlop **180** 44, 57, 69; **181** 23, 25
ívoszlopberakó **180** 73
ivóvízellátás **269** 1-66
ivóvíztartály **146** 16; **221** 70; **223** 79
ivóvízvezeték **198** 22
ívösszehordó gép **249** 59
ívrész **183** 12
ívszámláló **181** 54
ívterelő szarv **152** 47; **153** 61
ív tetőpontja **215** 31
ívütköző **185** 11
ívvezetés **180** 33
ízeltlábúak **358** 1-23
ízesítő **98** 8-11
ízletes kucsmagomba **381** 26
izobár **9** 1
izobát **15** 11
izohel **9** 44
izohélia **9** 44
izohiéta **9** 45
izohim **9** 42
izohipsza **15** 62
izomrendszer **18** 34-64
izoszeiszta **11** 37
izoter **9** 43
izoterma **9** 40
izzasztódeszkák **222** 62
izzítási színek **343** 16
izzítólap faszénből **108** 37
izzólámpa **127** 69, 56
izzólámpa-foglalat **127** 60
izsóp **374** 5

# J

jacket-korona **24** 28
jai-alai **305** 67
Japán **253** 20
japánbirs **373** 17
japán írás **341** 6
japáni törpetyúk **74** 56
járadék **251** 11-19
járáshatár **15** 103
járat a fakéreg alatt **82** 23-24
járat- és célállomástábla **197** 20
járatsúly **110** 29; **309** 59
járatszám **197** 21
járda **37** 60; **147** 38; **198** 9
járda a hajóközépen **218** 46
járdaburkolat **198** 8
járdahíd **221** 3
jármód **289** 7
jármű **186** 1-54; **188** 20
járműmérleg **206** 41
járműszállító komphajó **221** 54
járműtámasz **85** 45; **255** 68
járműtámaszték **270** 12
járóbaba **273** 63
járócipő **101** 56
járódeszka **55** 22
járófelület **123** 32, 47; **215** 18
járófolyosó **208** 23
járóka **28** 39
járóka feneke **28** 40
járókelő **268** 18
járom **65** 14; **153** 14
járomcsont **16** 8; **17** 37
járomkar **322** 16
járópalló **118** 87; **120** 36
járószék **271** 46
járótalp **291** 30
járőr **264** 13
járőrhajó **258** 64-91
járőrkocsi **264** 10
járőr-tengeralattjáró **259** 75
járulékos gyökér **370** 78
járvaszecskázó **64** 34-39
Jasminum **373** 4
játék **47** 6; **48** 19, 21-32
játékasztal **275** 8; **326** 36-52
játék autó **47** 38; **273** 55
játék baba **48** 25; **309** 11
játék bolt **47** 27
játékdoboz **47** 18
játék építmény **273** 21
játék jogar **306** 59
játék kacsa **28** 10; **49** 4; **273** 30
játékkártyák **276** 36
játékkaszinó **275** 1
játék kocka **48** 21
játék mackó **28** 46; **273** 26; **309** 12
játék markoló **273** 65
játékos **293** 36, 60, 63
játék teherautó **273** 62
játék telefon **47** 35
játéktér **291** 1; **292** 40-58
játékterem **275** 1
játékvezető **275** 3; **291** 62; **292** 55, 65; **293** 19, 67, 68
játék vonat **47** 37; **273** 27
játszmaállás **293** 38
játszmaeredmény **293** 35
játszóasztal **326** 36-52
játszó csoport **48** 20
játszónadrág **29** 19, 21
játszóruha **29** 12, 19, 22
játszótér **272** 44; **273**
javítás **138** 36; **195** 47
javító **161** 19
javítóhajó **258** 92
javított cipő **100** 1
jávorfa **371** 53
jávorszarvas **367** 1
jázmin **373** 4
jégág **88** 7
jégár **12** 48-56, 49; **300** 22
jégbot **302** 39
jégbotlövészet **302** 38-40
jégbotlövő **302** 38
jégcsákány **300** 16, 31
jégcsap **304** 21
jégcsavar **300** 40, 41
jégdara **9** 35
jegenyefenyő **372** 1, 2
jegesmedve **368** 11
jégeső **9** 36
jégfal **300** 14
jéggerinc **300** 21
jégkalapács **300** 37
jégkockák **266** 44
jégkorong **302** 29-37
jégkorongozó **302** 29
jéglépcső **300** 17
jégmadár **360** 8
jégmászás **300** 14-21
jégmászó **300** 15
jégpályás verseny **290** 24-28
jégszekerce **300** 36
jégtalp **302** 45
jégtartály **267** 67
jégtartó **267** 67
jégtelenítő szellőzőnyílás **192** 64
jégtörő **215** 56; **221** 50
jégvirág **53** 10
jégvitorlás **302** 44
jégvitorlázás **302** 44-46
jégzátony **300** 4
jégzsinór **74** 63
jegyárusító automata **268** 28
jegyautomata **268** 28
jegybank **252** 30
jegyellenőr **315** 10
jegyespár **332** 15-16
jegygyűrű **36** 5; **332** 17
jegygyűrűtágító **108** 24
jegygyűrűtartó doboz **36** 6
jegykezelő készülék **197** 16
jegykiadás **204** 34
jegykiadó készülék **197** 33
jegynyomtató **204** 41
jegypénztár **204** 35; **271** 26
jegypénztáros **204** 39
jegyszedő **312** 4; **315** 12
jegyszedőnő **312** 4
jegyzet **185** 62; **262** 5
jegyzőkönyvvezető **263** 26; **293** 71; **299** 48
jelelem **243** 60
jelenet **316** 36
jelentés **342** 54
jelentkezés **260** 20
jelentkezési tömb **267** 12
jelkódexlobogó **253** 29
jelmagyarázat **14** 27-29; **268** 4
jelmez **315** 51
jelmezbál **306** 1-48
jelmezes ünnepély **306** 1-48
jelmeztervezet **315** 39
jelmeztervező **315** 38
jelmezvázlat **315** 40
jelölő habcsík **83** 9
jelrúd **14** 51
jelsáv **243** 59
jelzés **203** 36
jelzésellenőrzés **203** 64
jelzőállító emeltyű **203** 56
jelzőárboc **225** 34
jelzőberendezés **203**
jelződob **354** 18
jelzőharang és kürt **212** 49
jelzőkar **203** 2
jelzőkürt **211** 9; **212** 70; **270** 7
jelzőkürt működtetője **211** 40
jelzőlámpa **15** 49; **25** 6; **50** 10; **164** 8; **196** 7; **249** 71; **268** 52; **270** 6; **294** 30
jelzőlámpa oszlopa **268** 53
jelzőlobogó **223** 9; **253** 22-34
jelzőlobogó-készlet **253** 22-34
jelzőpálcika **292** 79
jelzősíp **224** 70
jelzőszalag **185** 70
jelzőtábla **224** 99, 100; **267** 5
jelzőtárcsa **264** 14
jelzőzászló **291** 60
jérce **62** 36; **74** 9; **98** 7; **99** 58
jérceistálló **74** 5
jerikói lonc **374** 13
jet stream szintje **7** 5
jezsámen **373** 9
jobb csatorna **241** 36
jobbhorog **299** 33
jobb oldal **254** 18
joghurtkészítő **40** 44
jogosult **250** 26
jolle **220** 10; **278** 12; **285** 37-41
jó oldal **149** 60
Jordan-malom **172** 27, 73
jósnő **308** 36
jószág **73** 1-2
jövendőmondó **308** 36
Järvinen-fogás **298** 52
jugulum **16** 20
juh **73** 13
juhar **371** 53
juharfa **371** 53
juharmag **371** 57
juhászeb **70** 25
juhászkutya **70** 25
juhistálló **75** 9
jukka **373** 24
jumbo jet **231** 14
junceum **61** 30
Jupiter **4** 48
jurta **353** 19
jusztírozócsavar **242** 78
juta **383** 25
jutaburkolat **153** 49
juta csomagolószövet **163** 4
jutalomfalat **86** 43
jüttya **13** 15

# K

kabát **31** 50; **33** 2, 26, 30, 60; **271** 21, 41
kabátakasztó **266** 14
kabátgallér **33** 58
kabátgomb **33** 55, 64
kabátmodell **103** 7
kabátöv **29** 55; **33** 59
kabátzseb **33** 61
kábel *elektromos* **50** 66; **153** 41; **169** 28; **198** 14, 19, 20; **326** 53
kábel *híd* **215** 41
kábel *távbeszélő* **237** 56
kábelakna **198** 17
kábelalagút **152** 20
kábelállvány **195** 15
kábelcsatlakozó **23** 9
kábelcsatlakozó-tábla **239** 3
kábelcsatorna **234** 29, 47; **235** 61
kábeldarupálya **222** 11-18
kábeldob **270** 55
kábeldobcsörlő **258** 85
kábelfej **153** 33
kábelfelfüggesztés **133** 39
kábelhíd **215** 39
kábelkés **127** 63
kábelrendező **152** 21
kábelrögzítő **127** 40
kábelsíkötés **301** 40
kábeltartó **50** 65; **127** 40
kábel vágása **170** 60
kábelvéglezáró **153** 33
kabin *hajó* **218** 27; **223** 29; **282** 1
kabin *repülő* **288** 19
kabinablak **6** 40
kabin futóműve **214** 66
kábítócsap **94** 4
kábítókészülék **94** 3, 7
kábítólövedék **94** 4
kabriole **186** 29; **193** 9
kabriolet **186** 29
kacagó sirály **359** 14
kacor **56** 9
kacs **66** 17
kacsa **73** 35
kacsacsőrű emlős **366** 1
kacsavadászat **86** 40
kád *üveg* **162** 1
kád *papír* **172** 25; **173** 47
kádár **130** 11
kádárműhely **130** 1-33
kádfedél **178** 37
kagyló **261** 40
kagylódísz **336** 13
kagylóhéj **357** 36
kagylós **154** 60
kagylós mészkőréteg **154** 58
kagylósrák **369** 1

kocsiernyő **186** 52
kocsifelszabadító **249** 21
kocsigarnitúra **29** 1
kocsikabát **29** 3
kocsikomp **15** 47
kocsilámpás **186** 9
kocsilépcső **186** 13
kocsiló **186** 28
kocsimester **205** 39
kocsipark **206** 25
kocsirakomány **206** 52
kocsirúd **62** 20; **71** 21; **186** 19, 30
kocsirugó **186** 15
Kocsis **3** 27
kocsis **186** 32
kocsisátor **47** 12; **48** 26
kocsisülés **186** 8
kocsiszakasz **208** 24
kocsiszekrény **186** 5; **194** 23, 25; **207** 2; **208** 6; **214** 34
kocsiszerszám **71** 7-25
kocsitámasz **67** 22
kocsitető **186** 14
kocsivizsgáló **205** 39
kocsma **266** 1-29
kód- és válaszlobogó **253** 29
kódlobogó **223** 9
kódolóbillentyűzet **242** 11
kódoló munkahely **236** 35
kofa **308** 65
kofaasszony **308** 65
koffer **204** 6
kogge **218** 18-26
koher **172** 7
kokárdavirág **60** 19
kokilla **147** 32, 37
kokillafal **148** 29
kokillaszalag **147** 36
kokon **358** 51
kokott **306** 37
kokszbetöltés **156** 15
kokszégető **156** 16
kokszkemenceblokk **144** 7; **156** 8
kokszkiürítő berendezés **156** 7
kokszlepényvezető kocsi **156** 9
kokszolómű **144** 7-11; **156** 1-15; **170** 2
kokszolóműgáz **156** 16-45
kokszoltó kocsi **144** 11
kokszoltó kocsi mozdonnyal **156** 10
kokszoltó torony **144** 10; **156** 11
kokszrakodó emelvény **156** 12
kokszrakodó rámpa **156** 12
kokszrakodó szalag **156** 13
kokszszén betöltése **156** 1
kokszszéntároló bunker **156** 3
kokszszéntorony **144** 9
koksztüzelés **38** 38
koktél **317** 33
koktélkeverő **267** 61
koktélospohár **267** 56
kókuszcsók **97** 37
kókuszdió **383** 53
kókuszolaj **98** 23
kókuszpálma **383** 48
kókuszzsír **98** 23
kolbász **96** 11; **308** 34
kolbászáru **96** 6-11; **99** 55
kolbászáru-előkészítő helyiség **96** 31-59
kolbászfogó **308** 35
kolbászsütő **308** 32
kolbásztöltelék **96** 41
kolbásztöltő **96** 49
kolbászvilla **96** 44
kollégium **262** 1
kollektor **155** 19
kollerjárat **159** 8
kollimátor **111** 46; **351** 30
kollimátorcső **351** 30
kolompér **68** 38
kolonel **175** 24
kolonnád **334** 67
kolorádóbogár **80** 52
kolostor **15** 63; **331** 52-58
kolostorboltozat **336** 41
kolostorfedés **122** 56
kolostorkert **331** 53
kolostorudvar **331** 53
kolposzkóp **23** 5
kolumna **185** 65
kombi **193** 18, 15
kombidressz **32** 3
kombifej **241** 59
kombinációs játék **276** 1-16
kombinált csövű fegyver **87** 23
kombinált fogó **126** 60; **127** 53; **134** 14
kombinált ív **336** 34
kombinált késtartó **149** 41
kombinált körfűrész és szalagfűrész **134** 50
kombinált porszívófej **50** 67
kombinált sávolykötés **171** 19, 25
kombinált szerelvény **127** 7
kombiné **32** 13
kombi személygépkocsi **193** 15
komiszkenyér **97** 10
komlóforraló üst **92** 52
komlóföld **15** 114
komlóültetvény **83** 27
kommunális kötvény **251** 11-19
kommunikáns **332** 27
kommutátorfedél **211** 18
komp **15** 12; **216** 1, 6, 11
kompakt berendezés **241** 52
kompakt felépítmény **221** 33
kompakt kamera **117** 51; **177** 32
kompakt kazetta **241** 10
kompakt magnó **238** 55
kompakt sí **301** 1
kompaszkörző **339** 2
kompcsónak **283** 1
kompendium **313** 3
kompendiumharmonika **313** 39
kompendiumköpeny **313** 5
kompendiumrúd **313** 10
kompendiumsín **313** 10
kompenzációs inga **109** 33
kompenzátor **165** 51
komphajó **15** 12; **216** 6, 10; **221** 54
kompkikötő **216** 7
kompkötél **216** 2
komplé **31** 6
komplex szám **344** 14
komposztált föld **55** 15
komposztdomb **52** 6
kompót **45** 30
kompótoskanál **45** 66
kompótostál **45** 28
kompótostányér **45** 29
kompőrház **216** 45
kompresszor **129** 33; **138** 3; **145** 45; **155** 4; **172** 4; **200** 39; **211** 14, 44; **212** 58; **232** 35, 36
komputeres diagnosztika **195** 33
komputergrafika **248** 19
koncentrikus körök **346** 58
koncertina **324** 36
kondenzációs gőzmozdony **210** 69
kondenzátor **145** 44; **152** 24; **154** 17, 35; **155** 8; **172** 16, 30; **259** 64
kondenzor **112** 8, 66
kondenzorlencsék **113** 32
kondenzvíztároló **172** 17
konfekció **271** 28, 29
konfekciós ruha **271** 29
konferencia-összeköttetés **242** 22
konferenciasarok **246** 31-36
konfetti **306** 62
konflis **186** 26
konga **324** 55
kongadob **324** 55
konkáv szög **346** 10
konkoly **61** 6
konkrét szám **344** 4
konnektor **106** 15; **261** 12
konstantinkereszt **332** 67
kontaktgoniométer **351** 27
kontaktmanométer **316** 56
konténer **78** 16; **199** 4; **206** 57; **226** 3
konténerállomás **225** 48; **226** 1
konténerdaru **206** 55
konténeremelő híddaru **225** 46
konténeres rakomány **225** 49
konténer-pályaudvar **206** 54
konténerrakodó futódaru **226** 2
konténerrakomány **221** 22; **226** 6
konténerszállító hajó **221** 21, 89; **225** 45
konténerszállító kocsi **206** 58
konténerszállító teherhajó **226** 5
konténertovábbító **225** 47
konténertovábbító targonca **226** 4
kontinens **14** 12-18
kontinentális lejtő **11** 9
kontinentális párkány **11** 8
kontinentális postakocsi **186** 39
kontinentális tábla **11** 7
kontrabasszustuba **323** 44
kontrafagott **323** 28
kontrafék **187** 63
kontraoktáv **321** 43
kontrasztanyag **27** 15
kontrasztbeállítás **240** 32
kontrasztszabályozó **249** 36
kontroller **197** 27
kontúrmetsző kés **340** 10
kontúrozás **129** 46
kontúrozókés **340** 10
kontúrvéső **340** 5
konty *divat* **34** 28, 29
konty *ép.* **121** 11; **122** 10
kontygerinc **121** 12
kontyolás **121** 11; **122** 10
kontyolt padlásablak **121** 13
kontyos bója **224** 80
kontyszaru **121** 63
kontytető **37** 64; **121** 10, 60
kontyvirág **379** 9
kónusz **187** 58
konvergenciamodul **240** 12
konverter **147** 45
konverterfenék **147** 47
konvertergyűrű **147** 46
konverterkémény **147** 67
konverternyak **147** 45
konvertibilis kötvény **251** 11-19
konvertiplán **232** 31
konverziós szűrő **117** 38
konvex ív **336** 34
konzerv **96** 25; **98** 15-20; **99** 91
konzervdoboz **96** 26
konzervesdoboz **99** 91
konzol **132** 63
konzolgerenda **118** 27
konzolírógép **244** 4
konzultációs helyiség **23** 1
konyak **98** 59
konyakospohár **45** 88
konyha **39**; **207** 29, 80
konyhaasztal **39** 44
konyhaedények **40** 12-16
konyhafülke *lakás* **46** 29
konyhafülke *rep.* **231** 20
konyhai eszközök **40**
konyhai keverőtálak **40** 6
konyhai óra **39** 20; **109** 34
konyhai törlő **40** 1
konyhai vízcsap **126** 34
konyhakert **52**
konyhalámpa **39** 39
konyhamérleg **309** 84
konyhaszék **39** 43
konyhaszekrény **207** 35
koordináta **347** 8
koordináta-rendszer **347** 1, 11
koordináta-rendszer pontjai **347** 8
koordinátatengely **347** 2-3
kopasz fej **34** 22
kópé **306** 38
kopjazászlók **254** 33
kopó **289** 47
kopoltyú **364** 19
kopoltyúfedő **364** 5
kopoltyúrés **364** 3
koponya *anat.* **17** 1, 30-41
koponya *oktatás* **261** 20, 21
koponyagyűjtemény **261** 15
koponyamásolat **261** 15
koponyatető **16** 1
kopóréteg **198** 5
koporsó **331** 35
koporsóvivő **331** 40
kopsz **163** 2
koptatóréteg **123** 41
korallfüzér **36** 34
korallgomba **381** 32
korallgyűrű **13** 32
korall nyaklánc **36** 34
korallpolip **357** 17, 19
koralltelep **357** 18
korallzátony **13** 32
korbács **307** 53
korcolófogó **100** 38
korcsolya **302** 20-25
korcsolyacipő **302** 24
korcsolyaél **302** 21
korcsolyázás **302** 27-28
korcsolyázó **302** 27
korcsolyázó fiú **304** 18
kordbársony felsőrész **101** 26
kordbársony sapka **35** 25
kordkötés **171** 26
kordon **52** 2, 17, 29
kórház **25**; **26**; **27**; **225** 26
kórházhelyiség **228** 21
kórházi ágy **25** 10
korinthoszi oszlop **334** 10
korlát **37** 19; **41** 23; **75** 43; **99** 5; **215** 70; **221** 121
korlát *sport* **296** 2
korlátdeszka **118** 89
korlátforduló **123** 52
korlátoszlop **38** 29; **123** 51
korlátozókészülék **238** 44
korlátozott ideig tárolható konzerv **96** 25
korlátrúd **296** 3; **297** 4
kormány *autó* **188** 3, 11, 57; **305** 89
kormány *hajó* **218** 13, 24; **224** 18; **283** 51-53; **286** 65
kormány *kerékpár* **290** 18
kormányállás **224** 14-38
kormány- és propellerberendezés **228** 26
kormányfejcső **187** 14
kormányfogantyú **187** 3
kormányház **223** 18; **224** 14-38
kormányjárom **283** 51
kormánykaremelő **192** 58
kormánykerék **191** 37; **224** 15
kormánykerékagy **191** 57
kormányküllő **191** 58
kormánylapát **221** 43; **222** 69; **223** 63; **283** 53; **284** 34; **285** 34, 37

## L

lakatossatu **126** 80
lakatszekrény **149** 16
lakatvirág **60** 5
lakk **338** 12
lakkolit **11** 30
lakkozás **129** 28
lakktartály **129** 31
lakócsónak **353** 31
lakócső **357** 23
lakóház **37** 72-76; **62** 1
lakóháztípusok **37**
lakóhelyek rovarai **81** 1-14
lakókocsi **278** 3, 52; **307** 34
lakókocsi-előtérsátor **278** 57
lakósátor **353** 19
lakószoba **42**
lakosztály **223** 21
lakótér **224** 108; **227** 19
lakrész **329** 10
láma **366** 28
lamantin **366** 23
lambéria **266** 37
lamella **157** 59; **166** 34
lámpa **24** 19; **37** 38, 62; **46** 24; **106** 8; **109** 12; **116** 37; **186** 9; **246** 35; **268** 6, 54
lámpabura **267** 4
lámpafej **116** 29
lámpaház **112** 28; **116** 29; **309** 44; **312** 39-44
lámpaház-csatlakozás **112** 60
lámpahűtő ventilátor **179** 22
lámpaoszlop **198** 18
lámpás **335** 45
lámpatartó **177** 16; **187** 6
lámpatér **177** 41
lámpatest **224** 105; **268** 49
lámpatestet tartó árboc **224** 82
lámpázóberendezés **74** 40
lámpazseb **6** 24
lampion **52** 15; **306** 4; **353** 36
lánc **75** 15
lánc *kerékpáré* **187** 36; **290** 20
láncáttétel **187** 35-39
láncburok **187** 37
láncfeszítő szerkezet **157** 41
láncfonal **165** 43; **166** 39; **171** 2, 7, 8, 17, 18
láncfüggöny **139** 50
láncfűrész **85** 13; **120** 14; **157** 38
láncfűrész olajtartálya **84** 35
lánchajtás **187** 35-42
lánchajtású **133** 38
lánchenger **165** 29, 42; **166** 48; **167** 24
lánchengerfék **166** 59
lánchengertárcsa **165** 30; **166** 49; **167** 26
lánchinta **308** 4
lánchurkos továbbító **226** 26
láncing **329** 51
lánckerék **187** 35, 38
lánckötéspont **171** 7
lánckötőgép **167** 23
láncmaró **120** 17
láncmarógép **132** 49
láncmeghajtó kerék **255** 50
láncos **269** 7
láncos facsiszoló **172** 53
láncos felhordó **64** 7
láncos ívfogó **180** 56
láncos kirakó **180** 43
láncos komp **216** 1
láncos vonszoló **157** 17, 22
láncöltés **102** 2
láncreakció **1** 41, 48
láncrostély **64** 69
láncsín **85** 16
láncszem **36** 39
láncszövet **329** 63
lánctalp **255** 87
lánctalpas futómű **200** 3
lánctalpas tológép **200** 28
lánctalpas vonóvedres kotró **200** 16
lánctranszportőr **180** 43
láncvédő **188** 46
láncvédő lemez **255** 85
láncvezető **85** 16; **120** 15
landauer **186** 36
landaulet **186** 36
landsknecht **355** 32
lándzsa **319** 17; **329** 81; **353** 9; **354** 12
lándzsaablak **335** 39-41
lándzsa alakú **370** 32
lándzsahegy **328** 21
lándzsakorong **329** 82
lándzsás **370** 32
lándzsás lovas **319** 16
lándzsás útifű **380** 11
lándzsatámasz **329** 80
lándzsatörés **329** 71
lángbeállító **107** 31
lánggyújtó **141** 27
lángrejtő **255** 18
lángvágógép **141** 34, 36
lángvédő fal **259** 15, 27
lángvirág **60** 14
langyos zuhany **281** 29
Lant **3** 22
lant *áll.* **88** 67
lant *zene* **324** 1
lanterna **335** 45
láp **13** 14-24
lapát *szerszám* **55** 14; **137** 2; **300** 34; **331** 36
lapát *áll.* **88** 41
lapát *malom* **91** 40
lapáthenger **178** 25
lapátkamra **91** 36
lapátkerék **178** 33; **217** 52
lapátnyak **283** 37
lapáttoll **283** 38
lapburkolat **123** 26
lapdúc **340** 2
lapdúc metszése **340** 4
lapfej **342** 39
lapka *halászat* **89** 82
lapka *pénz* **252** 43
lapocka *anat.* **16** 23; **17** 7
lapocka *áll.* **72** 18; **88** 17, 38
lapocka *élip.* **95** 9, 29, 31, 50
lapockatövis alatti izom **18** 53
lapockavég **95** 32
lapolás **121** 86
laposacél **143** 10
laposbab **69** 15
lapos dombormű **339** 33
lapos ecset **338** 6
lapos fékszárnyak **229** 49-50
lapos fenekű dereglye **226** 57
lapos fenekű lombik **350** 36
laposféreg **81** 35
laposfogó **126** 62; **137** 24; **140** 66
lapos gabonabogár **81** 27
lapos ív **336** 28
laposkulcs **140** 48
lapos mázolóecset **129** 17
laposöltés **102** 10
lapos part **13** 35-44
laposreszelő **108** 49; **134** 9; **140** 27
laposszíj-hajtás **163** 49
lapos tábla **36** 46, 72, 73
lapostányér **44** 7; **45** 4
lapostető **37** 77
lapostetű **81** 40
laposvágó **140** 26
lapos vég **137** 28
laposvéső **132** 7; **134** 30; **339** 14, 19; **340** 7
lapszoknya **31** 13
lapszűrő **79** 8
laptáv **143** 21
lárva *áll.* **77** 28, 29; **80** 19, 36, 38, 41, 46, 53, 54; **81** 20, 24; **82** 12, 25; **89** 66; **358** 9
lárva *karnevál* **306** 13
lárvajárat **82** 24
lárvakamra **82** 36
lassításszabályozó gomb **243** 49
lassítóközeg **1** 54
lassítóréteg **1** 54
lassúmenet-hely **203** 42
lassúmenet-hely sebessége **203** 41
lassúmenet jelzések **203** 36-44
lassúmenet tábla **203** 36-38
lasszó **319** 40; **352** 5
látásélesség-vizsgáló berendezés **111** 47
látástávolság-mérő **10** 60
látcső **111** 17, 18; **315** 9
latebra **74** 67
laterna **221** 48; **335** 45
láthatatlan él **151** 24
látható él **151** 23
latin írott írás **342** 12
latin kapitális írás **341** 16
latin kereszt **332** 55
latin vitorla **218** 29; **220** 3, 28
La Tène-kor **328** 21-40
látogató **356** 6
látóhatártükör **224** 7
látóideg *anat.* **19** 51
látóideg *áll.* **77** 24
látóidegfő **19** 50
látóidegszál **77** 23
látómező **112** 40, 61
latorkereszt **332** 61
látósejt **77** 23
látószög **112** 23; **115** 45; **117** 48
latrina **118** 49
látszerész **111** 1
látszerészműhely **111** 20-47
látszólagos törzs **384** 30
lavabo **334** 68
lávafolyás **11** 18
lávatakaró **11** 14
lavinaalagút **304** 3
lavinatörő **304** 2
lavírozás **285** 9
laza konty **34** 28
lazítókalapács **137** 33
LB-telefon **238** 9, 40
LD-konverter **147** 45-50
leállítóberendezés **168** 19
leállítóbillentyű **110** 22
leállítókar **164** 6, 32
leállítórudazat **166** 45
leander **373** 13
leánykablúz **29** 48, 58
leánykadirndli **29** 36
leánykafrizurák **34** 27-38
leánykakabát **29** 54
leánykakosztüm **29** 50
leánykanadrág **29** 49
leánykaszoknya **29** 46
leánykatáska **29** 56
leánykökörcsin **375** 5
lebegő felkartámasz **296** 58
lebegőfüggés **296** 36
lebegőugrás **295** 38
lebernyeg **73** 24
lebillenthető orr-rész **231** 16
léc **123** 57; **124** 3; **136** 6
lécbárd **122** 21
lécborítás **123** 70
lécezés **122** 17
lécfal **213** 29
léckerítés **52** 10
lécköz-meghatározó **122** 18
lécláda **206** 5
lécminta **124** 2
lécrács **37** 33
lecsapható fedél **127** 24
lecsapható fekvőhely **259** 84
lecsapható ülés **207** 12
lecsiszolt fogcsonk **24** 27
lee-hullámok **287** 17
leélezés **143** 62
leélezett tengelyvég **143** 62
leeresztő **269** 34
leeresztőcsap **178** 34
leérkezésforduló **298** 19
leérkezőhely **298** 36, 39
leértékelés **96** 20
leértékelt áruk kosara **96** 18
léfacsaró **40** 9
lefolyóakna **155** 16
lefolyócső **37** 13; **38** 10; **122** 29
lefolyótál **261** 6, 34
lefuvató árboc **221** 38
lefüggés **296** 37
lefűzőrendszer **247** 41
légajtó **144** 38
légakna **144** 21
légáramlások **9** 46-52
légáramlatok **9** 25-29
legato **321** 33
légcsatorna **333** 4
légcsavar **230** 32; **286** 64; **288** 36
légcsavarkúp **230** 33
légcsavar-meghajtású repülőgépek **231** 1-6
légcsavaros gázturbinás hajtómű **231** 5; **232** 30; **256** 16
légcsavaros gázturbinás repülőgép **231** 4
légcsavaros gázturbinás sugárhajtómű **232** 51
légcsavaros siklócsónak **286** 42
légcsavarszárny **229** 30
légcsavartengely **232** 60
légcső **17** 50; **20** 4
legelő **15** 18
légelvezetés **356** 17
legénységi egyágyas fülke **228** 32
legénységi lépcső **258** 24
legénységi tartózkodó **270** 2
légfúvó **38** 58
légfüggöny **139** 56
léggömb *met.* **7** 17; **10** 56
léggömb *játék* **308** 13
léggyökér **370** 82
léghevítő **147** 15
léghevítő kamra **147** 30
léghevítő regenerátorrács **147** 30
léghűtéses motor **189** 3, 50
légibusz **231** 17
légierő **256; 257**
légi fotogrammetria **14** 63-66
légijármű-vontató **233** 23
légitáska **267** 15
légkalapács **137** 9; **139** 24
légkamra **74** 61
légkondicionáló berendezés **239** 15
légkondicionáló kapcsolótáblája **26** 20
légkör **7**
légköri cirkuláció **9** 46-52
légkörtan **8**
légkörzés **9** 46-52
légmunka **298** 18
légnedvesítő készülék **79** 22
légnedvességíró **10** 8, 50
légnyomásíró **10** 4
légnyomásmérő **138** 15
légnyomásmérő műszer **211** 24
légnyomásos megszakító **152** 34; **153** 51-62
légpárna **286** 66
légpárnahatás **243** 27

lugas **272** 17
lúgelőmelegítő **172** 8
lúgelvezetés **172** 34
lugger **90** 1
luggervitorla **220** 4
lúgszivattyú **172** 33
lugvitorla **220** 4
lumma **359** 13
lunula **332** 36
lupe **175** 34; **177** 23; **313** 7
lúr **322** 1
lutherkabát **330** 22; **332** 4
lúvolás **285** 9
luxusfülke **223** 30
lüktető űröcske **357** 5
lüktető vakuolum **357** 5
Lyman-sorozat **1** 20
lyoni kolbász **96** 10
Lyra **3** 22
lyra **322** 15

# LY

lyuggatott betoncső **200** 62
lyuk *kovácsolás* **137** 29
lyuk *sport* **293** 87; **305** 3, 5
lyukacsos svájci sajt **99** 41
lyukakkal nyíló tok **370** 96
lyukas tárcsa **237** 11
lyukasztó **125** 13; **140** 65
lyukasztóasztal **137** 17
lyukasztógép **22** 28; **247** 3
lyukasztókalapács **137** 36
lyukasztólap **137** 17; **140** 14
lyukasztott fémtárcsa **309** 15
lyukasztóvas **100** 45
lyukbaütés **293** 86
lyukblende **242** 82
lyuk fényrekesz **242** 82
lyukfűrész **120** 63; **126** 70; **132** 3
lyukhímzés **102** 11
lyukkártya **237** 64; **244** 13
lyukkártyaolvasó és -lyukasztó egység **244** 12
lyukkörző **135** 23
lyukszalag **176** 6, 8, 12; **237** 62
lyukszalagbemenet **176** 30
lyukszalaglyukasztó **176** 5
lyukszalagolvasó **176** 13, 15
lyuktű **167** 28
lyukvéső **132** 8

# M

maar **11** 25
Machina Pictoris **3** 47
mácisz **382** 34
Macropharynx longicaudatus **369** 2
macska **62** 3; **73** 17
macskaalom **99** 38
macskafélék **368** 2-8
macskagyökér **380** 5
macskakölyök **73** 17
macskaköröm **342** 26
macskanyelv **98** 84
macskaszem **187** 45
macskatalp **377** 3
madarak **359; 360; 361; 362; 363** 11-14
madárberkenye **371** 42
madárcseresznye **59** 5
madárijesztő **52** 27
madárkalitka **356** 8
madárkarom **327** 61
madárláb **327** 61
madársaláta **57** 38
madártest **327** 57
madártestű szirén **327** 58
madeira **102** 11
madeiralyukasztó **102** 12
madonnaliliom **60** 12
Madonna-szobor **330** 51
mag *földr.* **11** 5
mag *növ.* **54** 3; **58** 23, 37; **68** 13, 15; **371** 20, 65; **372** 9 10, 15, 28, 37, 54, 60, 71; **375** 25, 28; **382** 20, 35, 39, 45; **383** 15, 23, 24, 57; **384** 20, 21, 40, 47
mag *kohászat* **148** 36
mag *zene* **326** 20, 28
magadagoló **65** 78
magágy-előkészítés **63** 31-41
magágykészítő és vető gépkombináció **63** 41
magándetektív **275** 16
magasabb matematika **345** 11-14
magas állógallér **355** 74
magas cabochon **36** 79
magas- és mélyhangszín-szabályozó **241** 43
magasföldi indián **352** 23
magas frekvenciájú antenna **257** 25
magas frekvenciájú rádiós körsugárzó antenna **257** 26
magashajítás **297** 35
magas hangú hangszóró **241** 15
magasház **37** 82
magashegymászás **300** 1-57
magashegység **12** 39-47
magasiskola **71** 1-6
magasított hátú nyereg **188** 13
magasított talp **101** 8
magasított talpú félcipő **101** 33
magas kalap **186** 25
magaslat **13** 66
magasles *vadászat* **86** 14, 14-17
magasles *gyer.* **273** 23
magas nyakú pulóver **30** 7
magas nyomású terület **9** 6
magasnyomó eljárás **340** 1-13
magasnyomó gép **181** 1-65
magasnyomó rotációs gép **181** 41
magasnyomtatás **181**
magas part **11** 54
magasperje **69** 22
magasra állított kormány **188** 11
magasság **347** 44
magasságállítás **112** 39
magasságbeállítás **157** 49
magasságbeállító gomb **116** 34
magasságbeállító kézikerék **132** 60
magasság- és ferdeségállító **177** 21
magassági irányítócsavar **14** 54
magassági irányzás szöge **87** 76
magassági kormány **229** 27; **230** 24, 63; **288** 24
magassági kormány szervo vezérlőszerkezete **257** 22
magassági kötőcsavar **14** 55
magassági paránycsavar **14** 54
magassági skála *met.* **7** 35
magassági skála *faipar* **157** 60
magasságiszög-állító **255** 67
magassági vonal **11** 6-12
magasságjelzés **298** 20
magasságmérő *orv.* **22** 69
magasságmérő *rep.* **230** 4
magasságszabályozó kar **106** 17
magas sarok **101** 28
magastartás **295** 13, 49
magastorony **305** 75
magas törzsű bogyótermésű fa **52** 11
magas törzsű gyümölcsfa **52** 30
magas törzsű rózsa **51** 25; **52** 21
magasugrás **298** 9-27
magasugró **298** 10
magasugróeszközök **298** 32
magasút **215** 59
magasülés **86** 14
magcsákó **51** 7
magcsap **148** 37
magcsiga **64** 20
magdeszka **120** 93
magfogó **23** 12
magfúró **145** 21
maghasadás **1** 34, 46
maghasadást okozó neutron **1** 42
magház **58** 36, 40, 59; **59** 14; **370** 54, 60; **373** 2, 5; **375** 34
magházfal **370** 61
magházüreg **370** 62
maghéjszőr **383** 19
magjegy **148** 37
magjel **148** 37
magkezdemény **58** 39; **59** 14; **370** 63
magköpeny **382** 34
magláda **65** 75
máglyába rakott rönkfa **84** 16
máglyázás **157** 25
magmásság **11** 29-31
mágnes **2** 51; **108** 32
mágneses árnyékolás **240** 20
mágneses érintkező **242** 71
mágneses hangerősítő **311** 28
mágneses hangrögzítő berendezés **310** 58; **311** 1
mágneses hangrögzítő- és lejátszáserősítő **311** 5
mágneses hangsáv **117** 82
mágneses hangszedő rendszer **241** 26
mágneses iránytű **230** 6
mágneses szelep **139** 23
mágneses tájoló **223** 6; **224** 46
mágnesfejtartó egység **311** 25
mágnesfejtartó szerelvény **311** 3
mágnesfilmmixer **311** 21
mágnesfilmorsó **311** 2
mágneshangegység **312** 50
mágneshangfej négy sávra **312** 51
mágneslemezes tároló **244** 1
mágnesszalag **237** 63; **238** 5; **241** 58; **243** 5; **244** 2
mágnesszalagcséve **244** 10
mágnesszalagegység **244** 9
mágnesszalag EKG-hoz **25** 46
mágnesszalag-meghajtószerkezet **311** 20
mágnesszalagos diktafon **249** 62
mágnesszalagos tároló **242** 32
mágnesszalagdeck **311** 20
magnetofon **117** 73; **238** 56; **241** 52, 56; **242** 12, 13; **261** 42 **309** 37; **310** 24; **311** 20; **317** 21; **318** 17
magnó *lásd* magnetofon
magnókazetta **117** 76
magnólia **373** 15
magonc **54** 6; **84** 9
magszállító csiga **64** 20
magtári zsizsik **81** 16
magtartály **64** 23
magtartálytöltő csiga **64** 24
magtartályürítő cső **64** 26
magtartályürítő szállítócsiga **64** 25
magvasgyapot **163** 1
magvas tok **378** 5
magvető **63** 10
magvezető cső **65** 77
magyal **374** 9
magyarázó tábla **356** 20
magyar fülemüle **361** 17
magyar kártya **276** 42-45
magyar úszás **282** 37
maharadzsa **306** 28
mail coach **186** 53
Mailänder próbanyomó gép **180** 75
máj **20** 10; 34-35
maja templom **352** 20
májbeli epeút **20** 37
májkapu-gyűjtőér **20** 39
májlebeny **20** 35
majom **368** 12-13
majomház **356** 10
major **15** 94
majorett **306** 67
máj sarló alakú szalagja **20** 34
májusi cserebogár **82** 1
májvezeték **20** 37
mák **380** 15
makákó **368** 12
makaróni **98** 33
mákféle **61** 2
makk *anat.* **20** 69
makk *játék* **276** 42
makk *növ.* **370** 98; **371** 4
makktermésűek **59** 37-51
mákos zsemle **97** 14
makramé **102** 21
makroállvány **115** 94
makro-előtétlencse **117** 55
makrofelvételi berendezés **115** 81-98
makrosín **117** 56
makrozoom-objektív **117** 53
makulatúra **128** 5
malac **73** 9; **75** 42
Malacosteus indicus **369** 10
maláji tőr **353** 44
maláriaszúnyog **81** 44
maláta **92** 42
malátaaszaló **92** 16-18
malátacsírátlanító **92** 38
malátaelevátor **92** 35
malátafelhordó **92** 35
malátagyár **92**
malátagyártás **92** 1-41
malátagyártó berendezés **92** 1
malátakészítés **92** 1-41
malátasiló **92** 37
malátaszérű **92** 8
malátázás **92** 1-41
malátázótorony **92** 1
málha **73** 5
málhanyereg **73** 4
málna **58** 28; **370** 101
málnabokor **58** 25
málnavirág **58** 26
malom **91**
malom *papír* **172** 27
malom *játék* **276** 23-25
malomárok **91** 44
malomgát **91** 42
malomipari termékek **98** 35-39
malomjáték **276** 23-25
malomkerék **91** 35
malomkő *orv.* **24** 36
malomkő *élip.* **91** 16
malomkőgallér **355** 52
malomkőház **91** 20
malomkő szeme **91** 19
malomorsó **91** 12
malompatak **91** 44
malomsisak **91** 30
malomtábla **276** 23
máltai kereszt **312** 38
malterosláda **118** 84
mályva **376** 13
mámorka **377** 23
mamutfenyő **372** 69
mamuttartályhajó **221** 1
mancs **70** 6, 8; **88** 46, 50; **368** 4
mandarin *karnevál* **306** 29
mandarin *növ.* **384** 23

# N

Na-atom **1** 8
nád **136** 27
nadály **357** 20
nadálytő **69** 13; **375** 45
nádazás **123** 71
nádfonat **55** 6
nadír **4** 13
nádnyelv **323** 29
nádpálca **306** 48
nadrág *divat* **29** 45; **31** 52; **32** 19, 21; **33** 3
nadrág *mg.* **77** 3
nadrág *sport* **291** 57
nadrágfelhajtó **31** 40
nadrágkosztüm **30** 57
nadrágos mentőgyűrű **228** 13
nadrágszár **33** 6
nadrágszíj **33** 23
nadrágszoknya **29** 59; **31** 48
nadrágtartó **29** 26, 34; **32** 30
nadrágtartócsat **32** 31
nadragulya **379** 7
nadrágzseb **33** 47
nádszár **341** 22
nádszőnyeg **55** 6
nádtoll **341** 23
nádtőzeg **13** 17
nagy **294** 10
nagyagy **17** 42; **18** 22
nagy ámbráscet **367** 25
nagyárboc **218** 40
nagyáruház **268** 41
nagybetű **175** 11
nagybőgő **323** 23
nagy bukó **359** 15
nagy búvárréce **359** 15
nagy csalán **61** 33
nagycsoportos óvodás **48** 2
nagydob **323** 55; **324** 47
nagy fakopáncs **359** 27
nagy farizom **18** 60
nagy fenyőormányos **82** 41
nagy fésűkagyló **309** 46
nagyfeszültség-elágazás **153** 4
nagyfeszültségű elosztóberendezés **152** 29-35
nagyfeszültségű feszültségváltó **211** 4
nagyfeszültségű kábel **153** 42
nagyfeszültségű megcsapolás átkapcsolója **153** 13
nagyfeszültségű távvezeték **15** 113; **152** 32; **154** 16
nagyfeszültségű vezető **152** 33
nagyfeszültségű voltmérő **211** 29
nagyfilmméretű fényképezőgép **112** 25
nagy fókusztávolságú lencse **115** 48
nagyfrekvencia **7** 26
nagyfuvola **323** 31
nagy fülemüle **361** 17
nagy fülesbagoly **362** 15
nagy ganéjtúró **358** 39
Nagy Göncöl **3** 29
nagy görgetegizom **18** 55
nagyhullám-lovaglás **279** 4
nagyító **175** 34
nagyítóberendezés **116** 40
nagyítófej **116** 41
nagyítógép **116** 26
nagyítókeret **116** 35
nagyítópapír **116** 51
nagy jószág **73** 1-2
nagykakas **88** 72
nagy káposztalepke **80** 47
nagy kárókatona **359** 10
nagy kormorán **359** 10
Nagy Kutya **3** 14
nagy lábujj **19** 52
nagy látómezejű mikroszkóp **112** 54
nagy látómezejű sztereomikroszkóp **112** 40, 61
nagy látószögű fémmikroszkóp **112** 23
nagy látószögű objektív **115** 45; **117** 48
nagy lisztbogár **81** 18
nagymag **357** 11
Nagy Medve **3** 29
nagy mellizom **18** 36
nagyméretű **118** 15
nagymotorkerékpár **189** 43
nagymotorok **189** 31-58
nagymutató **110** 12
nagynyomású cementezőszivattyú **146** 34
nagynyomású előmelegítő **152** 26
nagynyomású folyékony oxigén szivattyúja **235** 42
nagynyomású gázvezeték **156** 45
nagynyomású gőzturbina **259** 62
nagynyomású henger **153** 23
nagynyomású kompresszor **232** 36
nagynyomású légtartály **138** 4
nagynyomású légvezeték **138** 5
nagynyomású manométer **141** 4
nagynyomású présgép **63** 35
nagynyomású reaktortartály **154** 22
nagynyomású tömlő **187** 30
nagynyomású turbina **232** 53
nagynyújtású nyújtómű **164** 14
nagyobb mint **345** 19
nagyoktáv **321** 44
nagyoló esztergakés **135** 15
nagyológyalu **132** 16
nagyoló laposreszelő **134** 9
nagyolt felület **151** 21
nagyolvasztó **147** 1
nagyolvasztóakna **147** 7
nagyolvasztómű **147** 1-20
nagy ostya **332** 35
nagyőrlő **19** 18, 35
nagy őzlábgomba **381** 30
nagy pozdorján **358** 12
nagy rágóizom **19** 7
nagy rakodóterű csille **158** 14
nagysebességű filmkamera **313** 35
nagy számok **275** 19
nagyszekund **321** 7
nagyszeptim **321** 12
nagyszext **321** 11
nagy szívvirág **60** 5
nagy tarkaharkály **359** 27
nagy tegzes **358** 12
nagyteljesítményű kotró **159** 3
nagyteljesítményű motorok **189** 31-58
nagyteljesítményű vitorlázó repülőgép **287** 9
nagytengely **347** 23
nagyterc **321** 8
nagy túraautó **193** 32
nagy tükör **224** 6
nagy utasterű kabin **214** 52
nagyvitorla **218** 33; **284** 46; **285** 2
nagyvitorla-csúcsökkötél **284** 37
nagyvitorla felső csúcsát erősítő lemez **284** 47
nagyvitorla-keresztsín **284** 27
nagyvitorlarúd **284** 39
nagyvitorlarúd-tartó szorítókötél **284** 21
nagyvitorlát felhúzó kötélzet **284** 28
nagyzsemle **97** 15
najád **327** 23
Nansen-féle szánkó **303** 18
Nap **4** 29, 36-41, 42
nap *zászlón* **253** 20
napállatka **357** 7
napéjegyenlőségi pontok **3** 6-7
napelem **10** 66; **155** 28, 32
napelemcella **155** 34
napellenző **268** 61; **274** 14
napellenző ponyva **221** 116
napenergia-felhasználás **155** 17-36
napenergiával fűtött ház **155** 17
napernyő **37** 48; **268** 61; **272** 58
napérzékelő **10** 69
nap- és holdfogyatkozás **4** 29-35
napfényfilmkazetta **311** 7
napfénykazetta **177** 50
napfénytöltésű kazetta **311** 7
napfénytöltő doboz **116** 5
napfogyatkozás **4** 32, 41
napfolt **4** 37
napfürdőző **281** 12
napi áruajánlat **99** 19
napi hírek **342** 63
napi kilométer-számláló **191** 74
napilap **342** 37-70
napi menü **266** 27
napkorona **4** 39
napkorong *csill.* **4** 36
napkorong *műv.* **333** 12
napközi otthonos óvoda **48**
napkúrázó **281** 12
naplégkör **4** 39
napóra **110** 30
napozó *ruha* **29** 21
napozó *személy* **281** 12
napozó *terület* **282** 4
napozófedélzet **223** 22
napozóhely **37** 46
napozópázsit **274** 12
napozószék **281** 5
napozótér **281** 11
napozóterasz **37** 75
nappali **42**
nappali krém **99** 27
nappali lepkék **365** 1-6
nappali pávaszem **365** 2
nappali ragadozó madarak **362** 1-13
napraforgó **51** 35; **52** 7; **69** 20
napraforgóolaj **98** 24
naprendszer **4** 42-52
naprózsa **377** 20
napsugár **4** 9
napsugárzás **155** 18
napszemüveg **111** 6; **301** 19
napszemüvegzseb **6** 19
Nap színképe **343** 14
naptár **247** 32
naptárlap **247** 33
naptükör **5** 29
narancs **384** 23, 27
narancsfácska **55** 49
narancsliliom **53** 8
narancsszínű **343** 7
narancsvirág **384** 25
nárcisz **60** 3, 4
nargilé **107** 42
nászidőszak **86** 9-12
NATO-fektetés **21** 24
nátriumatom **1** 8
nátrium-hidroxid **169** 3
nátriumion **1** 11
nátrium-klorid **1** 9; **170** 13
nátriumkör **154** 2, 7
nátroncellulóz-xantogenát **169** 9
nátronlúg **169** 3, 5, 10; **170** 10
nátronmész **27** 39
naturista **281** 16
naturistarészleg **281** 15
navett **36** 55
navigáció **224**
navigációs árboc **221** 37
navigációs egység **6** 43
navigációs felszerelés **288** 13
navigációs fények **257** 36
navigációs fényjelzés **286** 10-14
navigációsfülke **228** 22
navigációs helyzetfény **230** 50, 44
navigációs híd **223** 14
navigációs tiszt **224** 37
Neander-völgyi koponya **261** 19
nebáncsvirág **377** 11
necc alsónadrág **32** 23
neccelés **102** 22
neccelőbot **102** 25
neccelőfonál **102** 24
neccelőtű **102** 26
neccharisnya **306** 10
necctrikó **32** 22
nedves hőmérő **10** 35
nedvesítőhenger **180** 23, 52
nedvesítőmű **180** 39
nedvesítőmű a törlőhengerekkel **180** 61
nedvesítőszivacs **151** 39
nedvesítőteknő **165** 44
nedves kefélőkészülék **108** 46
nedves kelme **168** 22
nedvesnemez **173** 17, 18
nedves olaj tartálya **145** 30
nedves-porszívó **50** 80
nedvesprés **173** 19, 20
nedves ragasztás **117** 89
nedvességálló vezeték **127** 42
nedvességérzékelő elem **10** 9
nedvességmérő **179** 28; **247** 31; **281** 23
nefelejcs **378** 26
negatívablak **115** 28
negatív fazetta **111** 42
negatív irány **347** 7
negatív szám **344** 8
negatív szénrúd **312** 41
néger **310** 51
néger férfi **354** 13
néger kunyhó **354** 21
néger nő **354** 22
négylapfejű csavar **143** 39
négyágú csőelágazás **126** 50
négyágú trágyázóvilla **66** 7
négyajtós szedán **193** 4
négyajtós személygépkocsi **193** 4
négy alapművelet **344** 23-26
négyárbocos bark **220** 29
négyárbocos vitorlás hajók **220** 28-31
négycsatornás demodulátor **241** 45
négycsatornás szintszabályozás **241** 42
négycsövű indító **258** 30
negyed *csill.* **4** 4, 6
negyed *mat.* **347** 5
negyedhang **320** 15
negyedkotta **320** 15
negyedmarha **94** 22
negyedszünet **320** 23
negyed szünetjel **320** 23
négyes **283** 9
négyeshangzat **321** 5
négyes herelevél **69** 5
négyevezős **283** 9, 26-33
négyezeti torony **335** 6
négyfokozatú szinkronsebesség-váltó **192** 28-47
négyhengeres dízelmotor **65** 44
négyhengeres motor **230** 34

# NY

# O, Ó

# Ö, Ő

# P

palánkréteg **285** 57
palánktartó állvány **292** 31
palánta **55** 23
palántaásó lapátka **56** 6
palántakert **84** 6
palántaláda **55** 51
palasor **122** 78
palást *ruha* **330** 22; **332** 4; **355** 26
palást *mat.* **347** 40
palástfuratú kerek anya **143** 35
palaszeg **122** 74
palatábla **309** 72
palatető **122** 61-89
palavágó **122** 84
pálca **323** 14
pálcatag **334** 28, 30
paleolitikum **328** 1-9
pálha **57** 5; **58** 48
pálhalevél **58** 48; **371** 73
pálinka **98** 56
pálinkáspohár **45** 90
paliszád **329** 36
palkaféle **53** 17
palla **355** 10
pallínó **305** 23
palló **15** 78; **157** 34; **283** 19
pallóborítás **118** 28
pallóborítású felvonulási út **118** 79
pallóterítés **118** 28
pálmafa **384** 2
pálmafejezet **333** 25
pálmaháncs **136** 29
pálmaház **272** 3
pálmalevél *sütemény* **97** 30
pálmalevél *növ.* **384** 3
pálmaleveles oszlopfő **333** 25
pálmaliget **354** 5
pálmaliliom **373** 24
pálmaoszlop **333** 17
palmetta **334** 41
palota **329** 30
palotaegyüttes **333** 29
palotaszárny **329** 30
pálya *vasút* **202; 203**
pálya *sport* **282** 31; **290** 1
pálya-alulvezetés **15** 22
pályaelválasztó kötél **282** 32
pálya felső éle **215** 8
pálya-felülvezetés **15** 42
pályaudvar **15** 41; **204; 205; 206** 42
pályaudvari csarnok **204**
pályaudvari étterem **204** 13
pályaudvari felügyelő **205** 41
pályaudvari könyvesbolt **204** 26
pályaudvari levélszekrény **204** 11
pályaudvari missziós szolgálat **204** 45
pályaudvari óra **204** 30
pályaudvari orvos **204** 44
pályaudvari peron **205**
pályaudvari postaláda **205** 56
pályaudvari rendőr **205** 20
pályaudvari telefonfülke **205** 57
pályaverseny **285** 16
pályaversenyző **290** 2
pamacsvas **137** 3
pamlag **42** 24
pamlagpárna **42** 27
pampafű **51** 8
pampaszfű **51** 8
pampel **36** 84
pampel alak **36** 82-86
pamutbála **163** 3
pamutcsipke **31** 32
pamut előkészítése fonásra **163** 1-13
pamutfa **383** 20
pamutfonás **163; 164**
panamakalap **35** 16
panamakötés **171** 11
páncél **329** 76
páncélfajták **329** 62
páncéling **329** 51
páncélkeret **325** 2
páncélkesztyű **329** 50
páncélok **329** 62
páncélos ló **319** 18
páncélozott egészségügyi szállítójármű **255** 79
páncélozott járművek **255** 79-95; **264** 16
páncélozott szállító harcjármű **255** 91
páncélököl **255** 25
páncélruha **329** 38
páncélszekrény **246** 22
páncélszoba **250** 11
páncélterem **250** 11
páncéltörő lövedék **255** 26
páncéltörő rakéta **255** 26
páncélvadász harckocsi **255** 88
páncélzat *iroda* **246** 24
páncélzat *kat.* **255** 81
pancsoló **273** 28
pandora **322** 21
Panhard-rúd **192** 70
panoptikum **308** 19, 68
panorámafej **313** 12
panoráma-röntgenkészülék **24** 21
panorámaüveg **191** 21
pánsíp **322** 2
pantaleon **325** 1
pantalon **325** 1
pantográf *rajzeszköz* **14** 65; **175** 58
pantográf *áramszedő* **197** 23
pantográftartó **175** 53
pántos sisak **254** 8
pántos szandál **101** 27, 53
pányva **319** 40; **352** 5
pányvás vitorla **218** 43; **220** 5
pap **330** 39; **331** 37, 47; **332** 22
papagájféle **363** 1
pápai kereszt **332** 66
pápai tiara **254** 37
pápics **377** 1
papi gallér **332** 6
papír **260** 50-52
papíradagolás **249** 49
papírbeadás **249** 45
papírbevezetés **245** 11
papírcsákó **306** 45
papírfajták **116** 50
papírfüzér-díszítés **306** 5
papírgalacsin **306** 55
papírgép **173** 13-28
papírgolyó **306** 55
papírgyártás **172; 173**
papírgyutacs **306** 49
papírhengertartó **249** 33
papírhívó henger **116** 48
papírhüvely **87** 50
papírív **173** 50
papírkészítés **173** 46-51
papírkígyó **306** 66
papírkígyós síp **308** 14
papírkosár **46** 25; **248** 45
papírlap **249** 57
papírlazító kar **249** 20
papírorr **306** 46
papíroszlop **180** 47; **181** 9
papírpálya **173** 30; **180** 26; **181** 42, 43, 58
papírpénzek **252** 29-39
papírpréselő munkás **173** 49
papírsárkány **260** 71; **273** 42
papírsás **383** 64
papírsebesség-beállító gomb **116** 54
papírszalag *nyomda* **174** 34
papírszalag *posta* **237** 32
papírszalag *karnevál* **306** 66
papírszalagos regisztrálóegység fotoregisztrálás **27** 33
papírszalvéta **266** 47
papírszárító gép **116** 57
papírszorító **249** 17
papírtámlemez **249** 26
papírtapéta **128** 18
papírtároló állvány **151** 13
papírtartó **49** 10
papírtekercs **151** 14; **181** 46; **309** 75
papírtorony **174** 33, 43
papírtovábbító henger **180** 4
papírtölcsér **98** 49
papírtörlő **40** 1
papírtörülköző **106** 5; **196** 11
papírtörülköző-automata **196** 10
papíruszfejezet **333** 16
papíruszoszlop **333** 15
papiruszsás **383** 64
papírvágó **151** 15
papírzacskó **98** 48, 49
papírzsákos cementcsomagoló **160** 16
papi szék **330** 41
paplak **331** 20
paplan **43** 8
papmacskalepke **365** 7
paprika **57** 42
paprikajancsi **306** 69
papsajt **376** 14
papucs *cipő* **28** 45; **101** 25
papucs *autójavító* **195** 27
papucsállatka **357** 9
papucscipő **101** 34
papucsos csatlakozó **114** 71
para **252** 28
parabola **347** 14
parabola ágai **347** 15
parabola csúcspontja **347** 16
parabolaív **336** 29
parabola tengelye **347** 17
parád **294** 6
parádés ló **186** 28
paradicsom **57** 12; **99** 82
paradicsombokor **55** 44
paradicsommadár **363** 3
paradicsomtő **55** 44
paradió **384** 53, 59
páraelszívó **39** 17; **46** 31
parafa csúszóúszó **89** 43
parafa öv **282** 19
parafa úszó **282** 32
paraffin **145** 60
paraffinleválasztó **145** 50
paraffinmentesítő **145** 50
paraffinolaj **145** 60
paragrafusjel **342** 36
paraj **57** 29
paralelepipedon **347** 36
paralelogrammák **346** 33-36
parancsnok **224** 38
parancsnok fülkéje **228** 31
parancsnoki egység **6** 9
parancsnoki híd **221** 6, 12; **223** 12-18; **258** 14; **259** 3, 28
parancsnoki híd szélei **223** 16
parancsnoki kabin *űrh.* **234** 65
parancsnoki kabin *hajó* **259** 85
parancsnoki ülés **235** 17
paránycsavar **14** 54
paránytrilla **321** 19
parányzó **321** 19
párásodásgátló **189** 46
paraszt *sakk* **276** 13
paraszt *teke* **305** 6, 8
parasztasszony **62** 4
parasztgazda **62** 6
parasztgazdaság **62**
parasztkenyér **97** 6; **99** 14
parasztsonka **99** 52
páratlan szám **275** 23; **344** 12
páratlanujjú patások **366** 25-27
páratlanul szárnyas **370** 42
páratlanul szárnyas levél **59** 40
parázstartó csésze **332** 41
párbajtőr **294** 26, 36
párbajtőrvívás **294** 25-33, 51
párbajtőrvívó **294** 25
párevező **283** 17
parfümös üveg **43** 27; **105** 36
parfümszóró **43** 26; **106** 21
párhuzamos **345** 21
párhuzamosan elhelyezkedő tűk **167** 53
párhuzamosan guruló stílus **298** 15
párhuzamos egyenes **346** 4
párhuzamos megfigyelőtubus **112** 22
párhuzamosság jele **345** 21
párhuzamos satu **140** 2
párizsi kapcsos gombolás **30** 41
park **15** 97; **272** 59
párkány *földr.* **11** 8
párkány *ép.* **329** 6
párkánydeszkázat **122** 42
párkánygyalu **132** 25
párkányon ülő ereszcsatorna **122** 83
párkányzat **334** 11-14, 57
park bejárata **272** 32
parketta **123** 74
parkgondozó **272** 66
parkkapu **272** 31
parkolófény-kapcsoló **191** 62
parkolóóra **268** 1
parkőr **272** 30
parkrend **272** 29
parlagföld **63** 1
parlagi pipitér **61** 8
párna **21** 13
párnafelhő **8** 15
párnahuzat **43** 12
párnázott bakancsszár **101** 20
párnázott fejhallgatópánt **241** 67
párnázott ülés **207** 44; **208** 25; **265** 10
paróka **34** 2-5; **105** 38; **315** 49
parókaállvány **105** 39
parókia **331** 20
párologtató **155** 6
páros **293** 2-3, 49
párosan szárnyas **370** 41
párosítás **54** 39
párosító oltás **54** 39
páros lábkörzés **296** 54
páros láblefogás **299** 11
páros lapát **283** 17
páros szám **275** 20; **344** 11
párosujjú patások **73** 9; **366** 28-31
part **11** 54; **13** 4, 35-44
párta **378** 4
pártalevél **59** 11; **370** 59
partcsúcs **225** 65
partdobás **291** 53
partedli **28** 43
parter **272** 39
parterre **272** 39
part felőli rekeszemelő **226** 28
partfelügyelő **280** 34
Parthenon **334** 1
parti kavics **13** 29
parti pillér **215** 27, 45
parti részű **217** 28
parti sziklafal **13** 28
parti terasz **11** 54
parti tó **13** 44
parti vontatás **216** 27
partjelző **291** 59

# Q



# R

rögzítőfürdő **116** 10
rögzítőheveder **119** 60
rögzítőkar **2** 40
rögzítőléc **136** 8; **221** 118
rögzítőpapucs **114** 4
rögzítőpofa **137** 15
rögzítőszár **151** 60
rögzítőtér **177** 49
rögzítő villaág **54** 13
rőmer-kehely **45** 87
rönk **84** 19; **85** 41; **157** 30
rönkfagörgető horog **85** 9
rönkfakérgezés **85** 23
rönkfarakás **85** 32
rönkfogó **157** 13
rönkfordító horog **85** 7
rönkkidobó **157** 19
rönkmarkoló **85** 29
rönkmérő tolómérce **85** 10
rönkrakás **157** 31
rönkrögzítő **157** 39
rönkszalagfűrész **157** 48
rönktartó kocsi **157** 12
rönkvonszoló **157** 17
rönkvontató **85** 34
röntgenállomás **27** 1-35
röntgenasszisztensnő **27** 11
röntgenátvilágító készülék **26** 14
röntgencső **26** 17; **27** 7
röntgencsőtartó **27** 8
röntgencső tubussal **27** 18
röntgenfelvétel **25** 39
röntgenfelvételi asztal **27** 1
röntgenkazetta-tartó **27** 2
röntgen-képerősítő **27** 16
röntgenkészülék **27** 6
röntgensugárzás **1** 33, 56
röntgentranszformátor **24** 22
röntgen-vizsgálóasztal **27** 1
röpcédula-osztogató **263** 9
röpde **356** 8
röpdeszka **77** 49
röplabdázás **293** 56-71
röplapterjesztő **263** 9
röppálya **87** 79; **89** 36; **305** 77
röppentyű **306** 54
röpte **293** 41
rőtvad **88** 1-27
rövidállás **75** 22
rövid átadás **291** 49
rövid előke **321** 15
rövidfarkú rák **358** 1; **369** 16
rövid fókusztávolságú lencse **115** 45
rövid gyújtótávolságú objektív **117** 48
rövid hír **342** 50
rövidhullám **7** 26
rövidhullámú adó **10** 59
rövidhullámú besugárzó készülék **23** 22, 39
rövidhullámú rádió-adóvevő állomás **237** 54
röviditalok **98** 56-59
rövidnadrág **29** 25; **33** 25
rövid szárú férficsizma **101** 5
rövid szárú pipa **107** 33
rövid szőrű tacskó **70** 39
rövidtávfutó **298** 5
rövid ujjú ing **33** 33
rövid ujjú kabát **33** 26
rövid ujjú pulóver **31** 67; **33** 32
rövid ujjú trikó **32** 28
rövid ujjú trikóing **29** 27
rövid vágta **72** 42
rövid zeke **355** 41
rövid zongora **325** 40
rőzseköteg **216** 53
rőzsenyaláb **274** 2
rúd **75** 16; **215** 4
rúd *áll.* **88** 11
rúd *evező* **89** 30
rúd *kocsi* **186** 30
rúdáramszedő **194** 41
rudas **186** 46
rudaserdő **84** 12
rudas ló **186** 46
rudazott elővitorla **220** 12
rúdkörző **125** 11
rúdlámpa **127** 26
rudli **86** 15
rúdugrás **298** 28-36
rúdugró **298** 29
rugalmas betét **31** 43
rugalmas felfüggesztés **11** 42
rugalmas öv **31** 63
rugdalózó **28** 24; **29** 11, 23
rugó **140** 46; **186** 15
rugóacél gyűrű **89** 51
rugóbeakasztó szerszám **109** 9
rugóház **110** 38
rugós alátét **143** 34; **202** 8
rugós csukló **151** 65
rugós egérfogó **83** 36
rugós felfüggesztés **65** 49; **83** 7
rugósfog **65** 57
rugósfogas motolla **64** 4
rugós gyűrű **143** 34
rugós merevítőkeret **309** 28
rugós ütköző **214** 50
rugótartó idom **167** 38
rugózatlan nyereg **290** 17
rugózott ülés **187** 22
ruha **29** 28; **30** 25, 53; **355** 19
ruhaakasztó **41** 3
ruhaakasztó rúd **271** 31
ruhaállvány **103** 17
ruhadivatok **355**
ruhafogas **41** 2; **207** 50; **266** 12
ruhahossz-beállító **271** 40
ruhaigazítás **271** 37
ruhakefe **50** 44; **104** 31
ruha kiskabáttal **31** 6
ruhamodell **103** 5
ruhamoly **81** 13
ruhanedvesítő fecskendezőfúvóka **50** 13
ruhás rész **267** 30
ruhásszekrény **43** 1
ruhaszárító **50** 28, 32, 34
ruhaszárító kötél **38** 23
ruhatár **48** 34; **315** 5; **318** 1
ruhatári előcsarnok **315** 5-11
ruhatári jegy **315** 7
ruhatáros **315** 6
ruhatárosnő **318** 2
ruhatetű **81** 41
ruhaujj **355** 49, 60
ruhaujjvédő **324** 17
ruhavédő **104** 14
ruházati bolt **268** 9
rulett **275** 1-33, 28
rulettasztal **275** 8
rulettgolyó **275** 33
rulettjátékos **275** 15
rulettkerék **275** 10, 28
rulett-tábla **275** 9, 17
rulett-tál **275** 29
rulett-terem **275** 1
rum **98** 57
rumbatök **324** 59
rúnák **341** 19
rusztikás falazat **335** 51
rückpozitív **326** 5
rügy *kertészet* **54** 23, 26; **58** 27; **59** 22; **372** 44, 46, 48, 49, 56
rügyecske **370** 90

# S

sablon **162** 42; **168** 62; **175** 55
sablonkeret **168** 60
sablonkés **129** 43
sabot **139** 31, 40
Sagittarius **3** 37; **4** 61
saját golyó **277** 11
sajátkép-billentyű **242** 23
sajt **98** 5; **99** 40, 41, 42, 49
sajtártartó horog **122** 23
sajtbura **40** 7
sajtkés **45** 72
sajtkészítő gép **76** 47
sajtkészítő tank **76** 48
sajtlégy **81** 15
sajtó **252** 44
sajtófotó **342** 58
sajtóközpont **233** 43
sajtolás **162** 33
sajtolófej **139** 36
sajtolóforma **162** 26, 34
sajtoló-fúvó eljárás **162** 30
sajtolószerszám **139** 38, 39
sajtolótömb **159** 13
sajtolótüske **162** 32
sajtolt betűminta **175** 37
sajtoltparafa nyél **89** 50
sajtospult **99** 39
sajtos szendvics **266** 75
sajtostál **45** 35
sajttányér **266** 52
sajttorta **97** 23
sajtvágó kés **45** 72
sakál **367** 11
sakk **276** 1-16
sakkbábok **276** 7
sakkbábok menetmódja **276** 14
sakk és matt **276** 15
sakkfigurák **276** 7
sakkfigurák ábrajele **276** 5
sakkjáték **276** 1-16
sakkjátszma **265** 17
sakk-matt **276** 15
sakkóra **276** 16
sakkozó férfi **265** 17
sakktábla **47** 20; **276** 1
sakktáblacsiszolás **36** 66
sakktábladísz **335** 14
sakktáblajelzés **203** 30
sakktábla mezőinek jelölése **276** 6
sál **32** 40; **33** 65
salakcsapoló **147** 9
salakcsurgó **148** 12
salakkaparó **38** 42; **137** 5
salakleeresztő **152** 8
salaklehúzó szerszám **148** 17
salakleverő kalapács **141** 25; **142** 17
salakoló **148** 12
salakpálya **298** 6
salakpályás verseny **290** 24-28
salaktál **147** 10
salaküst **147** 10
saláta **57** 36, 38
salátaboglárka **375** 36
salátakapcsoló **312** 30
salátakatáng **57** 39
salátalevél **57** 37
salátanövények **57** 36-40
salátaolaj **98** 24
salátaöntet **96** 29
salátáskanál **45** 67
salátástál **45** 23
salátásvilla **45** 68
salátaszedő **45** 24
salátaszedő kanál **45** 67
salátaszedő villa **45** 68
salátatányér **266** 51
salicional **326** 23-30
sálkendő **35** 16
sallangok **71** 16
sámán **353** 24
samott kemencefedél **108** 9
samottlap **141** 16
sampan **353** 31
sampon **106** 20
samponosüveg **105** 32
sánc **293** 81
sáncárok **329** 37
sapka *divat* **35** 25, 10, 19, 29, 39, 40; **205** 43; **264** 8; **268** 32
sapka *mg.* **77** 39
sapka *vadászat* **86** 44
sapka *ép.* **122** 102
sapka közlekedésbiztonsági jelzéssel **199** 8
sapkarózsa **264** 8
sárga **343** 2
sárgaakác **374** 32
sárgabarack **59** 35
sárgabarackfa **59** 33-36
sárga beállítás **116** 44
sárgabóbitás kakadu **363** 1
sárga csillagfürt **69** 17
sárgadinnye **57** 23
sárgadinnyeszelet **266** 50
sárgafarú gyapjaslepke **80** 28
sárgafejű királyka **361** 10
sárga gerebengomba **381** 31
sárgája **74** 68
sárga jázmin **373** 4
sárga korallgomba **381** 32
sárga lap **291** 63
sárgaliliom **60** 8
sárga nárcisz **60** 3
sárga nőszirom **60** 8
sárga perfektor nyomómű **180** 6-7
sárgarépa **57** 17
sárgaréz kanna **42** 14
sárgarigó **360** 7
sárgászöld pereszke **381** 29
sárga szik **74** 68
sárgerenda **120** 40
Sargon vára **333** 29
sárhányó **187** 13
sarjgumó **375** 38
sarjhagyma **54** 27, 29
sark **14** 3
sarkantyú *ló* **71** 50-51
sarkantyú *áll.* **73** 26; **88** 82
sarkantyú *folyószabályozás* **216** 19
sarkantyúér **72** 28
sarkantyúfej **216** 20
sarkantyúka **53** 4
sarkantyú munkahengere **255** 56
sarkantyúvirág **53** 4
Sárkány **3** 32
sárkány *játék* **260** 71; **273** 42
sárkány *rep.* **287** 44
sárkány *mit.* **327** 1
sárkányeregetés **273** 41
sárkányfarok **273** 43
sárkányfej **218** 16
sárkányhajó **218** 13-17; **284** 57
sárkányrepülés **287** 43
sárkányrepülő **287** 45
sárkánytest **327** 19, 36
sárkány zsinórja **273** 44
Sarkcsillag **3** 1, 34
sarki fény **7** 30
sarki kutya **70** 22; **353** 2
sarkkörök **14** 11
sarkkutató szánkó **303** 18
sarkvidéki éghajlatok **9** 57-58
sarló *kertészet* **56** 8
sarló *áll.* **88** 54
sarló és kalapács **253** 21
sarlós dűne **13** 40
sarlós fecske **359** 24
sarlótoll **88** 68
sármány **361** 6, 7
sármányfélék **361** 6-7
sármányok **361** 6-7
sarok *anat.* **19** 63
sarok *cipő* **100** 67; **101** 28

## SZ

szakalkalmazott asztala **248** 11
szakáll *divat* **34** 15, 16
szakáll *áll.* **73** 15; **88** 73
szakáll *zene* **326** 32
szakállas szegfű **60** 6
szakáll- és hajviseletek **34** 1-25
szakállviselet **34**
szakasz **344** 22
szakaszos végtelen tizedes tört **344** 21
szakítás beüléssel **299** 1
szakóca **328** 1
szalag *divat* **34** 7
szalag *sport* **297** 49
szalagacél **143** 11
szalagbefűzés-jelző lámpa **243** 14
szalagborítás **133** 31
szalagcsiszológép **133** 30; **140** 15
szalagcsokor **30** 46; **355** 78
szalagdísz **334** 38
szalagenyvezés **185** 31
szalagfék **143** 104
szalagfeszítő kar **133** 16
szalagfűrész **157** 53
szalaghímzés **102** 31
szalagkazetta **249** 16
szalag kígyómozgása **297** 48
szalagkötős kalap **355** 71
szalaglerakó **163** 62
szalaglobogó **284** 48
szalagnyújtó gép **164** 1
szalagok egyesítése **164** 5
szalagos etető **74** 25
szalagos magnó **309** 37
szalagprés **159** 11
szalagsebesség-kapcsoló **241** 62
szalag spirálmozgása **297** 50
szalagszállítás **144** 40
szalagszámláló **241** 64; **243** 9
szalagtárcsa **241** 57
szalagtartó **325** 35
szalagtekercs **163** 58, 64
szalagtovábbítás **243** 29
szalagvégkapcsoló **241** 60
szalagvezető **241** 60; **243** 22
szalagvezető tárcsa **133** 18
szalagvezető tárcsa borítása **133** 32
szalakóta **360** 6
szalamandra **364** 22
szalamandraféle **364** 22
szálárboc **258** 42; **259** 6
szálas **370** 31
szálban álló kőzet **158** 3
szálbunda **169** 31
száldúc **340** 1
szálelszívó **168** 43
szálfa **84** 15, 19
szálfák közúti szállítása **85** 42
szálfarögzítő **157** 39
szálhúzás **169** 10
szalina **274** 1-7
szálka **68** 12
szálkábel **170** 57
szálkábel hullámosítása **170** 59
szálkábel szárítása **170** 58
szálkás tarackbúza **61** 30
szálképző fej **170** 41
szálképző rózsa **169** 14; **170** 42
szálkereszt **87** 32
szálkihúzásos fogazás **102** 14
szálláshelyek **146** 33
szállítás **74** 35; **144** 40
szállítható dobüst **148** 6
szállító **74** 49
szállítóakna **144** 24, 24
szállítóberendezés **83** 59; **199** 36
szállítócsiga **92** 26
szállítócső **62** 12
szállító- és futárrepülőgép **256** 24
szállítófogantyú **152** 48
szállítófogás **21** 22, 37
szállítógépház **144** 2
szállítógörgő-emelő pedál **132** 72
szállítóhelikopter **232** 21
szállítóheveder **163** 13
szállítójármű **62** 18
szállítókocsi **63** 38
szállítómű **164** 59
szállító pótkocsi **62** 40; **63** 27; **206** 3, 35
szállító repülőgép **231** 4
szállítószalag **76** 23; **118** 77; **156** 2, 4; **169** 32; **172** 79; **182** 30; **225** 51
szállítószalagos szállítás **144** 40
szállítószalagos tojásgyűjtő **74** 22
szállítószán **157** 52
szállítótartály **194** 27; **206** 19
szállítóvíz-szivattyú **216** 60
szállítóvödör **216** 58
szálloda **267**
szállodai bár **267** 51
szállodaigazgató **267** 19
szállodai szoba **267** 27-38
szállodai vendég **267** 14
szállodaszámla **267** 11
szállóvendég **267** 14
szalma **136** 30
szalmabála **63** 34; **75** 7; **206** 23
szalmabálázó **63** 35
szalmagyopár **377** 3
szalmakalap **35** 35
szalmakaptár **77** 52
szalmarázó **64** 14
szalmaterelő dob **64** 13
szalmiáksótömb **125** 6
szalonka **88** 83, 83
szalonkabát **355** 76
szalonsarkantyú **71** 50
szálöltés **102** 4
szálrendezés **162** 53
szálszámláló nagyító **177** 23
szalta **276** 20
szaltabáb **276** 21
szaltó hátra **282** 42
szalvéta **44** 4; **45** 9
szalvétagyűrű **45** 10
szálvezető **100** 30
szám *ruhatári* **315** 7
szám *mat.* **344** 1-22
szamár **73** 3
szamárhátív **336** 36
számbillentyű **271** 3; **309** 76
számfiók **267** 5
számítási művelet **345** 1-10
számítógép **195** 1
számítógépadatok billentyűzete **238** 13
számítógépegység **177** 70
számítógépes nyomat **248** 47
számítógép-kezelő **244** 14
számítógép vezérlés **176** 14
számítógyűrű **114** 57
számítóközpont **244**
számjegy **253** 33, 34
számjegyek gombjai **247** 18
számla *bank* **250** 4
számla *blokk* **271** 7
számlakivonat **247** 44
számláló *fotó* **115** 17
számláló *textil* **163** 61
számláló *vízóra* **269** 53
számlálócső **2** 21
számlálócső tokja **2** 20
számlálócsöves berendezés **2** 19
számlálómű **269** 55, 59; **271** 9
számlap **110** 2, 25; **269** 58
számlobogók **253** 33-34
szamóca **58** 16, 21
számok **344** 1-22
számolás **344** 23-26
számológép **245** 31
számológolyók **47** 14; **48** 17
számolótárcsa **182** 19
számozás **85** 33
számozókalapács **85** 12
számozókorong **85** 12
szampan **353** 31
számszeríjfibula **328** 28
számtábla *hotel* **267** 10
számtábla *templom* **330** 24
számtani haladvány **345** 11
számtani sor **345** 11
számtárcsa **237** 10
szamuráj **353** 37
számválasztó **245** 16; **246** 14
számváltó kerék **164** 40
számvevőtiszt irodája **223** 45
szán **353** 18
szanatórium kaszinóval **274** 8
száncsengő **304** 26
szandál **101** 27, 48, 49, 53
szánhúzó kutya **353** 2
szánkó **303** 1, 18
szánkó gurtniüléssel **303** 2
szánkótalp **303** 10
szánkóversenyző **303** 12
szánszekrény **149** 16
szanszkrit írás **341** 9
szántóföld **63** 4
szántóföldi kártevők **80** 37-55
szántóföldi növények **68** 1-47
szántótraktor **65** 20
szántóvas **65** 7
szapora zsombor **61** 16
szaporítás bujtóággal **54** 10
szaporítás indával **54** 14
szaporítás sarjhagymával **54** 27
szappan **49** 22
szappantartó **49** 21
szapphó-kolibri **363** 4
szár *növ.* **68** 6; **370** 20, 89; **378** 31; **383** 7
szár *kantár* **71** 25; **186** 31
szár *ló* **72** 36
szár *agancsé* **88** 11, 30
szár *ollóé* **106** 37
szár *szemüvegé* **111** 13
szár *kulcsé* **140** 33
szár *gép.* **143** 2, 5, 15, 53
szár *zene* **320** 4
száras férfi alsó **32** 27
száras sikattyú **140** 10
száratlan tárnics **378** 13
szárazdokk **222** 31-33; **225** 17
szárazedzés **282** 20
szárazelem **127** 27
száraz- és nedves-porszívó **50** 80
szárazföldi gőte **364** 22
szárazföldi hadsereg fegyverzete **255** 1-98
szárazföldi párkány **11** 8
száraz hőmérő **10** 34
szárazon rakott kőfal **216** 55
száraz poliamidszeletkék **170** 39
száraz-porszívó **50** 80
száraztészta **98** 32-34
szárazvölgy **13** 75
szárcsa **359** 20
szárcsomó **68** 7
szárdarab csomókkal **383** 63
szardíniaszedő **45** 78
szárelválasztó **64** 1
száremelő **64** 2
szárítás meleg helyiségben **169** 24
szárító *háztartás* **50** 34
szárító *textil* **170** 38
szárítóállvány **39** 33; **50** 32
szárítóautomata **50** 28
szárítóbura **173** 27
szárítócentrifuga **179** 27
szárítódob *háztartás* **50** 29
szárítódob *textil* **165** 50, 53
szárítóedény **350** 51
szárítógép *háztartás* **50** 23-34
szárítógép *textil* **168** 21; **169** 31
szárítóhenger **173** 22
szárítókamra **159** 17
szárítókanna **170** 49
szárítókefe **128** 49
szárítókötél **50** 33
szárítókötél horga **38** 22
szárítólevegő-kivezető **92** 19
szárítónemez **173** 23
szárítórács **92** 24
szárítószekrény *textil* **168** 28
szárítószekrény *nyomda* **179** 27; **180** 14, 27
szárítószita **173** 23
szárítótálca **83** 17
szarka **361** 3
szarkaláb **60** 13
szárkapocscsont **17** 24
szárkapocsizom **186** 4
szarkofág **335** 53
szár nélküli alsónadrág **32** 26
szárny *áll.* **81** 8; **82** 11; **88** 76; **358** 33, 36
szárny *halászat* **90** 16
szárny *film* **117** 60
szárny *gép.* **150** 24
szárny *textil* **164** 25
szárny *rep.* **229** 7, 8, 9, 21; **230** 43; **256** 9; **287** 29; **288** 27
szárny *mit.* **327** 15, 28, 51, 60
szárny alatti üzemanyagtartály **256** 4
szárnyas **73** 19-36
szárnyas alak **82** 39
szárnyas anya **143** 42; **187** 39
szárnyas előfonógép **164** 19
szárnyas fúrógép **150** 18
szárnyaskerekes számláló **269** 53
szárnyas levél **57** 3
szárnyas levéltetű **358** 15
szárnyas mag **372** 9
szárnyas napkorong **333** 12
szárnyas nőstény **358** 21
szárnyasok **73** 19-36
szárnyas pálmalevél **384** 3
szárnyas vad **86** 41
szárnyas vízcsap **126** 35
szárnyatlan levéltetű **358** 14
szárnybelépőél **235** 32
szárnyborda **287** 32
szárnycsonk **232** 3
szárnydúc **229** 11
szárnyelrendezés **229** 1-14
szárnyér **358** 34
szárnyfal **216** 35
szárnyfedő **82** 10; **358** 36
szárnyféklap **229** 39, 42
szárnyfelfüggesztés **257** 34, 35
szárnyformák **229** 15-22
szárnyjelző **74** 55
szárnyorr **287** 39, 39
szárnyredő **358** 35
szárnyszelvény **290** 35
szárnyszerkezet **257** 27
szárnyterjedtség **229** 2
szárny-üzemanyagtartály **257** 29
szárnyvég **287** 42
szárnyvégi tüzelőanyag-tartály **231** 9
szárnyvégi üzemanyagtartály **256** 30
szárnyvégtartály **256** 30
szárnyvonal **15** 23

# T

# TY



# U, Ú

## Ü, Ű

# V

# W



# X



# Y



# Z

# ZS

# Index

## Ordering

In this index the entries are ordered as follows:

1. Entries consisting of single words, e.g.: 'hair'.
2. Entries consisting of noun + adjective. Within this category the adjectives are entered alphabetically, e.g. 'hair, bobbed' is followed by 'hair, closely-cropped'.
   Where adjective and noun are regarded as elements of a single lexical item, they are not inverted, e.g.: 'blue spruce', not 'spruce, blue'
3. Entries consisting of other phrases, e.g. 'hair curler', 'ham on the bone', are alphabetized as headwords.

Where a whole phrase makes the meaning or use of a headword highly specific, the whole phrase is entered alphabetically. For example 'ham on the bone' follows 'hammock'.

## References

The numbers in bold type refer to the sections in which the word may be found, and those in normal type refer to the items named in the pictures. Homonyms, and in some cases uses of the same word in different fields, are distinguished by section headings (in italics), some of which are abbreviated, to help to identify at a glance the field required. In most cases the full form referred to by the abbreviations will be obvious. Those which are not are explained in the following list:

| | |
|---|---|
| *Agr.* | Agriculture/Agricultural |
| *Alp. Plants* | Alpine Plants |
| *Art. Studio* | Artist's Studio |
| *Bldg.* | Building |
| *Carp.* | Carpenter |
| *Cement Wks.* | Cement Works |
| *Cost.* | Costumes |
| *Cyc.* | Cycle |
| *Decid.* | Deciduous |
| *D.I.Y.* | Do-it-yourself |
| *Dom. Anim.* | Domestic Animals |
| *Equest.* | Equestrian Sport |
| *Gdn.* | Garden |
| *Hydr. Eng.* | Hydraulic Engineering |
| *Impl.* | Implements |
| *Inf. Tech.* | Information Technology |
| *Intern. Combust. Eng.* | Internal Combustion Engine |
| *Moon L.* | Moon Landing |
| *Music Not.* | Musical Notation |
| *Overh. Irrign.* | Overhead Irrigation |
| *Platem.* | Platemaking |
| *Plant Propagn.* | Propagation of Plants |
| *Rm.* | Room |
| *Sp.* | Sports |
| *Text.* | Textile[s] |
| *Veg.* | Vegetable[s] |

# A


Aaron's rod **376** 9
abacus **309** 77
abacus *Art* **334** 20
abattoir **94**
abdomen *Man* **16** 35-37, 36
abdomen *Bees* **77** 10-19
abdomen *Forest Pests* **82** 9
abdomen, lower ~ **16** 37
abdomen, upper ~ **16** 35
abductor hallucis **18** 49
abductor of the hallux **18** 49
aberdevine **361** 8
aborigine, Australian ~ **352** 37
abrasion platform **13** 31
abrasive wheel combination **111** 28, 35
abscissa **347** 9
abseiling **300** 28-30
abseil piton **300** 39
abseil sling **300** 28
absinth **380** 4
absorber attachment **27** 44
absorption dynamometer **143** 97-107
absorption muffler **190** 16
absorption silencer **190** 16
abutment *Bridges* **215** 27, 29, 45
abutment *Art* **336** 20
abutment pier **215** 29
acanthus **334** 25
acceleration lane **15** 16
acceleration rocket **234** 22, 48
accelerator **191** 46
accelerator lock **85** 17
accelerator pedal **191** 46, 94
accelerometer **230** 10
accent, acute ~ **342** 30
accent, circumflex ~ **342** 32
accent, grave ~ **342** 31
accent, strong ~ **321** 27
accents **342** 30-35
acceptance **250** 12, 23
access balcony **37** 72-76
access flap **6** 21, 25
accessories **115** 43-105
accessory shoe **114** 4; **115** 20
accessory shop **196** 24
access ramp **199** 15
acciaccatura **321** 15
accipiters **362** 10-13
accolade **329** 66
accommodation **146** 33
accommodation bureau **204** 28
accommodation ladder **221** 98
accommodation module **146** 33
accompaniment side **324** 43
accompaniment string **324** 25
accordion **324** 36
account, private **250** 4
accounting machine **236** 26
accumulator **309** 41
accumulator *Theatre* **316** 55
accumulator railcar **211** 55
accuracy jump **288** 55
acerate **370** 34
acerose **370** 34
acerous **370** 34
acetylene connection **141** 31
acetylene control **141** 32
acetylene cylinder **141** 2, 22
achene **58** 23
achievement **254** 1-6
achievement, marital ~ **254** 10-13
achievement of arms **254** 1-6
Achilles' tendon **18** 48
acicular **370** 34
acid container **350** 62
Ackermann steering system **85** 31, 37
acolyte **331** 45
aconite **379** 1
acorn **371** 4
acorns **276** 42
acrobat **307** 47
Acropolis **334** 1-7
acroter **334** 34
acroterion **334** 34
acroterium **334** 34
acting area light **316** 16
acting area spotlight **316** 16
actinia **369** 20
Actinophrys **357** 7
action **326** 6-16
action lever **325** 32
activated blade attachment **84** 33
actor **316** 37
actress **316** 38
actuating transistor **195** 19
acuity projector **111** 47
acute **342** 30
ad **342** 56
Adam's apple **19** 13
adapter **112** 55
adapter, four-socket ~ **127** 8
adapter, four-way ~ **127** 8
adapter ring **115** 82
adapter unit **242** 34
adders **364** 40-41
adding **344** 23
adding and subtracting machine **309** 74
adding mechanism **271** 9
addition **344** 23
address **236** 42
address display **236** 41
addressing machine, transfer-type ~ **245** 7
address label **236** 4
address system, ship's ~ **224** 30
A-deck **223** 28-30
adhesion railcar **214** 1
adhesive, hot ~ **249** 61
adhesive binder *Bookbind.* **184** 1
adhesive binder *Office* **249** 61
adhesive tape dispenser **247** 27
adhesive tape dispenser, roller-type ~ **247** 28
adhesive tape holder **247** 28
adjusting cone **187** 58
adjusting equipment **148** 61-65
adjusting knob **116** 54
adjusting nut **143** 35
adjusting screw *Bldg. Site* **119** 79
adjusting screw *Mach. Parts etc.* **143** 107
adjusting screw *Inf. Tech.* **242** 78
adjusting spindle **226** 51
adjusting washer **187** 55

arena *Circus* **307** 21
arena *Bullfight. etc.* **319** 9
arena entrance **307** 11
areola **16** 29
argent **254** 25
Argo **3** 45
Aries **4** 53
aril, laciniate ~ **382** 34
arista **68** 12
arithmetic **344** 1-26; **345** 1-24
arithmetic unit **244** 6
arm *Man* **16** 43-48; **17** 12-14
arm *Living Rm.* **42** 22
arm *Flat* **46** 28
arm *Shoem.* **100** 25
arm *Photog.* **115** 93
arm *Joiner* **132** 63
arm *Mach. Parts etc.* **143** 88
arm *Mach. Tools* **150** 24
arm *Music. Instr.* **322** 16
arm *Maths.* **346** 7, 3
arm, adjustable ~ **195** 26
arm, hydraulic ~ **85** 21
arm, supplementary ~ **203** 22, 23
arm, upper ~ **16** 43
armadillo **366** 8
armament **258** 29-37
armature **339** 25
armature support **339** 24
armband **263** 11; **270** 22
armband, fluorescent ~ **199** 7
arm bandage **21** 1
arm bar **299** 10
armchair **42** 21; **267** 26
armed forces **255; 256; 257**
armlet **263** 11; **270** 22
armonie **322** 25
armor *see* armour
armour **329** 38, 62
armour, knight's ~ **329** 38-65
armour, padded ~ **353** 38
armour, steel tape **153** 50
armour, steel wire ~ **153** 50
armoured car **264** 16
armoured vehicles **255** 79-95
armour plating **246** 24
armpit **16** 26
armpit hair **16** 27
arm positions **314** 7-10
armrest **106** 18; **109** 3; **207** 45, 69; **208** 26
arm sling **21** 2
arms of the baron **254** 10
arms of the family of the femme **254** 11-13
arms of the family of the wife 254 11-13
arms of the husband **254** 10
armstand dive **282** 45
army **255**
army armament **255** 1-98
army weaponry **255** 1-98
arnica **380** 2
A road **15** 83
arolla pine **372** 29
arpeggio **321** 22
arrangement of desks **260** 1
arrester **152** 35
arrester wire **259** 16
arris **121** 12
arris fillet **121** 31
'arrivals' **233** 26
arrivals and departures board **204** 18
arrival schedule **204** 19
arrival timetable **204** 19
arrow **305** 60
arrow head *Drawing Off.* **151** 26
arrow head *Alp. Plants etc.* **378** 51
art **333; 334; 335; 336; 337**
art, Babylonian ~ **333** 19-20
art, Baroque ~ **336** 1-8
art, Byzantine ~ **334** 72-75
art, Chinese ~ **337** 1-6
art, Early Christian ~ **334** 61-71
art, Egyptian ~ **333** 1-18
art, Etruscan ~ **334** 49-52
art, Gothic ~ **335** 22-41
art, Greek ~ **334** 1-48
art, Indian ~ **337** 19-28
art, Islamic ~ **337** 12-18
art, Japanese ~ **337** 7-11
art, Renaissance ~ **335** 42-54
art, Rococo ~ **336** 9-13
art, Roman ~ **334** 53-60
art, Romanesque ~ **335** 1-21
art director **310** 43
artery, carotid ~ **18** 1
artery, femoral ~ **18** 19
artery, frontal ~ **18** 5
artery, iliac ~ **18** 17
artery, pulmonary ~ **18** 11; **20** 55
artery, radial ~ **18** 21
artery, subclavian ~ **18** 7
artery, temporal ~ **18** 3
artery, tibial ~ **18** 20
artery forceps **26** 49
arthropods **358**
artillery weapons **255** 49-74
artist **338** 2
artiste agent **307** 18
artistes, travelling **308** 25-28
Art Nouveau easy chair **336** 18
art of Asia Minor **333** 37
art of the Assyrians **333** 29-36
art of the Persians **333** 21-28
arts section **342** 67
ascent, vertical ~ **315** 3
ascent stage **6** 37-47
ascospore **381** 13
ascus **381** 12, 13
ash box door **38** 39
ashpan **210** 6, 7
ash pit **152** 8
ashtray **42** 29; **104** 5; **207** 46, 69; **208** 29; **246** 33
ashtray, spherical ~ **266** 5
ash tree **371** 38
Asia **14** 16
asp **364** 41
asparagus **57** 14
asparagus bed **52** 25
asparagus cutter **56** 10
asparagus knife **56** 10
asparagus patch **52** 25
asparagus server **45** 77
asparagus slice **45** 77
aspen **371** 21
aspergillum **332** 54
asphalt drying and mixing plant **200** 48
asphalt mixer drum **200** 50
asphalt-mixing drum **200** 50
aspiration psychrometer **10** 33
asp viper **364** 41
assay balance **108** 35
assembler **174** 23
assembling machine **249** 59
assembling station **249** 60
assembly of a circuit **242** 72
assembly point **233** 11, 29
assistant *Univ.* **262** 7
assistant *Store* **271** 63
assistant *Circus* **307** 39
assistant, cellarer's ~ **79** 12
assistant, dentist's ~ **24** 18
assistant, doctor's ~ **22** 19
assistant cameraman **310** 42
assistant director *Films* **310** 21, 46
assistant director *Theatre* **316** 43
assistant lecturer **262** 3
assistant producer **316** 43
assistant professor **262** 3
assistant sound engineer **310** 57
association flag **286** 6, 9
association football **291**
asterisk **185** 61
asteroids **4** 47
astride jump **295** 35, 37
astronaut **6** 11; **235** 67
astronomy **3; 4; 5**
asymmetric bars **297** 3
asymptote **347** 29
athletics **298**
Atlantic Ocean **14** 20
Atlas **334** 36
atmosphere **7**
atoll **13** 32
Atolla **369** 5
atom **1; 2**
atomic pile casing **259** 67
atomic power plant **154** 19
atom layer **7** 32
atom models **1** 1-8
atrium *Man* **20** 45
atrium *Art* **334** 66
attachment to Orbiter **235** 49
attack **321** 27
attack area **293** 64
attacker *Ball Games* **292** 3
attacker *Fencing* **294** 5
attacking fencer **294** 5
attack line **293** 65
attack periscope **259** 88
attic **38** 1-29, 18; **334** 60
attitude **314** 17
attitude control rocket **234** 38
aubretia **51** 7
auction room **225** 58
audience **263** 8
audio cassette **242** 17
audio coding equipment **242** 11-14
audio head **243** 35
audio level control **117** 16
audio recording level control **243** 11
audio sync head **243** 24
audio systems **241**
audio track **243** 32
audio typist **248** 33
audiovision **243**
audio-visual camera **243** 1-4
audio-visual projector **242** 16
auditorium **315** 14-27, 16-20
auditorium lighting control **312** 17
auger *Agr. Mach.* **64** 6, 25
auger *Carp.* **120** 65
augmented triad **321** 4
auk **359** 13
aulos **322** 3
aulos pipe **322** 4
aural syringe **22** 74
aureus **252** 3
auricle **17** 56; **20** 24
auricula **378** 8
Auriga **3** 27
auriscope **22** 74
aurora **7** 30
Australia **14** 17
Australopithecus **261** 20
auto **191** 1-56; **195** 34
auto changer **241** 18
autoclave **170** 12, 33
autofocus override switch **117** 11
automatic flight control panel **235** 23
automatic-threading button **117** 83
automobile **191** 1-56; **192; 193; 195** 34
automobile models **193** 1-36
automobile tire **191** 15; **196** 27
automotive mechanic **195** 53
autopilot **224** 18
auto-soling machine **100** 2
auxiliaries **258** 92-97
auxiliary brake valve **211** 23
auxiliary-cable tensioning mechanism **214** 48
auxiliary engine room **223** 70; **259** 56
auxiliary parachute bay **235** 59
AV **243**
avalanche **304** 1
avalanche forest **304** 7
avalanche gallery **304** 3
avalanche wall **304** 2
avalanche wedge **304** 2
Ave Maria **332** 32
avenue **274** 11
aviary **356** 8
aviation fuel **145** 57
avionics bay, front ~ **257** 11
avionics bay, rear ~ **257** 18
avionics console **235** 22
awn **68** 12
awner **64** 10
awning *Dwellings* **37** 71
awning *Ship* **218** 15; **221** 116
awning *Camping* **278** 28, 37
awning crutch **218** 14
ax *see* axe
axe **85** 1; **120** 73; **270** 43
axe, bronze ~ **328** 23
axe, socketed ~ **328** 23
axial-flow pump **217** 47-52
axis *Astron.* **4** 22
axis *Maths.* **347** 17
axis, anticlinal ~ **12** 17
axis, celestial ~ **4** 10
axis, conjugate ~ **347** 24
axis, coordinate ~ **347** 2-3
axis, earth's ~ **4** 22-28
axis, floral ~ **370** 53
axis, lateral ~ **230** 68
axis, longitudinal ~ **230** 72
axis, major ~ **347** 23
axis, minor ~ **347** 24
axis, normal ~ **230** 70
axis, polar ~ **113** 15, 18
axis, synclinal ~ **12** 19
axis, transverse ~ **347** 23
axis, vertical ~ **230** 70
axis mount, English-type ~ **113** 22
axis mounting, English-type ~ **113** 22
axis of abscissae **347** 2
axis of ordinates **347** 3
axis of rotation, instantaneous ~ **4** 25
axis of rotation, mean ~ **4** 27
axis of symmetry *Maths.* **346** 25
axis of symmetry *Crystals* **351** 4
axle **187** 61, 76, 81
axle, coupled ~ **210** 36
axle, floating ~ *Agr. Mach.* **65** 33
axle, floating ~ *Motorcycle* **189** 34
axle, live ~ **192** 65-71
axle, rigid ~ **192** 65-71
axle bearing **210** 10
axle drive shaft **201** 13
azalea **53** 12
azimuth **87** 74
azure *Heraldry* **254** 28
azure *Colour* **343** 6

# B

# C

# D

# E

# F

# G

girdle **32** 5
girdle clasp **328** 24
girl, exotic ~ **306** 30
girt **120** 50
girth **71** 18, 36; **289** 11
girth, emergency ~ **71** 23
girth, second ~ **71** 23
glacier *Phys. Geog.* **12** 49
glacier *Mountain.* **300** 22
glacier snout **12** 51
glacier table **12** 56
gladiolus **60** 11
gland, bulbourethral ~ **20** 75
gland, parotid ~ **19** 9
gland, pituitary ~ **17** 43
gland, prostate ~ **20** 76
gland, submandibular ~ **19** 11
gland, submaxillary ~ **19** 11
gland, suprarenal ~ **20** 29
gland, thyroid ~ **20** 1
glans penis **20** 69
glass **54** 9
glass, armoured ~ **109** 29
glass, bullet-proof ~ **250** 3
glass, coloured ~ **260** 68
glass, crystal ~ **45** 86
glass, frosted ~ **124** 5
glass, laminated ~ **124** 5
glass, lined ~ **124** 6
glass, molten ~ *Glass Prod.* **162** 23
glass, molten ~ *Glass Prod.* **162** 31
glass, ornamental ~ **124** 6
glass, patterned ~ **124** 5
glass, pulverized ~ **340** 48
glass, raw ~ **124** 6
glass, shatterproof ~ **124** 5
glass, stained ~ **124** 6; **330** 15
glass, tapered ~ **45** 85
glass, thick ~ **124** 5
glass, wired ~ **124** 6
glassblower **162** 38
glass case **356** 15
glass cloth **130** 29
glass cutter, diamond ~ **124** 25
glass cutter, steel ~ **124** 26
glass cutters **124** 25-26
glass-drawing machine **162** 8
glasses **111** 9
glass fibre, production of ~ **162** 48-55
glass fibre products **162** 56-58
glass filament **162** 52
glass furnace **162** 1, 49
glass holder **124** 9
glasshouse pot, covered ~ **162** 46
glassmaker **162** 38
glassmaking **162** 38-47
glass mosaic picture **260** 69
glass paper **135** 25
glass pliers **124** 19
glass ribbon **162** 10
glass sponge **369** 7
glass wool **162** 58
glassworker **124** 8
glazier **124; 124** 8
glazing sheet **116** 58
glazing sprig **124** 24
glede **362** 11
glider **287** 3
glider, high-performance ~ **287** 9
glider, motorized ~ **287** 8
glider, powered ~ **287** 8
glider field **287** 13
gliding **287**
globe **42** 13
globe, frosted glass ~ **267** 4
globe, solar ~ **4** 36
globe, terrestrial ~ **4** 8
globe artichoke **57** 41
globe lamp **267** 4
globe thistle **53** 14
glove **33** 67; **292** 12; **298** 47; **318** 31
glove, catcher's ~ **292** 60
glove, fielder's ~ **292** 59
glove, goalkeeper's ~ **291** 19
glove box lock **191** 89
glove compartment lock **191** 89
glove stand **271** 20
glow plug **190** 66
gloxinia **53** 7
glue **48** 4; **260** 50-52, 51
glue, joiner's ~ **132** 13
glue-enamel plate **179** 32
glue pot **132** 12, 13; **183** 15; **236** 5; **260** 57
glue roller **185** 33
glue size **128** 4
glue tank **184** 9; **185** 32
glue well **132** 13
gluing **183** 14
gluing machine **185** 31
gluing mechanism **184** 4
glume **68** 11
gluteus maximus **18** 60
G major **320** 56
G minor **320** 64
gnat **358** 16
goaf **144** 37
goal *Playground* **273** 11
goal *Swim.* **282** 46
goal *Ball Games* **291** 35; **292** 7
goal *Winter Sp.* **302** 37
goal area **291** 5
goalkeeper *Playground* **273** 14
goalkeeper *Swim.* **282** 47
goalkeeper *Ball Games* **291** 10; **292** 8
goalkeeper *Winter Sp.* **302** 36
goal kick **291** 38
goal line **291** 7
goalpost **273** 11; **291** 37
goal scorer **273** 13
Goat *Astron.* **3** 36; **4** 62
goat *Dom. Anim.* **73** 14
goatee beard **34** 10
goatsbeard *Forest Plants etc.* **377** 5
goat's beard *Forest Plants etc.***377** 5
goatsbeard *Edib. Fungi* **381** 32
goat's beard *Edib. Fungi* **381** 32
goat willow **371** 24
gob *Coal* **144** 37
gob *Glass Prod.* **162** 40
gobbler **73** 28
goblet, hand-blown ~ **162** 41
gobo **310** 51
gob of molten glass **162** 23, 31
go-cart **273** 33
god, Indian ~ **337** 19
godet **30** 52
Godet wheel **169** 16
godparent **332** 13
God's acre **331** 21-41
'GO' gauging member **149** 57
goggles **140** 21; **303** 15
going about **285** 27
go-kart **305** 83
go-karting **305** 82
gold *Heraldry* **254** 24
gold *Crystals* **351** 6
gold and silver balance **108** 35
goldcrest **361** 10
goldcup **375** 8
gold cushion **183** 6
golden chain **374** 32
golden-crested wren **361** 10
golden maidenhair **377** 17
golden oriole **360** 7
golden rain **374** 32
goldfinch **360** 1
gold finisher **183** 2
gold knife **183** 7
gold leaf **129** 45, 52; **183** 5
gold size **129** 44
goldsmith **108** 17
golf **293** 79-93
golf ball *Office* **249** 15
golf ball *Ball Games* **293** 89
golf ball cap **249** 30
golf ball typewriter **249** 1
golf course **293** 79-82
golfer **293** 83
golf trolley **293** 85
gondola *Supermkt.* **99** 23, 43, 62
gondola *Railw.* **214** 20
gondola *Airsports* **288** 64
gondola cableway **214** 19
gonfalon **253** 12
gong **299** 46
goods **271** 10
goods, bulky ~ **206** 18
goods, general ~ **206** 4
goods depot **15** 91
goods lorry **206** 15
goods office **206** 26
goods shed **206** 7, 26-39
goods shed door **206** 37
goods shelf **47** 36; **98** 14
goods station **206**
goods van **206** 6; **213** 22
goods van, covered ~ **213** 14
goods wagon, covered ~ **213** 14
goods wagon, open ~ **213** 8
goosander **359** 15
goose **73** 34; **272** 52
gooseberry **58** 9
gooseberry bush **52** 19; **58** 1
gooseberry cane, flowering ~ **58** 2
gooseberry flan **97** 22
gooseberry flower **58** 6
goosefoot **61** 25
gooseneck **284** 37
gorge **13** 52
gorgerin **334** 22
gorget **329** 43
gorilla **368** 16
goshawk **362** 10
'GO' side **149** 60
gosling **73** 34
gouache **338** 17
gouge **132** 9; **135** 15; **339** 17
gouge, U-shaped ~ **340** 6
gouge, V-shaped ~ **339** 20; **340** 9
gourd **354** 27
governor **224** 56
gown **105** 34; **106** 4; **355** 25, 36, 50, 66
gown, linen ~ **355** 5
gown, open ~ **355** 50
gown, sleeveless ~ **355** 50
graben **12** 11
grace notes **321** 14-22
graces **321** 14-22
grade crossing, protected ~ **202** 39
grade crossing, unprotected ~ **202** 49
grade crossings **202** 39-50
grader **200** 19
grader levelling blade **200** 21
grader ploughshare **200** 21
gradient **347** 12
grading **74** 44
grading, automatic ~ **74** 52
graduated measuring rod **14** 47
graduation house *Map* **15** 32
graduation house *Spa* **274** 1
graftage **54** 30-39
grafting **54** 30-39
grain *Arable Crops* **68** 1-37,4, 37
grain *Brew.* **92** 50
grain *Graphic Art* **340** 47
grain, farinaceous ~ **68** 13
grain auger **64** 20
grain harvest **63** 31-41
grain leaf **68** 8, 19
grain lifter **64** 2
grain pest **81** 27
grain tank **64** 23
grain tank auger **64** 24
grain tank unloader **64** 25
grain unloader spout **64** 26
grain weevil **81** 16
grammar school **261** 1-45
gramophone **309** 31
gramophone box **309** 35
gramophone needle **309** 33
gramophone record **309** 32
granary weevil **81** 16
grand **325** 40
grandee **306** 26
grandfather clock **110** 24; **309** 56
grand piano **325** 40
grand piano pedal **325** 41
grandstand, glass-covered ~ **289** 34
granite **302** 42
gran turismo car **193** 32
granular texture **340** 47
grape **80** 21; **99** 89
grape-berry moth **80** 22, 23, 24
grape chusher **78** 17
grapefruit **384** 23
grape gatherer **78** 11
grape phylloxera **80** 26
grapevine *Wine Grow.* **78** 2-9
grapevine *Sports* **299** 10
grape worm **80** 23, 24
graphic art **340**
graphic art studio **340** 27-64
graphite **1** 54
grapnel **218** 11
grapple **218** 11
grappling iron **218** 11
grasp, kinds of ~ **296** 40-46
grasping arm **2** 47
grass **136** 26
grass, paniculate ~ **69** 27
grassbox **56** 29
grasshopper, artificial ~ **89** 68
grassland **15** 18
grassland, marshy ~ **15** 19
grassland, rough ~ **15** 5
grass ledge **300** 4
grass shears **56** 48
grass snake **364** 38
grasstrack racing **290** 24-28
grass verge **200** 56
grate **199** 33
graticule *Map* **14** 1-7
graticule *Hunt.* **87** 31-32
graticule *Photomech. Reprod.* **177** 4
graticule adjuster screw **87** 30
graticule systems **87** 31
grating **141** 14
grating spectrograph **5** 5
graupel **9** 35
grave *Church* **331** 23, 34
grave *Script* **342** 31
grave, child's ~ **331** 29
grave, soldier's ~ **331** 32
grave digger **331** 22
gravel **118** 36; **119** 26
gravel filter layer **199** 23
grave mound **331** 24
graver **175** 33; **340** 5
graver, round-headed ~ **340** 20

# H

# I

# J

# K



# L

# M

# N

# O

# P

# Q



# R

# S

# T

# U

# V

# W

# Y



# Z